U0243451

现代压铸技术实用手册

安玉良　黄　勇　杨玉芳　等编著

Manual of Modern Die Casting Technology

化学工业出版社

·北京·

内容简介

本手册是一本全面介绍压铸技术及生产工艺的工具书。

"第1篇 压铸成型工艺与压铸机"阐述了压铸基本知识、压铸合金及其熔炼工艺、压铸件的设计、压铸机、压铸工艺及压铸件缺陷防治。

"第2篇 压铸模设计"讲解了压铸模设计基础、浇注系统的设计、分型面的设计、成型零件的设计、抽芯机构的设计、推出机构的设计、模具零件结构设计、压铸模技术要求及材料选择，分析了常见压铸模设计实例，归纳整理了典型压铸模结构图例。

"第3篇 压铸模制造"介绍了压铸模制造工艺、压铸模材料及其选用、压铸模具零件表面强化与提高压铸模寿命措施。

"第4篇 压铸新技术"介绍了挤压铸造及模具设计、反重力铸造及模具设计、液态压铸锻造双控成型技术、其他压铸成型新技术。

本书可供从事压铸模具设计制造及压铸生产管理的技术人员使用，也可供相关领域的工程技术人员及大学院校相关专业师生学习参考。

图书在版编目（CIP）数据

现代压铸技术实用手册/安玉良等编著. —北京：化
学工业出版社，2020.9（2023.4 重印）
ISBN 978-7-122-36781-5

Ⅰ.①现… Ⅱ.①安… Ⅲ.①压力铸造-技术手册
Ⅳ.①TG249.2-62

中国版本图书馆 CIP 数据核字（2020）第 079517 号

责任编辑：贾　娜　　　　　　　　　　文字编辑：宋　旋　刘厚鹏　陈小滔
责任校对：王素芹　　　　　　　　　　装帧设计：王晓宇

出版发行：化学工业出版社（北京市东城区青年湖南街 13 号　邮政编码 100011）
印　　装：北京虎彩文化传播有限公司
787mm×1092mm　1/16　印张 52¼　字数 1225 千字　2023 年 4 月北京第 1 版第 3 次印刷

购书咨询：010-64518888　　　　　　售后服务：010-64518899
网　　址：http://www.cip.com.cn

前　言

我国的压铸行业经历了 50 多年的锤炼，已成长为具有相当规模的产业，并以每年 8％～12％的增长速度持续发展。但是由于企业技术开发滞后于生产规模的扩大，经营方式滞后于市场竞争的需要，从总体看，我国是压铸大国之一，但不是强国，压铸业的整体水平还比较落后。为了给广大从业人员提供技术参考，我们编写了本书。

本手册由多年从事压铸技术研究的高校教师和企业中具有丰富实践经验的压铸技术人员根据多年实际工作经验共同编写，以科学性、先进性、系统性和实用性为指导思想，兼顾理论基础和设计实践两个方面，分为 4 篇 22 章，详细介绍了压铸技术、压铸设备、压铸模设计、压铸模制造等相关知识。

"第 1 篇　压铸成型工艺与压铸机"阐述了压铸基本知识、压铸合金及其熔炼工艺、压铸件的设计、压铸机、压铸工艺及压铸件缺陷防治。

"第 2 篇　压铸模设计"讲解了压铸模设计基础、浇注系统的设计、分型面的设计、成型零件的设计、抽芯机构的设计、推出机构的设计、模具零件结构设计，对典型压铸件模具设计实例进行了分析讲解，并且归纳整理了典型压铸模结构图例。

"第 3 篇　压铸模制造"介绍了压铸模制造工艺、压铸模材料及其选用、压铸模具零件表面强化与提高压铸模寿命措施。

"第 4 篇　压铸新技术"介绍了挤压铸造及模具设计、反重力铸造及模具设计、液态压铸锻造双控成型技术、其他压铸成型新技术。

本手册是一本较全面的有关压铸技术及生产的工具书，具有压铸模具设计技术先进、典型结构图例丰富、标准数据资料新颖、涉及知识全面够用、贴近生产实际需要等特点，可供从事压铸模具设计制造及压铸生产管理的技术人员使用，也可供相关专业的工程技术人员及大学院校相关专业师生学习参考。

本手册编著人员有：沈阳理工大学安玉良，沈阳工学院黄勇、杨玉芳，北京化工大学黄尧，沈阳理工大学王余莲、赵菁、杨猛、金光、蒋立鹏、周金华、袁霞、徐淑娇、全越、常军、肖世龙、商艳、孟宪江、徐兴文、张立超、李舒、李馥颖、黄海、时中奇、姜颖达，沈阳工学院王红、于丽君、徐彬、莫成刚。其中，黄勇编著第 1 章并参与编著第 2～4、7、9～11、13～17、19 章，徐兴文、莫成刚编著第 2 章，李馥颖、王红编著第 3 章，安玉良、袁霞编著第 4 章，周金华、于丽君编著第 5 章，金光、王余莲编著第 6、12 章，常军、王红编著第 7 章，赵菁、杨玉芳编著第 8、22 章，王余莲、王红编著第 9 章，徐淑娇、全越编著第 10 章，杨猛编著第 11 章，李舒、莫成刚编著第 13、16 章，肖世龙、孟宪江编著第 14 章，黄尧参与编著第 2、3、5～7、10、11、13、14 章，张立超、杨玉芳编著第 15 章，蒋立鹏编著第 17 章，商艳、王红编著第 18、21 章，时中奇、黄海、姜颖达编著第 19 章，孟宪江、徐彬编著第 20 章。全书由黄勇、蒋立鹏、王余莲、赵菁负责统稿、文字整理等工作。

本手册编写过程中得到了沈阳科文压铸技术应用研究所梁文德所长、沈阳中天汽车压铸件有限公司留方总经理、辽宁公安司法管理干部学院邓玉萍、中广核工程有限公司郝俊娇、沈阳理工大学研究生胡清和等的帮助。另外，辽宁省模具协会等设计单位有关工程技术人员还为本书的编写提供了相关技术资料，在此一并表示感谢！

由于压铸技术发展迅速，加上编著者水平所限，手册中难免有不当之处，敬请广大读者批评指正。

编著者

目　录

第1篇
压铸成型工艺与压铸机

第1章　概　述

第2章　压铸合金及其熔炼工艺

第3章 压铸件的设计

第4章 压 铸 机

第5章　压铸工艺及压铸件缺陷防治

第2篇
压铸模设计

第6章　压铸模设计基础

第7章　浇注系统的设计

第8章　分型面的设计

第9章　成型零件的设计

第10章　抽芯机构的设计

第11章　推出机构的设计

第12章　模具零件结构设计

第13章　压铸模技术要求及材料选择

第14章　常见压铸模设计实例

第15章　典型压铸模结构图例

第3篇
压铸模制造

第16章　压铸模制造工艺

第17章 压铸模材料及其选用

第18章 压铸模具零件表面强化与提高压铸模寿命措施

第4篇
压铸新技术

第 19 章　挤压锻造及模具设计

第 20 章　反重力铸造及模具设计

第21章 液态压铸锻造双控成型技术

第22章 其他压铸成型新技术

参 考 文 献

第 1 篇

压铸成型工艺与压铸机

第1章 概　述

1.1　压铸的基本原理

金属压铸是压力铸造的简称。它是将熔融的液态金属注入压铸机的压室，通过压射冲头的运动，使液态金属在高压作用下，高速通过模具浇注系统填充型腔，在压力下结晶并迅速冷却凝固形成压铸件的工艺过程。

压铸压力为几兆帕至几十兆帕，填充初始速度为 0.5～70m/s，填充时间很短，一般为 0.01～0.03s。高压和高速是压铸工艺的重要特征，也使压铸过程、压铸件的结构及性能和压铸模的设计具有自己的特点。压铸过程循环图见图 1-1，图 1-2 为压力铸造工程图。

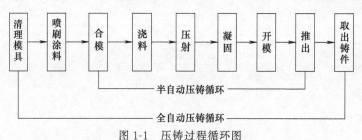

图 1-1　压铸过程循环图

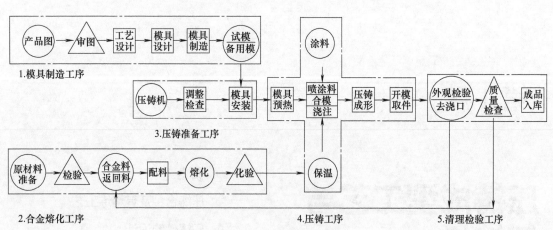

图 1-2　压力铸造工程图

压铸可分为热室压铸机压力铸造和冷室压铸机压力铸造两大类。其中，冷室压铸机压力铸造又分为立式、卧式和全立式压铸机压铸。

（1）热室压铸机的压铸过程

热室压铸机的压室浸在保温坩埚内的熔融合金中，压射部件装在坩埚上面，其压铸过程如图 1-3 所示。

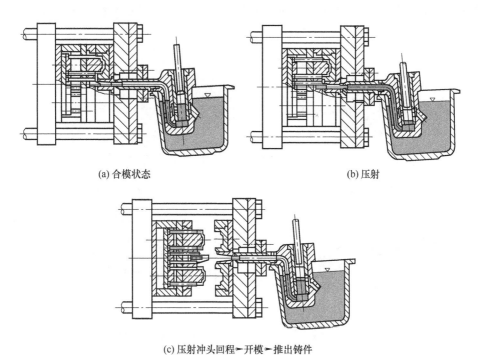

(a) 合模状态

(b) 压射

(c) 压射冲头回程➤开模➤推出铸件

图 1-3　热室压铸机的压铸过程

（2）冷室压铸机的压铸过程

① 立式冷室压铸机的压铸过程　立式冷室压铸机压室的中心平行于模具的分型面，称为垂直侧压室，其压铸过程如图 1-4 所示。

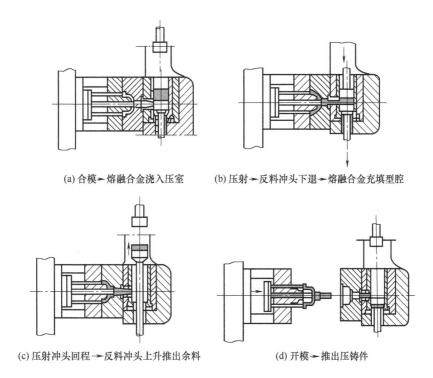

(a) 合模➤熔融合金浇入压室

(b) 压射➤反料冲头下退➤熔融合金充填型腔

(c) 压射冲头回程➤反料冲头上升推出余料

(d) 开模➤推出压铸件

图 1-4　立式冷室压铸机的压铸过程

② 卧式冷室压铸机的压铸过程　卧式冷室压铸机压室的中心线垂直于模具分型面，称为水平压室，其压铸过程如图 1-5 所示。

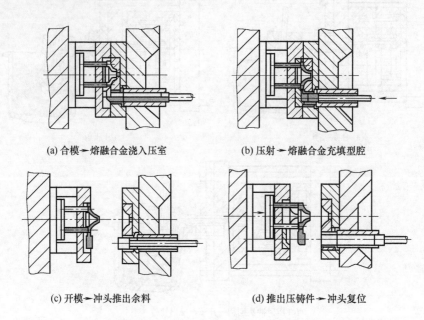

(a) 合模→熔融合金浇入压室　　　　　(b) 压射→熔融合金充填型腔

(c) 开模→冲头推出余料　　　　　(d) 推出压铸件→冲头复位

图 1-5　卧式冷室压铸机的压铸过程

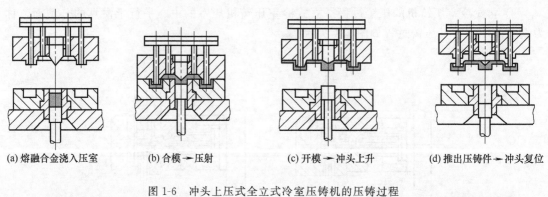

(a) 熔融合金浇入压室　　(b) 合模→压射　　(c) 开模→冲头上升　　(d) 推出压铸件→冲头复位

图 1-6　冲头上压式全立式冷室压铸机的压铸过程

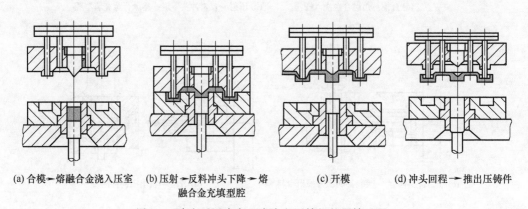

(a) 合模→熔融合金浇入压室　(b) 压射→反料冲头下降→熔　　(c) 开模　　(d) 冲头回程→推出压铸件
　　　　　　　　　　　　　　融合金充填型腔

图 1-7　冲头下压式全立式冷室压铸机的压铸过程

③ 全立式冷室压铸机的压铸过程　合模机构和压射机构垂直布置的压铸机称为全立式压铸机。

a. 冲头上压式全立式冷室压铸机的压铸过程（如图1-6所示）。

b. 冲头下压式全立式冷室压铸机的压铸过程（如图1-7所示）。

1.2　压铸的特点及应用范围

1.2.1　压铸的特点

由于压铸工艺是在极短时间内将压铸型腔填充完毕，且在高压、高速下成型，因此压铸法与其他成型方法相比有其自身的特点。

（1）压铸的优点

① 压铸件的尺寸精度较高，可达IT11～IT13级，最高可达IT9级，表面粗糙度Ra达0.8～3.2μm，甚至可达0.4μm，互换性好。

② 可以制造形状复杂、轮廓清晰、薄壁深腔的金属零件。压铸锌合金时最小壁厚达0.3mm，铝合金可达0.5mm，最小铸出孔径为0.7mm。同时可以铸出清晰的文字和图案。

③ 压铸件组织致密，具有较高的强度和硬度。因为液态金属是在压力下凝固的，又因填充时间很短，冷却时间较快，所以组织致密，晶粒细化，使铸件具有较高的强度和硬度，同时具有良好的耐磨性和耐蚀性。

④ 材料利用率高。压铸件的精度较高，只需经过少量机械加工即可装配使用，有的压铸件可直接装配使用，其材料利用率约为60%～80%，毛坯利用率达90%。

⑤ 可以实现自动化生产。压铸工艺大都为机械化和自动化操作，生产周期短，效率高，可适合大批量生产。一般冷室压铸机平均每小时可压铸80～100次，而热室压铸机平均每小时可压铸400～1000次。

（2）压铸的缺点

① 由于快速冷却，型腔中气体来不及排出，致使压铸件常有气孔及氧化夹杂物存在，从而降低了压铸件质量。有气孔的压铸件不能进行热处理。

② 压铸机和压铸模费用昂贵，不适合小批量生产。

③ 模具的寿命低。高熔点合金压铸时，模具的寿命较低，影响了压铸生产的扩大应用。但随着新型模具材料的不断涌现，模具的寿命也有很大的提高。

④ 压铸件尺寸受到限制，因受到压铸机锁模力及装模尺寸的限制而不能压铸大型压铸件。

⑤ 压铸合金种类受到限制。压铸模具受到使用温度的限制，目前主要用来压铸锌合金、铝合金、镁合金及铜合金。

1.2.2　压铸的应用范围

压铸件主要用于汽车、摩托车、仪表、工业电器、家用电器、农机、无线电、通信、机床、运输、造船、照相机、钟表、计算机、纺织器械等行业，其中汽车行业约占70%，摩托车行业约占10%。

目前用压铸方法可以生产铝、锌、镁和铜等合金压铸件。铝合金占比例最高，约占60%～80%；锌合金次之，约占10%～20%；铜合金压铸件比例仅占压铸件总量的1%～3%；镁合金压铸件过去应用很少，但近年来随着汽车工业、电子通信工业的发展和产品轻量化的要求，镁合金压铸件的应用逐渐增多，其产量有明显增加，预计将来还会有较大发展。

压铸零件的形状多种多样，大体上可以分为以下五类。

① 圆盖、圆盘类。表盖、机盖、底盘、盘座等。

② 圆环类。接插件、轴承保持器、方向盘等。

③ 筒体类。凸缘外套、导管、壳体形状的罩壳、仪表盖、上盖、深腔仪表罩、照相机壳与盖、化油器等。

④ 多孔缸体、壳体类。气缸体、气缸盖及油泵体等多腔的结构；较为复杂的壳体，例如汽车与摩托车的气缸体、气缸盖等。

⑤ 特殊形状类。叶轮、喇叭、字体、由筋条组成的装饰性压铸件等。

1.3　压铸技术的发展趋势

由于金属压铸成型具有不可比拟的突出优点，在工业技术快速发展的年代，必将得到越来越广泛的应用。特别是在大批量的生产中，虽然模具成本高一些，但总的说来，其生产的综合成本得到大幅度降低。在这个讲求微利的竞争时代，采用金属压铸成型技术，更有其积极和明显的经济价值。

近年来，汽车工业的飞速发展给压铸成型的生产带来了机遇。出于可持续发展和环境保护的需要，汽车轻量化是实现环保、节能、节材、高速的最佳途径。因此，利用压铸合金件代替传统的铸铁件，可使汽车质量减轻30%以上。同时，压铸合金件还有一个显著的特点是传导性能良好，热量散失快，提高了汽车行车安全性。因此，金属压铸行业正面临着发展的机遇，其应用前景十分广阔。

中国的压铸业经历了50多年的锤炼，已成长为具有相当规模的产业，并以每年8%～12%的速度增长。但是由于企业综合素质还有待提高，技术开发滞后于生产规模的扩大，经营方式滞后于市场竞争的需要。从总体看，我国是压铸大国，但不是强国，压铸业的水平还比较落后。把中、日、德、美四国按综合系数相比，如果中国为1，则日本为1.75，德国为1.75，美国为2.4。可以看出，我国的压铸工业与国际上先进国家相比还有差距，而这些差距正为我国压铸业发展提供了广阔的空间。

压铸成型技术今后的发展方向如下。

① 向大型化发展。随着市场经济的繁荣，新产品开发的势头迅猛。为了满足大型结构件的需要，无论是压铸机还是压铸模向大型化方向发展势在必行。

② 提高压铸生产的自动化水平。目前压铸生产的状况是，压铸效率不高和人力资源的浪费，制约了压铸生产的发展。比如，在冷室压铸机上，金属液的注入以及压铸件的取出等运行程序的自动化程度不高，因此，在这些环节中，只有提高自动化程度，才能满足大发展形势的需要。

③ 逐步改进和提高压铸工艺水平。压铸工艺是一项错综复杂的工作。除了从理论上研究外，还需经过实践的摸索和积累才能得到逐步的提高。但从现状看，还有一些需要完善的问题。比如，如何在金属液填充型腔时，减少和消除气体的卷入，生产出无气孔的压铸件；如何改进压铸工艺的条件，消除压铸件的缩孔、冷隔、裂纹等压铸缺陷，提高压铸件的综合力学性能。

目前已有这方面的实践，如采用真空压铸，以提前消除型腔中的气体以及超高速压铸，使气孔微细化等新技术，均获得了较理想的效果。

④ 提高模具的使用寿命。压铸模是在高温高压状态下工作，因此压铸模的使用寿命受到一定的影响。目前我国压铸模的使用寿命与技术先进国家相比，仍有一定的差距。就大中型压铸模而言，国内的使用寿命一般在3万～8万次，而技术先进国家则为10万～15万次。

提高压铸模的使用寿命，首先从提高模具材料的综合性能及热处理技术入手，提高模具的耐热、耐磨、耐冲击、耐疲劳性能。同时，提高模具成型零件的制造精度和降低表面粗糙度，对延长模具寿命也有积极的意义。

第2章 压铸合金及其熔炼工艺

2.1 对压铸合金的要求

选用压铸合金材料时，要充分考虑其使用性能、工艺性能、生产条件和经济性等多种因素。

（1）使用性能

① 力学性能。抗拉强度、高温强度、伸长率、硬度。

② 物理性能。密度、液相线温度、固相线温度、线胀系数、体膨胀率、比热容、热导率。

③ 化学性能。耐热性、耐蚀性。

（2）工艺性能

① 铸造工艺性。流动性、抗热裂性、模具黏附性。

② 切削加工性。焊接性能、电镀性能、热处理性能。

（3）对压铸合金的基本要求

① 过热温度不高时具有良好的流动性，便于填充复杂型腔，以获得表面质量良好的压铸件。

② 线收缩率和裂纹倾向性小，以免压铸件产生裂纹，使压铸件有较高的尺寸精度。

③ 结晶温度范围小，防止压铸件产生过多的缩孔和缩松。

④ 具有一定的高温强度，以防止推出压铸件时产生变形或碎裂。

⑤ 在常温下有较高的强度，以适应大型薄壁复杂压铸件生产的需要。

⑥ 与型壁间产生物理、化学作用的倾向性小，以减少粘模和相互合金化。

⑦ 具有良好的加工性能和一定的抗蚀性。

⑧ 制备压铸复合材料铸件时，预制型需要良好预热。

2.2 常用压铸合金及主要特性

目前最常用的压铸合金有铝合金、锌合金、镁合金、铜合金、铅合金、锡合金和一些金属基复合材料。以铅、锡为主的低熔点合金适用于压铸复杂而精密铸件，但由于铅锡的强度很低，锡的价格昂贵且又不易取得，所以，制造中用得很少。高熔点的黑色金属和结晶温度范围宽的有色金属虽已试验成功，但国内用于生产的尚少。现将常用几种压铸合金的主要特性介绍如下。

2.2.1 压铸铝合金

压铸铝合金是目前应用最广泛的压铸材料，大多使用高铝硅合金，主要特点如下。

① 密度较小，比强度高。

② 在高温和常温下都具有良好的力学性能，尤其是冲击韧性特别好。

③ 有较好的导电性和导热性，机械切削性能也很好。

④ 表面有一层化学性质稳定、组织致密的氧化铝膜，故大部分铝合金在淡水、海水、硝酸盐以及各种有机物中均有良好的耐腐蚀性，但这层氧化铝膜能被氯离子及碱离子所破坏。

⑤ 具有良好的压铸性能，较好的表面粗糙度以及较小的热裂性。

但是，铝合金的体积收缩率较大，在压铸件冷却凝固时易在最后凝固处形成较大的集中缩孔。同时铝合金对模具具有较强的黏附性，在脱出压铸件时，会产生黏附现象。

压铸铝合金的化学成分和力学性能及应用范围见表 2-1、表 2-2。

表 2-1　压铸铝合金化学成分

合金牌号	合金代号	化学成分（质量分数）/%										
		Si	Cu	Mn	Mg	Fe	Ni	Ti	Zn	Pb	Sn	Al
YZAlSi12	YL102	10.0~13.0	≤0.6	≤0.6	≤0.05	≤1.2	—	—	≤0.3	—	—	其余
YZAlSi10Mg	YL104	8.0~10.5	≤0.3	0.2~0.5	0.17~0.30	≤1.0			≤0.3	≤0.05	≤0.01	
YZAlSi12Cu2Mgl	YL108	11.0~13.0	1.0~2.0	0.3~0.9	0.4~1.0	≤1.0	≤0.05	—	≤1.0	≤0.05	≤0.01	
YZAlSi9Cu4	YL112	7.5~9.5	3.0~4.0	≤0.5	≤0.3	≤1.2	≤0.5		≤1.2	≤0.1	≤0.1	
YZAlSi11Cu3	YL113	9.6~12.0	1.5~3.5	≤0.5	≤0.3	≤1.2	≤0.5		≤1.0	≤0.1	≤0.1	
YZAlSi17Cu5Mg	YL117	16.0~18.0	16.0~18.0	4.0~5.0	≤0.5	0.45~0.65	≤1.2	≤0.1	≤0.1		≤1.2	
YZAlMg5Si1	YL303	0.8~1.3	≤0.1	0.1~0.4	4.5~5.5	≤1.2	—	≤0.2	≤1.2		—	

表 2-2　压铸铝合金力学性能及应用范围

合金牌号	合金代号	力学性能（不低于）			应用范围
		抗拉性能 σ_b/MPa	伸长率 δ/%（L_0=50）	布氏硬度 HB	
YZAlSi12	YL102	220	2	60	适用于各种薄壁铸件
YZAlSi10Mg	YL104	220	2	70	适用于大中型铸件
YZAlSi12Cu2	YL108	240	1	90	适用于各种铸件
YZAlSi9Cu4	YL112	240	1	85	适用于大中型铸件
YZAlSi11Cu3	YL113	230	1	80	适用于大中型铸件
YZAlSiCu5Mg	YL117	220	<1	85	适用于大中型铸件
YZAlMgSi	YL303	220	2	70	适用于压铸各种薄壁件及在高强度下工作的铸件

2.2.2　压铸锌合金

压铸锌合金也是目前应用较广的压铸合金，主要特点如下。

① 压铸锌合金有较好的压铸性能，其流动性能良好，可压铸壁厚较薄的压铸件，弥补了密度大带来的重量影响。它的结晶温度范围小，易于成型，不易粘模，并易于脱模。

② 浇注温度较低，压铸模的使用寿命较长。

③ 收缩率较小，易保证压铸件的尺寸精度。

④ 综合力学性能较高，特别是抗压和耐磨的性能较好。

⑤ 锌合金压铸件表面可进行各种抗蚀和装饰处理，如化学处理、阳极氧化、电镀、静电喷涂、真空镀铬等。

⑥ 锌合金在浇注温度范围内，对压室和压铸模成型零件无腐蚀作用。

压铸锌合金存在的问题是，它的老化现象比较严重。锌合金压铸件随着时间的延长，会引起变形或尺寸精度的变化，并使得强度和塑性显著降低。同时，当工作温度发生变化时，它的力学性能也发生变化。如工作温度低于−10℃，其冲击韧性会急剧降低；而在100℃以上时，其强度也会明显下降，并容易发生蠕变现象。因此，锌合金压铸件在使用时的环境温度范围较窄。

压铸锌合金的化学成分和力学性能见表2-3。

表2-3 压铸锌合金的化学成分和力学性能

合金牌号	合金代号	化学成分（质量分数）/%									力学性能（不低于）			
		主要成分				杂质（不大于）					σ_b /MPa	δ_s /%	硬度 HB	A_k /J
		Al	Cu	Mg	Zn	Fe	Pb	Sn	Cd	Cu				
ZZnAl4Y	YX040	3.5～4.3	—	0.02～0.06	其余	0.1	0.005	0.003	0.004	0.25	250	1	80	35
ZZnAl4Cu1Y	YX041	3.5～4.3	0.75～1.25	0.03～0.08		0.1	0.005	0.003	0.004	—	270	2	90	39
ZZnAl4Cu3Y	YX043	3.5～4.3	2.5～3.0	0.02～0.06		0.1	0.005	0.003	0.004	—	320	2	95	42

2.2.3 压铸镁合金

镁合金由于密度小，力学性能较好，故镁合金在压铸业的应用正在逐渐扩大，主要特点如下。

① 压铸镁合金的密度最小，只相当于铝合金的2/3左右，但有较高的比强度，比铝合金更为优越。如照相机、放映机等便于携带的轻便器件，采用压铸镁合金可大大减轻零件的质量。因此，采用压铸镁合金压铸这些零件几乎是唯一的选择。

② 压铸镁合金在低温时，仍有良好的力学性能，故可以制造在低温环境下使用的零件。

③ 液态的流动性较好，尺寸稳定，并易于切削加工。

④ 与钢铁的亲和力较小，故减少粘模现象，压铸件容易顺利脱模。

但由于镁元素是易燃物质，镁的粉尘会自行燃烧，而镁液在遇水后，也会产生剧烈的反应而导致爆炸。因此，在进行镁合金压铸生产时，应采取必要的安全防范措施。比如，对坩埚加密封盖以及充入保护气体，如CO_2等，使镁合金在封闭保护的状态下熔化。

压铸镁合金的化学成分和力学性能见表2-4。

表2-4 压铸镁合金的化学成分和力学性能

合金牌号	合金代号	化学成分（质量分数）/%									力学性能（不低于）		
		主要成分				杂质（不大于）					σ_b /MPa	δ /%	硬度 HB
		Al	Zn	Mn	Mg	Fe	Cu	Si	Ni	总和			
YZMgAl9Zn	YM5	7.5～9.0	0.2～0.8	0.15～0.5	其余	0.08	0.1	0.25	0.01	0.5	200	1	65

2.2.4 压铸铜合金

压铸铜合金主要是压铸黄铜合金。虽然它的熔点较高，但因为其具有许多优越性能，所以仍然有一定的应用价值，主要特点如下。

① 力学性能和耐磨性均优于铝、锌等压铸合金。

② 在大气中及海水中都有很强的耐腐蚀性能。

③ 导电性和导热性能良好，并具有抗磁性能。常用来制造不允许受磁场干扰的仪器上的零件。

压铸铜合金的浇注温度较高，压铸模的寿命相对较低，而原材料价格偏高，因此，目前在压铸业的应用上受到一定的限制。

压铸铜合金的化学成分和力学性能见表 2-5。

表 2-5　压铸铜合金的化学成分和力学性能

合金牌号	合金代号	化学成分(质量分数)/%															力学性能(不低于)		
		主要成分							杂质含量(不大于)									σ_b/MPa	δ/%	硬度HB
		Cu	Pb	Al	Si	Mn	Fe	Zn	Fe	Si	Ni	Sn	Mn	Al	Pb	Sb	总和			
YZCuZn40Pb	YT40-1	58.0~63.0	0.5~1.5	0.2~0.5	—	—	—	其余	0.8	0.05	—	—	0.5	—	—	1.0	1.5	300	6	85
YZCuZn16Si4	YT16-4	79.0~81.0	—	—	2.5~4.5	—	—	其余	0.6	—	—	0.3	0.5	0.1	0.5	0.1	2.0	345	25	85
YZCuZn30Al3	YT30-3	66.0~68.0	—	2.0~3.0	—	—	—	其余	0.8	—	—	1.0	0.5	—	1.0	—	3.0	400	15	110
YZCuZn35Al-2Mn2Fe	YT35-2-2-1	57.0~65.0	—	0.5~2.5	—	0.1~3.0	0.5~2.0	其余	—	0.1	3.0	1.0	—	—	0.5	0.4	2.0	475	3	130

2.3　压铸合金选用与标准

2.3.1　压铸合金的选用

合理地选择压铸合金，是压铸件设计工作中重要的环节之一。不同种类的压铸合金，其性能各有差异。设计人员在选择压铸合金时，不仅要考虑所要求的使用性能，而且对压铸合金的工艺性能也要给予足够的重视，在满足使用性能的前提下，尽可能多选用工艺性能优良的压铸合金。压铸合金的性能包括使用性能和工艺性能两方面，其项目与内容见表 2-6。

表 2-6　压铸合金性能

性能类别	项　　目	内　　容
使用性能	力学性能 物理性能 化学性能	抗拉强度、伸长率、硬度 密度、熔点、凝固点、线胀系数、比热容、热导率、耐蚀性
工艺性能	铸造工艺性能 可加工性 焊接性能 热处理性能	流动性、抗热裂性、模具黏附性

选择压铸合金应考虑的因素如下。

① 压铸件的受力状态，这是选择压铸合金的主要依据，但不是唯一的依据。

② 压铸件工作环境状态。压铸件的工作环境状态如下。

a. 工作温度：高温和低温要求。

b. 接触的介质：如潮湿大气、海水、酸碱等。

c. 密闭性要求：气压、液压密闭性。

③ 压铸件在整机或部件中所处的工作条件。

④ 对压铸件的尺寸和重量所提出的要求。

⑤ 生产条件：熔化设备、压铸机、工艺装置及材料等。

⑥ 经济性。

不同种类和牌号的压铸合金，其各种性能各有差异。在使用上，合金的选择是很难给出特定原则的，在许多情况下，是由生产的手段、设备的条件、实际的经验、合金的来源等方面来决定的。当只能从使用性能上加以选择时，考虑的原则如下所述。

① 对于锌合金，几种牌号在使用上和工艺上的差别不大。

② 铝合金的牌号很多，YL102 铝合金的气密性较好，切削性较差，铸件表面花纹比较严重；YL104 的切削性能则有所改善。通常这两种牌号可通用时，YL102 为主要牌号。YL303 具有较好的耐蚀性和耐热性，适用于潮湿环境下。YL108 虽然具有良好的压铸性能，强度和切削性能也较好，但过多的含锌量使耐蚀性降低。

③ 对于镁合金，由于镁的热容量较小，凝固较快，且不与型壁发生黏附，因此压铸过程比铝合金快，又鉴于其比强度高，适宜压铸大型薄壁零件。镁铝锌系铸造镁合金能铸出外形和内腔形状复杂的铸件，加之镁合金在汽油、煤油、润滑油中很稳定，因而多用于航空工业的燃油系统和润滑系统。压铸镁合金还可作为在受冲击载荷时能吸收大量能量的零部件及飞机着陆轮的轮毂。

④ 对于铜合金，由于铅黄铜铸件在流动的海水和热水中易发生脱锌腐蚀现象，因此在潮湿大气或 SO_2 的大气环境中都不适宜采用。而硅黄铜则因线收缩小，有较好的抗热裂性能，同时也有较好的气密性和耐蚀性，且填充成型性也很好，可以压铸薄壁零件。

2.3.2 压铸合金标准

（1）压铸合金国家及行业标准

GB/T 13818—2009《压铸锌合金》

GB/T 13821—2009《锌合金压铸件》

GB/T 15114—2009《铝合金压铸件》

GB/T 15115—2009《压铸铝合金》

GB/T 15116—1994《压铸铜合金》

GB/T 15117—1994《铜合金压铸件》

GB/T 13822—2017《压铸有色合金试样》

JB/T 9855—2010《凿岩机械与气动工具　压铸铝合金通用技术条件》

JB/T 9856—2010《凿岩机械与气动工具　压铸铝合金铸件通用技术条件》

YS/T 626—2007《便携式工具用镁合金压铸件》

QC/T 273—1999《汽车用锌合金、铝合金、铜合金压铸件技术条件》

QB/T 2253—1996《缝纫机铝合金压铸件通用技术条件》

JB/T 9625—1999《锅炉管道附件承压铸钢件　技术条件》

SY/T 5715—2016《石油天然气工业用碳钢、合金钢、不锈钢和镍基合金铸件》

（2）部分国外压铸合金标准

日本 JIS H 0409—1980《压铸件尺寸公差与起模斜度》

日本 JIS H 5301—2009《锌合金压铸件》

日本 JIS H 5302—2006《铝合金压铸件》

日本 JIS H 5303—2006《镁合金压铸件》

美国 ASTM BS/ANSI85—2003《铝合金压铸件》

德国 DIN1725—1986《压铸铝合金》

法国 NF A5—705—1984《镁和镁合金压铸件》

2.3.3 压铸合金国内外对比

国内外主要压铸铝合金化学成分见表 2-7，压铸锌合金材质各国标准对照见表 2-8。

表 2-7 国内外主要压铸铝合金化学成分

合金系列	国别	合金牌号	质量分数/%					标准规范
			Si	Cu	Mg	Fe	Al	
Al-Si 系	中国	YL102	10.0~13.0	<0.6	<0.05	<1.2	余量	GB/T 15115—2009
	日本	ADC1	11.0~13.0	<1.0	<0.30	<1.2		JIS H 5302—2000
	美国	413	11.0~13.0	<1.0	<0.10	<2.0		ASTM B 85—2003
	俄罗斯	AJ12	10.0~13.0	<0.6	<0.10	<1.5		ГОСТ2685—1982
	德国	AlSi12	11.0~13.5	<0.10	<0.05	<1.0		DIN1725
Al-Si-Mg 系	中国	YL104	8.0~10.5	<0.30	0.17~0.30	<1.0	余量	GB/T 15115—2009
	日本	ADC3	9.0~10.0	<0.60	0.40~0.60	<1.3		JIS H 5302—2002
	美国	360	9.0~10.0	<0.60	0.40~0.60	<2.0		ASTM B 85—2003
	俄罗斯	AJ14	11.0~13.0	<0.10	0.17~0.30	<1.0		ГОСТ 2685—1982
	德国	AlSi10Mg	9.0~10.0	<0.10	0.20~0.50	<1.0		DIN1725
Al-Si-Cu 系	中国	YL112	7.5~9.5	3.0~4.0	<0.30	<1.2	余量	GB/T 15115—2009
		YL113	9.6~12.0	1.5~3.5	<0.30	<1.2		
	日本	ADC	7.5~9.5	2.0~4.0	<0.30	<1.3		JIS H 5302—2000
		ADC12	9.6~12.0	1.5~3.5	<0.30	<1.3		
	美国	380	7.5~9.5	3.0~4.0	<0.10	<1.3		ASTM B 85—2003
		383	9.5~11.5	2.0~3.0	<0.10	<1.3		
	俄罗斯	AJ16	4.5~6.0	2.0~4.0	<0.10	<1.6		ГОСТ2685—1982
	德国	AlSi8Cu3	7.5~9.5	2.0~3.5	<0.30	<1.3		DIN1725
Al-Mg 系	中国	YL302	0.80~1.30	<0.10	4.5~5.5	<1.2	余量	GB/T 15115—2009
	日本	ADC5	<0.30	<0.20	4.0~8.5	<1.8		JIS H 5302—2000
	美国	518	<0.35	<0.25	7.5~8.5	<1.8		ASTM B 85—2003
	德国	AlMg9	<0.50	<0.05	7.0~10.0	<1.0		DIN 1725

表 2-8 压铸锌合金材质各国标准对照

Comm'l (商用标准)	UNS	ASTM B86	SAE J469	Federal QQ-Z-363a (美国联邦标准)	DIN	JIS
2	Z3551	AC43A	921	AC43A	1743	—
3	Z33520	AG40A	903	AG40A	1743	ZDC-2
5	Z355310	AC41A	925	AC41A	1743	ZDC-1
7	Z33523	AAG40B	—	AG40B	—	—
ZA-8	Z35636	—	—	—	—	—
ZA-12	Z35631	—	—	—	—	—
ZA-27	Z35841	—	—	—	—	—

2.4 压铸复合材料与压铸合金性能检测

2.4.1 压铸铝合金复合材料

压铸铝合金复合材料（Al-MMC）是近 10 年的产物，且目前在世界上并不普遍，压铸铝合金复合材料的主要成分是在一般的 A380（ADC10）和 A360（ADC3）铝合金基体中加入质量分数为 10%～20% 的碳化硅（SiC）而形成。其力学性能较普通铝合金有很大提高，强度提高 40%～90%。

但由于 SiC 的加入，可加工性下降，需采用多晶的硬质刀具（DCD）进行加工使其成本提高 3～4 倍，使其应用受到很大限制。复合材料的编号一般由组成复合材料的金属代号表示，代号之间用一斜线隔开。

压铸铝合金复合材料物理性能见表 2-9。

表 2-9　压铸铝合金复合材料物理性能

合金代号	F3D. 10S-F 380/SiC/10p	F3D. 20S-F 380/SiC/20p	F3N. 10S-F 360/SiC/10p	F3N. 20S-F 360/SiC/20p
抗热裂性能	1	1	1	1
模腔充填性	1	1	1	1
抗粘模性	3	3	2	2
气密性	2	2	2	2
耐蚀性	5	5	3	3
可加工性	4	4	4	4
铸件表层加工：抛光难易度	5	5	5	5
铸件表层加工：电镀难易度	2	2	2	2
阳极表面处理难易度	4	4	4	4
阳极表面保护处理难易度	5	5	4	4
强度随高温变化特性	1	1	1	1
耐磨耗性	1	1	1	1

注：1—优；5—劣；2～4 介于优劣之间。

2.4.2　压铸锌合金复合材料

（1）铸造锌基复合材料的常温力学性能

在 Zn4Al1Cu0.05Mg 合金中加入碳纤维，提高了合金的强度。表 2-10 为锌或锌合金中加入不同量的碳纤维所引起的合金力学性能变化，可以发现，随着合金中纤维量的增加，实测抗拉强度也增加。在 ZA-27 合金中使用 E 玻璃纤维作为增强体。玻璃纤维的直径为 4～6μm，长度在 0.4～0.6mm 范围。表 2-11 为 E 玻璃纤维加入量与合金性能的关系。可见，随着纤维含量的增加，复合材料的抗拉强度及弹性模量均增高，而伸长率及冲击韧度均降低。用塑性较高的 Zn-12Al 合金为基体，以 SiC 晶须做增强体制作的复合材料，试验发现随晶须体积分数的增加（10%、20%、30%），抗拉强度也增加（369MPa、407MPa、536MPa）。由此可见，在合金中加入纤维或晶须，对提高合金的抗拉强度、弹性模量及硬度是有利的。用混合定律计算复合材料的强度，并与试验值进行了比较，发现二者之间有较大的差异。分析其原因大体有三点：一是锌合金易于氧化，在增强体表面形成氧化物，这些氧化物阻止液体浸入增强体，因此削弱了基体和增强体的结合；二是增强体在基体中分布并不均匀，会造成局部应力，这也是造成材料性能偏低的原因；三是与增强体在制造中受损有关。

在碳纤维增强复合材料中发现，对纤维的预处理会降低纤维本身的强度。所用合金基体为 Zn4Al1Cu0.05Mg。所用纤维的直径为 7μm，其抗拉强度为 2940MPa。为了改善纤维与基体在高温的相容性，采取了纤维表面化学镀镍的方法。在制造时，将镀膜纤维铺设在钢模中，表面铺撒石墨。覆膜后的纤维，强度下降到 2548～2646MPa。和玻璃纤维增强复合材料一样，碳纤维增强锌铝合金的冲击吸收功也大大下降（见表 2-12）。根据体积分数为 20%

的长碳纤维增强 ZA-4Al 复合材料的冲击试验表明，碳纤维的加入使 ZA-4Al 合金的冲击吸收功从 22.4J 减小到 7.5J。表 2-13 列出了在 ZA-8、ZA-27 合金中加入体积分数 20％的碳纤维，体积分数 20％的不锈钢纤维（含质量分数 20％Cr 及 5％Al）及体积分数 20％的 Saffil 纤维（含质量分数 96％～97％Al 及质量分数 2.3％SiO_2）。可以看出，复合材料的冲击韧度都大大降低了。结果表明，碳纤维、不锈钢纤维以及 Saffil 纤维的加入均大大降低了 ZA 合金的冲击韧度，加入 Saffil 纤维冲击韧度下降最大。Saffil/ZA-27 复合材料的冲击韧性是 ZA-27 基体的 1/8，而 C/ZA-8、不锈钢/ZA-8 的断裂韧度是基体的 1/2。分析表明，锌复合材料冲击韧度的提高与增强体细化了基体的晶粒有关。锌合金复合材料冲击韧度的降低主要受界面结合状态的影响。

表 2-10　铸造锌复合材料的力学性能

材料	碳纤维体积分数/％	实测抗拉强度/MPa	计算抗拉强度/MPa
锌	0	36	—
	6.0	165	192
	10.8	188	318
	12.7	237	367
锌合金	0	90	—
	6.0	179	244
	10.6	199	346
	14.6	262	464

表 2-11　E 玻璃纤维增强 ZA-27 复合材料的性能

玻璃纤维质量分数/％	抗拉强度/MPa	硬度 HBW	弹性模量/GPa	伸长率/％	冲击吸收功/J
0	302	126	77	9.1	39
1	349	130	79	7.7	31
3	360	132	84	6.7	27
5	382	137	45	6.1	24

表 2-12　材料的冲击性能

材料	纯锌	碳纤维增强锌基复合材料	锌合金	碳纤维增强锌基复合材料
冲击吸收功/J	5.6	7.4	22.4	7.5

表 2-13　复合材料的冲击韧度

材料	ZA-8	ZA-27	不锈钢/ZA-8	C/ZA-8	Saffil/ZA-27
冲击韧度/(J/cm^2)	9	16	4	4.4	2

（2）铸造锌基复合材料的高温性能

α-Al_2O_3/ZA-12 复合材料研究表明，复合材料的抗拉强度随试验温度的下降幅度明显低于基体下降幅度，纤维体积比 F 越大，复合材料抗拉强度随温度的下降幅度越小，室温下复合材料的抗拉强度低于基体，但温度升到 80℃时，复合材料的抗拉强度已接近或超过基体。在 150℃时复合材料的抗拉强度已明显高于基体。这些结果表明，α-Al_2O_3/ZA-12 复合材料具有较好的高温强度，α-Al_2O_3 短纤维的加入使 ZA-12 合金的耐高温能力提高近 50℃。实际上，复合材料最明显的特点是改善了合金与热有关的性能及参数，如热膨胀系数、蠕变抗力和时效与性能的关系等。

高温时效对锌基复合材料的影响与对锌铝合金的影响是有区别的。原因是复合材料中增强相参与了作用。表 2-14 列出了 ZA-27 复合材料在不同温度下时效的硬度变化。可以看出，时效仍然能使复合材料的硬度提高，说明增强体与时效处理的结合可以继续提高锌铝合金的硬度。含体积分数 5％玻璃纤维的复合材料的时效硬度可达 142HBW 以上。还可以看出，含增强体量较少的复合材料的硬度随时效时间增加的幅度较大。在时效 18h 后，含体积分数 1%纤维的复合材料的硬度与含体积分数 3%纤维的复合材料硬度基本相同，但是与含体积分数 5%纤维复合材料的硬度还是有差距的。由表中也能看出，时效温度对硬度的影响并不大。

在 ZA-8 合金中分别加入体积分数为 20%的不锈钢纤维（成分为质量分数 20%Cr、5% Al、其余为 Fe，尺寸为 $\phi22\mu m \times 10mm$）和碳纤维（尺寸为 $\phi10\mu m \times 10mm$）得到不锈钢/ZA-8 和碳 ZA-8 复合材料。在 ZA-27 合金中加入体积分数为 20%的含 $\delta\text{-}Al_2O_3$ 96%~97%的氧化铝纤维构成 Saffil/ZA-27 复合材料。测定得到的增强物、基体及复合材料的热膨胀系数列于表 2-15 中。可以看出，无论在锌铝合金基体中加入任何增强物，都能降低材料的热膨胀系数，特别是不锈钢/ZA-8 复合材料的热膨胀系数最低。而碳纤维增强复合材料的热膨胀系数相比其他复合材料较高。说明碳纤维在影响合金膨胀性方面的作用较差。采用混合定律估算复合材料的热膨胀系数，计算出不锈钢/ZA-8、碳/ZA-8 及 Saffil/ZA-27 的热膨胀系数值分别为：$22.3\times10^{-6}/℃$、$26\times10^{-6}/℃$ 及 $18.3\times10^{-6}/℃$。不锈钢纤维降低，热膨胀系数效果明显与它具有较高的刚度有关系。在另外一组 ZA-8 合金基的复合材料中，也分别加入体积分数为 20%的碳纤维（参数同前）、20%的不锈钢连续纤维（含质量分数 16%~18%Cr，10%~14%Ni，2%~3%Mo，0.03%C 及 2%Mn，尺寸为 $\phi12\mu m$，随机分布）、体积分数为 20%的 Saffil 短纤维（成分同前，尺寸为 $\phi3\mu m \times 500\mu m$）、体积分数为 14.5%的低碳钢连续纤维（含碳质量分数 0.16%，直径为 $\phi13.8mm$），测定得到的热膨胀系数分别为：C/ZA-8，$24.4\times10^{-6}/℃$；不锈钢/ZA-8，$24.3\times10^{-6}/℃$；Saffil/ZA-8，$25\times10^{-6}/℃$；碳钢/ZA-8，$21.4\times10^{-6}/℃$。可以看出，由于纤维的加入，使合金的热膨胀系数降低了至少 15%。值得注意的是碳纤维增强 ZA-8 复合材料的热膨胀系数较低。

表 2-14 时效对 E 玻璃纤维增强 ZA-27 复合材料的硬度的影响

时效时间 /h	75℃时效硬度 HBW			100℃时效硬度 HBW			150℃时效硬度 HBW		
	1%玻璃纤维	3%玻璃纤维	5%玻璃纤维	1%玻璃纤维	3%玻璃纤维	5%玻璃纤维	1%玻璃纤维	3%玻璃纤维	5%玻璃纤维
0	130	132	137	130	132	137	130	132	137
6	133	133	140.5	133.5	135	141	134	135.4	142
12	135	136	142	135	137	142	136	138	142.2
18	136	137	142.3	137	138	143	137	138.5	143

表 2-15 材料的热膨胀系数

材料	Saffil	碳	不锈钢	ZA-8	ZA-27	不锈钢/ZA-8	碳 ZA-8	Saffil/ZA-8
热膨胀系数/($\times10^{-6}/℃$)	7	~0	11	29	28	20	25	22.5

2.4.3 压铸镁合金复合材料

镁合金的密度最低，约是铝合金的 2/3，镁基复合材料因而具有更高的比强度、比刚度，同时还具有较好的耐磨性、耐高温及减振性能，此外，镁基复合材料还具有很好的阻尼性能及电磁屏蔽性能，是良好的功能材料。因此镁基复合材料在电子、航空、航天特别是汽车工业中具有潜在的应用前景。

铸态 SiC_p/AZ91 复合材料的常温拉伸性能，随着 SiC 陶瓷颗粒体积分数的增加，颗粒增强镁基（AZ91）复合材料的抗拉强度和弹性模量均增加，伸长率和基体镁合金相比显著下降。镁合金基体中分布有强度、硬度都较高的陶瓷颗粒增强相时，陶瓷颗粒在磨损过程中将起到支撑载荷的作用，减少了镁合金基体的黏着磨损。镁基复合材料强度较高，因而镁基复合材料具有优良的耐磨性。

对 SiC 颗粒增强 AZ91 镁合金进行的盐雾腐蚀测试结果表明，SiC 含量在某一临界值以下，腐蚀速率基本不变，超过这个临界值后，腐蚀速率有一定提高，SiC 颗粒增强 AZ91 镁合金复合材料的耐蚀性较好。

B_4C 颗粒增强 ZM-5 合金复合材料的硬度值比未增强的镁合金约高 1 倍，并且各测量点的硬度值比较接近，碳化硼颗粒增强镁合金复合材料的组织较均匀。由于 ZM-5 镁合金中不含锆和稀土元素，铸造组织中易出现显微疏松缺陷。因此，想要得到基体晶粒细、枝晶偏析较小、组织致密的镁基复合材料，铸造稀土镁合金将是基体材料的最佳选择。

2.4.4　压铸铜合金复合材料

由于铜基合金在保持高导电和高导热的同时对强度的提高有一定的限度，而复合强化能同时发挥基体高导电导热与强化材料的协同作用，又具有很大的设计自由度。因此近十几年来，美、日等发达国家对这类材料的开发研制非常活跃。复合强化不会明显降低钢基体的传导性，而且还能改善基体的室温及高温性能。其基本原理是：根据材料设计性能的要求，选用适当的增强相（一种或多种）加入基体，在保持基体高传导性的同时，充分发挥增强相的强化作用，使材料的传导性与强度达到良好的匹配。

根据增强相的形态，可以把高强度高导电导热铜基复合材料分为：颗粒增强铜基复合材料和纤维增强铜基复合材料。颗粒增强复合材料是指在铜基体中人为地或通过一定的工艺原位生成弥散分布的第二相粒子。第二相粒子阻碍了位错的运动，从而提高了材料的强度，如 Al_2O_3/Cu 复合材料、TiC/Cu 复合材料。纤维增强铜基复合材料是指人为地在铜基体中加入定向规则排列的纤维或通过一定的工艺原位生成均匀相间定向整齐排列的第二相纤维，纤维使位错运动阻力增大，从而使金属基体得以强化，如 C/Cu，Fe/Cu 原位形变复合材料。

铜基复合材料也可用于各种摩擦条件及有高强度高导电高导热要求的场合，如电极、电刷等。铜基复合材料的缺点就是需要特殊的设备，由于纤维与铜基体的润湿性较差，因而制备工艺困难，成本较高。目前，采用压铸方法制备铜基复合材料产品还有一段距离。

2.4.5　压铸合金性能检测

（1）化学成分的检测

化学成分检测主要是进行化学分析和光谱分析，通过分析鉴别成品合金中的主要化学成分和杂质含量。

试样的制取一般是从每一炉合金压铸到容量的一半时进行制取，试样浇注在专用锭模内。

（2）力学性能检测

生产中力学性能是以测定标准试样作为代表的。

① 压铸试样类型和尺寸

压铸铝合金的力学性能是在规定的工艺参数下，采用单铸拉力试样所测得的铸态性能。试样的形状及尺寸应符合 GB/T 13822—2017《压铸有色合金试样》的规定。GB/T 13822—2017 是参照国外标准，并结合国内具体条件制定的。拉力试样的形状、尺寸与 ASTM E8M、JIS H 5301 和 BS1004 的规定相同，即直径为 $\phi 6.4\,mm$，标距为 50mm。冲击韧度试样尺寸也与 ASTM、JIS 和 BS 中的规定相同。

a. A 型拉力试样如图 2-1 所示，适用于测定抗拉强度和伸长率。

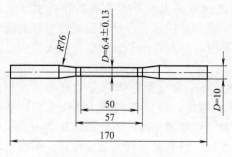

图 2-1　A 型拉力试样

b. B 型拉力试样如图 2-2 所示，适用于抗拉强度比较试验和硬度测定。

c. 冲击韧度试样如图 2-3 所示，试验前截为两根，试验时摆锤冲击在试样最窄面。

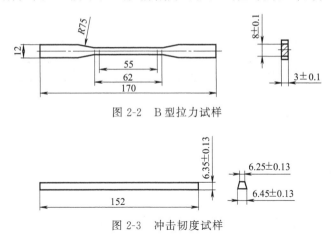

图 2-2　B 型拉力试样

图 2-3　冲击韧度试样

② 压铸试样工艺图

a. 压铸合金试样工艺图及尺寸见图 2-4。

b. 有色压铸合金试样压铸工艺参数见表 2-16。

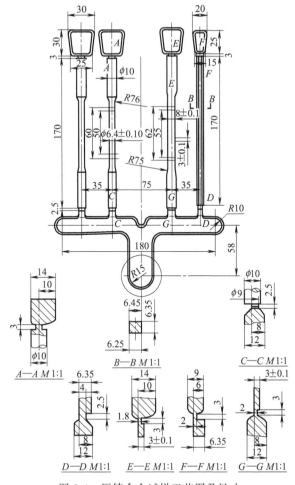

图 2-4　压铸合金试样工艺图及尺寸

表 2-16　有色压铸合金试样压铸工艺参数

合金种类	浇注温度/℃	压铸型温度/℃	压射比压/MPa	压射活塞速度/(m/s)
压铸锌合金	390～410	150～200	40～60	1～2
压铸铝合金	液相线＋(30～70)	200～250	50～70	1～2
压铸镁合金	600～640	300～240	50～70	1～2
压铸铜合金	液相线＋(30～50)	300～350	65～70	1～2

2.5　压铸合金熔炼

2.5.1　熔化设备

（1）熔化炉和保温炉

压铸生产中，熔炼压铸合金用熔炉分为熔化炉和保温炉。

熔化炉是将固态合金熔化成熔融合金的熔炉。保温炉放在压铸机旁，是暂时储存从熔化炉运送来的金属，并使之保持在规定的温度范围内，以供压铸生产时不间断地舀取使用。在大量生产的情况下，熔化炉集中在熔化间，然后将熔化好的金属再分配到各台压铸机旁的保温炉内。在小量生产和压铸机少的情况下，常常是在保温炉内直接进行熔化，然后精炼使用。

熔炉的形式很多。应根据不同合金特点、产量大小和能源供应状况进行选择。

① 熔化炉的基本要求。

a. 熔化炉工作温度应满足熔制金属液的工艺要求。

b. 在满足生产需要的前提下，以选用较小容量的熔化炉为宜，当金属液用量很大时，用几个小容量的熔化炉为佳，这样可使生产中周转灵活性大。

② 保温炉的基本要求。

a. 根据所匹配的压铸机，保温炉容量为 0.5～1h 内压铸所用金属液的消耗量。量过大时，金属液在炉内停留时间过长，会引起过多的氧化损失。

b. 要求坩埚炉的金属液表面积最小，以减少压铸过程因舀取金属液频繁而增加金属液的氧化。

c. 保温炉应当附有良好的通风设备，以便把燃烧产物排出。

d. 保温炉应能移动，既便于检修，又可整个炉子替换使用，生产不受影响。

e. 用于镁合金的保温炉，其结构应保证金属液免受氧化。

③ 常用的熔炉。熔炉的种类很多，压铸合金的熔炉以坩埚炉为主，根据热源的不同可分为燃料炉和电炉。

a. 燃料炉是熔化各类有色金属合金时常用的炉子，具有结构简单、制造容易、维护方便等特点，可以使用重油、煤气、天然气等各种燃料。缺点是温度不易控制、热效率低、燃料消耗大、成本高。

b. 电炉是目前压铸中最常使用的炉子，其特点是：适用各种不同的生产规模，便于调节温度，保持需要的温度范围，可靠性好，劳动条件好，环境污染轻，熔炼成本低；既可用于熔炼，也可用于保温；与燃料炉相比，一次性投资大。

压铸厂常用的电炉有两类：一类是电阻炉，一类是感应炉。与电阻炉相比，感应炉用电节省、维修费用少、环境温度低、寿命长、熔炼成本低。因此目前压铸行业多选用感应炉。表 2-17 为某电炉厂生产的电炉，表 2-18 为某设备厂生产的保温炉。

表 2-17　电炉型号

无芯工频感应熔炼(保温)电炉			有芯工频感应熔炼(保温)电炉	
型号	坩埚形状及材质	用途	型号	用途
GWL-0.06t(铝)	圆形(铁)	可配 125t 压铸机	GYT-0.15t	熔铜,可配压铸机
GWL-0.08t(铝)	圆形(铁)	可配 250t 压铸机	GYT-0.3～1.5t	熔铜,可配无氧铜生产线
GWL-0.12t(铝)	大口径圆形(铁)	可配机械手动压铸机	GYT-0.3～0.75t	熔铝
GWL-0.15t(铝)	圆形(铁)	可配 400t 压铸机		
GWL-0.15t(铝)	椭圆形(铁)	可配热式自动压铸机		
GWL-0.25t(铝)	椭圆形(铁)	可配热式自动压铸机		
GWL-0.3t(铝)	圆形(铁)			
GWL-0.5～0.75t(铝)	矾土水泥	不增铁		
GW-0.3～0.5t(铁)	石英砂	铸铜		

表 2-18　保温炉型号、技术参数及规格

名　称		单　位	型　号		
			RRJ-150-9	RRJ-300-12	RRJ-600-16
额定功率		kW	9	12	16
额定电压		V	380	380	380
电源频率		Hz	50	50	50
相数		相	3	3	3
连接方式		Y	Y	Y	Y
炉膛温度		℃	800～850	800～850	800～850
最高出料口温度		℃	650±50	650±50	650±50
热料	生产率	t/h	0.10	0.20	0.40
	升温	℃/h	30±5	30±5	30±5
外形尺寸		mm	1700×1050×1270	1950×1150×1270	2200×1150×1300
进料口尺寸		mm	230×230×200	300×300×268	300×300×350
出料口尺寸		mm	230×230×268	350×350×335	460×460×400
额定容量		kg	150	300	600
整机容量		kg	≤2200	≤2500	≤2800

（2）坩埚　压铸生产中常用的坩埚有石墨坩埚和金属坩埚两种

① 石墨坩埚。熔炼锌合金、铝合金及铜合金时，均可采用石墨坩埚。熔炼镁合金时，不能用石墨坩埚，因为硅元素是所有镁合金都不宜存在的杂质。同样对含镁量高的铝合金，也不能用石墨坩埚熔化，石墨坩埚主要尺寸见表 2-19。

表 2-19　石墨坩埚主要尺寸

型号	主要尺寸/mm				型号	主要尺寸/mm			
	口部外径	中部外径	底部外径	高度		口部外径	中部外径	底部外径	高度
50	252	243	183	314	150	352	337	244	442
80	291	271	185	356	200	384	359	276	497
100	312	293	213	391					

注：编号代表容纳铜的质量，例如 50 号，表示其容量为 50kg 铜。

② 金属坩埚。金属坩埚一般用于锌、铝、镁合金的熔炼。金属坩埚的材料多为铸铁、铸钢和钢板。铸铁坩埚的耐热性差，容易损坏。但其制造容易，价格低廉，在生产中还是被

广泛应用。熔化镁的坩埚应用低碳钢坩埚，锌和铝合金用铸造坩埚如图 2-5 所示，镁合金用铸造坩埚如图 2-6 所示，金属坩埚用材料见表 2-20。

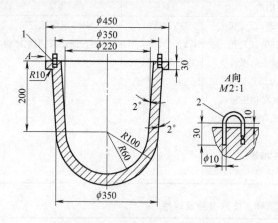

图 2-5　锌和铝合金用铸造坩埚
1—坩埚；2—吊环（材料 45 钢）

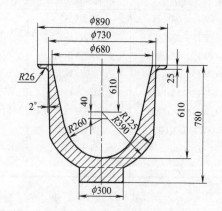

图 2-6　镁合金用铸造坩埚

表 2-20　金属坩埚用材料

材料牌号	制造方法及用途	材料牌号	制造方法及用途
RTSi-5.5	铸造铝合金用坩埚	ZG20	铸造镁合金用坩埚
HT200	铸造锌合金用坩埚	20 号钢板	镁合金用坩埚

2.5.2　熔炼工具

① 钟形罩如图 2-7 所示。
② 撇渣勺如图 2-8 所示。
③ 浇料勺如图 2-9 所示。

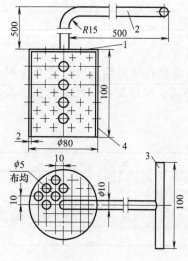

图 2-7　钟形罩
1—罩盖；2—弯杆；3—手柄；4—罩体

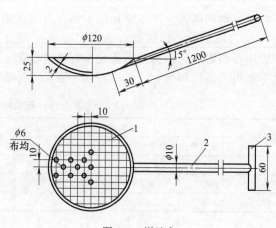

图 2-8　撇渣勺
1—勺体；2—勺把；3—手柄

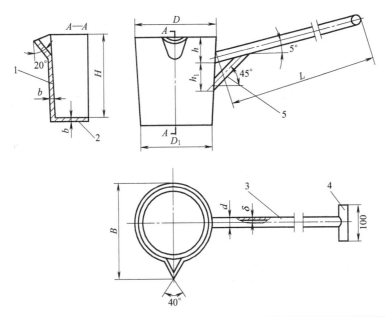

盛铝量	主要尺寸/mm									
/kg	D	D_1	H	B	h	h_1	b	δ	d	L
10	185	170	195	215	60	70	2.5	2.5	20	1100
16	215	195	225	255	70	75	2.5	3	25	1200
20	230	210	240	275	75	80	2.5	3	25	1200

图 2-9 浇料勺

1—外壳；2—底；3—直管；4—手柄；5—支管

2.5.3 炉料

（1）炉料的来源和种类（见表 2-21）

表 2-21 炉料的来源和种类

类别	炉料来源	炉料种类
第一类	主要由合金厂生产提供	各种新金属，中间合金，回炉料
第二类	主要由压铸厂自行配制	预制合金锭，中间合金锭，回炉料

（2）炉料的组成和要求

炉料包括新金属合金、中间合金和回炉料。

① 新金属合金。新金属合金是由专门冶金厂按国家标准或国际标准压铸合金牌号生产供应的合金锭，其纯度和成分都有严格的规定。以工厂熔制的预制合金锭来直接重熔后获得工作合金。

a. 铝锭见表 2-22，铝合金锭见表 2-23。

表 2-22 铝锭

铝牌号	代号	化学成分（质量分数）/%					
		铝不小于	杂质不大于				
			Fe	Si	Fe+Si	Cu	杂质总和
第一号铝	Al-00	99.7	0.16	0.13	0.26	0.010	0.30
第二号铝	Al-0	99.6	0.25	0.18	0.36	0.010	0.40
一号铝	Al-1	99.5	0.30	0.22	0.45	0.015	0.50

铝牌号	代号	化学成分(质量分数)/%						
		铝不小于	杂质不大于					
			Fe	Si	Fe+Si	Cu	杂质总和	
二号铝	Al-2	99.0	0.50	0.45	0.90	0.020	1.00	
三号铝	Al-3	98.0	1.10	1.00	1.80	0.050	2.00	

表 2-23　铝合金锭

种类		代号	化学成分(质量分数)/%								
			Cu	Si	Mg	Zn	Fe	Mn	Ni	Sn	Al
1类	1	AD1.1	≤1.0	11.0~13.0	≤0.3	≤0.5	≤0.9	≤0.3	≤0.5	0.1	余量
	2	AD1.2	(≤0.05)	11.0~13.0	(≤0.03)	(≤0.03)	0.3~0.6	(≤0.03)	(≤0.03)	(≤0.03)	余量
3类	1	AD3.1	≤0.6	9.0~10.0	0.4~0.6	≤0.5	≤0.9	≤0.3	≤0.5	≤0.1	余量
	2	AD3.2	(≤0.05)	9.0~10.0	0.4~0.6	(≤0.03)	0.3~0.6	(≤0.03)	(≤0.03)	(≤0.03)	余量
5类	1	AD5.1	≤0.2	≤0.3	4.1~8.5	≤0.1	≤1.1	≤0.3	≤0.1	≤0.1	余量
	2	AD5.2	(≤0.05)	≤0.3	4.1~8.5	(≤0.03)	0.3~0.6	(≤0.03)	(≤0.03)	(≤0.03)	余量
6类	1	AD6.1	≤0.1	≤1.0	2.6~4.0	≤0.4	≤0.6	0.4~0.6	≤0.1	≤0.1	余量
	2	AD6.2	(≤0.05)	≤1.0	2.6~4.0	(≤0.03)	0.3~0.6	0.4~0.6	(≤0.03)	(≤0.03)	余量
10类	1	AD10.1	2.0~4.0	7.5~9.5	≤0.3	≤0.1	≤0.9	≤0.5	≤0.5	≤0.3	余量
	2	AD10.2	2.0~4.0	7.5~9.5	(≤0.03)	(≤0.03)	0.3~0.6	(≤0.03)	(≤0.03)	(≤0.03)	余量
10类Z	1	AD10Z.1	2.0~4.0	7.5~9.5	≤0.3	≤3.0	≤0.9	≤0.5	≤0.5	≤0.3	余量
12类	1	AD12.1	1.5~3.5	9.6~12.0	≤0.3	≤1.0	≤0.9	≤0.5	≤0.5	≤0.3	余量
	2	AD12.2	1.5~3.5	9.6~12.0	(≤0.03)	(≤0.03)	0.3~0.6	(≤0.03)	(≤0.03)	(≤0.03)	余量
12类Z	1	AD12Z.1	1.5~3.5	9.6~12.0	≤0.3	≤3.0	≤0.9	≤0.5	≤0.5	≤0.3	余量
14类	1	AD14.1	4.0~5.0	16.0~18.0	0.5~0.65	≤1.5	≤0.9	≤0.5	≤0.3	≤0.3	余量
	2	AD14.2	4.0~5.0	16.0~18.0	0.5~0.65	(≤0.03)	0.3~0.6	(≤0.03)	(≤0.03)	(≤0.03)	余量

b. 铜锭见表 2-24，铜合金锭见表 2-25。

表 2-24　铜锭

品号	代号	化学成分(质量分数)/%												
		铜含量(不小于)	杂质含量(不大于)											
			Bi	Sb	As	Fe	Ni	Pb	Sn	S	O	Zn	P	总和
一号铜	Cu-1	99.95	0.002	0.002	0.002	0.005	0.002	0.005	0.002	0.005	0.02	0.005	0.001	0.05
二号铜	Cu-2	99.90	0.002	0.002	0.002	0.005	0.002	0.005	0.002	0.005	0.06	0.005	0.001	0.10
三号铜	Cu-3	99.70	0.002	0.005	0.01	0.05	0.20	0.01	0.05	0.01	0.10			0.30
四号铜	Cu-4	99.50	0.003	0.005	0.05	0.05	0.20	0.05	0.05	0.01	0.10			0.50

表 2-25　铜合金锭

种类	代号	化学成分(质量分数)/%						
		Cu	Zn	Pb	Sn	Al	Fe	Ni
1类	YBsCIn1	83.0~88.0	余量	≤0.5	≤0.1	≤0.2	≤0.2	≤0.2
2类	YBsCIn2	65.0~70.0	余量	0.5~3.0	≤1.0	≤0.5	≤0.6	≤1.0
3类	YBsCIn3	60.0~65.0	余量	0.5~3.0	≤1.0	≤0.5	≤0.6	≤1.0

c. 锌锭见表 2-26，锌合金锭见表 2-27。

表 2-26　锌锭

品号	代号	化学成分(质量分数)/%								
		锌含量(不小于)	杂质含量(不大于)							
			Pb	Fe	Cd	Cu	As	Sb	Sn	总和
第一号锌	Zn-01	99.995	0.003	0.001	0.001	0.0001				0.005
一号锌	Zn-1	99.99	0.005	0.003	0.002	0.001				0.010

品号	代号	化学成分(质量分数)/%								
		锌含量(不小于)	杂质含量(不大于)							
			Pb	Fe	Cd	Cu	As	Sb	Sn	总和
二号锌	Zn-2	99.96	0.015	0.010	0.010	0.001				0.040
三号锌	Zn-3	99.90	0.05	0.02	0.02	0.002				0.10
四号锌	Zn-4	99.50	0.3	0.03	0.07	0.002	0.005	0.01	0.002	0.5
五号锌	Zn-5	98.70	1.0	0.7	0.2	0.005	0.01	0.02	0.012	1.3

表 2-27 锌合金锭

种类	化学成分(质量分数)/%							
	Al	Cu	Mg	Pb	Fe	Cd	Sn	Zn
压铸用锌合金锭1级	3.9~4.3	0.75~1.25	0.03~0.06	≤0.003	≤0.075	≤0.002	≤0.001	余量
压铸用锌合金锭2级	3.9~4.3	≤0.03	0.03~0.06	≤0.003	≤0.075	≤0.002	≤0.001	余量

d. 镁锭见表2-28，镁合金锭见表2-29。

表 2-28 镁锭

品号	代号	化学成分(质量分数)/%						
		镁含量(不小于)	杂质含量(不大于)					
			Fe	Si	Ni	Cu	Al	Cl
一号镁	Mg-1	99.95	0.02	0.01	—	0.005	0.01	0.003
二号镁	Mg-2	99.92	0.04	0.01	0.001	0.01	0.02	0.005
三号镁	Mg-3	99.85	0.05	0.03	0.002	0.02	0.05	0.005

表 2-29 镁合金锭

种类	代号	化学成分(质量分数)/%							
		Al	Zn	Mn	Si	Cu	Ni	Fe	Mg
1级A	MDI1A	8.5~9.5	0.45~0.9	≥0.17	≤0.20	≤0.08	≤0.01	—	余量
1级B	MDI1B	8.5~9.5	0.45~0.9	≥0.17	≤0.30	≤0.25	≤0.01	—	余量
1级D	MDI1D	8.5~9.5	0.45~0.9	≥0.17	≤0.08	≤0.015	≤0.01	≤0.004	余量
2级A	MDI2A	5.7~6.3	≤0.20	≥0.15	≤0.20	≤0.25	≤0.01	—	余量
2级B	MDI2B	5.7~6.3	≤0.20	≥0.27	≤0.08	0.008	≤0.01	≤0.004	余量
3级A	MDI3A	3.7~4.8	≤0.10	0.22~0.48	0.6~1.4	≤0.04	≤0.01	—	余量

② 中间合金。在铝合金的熔制中，首先将高熔点的元素（如硅、锰、铜等）和铝熔制成低熔点的辅助合金，即称为中间合金。对中间合金的要求如下。

a. 化学成分明确且均匀，熔化温度低，同时尽可能多地含有难熔成分。

b. 有足够的脆性且容易破碎以便配料。

c. 可长期保存，不发生成分变化，对大气和水分具有抗腐蚀性。

d. 中间合金的配制，部分中间合金的配制见表2-30。

表 2-30 中间合金的配制

中间合金名称	配料化学成分(质量分数)/%	原材料(标准号)	熔炼工艺要求
10铝锰	锰：9~11 铝：其余	JMn-D (GB/T 2774—2006 金属锰) Al-1 (GB/T 1196—2017 重熔用铝锭)	①预热石墨坩埚800~900℃ ②加入预热的铝锭，使其熔化，并过热至900~1000℃ ③分批加入预热经破碎的锰，并用石墨棒搅匀 ④当锰全部融化后，除渣，降温至840~860℃ ⑤用占炉料重0.15%~0.20%脱水氯化锌精练合金，然后静置3~5min，浇注于预热的锭模中

中间合金名称	配料化学成分（质量分数）/%	原材料（标准号）	熔炼工艺要求
50 铝铜	铜：45～55 铝：其余	Cu-3 Al-1 （GB/T 1196—2017 重熔用铝锭）	①预热石墨坩埚至 600～800℃ ②加入预热的铝锭，使之熔化，并过热至 800～900℃ ③分批加入 100mm×100mm 大小的铜 ④用炉料重 0.20%脱水氯化锌精炼合金 ⑤在温度为 720～750℃时除渣，并浇注于锭模内
20 铝硅	铜：18～22 铝：其余	Si-2 （GB/T 288—2014 工业硅） Al-1 （GB/T 1196—2017 重熔用铝锭）	①预热石墨坩埚至 600～800℃ ②加入预热的铝锭，使之熔化，并过热 900～1000℃ ③分批加入破碎结晶硅，用钟罩压入铝液中，搅拌之 ④降温至 800～820℃，用脱水氯化锌精炼合金 ⑤除渣，浇注于铝锭内
16 铜硅	硅：15～17 铜：其余	Si-2 （GB/T 288—2014 工业硅） Cu-3	①预热石墨坩埚 600～800℃ ②加入结晶硅，然后放入铜

③ 回炉料。回炉料是指生产中产生的废料。它包括料饼、浇口、废压铸件、毛刺、切削等。在压铸生产中，特别是在生产多种牌号合金的情况下，对各种回炉料要严格分类和管理，不能混杂，因各种牌号合金的化学成分与允许杂质含量各不相同，有些元素在这一合金中是主要成分，而在另一合金中却是杂质。各种合金的回炉料，均可作为其本身工作合金的配料组成部分。

回炉料一般分为两类：一类是压铸生产中产生的料饼、浇口、废压铸件等。这些废料可经过清理除油后，按牌号分类，不用重熔就可直接用于配置工作合金，其用量视具体情况而定。另一类是飞边、毛刺、切削及炉渣中回收的金属等。这部分必须进行重熔铸锭，并经分析其成分后才能分类使用，其用量应严格控制。

（3）炉料的计算

① 常用压铸合金计算炉料的平均化学成分见表 2-31。

表 2-31　常用压铸合金计算炉料的平均化学成分

合金种类	合金代号	主要化学成分（质量分数）/%						
		硅	镁	锰	铜	锌	铝	铅
锌合金	Y41				1.00	其余	4.00	
	Y40					其余	4.00	
铝合金	Y102	11.50					其余	
	Y104	9.25	0.24				其余	
	Y108	12.00	0.60	0.60	1.5		其余	
	Y112	8.50	0.20	0.35	3.5		其余	
	Y302	1.10	5.00	0.25			其余	
	Y401	7.00	0.20				其余	
镁合金	YM5		其余	0.33		0.5	8.00	
铜合金	Y591				59.00	其余		1.35
	Y803	3.50			80.00	其余		
	Y673				67.00	其余	2.50	—

② 元素的烧损量。元素的烧损包括蒸发损失、与炉气作用而形成不溶于金属的化合物的损失（最主要的为氧化物）以及被炉衬吸收并与之产生作用所造成的损失。各种元素烧损量见表 2-32。

表 2-32　各种元素烧损量

合金种类	各种元素烧损量（质量分数）/％						
	铝	铜	锌	硅	镁	锰[①]	铅
锌合金	—	—	—	—	—	—	—
铝合金	1～5	0.5～1.5	1～3	1～10	2～4	0.5～2	—
镁合金	2～3	—	2	1～10	3～5	10	—
铜合金	2～3	1.0～1.5	2～5	4～8	—	2～3	1～2

① 锰的烧损量中包括成渣损失。

③ 炉料的计算方法及步骤举例说明见表 2-33。

表 2-33　炉料的计算方法及步骤

计算方法及步骤	举例
(1)明确任务 ①熔炼合金牌号 ②所需合金液的质量 ③熔化所用炉料（各种中间合金成分、回炉用量等）	熔制 Y104,80kg； 成分：Si＝9％,Mg＝0.27％,Mn＝0.4％,Al＝90.33％； 炉料：中间合金、各种新金属料、回炉料； Al-Si 中间合金：Si＝12％,Fe≤0.4％； Al-Mn 中间合金：Mn＝10％，Fe≤0.3％； Mg 锭：Mg≥99.8％,Al 锭 Al≥99.5％,Fe≤0.3％； 回炉料：P＝24kg（占总炉料重 30％），其成分为：Si＝9.2％,Mg＝0.27％,Mn＝0.4％,Fe＝0.4％
(2)明确各元素的烧损量 E	各元素的烧损量分别为：$E_{Si}＝1％,E_{Mg}＝20％,E_{Mn}＝0.8％,E_{Al}＝1.5％$
(3)计算包括烧损在内的 100kg 炉料中各元素的需要量 $$Q＝\dfrac{a}{1－E}$$	100kg 炉料中各元素的需要量 Q： $$Q_{Si}＝\dfrac{9}{1－E_{Si}}＝\dfrac{9}{1－\dfrac{1}{100}}≈9.09(kg)$$ $$Q_{Mn}＝\dfrac{0.4}{1－\dfrac{0.8}{100}}≈0.40(kg)$$ $$Q_{Mg}＝\dfrac{0.27}{1－\dfrac{20}{100}}≈0.34(kg)$$ $$Q_{Al}＝\dfrac{90.33}{1－\dfrac{1.5}{100}}≈91.7(kg)$$
(4)根据熔制合金的实际质量 W 计算各元素的需要量 A $$A＝\dfrac{W}{100}×Q$$	熔制 80kg 合金实际所需的元素质量 A： $$A_{Si}＝\dfrac{80}{100}×Q_{Si}＝\dfrac{80}{100}×9.09≈7.27(kg)$$ $$A_{Mn}＝\dfrac{80}{100}×Q_{Mn}＝\dfrac{80}{100}×0.40≈0.32(kg)$$ $$A_{Mg}＝\dfrac{80}{100}×Q_{Mg}＝\dfrac{80}{100}×0.34≈0.27(kg)$$ $$A_{Al}＝\dfrac{80}{100}×Q_{Al}＝\dfrac{80}{100}×91.7≈73.36(kg)$$
(5)计算在回炉料中各元素的占有量 B	24kg 回炉料中所有的元素质量 B： $B_{Si}＝24×9.2％≈2.21(kg)$ $B_{Mn}＝24×0.4％≈0.096(kg)$ $B_{Mg}＝24×0.27％≈0.07(kg)$ $B_{Al}＝24×90.13％≈21.63(kg)$
(6)计算应补加的新元素质量 C $C＝A－B$	应补加的元素 C： $C_{Si}＝A_{Si}－B_{Si}＝7.27－2.21＝5.06(kg)$ $C_{Mn}＝A_{Mn}－B_{Mn}＝0.32－0.096＝0.22(kg)$ $C_{Mg}＝A_{Mg}－B_{Mg}＝0.27－0.07＝0.20(kg)$

计算方法及步骤	举 例
(7)计算中间合金需要量 D $$D=\frac{C}{F}$$ (F 为中间合金元素百分含量) 中间合金所带入的铝量 M_{Al}: $$M_{Al}=D-C$$	相应 F 新加入的元素所应补加的中间合金含量: $$D_{Al-Si}=\frac{C_{Si}}{\frac{12}{100}}=5.06\times\frac{100}{12}=42.17(kg)$$ $$D_{Al-Mn}=\frac{C_{Mn}}{\frac{10}{100}}=0.22\times\frac{100}{10}=2.2(kg)$$ 中间合金所带入的铝: $$M_{Al-Si}=D_{Al-Si}-C_{Si}=42.17-5.06=37.11(kg)$$ $$M_{Al-Mn}=D_{Al-Mn}-C_{Mn}=2.2-0.22=1.98(kg)$$
(8)计算应补加铝的量 C_{Al}	应补加的新铝量 $$C_{Al}=A_{Al}-(B_{Al}+M_{Al-Si}+M_{Al-Mn})$$ $$=73.36-(21.63+37.11+1.98)=12.64(kg)$$
(9)计算实际炉料总量 W	实际炉料总量: $$W=C_{Al}+D_{Al-Si}+D_{Al-Mn}+C_{Mg}+回炉量$$ $$=12.64+42.17+2.2+0.20+24=81.21(kg)$$
(10)复核杂质的含量(以铁为例)	炉料中铁的含量为: $C_{Al}\times0.3\%+D_{Al-Si}\times0.4\%+D_{Al-Mn}\times0.3\%+P\times0.4\%$ $=12.64\times0.3\%+42.17\times0.4\%+2.2\times0.3\%+34\times0.4\%$ $=0.309(kg)$ 炉料中铁的百分含量为: $$M_{Fe}=\frac{0.309}{81.21}\times100\%=0.38\%$$

2.5.4 熔剂

(1) 熔剂的作用及要求

压铸合金的熔炼过程中,一般都要使用熔剂。熔剂的作用及要求见表 2-34。

表 2-34 熔剂的作用及要求

熔剂种类	用 途	要 求
覆盖剂	使金属与炉气隔离,从而减少金属的吸气和氧化	①熔剂的密度小于金属液,当密度稍大时,熔剂能够浮在金属液面上,从而不至于混入金属液内,并生成保护层 ②熔点应比金属液低,以便较轻金属液先熔化从而形成熔剂层,起到隔离作用 ③具有适当的黏度和表面张力,既能使生成的熔剂层连成一片,又能容易地与金属液分离 ④熔剂的组分应与金属液中组元或炉衬起化学反应 ⑤熔剂不应该含有水分,吸潮性应尽量小
精炼剂	清除金属中的杂质和氧化物	①具有吸附与熔解各种氧化物及排除气体的能力 ②黏度应该小,从而增强表面活性,加速反应作用
脱氧剂	能使金属液中的氧化物还原而起到把氧去除的作用	①对金属或合金不会产生不利影响 ②生成物应不熔于金属液中,并应容易被完全去除 ③应足够活泼

(2) 熔剂的组成及配方

熔剂组成材料的物理性能见表 2-35,各种合金用熔剂的配方见表 2-36、表 2-37。

表 2-35 熔剂组成材料的物理性能

材料名称	分子式	密度/(g/cm³) 固态	密度/(g/cm³) 液态	熔点	沸点/℃	黏度	表面张力
玻璃屑	$Na \cdot CaO \cdot 6SiO_2$	2.5	—	900~1200	—	—	—
长石	$K_2O \cdot Al_2O_3 \cdot 6SiO_2$	2.6	—	1120~1220	—	—	—
硼砂	$Na_2 \cdot B_4O_7$	2.4	—	741	1575(分解)	—	—
萤石	CaF_2	3.2	—	1360	2450	—	—
氟化钠	NaF	2.77	1.95	992	—	—	—
冰晶石	Na_3AlF_6	2.95	2.09	995	—	—	—
氯化钙	$CaCl_2$	2.2	2.06	774	—	4.22(900℃)	147.6(800℃)
氯化镁	$MgCl_2$	2.18	1.668	718	1418	4.69(751℃)	135.8(733℃)
氯化钾	KCl	1.99	1.515	768	1500	1.30(810℃)	97.7(756℃)
光卤石	$MgCl_2 \cdot KCl$	2.2	1.58	487	—	2.4(700℃)	125(700℃)
氯化钡	$BaCl_2$	3.87	3.057	960	—	—	—
氯化锌	$ZnCl_2$	2.91	—	365	732	—	—
氯化锰	$MnCl_2$	2.98	—	650	—	—	—
氯化镁	MgO	3.1	—	—	—	—	—
六氯乙烷	C_2Cl_6	2.091	—	186.5	185.5(升华)	—	—

表 2-36 铝合金用熔剂配料成分

序号	化学成分(质量分数)/% 氯化钾	氯化钠	氟化钙	冰晶石	氯化锌	氯化锰	六氯乙烷	光卤石	氯化镁	氯化钙	氟化镁	适用范围
1	50	50										覆盖剂
2	50	39	4.4	6.6								覆盖剂
3					100							精炼剂
4						100						精炼剂
5							100					ZL101、ZL102
6			20					80				ZL302
7	31	11							14	44		ZL302
8	8	10							67	15		ZL302

表 2-37 镁合金用熔剂配料成分

溶剂牌号	化学成分(质量分数)/% 氯化镁	氯化钾	氯化钡	氯化钙	氯化镁	氯化镁+氯化钙	水不溶物	水分
RJ-1 熔剂	40~46	34~40	5.5~8.5		<1.5	<8	<1.5	<2
RJ-2 熔剂	38~46	32~40	5~8	3~5	<1.5	<8	<1.5	<3
RJ-3 熔剂	33~40	25~36		15~20	7~10	<6	<1.5	
RJ-4 熔剂	36~42	32~36	12~15	10~12	<1.5	<8	<1.5	
光卤石熔剂	45~52	32~48				<8	<1.5	<2

2.5.5 熔化前准备工作

准备工作包括熔炉、熔炼工具、熔剂及炉料等。

(1) 熔炉的准备

主要是指坩埚和炉衬的准备。

① 石墨坩埚的准备。

a. 石墨坩埚在使用前必须进行焙烧，焙烧工艺如图 2-10 所示。除去坩埚在保存期中吸收的水分，防止其爆裂；

b. 焙烧好的坩埚应保存在通风、干燥并有保

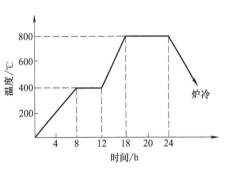

图 2-10 石墨坩埚焙烧工艺

暖设备的地方。在存放时，不能将坩埚重叠堆放；

c. 不同系列牌号的合金，不允许在同一坩埚内熔炼，而应各有专用坩埚。在每次熔炼前后，均应对坩埚工作表面进行清理，除去脏物和熔渣等。

② 金属坩埚的准备。

a. 使用之前，必须进行清理，除去工作表面的油污、铁锈及其他熔渣和氧化物；

b. 用金属坩埚熔化或保温锌、铝合金时，应防止铁溶解于合金中，坩埚应预热至150～200℃后，在工作表面上喷涂一层涂料。喷过涂料后再将坩埚预热至200～300℃，以彻底去除涂料中的水分。

③ 炉衬的准备。使用之前必须对炉衬进行长时间的烘干，彻底去除其水分。若熔炼的合金牌号改变时，必须用新牌号合金的基本金属进行洗炉。

（2）熔炼工具和熔剂的准备

① 工具使用前，应清除其表面脏物，直接与金属液接触的工具必须预热。

② 熔炼锌、铝合金用的工具必须涂刷一层涂料。

③ 熔剂应放在110～120℃的烘箱内保存待用。

（3）炉料的准备

① 各种炉料必须在装炉前进行各种相应的准备工作，以便为获得良好的金属液创造条件。

② 全部炉料的化学成分必须明确无误，否则将使合金成分难以控制。

③ 全部炉料必须清洁，并经过仔细选择，清理干净，清理好的炉料放在干燥通风处。

④ 全部炉料入炉前必须预热，以除去表面吸附的水分。

2.5.6　压铸铝合金熔炼

（1）熔炼设备选择

选择熔炼设备时，要注意以下几点：要根据压铸机的能力，考虑设备的熔化率；选择高效率的熔炼炉、保温炉，对炉子性能的评价主要是测定熔化或保温一定数量的金属液所耗用的能量；要选择氧化小的燃烧器，使炉内燃烧呈还原性气氛，减少金属的烧损率，减少合金成分的变化；选择的设备要能合理控制装炉量、投料时间、熔化时间、保温时间、熔化温度、出炉温度、出料时间、燃料消耗、合金烧损等；设备要方便进行合金液处理、脱气处理、精炼处理。另外，还要方便炉内清扫，防止卷入不纯物。

铝合金熔化可采用反射炉，但氧化、吸气严重，烧损大、温度难控制，浪费能源，污染环境。采用感应电炉，铝水在炉内的翻腾有利于成分均匀化，但感应炉磁场对测温仪有干扰，且感应炉的维修较难。值得推荐的是连续高效燃气炉，可实现炉料预热、连续熔化、成分均匀、温控精确、节约能源、保护环境，适合大规模的生产要求。

（2）熔炼工艺

合金的化学成分、杂质含量、含气量等都会影响合金的力学性能、铸件的缩松及铝液的表面张力，杂质元素极大降低铝的表面张力，而表面张力影响充型过程气体扩散，从而影响产生气孔的分布。

铝对氧有很大的亲和力，铝及其合金液与空气接触很容易生成一层氧化膜 Al_2O_3，搅拌、翻滚时，氧气进入熔体中，不易去除，容易随熔体进入铸件中。

另外，铝液很容易从大气、合金锭或工具表面湿气、燃烧的油气中吸氢。氢在固态铝中的溶解度非常低，因此当吸氢过多在凝固时处于饱和状态，氢气会析出，使铸件产生气孔、缩松。铝合金熔体中还常见一些夹杂物，如 Al_2O_3、SiO_2、MgO 等，会造成金属液的不纯净。所以在熔炼时要注意以下几点：

① 合金锭成分符合标准、表面干净、干燥,防止合金料或熔化工具表面吸附的湿气溶入铝液中转化为氢。新料与回炉料搭配时,回炉料不超过 50%。炉料投入熔炼炉之前,必须清理干净并进行烘干处理。合理控制投料量、投料时间、料块大小。

② 熔炼温度:控制在 670~760℃ 范围内。过高温度会发生氧化或吸气,过低温度不易分离炉渣。

③ 溶剂作用如下

a. 覆盖剂:可在熔炼过程构成一层液态保护层使金属不氧化、不吸氢。

b. 造渣剂:吸收氧化物和非金属物质,聚集在金属液面清除。

c. 净化剂:利用上浮过程把金属液中的非金属杂质除掉。

d. 变质剂:加入钠,改善微观组织。

利用熔剂进行精炼、除气、除渣。可采用铝合金熔剂喷吹综合处理装置,使精炼、变质、晶粒细化一步完成。可采用旋转转子法吹氮(氩)、喷射熔剂法等高效精炼方法精炼铝液。

④ 熔炼过程保持液面平稳。合理控制出料温度、时间,减少保温时间。

⑤ 为得到更加纯净的合金液,可对从熔炼炉出来的铝合金液,经过陶瓷过滤网,把夹杂物滤掉,再送到压铸机的保温炉。

⑥ 合理选择坩埚与炉衬材料,防止坩埚中的 Fe 渗入铝液,以及铝液与耐火炉衬之间发生反应而结渣。按时清理炉壁、炉底的残渣。保温炉采用高导热性的超高强不粘铝耐火材料作炉衬材料,在内衬与炉外壁之间则用超级保温隔热材料一体成型,从而使炉内上下部分的金属液温差小。

⑦ 铝液质量的现场检测可采用测氢仪和直读光谱仪。

2.5.7 压铸锌合金熔炼

(1) 熔炼设备的选择

热室压铸机带有熔炉。但对于有一定生产规模的厂,采用集中熔炼,然后把锌合金液送到每台压铸机熔炉,可保证合金液的质量。

① 中央熔炉。采用中央熔炉熔炼锌合金料,压铸机熔炉作保温炉,能保证合金成分及合金温度的稳定。一台中央熔炉配置自动供料系统,可供应 20 台压铸机。

② 自动供料系统。自动锌合金液供料系统可保证合金液的温度稳定,能将合金液自动、快速、准确、安全地输送到每一台压铸机。同时也提高生产力,改善车间环境,使车间干净、清洁。

(2) 熔炼温度控制

压铸用的锌合金熔点为 382~386℃,合适的温度控制是锌合金成分控制的一个重要因素。为保证合金液良好地流动充填型腔,压铸机内金属液温度为 415~430℃,薄壁件、复杂件压铸温度可取上限、厚壁件、简单件可取下限。中央熔炼炉内金属液温度为 430~450℃。如果温度过低,则合金流动性差,不利于成型,影响压铸件表面质量。图 2-11 所示为温度对流动性的影响。图 2-12 所示为温度对力学性能的影响,温度越高,铸件结晶越粗大,而使力学性能降低。

(3) 锌渣的控制与处理

锌渣中含有氧化物和铁、锌、铝金属间化合物,从熔体表面刮下的锌渣中通常含有 90% 左右的锌合金。锌渣形成的反应速度随熔炼温度上升成指数增加。正常情况下,原始锌合金锭的产渣量低于 1%,在 0.3~0.5% 范围内;重熔水口、废工件等产渣量通常在 2%~5% 之间。

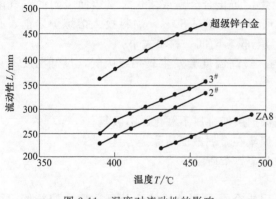

图 2-11　温度对流动性的影响

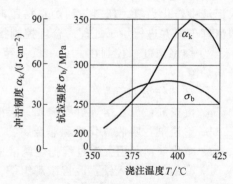

图 2-12　锌合金浇注温度对力学性能的影响

① 锌渣量的控制

严格控制熔炼温度，温度越高，锌渣越多。尽可能避免合金液的搅动，不要过于频繁地扒渣。

② 锌渣的处理

将锌渣卖回原料供应商或专门处理厂，因为自行处理可能成本更高，建议压铸厂不要自己处理锌渣。原因一：熔炼锌渣，产生烟尘多，环保设备投入大，成本高。原因二：当熔炼工艺、操作不规范时，易造成合金料质量不能保证，压铸出来的铸件缺陷多，生产成本更高。

（4）水口料、废料等重熔

水口料、废料、溢流槽、报废工件等不宜直接重熔。原因是这些水口料表面在压铸成型过程中发生氧化，其氧化锌的含量远远超过原始合金锭。这些水口料等要另外重熔，铸成锭后使用。

对于电镀废料，应同无电镀的废料分开熔炼，因为电镀废料中含铜、镍、铬等金属是不溶于锌的，留在锌合金中会以坚硬的颗粒物存在，带来抛光和机加工的困难。电镀废料重熔中注意将镀层物与锌合金溶液分开。工作程序为：

① 坩埚内只装有一定量的锌合金液，然后在锌合金液上面先撒一层锌合金灰渣，作用是利用灰渣的浮力，托起加入的电镀废料，使电镀废料不能与锌合金液接触；

② 当电镀废料受热分解时，低熔点的锌合金熔化后流到灰渣下面的锌液中，而熔点高的电镀层废物仍然留在灰渣上面；

③ 捞出灰渣时，一定要注意操作，用扒渣把轻轻拨开一些灰渣，斜切入，从灰渣底部向上捞出电镀层废物及灰渣，不能有任何搅动，以免电镀层废物落入锌合金液中；

④ 把锌合金液表面灰渣刮干净后，再看是否需要加精炼剂处理。

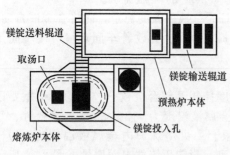

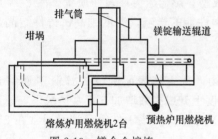

图 2-13　镁合金熔炼

2.5.8　压铸镁合金熔炼

（1）熔炼设备

主要设备包括：a. 预热炉及装料、送料设备；b. 熔炼炉；c. 保护气体混合装置（见图 2-13）。

目前镁合金熔炼炉保温炉有电阻加热炉、燃

气炉、燃油炉，其中电阻加热炉比较安全、可靠。

炉型有单室炉、双室炉、三室炉。

① 单室炉：熔炼、保温在同一炉内进行。

② 双室炉：熔化炉、保温炉各自独立工作，通过能加热、温度可控的 U 形管输送金属液。由于加料时引起温度波动和熔渣只存在熔化炉中，保证了保温炉中金属液的纯净度（见图 2-14）。

③ 三室炉：图 2-15 所示为奥迪公司三室熔炼炉，熔化室保持较低温度 650℃，有利于实现 CO_2 气体保护，中间室起到第二次集渣作用，供液室提供适合压铸较高温的镁液。

坩埚材料最好是不锈钢，坩埚外部的镶铬保护层可有效防止由于加热而发生氧化。

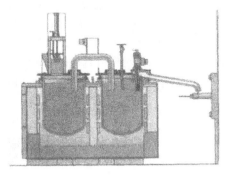

图 2-14　双炉室

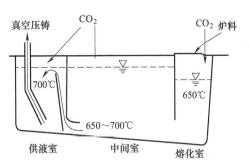

图 2-15　奥迪公司的三室镁合金熔炼炉示意图

（2）保护气体的作用

镁合金熔炼最关键的问题是防止熔池表面氧化燃烧。保护气体能在合金液表面形成一层致密连续的薄膜，有效防止合金液进一步氧化。镁熔料温度达到 400℃时，必须注入保护气体，整个熔炼过程都要不断供应保护气体。

（3）熔炼过程

① 在熔炼过程中，合金液表面形成的一层浮渣需要定时清除。坩埚壁上的残渣也要定时清除，因为过量的残渣积聚会产生强烈的化学反应。同时坩埚底部也会沉积有残渣，在每次清理液面的浮渣时，也需要检查沉积在坩埚底的残渣是否过多，以免降低熔炉的效能及导致铸件不良。

② 检查和清理合金液表面时，保护揭盖打开而导致坩埚内的保护气体环境受到影响，因此需提供额外增加气体供应量。

③ 监控熔料温度的热电偶必须定期检查，以防止产生过热，使合金液的化学成分与规格不符，如铁含量可能上升。而合金液重新加热至铸造温度时，锰含量可能下降。

④ 坚持每天检查熔炉、坩埚、控制系统的工作状态，及时更换不良设备，确保生产安全。

⑤ 镁液输送浇注方式：由于镁液极易燃烧，必须采用可靠、安全的输送、浇注方式，可通过加热管道，用泵定量输送。

（4）废料回收

① 浇口、流道等废料，因含有一定氧化物，一般不能直接再次使用。

② 从成本、效益、环境等因素考虑，废料交回镁锭生产厂回收处理。如果压铸厂自行回收，则需投资专门建一条回收处理熔炼生产线。

③ 对镁合金废料进行分类：干净的浇口废料，被杂质污染的废料、渣料等。对其应采用不同的工序进行精炼，回收处理。

④ 干净类浇口、浇道废料回收工艺流程：

废料分类→清洁→压碎→预热、熔化→调整合金成分→精炼→镁锭。

a. 熔化时为防止镁与氧发生化学反应，采用熔剂和保护气体。

b. 添加铝及锌等不同元素去调整合金成分，加入锰是为了控制含铁量。

c. 熔炼过程中，熔料所含杂质粒子，可使用以下技术去除：熔剂精炼，多重作业室，气体清洗，过滤。

2.5.9 压铸铜合金熔炼

（1）熔化和脱氧

由于铜合金在熔融状态下易吸收气体（主要是氢气），因此铜合金是在氧化性或微氧化性气氛下进行熔炼的，因而铜合金必须进行脱氧处理。压铸铜合金主要是黄铜，其熔炼温度一般是 1100～1150℃。黄铜中含有较多的锌，在熔炼温度下，锌的蒸汽压较大，故而含气量很小，锌对铜液有脱氧作用，故铅黄铜一般不需要加脱氧剂进行脱氧。但硅黄铜仍需要加入脱氧剂进行脱氧，即先加铜硅中间合金，然后加铜和锌，这是由熔炼这类合金的加料顺序决定的。普通黄铜熔炼时，先熔化铜，然后加入回炉料，最后加入锌和铅（若含铅时）。压铸时，在黄铜中特意加入少量（0.1%～0.2%）的铝，借以阻止锌的挥发，减少模型工作表面氧化锌的积附，使铸件获得光滑的表面。

硅黄铜液表面上有一层致密的氧化膜，可显著减少锌的蒸发，因而不一定用覆盖剂，但熔炼铅黄铜仍需要加覆盖剂。

（2）含气量检验

熔炼后将金属液浇入样模内，待冷却后，观察其表面情况，若试样中间凹下去，表示合金液含气量小；若中间凸起或者不收缩，则表示合金液气体含量较多。此时可加入除气剂除气。黄铜也可加热除气，加热至锌的沸点，锌蒸发沸腾时带出气体。在铜合金中只允许除气2～3次，如果还有气体存在，则该炉合金不能用于压铸。

2.5.10 熔化和压铸工部的安全生产

（1）熔化工部的安全生产

在压铸生产中，从熔化、压铸到铸件清理均有一定的危险性，操作者应掌握安全生产知识，严格执行操作规程，才能避免安全事故的发生。

熔化工部易发生操作者被金属液烧伤的事故。事故产生的原因除盛装金属液容器穿漏外，主要为熔炼操作中金属液爆炸。熔化工部的安全生产见表 2-38。

表 2-38　熔化工部的安全生产

要求类别	操作要求
通用要求	①工作前，要检查坩埚有无裂纹，坩埚使用前，要预热到 600℃ 以上充分干燥 ②熔化炉周围及炉前坑内不得有积水，不得堆放无关物品 ③炉料的品种规格要符合规定，无易爆炸品，炉料加入前要预热，加入速度要慢 ④取样、熔炼和浇注用的工具，在使用前要预热 ⑤要注意空气流通，通风排气装置应运行正常 ⑥在变质和精炼时，精炼剂、变质剂要烘干，操作者要戴防护口罩并站在上风位置操作 ⑦运送金属液时，如果从坩埚向金属包内舀料，舀料不要过满，以免金属液洒落烧伤；如要从坩埚向小浇包倾注金属液，不要过满，并在小包底垫些砂子，以免金属液溅出造成烧伤，剩余金属液不准乱倒 ⑧扫炉洒水，不准浇到炉壁上，固体燃料炉底有人时，不准洒水 ⑨使用新型炉型，应按厂家提供的操作规程做好安全生产

要求 类别	操作要求
用燃料 炉熔化	(1)采用固体燃料炉熔化时的注意事项 ①操作前检查鼓风机安放坑是否有积水,检查管路部分是否良好,炉条是否排布均匀安全可靠 ②第一炉焦炭要塞实塞紧,防止坩埚倾倒,垫坩埚的耐火砖要保证平稳 ③加补焦炭时,要在坩埚周围添加优质焦炭并塞紧 ④在熔炼过程中观察熔化情况时,要先停止鼓风,要与火焰保持一定距离 ⑤浇注时,坩埚从炉中取出后应立即盖上炉盖 (2)采用气体燃料炉熔化时的注意事项 ①检查各开关位置是否正常,将炉门和烟道闸门打开,使空气流通,点炉前看压力表,确定煤气是否充足,必要时与煤气站值班人员联系,以防点火爆炸 ②点火前将空气阀门关闭,点燃烧嘴,调节空气和煤气流量,停炉时次序相反,不可错乱,随时调节煤气和空气比例,以火焰明亮无爆炸声为宜,如发现回火或其他不正常现象,应立即停炉检修,如烧嘴温度过高,可在停炉后喷水冷却,或用风吹15min再用,以防回火 ③煤气管路及烧嘴附近不许有明火,如发现有漏气现象,应立即通知有关人员进行修理,未修好前严禁使用 ④完工后将工作场地清扫干净,检查煤气管路和阀门是否漏气,一切妥善后,方能离开现场 (3)采用油炉熔化时的注意事项 ①使用前要检查气路、油路是否正常 ②按照油炉司炉安全操作规程点火操作,先闭风口微开油门,用引火棒点燃烧嘴,再开风并进行调节,禁止风压油,注意调节抽气门使之充分燃烧 ③开炉时要打开通风设备,排除烟雾 ④可转式油炉在熔化时要摆正 ⑤油箱放置位置要与熔化炉保持一定距离,以免发生火灾
用电炉 熔化	①开炉前,应检查电气设备和炉体及其他辅助设备是否正常可靠 ②经常清除铁坩埚外壳铁锈,以防氧化皮脱落使坩埚与电热丝"搭桥"或"短路" ③严禁电热丝急冷 ④坩埚外壁与勾砖的距离一般应不小于60mm,以免坩埚"鼓肚"造成事故

(2) 压铸工部的安全生产

压铸生产中,压铸机的动模板与定模板之间的区域是最危险的地带,分型面是危险性的主要来源。由于高压、高速充填,金属液很容易从分型面喷射出来,造成人身伤害事故,型芯也可能在高压金属液的作用下飞出伤人,压射金属时模具内进出的热气有可能烫伤操作者,合模时还可能挤伤操作者身体的某些部位。压铸工部的安全生产见表2-39。

表2-39 压铸工部的安全生产

项目	内 容
安全知识	①现代压铸机在危险区正对操作位置的一面,都设一活动安全门遮挡,合模前在自动程序的控制下,安全门移动,定模之间挡住危险区后,动模座板才开始运动,以确保操作者不被挤伤,不被分型面喷出的金属液烫伤 ②有的压铸机在危险区和定模板一侧装有光电元件,当操作者身体某部位向危险区接近并挡住光电元件时,合模自动停止,以防操作者被机器压伤 ③有的压铸机在两侧装有手动保护门,合模后,操作者将防护门拉到动、定模之间危险区内,这虽不能防止操作者被压伤,却能有效防止金属液飞溅造成的伤人事故发生 ④为防操作者被压伤,压铸机合模开关均设计两个合模按钮同时动作,才能实现合模,且两合模开关之间的距离大于20cm,操作者只有两手同时按住合模开关,才能实现合模 ⑤在较老的压铸机上,为防金属液的飞溅伤人,在压铸模对操作者一侧的分型面处,在定模一面设置一个挡板 ⑥压铸机排成行时,采用斜放的方式,这样即使有一台压铸机发生喷射,也不会伤及另一机器的操作者 ⑦防止分型面产生金属液飞溅及型芯崩出,最主要的还是提高模具的制造质量,尤其是动、定模平行度、

项目	内 容
安全知识	分型面的平面度及排气槽的深度要符合规定的要求;滑块和滑块型芯的连接要避免滑块配合孔,使用直通孔。压铸参数的控制也是避免金属液飞溅的有效方法,在保证铸件质量的前提下,应尽量控制压射速度和压力不要过大。现在,国外许多压铸机公司生产的压铸机采用了无飞边压铸系统,降低快压射结束时的峰值压力,有利于从根本上消除金属液飞溅的产生 ⑧冷室压铸机的压室也是危险区之一。当压室与冲头间的间隙因磨损而增大时,或因其他原因,金属液会沿着压射冲头后方喷射出来。立式冷室压铸机的压射冲头很短,金属喷射的现象更易发生。为防止金属液喷射伤害操作者,在压射冲头的连杆上加一钟形罩 ⑨对于卧式压铸机,若压射冲头通过浇料口的速度过快,或浇入压室的金属液量过多,在压射行程开始时,金属液就会从浇料口中飞溅出来,这很容易烧伤操作者。通常压铸机设计时已考虑此问题,开始压射到封住浇料口这段,冲头速度很慢,一般不超过 0.3m/s,压室的充满度不大于 3/4 ⑩开模过早,余料尚未完全凝固,内部未凝固的金属液在压射力的作用下仍存在很大的残余压力,若余料凝固层强度小于金属液的残留压力,就有可能使余料发生爆炸,造成人身伤害。在正常生产时,工艺规定了足够的开模时间,这类情况不易发生。但在手动操作时,要尽量放长开模时间,防止这类事故的发生。有时尽管操作者没有失误但控制失灵时也可能造成上述现象,为此,卧式压铸机的安全门应延迟到动模开始移动、余料已推出定模时再打开 ⑪目前压铸机大部分仍采用矿物油做工作液,矿物油是易燃物,故压铸车间要特别注意防火。为此应做好以下工作 a. 压铸机油箱、管接头和液压阀等不允许漏油,应经常检查密封装置并及时修理 b. 尽量防止金属液飞溅,因飞溅的金属液碰到油,可能发生火灾 c. 要整理好设备的控制线路,电线处有漏油时,应及时处理,因油浇到电线上,会破坏绝缘,发生短路。 d. 压铸车间应尽量避免使用明火,如用煤气烘箱预热模具,要固定好煤气管和烘箱,控制好煤气流量,预热后要及时灭火源 e. 压铸机附近要配备干粉灭火器和泡沫灭火器 f. 如有条件尽可能采用阻燃工作液,即水-乙二醇混合液,此法国外已采用,但要把液压系统改成使用阻燃工作液,必须另选泵的接触副材料,更换密封材料,且阻燃工作液的成本比矿物油高 4~5 倍 ⑫压铸机均装有蓄能器,蓄能器需承受来自液压系统的工作压力。因蓄能器压力高,在压铸机安装检查时,要严格遵守高压容器的安装要求,安装位置应保证各部分都便于进行检查和清扫,要防止翻倒。每两年要进行一次外观检查和工作压力的液压试验,试验压力要高于工作压力 25%,在此压力下保持 5min,降到工作压力,进行检查。修理蓄能器及其总阀时,要在关断泵和放出蓄能器内的全部液体和氮气后进行 ⑬压铸机的蓄能器要用较多的高压氮气,做好氮气瓶的运输储存工作也是压铸车间的安全工作之一。氮气瓶应保存在库房或专门的地方,并直立放在架子或瓶座上,也可放在箱内或保护栅栏内。搬运氮气要用专用的小车或电瓶车。如在运输时氮气瓶是卧放着,则应在瓶间加软垫子,以防互相碰撞。氮气瓶的阀门应朝一个方向,阀门上应拧上保护罩。在装卸、运输和向蓄能器充氮气时,应采取措施防止氮气瓶跌落、损伤、脏污,特别要防止油进入氮气阀门,并严禁自行修理氮气阀门 ⑭压铸车间均有起吊设备,起吊设备的使用应按起吊设备使用安全操作规程执行,使用起吊设备不能超载,起吊模具或货物时,不能从人上面过,货物底下更不允许站人,以免吊车失灵,发生意外 ⑮压铸机的控制电路较复杂,保温电炉的电功率较大,应特别注意用电安全。电器箱门要及时关闭,不能随意打开,箱门应保证完好无损 ⑯压铸机的维修保养是一个经常性的工作,在对压铸机修理时要特别注意安全。在拆装压铸机和对压铸机主要部件进行修理时,要切断电源,放出油箱内的油和蓄能器中的氮气,切断冷却系统。绝不能带电带压操作
操作要求	①开动电动机前,将泄压阀手柄放在泄压位置,待电动机运转正常后,再放开泄压阀柄 ②压射前要先把模具加热到规定的温度后,才可以压入金属熔液 ③模具分型面接触处和浇口处,应使用防护挡板,操作者要戴防护眼镜,不得站在分型面接触处的对面,要阻止其他人站在分型面处,以防金属液喷溅伤人 ④禁止带明火靠近油箱。油箱温度超过设备运行规定温度时,应用水冷却 ⑤应使用工具从压铸模上取下铸件与浇口。取下铸件后,应及时清除模具分型面、排气槽、滑块导槽和通气孔内黏附的金属残屑 ⑥工作完毕,要关闭油泵及所有阀门,关闭用电设备

第3章 压铸件的设计

3.1 压铸件技术要求

3.1.1 压铸件的尺寸精度

（1）压铸件尺寸公差

GB 6414—2017《铸件 尺寸公差、几何公差与机械加工余量》中规定了压力铸造生产的各种铸造金属及合金铸件的尺寸公差。铸件尺寸公差的代号为 CT，不同等级的公差数值列于表 3-1。

表 3-1 铸件尺寸公差（DCTG） 单位：mm

公称尺寸		铸件尺寸公差等级（DCTG）及相应的线性尺寸公差值														
大于	至	DCTG1	DCTG2	DCTG3	DCTG4	DCTG5	DCTG6	DCTG7	DCTG8	DCTG9	DCTG10	DCTG11	DCTG12	DCTG13	DCTG14	DCTG15	DCTG16
—	10	0.09	0.13	0.18	0.26	0.36	0.52	0.74	1	1.5	2	2.8	4.2				
10	16	0.1	0.14	0.2	0.28	0.38	0.54	0.78	1.1	1.6	2.2	3	4.4				
16	25	0.11	0.15	0.22	0.3	0.42	0.58	0.82	1.2	1.7	2.4	3.2	4.6	6	8	10	12
25	40	0.12	0.17	0.24	0.32	0.46	0.64	0.9	1.3	1.8	2.6	3.6	5	7	9	11	14
40	63	0.13	0.18	0.26	0.36	0.5	0.7	1	1.4	2	2.8	4	5.6	8	10	12	16
63	100	0.14	0.2	0.28	0.4	0.56	0.78	1.1	1.6	2.2	3.2	4.4	6	9	11	14	18
100	160	0.15	0.22	0.3	0.44	0.62	0.88	1.2	1.8	2.5	3.6	5	7	10	12	16	20
160	250	—	0.24	0.34	0.5	0.7	1	1.4	2	2.8	4	5.6	8	11	14	18	22
250	400	—	0.4	0.56	0.78	1.1	1.6	2.2	3.2	4.4	6.2	9	12	16	20	25	
400	630	—	0.64	0.9	1.2	1.8	2.6	3.6	5	7	10	14	18	22	28		
630	1000	—	0.72	1.0	1.4	2	2.8	4	6	8	11	16	20	25	32		
1000	1600	—	0.80	1.1	1.6	2.2	3.2	4.6	7	9	13	18	23	29	37		
1600	2500	—			2.6	3.8	5.4	8	10	15	21	26	33	42			
2500	4000	—			4.4	6.2	9	12	17	24	30	38	49				
4000	6300				7	10	14	20	28	35	44	56					
6300	10000				11	16	23	32	40	50	64						

压铸件直线度公差见表 3-2。压铸件线性尺寸受分型面或压铸模活动部分的影响，应按表 3-3 和表 3-4 规定，在基本尺寸公差上再加附加公差。

表 3-2 压铸件直线度公差 单位：mm

公称尺寸		铸件几何公差等级（GCTG）及相应的直线度公差						
大于	至	GCTG2	GCTG3	GCTG4	GCTG5	GCTG6	GCTG7	GCTG8
—	10	0.08	0.12	0.18	0.27	0.4	0.6	0.9
10	30	0.12	0.18	0.27	0.4	0.6	0.9	1.4
30	100	0.18	0.27	0.4	0.6	0.9	1.4	2
100	300	0.27	0.4	0.6	0.9	1.4	2	3
300	1000	0.4	0.6	0.9	1.4	2	3	4.5
1000	3000	—	—	—	3	4	6	9
3000	6000	—	—	—	6	8	12	18
6000	10000	—	—	—	12	16	24	36

表 3-3　压铸件线性尺寸受分型面影响时的附加公差

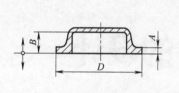

压型在分型面上的投影面积/cm²	A 或 B 的附加增或减量/mm		
	锌合金	铝合金	铜合金
≤150	0.08	0.10	0.10
>150～300	0.10	0.15	0.15
>300～600	0.15	0.20	0.20
>600～1200	0.20	0.30	—
≤150	0.08	0.10	0.10

表 3-4　压铸件线性尺寸受压铸模活动部分影响时的附加公差

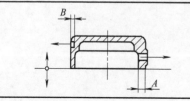

压型活动部位的投影面积/cm²	A 或 B 的附加增或减量/mm		
	锌合金	铝合金	铜合金
≤30	0.10	0.15	0.25
30～100	0.15	0.20	0.35
>100	0.20	0.30	—

公差应用举例如下：

① 铝合金压铸件的尺寸 A 为 $3^{+0.12}_{0}$mm，压型活动部分由成型滑块构成，其投影面积为 $34cm^2$，由表 3-4 查得附加公差为 0.20mm，则 A 的尺寸公差为 0～0.32mm。

② 在同一压铸件上尺寸 D 为 $2.5^{+0.12}_{0}$mm，压型活动部分由滑块型芯构成，型芯直径为 20mm，则其投影面积为 $3.14cm^2$，由表 3-4 查得其附加公差为 0.15mm，又因尺寸 B 受活动部位的影响后附加公差为减量，故尺寸 B 的公差为 -0.15～$+0.12$mm。

（2）精密压铸件的尺寸分类及公差选择

按照压铸达到各个尺寸公差数值等级的不同而区分为三种类型，即一般尺寸、严格尺寸和高精度尺寸，见图 3-1、表 3-5、表 3-6。

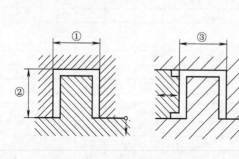
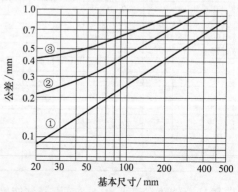

图 3-1　分型面及活动成型对压铸精度的关系示例

① 同一半模固定部分的尺寸；② 受分型面影响的尺寸；③ 受活动成型影响的尺寸

表 3-5　压铸高精度尺寸推荐公差数值　　　　　　　　　　单位：mm

空间对角线	合金种类	基本尺寸													相近公差等级(GB/T 1800.4—2009)
		≤18	>18～30	>30～50	>50～80	>80～120	>120～180	>180～250	>250～315	>315～400	>400～500	>500～630	>630～800	>800～1000	>1000～1250	
~50	锌合金	0.04	0.05	0.06												IT9
	铝合金、镁合金	0.07	0.08	0.10												IT10
	铜合金	0.11	0.13	0.16												IT11

空间对角线	合金种类	基本尺寸														相近公差等级(GB/T 1800.4—2009)
		≤18	>18~30	>30~50	>50~80	>80~120	>120~180	>180~250	>250~315	>315~400	>400~500	>500~630	>630~800	>800~1000	>1000~1250	
>50~180	锌合金	0.07	0.08	0.10	0.12	0.14	0.16									IT10
	铝合金、镁合金	0.11	0.13	0.16	0.19	0.22	0.25									IT11
	铜合金	0.18	0.21	0.25	0.30	0.35	0.40									IT12
>180~500	锌合金	0.11	0.13	0.16	0.19	0.22	0.25	0.29	0.32	0.36	0.40					IT11
	铝合金、镁合金	0.18	0.21	0.25	0.30	0.35	0.40	0.46	0.52	0.57	0.63					IT12
	铜合金	0.27	0.33	0.39	0.46	0.54	0.63	0.72	0.81	0.89	0.97					IT13
>500	锌合金	0.18	0.21	0.25	0.30	0.35	0.40	0.46	0.52	0.57	0.63	0.70	0.80	0.90	1.05	IT12
	铝合金、镁合金	0.27	0.33	0.39	0.46	0.54	0.63	0.72	0.81	0.89	0.97	1.10	1.25	1.40	1.65	IT13

表 3-6　压铸严格尺寸推荐公差数值　　　　　　　　单位：mm

空间对角线	合金种类	基本尺寸														相近公差等级(GB/T 1800.4—2009)
		≤18	>18~30	>30~50	>50~80	>80~120	>120~180	>180~250	>250~315	>315~400	>400~500	>500~630	>630~800	>800~1000	>1000~1250	
~50	锌合金	0.07	0.08	0.10												IT10
	铝合金、镁合金	0.11	0.13	0.16												IT11
	铜合金	0.18	0.21	0.25												IT12
>50~180	锌合金	0.11	0.13	0.16	0.19	0.22	0.25									IT11
	铝合金、镁合金	0.18	0.21	0.25	0.30	0.35	0.40									IT12
	铜合金	0.27	0.33	0.39	0.46	0.54	0.63									IT13
>180~500	锌合金	0.18	0.21	0.25	0.30	0.35	0.40	0.46	0.52	0.57	0.63					IT12
	铝合金、镁合金	0.27	0.33	0.39	0.46	0.54	0.63	0.72	0.81	0.89	0.97					IT13
	铜合金	0.35	0.43	0.51	0.60	0.71	0.82	0.94	1.06	1.15	1.21					(IT13+IT14)/2
>500	锌合金	0.27	0.33	0.39	0.46	0.54	0.63	0.72	0.81	0.89	0.97	1.10	1.25	1.40	1.65	IT13
	铝合金、镁合金	0.35	0.43	0.51	0.60	0.71	0.82	0.94	1.06	1.15	1.21	1.43	1.62	1.85	2.12	(IT13+IT14)/2

（3）尺寸公差位置

① 不加工的配合尺寸，孔取正（＋），轴取负（－）。

② 待加工尺寸，孔取负（－），轴取正（＋）；或孔和轴均取双向偏差（±），但其偏差值为 CT14 级精度公差值的 1/2。

③ 非配合尺寸根据铸件结构的需要，确定公差带位置取单向或双向，必要时调整其基本尺寸。

（4）孔中心距尺寸公差

孔中心距尺寸公差按表 3-7 规定选用。

表 3-7　孔中心距尺寸公差　　　　　　　　　　　　　　单位：mm

合金种类	基本尺寸									
	≤18	>18~30	>30~50	>50~80	>80~120	>120~160	>160~210	>210~260	>260~310	>310~360
锌合金、铝合金	0.10	0.12	0.15	0.23	0.30	0.35	0.40	0.48	0.56	0.65
镁合金、铜合金	0.16	0.20	0.25	0.35	0.48	0.60	0.78	0.92	1.08	1.25

注：孔中心距尺寸受分型面或模具活动部位影响时，表内数值应按表 3-3 和表 3-4 的规定，加上附加公差。

（5）壁厚尺寸公差

压铸件壁厚基本尺寸公差见表 3-8。受分型面或压型活动部分影响的壁厚公差尺寸按表 3-3 和表 3-4 选择，加上附加公差。

表 3-8　压铸件壁厚基本尺寸公差　　　　　　　　　　　　　单位：mm

壁厚	≤3	>3~6	>6~10
厚度偏差	±0.15	±0.20	±0.30

（6）圆弧半径尺寸公差

压铸件转接圆弧半径尺寸的公差，见表 3-9。凸圆弧半径 R_1 的尺寸偏差取"＋"，凹圆弧半径 R 尺寸偏差取"－"。

表 3-9　压铸件转接圆弧半径尺寸公差　　　　　　　　　　单位：mm

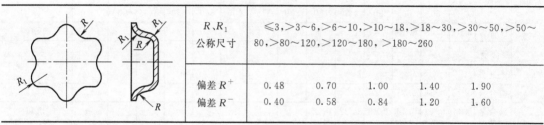

R、R_1 公称尺寸	≤3,>3~6,>6~10,>10~18,>18~30,>30~50,>50~80,>80~120,>120~180,>180~260				
偏差 R^+	0.48	0.70	1.00	1.40	1.90
偏差 R^-	0.40	0.58	0.84	1.20	1.60

（7）角度与锥度公差

压铸件角度与锥度的公差见表 3-10。锥度公差按锥体母线长度决定，角度公差按角度短边长度决定。

表 3-10　压铸件角度与锥度的公差

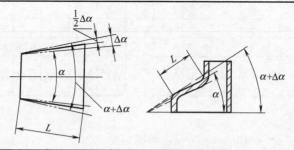

精度等级	公称尺寸 L/mm									
	≤3	>3~6	>6~10	>10~18	>18~30	>30~50	>50~80	>80~120	>120~180	>180~260
	角度和锥度偏差 △									
1	1°30′	1°15′	1°	50′	40′	30′	25′	20′	15′	12′
2	2°30′	2°	1°30′	1°30′	1°15′	1°	50′	40′	25′	20′

3.1.2 压铸件的表面形状和位置

压铸件平面度公差见表 3-11，压铸件平行度公差见表 3-12，压铸件同轴度公差见表 3-13。

表 3-11　压铸件平面度公差　　　　　　　　　　　　单位：mm

公称尺寸		铸件几何公差等级（GCTG）及相应的平面度公差						
大于	至	GCTG2	GCTG3	GCTG4	GCTG5	GCTG6	GCTG7	GCTG8
—	10	0.12	0.18	0.27	0.4	0.6	0.9	1.4
10	30	0.18	0.27	0.4	0.6	0.9	1.4	2
30	100	0.27	0.4	0.6	0.9	1.4	2	3
100	300	0.4	0.6	0.9	1.4	2	3	4.5
300	1000	0.6	0.9	1.4	2	3	4.5	7
1000	3000	—	—	—	4	6	9	14
3000	6000	—	—	—	8	12	18	28
6000	10000	—	—	—	16	24	36	56

表 3-12　压铸件平行度公差　　　　　　　　　　　　单位：mm

名义尺寸	同一半型内的公差	两个半型内的公差	同一半型内两个活动部位间公差
<25	0.10	0.15	0.20
>25~63	0.15	0.20	0.30
>63~160	0.20	0.30	0.45
>160~250	0.30	0.45	0.70
>250~400	0.45	0.65	1.20
>400	0.75	1.00	—

表 3-13　压铸件同轴度公差　　　　　　　　　　　　单位：mm

公称尺寸		铸件几何公差等级（GCTG）及相应的同轴度公差						
大于	至	GCTG2	GCTG3	GCTG4	GCTG5	GCTG6	GCTG7	GCTG8
—	10	0.27	0.4	0.6	0.9	1.4	2	3
10	30	0.4	0.6	0.9	1.4	2	3	4.5
30	100	0.6	0.9	1.4	2	3	4.5	7
100	300	0.9	1.4	2	3	4.5	7	10
300	1000	1.4	2	3	4.5	7	10	15
1000	3000	—	—	—	9	14	20	30
3000	6000	—	—	—	18	28	40	60
6000	10000	—	—	—	36	56	80	120

3.1.3 压铸件的表面粗糙度

压铸件表面粗糙度应符合 GB/T 6060.1 的规定。按使用要求，压铸件可分为三级，表 3-14 是锌合金压铸件粗糙度的要求。

表 3-14　表面质量分级（GB/T 13821—2009）

级别	符号	使用范围	表面粗糙度/μm
I	Y1	工艺要求高的表面，镀铬、抛光、研磨的表面，相对运动的配合面，危险应力区表面	$Ra1.6$
II	Y2	要求一般，或要求密封的表面，阳极氧化及装配接触面等	$Ra3.2$
III	Y3	保护性的涂覆表面及紧固接触面，油漆打腻表面，其他表面	$Ra6.3$

3.1.4 压铸件的加工余量

由于压铸的特点是快速凝固，因此铸件表面形成细晶粒的致密层，具有较高的力学性能，尽量不要加工去掉。过大的加工余量会暴露不够致密的内部组织。机械加工余量见表 3-15。

表 3-15　机械加工余量　　　　　　　　　　　　　　　单位：mm

铸件公称尺寸		铸件的机械加工余量等级 RMAG 及对应的机械加工余量 RMA									
大于	至	A	B	C	D	E	F	G	H	J	K
—	40	0.1	0.1	0.2	0.3	0.4	0.5	0.5	0.7	1	1.4
40	63	0.1	0.2	0.3	0.3	0.4	0.5	0.7	1	1.4	2
63	100	0.2	0.3	0.4	0.5	0.7	1	1.4	2	2.8	4
100	160	0.3	0.4	0.5	0.8	1.1	1.5	2.2	3	4	6
160	250	0.3	0.5	0.7	1	1.4	2	2.8	4	5.5	8
250	400	0.4	0.7	0.9	1.3	1.8	2.5	3.5	5	7	10
400	630	0.5	0.8	1.1	1.5	2.2	3	4	6	9	12
630	1000	0.6	0.9	1.2	1.8	2.5	3.5	5	7	10	14
1000	1600	0.7	1.0	1.4	2	2.8	4	5.5	8	11	16
1600	2500	0.8	1.1	1.6	2.2	3.2	4.5	6	9	13	18
2500	4000	0.9	1.3	1.8	2.5	3.5	5	7	10	14	20
4000	6300	1	1.4	2	2.8	4	5.5	8	11	16	22
6300	10000	1.1	1.5	2.2	3	4.5	6	9	12	17	24

注：等级 A 和等级 B 只适用于特殊情况，如带有工装定位面、夹紧面和基准面的铸件。

3.2　压铸件的基本结构单元设计

3.2.1　压铸件的结构设计要求及实例

　　压铸件的结构设计是压铸生产技术中首先遇到的工作。合理的压铸件结构不仅能简化压铸模的结构，降低制造成本，同时也能改善压铸件质量。压铸生产技术上所遇到的种种问题，如分型面的选择、浇口的开设、顶出装置的布置、收缩规律的掌握、精度的保证、缺陷的种类及其程度等，都与压铸件的结构设计有关。压铸工艺对压铸件的结构设计要求见表 3-16。

表 3-16　压铸工艺对压铸件的结构设计要求

要　　　求	说　　　明
要能方便地将压铸件从模具中取出	一切不利于压铸件出模的障碍，应尽量设法在设计压铸件时就预先加以消除
要尽量消除侧凹、深腔	内部侧凹和深腔是脱模的最大障碍。在无法避免时，也应便于抽芯，保证铸件能顺利地从压铸模中取出
要尽量减少抽芯部位	每增加一处抽芯，都使模具复杂程度提高，增添了模具出现故障的因素
要消除模具型芯出现交叉的部位	型芯交叉时，不但使模具结构复杂，而且容易出现故障
壁厚要均匀	当壁厚不均匀时，压铸件会因凝固速率不同而产生收缩变形，并且会在厚大部位产生内部缩孔和气孔等缺陷
要消除尖角	减少铸造应力

3.2.2　壁厚和圆角的设计

　　（1）壁厚的设计

　　压铸件设计的特点之一是壁厚设计。厚壁会使压铸件的力学性能明显下降，图 3-2 所示表示出锌合金、铝合金、镁合金的强度增减百分比与铸件壁厚的关系。不同壁厚时铝合金压铸件的密度和强度见表 3-17。

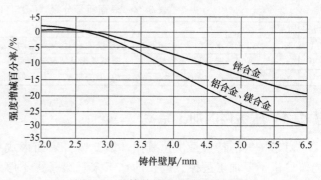

图 3-2　压铸件壁厚对强度的影响

表 3-17　不同壁厚时铝合金压铸件的密度和强度

铸件壁厚/mm	密度/(g/mm³)	铸件壁厚/mm	强度/MPa
2	2.86	2	270
5	2.78	3	210
7	2.74	6.5~8.0	175

　　壁厚与整个工艺规范有着密切关系，如填充时间的计算、内浇口速度的选择、凝固时间的计算、模型温度梯度的分析、压力（最终比压）的作用、留型时间的长短、铸件顶出温度的高低及操作效率等。表 3-18 为压铸件的合理厚度，表 3-19 为压铸件表面积相应的最小厚度。

表 3-18　压铸件的合理厚度

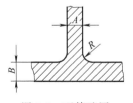

$a \times b / \mathrm{cm}^2$	壁厚 S/mm			
≤25	0.8~4.5	1.0~4.5	1.0~4.5	1.5~4.5
>25~100	0.8~4.5	1.5~4.5	1.5~4.5	1.5~4.5
>100~400	1.5~4.5(6)	2.5~4.5(6)	2.5~4.5(6)	2.5~4.5(6)
>400	1.5~4.5(6)	2.5~4.5(6)	2.5~4.5(6)	2.5~4.5(6)

　　注：1. 在比较优越的条件下，合理壁厚范围可取括号内数值。

　　2. 根据不同使用要求，压铸件壁厚可以增厚到 12mm。

表 3-19　推荐压铸件表面积相应的最小壁厚　　　　　　　单位：mm

压铸件表面积 /cm²	合金种类				
	铅锡合金	锌合金	铝合金	镁合金	铜合金
≤25	0.5~0.9	0.6~1.0	0.7~1.0	0.8~1.2	1.0~1.5
>25~100	0.8~1.5	1.0~1.5	1.0~1.5	1.2~1.8	1.5~2.0
>100~250	0.8~1.5	1.0~1.5	1.5~2.0	1.8~2.3	2.0~2.5
>250~400	1.5~2.0	1.5~2.0	2.0~3.0	2.3~2.3	2.5~3.5
>400~600	2.0~2.5	2.0~2.5	3.0~3.5	2.8~3.5	3.5~4.5
>600~900	—	2.5~3.0	3.5~4.0	3.5~4.0	4.0~5.0
>900~1200	—	3.0~4.0	4.5~5.0	4.0~5.0	—
>1200~150	—	4.0~5.0	5.0~5.5	—	—
>1500	—	>5.0	>6.0	—	—

（2）圆角的设计

对于不等壁厚的铸件，圆角（图 3-3）可按下式计算：

$$R = A + B/3 \text{ 或 } R = A + B/4 \tag{3-1}$$

对于等壁厚的铸件，圆角（图 3-4）可按下式计算：

$$R_{\mathrm{fmin}} = 0.5S; R_{\mathrm{fmax}} = S; Ra \leqslant R_{\mathrm{f}} + S \tag{3-2}$$

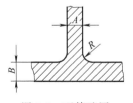
图 3-3　不等壁厚

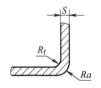
图 3-4　等壁厚

　　上述公式适合于铝合金和镁合金，当按照零件的使用要求选用更小圆角时，则圆角半径应不小于连接的最薄壁厚的一半（表 3-20），即：$r_1 > 0.5b_1$。对于特殊的要求，在工艺条件允许的情况下，可以选用更小的圆角，即 $r_1=(0.3\sim0.5)$mm。

表 3-20　圆角参数的选择　　　　　　　　　单位：mm

连接形式	壁厚条件	图　例	参数公式
直角连接	壁厚相等 $b_1=b_2$		$r_1=b_1=b_2$ $r_2\approx r_1+(b_1$ 或 $b_2)$
	壁厚不等 $b_1<b_2$		$r_1\approx 2/3(b_1+b_2)$ $r_2\approx r_1+b_2$
T 形壁连接	壁厚相等 $b_1=b_2$		$r_1\approx(1\sim1.25)b_1$
	壁厚不等 $b_3>(b_1)b_2$ $b_1\approx b_2$		$r_1\approx(1\sim1.25)b_1$
	壁厚不等 $b_3>b_2>b_1$		$r_1\approx(1\sim1.25)b_1$
交叉连接 壁厚均匀	十字形		$r_1=b_1$
	X 形		$r_1\approx0.7b_1$ $r_2\approx1.5b_1$

连接形式	壁厚条件		图　例	参数公式
交叉连接	壁厚均匀	Y形		$r_1 \approx 0.5b_1$ $r_2 \approx 2.5b_1$
	壁厚不等		最薄的壁厚为 b_1	按 b_1 选取

3.2.3　筋和嵌件的设计

（1）筋的设计

筋的作用是壁厚改薄后，用以提高零件的强度和刚性，防止或减少铸件收缩变形，避免工件从模型内顶出时发生变形，填充时用以作辅助回路（金属流动的通路）。筋的厚度应小于所在壁的厚度，一般取该处壁的厚度的 2/3～3/4。筋的厚度和斜度见表 3-21。

表 3-21　筋的厚度和斜度　　　　　　　　　单位：mm

	尺寸规范		
正常壁厚 S		$S \leqslant 3$	$S > 3$
b_1		$(0.6 \sim 1)S$	$(0.4 \sim 0.7)S$
b_2		$(1 \sim 1.3)S$	$(0.6 \sim 1)S$
高度 h		$h \leqslant 5S$	
圆角(min) r		$r_1 \leqslant 0.5$ $r_2 \geqslant S$	

（2）嵌件的设计

① 铸件上采用嵌件的目的如下。

a. 消除压铸件的局部热节，减小壁厚，防止产生缩孔。

b. 改善和提高铸件局部性能，如强度、硬度、耐蚀性、耐磨性、焊接性、导电性、导磁性和绝缘性等，以扩大压铸件的应用范围。

c. 对于具有侧凹、深孔、曲折孔道等结构的复杂铸件，因无法抽芯而导致压铸困难，使用嵌铸则可以顺利压出。

d. 可将许多小铸件合铸在一起，代替装配工序或将复杂件转化为简单件。

② 注意事项。

a. 嵌件在铸件内必须稳固牢靠，故其铸入部分应制出直纹、斜纹、滚花、凹槽、凸起或其他结构，以增强嵌件与压铸合金的结合。轴类和套类嵌件的固定方法见表 3-22 和表 3-23。

b. 嵌件周围应有一定厚度的金属层，以提高铸件与嵌件的包紧力，并防止金属层产生裂纹，金属层厚度可按嵌件直径选取，见表 3-24。

c. 嵌件包紧部分不允许有尖角，以免铸件发生开裂。设计铸件时要考虑到嵌件在模具中的定位和各种公差配合的要求，要保证嵌件在受到金属液冲击时不脱落、不偏移。嵌件应有倒角，以便安放并避免铸件裂纹。同一铸件上嵌件数不宜太多，以免压铸时因安放嵌件而降低生产率和影响正常工作循环。

d. 带嵌件的压铸件最好不要进行热处理和表面处理，以免两种金属的相变不同而产生体积的变化不同，导致嵌件在铸件中松动和产生腐蚀。

e. 嵌件在压铸前最好能镀以防蚀性保护层，以防止嵌件与铸件本身产生电化学腐蚀。

f. 嵌件的形状和在铸件上所处的位置应使压铸生产时放置方便。

表 3-22　轴类嵌件的固定方法

形式	螺钉头	螺栓	开槽	凸台滚花	十字销	十字头
图例	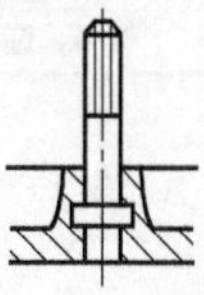	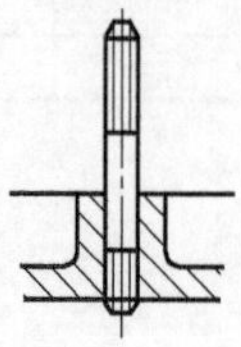	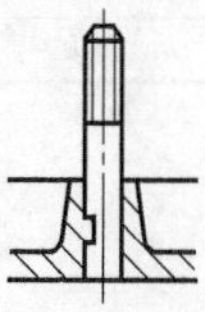	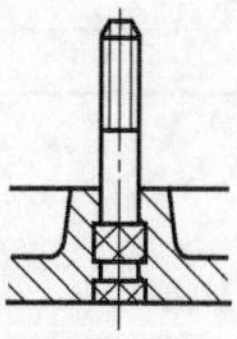	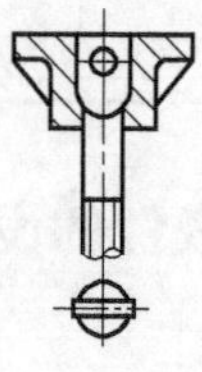	

表 3-23　套类嵌件的固定方法

形式	平槽	凸缘削平	六角环槽	尖锥削槽	滚花环槽
图例	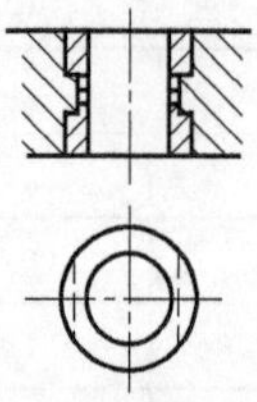	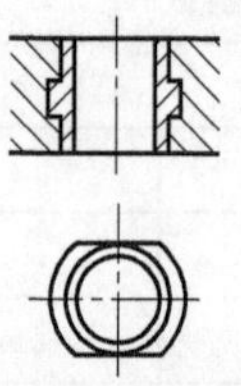	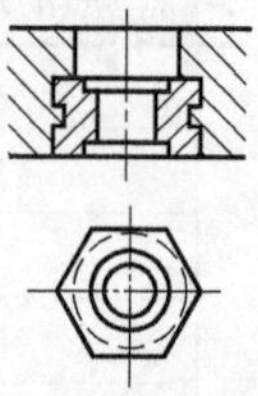	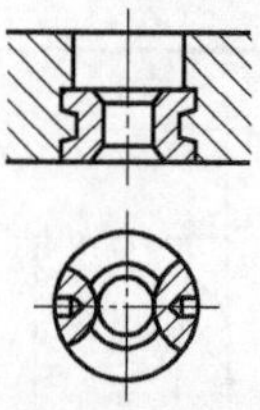	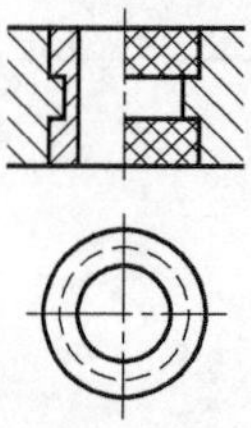

表 3-24　嵌件直径及其周围金属层最小厚度　　　单位：mm

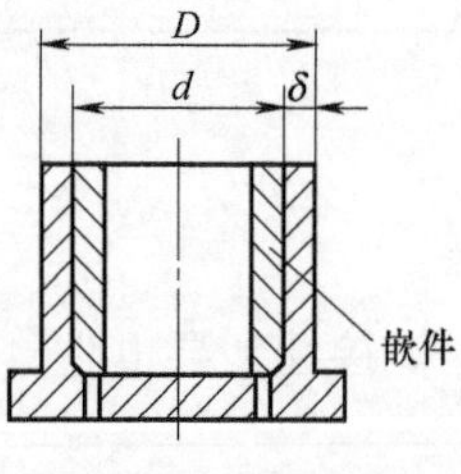

嵌件直径 d	周围金属层最小厚度 δ	周围金属层外径 D
1.0	1.0	3
3	1.5	6
5	2	9
8	2.5	13
11	2.5	16
13	3	19
16	3	22
18	3.5	25

③ 应用示例。表 3-25 为铸入嵌件的应用示例。铸入镶件（嵌件被铸件的基本金属所包围的部分的构造）应用示例见表 3-26。

表 3-25　铸入嵌件的应用示例

序号	应用示例	说　明
1	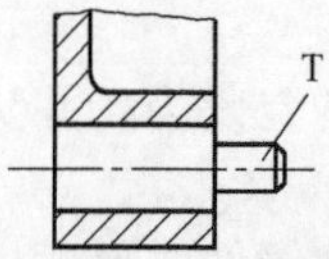	铸件上过厚的部分铸入嵌件后的用途 ①避免该部分产生气孔和缩孔 ②该部分钻孔攻螺纹，螺孔耐磨 ③外露的圆柱体 T 是铸件使用方面的需要
2	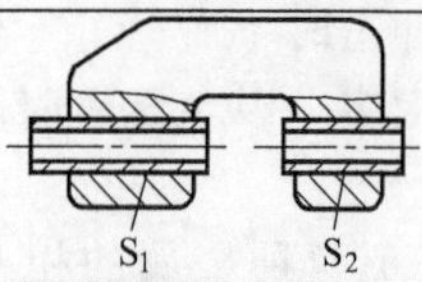	铸入嵌件 S_1 和 S_2 为铜管，提高与轴配合的耐磨性

序号	应 用 示 例	说　　明
3		铸入嵌件 S 为铁芯,使零件满足有导磁性能的要求
4		铸入嵌件为细长螺钉 S,简化零件加工螺纹的工序
5		铸入嵌件 S 为钢制件,使 A 面能承受频繁的敲击(或打击)
6		铸入嵌件为弯管 1,使零件内带有通油孔
7		零件为电动转子,嵌入硅钢片 1,同时压铸包括的组装工序
8		压铸时,齿轮 2 和轴 3 作为铸入嵌件放入模型内,压铸出轮毂 1 后也同时完成了组装工序,得到一个完整的零件
9		对于箱形、壳形零件,当顶面没有孔口,但又欲开设顶浇口(或中心浇口)时,为了便于带有分流锥形式的导流作用,采用铸入嵌件作为分流锥,其材料与铸件基本金属相同,压铸后,只将凸出顶面的部分去平即可使用,铸入的嵌件 S 便留在铸件内

表 3-26　铸入镶件的应用示例

序号	构 造 示 例	说　　明
1		ϕD 处滚花,是被铸件包圈的部分;ϕd 为嵌件铸入铸件后的外露部分,同时作为在模具内定位的部分

序号	构 造 示 例	说　　明
2		被铸件包围的部分 ϕD 处有直纹,并车出缩颈
3		被铸件包围部分 ϕD 处的中部为四方形;ϕd 为嵌件铸入铸件后的外露部分,同时作为在模具内定位的部分
4		被铸件包围部分 ϕD 处的中部带扇形;ϕd 为嵌件铸入铸件后的外露部分,同时作为在模具内定位的部分
5		被铸件包围部分处有一横孔;ϕd 为嵌件铸入铸件后的外露部分,同时作为在模具内定位的部分
6		镶套外形中部有凸肩,其余为直纹;内孔是嵌件铸入铸件后的工作部位,也是模具的定位处
7		外形中部有凹箱,其余为直滚纹;内孔是嵌件铸入铸件后的工作部位,也是模具的定位处
8		镶套的壁上有横向小孔,小孔可以是通的,也可以是不通的;内孔是嵌件铸入铸件后的工作部位,也是模具的定位处
9		外形为六形角并带有凹槽,是被铸入包围的部分,内孔可以为螺纹,也可以是嵌件铸入铸件后的工作部位,也是模具的定位处
10		螺纹外圆 ϕD 外滚花或直纹;螺纹孔定位
11		螺杆尾部带方形铸入铸件内
12		铸入铸件内的螺杆头部为加大的方形

序号	构造示例	说明
13		铸入铸样内的螺杆头部为六角形
14		外圆定位,有横向小孔(12个),压铸基体金属穿入小孔
15		外圆定位,沿轴向有槽,压铸基体金属填充在槽内
16		圆柱体冲切出凸起,压铸基体铸入切口内
17		镶件呈片状,压铸基体金属穿入小孔 g 内,孔 G 和侧边 A 为模型定位

嵌铸件在模型中的定位方法见表 3-27。

表 3-27　嵌铸件在模型中的定位方法

定位方法	图例	说明
型芯定位		适用于圆管、套类镶嵌件
定位钉定位		适用于轴类镶嵌件

定位方法	图 例	说 明
在分型面处镶嵌件用型芯定位	滑块　可放钳子间隙　嵌件　分型面	适用有孔镶嵌件
镶嵌件在活动型芯上的定位	斜销孔(开穿长孔)　斜销(两面开长槽)　钢丝弹簧　滑块	合型前,滑块借手动推向合型位置,将镶嵌件放好,则合型时,斜销自由进入滑块长孔,活动偏销进入斜销长槽
镶嵌件在活动型芯上的定位	嵌件(铜管)　铸件(锌合金)　铸件图　活动扁销	开型时,滑块借扁销抽出
滑块上定位轴定位	铸入镶件1　铸入镶件2　定位轴　镶件1	此为斜滑块顶出,斜滑块顶出后,有较大的空间,放置镶嵌件方便。开型时,抽出定位轴
专用附件衬套定位	镶件　附加衬套　C—C	先将镶嵌件在型外放入附加衬套内,再一起置于动型的定位槽中,取出件后,取下附加衬套

3.2.4　出型斜度和孔槽的设计

（1）出型斜度的设计

斜度作用是减少铸件与模型的摩擦，利于取出铸件；保证铸件表面不拉伤；延长模型使用寿命。铸造斜度可按图 3-5 所示选取。当零件设计未考虑斜度时，应另行按最小的铸造斜度选取。一般最小的铸造斜度见表 3-28。只有在特殊要求和工艺条件允许的情况下，才选用比表 3-28 更小的斜度值。

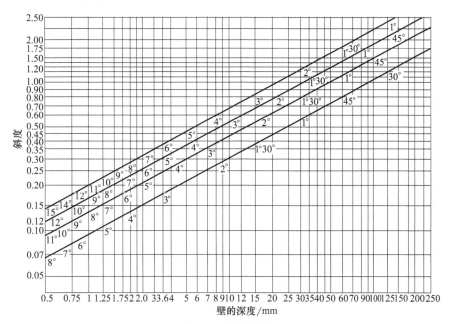

图 3-5　铸造斜度

表 3-28　一般最小铸造斜度

铸造合金类别	最小的铸造斜度		铸造合金类别	最小的铸造斜度	
	外表面	内表面		外表面	内表面
锌合金	20′	40′	镁合金	25′	50′
铝合金	30′	1°	铜合金	40′	1°20′

各类合金压铸件内腔的一般铸造斜度见表 3-29，压铸件外壁的铸造斜度为内腔斜度的 1/2，见表 3-30。各类合金压铸件的铸孔直径与最大深度和斜度的关系，见表 3-31。

表 3-29　压铸件内腔斜度

合金类型	内腔尺寸/mm						
	≤6	>6～8	>8～10	>10～15	>15～20	>20～30	>30～60
锌合金	20°30′	2°	1°55′	1°30′	1°15′	1°	0°45′
铝（镁）合金	4°	3°30′	3°	2°30′	2°	1°30′	1°45′
铜合金	4°	4°	3°30′	3°	2°30′	2°	1°30′

表 3-30　压铸件常用铸造斜度

	斜度	铝合金	镁合金	锌合金	铅锡合金	铜合金
外表面 内表面	α_{1min}	30′	15′	0°		1°
	α_{2min}	1°	30′	15′		1°

注：压铸件应选择能允许的最大铸造斜度。

表 3-31 铸孔直径与最大深度和斜度的关系

孔直径 D/mm	压铸合金					
	锌合金		铝合金		铜合金	
	最大深度/mm	铸造斜度	最大深度/mm	铸造斜度	最大深度/mm	铸造斜度
≤3	9	1°30′	8	2°30′	—	v
>3～4	14	1°20′	13	2°	—	—
>4～5	18	1°10′	16	1°45′	—	—
>5～6	20	1°	18	1°40′	—	—
>6～8	32	0°50′	25	1°30′	14	2°30′
>8～10	40	0°45′	38	1°15′	25	2°
>10～12	50	0°40′	50	1°10′	30	1°45′
>12～16	80	0°30′	80	1°	45	1°15′
>16～20	110	0°25′	110	0°45′	70	1°
>20～25	150	0°20′	150	0°40′	—	—

注：1. 当 D>25mm 时，锌合金、铝合金压铸孔深为孔径的 6 倍。

2. 螺纹底孔允许按上表铸造斜度铸出，扩孔达到螺纹尺寸。

3. 对孔径小，收缩应力很大的铸孔，表中深度可适当缩小。

（2）孔和槽的设计

铸件上的孔、槽应尽量铸出，这不仅使壁厚尽量均匀，减少热节，节省金属材料，而且减少机械加工工时。压铸零件的孔，一般是指紧固连接用的圆形孔，也包括相似于这一类型的孔，至于零件整体结构本身形状的孔不属于这个类型的范围内。孔和槽的最小尺寸与深度的有关尺寸见表 3-32、表 3-33。

表 3-32 铸孔最小孔径以及孔径与深度的关系

合金	最小孔径 d/mm		深度为孔径 d 的倍数			
	经济合理的	技术上可能的	不通孔		通孔	
			d>5	d<5	d>5	d<5
锌合金	1.5	0.8	6d	4d	12d	8d
铝合金	2.5	2.0	4d	3d	8d	6d
镁合金	2.0	1.5	5d	4d	10d	8d
铜合金	4.0	2.5	3d	2d	5d	3d

注：1. 表内深度系指固定型芯而言，对于活动的单个型芯其深度还可以适当增加。

2. 对于较大的孔径，精度要求不高时，孔的深度亦可超出上述范围。

表 3-33 槽的形状及相关尺寸　　　　　单位：mm

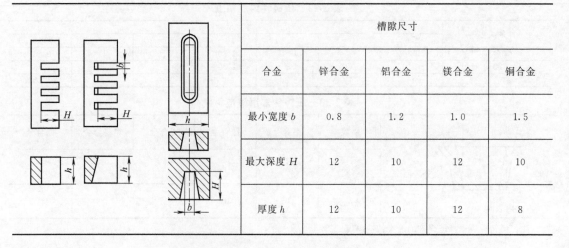

	槽隙尺寸			
合金	锌合金	铝合金	镁合金	铜合金
最小宽度 b	0.8	1.2	1.0	1.5
最大深度 H	12	10	12	10
厚度 h	12	10	12	8

3.2.5 螺纹和齿轮的设计

（1）螺纹的设计

在一定的工艺条件下，锌、铝及镁等合金的压铸件，可以直接压铸出螺纹。铜合金只是在个别情况下才压铸出螺纹。压铸螺纹一般为国家标准规定的 3 级精度。螺纹分为外螺纹和内螺纹两大类。外螺纹又分两种，一种是由可分开的两半螺纹型腔构成，另一种是由螺纹型环构成。内螺纹方式是由螺纹型芯构成，其特点是螺纹型芯的螺纹在轴方向上要有斜度，通常为 $10'\sim15'$。压铸螺纹的牙形，应是平头或圆头的，平头螺纹牙形见图 3-6，压铸螺纹极限尺寸和铸造斜度见表 3-34 和表 3-35。

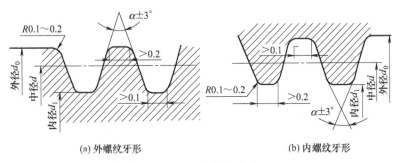

(a) 外螺纹牙形　　　　　　　(b) 内螺纹牙形

图 3-6　平头螺纹牙形

表 3-34　压铸螺纹的极限尺寸　　　　　　　单位：mm

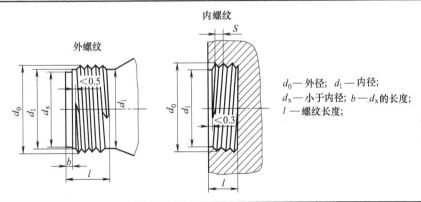

d_0—外径；d_1—内径；
d_x—小于内径；b—d_x的长度；
l—螺纹长度；

合金	最小螺距 S	最小直径 d_0（外径）		最大长度 l（S 的倍数）	
		外螺纹	内螺纹	外螺纹	内螺纹
锌合金	0.75	6	10	8S	5S
铝合金	0.75	8	14	6S	4S
镁合金	0.75	10	14	6S	4S
铜合金	1	12		6S	

注：1. 压铸时内螺纹的直径不宜过大。

2. 外螺纹不是由螺纹型腔压铸出时，其最大长度可以加大。

表 3-35　压铸螺纹的铸造斜度

合金	型芯表面的最小斜度（最大100mm）					
	外侧斜度		活动型芯斜度		固定型芯斜度	
	深度/%	最小/mm	深度/%	最小/mm	深度/%	最小/mm
铅锡合金	0~0.1	—	0.1	—	0.2	—
锌合金	0~0.2	—	0.2	—	0.4	0.03

合金	型芯表面的最小斜度（最大 100mm）					
	外侧斜度		活动型芯斜度		固定型芯斜度	
	深度/%	最小/mm	深度/%	最小/mm	深度/%	最小/mm
铝合金	0~0.5	—	0.5	0.05	1.0	0.10
镁合金	0~0.3	—	0.3	0.03	0.6	0.05
铜合金	1~1.5	0.05	2.0	0.10	4.0	0.20

（2）齿轮的设计

压铸齿型的最小模数、精度和斜度见表 3-36，其出模斜度按表 3-37 中内表面 β 值选取。

表 3-36　压铸齿型的最小模数、精度和斜度

项目	铅锡合金	锌合金	铝合金	镁合金	铜合金
模数/mm	0.3	0.3	0.5	0.5	1.5
精度	3	3	3	3	3
斜度	每面至少有 0.05~0.2mm，而铜合金应为 0.1~0.2mm				

表 3-37　出模斜度

	合金	配合面的最小脱模斜度		非配合面的最小脱模斜度	
		外表面 α	内表面 β	外表面 α	内表面 β
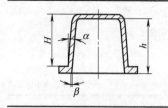	锌合金	0°10′	0°15′	0°15′	0°45′
	铝、镁合金	0°15′	0°30′	0°30′	1°
	铜合金	0°30′	0°45′	1°	1°30′

3.2.6　凸纹和直纹的设计

压铸凸纹或直纹，其纹路一般应平行于出模方向，并具有一定的出模斜度，其值按表 3-37 中 β 值选取。推荐的凸纹与直纹的结构尺寸见表 3-38。

表 3-38　凸纹与直纹结构尺寸 单位：mm

简图	零件直径 D	凸纹半径 R	凸纹节距 I	凸纹高度 h
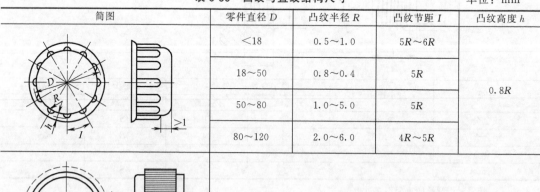	<18	0.5~1.0	5R~6R	0.8R
	18~50	0.8~0.4	5R	
	50~80	1.0~5.0	5R	
	80~120	2.0~6.0	4R~5R	
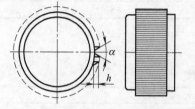			$\alpha=90°~100°,h=0.6~1.2$	

压铸凸台应有足够的高度，便于留切削余量，而不致使刀具切削到铸件壁上，凸台的最小高度 $h=2\sim2.5$mm。当紧固件的孔中心距等于或小于表 3-39 所列数值时，应将相近的凸

台连成一体，见图 3-7。

表 3-39　紧固中心距　　单位：mm

紧固件直径	孔中心距(＞)
≤4	15
＞4～6	18
＞6～10	22
＞10～14	30
＞14～18	38

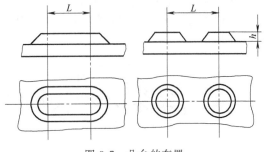

图 3-7　凸台的布置

3.2.7　铆钉头和网纹的设计

（1）铆钉头的设计

压铸件与其他零件铆接时，其铆钉头可在压铸时与铸件同时铸出。压铸铆钉头尺寸见表3-40。

表 3-40　压铸铆钉头尺寸　　　　　　　　单位：mm

尺寸	合金	
	铝合金	锌、锡合金
最小直径 d	1.5	1.0
外圆角半径 R	0.25	0.2
外圆角半径 r	0.3	0.2
最大高度 h	$6d$	$8d$
最小出模斜度 α	1°	15′

注：d 的尺寸精度按 IT12 级精度偏差之半选取，并加以"±"。

（2）网纹的设计

对于较大面积平板状零件或其他形状零件，为减少或消除表面上的流痕或花斑等缺陷，常在表面上设置网纹或网点。其造型以有利于模具制造和铸件出模为原则，平板状零件的网纹结构和尺寸见图 3-8。

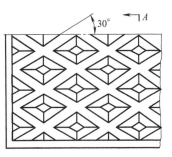

图 3-8　平板状零件的网纹结构和尺寸

3.2.8　文字、标注和图案的设计

压铸件上的文字、标注与图案一般是凸体的，不应有尖角，尽可能简单。其有关尺寸见表 3-41。

表 3-41　文字、标注与图案有关尺寸

凸体	凹体	说　明
$b>0.25\text{mm},h<b,\theta>10°,S_{\min}≥h$	$b>0.35\text{mm},h<b,\theta>15°,S_{\min}≥h$	b——线条的宽度 h——线条高度 S——线条间距 θ——线条侧边斜度

铸件上线条的凸起高度与宽度之比约为 3∶2，最小高度为 0.3mm。字体出型越大越好，一般不应小于 10°。铸字一般分为三种，如图 3-9 所示，图 3-9（c）所示是有特殊理由才能使用。

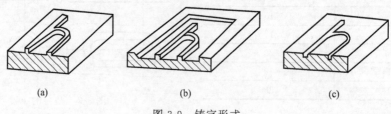

(a)   (b)   (c)

图 3-9　铸字形式

3.2.9　压铸件的表面质量

用新模具压铸可获得约 $Ra0.8\mu m$ 表面粗糙度的压铸件。在模具的正常使用寿命内，锌合金压铸件能保持在 $Ra1.6\sim3.2\mu m$ 范围；铝合金压铸件大致在 $Ra3.2\sim6.3\mu m$ 范围；铜合金压铸件表面最差，受模具龟裂的影响很大。以表面粗糙度为依据的压铸件表面质量分级见表 3-42。对于不同级别压铸件表面缺陷的质量要求见表 3-43，表面质量级别及缺陷极限见表 3-44。表 3-45 是各种表面缺陷特征、产生原因和防止措施。压铸件经机械加工后，加工面上允许存在的缺陷见表 3-46，加工后螺纹的表面质量要求见表 3-47。

表 3-42　压铸件表面质量分级

表面质量级别	使用范围	粗糙度
1	涂覆工艺要求高的表面,镀铬、抛光、研磨的表面,相对运动的配合面,危险应力区的表面等	$Ra3.2\mu m$
2	涂覆要求一般或要求密封的表面;镀锌阴阳极氧化、油漆部打腻以及装配接触面	$Ra6.3\mu m$
3	保护性涂覆表面及紧固接触面,油漆打腻表面及其他表面	$Ra12.6\mu m$

表 3-43　各类压铸件的表面缺陷

缺陷名称	缺陷范围	表面质量级别 1 级	表面质量级别 2 级	表面质量级别 3 级	备　注
流痕	深度/mm ≤	0.05	0.07	0.15	—
	面积不超过总面积的百分数/%	5	15	30	
冷隔	深度/mm ≤	不允许	1/5 壁厚	1/4 壁厚	①在同一部位对应处不允许同时存在 ②长度是指缺陷流向的展开长度
	长度不大于铸件轮廓尺寸的/mm		1/10	1/5	
	所在面上不允许超过的数量		2 处	2 处	
	离铸件边缘距离/mm ≤		4	4	
	两冷隔间距/mm ≤		10	10	
拉伤	深度/mm	0.05	0.10	0.25	除一级表面外,浇道部位允许增加一倍
	面积不超过总面积的百分数/%	3	5	10	
凹陷	凹入深度/mm ≤	0.10	0.30	0.50	—
黏附物痕迹	整个铸件不允许超过	不允许	1 处	2 处	—
	占带缺陷的表面面积的百分数/%		5	10	
气泡　平均直径 ≤3mm	每 100mm² 不超过的处数	不允许	1	2	允许两种气泡同时存在,但大气泡不超过 3 个,总数不超过 10 个,且其边距不小于 10 mm
	整个铸件不超过的个数		3	7	
	离铸件边缘的距离/mm ≥		3	3	
	气泡凸起高度/mm ≤		0.2	0.3	

缺陷名称		缺陷范围	表面质量级别			备　注
			1级	2级	3级	
气泡	平均直径 >3~6mm	每100mm² 不超过	不允许	1	1	允许两种气泡同时存在,但大气泡不超过3个,总数不超过10个,且其边距不小于10 mm
		整个铸件不超过的个数		1	3	
		离铸件边缘的距离/mm≥		5	5	
		气泡凸起高度/mm≤		0.3	0.5	
边角残缺深度/mm		铸件边长≤100mm	0.3	0.5	1.0	残缺长度不超过边长度的5%
		铸件边长>100mm	0.5	0.8	1.2	
各类缺陷总和		面积不超过总面积的百分数	5	30	50	

注:对于1级或有特殊要求的表面,只允许有经抛光或研磨能去除的缺陷。

表 3-44　表面质量级别及缺陷极限

压铸件表面质量级别	1级	2级	3级
缺陷面积不超过总面积的百分数/%	5	25	40

注:1. 在不影响使用和装配的情况下,网状毛刺和痕迹不超过下述规定,锌合金、铝合金压铸件其高度不超过0.2mm,铜合金压铸件其高度不大于0.4mm。

2. 受压铸型镶块或受分型面影响而形成表面高低不平的偏差,不超过有关尺寸公差。

3. 推杆痕迹凸出或凹入铸件表面的深度,一般为±0.2mm。

4. 工艺基准面、配合面上不允许存在任何凸起,装饰面上不允许有推杆痕迹。

表 3-45　表面缺陷特征、产生原因和防止措施

名称	特征	产生原因	防止措施
流痕及花纹	铸件表面有与金属流动方向一致的条纹,有明显可见的与金属基体颜色不一样的、无方向的纹路,无发展趋势	压铸型温度及浇注温度过低,或浇注系统不当,或压铸工艺不当造成先进入型腔的金属液凝固的薄层被后来金属弥补留下的痕迹,或涂料过多留下的痕迹	①铸造条件要合适,特别应注意提高压铸型温度和浇注温度 ②调整内浇道位置和大小,以及溢流槽等 ③调整压铸工艺参数,使内浇道速度、填充流量及压力满足填充要求 ④适当选用涂料及调整用量
冷隔	铸件表面有明显的、不规则的、穿透或不穿透的下陷纹路,形状细小而狭长,有时交接边缘光滑	①两股金属流相互对接,但未完全熔合,而无夹杂存在其间,两股金属结合力极弱 ②浇注温度或压铸型温度低 ③浇注系统设计不合理,内浇道位置不当或流路过长 ④压铸机压射比压或填充速度低 ⑤合金成分不正确,流动性差	①适当提高浇注温度和压铸型温度,对局部温度过低处应加热,少用涂料 ②调整压铸机,使内浇道金属液速度及流量合适 ③修改内浇道位置、方向和大小,在适当位置开设溢流槽和排气道,改善充填及排气条件 ④正确选用合金,提高流动性,并注意防止合金液氧化
网状毛刺	铸件表面有网状发丝一样凸起或凹陷的痕迹,常随压铸型使用次数增加而不断延伸和扩大	是压铸型型腔表面龟裂造成的痕迹,龟裂的原因为 ①压铸型材料不当,或热处理工艺不正确 ②压铸型预热不够,或浇注温度过高等,压铸型冷、热温差变化大 ③压铸型型腔表面粗糙 ④压铸型表面薄壁或有尖角等	①正确选用压铸型材料及热处理工艺 ②浇注温度不宜过高,特别是高熔点合金 ③压铸型要在压铸前充分预热,达到工作温度范围要求 ④压铸型要定期退火或压铸一定次数后退火,打磨成型部分表面

名称	特征	产生原因	防止措施
缩陷	铸件厚大表面上有平滑的凹瘪处,状如盘碟	因液态和凝固时期体积收缩的体积亏损引起缩陷 ①压铸件壁厚相差太大 ②合金液态和凝固时期体积收缩过大 ③浇注位置不当 ④压射比压低 ⑤压铸型局部温度过高	①压铸件壁厚均匀,厚薄过渡要缓和 ②选用液态和凝固时期体积收缩小的合金 ③正确设计内浇道位置及数量、大小 ④增加压射压力 ⑤适当降低浇注温度和压铸型温度,对压铸型局部温度高处进行冷却
		压铸型损伤引起压铸件缩陷	检修压铸型,清除凸起部分
		局部气体未被排出,由于憋气引起的压铸件缩陷	①改善金属液冲型时,气体排溢条件 ②减少涂料用量
印痕	铸件表面与铸件型零件接触所留下的凹、凸痕迹	①由引出元件引起的印痕或顶杆端面被磨损或顶杆未调齐 ②压铸型型腔拼接部分和其他活动部分配合不好或磨损引起的印痕	①工作前应检查和修理好压铸型 ②顶杆长短要调整到适当位置 ③紧固镶块或其他活动部分 ④设计时消除尖角,配合间隙调整合适 ⑤改进压铸型结构,消除穿插的镶嵌结构
冷豆	铸件表面嵌有冷豆及未和铸件完全熔合的金属颗粒,常发生在欠铸处	①浇注系统设计不当 ②填充速度过快 ③金属液过早流入型腔	①改进浇注系统,避免金属直冲型芯、型壁 ②增大内浇道面积 ③改进操作,调整机器
黏附处痕迹	小片状的金属或非金属与金属基体部分熔接,在外力作用下能剥落,剥落后形成发亮或暗灰色痕迹	①压铸型型腔表面有金属或非金属残留物 ②浇注时带入的杂质黏附在型腔表面上	①在压铸前应清理干净压铸型型腔及压室,去除金属或非金属黏附物 ②浇注的合金液要清洁干净
分层(夹皮及脱落)	铸件外观或破坏检查时发现,铸件外观有明显的层次	①压铸型刚性不够,在金属液充填过程中压铸模板产生抖动 ②压射冲头与压室配合不好,压射时前进速度不平衡 ③浇注系统设计不当	①增加压铸型刚度,紧固压铸型各部件,使压型稳定 ②调整压射冲头与压室,使之配合好 ③合理设计浇注系统
摩擦烧蚀	铸件某些部位表面粗糙	①由压型引起的摩擦烧蚀内浇道位置、方向和形状不适当,设计方向不合理 ②由铸造条件不适当,特别是内浇道处金属液冲刷剧烈的部位冷却不够	①改变内浇道位置、方向和形状 ②改善冷却条件,特别是被金属液剧烈冲刷的部位 ③在烧蚀部位增加涂料 ④调整金属液流速
冲蚀	铸件局部表面有麻点或凸纹	①浇注系统设计不合理 ②压铸型冷却不好 ③压铸型局部被冲蚀未及时修理	①合理设计浇注系统 ②被冲蚀的部位应及时修理,并加强冷却

表 3-46 机械加工后加工面上允许孔穴缺陷的规定（GB/T 13821—2009）

加工面面积 /mm	1级				2级				3级			
	最大直径 /mm	最大深度 /mm	最多个数 /个	至边缘最小距离 /mm	最大直径 /mm	最大深度 /mm	最多个数 /个	至边缘最小距离 /mm	最大直径 /mm	最大深度 /mm	最多个数 /个	至边缘最小距离 /mm
~25	0.8	0.5	3	4	1.5	1.0	3	4	2.0	1.5	3	3
>25~60	0.8	0.5	4	6	1.5	1.0	4	6	2.0	1.5	4	4
>60~150	1.0	0.5	4	6	2.0	1.5	4	6	2.5	1.5	5	4
>150~350	1.2	0.6	3	8	2.5	1.5	5	8	3.0	2.0	6	6

表 3-47 机械加工后螺纹允许孔穴的规定

螺距/mm	平均直径/mm ≤	深度/mm ≤	螺纹工作长度内缺陷总数不超过	两个孔的边缘之间距离/mm ≥
≤0.75	1	1	2	2
>0.75	1.5 (不超过2倍螺距)	<1.5 (<1/4壁厚)	4	5

注：螺纹的最前面两扣上不允许有缺陷。

3.3 压铸件结构设计的工艺性

压铸件结构的合理程度和工艺适应性是决定后面工作能否顺利进行的重要因素。如分型面的选择、浇口的开设、推出机构的布置、收缩规律的掌握、精度的保证、缺陷的种类及其程度等，都是以压铸件本身的压铸工艺性的优劣为前提的。

3.3.1 简化模具结构、延长使用寿命

（1）压铸件的分型面上应尽量避免圆角

图 3-10（a）所示中的圆角不仅增加了模具的加工难度，而且使圆角处的模具强度和寿命有所下降。若动模与定模稍有错位，压铸件圆角部分易形成台阶，影响外观。若将结构改为如图 3-10（b）所示的结构，则分型面平整，加工简便，避免了上述缺点。

（2）避免模具局部过薄

图 3-11（a）所示的盒形件，因侧面有孔而增设的活动型芯，使压铸模的局部厚度过薄，使用时易变形和损坏。如将压铸件侧向的孔向下延伸为如图 3-11（b）所示的结构，则可省去活动型芯，并且也消除了模具上的薄弱部分，有利于延长模具的使用寿命。

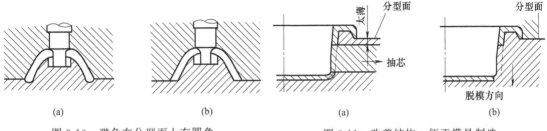

(a)	(b)	(a)	(b)
图 3-10 避免在分型面上有圆角		图 3-11 改善结构，便于模具制造	

图 3-12（a）所示的压铸件，因孔边离凸缘距离过小，易使模具镶块在 a 处断裂。若将压铸件改为如图 3-12（b）所示的 $a \geqslant 3mm$ 的结构，则使镶块有足够的强度，延长了模具的使用寿命。

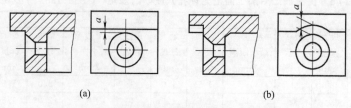

(a)   (b)

图 3-12   改善结构，使镶块具有足够强度

（3）避免在压铸件上设计互相交叉的盲孔

交叉的盲孔必须使用公差配合较高的互相交叉的型芯［图 3-13（a）］，这既增加了模具的加工量，又要求严格控制抽芯的次序。一旦金属液窜入型芯交叉的间隙中，便会使抽芯发生困难。若将交叉的盲孔改为如图 3-13（b）所示的结构，即可避免型芯交叉，消除了上述的缺点。

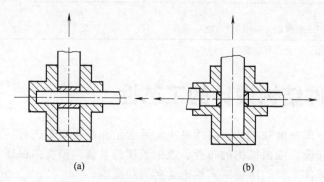

(a)   (b)

图 3-13   压铸件应避免有相互交叉的盲孔

（4）消除内侧凹，降低生产成本

图 3-14（a）所示的压铸件内法兰和轴承孔为内侧凹，抽芯困难，或需设置复杂的抽芯机构，或需设置可溶型芯。这既增加了模具的加工量，又降低了生产率。若将压铸件改为如图 3-14（b）所示的消除内侧凹的结构，即可简化模具，克服了如图 3-14（a）所示压铸件带来的缺点。

同样，如图 3-15（a）所示的压铸件。由于矩形孔尺寸 $B < A$，抽芯困难，结构复杂。若压铸件按图 3-15（b）所示进行改进，取矩形孔尺寸 $B \geqslant A + 0.2$，模具就简化了。无需另设抽芯机构，延长了模具使用寿命。

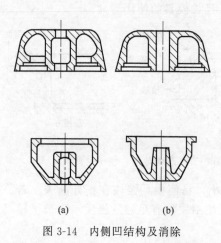

(a)   (b)

图 3-14   内侧凹结构及消除

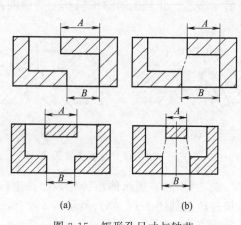

(a)   (b)

图 3-15   矩形孔尺寸与轴芯

3.3.2　减少抽芯部位

减少不与分型面垂直的抽芯部位，对降低模具的复杂程度和保证压铸件的精度是有好处的。如图 3-16 （a）所示压铸件侧面有三个侧孔，需另设抽芯方向不与分型面垂直的抽芯机构。若按图 3-16 （b）所示，改变三个侧孔结构，使侧孔与大型芯出模方向一致，即与分型面垂直，则不用另设抽芯机构就可压铸成型，显然，后一种结构省去了抽芯机构，模具得到了简化。

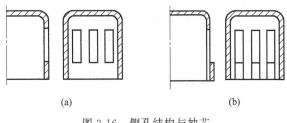

图 3-16　侧孔结构与抽芯

如图 3-17 （a）所示压铸件，中心方孔深度深，抽芯距离长，需设专用抽芯机构，模具复杂；加上悬臂式型芯伸入型腔，易变形，难以控制侧壁壁厚均匀。而采用如图 3-17 （b）所示的 H 形断面结构后就不需抽芯，简化了模具结构。

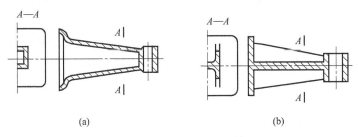

图 3-17　支撑部位形状与抽芯

如图 3-18 （a）所示压铸件侧壁四孔需设抽芯机构，若按图 3-18 （b）所示进行改进，将侧壁圆孔改为与压铸件出模方向一致的 U 形凹槽后，即可省掉抽芯机构。

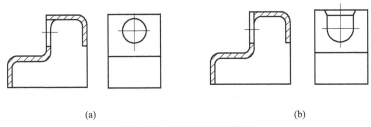

图 3-18　孔的形状与抽芯

3.3.3　方便压铸件脱模和抽芯

如图 3-19 （a）所示压铸件，因 K 处的型芯受凸台阻碍，无法抽芯。若将压铸件的形状做一定修改，变为如图 3-19 （b）所示的结构，K 处的型芯即可顺利抽出。

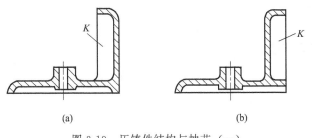

图 3-19　压铸件结构与抽芯（一）

如图 3-20 （a）所示水龙头压铸件，因有内侧凹 A 和 B，平直段 C 以及其 R 的中心线距离压铸件外廓太近，无法抽芯。若按图 3-20 （b）所示对压铸件结构进行改进，采取消除内侧凹，增大圆弧 R，使弧状型芯的回转中心处有足够强度，并使弧状型芯退出时在其背后有足够空间，方便了脱模和抽芯。

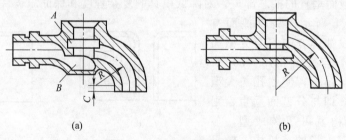

(a)　　　　　　　　　　　　　　　(b)

图 3-20　压铸件结构与抽芯（二）

3.3.4　防止变形

图 3-21（a）为平板上有不连续侧壁的压铸件，因温差引起的收缩，截面削弱部位会发生变形，若在削弱部位的两侧面增加加强肋［见图 3-21（b）］，或选择图 3-21（c）所示的结构（但侧面需设置抽芯机构），或采用降低开口部位的高度，并增加两条横跨平板的加强肋的结构［见图 3-21（d）］，均可提高开口部位的刚度，防止压铸件变形。

图 3-22 为用弯曲壁补偿和降低残余应力，防止压铸件变形和裂纹的例子。盒形件内部的直壁 J［见图 3-22（a）］，常因承受过大的应力而产生裂纹；若将直壁改成弯曲壁［见图 3-22（b）］后，弯曲壁能起到补偿作用，可防止压铸件变形。

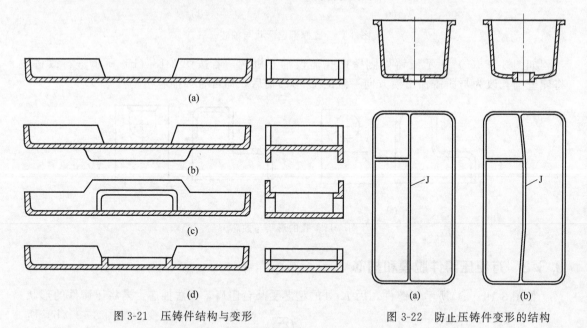

图 3-21　压铸件结构与变形　　　　　图 3-22　防止压铸件变形的结构

3.3.5　改为压铸时结构修改的注意事项

图 3-23～图 3-25 所示是美国金属学会介绍的三个由其他方法改为压铸法的例子，其中图 3-23 所示压铸件原为砂型铸件，图 3-24 和图 3-25 所示原为冲压件。

结构修改时，应注意如下事项。

① 根据压铸机的规格，对零件的大小进行分析，或将几个小型零件组合成一个整体的

压铸件，或将一个大型零件分成几个较小的部分进行压铸，以取得最好的经济效益。

② 按照压铸件基本结构单元的设计要求，对用其他方法成型的零件结构进行必要的修改设计，以适应压铸法的特点。

③ 采用增设和合理布置加强肋的结构，以满足压铸件的强度和刚度要求。

④ 将实心结构改为空心结构，消除热节，均匀壁厚，减轻压铸件质量，降低生产成本。

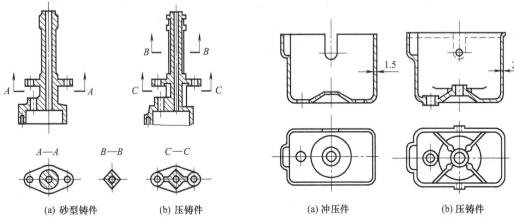

(a) 砂型铸件	(b) 压铸件

图 3-23 液压泵体的砂型铸件和压铸件的结构

(a) 冲压件	(b) 压铸件

图 3-24 机壳的冲压件和压铸件的结构

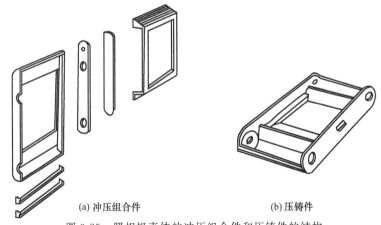

(a) 冲压组合件	(b) 压铸件

图 3-25 照相机壳体的冲压组合件和压铸件的结构

3.3.6 顶面推杆的位置

设计压铸件时，在满足使用要求的条件下，应为模型内布置推杆留好位置，以便使模型结构简单，使铸件的精度不变形、形状有保证，在生产时避免或减少故障。在压铸件上预留推杆的方法见表3-48。

表 3-48 在压铸件上预留推杆的方法

不合理	合理	说　　明
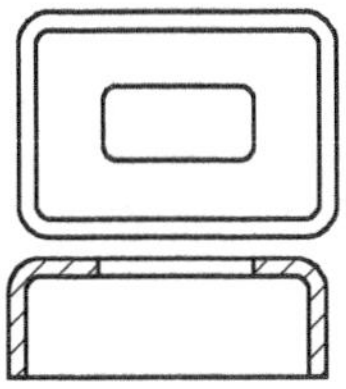	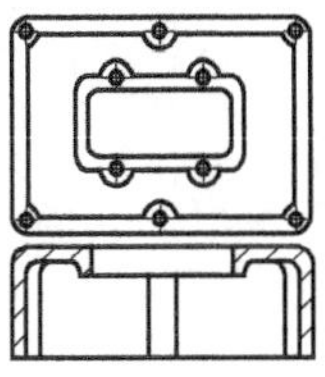	薄壁零件，在边框上加出圆弧凸阶，以便设置圆推杆。顶部有长方孔，亦应加出圆形凸阶，同时留有圆弧台，以便顶部长方孔外缘也可设置圆推杆

不合理	合理	说　明
		带止口的壳形零件,推杆很难设置,可增设圆弧凸台,以便设置回推杆,距离 s 是为了保证模型最低限度的强度,一般应小于 $2\sim3mm$
		格架形零件,应在交接部位加有圆弧形柱体,在柱体的部位便可设置圆推杆
		格形零件,可以采用局部加宽,以便在该处设置稍厚的扁形推杆

3.3.7　收缩与变形

压铸件的形状设计不当,在收缩时就会产生变形,故必须在压铸件设计时修改形状,解决收缩变形的问题。收缩变形及其改变方法见表 3-49。

表 3-49　收缩变形及其改变方法

收缩变形	改进办法	说　明
		厚薄不均匀的断面易产生翘曲变形,均匀的断面可避免翘曲
		用加强肋的办法避免变形

收缩变形	改进办法	说明
		箱体形薄壁铸件收缩时产生变形,采用横向加肋可避免变形
		加肋 j 避免收缩时翘曲变形
		板状零件收缩时易产生翘曲变形,改为凹腔可避免这种缺陷

3.4 压铸件的技术条件

3.4.1 表面要求

压铸件的表面要求分为铸造痕迹和表面粗糙度两种。

压铸件的表面存在着压铸过程所造成的痕迹,即金属液充填过程中所产生的各种流动痕迹、模具热裂的痕迹以及铸件脱模时擦伤的痕迹等。对于有这些痕迹的区域,是不能用机械加工的表面粗糙度来衡量的。故有要求时,可以对铸造的痕迹范围（区域大小）和深度加以限制。在压铸生产中,当对铸造痕迹作出限制规定以后,通常称之为表面缺陷。

压铸过程造成的痕迹并不是完全布满整个压铸件的表面上的,因而存在一个由型腔壁面所决定的原始平面（表面）。同时,在充填条件良好的区域上,其表面甚至可以不产生铸造痕迹,于是,对原始平面（表面）或没有铸造痕迹的区域（也是表面）可以用表面粗糙度轮廓算术平均偏差 R_0 值来衡量。在一般情况下,压铸件表面的表面粗糙度比型腔表面的表面粗糙度约低两级。

用新模压铸可获得表面粗糙度 $Ra0.8\mu m$ 的压铸件。在模具的正常使用寿命内,锌合金压铸件能保持在 $Ra0.8\sim3.2\mu m$ 的范围,铝、镁合金压铸件大致在 $Ra3.2\sim6.3\mu m$ 的范围,铜合金压铸件表面最差,受模具龟裂的影响很大。又因压铸件的表面粗糙度是由压铸工艺的特点所决定的,故生产中,对压铸件的表面粗糙度一般是不需测定的,只有为了鉴定模具的型腔表面粗糙度时,才做适当的测定。以表面粗糙度为依据的压铸件表面质量分级见表 3-50。

表 3-50　压铸件表面质量分级的选择

级别	适用范围	备注
1级	要求高的表面,需镀铬、抛光、研磨的表面,相对运动的配合面,危险应力区表面	一般相当于 $Ra1.6\mu m$
2级	有涂装要求或要求密封的表面,镀锌、阳极氧化、油漆、不打腻,以及装配接触面	一般相当于 $Ra3.2\mu m$
3级	保护性涂装表面及紧固接触面,油漆打腻表面,其他表面	一般相当于 $Ra6.3\mu m$

对于允许的压铸件各类表面缺陷不同等级的要求见表 3-51。

表 3-51　各类压铸件的表面缺陷

缺陷名称		缺陷分析	表面质量级别			备　注
			1级	2级	3级	
流痕		深度/mm ≤	0.05	0.07	0.15	—
		面积不超过总比表面积/%	5	15	30	
冷隔		深度/mm ≤	不允许	$\frac{1}{5}$壁厚	$\frac{1}{4}$壁厚	①同一部位的对应面不允许同时存在 ②长度指缺陷流向的展开长度
		长度/最大轮廓尺寸<1		$\frac{1}{10}$	$\frac{1}{5}$	
		所在面上的缺陷数		≤2	≤2	
		距铸件边缘/mm ≥		4	4	
		两冷隔间距/mm		10	10	
擦伤		深度/mm ≤	0.05	0.10	0.25	除一级表面外,浇口部位允许增加1倍
		面积不超过总比表面积/%	3	5	10	
凹陷		凹入深度/mm ≤	0.1	0.30	0.50	—
黏附物痕迹		整个铸件不允许超过	不允许	1处	2处	—
		带缺陷面积的百分数		5	10	
气泡	平均直径 3mm ≤	每100cm² 缺陷数/处	不允许	1	2	允许两种气泡同时存在,但大气泡不超过3个,总数不超过10个;且距铸件边缘不小于3mm
		整个铸件不超过/个		3	7	
		距铸件边缘/mm ≥		3	3	
		气泡凸起高度/mm ≤		0.2	0.3	
	平均直径 >3～6mm	每100cm² 缺陷数/处	不允许	1	1	
		整个铸件不超过/个		3	3	
		距铸件边缘/mm ≥		5	5	
		气泡凸起高度/mm ≤		0.3	0.5	
边角缺陷深度 /mm		铸件边长≤100mm	0.3	0.5	1.0	缺陷长度不应超过边长5%
		铸件边长>100mm	0.5	0.8	1.2	
各类缺陷总和		面积不超过总比表面积/%	5	30	50	—

注：对于1级及有特殊要求的表面,只允许有经抛光或研磨能去除的缺陷。

压铸件经机械加工后,加工面上允许存在的缺陷见表 3-47,加工后螺纹的表面质量要求见表 3-48。

3.4.2　压铸件的精度

（1）压铸件的尺寸公差

压铸件能达到的尺寸精度比较高,其稳定性也很好,具有很好的互换性。压铸件的尺寸精度不仅与其尺寸大小有关,而且受其结构和形状的影响。由于空间对角线能较确切地表达占有空间的铸件的结构、形状和尺寸大小,故压铸件的轮廓尺寸大小用空间对角线来表示。空间对角线取自外切铸件最大外廓的四方体,见表 3-52,其值按表中公式求得,一律取整数。

通常按压铸所达到的尺寸公差数值等级,将压铸件的尺寸分为三种：一般尺寸、严格尺寸和高精度尺寸。

高精度尺寸是特殊零件上的个别尺寸。这类尺寸不仅要求在模具结构上消除分型面、活动成型及收缩率选用误差等的影响，而且要求在模具维修、压铸工艺及尺寸检测等方面严格控制。压铸件的高精度尺寸的尺寸公差见表 3-53。

严格尺寸要求在模具结构上消除分型面及活动成型的影响，压铸件严格尺寸的尺寸公差见表 3-54。

一般尺寸为未注公差尺寸。

根据是否受分型面及活动成型的影响，将压铸件的一般尺寸分为 A 类和 B 类，无影响的为 A 类，有影响的为 B 类，举例说明见表 3-55。

表 3-52　空间对角线

简　图	计　算　式
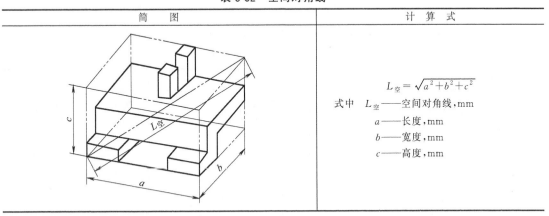	$$L_空 = \sqrt{a^2 + b^2 + c^2}$$ 式中　$L_空$——空间对角线,mm a——长度,mm b——宽度,mm c——高度,mm

表 3-53　压铸件高精度尺寸公差推荐表　　　　单位：mm

基本尺寸	空间对角线≤50			空间对角线>50~180			空间对角线>180~500			空间对角线>500	
	锌合金	镁、铝合金	铜合金	锌合金	镁、铝合金	铜合金	锌合金	镁、铝合金	铜合金	锌合金	镁、铝合金
≤18	0.04	0.07	0.11	0.07	0.11	0.18	0.11	0.18	0.27	0.18	0.27
>18~30	0.05	0.08	0.13	0.08	0.13	0.21	0.13	0.21	0.33	0.21	0.33
>30~50	0.06	0.10	0.16	0.10	0.16	0.25	0.16	0.25	0.39	0.25	0.39
>50~80				0.12	0.19	0.30	0.19	0.30	0.46	0.30	0.46
>80~120				0.14	0.22	0.35	0.22	0.35	0.54	0.35	0.54
>120~180				0.16	0.25	0.40	0.25	0.40	0.63	0.40	0.63
>180~250							0.29	0.46	0.72	0.46	0.72
>250~315							0.32	0.52	0.81	0.52	0.81
>315~400							0.36	0.57	0.79	0.57	0.89
>400~500							0.40	0.63	0.97	0.63	0.97
>500~630										0.70	1.10
>630~800										0.80	1.25
>800~1000										0.90	1.40
>1000~1200										1.05	1.65

表 3-54　压铸件严格尺寸公差推荐表　　　　单位：mm

基本尺寸	空间对角线≤50			空间对角线>50~180			空间对角线>180~500			空间对角线>500	
	锌合金	镁、铝合金	铜合金	锌合金	镁、铝合金	铜合金	锌合金	镁、铝合金	铜合金	锌合金	镁、铝合金
≤18	0.07	0.11	0.18	0.11	0.18	0.27	0.18	0.27	0.35	0.18	0.27
>18~30	0.08	0.13	0.21	0.13	0.21	0.33	0.21	0.33	0.43	0.21	0.33
>30~50	0.10	0.16	0.25	0.16	0.25	0.39	0.25	0.39	0.51	0.25	0.39
>50~80				0.19	0.30	0.46	0.30	0.46	0.60	0.30	0.46
>80~120				0.22	0.35	0.54	0.35	0.54	0.71	0.35	0.54
>120~180				0.25	0.40	0.63	0.40	0.63	0.82	0.40	0.63

基本尺寸	空间对角线≤50			空间对角线>50～180			空间对角线>180～500			空间对角线>500	
	锌合金	镁、铝合金	铜合金	锌合金	镁、铝合金	铜合金	锌合金	镁、铝合金	铜合金	锌合金	镁、铝合金
>180～250							0.46	0.72	0.94	0.46	0.72
>250～315							0.52	0.81	0.	0.52	0.81
>315～400							0.57	0.89	0.79	0.57	0.89
>400～500							0.63	0.97	0.97	0.63	0.97
>500～630										0.70	1.10
>630～800										0.80	1.25
>800～1000										0.90	1.40
>1000～1250										1.05	1.65

表 3-55　A 类与 B 类尺寸分类举例

类别	限定尺寸条件		图例	影响尺寸精度的主要因素
与分型面无关的尺寸 A	在一半模内固定部分之间的尺寸 A			对于小尺寸，型腔精度起主导作用，对于大尺寸，收缩率误差起主导作用
	在一半模内活动部位与固定部位之间尺寸	尺寸 A 与型芯导向垂直		型腔精度、孔位精度、型芯导滑部位的精度
	在一般模内活动部分之间的尺寸	型芯平行，导向尺寸 A 垂直于导向		孔位精度，型芯导滑部分的间隙
		型芯垂直，尺寸 A 垂直于导向		
	在两半模内与分型面平行的尺寸	固定部分之间的尺寸 A		型腔精度，导柱导套的配合精度
		尺寸 A 垂直于分型面（推杆推出铸件）		型腔精度，模具分型面的平面度
		尺寸 A 垂直于分型面（卸料板推出铸件）		型腔精度，模具分型面的平面度，卸料板地面的残屑

类别	限定尺寸条件		图例	影响尺寸精度的主要因素
与分型面有关的尺寸 B	两半模内固定部分与活动部分之间的尺寸	尺寸 B 与型芯导向垂直或平行		模具分型面的平面度,型芯导滑部分的精度,型腔孔位的精度,分型面上的残屑,锁模力,模板平行度
		尺寸 B 与型芯导向平行		模具分型面平面度,型芯的精度,分型面上的残屑,锁模力
	两半模内活动部分之间的尺寸	尺寸 B 与型芯导向垂直或平行		模具分型面的平面度,型芯的精度,型腔孔位的精度,分型面上的残屑,锁模力,模板平行度
		尺寸 B 与型芯导向平行		模板分型面的平面度,型芯楔紧度,分型面上的残屑,锁模力
	两半模内固定部分之间的尺寸 B			模具分型面的平面度,锁模力,分型面上的残屑,模板平行度
	在一半模内活动部分之间的尺寸	尺寸 B 与分型面平行		型腔精度,斜滑块的楔紧度

压铸工艺水平和保证条件的综合影响程度,将压铸件的一般尺寸分为Ⅰ级精度和Ⅱ级精度,综合影响引起的尺寸误差较小的为Ⅰ级精度,误差较大的为Ⅱ级精度。压铸件一般尺寸的尺寸公差见表3-56~表3-60。

受分型面及活动成型影响的尺寸,不宜按高精度尺寸和严格尺寸进行要求。确属必要时,应参考表3-56 表3-60内Ⅰ级精度中A类关系与B类关系的差值补加公差增量。

尺寸公差带位置如下。

① 非加工的配合尺寸,孔取(+)公差,轴取(-)公差。

② 加工的配合尺寸,孔取(-)公差,轴取(+)公差;或孔和轴均取(±)偏差,其偏差值为表3-53、表3-54、表3-56和表3-60中公差值的1/2。

③ 非配合尺寸,按铸件结构确定公差带位置取单向或双向,必要时调整其基本尺寸。

表 3-56　铝合金压铸尺寸未注公差（长、高、直径、中心距）　　　单位：mm

基本尺寸	空间对角线≤50				空间对角线>50~180				空间对角线>180~500				空间对角线>500			
	Ⅰ级精度		Ⅱ级精度		Ⅰ级精度		Ⅱ级精度		Ⅰ级精度		Ⅱ级精度		Ⅰ级精度		Ⅱ级精度	
	尺寸A	尺寸B	尺寸A	尺寸B	尺寸A	尺寸B	尺寸A	尺寸B	尺寸A	尺寸B	尺寸A	尺寸B	尺寸A	尺寸B	尺寸A	尺寸B
≤18	0.14	0.24	0.11	0.21	0.17	0.32	0.14	0.24	0.22	0.42	0.17	0.32	0.25	0.55	0.22	0.42
>18~30	0.17	0.27	0.14	0.24	0.20	0.35	0.17	0.27	0.26	0.46	0.20	0.35	0.35	0.65	0.26	0.46
>30~50	0.20	0.30	0.16	0.26	0.25	0.40	0.20	0.30	0.31	0.51	0.25	0.40	0.40	0.7	0.31	0.51
>50~80					0.30	0.45	0.23	0.33	0.37	0.57	0.30	0.45	0.45	0.75	0.37	0.57
>80~120					0.35	0.50	0.27	0.37	0.44	0.64	0.35	0.50	0.55	0.85	0.44	0.64
>120~180					0.40	0.55	0.32	0.42	0.50	0.70	0.40	0.55	0.65	0.95	0.50	0.70
>180~250									0.60	0.80	0.45	0.60	0.75	1.00	0.60	0.80
>250~315									0.65	0.85	0.550	0.65	0.80	1.10	0.65	0.85
>315~400									0.70	0.90	0.55	0.70	0.85	1.10	0.70	0.90
>400~500									0.80	1.00	0.60	0.75	0.95	1.20	0.80	1.00
>500~630													1.10	1.40	0.90	1.10
>630~800													1.20	1.50	1.00	1.20
>800~1000													1.40	1.70	1.20	1.40
>1000~1250													1.60	1.90	1.30	1.50

表 3-57　铝、镁合金压铸尺寸未注公差（壁厚、肋、圆角）　　　单位：mm

基本尺寸	空间对角线≤50				空间对角线>50~180				空间对角线>180~500				空间对角线>500			
	Ⅰ级精度		Ⅱ级精度		Ⅰ级精度		Ⅱ级精度		Ⅰ级精度		Ⅱ级精度		Ⅰ级精度		Ⅱ级精度	
	尺寸A	尺寸B	尺寸A	尺寸B	尺寸A	尺寸B	尺寸A	尺寸B	尺寸A	尺寸B	尺寸A	尺寸B	尺寸A	尺寸B	尺寸A	尺寸B
≤3	0.15	0.25	0.13	0.23	0.2	0.35	0.15	0.25	0.25	0.45	0.2	0.35	0.13	0.55	0.25	0.45
>3	0.2	0.3	0.15	0.25	0.25	0.4	0.2	0.3	0.3	0.5	0.25	0.4	0.4	0.6	0.3	0.5
>6~10	0.23	0.33	0.18	0.28	0.3	0.45	0.23	0.33	0.35	0.55	0.3	0.45	0.45	0.7	0.35	0.55

表 3-58　锌合金压铸尺寸未注公差（长、高、直径、中心距）　　　单位：mm

基本尺寸	空间对角线≤50				空间对角线>50~180				空间对角线>180~500				空间对角线>500			
	Ⅰ级精度		Ⅱ级精度		Ⅰ级精度		Ⅱ级精度		Ⅰ级精度		Ⅱ级精度		Ⅰ级精度		Ⅱ级精度	
	尺寸A	尺寸B	尺寸A	尺寸B	尺寸A	尺寸B	尺寸A	尺寸B	尺寸A	尺寸B	尺寸A	尺寸B	尺寸A	尺寸B	尺寸A	尺寸B
≤18	0.11	0.21	0.09	0.19	0.14	0.29	0.11	0.21	0.17	0.37	0.14	0.29	0.22	0.47	0.17	0.37
>18~30	0.14	0.24	0.11	0.21	0.17	0.32	0.14	0.24	0.2	0.4	0.17	0.32	0.26	0.51	0.2	0.4
>30~50	0.16	0.26	0.13	0.23	0.2	0.35	0.16	0.26	0.25	0.45	0.2	0.35	0.31	0.56	0.25	0.45
>50~80					0.23	0.38	0.19	0.29	0.3	0.5	0.23	0.38	0.37	0.62	0.3	0.5
>80~120					0.27	0.42	0.22	0.32	0.35	0.55	0.27	0.42	0.44	0.69	0.35	0.55
>120~180					0.32	0.47	0.25	0.35	0.4	0.6	0.32	0.47	0.5	0.75	0.4	0.6
>180~250									0.45	0.65	0.36	0.51	0.6	0.85	0.45	0.65
>250~315									0.5	0.7	0.4	0.55	0.65	0.9	0.5	0.7
>315~400									0.55	0.75	0.45	0.6	0.7	0.95	0.55	0.75
>400~500									0.6	0.8	0.48	0.63	0.8	1.1	0.6	0.8
>500~630													0.9	1.2	0.7	0.9
>630~800													1	1.3	0.8	1
>800~1000													1.1	1.4	0.9	1.1
>1000~1250													1.3	1.6	1.1	1.3

表 3-59　铜合金压铸尺寸未注公差（长、高、直径、中心距）　　　单位：mm

基本尺寸	空间对角线≤50				空间对角线>50~180				空间对角线>180~500				空间对角线>500			
	I级精度		II级精度		I级精度		II级精度		I级精度		II级精度		I级精度		II级精度	
	尺寸A	尺寸B	尺寸A	尺寸B	尺寸A	尺寸B	尺寸A	尺寸B	尺寸A	尺寸B	尺寸A	尺寸B	尺寸A	尺寸B	尺寸A	尺寸B
≤18	0.11	0.21	0.09	0.19	0.14	0.29	0.11	0.21	0.17	0.37	0.14	0.29	0.22	0.47	0.17	0.37
>18~30	0.14	0.24	0.11	0.21	0.17	0.32	0.14	0.24	0.2	0.4	0.17	0.32	0.26	0.51	0.2	0.4
>30~50	0.16	0.26	0.13	0.23	0.2	0.35	0.16	0.26	0.25	0.45	0.2	0.35	0.31	0.56	0.25	0.45
>50~80					0.23	0.38	0.19	0.29	0.3	0.5	0.23	0.38	0.37	0.62	0.3	0.5
>80~120					0.27	0.42	0.22	0.32	0.35	0.55	0.27	0.42	0.44	0.69	0.35	0.55
>120~180					0.32	0.47	0.25	0.35	0.4	0.6	0.32	0.47	0.5	0.75	0.4	0.6
>180~250									0.45	0.65	0.36	0.51	0.6	0.85	0.45	0.65
>250~315									0.5	0.7	0.4	0.55	0.65	0.9	0.5	0.7
>315~400									0.55	0.75	0.45	0.6	0.7	0.95	0.55	0.75
>400~500									0.6	0.8	0.48	0.63	0.8	1.1	0.6	0.8
>500~630													0.9	1.2	0.7	0.9
>630~800													1	1.3	0.8	1
>800~1000													1.1	1.4	0.9	1.1
>1000~1250													1.3	1.6	1.1	1.3

表 3-60　铜合金压铸尺寸未注公差（壁厚、肋、圆角）　　　单位：mm

基本尺寸	空间对角线≤50				空间对角线>50~180				空间对角线>180~500			
	I级精度		II级精度		I级精度		II级精度		I级精度		II级精度	
	尺寸A	尺寸B	尺寸A	尺寸B	尺寸A	尺寸B	尺寸A	尺寸B	尺寸A	尺寸B	尺寸A	尺寸B
≤3	0.2	0.35	0.15	0.25	0.25	0.45	0.2	0.35	0.3	0.5	0.25	0.45
>3	0.25	0.4	0.2	0.3	0.3	0.5	0.25	0.4	0.4	0.6	0.3	0.5
>6~10	0.3	0.45	0.2	0.3	0.35	0.55	0.3	0.45	0.45	0.65	0.35	0.55

表 3-61　自由角度及锥度公差　　　单位：mm

精度等级	锥体母线或夹角短边长度L												
	1~3	>3~6	>6~10	>10~18	>18~30	>30~50	>50~80	>80~120	>120~180	>180~260	>260~360	>360~500	>500
	偏差（±）												
I	1.5°	1°15′	1°	50′	40′	30′	25′	20′	15′	12′	10′	8′	6′
II	2.5°	2°	1.5°	1°15′	1°	50′	40′	30′	25′	20′	15′	12′	10′

（2）压铸件的角度公差

自由角度及锥度公差见表 3-61，角度公差示意图见图 3-26。一般要求选用 II 级精度。

（3）压铸件的形位公差

对压铸件的表面形状和位置精度一般不作要求。当图样中未注明表面形状和位置公差，但对一些尺寸部位仍然要进行检查以解决生产中实际存在的问题时，可参照下述规定进行处理。

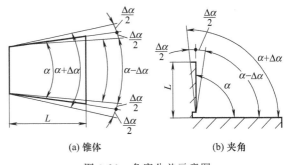

(a) 锥体　　　　　　　(b) 夹角

图 3-26　角度公差示意图

① 压铸件的表面形状主要是由压铸模的成型表面所决定的，而模具的成型表面可以达到较高的精度，因此，对压铸件的表面形状不作另行规定，其公差值包括在有关尺寸的公差范围内。

对于压铸件来说，却常常出现铸件整体翘曲变形所造成的误差，因而对翘曲变形大小往往有所规定。翘曲的误差称为翘曲度，其公差值为：铸件的最大外廓尺寸不大于 50mm 时，允许公差为 0.2mm；最大外廓尺寸大于 50mm 时，则以 0.2mm 为基本公差值，在 50mm 以后，每增加 10mm，再附加公差 0.015mm（增加不足 10mm 的按 10mm 计算），总的公差值最大不超过 0.6mm。例如，铸件的最大外廓尺寸为 158mm，其翘曲度公差应为：第一个 50mm 的基本公差为 0.2mm，增加 100mm 附加公差为 0.15mm，最后 8mm 的附加公差按 10mm 计算，为 0.015mm，累积计算的总翘曲度公差为 0.2+0.15+0.015＝0.365mm。

② 压铸件的表面位置公差由该表面在模具内所处的位置来决定。

对于平行度和垂直度的公差，当压铸件产生翘曲时，直接影响到误差的数值，因此，当产生翘曲变形后，只检查翘曲度，而不再检查平行度和垂直度。当压铸件不产生翘曲变形时，平行度和垂直度的公差见表 3-62。

压铸件同轴度和对称度公差见表 3-63。

压铸件平面度公差见表 3-64。

表 3-62　压铸件平行度和垂直度的公差　　　　　单位：mm

名义尺寸	同一分型面内的公差	两个分型面内的公差	同一个分型面内两个活动部位间的公差
≤25	0.10	0.15	0.20
>25~63	0.15	0.20	0.30
>63~160	0.20	0.30	0.45
>160~250	0.30	0.45	0.70
>250~400	0.45	0.65	1.20
>400	0.75	1.00	—

表 3-63　压铸件同轴度和对称度公差　　　　　单位：mm

名义尺寸	同一分型面内的公差	两个分型面内的公差	名义尺寸	同一分型面内的公差	两个分型面内的公差
≤18	0.10	0.20	>120~260	0.35	0.50
>18~50	0.15	0.25	>260~500	0.65	0.80
>50~120	0.25	0.35			

表 3-64　压铸件平面度公差　　　　　单位：mm

名义尺寸	≤25	>25~63	>63~100	>100~160	>160~250	>250~400	>400
整形前	0.2	0.3	0.45	0.7	1.0	1.5	2.2
整形后	0.1	0.15	0.20	0.25	0.3	0.4	0.5

第4章 压铸机

4.1 压铸机的分类及特点

4.1.1 压铸机的分类

压铸机通常按压室受热条件的不同分为冷室压铸机和热室压铸机两大类。冷室压铸机又因压室和模具放置的位置和方向不同分为卧式、立式和全立式三种。压铸机的结构如图 4-1 所示，压铸机的分类见表 4-1。

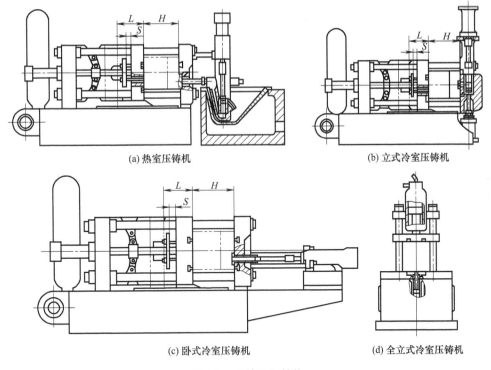

(a) 热室压铸机　　　　　　　　　　　　(b) 立式冷室压铸机

(c) 卧式冷室压铸机　　　　　　　　　　(d) 全立式冷室压铸机

图 4-1　压铸机的结构

表 4-1　压铸机的分类

分类特征	基本结构方式
压室浇注方式	①冷室压铸机 ②热室压铸机
压室的结构和布置方式	①卧式压铸机 ②立式压铸机

分类特征	基本结构方式
功率(锁模力)	①小型压铸机(热室<630kN,冷室<2500kN)
	②中型压铸机(热室 630～4000kN,冷室 2500～6300kN)
	③大型压铸机(热室>4000kN,冷室>6300kN)

4.1.2 各类压铸机的特点

（1）热室压铸机

热室压铸机与冷室压铸机的合模机构是一样的，其区别在于压射、浇注机构不同。热室压铸机的压室与熔炉紧密地连成一个整体，而冷室压铸机的压室与熔炉是分开的。热室压铸

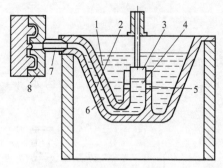

图 4-2 热室压铸机压铸过程示意图

1—金属液；2—坩埚；3—压射冲头；
4—压室；5—进口；6—通道；
7—喷嘴；8—压铸模

机的压室浸在保温坩埚的液体金属中，压射部件装在坩埚上面，其压铸过程如图 4-2 所示。当压射冲头 3 上升时，金属液 1 通过进口 5 进入压室 4 内，合模后，在压射冲头下压时，金属液沿着通道 6 经喷嘴 7 填充压铸模 8，冷却凝固成型，压射冲头回升。然后开模取件，完成一个压铸循环，其特点如下。

① 操作程序简单，不需要单独供料，压铸工作能自动进行。

② 金属液由压室直接进入型腔，浇注系统消耗的金属液少，金属液的温度波动范围小。

③ 金属液从液面下进入压室，杂质不易带入。

④ 压铸比压较低，压室和压射冲头长期浸入金属液中，易受浸蚀，缩短使用寿命，并且可能会增加合金中的含铁量。

⑤ 常用于铅、锡、锌等低熔点合金压铸，因坩埚可密封，便于通入保护气体保护合金液面，防止镁合金氧化、燃烧。

（2）冷室压铸机

① 卧式压铸机。压室中心线垂直于模具分型面，呈水平布置。压室与模具的相对位置及其压铸过程如图 4-3 所示。合模后金属液 3 浇入压室 2，压射冲头 1 向前推进。将金属液经浇道 7 压入型腔 6。开型时，余料 8 借助压射冲头前伸的动作离开压室，同压铸件一起取出，完成一个压铸循环。为了使金属液在浇入压室后不会自动流入型腔，应在模具内装设专门机构或把内浇道安放在压室的上部。

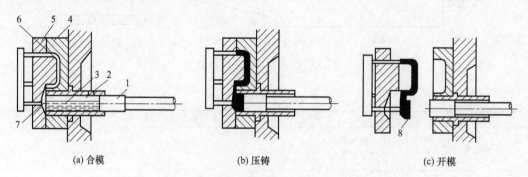

(a) 合模　　　　　　　　(b) 压铸　　　　　　　　(c) 开模

图 4-3 卧式冷室压铸机压铸过程示意图

1—压射冲头；2—压室；3—金属液；4—定模；5—动模；6—型腔；7—浇道；8—余料

卧式冷室压铸机的特点如下。

a. 金属液进入型腔转折少，压力损耗小，有利于发挥增压机构的作用。

b. 卧式压铸机一般设有偏心和中心两个浇注位置，或在偏心与中心间可任意调节，供设计模具时选用。

c. 便于操作、维修方便，容易实现自动化。

d. 金属液在压室内与空气接触面积大，压射速度选择不当，容易卷入空气和氧化物夹渣。

e. 设置中心浇道时模具结构较复杂。

② 立式压铸机。立式压铸机压室的中心线平行于模具的分型面，称为垂直侧压室。压室与模具的相对位置及其压铸过程如图 4-4 所示。合模后，浇入压室 2 中的金属液 3 被已封住喷嘴孔 6 的反料冲头 8 托住，当压射冲头向下压到金属液面时，反料冲头开始下降，打开喷嘴 6，金属液被压入型腔 7。凝固后，压射冲头 1 退回，反料冲头上升，切断余料 9 并将其顶出压室。余料取走后，反料冲头再降到原位，然后开模取出压铸件，完成一个压铸循环。

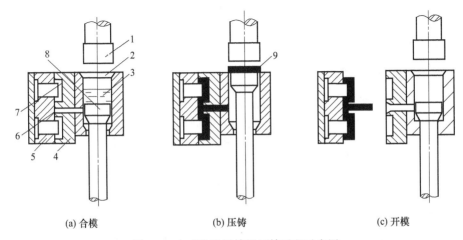

(a) 合模　　　　　　　　(b) 压铸　　　　　　　　(c) 开模

图 4-4　立式冷室压铸机压铸过程示意图

1—压射冲头；2—压室；3—金属液；4—定模；5—动模；6—喷嘴；7—型腔；8—反料冲头；9—余料

立式冷室压铸机的特点如下。

a. 金属液注入直立的压室中，有利于防止杂质进入型腔。

b. 适宜于需要设置中心浇道的铸件。

c. 压射机构直立，占地面积小。

d. 金属液进入型腔时经过转折，消耗部分压射压力。

e. 余料未切断前不能开模，影响压铸机的生产率。

f. 增加一套切断余料机构，使压铸机结构复杂化，维修不便。

③ 全立式压铸机。合模机构和压射机构垂直布置的压铸机称为全立式合模压铸机，简称全立式压铸机。其压射系统在下部，而开合模系统则处于上部。浇注的方式有两种：一种是在模具未合模前将金属液浇入垂直压室中，其压铸过程如图 4-5 所示。金属液 2 浇入压室 3 后合模，压射冲头 1 上升将金属液压入型腔 6 中，冷却凝固后开型推出铸件，完成一个压铸循环。另一种方法是将保温炉放在压室的下侧，其间有一根升液管连接。通过加压于保温炉上面或通过型腔内由真空将金属液压入或吸入压室，然后压射冲头上升先封住升液管与压室连接口，再将压室内的金属液压入型腔进行压铸，冷却凝固后开模推出铸件。

全立式压铸机的特点如下。

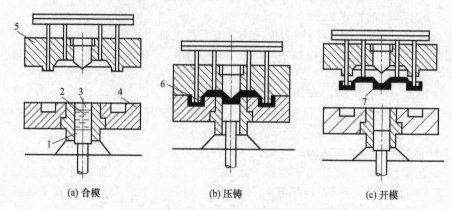

(a) 合模　　　　　　　　(b) 压铸　　　　　　　　(c) 开模

图 4-5　全立式冷室压铸机压铸过程示意图

1—压射冲头；2—金属液；3—压室；4—定模；5—动模；6—型腔；7—余料

a. 模具水平放置，放置嵌件方便，广泛用于压铸电机转子类及带硅钢片的零件。

b. 带入型腔的空气较少，生产的铸件气孔显著地较普通压铸件少。

c. 金属液的热量集中在靠近浇道的压室内，热量损失小。

d. 金属液进入型腔时转折少，流程短，减少压力的损耗。

4.1.3　压铸机的基本参数

目前，国产压铸机已经标准化，其型号主要反映压铸机类型和合模力大小等基本参数。压铸机型号是用汉语拼音字母和数字组成的。如前面的字母 J 代表金属型铸造设备，JZ 则表示自动压铸机。字母后的第一位数字表示是冷室压铸机还是热室压铸机：1 为冷室，2 为热室。第二位数字表示压铸机的结构，1 为卧式压铸机，5 为立式压铸机。第二位以后的数字表示最大合模力的 1/100kN，在型号后加有 A、B、C、D 等字母时，表示第几次改型设计。例如 J1125 表示最大合模力为 2500kN 的卧式冷室压铸机；J1512 代表最大合模力为 1200kN 的立式冷室压铸机。

我国压铸机的基本参数参见 JB/T 8083—2000。标准中除规定了压铸机的主要参数合模力外，还对各类压铸机的基本参数作了规定，所有压铸机都必须按标准进行设计和制造。国产压铸机的主要技术参数见表 4-2～表 4-4。

表 4-2　卧式冷室压铸机基本参数

合模力	压射力	模具厚度		动模板行程	拉缸内间距	顶出力	顶出行程	压射位置	一次金属浇入量(铝)	压室直径		空循环周期
		最小/最大			水平/垂直					最小/最大		
kN	kN	mm		mm	mm	kN	mm	mm	kg	mm		s
≥630	90	150/350		≥250	280/280			0/60	0.7	30～45		≤5
≥1000	140	150/450		≥300	350/350	80	60	0/120	1.0	40～50		≤6
≥1600	200	200/550		≥350	420/420	100	80	0/70/140	1.8	40～60		≤7
≥2500	280	250/650		≥400	520/520	140	100	0/80/160	3.2	56～75		≤8
≥4000	400	300/7500		≥450	620/620	180	120	0/100/200	4.5	60～80		≤10
≥6300	600	350/850		≥600	750/750	250	150	0/125/250	9	70～100		≤12
≥8000	750	420/950		≥670	850/850	360	180	0/140/280	15	80～120		≤14
≥10000	900	480/1060		≥750	950/950	450	200	0/160/320	22	80～130		≤16
≥12500	1050	530/1180		≥850	1060/1060	500	200	0/160/320	26	100～140		≤19
≥16000	1250	600/1300		≥950	1180/1180	550	250	0/175/350	32	110～150		≤22
≥20000	1500	670/1500		≥1060	1320/1320	630	250	0/175/350	45	130～175		≤26
≥25000	1800	750/1700		≥1180	1500/1500	750	315	0/180/360	60	150～200		≤30

表 4-3 立式冷室压铸机基本参数

合模力	压射力	模具厚度		动模板行程	拉缸内间距	顶出力	顶出行程	压射位置	一次金属浇入量(铝)	压室直径		空循环周期
		最小/最大			水平/垂直					最小/最大		
kN	kN	mm		mm	mm	kN	mm	mm	kg	mm		s
≥630	160	150/350		250	280/280				0.6	50~60		≤6
≥1000	200	150/450		300	350/350	80	60		1	60~70		≤7.5
≥1600	300	200/550		350	420/420	100	80		2	70~90		≤9
≥2500	400	250/650		400	520/520	140	100	0/80	3.6	90~110		≤10
≥4000	700	300/7500		450	620/620	180	120	0/100	7.5	110~130		≤13
≥6300	900	350/850		600	750/750	250	150	0/150	11.5	130~150		≤16

表 4-4 热室压铸机基本参数

合模力	压射力	模具厚度		动模板行程	拉缸内间距	顶出力	顶出行程	压射位置	一次金属浇入量(铝)	压室直径		空循环周期
		最小/最大			水平/垂直					最小/最大		
kN	kN	mm		mm	mm	kN	mm	mm	kg	mm		s
≥630	50	150/350		≥250	280/280			0	1.2	60		≤4
≥1000	70	150/450		≥300	350/350	80	≥60	0/50	2.5	70		≤5
≥1600	90	200/500		≥350	420/420	100	≥80	0/60	3.5	80		≤6
≥2500	120	250/650		≥400	520/520	140	≥100	0/80	5	30		≤7
≥4000	150	300/750		≥450	620/620	180	≥120	0/100	7.5	100		≤8
≥6300	200	350/850		≥600	750/750	250	≥150	0/150	12.5	110		≤10

4.1.4 典型压铸机的型号及技术规格

(1) 国内热室压铸机

典型国内热室压铸机的型号及技术规格如下。

① SHD-75 型热室压铸机的模板尺寸见图 4-6，主要参数见表 4-5。

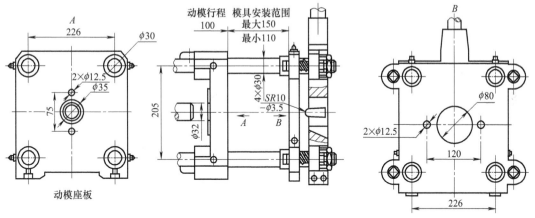

图 4-6 SHD-75 型热室压铸机的模板尺寸

表 4-5 SHD-75 型热室压铸机的主要参数

项目名称	数值	项目名称	数值
合模力/kN	75	最大金属浇注量/kg	(锌)0.125
拉杠之间的内尺寸(水平×垂直)/mm	196×175	一次空循环时间/s	2.5
拉杠直径/mm	30	坩埚有效容量(锌)/kg	70
动模座板行程/mm	100	管路工作压力/MPa	6
压铸模厚度/mm	100~150	油泵电动机功率/kW	4
动模位置/mm	0	熔炉功率/kW	9
压射力/kN	9.5	燃油消耗量/(L/h)	1.3
压室直径/mm	32	喷嘴加热功率/kW	1
液压顶出器顶出力/kN	—	鹅颈加热功率/kW	1
液压顶出器顶出行程/mm	—	外形尺寸(长×宽×高)/mm	1600×700×1500

② SHD-150 型热室压铸机的模板尺寸见图 4-7，主要参数见表 4-6。

③ SHD-250 型热室压铸机的模板尺寸见图 4-8，主要参数见表 4-7。

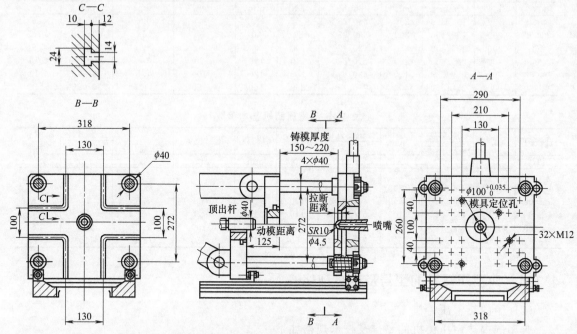

图 4-7　SHD-150 型热室压铸机的模板尺寸

表 4-6　SHD-150 型热室压铸机的主要参数

项目名称	数值	项目名称	数值
合模力	150	最大金属浇注量/kg	(锌)0.28
拉杠之间的内尺寸(水平×垂直)/mm	278×232	一次空循环时间/s	3
拉杠直径/mm	40	坩埚有效容量(锌)/kg	70
动模座板行程/mm	125	管路工作压力/MPa	7
压铸模厚度/mm	150~220	油泵电动机功率/kW	5.5
动模位置/mm	0	熔炉功率/kW	12
压射力/kN	19	燃油消耗量/(L/h)	1.5
压室直径/mm	38	喷嘴加热功率/kW	1.5
液压顶出器顶出力/kN	—	鹅颈加热功率/kW	1.5
液压顶出器顶出行程/mm	—	外形尺寸(长×宽×高)/mm	2650×980×1700

表 4-7　SHD-250 型热室压铸机的主要参数

项目名称	数值	项目名称	数值
合模力	250	最大金属浇注量/kg	(锌)0.5
拉杠之间的内尺寸(水平×垂直)/mm	300×250	一次空循环时间/s	3.5
拉杠直径/mm	45	坩埚有效容量(锌)/kg	160
动模座板行程/mm	160	管路工作压力/MPa	7
压铸模厚度/mm	150~270	油泵电动机功率/kW	7.5
动模位置/mm	0	熔炉功率/kW	18
压射力/kN	32	燃油消耗量/(L/h)	2
压室直径/mm	42	喷嘴加热功率/kW	2
液压顶出器顶出力/kN	—	鹅颈加热功率/kW	2
液压顶出器顶出行程/mm	—	外形尺寸(长×宽×高)/mm	3000×1000×1800

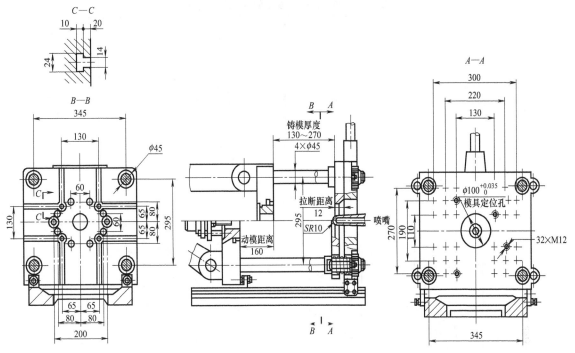

图 4-8　SHD-250 型热室压铸机的模板尺寸

④ J213B 型热室压铸机的模板尺寸见图 4-9，主要参数见表 4-8。

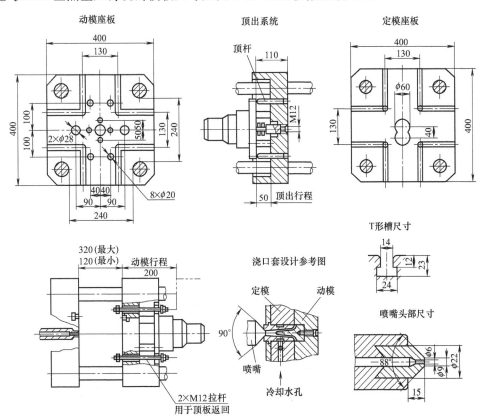

图 4-9　J213B 型热室压铸机的模板尺寸

表 4-8　J213B 型热室压铸机的主要参数

项目名称	数值	项目名称	数值
合模力	250	最大金属浇注量/kg	(锌)0.6
拉杠之间的内尺寸(水平×垂直)/mm	240×240	一次空循环时间/s	3
拉杠直径/mm	—	坩埚有效容量(锌)/kg	160
动模座板行程/mm	200	管路工作压力/MPa	7
压铸模厚度/mm	120～320	油泵电动机功率/kW	7.5
动模位置/mm	0，—40	熔炉功率/kW	18
压射力/kN	30	燃油消耗量/(L/h)	—
压室直径/mm	45	喷嘴加热功率/kW	—
液压顶出器顶出力/kN	—	鹅颈加热功率/kW	—
液压顶出器顶出行程/mm	50	外形尺寸(长×宽×高)/mm	2800×1350×1880

⑤ SHD-400 型热室压铸机的模板尺寸见图 4-10，主要参数见表 4-9。

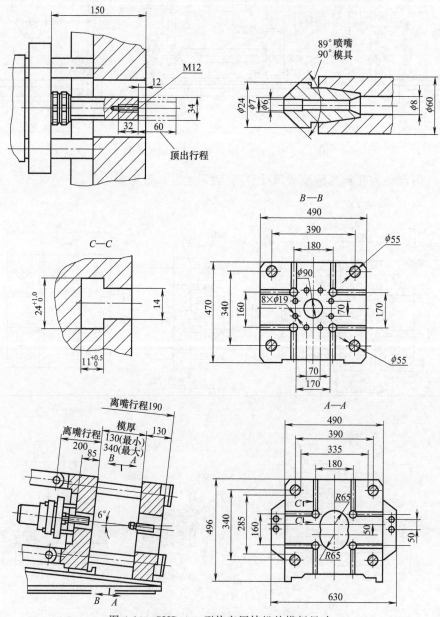

图 4-10　SHD-400 型热室压铸机的模板尺寸

表 4-9 SHD-400 型热室压铸机的主要参数

项目名称	数值	项目名称	数值
合模力	400	最大金属浇注量/kg	(锌)0.75×0.9
拉杠之间的内尺寸(水平×垂直)/mm	335×285	一次空循环时间/s	2.5
拉杠直径/mm	55	坩埚有效容量(锌)/kg	250
动模座板行程/mm	195	管路工作压力/MPa	10
压铸模厚度/mm	130～340	油泵电动机功率/kW	7.5
动模位置/mm	0,-50	熔炉功率/kW	28
压射力/kN	42	燃油消耗量/(L/h)	3.5
压室直径/mm	45/50	喷嘴加热功率/kW	4
液压顶出器顶出力/kN	25	鹅颈加热功率/kW	4
液压顶出器顶出行程/mm	60	外形尺寸(长×宽×高)/mm	3200×1300×1700

⑥ J216 型热室压铸机的模板尺寸见图 4-11，主要参数见表 4-10。

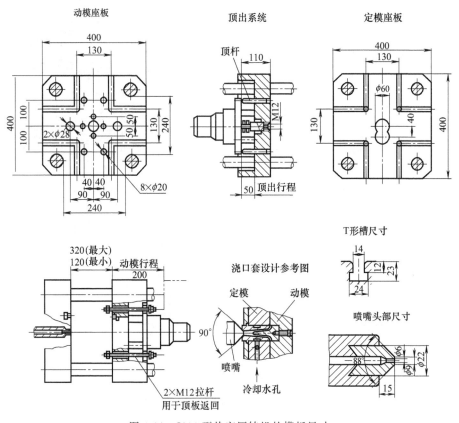

图 4-11 J216 型热室压铸机的模板尺寸

表 4-10 J216 型热室压铸机的主要参数

项目名称	数值	项目名称	数值
合模力	630	最大金属浇注量/kg	(锌)1.4
拉杠之间的内尺寸(水平×垂直)/mm	320×320	一次空循环时间/s	≤4
拉杠直径/mm	60	坩埚有效容量(锌)/kg	320
动模座板行程/mm	320	管路工作压力/MPa	8
压铸模厚度/mm	150～400	油泵电动机功率/kW	11
动模位置/mm	0,-50	熔炉功率/kW	22
压射力/kN	70	燃油消耗量/(L/h)	—
压室直径/mm	55	喷嘴加热功率/kW	2
液压顶出器顶出力/kN	50	鹅颈加热功率/kW	1.8
液压顶出器顶出行程/mm	60	外形尺寸(长×宽×高)/mm	4800×1700×2500

⑦ SHD-800 型热室压铸机的模板尺寸见图 4-12，主要参数见表 4-11。

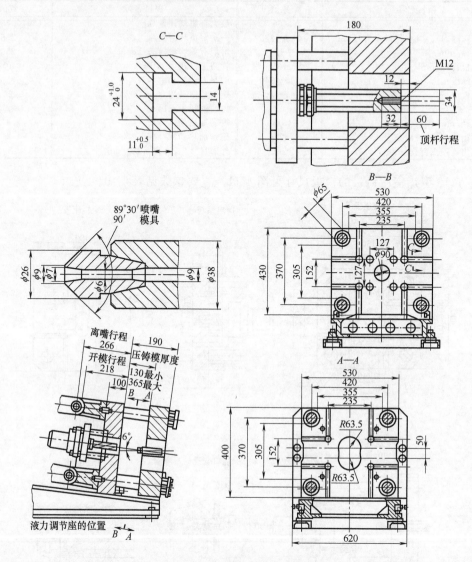

图 4-12　SHD-800 型热室压铸机模板尺寸

表 4-11　SHD-800 型热室压铸机的主要参数

项目名称	数值	项目名称	数值
合模力	800	最大金属浇注量/kg	(锌)0.9/1.2/1.5
拉杠之间的内尺寸(水平×垂直)/mm	355×305	一次空循环时间/s	6
拉杠直径/mm	65	坩埚有效容量(锌)/kg	280
动模座板行程/mm	218	管路工作压力/MPa	10
压铸模厚度/mm	130~365	油泵电动机功率/kW	11
动模位置/mm	0, −50	熔炉功率/kW	35
压射力/kN	55	燃油消耗量/(L/h)	4
压室直径/mm	50/55/60	喷嘴加热功率/kW	4.5
液压顶出器顶出力/kN	50	鹅颈加热功率/kW	4.5
液压顶出器顶出行程/mm	60	外形尺寸(长×宽×高)/mm	3600×1400×1850

⑧ SHD-1500 型热室压铸机的模板尺寸见图 4-13，主要参数见表 4-12。

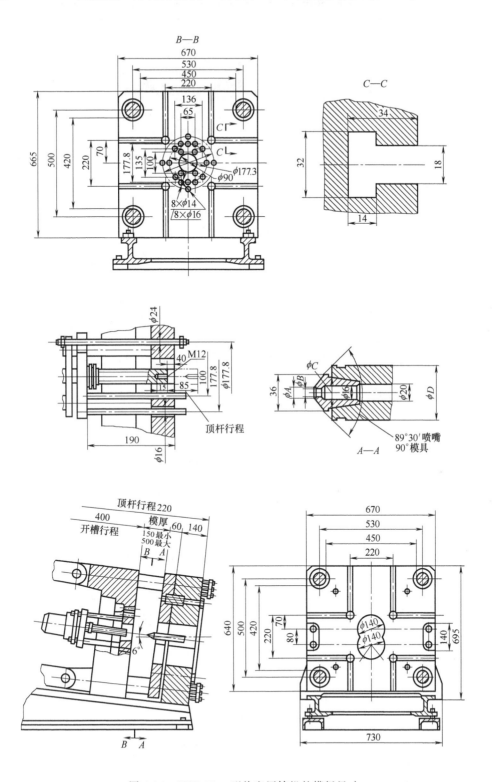

图 4-13 SHD-1500 型热室压铸机的模板尺寸

表 4-12　SHD-1500 型热室压铸机的主要参数

项目名称	数值	项目名称	数值
合模力	1500	最大金属浇注量/kg	(锌)2.2/2.7/3.2
拉杠之间的内尺寸(水平×垂直)/mm	450×420	一次空循环时间/s	7
拉杠直径/mm	80	坩埚有效容量(锌)/kg	400
动模座板行程/mm	350	管路工作压力/MPa	12.5
压铸模厚度/mm	150～500	油泵电动机功率/kW	15
动模位置/mm	0,-80	熔炉功率/kW	45
压射力/kN	75	燃油消耗量/(L/h)	5
压室直径/mm	65/70/75	喷嘴加热功率/kW	5
液压顶出器顶出力/kN	80	鹅颈加热功率/kW	5
液压顶出器顶出行程/mm	85	外形尺寸(长×宽×高)/mm	5000×1700×2200

（2）国产冷室压铸机

典型国产冷室压铸机的型号及技术参数规格如下。

① J113A 型卧式冷室压铸机的模板尺寸见图 4-14，主要参数见表 4-13。

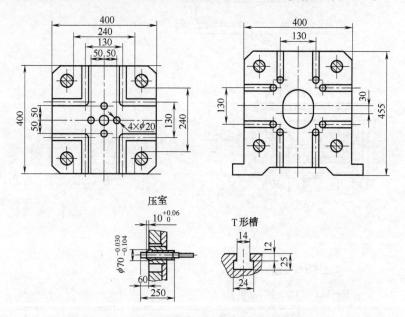

图 4-14　J113A 型卧式冷室压铸机的模板尺寸

表 4-13　J113A 型卧式冷室压铸机的主要参数

项目名称	数值	项目名称	数值
合模力/kN	250	最大金属浇注量/kg	(锌)0.3
拉杠之间的内尺寸(水平×垂直)/mm	240×240	压室法兰直径/mm	70
拉杠直径/mm	—	压室法兰突出高度/mm	10
动模座板行程/mm	200	冲头跟踪距离/mm	60
压铸模厚度/mm	120～320	液压顶出器顶出力/kN	—
压射位置/mm	0,-30	液压顶出器顶出行程/mm	15～70
压射力/kN	35	一次空循环时间/s	4
压室直径/mm	25/30	管路工作压力/MPa	7
压射比压/MPa	48.7	油泵电动机功率/kW	7.5
铸件投影面积/cm²	85	外形尺寸(长×宽×高)/mm	3030×1060×1310

② J116D 型卧式冷室压铸机的模板尺寸见图 4-15，主要参数见表 4-14。

③ J1113C 型卧式冷室压铸机的模板尺寸见图 4-16，主要参数见表 4-15。

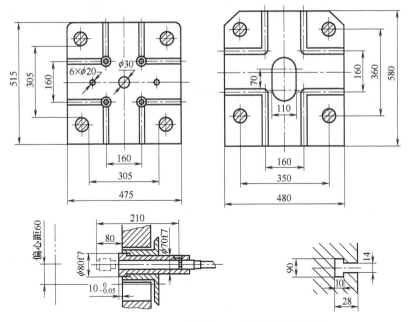

图 4-15　J116D 型卧式冷室压铸机的模板尺寸

表 4-14　J116D 型卧式冷室压铸机的主要参数

项目名称	数值	项目名称	数值
合模力/kN	630	最大金属浇注量/kg	(铝)0.7
拉杠之间的内尺寸(水平×垂直)/mm	305×305	压室法兰直径/mm	85
拉杠直径/mm	—	压室法兰突出高度/mm	10
动模座板行程/mm	250	冲头跟踪距离/mm	80
压铸模厚度/mm	150～350	液压顶出器顶出力/kN	—
压射位置/mm	0，－60	液压顶出器顶出行程/mm	—
压射力/kN	35	一次空循环时间/s	5
压室直径/mm	35/40	管路工作压力/MPa	10.5
压射比压/MPa	57～94	油泵电动机功率/kW	11
铸件投影面积/cm²	67～110	外形尺寸(长×宽×高)/mm	3970×790×1700

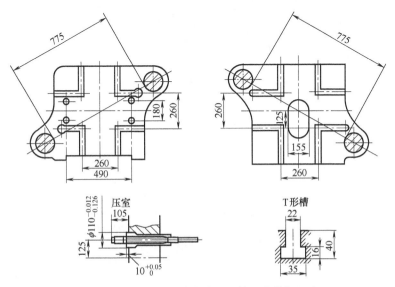

图 4-16　J1113C 型卧式冷室压铸机的模板尺寸

表 4-15　J1113C 型卧式冷室压铸机的主要参数

项目名称	数值	项目名称	数值
合模力/kN	1250	最大金属浇注量/kg	（铝）2
拉杠之间的内尺寸(水平×垂直)/mm	650×310	压室法兰直径/mm	110
拉杠直径/mm	—	压室法兰突出高度/mm	10
动模座板行程/mm	450	冲头跟踪距离/mm	105
压铸模厚度/mm	350	液压顶出器顶出力/kN	125
压射位置/mm	0，−125	液压顶出器顶出行程/mm	—
压射力/kN	70～140	一次空循环时间/s	15
压室直径/mm	40/50/60/70	管路工作压力/MPa	10
压射比压/MPa	37～110	油泵电动机功率/kW	15
铸件投影面积/cm²	110～340	外形尺寸(长×宽×高)/mm	4200×1850×1600

④ J1113G 型卧式冷室压铸机的模板尺寸见图 4-17，主要参数见表 4-16。

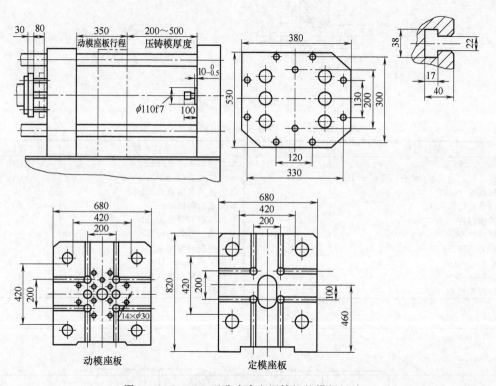

图 4-17　J1113G 型卧式冷室压铸机的模板尺寸

表 4-16　J1113G 型卧式冷室压铸机的主要参数

项目名称	数值	项目名称	数值
合模力/kN	1250	最大金属浇注量/kg	（铝）1.6
拉杠之间的内尺寸(水平×垂直)/mm	420×420	压室法兰直径/mm	110
拉杠直径/mm	80	压室法兰突出高度/mm	10
动模座板行程/mm	350	冲头跟踪距离/mm	100
压铸模厚度/mm	200～500	液压顶出器顶出力/kN	100
压射位置/mm	0，−100	液压顶出器顶出行程/mm	80
压射力/kN	80～150	一次空循环时间/s	7
压室直径/mm	40/50/60	管路工作压力/MPa	12
压射比压/MPa	30～120	油泵电动机功率/kW	11
铸件投影面积/cm²	104～416	外形尺寸(长×宽×高)/mm	530×1320×1740

⑤ J1116G 型卧式冷室压铸机模板尺寸见图 4-18，主要参数见表 4-17。

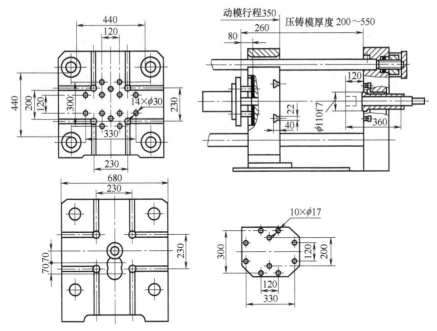

注：动模座板上面孔为 ⊕ 处只许推，不能拉。

图 4-18　J1116G 型卧式冷室压铸机模板尺寸

表 4-17　J1116G 型卧式冷室压铸机模板主要参数

项目名称	数值	项目名称	数值
合模力/kN	1600	最大金属浇注量/kg	(铝)1.8
拉杠之间的内尺寸(水平×垂直)/mm	440×440	压室法兰直径/mm	110
拉杠直径/mm	—	压室法兰突出高度/mm	10
动模座板行程/mm	350	冲头跟踪距离/mm	120
压铸模厚度/mm	200～550	液压顶出器顶出力/kN	100
压射位置/mm	0，−70，−140	液压顶出器顶出行程/mm	80
压射力/kN	85～200	一次空循环时间/s	7
压室直径/mm	40/50/60	管路工作压力/MPa	12
压射比压/MPa	—	油泵电动机功率/kW	11
铸件投影面积/cm²	—	外形尺寸(长×宽×高)/mm	5400×1365×1910

⑥ J1125G 型卧式冷室压铸机的主要参数见表 4-18，模板尺寸见图 4-19。

表 4-18　J1125G 型卧式冷室压铸机的主要参数

项目名称	数值	项目名称	数值
合模力/kN	2500	最大金属浇注量/kg	(铝)3.2
拉杠之间的内尺寸(水平×垂直)/mm	520×520	压室法兰直径/mm	110
拉杠直径/mm	—	压室法兰突出高度/mm	12
动模座板行程/mm	400	冲头跟踪距离/mm	150
压铸模厚度/mm	250～650	液压顶出器顶出力/kN	130
压射位置/mm	0，−160	液压顶出器顶出行程/mm	100
压射力/kN	143～280	一次空循环时间/s	10
压室直径/mm	50/60/70	管路工作压力/MPa	11.7
压射比压/MPa	28～143	油泵电动机功率/kW	15
铸件投影面积/cm²	175～886	外形尺寸(长×宽×高)/mm	6450×1795×2335

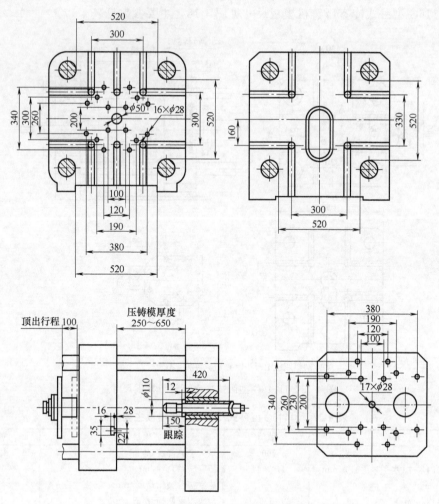

图 4-19　J1125G 型卧式冷室压铸机的模板尺寸

⑦ J1140C 型卧式冷室压铸机的模板尺寸见图 4-20，主要参数见表 4-19。

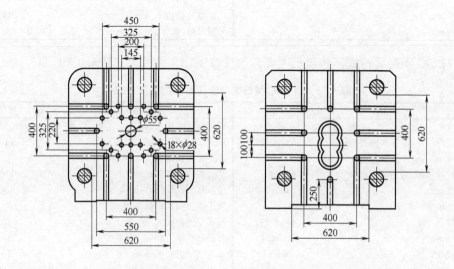

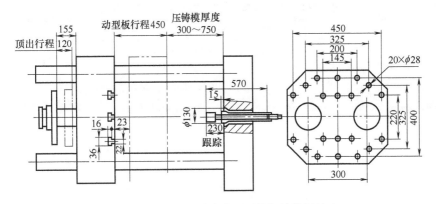

图 4-20　J1140C 型卧式冷室压铸机的模板尺寸

表 4-19　J1140C 型卧式冷室压铸机主要参数

项目名称	数值	项目名称	数值
合模力/kN	4000	最大金属浇注量/kg	(铝)4.5
拉杠之间的内尺寸(水平×垂直)/mm	620×620	压室法兰直径/mm	130
拉杠直径/mm	—	压室法兰突出高度/mm	15
动模座板行程/mm	450	冲头跟踪距离/mm	230
压铸模厚度/mm	300~750	液压顶出器顶出力/kN	180
压射位置/mm	0,−100;−200	液压顶出器顶出行程/mm	120
压射力/kN	180~400	一次空循环时间/s	10
压室直径/mm	60/70/80	管路工作压力/MPa	12
压射比压/MPa	35~142	油泵电动机功率/kW	22
铸件投影面积/cm²	283~1143	外形尺寸(长×宽×高)/mm	7455×1850×2400

⑧ J1150B 型卧式冷室压铸机的模板尺寸见图 4-21，主要参数见表 4-20。

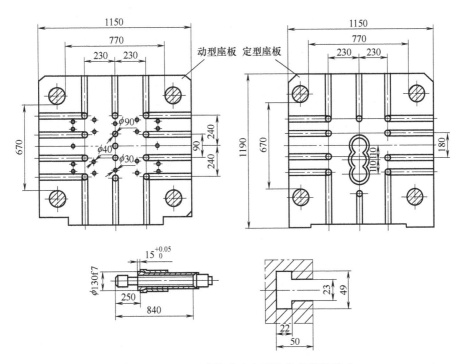

图 4-21　J1150B 型卧式冷室压铸机的模板尺寸

表 4-20   J1150B 型卧式冷室压铸机的主要参数

项目名称	数值	项目名称	数值
合模力/kN	5000	最大金属浇注量/kg	（铝）6
拉杠之间的内尺寸(水平×垂直)/mm	770×670	压室法兰直径/mm	130
拉杠直径/mm	—	压室法兰突出高度/mm	15
动模座板行程/mm	450	冲头跟踪距离/mm	250
压铸模厚度/mm	300～750	液压顶出器顶出力/kN	220
压射位置/mm	0，−100，−220	液压顶出器顶出行程/mm	120
压射力/kN	210～450	一次空循环时间/s	—
压室直径/mm	70/80/90	管路工作压力/MPa	12
压射比压/MPa	33～117	油泵电动机功率/kW	22
铸件投影面积/cm²	427～1515	外形尺寸(长×宽×高)/mm	7545×2000×2450

⑨ J1163E 型卧式冷室压铸机的模板尺寸见图 4-22，主要参数见表 4-21。

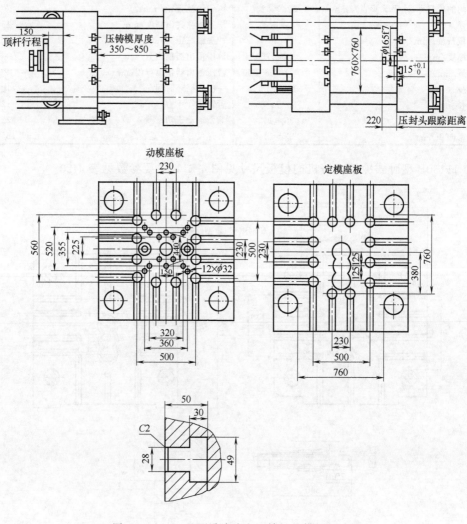

图 4-22   J1163E 型卧式冷室压铸机的模板尺寸

表 4-21　J1163E 型卧式冷室压铸机的主要参数

项目名称	数值	项目名称	数值
合模力/kN	6300	最大金属浇注量/kg	(铝)9
拉杠之间的内尺寸(水平×垂直)/mm	760×760	压室法兰直径/mm	165
拉杠直径/mm	—	压室法兰突出高度/mm	15
动模座板行程/mm	600	冲头跟踪距离/mm	220
压铸模厚度/mm	350～850	液压顶出器顶出力/kN	250
压射位置/mm	0,−125,−250	液压顶出器顶出行程/mm	150
压射力/kN	368～600	一次空循环时间/s	—
压室直径/mm	70/85/100	管路工作压力/MPa	12
压射比压/MPa	38.2～156	油泵电动机功率/kW	30
铸件投影面积/cm²	4.3～1649	外形尺寸(长×宽×高)/mm	8000×2000×2700

⑩ J1170A 型卧式冷室压铸机的模板尺寸见图 4-23，主要参数见表 4-22。

⑪ J11790 型卧式冷室压铸机的模板尺寸见图 4-24，主要参数见表 4-23。

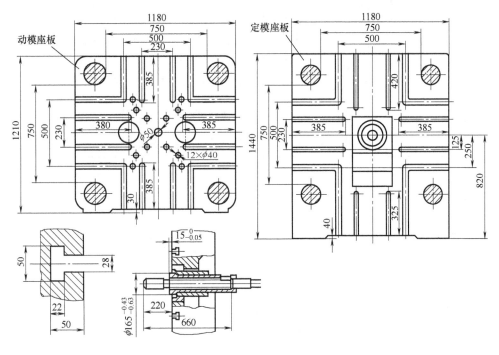

图 4-23　J1170A 型卧式冷室压铸机的模板尺寸

表 4-22　J1170A 型卧式冷室压铸机主要参数

项目名称	数值	项目名称	数值
合模力/kN	7000	最大金属浇注量/kg	(铝)10
拉杠之间的内尺寸(水平×垂直)/mm	750×750	压室法兰直径/mm	165
拉杠直径/mm	160	压室法兰突出高度/mm	15
动模座板行程/mm	650	冲头跟踪距离/mm	220
压铸模厚度/mm	350～850	液压顶出器顶出力/kN	250
压射位置/mm	0,−125,−250	液压顶出器顶出行程/mm	150
压射力/kN	650	一次空循环时间/s	<12
压室直径/mm	70/80/90/100	管路工作压力/MPa	—
压射比压/MPa	—	油泵电动机功率/kW	37
铸件投影面积/cm²	—	外形尺寸(长×宽×高)/mm	8700×2620×3150

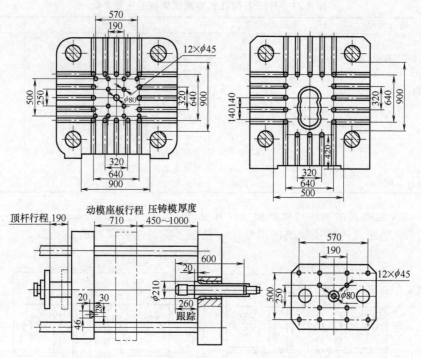

图 4-24　J11790 型卧式冷室压铸机的模板尺寸

表 4-23　J11790 型卧式冷室压铸机的主要参数

项目名称	数值	项目名称	数值
合模力/kN	9000	最大金属浇注量/kg	(铝)18
拉杆之间的内尺寸(水平×垂直)/mm	900×900	压室法兰直径/mm	210
拉杆直径/mm	—	压室法兰突出高度/mm	20
动模座板行程/mm	710	冲头跟踪距离/mm	260
压铸模厚度/mm	150～1000	液压顶出器顶出力/kN	400
压射位置/mm	0，-110，-280	液压顶出器顶出行程/mm	190
压射力/kN	880	一次空循环时间/s	15
压室直径/mm	90～125	管路工作压力/MPa	14
压射比压/MPa	32.6～130	油泵电动机功率/kW	57.2
铸件投影面积/cm²	580～2340	外形尺寸(长×宽×高)/mm	10000×2900×3000

⑫ J11125 型卧式冷室压铸机的模板尺寸见图 4-25，主要参数见表 4-24。

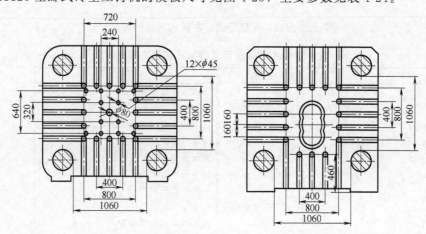

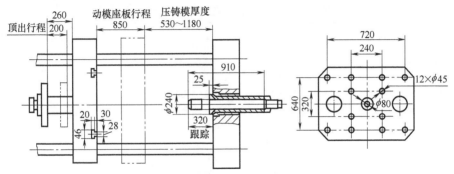

图 4-25　J11125 型卧式冷室压铸机的模板尺寸

表 4-24　J11125 型卧式冷室压铸机的主要参数

项目名称	数值	项目名称	数值
合模力/kN	12500	最大金属浇注量/kg	(铝)26
拉杠之间的内尺寸(水平×垂直)/mm	1060×1060	压室法兰直径/mm	240
拉杠直径/mm	—	压室法兰突出高度/mm	25
动模座板行程/mm	850	冲头跟踪距离/mm	320
压铸模厚度/mm	530~1180	液压顶出器顶出力/kN	500
压射位置/mm	0,-160,-320	液压顶出器顶出行程/mm	200
压射力/kN	450~1050	一次空循环时间/s	19
压室直径/mm	100~140	管路工作压力/MPa	13
压射比压/MPa	29~131	油泵电动机功率/kW	75
铸件投影面积/cm²	790~3600	外形尺寸(长×宽×高)/mm	12017×3360×3240

⑬ J11160 型冷室压铸机的模板尺寸见图 4-26，主要参数见表 4-25。

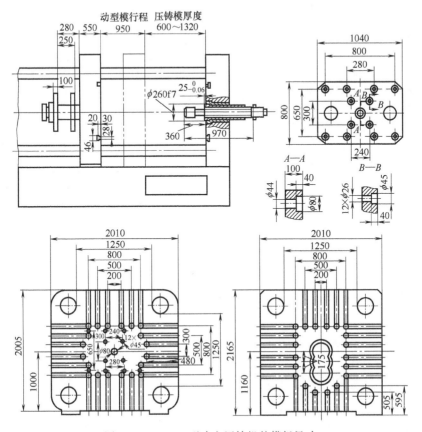

图 4-26　J11160 型冷室压铸机的模板尺寸

表 4-25　J11160 型冷室压铸机的主要参数

项目名称	数值	项目名称	数值
合模力/kN	16000	最大金属浇注量/kg	（铝）26
拉杠之间的内尺寸(水平×垂直)/mm	1250×1250	压室法兰直径/mm	260
拉杠直径/mm	—	压室法兰突出高度/mm	25
动模座板行程/mm	950	冲头跟踪距离/mm	360
压铸模厚度/mm	600~1320	液压顶出器顶出力/kN	550
压射位置/mm	0,−175,−350	液压顶出器顶出行程/mm	250
压射力/kN	500~1250	一次空循环时间/s	—
压室直径/mm	100/130/150	管路工作压力/MPa	13
压射比压/MPa	28.3~131.6	油泵电动机功率/kW	87.7
铸件投影面积/cm^2	1033~1800	外形尺寸(长×宽×高)/mm	12780×3530×4240

（3）国外热室压铸机

典型国外热室压铸机的型号及技术规格如下：

① FRECH 热室压铸机的主要参数见表 4-26。

表 4-26　FRECH 热室压铸机的主要参数

压铸机型号	DAW5	DAW20S	DAW50S	DAW80S
合模力/kN	75	240	6000	900
动模座板行程/mm	110	180	230	280
液压顶出器顶出力/kN	9	30	40	60
液压顶出器顶出行程/mm	30	50	70	70
压铸模厚度/mm	100~200	120~300	120~350	160~400
模板尺寸/mm	245×245	380×380	460×460	540×540
拉杠之间的内尺寸/mm	160×160	250×250	300×300	350×350
拉杠直径/mm	28	45	56	65
压室直径(0 为中心)/mm	−15	0,−40	0,−50	0,−60
最大压射力/kN	11.54	40	55	75
冲头直径/mm	30	36,40,45	45,50,55	50,55,60
压射体积/cm^3	30	39,56,79	76,121,165	119,163,214
压射比压/MPa	15	39.2,31.7,25	34.5,38,23.1	38,31.5,26.5
铸件投影面积/cm^2	50	61,76,96	174,214,260	236,285,340
铸件最大投影面积/cm^2（压射比压/MPa）	70(10)	120(20)	375(16)	562(12)
工作压力/MPa	7	10.5	7	10.5
空循环次数/(1/h)	3800	2000	1300	1200
电动机功率/kW	3	5.5	7.5	11
坩埚容量(锌)/kg	150	150	230	400
熔化炉功率/kW	16	16	20	23
熔化炉燃油消耗量/(kg/h)	4.5	4.5	7	9
机器质量/kg	1200	3000	4500	5500
机器占用尺寸/mm(长×宽×高)	2600×950×1600	3200×1590×2000	4000×1650×2250	4000×1650×2250
压铸机型号	DAW125S	DAW200S	DAW315S	DAW500S
合模力/kN	1250	2200	3150	5800
动模座板行程/mm	340	430	500	680
液压顶出器顶出力/kN	80	110 70	159 82	285 147
液压顶出器顶出行程/mm	90	100	120	160
压铸模厚度/mm	170~500	250~600	300~700	350~800
模板尺寸/mm	620×620	755×755	900×900	1120×1120
拉杠之间的内尺寸/mm	400×400	500×500	550×550	700×700

压铸机型号	DAW125S	DAW200S	DAW315S	DAW500S
拉杠直径/mm	75	85	110	140
压室直径(0 为中心)/mm	0,−80	0,−100	0,−120	0,−160
最大压射力/kN	100	130	158	182
冲头直径/mm	60,70,80	70,80,90	70,80,90,100	70,80,90,100
压射体积/cm³	205,330,475	450,636,856	514,791,1105,1455	481,754,1049,1393
压射比压/MPa	35.5,26,20	33.5,26,20.4	41,31.6,24.9,20.1	48.2,37,29.2,23.7
铸件投影面积/cm²	352,480,625	656,846,1078	768,996,1265,1567	1226,1598,2025,2499
铸件最大投影面积/cm²(压射比压/MPa)	780 (16)	1375 (16)	1968 (16)	3695 (16)
工作压力/MPa	10.5	14	14	14
空循环次数/(1/h)	800	780	560	400
电动机功率/kW	15	22	22	37
坩埚容量(锌)/kg	500	650	870	870
熔化炉功率/kW	27	33	38	38
熔化炉燃油消耗量/(kg/h)	11	12	21	21
机器质量/kg	6000	8000	15500	22000
机器占用尺寸/mm(长×宽×高)	4800×1855×2440	5500×1800×2250	6700×2100×3050	7600×2600×3150

② FRECH 镁合金热室压铸机的主要参数见表 4-27。

表 4-27 FRECH 镁合金热室压铸机的主要参数

压铸机型号	DAM80S	DAM125S	DAM200S	DAM315S	DAM500S	DAM800S
合模力/kN	900	1250	2200	3150	5800	9300
动模座板行程/mm	280	340	430	500	680	900
液压顶出器顶出力/kN	60	80	110 70	159 82	285 147	364 364
液压顶出器顶出行程/mm	70	90	100	120	160	180
压铸模厚度/mm	160～400	170～500	250～600	300～700	350～800	400～1100
模板尺寸/mm	540×540	620×620	755×755	900×900	1120×1120	1410×1410
拉杠之间的内尺寸/mm	350×350	400×400	500×500	550×550	700×700	900×900
拉杠直径/mm	65	75	85	110	140	180
压室直径(0 为中心)/mm	0,−60	0,−80	0,−100	0,−120	0,−160	0,−280
最大压射力/kN	75	100	130	158	182	320
冲头直径/mm	55,60,65	60,70,80	70,80,90	80,90,100	80,90,100,110	120,130,140,150
压射体积/cm³	163,214,269	301,326,471	450,636,856	791,1105,1455	754,1049,1393,1686	2000,2600,3300,4000
压射比压/MPa	31.5,26.5,22.6	35.5,26.0,20.0	33.5,26.0,20.4	31.6,24.9,20.1	37.0,29.2,23.7,19.6	28.3,24.1,20.8,18.1
铸件投影面积/cm²	285,340,398	352,480,625	656,846,1078	996,1265,1567	1598,2025,2499,3024	3286,3859,4471,5138
铸件最大投影面积/cm²(压射比压/MPa)	562 (16)	780 (16)	1375(16)	1968(16)	3695 (16)	5813 (16)
工作压力/MPa	10.5	10.5	14	14	14	16
空循环次数/(1/h)	1200	800	780	400	400	350
电动机功率/kW	11	15	22	37	37	55
坩埚容量(锌)/kg	170	300	300	490	490	650
熔化炉功率/kW	38	58	58	90	90	140
熔化炉燃油消耗量/(kg/h)	2×4.5	2×8	2×8	20	20	—
机器质量/kg	5500	6000	8000	22000	22000	42000
机器占用尺寸/mm(长×宽×高)	4400×1650×2250	5100×1855×2440	5900×2100×2250	7600×3600×3500	7600×3600×3500	10000×3600×3600

（4）国外冷室压铸机

典型国外冷室压铸机的型号及技术规格如下。

① FRECH 卧式冷室压铸机的主要参数见表 4-28。

② BUHLER（布勒）冷室压铸机（带实时控制系统）的主要参数见表 4-29。

表 4-28　FRECH 卧式冷室压铸机的主要参数

压铸机型号	DAK125S	DAK200S	DAK315S	DAK500	DAK800S
合模力/kN	1250	2200	3150	5800	9300
动模座板行程/mm	340	430	500	680	900
液压顶出器顶出力/kN	80	110 70	159 82	285 147	364 364
液压顶出器顶出行程/mm	90	100	120	160	180
压铸模厚度/mm	170~500	250~600	300~700	350~800	400~1100
模板尺寸/mm	620×620	755×755	900×900	1120×1120	1410×1410
拉杠之间的内尺寸/mm	400×400	500×500	550×550	700×700	900×900
拉杠直径/mm	75	85	110	140	180
压室直径(0 为中心)/mm	0,-60,-120	0,-60,-120	0,-80,-160	-70,-140, -210,-280	0,-70,-140, -210,-280,-350
最大压射力/kN	200	250	350	598	700
冲头直径/mm	40,50,60,70	40,50,60,70	50,60,70,80	60,70,80, 90,100,110	70,80,90,100, 110,120,130,140
压射体积/cm³	260,408,584,795	293,458,660,898	563,811, 1103,1441	1103,1501,1960, 2481,3063,3706	1667,2178,2756, 3403,4118,4900, 5751,6670
压射比压/MPa	159.2,101.9, 70.7,52.0	198.9,127.3, 88.4,65.0	178.3,123.8, 90.9,69.6	211.5,155.4, 119.0,94.0,76. 1,62.9	181.9,139.3, 110.1,89.2,73.7, 61.9,52.8,45.5
铸件投影面积/cm²	79,123,177,240	111,173,249,338	177,254,347,453	274,373,487, 617,762,922	511,668,845, 1043,1262,1502, 1761,2044
铸件最大投影面积/cm²（压射比压/MPa）	417(300)	733(300)	1050(300)	1933(300)	3100(300)
工作压力/MPa	10.5	14	14	14	16
空循环次数/(1/h)	800	780	500	400	350
电动机功率/kW	15	22	22	37	55
机器质量/kg	6000	8000	1400	22000	42000
机器占用尺寸/mm（长×宽×高）	5400×1380 ×2500	5500×1765 ×2600	6900×2120 ×2800	8200×2435 ×3050	10000×3600 ×3000

表 4-29　BUHLER（布勒）冷室压铸机（带实时控制系统）的主要参数

序号	压铸机型号	动态压射力/kN	增压压射力/kN	冲头直径/mm	最大浇注量（铝）[①]/kg	最大投影面积/cm²	压射比压/MPa
1	SDC/26	140	340	50~80	1.3~3.3	150~390	174.7~68.2
	SCF/26	290	290	50~80	1.3~3.3	180~470	142.1~55.5
	SCN/26	290	710	70~90	1.3~2.7	140~230	184.5~111.6

序号	压铸机型号	动态压射力/kN	增压压射力/kN	冲头直径/mm	最大浇注量（铝）[①]/kg	最大投影面积/cm²	压射比压/MPa
2	SCD/34	195	340	50～80	1.3～3.3	190～500	174.7～68.2
	SCF/34	410	290	50～80	1.3～3.3	230～600	142.1～55.5
	SCN34	410	710	70～90	1.3～2.7	180～300	184.5～111.6
3	SCD/42	195	490	60～100	2.3～6.5	210～680	173.0～62.3
	SCF42	410	410	60～100	2.3～6.5	300～840	139.1～50.1
	SCN42	410	1050	80～110	1.9～4.9	200～380	208.6～110.4
4	SCD53	195	490	60～100	2.3～6.5	300～850	182.7～62.3
	SCF53	410	410	60～100	2.3～6.5	375～1050	139.1～50.1
	SCN53	410	1050	80～110	1.9～4.9	250～470	208.6～110.4
5	SCD66	290	700	70～110	3.8～9.5	360～890	182.7～74
	SCF66	600	600	70～110	3.8～9.5	440～1090	150.4～60.9
	SCN66	600	1470	100～130	3.7～8.1	350～590	188.0～111.2
6	SCD84	290	700	70～110	3.8～9.5	460～1130	182.7～74
	SCF84	600	600	70～110	3.8～9.5	560～1380	150.4～60.9
	SCN84	600	1470	100～130	3.7～8.1	440～750	188.0～111.2
7	SC10/120	1000	1000	90～125	8.5～16.4	460～1130	157.2～81.5
8	SC12/180	1000	1000	90～140	8.5～16.4	950～2300	157.2～65
	SC12/150	1250	1250	90～140	9.5～23.1	760～1850	196.5～81.2
9	SC12/180	1250	1250	90～150	9.5～26.5	910～2550	196.5～70.7
	SC/16/180	1600	1600	90～150	11.1～30.9	710～2000	251.5～90.5
10	SC16/250	1600	1600	100～160	13.7～35.2	1230～3150	203.7～79.6
11	SC16/350	1600	1600	100～160	13.7～35.2	1720～451	203.7～79.6

序号	最大合模力/kN	座板尺寸/mm	拉缸内间距/mm	模具厚度/mm	开模行程/mm	机器质量/kg	机器占用面积（长×宽）/cm²
1	2625	830×830	510×510	250～620	510	11000	6.0×1.9
							6.0×1.9
							6.1×1.9
2	3360	890×890	570×570	275～680	510	14000	6.0×2.1
							6.0×2.1
							6.1×2.1
3	4200	1000×1000	640×640	300～750	640	18000	6.6×2.8
							6.7×2.8
							6.9×2.8
4	5250	1080×1080	720×720	330～810	640	22000	6.6×2.9
							6.9×2.9
							6.9×2.9
5	6615	1220×1220	780×780	360～900	800	28000	7.9×3.1
							8.0×3.1
							8.3×3.5
6	8400	1390×1390 1490×1490[②]	900×900 1000×1000[②]	400～1000	800	38000 40000[②]	7.9×3.5
							8.0×3.5
							8.3×3.5
7	12000	1690×1690	1100×1100	400～1200	1100	75000	10.5×2.9
8	14900	1900×1900	1250×1250	400～1400	1250	96000	11.3×3.3
						99000	11.5×3.3

续表

序号	最大合模力/kN	座板尺寸/mm	拉缸内间距/mm	模具厚度/mm	开模行程/mm	机器质量/kg	机器占用面积(长×宽)/cm²
9	18000	2100×2100	1400×1400	500~1500	1400	13100	12.6×3.7
						13500	13.2×3.7
10	25000	2530×2530	1600×1600	700~1600	1600	225000	14.6×4.0
11	35000	根据用户需要定					

① 最大浇注量由以下方法计算：

对于 D 和 F 型机器，最大浇注量=2/3×冲头行程×冲头截面积×密度（Al=2.5kg/dm³）（DIN 24480）；

对于 N 型机器，最大浇注量=2.5×冲头直径×冲头截面积×充满度（75%）×密度（Al=2.5kg/dm³）。

② 大结构。

4.2 压铸机的基本结构

压铸机主要由开合模机构、压射机构、动力系统和控制系统等组成，分为冷室和热室两大类，又分卧式、立式两种型式。卧式应用最多，现将常用的压铸机结构进行简要介绍。

① 卧式冷室压铸机。其结构及主要组成如图 4-27 所示，常用于压铸铝、镁、铜合金，也可用于黑色金属。

② 热室压铸机。其结构及主要组成如图 4-28 所示，常用于铅、锡、锌、镁合金压铸。

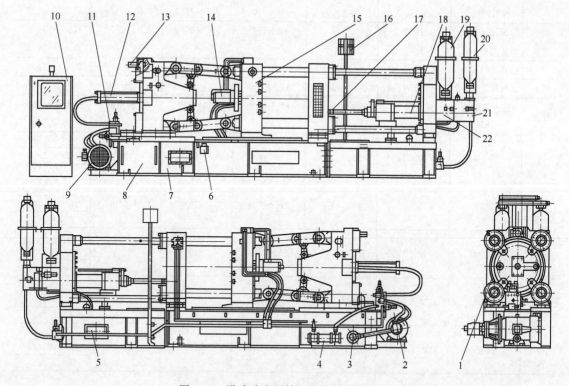

图 4-27　卧式冷室压铸机结构及主要组成

1—调型（模）大齿轮；2—液压泵；3—过滤器；4—冷却器；5—压射回油箱；6—曲肘润滑油泵；7—主油箱；8—机架；9—发动机；10—电箱；11—合型（模）油路板组件；12—合开型（模）液压缸；13—调型（模）液压马达；14—顶出液压缸；15—锁型（模）柱架；16—型（模）具冷却水观察窗；17—压射冲头；18—压射液压缸；19—快压射蓄能器；20—增压蓄能器；21—增压油路板组件；22—压射油路板组件

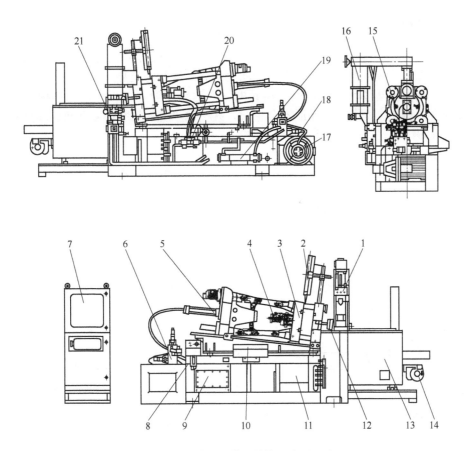

图 4-28 热室压铸机结构及主要组成

1—压射机构；2—机械手（冲头）装置；3—合型柱架；4—顶针液压缸；5—合型液压缸；6—合型油路；7—主电箱；
8—润滑装置；9—油箱；10—操作面板；11—落料门；12—扣嘴液压缸（2个）；13—熔炉；14—燃油器；15—调型机构；
16—液压蓄能器；17—液压泵；18—电动机；19—冷却器；20—顶针油路板；21—压射油路板

③ 全立式压铸机　其结构及主要组成见图 4-29，常用于转子压铸和挤压铸造。

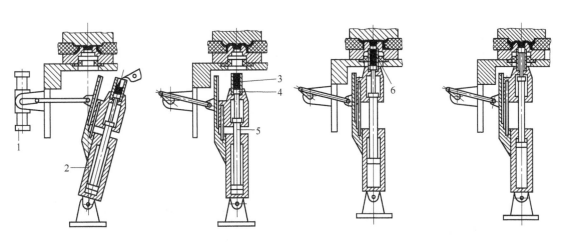

图 4-29 全立式压铸机主要构成

1—液压摆动装置；2—液压缸；3—压室；4—冲头；5—冲头杆；6—导向环

4.2.1 合模机构

开合模及锁模机构统称合模机构，是带动压铸模的动模部分进行模具分开或合拢的机构。由于压射填充时的压力作用，合拢后的动模仍有被胀开的趋势，故这一机构还要起锁紧模具的作用。推动动模移动合拢并锁紧模具的力称为锁模力，在压铸机标准中称之为合型力。合模机构必须准确可靠，以保证安全生产，并确保压铸件尺寸公差要求。压铸机合模机构总体上可分为液压式、机械式和液压机械式。

（1）液压合模机构

其动力是由合模缸中的压力油产生的，压力油的压力推动合模活塞带动动模安装板及动模进行合模，并起锁紧作用。液压合模机构的优点是：结构简单，操作方便；在安装不同厚度的压铸模时，不用调整合模液压缸座的位置，从而省去了移动合模液压缸座用的机械调整装置；在生产过程中，在液压不变的情况下锁模力（合型力）可以保持不变。但是，这种合模机构具有通常液压系统所具有的一些缺点：首先是合模的刚性和可靠性不够，压射时胀型力稍大于锁模力时压力油就会被压缩，动模会立即发生退让，使金属液从分型面喷出，既降低了压铸件的尺寸精度，又极不安全；其次是对大型压铸机而言，合模液压缸直径和液压泵较大，生产率低；最后是开合模速度较慢，并且液压密封元件容易磨损。这种机构一般用在小型压铸机上。

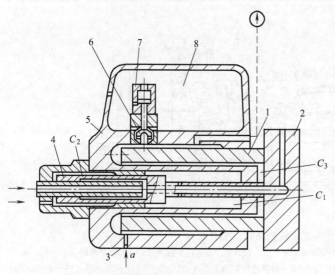

图 4-30 液压合模机构简图
1—外缸；2—动模固定板；3—增压器口；4—内缸；
5—合模缸；6—充填阀塞；7—充填阀；8—充填油箱

液压合模机构如图 4-30 所示。该机构由合模缸 5、内缸 4、外缸 1 和动模固定板 2 组成。合模缸座、内缸、外缸组成开模腔 C_1、内合模腔 C_2 和外合模腔 C_3。

当向内合模腔 C_2 通入高压油时，内缸 4 向右运动，带动外缸 1 与动模固定板 2 向右移动，产生合模动作。随着外缸 1 的移动，外合模腔 C_3 内产生负压，充填阀塞 6 被吸开，充填油箱中的常压油进入外缸 1。动模合拢后，增压装置通过增压器口 3 对外合模缸中的常压油突然增压，使在压射金属液时，合模力增大，压铸模锁紧不致胀开。

（2）机械合模机构

机械合模机构可分为曲肘合模机构、各种形式的偏心机构、斜楔式机构等。目前国产压铸机大都采用曲肘合模机构，如图 4-31 所示。此机构是由三块座板组成，并用四根导柱将它串联起来，中间是动模座板，由合模

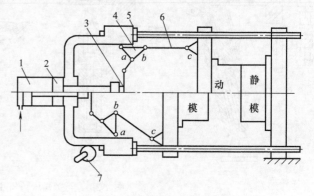

图 4-31 曲肘合模机构示意图
1—液压合模缸；2—合模活塞；3—连杆；4—三角形铰链；
5—螺母；6—力臂；7—齿轮齿条

缸的活塞通过曲肘机构来带动。动作过程原理如下：当压力油进入合模缸 1 时，推动合模活塞 2 带动连杆 3，使三角形铰链 4 绕支点摆动，通过力臂 6 将力传给动模安装板，产生合模动作。为了适应不同厚度的压铸模，用齿轮齿条 7 使动模安装板与动模做水平移动，进行调整，然后用螺母 5 固定。要求压铸模闭合时，a、b、c 三点恰好能成一直线，亦称为"死点"，即利用这个"死点"进行锁模。

曲肘合模机构的优点是：

① 可将合模缸的推力放大，因此与液压合模机构相比，其合模缸直径可大大减小，同时压力油的耗量也显著减少；

② 机构运动性能良好，在曲肘离死点越近时，动模移动速度越低，两半模可缓慢闭合。同样在刚开模时，动模移动速度也较低，便于型芯的抽芯和开模；

③ 合模机构开合速度快，合模时刚度大而且可靠，控制系统简单，使用维修方便。

但是这种合模机构存在如下缺点：不同厚度的模具要调整行程比较困难；曲肘机构在使用过程中，由于受热膨胀的影响，合模框架的预应力是变化的，这样，容易引起压铸机拉杆过载；肘杆精度要求高，使用时其铰链内会出现高的表面压力，有时因油膜破坏，产生强烈的摩擦。

曲肘合模机构是较好的，特别适用于中型和大型压铸机，现代压铸机为了克服调整行程困难的缺点已增加了驱动装置，通过齿轮自动调节拉杆螺母，从而达到自动调整行程的目的。

（3）液压机械式合型机构

液压机械式合型机构由液压缸和曲肘机构组成，液压产生的动力驱动曲肘连杆系统实现开合型的运动。图 4-32 所示为合型（模）机构结构简图。合型时，液压缸 14 的活塞杆外伸，驱动曲肘组件运动。曲肘组件由弯曲状态（图示下半部）逐渐变成直线状态（图示上半部），实现动型座板 5 前移。由于曲肘组件在行程终了时为一直线，因此巨大的压射力完全由曲肘连杆系统承受，克服了因过大的胀型力引起动型退让的缺点。

液压曲肘合型机构特点如下。

① 增力作用：通过曲肘连杆系统，可以将合模液压缸的推力放大 16～26 倍，

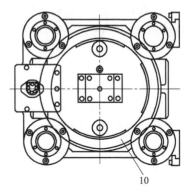

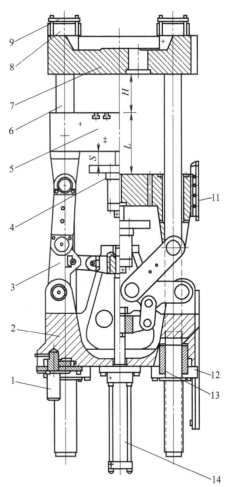

图 4-32　合型（模）机构结构简图
1—调型（模）液压马达；2—尾板；3—曲肘组件；
4—顶出液压缸；5—动型座板；6—拉杆；7—定型座板；8—拉杆螺母；9—拉杆压板；10—调型（模）大齿轮；11—动型座板滑脚；12—调节螺母压板；13—调节螺母；14—合开型（模）液压缸

与液压式合型装置相比，高压油消耗减小，合型液压缸直径减小，泵的功率相应减小。

② 合、开模运动速度为变速。在合模运动过程中，动型座板移动速度由零很快升到最大值，以后又逐渐减慢，随着曲肘杆逐渐伸直到终止时，合型速度为零，机构进入自锁状态（锁型状态）。在开型过程中，动型座板移动由慢速转至快速，再由快速转慢至零，非常符合机器整个运动，有利于抽芯和顶出铸件。

③ 当压铸模合紧且曲肘杆伸直成一直线时，机构处于自锁状态，此时，可以撤去合模液压缸的推力，合模系统仍然会处于合紧状态。

4.2.2　压射机构

压铸机的压射机构是将金属液推送进模具型腔，填充成型为压铸件的机构。不同型号的压铸机有不同的压射机构，但主要组成部分都包括压室、压射冲头、压射杆、压射缸及增压器等。现代压铸机的压射机构的主要特点是三级压射，也就是低速排除压室中的气体和高速填充型腔的两级速度，以及不间断地给金属液施以稳定高压的一级增压。

卧式冷室压铸机多采用三级压射的形式。图 4-33 所示为 J1113 型压铸机的压射机构，是三级压射机构的一种形式。其三级压射过程如下。

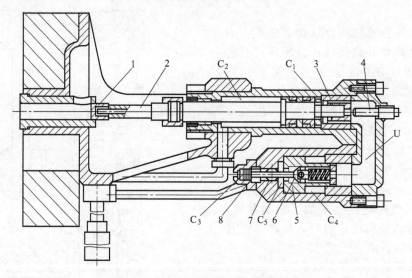

图 4-33　J1113 型压铸机的压射机构

1—压射冲头；2—压射活塞；3—通油器；4—调节螺杆；5—增压活塞；6—单向阀；7—进油孔；8—回程活塞；
C_1—压射腔；C_2—回程腔；C_3—尾腔；C_4—背压腔；C_5—后腔；U—U 形腔

（1）慢速

开始压射时，压力油从进油孔 7 进入后腔 C_5，推开单向阀 6，经过 U 形腔，通过通油器 3 的中间小孔，推开压射活塞 2，即为第一级压射。这一级压射活塞的行程为压射冲头刚好越过压室浇道口，其速度可通过调节螺杆 4 作补充调节。

（2）快速

当压射冲头越过浇料口的同时，压射活塞尾端圆柱部分便脱出通油器，而使压力油得以从通油器蜂窝状孔进入压射腔 C_1，压力油迅速增多，压射速度猛然增快，即为第二次压射。

（3）增压

当填充即将终了时，金属液正在凝固，压射冲头前进的阻力增大，这个阻力反过来作用到压射腔 C_1 和 U 形腔内，使腔内的油压增高足以闭合单向阀，从而使来自进油孔 7 的压力油无法进入 C_1 和 U 形腔形成的封闭腔，而只在后腔 C_5 作用在增压活塞 5 上，增压活塞便处于平衡状态，从而对封闭腔内的油压进行增压，压射活塞也就获得增压的效果。增压的大小，是通过调节背压腔 C_4 的压力来得到的。

压射活塞的回程是在压力油进入回程腔 C_2 的同时，另一路压力油进入尾腔 C_3 推动回程活塞 8，顶开单向阀 6，U 形腔和 C_1 压射腔便接通回路，压射活塞产生回程动作。

4.3 压铸机的压室、压射冲头和喷嘴

4.3.1 压室与压射冲头的配合

图 4-34 和图 4-35 所示为卧式冷室压铸机的压室，图 4-36 所示为卧式冷室压铸机压室与压射冲头的配合，表 4-30 为其相应的配合间隙。

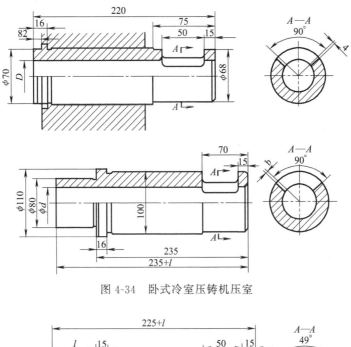

图 4-34 卧式冷室压铸机压室

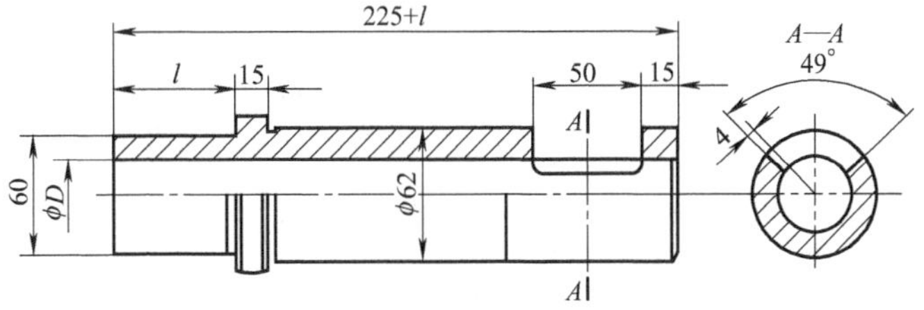

图 4-35 AC100 型压铸机压室

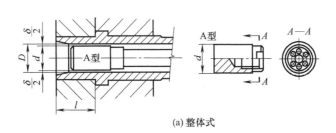

(a) 整体式

图 4-36

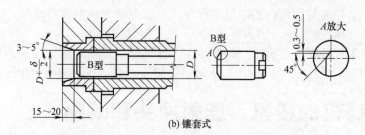

(b) 镶套式

图 4-36　卧式冷室压铸机压室与压射冲头的配合

表 4-30　卧式冷室压铸机压室与压射冲头的配合间隙　　　　　　单位：mm

公称直径 D_0	压室直径 D	压射冲头 d		压射冲头与压室间隙 δ	
		锌合金、铝合金	铜合金	锌合金、铝合金	铜合金
30	$D^{+0.027}_0$	$D^{+(0.05\sim0.07)}_0$	$D^{+(0.08\sim0.12)}_0$	0.05~0.09	0.08~0.127
40~50	$D^{+0.027}_0$	$D^{+(0.06\sim0.08)}_0$	$D^{+(0.10\sim0.12)}_0$	0.06~0.107	0.10~0.147
50~60	$D^{+0.03}_0$	$D^{+(0.08\sim0.10)}_0$	$D^{+(0.14\sim0.16)}_0$	0.08~0.130	0.14~0.19
60~70	$D^{+0.003}_0$	$D^{+(0.10\sim0.12)}_0$	$D^{+(0.16\sim0.18)}_0$	0.10~0.15	0.16~0.21
70~80	$D^{+0.035}_0$	$D^{+(0.12\sim0.14)}_0$	$D^{+(0.16\sim0.18)}_0$	0.12~0.175	0.16~0.21
80~100	$D^{+0.04}_0$	$D^{+(0.13\sim0.16)}_0$	$D^{+(0.18\sim0.20)}_0$	0.13~0.20	0.18~0.24
100~200	$D^{+0.04}_0$	$D^{+(0.15\sim0.19)}_0$	$D^{+(0.24\sim0.26)}_0$	0.15~0.24	0.24~0.30

注：1. 表内压射冲头指以球墨铸铁制成，如采用其他钢制造时，要放大间隙，如用 3Cr2W8V 合金钢制成压射冲头，应比表中的间隙加 0.03~0.05mm。

2. 表内各参数系整体式压室，如采用镶套式压室时，套口部分之间隙应为原来的 1.5 倍。

3. 表中正常间隙是压射冲头水冷情况下用，不用水冷时，宜用最大值。

4. 表内间隙应视涂料黏稠程度适当调整。如涂料黏稠，间隙应大些。

5. 对锌合金宜用下限。

表 4-31 及表 4-32 分别为立式冷室压铸机和热室压铸机压射冲头与压室的配合间隙。

表 4-31　立式冷室压铸机压射冲头、反料冲头与压室的配合　　　　　单位：mm

压室直径 D	制造公差	压室与压射冲头配合间隙		反料冲头与压室配合间隙	
		锌合金、铝合金	铜合金	锌合金、铝合金	铜合金
40	+0.04	0.05~0.13	0.12~0.20	0.08~0.15	0.17~0.25
45	+0.04	0.05~0.13	0.13~0.21	0.08~0.15	0.18~0.26
50	+0.04	0.05~0.13	0.13~0.21	0.08~0.15	0.18~0.26
55	+0.05	0.06~0.15	0.14~0.23	0.10~0.19	0.19~0.28
60	+0.05	0.06~0.15	0.14~0.23	0.10~0.19	0.19~0.28
70	+0.05	0.06~0.15	0.15~0.24	0.10~0.19	0.20~0.29
80	+0.06	0.06~0.15	0.15~0.24	0.10~0.19	0.20~0.29
100	+0.06	0.07~0.18	0.17~0.28	0.12~0.23	0.22~0.33
110	+0.06	0.07~0.18	0.18~0.29	0.12~0.23	0.24~0.35
120	+0.06	0.07~0.18	0.18~0.29	0.12~0.23	0.24~0.35
130	+0.07	0.09~0.21	0.20~0.33	0.15~0.27	0.26~0.39
170	+0.07	0.09~0.21	0.23~0.36	0.15~0.27	0.31~0.44
说　明		铸造压射冲头	钢压射冲头	铸铁反料冲头	铸铁反料冲头

注：钢合金用压室不宜氮化。

表 4-32　热室压铸机压射冲头与压室的配合间隙　　　　　单位：mm

压铸合金	公称直径 D	
	18,20,22,25	30,35,40,45
锌合金	0.05~0.06	0.07~0.10
铝合金、锡合金	0.025~0.06	0.04~0.07

4.3.2 卧式冷室压铸机压室和进料口形式

卧式冷室压铸机的压室形式及进料口形状见表 4-33 和表 4-34。

表 4-33 卧式冷室压铸机的压室形式

压室形式	特 点
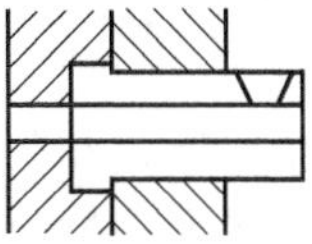	在结合处由于加工或安装误差,易产生偏差
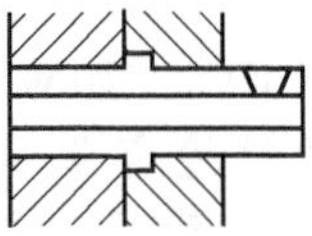	安装准确,是比较好的形式,但通用性差
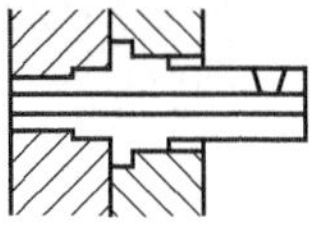	易产生偏心

表 4-34 卧式冷室压铸机压室进料口形状

压室进料口形式	特 点
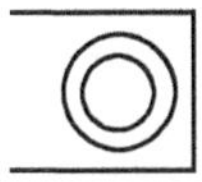	制造方便,但适合小型压室,合金易飞溅
	倒入合金方便,适用于较大压室
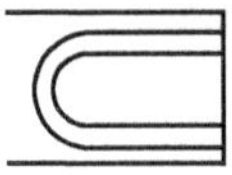	对压射冲头上涂料方便,制造也方便,适用于大型压室

4.3.3 压室和压射冲头材料及常见问题

压室及压射冲头材料见表 4-35,压室及压射冲头常见疵病见表 4-36。

表 4-35 压室及压射冲头材料

压铸合金	卧式压铸机		立式压铸机	
	压室	压射冲头	压射冲头	反料冲头
铜合金	3Cr2W8V	3Cr2W8V		
锌合金 铝合金 镁合金		3Cr2W8V 或球墨铸铁	球墨铸铁或高级铸铁	
硬度要求	氮化处理 55~60HRC 氮化层厚度 ≥0.4mm	44~48HRC	45~48HRC(铸铁) 48~50HRC(合金钢)	

注:铜合金用压室不氮化,热处理后硬度48~50HRC。

表 4-36 压室及压射冲头常见疵病

常见疵病	产生原因	防止方法
局部损伤	①压射杆的轴心线与压室中心线不同心 ②局部阻力太大	安装时使压射杆与压室同心
表面擦伤	①压室或压射冲头表面粗糙,使金属黏附 ②材料选用不当或热处理不当	①压室、压射冲头表面粗糙度 Ra 为 0.8~0.02μm ②保证热处理硬度
卡死	①压室与压射冲头间隙不当,过小或过大 ②压室孔径精度不高,甚至成椭圆形	①提高精度,保证配合公差 ②四周间隙要均匀
表面摩擦力增大	涂料不好或使用不当	①要经常清理,去除合金屑或污物 ②涂料要均匀

4.4 压铸机的液压装置及管路系统

4.4.1 液压装置

压铸机的液压装置主要是压力泵和蓄压器。

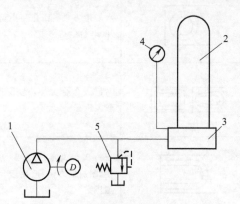

图 4-37 电液控制工作原理图

1—压力泵；2—蓄压器；3—弹簧式最低压力泵；
4—电接点压力表；5—安全阀（泄压阀）

（1）压力泵

压铸机的压力泵一般采用齿轮泵、叶片泵和柱塞泵等。压力泵内装有有压力的工作液。压铸机压力液的压力在 6～20MPa 范围，但有时会超出该范围。常用的压力有 6.3MPa、10MPa 和 12MPa。为使压力泵输出的压力液稳定在规定的压力范围内，以便减轻泵的负荷，保证工作管路的安全，压力范围可用自动调节的装置加以控制。常见的管路压力自动调节的方法为电液控制，其工作原理示意图见图 4-37。

管路压力达到规定的最高值时，电接点压力表 4 使安全阀 5 接通回路，管路卸压，压力泵卸载空转。管路压力下降到规定最小值时，最低压力阀 3 的弹簧自动将蓄压器 2 的阀口关闭，保证蓄压器不再放出压力液。同时，电接点压力表使压力阀关闭回路，压力泵又恢复向管路供压。

电液控制多用于油类工作液的管路上。

图 4-38 所示为管路压力自动调节的液力机械控制原理图。

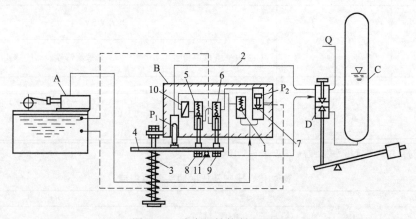

图 4-38 液力机械控制原理图

1—单向阀；2—管路；3—可调弹簧；4—杠杆；5～7—阀口；8,9—阀杆；10—过滤网；11—支点；P_1—柱塞；
P_2—活塞；Q—接通压铸机的管路；A—压力泵；B—控制箱；C—蓄压器；D—重锤式最低压力泵

起动压力泵时，将杠杆 4 压下，并绕支点 11 摆动，阀杆 9 便顶开阀口 6，打开回路，减小泵的起动力矩，起动后，使杠杆 4 复位，即进行供压。

在正常工作时，有以下工作过程。

① 柱塞 P_1 上腔的液压力和弹簧 3 调定的压力相平衡，杠杆 4 处于使阀杆 8 顶开阀口 5 和阀杆 9 关闭阀口 6 的位置。

② 阀口 7 在活塞 P_2 上腔的工作液压力作用下，亦为关闭状态。

③ 管路压力超过规定最高值时，压力过高的压力液经过灌注到达柱塞 P_1 的上腔，柱塞上部压力大于弹簧的调节压力，杠杆 4 被压下，阀口 6 打开，接通回路而卸压。

④ 活塞 P_2 的上腔卸压，来自压力泵的压力液顶出阀口 7 大量流回液箱，压力泵卸载空转。管路压力下降到最低值时，P_1 的上腔压力已降低，弹簧 3 又将杠杆 4 抬起，恢复正常位置，压力泵恢复供压。过滤网 10 要经常清洗干净，以免影响通过的液量。

液力机械控制多用于乳化液的工作管路上。

（2）蓄压器

压铸机上用蓄压器，是作为在压射瞬间需用大量压力液时作迅速补充的一种预备容器。

压铸机常用蓄压器的上半部分充有气体，下半部分为压力液。上半部分的气体多为氮气。工作时，必须严格注意压力液不能放出过多，而要维持一定的限度，以免失去足够的气枕作用。若气枕作用不足，蓄压器也就起不到迅速补充压力液的作用。为此，蓄压器的压力液进出口都装有最低压力阀，从而保证其内部的压力不低于规定的最低值。常见弹簧式最低压力阀见图 4-39。

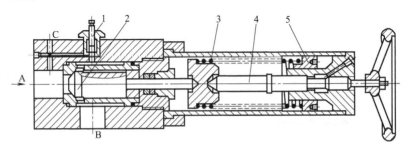

图 4-39　弹簧式压力阀
1—小阀；2—阀塞；3—弹簧；4—阀杆；5—调节螺母；
A—压力液进出口；B—与蓄压器接通的孔；C—与电接点压力表接通的孔

弹簧式压力阀的弹簧 3 按最低压力值调定压力，这个压力可由调节螺母 5 调节得到。正常工作时，旋开阀杆 4，正常管路压力的压力液能够克服弹簧 3 的压力而推开阀塞 2，从孔 A 进来的压力液便经孔 B 充入蓄压器，孔 C 接通电接点压力表。管路压力小于最低值时，压力液的压力小于弹簧 3 的压力，阀塞 2 便自行闭合，切断蓄压器与管路的通路，直到管路压力恢复正常再行接通。小阀 1 是辅助用的，当阀塞 2 闭合时，要使孔 A 和孔 B 接通，可旋开小阀 1。

弹簧式压力阀多用于油类工作液的管路上。

图 4-40 所示为重锤式压力阀。

在重锤式压力阀中，重锤 6 与杠杆 7 按最低压力值调定，并在重力作用下，通过顶柱 5 使下阀塞 2 闭合，正常工作时，旋开阀杆 8，

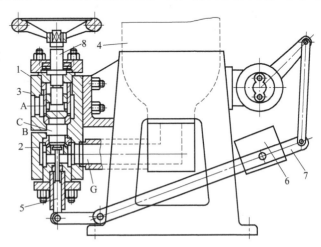

图 4-40　重锤式压力阀
1—阀体；2—下阀塞；3—上阀塞；4—蓄压器；
5—顶柱；6—重锤；7—杠杆；8—阀杆；
C—中腔；G—蓄压器孔口；
A—与管道接通的孔口；B—与压力表接通的孔口

打开上阀口，从孔口 A 进来的正常管路压力的压力液进入腔 C，并作用在下阀塞 2 上，这时压力足以克服重锤的重力作用，把下阀塞 2 压下，打开下阀口。蓄压器 4 便经孔口 G 与腔 C 相通，也就是与管路相通，管路压力小于最低值时，重锤 6 和杠杆 7 的重力作用，通过顶柱 5 使下阀塞 2 闭合，切断蓄压器与管路的通路，直到管路压力恢复正常再行接通。

重锤式压力阀多用于乳化液的工作管路上。

（3）工作液

压铸机用的工作液主要是液压油和乳化液。

压铸机用的液压油以机械油为最多。使用时应保持油路系统的清洁，力求做到无油污、无水分、无锈、无金属屑。换油时，要彻底清洁油路系统，加入新油必须过滤。油箱中的油温，一般在 30～50℃ 范围内比较合适。过高会使油液很快变质，过低则油泵起动吸入困难。

乳化液是用水和乳化油配制而成。工作温度不应超过 40℃，水是乳化液的主要成分，中性和酸性的水对铁的作用强烈；碱性太强的水，对铜质的零件有腐蚀作用，并引起水的软化物质分解而产生沉淀。因此，水应该是微碱性（pH＝8）为宜。

乳化液中的乳化油是为了减少液压系统中活动机件的磨损而加入的。同样亦应采用碱性（pH＝9）的乳化油。若碱性过大，会使乳化液产生强烈的泡沫。由于两种不同种类的乳化油难于相互溶合，油会从水中分解出来而破坏乳化液，故在同一机器中，不应使用两种不同种类的乳化油。

生产中，应严格检查是否漏油，以免造成火灾。高压下的油极易造成油雾，混在空气中，成为高温车间燃烧的严重隐患。

4.4.2 管路系统原理图示例

压铸机的管路系统很多，图 4-41 所示为 J1113 型卧式冷室压铸机的管路系统原理图。

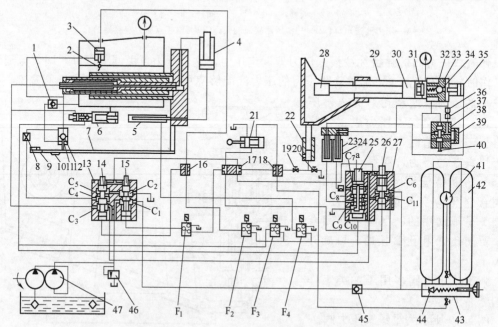

图 4-41 J1113 型卧式冷室压铸机的管路系统原理图

1,2,34,37,39,45—单向阀；3—充填阀；4—抽芯器；5,23,24—滑管；6,32—增压器；7—拉杆；8,36—节流阀；
9—上凸块；10—下凸块；11—凸块分配阀；12—单向阀塞；13—总阀；14,15,25,26,35—活塞；16,21—三通阀；
17—小分配阀；18—四通阀；19,20,40—节门；22—升降缸；27—分配阀；28—冲头；29—压射缸；
30—压射活塞；31—通油器；33—增压活塞；38—卸压阀；41—电接点压力表；42—蓄压器；43—最低压力阀；
44—阀塞；46—安全阀；47—压力泵；C_1～C_{11}—液压腔；F_1～F_4—电磁阀；a—孔口

J1113 型卧式冷室压铸机管路系统原理图的阅读见表 4-37。

表 4-37　J1113 型卧式冷室压铸机管路系统原理图的阅读

工作过程	管路系统原理图阅读
供压	起动压力泵 47,输出压力液压力为 10MPa,总阀 13 的腔 C_1 顶开单向阀 45 和最低压力阀 43 的阀塞 44;压力液同时进入分配阀 27 的腔 C_6、四通阀 18 和小分配阀 17;当蓄压器内的压力达到 10MPa 时,电接点压力表 41 的指针与上限接触,操纵电磁阀 F_1 关闭回路而接通常压,活塞 15 上移,腔 C_1 与腔 C_2 隔开,切断回路,泵输出压力液;若最低压力阀 43 因故不打开,蓄压器未进入压力液,电接点压力表无法进行控制,但泵却继续供压并达到 11MPa 时,安全阀 46 即自行打开;当蓄压器内的压力下降到 7MPa 时,最低压力阀 43 的阀塞 44 在弹簧作用下自行闭合
合型	按合模按钮后,电磁阀 F_2 切断常压,打开回路,使三通阀并入回路,总阀 13 的活塞 14 下移,腔 C_4 与腔 C_5 隔开而关闭回路,而又与腔 C_3 相通接通常压;同时在充填阀 3 内,压力液将活塞顶起,单向阀 2 不受阀杆限制,只接弹簧进行闭合;又因外合模腔的空腔在合型过程中逐渐扩大,腔内产生压力降低,把单向阀又重新吸开;合模至一定距离(按需要调整),拉杆 7 上的上凸块 9 顶开凸块分配阀 11 的单向阀塞 12,压力液经单向阀 1 接通外合模腔,腔内压力建立,没有阀杆限制的单向阀 2 又闭合,腔内压力达到管路工作压力
压射	按压射按钮,电磁阀 F_3 关闭回路,打开常压,压力液分为两路,一路输入增压器 6,对外合模腔进行增压,压力增到 23MPa;另一路压力液推动分配阀 27 的活塞 25 上移,孔口 a 被关闭,腔 C_7 与腔 C_{10} 隔开而接通腔 C_8,来自腔 C_{11} 的压力液便通过腔 C_7 经滑管 24 进入增压器 32 的后腔,顶开单向阀 34 进入压射缸 29 的后腔通过增塞活塞 33 的作用,达到增压效果;增压器 32 内的背压腔压力(背压)的调节是由卸压阀 38 的节门 40 来控制的,当背压降低而压力液有微小的泄漏时,由节流阀和单向阀 37 作补偿;在开模阶段,按开模按钮,F_2 关闭回路,接通常压,压力液进入三通阀 16,分成两路,一路推动活塞 14 上移(见图示位置),腔 C_4 与腔 C_3 隔开而与腔 C_5 相通成回路,内合模腔卸压,充填阀 3 下腔也卸压;另一路压力液进入充填阀 3 上腔,推动活塞下移,推开单向阀 2 外合模腔流回充填箱,腔内压力撤除
开型	下凸块 10 触碰行程开关,操纵电磁阀 F_3,关闭常压,打开回路,一方面使中腔接通回路,左边活塞在常压(总阀 13 的腔 C_3 为常压)的作用下,顶开增压器的单向阀;另一方面使活塞 25 下移,孔 a 露出,腔 C_7 与腔 C_{10} 相通而为回路;同时,腔 C_9 接通腔 C_8,压力液经滑管 23 后分成三路工作;第一路,进入回程腔;第二路,推动活塞 35 顶开单向阀 34,放出工作液;第三路进入卸压阀 38 内,推开单向阀 39 进入背压腔;三路压力液同时工作;在开模过程中,当下凸块 10 尚未触碰行程开关前,上述三路压力液尚未工作,而压射腔仍保持压力;在抽芯时,抽芯器 4 的前腔(环形面积受压力)为常压,后腔(圆形面积受压力)为变压;后腔接通回路时,前腔为常压,后腔接通常压时,因受力面积的不同,而使后腔的压力大于前腔的压力;调整电气系统,按开、合模按钮的同时,操纵电磁阀 F_4,变换滑管 5 的压力液,使抽芯器或为常压或为回路,完成抽、插芯工作;单独按抽芯、插芯按钮,操纵电磁阀 F_4 完成抽、插芯工作;在中停阶段,拉出三通阀 21 的手柄,小分配阀 17 左边成为回路,电磁阀 F_1 卸压,活塞 15 下移,腔 C_1 与腔 C_2 相通成为回路;因小分配阀左边成为回路,活塞 26 下腔亦接通回路而使其下移,腔 C_6 与腔 C_{11} 隔开,蓄压器的压力液不再输入工作管路;在压射机构升降阶段,调节压射位置时,控制升降缸 22 来带动压射机构;关闭节门 20,打开节门 19,压力液进入升降缸下腔,活塞上升;关闭节门 19,打开节门 20,升降缸下腔工作液放出,活塞可以下降,在压射机构降落到需要位置时,关闭节门 20

4.5　压铸机的选用及技术要求

4.5.1　压铸机的选用原则

在实际生产中,并不是每台压铸机都能满足压铸各种产品的需要,而要根据具体情况进行选用。选用压铸机时应考虑以下两个方面的问题。

① 应考虑压铸件的不同品种和批量。在组织多品种小批量的生产时,一般选用液压系统简单、适应性强和能快速进行调整的压铸机。如果组织的是少品种大量生产时,则应选用配备各种机械化和自动化控制机构的高效率压铸机。对于单一品种大量生产的铸件,可选用

专用压铸机。

②应考虑压铸件的不同结构和工艺参数。压铸件的外形尺寸、质量、壁厚以及工艺参数的不同，对压铸机的选用有重大影响。

根据锁模力选用压铸机是一种传统的并被广泛采用的方法，压铸机的型号就是以锁模力的大小来定义的。

根据能量供求关系（p-Q^2图）选用压铸机是一种新的更先进合理的方法。

压铸机初选后，还必须对压室容量和开模距离等参数进行校核。

4.5.2 压铸机的重要参数的核算

（1）锁模力的核算

在压铸过程中，金属液以极高的速度充填压铸模型腔，在充满压铸模型腔的瞬间以及增压阶段，金属液受到很大的压力，此力作用到压铸模型腔的各个方向，使压铸模沿分型面胀开，故称之为胀型力。锁紧压铸模使之不被胀型力胀开的力称为锁模力。为了防止压铸模被胀开，锁模力要大于胀型力在合模方向上的合力。

锁模力的计算式为

$$F_锁 = K(F_主 + F_分) \tag{4-1}$$

式中　$F_锁$——压铸机应有的锁模力，N；

　　　K——安全系数，$K = 1.25$；

　　　$F_主$——主胀型力，N；

　　　$F_分$——分胀型力，N。

①主胀型力的计算主胀型力计算公式为

$$F_主 = Ap \tag{4-2}$$

式中　$F_主$——主胀型力，N；

　　　p——压射压力，Pa；

　　　A——铸件在分型面上的投影面积，m^2。

多腔模则为各腔投影面积之和，一般另加30％作为浇注系统与溢流排气系统的面积。

②分胀型力的计算。当有抽芯机构组成侧向活动型芯成型铸件时，金属液充满型腔后产生的压力 $F_分$，作用在侧向活动型芯的成型面上使型芯后退，故常采用楔紧块斜面锁紧与活动型芯连接的滑块，此时在楔紧块斜面上产生法向分力（图4-42），这个法向分力即为分胀型力，其值为各个型芯所产生的法向分力之和（如果侧向活动型芯成型面积不大，分胀型力可以忽略不计）。这一般有以下两种情况。

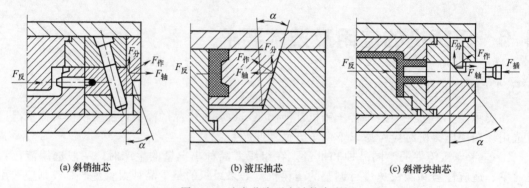

(a) 斜销抽芯　　　　　　(b) 液压抽芯　　　　　　(c) 斜滑块抽芯

图4-42　法向分胀型力计算参考图

a. 斜销抽芯和斜滑块抽芯的分胀型力计算公式

$$F_{分} = \sum(A_{芯} \, p \tan\alpha) \tag{4-3}$$

式中　$F_{分}$——分胀型力，N；

　　　p——压射压力，Pa；

　　　$A_{芯}$——侧向活动型芯成型端面的投影面积，m^2；

　　　α——楔紧块的楔紧角，(°)。

b. 液压抽芯的分胀型力计算公式为

$$F_{分} = \sum(A_{芯} \, p \tan\alpha - F_{插}) \tag{4-4}$$

式中　$F_{分}$——分胀型力，N；

　　　p——压射压力，Pa；

　　　$A_{芯}$——侧向活动型芯成型端面的投影面积，m^2；

　　　α——楔紧块的楔紧角，(°)；

　　　$F_{插}$——液压抽芯器的插芯力，N。

如果液压抽芯器未标明插芯力时可按下式计算：

$$F_{插} = 0.785 D_{插}^2 \, p_{管} \tag{4-5}$$

式中　$F_{插}$——液压抽芯器的插芯力，N；

　　　$D_{插}$——液压抽芯器的液压缸直径，m；

　　　$p_{管}$——压铸机管道压力，Pa。

③ 确定压铸机锁模力的查图法。为简化选用压铸机时的计算，在已知模具分型面上铸件总投影面积和所选用的压射压力后，可以从图 4-43 中直接查到所选用的压铸机型号和压室直径，也可根据压射压力与投影面积从图 4-44 中查找胀型力。

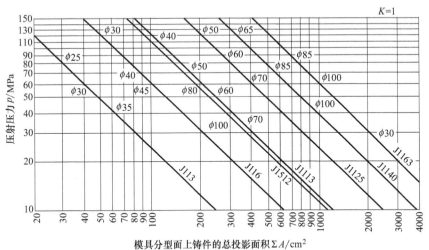

图 4-43　国产压铸机压射压力与投影面积对照压铸机型号和压室直径图

④ 实际压力中心偏离锁模力中心时，锁模力的计算用取面积矩的方法计算（见图 4-45），并按下式计算：

$$F_{偏} = F_{锁}(1 + 2e) \tag{4-6}$$

式中　$F_{偏}$——实际压力中心偏离锁模力中心时的锁模力，N；

　　　$F_{锁}$——同中心时的锁模力，N；

　　　e——型腔投影面积重心最大偏移率（水平或垂直），可按下式计算：

$$e = \left(\frac{\sum C}{\sum A} - \frac{L}{2} \right) \frac{1}{L} \tag{4-7}$$

式中　A——余料、浇道与铸件投影面积，m^2；

　　　L——拉杠中心距，m；

　　　C——各 A 对底部拉杠中心的面积矩，m^3；$C = A \times B$，B 为从底部拉缸中心到各面积重心 A 的距离，m。

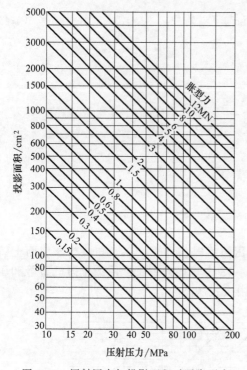

图 4-44　压射压力与投影面积对照胀型力

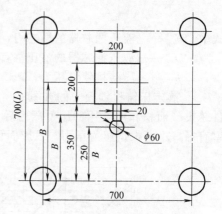

图 4-45　偏中心时锁模力的计算

计算举例见表 4-38。

表 4-38　面积矩计算举例

	各部分面积 A/m^2	从底部拉杠中心到 A 的重心距离 B/m	各对底部拉杠中心的面积矩 $C = A \times B/m^3$
余料	0.002827	0.25	0.00070675
浇道	0.0014	0.315	0.000441
铸件	0.04	0.45	0.018
	$\sum A = 0.044227$		$\sum C = 0.01914775$

从底部拉缸中心到实际压力中心的距离 $= \dfrac{\sum C}{\sum A} = \dfrac{0.01914775}{0.044227} \text{m} = 0.4329 \text{m}$

垂直偏心 $\dfrac{\sum C}{\sum A} - \dfrac{L}{2} = \left(0.4329 - \dfrac{0.7}{2} \right) \text{m} = 0.0829 \text{m}$

垂直偏移率 $e = \left(\dfrac{\sum C}{\sum A} - \dfrac{L}{2} \right) \dfrac{1}{L} = \dfrac{0.0829}{0.7} = 0.0118$

水平偏移率本例为零。

偏中心时的锁模力 $F_{偏} = F_{锁}(1 + 2e) = F_{锁}(1 + 2 \times 0.118) \approx 1.24 F_{锁}$

以上说明，此例中压铸机的锁模力比同中心时的锁模力大 24%。

⑤ 选用压铸机。根据计算的锁模力来选取压铸机的型号，使所选型号的压铸机的额定

合模力大于所计算的锁模力即可。

（2）压室容量的核算

压铸机初步选定之后，压射压力和压室的尺寸也相应得到初定，压室可容纳金属液的质量也为定值，但是否能够容纳每次浇注的金属液的质量，需按下式核算：

$$G_室 > G_浇 \tag{4-8}$$

式中　$G_室$——压室容量，kg；

　　　$G_浇$——每次浇注的金属液的质量（包括铸件、浇注系统、溢排系统的质量），kg。

压式容量可按下式计算：

$$G_室 = \pi D_室^2 L \rho K / 4 \tag{4-9}$$

式中　$G_室$——压室容量，kg；

　　　$D_室$——压室直径，m；

　　　L——压室长度，m，包括浇口套长度；

　　　ρ——液态合金密度 kg/m^3，见表 4-39；

　　　K——压室充满度，$K = 60\% \sim 80\%$。

表 4-39　液态合金密度值

合金种类	铅合金	锡合金	锌合金	铅合金	镁合金	铜合金
$\rho/(\text{kg/m}^2)$	$(8 \sim 10) \times 10^3$	$(6.6 \sim 7.3) \times 10^3$	6.4×10^3	2.4×10^3	1.65×10^3	7.5×10^3

压室充满度过低，会影响压铸机的效率，对于卧式冷室压铸机，还会增加液态金属卷入的空气量及液态金属在压室内的冷却程度，故压室充满度不能太低，应大于 40%，一般要求保持在 70%～80% 范围内较为合理。

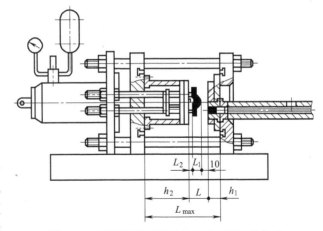

图 4-46　压铸机开模距离与压铸模厚度的关系

（3）开模距离的核算

压铸模合模后应能严密地锁紧分型面，因此，要求合模后的模具总厚度大于（一般大于 20mm）压铸机的最小合模距离。开模后应能顺利地取出铸件，最大开模距离减去模具总厚度的数值，即为取出铸件（包括浇注系统）的空间。上述关系可用图 4-46 所示加以说明，由图 4-46 所示可知：

$$H_合 = h_1 + h_2 \tag{4-10}$$

$$H_合 \geqslant L_{\min} + 0.02 \tag{4-11}$$

$$L_{\max} \geqslant H_合 + L_1 + L_2 + 0.01 \tag{4-12}$$

$$L \geqslant L_1 + L_2 + 0.01 \tag{4-13}$$

式中　h_1——定模厚度，m；

　　　h_2——动模厚度，m；

　　　$H_合$——压铸模合模后的总厚度，m；

　　　$L_{\min}$——最小合模距离，m；

　　　$L_{\max}$——最大开模距离，m；

　　　L_1——铸件（包括浇注系统）厚度，m；

L_2——铸件推出距离，m；

L——最小开模距离，m。

4.5.3 根据能量供求关系选用压铸机

压铸机的型号以合模力的大小定义；这不足以说明压铸机的特性。而压射系统的最大金属静压与流量的关系——$p\text{-}Q^2$ 图表明了压铸机的特性，说明了压铸机所能提供的压射能量。根据铸件工艺的要求，需要一定的压射能量，选择合适的压铸机就是这两种能量供需关系的比较。该能量与模具结合，形成一个压铸机-压铸模系统，这个系统得到匹配后，可以得到有充分裕度的工艺范围（工艺灵活性）。因此，可以利用 $p\text{-}Q^2$ 图来选用压铸机。用 $p\text{-}Q^2$ 图来选用压铸机比用锁模力来选用压铸机更先进合理。但由于压铸机制造商很少能提供压铸机的 $p\text{-}Q^2$ 图，而压铸机的使用方自行测绘压铸机的 $p\text{-}Q^2$ 图又存在一定的困难，故用 $p\text{-}Q^2$ 图来选用压铸机目前还很少使用。

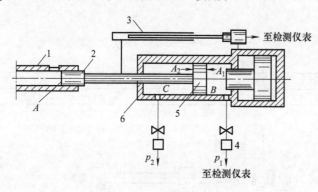

图 4-47 压力与速度测试装置

1—压室；2—压射冲头；3—位置传感器；4—压力传感器；
5—压射活塞；6—压射缸

利用 $p\text{-}Q^2$ 图选用压铸机，必须绘制压铸机和压铸工艺所需要的 $p\text{-}Q^2$ 图。

（1）绘制压铸机的 $p\text{-}Q^2$ 图

每一台压铸机的压射系统都有其自身的特性曲线，可惜迄今为止压铸机制造商还很少提供这方面的资料，主要还是由使用者自己对其压铸机进行测定和绘制。

压铸机 $p\text{-}Q^2$ 图绘制的基本步骤和内容如下。

① 压力与速度的测试。压力与速度测试装置见图 4-47。

由图 4-47 可知，最大金属静压（压射终了，冲头速度为零时，冲头施加在金属上的未加增压的压力）可由下式计算：

$$p_0 = \frac{p_1 \times A_1 - p_2 \times A_2}{A} \tag{4-14}$$

式中 p_0——最大金属静压，Pa；

p_1——压射缸 B 侧测得的压力，Pa；

p_2——压射缸 C 侧测得的压力，Pa；

A_1——B 侧压射活塞面积，m²；

A_2——C 侧压射活塞面积，m²；

A——压射冲头面积，m²。

速度阀门全开，空压射时（压力等于零时）的最大金属流量，可按下式计算：

$$Q_0 = V_0 A \tag{4-15}$$

式中 Q_0——最大金属流量，m³/s；

V_0——空压射时冲头最大速度，m/s；

A——压射冲头面积，m²。

② 绘制 $p\text{-}Q^2$ 图。$p\text{-}Q^2$ 图的纵坐标以金属液的静压值刻度并标注，横坐标以金属液流量的平方值刻度，但用金属液的流量刻度值标注，$p\text{-}Q^2$ 图绘制举例见表 4-40。

表 4-40　$p\text{-}Q^2$ 图绘制举例

已知:最大冲头面积 A 时的最大金属静压为 60MPa,最大金属流量为 8L/s。

求作: $p\text{-}Q^2$ 图

---

(1)求金属液流量的刻度值

① 取 $Q_0=n(\text{L/s})$

② 取每一 L/s 即 $n=1$,在横坐标上的刻度 $X=2\text{mm}$,用 $U=2\text{mm}$ 表示

③ 求金属液流量的刻度值

$n=1\text{L/s},X=n^2U=1^2\times2=2(\text{mm})$

$n=2\text{L/s},X=n^2U=2^2\times2=8(\text{mm})$

$n=3\text{L/s},X=n^2U=3^2\times2=18(\text{mm})$

……

$n=8\text{L/s},X=n^2U=8^2\times2=128(\text{mm})$

---

(2)金属液的静压刻度值:取 $1\text{MPa}=2\text{mm}$

---

(3)求作最大冲头面积为 A 时的 $p\text{-}Q^2$ 图

在纵坐标上标注金属液的静压刻度值,在横坐标上标注金属液流量的刻度值,在纵坐标上找到 $p_0=60\text{MPa}$ 的点,在横坐标上找到 $Q_0=8\text{L/s}$ 的点,将两点连起来即可

---

(4)求作冲头面积递减 10% 时的 $p\text{-}Q^2$ 图

冲头面积递减 10% 时,得到一组数据

$p_0=66.7\text{MPa},Q_0=7.2\text{L/s}$

$p_0=75\text{MPa},Q_0=6.4\text{L/s}$

$p_0=85.7\text{MPa},Q_0=5.6\text{L/s}$

……

按相同的方法,可求作一组 $p\text{-}Q^2$ 图,见图 4-48

---

③ 管道压力对 $p\text{-}Q^2$ 图的影响。管道压力的增减都会引起最大金属流量 P 按照管道压力增减的百分数增加或减小。不同管道压力下的同一压铸机 $p\text{-}Q^2$ 图为互相平行的 $p\text{-}Q^2$ 线,图 4-49 所示为管道压力增减 10% ($p_0\times10\%$)时的 $p\text{-}Q^2$ 图。

④ 速度调节阀开启度对 $p\text{-}Q^2$ 图的影响。速度调节阀开启度可以调节流向压射缸内的工作液的流量从而控制压射速度,但不能影响最终静压,因此反映在 $p\text{-}Q^2$ 图上,是一组最终静压相等、流量 Q_0 在变化的线段,见图 4-50。

(2) 根据压铸件工艺需要绘制 $p\text{-}Q^2$ 图

根据压铸件工艺需要绘制 $p\text{-}Q^2$ 图的基本步骤和内容如下。

① 根据工艺所需的金属液流量求最大金属流量,按下式计算:

$$Q=C_{\text{d}}A_{\text{g}}\sqrt{\dfrac{2p}{\rho}} \qquad (4\text{-}16)$$

式中　Q——金属液的流量, L/s;

C_{d}——流量系数,见表 4-41;

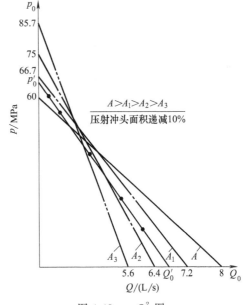

图 4-48　$p\text{-}Q^2$ 图

p——金属液的比压，MPa；

ρ——金属液的密度，kg/m³；

A_g——内浇口截面积，mm²。

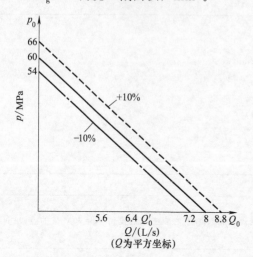

图 4-49　管道压力对 p-Q^2 图的影响

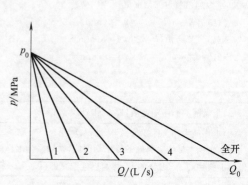

图 4-50　速度调节阀开启度对 p-Q^2 图的影响

表 4-41　不同压铸合金压铸模浇注系统的流量系数

合金类型	铝合金	锌合金	镁合金
流量系数 C_d	0.5	0.6	0.5

注：流量系数对不同的压铸机和压铸模有所不同，在压铸模浇注系统设计合理的情况下，可采用表中的流量系数值。

也可按下式求所需的金属液流量：

$$Q = \frac{V}{t} \tag{4-17}$$

式中　Q——金属液的流量，L/s；

t——充填时间，ms；

V——压铸模型腔体积，cm³。

最大金属液流量为

$$Q_0 = \sqrt{3}\,Q \tag{4-18}$$

式中　Q_0——最大金属液流量，L/s；

Q——根据工艺所需的金属液流量，L/s。

② 根据工艺所需的金属液的充型压力求最大金属液静压，可由下式求得：

$$v = 1000 C_d \sqrt{\frac{2p}{\rho}} \tag{4-19}$$

式中　v——金属液的流速，m/s；

C_d——流量系数；

p——金属液的充型压力，MPa；

ρ——金属液的密度，kg/m³。

最大金属液静压按下式计算：

$$p_0 = \frac{3p}{2} \tag{4-20}$$

式中　p_0——最大金属液静压，MPa；

p——金属液的充型压力，MPa。

③ 绘制 p-Q^2 图连接坐标上的 Q_0 与 p_0 两点，完成工艺需要的 p-Q^2 图。为便于比较将工艺需要的 p-Q^2 图与压铸机的 p-Q^2 图绘制在同一图中。

（3）优选压铸机

一般说来，只要工艺需要的 p-Q^2 连线位于压铸机 p-Q^2 连线的下方，就表明该压铸机能满足压铸该零件的需要。

如果工艺需要的 p-Q^2 连线不在或不能完全位于压铸机 p-Q^2 连线的下方，则可以用适当提高管道压力（在允许范围内）、改变冲头直径或改变调速阀门开启度等方法，以求供需平衡，否则应另选其他合适的压铸机。

（4）从能量的方面进行比较与选择

从能量的方面计算压铸机所能提供的压射能量 $P_{供}$ 和铸件生产所需的压射能量 $P_{需}$，只有 $P_{供} > P_{需}$ 时，才能满足要求。

压铸生产所需的压射能量按下式计算：

$$P_{需} = \frac{2}{3\sqrt{3}} Q_0 p_0 = 0.358 Q_0 p_0 \tag{4-21}$$

式中 $P_{需}$——压铸生产所需的压射能量，kW；

      Q_0——最大金属液流量，L/s；

      p_0——最大金属液静压力，MPa。

压铸机能提供的压射能量按下式计算：

$$P_{供} = \frac{2}{3\sqrt{3}} p_{储} V_0 A_{液} \tag{4-22}$$

式中 $P_{供}$——压铸机能提供的压射能量，kW；

      $p_{储}$——蓄能器之压力（供充型用蓄能器设定压力），MPa；

      V_0——空压射速度，dm/s；

      $A_{液}$——压射缸的面积，dm^2。

满足 $P_{供} > P_{需}$，说明所选压铸机能够满足该压铸件的工艺要求。

4.5.4 压铸机的技术条件及精度

（1）热室压铸机的技术条件

热室压铸机的技术条件（JB/T 6309.3—2015）是指生产非铁金属及其合金压铸件的热室压铸机的技术要求及相关的试验方法、检验规则与标志、包装、运输、储存。热室压铸机的技术要求和安全要求见表 4-42。

表 4-42   热室压铸机的技术要求和安全要求

要求名称	要求的具体内容
技术要求	①压铸机应符合标准要求，并按经规定程序批准的图样及技术文件制造；②压铸机的参数和精度应符合机械行业标准的有关规定；③液压系统和元件应符合 GB/T 3766—2015《液压系统通用技术条件》和 GB/T 7935—2005《液压元件 通用技术条件》的有关规定；④电气部分应符合 GB/T 5226.1—2002《工业机械电气设备第 1 部分：通用技术条件的规定》；⑤压铸机外观要求应符合 JB/T 1644—2005《铸造机械通用技术条件》的规定；⑥在正常使用的条件下，压铸机的主机首次大修期（不包括加热部分）不少于 16000h；⑦冷却系统应畅通无渗漏，在连续工作时，工作液温度不得超过 55℃，当超过上述温度时应自动报警；⑧压铸机应有可靠的润滑装置，合力在 120kN 以上的压铸机应采用集中润滑系统；⑨工作液介质必须符合技术文件的规定；⑩每压射一次，蓄能器的压力下降值不得超过工作压力的 8%；⑪各操纵机构调节阀杆装配后必须灵活可靠，定位正确；⑫对有承压通道的铸造零件，应经过耐压试验，试验压力为额定压力的 1.25 倍，保压时间 3min，不得有渗漏与零件损坏等不正常现象；⑬压铸机液压系统的清洁度应符合 GB/T 31562—2015《铸造机械清洁度测定方法》的规定，清洁度为 23/20；⑭压铸机正常空运转时，噪声不应大于 85dB（A），压铸机的压射性能为：合模力 ＜630kN，最小空压射速度为 2m/s；合模力 ≥630kN，最小空压射速度为 3m/s

要求名称	要求的具体内容
安全要求	①压铸机必须符合 GB 5083—1999《生产设备安全卫生设计总则》的要求,并应具有安全色,易发生危险的部位,必须有安全标志及装置;②压铸机必须有防止产生失控运动或不正常动作顺序的连锁可靠措施;③蓄能器必须由国家指定的安全监察机构批准的生产厂制造,并应有合格证书;④使用蓄能器的液压系统,应设有释放或切断蓄能器中液体压力的装置,蓄能器必须充氮气;⑤压铸机的电气、液压系统应有可靠的连锁安全保护装置,压铸模区应有防护装置;⑥各固定密封处应封闭紧固可靠;⑦压铸机合型手动动作应由操作者用双手按钮运行;⑧压铸机应设急停按钮

压铸机的成套性范围包括:蓄能器充氮工具,各种密封元件的备件,专用工具和附件。压铸机生产厂要根据用户需要提供:压铸件切边机、合模力显示装置和压铸工艺参数测试装置等成套机组。

空运转试验时,开、合模速度应灵敏可调,压射速度应灵敏可调,压射拉紧机构动作应可靠,铸件推落机构及铸件落下检测装置必须可靠,急停装置必须灵敏可靠,所有热电偶插入后,温度显示控制仪表应灵敏、准确、可靠,主机加热系统应正常工作。

负荷运转试验时,要进行实物压铸试验。在正常工作条件下,进行实物压铸试验,应能连续压铸 20 件合格铸件。

在进行试验时的注意事项如下。

① 在检查参数和尺寸时,用线性尺寸表示的参数可用相应的测量工具直接测量。

② 合模力可用专门的合模力检测装置检测。

③ 一次空循环时间检测时,空循环时间的判读采用秒表,其读数必须从执行机构开始移动的瞬间起到它停止时间的时间间隔。

④ 压铸机的清洁度检验,应符合相应标准的规定。

⑤ 噪声应根据有关标准,按等效连续 A 声级进行测量。

空运转试验时,调整好压铸机精度,在动模座板上安装调试用的模垫,启动机器,调整合模速度到 0.2m/s 左右,压射速度调到 0.2～0.4m/s。

压铸机在下列情况下应进行型式检验。

① 新产品试制或老产品转厂生产的试制定型鉴定时。

② 老产品在设计、工艺、材料上作重大改变时。

③ 正常生产时定期或积累一定产量后,应周期性进行一次检验时。

④ 产品停产一年以上,恢复生产时。

⑤ 国家质量监督机构提出进行型式检验的要求时。

型式检验样机数量,由当月生产批量确定。批量在 10 台以内,随机抽检 1 台;批量大于 10 台,随机抽检 2 台。型式检验应对本标准技术要求中所有项目进行检验,所有项目必须全部合格。

(2) 热室压铸机的精度

热室压铸机的精度 (JB/T 6309.2—2015) 是指热室压铸机的几何精度及有关的检验方法和检验规则。

① 检测工具。精度检验常用的检测工具有平板、平尺、精密水平仪及指示器。专用检验工具有检验棒及模垫。模垫工作表面的粗糙度 Ra 值为 $0.8\mu m$,工作表面间的平行度公差为 $0.02/300$。

② 检测方法。在测定动模座板与定模座板工作表面间的平行度时,要使动模座板处于最大合型状态位置,按 12 个测点位置分别测量两座板内侧面对应点的距离读数值,计算最大与最小距离之差。公差测量值应小于 GB/T 1184—1996《形状和位置公差未注公差值》的 8 级公差值。

在测定拉杠相互间的平行度时，要使动模座板处于最大开挡位置，分别在距动、定模座板 80mm 处，测量拉杠之间内侧的距离差。公差测量值应小于 GB/T 1184—1996 的 7 级公差值。

在测定压室轴线对鹅颈壶安装面的垂直度时，使鹅颈壶的安装面与平板的工作面平行放置，并把测量芯轴插入压室，计算最大与最小读数之差。公差测量值应小于 GB/T 1184—1996 的 6 级公差值。

③ 检验规则。精度检验前，需将压铸机安装在适当的基础上，并按制造厂使用说明书将压铸机调平，要求拉杠纵、横水平均调到水平仪读数不超过 0.2/1000。

（3）冷室压铸机的技术条件

冷室压铸机的技术要求（GB/T 21269—2018）见表 4-43。

表 4-43　冷室压铸机的技术要求

要求名称	要求的具体内容
技术要求	①压铸机应符合本标准的要求，并按照经规定程序批准的图样及技术文件制造；②压铸机的参数和精度应符合机械行业标准的有关规定；③液压系统和液压元件应符合 GB/T 3766—2015 和 GB/T 7935—2005 的有关规定；④电气部分应符合 GB/T 5226.1—2008 的有关规定；⑤压铸机外观要求应符合 JB/T 1644—2005 的有关规定；⑥压铸机应有可靠的润滑装置，合模力在 1600kN 以上的压铸机应采用集中润滑系统；⑦压铸机压射缸应有工艺参数测试用传感器接口；⑧冷却系统应畅通无渗漏，在连续工作时，工作温度不应超过 55℃，当超过上述温度时，应自动报警；⑨工作液介质应符合技术文件的规定，压铸机液压系统清洁度应符合 GB/T 31562—2015 的规定，清洁度等级代码为 22/19；⑩每压射一次，蓄能器的压力下降值不应超过工作压力的 10％；⑪各操纵机构调节阀杆装配后，应灵活可靠，定位正确；⑫对有承压通道的铸造零件，应经过耐压试验，试验压力为额定压力的 1.25 倍，保压时间 3min，不应有渗漏及零件损坏等不正常现象；⑬压铸机保用期应符合 JB/T 1644—2005 中第 8 章的规定或按合同和制造厂的承诺执行；⑭压铸机的安全防护应符合 GB 20906—2007《压铸单元安全技术要求》和 GB 20905—2007《铸造机械安全要求》的规定，对具有危险的部位，必须设置安全防护装置，并应使用安全色和安全标志，压铸机的安全色应符合 GB 2893—2008《安全色》的规定，安全标志应符合 GB 2894—2008《安全标志及其使用导则》的规定，安全卫生设计应符合 GB 5083—1999 的规定；⑮压铸机必须有防止产生失控运动或不正常动作顺序的连锁可靠措施；⑯蓄能器必须由国家指定的安全监察机构批准的生产厂制造，并应有合格证书；⑰压铸机的成套性范围包括：蓄能器充氮工具、各种密封元件的备件、专用工具和附件；根据用户需要，可由制造厂提供压铸件切边压力机、取件喷涂装置、液压抽芯装置、合模力显示装置和压铸工艺参数测试装置等成套机组；⑱在空运转试验时，开、合型速度应灵敏可调，压射速度应灵敏可调，压铸机紧固连接处不应摇动，电气控制系统应灵敏可靠，急停装置必须灵敏可靠；⑲在负荷运转试验时，在正常工作条件下，进行实物压铸试验，应能连续压铸 20 件合格铸件；⑳卧式冷室压铸机的主要压射性能：合模力≤6300kN，最大空压射速度为≥8m/s，建压时间≤20ms；合模力>6300～16000kN，最大空压射速度≥8m/s，建压时间≤25ms；合模力>16000～30000kN，最大空压射速度≥8m/s，建压时间≤30ms；合模力>30000kN，最大空压射速度≥8m/s，建压时间≤35ms；立式冷室压铸机的主要压射性能：合模力≤4000kN，最大空压射速度≥3m/s，建压时间≤30ms；合模力>4000kN，最大空压射速度≥3.5m/s，建压时间≤30ms

在进行试验时要注意以下几个方面。

① 在检查参数和尺寸时，用线性尺寸表示的参数可用相应的测量工具直接测量。

② 合模力可用专门的合模力检测装置检测。

③ 一次空循环时间用秒表进行检测，其读数应从执行机构开始移动的瞬间起到它停止时间的时间间隔。

④ 在进行压铸机的清洁度测定时，按 GB/T 31562—2015《铸造机械清洁度测定方法》的规定进行测定。

⑤ 在正常空运转条件下噪声按等效连续 A 声级进行测定。

⑥ 最大空压射速度、压射力和建压时间用非电量电测法进行检测，并允许用不低于示波器精度的其他仪器测量。

最大空压射速度的测定条件为：蓄能器压力采用系统工作压力，示波器的时标为 0.01s，记录纸带速为 500mm/s。根据测定的压力、位移-时间曲线，在快速起始点后和终止点前各减去 10% 的一段行程求平均速度。

压射力与建压时间的测定条件为：对卧式冷室压铸机，压射速度为（3±0.2）m/s，立式冷室压铸机为（2±0.2）m/s；蓄能器压力采用系统工作压力；示波器的时标为 0.01s；记录纸带速为 500mm/s；接通传感器的油路不能加阻尼。

在压射力的判定时，在测定的压力、位移-时间曲线上读出增压压力稳态值，然后由压射缸的内径计算确定。

在建压时间的判定时，在测定的压力、位移-时间曲线上，求出 t_3、t_4、t_5 三个时间的和。

⑦ 每压射一次，蓄能器的压力降低由测蓄能器供油口压力来确定，测量点应接近供油口。

⑧ 最大金属浇注量由下式计算：

$$W = \frac{1}{4} K L \pi \rho D^2 \qquad (4\text{-}23)$$

式中　W——最大金属浇注量，kg；

　　　K——压室充填系数，对于卧式冷室压铸机，$K=0.75$；对于立式冷室压铸机，$K=0.95$；

　　　D——最大压室直径，m；

　　　L——压射冲头的有效行程，m；

　　　ρ——浇注合金的密度，kg/m³。

⑨ 在空运转试验中，调整好压铸机精度，在动模座板上安装调试用的模垫，调整好合模及压射速度。启动机器，连续运转低于 4h。运转过程中，出现不正常情况时，允许排除，但每次排除时间不应超过 15min，累计时间不应超过 30min。

（4）冷室压铸机的精度

冷室压铸机的精度（GB/T 21269—2018）内容包括卧式和立式冷室压铸机的几何精度、检验方法和检验规则。

① 精度检验检测工具。常用的检测工具有平板、平尺、精密水平仪及指示器，专用检验工具主要用检验棒。

② 检验方法。动模座板与定模座板工作表面间的平行度的检验方法为使动模座板处于最大合模状态位置，按 12 个测点位置分别测量两座板内侧面对应点的距离读数值，计算最大与最小距离之差。公差测量值应小于表 4-44 中的 a_1 值。

表 4-44　公差测量值　　　　　　　　　　　　　　　单位：mm

测量长度 L	公差值			
	a	a_1	a_2	a_3
≤25	0.03	0.02	0.06	0.03
>25~40	0.04	0.025	0.08	0.04
>40~63	0.05	0.03	0.10	0.05
>63~100	0.06	0.04	0.12	0.06
>100~160	0.08	0.05	0.15	0.08
>160~250	0.10	0.06	0.20	0.10
>250~400	0.12	0.08	0.25	0.12
>400~630	0.15	0.10	0.30	0.15
>630~1000	0.20	0.12	0.35	—
>1000~1600	0.25	0.15	—	—
>1600~2500	0.30	0.20	—	—
>2500~3000	0.35	0.25	—	—

拉杠相互间的平行度的检验方法为使动模座板处于最大开挡位置，分别在距动、定模座板 80mm 处，测量拉杠之间内侧的距离差。公差测量值应小于表 4-44 中的 a_1 值。

压室轴线与压射活塞杆轴线的重合度检验方法为在压室孔内装一检验棒，检验棒上固定一指示器，分别测量压射活塞杆关键截面的重合度误差，在每个截面上指示器读数最大差值的 1/2 即为该截面上的重合度误差。对卧式冷室压铸机，测量值应小于表 4-44 中的 a_1 值。对立式冷室压铸机，测量值应小于表 4-44 中的 a_3 值。

精度检验前，需将压铸机安装在适当的基础上，并将压铸机调平，要求拉杠纵、横水平均调到水平仪读数不超过 0.2/1000。

（5）全立式电动机转子压铸机的技术条件

全立式电动机转子压铸机技术条件（JB/T 8353.2—2006）所要求的内容是指以生产电动机转子为主、模具分型面水平布置的全立式电动机转子压铸机的试验方法和检验规则等。全立式电动机转子压铸机的技术要求见表 4-45。

表 4-45　全立式电动机转子压铸机的技术要求

要求名称	要求的具体内容
技术要求	①转子压铸机应符合本标准的要求，并按照经规定程序批准的图样及技术文件制造；②转子压铸机的基本参数和精度应符合有关标准规定；③液压系统和液压元件应符合 GB/T 3766—2015 和 GB/T 7935—2005 的有关规定；④电气部分应符合 GB/T 5226.1—2019 的有关规定；⑤气动部分应按 GB/T 7932—2017《气动系统通用技术条件》的规定，气动系统的全部管路接头、法兰、气缸、活塞等均应密封良好，连接可靠；工作部件在规定的范围内不应有爬行、停滞、振动和显著的冲击现象；⑥转子压铸机应有可靠的润滑；⑦外观要求应按 JB/T 1644—2005 中第 5 章的规定；⑧压铸机压射缸应有工艺参数测试用传感器接口；⑨油箱中的工作液在冷却介质充分且工作温度低于 25℃ 的情况下，连续工作的最高温度不应超过 55℃；⑩每压射一次，蓄能器的压力下降值不应超过工作压力的 10%；⑪液压系统的清洁度不应大于 20μg/L；⑫在转子压铸机的主要压射性能方面，转子压铸机的最大空压射速度不应小于 2m/s，转子压铸机建压时间不应大于 60ms；⑬转子压铸机的安全要求应符合国家标准和电工行业标准的规定，使用蓄能器的液压系统应设有释放或切断蓄能器中液体压力的装置，蓄能器应有只允许充氮气的警示标志，并应在使用说明书中说明。蓄能器应由国家指定的安全监察机构批准的设计和生产单位设计、制造，并应有合格证书，转子压铸机正常运转时，噪声不应大于 85dB(A)；⑭转子压铸机上所使用的配套产品（电气设备、液压元件、气动元件、专用工具等）应有制造厂的合格证书，并应符合有关标准的规定，出厂时应与转子压铸机同时进行运转试验；⑮转子压铸机出厂时应配有蓄能器充氮工具、密封元件的备件、专用工具和附件；⑯随机技术文件应包括产品说明书、合格证明书和装箱单

（6）全立式电动机转子压铸机的精度

全立式电动机转子压铸机的精度内容是指以生产电动机转子为主、模具分型面水平布置的压铸机的精度、检验方法和检验规则。

① 检测工具。精度测量工具有精密水平仪、指示器及检验棒。

② 检测方法在测定动模座板与定模座板工作表面间的平行度时，可将动模座板处于最大合模状态位置，在规定的 12 个测点位置分别测量两座板内侧面对应点的距离读数值，计数最大与最小距离之差。公差值取 GB/T 1184—1996 中的 8 级。

在测定拉杠相互间的平行度时，将动模座板处于最大开挡位置，分别在距动、定模座板 80mm 处，测量拉杠之间内侧的距离差。公差值取 GB/T 1184—1996 中的 7 级。

在测定压室轴线与压射活塞杆轴线的重合度时，在压室孔内装一代表该孔轴线的检验棒，检验棒上固定测量指示器，分别在压射活塞杆截面上测量，在每个截面上指示器读数最大差值的 1/2 即为该截面上的重合度误差，公差值取 GB/T 1184—1996 中的 9 级。

在检测中遵守如下检验规则。

a. 当一种测量方法的测量特性优于本标准提供的方法时，允许采用该测量方法，但其精度应不低于本标准所示检验的精度。

b. 精度检验前，需将压铸机安装在适当的基础上，一并按使用说明书将压铸机调平，要求定模座板表面的纵、横水平调到水平仪读数不超过 0.2/1000。

4.5.5　压铸机及其技术发展

（1）德国压铸机技术

德国 Wol 提出，降低生产成本的最主要方法如下。

① 降低内部废品。

② 缩短生产周期。

③ 提高压铸机的使用率。

④ 进一步通过自动化程度缩减员工。

因此设计新一代冷室压铸机的主导思想就是尽可能将上述要求集中到同一系统中。

压射工艺是控制压铸件质量最重要的参数，特别是对薄壁铝和镁铸件。对于壁厚为 1.8mm 的铝铸件，要求的充填时间为 12ms，而壁厚为 1.2mm 的镁铸件的充填时间只有 5ms。

为了获得这么短的充填时间，新一代冷室压铸机使用了专利"三相系统"。将冲头油池设置在油能直接流过操作系统和增压器的地方，返回阀位于增压器的外边，而且在第一级压射过程中，压射器操作处于压力平衡之中。

常规压铸中金属液前峰由于卷气使铸件中有孔洞。冷室压铸机使用了一套模拟和优化程序。该程序能及时报告铸件的重量以及冲头的直径，进行第一级压射过程模拟。从模拟开始，该程序将计算第一级压射时冲头所需的速度、合适的加速时间和第二级压射的起动时刻。所确定的参数即时输入压射器的执行机构。这种冷室压铸机还能根据产品的库存和产量自动调整产量，并且具有较高的自动化程度。

（2）俄罗斯压铸机技术

俄罗斯 Viktor V 等讨论了压铸机设计的新要求，提出制造锁模力为 1600kN～35000kN 系列压铸机的最新技术要求，包括对压射装置、锁模装置和安全措施及液压、电驱动与控制装置的技术要求。

压射装置是压铸机的主要部件，决定着压铸件的质量和压铸机的生产率。现代压射装置应具有低惯性、快动及增压的三阶段加压的特征。推荐压射第一阶段冲头速度为 0.2～0.8m/s，第二阶段 0.5～6.0m/s，第三阶段应保证增压值达平均值的 25 倍。对液压、电力驱动和控制系统的要求为可靠性高，恢复性好，能耗低，维修成本低，环境安全性好。

现代压铸机最常用的锁模装置是一种液压杠杆装置。这种液压杠杆锁模装置具有安全、刚度高、耐用、易维修、快动和相对容易调整锁模力及压模的特性，并装备有检验和控制元器件。其具有独立的阶段特征控制的一种快动 3 或 4 级压射装置，以及在第一阶段可平稳增速的操作特性，保持了典型的工程设计特点。

安全措施包括在压铸机前后面设置的可动安全防护罩，防止自发锁模的机械中断保护装置和防火液压装置等。控制系统的必需元器件包括一台程序指令控制器和一台计算机。

现代压铸机的预计设计方向为：动模和定模与铸模连接板自动连接，锁模装置的自动拆卸和安装；锁模装置中间齿轮的机械分离与安装；浇注位置的自动变化；使第一阶段操作更有效以降低铸件的气孔率；使用一种特殊的高压加速器使压射后更快增压；为防止第二阶段压射速度超过 3m/s 以及因锁模力不够而设计一种附加延时器；给压铸机装备具有特殊静态器；用于压铸过程工艺特征自动化控制的程序系统。

（3）日本压铸机技术

日本东芝机械公司铸造技术包括生产薄壁压铸件、镁合金压铸件和无气孔压铸件的超高速压铸技术、超低速压铸技术和真空压铸技术，还有生产防缩孔压铸件的局部冷却和超速压铸技术等。东芝机械压铸机的基本压射性能主要有以下几点。

① 使用调节压射速度和压力的双活塞储能器，使压射速度的调整不影响压射压力，压射压力的调整也不影响速度。

② 采用适于压射压力和压射速度调整的双压射活塞，使压射压力和压射速度可以各自独立调整。

③ 采用节流式回路控制压射速度，使压射开始时平稳无振动，可防止气体卷入液态金属内。

④ 压射开始到低速之间的累积时间可变控制，可采用较长的累积时间防止气体卷入，也可采用较短的累积时间使充填型腔内的金属液具有较高的温度。

⑤ 压射速度由低速到高速的加速时间可变控制，可以根据防止气体卷入和生产薄壁件的不同要求进行调整。

⑥ 快速压射距离采用自动控制，以保证充填量变化时快速压射距离不变，从而保证铸件质量。

⑦ 低压射速度独立于高压射速度，防止两者进行调整时相互干扰。

⑧ 增压时间是可变的，可根据防止缩孔和防止飞边毛刺的不同需要调节长短。

⑨ 充填峰值压力和压力增加时间滞后为零，这样，在高压射速度下也能防止飞边和毛刺，并获得少缩孔和小缩孔铸件。

东芝机械的压铸机上附带低速压射系统，可使压射速度降低到 0.03～0.1m/s。而不出现波动。东芝机械压铸机超高速压铸系统采用了音圈式伺服阀，改善了压铸机性能，铸件内的气孔尺寸较传统压铸机明显减小。东芝机械镁合金压铸机采用电磁泵由熔化炉向压室提供液态合金，熔化炉用气体熔化，电加热保温，炉子是可移动和倾斜的。镁合金薄壁件压铸时应采用高压射速度。为了保证压铸件质量，东芝机械的压铸机还采用了局部冷却和真空系统。

日本东洋机械金属有限公司提出一种 3S（super-slow shotdiecasting system）超低速铸造系统。它可以确保在强调高品质、高可靠性的高强度时，压铸零件达到采用重力铸造、低压铸造、锻造以及立式挤压（KVSC，VSC）等铸造件的相同品质。这种系统的特点如下。

① 压射速度特性可以多级任意变化。

② 具有加速时间以及减速时间的可变功能。

③ 多级低速功能可以做到熔液在熔杯内不卷气，从而使铸件质量进一步得到提高。

④ 压射熔杯的温控设计达到 300～400℃；熔杯材料为钛合金、氮化硅陶瓷等。

⑤ 自动喷雾使用铜管式（350t 压铸机配 62 根喷雾管）。为了便于将耐热性的涂膜层涂在模型表面，可以采用特殊的动作程序。动作程序在一般压铸机和计算机屏面操作上可以切换。采用机器人系统比采用铜管式自动喷淋的效率提高 1.3～1.5 倍。

⑥ 设备价格比立式挤压机低。

⑦ 铸件的含气量稳定，达到了可以进行 T6 处理的水平。

（4）我国压铸机技术

我国也有不少企业在赶超世界先进水平方面做了大量工作。例如广州的震高机械有限公司推出的热室压铸机，集先进技术为一体，其主要设计特点如下。

① 电脑配置处理器 CPU-2，可储存 150 组模型压铸条件资料，超过 80 种自动判断故障及解决方法，加上最先进的表面焊接技术，可大幅度提升可靠性。

② 慢速射料采用最新设计，可数控调整快慢，使排气达到最佳效果，大大提高压铸产

品密实性。

③ 比例式快射液压系统，采用流量及压力两套比例阀，使开/锁模、顶针、扣嘴等动作的速度及压力都可随意调整，快射油路可使最大空压射速度提高到 6m/s。

④ 独有整体设计的 5°倾斜式球墨铸铁底板（锁移滑座），刚度极高，保证开/锁模结构的平稳性及运动精度，并有良好的避振性能。

⑤ 自锁式肘杆机铰锁模系统，模板用高强度球墨铸铁制造，机铰则采用优质钢材，坚固耐用，锁模力充裕，容模空间充足。

⑥ 电脑与油路配合，实现三段锁模，确保低压锁模阶段发挥保护功能的作用，有效保护模板及模型，采用高精度光学解码器，使自动调校模型厚度的精度达到 0.1mm。

⑦ 独有三缸式自动升降结构，在采用偏心模型时，平衡升降模座方便。

⑧ 采用精准度高的电子温度表，配合特别设计的射嘴身电热套及鹅颈电热瓶，选样合适的测温点，使温度控制准确。

⑨ 采用强制循环自动润滑系统，使机器运行安静顺畅。

⑩ 采用连锁安全装置，确保在关闭安全门、锁紧模型及扣紧嘴之后才射料，保证安全生产。

4.6 压铸机的调试、常见故障及维护

压铸机在出厂前都进行过质量检查和空车试转。根据机器的大小，发运时采用整机或分散装箱运发。在搬运过程中，必须注意保证人与设备的安全。

4.6.1 压铸机的安装与调试

压铸机的安装与调试一般有场地选择、基础施工、机器安装、校正水平、试车准备、空载运转车、实物压铸等几个步骤。

安装压铸机的场地应考虑到机器安装后，周围有足够的空间，以保证各个部件可以装拆维修。同时需有足够的光线照明设备和良好的通风条件。应配备有冷却水、压缩空气和电源管道设施以及消防器材设备等。

压铸机的基础应按说明书上规定的尺寸要求进行施工，浇混凝土时，应预留地脚螺栓孔，并考虑机器漏油防护措施的集中漏油处理方法。必须注意，一定要在混凝土硬化并达到规定强度后才可安装机器和紧固地脚螺栓的螺母。

由于压铸机在运转时产生很大的颠簸作用力，所以必须用可靠牢固的固定方法，同时还要保证机器安装时校正水平方便。一般采用地脚螺栓与楔铁结合的安装方法，即在机器底部装上可调楔铁，等校正机器水平后，再旋紧地脚螺栓的紧固螺母。

用酒精水准仪检查导轨间的相对水平，允差为 0.02mm/m。在校正好机器的水平后，方可将螺母旋紧，螺母旋紧后再复查一次水平情况，符合要求后，才可进行试车。

试车前首先应充分了解压铸机说明书的内容，熟悉机器运转原理、结构性能、操作调整方法及安全防护知识。先彻底清洗油箱、过滤器、蓄能器等，应将机器上的防锈油、灰尘等擦去。再往油箱内加入清洁的油液，一般采用机械油，加油量以油标尺达到上限为度，待机器试运转后，再第二次加油，仍加到油标尺寸上限为止。试车前应先根据机器润滑系统标示图，在机器各相应润滑处或润滑点，加注润滑脂；再接通电源（三相交流 384Y，SUHZ）、冷却水源、排水管道及压缩空气等；然后向各蓄能器内充氮气，充氮压力根据说明书上要求，在最后一次充氮气之后，经过一定的时间间隔，待蓄能器和外界温度趋于平衡之后再检查氮气压力；接着调整高、低压泵的压力分配及安全阀、压力继电器的压力等，检查管路系

统，察听油泵及管路有无异常声音；经过初步检查，表明一切正常，即可进行空载运转试验。试车前必须在动模板上装上压铸模或代用模垫，其厚度不得小于规定的最小厚度。

压铸机空载运转试车前要先关闭蓄能器阀，再开动机器，以正常运转速度空载运转，并由小到大地调节各运动油缸的节流阀，空载运转需进行 4h。调试空压射动作时，只能以慢压射动作进行，如欲试快压射，必须在压射室内放入软质衬垫，并尽可能缩短快压射行程，以防高速压射冲击损坏机件。机器试运转，必须从"手动"和"自动"循环两种工作程序方法分别进行，可先进行手动试车。"手动"试车时，只需逐项转动各工序开关，进行机器各工序的单独操作，如合模、压射、压射回程、顶出器的动作、开模等。进行"自动"循环方法试车时，应预定动作程序，在操作时只需按按钮两次，第一次双手按动两只合模按钮，待合模结束，指示灯发亮，再按"压射"按钮，机器就进行压射，接下的工序就按预选程序"自动"联动进行。并须选择适当的冷却延时和顶出延时时间，调节好各行程开关的适当位置。对机械顶出机构，应调节好顶杆位置。

机器的调试主要是安装模具并调整合模机构。安装压铸模之前，必须测量模具上与熔杯凸缘相配合的孔的深度，配好熔杯凸缘后的调整垫。如模具需要在装动模之前先置入顶杆，则应将顶杆放入顶杆孔后再装上模具。安装压铸模是依据压铸模的厚度来调整合模机构的。为此应首先测量出压铸模的厚度尺寸，然后调整机器的合模距离，一般有以下三种形式。

① 合模缸座有传动机构的曲肘扩力机构　通过操纵电器箱上的压模厚度调整开关的按钮，在开模状态下用连续大距离调整和点动调整两种方法调整模具厚度。一般在模板间距临近所要调整尺寸时用点动调整，先使调整的模板间距略小于压铸模厚度 1.5mm，然后开模，再将动、定模合于一起，装在机器的动、定模板上，并与熔杯配合。模具装上模板后，即可进行合模力的调整，开动机器使之合模。如前述模板间距略小于模具厚度 1~1.5mm 时，曲肘伸不直，即没有达到伸直死点，可按下述步骤进行调试：将机器置于开模状态，操纵压模厚度调整按钮，使两模板间距略增大，把机器再合模，反复调试直至曲肘刚过临界点（死点）而伸直；如果合模力过大，这时应再次增大模板间距，但合模力不宜太低；合模力的微调，由齿轮螺母转动刻度控制，如机器有测试装置应使四拉杠受力相差在 5% 内。

② 合模缸座无传动机构的曲肘扩张机构　模板间距调整到小于模具厚度 10mm，合模后，刹紧动模板上拉杆螺钉，脱开合模缸座四块螺母压板，再用手或扳手将合模缸座上的四只大杠螺母旋动后退大于 10mm，然后进行合模曲肘撑直，用扳手均匀旋紧模板上四只大杠螺母，压板插入大杠螺母，再慢速开模，待动、定模脱开 5mm 左右时关闭机器。根据说明书要求，顺时针转动大杠螺母，使它达到规定刻度，扳紧压板，合模力调整结束。

③ 全液压合模机构　固定顶杆位置，调整行程开关位置，使合模距离大于模具顶出距离。在四根拉杠的机器上，若没有液压抽拉杠机构，在安装大型模具时，要采用抽出拉杠的方法。当模具外形尺寸大于拉杆间距时，可将靠近操作者一侧上方的那根拉杠抽出，待安装好模具后再插进拉杠，其操作步骤如下。

使机器处于合模状态，卸下定模板上拉杠压板的螺母，记下螺母外圆刻线与定模板上的标尺位置，拆下合模缸座上齿轮螺母压盖或螺母上的压板，然后用颜色笔或其他方法在两只零件相齐处做上记号（有传动机构的机器，拉杆齿轮螺母不能转动，否则将影响重新装配后动、定模板间的平行度要求）。再拧紧动模板上刹紧拉杆的螺钉，用极慢的速度使机器开模，这时拉杠就缓慢拉出，为使拉杠继续拉出时有个定位，可在拉杠端部与定模板之间垫木块，松开定模板上刹紧拉杠螺钉，然后合模，当合模后，再次刹紧拉杠螺钉开模。到所需的间距进行装模，模具安装完毕，重新装上被抽出的拉杠，其操作步骤与上述情况相反，注意：有传动机构的机器拉杠螺母和齿轮螺母一定要与原装配位置相一致，应确保准确无误。

4.6.2 压铸机的维护与保养

压铸机的维护和保养主要包括机械部分、液压部分、电器部分三个方面。

压铸机的运转，是通过各个电磁滑阀的控制，改变各执行元件管道中的压力油方向，使压铸机完成合模、压射、开模、压射回程、抽芯、顶出等一系列动作，从而形成一个工作循环。为了保证压铸机能够正常运转，必须重视和经常进行机器的维护和保养，才能保证正常生产，并延长机器的使用寿命。

对压铸机进行维护和保养的内容，按检查时间分，可分为每日（每班）检查、每周检查、每月检查以及半年检查四种类型。

每日检查内容有：泵是否工作正常，油位是否低于标尺，油温是否过高，油箱盖是否密封；液压系统有无漏油情况，并旋紧松动的管路接头与紧固螺钉；拉杆螺母有无松动情况；润滑系统各润滑点的润滑情况是否正常；检查安全装置、行程开关的固定情况与动作情况；观察蓄能器的氮气压力是否正常，液压系统中各种压力工作情况；冷却系统是否正常；机器所有动作是否正常。

每周检查项目有：清除油箱上、导轨、拉杆及曲肘等处的脏物；检查所有电磁阀线圈的固定及工作情况；检查油箱上的油位；液压系统的工作情况；检查蓄能器的漏油、漏氮气情况；检查各种安全装置。

每月检查情况有：清洗油泵及过滤，并更换滤芯；检查油泵及吸油管、轴的密封及漏气情况；检查动模板、拉杆（拉立柱）与导套之间的间隙是否正常，调整拖板的高低；检查合模机构的受力情况是否均匀；检查全部电器元件，旋紧松动的连接部分；检查润滑油泵及润滑系统的工作情况；校正压力表。

每半年检查项目有：检查机器安装水平变动情况；检查油泵及液压管路、液压件工作性能情况；清洗滤油器、冷却器；检查蓄能器漏油、漏气情况；检查润滑系统工作状态情况；拉杆、导轨磨损情况。

机器第一次运转时加入的压力油在使用 500h 后，应更换新油并清洗油箱，以后每隔 3000h 更换新油并清洗油箱一次。

为了保证合模部分（主要指曲肘合模机构）的均匀受力，要定期校正拉杆的受力状态，每根拉杆受力不应超过理论数值的 5%，对大于 10000kN 的压铸机，每隔 3 年需校正一次，对小于 10000kN 的压铸机，每隔 5 年需校正一次。蓄能器在使用 10 年后要进行一次水压试验，水冷却器每使用 1500h 后，应拆下清洗水垢，否则会影响散热效果。

4.6.3 热室压铸机常见故障排除方法

压铸机常见故障为动作不灵、无动作、无压力、动作失误等，排除这些故障的关键在于区分它是属于电气、液压还是机械故障。掌握压铸机每个动作相关的输入及输出条件、压力、速度调整方法是排除故障的基础。

因机械部分损伤而引起的故障较易判断与排除。电气部分失灵往往由于电动机、继电器或者电磁阀中的线圈绝缘被烧坏，接触元件的触点被烧损，熔丝被烧断，以及电气线路与元件连接处发生松动或脱开等多种因素。液压系统失灵的原因则较多，电气部分及液压系统的故障又常常混合在一起，因此，需要经过仔细观察，认真检查与具体分析才能确定产生故障的原因。

分清是电气故障还是机械故障的主要方法是：在某一动作不进行时，首先查看一下电气操作件，如开关、按钮位置是否正确；看系统压力是否符合要求；如果上述情况正常，再查看该动作的先导电磁铁是否通电，若不通电则检查电气线路；若通电，再检查液压管路，电磁铁通电情况可以通过电磁铁外壳是否带有磁性，以及观察电磁铁是否吸合等方法来判断。

热室压铸机常见故障排除方法表 4-46。此处仅提出分析问题的思路，对于不同厂家生产的压铸机，具体操作会不同，请按照各自的说明书进行操作。

表 4-46　热室压铸机常见故障排除方法

故障	原　因		排 除 方 法
不能开模	锁模条件被破坏	前或后安全门未关	①关门或检查安全门吉擎是否压到位 ②是否有信号输出或吉擎损坏
		锁模油路中相关油阀无动作	①检查各输出点是否有信号输出或接线是否松脱 ②检查锁模油路中相关油阀，如锁模油阀、比例阀、方向阀等是否卡死或电磁铁线圈是否损坏 ③检查输出压力、流量（速度）是否正常
		顶针未回原位	①检查顶出行程调整是否过大，感应不到 ②近接开关是否无信号或损坏 ③顶针油路中相关油阀动作不灵或卡死
		机械手未回原位	①检查近接开关是否失效，或气阀动作不灵、卡死 ②在不使用气动打头时应将机械手扎住，以免振松（机械手下垂会导致误报警）
		锁模解码器参数变化	①检查锁模解码器是否有信号输出或损坏而无法计数 ②连接锁模解码器的齿轮齿条是否损坏、松动，解码器支架是否松动导致计数不准确 ③突然的停电、停机会导致锁模解码器显示值与实际监控状态发生变化，需重新调整解码器原始值
	低压锁模故障		①检查模具内是否有异物或闭合不好 ②低压锁模相关参数设置不当，如：低压报警时间、压力、位置等是否恰当
	机铰、铰边、钢丝严重磨损，运动至此部位卡住		更换严重磨损零件
	锁模油缸后段内有异物或磨损、拉花阻住		清洗或更换
	总结：出现故障，首先利用电脑报警功能，根据故障提示，判断故障可能发生的部位，然后利用电脑内部检视功能检视可能的故障点是否正常，并进一步通过仔细观察，予以排除		
	锁模相关条件被破坏	开模油路中相关油阀无动作	①检查各输出点是否有信号输出或接线位是否松脱 ②检查开模油路中相关油阀是否卡死或电磁线圈是否损坏 ③开模动作相应输出压力、流量（速度）是否正确
		射料油缸未回位	参考射料油缸不回锤的检查方法
		锁模解码器参数发生变化而导致计数不准确	参考锁模故障排除相关部分
	安装模具未按操作要求调整，锁模过紧，锁模停机时间过长		①调整锁模力。模具安装好后，将开/锁模各段压力速度值恢复至正常数值，但将高压锁模的压力值降低到 40%～50%。手动操作锁模后，观察压力表的压力变化，应有 4～5MPa 的锁模压力显示，否则应手动操作，使模厚减薄至显示 40%～50% 的锁模压力，而机铰刚好不能伸直，锁不紧模为止。视模具的大小可选择高压锁模的压力，再将高压锁模压力调至 70%～80%，再次锁模。机铰应能伸直，且锁模压力上升到 70%～80%，这说明锁模力已足够，否则应再调整模厚数值至锁模力够紧 ②养成习惯，停机时要处于开模状态，如锁紧模长时间停机，除了不能锁模外，也可能使拉杆等疲劳损伤

故障	原 因		排 除 方 法
不能开模	模具升温膨胀后未重调容模量,导致锁模力增大,开模困难		①参考"开模相关条件被破坏"的检查方法 ②加大开模一段压力及速度,润滑后重新手动状态开模 ③在系统额定压力内调高系统压力,手动状态打开模具后,复原系统压力及各相应参数 ④调模是在无负荷状态下进行的,上述两种方法未奏效时,唯有松开头板前哥林柱螺母,松开模具后重新安装螺母,调节动、定板间平行度。不要试图用调模机构在锁模状态下强行调松哥林柱螺母以达到开模目的,这样将会导致调模机构损坏,如断链条、损坏链轮,甚至损坏调模马达 ⑤严格按照调模步骤调整容模空间及锁模力大小,当装模试压一段时间,模具升温膨胀,锁模力增大后,注意及时调整容模量,使锁模力回到原来的值,避免开模故障 ⑥减少锁模停机时间,停机前切记将模具打开,切勿在锁紧模具的情况下停机
	肘杆(或曲肘)机构零件严重磨损或损坏		更换严重磨损或损坏的零件
飞料	射嘴身与鹅颈壶接合部位飞料	模具入水口中心与射嘴中心出现偏差,工作一段时间后,由于反复冲击,导致射嘴身与鹅颈壶接合部松动而飞料	重调中心,建议模具设计时加装与头板预设孔相符的定位圈
		制造质量问题。射嘴身与鹅颈壶锥面配合不好,出现间隙,导致飞料	拆下射嘴身,先清理干净嘴身锥度表面锌料,再清理干净鹅颈壶锥孔内表面锌料,适当研配两配合锥面,再重新安装射嘴身。若发现有顶底现象,应适当截去射嘴身端部再研磨
		射嘴身安装方法不正确导致锥面配合不好而飞料	正确的安装方法是将鹅颈锥孔加热到一定温度,再将射嘴身紧套入锥孔中。加热温度不够或常温安装会导致高温工作时配合锥面的松动而飞料
	射嘴与模具入水口接合处飞料	模具入水口与射嘴中心出现偏差,未对正	重调中心
		模具入水口与鹅颈射嘴不相符:其入水口角度、孔的圆度及尺寸可能不吻合	修整模具入水口或更换射嘴。加工模具入水口及射嘴时尽可能按标准制作
		射料时扣嘴力参数未达到要求	增大扣嘴力
		离嘴时有锌液滴漏,使之接触不良	清理滴漏锌液,适当增加离嘴延时时间
	模具分型面处飞料	调模未调好,模具未锁紧	重新调锁模力
		机铰部分严重磨损,使模板锁模力下降	更换或修复严重磨损机铰部分零件
		模具本身平行度不好或模具经多次使用后严重磨损、变形	修复模具
		动、定模座板间平行度未调整好或使用后出现偏差	重调动、定模座板间平行度至符合要求
	飞料在生产中时有发现,一旦出现飞料,要立即停机检查,查明原因并解决后才能继续生产		
锤子卡死	压室、炉温过高导致锤头卡死	①热电偶出故障 ②温控器出故障 ③燃烧机等出故障	控制料缸的温度
	坩埚中锌液面浮渣过多,液面过低		及时扒去浮渣,添加锌料,确保液面不低于坩埚表面 30mm

故障	原因		排除方法
锤子卡死	机器安装误差	压射活塞缸与鹅颈司筒中心偏差过大	与生产厂商联系处理
	制造质量问题	锤头与司筒配合间隙过小，鹅颈壶制造的位置精度不够	与生产厂商联系处理
不能射料	射料相关条件被破坏	前、后安全门未关	关门或检查安全门是否压到位，吉掣是否有信号或损坏
		射料位置未回原位	参考射料油缸不回锤的检查方法
		锁模行程未终止	①检查锁模行程终止开关是否压到位或损坏、无信号 ②检查锁模终止确认开关是否压到位或损坏、无信号 ③锁模解码器参数变化，需重新调整参数
	扣嘴前限吉掣没有压到位或损坏		①扣嘴前限吉掣没有到位：调节压块，压住扣嘴前限吉掣 ②检查扣嘴前限吉掣是否损坏，损坏则更换或修复
	射料参数设置不当	射料压力不够或射料时间没设置	设置相关参数正确值
	射料油路故障（如两个先导阀、两个插装阀等卡死）		①检查相应油阀输出点是否有信号输出，接线有无松脱 ②检查射料油路中相关阀是否卡死，电磁线圈是否损坏
射料不正常	氮气压力不够		检查补充氮气。长时间使用后应排出窜漏到氮气樽气腔部分的液压油，并重新充氮气，一般氮气充压4～5MPa
	射料相关参数设置不当（如射料时间太短）		输入正确射料参数
	回料时间不够，储能压力达不到要求值		给足回料时间
	射料油路中相关油阀动作不灵（如脏物堵塞、卡住）		检查、清洗或更换
	充压油阀动作不灵或手动放油阀未关死，储能压力不够		清洗或更换充压油阀或关死放油阀
	只有一速，没有快速射料		①检查压射吉掣是否工作正常，否则必须更换 ②检查二速射料油阀及相关电路是否工作正常
	一速、二速调节不当（如一速行程过长）		重新调整一速射料时间，将二速射料开始时间提前
	压射速度调节手轮（速度阀）的开启度太小		重新调节手轮（速度阀）的开启度，增大流量
	鹅颈壶或射嘴内有堵塞		适当提高发热套、发热饼温度，并进行清理
	鹅颈壶有穿漏现象，或锤头、钢吟、唧筒损坏导致反料		返修或更换相应磨损零件
	自制锤柄过长，鹅颈壶入壶料口堵塞		更换或返修
不能回锤	射料油路故障		①检查射料油路相关输出点是否有信号，工作是否正常 ②检查相关油阀（如：一速阀、氮气充压油阀）是否卡住或损坏
	锤头卡死		检查锤头卡死原因，排除故障，更换相应损坏零件
	总结：发生射料故障，应首先检查相关电路各输出点是否正常。如确认正常，再检查油路中油阀是否卡死、有脏物堵塞。如是，则需拆下清洗或更换		
顶针机构故障	电路故障		检查近接开关是否无讯号输出或损坏，如是，调整位置，妥善接驳或予以更换
	顶针相关油路故障		检查顶针油路相应油阀是否卡住或损坏（如电磁线圈坏），否则清洗或更换油阀

故　障		原　　　因	排　除　方　法
顶针机构故障		顶针机械部分故障	①检查安装近接开关的固定板是否松动、移位,使近接开关失效 ②检查顶出行程调整是否过大而导致近接开关感应不到 ③检查顶针板导杆、中心顶针、顶针法兰板等相应机械零件是否变形、移位或损坏
调模故障		开模未终止,调模条件破坏	参照不能开模的故障排除方法
		调模电眼计数故障	①检查电眼是否有信号输出或损坏失效 ②检查安装电眼的相应机械零件是否松脱,感应距离调整不当等引起电眼感应失效,计数不准
		调模马达超负荷	①检查相关机械零件是否损坏或卡死而引起过电流保护,如是,则更换相关零件或修复 ②检查三相电源是否缺相或电压不稳而引起过电流保护继电路跳闸
		调模应在无负荷状态(即开模状态)下进行	
系统无总压		三相电源缺相,电动机无法起动,或油泵、电动机损坏	系统无总压时,若油泵不工作,应首先检查三相供电情况,再检查、修复及更换油泵或电动机
		电磁比例阀无电,起压条件被破坏	检查电路是否有信号输出,接线是否松脱,阀芯是否卡住或损坏
		油箱油面过低或进油滤网堵塞	添加液压油或清洗滤网
		整个液压系统回路中有液压阀被异物卡住或电磁线圈损坏而不能复位	检查、清洗油路或油阀,更换损坏的液压阀

小结:压铸机的故障,除系统故障外,偶发性故障很多,原因也是多方面,有阀的故障、泵压力故障、各密封件磨损、老化失效、机械及电器故障等。解决方法各不相同,关键在于熟悉机器工作原理,掌握动作的输入、输出相关条件,充分利用电脑辅助诊断,在系统总压正常的情况下,可以参考故障诊断流程图逐项检查,找出原因,排除故障。千万注意:在排除射料方面的故障时,应先将锤头拆除;在排除液压故障时,应关停油泵,开启手动放油阀,将回路中油压卸荷

4.6.4　冷室压铸机常见故障排除方法

冷室压铸机常见故障排除方法见表 4-47。

表 4-47　冷室压铸机常见故障排除方法

故障		诊断与排除
减压故障	外部漏洞	①国产压铸机最常见的故障就是漏油。漏油基本上以两种形式出现:外部漏油和内部漏油 ②外部漏油的诊断。外部漏油虽然可以通过观察发现,但若不进行定期诊断;就会陷入经常换油封、天天漏油的被动局面,因为看到的只是现象。外部漏油确实很直观,但造成漏油的原因却牵涉方方面面。从密封形式到配合件间的配合精度,到装配修理时的清洁度,每一个环节都可能留下漏油隐患。例如;相当长的一段时间,合模油缸、压射油缸的有杆端以及滑管都采用 Y_x 型油封。事实证明,这样的油封在没有压力作用在唇边的情况下,有带油、渗油现象。特别是压射活塞杆,由于此外温度较高,油封易老化而失去弹性,因此经常出现漏油。如果铜导套因磨损出现较大间隙时,油封还会出现粉碎性损坏。在这样的情况下,就不能用常规的方法进行处理。以下几个图例可供参考 　　a. 如图 4-51 所示保持原有的密封形式(例如活塞杆的外径 ϕ60mm,那么 Y_x 型油封尺寸为 60mm×72mm×14mm),将活塞杆导套的内外壁各加一个 O 形圈配合聚四氟乙烯挡圈。这种方法简单易行,可以有效地防止活塞杆漏油。但是一旦 Y_x 型油封出现较严重的老化或导套与活塞杆之间配合间隙偏大,其效果并不太好 　　b. 如图 4-52 所示放弃原来的 Y_x 型油封并作彻底改进(例如:活塞杆直径为 ϕ60mm)。夹布油封有很好的耐热性;抗磨损效果好,而且可以进行多次预紧。导套内的 O 形圈和聚四氟乙烯挡圈可有效地防止活塞杆运动时带油。经此改进可根治漏油。当然,这种改进方法工作量大,相关零件都要进行修改,而且对夹布油封的使用要有一定的认识 　　c. 压铸机管接头漏油现象也相当普遍。如图 4-53 所示,由于接头是方形,所以在对密封面进行车削加工时,4 个角因间隙切削而产生化刀,致使密封面不平,致使 O 形圈周期性损坏,而且是粉碎性损坏。改进方法;如图 4-54 所示将方接头的 4 个角位避空。这样可以消除加工误差;减小与配合件间的接触面积,有效面积的贴紧效果更好;减少焊接变形对密封面造成的影响

故障		诊断与排除
减压故障	内部漏洞	①内部漏油的形成。对于液压设备,内部泄漏现象可能在系统的每一个职能元件内产生。如:泵、阀、油缸。由于日积月累的运行磨损及密封件老化或一些突发性原因,内漏现象便会出现。当内漏达到一定量时,便形成故障。如果这类故障得不到及时排除,便会由点向面开始扩散。在液压系统内部产生恶性循环。如图 4-55 所示。压铸机由于其工作环境比较恶劣,背景温度相对偏高。一般情况下,国产压铸机在经过持续一年左右的使用后,基本上都会存在不同程度的内漏。对于压铸机,快速高效地获得铸件是其最大的优势。而内漏故障的存在,轻会影响到设备的生产效率(升压缓慢),重则无法生产出合格的铸件(设备无法连续工作,油温太高,系统无法达到额定工作压力) ②内部泄漏故障诊断。诊断液压系统的内漏故障需要一定的理论知识和实践经验。切不可盲目下手,到处乱拆。 一般情况下,诊断内漏故障最常用的也是行之有效的方法有三种 a. 眼看:眼看是最为常用的方法,通过观察,系统各处压力表所反映的压力升降情况,可以判断出众多的故障所存在的范围(当然,眼睛更多地用于发现故障的存在) 例一:当快压射开始至快压射结束,这段时间内观察,快压射蓄能器的压力下降情况(正常情况下,应为额定工作压力的 10% 以内)。如果压力下降太多,则说明蓄能器内氮气填充不足。由此而联想到,可能还有漏气现象存在 例二:如图 4-56 所示,开机,让蓄能器压力达到额定的工作压力,然后停机。观察蓄能器上的压力表,是否有压力下降现象。如果有下降,证明与蓄能器有直接关系的阀和阀组有内漏存在。压力下降越快,说明内漏越严重 如图 4-56 所示用眼看法,将内漏故障锁定在 1 单向阀、2 快压射主阀、3 快压射控制阀这个范围内。再配合手摸和耳听法就可直接诊断出某一个阀存在内漏 b. 手摸:手摸法是进一步缩小故障范围的有效手段。用它甚至可以确定故障点(建议在冷机情况下用手摸诊断最为有效)。步骤:停机,将油液冷却到常温;开机,连续动作 10~15min;用手摸,将各个阀的表面温度进行比较,表面温度较高的阀一定存在比较严重的内漏;在某个动作状态下,持续 10min 左右,还可诊断出油缸是否存在内漏 c. 耳听:用耳听法诊断故障需要丰富的实践经验。由于受环境内背景噪声的干扰,会影响诊断效果,尺度也难以把握。因此,除了用它判断能够发出明显噪声的故障点外,更多地用它来诊断油泵的故障。如叶片泵,如果定吸油口漏气或油箱内油位不够,在升压时,泵会发出像打气枪一样的噪声且声响较为清脆,泵体及出油管道会产生明显的振动,压力表指针有明显抖动;如果是泵吸油口负压太高,如过滤网堵塞,则在升压时泵会发出沉闷的叫声,减压时,泵所发出的声音也相对较大 ③故障元件的确认。对于内漏故障,必须对诊断出来的结果进行进一步的确认。最后确定被怀疑的某个元件是否已经失效 a. 首先卸下被怀疑存在内漏的元件,比如单向阀 b. 从进油口方向 P1 腔加入汽油(见图 4-57) c. 如果汽油面下降缓慢,说明有少量内漏。如果加入的汽油很快漏向 P2 腔,则说明此阀已完全失效。由此而证明,原诊断结果正确 油缸故障比较容易确认,只要将油缸分解,一看便知结果,如油封磨失、活塞环失效、卡死等。而真正关键的工作是查找油封及活塞环损坏和失效的原因,如配合间隙不当,会造成油封损坏或过度磨损造成活塞环卡死等 总之,对故障元件进行最后确认是很重要的工作,切不可盲目拆换,以免造成不必要的浪费
机械故障		压铸机的机械部分最关键的部位是合模部分的曲肘扩力机构。针对这一部分的日常维护保养工作显得特别重要 早期生产的曲肘扩力机械的压铸机,由于没有集中润滑系统(靠人工注油),所以曲肘部的故障率较高。轴与轴套之间经常出现非正常磨损 现在,集中润滑系统在压铸机上已被广泛采用。这在很大程度上改善了机械部分的运行效果,提高了构件寿命。但由于种种原因,对这一系统仍不可以完全依赖 很多的事例证明:绝大部分的曲肘、钢套、氮化轴的非正常损坏都与润滑不良有关。这些构件一旦出现较大程度的磨损,便会使合模机械失去精度。4 条大杆受力不匀,继而产生断轴、裂钢套等机械故障 因此,对于设备使用者来讲,设备维护工作的重点应该是以预防为主。一旦发现苗头,应尽早着手解决,以免造成更严重的后果

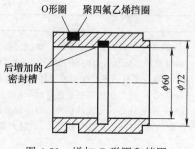

图 4-51 增加 O 形圈和挡圈

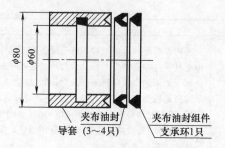

图 4-52 增加夹布油封

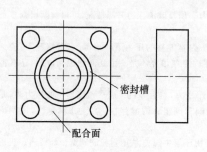

图 4-53 板式接头

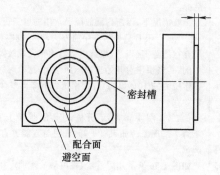

图 4-54 加工后形式

图 4-55 内部漏油的形成

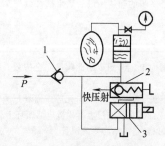

图 4-56 液压系统

1—单向阀；2—快压射主阀；3—快压射控制阀

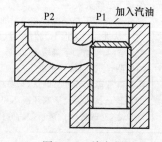

图 4-57 单向阀

4.6.5 压铸车间的工作地设计及设备布置

工作地是工人进行生产活动的场所，是生产设备、辅助装置、劳动对象和进行正常工作所需要的占地面积和空间。合理地设计工作地，合理地布置设备，可节省劳动时间，减轻工人劳动强度，使工人能在方便安全的条件下，高效率地完成工作任务。

压铸车间的工作地设计及设备布置见表 4-48。

压铸车间工作地设计与设备布置实例如图 4-58 和图 4-59 所示。

表 4-48　压铸车间的工作地设计及设备布置

工部	说　明
压铸工部	①压铸工部工作地是安装压铸机、控制柜、保温炉、工作台、铸件装具和浇口余料装具等的场地,也包括运送金属液、成品件和余料的通道。压铸工部工作地应按具体条件布置,但在设计新车间和工段时,要符合设计标准 ②压铸工部面积的设计要求有 　a. 压铸机和其他设备外形尺寸的大小,保证留有安全的过道和车道,便于操作和维修 　b. 留有足够的产品放置空间和工装放置的空间 　c. 操作者到达电器控制柜、开关装置、急停开关处应留有通道,保证畅通 　d. 压铸工的工作位置应保证能清楚地看到各部位的压力表 ③压铸工作地的设计要求有 　a. 压铸机最突出部分与保温炉之间的距离为 500mm 左右,炉口距地面的高度为 600～850mm,以便舀取金属液;带有自动浇注的压铸机的位置和距离应严格按厂家提供的安装资料进行安装 　b. 根据厂房条件不同,压铸机可横向靠墙布置,也可垂直墙面并列布置,厂房跨度较小时,还可与墙倾斜一定角度布置;无论采用何种布置,压铸机最突出部分到墙的距离应不小于 1m;并列布置的两台压铸机之间,可安装一扇高度不低于 2m、长度与压铸机相等的金属隔板 　c. 压铸工部厂房内要安装起重机械,起重机的大小应能保证大型模具的安装,以便在生产中起吊和搬运模具、压铸机零部件和铸件 　d. 压铸机机座周围应开设一环形沟槽,使泄漏的工作液(液压油、冷却水和脱模剂等)排入下水道;压铸机上方和保温炉口应设抽风罩,以排除烟尘;抽风罩的安装不能妨碍设备与模具的装卸和维修 　e. 压铸工作地应有压缩空气气源,以便清理模具,驱动外围的气动设备;压铸工部厂房内应敷设煤气和天然气管路,以便预热模具;为向压铸机合模的冷却系统供水,压铸工部厂房要敷设自来水供应管路;各种管路系统均应涂上不同颜色的油漆,以便区分辨认;各种管子可在地沟内或沿墙壁上方敷设,要保证符合技术要求,便于维修 　f. 压铸工在生产时要分辨铸件上小于 1mm 的铸件缺陷(冷隔、流痕、擦伤痕迹等),故工作地要有良好的照明;混合照明(一般照明与局部照明的总合)的最低照明度,白炽灯为 300W,荧光灯为 500W;单独照明的最低照明度,白炽灯为 75W,荧光灯为 150W;光线从左方或前方照射,不能使工人感到眩目,也不能使阴影落在被检查的铸件合模具的型腔上 　g. 压铸工部工作地的布置,要考虑人体生理数据和压铸工在工作时的活动空间,包括可达极限位置和最舒适的范围,手、身躯、头和腿的不易疲乏之位置,视野等;压铸机、保温炉、去浇口工作台、盛放铸件的工位器具的摆放位置与相对距离,要尽可能使操作者处于舒适范围内操作 　h. 手工浇注时,浇勺的容量应等于金属浇注量的 1.05～1.1 倍,勺柄的长度应按操作工与炉子中心的距离、操作工与压室中心的距离、合金的浇注量、压室的高度来确定,为使压铸工有舒适的姿势,一般勺柄长度为 600～1000mm ④压铸工经常使用的工具及器具有浇勺、取件钳、涂料刷、涂料喷枪、清除毛刺的铲刀、涂料筒等,在工具架或工具柜内还应当放有夹持模具用的压板、压板螺栓、固定式活动扳手、压射冲头等易损件
熔化工部	①为了不影响整个压铸车间的环境,熔化工部与压铸工部的场地应分开布置 ②熔化工部的设计与设备布置因熔化设备不同而异,按熔化设备的安装说明做好熔化设备的布局,熔化间还要考虑安装回炉料的处理系统、原材料的放置位置、有足够宽的通道 ③熔化间的金属液可通过起重机、专用的转式叉车由熔化间运送到压铸机间的各台保温炉,现代化的压铸车间常采用专用的单轨式输送机将金属液自动向保温炉配送
清理工部	①为减少零件的运输环节,清理工部与压铸工部一般布置在一起。为改善工作环境,也可分开布置 ②清理工部的面积应根据产量大小,铸件品种多少来确定。年产量越大,品种越多,需要的面积越大。根据一些工厂的经验,年产 1t 合格铸件清理工部的面积为 1～1.5m² ③在现代化的压铸车间,常在每台压铸机旁设 1 台铸件切边机,用专用切边模切除浇口、集渣包、飞边和毛刺。切边机为曲柄式压力机或液压式、气动式压力机。国内许多压铸车间,仍采用手工方式敲除浇口及飞边毛刺 ④去除浇口后的铸件,要进行精细清理,一般以手工用锉刀、砂轮及砂布打磨。为提高质量和效率,目前国内不少厂家先用抛丸机、滚光筒及振动光饰机对去除浇口和集渣包后的铸件进行清理,再用手工进行少量补充清理

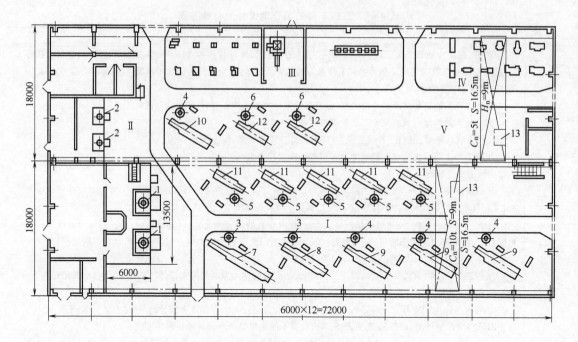

图 4-58 国内某厂压铸车间平面图

Ⅰ—压铸工部；Ⅱ—熔化工部；Ⅲ—清理工部；Ⅳ—压铸模修理工部；Ⅴ—预留发展地

1,2—无芯工频感应炉；3~6—电阻保温炉；7—8500kN 压铸机；8—7000kN 压铸机；9—6400kN 压铸机；

10—4200kN 压铸机；11—2800kN 压铸机；12—1500kN 压铸机；13—起重机；C_n,S,H_n—起重机的规格参数

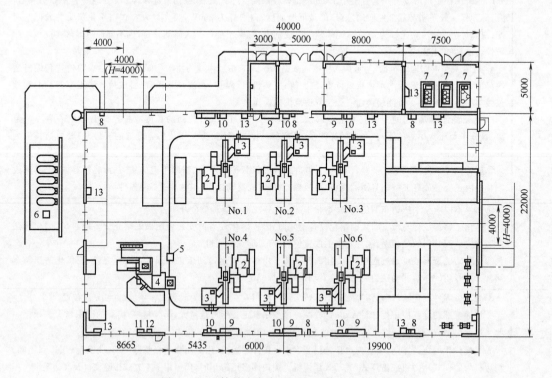

图 4-59 国外某汽车发动机厂压铸车间平面图

1—350t 压铸机；2—自动切浇口机；3—保温炉；4—燃气式熔铝炉；5—铝液输送机；6—煤气罐；7—空压机；

8—配电柜；9—压铸机控制柜；10—保温炉控制柜；11—熔铝炉控制柜；12—铝液输送机控制柜；13—溶剂存放地

4.6.6　压铸机及压铸模管理

压铸机的管理见表 4-49。

表 4-49　压铸机的管理

管理内容	说　明
压铸机的调整	①开机前,要检查液压油通往油缸的阀门是否已开启。如油泵已达稳定的工作压力,蓄能器总阀门也已打开,便可开动机器。停机 15～20min 以上,要关闭蓄能器总阀,关闭整机 ②压铸机的调整一般按以下工序进行 　a. 调整液压泵装置 　b. 安装模具,按模具厚度调整合模机构 　c. 调整合模力 　d. 调整压射系统或压室位置 　e. 调整动模板下的减压滚轮 　f. 调整拉杠上的挡铁、凸块或推出开关的碰头 　g. 调整开合模速度 　h. 按选定的规范调整压射压力 　i. 调整压射冲头的压射速度和回程速度 　j. 调节压射分配器上的针阀,使合模缸在压射开始前增压 　k. 接通压室合模具的冷却水 　l. 检查机器工作循环是否正常,调整控制开模时间的时间继电器 　m. 调整保证安全的机构 ③在使用期间,要每天检查机器全部接头是否有漏液现象。定期检查油箱中的工作液温度,工作液温度应在 10～50℃范围内。温度过低,油的黏度过高,有可能卡住液压阀阀芯、阀门、控制元件,损坏泵的转子叶片;温度过高,油的黏度过低,泵、滑阀和液压缸的内泄漏增大,元件效率降低,泵的流量减小,油的润滑性能下降,有可能在滑阀和液压缸内出现磨伤。工作液注入油箱前要认真过滤,要保持油箱的清洁
压铸机的技术保养	这是压铸机的日常检查维护工作,主要有:检查技术操作规程的执行情况;排除小故障,调整机构,保证技术安全规则的执行,机器各部分的状况检查及运动部件的润滑。日常维护工作一般安排在机器的停歇时间内进行(午休、交接班、更换模具、短时间停车等期间)。通常由值班机修钳工和电工负责,压铸工协助。每班对机器进行清理擦拭和技术检查,将检查结果记录在技术检查记录本上并签字
压铸机的检查维修	①为查清设备状况,排除小故障,为生产作准备,弄清计划修理的工作量,要对压铸机进行定期检查,定期检查的工作有 　a. 不拆开大部件检查各机构的状况和工作是否正常 　b. 检查和紧固连接部位,更换已损坏和快要损坏的零件 　c. 检查液压系统的状况,拧紧接头或更换液压系统的密封圈 　d. 调整各阀门 　e. 检查各电路电气连锁机构 　f. 检查润滑系统 　g. 检查摩擦件的状况(导柱、滑块、拉杠) 　h. 检查操纵机构 　i. 检查可调横梁、导板、限位器、保险机构和支承状况 　j. 检查液压缸、活塞杆和连接部分状况 　k. 更换易损件:压射冲头、压室、喷嘴、下冲头等 　l. 调整压铸机的导柱螺母 　m. 检查压射冲头与压室的同轴度 　n. 检查冷却水、下水、压缩空气和通风系统 　o. 检查修理压铸机的护罩和其他安全机构 　p. 查清在近期计划修理中需要排除的问题 ②计划修理工作按范围大小和工作量可分为小修、中修和大修。小修是更换或修复个别磨损零件,调整各机构,以保证压铸机正常使用到下次计划修理前。中修是拆卸机器,但不从基础上取下主要部件,大修个别部件,更换和修复磨损零件,然后进行空车及工作试验。大修是完全拆卸机器,更换所有易损件,修理基准零、部件,装配和调整好机构之后,按压铸机验收技术标准检查几何精度、功率和生产率。压铸机各类计划修理工作内容见表 4-50

管理内容	说　明
压铸机的 检查维修	③设备各类计划修理和定期检查的安排可按图 4-60 所示进行。在 2 次大修之间,要进行 2 次中修、6 次小修和 27 次定期检查。两次中小修之间要进行 2 次小修和 9 次定期检查。修理和定期检查的周期根据压铸机的工作负荷来确定。我国压铸机种类较多,有国产和各国进口的压铸机,机械的可靠性差别很大,故修理和定期检查的周期也不一样。我国尚未制定压铸机的检修周期标准,各厂应根据工作负荷和设备的实际使用情况来确定其周期。表 4-51 为各种生产条件下压铸机检修周期标准 ④应根据生产的特点和规模,选择适当的检修压铸机的组织形式。车间压铸机在 5 台以下时,可由工厂的机修车间负责大、中、小修,或委托压铸机专业维修厂家进行,车间只配 1~2 名钳工负责定期检查和日常维护工作。车间如有 1 台以上压铸机,则应组建机修站,进行中、小修工作,大修仍由工厂的机修车间进行,或委托压铸机专业维修厂家进行。机修钳工和模具修理钳工最好不要兼任 ⑤设备的主管人员应负责检查检修计划的执行情况,制定各类修理的技术条件,修理的技术准备工作,进行各类修理和日常检查工作的组织与监督 ⑥为提高机修钳工对设备的责任心,每个机修钳工应指定负责几台压铸机的修理。在修理工作中,各个部件和机构的处理及交付使用,也由专人负责。由机修站(组)指派的值班钳工,要定期更换(一般为 1~1.5 年),以使所有钳工有机会熟悉所负责的设备,提高技术水平 ⑦缩短设备的停歇时间不仅取决于操作工和维修工的技术熟练程度,而且还要严格执行检修计划,及时发现并快速排除故障。检查工作尽量安排在午休、换班、换模具、预热模具等空档时间进行。修理工作应在机器歇班、生产工人的休假日进行。机修钳工宜采用轮休制。要明确分清维修人员、机修人员和操作者的职责范围,一般工厂分为例行保养、一级保养和二级保养;设备的例行保养由操作人员进行,一级保养由维护人员进行,二级保养由修理人员进行。压铸机应固定操作人员,以增强责任感,要对每个压铸工进行保养和管理压铸机的责任教育,要他们了解有关压铸机的使用和安全规则,持有一份保养细则和润滑记录本,注明润滑油的种类和润滑周期。在制定工时定额时,应给出一定时间用于整理机器,清除设备上的金属渣屑、灰尘和油垢,润滑机器、交接班和填写原始记录

表 4-50　压铸机各类计划修理工作内容

项目	内　容	项目	内　容
小修	①局部拆卸压铸机,拆开磨损较大的部件 ②检查和擦拭整个压铸机,清洗拆下来的零件 ③更换和修理不能工作到下次计划修理的磨损零件 ④检查液压系统是否有泄漏情况,拆卸有疵病的零件及密封件、密封圈、压紧环、油封、垫圈等 ⑤检查各类液压阀,更换或研磨磨损的阀锥、阀座、阀套、密封件 ⑥拆洗油过滤器 ⑦修除导柱、拉杠和其他零件摩擦面上的磨伤、压痕、毛刺 ⑧进行压铸机定期检查的各项工作 ⑨空车试验和试压铸件	中修	⑪检查装好的动、定模板的平行度 ⑫检查电路,更换和清擦接点 ⑬检查电动机、继电器和转换开关 ⑭对压铸机重新喷漆 ⑮检查试验各机构动作的正确性及各项技术参数 ⑯进行定期检查的各项工作
中修	①拆卸压铸机各部件,但主要件不从机座上取下 ②完全拆开所有小部件,修复或更换磨损件 ③更换全部密封圈、活塞环和套管 ④拆卸锁模机构,更换曲轴销和销套 ⑤如压射缸和活塞有磨损,车镗磨损表面、磨削并镀铬 ⑥拆开各阀体,修复更换磨损件 ⑦更换个别液压管道连接法兰、接头、锥形密封圈 ⑧更换动模座板的导套 ⑨更换工作液和润滑油 ⑩检查基础状况,拧紧地脚螺栓	大修	①完全拆开和从基础上卸下所有部件和机构 ②清洗检查所有零件 ③更换全部磨损的紧固零件 ④更换所有磨损的阀门、活塞、液压缸、活塞杆、套管、拉杠 ⑤焊接机座或压射部件上的裂纹 ⑥更换曲肘机构零件 ⑦更换损坏的管道 ⑧更换护罩及防护装置 ⑨装配后检查几何精度 ⑩检查基础状况,必要时进行修理 ⑪空车试验,调整各部分动作 ⑫全部喷漆 ⑬进行负荷试验,检查各项技术参数

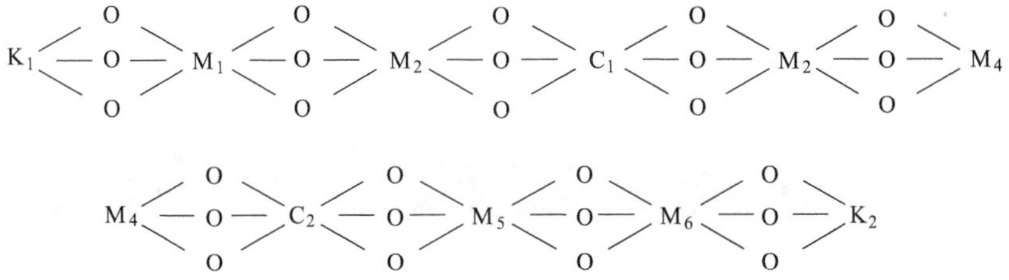

K_1 —O— M_1 —O— M_2 —O— C_1 —O— M_2 —O— M_4

M_4 —O— C_2 —O— M_5 —O— M_6 —O— K_2

图 4-60　压铸机检修周期结构图

K—大修；M—小修；C—中修；O—定期检查

表 4-51　各种生产条件下压铸机检修周期标准

生产规模系数	1.0(大批生产)	1.3(中批生产)	1.5(小批生产)
大修周期(工作小时)	9650	12500	14500
小修周期(工作小时)	1050	1400	1600
定期检查周期(工作小时)	250	350	400

压铸模的管理见表 4-52。

表 4-52　压铸模的管理

管理内容	说　明
压铸模准备	①为保证生产的顺利进行,每种铸件的模具要有足够的储备,每种模具的数量为 $M=Q/(npk_b)$,其中 M 为模具数量,Q 为该铸件产品的年产量(件),n 为模具的型腔数,p 为模具的平均寿命(压射次数),k_b 为铸件合格率(%) ②各种压铸合金压铸模的寿命见表 4-53 ③生产品种较多时,每个品种可以只准备一副模具,当某种零件的模具要修理时,立即换上另一品种的模具。压铸机台数多于或等于铸件品种数量且产量超过模具平均寿命80%时,该品种的在用模具至少有两副
压铸模使用	压铸工要了解压铸模的基本知识,包括模具结构、原理和各零部件的功能,型腔部位的几何形状特征,运动零件和配合零件的精度要求,模具材料及热处理基本知识,使用中应遵守的规则等。在使用中严格做到:不用坚硬材料的器具敲击、铲刮型腔部位和分型面;每次压射前要将型腔和分型面残留金属屑清除干净;保持各运动件和配合件的良好润滑和配合;发生粘模或包模后,不擅自用不规范的工具剔錾;开模后如铸件留在定模一面时,不允许用重新合模的办法带出铸件;要随时观察模具的型芯、凸起物和推杆是否有弯曲变形、裂纹和断裂的情况,型腔表面是否有烧伤和拉伤现象。发现这些问题后,应立即向技术人员报告,以便正确处置
压铸模维修保养	①压铸车间应配置修模钳工进行模具的维修和保养工作 ②为保证铸件质量,延长模具使用寿命,要建立压铸模定期检查和维修制度。模具的检查有:模具的上场检查,即模具使用前修模工对模具进行检查;模具的下场检查,即生产一批铸件完工后再次使用模具前由修模工对模具进行检查;模具的周检,检查维修的周期由压射次数确定,一般每压射10000次,需要把模具从压铸机上卸下,拆开主要零部件进行一次检查保养工作,其内容如下 　a. 观察型腔表面有无黏附金属屑的拉伤痕迹及烧蚀痕迹,用砂布和抛光工具对拉伤处进行打磨抛光 　b. 观察推杆、型芯是否有弯曲、裂纹及折断情况,必要时可用铜质或木质小锤轻轻敲击检查,对弯曲、裂纹和折断的型芯、凸起物、推杆要立即修复或更换 　c. 检查推杆是否进退自如,是否有卡滞现象,推杆孔及其他配合面是否钻入了金属液,推杆端面是高或低于型面,发现问题要拆卸模具的推出部件进行修理,对间隙过大的推杆或滑动部分设法修复 　d. 用放大镜观察型腔表面是否有龟裂、裂纹、划痕及局部塌陷,脱模方向的型壁表面是否有凹坑倒钩,对型面上出现的轻微网状龟裂可用钨极强化机进行表面强化后打磨,较大的裂纹及塌陷、凹坑要剔除底金属后,用模具钢焊条进行补焊,最好采用包弧焊接以保证焊接质量,焊接后进行机加工、打磨、抛光 　e. 检查排气系统是否被油垢或金属屑堵塞,要清理干净,保证排气系统畅通 　f. 检查冷却系统是否畅通,有无堵塞 ③尺寸精度要求高的压铸模,要进行精度的定期鉴定。鉴定周期由具体要求决定,鉴定方法可采用定期将压铸模检查或用三坐标测量仪测量 ④压铸模每经30000模次压射后,要将型腔部分拆卸下来,对型面进行打磨、抛光,一次氮化处理 ⑤压铸模使用一定次数后要进行去应力回火处理,以提高模具的使用寿命。回火温度要比压铸模材料原有的回火温度低30~50℃。压铸铝合金压铸模的去应力回火间隔与铸件质量和压铸次数有关,铸件质量小于0.1kg时,压射25000次;铸件质量为0.1~1kg时,压射10000次;铸件质量大于1kg时,压射5000次

表 4-53　压铸模寿命

合金种类		锌合金	铝合金	铜合金	镁合金
压铸模寿命/压射次数	平均	100000	50000	20000	50000
	最高	300000	100000	30000	100000

第5章 压铸工艺及压铸件缺陷防治

压铸工艺是把压铸合金、压铸模和压铸机这三个压铸生产要素有机组合和运用的过程。

压铸生产时液态金属充型的过程，是许多矛盾因素得以统一的过程。在影响充型的许多因素中，主要是压力、速度、温度和时间等，时间则是有关工艺参数的协调和综合的结果。而各个工艺因素又是互相影响和互为制约的，调整某一个工艺因素时，必然引起与之相应的工艺因素发生变化，并可能反过来对已经调整的那个工艺因素产生影响而使其发生变化。因此，只有对这些工艺参数进行正确选择、控制和调整，使各种工艺参数满足压铸生产的需要，才能保证在其他条件良好的情况下，生产出合格的压铸件。

5.1 压力

在压铸过程中，作用在液态金属上的压射比压并不是一个常数，而是随着压射阶段的变化而改变。液态金属在压室与压铸模型腔中的运动可分解为四个阶段，图 5-1 所示表示在不同阶段，压射冲头的运动速度 v 与液态金属所受的压力 p 曲线。

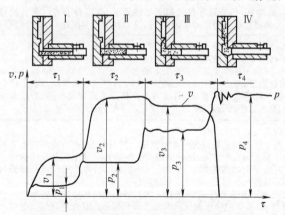

图 5-1 压铸不同阶段，压射冲头的运动速度
v 与金属液所受压力 p 曲线
τ—压铸的各个阶段；v—压射冲头的运动速度；
p—液态金属的压力

① 第一阶段 τ_1。压射冲头以慢速 v_1 前进，封住浇口，液态金属被推动，其所受压力 p_1 也较低，此时 p_1 仅用于克服压射与液压缸对活塞的摩擦阻力。

② 第二阶段 τ_2。本阶段在压射冲头作用下，金属将完全充满压室至浇口处的空间，压射冲头的速度达到 v_2，压力 p_2 也由于压室中金属的反作用而超过 p_1。

③ 第三阶段 τ_3。液态金属充填浇注系统和压铸模型腔，因为内浇口面积急剧缩小，故使金属液流动速度 v_3 下降，但压力则上升至 p_3，在第三阶段结束前，液态金属因压射机构的惯性关系，而发生水锤作用，使压力增高，并发生波动，待波动消失之后，即开始压铸的第四阶段。

④ 第四阶段 τ_4。本阶段的主要任务是建立最后的增压，使铸件在压力 p_4 下凝固，而达到使铸件组织致密的目的。所需最终压力 p_4 的大小与合金的种类、状态（黏度、密度）和对铸件的质量要求有关。p_4 一般为 50～500MPa。如果在最终压力达到时，浇注系统中的金属仍处于液态或半固态，则压力 p_4 将传给凝固中的铸件，缩小铸件中的缩孔、气泡，改善铸件表面质量（特别是在半固态压铸时）。

上述过程称为四级压射。根据工艺要求，压铸机均应实现四级压射。目前使用的大中型压铸机为四级压射，中小型压铸机多为三级压射（这种机构是把四级压射中的第二和第三阶段合为一个阶段）。从 $\tau_1 \sim \tau_4$ 为一个压射周期，其中 p_3 越高所得的充填速度越高，而 p_4 越大，则越易获得外廓清晰、组织致密和表面粗糙度要求高的铸件。在整个过程中 p_3 和 p_4 是最重要的。所以，在压铸过程中压力的主要作用在一定程度上是为了获得速度，保证液态金属的流动性。但要达到这一目的，必须具备以下条件：铸件和内浇口应具有适当的厚度；具有相当厚度的余料和足够的压射力，否则效果不好。

使用较高的压力，就可用较低的浇注温度，这样有利于减少压铸件的缩孔和缩松，并且可以提高压铸模的使用寿命。

上述的压力和速度的变化曲线，只是理论性的，实际上液态金属充填型腔时，因铸件复杂程度不同，金属充填特性及操作不同等因素，压射曲线也会出现不同的形式。

压力是使压铸件获得致密组织和清晰轮廓的重要因素，压铸压力有压射力和压射比压两种形式。

5.1.1 压射力

压铸机压射缸内的工作液作用于压射冲头，使其推动液态金属充填模具型腔的力，称为压射力。其大小随压铸机的规格而不同，它反映了压铸机功率的大小。压射力计算公式为

$$F = pA = \frac{\pi D^2 p}{4} \tag{5-1}$$

式中 F——压射力，N；

p——压射缸内工作液的压力，MPa；

A——压射冲头截面积（近似等于压室截面积），mm^2；

D——压射缸直径，mm。

5.1.2 比压

压室比压是指压铸过程中，压室内单位面积上液态金属所受到的静压力。其计算公式为

$$P = \frac{F}{A} = \frac{4F}{\pi D^2} \tag{5-2}$$

式中 P——压室比压，MPa；

F——压射力，N；

A——压射冲头截面积（近似等于压室截面积），mm^2；

D——压射缸直径，mm。

从上式可以看出，压射比压与压射力成正比，而与压射冲头的截面积成反比。所以，压射比压可以通过调整压射力和更换不同直径的压射冲头来实现。

压射比压是液态金属在充填过程中各个阶段实际所得到的作用力大小的表示方法，它反映了液态金属在充填时的各个阶段以及金属液流经各个不同截面时的力的概念。在制定压铸工艺时，正确选择比压的大小对铸件的力学性能、表面质量和模具的使用寿命都有很大影响。首先，选择合适的比压可以改善压铸件的力学性能。随着比压的增大，压铸件的强度亦增加。这是由于金属液在较高比压下凝固，其内部微小空隙或气泡被压缩，空隙率减小，致密度提高。随着比压增加，压铸件的塑性降低。比压增加有一定限度，过高时不但使伸长率减小，而且强度也会下降，使压铸件的力学性能恶化。此外，提高压射比压还可以提高金属液的充型能力，获得轮廓清晰的压铸件。

选择比压时，应根据压铸件的结构、合金特性、温度及浇注系统等确定，一般在保证压铸件成型和使用要求前提下，选用较低的比压。选择比压时应考虑的因素见表5-1。各种压

铸合金的计算压射比压见表 5-2。在压铸过程中，压铸机性能、浇注系统尺寸等因素对比压都有一定影响。所以，实际选用的比压应等于计算比压乘以压力损失折算系数。压力损失折算系数 K 值见表 5-3。

表 5-1 选择比压所考虑的因素

因 素		选择条件及分析
压铸件结构特性	壁厚	薄壁件压射比压可选高些,厚壁件增压比压可选高些
	形状复杂程度	复杂铸件压射比压可选高些
	工艺合理性	工艺合理性好,压射比压可选低些
压铸合金特性	结晶温度范围	结晶温度范围大,增压比压可选高些
	流动性	流动性好,压射比压可选低些
	密度	密度大,压射比压、增压比压均可选高些
	比强度	比强度大,增压比压可选高些
浇道系统	浇道阻力	浇道阻力大,压射比压、增压比压均可选高些
	浇道散热速度	散热速度快,压射比压可选高些
排溢系统	排气道布局	排气道合理,压射比压可选高些
	排气道截面积	截面积足够大,压射比压、增压比压均可选低些
内浇道速度	要求内浇道速度	内浇道速度大,压射比压可选高些
温度	合金与压铸模温差	温差大,压射比压可选高些

表 5-2 各种压铸合金计算压射比压

合 金	壁厚≤3mm		壁厚>3mm	
	结构简单	结构复杂	结构简单	结构复杂
锌合金	30	40	50	60
铝合金	25	35	45	60
镁合金	30	40	50	60
铜合金	50	70	80	90

表 5-3 压力损失折算系数 K 值

项 目	K 值		
直浇道导入口截面积 A_1 与内浇口截面积 A_2 之比(A_1/A_2)	<1	=1	>1
立式冷室压铸机	0.66～0.70	0.72～0.74	0.76～0.78
卧式冷室压铸机	0.88		

5.1.3 胀型力和锁模力

在压铸过程中，金属液以极高的速度充填压型，在充满压型的瞬间以及增压阶段，金属液受到很大的压力，此压力作用到压型型腔的各个方向，使压型沿分型面胀开，故称之为胀型力。压铸过程中，最后阶段增压比压通过金属液传给压铸模，此时的胀型力最大。胀型力可用下式初步预算：

$$F_z = P_b \times A \tag{5-3}$$

式中　　F_z——胀型力，N；

　　　　P_b——压射比压（有增压机构的压铸机采用增压比压），Pa；

　　　　A——压铸件、浇口、排溢系统在分型面上的投影面积之和，m^2。

锁紧压铸模使之不被胀型力胀开的力，称为锁紧力。为了防止压铸模被胀开，锁模力要大于胀型力在合模方向上的合力。

5.2 速度

要获得表面光洁及轮廓清晰的压铸件，除了压射比压以外，压铸生产中，压射速度（冲头速度）和充填速度（内浇口速度）起着决定性的作用。速度有冲头速度和内浇口速度两种形式。

5.2.1 冲头速度

冲头速度又称压射速度，它是压室内的压射冲头推动金属液的移动速度。压射过程中压射速度是变化的，它可分为低速和高速两个阶段，通过压铸机的速度调节阀可进行无极调速。

压射第一、第二阶段是低速压射，可防止金属液从加料口溅出，同时使压室内的空气有较充分的时间逸出，并使金属液堆积在内浇口前沿。低速压射的速度根据浇到压室内金属液的多少而定，可按表 5-4 选择。压射第三阶段是高速压射，以便金属液通过内浇口后迅速充满型腔，并出现压力峰，将压铸件压实，消除或减少缩孔、缩松。计算高速压射速度时，先由表 5-5 确定充填时间，然后按下式计算：

$$u_{yh}=4V[1+(n-1)\times 0.1]/(\pi d^2 t) \tag{5-4}$$

式中　u_{yh}——高速压射速度，m/s；

　　　　V——型腔容积，m^3；

　　　　n——型腔数；

　　　　d——压射冲头直径，m；

　　　　t——填充速度，s。

表 5-4　低速压射速度的选择

压室充满度/%	压射速度/(cm/s)	压室充满度/%	压射速度/(cm/s)
≤30	30~40	>60	10~20
30~60	20~30		

表 5-5　推荐的压铸件平均壁厚与充填时间及内浇口速度的关系

压铸件平均壁厚 /mm	充填时间 /ms	内浇口速度 /(m/s)	压铸件平均壁厚 /mm	充填时间 /ms	内浇口速度 /(m/s)
1	10~14	46~55	2	18~26	42~50
1.5	14~20	44~53	2.5	22~32	40~48

按式（5-4）计算的高速压射速度是最小速度，一般压铸件可按计算数值提高 1.2 倍，有较大镶件的铸件或大模具压小铸件时可提高至 1.5~2 倍。

5.2.2 内浇口速度

内浇口速度是指金属液在压射冲头的作用下通过内浇口进入型腔时的线速度（也称充填速度）。它是与压射比压密切相关的一个重要工艺参数。正确选用内浇口速度对设计压铸模和获得合格的压铸件十分重要。

（1）影响充填速度的因素

金属液在压射冲头的推动下，经过浇注系统内浇口时的速度可以认为不变或变化很小。如果把流动过程看成在一封闭的管道中进行，根据等流量连续方程则有以下关系：

$$A_1 v_1 = A_2 v_2$$

$$v_2 = \frac{A_1 v_1}{A_2} = \frac{\pi D^2 v_1}{4 A_2} \tag{5-5}$$

式中　v_1——压射速度，m/s；

　　　　v_2——充填速度，m/s；

A_1——压室（压射冲头）的截面积，m^2；

A_2——内浇口的截面积，m^2；

D——压室（压射冲头）的直径，m。

由上式可知，金属液的充填速度与压射速度、压室（压射冲头）直径的平方成正比，而与内浇口的截面积成反比。因此，调整冲头速度、更换压室直径、改变内浇口截面积均能调整充填速度。

（2）充填速度的选择

虽然采用较高的充填速度，在较低的压射比压下也可获得完整而表面光洁的铸件。但过高的充填速度将产生如下不利的影响：气体不能充分逸出而形成气泡；金属液成雾状进入型腔并黏附于型腔壁上，不能与后来的金属液融合从而形成夹渣等表面缺陷；产生漩涡，包住空气及冷金属，使压铸件产生气孔及氧化夹渣的缺陷；冲刷模具型腔，使模具磨损加快，缩短模具的使用寿命。因此，过高的充填速度会使铸件组织内部呈多孔性，力学性能明显降低。故对压铸件内在质量、力学性能和致密性要求高时，不宜选用大的充填速度，而对于结构复杂并对表面质量要求高的薄壁铸件，必须选用较高的压射速度及充填速度。选择充填速度时应根据压铸件的不同要求进行选择。常用压铸合金的充填速度可以参考表5-6。

表5-6　常用压铸合金的充填速度　　　　　　　　　　　　　　　单位：m/s

合金	简单厚壁压铸件	一般壁厚压铸件	薄壁复杂压铸件
锌合金	10～15	15	15～20
铝合金	10～15	15～25	25～30
镁合金	20～25	25～35	35～40
铜合金	10～15	15	15～20

5.3　温度

压铸过程中，温度规范对充填成型、凝固过程以及压铸寿命和稳定生产等方面都有很大影响。压铸的温度规范主要是指模具温度和熔融金属浇注温度。

5.3.1　模具温度

模具温度是指压铸模的工作温度。压铸模在使用前要进行充分预热，并保持在一定的温度范围内。其作用如下。

① 预热压铸模可以避免压铸合金在模具中因激冷而很快失去流动性，造成不能顺利充型。有时即使能成型也因模具温度低导致线收缩增大，从而引起压铸件产生裂纹或表面粗糙等缺陷。

② 预热可减少压铸模的热疲劳应力，延长使用寿命。在压铸过程中，高温金属液直接冲击型腔，使温度产生周期性变化，如果模具温度变化过大，会因热应力的变化而使压铸模过早疲劳失效而影响压铸模的寿命。

③ 压铸模具中的间隙应在生产前通过预热加以调整，否则合金液会进入间隙而影响生产的正常进行。

压铸模预热的方法很多，一般常用喷灯或煤气喷烧为多。在生产中如果中途停止压铸操作，也会引起铸型温度下降，再次开始压铸时，也应对压铸模预热。各种压铸合金的模具预热温度见表5-7。

模具的工作温度是连续工作时模具需要保持的温度。在连续生产中，压铸模的温度往往会不断升高，尤其是压铸熔点高的合金时，型腔的温度升高得很快，这时应控制模具的工作温度。否则压铸模的工作温度过高会产生粘模（特别是铝合金）、压铸件推出时变形、模具的运动部件卡死等问题。同时过高的压铸模温度使压铸件冷却缓慢，造成晶粒粗大而影响其力学性能。因此，当压铸模的温度过高时应采取冷却措施控制模具温度，通常用压缩空气、水或其他液体进行冷却。

压铸模的工作温度可以按经验公式（5-6）计算或由表5-7查得。

$$T_m = \frac{1}{3}T_j \pm 25 \tag{5-6}$$

式中　T_m——压铸模工作温度，℃；

　　　T_j——金属液浇注温度，℃。

表5-7　压铸模的温度　　　　　　　　　　　　　　单位：℃

合金种类	温度种类	铸件壁厚≤3mm		铸件壁厚>3mm	
		结构简单	结构复杂	结构简单	结构复杂
锌合金	预热温度	130～180	150～200	110～140	120～150
	工作温度	180～200	190～220	140～170	150～200
铝合金	预热温度	150～180	200～230	120～150	150～180
	工作温度	180～240	250～280	150～180	180～200
铝镁合金	预热温度	170～190	220～240	150～170	170～190
	工作温度	200～220	260～280	180～200	200～240
镁合金	预热温度	150～180	200～230	120～150	150～180
	工作温度	180～240	250～280	150～180	180～220
铜合金	预热温度	200～230	230～250	170～200	200～230
	工作温度	300～330	330～350	250～300	300～350

5.3.2　熔融金属浇注温度

熔融金属浇注温度是指金属液自压室进入型腔的平均温度。由于对压室内的金属液温度测量不方便，通常用保温炉内的金属液温度表示。由于金属液从保温炉取出到浇入压室一般要降低15～20℃，所以金属液的熔化温度要高于浇注温度。但加热温度不宜过高，因为金属液中气体溶解度和氧化程度随温度升高而迅速增加。

浇注温度过高，合金收缩大，使铸件容易产生裂纹，铸件晶粒粗大，还能造成脆性；浇注温度过低，易产生冷隔、表面流纹和浇不足等缺陷。因此，浇注温度应与压力、铸型温度及充填速度同时考虑。经验证明：在压力较高的情况下，应尽可能降低浇注温度，最好使液体金属呈黏稠"粥状"时压铸，这样可以减少型腔表面温度的波动和液体金属流动对型腔的冲蚀，延长压铸模使用寿命；减少产生涡流和卷入空气；减少金属在凝固过程中的体积收缩，以使壁厚处的缩孔和缩松减少。因而，该经验提高了铸件的精度和内部质量。但对含硅量高的铝合金，则不宜使液体金属呈"粥状"时压铸，否则硅将大量析出，以游离状态存在于铸件内部，使加工性能变坏。各种压铸合金的浇注温度，因其壁厚和结构的复杂程度而不同，其值可参考表5-8选用。

表5-8　各种压铸合金的浇注温度　　　　　　　　　　　单位：℃

合金		铸件壁厚≤3mm		铸件壁厚>3～6mm	
		结构简单	结构复杂	结构简单	结构复杂
锌合金	含铝	420～440	430～450	410～430	420～440
	含铜	520～540	530～550	510～530	520～540
铝合金	含硅	610～650	640～700	590～630	610～650
	含铜	620～650	640～720	600～640	620～650
	含镁	640～680	660～700	620～660	640～680

合 金		铸件壁厚≤3mm		铸件壁厚>3～6mm	
		结构简单	结构复杂	结构简单	结构复杂
铜合金	普通黄铜	870～920	900～950	850～900	870～920
	硅黄铜	900～940	930～970	880～920	900～940
镁合金		640～680	660～700	620～660	640～680

应当指出的是，充填速度越大，液态金属因摩擦作用而升温的数值越大。当充填速度为 40m/s 时，铝合金进入型腔时的温度将增加 8℃，因此充填速度大时，可适当降低浇注温度，以保证铸件质量。

5.3.3 模具的热平衡

在每一压铸循环中，模具从金属液得到热量，同时通过热传递向外界散发热量。如果单位时间内吸热与散热达到平衡，就称为模具的热平衡。其关系式为：

$$Q = Q_1 + Q_2 + Q_3 \tag{5-7}$$

式中 Q——金属液传给模具的热流量，kJ/h；

Q_1——模具自然传走的热流量，kJ/h；

Q_2——特定部位传走的热流量，kJ/h；

Q_3——冷却系统传走的热流量，kJ/h。

对中小型模具，通常吸收的热量大于传走的热量，为达到热平衡一般应设置冷却系统。对于大型模具，因模具体积大，热容量和表面积大，散热快，而且大的铸件压铸周期长，模具升温慢，因此可以不设冷却系统。

5.4 时间

压铸时间包含充填、持压及压铸件在压铸模中停留的时间。它是压力、速度、温度这三个因素，再加上液态金属的物理特性、铸件结构（特别是壁厚）、模具结构（特别是浇注系统和排溢系统）等各方面的综合结果。

5.4.1 充填时间

压铸时液态金属从进入压铸模型腔开始到充满型腔为止所需的时间称为充填时间。充填时间的长短取决于铸件的体积大小和复杂程度。对大而简单的铸件，充填时间要相对长些，对复杂和薄壁铸件充填时间要短些。充填时间的调节方法与充填速度的调节方法相似。铸件的平均壁厚与充填时间的推荐表见表 5-9。

表 5-9 铸件的平均壁厚与充填时间的推荐表

铸件平均壁厚 /mm	1.5	1.8	2.0	2.3	2.5	3.0	3.8	5.0	6.4
充填时间 t/s	0.01～0.03	0.02～0.04	0.02～0.06	0.03～0.07	0.04～0.09	0.05～0.10	0.05～0.12	0.06～0.20	0.08～0.30

注：1. 铸件平均壁厚按下式计算：

$$\delta = (\delta_1 A_1 + \delta_2 A_2 + \delta_3 A_3 + \cdots)/(A_1 + A_2 + A_3 + \cdots)$$

式中 δ——铸件平均壁厚，m；

$\delta_1, \delta_2, \delta_3 \cdots$——铸件某个部位的壁厚，m；

$A_1, A_2, A_3 \cdots$——壁厚为 b_1，b_2，b_3 的部位的面积，m^2。

2. 铝合金取较大值，锌合金取中间值，镁合金取较小值。

5.4.2　持压时间

从液态金属充填型腔到内浇口完全凝固时，继续在压射冲头作用下的持续时间称为持压时间。持压时间的作用是使压射冲头有足够的时间将压力传递给未凝固的金属，保证铸件在压力下结晶，加强补缩，以获得致密的组织。

持压时间的长短取决于铸件的材质和壁厚。对熔点高、结晶温度范围大和厚壁的铸件，持压时间要长些。对结晶温度范围小而壁又薄的铸件，持压时间可短些。若持压时间不足，易造成缩松。但持压时间过长，起不到很大效果，且易造成立式压铸机的切除余料困难。生产中常用的持压时间见表5-10。

表5-10　生产中常用的持压时间　　　　　　　　　　　　　　　　单位：s

压铸合金	铸件平均壁厚<2.5mm				铸件平均壁厚2.5~6mm			
	锌合金	铝合金	镁合金	铜合金	锌合金	铝合金	镁合金	铜合金
持压时间	1~2	1~2	1~2	2~3	3~7	3~8	3~8	5~10

5.4.3　留模时间

持压后应开模取出铸件。从压射终了到压铸模打开的时间称为留模时间。足够的留模时间可使铸件在模具内便有一定的强度，开模和顶出时不致产生变形或拉裂。若留模时间过短，则在铸件强度还较低时就脱模，铸件易变形，对强度低的合金还可能因为内部气孔的膨胀而产生表面气泡。但留模时间太长，则铸件温度过低，收缩大，对抽芯和顶出铸件的阻力亦大，对热脆性大的合金还会引起铸件开裂，同时也会降低压铸的生产率。生产中常用的留模时间见表5-11。

表5-11　生产中常用的留模时间　　　　　　　　　　　　　　　　单位：s

压铸合金	铸件平均壁厚<3mm	铸件平均壁厚3~6mm	铸件平均壁厚>6mm
锌合金	5~10	7~12	20~25
铝合金	7~12	10~15	25~30
镁合金	7~12	10~15	25~30
铜合金	8~15	15~20	20~30

5.5　压铸用涂料

压铸过程中，为了避免铸件与压铸模焊合，减少铸件顶出的摩擦阻力和避免压铸模过分受热而采用涂料。压铸涂料指的是在压铸过程中，使压铸模易磨损部分在高温下具有润滑性能，并减小活动件阻力和防止粘模所用的润滑材料和稀释剂的混合物。压铸过程中，在压铸机的压室、冲头的配合面及其端面；在模具的成型表面、浇道表面、活动配合部位（如抽芯机构、顶出机构、导柱、导套等）都必须根据操作、工艺上的要求喷涂涂料。

5.5.1　压铸用涂料的作用

① 避免金属液直接冲刷型腔、型芯表面，改善模具工作条件。

② 防止粘模（特别是铝合金），提高铸件表面质量。

③ 减少模具的导热率，保持金属液的流动性能，改善合金的充填性能，防止铸件过度激冷。

④ 减少压铸件脱模时与模具成型部分尤其是与型芯之间的摩擦，延长模具寿命，提高

铸件表面质量。

⑤ 保证压室、冲头合模具活动部分在高温时仍能保持良好的工作性能。

5.5.2 对压铸涂料的要求

① 挥发点低，在 $100\sim150℃$ 时，稀释剂能很快挥发。常温下，稀释剂不易挥发，保持涂料的使用黏度。

② 涂覆性好，对压铸模及压铸件没有腐蚀作用，不会在压铸模型腔表面产生积垢。

③ 高温时润滑性能好，不会析出有害气体。

④ 配制工艺简单，来源丰富，加工便宜。

⑤ 涂覆一次涂料能压铸多次。一般要求能压铸 $8\sim10$ 次，即使易粘模的铸件也能压铸 $2\sim3$ 次。

5.5.3 常用压铸涂料

压铸涂料的种类繁多，常用的压铸涂料配方和适用范围见表 5-12，供使用时参考。

表 5-12 常用压铸涂料配方和适用范围

序号	原材料名称	质量分数/%	配制方法	适用范围
1	胶体石墨(油剂)		成品	冲头、压室
2	胶体石墨(水剂)		成品	铝合金铸件
3	天然蜂蜡		块状或保持在温度不高于 85℃ 的熔融状态	锌合金铸件
4	氟化钠 水	$3\sim5$ $97\sim95$	将水加热至 $70\sim80℃$ 再加入氟化钠，搅拌均匀	铝合金铸件,对防止铝合金粘模有特效
5	石墨 机油	$5\sim10$ $95\sim90$	将石墨研磨过筛($200^\#$),加入 $40℃$ 左右的机油中搅拌均匀	铝合金、铜合金铸件、压室、冲头及滑动摩擦部分
6	锭子油	$30^\#$ $50^\#$	成品	锌合金作润滑
7	聚乙烯 煤油	$3\sim5$ $97\sim95$	将聚乙烯小块泡在煤油中,加热至 80℃ 左右,熔化而成	铝合金、镁合金铸件
8	氧化锌 水玻璃 水	5 $1\sim2$ $93\sim94$	将水和水玻璃一起搅拌,然后倒入氧化锌搅匀	大中型铝合金、锌合金铸件
9	硅橡胶 汽油 铝粉	$3\sim5$ 余量 $1\sim3$	硅橡胶溶于汽油中,使用时加入质量分数为 $1\%\sim3\%$ 的铝粉	铝合金铸件、型芯
10	黄血盐		成品	铜合金的清洗剂
11	二硫化钼 机油	5 95	将二硫化钼加入机油中搅拌均匀	镁合金铸件
12	蜂蜡 二硫化钼	70 30	将蜂蜡熔化并放入二硫化钼搅拌均匀,凝成笔状	铜合金铸件
13	无水肥皂 滑石粉 水	$0.65\sim0.70$ 0.18 余量	将无水肥皂溶于水,加入粒度为 $1\sim3\mu m$ 左右的滑石粉,搅拌均匀	铝合金铸件
14	叶蜡石 二硫化钼(或石墨) 硅酸乙酯(或水下班) 高锰酸钾 酒精 水	10 0 5 0.1 5 余量	将叶蜡石经 800℃ 焙烧 2h 后,过 $200^\#$ 筛,用酒精稀释二硫化钼,然后将上述材料加入水中搅拌均匀	黑色金属铸件

5.5.4 压铸涂料的使用

使用涂料时应特别注意用量。不论是涂刷还是喷涂，要避免厚薄不均或太厚。因此，当采用喷涂时，涂料浓度要加以控制。用毛刷涂刷时，在刷后应用压缩空气吹匀。喷涂或涂刷后，应待涂料中稀释剂挥发后，才能合模浇料，否则，将在型腔或压室内产生大量气体，增加铸件产生气孔的可能性。甚至由于这些气体而形成很高的反压力，使成型困难。此外，喷涂涂料后，应特别注意模具排气道的清理，避免被涂料堵塞而排气不畅，对转折、凹角部位应避免涂料沉积，以免造成铸件轮廓不清晰。

在生产中，应对所操作的压铸机和使用的模具摸索其规律，根据铸件的质量要求，采取正确的喷涂方法和喷涂次数。

5.6 压铸操作规范

5.6.1 定量浇料

在冷室压铸机上生产时，每次压铸循环都要将金属液浇入压室内，而金属液的浇入量与热因素（热规范）的稳定程度和压射行程位置点的确定有关。为此每一次压铸循环，要求浇入量精确或变化很小（稳定性），在压铸工艺中，此即称为定量浇料。金属液的浇入量包括：压铸件、浇道系统、排溢系统和余料饼等各个部分的金属液总量。

5.6.2 压室充满度

浇入压室的金属液量占压室容量的百分数称为压室充满度，简称充满度。若充满度过小，压室上部空间过大，金属液包卷气体严重，使铸件气孔增加，还会使金属液在压室内被激冷，对充满不利。压室充满度一般以 70%～80% 为宜，每一压铸循环，浇入的金属液量必须准确或变化很小。

压室充满度计算公式为：

$$\phi = \frac{m_{\mathrm{j}}}{m_{\mathrm{ym}}} \times 100\% = \frac{4m_{\mathrm{j}}}{\pi d^2 l \rho} \times 100\% \tag{5-8}$$

式中　ϕ——压室充满度，%；

m_{j}——浇入压室的金属液质量，g；

m_{ym}——压室内完全充满时的金属液质量，g；

d——压室内径，cm；

l——压室长度有效长度（包括浇口套长度），cm；

ρ——金属液密度，g/cm³。

5.6.3 压铸操作规范示范

（1）班前准备

① 压铸工上班必须按规定穿戴劳保用品，包括：工作帽、工作鞋、工作服，严禁穿背心、短裤、赤膊。

② 压铸工必须提前 5 分钟到岗，进行上岗前准备，包括：

a. 查看交接班记录；

b. 准备好生产需要二类工具及检具；

c. 查看上个班次本班及其他班产品质量情况。

③ 每班交接班前 10 分钟，由班长集中班组员工召开班前会。内容包括：

a. 由班长布置、调整当班工作；

b. 由班长传达公司决定；

c. 由班长介绍上班次存在的各种问题，提醒员工并提出要求。

（2）生产准备验证

生产前必须按《压铸作业标准条件》进行验证，核对压铸机实际设定的工艺参数和《压铸作业标准条件》是否一致，若不一致，需和压铸工程师进行确认。

（3）设备启动

① 启动设备前，必须依《压铸设备每日点检表》全面检查设备，确保设备处于正常状态。

② 启动设备并观察设备运转情况，如有异常立即停机。

③ 设备发生故障或报警信号响起，应立即查看原因后向上级报修，寻求解决方案，严禁设备异常后继续工作。

（4）模具安装

① 模具安装前，压铸工必须全面了解模具结构状况，包括：

a. 模具有无抽芯；动模抽芯，还是定模抽芯；

b. 滑块抽芯，还是液压抽芯；

c. 是否需要安装复位杆；

d. 浇口套大小、料管大小、配合尺寸是否一致；

e. 顶棒位置、大小、长短是否合适。

② 根据模具情况更换料管、冲头。

③ 检查动静模板的模具安装面，确保表面无异物、无高点。

④ 正确安装吊具，在确定安全的情况下起吊，并确保模具进入设备前无摇动，以免撞伤设备。模具吊在设备上方，只允许慢上慢下，前后左右慢速移动。

⑤ 根据模具情况，正确安装模具。特别注意，带有液压抽芯的模具，必须正确设定抽芯状态。

⑥ 压紧模具，接好油管及冷却水管完成模具安装。

（5）模具调试

① 安装完毕后进行模具调试，装有抽芯器的先调试抽芯器，调试时必须注意：

a. 严禁在动模未插芯到位及定模未抽芯到位时合模；

b. 严禁在定模插芯时开模；

c. 严禁动模抽芯器未抽芯到位时顶出。

② 装有拉杆的模具，必须先调试顶出行程，拉杆未复到位严禁插芯或合模。

③ 根据《压铸作业标准条件》输入各项工艺参数（或从存储在设备记忆体中调出），调节压铸机的锁模力，检查冲头、料管是否有水渗漏。

（6）压铸生产

① 压铸生产前，对模具型腔、顶杆、复位杆、导柱、导套、型芯、滑道等全面刷油。

② 将模具冷却水流量暂时调小（模具热时，根据模温调节水量），特殊模具需要预热的按要求加热，加热时不得使局部过热、发红，以防模具退火。

③ 在冷模烫模状态下，射出状态选择"低速射出"。

④ 模具在冷模状态下，多刷油少喷涂，模具热起来按正常喷涂料。

⑤ 模具预热 3~5 模后，将高速和增压打开，按正常程序生产。

⑥ 生产的首件产品，必须进行全面检查，作好记录，并保留由检验员检验。

⑦ 在正常生产过程中，压铸工要根据压铸工艺要求，密切关注如下要素：喷涂状况、合金液温度、模具温度、料饼厚度、分型面清理、滑动部位润滑。

⑧ 在正常生产过程中，要按《压铸检验指导书》检查铸件质量，并做好相应记录。如有异常，及时向上级报告，得到尽快处理。

⑨ 模具使用以及维护、修理必须在《压铸模具使用维护记录表》上做好相应记录。维修后的模具必须经首件检验合格后才能批量生产。

（7）模具拆卸

① 生产完毕拆卸模具，必须保留末件并作好标识，随模具转运，供修模或维护时参考。

② 拆卸模具，必须将模具清理干净，包括模具分型面铝片，并将顶出部分往复运动，刷油。

③ 大型模具，必须动、定模分拆，以便修模。

（8）现场管理

① 生产中必须保持现场整洁、整齐。

② 不用的工具、料管、冲头等物品应放到指定货架中，废品、飞边、毛刺等应集中到器具中。

③ 下班后必须对设备及其周围卫生责任区进行清扫。

（9）交接班

① 交班前必须将模具合上，但不能使模具锁紧（轴臂不可撑直）。

② 交班前必须将产品按规定转序，并填写《生产流转卡》。

③ 交班时由班长填写《生产日报表》和《交接班记录》。

④ 在交接班时，如模具处于冷模状态，机床未正常生产等情况下，必须重新调节合模力，以免飞铝或损坏模具、设备。

（10）设备维护保养

① 压铸工负责压铸机日常维护保养。

② 压铸工应严格按设备操作规程操作，严禁违章操作。

（11）安全生产

① 严禁在压射时，站在分型面正面及压射后方（压射中心150°）。

② 严禁油泵未停止时，进入设备内清理或检查修理模具。

③ 严禁私拆或移动机床安全防护元件和装置。

④ 严禁进入浇注机械手、取出机械手回转半径范围内。

⑤ 浇勺（铝锭槽）必须粉刷被覆剂，并烘干后才能使用。

⑥ 铝料、废料加入坩埚前，必须在炉子上加热后才能加入坩埚。

⑦ 在拆卸机床液压系统时，必须先放掉蓄能器内的液压油。

⑧ 停机时，必须关闭电源，长时间停机必须停水，冬季长时间停机必须将冷却器内水放掉，以防冻坏冷却器。

5.7 压铸件缺陷分析及防治措施

5.7.1 压铸件缺陷的分类及影响因素

（1）缺陷分类

① 表面缺陷。压铸件外观不良，出现花纹、流痕、冷隔、斑点、缺肉、毛刺、飞边、缩痕、拉伤等。

② 几何缺陷。压铸件形状、尺寸与技术要求有偏离；尺寸超差、挠曲、变形等。

③ 内部缺陷。气孔、缩孔、缩松、裂纹、夹杂等，内部组织、力学性能不符合要求。

(2) 影响因素

① 合金料引起。原材料及回炉料的成分、干净程度、配比、熔炼工艺等。以上任何一个因素的不正确，都有可能导致缺陷的产生。

② 压铸机引起。压铸机性能所提供的能量能否满足所需要的压射条件：压射力、压射速度、锁模力是否足够。压铸工艺参数选择及调控是否合适，包括压力、速度、时间、冲头行程等。

③ 压铸操作引起。合金浇注温度、熔炼温度、涂料喷涂量及操作、生产周期等。

④ 压铸模引起。模具设计：模具结构、浇注系统尺寸及位置、顶杆及布局、冷却系统。

模具加工：模具表面粗糙度、加工精度、硬度。

模具使用：温度控制、表面清理、保养。

⑤ 压铸件设计引起。压铸件壁厚、弯角位、脱模斜度、热节位、深凹位等。

5.7.2　压铸件缺陷的诊断方法

压铸件缺陷的诊断方法见表 5-13。

表 5-13　压铸件缺陷的诊断方法

诊断方法	说　　明
直观判断	用肉眼对铸件表面质量进行分析，花纹、流痕、缩凹、变形、冷隔、缺肉、变色、斑点等可直观看到，也可借助放大镜放大 5 倍以上进行检验
尺寸检验	用游标卡尺检验壁厚、孔径。用三坐标测量仪检验外观尺寸和孔位尺寸。用标准检测棒检验孔径
化学成分分析	用光谱仪、原子吸收仪分析压铸件的化学成分，判断合金料及熔炼工艺是否符合要求，分析其对压铸件性能的影响，对铸件质量的影响，加强生产现场的管理和规范操作。化学成分，特别是杂质元素的含量会影响裂纹、夹杂、硬点等缺陷产生
金相检验	对缺陷部位切开，使用光学金相显微镜、扫描电子显微镜对缺陷总体组织结构进行分析，判断铸件中的裂纹、夹杂、硬点、孔洞等缺陷。在金相中，缩孔呈现小规则的边缘和暗色的内腔，而气孔呈现光滑的边缘和光亮的内腔
X 射线检验	利用有强大穿透能力的射线，在通过被检验铸件后，作用于照相软片，使其发生不同程度的感光，从而在照相底片上摄出缺陷的投影图像，从中可判断缺陷的位置，形状，大小，分布
超声波检验	超声波是振动频率超过 2000Hz 的声波。利用超声波从一种介质传到另一种介质的界面时会发生反射现象，来探测铸件内部缺陷部位。超声波测试还可用于测量壁厚、材料分析
荧光检验	利用水银石英灯所发出的紫外线来激发发光材料，使其发出可见光来分析铸件表面微小的不连续性缺陷，如冷隔、裂纹等。其方法是把清理干净的铸件放入荧光液槽中，使荧光液渗透到铸件表面，取出铸件，干燥铸件表面涂显像粉，在水银灯下观察铸件，缺陷处出现强烈的荧光。根据发光程度，可判断缺陷的大小
着色检验	一种简单、有效、快捷、方便的缺陷检验方法，着色渗透探伤剂由清洗剂、渗透剂、显像剂组成。着色检验方法：①用清洗剂清洗压铸件表面；②用红色渗透剂喷涂压铸件表面，保持湿润 5～10min；③擦去压铸件表面多余的渗透剂，用清洗剂或水清洗；④喷涂显像剂。如果压铸件表面有裂纹、疏松、孔洞，那么渗入的渗透剂在显像剂作用下析出表面，相应部位呈现出红色，而没有缺陷的表面无红色呈现
耐压检验	用于检查压铸件的致密性。有两种试验方法。其一是用夹具夹紧铸件呈密封状态，其内通入压缩空气，浸入水箱中，观察水中有无气泡出现来测定。一般，通入压缩空气在 0.2MPa 以下时，浸水时间 1～2min；0.4MPa 时，浸入时间更短。其二是用水压式压力测试机进行测试
柔性光导纤维检验	由光学触头、摄像机、电视图像显示器、光导纤维和特种光源组成一种先进的检测装置。触头能作关节转动，并可输送高分辨率、全色、实时图像，通过电视图像可直观地察看内腔缺陷
状态分析	分析缺陷出现的频率和位置。是经常出现，还是偶然出现；是固定在铸件的某一位置上，还是不固定某一位置，成游离状。对于有时出现，大多数时候出不出现的缺陷，可能是属于状态不稳定。如：料温偏高或偏低、模温波动、手动操作（喷涂料、取件）不当、压铸机故障。对于状态不稳而产生的缺陷，主要是加强生产现场的管理和规范操作，可通过现场监测工艺参数进行分析

5.7.3 压铸件缺陷防治措施

压铸件缺陷种类很多，缺陷形成的原因是多方面的。

要消除压铸件的种种缺陷，必须首先识别缺陷，检验出缺陷，并分析压铸件产生缺陷的原因，然后才能迅速而准确地采取有效的措施。检验前，应该了解铸件的用途和技术要求，以便正确地检查铸件表面或内部的质量。

压铸件常见的缺陷分析及其防治措施见表5-14～表5-17。

表 5-14 压铸件表面缺陷的成因及防治方法

缺陷名称	特征	产生原因	防治方法
毛刺飞边	压铸件在分型面边缘上出现金属薄片	①锁模力不够 ②压射速度过高，形成压力冲击峰过高 ③分型面上杂物未清理干净 ④模具强度不够造成变形 ⑤镶块、滑块磨损与分型面不平齐	①检查合模力和增压情况，调整压铸工艺参数 ②清洁型腔及分型面 ③修整模具 ④最好采用闭合压射结束时间控制系统，可实现无飞边压铸
拉伤	沿开模方向铸件表面呈现条状的拉伤痕迹，有一定深度，严重时为一面状伤痕。 另一种是金属液与模具产生焊合、黏附而拉伤，以致铸件表面多肉或缺肉	①型腔表面有损伤 ②出模方向斜度太小或侧斜 ③顶出时偏斜 ④浇注温度过高或过低、模温过高导致合金液产生黏附 ⑤脱模剂使用效果不好 ⑥铝合金成分铁含量低于0.6% ⑦冷却时间过长或过短	①修理模具表面损伤处，修正斜度，提高光洁度 ②调整顶杆，使顶出力平衡 ③更换脱模剂 ④调整合金含铁量 ⑤控制合适的浇注温度，控制模温 ⑥修改内浇口，避免直冲型芯型壁或对型芯表面进行特殊处理
气泡	压铸件表面有米粒大小的隆起且表皮下形成空洞	①合金液在压室充满度过低，易产生卷气，压射速度过高 ②模具排气不良 ③熔液未除气，熔炼温度过高 ④模温过高，金属凝固时间不够，强度不够，而过早开模顶出铸件，受压气体膨胀起来 ⑤脱模剂太多 ⑥内浇口开设不良，充填方向不顺	①提高金属液充满度 ②降低第一阶段压射速度，改变低速与高速压射切换点 ③降低模温 ④增设排气槽、溢流槽，充分排气 ⑤调整熔炼工艺，进行除气处理 ⑥留模时间延长 ⑦减少脱模剂用量
裂纹	压铸件表面有呈直线状或波浪形的纹路，狭小而细长，在外力作用下有发展趋势 冷裂开裂处金属没被氧化 热裂开裂处金属已被氧化	①合金中含铁量过高或硅含量过低 ②合金中有害杂质的含量过高，降低了合金的可塑性 ③铝硅合金，铝硅铜合金含锌或含铜量过高，铝镁合金中含铁量过多 ④模具，特别是型芯温度太低 ⑤铸件壁存有剧烈变化之处，收缩受阻，尖角位形成应力 ⑥留模时间过长，应力大 ⑦顶出时受力不均匀	①正确控制合金成分。在某些情况下可在合金中加纯铝锭以降低合金中含镁量，或在合金中加铝硅中间合金以提高硅含量 ②改变铸件结构，加大圆角，加大脱模斜度，减少壁厚差 ③变更或增加顶出位置，使顶出受力均匀 ④缩短开模及抽芯时间 ⑤提高模温，模温要稳定

缺陷名称	特征	产生原因	防治方法
变形	压铸件几何形状与图纸不符整体变形或局部变形	①铸件结构设计不良,引起不均匀收缩 ②开模过早,铸件刚性不够 ③顶杆设置不当,顶出时受力不均匀 ④切除浇口方法不当 ⑤由于模具表面粗糙造成局部阻力大而引起顶出时变形	①改进铸件结构 ②调整开模时间 ③合理设置顶杆位置及数量 ④选择合适的切除浇口方法 ⑤加强模具型腔表面抛光,减少脱模阻力
流痕、花纹	压铸件表面上有与金属液流动方向一致的条纹,有明显可见的与金属基体颜色不一样的无方向性的纹路,无发展趋势	①首先进入型腔的金属液形成一个极薄的而又不完全的金属层后,被后来的金属液所弥补而留下的痕迹 ②模温过低,模温不均匀 ③内浇道截面积过小及位置不当产生喷溅 ④作用于金属液的压力不足 ⑤花纹:涂料用量过多	①提高金属液温度 ②提高模温 ③调整内浇道截面积或位置 ④调整充填速度及压力 ⑤选用合适的涂料及调整用量
冷隔	压铸件表面有明显的不规则的、下陷线性纹路(有穿透与不穿透两种)形状细小而狭长,有的交接边缘光滑,在外力作用下有发展的可能	①两股金属流相互对接,但未完全熔合而又无夹杂存在其间,两股金属结合力很薄弱 ②浇注温度或压铸温度偏低 ③选择合金不当,流动性差 ④浇道位置不对或流路过长 ⑤填充速度低 ⑥压射比压低	①适当提高浇注温度和模具温度 ②提高压射比压,缩短填充时间 ③提高压射速度,同时加大内浇口截面积 ④改善排气、填充条件 ⑤正确选用合金,提高合金流动性
变色、斑点	压铸件表面上呈现出不同的颜色及斑点	①不合适的脱模剂 ②脱模剂用量过多,局部堆积 ③含有石墨的润滑剂中的石墨落入铸件表层 ④模温过低,金属液温度过低导致不规则的凝固	①更换优质脱模剂 ②严格喷涂量及喷涂操作 ③控制模温 ④控制金属液温度
网状毛刺	压铸件表面上有网状发丝一样凸起或凹陷的痕迹,随压铸次数增加而不断扩大和延伸	①压铸模型腔表面龟裂 ②压铸模材质不当或热处理工艺不正确 ③压铸模冷热温差变化大 ④浇注温度过高 ⑤压铸模预热不足 ⑥型腔表面粗糙	①正确选用压铸模材料及热处理工艺 ②浇注温度不宜过高,尤其是高熔点合金 ③模具预热要充分 ④压铸模要定期或压铸一定次数后退火,消除内应力 ⑤打磨成型部分表面,减少表面粗糙度 Ra 值 ⑥合理选择模具冷却方法
凹陷	压铸件平滑表面上出现凹陷部位	①铸件壁厚相差太大,凹陷多产生在厚壁处 ②模具局部过热,过热部分凝固慢 ③压射比压低 ④由憋气引起型腔气体排不出,被压缩在型腔表面与金属液界面之间	①铸件壁厚设计尽量均匀 ②模具局部冷却调整 ③提高压射比压 ④改善型腔排气条件

缺陷名称	特征	产生原因	防治方法
欠铸	铸件表面有浇不足部位轮廓不清	(1)流动性差原因 ①合金液吸气、氧化夹杂物,含铁量高,使其质量差而降低流动性 ②浇注温度低或模温低 (2)充填条件不良 ①比压过低 ②卷入气体过多,型腔的背压变高,充型受阻 (3)操作不良 喷涂料过度,涂料堆积,气体挥发不掉	①提高合金液质量 ②提高浇注温度或模具温度 ③提高比压、充填速度 ④改善浇注系统金属液的导流方式,在欠铸部位加开溢流槽、排气槽 ⑤检查压铸机能力是否足够

表 5-15　压铸件常见的内部缺陷的成因及防治方法

缺陷名称	特征及检查方法	产生原因	防治方法
夹杂	混入压铸件内的金属或非金属杂质,加工后可看到形状不规则,大小、颜色、亮度不同的点或孔洞	①炉料不洁净,回炉料太多 ②合金液未精炼 ③用勺取液浇注时带入熔渣 ④石墨坩埚或涂料中含有石墨,脱落混入金属液中 ⑤保温温度高,持续时间长	①使用清洁的合金料,特别是回炉料上脏物必须清理干净 ②合金熔液必须精炼除气,将熔渣清干净 ③用勺取液浇注时,仔细拨开液面,避免混入熔渣和氧化皮 ④清理型腔、压室 ⑤控制保温温度和减少保温时间
气孔	解剖后外观检查或探伤检查,气孔具有光滑的表面、形状为圆形	①合金液导入方向不合理或金属液流动速度太高,产生喷射,过早堵住排气道或正面冲击型壁而形成旋涡包住空气,这种气孔多产生于排气不良或深腔处 ②由于炉料不干净或熔炼温度过高,使金属液中较多的气体没除净,在凝固时析出,没能充分排出 ③涂料发气量大或使用过多,在浇注前未浇净,使气体卷入铸件,这种气孔多呈暗灰色表面 ④高速切换点不对	①采用干净炉料,控制熔炼温度,进行排气处理 ②选择合理工艺参数、压射速度、高速切换点 ③引导金属液平衡,有序充填型腔,有利气体排出 ④排气槽、溢流槽要有足够的排气能力 ⑤选择发气量小的涂料及控制排气盆
缩孔、缩松	解剖或探伤检查,孔洞形状不规则,不光滑、表面呈暗色 大而集中为缩孔,小而分散为缩松	①铸件在凝固过程中,因产生收缩而得不到金属液补偿而造成孔穴 ②浇注温度过高,模温梯度分布不合理 ③压射比压低,增压压力过低 ④内浇口较薄、面积过小,过早凝固,不利于压力传递和金属液补缩 ⑤铸件结构上有热节部位或截面变化剧烈 ⑥金属液浇注量偏小,余料太薄,起不到补缩作用	①降低浇注温度,减少收缩量 ②提高压射比压及增压压力,提高致密性 ③修改内浇口,使压力更好传递,有利于液态金属收缩作用 ④改变铸件结构,消除金属积聚部位,壁厚尽可能均匀 ⑤加快厚大部位冷却 ⑥加厚料柄,增加补缩的效果

缺陷名称	特征及检查方法	产生原因	防治方法
脆性	铸件基体金属晶粒过于粗大或极小,使铸件易断裂或碰碎	①铝合金中杂质锌、铁超过规定范围 ②合金液过热或保温时间过长,导致晶粒粗大 ③激烈过冷,使晶粒过细	①严格控制金属中杂质成分 ②控制熔炼工艺 ③降低浇注温度 ④提高模具温度
渗漏	压铸件经耐压试验,产生漏气、渗水	①压力不足,基体组织致密度差 ②内部缺陷引起,如气孔、缩孔、渣孔、裂纹、缩松、冷隔、花纹 ③浇注和排气系统设计不良 ④压铸冲头磨损,压射不稳定	①提高比压 ②针对内部缺陷采取相应措施 ③改进浇注系统和排气系统 ④进行浸渗处理,弥补缺陷 ⑤更换压室、冲头
硬点	机械加工过程或加工后外观检查或金相检查:铸件上有硬度高于金属基体的细小质点或块状物使刀具磨损严重,加工后常常显示出不同的亮度	非金属硬点 ①混入了合金液表面的氧化物 ②铝合金与炉衬的反应物 ③金属料混入异物 ④夹杂物	①铸造时不要把合金液表面的氧化物舀入勺内 ②清除铁坩埚表面的氧化物后,再上涂料,及时清理炉壁、炉底的残渣 ③清除勺子等工具上的氧化物 ④使用与铝不产生反应的炉衬材料 ⑤金属料干净、纯净
		金属硬点 ①混入了未溶解的硅元素 ②粗晶硅 ③铝液温度较低,停放时间较长,Fe、Mn 元素偏析,产生金属间化合物	①熔炼铝硅合金时,不要使用硅元素粉末 ②调整合金成分时,不要直接加入硅元素,必须采用中间合金 ③提高熔化温度、浇注温度 ④控制合金成分,特别是 Fe 杂质量 ⑤避免 Fe、Mn 等元素偏析 ⑥合金中含 Si 量不宜接近或超过共晶成分,对原材料控制基体金相组织中的粗晶硅数量

表 5-16 形状尺寸缺陷的成因及防治方法

缺陷名称	产生原因	防治方法
图纸错误	图样尺寸误标	建立图样检查制度,完善图样管理
	模型尺寸检查方法不当	①试压铸时进行充分检查,尤其是曲面交接处的壁厚要做断面切开检查 ②实行两次检查制度
	模型维修失误	①确认修理部位以及与之相关的部位是否正确;②修模后,试压检查
尺寸超差	模型装配不良	①检查模型装配情况;②检查螺钉松动情况;③检查嵌入的型腔和模套之间的平行度;④检查分型面是否平行贴合模型框架,所嵌型腔之间的配合间隙是否适当
	型芯弯曲	①定期检查型芯是否变形;②使用模型时要充分预热,并严格按工艺规程进行操作;③对浇口方案及型芯型腔能否冷却等铸造方案重新进行论证;④针对铸件的收缩情况对铸件进行改进;⑤改进模型的材料或硬度
	收缩引起的尺寸变形	①检查浇注温度、循环时间、保压时间及模型温度等参数是否正确,并严格遵守工艺规程;②检查金属液化学成分是否合格;③如果是由于局部过热造成局部收缩,可调节该部分的冷却水量或改变浇口位置和金属液成分等
	模型强度不足	①提高模型强度;②改进模型设计和铸件结构

缺陷名称	产生原因	防治方法
错型	导柱松动	检查导柱和导套之间的磨损情况,如间隙过大应更换
	所嵌型腔与模套配合不良	检查型腔与型套的间隙并应符合要求
	滑块与导轨配合不良	①检查滑块与导轨间的间隙是否符合要求;②检查楔紧块和滑块的配合是否良好;③检查滑块和导轨的润滑情况
	模型装配调整不良	检查模型装配部分的平行度
压射跑水,铸层隔层加厚	模型锁紧不完全	①压铸机合型力不够,调整合型力;②清理分型面,去掉飞边毛刺;③检查滑块和锁紧块的磨损情况,并进行修理
	压射力不合适	在允许的情况下适当调低压射力
变形	应力集中使收缩不平衡	①适当调整铸造圆角;②采用加强肋,改变铸件结构以使应力分布均匀
	推杆强度不够	①使用大一点的推杆;②增加推杆数量
	铸件推出不平衡	检查并调整推杆位置或增加推杆以使铸件推出平稳
	模型热平衡不良	分析并改进脱型剂的种类、喷涂量、喷涂位置和方法
逐渐残缺	铸件某一部分粘在型腔上	①修正脱模斜度;②去掉模型表面的划痕并进行抛光
推杆痕迹过深	铸件冷却时间不够	①模型需充分冷却;②延长保压时间和冷却时间,待充分凝固后再推出
缺肉	表面存在倒钩或粘模	①修理倒钩和粘模部位;②分析并改进脱型剂
多肉	型腔冲蚀或腐蚀	修模
浇口部破裂	浇口位置设计不合理 去浇口方法不当	①改变浇口位置;②改进去浇口的方法

表 5-17　其他缺陷的成因及防治方法

名称	产生原因	防治方法
化学成分不符合要求	化学分析:铸件的合金元素不符合要求或杂质过多 ①配料不准确;②原材料及回炉料未加分析即投入使用	①炉料要经化学分析后才能配用;②炉料要严格管理,新旧料要有一定配用比例;③严格遵守熔炼工艺;④熔炼工具应刷涂料
力学性能不符合要求	进行专门力学试验检验:铸件合金的强度、伸长率等低于标准要求 ①化学成分不合格;②铸件内部有气孔、缩孔、夹渣等;③对试样处理方法不当(如切取、制备等);④零件结构不合理,限制了铸件达到标准	①配料、熔炼要严格控制化学成分,严格控制杂质含量;②严格遵守熔炼工艺,按要求制备试样;③在生产中要定期对铸件进行工艺性试验;④严格把合金温度控制在需要的范围内;⑤尽量消除合金形成氧化物的各种因素
脆性	外观检查和金相检查:合金晶粒粗大或极小,使铸件易断裂或碰碎 ①合金过热或保温时间过长;②激烈过冷,结晶过细;③铝合金中含锌、铁等杂质过多;④铝合金中含铜超出规定范围	①合金不宜过热;②提高模型温度,降低浇注温度;③把合金成分严格控制在规定的范围内
渗漏	①压铸的压力不足;②浇注系统设计不合理;③合金选择不当;④排气不良	①提高压射压力;②尽量避免后加工;③改进排气系统和浇注系统;④选用良好的合金

5.8　镁合金压铸工艺

5.8.1　镁合金压铸机选择

镁合金压铸机分为冷室压铸机和热室压铸机,它们的自动化程度不同,全自动化的压铸机主要包括以下几部分。

① 至少可以把铸锭预热到150℃的预热装置。

② 把预热铸锭装入熔化炉的系统。

③ 熔化金属气体保护系统。

④ 具有注射控制和监测功能的压铸机。

⑤ 模温机。

⑥ 模具喷雾装置。

⑦ 机械手。

⑧ 零件冷却罐。

⑨ 修整压力机。

⑩ 零件传送带。

⑪ 碎屑传送带。

一般来说，冷室压铸机适合于铝合金压铸，但也可用于镁合金压铸。铝合金和镁合金之间的最大区别是密度和比热容。因为较小的密度（镁合金比铝合金的更小），同样的金属压力镁合金可能产生更高的液体速度。和铝合金相比，镁合金可以在更短的时间内填充模具，然而对于长距离的薄壁零件，由于比热容较低，镁合金所需要的填充时间是非常短的。基于以上原因，有些压铸商使用最大锤头速度超过 10m/s 的注射系统。常见的静铸造压力范围是 30～70MPa。

热室压铸机一般铸造用于质量小于 2～3kg 的较小零件，静铸造压力小于冷室压铸机，常见的压力范围为 20～30MPa。

5.8.2　镁合金的熔化和处理

（1）镁合金化学性能

"高纯度"这个术语在 19 世纪 80 年代早期引入，用以描述铁、镍、铜等杂质含量较低的合金。由于其良好的耐蚀性，因此这些合金应用非常广泛，其中也有广泛应用的高纯度镁合金。为了保持合金中镍和铜较低的含量，必须谨慎地选择原材料，此外，处理熔化金属材料不应含有镍和铜。由于一般使用含铁和铜的设备熔化镁合金，必须特别小心避免合金液中含有过量的铁。在形成合金时，加入锰使铸锭中铁的质量分数保持在最大极限 0.004% 以下，此添加剂和合金中的其他元素形成复合物以减少铁的溶解。过量的铁可以通过沉淀除去，也可通过沉淀含有锰铁和其他合金元素形成的金属间颗粒而除去。在此处理以后，在设定的温度下铸造出含有饱和铁的镁合金铸锭。这样，只要避免过大的温度波动并保持锰的最小含量，在压铸熔化铸锭时就不会再溶解铁。熔化、运输和计量熔化金属的系统目前正在使用。在液体金属经过这些系统成为成品以前，会经历复杂的热过程，温度的波动会影响合金的化学成分，见表 5-18。

表 5-18　热过程对合金化学成分的影响

Al	在熔化状态下长时间放置时，铝的含量会稍微下降，这是由于在熔化金属表面形成的氧化层中含有大量的铝
Zn、Si、RE	锌、硅和稀土元素在熔化的镁合金中极易溶解，在所有的熔化和处理操作中，其浓度相当稳定（RE＝铈、镧、镨、钕）
Be	为减少表面氧化率，加入了 0.0005%～0.0015%（质量分数）的铍。由于合金液放置时，铍很容易损耗，要重复加入；熔化或在坩埚起火时，铍的损耗更快
Mn、Fe	为使铁的含量在规定的范围以内，在镁合金中加入锰，锰和铁的含量在降温时迅速下降，在升温时又会有缓慢地增加。这反映沉淀率和金属间颗粒溶解率的区别，不必重新加入锰以恢复其原先的含量，因为会从坩埚壁溶解铁，从而建立高铁低锰含量的平衡
Ni	镍对于镁合金的耐蚀性是非常有害的，成品率中的最大含量（质量分数）超过 0.002%（铸锭）。镍在镁合金中极易溶解，并可能从相关设备（例如使用的不锈钢材料）中溶解镍
Cu	铜也会降低镁合金的耐蚀性能。在循环利用的零件中，由于铜套的污染可能会引起铜的含量高于允许的最大含量

（2）金属的纯净度

商业性的镁合金可能含有各种金属杂质和非金属杂质。为评估合金的纯净度，根据过滤一定数量的金属，并测量过滤器收集的杂质含量，发展出金属质量的评估技术，经测定铸锭中发现的杂质见表5-19。成品压铸件的纯净度也会受压铸时熔化和处理过程的影响。

表 5-19　镁合金中杂质

杂　质	原　因	特　征
金属间颗粒	除铁时的沉淀	$0.5\sim15\mu m$ 的结晶颗粒
盐	电解	Na、Ca、Mg 或 K 的氯化物（常带有氧化物）
氧化/氮化颗粒	和空气反应	$1\sim100\mu m$ 的微粒束
氧化膜	和空气、SF_6（SO_2）混合反应	长薄膜 $0.1\sim1\mu m$ 厚，$10\sim150\mu mm$ 长

（3）熔化设备的设计

镁合金是以铸锭的形式供应的，常见的是 $4\sim121kg$ 重的铸锭。在压铸厂，铸锭经加热并熔化，然后输入到压铸机中。对于冷室压铸机，需要单独的计量系统。为保证供应准确数量和压铸温度的高质量熔化镁合金，正确而安全的操作程序是非常重要的。

多年以来，镁铸锭都是手动送入熔化炉中，镁合金也是用手舀到压铸机中。为防止氧化，在熔化金属表面使用保护性助熔剂。铸锭通常在熔化炉顶部预热。由于对高质量压铸件的需求和对熔化金属安全检查和自动化操作的需求，现在已经开始装配自动化和高集成的熔化设备。通常每一台压铸机都配有一熔化设备，使用含有 SF_6 和 SO_2 的混合保护气体代替熔剂。

（4）铸锭预热

铸锭在熔化之前，应预热至150℃以上，以防止水分进入熔化金属。目前使用的预热设备很多是用电或汽油加热的炉子。自动喂送铸锭使液面保持稳定成为可能。由于金属液面的一些金属留在坩埚壁上，因此以上措施可以改善金属的表面保护。而且液面低也会引起保护气体的消耗增加。

（5）熔化炉

镁合金可以在电阻、感应、油或气加热的熔化炉中熔化。由于过热点处引起结垢，从而加速坩埚损耗以及水分形成引起的湿度增加，使用电阻加热的熔化炉已开始增加，热电偶位于熔化炉内部并且更接近加热元素，从而防止过度加热。电阻熔化炉具有钢制外壳，并且具有电阻丝悬挂的陶瓷绝缘层。在选择陶瓷材料的时候要考虑热传导性、比热容和密度。必须注意，在和镁合金直接接触的设备中，绝对不可使用高硅陶瓷。

为防止熔化金属溢出，熔化炉应配有一钢制容器以盛放溢出的金属，具体的熔化炉设计会因不同的供应商而不同。熔化 $1000kg$ 镁合金所消耗的能量为 $400\sim500kW\cdot h$，而理论上的消耗为 $310kW\cdot h$。其中把铸锭预热至150℃所需要的能量约为全部能量消耗的15%。

（6）坩埚

坩埚材料为中碳或无镍的低合金钢，对于电阻加热，坩埚表面经受灼热的电阻，为防止结垢，可以外包一层耐热不锈钢，此方法可以延长坩埚的使用寿命，并可避免在熔化炉底部结垢，但在金属泄漏时是危险的；另外一个方法是在使用之前，把坩埚放在熔化铝中处理。

应经常检查坩埚，确定坩埚的报废标准。通常情况下，坩埚的厚度只有原来的一半时，就可以报废。目视检查包括检查坩埚内外表面有无裂纹，每个坩埚都应使用卡片，内容包括使用时间、坩埚厚度、维修等。

（7）坩埚盖

为防止翘曲，坩埚盖应由厚度至少10mm的钢板制成。翘曲的坩埚盖会造成泄漏和保护气体消耗量的增加。坩埚盖可以使用加强肋，在坩埚盖和坩埚之间应使用耐火纤维的垫片。

为便于检查和清理，坩埚盖应具有窗口和铸锭加入管道、热电偶和计量设备的入口，因打开时可以中断保护气体，建议使用水平滑动的窗口，必须使用密封良好的窗口以防止空气进入，在关闭窗口之前应仔细清理溢出的金属液。

（8）熔化保护

用含有 SF_6 和 SO_2 的混合保护气体代替保护性助熔剂，是镁合金压铸的主要进步。不使用助熔剂的优点主要有减少熔渣形成从而减少金属损耗，压铸件中不含有助熔杂质，并且可改善压铸车间的空气质量。通常使用含有 0.2％体积分数的 SF_6 混合气体，可以加入也可以不加入 CO_2。而且对于密封好的熔化炉，SF_6 的体积分数可以减少至 0.1％。为避免坩埚腐蚀，并且减少气体消耗，空气中的 H_2O 含量应在体积分数 0.1％以下。SF_6 的体积分数高于 0.5％，也会增加坩埚的损耗，特别是在较高的温度下。如果 SF_6 的体积分数达到百分之几，坩埚中会发生剧烈的反应。因此，必须严格控制混合气体的成分。绝对不可在盖中使用纯 SF_6。

由于含有 SF_6 混合保护气体比较昂贵，并且可以引起温室效应，因此其排放应尽可能的低。为减少保护气体的消耗，保护气体导入管应接至位于坩埚盖下面的钢管中，此钢管具有很多间隔一定距离、直径 1mm 的小孔。为保证对金属的有效保护，液面应接近出气管。若液面在坩埚盖以下 100mm 处，建议出口的速度为 5～10mm/s。为保证更均匀的气体，推荐数据见表 5-20 所示。如果几台熔化炉共用一个气体混合站，每一台熔化炉都要有单独的气体控制装置。

表 5-20　在 $1m^2$ 的熔化炉表面上 0.2％SF_6 混合气体的使用

气体消耗量	≈10L/min
全部出口表面积	0.15～0.30cm^2（20～40 个直径 1mm 孔的出口）
供气管大小	1.0～1.5cm^2（10～15mm 的内径）

（9）实际操作

在镁合金熔化过程中，在金属表面会形成一层浮渣，间隔一定时间必须除去此层浮渣，间隔时间依赖于原料的质量和预热温度，熔化炉的设计和金属总量。当熔化高质量的铸锭时，每天清理一次足够，而熔化低级别的原料时，需要更经常的清理，间隔固定的时间，细致地清理坩埚壁上的残留物是非常重要的。熔化炉底部熔渣的形成是由于表面金属氧化或因大的温度变化析出金属间微粒造成的。采取正确的操作程序，可以减少熔渣的形成。由于熔渣的形成可以减少熔化炉的容量并可能引起压铸问题，因此建议在每次清理熔化表面的时候，都要检查一次熔渣，为清除鹅颈管下面的熔渣，需要使用专门设计的工具（当打开窗口清理和检查熔化金属表面时，会中断坩埚中保护气体的供应。因此在清理时必须供应其他气体）。

为防止过热，间隔一定的时间必须检查控制温度的热电偶。因为过度加热会使铁的含量增加，从而使合金的化学成分超出规定。把熔化金属的温度降低到压铸温度可能会析出锰，从而使其含量低于最低要求。

在清理和检查之前，应排空坩埚中的金属。建议在两个坩埚并排的另外的地方进行。在有气体保护的条件下，通过舀或泵的方式，把熔化金属从旧的坩埚转移至干净并经过预热的坩埚中。

当空的坩埚投入使用时，建议在盖住和加热之前，在冷坩埚装满铸锭。在铸锭开始熔化时，必须通入保护气体。在铸锭完全熔化时，可以加入更多预热的铸锭。

5.8.3 镁合金压铸模具参数

（1）模具设计

压铸模具是种复杂的设备，需完成多项功能，其决定零件的大体几何形状，并对每批货之间的尺寸偏差有重要影响。使用固定或移动的芯子增加了压铸的灵活性，可以压铸出复杂的较精密外形的零件。流道和水口系统的几何形状决定模具的填充性能。模具的热条件决定零件的固化及其微观结构和品质。在大批量生产时，模具的热传导性能决定周期时间。模具应具有压铸件顶出系统。

（2）模具材料

模具组成模腔的部分和熔化金属直接接触，必须由能经受热冲击的钢材制造，最常用的是 H13 钢或和其具有相似性能的材料。为保证铸件的表面质量，必须使用含硫量低的优质钢材。为改善可加工性，供应模具制造商的钢材通常处于具有球状碳化颗粒的球化退火状态。在机械加工以后，模腔部分经过淬火及局部回火，使硬度在 46～48HRC 范围以内。

必须记住，只有模具的模腔部分和特殊零件才需要使用 H13 钢，这些部分一般占整个模具质量的 20%～30%，模具的其他部分使用低碳钢和中碳钢制造。对于几何形状相对简单的较小压铸件，经常使用标准化模块的模具。这种模具包括具有顶出系统的模架，模腔部分可以更换，同一系统可以应用于不同的压铸件。

镁合金和铝合金相比之下具有更低的比热容，其铁的含量也很低，因此模具具有更长的寿命。

（3）零件寿命

压铸件的质量取决于很多因素，包括合金的材料性能、生产参数、模具和零件的设计。零件设计者应该和模具设计者紧密合作，让零件设计者知道压铸生产的优势和局限。

① 部件厚度。较小的部件厚度容易达到所要求的力学性能。镁合金良好的填充性能，可以使压铸件的厚度小于 1mm，常见的壁厚在 2～4mm 之间。

② 壁厚均匀。为避免固化时的局部热点，零件的壁厚应尽可能均匀。由于固化时的收缩，局部热点会造成气孔和气穴的形成。

③ 容易的模具填充。模具的填充时间一般是 10～100ms，零件的设计应有助于平稳填充，边缘和拐角处应为圆角。

④ 使用加强肋。应使用加强肋加强零件的强度，而不是通过增加零件的厚度。

⑤ 避免局部过热。高速熔化金属的直接冲击可能引起模具的局部过热。

⑥ 零件厚度变化为避免应力集中，应使厚度逐渐变化。

⑦ 脱模斜度。脱模斜度一般为 2°～5°，但是，1°～3°甚至 0°的脱膜斜度也可看到，镁合金的热收缩性能使以上成为可能。

（4）尺寸的稳定性

压铸是精密生产过程，然而很多因素却可以影响压铸件的最终尺寸变化。尺寸变化可以分为线性变化，以及由模具间的移动、分模线、铸件和模具翘曲、压铸参数、芯子和脱模斜度等引起的尺寸变化。必须记住零件的最终变化只是部分取决于模具精度，线性尺寸变化是由下列因素引起的：模具温度的正常波动、注射温度、冷却速度、铸件应力释放和模具精度。以上因素除模具精度外，和模具的设计和制造没有关系。为减少最终产品的尺寸变化，必须严格控制生产工序。

表 5-21 为北美压铸协会提供的可以达到的尺寸公差，例如 1000mm 长零件的铸造公差为±1.2mm。

表 5-21　建议的线性尺寸公差

长度/mm	基本公差/mm		附加公差/mm	
	一般	重要	一般	重要
0～25	±0.25	±0.1		
25～300			±0.002	±0.0015
>300			±0.001	±0.001

（5）水口、流道和排气孔

注射系统对于压铸件质量是非常重要的，以下是设计水口系统的注意事项。

① 水口系统必须和压铸机的容量相适应，使模穴有必要的填充时间。

② 水口可以是不同的几何形状，扇形或分枝的。为防止湍流，水口的金属流体应该是平行或分枝的。

③ 设计的水口应使流动距离最短。

④ 相反方向流动的液体金属不应在薄壁区域相遇。

⑤ 由多个水口填充的零件应同时填充。

⑥ 溢流应用来除去氧化物和残留的润滑剂，并加热模具较冷的部分。

⑦ 应用连通至模具表面的排气孔除去模腔内生成的气体。

⑧ 水口和溢流的设计应避免可能在二次加工时形成锯齿纹。

（6）压铸参数的选择

所需要的填充时间是决定水口设计和压铸参数的关键因素，对于填充时间和平均壁厚之间的关系有多种公式，最近经验表明，对于长流动距离的薄壁铸件需要更短的模具填充时间。可以使用北美压铸协会给出的公式计算填充时间：

$$t = 0.0346[(T_m - T_f + 2.5S)/(T_f - T_d)T] \tag{5-9}$$

式中　T_m——金属温度，K；

　　　T_f——最低液体温度，K；

　　　T_d——模具温度，K；

　　　S——最大固体部分面积，dm^3；

　　　T——平均壁厚，mm。

镁合金铸件的水口速度因铸件类型而不同，常用的水口速度为 30～50m/s。对于薄壁铸件，水口速度可达 100m/s，高的水口速度会增加模具的损耗，并可能产生粘接问题。在不影响铸件质量的前提下，尽可能地降低水口速度。

在选定填充时间和水口速度后，就可以确定全部水口面积和冲头速度。可以通过以下程序确定模具参数。

① 根据零件形状和壁厚确定模具填充时间。

② 通过模穴容量确定体积流量。

③ 选择建议的水口速度。

④ 水口速度和体积流量决定整个水口面积。

⑤ 体积流量和注射料筒的直径决定注射时的冲头速度。

如：一铸件体积为 $1dm^3$，壁厚为 3mm，所需填充时间为 40ms，那么金属的体积流量为 $25dm^3/s$。如水口速度是 50m/s，则水口的横截面是 $5cm^2$，如果料筒的直径为 80cm，则注射时的冲头速度应是 5m/s。在确定压铸参数时最重要的是用科学的分析代替估计工作。

（7）模具润滑

镁合金和铝合金相比更不易蚀模，原因是镁合金中铁的含量非常低。然而，当热金属高速冲击模具的某些部件时，可能产生粘接现象，使用合适的模具润滑剂可以减少这种趋势，最常用的是水基的润滑剂。由于镁合金的比热容只有铝合金的 2/3，因此还需要把润滑剂用作冷却媒介，并且使用时间应尽可能地短，一般为铝合金的 50%，为减少水的含量，通常使用较高含量的润滑剂。

（8）打浇口和飞边

完成压射的铸件紧接着总是送往整形修边机上处理。有时在打浇口和飞边之前为了给铸件降温需要在水中或空气中冷却。在打浇口和飞边期间，像外加的金属小块、熔渣、浇道、浇口、溢料、气孔和批锋都要清除。打浇口和飞边可能还包括冲孔等，打浇口的模具会根据产品的复杂性进行变化。打浇口和飞边的模具对于最终质量和尺寸是至关重要的，需要给予高度重视。

5.8.4 压铸缺陷

常见压铸缺陷和压铸参数的关系可以参考图 5-2。

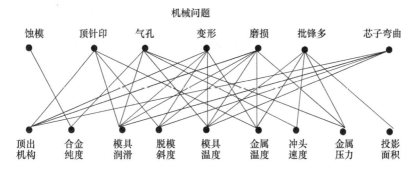

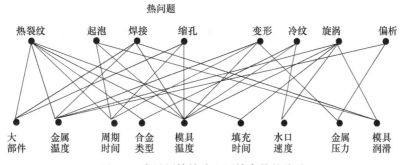

图 5-2　常见压铸缺陷和压铸参数的关系

压铸中可能发生多种缺陷，一些常见的缺陷如下。

① 填充不足：原因可能是注射速度不够、冷模、金属温度低、水口不合适、模具通气不好。

② 冷纹：原因可能是金属液和模具温度过低引起的。

③ 气孔：原因是内部包有空气或析出溶解的氢气。

④ 收缩孔和气穴：发生于局部过热的地方，此处金属填充受到限制。

⑤ 热裂纹：发生于当部分金属固化时，由于模具的限制使应力增加。尖锐棱角和铸件的延迟顶出，都使热裂产生的趋势增加。

⑥ 变形：由于收缩应力在部件的顶出过程中可能发生变形和断裂。

系统地描述缺陷已做了很多尝试，并建起了缺陷与可变工序之间的关系。图 5-2 所示是一个分析压铸缺陷及相关原因的简单系统。通常产生缺陷的原因很多,具体每个事例根据实际状况必须进行系统的分析。

5.8.5 镁合金压铸安全

(1) 压铸镁合金及安全

在大批量生产的结构件中,镁是最轻的常见金属。镁元素存在多种原材料中,包括海水、白云石、菱镁矿等。可以用多种方法生产镁,既可以用热还原法,也可以用电解法。和铝合金一样,电解法特别适合于大规模生产。现在全世界的年产量大约为300000t,在不久的将来会有较大的增长。

镁合金是由基本金属或回收精炼的金属生产。目前所有的压铸合金对重金属杂质的含量有严格的限制,特别是铁、镍和铜。由于其优良的压铸性能和良好的力学和物理性能,AZ91是最常见的压铸镁合金。对于其他专门用途的合金,AM合金具有较好的延展性和断裂韧性,AS合金具有较好的高温抗蠕变性能。表5-22所示为目前压铸镁合金的主要化学成分。

表 5-22   压铸镁合金的主要化学成分   单位:%

合金	Al	Zn	Mn	Si	其他
AZ91	9	0.7	0.15		
AM20	2		0.4		
AM50	5		0.2		
AM60	6		0.2		
AS21	2		0.2	1.0	
AS41	4		0.2	1.0	
AS42	4		0.2		2.0~3.0

纯镁的热性能见表5-23,合金的性能和纯镁稍有差别。特别是熔化性能相差较大,合金具有一定的熔化范围而不是单一的熔点。例如,AZ91D在598℃时开始熔化,在约430℃时完全固化。对于其他合金,上下熔化随实际成分而变化。这对于铸造温度选择的熔炉操作有重要的影响。

表 5-23   纯镁的热性能

熔点/℃	620	固态比热容(400℃)/[kJ/(K·kg)]	1.2
沸点/℃	1107	液态比热容(800℃)/[kJ/(K·kg)]	1.4
熔化热量/(MJ/kg)	0.37	固体密度(20℃)/(kg/dm³)	1.74
汽化热量/(MJ/kg)	5.25	液体密度(700℃)/(kg/dm³)	1.58
燃烧热量/(MJ/kg)	25		

(2) 铸锭存放

制造商供应的铸锭堆放于罩有塑胶的卡板上。镁合金铸锭总会具有气、裂纹和表面氧化,程度取决于合金类型和铸造方法。以上特征和水分有关,如果铸锭在潮湿的环境下存放较长的时间,会形成含有湿度的腐蚀物。供应商供应的镁合金,建议在熔化之前把铸锭预热到150℃以除去水分。如果腐蚀较严重,建议在预热之前除去腐蚀物。建议在室内存放,最好在温度变化不大的建筑物内,应特别注意不要使镁合金和水直接接触。镁合金铸锭不能和易燃的材料放在一起,为防止在镁合金存放区发生火灾。应备有消防系统,其作用是防止火灾蔓延到金属存放区。如果镁合金发生燃烧,喷水装置会加速火势,并可以引起爆炸。

(3) 镁合金熔化

① 设备。压铸工厂常见的熔化设备包括以下几方面。

a. 至少把铸锭预热至150℃的预热炉。

b. 装入熔化炉的铸锭装入系统。

c. 具有单炉或双炉或单炉两室的熔化炉系统。

d. 熔炉配有低碳坩埚，外覆有耐热钢。

e. 金属的转移可以通过电加热的耐热钢管完成。

f. 压铸机金属的计量是由各种装置完成的，如勺舀、虹吸管、气泵、离心泵和电磁泵等。

g. 容纳温度测量、把杆控制、导管、保护气体系统，并具有检查和清理窗口的熔化炉盖系统。

h. 供应适量保护气体的供应系统，并可控制气体成分。为防气体耗尽，应有备用系统。所有的电力、燃料、冷却水、气都有遥控装置，以在紧急情况下中断供应。

② 防止蒸汽/氢气爆炸。应采取必要的措施避免液体金属和水/潮湿材料相接触。

a. 在投入熔化金属之前，所有的铸锭必须预热至 150℃。

b. 所有的清理工具和勺子必须清洁，预热并经过完全干燥。

c. 工具不能有吸收湿气的包围物。

d. 熔化的镁合金绝对不能接触潮湿的材料，例如地板的水泥材料。只能使用钢制容器。

③ 防止燃烧/氧化熔化金属和空气中氧/氮的反应，应减少到最低程度。

a. 在低于初始熔点的温度下，大块的金属并不燃烧。

b. 有液体金属出现时，不使用熔化保护可能会发生剧烈的氧化/燃烧。

c. 随着温度的增加，液体金属的汽化增加了火灾发生的可能性。

d. 保护方法：低熔点下使用干燥而干净的盐熔液；含有少量 SF_6 和 SO_2 保护气体。

e. 一般说来，IMA（国际镁合金协会）建议使用表 5-24 中的熔化保护。对于标准的压铸操作，最常见的做法是在干燥空气中混合 0.2%（体积分数）的 SF_6。

f. 为避免吸收水分，不要使用过长的保护气体输送管。

g. 在输入铸锭的和其他操作时，尽量减少炉盖窗口打开的时间。

h. 尽量避免各种泄漏。

i. 确保保护气体直接通至熔化金属表面。

j. 在提供良好保护的前提下，把流量调节到最少。

k. 确保保护气体的供应不能中断。

l. 用熔渣工具经常清理熔化金属表面积聚的反应物。

表 5-24　在不同的工作条件和温度下，IMA 建议的保护气体

熔化温度/℃	保护气体(体积分数/%)	工作条件		
		表面搅动	焊剂污染	熔化保护
670~705	Air+0.04%SF$_6$	不	不	优秀
650~705	Air+0.2%SF$_6$	是	不	优秀
650~705	75%Air/25%CO$_2$+0.2%SF$_6$	是	是	优秀
705~760	50%Air/50%CO$_2$+0.3%SF$_6$	是	不	优秀
705~760	50%Air+50%CO$_2$+0.3%SF$_6$	是	是	很好

④ 防止铝热剂反应。坩埚壁和钢配件的锈迹及剥落等应尽量避免和镁合金接触。

a. 熔化保护气体 SF_6 和 SO_2 不正确使用时坩埚鳞片状剥落，从而和熔化镁合金发生剧烈的反应。

b. 使用表 5-24 所示 IMA 混合气体。

c. 在密封的坩埚内绝对不可以使用高含量的 SF_6 和纯的 SF_6。

d. 在熔化炉关闭时，坩埚应盛满金属以避免坩埚壁吸收水分。

e. 保持坩埚壁没有锈迹，在清洗时应避免锈蚀进入熔液。

f. 坩埚衬表应干净而没有锈蚀。

⑤ 清理坩埚熔渣。正确地清理坩埚是安全操作规程和维持熔化金属品质所必需的。

a. 在一定的间隔内，应清理坩埚的表面和底部。

b. 使用干净和预热过的工具。

c. 把工具缓慢插入熔化金属以使温度均衡。

d. 熔渣应该放进预热的钢柜中，最好有一定的冷却能力。

e. 把保护气体和熔渣的盖相连，以控制熔渣燃烧。

f. 由于可能积聚燃火的镁粉，如果熔渣柜中发生燃烧，不要很快移开盖子。

⑥ 防止和含硅的绝缘材料反应。合适的熔炉结构和坩埚控制方法是熔化安全操作的关键。

a. 当和熔炉的镁合金直接接触有危险时，低密度、高硅绝缘材料不能用在处理熔化镁合金的设备上。

b. 熔炉底应使用高密度、高熔炉点的氧化铝材料。

c. 为防止故障，熔炉应配有钢制容器以容纳熔化的金属。

d. 在金属液流出时，用干燥的焊剂控制燃烧直到金属完全固化为止，立刻关闭电源供应。避免以下原因引起的损坏：在坩埚中加入锌、铝合金；在关闭期间于 $400 \sim 600 ℃$ 盛放熔化金属；不正确地使用保护气体。

e. 间隔一定的时间检查坩埚，微小的损坏可以通过焊接修补，当坩埚壁厚度比原来减少 50% 时，通常更换新的坩埚。

⑦ 压铸。压铸是镁合金生产较好的方法，可以以高的生产率生产复杂、薄壁的零件，和铝合金相比具有更低的模具损耗。镁合金的生产既可用冷室机也可用热室机。为具有更好的性能，建议镁合金压铸使用比铝合金高一些的注射速度，特别是对于薄壁零件。

a. 大部分先进的镁合金压铸设备都装有安全操作装置，在压铸操作时必须严格遵守安全规定。

b. 保持良好的厂房管理，镁合金件的压铸和表面处理也不例外。

c. 由于镁和水和含水材料的剧烈反应，应特别注意避免此种情况。

d. 熔化金属进入压室时偶然的金属应放在压室下面干燥的容器内。避免锤头润滑油在此区域积聚。

e. 压铸之前，在关闭期间冲头上冷却的水应加热除掉。

f. 在模穴上尽量避免使用过量的水基的润滑剂，注射料筒上不能积聚水分。

g. 如果存在过量的模具润滑剂、水和含水的流体，金属偶然流入模具下面的坑中是很危险的，此坑穴要经常清理，并且使润滑剂有效排放。

⑧ 机械加工。尽管压铸件在压铸以后，几乎可以达到精度要求，但通常还需要进行一些机械加工，压铸镁合金具有优良的可加工性能。大部分压铸商都可以进行机械加工。但是处理机械加工碎屑时，有发生火灾的危险。这是由于当面积/体积比较大时，很容易升温到较高的温度。在加工镁合金时，必须遵守严格的规定。绝对不可以在没有建立安全措施的加工其他金属的设备上加工镁合金。

在机械加工和处理镁合金碎屑时，必须遵守以下规定。

a. 请勿吸烟。

b. 保持切削刃锋利，并有足够的切削角。

c. 使用大进给量，以产生较厚的碎屑。

d. 不能让刀具摩擦工件。

e. 消除碎屑燃烧的火源。

f. 保持加工场所清洁，避免积累过多的碎屑。

g. 维持足够的灭火剂（干燥的沙子、铸铁屑、D型灭火器）。

h. 使有特殊的抑制性水/油乳化剂以减少氢气的生成，并保证乳化剂的充分供应。

i. 具有保护门的加工室必须通风良好，以防止积聚高浓度的氢气。

j. 把湿的碎屑放入通风优良的钢桶中，并放在离开机械加工和压铸场所的位置。

k. 运输湿的碎屑时要使用带通风的运输工具，并放在通风良好的容器中。

l. 在进行机械加工之前，要首先考虑相关职能部门制定的法规。

⑨ 研磨。研磨镁粉极易燃烧，对于相关设备和操作，必须认真考虑采取防火和防止爆炸的措施。

a. 在研磨区绝对不可以燃火、切削或焊接。

b. 维持足够的灭火剂（干燥的沙子、铸铁屑、D型灭火器）。

c. 使用仅适用于镁合金的研磨设备。

d. 使用合适的湿尘收集系统。

e. 确保通风设备在研磨之前已正常运行，以除去积聚的氢气。

f. 保证湿尘收集系统有足够的维护和清理。

g. 现场的电气设备可以不受爆炸影响，并已正确接地。

h. 除非特别注明适用于镁粉，不能使用真空吸尘器收集镁粉。

i. 工作服应是防火材料并且没有口袋。

j. 严禁吸烟。

（4）灭火

① 概述。镁合金起火通常由于较差的安全措施和作坊式的做法引起的。镁合金起火时必须采取一定的措施防止火势蔓延。

a. 必须记住，镁合金铸锭、压铸件和表面处理后的零件只有整体达到初始熔点才会发生燃烧。

b. 由于高的火焰温度（3900℃），镁合金燃烧会发出耀眼的白光。这对于没有经验的人是很可怕的，因此遵守控制和灭火规定是非常重要的。镁的比热容只有汽油的一半，只要小心谨慎，镁合金起火是很容易熄灭的。由于湿气的存在，要小心发生飞溅爆炸。切记不可惊慌，更不能用水扑灭镁合金起火，使用水会导致爆炸和火势蔓延。

c. 应该有防火队，进行必要的培训。

d. 应避免在镁合金熔化区域存放气瓶，必要时气瓶应存放在防火材料的地板上。

e. 在压铸机和熔化炉附近，不要使用木板。

f. 以防起火时产生大量的烟，应准备必要的呼吸器具。

② 建筑物。厂房应使用防火材料，排放管应远离熔化金属可能溢出的区域，熔化区域的地板材料应耐热且不吸水，因普通水泥在金属溢出时会释放出水分，建议使用耐火砖和特种水泥。在金属可能飞溅的区域，最好使用钢制地板。要具有良好的排气系统。在熔化区域，应避免吹强风以防止镁合金氧化。

③ 存放。铸锭、浮渣、加工碎屑和研磨镁粉的存放应遵从以下几点。

a. 镁合金要和易燃材料分开存放。

b. 干净的固体镁合金碎片如水口等应存放在不能燃烧的容器中，不同的金属要分开存放。

c. 熔化炉和坩埚清理出的炉渣含有很大一部分镁合金，在固化和冷却以后，应存放在不能燃烧的容器中，干燥的加工屑存放在干燥的钢桶中。

d. 由于发热和自燃的危险，湿润的加工屑不可烘干，应放在通风良好的容器中，使水和镁反应生成的氢气跑掉，除非使用特殊合成的可以抑制氢气生成的冷却剂。厂房和运输工具必须通风良好。

④ 灭火剂使用以下灭火剂可以控制和扑灭镁合金起火。

a. 干燥的盐焊剂，熔点低，专门适用于镁合金。

b. D 型灭火器。

c. 干燥且不含氧化物的铸铁屑。

d. 干燥的沙子。

最有效的灭火方法是盐焊剂，可以在液态镁表面形成熔化层，从而隔绝氧气。压铸车间应备有足够的盐焊剂。干燥的铸铁屑和沙子会冷却和灭火。因镁和硅可能发生反应，在含有大量液体金属的坩埚中不可使用含硅的沙子。因 D 型灭火器可能使火势蔓延，其只能作为一种选择方法。

（5）废品处理

如果加工残留物的回收不是经济的或实用的，那么残留物必须用无危害的方式并符合当地法律法规进行处理。

可行的处理方法包括：溶入 5% 的氯化铁水溶液中；溶入海水中；埋入地下。

① 处理和储存。加工操作的残留物必须经过处理，要考虑到安全和环境问题并符合国家相关法律。

a. 镁金属的残留物不应该和其他残留物混合在一起。

b. 干燥加工操作的镁金属残留物应放置于密闭、贴有标识的、干净的、非易燃性的钢制容器中，容器应放在干燥的地方，没有水污染的机会。

c. 污染有矿物油的碎屑，应和干燥碎屑以同样的方式存放。

d. 被水或水基冷却液污染的镁金属碎屑应存放在通风良好的钢制容器中，图 5-3 所示说明了储存容器内部氢气含量与通气孔的关系。容器中氢气的体积分数要有效保持在低于 4% 的爆炸极限，要有一个 25mm 的排气孔。建议在容器的顶盖上打 3 个直径为 25mm 的排气孔，存放区域和传输工具也应正确通风，防止可燃性氢气与空气的混合气体聚集。

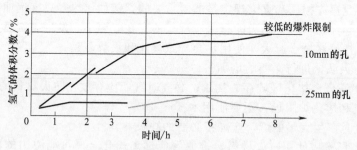

图 5-3　氢气含量与通气孔关系

e. 在储存和运输前，应尽可能清除掉碎屑上的冷却液。目前所用清除水的方法有过滤、离心干燥和挤压。

② 回收。镁碎屑和粉末应看作是有用的资源。这些材料可用于钢、铁工业中给产品脱硫。干燥的碎屑很容易循环，油质和湿碎屑的再循环要求特别注意清洁、放射控制和安全。

第 2 篇

压铸模设计

第6章　压铸模设计基础

6.1　压铸模概述

在压铸生产中，正确采用各种压铸工艺参数是获得优质压铸件的重要措施，而金属压铸模则是提供正确地选择和调整有关工艺参数的基础。所以说，能否顺利进行压铸生产、压铸件质量的优劣、压铸成型效率以及综合成本等，在很大程度上取决于金属压铸模结构的合理性和技术的先进性以及模具的制造质量。

金属压铸模在压铸生产过程中的作用如下。

① 确定浇注系统，特别是内浇口位置和导流方向以及排溢系统的位置都决定着熔融金属的填充条件和成型状况。

② 压铸模是压铸件的翻版，它决定了压铸件的形状和精度。

③ 模具成型表面的质量影响压铸件的表面质量以及压铸件脱模阻力的大小。

④ 压铸件在压铸成型后，能否易于从压铸模中脱出，是否在推出模体后有变形、破损等现象的发生。

⑤ 模具的强度和刚度能承受压射比压及以内浇口速度对模具的冲击。

⑥ 控制和调节在压铸过程中模具的热交换和热平衡。

⑦ 压铸机成型效率的最大发挥。

在压铸生产中，压铸模与压铸工艺、生产操作存在着相互制约、相互影响的密切关系。所以，金属压铸模的设计，实质上是对压铸生产过程中预计产生的结构和可能出现各种问题的综合反映。因此，在设计过程中，必须通过分析压铸件的结构特点。了解压铸工艺参数能够实施的可能程度，掌握在不同情况下的填充条件以及考虑对经济效果的影响等因素，设计出结构合理、运行可靠、满足生产要求的压铸模来。

同时，由于金属压铸模结构较为复杂，制造精度要求较高，当压铸模设计并制造完成后，其修改的余地不大，所以在模具设计时应周密思考，谨慎细致，力争不出现原则性错误，以达到最经济的设计目标。

6.2　压铸模的结构形式

6.2.1　压铸模的基本结构

压铸模由定模和动模两个主要部分组成。定模固定在压铸机定模安装板上，与压铸机压室连接，浇注系统与压室相通。动模则安装在压铸机的动模安装板上，并随动模安装板移动而与定模合模或开模。压铸模结构组成如图 6-1 所示。

6.2.2　压铸模分类

根据所使用的压铸机类型的不同，压铸模的结构形式也略有不同，大体上可分为以下几种形式。

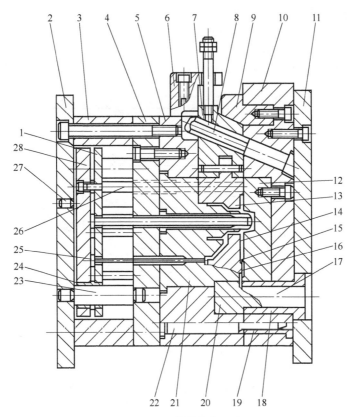

图 6-1　压铸模结构组成

1—推杆固定板；2—动模座板；3—垫块；4—支承板；5—动模套板；6—滑块支架；7—滑块；8—斜销；
9—楔紧块；10—定模套板；11—定模座板；12—定模镶块；13—活动型芯；14—型腔；15—内浇口；
16—横浇道；17—直浇道；18—浇口套；19—导套；20—导流块；21—动模镶块；22—导柱；23—推板导柱；
24—推板导套；25—推杆；26—复位杆；27—限位钉；28—推板

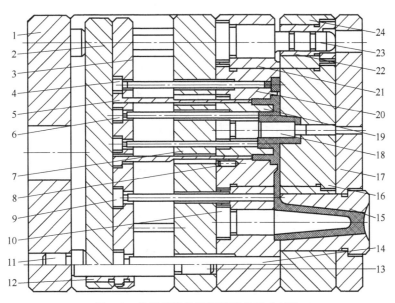

图 6-2　热室压铸机用压铸模的基本结构

1—动模座板；2—推板；3—推杆固定板；4,6,9—推杆；5—扇形推杆；7—支承板；8—止转销；10—分流锥；
11—限位钉；12—推板导套；13—推板导柱；14—复位杆；15—浇口套；16—定模镶块；17—定模座板；
18—型芯；19,20—动模镶块；21—动模套板；22—导套；23—导柱；24—定模套板

（1）热室压铸机用压铸模的典型结构

热室压铸机用压铸模的基本结构如图6-2所示。

（2）立式冷室压铸机用压铸模的典型结构

立式冷室压铸机用压铸模的基本结构如图6-3所示。

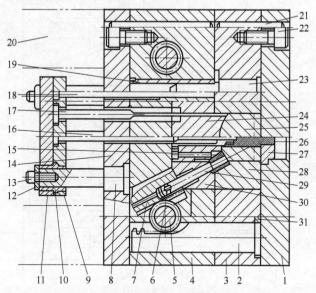

图 6-3　立式冷室压铸机用压铸模的基本结构

1—定模座板；2—传动齿条；3—定模套板；4—动模套板；5—齿轴；6,21—销；7—齿条滑块；8—推板导柱；
9—推杆固定板；10—推板导套；11—推板；12—限位垫圈；13,22—螺钉；14 支承板；15—型芯；16—中心推杆；
17—成型推杆；18—复位杆；19—导套；20—通用模座；23—导柱；24,30—动模镶块；25,28—定模镶块；
26—分流锥；27—浇口套；29—活动型芯；31—止转块

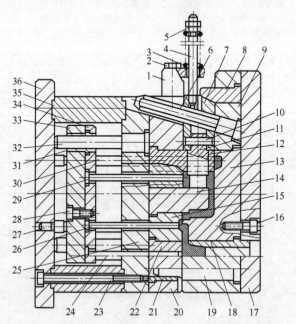

图 6-4　卧式冷室压铸机偏心浇口压铸模的基本结构

1—限位块；2,16,23,28—螺钉；3—弹簧；4—螺栓；5—螺母；6—斜销；7—滑块；8—楔紧块；9—定模套板；
10—销；11—活动型芯；12,15—动模镶块；13—定模镶块；14—型芯；17—定模座板；18—浇口套；19—导柱；
20—动模套板；21—导套；22—浇道；24,26,29—推杆；25—支承板；27—限位钉；30—复位杆；31—推板导套；
32—推板导柱；33—推板；34—推板固定板；35—垫板；36—动模座板

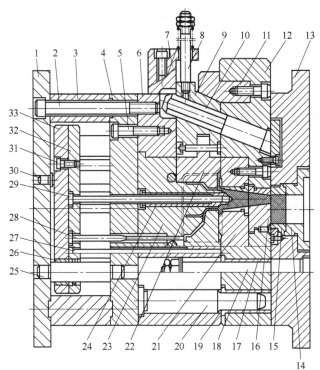

图 6-5　卧式冷室压铸机中心浇口压铸模的基本结构

1—动模座板；2,5,31—螺钉；3—垫块；4—支承板；6—动模套板；7—限位块；8—螺栓；9—滑块；10—斜销；
11—楔紧块；12—定模活动套板；13—定模座板；14—浇口套；15—螺栓槽浇口套；16—浇道镶块；17,19—导套；
18—定模导柱；20—动模导柱；21—定模镶块；22—活动镶块；23—动模镶块；24—分流锥；25—推板导柱；
26—推板导套；27—复位杆；28—推杆；29—中心推杆；30—限位钉；32—推杆固定板；33—推板

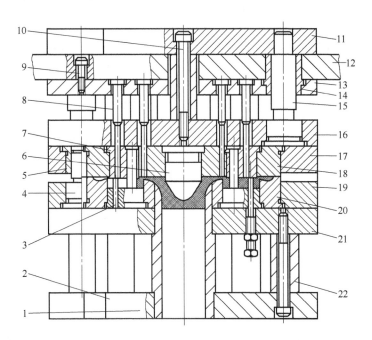

图 6-6　全立式冷室压铸机用压铸模的基本结构

1—压室；2—座板；3—型芯；4—导柱；5—导套；6—分流锥；7,18—动模镶块；8—推杆；9,10—螺钉；
11—动模座板；12—推板；13—推杆固定板；14—推杆导套；15—推板导柱；16—支承板；
17—动模套板；19—定模套板；20—定模镶块；21—定模座板；22—支承柱

（3）卧式冷室压铸机用压铸模的典型结构

① 卧式冷室压铸机偏心浇口压铸模的基本结构如图6-4所示。

② 卧式冷室压铸机中心浇口压铸模的基本结构如图6-5所示。

③ 全立式冷室压铸机用压铸模的基本结构如图6-6所示。

6.3 压铸模设计的基本原则

设计金属压铸模的基本原则如下。

① 模具设计时，应充分了解压铸件的主要用途和与其他结构件的装配关系，以便于分清主次，突出模具结构的重点，以获得符合技术要求和使用要求的压铸件。

② 结合实际，了解现场模具实际的加工能力，如现有的设备和可协作单位的装备情况，以及操作人员的技术水平，设计出符合现场实际的模具结构形式。

对于较复杂的成型零件，应重点考虑符合实际的加工方法，是采用普通的加工方法，还是采用特殊的加工方法。当因加工设备所限，必须采用传统的加工方法时，应考虑怎样分拆、镶拼才更易于加工、抛光，更能避免热处理的变形，以保证组装的尺寸精度。

③ 模具应适应压铸生产的各项工艺要求，选择符合压铸工艺要求的浇注系统，特别是内浇口位置和导向，应使金属液流动平稳、顺畅，并有序地排出型腔内的气体，以达到良好的填充效果和避免压铸缺陷的产生。

④ 充分体现压铸成型的优越性能，尽量压铸成型出符合压铸工艺的结构，如孔、槽、侧凹、侧凸等部位，避免不必要的后加工。

⑤ 在保证压铸件质量稳定的前提下，压铸模应结构先进合理，运行准确可靠；操作方便，安全快捷。

⑥ 设计的压铸模应在安全生产的前提下，有较高的压铸效率，实现充模快、开模快、脱模机构灵活可靠以及自动化程度高等特点。

⑦ 模具结构件应满足机械加工工艺和热处理工艺的要求。选材适当，尤其是各成型零件和其他与金属液直接接触的零件，应选用优质耐热钢，并进行淬硬处理，使其具有足够抵抗热变形能力、疲劳强度和硬度等综合力学性能以及耐蚀性能。

⑧ 压铸模的设计和制造应符合压铸件所规定的形状和尺寸的各项技术要求，特别是保证高精度、高质量部位的技术要求。

⑨ 相对移动部位的配合精度，应考虑模具温度变化带来的影响。应选用适宜的移动公差，在模具温度较高的压铸环境下，仍能移动顺畅、灵活可靠地实现各移动功能。

⑩ 根据压铸件的结构特点、使用性能及模具加工的工艺性。合理选择模具的分型面、型腔数量和布局形式、压铸件的推出形式和侧向脱模形式。

⑪ 模具设计应在可行性的基础上，对经济性进行综合考虑。

a. 模具总体结构力求简单、实用，综合造价低廉。

b. 应选取经济、实用的尺寸配合精度；

c. 注意减少浇注余料的消耗量。

⑫ 设法提高模具的使用寿命。

a. 模具结构件应耐磨耐用，特别是受力较大的部位或相对移动部位的结构件，应具有足够的强度和刚性，并进行必要的强度计算。

b. 重要的承载力较大的模体组合件应进行调质等热处理方法，并提出必要的技术要求。

c. 易损部位的结构件应易于局部更换，提高整体的使用寿命。

⑬ 设置必要的模温调节装置，达到压铸生产的模具热平衡生产的效率。

⑭ 掌握压铸机的技术特性，充分发挥压铸机的技术功能和生产能力。模具安装应方便、可靠。

⑮ 设计时应留有充分的修模余地。

a. 某些结构形式可能有几种设计方案，当对拟采用的形式把握不大时，应在设计时，给改用其他的结构形式留出修正的空间，以免模具整体报废或出现工作量很大的修改。

b. 重要部位的成型零件的尺寸，应考虑到试模以后的尺寸修正余量，以弥补理论上难以避免的影响。

⑯ 模具设计应尽量采用标准化通用件，以缩短模具的制造周期。

⑰ 广泛听取各方面的意见，与模具制造和压铸生产的工艺人员商讨，吸收有益的建议，对模具结构加以充实和完善。

6.4 压铸模的设计程序

6.4.1 研究、消化产品图

（1）收集设计资料

设计前，要收集有关压铸件设计，压铸成型工艺、模具制造、压铸设备、机械加工及特种加工工艺等方面的资料，并进行整理、汇总和消化吸收，以便在以后的设计中进行借鉴和使用。

（2）分析铸件蓝图、研究产品对象

产品零件图、技术条件及有关标准、实物模型等是绘制毛坯图及进行模具设计最重要的依据，首先对压铸件的蓝图进行充分的研讨和消化吸收，并了解产品零件的用途、主要功能以及相互配合关系、后续加工处理工序的内容、用户的年订单量及月需要量等。

（3）了解现场的实际情况

对现有的或确定购买的压铸机及其辅助装置的特性参数设计、安装配合等有关部分做细致的熟悉了解；对模具加工制造主要设备能力、水平，模具零部件标准化推广应用程度，坯料储备情况等加以了解；对进行压铸生产作业的现场设备、工艺流程，包括从熔炼、压铸到清理、光饰等各工序的操作方式、质量控制手段等要有基本的了解。这样才能在结合现场实际的基础上设计出立足本地、经济实用的压铸模。

6.4.2 对压铸件进行工艺分析

首先从压铸工艺性的角度来分析产品零件的合金材料、形状结构、尺寸精度及其他特点，一般零件图的工艺分析，应注意以下几点。

① 合金种类能否满足要求的技术性能。
② 尺寸精度及形位精度。
③ 壁厚、壁的连接、肋和圆角。
④ 分型、出模方向与脱模斜度。
⑤ 抽芯与型芯交叉、侧凹等。
⑥ 推出方向、推杆位置。
⑦ 镶嵌件的装夹定位。
⑧ 基准面和需要机械加工的部位。
⑨ 孔、螺纹和齿的压铸。
⑩ 图案、文字和符号。

⑪ 其他特殊质量要求。

6.4.3 拟定模具总体设计的初步方案

总体的设计原则是让模具结构最大限度地满足压铸成型工艺要求和高效低耗的经济效益。压铸模设计主要内容如下。

(1) 确定模具分型面

分型面的选择在很大程度上影响模具结构的复杂程度，是模具设计成功与否的关键，很多情况下分型面也是模具设计和制造的基准面，选择时应注意以下几点。

① 使该基准面既有利于模具加工，同时兼顾压铸的成型性。

② 确定型腔数量，合理的布局形式，并测算投影面积；确定压铸件的成型位置，分析定模和动模中所包含的成型部分的分配状况，成型零件的结构组合和固定形式。

③ 分析动模和定模零件所受包紧力的大小。应使动模上成型零件的包紧力大于在定模上的包紧力，以使开模时压铸件留在动模一侧。

(2) 拟定浇注系统设计总体布置方案

初步确定浇注系统的总体布局，应考虑以下几点。

① 考虑压铸件的结构特点、几何形状，型腔的排气条件等因素。

② 考虑所选用压铸机的形式。

③ 考虑直浇道、横浇道、内浇口的位置、形式、尺寸、导流方向，排溢系统的设置等。其中内浇口的位置和形式，是决定金属液的填充效果和压铸件质量的重要因素。

(3) 脱模方式的选择

在一般情况下，压铸成型后，在分型时，压铸件留在动模一侧。为使压铸件在不损坏、不变形的状态下顺利脱模，应根据压铸件的结构特点，选择正确合理的脱模方式，并确定推出部位和复位杆的位置、尺寸。

对于复杂的压铸件，在一次推出动作后，不能完全脱模时，应采用二次或多次脱模机构，并确定分型次数和多次脱模的结构形式及动作顺序。这些结构形式都应在模具结构草图中反映出来。

(4) 压铸件侧凹凸部位的处置

要形成压铸件的侧凹凸，一般采用侧抽芯机构。对于批量不大的产品，可采用手动抽芯机构和活动型芯的模外抽芯等简单的侧抽芯形式，可在开模后再用人工脱芯。当必须借用开模力或外力驱动的侧抽芯机构时，应首先计算抽芯力，再选择适宜的侧抽芯机构。

(5) 确定主要零件的结构和尺寸

根据压铸合金的性能和压铸件的结构特点确定压射比压，并结合压铸件的投影面积和型腔深度，确定以下内容。

① 确定型腔侧壁厚度、支承板厚度，确定型腔板、动模板、动模座板、定模座板的厚度及尺寸。

② 确定模具导向形式位置、尺寸。

③ 确定压铸模的定位方式、安装位置、固定形式。

④ 确定各结构件的连接和固定形式。

⑤ 布置冷却或加热管道的位置、尺寸。

(6) 选择压铸机的规格和型号

因模具与压铸机要配套使用，一般要根据压铸件的正投影面积和体积等参数选定压铸机，同时兼顾现场拥有的设备生产负荷的均衡性。

在选用压铸机时，应核算以下几个主要参数。

① 根据所选定的压射比压和由正投影面积测算出的锁模力，并结合压铸件的体积和压铸机的压室直径，初步选定压铸机的规格和型号。

② 模具的闭合高度应在压射机可调节的闭合高度范围内。为满足这项要求，可通过调节垫块的高度来解决。

③ 模具的脱模推出力和推出距离应在压铸机允许的范围内。

④ 动模座板行程应满足在开模时顺利取出压铸件。

⑤ 模体外形尺寸应能从压铸机拉杆内尺寸的空间装入。

⑥ 模具的定位尺寸应符合压铸机压室法兰偏心距离、直径和高度的要求。

（7）绘制模具装配草图

根据以上的综合考虑，确定模具整体设计方案。绘制模具装配草图时，应注意以下几点。

① 图纸严格按比例画出，尽量采用1∶1比例绘制，以增强直观效果，容易发现问题。绘制模具装配图应遵循先内后外，先上后下的顺序，先从压铸件的成型部位开始，并围绕分型面、浇注系统等依次展开。

② 注意投影和剖视等在图纸中的合理布局，正确表示所有相互配合部位零件的形状、大小以及装配关系。标注模具的立体尺寸，即将长×宽×高尺寸在装配图上标出，同时验证是否与所选用的压铸机匹配。

③ 适当留出修改空间，以便后期对不合理的结构形式进行修改。

④ 尽量选用通用件和标准件，如标准模架、推出元件、导向件及浇口套等，并标出它们的型号和规格。

⑤ 初步测算模具造价。

6.4.4 方案的讨论与论证

拟定了初步方案后，现场调研，广泛征询压铸生产和模具制造工艺人员以及有实践经验的现场工作人员的意见，并对设计方案加以补充和修正，使所设计的压铸模结构更加合理、实用和经济。

6.4.5 绘制主要零件工程图

首先绘制主要零件图，对装配草图中有些考虑不周的地方加以修正和补充。主要零件包括各成型零件及主要模板，如动模板、定模板等。在绘制零件图时，应注意如下几点。

① 图面尽量按1∶1的比例画出，以便于发现问题。

② 合理选择各视图的视角，注意投影、剖视等的正确表达，避免繁琐、重复。

③ 标注尺寸、制造公差、形位精度、表面粗糙度以及热处理等技术要求。

6.4.6 绘制模具装配图

主要零件的绘制过程也是对装配草图的自我检验和审定的过程，对发现和遗漏的问题，在装配草图的基础上加以修正和补充，注意以下几点。

① 对零件正式编号，并列出完整的零件明细表、技术要求和标题栏。

② 在装配图上，应标注模体的外形立体尺寸以及模具的定位安装尺寸，必要时应强调说明模具的安装方向。

③ 所选用压铸机的型号、压室的内径及喷嘴直径。

④ 压铸件合金种类、压射比压、推出机构的推出行程、冷却系统的进出口等。

⑤ 模具制造的技术要求。

6.4.7　绘制其余全部自制零件的工程图

将绘制完的主要零件工程图按制图规范补充完整，并填写零件序号，然后将未绘制的自制零件图全部补齐，并校对所有图纸。

6.4.8　编写设计说明书及审核

主要包括以下内容。

① 对压铸件结构特点进行分析。

② 浇注系统的设计。包括压铸件成型位置，分型面的选择，内浇口的位置、形式和导流方向以及预测可能出现的压铸缺陷及处理方法。

③ 压铸件的成型条件和工艺参数。

④ 成型零部件的设计与计算。包括型腔、型芯的结构形式、尺寸计算；型腔侧壁厚度和支承板厚度的计算和强度校核。

⑤ 脱模机构的设计。包括脱模力的计算；推出机构、复位机构、侧抽芯机构的形式、结构、尺寸配合以及主要强度、刚度或者稳定性的校核。

⑥ 模具温度调节系统的设计与计算。包括模具热平衡计算；模温调节系统的结构、位置和尺寸计算。

设计说明书要求文字简洁通顺，计算准确。计算部分只要求列出公式，代入数据，求出结果即可，运算过程可以省略。必要时要画出与设计计算有关的结构简图。

审核包括图纸的标准化审查与主管部门审核会签。

6.4.9　试模、现场跟踪

模具投产后，模具设计者应跟踪模具加工制造和试模全过程，及时增补或更改设计的疏漏或不足之处，对现场出现的问题加以解决或变通。

6.4.10　全面总结、积累经验

当压铸模制作和试模完成，并经过一定批量的连续生产后，应对压铸模设计、制作、试模过程进行全面的回顾，认真总结经验，以利提高技术水平。

① 从设计到试模成功这一全过程都出现哪些问题，采用什么措施加以修正和解决的？

② 对那些取得优良效果的结构形式应予以肯定，进一步总结升华，有利于今后的应用。

③ 压铸模还存在哪些局部问题，比如压铸件质量、压铸效率等，还应该改进哪些？

④ 从设计构思到现场实践都走了哪些弯路？其根本原因是什么？

⑤ 从现场跟踪发现哪些结构件在加工工艺上还存在问题？今后应从积累实践经验入手，设计出最容易加工和装配的模具结构件。

第7章　浇注系统的设计

金属压铸模浇注系统是将压铸机压室内熔融的金属液在高温高压高速状态下，填充压铸模型腔的通道。它包括直浇道、横浇道、内浇口以及溢流排气系统等。它们在引导金属液填充型腔过程中，对金属液的流动状态、速度和压力的传递、排气效果以及压铸模的热平衡状态等各方面都起着重要的控制和调节作用，因此，浇注系统是决定压铸件表面质量以及内部显微组织状态的重要因素。同时，浇注系统对压铸生产的效率和模具的寿命也有直接影响。

浇注系统的设计是压铸模设计的重要环节。它既要从理论上对压铸件的结构特点进行压铸工艺的分析，又要有实践积累经验的应用。因此，浇注系统的设计必须采取理论与实践相结合的方法。

7.1　浇注系统的基本结构、分类和设计

7.1.1　浇注系统的结构

压铸模浇注系统的结构形式与压铸机的形式和引入金属液的方式有关，大体分为热室、立式冷室、全立式冷室和卧式冷室等四种。各种类型压铸机所采用的压铸模浇注系统的一般结构见表 7-1。

表 7-1　各种类型压铸机浇注系统的一般结构

压铸机类型	结 构 简 图	说　　　　明
热室		由直浇道、内浇口、横浇道、分流锥和溢流槽（图内未画出）组成。由于压室放置在坩埚内，在压铸完毕后，压射冲头的上移，在压室内形成负压，将未注入的金属液吸回鹅颈通道，产生的浇注余料较少
立式冷室		与热室压铸模的浇注系统有些类似，只是有料饼产生

压铸机类型	结 构 简 图	说　　明
卧式冷室		这是实践中最常用的一种形式。由直浇道、横浇道、内浇口、溢流槽和排气道组成
全立式冷室		由于它是从下面进料，料饼出现在浇注系统的下部，分流锥则在上部

注：1—直浇道；2—横浇道；3—内浇口；4—余料。

7.1.2　浇注系统的分类

浇注系统的分类见表 7-2。

表 7-2　浇注系统的分类

类　型		结　构　简　图	特　点　及　应　用
按金属液导入方向分类	切向浇口		①适用于中小型环形铸件 ②图(a)的方式，内边 n 线与型芯相切会导致金属液冲击型芯 ③图(b)的方式，内边 n 线离内圈(型芯)一定距离，外边 w 线离铸件外圈(型腔)一定距离，并在端部用圆弧与铸件外圆相连，使金属流沿型腔填充，减轻对型腔的冲刷 ④当环形铸件高度较大时，可采用图(c)的方式，将内浇口搭在铸件端面 ⑤如果环形铸件的直径较大，可采用图(d)的方式，内浇口开设在铸件内部，并采用切线形式，成为内切线浇口
	径向浇口		①适用于不宜开设顶浇口或点浇口的杯形铸件 ②图(a)为带法兰边铸件浇注系统的开设方法，杯边的半径 R 应尽可能大一些，以减轻金属液对型芯的冲击，内浇口的宽度不宜过大，否则杯形底部的气体不易排出 ③图(b)为不带法兰边压铸件浇注系统的布置方式

类 型		结 构 简 图	特 点 及 应 用
按浇口位置分类	中心浇口		①铸件平面上带有孔时,浇口开在孔上,同时在孔处设置分流锥 ②金属液从型腔中心部位导入,流程短 ③模具结构紧凑 ④铸件和浇注系统、溢流系统在模具分型面上的投影面积小,可改善压铸机的受力状况 ⑤用于卧式压铸机时,压铸模要增加辅助分型面 ⑥浇注系统金属消耗量较少
	顶浇口		①是中心浇口的特殊形式 ②铸件顶部没有孔,不能设置分流锥,内浇口截面积较大 ③压铸件与直浇道连接处形成热节,易产生缩孔 ④浇口需要切除
	侧浇口	 (a) (b)	①适应性强,可按铸件结构特点,布置在铸件外侧面[图(a)] ②铸件内孔有足够位置时,可布置在内侧面,既可使模具结构紧凑,又可保持模具热平衡[图(b)] ③去除浇口较方便
按浇口形状分类	环形浇口	 (a) (b)	①金属液沿型壁充填型腔,避免正面冲击型芯,排气条件良好[图(a)] ②在环形浇口和溢流槽处可设推杆,使压铸件上不留推杆痕迹 ③增加浇注系统金属消耗量 ④浇口需要切除 ⑤锥角 $\alpha \leqslant 90°$,环形浇口靠近分型面部位不开通,可以防止金属液过早封闭分型面[图(b)]

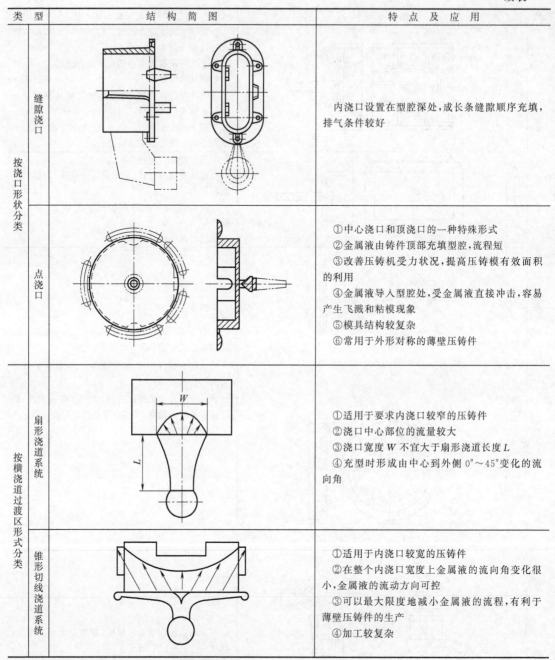

类　型		结　构　简　图	特　点　及　应　用
按浇口形状分类	缝隙浇口		内浇口设置在型腔深处，成长条缝隙顺序充填，排气条件较好
	点浇口		①中心浇口和顶浇口的一种特殊形式 ②金属液由铸件顶部充填型腔，流程短 ③改善压铸机受力状况，提高压铸模有效面积的利用 ④金属液导入型腔处，受金属液直接冲击，容易产生飞溅和粘模现象 ⑤模具结构较复杂 ⑥常用于外形对称的薄壁压铸件
按横浇道过渡区形式分类	扇形浇道系统		①适用于要求内浇口较窄的压铸件 ②浇口中心部位的流量较大 ③浇口宽度 W 不宜大于扇形浇道长度 L ④充型时形成由中心到外侧 $0°\sim45°$ 变化的流向角
	锥形切线浇道系统		①适用于内浇口较宽的压铸件 ②在整个内浇口宽度上金属液的流向角变化很小，金属液的流动方向可控 ③可以最大限度地减小金属液的流程，有利于薄壁压铸件的生产 ④加工较复杂

7.1.3　浇注系统设计的主要内容

①　根据压铸件的外形尺寸、质（重）量和在分型面上的正投影面积，并根据现场设备的实际情况，选定所采用的压铸机的种类、型号以及压室直径等。当选用立式冷室压铸机或热室压铸机时，还要选用适当的喷嘴，使喷嘴形状与浇注系统相适应。

②　对压铸件的尺寸精度、表面和内部质量的要求，承受负荷状况、耐压、密封要求等进行综合分析，确定金属液进入型腔的位置方向和流动状态。

③　对压铸件的复杂程度、结构特点以及加工基准面进行分析，结合分型面的选择，确

定浇注系统的总体结构和各组成部分的主要尺寸。

④ 分析金属液的流动状况，确定溢流槽和排气道的位置。

⑤ 根据金属液的流动对模具温度的影响，确定合适的模温调节措施。

7.2 内浇口的设计

内浇口是引导熔融的金属液以一定的速度、压力和时间填充成型型腔的通道。它的重要作用是形成良好填充压铸型腔所需的最佳流动状态。因此，内浇口的设计主要是：确定内浇口的位置、方向以及内浇口的形状和截面尺寸；预计金属液在填充过程中的流态，分析可能出现的死角区或裹气部位，从而在适当部位设置有效的溢流槽和排气槽。

7.2.1 内浇口的基本类型及应用

根据压铸件的外形和结构特点以及金属液填充的流向，可将内浇口的基本类型归纳为以下几种，见表7-3。

表 7-3 内浇口的基本类型

基本类型	结 构 简 图	特 点 及 应 用
扁平侧浇口	 (a) (b)	①最常见的内浇口形式 ②图(a)所示结构适用于多种压铸件,特别适用于平板形的压铸件 ③当环状或框状压铸件的内孔有足够的位置时,可采用图(b)的形式,将内浇口布置在压铸件的内部。这样,既可使模具结构紧凑,又可保证模具的热平衡
端面侧浇口	 (a)	①图(a)所示的盒类压铸件,采用端面侧浇口,使金属流首先填充可能存留气体的型腔底侧,将底部的气体有序排出后,再逐步充满型腔,避免压铸件中气孔缺陷的产生 ②图(b)所示的环状压铸件,为了避免金属液正面冲击型腔,可采用从孔的中心处进料,使模具结构紧凑。在填充过程中,也可使型腔内的气体有序地排出

基本类型	结 构 简 图	特 点 及 应 用
端面 侧浇口	 (b)	侧浇口的共同特点:①浇口的截面形状简单,易于加工,并可根据金属液的流动状况随时调整截面尺寸,以改善压射条件;②浇口的位置可根据压铸件的结构特点灵活选择;③浇口的厚度较小,当高压、高速的金属液通过时,因挤压和剪切作用,金属液再次加热升温,改善了流动状态,便于成型;④应用范围广;⑤容易去除浇注余料,不影响压铸件的外观
梳状 内浇口	 1—直浇道;2—主横浇道;3—过渡横浇道; 4—内浇口;5—溢流槽	①侧浇口的一种特殊形式,在框形、格形、多片形和多孔的压铸件中广泛的应用 ②横浇道分主横浇道和过渡横浇道两部分,多个截面尺寸相同的扁平浇口组成梳状内浇口,金属液在整个内浇道宽度上可保持均匀的内浇道速度,避免涡流,并在型腔的整个宽度上保持比较均匀的流速,可同时填满型腔 ③各个梳状内浇口的宽度和深度可以相同,但也可以有所差别。比如,可根据实际状况适当调整两侧内浇口的截面积,以提高旁侧内浇口的金属液流量,使结构更趋于合理 ④在设置溢流槽时,也应开设多个梳状溢流口,并与各相对应的扁平浇口错开,以保证金属液在充满浇注终端的各个部位后,再流入溢流槽中
切向 内浇口	 (a)　　　(b) (c)	①中、小型的环形压铸件多采用的形式 ②图(a)的形式,浇口的内边线 n 与型芯的内径和外边线 h 与型腔的外径均呈切线走向。但对于薄壁的压铸件,常导致金属液冲击型芯而产生冲蚀型芯或产生严重的黏附现象 ③图(b)的形式,浇口的内边线 n 向外偏离一个距离 s,而外边线 h 也外移一个距离,在端点用圆弧与型腔外壁相交,可避免冲蚀型芯或黏附现象,但应考虑浇口余料的清除问题 ④当环形压铸件的高度较大,为提高填充效果,可采用图(c)的形式,将内浇口搭在端面上形成端面切向内浇口 切向内浇口的优点:a. 金属液不直接冲击成型零件,提高了使用寿命;b. 金属液从切线方向进入型腔,沿环形方向有序地填充;c. 克服了由正面进料时两股金属流在温度下降的状况下相遇而产生冷隔的压铸缺陷

基本类型	结 构 简 图	特 点 及 应 用
环形内浇口		①多在深腔的管状压铸件上应用 ②在圆筒形压铸件一端的整个圆周的端部开设环状内浇口,也可以将环形内浇口沿环形浇口分隔成若干段或只有一两段,在压铸件的另一端则开设与此相对应的溢流槽 ③金属液从型腔的一端沿型壁注入,可避免正面冲击型芯和型腔,将气体有序地排出,使填充条件良好。同时,在内浇口或溢流槽处可设置推杆,使压铸件上不留推杆痕迹 ④浇口余料的切除比较麻烦
中心内浇口		①适用于压铸件的几何中心带有通孔的情况 ②内浇口开在通孔上,成型孔的型芯上设置分流锥,金属液从型腔中心导入。清除浇口余料时,为保持压铸件内孔的完整,一般使分流锥的直面高出压铸件端面 $h=0.5\sim1$mm 中心内浇口的特点:a. 金属液流程短,各部的流动距离也较为接近,可缩短金属液的填充时间和凝固时间;b. 减小模具分型面上的投影面积,并改善压铸机的受力状况;c. 模具结构紧凑
轮辐式内浇口		①是中心浇口的变通形式,具有中心浇口的优点,适用于压铸件的中心孔直径较大的情况 ②内浇口分成几个分浇口,可获得最佳的填充流束 ③由于多股进料,在各股金属液的相遇处易产生冷隔缺陷,因此必须在此处设置溢流槽
点浇口		①中心浇口的特殊形式 ②适用于结构对称、壁厚均匀的罩壳类压铸件 ③高速的金属流在冲击型芯后,立即弥散形成雾状,对填充不利,并使型芯局部温度升高,模具产生较大的温差,影响压铸件的表面质量,离浇口区域越远表面质量越差,会有表面疏松、冷纹和冷隔等压铸缺陷 ④由于点浇口的直径相对较小,使金属液流过内浇口的速度增大,它猛烈地冲击着型芯一个极小的区域,使该区域出现严重黏附或出现过早的冲蚀现象,所以这个局部区域应设计成可以更换的镶块结构 ⑤多用于热室和立式冷室的压铸模。当用于卧式冷室压铸模时,必须增设一个辅助分型面,以便于取出余料

7.2.2 内浇口位置设计要点

设计内浇口时,最重要的是确定内浇口的位置、形式和导流方向。应根据压铸件的形状和结构特征、壁厚变化、收缩变形以及模具分型面等各种因素的影响,分析金属液在填充时的流态和填充速度的变化,以及预计填充过程中可能出现的死角区、裹气和产生冷隔的部位，并布置适当的溢流和排气系统。

内浇口的设计要点如下。

① 内浇口位置应使金属液的流程尽可能地短，以减少填充过程中金属液能量的损耗和温度的降低。

② 浇口位置应使金属液流至型腔各部位的距离尽量相等，以达到各个分割的远离部位同时填满和同时凝固。

③ 尽量减少和避免金属流过多的曲折和迂回，从而达到包卷气体少、金属流汇集处少和涡流现象少的效果。

④ 除非大型或箱体框架类特殊形状的压铸件，一般应尽可能采用单个的内浇口，尽量少用分支浇口。当必须采用多个分支浇口时，应注意防止多路金属液流互相撞击，形成涡流，产生裹气或氧化物夹杂以及冷隔等压铸缺陷。

⑤ 金属液进入型腔后，不应过早地封闭分型面、溢流槽和排气道，以便于型腔内气体有序地顺利排出。

⑥ 从内浇口进入型腔的金属液流，不应正面冲击型芯、型壁或螺纹等活动型芯，力求减少动能损耗。型芯或型壁被金属液流冲蚀后，会产生粘模现象，严重时会使该处形成凹陷，影响压铸件脱模，有时甚至产生局部的早期热裂倾向。同时易形成分散的滴液与空气相混，使压铸件压铸缺陷增多。

图 7-1 所示是一个带格的压铸件。为了使金属液不正面冲击多个型芯，采用多股的缝隙侧浇口进料。它是梳状内浇口的变异形式，只是为了满足高型腔大型压铸件的填充需要。采用多股窄缝填充，缩短了填充时间。这种形式对框形、多孔形、多片形或其他大型的压铸件都很实用。

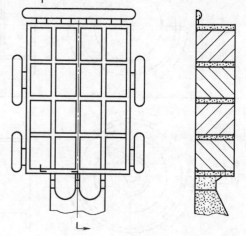

图 7-1 多股缝隙内浇口

⑦ 内浇口位置应尽可能设置在压铸件的厚壁处，使金属液由厚壁处向薄壁处有序填充，有利于最终补缩压力的传递。

⑧ 内浇口位置应使浇口余料易于切除和清理。内浇口与型腔连接处应以圆弧或小倒角过渡连接，以便在清除内浇口余料时不损坏压铸件的基体表面。

⑨ 从内浇口进入型腔的金属液流，应首先填充深腔处难以排气的部位，避免因围拢气体而产生压铸缺陷。

⑩ 根据压铸件的技术要求，凡尺寸精度或表面粗糙度要求较高或不再加工的部位均不宜设置内浇口。

⑪ 薄壁压铸件的内浇口的厚度要小一些，以保证必要的填充速度。

⑫ 内浇口位置应使压铸模型腔温度场的分布符合工艺要求，以便尽量满足金属液流流至最远的型腔部位的填充条件。

⑬ 内浇口的位置应有利于金属液的流动。带有加强肋和散热片以及带有螺纹或齿轮的压铸件，内浇口的位置应使金属液流在进入型腔后顺着它们的方向流动，以防产生较大的流动阻力，如图 7-2 所示。

⑭ 近似长方形、扁平状的压铸件，应尽可能在窄边上开设内浇口，以便金属液在填充时形成尽可能长的自由流束，使料流通畅，排气良好，有利于获得良好的表面质量，如图 7-3 （a）所示的形式。为协调模体的结构形状，也可采用图 （b）所示的布局形式。如果从

宽边进料，容易产生料流紊乱、熔接不良等压铸缺陷。

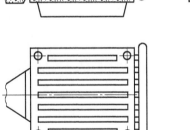

图 7-2　内浇口位置应有利于金属液的流动

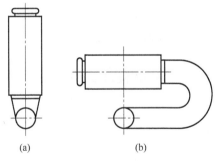

(a)　　　　　　(b)

图 7-3　内浇口设在窄边处

7.2.3　内浇口截面积的确定

（1）流量计算法

采用流量计算法计算时，先从表 7-4 选定充填时间，再从表 7-5 选定充填速度。然后，根据选定的值用公式（7-1）计算所需的内浇口截面积。

$$A_n = \frac{G}{\rho v_n t} \tag{7-1}$$

式中　A_n——内浇口截面积，mm^2；

$\quad\quad G$——通过内浇口的金属液总质量，g；

$\quad\quad t$——型腔的充填时间，s，见表 7-4；

$\quad\quad v_n$——充填速度，m/s，见表 7-5；

$\quad\quad \rho$——液态金属的密度，g/cm^3，见表 7-6。

表 7-4　充填时间推荐值

铸件平均厚度 b/mm	型腔的充填时间/s	铸件平均厚度 b/mm	型腔的充填时间/s
1.5	0.01～0.03	3.0	0.05～0.10
1.8	0.02～0.04	3.8	0.05～0.12
2.0	0.02～0.06	5.0	0.06～0.20
2.3	0.03～0.07	6.4	0.08～0.30
2.5	0.04～0.09	—	—

注：1. 铸件平均壁厚 b，按下式计算

$$b = \frac{b_1 S_1 + b_2 S_2 + b_3 S_3 + \cdots}{S_1 + S_2 + S_3 + \cdots}$$

式中，b_1、b_2、b_3···为铸件某个部位的壁厚，mm；S_1、S_2、S_3···是指壁厚为 b_1、b_2、b_3···各部位的面积，mm^2。

2. 铝合金取较大的值，锌合金取中间值，镁合金取较小的值。

表 7-5　充填速度推荐值

合金种类	铝合金	锌合金	镁合金	黄铜
v_n/(g/cm³)	20～60	30～50	40～90	20～50

注：当铸件的壁很薄，并表面质量要求较高时，选用较高的充填速度值；对力学性能，如抗拉强度和致密度要求较高时选用较低的值。

表 7-6　液态金属的密度

合金种类	铅合金	锡合金	锌合金	铝合金	镁合金	铜合金
ρ/(g/cm³)	8～10	6.6～7.3	6.4	2.4	1.65	7.5

（2）经验公式

按流量计算法计算内浇口截面积时，要先根据推荐得出压铸参数，如充填速度、充填时间。故使用时不太方便，也不十分准确。于是，人们根据经验提出了多种经验公式。

① W. Davok 公式

$$A_n = 180G \tag{7-2}$$

式中　A_n——内浇口截面积，mm^2；

　　　G——压铸件质量，g。

式（7-2）适用于重量不大于 150g 的锌合金和具有 2.4～3mm 中等壁厚的铝合金压铸件。

② 西方压铸公司公式

$$L = \frac{0.0268V^{0.745}}{T} \tag{7-3}$$

式中　L——内浇口宽度，cm；

　　　T——内浇口厚度，cm；

　　　V——铸件和溢流槽体积，cm^3。

式（7-3）适用于所有压铸合金。

（3）经验数据

① 内浇口厚度的经验数据（表 7-7）

表 7-7　内浇口厚度的经验数据

合 金 种 类	压铸件厚度/mm						
	0.6～1.5		>1.5～3		>3～6		>6
	复杂件	简单件	复杂件	简单件	复杂件	简单件	为铸件壁厚/%
铅、锡合金	0.4～0.8	0.4～1.0	0.6～1.2	0.8～1.5	1.0～2.0	1.5～2.0	20～40
锌合金	0.4～0.8	0.4～1.0	0.6～1.2	0.8～1.5	1.0～2.0	1.5～2.0	20～40
铝、镁合金	0.6～1.0	0.6～1.2	0.8～1.5	1.0～1.8	1.5～2.5	1.5～3.0	40～60
铜合金	—	0.8～1.2	1.0～1.8	1.0～2.0	1.8～3.0	2.0～4.0	40～60

② 内浇口宽度和长度的经验数据（表 7-8）

表 7-8　内浇口宽度和长度的经验数据

内浇口进口部位压铸件形状	内浇口宽度	内浇口长度	说　明
矩形板件	压铸件边长的 0.6～0.8 倍	2～3mm	指从压铸件中轴线处侧向注入，离轴线一侧的端浇口或点浇口则不受此限
圆形板件	压铸件外径的 0.4～0.6 倍		内浇口以割线注入
圆环件、圆筒件	压铸件外径和内径的 0.25～0.3 倍		内浇口以切线注入
方框件	压铸件边长的 0.6～0.8 倍		内浇口从侧壁注入

对于薄壁复杂的压铸件，宜采用较薄的内浇口，以保证必要的内浇口速度。但当内浇口厚度太小时，金属液流中的微小杂质，如偏析、夹杂物、氧化物等杂质都会导致内浇口的局部堵塞，缩小了内浇口的有效流动面积。同时，进入型腔的金属液很容易产生雾化现象，从而堵塞排气道，而裹卷型腔内的气体产生压铸缺陷。当内浇口厚度较大时，则有利于降低填充速度。同时，内浇口凝固时间几乎以内浇口厚度的二次方增加，这样有利于补缩压力的传递。因此，在不影

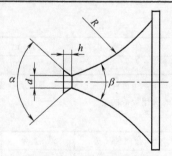

图 7-4　点浇口结构形式

响压铸件表面和不增加去除内浇口成本的情况下，可尽量增加内浇口的厚度。

在确定最终结果时，若设计者经验足够，则可按其经验择之。否则，最好选择较小值，然后试模后视情况修大浇口尺寸。

（4）点浇口设计

结构对称、壁厚均匀的罩壳类压铸件，可采用点浇口。点浇口的结构形式见图 7-4 所示。

点浇口直径和其他部分尺寸的推荐值见表 7-9 和表 7-10。

表 7-9　点浇口直径推荐值

铸件投影面积/mm²		≤80	>80~150	>150~300	>300~500	>500~750	>750~1000
直径 d /mm	简单铸件	2.8	3.0	3.2	3.5	4.0	5.0
	中等复杂铸件	3.0	3.2	3.5	4.0	5.0	6.5
	复杂铸件	3.2	3.5	4.0	5.0	6.0	7.5

注：表中数值适用于铸件厚度在 2.0~3.5mm 范围内的铸件。

表 7-10　点浇口其他部分尺寸推荐值

直径 d/mm	<4	<6	<8	进口角度 β/(°)	45~60
厚度 h/mm	3	4	5	圆弧半径 R/mm	30
出口角度 α/(°)	60~90				

7.3　横浇道的设计

横浇道是指从直浇道的末端到内浇口前端之间的通道。有时横浇道可划分为主横浇道和过渡横浇道，见图 7-5 所示。

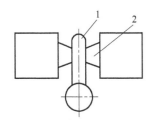

图 7-5　主横浇道和过渡横浇道
1—主横浇道；2—过渡横浇道

横浇道应符合下列要求。
① 提供稳定的金属液流。
② 对金属液的流动有较小的阻力。
③ 金属液在流动时包卷的气体量少。
④ 为型腔的热平衡提供良好的条件。
⑤ 使金属液有适宜的凝固时间，既不妨碍补缩压力的传递，又不延长压铸的循环周期。
⑥ 金属液流过横浇道时热量损失应最少。

7.3.1　横浇道的基本设计形式

横浇道的基本形式见表 7-11。

表 7-11　横浇道的基本形式

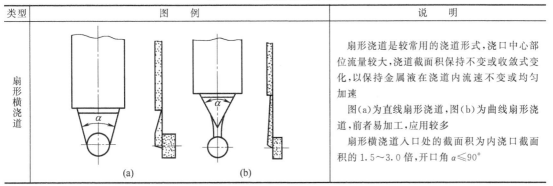

类型	图　例		说　明
扇形横浇道	(a)	(b)	扇形浇道是较常用的浇道形式，浇口中心部位流量较大，浇道截面积保持不变或收敛式变化，以保持金属液在浇道内流速不变或均匀加速 图(a)为直线扇形浇道，图(b)为曲线扇形浇道，前者易加工，应用较多 扇形横浇道入口处的截面积为内浇口截面积的 1.5~3.0 倍，开口角 α≤90°

类型	图　例	说　明
等宽横浇道	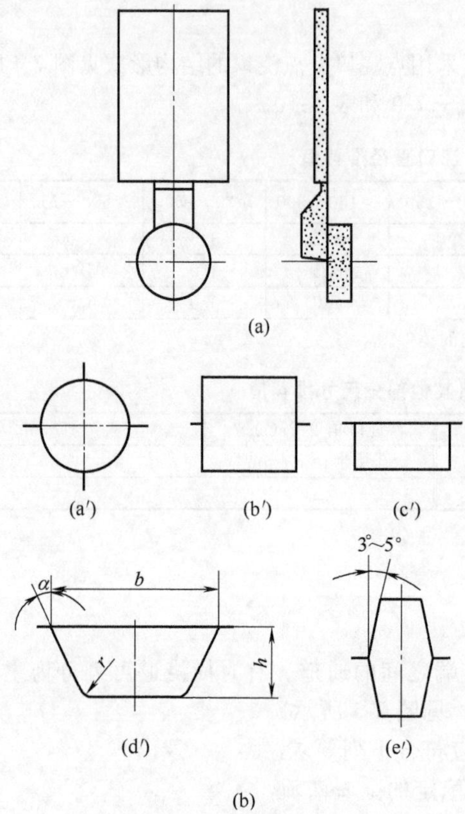 (a) (a′)　　(b′)　　(c′) (d′)　　(e′) (b)	等宽浇道是扇形浇道一种特殊形式,是最简单的横浇道,其截面形状如图(a)所示 　图(a′)是圆形截面的横浇道,散热面积小,金属液冷却速度较慢,但加工比较困难,故较少采用 　图(b′)和图(c′)分别为正方形和矩形截面的横浇道,它们的散热速度较快,并可通过设计不同的长宽比例来调节,加工也比较方便 　图(d′)是梯形截面的横浇道,利于横浇道余料顺利脱出,实践中常采用 　图(e′)是窄梯形截面的横浇道,在特殊情况下采用 　梯形截面横浇道的几何尺寸如下: 　横浇道的截面积 A_h 为内浇口截面积 A_n 的 $2\sim4$ 倍,横浇道厚度 h 为铸件平均壁厚 t 的 $1.5\sim2$ 倍,此外 　$\alpha=10°\sim15°,\gamma=2\sim3$ 　$b=(1.25\sim3)A_n/h$
T形横浇道	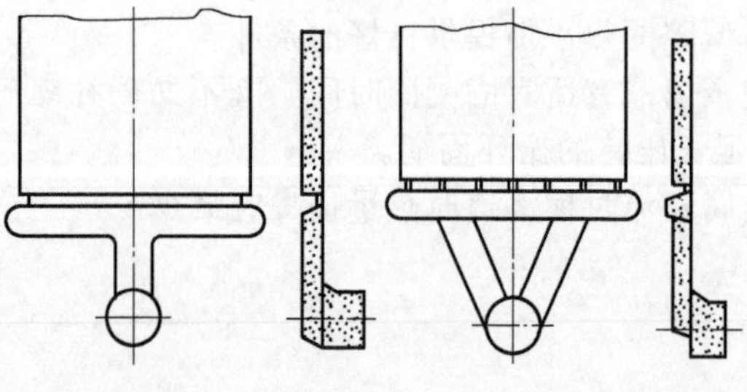 (a)　　　　　(b)	金属液在浇道内流动稳定,均衡填充型腔,常用于梳状内浇口的场合 　图(a)形式的 T 形横浇道,其内浇口正对着主横浇道的部位,金属液流量较大 　图(b)形式的 T 形横浇道,因金属液流分成两股流入过渡横浇道,填充状态更加良好
锥形切向横浇道	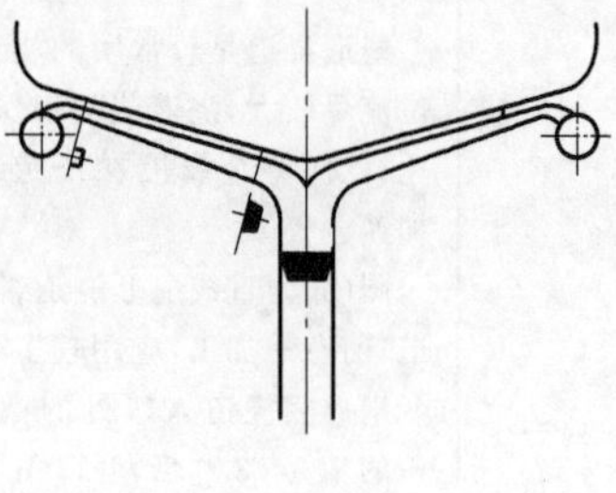	过渡横浇道截面积沿金属液流动方向逐渐减小,金属液的流态可控,由于最大限度地减少金属液的流程,有利于薄壁压铸件的生产

类型	图　例	说　明
环形横浇道	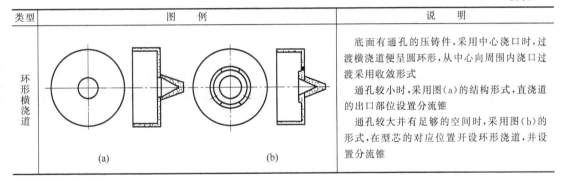 (a)　　　　　　(b)	底面有通孔的压铸件，采用中心浇口时，过渡横浇道便呈圆环形，从中心向周围内浇口过渡采用收敛形式 　　通孔较小时，采用图（a）的结构形式，直浇道的出口部位设置分流锥 　　通孔较大并有足够的空间时，采用图（b）的形式，在型芯的对应位置开设环形浇道，并设置分流锥

7.3.2　多型腔横浇道的布局

　　生产大而复杂的压铸件，大多采用单腔的压铸模。而形状较为简单的小型压铸件，当生产批量较大时，为了提高压铸生产的效率、降低综合制模成本，通常多采用多型腔压铸模。多型腔压铸模上的型腔可以设置相同的，也可以设置不同种类的。

　　一模多腔压铸模横浇道的布局形式应视各型腔的布局而定。多型腔位置的布局，应根据各压铸件的结构特点、金属液的流动状况以及模具温度的热平衡综合考虑，使各个型腔的压铸工艺条件尽可能地达到一致。

　　多型腔模横浇道的布局形式大体有如下几种。

　　（1）直线排列

　　图 7-6 所示是直线排列横浇道。在一般情况下，压铸小型压铸件多采用图 7-6（a）所示的形式。

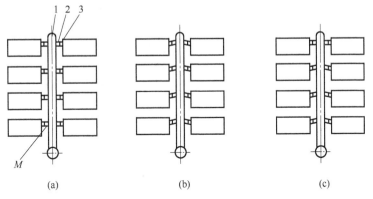

图 7-6　直线排列横浇道
1—主横浇道；2—过渡横浇道；3—内浇口

　　采用图 7-6（a）的形式时，在金属液压入主横浇道的瞬间，金属液在 M 处开始分流，金属液的主流向前流动的同时，有小股金属液流在很小的过压作用下，从过渡横浇道流入就近的型腔，形成预填充状态，并且这种情况重复出现。这样就使每个型腔都流入少量的金属液。当金属液的主流到达主横浇道的前端时，产生相应的冲击压力，自上而下地依次填充型腔。因为预填充的金属液是在很小压力作用下进入型腔的，而且在瞬间其温度会有明显降低，甚至接近冷却状态，这时它们与后来进入的主流金属液不容易熔合。这种填充时间差会使压铸成型效果下降，离直浇道近的压铸件通常容易产生压铸缺陷。

　　采用图 7-6（b）和图 7-6（c）所示的直线排列式，可以改善以上出现的问题。图 7-6

（b）中过渡横浇道采用了反向倾斜的进料方式，减少了预填充状况，最多只是部分的金属液预先达到内浇口。图 7-6（c）中过渡横浇道采用不同的反向倾斜的进料方式，即过渡横浇道由远而近，反向倾斜角依次递增。这些反向倾斜的进料方式显著提高了压铸效果，压铸件的压铸缺陷明显降低。

图 7-7 所示是双直线排列形式。直线排列式横浇道由于大多采用反向进料的结构形式，不同程度地增大了涡流现象的产生。因此，应设置有效的溢流槽和排气道。但是，对致密性要求较高的压铸件，不推荐采用反方向设置横浇道的方式。

（2）对称排列

较大型的压铸件可采用如图 7-8 所示的对称排列横浇道。从直浇道压入的金属液，经过均匀分叉的横浇道进入型腔。这样可保证双模腔具有相同的压铸工艺条件，模体的受力也较平衡。

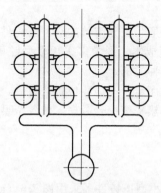

图 7-7　双直线排列横浇道

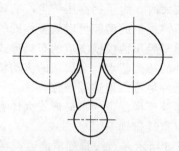

图 7-8　对称排列横浇道

矩形压铸件在卧式冷室压铸机上可采用图 7-9 所示的双腔排列横浇道。图 7-9（a）采用金属液分别从窄边平行进料，形成稳定而均匀的金属流束，并以相同的速度充满型腔。在内浇口对面设置溢流槽，容纳混有气体和冷污的金属液。图 7-9（b）和图 7-9（c）都是采用从长边的一端进料，金属液进入型腔而冲击对面腔壁后，迂回转向型腔的另一端，并充满型腔。由于金属液的转向，容易产生液流紊乱或出现涡流的现象，所以必须在金属液填充的终端区域设置足够大的溢流槽和排气槽。

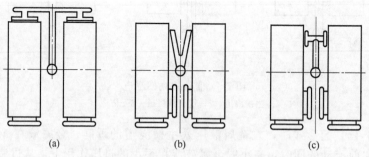

(a)　　　　　　　(b)　　　　　　　(c)

图 7-9　矩形压铸件的双腔排列横浇道

长矩形的压铸件采用双腔排列的横浇道，既能满足卧式冷室压铸机的工艺需要，又能提高压铸效率；并且模具结构紧凑，制模的综合成本明显降低，模体受力均匀，模具温度也容易达到热平衡。

（3）梳状排列

如图 7-10 所示是梳状排列横浇道。这种形式具有梳状内浇口和 T 形横浇道的特点。

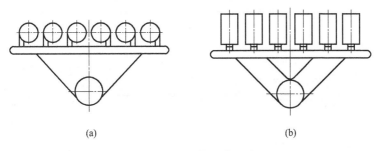

(a)   (b)

图 7-10　梳状排列横浇道

（4）环绕排列

当各型腔的布局与直浇道的距离相同时，横浇道可采用图 7-11 所示的环绕排列形式。这种排列使金属液在基本相同的压铸条件下，分别流入各个型腔，满足同时填满、同时冷却的原则。

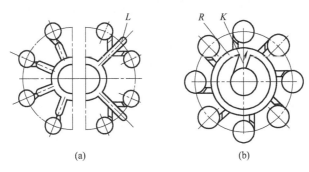

(a)   (b)

图 7-11　环绕排列横浇道

图（a）是在立式冷室压铸机上采用的排列形式。型腔环绕在直浇道的四周均匀排布，各个型腔可单独设置横浇道（如左半部分），也可两个型腔设置一个共同的横浇道（如右半部分）。从压铸条件考虑，后者比前者好，因为共用横浇道可伸展延长，延长段 L 起溢流槽的作用，同时，加工省力，用料也较节省。

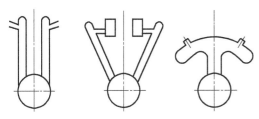

图 7-12　其他排列形式横浇道

图（b）是卧式冷室压铸机采用的形式。压铸过程中，金属液从直浇道经主横浇道 K 压入环形横浇道 R。这时，金属液在压射压力作用下产生离心作用，将被推向环形横浇道 R 的外壁，并依次流入各个型腔，直到完全充满。

（5）其他形式的排列

由于压铸件的结构不同，多型腔模型腔和横浇道的布局也各不相同。常用的横浇道的排列形式如图 7-12 所示。大体上有平直分支式、斜向分支式以及圆弧分支式等多种。在实践中，根据压铸件的结构特点而定。

7.3.3　横浇道与内浇道的连接

根据压铸件的结构特性，金属液的进料方式大体有侧面进料、平接进料、端面进料和环形进料。横浇道与内浇口的连接形式决定了金属液的进料方式和进料方向。

横浇道与内浇口的连接形式见表 7-12。

表 7-12　横浇道与内浇口的连接形式

简　图	说　明	简　图	说　明
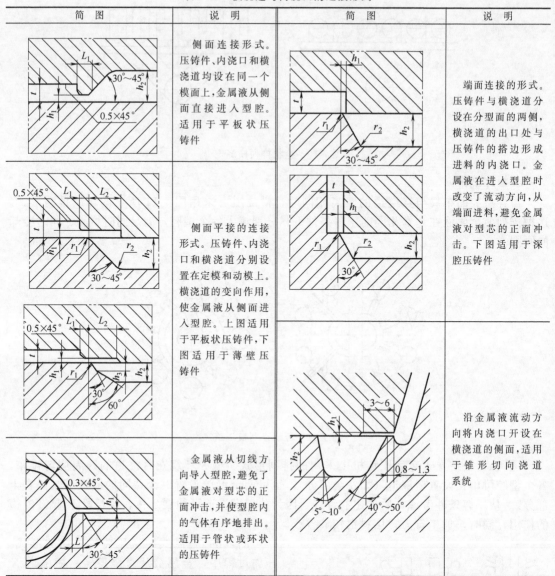	侧面连接形式。压铸件、内浇口和横浇道均设在同一个模面上，金属液从侧面直接进入型腔。适用于平板状压铸件		端面连接的形式。压铸件与横浇道分设在分型面的两侧，横浇道的出口处与压铸件的搭边形成进料的内浇口。金属液在进入型腔时改变了流动方向，从端面进料，避免金属液对型芯的正面冲击。下图适用于深腔压铸件
	侧面平接的连接形式。压铸件、内浇口和横浇道分别设置在定模和动模上。横浇道的变向作用，使金属液从侧面进入型腔。上图适用于平板状压铸件，下图适用于薄壁压铸件		
	金属液从切线方向导入型腔，避免了金属液对型芯的正面冲击，并使型腔内的气体有序地排出。适用于管状或环状的压铸件		沿金属液流动方向将内浇口开设在横浇道的侧面，适用于锥形切向浇道系统

注：1. 表内图中符号，L_1 为内浇口长度，mm，一般取 $L_1 = 2 \sim 3$mm；L_2 为内浇口延长段长度，mm；h_1 为内浇口厚度，mm，见表 7-7；h_2 为横浇道厚度，mm；h_3 为横浇道过渡段厚度，mm；r_1 为横浇道出口处圆角半径，mm；r_2 为横浇道底部圆角半径，mm。

2. 各数据之间的相互关系：

$$L_2 = 3L；h_2 > 2h_1；r_1 = h_1；r_2 = \frac{1}{2}h_2；L_1 + L_2 = 8 \sim 10\text{mm}$$

7.3.4　横浇道设计要点

①　为了使金属液达到均衡匀速或匀加速的流动状态，横浇道应保持均匀的截面积或缓慢收敛的趋向，不应有突然收缩和扩张。特别是不应该呈扩张状态，否则金属液在流动过程中，会出现低压，由此必然吸收分型面上的气体，加剧金属液流动过程中的涡流。横浇道截面积和厚度的变化特征如图 7-13 所示。

②　横浇道应有一定的厚度。若过薄，热量损失大，金属液在横浇道中的冷却凝固时间比型腔中的冷却凝固时间短，不便于补缩压力的传递；若过厚，冷却速度过于缓慢，影响生

产效率,增大金属消耗量。

③ 横浇道应有一定的长度。为便于横浇道余料脱模和节约原材料,横浇道应短些。但不能过短,否则对金属液稳流和导向作用差。

④ 横浇道应平滑光亮,在拐角处应圆滑过渡,如图 7-14 所示,并防止尖角,以减少金属液的流动阻力,避免过大的压力损失。为此,横浇道应有较好的表面光洁度,应顺着金属液的流动方向研磨,其表面粗糙度不大于 $Ra0.2\mu m$。

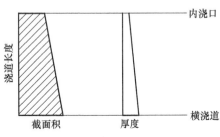

图 7-13 横浇道的变化特征

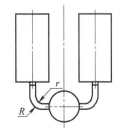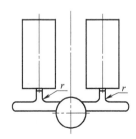

图 7-14 横浇道拐角应圆滑过渡

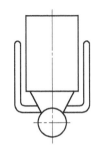

图 7-15 盲浇道

⑤ 在任何情况下,横浇道的截面积都应大于内浇口的截面积;多型腔压铸模主横浇道的截面积应大于各分支横浇道的截面积之和。

⑥ 圆弧形状的横浇道可以减少金属液的流动阻力,但截面积应逐渐缩小,防止涡流裹气。圆弧形状的横浇道出口处的截面积应比进口处减少 10%～30%。

⑦ 为了改善模具温度的热平衡,根据工艺要求,必要时可设置盲浇道,以调节模具温度的分布状况,特别是薄壁压铸件,可凭借盲浇道中金属液的热量,提高附近成型件的温度,有利于薄壁件的充满,见图 7-15。盲浇道的另一个作用是容纳冷污的金属液和其他杂质以及气体等。

⑧ 在一般情况下,卧式冷室压铸模横浇道的入口处应位于直浇道的上方,以防止压室中的金属液在压射前过早地流入型腔。当卧式冷室压铸模采用中心进料时,也应采取相应的措施,如图 7-11 (b) 所示的布局形式。

⑨ 为便于调整,横浇道截面积的初始尺寸应选得小些,以便在试模时留有修正的余地。

⑩ 对多型腔模除了应遵循一般型腔模的设计原则外,还应注意以下几个问题。

a. 根据压铸件的结构特点,尽量采用对称的布局形式。

b. 各型腔的填充工艺条件力求一致,尽可能在相同的时间内同时填满各个型腔。

c. 当各型腔的压铸件的种类不同时,各个内浇口截面积应单独计算确定。

d. 同种压铸件的各个型腔,其横浇道应选用相同的长度。在某些情况下,不能完全达到这个要求时,它们的内浇口截面积也应适当变化,即离直浇口远的型腔,内浇口截面积应适当增大,以增加金属液的流量。

e. 为达到压铸平衡状态,各型腔横浇道截面积的初始尺寸应选得小些,以便在试模时留出修正的余地。

f. 考虑模体的热平衡状态,尽量使各型腔成型区的模温趋于一致。

7.4 直浇道的设计

直浇道是传递压力的首要部分,直浇道的结构形式因压铸机类型的不同,可分为热室压铸模直浇道、卧式冷室压铸模直浇道和立式冷室压铸模直浇道。

7.4.1 热室压铸模直浇道

（1）直浇道的组成形式和典型结构形式

热室压铸机直浇道由压铸机喷嘴和模具上的浇口套及分流锥形成，见图7-16。直浇道尺寸见表7-13。直浇道内的分流锥较长，用于调整直浇道的截面积，改变金属液的流向及减少金属消耗量。为适应热室压铸机高效率生产的需要，通常需要在浇口套及分流锥内部设置冷却系统。

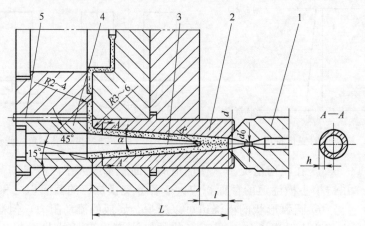

图 7-16　热室压铸模直浇道的结构

1—喷嘴；2—浇口套；3—分流锥；4—浇道镶块；5—浇道推杆

表 7-13　热室压铸模直浇道尺寸推荐值

符合内容	推荐尺寸/mm								
直浇道长度 L	40	45	50	55	60	65	70	75	80
喷嘴孔直径 d_0	8				10				
直浇道小端直径 d	12				14				
脱模斜度 α	6°				4°				
环形通道壁厚 h	2.5～3.0				3.0～3.5				
直浇道端面至分流锥顶端距离 l	10				12	17	22	27	32
分流锥端部圆角半径 R	5				10				

直浇道的典型结构形式见表7-14。

表 7-14　直浇道典型结构形式

结 构 简 图	说 明
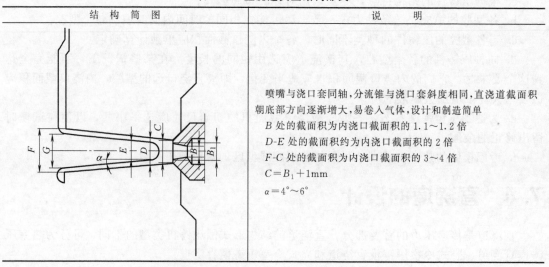	喷嘴与浇口套同轴，分流锥与浇口套斜度相同，直浇道截面积朝底部方向逐渐增大，易卷入气体，设计和制造简单 B 处的截面积为内浇口截面积的1.1～1.2倍 $D\text{-}E$ 处的截面积约为内浇口截面积的2倍 $F\text{-}C$ 处的截面积为内浇口截面积的3～4倍 $C = B_1 + 1\text{mm}$ $\alpha = 4° \sim 6°$

结 构 简 图	说 明
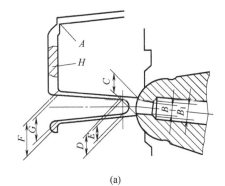	无分流锥式直浇道,结构简单,用于小型模具。为避免直浇道从定模中脱出发生困难,可采用喷嘴分离式压铸工艺,即每次压射后喷嘴与浇口套在开模时分离,使直浇道从喷嘴中脱出;或在直浇道底部设置较短的顶杆(低于分型面),帮助直浇道脱出 B 处的截面积为内浇口截面积的 $1.1\sim1.2$ 倍 $C=B_1+0.7\,\text{mm}$

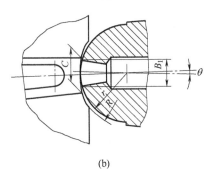
(a)
 	
(b)
	喷嘴端部为球形,直浇道与喷嘴呈 $3°\sim5°$ 交角,造成喷嘴出口与浇口套偏心,应适当放大浇口套入口直径 C,使金属液流动顺畅
	
	B 处的截面积为内浇口截面积的 $1.1\sim1.2$ 倍
	D-E 处的截面积约为内浇口截面积的 2 倍
	F-C 处的截面积为内浇口截面积的 $3\sim4$ 倍
	图 b 为喷嘴端部的局部放大图,浇口套入口直径 C 可用下式计算:
	$$C=B_1+(0.5\sim1)\text{mm}+\frac{2\pi R\theta}{180°}$$
	式中 θ——喷嘴的倾斜角,(°)
	      r——浇口套与喷嘴结合处球面半径,mm
	      R——喷嘴头部球面半径,mm,$R=r+0.4\,\text{mm}$

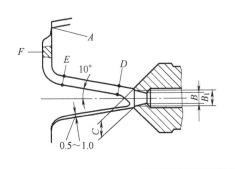	在分流锥上开出一个或数个金属液通道,形成通道式直浇道,在合模状态分流锥和直浇道之间留有 $0.5\sim1\,\text{mm}$ 的间隙,以容纳从喷嘴上掉下的金属液及其他杂物。浇口套的长度较短,而脱模斜度较大,一般为 $10°$ 以上。在分流锥上开出的通道截面积之和应小于喷嘴截面积。通道式直浇道金属液流动阻力小,不易卷入气体 B 处的截面积>内浇口截面积的 1.4 倍 E 处的截面积<D 处的截面积≤B 处的截面积 $C=B_1+1\,\text{mm}$

(2)浇口套的结构形式

直浇道部分浇口套的结构形式分整体式和套接式两类,其结构形式见表 7-15。

表 7-15　浇口套的结构形式

形　式	结　构　简　图	说　明	形　式	结　构　简　图	说　明
整体式结构	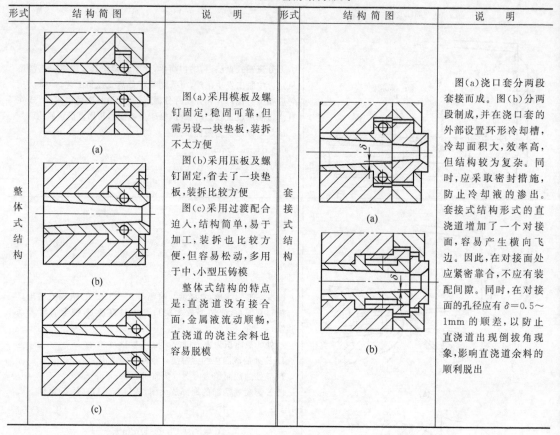	图(a)采用模板及螺钉固定,稳固可靠,但需另设一块垫板,装拆不太方便 图(b)采用压板及螺钉固定,省去了一块垫板,装拆比较方便 图(c)采用过渡配合迫入,结构简单,易于加工,装拆也比较方便,但容易松动,多用于中、小型压铸模 整体式结构的特点是:直浇道没有接合面,金属液流动顺畅,直浇道的浇注余料也容易脱模	套接式结构		图(a)浇口套分两段套接而成。图(b)分两段制成,并在浇口套的外部设置环形冷却槽,冷却面积大,效率高,但结构较为复杂。同时,应采取密封措施,防止冷却液的渗出。套接式结构形式的直浇道增加了一个对接面,容易产生横向飞边。因此,在对接面处应紧密靠合,不应有装配间隙。同时,在对接面的孔径应有 $\delta=0.5\sim1\text{mm}$ 的顺差,以防止直浇道出现倒拔角现象,影响直浇道余料的顺利脱出

（3）浇口套与喷嘴的对接方式

根据压铸机喷嘴端面形状的不同,浇口套与喷嘴的对接形式大体有两种,结构见图 7-17。

图 7-17（a）所示为球面对接,其对接面容易密切对接,并有微量的调心对中作用,且便于加工,应用比较广泛。图 7-17（b）所示为圆锥面对接,但圆锥面调心对中的功能较差。当浇口套与喷嘴的轴线有偏差时,会出现对接密封不严,导致金属液喷溅的现象,多用于小型模具。

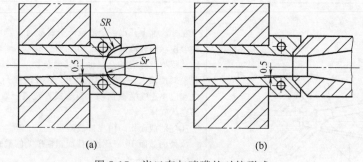

图 7-17　浇口套与喷嘴的对接形式

（4）设计要点

① 根据铸件的结构和重量等要求选择压铸件压室的尺寸。

② 浇口套与压铸机喷嘴的对接面必须接触良好。当采用球面对接时,为避免金属液从

对接处泄漏且加工、研合方便，浇口套的凹形球面半径 SR 应略大于喷嘴端部球半径 Sr，即 $SR=Sr+0.4mm$，以利于球面中心部位的紧密对接。

③ 直浇道截面积应顺着金属液的流动方向逐渐扩大，不应有倒拔角现象，以保证直浇道余料顺利脱模。

④ 直浇道入口处的孔径 D 应大于喷嘴出口孔直径 d，即 $D=d+1mm$，以保证金属液顺利压入型腔。

⑤ 浇口套、分流器、分流锥均采用耐热钢制造，如 3Cr2W8 等，热处理硬度为 44～48HRC。

⑥ 根据内浇口的截面积选择压铸机喷嘴孔的小端直径 d_0。一般喷嘴孔小端的截面积应为内浇口截面积的 1.1～1.2 倍。

⑦ 为适应热室压铸机高效率生产的需要，在浇口套和分流锥处应分别设置冷却系统。

⑧ 直浇道的单边斜度一般取 2°～6°，浇口套内孔表面粗糙度不大于 $Ra0.2\mu m$。

⑨ 直浇道中心应设置分流锥，以调整直浇道的截面积，改变金属液流向，便于从定模带出直浇道，同时还可减少金属液的消耗量。

⑩ 金属液通过直浇道的有效截面积应大于内浇口截面积。

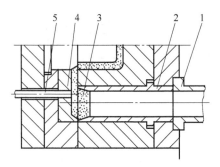

图 7-18　卧式冷室压铸模直浇道的结构
1—压铸机压室；2—浇口套；3—余料；
4—浇道镶块；5—浇道推杆

7.4.2　卧式冷室压铸模直浇道

（1）直浇道的组成形式

卧式冷室压铸模直浇道主要由浇口套、浇道镶块和浇道推杆组成，其结构形式见图 7-18。

（2）浇口套的结构形式

直浇道部分浇口套的结构形式见表 7-16。

表 7-16　浇口套的结构形式

结构简图	说　明	结构简图	说　明
	制造和装卸比较方便，在中小型模具中应用比较广泛。压室与浇口套同轴度易出现较大误差		压铸模的安装定位孔直接设置在浇口套上，消除了装配误差，保证了直浇道与压室内孔的同轴度
	利用台肩将浇口套固定在两模板之间，装配牢固，但拆装均不方便。压室与浇口套同轴度易出现较大误差		用于采用中心进料时点浇口的浇口套

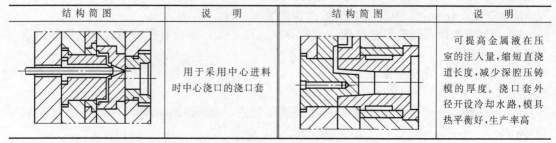

结 构 简 图	说　明	结 构 简 图	说　明
	用于采用中心进料时中心浇口的浇口套		可提高金属液在压室的注入量，缩短直浇道长度，减少深腔压铸模的厚度。浇口套外径上开设冷却水路，模具热平衡好，生产率高

（3）浇口套与压室的连接形式

浇口套与压室的连接形式见图 7-19。

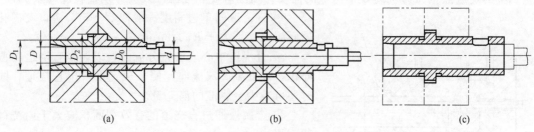

（a）　　　　　　　　　　（b）　　　　　　　　　　（c）

图 7-19　浇口套与压室的连接形式

图 7-19 中，图（a）为平面对接形式，为了保证直浇道和压室压射内孔的同轴度，应提高加工精度和装配精度，同时，还可适当放大直浇道的加工间隙。图（b）为套接形式，压铸机压室的定位法兰装入浇口套的定位孔内，保证了它们的同轴度要求。图（c）为整体式形式，压室和浇口套制成整体，内孔精度容易保证，但伸入定模套板长度不能调节。

（4）浇口套的配合精度

浇口套的配合精度有：浇口套外径与模板孔的配合精度、浇口套内孔与压射冲头的配合精度和定位孔与压铸机压室法兰的配合精度。

① 浇口套外径与模板孔的配合精度为 D_1（H7/h6）。

② 浇口套、压室与压射冲头的配合精度见表 7-17。

③ 定模座板或浇口套的定位孔与压铸机压室定位法兰的配合精度为 D2（E8）。

表 7-17　浇口套、压室与压射冲头的配合精度　　　　　单位：mm

压室基本尺寸	尺 寸 偏 差		
	浇口套 D（F8）	压室 D_0（H7）	压射冲头 d（e8）
>18～30	+0.053 +0.020	+0.021 0	−0.041 −0.073
>30～50	+0.064 +0.025	+0.025 0	−0.050 −0.089
>50～80	+0.076 +0.030	+0.030 0	−0.060 −0.106
>80～120	+0.090 +0.036	+0.035 0	−0.072 −0.126

（5）浇口套常用尺寸

浇口套常用尺寸见表 7-18。

表 7-18　浇口套常用尺寸　　　　　　　　　　　　　　　　单位：mm

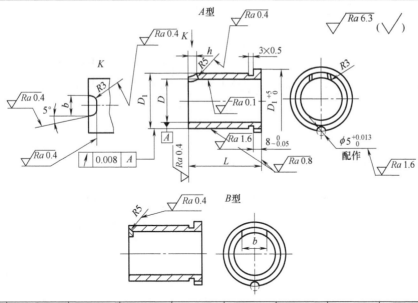

D	基本尺寸	25		30		35		40		45		50		60		70	
(F8)	偏　差	+0.053						+0.064						+0.076			
		+0.020						+0.025						+0.030			
D_1	基本尺寸	35		40		45		50		60		65		75		85	
(h8)	偏　差	−0.039								−0.046						−0.054	
b		10	16	10	16	16	20	16	20	16	24	16	24	20	30	20	30
h		6		6		8		8		10		10		12		12	
L		视　需　要　定															

（6）分流器常用尺寸

分流器常用尺寸见表 7-19。

表 7-19　分离器常用尺寸　　　　　　　　　　　　　　　　单位：mm

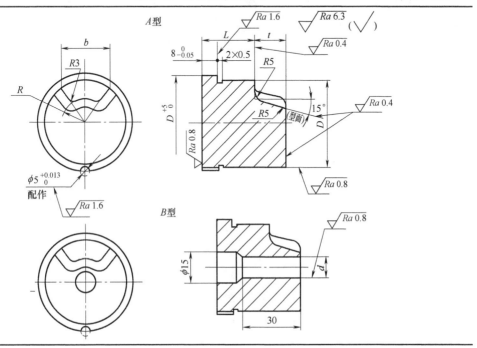

D	基本尺寸	25	30	35		40	45	50	60	70
(h8)	偏 差	−0.033			−0.039				−0.046	
d	基本尺寸	8			10			12		
(H8)	偏 差	+0.022						+0.027		
l		10			15			20	25	
b		10	16	10	16	16	20	16	20	16	24	16	24	20	30	20	30
R		10		11		12		13		14	15	20
L		视 需 要 定									

(7) 中心浇口结构

卧式冷室压铸机上设置中心浇口的结构见表 7-20。

表 7-20　卧式冷室压铸机上设置中心浇口的结构

结 构 简 图	说 明
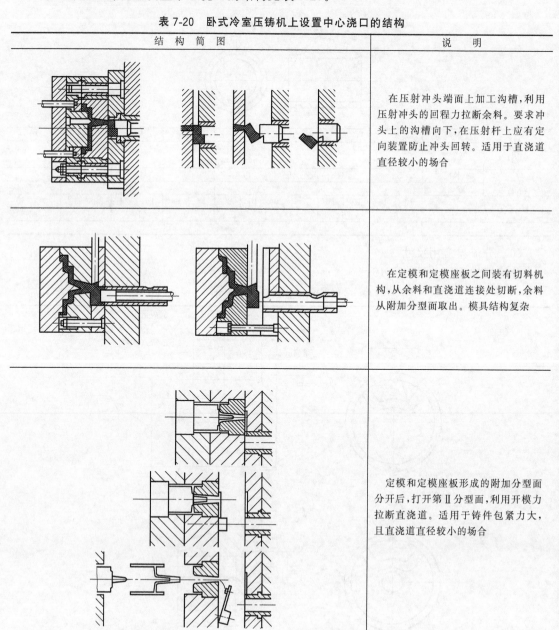	在压射冲头端面上加工沟槽,利用压射冲头的回程力拉断余料。要求冲头上的沟槽向下,在压射杆上应有定向装置防止冲头回转。适用于直浇道直径较小的场合
	在定模和定模座板之间装有切料机构,从余料和直浇道连接处切断,余料从附加分型面取出。模具结构复杂
	定模和定模座板形成的附加分型面分开后,打开第Ⅱ分型面,利用开模力拉断直浇道。适用于铸件包紧力大,且直浇道直径较小的场合

结 构 简 图	说 明
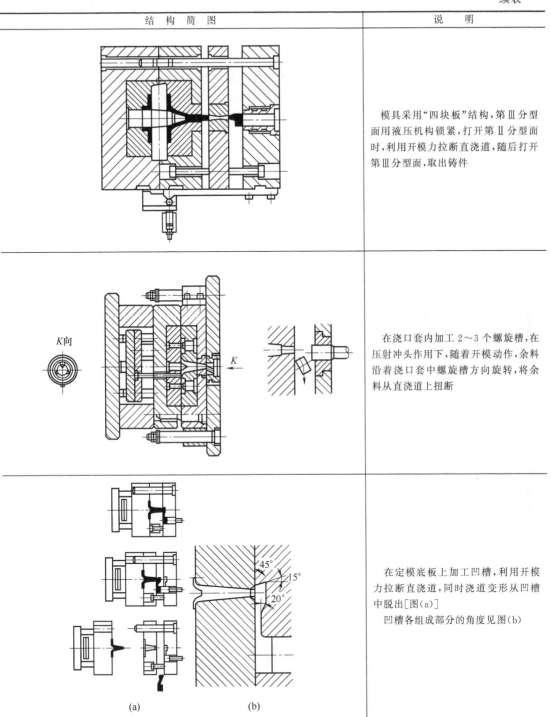	模具采用"四块板"结构,第Ⅲ分型面用液压机构锁紧,打开第Ⅱ分型面时,利用开模力拉断直浇道,随后打开第Ⅲ分型面,取出铸件
	在浇口套内加工 2～3 个螺旋槽,在压射冲头作用下,随着开模动作,余料沿着浇口套中螺旋槽方向旋转,将余料从直浇道上扭断
	在定模底板上加工凹槽,利用开模力拉断直浇道,同时浇道变形从凹槽中脱出[图(a)] 凹槽各组成部分的角度见图(b)

（8）设计要点

① 根据所需要的压射比压、金属液的总容量以及压室的充满度，选择适宜的压室直径和浇口套内径。

② 浇口套的长度应小于压铸机压射冲头的跟踪距离，以便于在开模后浇注余料从直浇道中完全推出。

③ 为了便于浇注余料从浇口套中顺利脱模，直浇道前端应有一段斜度为 5° 左右的圆锥面。

④ 在一般情况下，直浇道应开在横浇道入口处下方，其下沉距离应大于直浇道直径的 2/3 以上，以防止在压铸前金属液的预填充。

⑤ 浇口套与浇道镶块均与高温的金属液接触，都应采用耐热钢制造。如选用 3Cr2W8，其热处理硬度为 44～48HRC。

⑥ 直浇道的内孔应在热处理和精磨后，再沿着脱模的方向研磨，其表面粗糙度不大于 $Ra0.2\mu m$。

⑦ 有时可将压室和浇口套制成一体，形成整体式压室。整体式压室内孔精度高，压射时阻力小，但加工较复杂，通用性差。

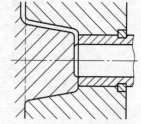

⑧ 采用深导入式直浇道（图 7-20），可以提高压室的充满度，减少深腔压铸模的体积，当使用整体式压室时，有利于采用标准压室或现有压室。

图 7-20　深导入式直浇道结构

7.5　用 $p\text{-}Q^2$ 图验证浇注系统的设计及优化压铸系统的匹配

$p\text{-}Q^2$ 图是运用流体力学的原理，通过测定压铸机的压射冲头压射能量、能量损失，压铸模浇注系统的阻力系数而绘制的。$p\text{-}Q^2$ 图将压铸机和压铸模、压铸工艺有机地联系在一起，可用于改进压铸的设计，压铸机的选用，优化压铸机和压铸模的匹配，验证压铸机浇注系统的能量是否满足压铸工艺的要求。

运用 $p\text{-}Q^2$ 图时需要用到如下公式：

$$v = 1000C_d\sqrt{\frac{2p}{\rho}} \tag{7-4}$$

式中　v——金属液流速，m/s；
　　　C_d——流量系数，见表 7-21；
　　　p——金属液的比压，MPa；
　　　ρ——金属液的密度，kg/m³。

$$Q = C_d A_g\sqrt{\frac{2p}{\rho}} \tag{7-5}$$

式中　Q——金属液流量，L/s；
　　　C_d——流量系数，见表 7-21；
　　　p——金属液的比压，MPa；
　　　ρ——金属液的密度，kg/m³；
　　　A_g——内浇口截面积，mm²。

$$Q = \frac{V}{t} \quad 或 \quad t = \frac{V}{Q} \tag{7-6}$$

式中　t——充填时间，ms；
　　　Q——金属液流量，L/s；
　　　V——压铸模型腔体积，cm³。

表 7-21　不同压铸合金压铸模浇注系统的流量系数

合　金　类　型	铝　合　金	锌　合　金	镁　合　金
流量系数 C_d	0.5	0.6	0.5

注：流量系数对不同的压铸机和压铸模有所不同，在压铸模浇注系统设计合理的情况下，可采用表中的值。

7.5.1　用 p-Q^2 图验证浇注系统的设计

用 p-Q^2 图验证浇注系统的设计见表 7-22。p-Q^2 图主要是由机器性能线（ML），模具需要的压力线（DL）所组成的金属液比压/流量图（图 7-21）。ML 线和 DL 线的交点 E 即给出了特定的压铸模充型时金属液的压力和流量。

表 7-22　用 p-Q^2 图验证浇注系统的设计

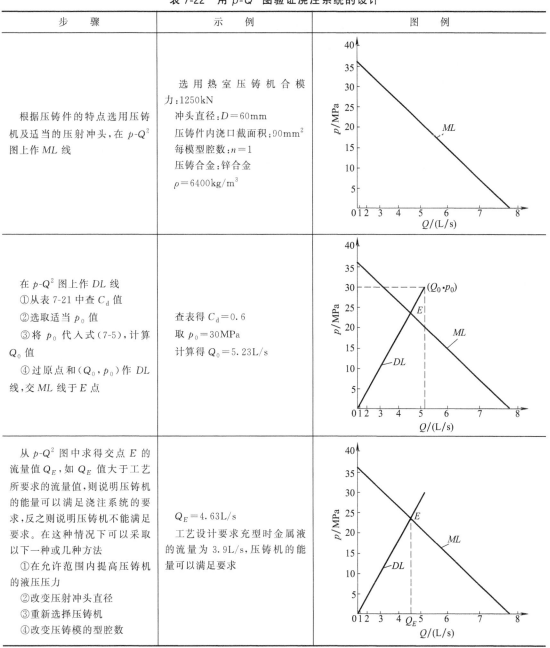

步　骤	示　例	图　例
根据压铸件的特点选用压铸机及适当的压射冲头，在 p-Q^2 图上作 ML 线	选用热室压铸机合模力：1250kN　冲头直径：$D=60$mm　压铸件内浇口截面积：90mm²　每模型腔数：$n=1$　压铸合金：锌合金　$\rho=6400$kg/m³	
在 p-Q^2 图上作 DL 线 ①从表 7-21 中查 C_d 值 ②选取适当 p_0 值 ③将 p_0 代入式（7-5），计算 Q_0 值 ④过原点和（Q_0，p_0）作 DL 线，交 ML 线于 E 点	查表得 $C_d=0.6$　取 $p_0=30$MPa　计算得 $Q_0=5.23$L/s	
从 p-Q^2 图中求得交点 E 的流量值 Q_E，如 Q_E 值大于工艺所要求的流量值，则说明压铸机的能量可以满足浇注系统的要求，反之则说明压铸机不能满足要求。在这种情况下可以采取以下一种或几种方法 ①在允许范围内提高压铸机的液压压力 ②改变压射冲头直径 ③重新选择压铸机 ④改变压铸模的型腔数	$Q_E=4.63$L/s　工艺设计要求充型时金属液的流量为 3.9L/s，压铸机的能量可以满足要求	

7.5.2 用 $p\text{-}Q^2$ 图优化压铸系统的匹配

压铸机和压铸模组成一个压铸系统,系统应具有尽可能大的"柔性",即在尽可能大的范围内调整工艺参数,以适应多变的生产条件,获得高质量的铸件。利用 $p\text{-}Q^2$ 图的"窗口"功能,可以优化系统的匹配,使系统具有较大的"柔性",具体步骤见表7-23。

表 7-23　用 $p\text{-}Q^2$ 图优化压铸系统的匹配

步　骤	示　例
根据压铸模浇注系统的具体情况及所用的压铸合金,选取流量系数 C_d,通过式(7-4)计算与压射比压相对应的型腔充填速度 　在 $p\text{-}Q^2$ 图纵坐标上加上型腔充填速度的标度值	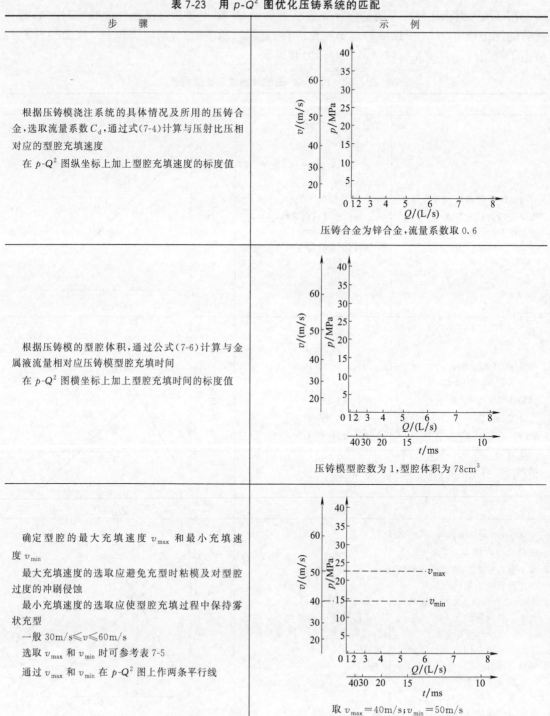
根据压铸模的型腔体积,通过公式(7-6)计算与金属液流量相对应压铸模型腔充填时间 　在 $p\text{-}Q^2$ 图横坐标上加上型腔充填时间的标度值	
确定型腔的最大充填速度 v_{max} 和最小充填速度 v_{min} 　最大充填速度的选取应避免充型时粘模及对型腔过度的冲刷侵蚀 　最小充填速度的选取应使型腔充填过程中保持雾状充型 　一般 $30\mathrm{m/s}\leqslant v\leqslant 60\mathrm{m/s}$ 　选取 v_{max} 和 v_{min} 时可参考表7-5 　通过 v_{max} 和 v_{min} 在 $p\text{-}Q^2$ 图上作两条平行线	

压铸合金为锌合金,流量系数取 0.6

压铸模型腔数为1,型腔体积为 $78\mathrm{cm}^3$

取 $v_{max}=40\mathrm{m/s}$;$v_{min}=50\mathrm{m/s}$

步　骤	示　例
确定型腔的最大充填时间 $t_{\max}$ 和最小充填时间 $t_{\min}$ 最大充填时间取决于型腔在充型结束前允许金属液凝固的比例 最小充填时间取决于充型时排出型腔内气体的能力；对铸件表面质量的要求取得过小则不经济 一般情况下： 锌合金和镁合金压铸件 $20\mathrm{ms}{\leqslant}t{\leqslant}40\mathrm{ms}$ 铝合金压铸件 $30\mathrm{ms}{\leqslant}t{\leqslant}60\mathrm{ms}$ 需要电镀的和表面质量要求高的铸件，充填时间取较小的值 选取 $t_{\max}$ 和 $t_{\min}$ 时可参考表7-4 通过 $t_{\max}$ 和 $t_{\min}$ 在 $p\text{-}Q^2$ 图上作两条平行线，$v_{\max}$、$v_{\min}$、$t_{\max}$、$t_{\min}$ 构成了一个矩形"窗口"，压铸系统的工作状态处于"窗口"内，则能获得优良的压铸件	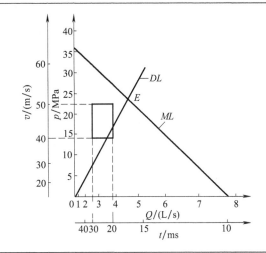 铸件表面质量要求较高，取 $t_{\max}=20\mathrm{ms}$，$t_{\min}=30\mathrm{ms}$
在 $p\text{-}Q^2$ 图上作 DL 线和 ML 线，两条线的交点为 E，DL 线 OE 段在窗口内的长度越大，则压铸系统的"柔性"就越大，意味着系统的匹配就越好	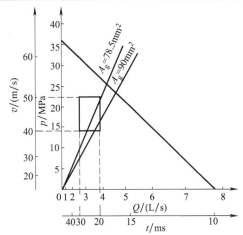
利用 $p\text{-}Q^2$ 图，通过改变以下工作状态参数，增大 DL 线 OE 段在窗口内的长度，优化压铸系统的匹配： ①改变浇注系统内浇口截面积 ②改变压射冲头的直径。应当注意选取压射冲头直径要受到压室充满度和慢压射速度等因素的制约 ③在允许的范围内改变压铸机压射系统液压管路压力 ④改变压铸机快压射速度控制阀的开度	将内浇口截面积从 $90\mathrm{mm}^2$ 改为 $78.5\mathrm{mm}^2$，使 DL 线 OE 段在"窗口"内的长度增大，提高了系统的"柔性"

7.6　排溢系统的设计

排溢系统和浇注系统在整个型腔充填过程中是一个不可分割的整体。排溢系统是熔融的金属液在填充型腔过程中，排除气体、冷污金属液以及氧化夹杂物的通道和储存器，用以控制金属液的填充流态，消除某些压铸缺陷，是浇注系统中的重要组成部分。

7.6.1　排溢系统的组成及其作用

（1）排溢系统的组成

排溢系包括溢流槽和排气道两个部分，如图 7-21 所示，主要由溢流口 1、溢流槽 2 和排气道 4 组成。当溢流槽开设在动模一侧时，为使溢流余料与压铸件一起脱模，也可在溢流槽处设置推杆 3。

（2）排溢系统的作用

① 排除型腔中的气体，储存混有气体和涂料残渣的冷污金属液，与排气槽配合，迅速引出型腔内的气体，增强排气效果。

② 控制金属液充填流态，防止局部产生涡流。

③ 转移缩孔、缩松、涡流裹气和产生冷隔的部位。

④ 调节模具各部位的温度，改善模具热平衡状态，减少铸件流痕、冷隔和浇不足的现象。

⑤ 作为铸件脱模时推杆推出的位置，防止铸件变形或在铸件表面留有推杆痕。

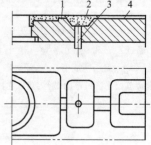

图 7-21　排溢系统的组成
1—溢流口；2—溢流槽；
3—推杆；4—排气道

⑥ 当铸件在动、定模型腔内的包紧力接近相等时，为了防止铸件在开模时留在定模内，在动模上布置溢流槽，增大对动模的包紧力，使铸件在开模时随动模带出。

⑦ 采用大容量的溢流槽，置换前期进入型腔的冷污金属液，以提高铸件的内部质量。

⑧ 对于真空压铸和定向抽气压铸，溢流槽处常作为引出气体的起始点。

7.6.2　溢流槽的设计

溢流槽除了可接纳型腔中的气体、气体夹杂物及冷污金属外，还可调节型腔局部温度、改善充填条件以及必要时作为工艺搭子顶出铸件。

（1）溢流槽的设计要点

一般溢流槽设置在分型面上、型腔内、防止金属倒流的位置。溢流槽的设计要点如图 7-22 所示。

① 设在金属流最初冲击的地方，以排除端部进入型腔的冷凝金属流。容积比该冷凝金属流稍大一些，见图 7-22（a）。

② 设在两股金属流汇合的地方，以消除压铸件的冷隔。容积相当于出现冷隔范围部位的金属容积，见图 7-22（b）。

③ 布置在型腔周围，其容积应足够排除混有气体的金属液及型腔中的气体，见图 7-22（c）。

④ 设在压铸件的厚实部位处，其容积相当于热节或出现缩孔缺陷部位的容积的 2～3 倍，见图 7-22（d）。

⑤ 设在容易出现涡流的地方，其容积相当于产生涡流部分的型腔容积，见图 7-22（e）。

⑥ 设在模具温度较低的部位，其容积大小以改善模具温度分布为宜，见图 7-22（f）。

⑦ 设在内浇口两侧的死角处，其容积相当于出现压铸件缺陷处的容积，见图7-22（g）。

⑧ 设在排气不畅的部位，设置后兼设推杆，见图7-22（h）。

⑨ 设置整体溢流槽，以防止压铸件变形，见图7-22（i）。

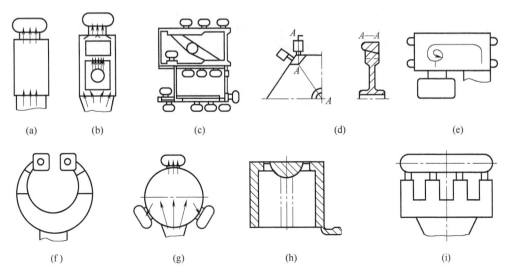

图 7-22　溢流槽的设计要点

（2）溢流槽的结构形式

典型溢流槽的结构形式见表7-24。

表 7-24　典型溢流槽的结构形式

类型	结 构 简 图	说　明
设置在分型面上的溢流槽	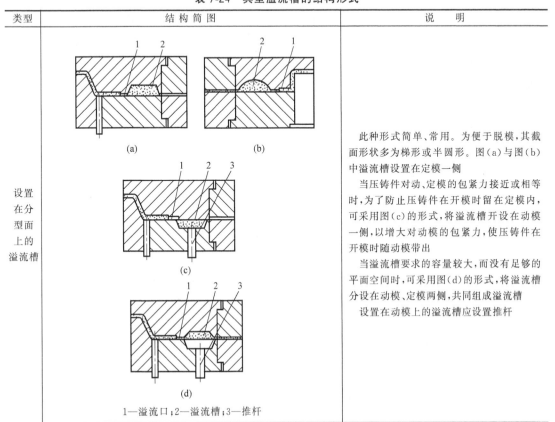 1—溢流口；2—溢流槽；3—推杆	此种形式简单、常用。为便于脱模，其截面形状多为梯形或半圆形。图（a）与图（b）中溢流槽设置在定模一侧 　当压铸件对动、定模的包紧力接近或相等时，为了防止压铸件在开模时留在定模内，可采用图（c）的形式，将溢流槽开设在动模一侧，以增大对动模的包紧力，使压铸件在开模时随动模带出 　当溢流槽要求的容量较大，而没有足够的平面空间时，可采用图（d）的形式，将溢流槽分设在动模、定模两侧，共同组成溢流槽 　设置在动模上的溢流槽应设置推杆

类型	结构简图	说　明
设置在型腔内部的溢流槽	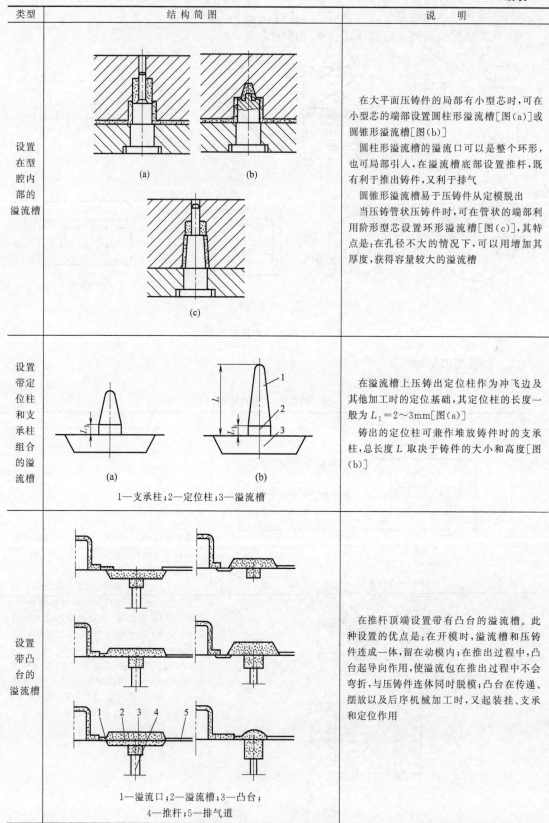	在大平面压铸件的局部有小型芯时,可在小型芯的端部设置圆柱形溢流槽[图(a)]或圆锥形溢流槽[图(b)] 圆柱形溢流槽的溢流口可以是整个环形,也可局部引入,在溢流槽底部设置推杆,既有利于推出铸件,又利于排气 圆锥形溢流槽易于压铸件从定模脱出 当压铸管状压铸件时,可在管状的端部利用阶形型芯设置环形溢流槽[图(c)],其特点是:在孔径不大的情况下,可以用增加其厚度,获得容量较大的溢流槽
设置带定位柱和支承柱组合的溢流槽	1—支承柱;2—定位柱;3—溢流槽	在溢流槽上压铸出定位柱作为冲飞边及其他加工时的定位基础,其定位柱的长度一般为 $L_1=2\sim3\text{mm}$[图(a)] 铸出的定位柱可兼作堆放铸件时的支承柱,总长度 L 取决于铸件的大小和高度[图(b)]
设置带凸台的溢流槽	1—溢流口;2—溢流槽;3—凸台;4—推杆;5—排气道	在推杆顶端设置带有凸台的溢流槽。此种设置的优点是:在开模时,溢流槽和压铸件连成一体,留在动模内;在推出过程中,凸台起导向作用,使溢流包在推出过程中不会弯折,与压铸件连体同时脱模;凸台在传递、摆放以及后序机械加工时,又起装挂、支承和定位作用

类型	结 构 简 图	说　　明
防止金属液倒流的溢流槽	(a) (b) (c) 1—压铸件；2—溢流槽；3—连接肋；4—冷却块	图(a)为连通的长溢流槽，其溢流口无论是整个连通还是分段，都难以避免金属液倒流，溢流口的 A 端还可能出现冷金属堵塞现象，起不到整个宽度的溢流作用 图(b)为多个单独并列溢流槽，将溢流槽分隔成几段，各自形成单独的溢流槽，可避免倒流和堵塞现象，在溢流槽的外端设置一条薄的连接肋，使溢流包在推出和搬运时不变形，也可用于机械冲边时定位 当溢流槽的容积要求较大时，可采用图(c)的双级溢流槽，并在溢流槽内设置冷却块，以防止金属液倒流
特殊形式的溢流槽	1—压铸件；2—活动型芯；3—溢流槽；4—推杆	对容易窝气、表面又不允许有显著痕迹的薄壁压铸件，可采用这种形式。合模前，将活动型芯装入型腔内，压铸时，冷污的金属液由活动型腔的扁平溢口流入溢流槽中。开模后，推杆将溢流包和活动型芯及压铸件同时脱离动模。用手工的方法将溢流包折断，并使活动型芯脱离压铸件。这种结构形式可以开设大容量的溢流槽，而且很容易清除，留在压铸件上的溢流痕迹也不明显
设置在抽芯机构上的溢流槽	斜滑块	溢流槽设置在斜滑块上，用于斜滑块卸料的压铸模
楔形溢流槽	10°10° 1—溢流槽型腔；2—溢流槽浇道	在压铸件型腔侧面设置楔形溢流槽可避免在溢流槽和型腔的连接部位产生热节

（3）溢流槽尺寸的确定

溢流槽的容积如表 7-25 所示。

表 7-25　溢流槽的容积

使用条件	容积范围	说　明
消除压铸件局部热节处缩孔缺陷	为热节的 3～4 倍，或为缺陷部位体积的 2～2.5 倍	如作为平衡温度的热源或用于改善金属液充填流态，则应加大其容积
溢流槽的总容积	不少于压铸件的 20%	小型压铸件的比值更大

溢流槽的截面形状有 3 种，如图 7-23 所示。

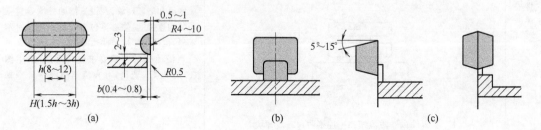

图 7-23　溢流槽的截面形状和尺寸
(a) Ⅰ型；(b) Ⅱ型；(c) Ⅲ型

一般情况下采用Ⅰ型。Ⅱ型和Ⅲ型的容积较大，常用于改善模具热平衡或其他需要采用大容积溢流槽的部位。

单个溢流槽的经验数据如表 7-26 所示。

表 7-26　单个溢流槽的经验数据

项　　目	铅合金、锡合金、锌合金	铝合金、镁合金	铜合金、黑色金属
溢流口宽度 h/mm	6～12	8～12	8～12
溢流槽半径 R/mm	4～6	5～10	6～12
溢流口长度 l/mm	2～3	2～3	2～3
溢流口厚度 b/mm	0.4～0.5	0.5～0.8	0.6～1.2
溢流槽长度中心距 H/mm	>1.5h～2h	>1.5h～2h	>1.5h～2h

采用Ⅰ型溢流槽时，为便于脱模，将溢流口的脱模斜度做成 30°～45°。溢流口与铸件连接处应有（0.3～1）mm×45° 的倒角，以便清除。全部溢流槽的溢流口截面积的总和应等于内浇口截面积的 60%～75%。如果溢流口过大，则与型腔同时充满，不能充分发挥溢流排气作用，故溢流口的厚度和截面积应小于内浇口的厚度和截面积，以保证溢流口比内浇口早凝固，使型腔中正在凝固的金属液形成一个与外界不相通的密闭部分而充分得到最终压力的压实作用。

采用Ⅱ、Ⅲ型溢流槽时，取脱模斜度为 5°～10°。全部溢流槽容积总和为铸件体积的 20% 以上，但也不宜太大，以免增加过多的回炉料，致使型腔局部温度过高和分型面上投影面积增加过多。

溢流口的截面积一般为排气槽面积的 50%，以保证溢流槽有效地排出气体。溢流槽的外面还应开排气槽，一方面可以消除溢流槽的气体压力，使金属液顺利溢出，另一方面还能起到排气作用。

7.6.3　排气道的设计

排气道是在充型过程中，型腔和浇注系统内的气体及分型剂挥发的气体得以逸出的通道。型腔内的气体是影响金属液流有序流动和产生气孔、气泡和缩孔等压铸缺陷的主要原因。因此，有序而充分地排出这些气体，可以减少型腔内的气体及压力，避免涡流产生的紊流，有利于型腔的顺利填充。一般来说，模具结构总能自然而然地具有排气的功能。比如，在分型面上，在推杆以及镶拼的成型零件等结构的缝隙中，都有自然排气的作用。然而，我们需要全部或大部分地排出对压铸成型十分有害的气体，所以，必须人为地设置排气道，才能在瞬间填充过程中取得最佳的排气效果。

（1）排气道的设计要点

① 排气道的总截面积一般不小于内浇口总截面积的50%，但不得超过内浇口的总截面积。

② 当需要增大排气道截面积时，以增大排气道的宽度或增加排气道的数量为宜。不应过分增加排气道的厚度，以防止金属液的溅出。

③ 应尽量避免金属液过早地封闭分型面和排气道，削弱排气功能。

④ 设计排气道应留有修正的余地，并在试模现场，结合实际，随时补充和调整。

⑤ 排气道应便于清理，保持排气道的有效功能。

⑥ 排气道可与溢流槽连接，但排气道应避免相互串通，以免干扰排气。

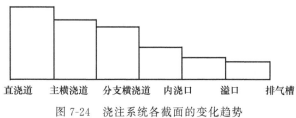

图 7-24 浇注系统各截面的变化趋势

⑦ 在直对操作区或人员流动的区域，不应设置平直引出的排气道，以免高温的金属液和气体向外喷溅伤人。

⑧ 在设计压铸模的浇注系统时，为保证金属液连续保持充满浇道，最大限度地减少涡流卷气的现象，在一般情况下，应从直浇道开始使各截面积呈逐渐递减的变化趋势，如图 7-24 所示。

（2）排气道的位置和结构形式

排气道位置的选择和溢流槽的选择原则有相似之处。它的位置与内浇口的进料位置、金属液的流态以及流动方向有关。为使型腔内的气体尽可能地被金属液有序有效地推出，应将排气道设置在金属液最后填充的部位，即气体最后容易汇集的部位。排气道的位置及结构见表 7-27。

表 7-27　排气道的位置及结构

类型	结构简图	说　明
在分型面上开设排气道	（a）　（b） （c）	在分型面上开设排气道是最常用的形式。因为它易于加工，易于修正，其排气效果也很理想 图(a)为由分型面上直接从型腔中引出平直的排气道，用在不针对操作区的场合 图(b)是将排气道开设在溢流槽的外侧，起到既可溢流，又可将气体同时排出的作用。这是较为常用的布局形式。为了使排气顺畅，有时还在距型腔约20mm的排气槽出口处开设逐渐扩大的斜度或适当加大的深度 图(c)则采用曲折的排气槽，以防止灼热金属液或气体溅射喷出而伤人

类型	结构简图	说　明
在固定型芯或镶块上开设排气道	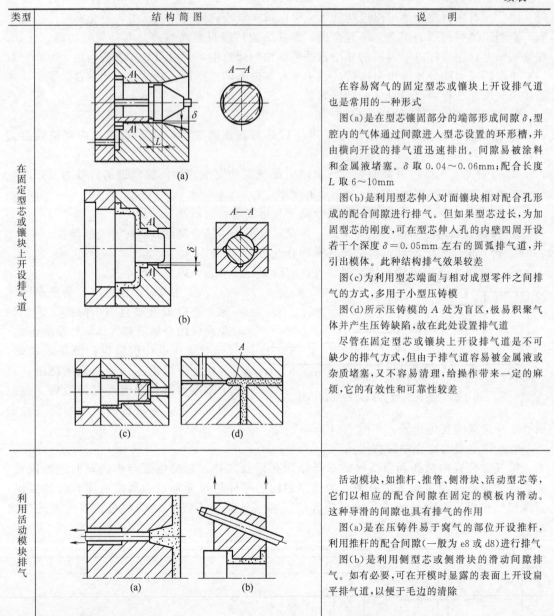	在容易窝气的固定型芯或镶块上开设排气道也是常用的一种形式 图(a)是在型芯镶固部分的端部形成间隙 δ ，型腔内的气体通过间隙进入型芯设置的环形槽，并由横向开设的排气道迅速排出。间隙易被涂料和金属液堵塞。 δ 取 $0.04\sim0.06$ mm；配合长度 L 取 $6\sim10$ mm 图(b)是利用型芯伸入对面镶块相对配合孔形成的配合间隙进行排气。但如果型芯过长，为加固型芯的刚度，可在型芯伸入孔的内壁四周开设若干个深度 $\delta=0.05$ mm 左右的圆弧排气道，并引出模体。此种结构排气效果较差 图(c)为利用型芯端面与相对成型零件之间排气的方式，多用于小型压铸模 图(d)所示压铸模的 A 处为盲区，极易积聚气体并产生压铸缺陷，故在此处设置排气道 尽管在固定型芯或镶块上开设排气道是不可缺少的排气方式，但由于排气道容易被金属液或杂质堵塞，又不容易清理，给操作带来一定的麻烦，它的有效性和可靠性较差
利用活动模块排气	(a)　(b)	活动模块，如推杆、推管、侧滑块、活动型芯等，它们以相应的配合间隙在固定的模板内滑动。这种导滑的间隙也具有排气的作用 图(a)是在压铸件易于窝气的部位开设推杆，利用推杆的配合间隙（一般为 e8 或 d8）进行排气 图(b)是利用侧型芯或侧滑块的滑动间隙排气。如有必要，可在开模时显露的表面上开设扁平排气道，以便于毛边的清除

（3）排气道的尺寸

在分型面上开设的排气道的截面形状是扁平状的，它的推荐尺寸见表 7-28。

表 7-28　排气道尺寸

合金种类	排气槽深度/mm	排气槽宽度/mm	说　明
铝合金	$0.10\sim0.15$		①排气槽在离开型腔 $20\sim30$ mm 后，可将其深度增大至 $0.3\sim0.4$ mm，以提高排气效果
锌合金	$0.05\sim0.12$		
镁合金	$0.10\sim0.15$	$8\sim25$	②为了便于溢流的余料脱模，扁平槽的周边应有 $30°\sim50°$ 的斜角或过渡圆角，并应有较好的表面光洁度
铜合金	$0.15\sim0.20$		
铅合金	$0.05\sim0.10$		③在需要增加排气槽面积时，以增大排气槽的宽度和数量为宜，不宜过分增加其深度，以防金属液溅出
黑色金属	$0.20\sim0.30$		

7.7 典型压铸件的浇注系统设计示例

7.7.1 圆筒类铸件浇注系统

图 7-25 所示导管压铸件为长筒管状，壁厚均匀，要求有较小的表面粗糙度。浇注系统分析见表 7-29。

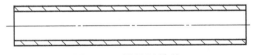

图 7-25 导管压铸件

表 7-29 导管浇注系统分析

简　图	分　析
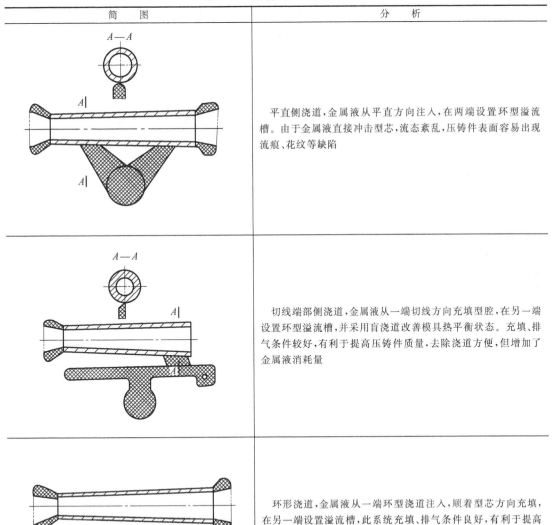	平直侧浇道，金属液从平直方向注入，在两端设置环型溢流槽。由于金属液直接冲击型芯，流态紊乱，压铸件表面容易出现流痕、花纹等缺陷
	切线端部侧浇道，金属液从一端切线方向充填型腔，在另一端设置环型溢流槽，并采用盲浇道改善模具热平衡状态。充填、排气条件较好，有利于提高压铸件质量，去除浇道方便，但增加了金属液消耗量
	环形浇道，金属液从一端环型浇道注入，顺着型芯方向充填，在另一端设置溢流槽，此系统充填、排气条件良好，有利于提高压铸件质量

简　图	分　析
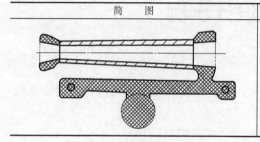	环形浇道,金属液从一端环型浇道注入,顺着型芯方向充填,在另一端设置溢流槽,增加了盲浇道以改善模具热平衡状态。此系统充填、排气条件良好,压铸件质量好,表面光洁,但增加了金属液消耗量

7.7.2　平板类铸件浇注系统

（1）圆盘类压铸件

号盘座压铸件的结构特征如图 7-26 所示,浇注系统分析见表 7-30。号盘座压铸件为 $\phi80mm$ 圆盘形,两面均有圆环形凸缘和厚薄不均匀的凸台,中心孔和 A 处镶有铜嵌件。压铸件总高度为 18mm,最薄处壁厚为 1.8mm,材料为 YL102 铝合金。压铸件上不允许有冷隔、夹渣等缺陷。

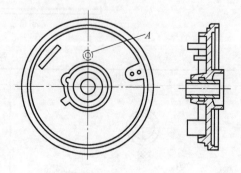

图 7-26　号盘座压铸件结构

表 7-30　号盘座浇注系统分析

简　图	分　析
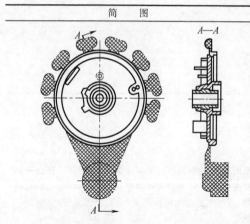	采用扩散式外侧浇道,内浇道宽度为压铸件直径的 70%,金属液进入型腔后立即封闭整个分型面,溢流槽和排气槽不起作用,压铸件中心部位会造成欠铸和夹渣等缺陷
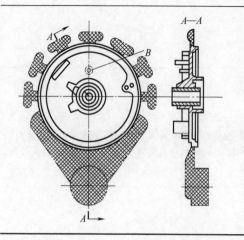	采用扩张后带收缩式的外侧浇道,内浇道宽度为压铸件直径的 90%,将金属液引向压铸件中心部位,对顺利地排渣、排气较为有利,但由于金属液向中心部位聚集时相互冲击,液流紊乱,故中心部位仍有少量欠铸和夹渣等缺陷

简　图	分　析
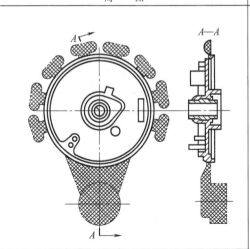	采用夹角较小的扩散式外侧浇道,内浇道宽度为压铸件直径的60%左右,内浇道设置在靠近凸台处。将金属液首先充填凸台和中心部位,使气体、夹渣挤向内浇道两侧,从设置在两侧的溢流槽、排气槽中排除,改善了充填、排气和压力传递条件,效果较好

（2）圆盖类压铸件

① 表盖压铸件的结构特征。如图 7-27 所示,表盖压铸件平均壁厚为 4mm,局部壁厚达 11mm。盖上需钻 ϕ18.2mm 的两个孔和 M2 的螺孔八个,厚壁处不允许有缩孔和气孔,材料为 YL102 铝合金。浇注系统分析见表 7-31。

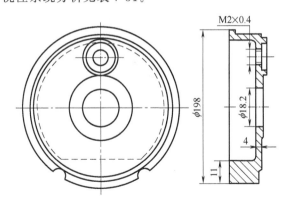

图 7-27　表盖压铸件结构

表 7-31　表盖压铸件浇注系统分析

简　图	分　析
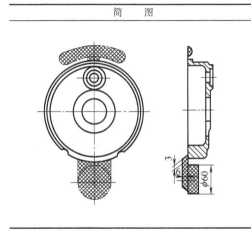	内浇道设置在厚壁处,有利于静压力的有效传递,但由于内浇道和横浇道均较薄,厚壁处气孔、缩孔较为严重

简 图	分 析
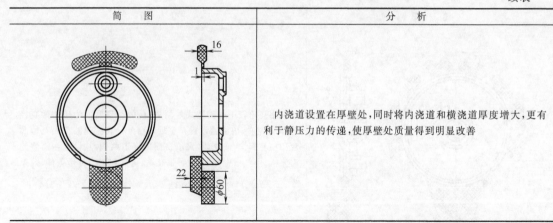	内浇道设置在厚壁处,同时将内浇道和横浇道厚度增大,更有利于静压力的传递,使厚壁处质量得到明显改善

② 底盘压铸件的结构特征。如图 7-28 所示,底盘压铸件为圆盖形,顶部有孔但不在中心,外径 φ180mm,高为 35mm,平均壁厚为 3mm,局部壁厚达 22mm,材料为 YL102 铝合金。浇注系统分析见表 7-32。

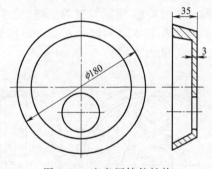

图 7-28　底盘压铸件结构

表 7-32　底盘浇注系统分析

简 图	分 析
	采用中心浇道,金属液分为两股注入,过早地封闭分型面,形成两个集中的涡流区域,型腔的中心部位 A 处有严重的花纹、夹渣
	采用向上的扇形浇道,先充填顶部平面,然后从两侧折回 B 处,对中心平面 A 处质量大有改善,但 B 处出现花纹、夹渣,虽在 B 处增设溢流槽,但仍未根本改善

简　图	分　析
	在扇形浇道的基础上,针对 B 处设置分支内浇道引入一股金属液,用以冲散 B 处的涡流,并在金属液汇合处设置两个溢流槽,质量取得较大的改善
	采用中心浇道整个环形进料,同时向四周充填,从浇道至压铸件四周的距离各不相同,金属液先与型腔边缘冲撞,再向两侧折回,应通过设置溢流槽使之平衡后可取得较好的效果
	采用外侧浇道,内浇道设置在靠近孔的部位,金属液充填型腔时被型芯所阻,在型芯背后形成死角区,涡流裹气严重
	采用外侧浇道,内浇道设置在远离孔的一侧,但由于内浇道过宽,浇道两侧金属液进入型腔后,沿着型腔内缘充填,过早堵塞排气通道,在中心部位形成涡流裹气
	采用外侧浇道,内浇道仍设置在远离孔的一侧,调整内浇道宽度为压铸件直径的 60%,将金属液首先引向中心部位,气体从内浇道两侧的溢流槽中排除,并在顶部孔的中心和外缘设置溢流槽,将金属流汇合处的气体排出,效果较好

7.7.3 罩壳类铸件浇注系统

如图 7-29 所示为罩壳压铸件，该压铸件型腔较深，顶部无孔，内腔有长凸台。壁厚较薄而均匀，一般为 2mm，材料采用 YZ102 铝合金。

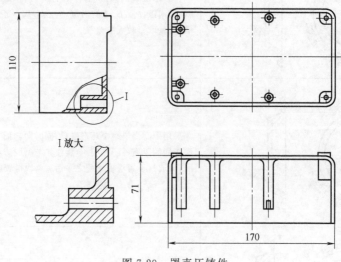

图 7-29 罩壳压铸件

罩壳浇注系统分析对比见表 7-33。

表 7-33 罩壳浇注系统分析对比

简 图	说 明
	顶浇口流程短而均匀，充填条件好，模具结构紧凑，外形较小，模具热平衡状态和压铸机受力状态均良好，压铸模有效面积利用率高，浇注系统耗用金属量少，但直浇道和压铸件连接处热量集中，易导致缩松和粘模，浇口需要切除
	端部侧浇口，流程长，转折多，远离浇口的一端充填条件不良，易产生流痕或冷隔，设置大容量溢流槽，改善模具热平衡状态，压铸件质量有所提高，除去浇口较为方便
	点浇口，除具有顶浇口的优点外，去除浇口方便，但模具需两次分型，结构较为复杂，对于较深的型腔采用点浇口时，四侧花纹较严重

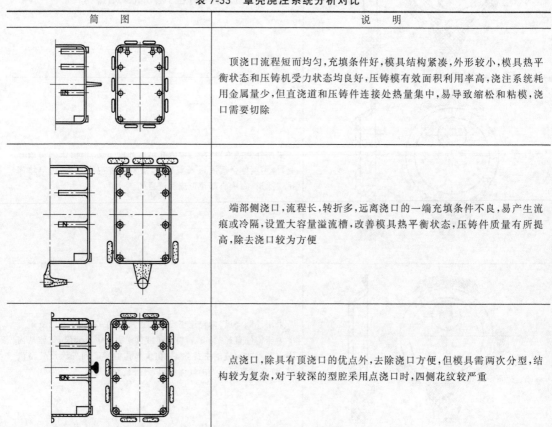

简　图	说　明
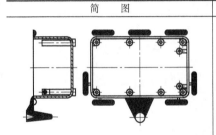	横向侧浇口,流程比端部侧浇口短,但转折仍多,浇口对面的一侧易产生流痕、冷隔,为改善顶部和对面的充填排气条件,首先将金属液引入压铸件顶部,以排除型腔部位气体,然后挤向对面和两侧,在最后充填部位设置大容量溢流槽,效果较好

7.7.4　接插类铸件浇注系统

（1）接插件压铸件的结构特征

如图 7-30 所示,接插件压铸件外缘有凸纹,压铸件不允许有气孔,质量为 100g,材料为 ZL107 铝合金,接插件浇注系统分析见表 7-34。

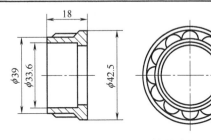

图 7-30　接插件压铸件结构

表 7-34　接插件浇注系统分析

简　图	分　析
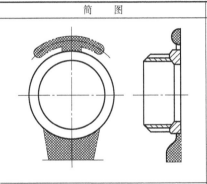	平面直注式浇道,金属液正面冲击型芯,易造成粘模,降低压铸件表面质量,降低模具使用寿命
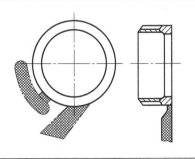	平面切线式浇道,金属液首先封闭分型面,型腔内气体不易排出,压铸件内有气孔
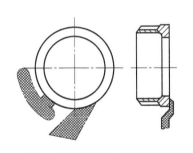	反切线式浇道,金属液首先充填型腔深处,将气体挤向分型面,从溢流排气系统排出,不正面冲击型芯,又不过早封闭分型面,充填排气条件良好,改善压铸件质量,提高模具使用寿命

（2）轴承保持器压铸件的结构特征

如图 7-31 所示，轴承保持器压铸件为直径较大的圆环形厚壁件，外径 $\phi343mm$，壁厚为 10mm，要求经切削加工后内部无气孔，表面不允许有裂纹、夹渣等缺陷。槽孔经受压力后不得有脱落，材料为变质处理 YL102 铝合金，轴承保持器浇注系统分析见表 7-35。

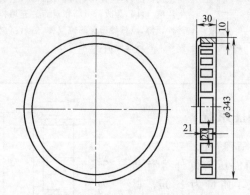

图 7-31　轴承保持器压铸件结构

表 7-35　轴承保持器浇注系统分析

简　图	分　析
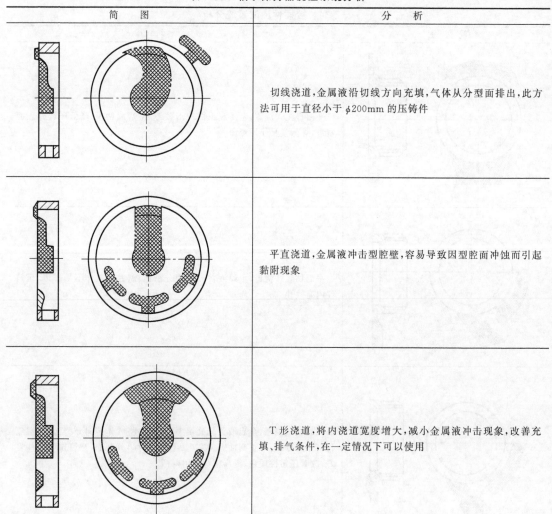	切线浇道，金属液沿切线方向充填，气体从分型面排出，此方法可用于直径小于 $\phi200mm$ 的压铸件
	平直浇道，金属液冲击型腔壁，容易导致因型腔面冲蚀而引起黏附现象
	T 形浇道，将内浇道宽度增大，减小金属液冲击现象，改善充填、排气条件，在一定情况下可以使用

简 图	分 析
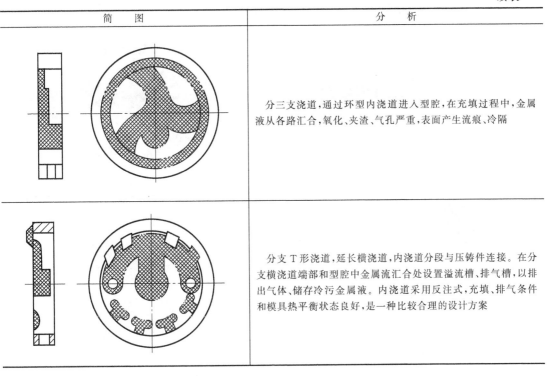	分三支浇道,通过环型内浇道进入型腔,在充填过程中,金属液从各路汇合,氧化、夹渣、气孔严重,表面产生流痕、冷隔
	分支 T 形浇道,延长横浇道,内浇道分段与压铸件连接。在分支横浇道端部和型腔中金属流汇合处设置溢流槽、排气槽,以排出气体、储存冷污金属液。内浇道采用反注式,充填、排气条件和模具热平衡状态良好,是一种比较合理的设计方案

7.7.5 架类铸件浇注系统

(1) 框架类压铸件

典型框架类压铸件浇注系统设计实例见表 7-36。

表 7-36 典型框架类压铸件浇注系统设计实例

序号	图 例	序号	图 例
1		3	
2		4	

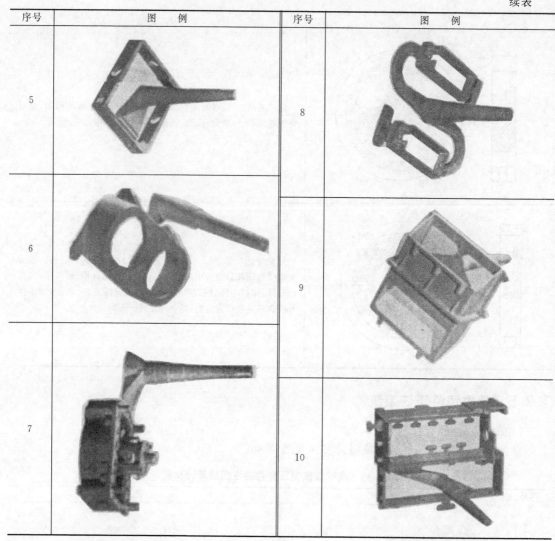

序号	图　例	序号	图　例
5		8	
6		9	
7		10	

（2）支架类压铸件

典型支架类压铸件浇注系统设计实例见表 7-37。

表 7-37　典型支架类压铸件浇注系统设计实例

序号	实　例	序号	实　例
1		2	

序 号	实 例	序 号	实 例
3		7	
4		8	
5		9	
6			

7.7.6 其他类铸件浇注系统

其他类压铸件浇注系统设计实例见表 7-38。

表 7-38 其他类压铸件浇注系统设计实例

序 号	实 例	序 号	实 例
1		2	

序号	实　例	序号	实　例
3		9	
4		10	
5		11	
6		12	
7		13	
8		14	

序号	实　例	序号	实　例
15		17	
16		18	

第8章 分型面的设计

压铸模的动模与定模的结合表面通常称为分型面。模具一般只有一个分型面，但有时由于铸件结构的特殊性，或者为满足压铸生产的工艺要求，往往需要再增设一个或两个辅助分型面。

8.1 分型面的基本部位和影响因素

8.1.1 分型面的基本部位

分型面的基本部位见表 8-1。

表 8-1 分型面的基本部位

分 型 部 位	说 明	分 型 部 位	说 明
	结构简单，动、定模型腔错位对铸件影响较小		模具加工较复杂，垂直于分型面的嵌套式结构易和模具导向机构、滑块锁紧机构发生干涉，且易形成飞边。A 处突出部位强度差，热量集中。只能用于小模具
	结构简单，动、定模型腔错位对铸件影响较小		模具加工较复杂，垂直于分型面的嵌套式结构易和模具导向机构、滑块锁紧机构发生干涉，且易形成飞边。只能用于小模具
	对两半模对位要求较高，动、定模错位较小时，有利于用机械切除铸件的飞边		模具加工较复杂，垂直于分型面的嵌套式结构易和模具导向机构、滑块锁紧机构发生干涉，模具各部分热平衡较好，铸件飞边便于机械切除，只能用于小模具

注：分型面的位置用符号表示（见表中示图），箭头所指示的方向为动模的移动方向。

8.1.2 分型面的影响因素

分型面对下列几个方面有直接的影响。

① 压铸件在模具内的成型位置。

② 确定定模和动模各自所包含的成型部分。

③ 影响压铸模结构的繁简程度。

④ 浇注系统的布置形式及内浇口的位置和导流方向、导流方式。

⑤ 型腔排气条件及排溢系统的排溢效果。

⑥ 模具成型零件的组合及镶拼方法。

⑦ 以分型面作为加工装配的基准面对压铸件尺寸精度的保证程度。

⑧ 压铸生产时的生产效率以及对成型部位的清理效果。

⑨ 压铸件的脱模方向及脱模斜度的倾向。开模时,能否按要求使压铸件留在动模。

⑩ 压铸件表面的美观和修整的难易程度。

8.2 分型面的基本类型

压铸模分型面的形式应根据压铸件的形状特点确定。还应考虑到压铸工艺方面的诸多因素,并使模具的制造尽量简便。

分型面的基本类型主要有单分型面、多分型面和侧分型面。

8.2.1 单分型面

通过一次分型即可使压铸件和浇注余料完全脱模的结构,即为单分型面。单分型面的基本类型见表 8-2。

表 8-2 单分型面的基本类型

类 型	简 图	说 明
直线分型面		分型面平行于压铸机动、定模固定板平面
倾斜分型面		分型面与压铸机动、定模固定板成一定角度

类　型	简　图	说　明
阶梯分型面		分型面不在同一平面上，由几个阶梯平面组成分型面
曲线分型面		分型面按铸件结构特点形成曲面
综合分型面		将倾斜分型面与曲线分型面、直线分型面与倾斜分型面，或阶梯分型面与曲线分型面结合起来，形成综合分型面

8.2.2　多分型面

由于结构的需要，当一个分型面不能满足要求时，可采用多分型面的结构形式，基本类型见表 8-3。

表 8-3　多分型面的基本类型

类　型	简　图	说　明
双分型面		分型面由一个主分型面Ⅱ-Ⅱ和一个辅助分型面Ⅰ-Ⅰ构成。开模时，在顺序分型脱模机构的作用下，首先从Ⅰ-Ⅰ处分型，拉断并推出直浇道余料后，再从Ⅱ-Ⅱ处分型

类　型	简　图	说　明
双分型面		分型面由一个主分型面Ⅱ-Ⅱ和一个辅助分型面Ⅰ-Ⅰ构成。在顺序分型脱模机构的作用下,首先从Ⅰ-Ⅰ处分型,待定模型芯脱出后,再从主分型面Ⅱ-Ⅱ处分型,使压铸件顺利脱离型腔
三分型面		开模时,在顺序分型脱模机构的作用下,首先从Ⅰ-Ⅰ处分型,脱出定模型芯,并拉断和推出直浇道余料,再从Ⅱ-Ⅱ处分型,使压铸件的一小段脱出型腔。之后从主分型面Ⅲ-Ⅲ处分型,使压铸件脱离动模型芯

8.2.3　侧分型面

　　上面介绍的都是与开模方向垂直的分型面。当模具有侧抽芯的结构形式时,除了设置垂直分型面外,还应设置与开模方向平行的分型面,即侧分型面,如图 8-1 所示。图 (a) 为在从Ⅰ处分型时,侧滑块在斜销的驱动作用下,从Ⅱ处侧分型,并进行侧抽芯动作。图

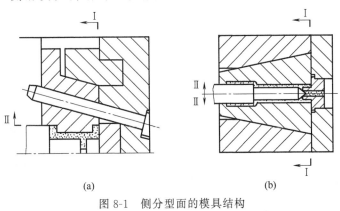

(a)　　　　　　　　　　　　　　　(b)

图 8-1　侧分型面的模具结构

（b）为斜滑块侧抽芯机构，开模时，从Ⅰ-Ⅰ处分型后，斜滑块在推杆作用下才开始在Ⅱ-Ⅱ处分型，完成侧抽芯动作。

8.3　分型面的选择原则

　　压铸模的分型面同时还是在制造压铸模时的基准面。因此，在选择分型面时，除根据压铸件的结构特点，并结合浇注系统安排形式外，还应结合压铸模的加工工艺和装配工艺以及压铸件的脱模条件等诸多因素综合考虑确定。选择分型面应注意以下几点。

8.3.1　应力求简单和易于加工

　　见表 8-4。

表 8-4　应力求简单和易于加工

要　则	图　例	说　明
倾斜分型面或曲线分型面，为便于加工和研合，应采用贯通的结构形式	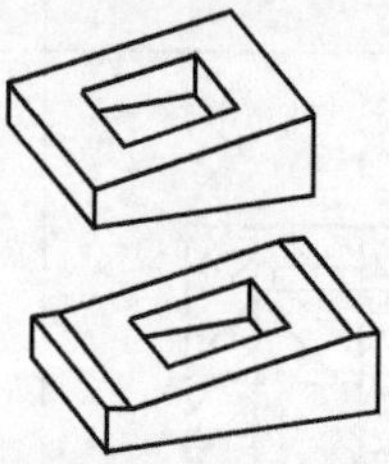 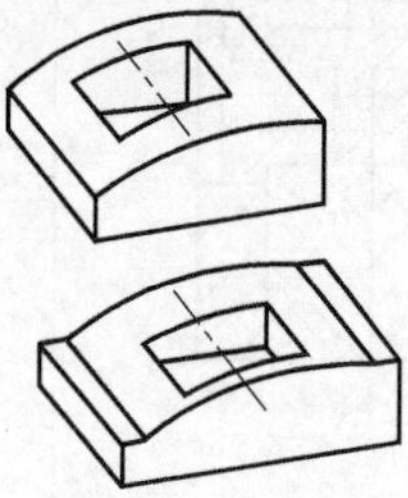	上图的贯通结构只有一个斜面或曲面相互的对合面，易于加工，易于研合。下图的形式有几个研合面，给加工和研合带来了困难
应选择有利于成型零件加工的形式	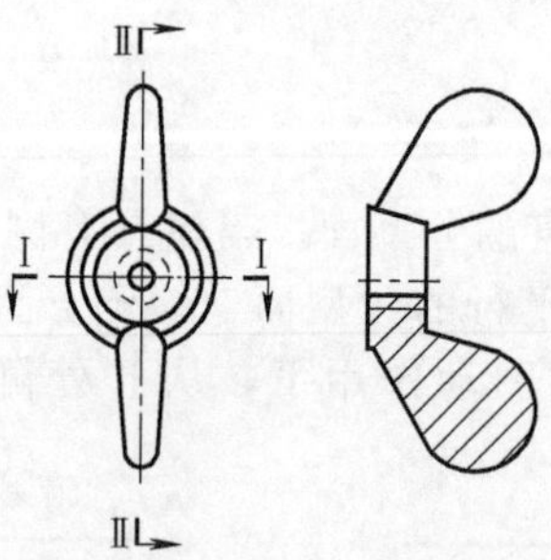	图示为蝶形螺母。如采用Ⅰ-Ⅰ作为分型面，由于形成窄而深的型腔，用普通机械加工很难成型，只能采用特殊的电加工方法。它除了制作电极外，还不容易抛光。如分型面设在Ⅱ-Ⅱ处，使型腔制作变得简单，用普通的机械加工方法即可完成
	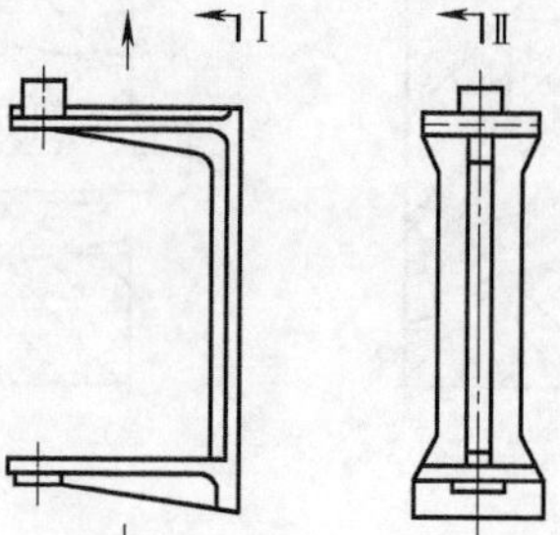	图示为支架类压铸件。采用Ⅰ-Ⅰ分型面，需设置两个相互对称的侧抽芯机构，使模具结构复杂。同时增大了模具的总体高度，也给成型部位的加工带来困难。如采用Ⅱ-Ⅱ分型面，省去了侧抽芯机构，成型部位只是一个对合的型腔，容易加工成型

8.3.2 有利于简化模具结构

见表 8-5。

表 8-5 有利于简化模具结构

要　则	图　例	说　明
尽量减少抽芯机构	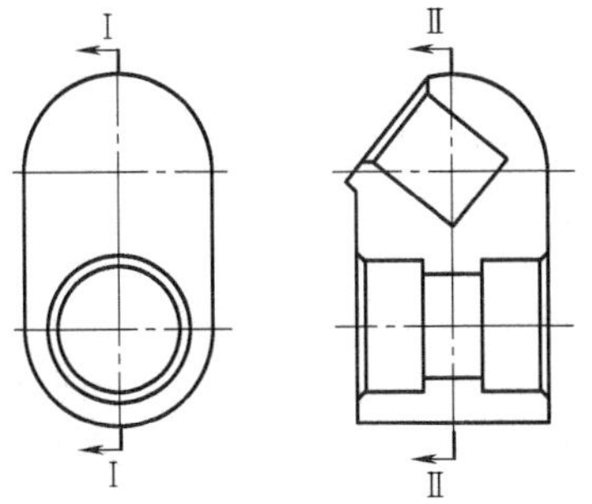	如果在 I-I 处分型,各孔的抽心轴线均在分型面上,需要分别设置三处侧抽芯机构,加大了压铸模的复杂程度。若采用在 II-II 处分型,只需设置一个斜抽芯机构即可
有利于铸件脱模	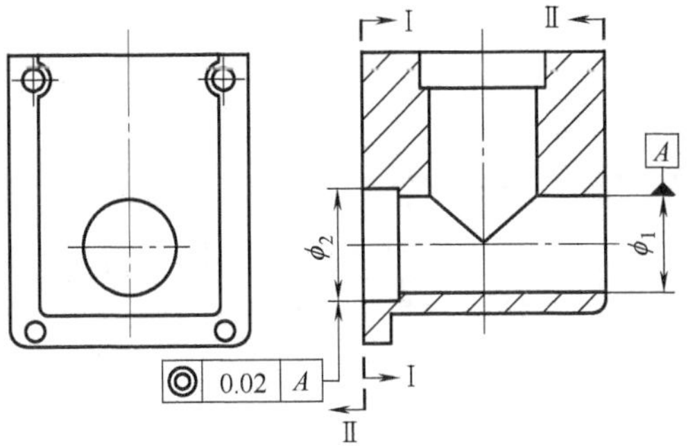	图示有 ϕ_1 和 ϕ_2 同轴度要求。如果按 I-I 分型,ϕ_1 和 ϕ_2 的成孔型芯则分别放置在动模和定模上,很难保证 ϕ_1 和 ϕ_2 的同轴度要求,况且压铸件均含在动模内,对动模的包紧力大,给脱模带来困难。采用 II-II 的阶梯分型面,使 ϕ_1 和 ϕ_2 的成孔型芯都安装在动模一侧,保证 ϕ_1 和 ϕ_2 孔的同轴度。侧孔也安置在动模成型并抽芯,使模具简单化,同时减少了压铸件对动模的包紧力
侧抽芯尽量设置在动模	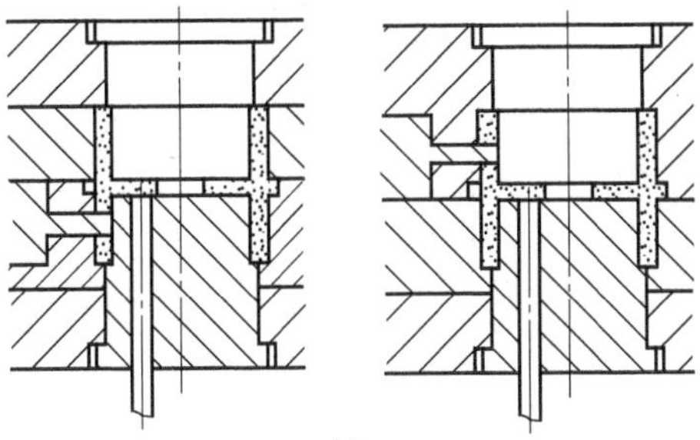 (a) 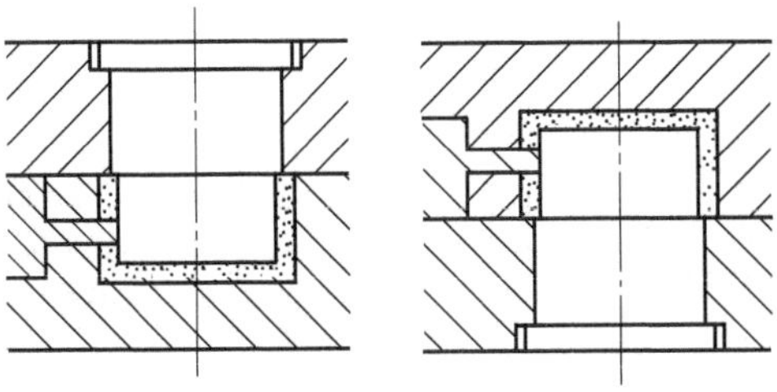 (b)	图(a)和图(b)的右图,它们分别将侧型芯设置在定模一侧。开模时,在侧型芯的阻力作用下,使压铸件随定模一起脱离动模,并含在型腔内,不能顺利脱模,所以必须采用顺序分型脱模机构,使侧型芯与驱动元件作相对移动,并完成抽芯动作后,才能从主分型面分型,使压铸件留在动模型芯,并脱离型腔,模具结构复杂。采用左图的形式,在动模一侧设置侧型芯,驱动元件设置在定模,在主分型面分型时,即可开始抽芯,简化了模具结构

8.3.3 应容易保证压铸件的精度要求

分型面对压铸件某些部位的尺寸精度有直接影响。分型面选择得不合理，则会因制造误差或开模误差，使精度要求得不到保证，见表 8-6。

表 8-6 应容易保证压铸件的精度要求

要　则	图　例	说　明
避免分型面影响铸件尺寸精度		尺寸 $20_{-0.05}^{0}$ 精度要求高，选用 Ⅰ-Ⅰ分型面，易于保证精度。如选用 Ⅱ-Ⅱ分型面，受分型面的影响，难以达到要求
分型面应避免与铸件机加基准面重合		分型面的毛刺会影响铸件的尺寸精度，A 为铸件机加基准面，应选 Ⅰ-Ⅰ作为分型面
避免活动型芯影响铸件尺寸精度		尺寸 L 的尺寸精度要求高，选用 Ⅰ-Ⅰ分型面，要由抽芯机构形成孔 A，影响尺寸精度，应选用 Ⅱ-Ⅱ分型面，由固定型芯形成孔 A
铸件尺寸精度要求高的部位应设置在同一半模内		尺寸 d_1、d_2 和 d_3 有同轴度要求，应设法放置在同一半模内，Ⅰ-Ⅰ分型面能满足要求，Ⅱ-Ⅱ和Ⅲ-Ⅲ不能满足要求

要　则	图　例	说　明
尽量选用铸件的机加面作为分型面	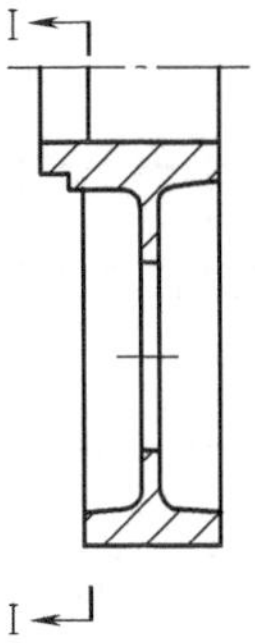	选用机加面 I-I 作为分型面,容易控制尺寸精度和去除毛刺
考虑铸件的外观要求	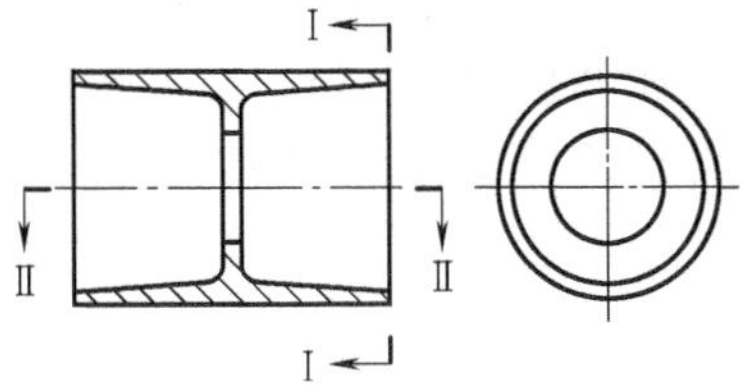	铸件外表面不允许留脱模斜度,为减少铸件机械加工量,选 II-II 分型面。铸件外表面不允许有分型面痕迹,应选择 I-I 作为分型面

8.3.4　应有利于浇注系统和排溢系统的布置

在选择分型面时,应结合金属液的流动特点,对浇注系统的布局,比如内浇口位置、导流方向、在什么部位设置溢流槽和排气道更有利于冷污金属液和气体的排出等一系列问题,进行综合的分析和考虑,见表 8-7。

表 8-7　应有利于浇注系统和排溢系统的布置

要　则	图　例	说　明
分型面设置在金属液最后充型的部位	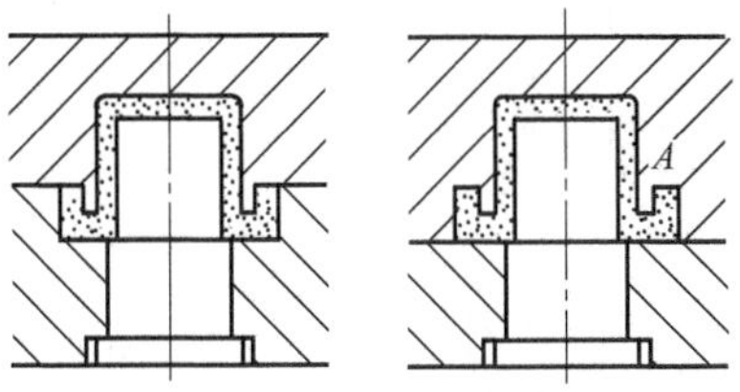	右图的分型,使 A 处形成盲区,容易聚集气体,出现压铸缺陷。左图的分型面设置在金属液流动的终端,使型腔中的气体有序地排出,有利于填充成型
分型面应使模具型腔具有良好的溢流排气条件	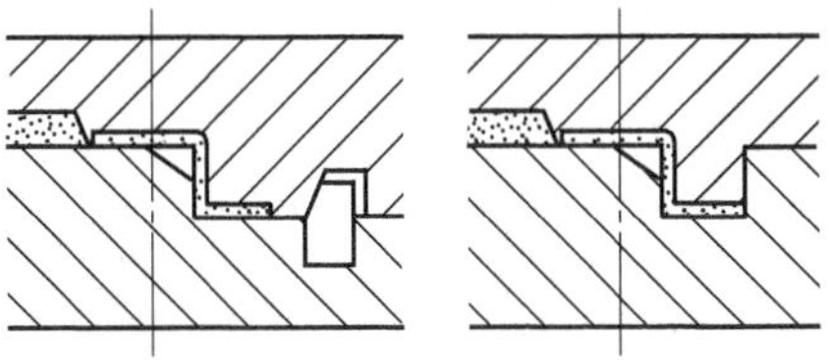	右图的形式虽然能起加固型腔的作用,但却堵塞了排气通道,使气体不能有效地排出。左图采取加设有不连续的若干个斜楔镶块,既加固了型腔,又不影响型腔的排气
	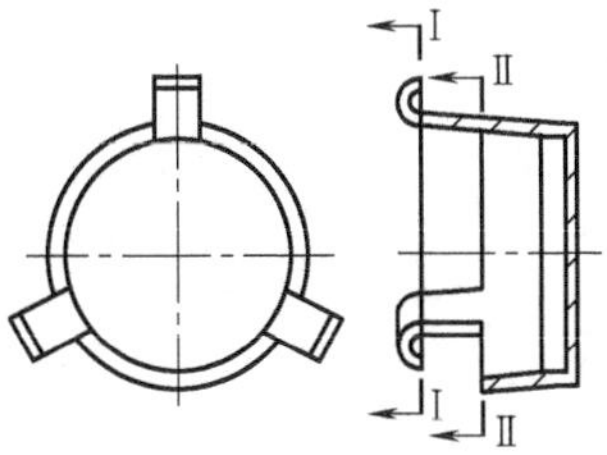	图中分型面设在 I-I 处,它与金属液流的终端相重合,有充分的空间开设溢流槽和排气道,除满足溢流和排气的功能外,还提高了爪端部位的模具温度,有利于金属液的填充,保证了压铸爪端的质量。II-II 分型面填充条件较差,而且增加了模具制作的难度

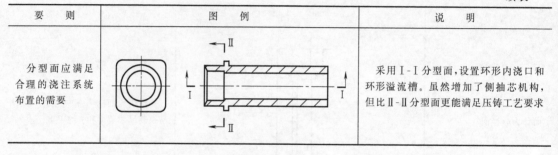

要　　则	图　　例	说　　明
分型面应满足合理的浇注系统布置的需要		采用 I - I 分型面,设置环形内浇口和环形溢流槽。虽然增加了侧抽芯机构,但比 II - II 分型面更能满足压铸工艺要求

8.3.5　开模时应尽量使压铸件留在动模一侧

压铸机的顶出机构均设在动模一侧,所以除特殊情况外,开模时,应使压铸件留在动模一侧,以便于推出脱模。因此,在选择分型面时,应分析和比较定模和动模所设置的成型零件各自受到压铸件包紧力的大小,将包紧力较大的一端设置在动模部分,在开模时,才能使压铸件留在动模一侧,见表 8-8。

表 8-8　开模时应尽量使压铸件留在动模一侧

要　　则	图　　例	说　　明
铸件对型腔的包紧力大于铸件收缩对型芯的包紧力		右图的形式在开模时,压铸件包紧型芯,并随之一起脱离动模型腔,无法使压铸件从定模型芯中脱出。左图的设置使压铸件包紧型芯,开模时,脱离型腔而留在动模一侧,在推出机构的作用下,将压铸件推出
将型腔型芯都置于动模一侧		如果型腔的结构比较简单,型腔受到的包紧力小于成孔型芯受到的包紧力,可采用右图的设置形式,使压铸件留在动模,但当型腔的形状复杂,它受到的包紧力较大,无法确定压铸件是否留在动模时,应采用左图的形式,将型腔型芯都置于动模一侧
		右图的分型形式不能形成对型芯的包紧力,所以,在分型时不能使压铸件留在动模一侧。左图将型芯和型腔全部设在动模内,压铸件不会黏附在定模上。
加大定模型腔和型芯的脱模斜度和减小动模型芯的脱模斜度		对于压铸件两端都设置型芯的情形。这时就应分析和比较压铸件对两端型芯包紧力的大小。当型芯的脱模斜度相同时,较长的型芯所受到的包紧力较大,右图将较长的型芯设置在定模一侧,可能使压铸件随定模移动而脱离动模型芯。左图改变了压铸件安放的方向,增加了动模的包紧力。但由于型腔在定模,因此,应该加大定模型腔和型芯的脱模斜度和减小动模型芯的脱模斜度,才能使压铸件留在动模一侧

要　则	图　例	说　明
铸件对动模型芯的包紧力大于对定模型芯的包紧力	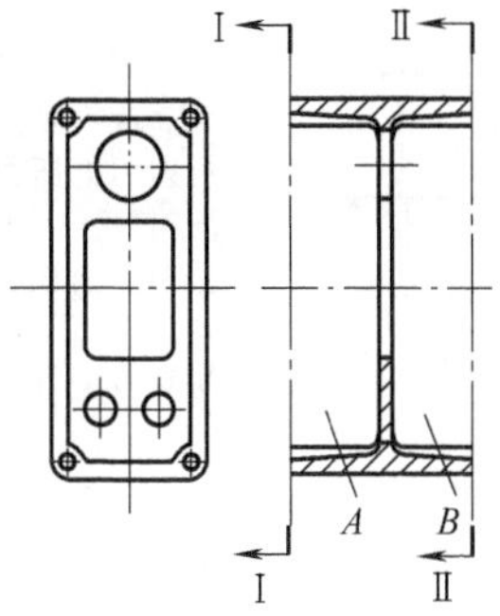	利用铸件对型芯 A 的包紧力略大于对型芯 B 的包紧力,中间小型芯及四角小型芯和型芯仍设在一起,有 I-I 和 II-II 两个分型面可供选择,考虑到设备和生产操作等因素有可能增加定模脱模阻力,采用 II-II 分型面更能保持铸件随模具开模而脱离定模
借助设在动模上的侧向抽芯机构或定模脱模机构强制铸件在开模时脱离定模	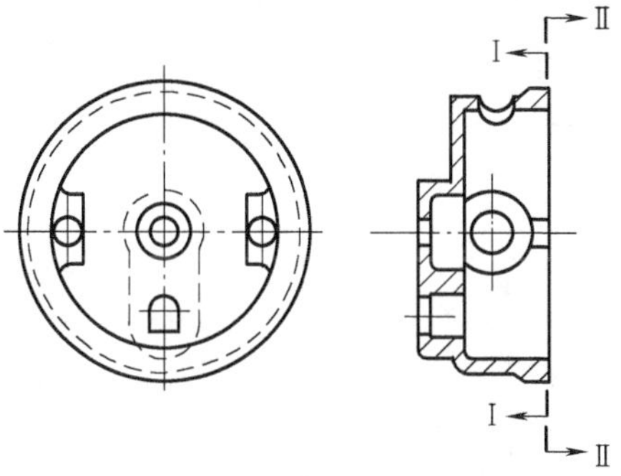	中心型芯包紧力大,采用 I-I 分型面可以借助侧向抽芯机构帮助铸件脱离定模,采用 II-II 分型面时要用定模抽芯,模具结构较复杂

8.3.6　应考虑压铸成型的协调

见表 8-9。

表 8-9　应考虑压铸成型的协调

要　则	图　例	说　明
选用较短的抽芯距离	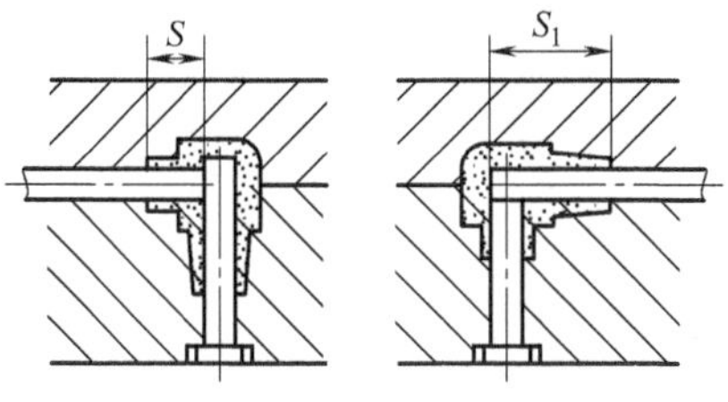	从右图改成左图的安放形式,使抽芯距离缩短了很多。缩短抽芯距离有两点好处:一是减小了抽芯力;二是缩小了模具的运作空间,使模体变小
	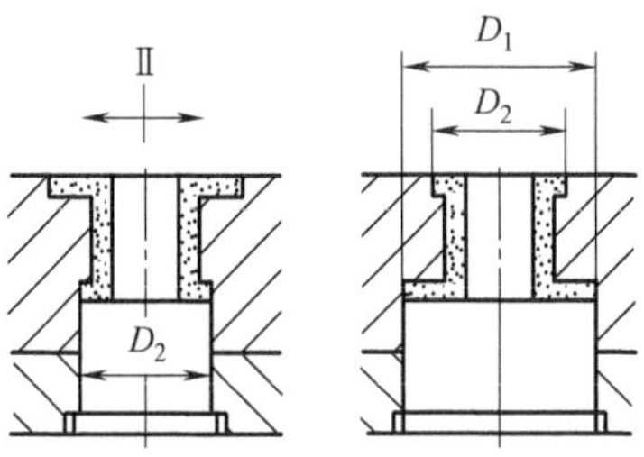	在右图中,决定抽芯距离的尺寸是 D_1,所以必须加大侧抽芯距离,才能将大端直径 D_1 取出。采用左图的形式,决定抽芯距离的尺寸是 D_2,由于 $D_2 < D_1$,所以这种形式可缩短抽芯距离

要　则	图　例	说　明
侧型芯形式对锁模力影响很大	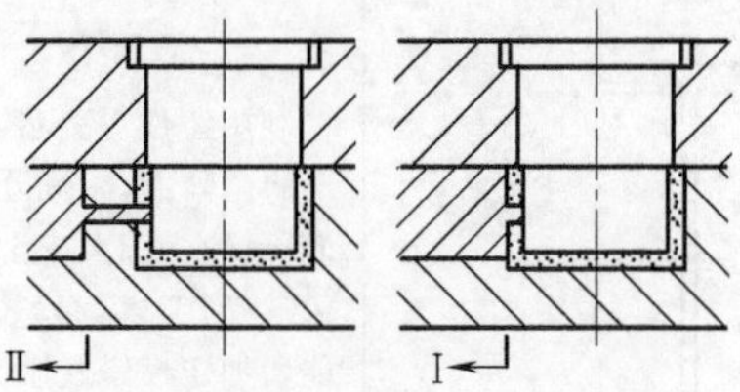	右图中侧分型面设在 I 处,侧型芯的端部直接与成型区域接触,成为压铸成型的一部分,金属液在填充时,侧型芯较大的侧面积受到压射力的压力冲击,因此需要很大的锁模力,同时,在压铸件表面会出现合模接痕。当侧分型面面积较大时,应采用左图的结构形式,将侧分型面设在 II 处,这时,只是侧成孔型芯接触成型部位,而且又紧密地碰合在主型芯侧面,所受到的压射反压力很小
	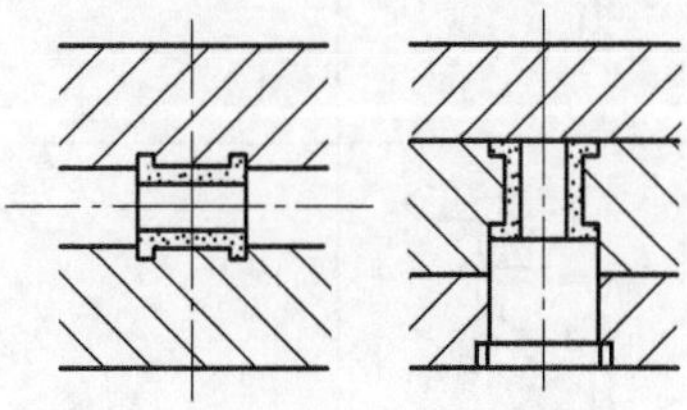	右图中瓣合型腔受力较大,左图中只在压铸件侧端面上很小的侧面积上受到较小的压射压力,其锁紧力也相对较小
避免压铸机承受临界负荷	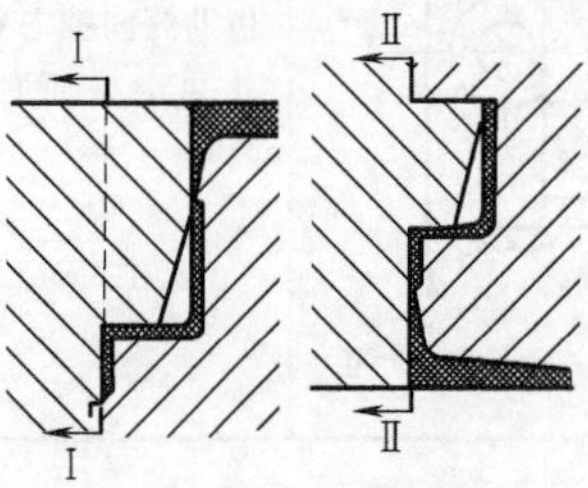	当铸件的两个面 $A > B$,而面积 A 接近压铸机所允许的最大投影面积时,应选用 I - I 作为分型面

8.3.7　嵌件和活动型芯便于安装

带嵌件或需要设置活动型芯的压铸模,往往由于安装速度影响了压铸效率。为此,选择方便快捷的安装部位,是设计嵌件的重要内容,见表 8-10。

表 8-10　嵌件和活动型芯应便于安装

图　例	说　明
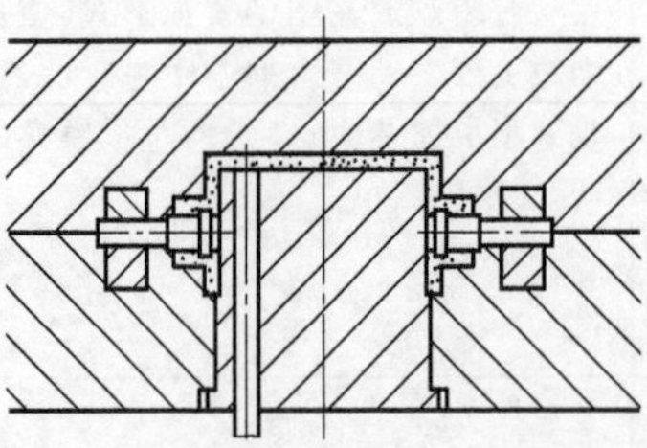	将分型面设在嵌件的轴心处。合模前,将嵌件装在分型面上,定位后合模。开模时,嵌件随压铸件推出
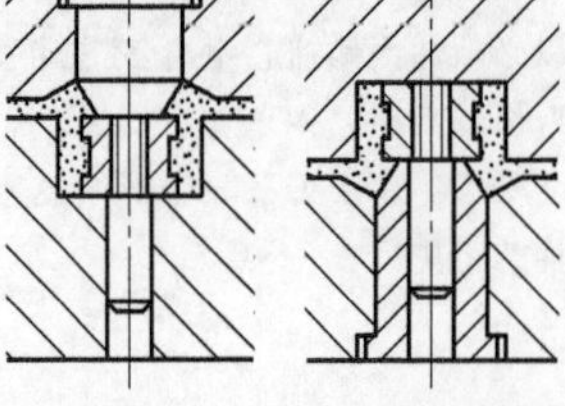	图示是带活动型芯的压铸模。对于右图的形式,压铸件对动模型芯的包紧力较小,开模时,压铸件会随定模型腔脱离动模。对于左图的形式,增加压铸件转向设置,加大了对动模的包紧力,使压铸件留在动模而便于脱模

图　例	说　明
	右图采用推杆将活动型芯推出的结构形式。这种结构虽然简单，但在合模前，必须设置预复位机构，带动推杆先行后退，留出安放活动型芯的空间，方可安装，使模具结构复杂化。左图的形式则是将活动型芯安置在定模一侧，或使推杆移位，不与活动型芯产生干扰，就可以避免设置推出机构预复位的繁琐结构

8.4　镶块在分型面上的布局形式

8.4.1　布局形式

（1）卧式冷室压铸模

　　卧式冷室压铸模在分型面上的布局形式如图 8-2 所示。在一般情况下，将成型镶块设置在直浇道和内浇口的上方，以防止在压射前，金属液在无压力状况下自然流入型腔而提前凝固，妨碍正常的压铸成型，如图 8-2（a）和图 8-2（b）所示。当采用辐射状的布局时，直

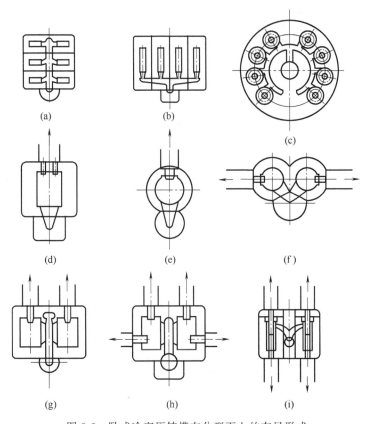

图 8-2　卧式冷室压铸模在分型面上的布局形式

第 8 章　分型面的设计　**235**

浇道设置在中心部位，如图 8-2（c）所示。由于上述原因，必须将横浇道开设在直浇道的上方，并通过圆弧浇道经过各内浇口分别进入各型腔中。

图 8-2（d）和图 8-2（e）均为单腔模，直浇道设置在型腔下方，并设置浇道镶块，侧抽芯机构设置在型腔上方。

图 8-2（f）是一模双腔压铸模，在圆形镶块的下方进料，采用侧型芯在两侧抽芯的形式。在水平方向上设置侧抽芯机构，使侧滑块运行平稳。

图 8-2（g）～图 8-2（i）是在双腔模上设置侧抽芯机构的不同形式。它们的共同特点是：无论直浇道设置在什么位置上，都应使金属液在压射前不能从内浇口进入型腔。

（2）热室或立式冷室压铸模

根据热室或立式冷室压铸机的结构特点，镶块不管采用什么布局形式，金属液在压射前不能提前流入型腔。热室或立式冷室压铸模的布局形式如图 8-3 所示。其中，图 8-3（a）～图 8-3（c）为常用的对称式布局形式。侧抽芯机构也可在任意方向上设置，如图 8-3（d）～图 8-3（f）所示。

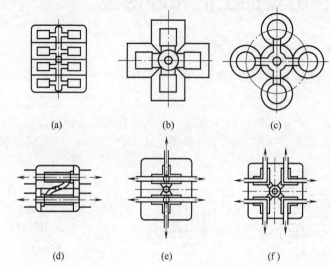

图 8-3　热室或立式冷室压铸模在分型面上的布局形式

8.4.2　尺寸标注

压铸模的各种尺寸大体有两种标注方法：一是以分型面的几何中心为基准，标注各相关尺寸；另一种是选择一个有利于模具制造的基准面，以这个选定的基准面为基准，标注各相关尺寸，特别是适用于在分型面或各模板的尺寸标注。这种标注方法解决了在模具加工时现场计算的麻烦，直观地确定和完成各部尺寸的加工。如图 8-4 所示的标注方法，首先确定模板的两个垂直的侧面分别为 A 和 B 在 x 和 y 方向上的基准面，并以它们为基准，分别标出 c、a、i、e、k 以及 d、b、j、h、l 等。在加工时，校正 A、B 面的垂直度，从而确定角 G 为基准角，并分别以 A、B 为基准面划线和加工，依次向前推进。这种标注较为方便，能适应模具高精度加工的技术要求。

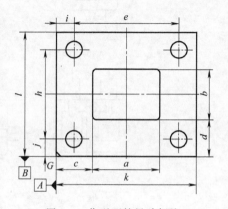

图 8-4　分型面的尺寸标注

8.5 分型面的典型分析

在设置和选择分型面时，必须综合考虑各方面的影响因素、工艺条件和技术要求。成型同一个压铸件的压铸模均可提供两个或多个分型面加以选择。所以，应该分析该压铸件在选择不同的分型面时可能出现的各种情况，然后，综合比较，扬长避短，选取比较合理的分型面。

图 8-5 是带侧孔的方底座压铸件，虽然其结构比较简单，却可设置出多个不同的分型面，从而演化出多种模具结构形式。下面对这些结构形式进行简单的分析和比较，供实践参考。

（1）分型面设在方底座的端面

结构形式如图 8-6 所示。这种形式除在定模上设置一个型芯外，其余成型部分都设在动模内，其结构特点如下。

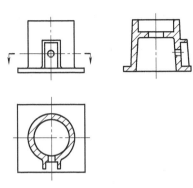

图 8-5　带侧孔的方底座压铸件

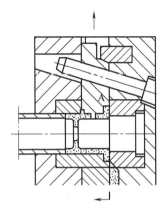

图 8-6　在压铸件的一端平面上分型

① 侧面的矩形四孔和小通孔设置在动模一侧，采用动模抽芯的形式，简化了模具结构。

② 虽然压铸件对定模型芯的包紧力相对较大，但因在动模内有侧抽芯的阻碍作用，故在开模时仍能使压铸件留在动模。

③ 侧浇口设在方底座的端面，其导流方向避开型芯，避免对型芯的热冲击。

④ 采用推管的推出形式，其推出力平稳可靠。但应注意在合模时，侧滑块上的通孔型芯在移入型腔时，会进入推管的投影区内，与推管产生干涉现象。因此，应设置推板的预复位机构，使小型芯安全地进入工作位置。

⑤ 成型深内孔的型芯设在定模，而侧孔抽芯设在动模。故合模出现的误差会引起两中心线的偏移，使它们的同轴度精度降低。为满足两中心线的位置度要求，可采用成型深内孔和动模上的浅内孔的两个型芯锥面对插定心，或在分型面上设置斜面止口的对中形式。

⑥ 侧滑块除成型侧面的矩形孔和小通孔外，还构成方底座凸缘的一部分型腔 A，使得方底座的部分侧面可能不够整齐，而且出现合模接痕。

（2）分型面设在方底座的内端面上

改变分型面，将分型面设置在方底座的内端面上，如图 8-7 所示。改变分型面后，使定模和动模均包含着部分型腔，侧滑块仍在动模内，它的结构特点如下。

① 方底座完整地在定模内成型，使方底座部位形状平整，与成型深孔有较好的形位精度。

② 方底座与外形的同轴度可能出现偏差。

③ 内浇口开设在方底座的侧面，在填充成型时，对型芯有热冲击现象。必要时，可采用中心浇口的进料方式。

（3）改变成型位置，使型腔全部设置在定模内

图 8-8 是改变成型位置的结构形式。与图 8-6 相反，成型部位大部分都设置在定模上。

① 动模型芯的固定方法简单可靠。

② 卸料板推出力平衡稳定可靠，保证压铸件较高的尺寸精度。

③ 避免了因推管的干涉现象而引起模具结构的复杂化，使模具结构简单。

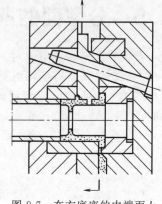

图 8-7　在方底座的内端面上

压铸件成型位置的改变，引起侧抽芯机构的变化。在通常情况下，侧抽芯机构有如下几种设置方式（图 8-8）。

图 8-8（a）是将侧滑块设置在动模上。开模时，在动模型芯的包紧力和侧型芯的阻力作用下，压铸件可靠地留在动模一侧，并在压铸件脱离型腔的同时，侧滑块与斜销形成相对移动而被带动，完成抽芯动作。再在卸料板作用下，使压铸件脱离型芯。

图 8-8（b）是将侧滑块的抽芯设置在定模上。为实现侧抽芯动作，必须设置辅助分型面Ⅰ，并在动模板和定模板间设置定距拉紧机构。开模时，在顺序分型脱模机构作用下，首先从Ⅰ处分型，完成侧抽芯动作后，再从主分型面Ⅱ处分型。这种结构形式设置了顺序分型脱模机构，使模具结构复杂。

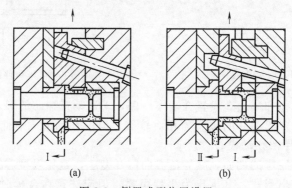

(a)　　　　　　(b)

图 8-8　倒置成型位置设置

其他有关特点与图 8-6 的分析相同。

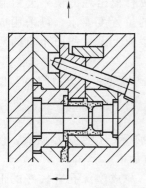

图 8-9　倒置成型位置型腔分置

（4）改变分型面位置，型腔分设在动、定模两侧

在图 8-8 的基础上略有变化，将分型面设置在方底座的内端面上，其结构形式如图 8-9 所示，它综合了图 8-7 和图 8-8 的结构特点。

（5）采用中心浇口

分型面与成型位置与图 8-6 所示相同，内浇口由侧浇口改为中心浇口，如图 8-10 所示。但动模和定模上的型芯不能采用相互锥面对中的方法。为消除合模误差，保证深孔与压铸件成型中心的偏移度允差，可采用可以相互定心的轮辐式内浇口。这种结构形式最适合应用在立式压铸机上。

（6）沿压铸件的轴线分型

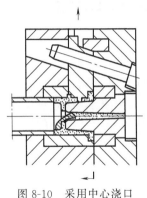

图 8-10 采用中心浇口

改变分型面的位置，将分型面开设在压铸件的轴线上，如图 8-11 所示。这种分型形式，可以采用环形内浇口，从方底座端面进料，在另一端面开设环形溢流槽，加上分型面上的排气作用，使排气条件良好。特别是长度较大的管状压铸件，更有优越的成型效果。

由于压铸件外形部分是由定模和动模两瓣组合而成的，故总会有明显的合模接痕，其圆度也会因制造误差和合模误差而受到影响。但在一般情况下，这种分型形式还是能够满足要求的。

侧面的矩形孔和小通孔可以按图（a）所示的形式设置在定模一侧，或按图（b）所示的形式设置在动模一侧。分析比较，由于设置在分型面上的两端孔是在动模上侧分型的，所以如图（b）所示的形式，将它们安置在动模成型，可消除或减小相互之间的偏移度。

通过以上对分型面各种形式的分析可以看出，压铸同一种压铸件的压铸模，它的分型面有不同的设计方案，而每一种设计方案都有各自不同的特点，有时很难直观地指出哪一个方案最好，只有根据压铸件的技术要求和现场生产条件等具体情况综合考虑而定。同时，通过上面的分析还应意识到，选择分型面和安排成型位置，必须对以后的浇注系统、排溢系统、侧抽芯机构以及压铸模结构的复杂程度、制模的难易程度、制模成本等因素做综合考虑。

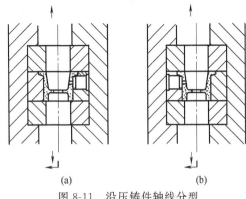

图 8-11 沿压铸件轴线分型

8.6 典型分型面设计实例

8.6.1 成型位置影响侧抽芯距离的结构实例

图 8-12 所示的压铸件在端部有一个弯管接头，需设置侧抽芯机构。由于分型面成型位置不同，引起侧抽芯距离的变化。图 8-12（b）中成型位置的设置形式必须使侧型芯的前端脱离压铸件的正投影区域，才能使压铸件脱出，即这时的侧抽芯距必须大于 S_1。采用

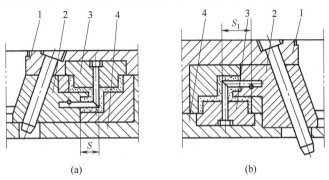

图 8-12 分型面对侧抽芯机构的影响

1—定模板；2—侧滑座；3—主型芯；4—动模板

图 8-12（a）所示的形式，将压铸件倒置摆放，侧抽芯距离只要大于 S，即可脱模。可以看出，成型位置的改变使侧抽芯距离有明显的减小。

8.6.2 改变分型面可避免侧抽芯的实例

在特殊情况下，改变分型面可以避免侧抽芯的复杂结构。如图 8-13 所示的压铸件，当按图（a）的形式分型时，由于在分型面的垂直投影上有相互重叠的尺寸 n，必须设置侧抽芯机构，在消除重叠的区域后，才能使压铸件顺利脱模。现在，考虑到相互重叠的区域不大，采取图（b）的形式，将分型面的倾斜角增大，即消除了正投影面积上的重叠现象，只加设与脱模方向一致的定模型芯 6，在正常状态下开模，即可使压铸件顺利脱模。压铸件上的圆形通孔可采用异型成孔芯 7 成型。

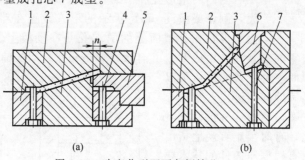

(a)　　　　　　　　(b)

图 8-13　改变分型面可免侧抽芯（一）

1—动模镶块；2—定模镶块；3—主型芯；4—成孔型芯；5—侧滑芯；6—定模型芯；7—异型成孔芯

图 8-14 也有类似的情况。压铸件内侧有一个与基准面相对倾斜的立壁。按照图（a）所示的分型面，就需要设置活动型芯，将压铸件推出后，再用人工从模体中取出，这将影响压铸生产的效率，并浪费了人力。按照图（b）所示的分型面，将分型面倾斜一个角度，使立壁与脱模方向垂直。开模时，即可将压铸件推出。

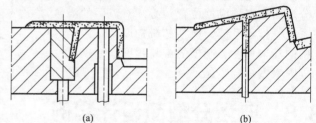

(a)　　　　　　　　(b)

图 8-14　改变分型面可免侧抽芯（二）

8.6.3 增大动型方向包紧力的结构实例

图 8-15 是带散热片汽缸盖零件。散热片虽然脱模斜度大，但片数较多，且铸件收缩产生的包紧力相当大。

若采用Ⅰ-Ⅰ分型面，铸件对动模上的球面型芯所产生的包紧力很小，开模时铸件将留在定模上，无法出模。

采用Ⅱ-Ⅱ分型面可增大动型方向的包紧力，铸件可顺利脱出定模，推出元件的位置也能得到较合理的安排。

8.6.4 多阶梯分型面的结构实例

采用多阶梯分型面的形式如图 8-16 所示。它的特点是根据压铸件的结构特征，采用多次折线形式

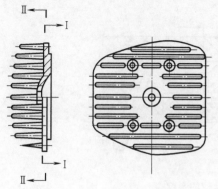

图 8-15　增大动型方向包紧力

形成的分型面，使压铸模便于制造和成型。图 8-16 可供实践中参考。

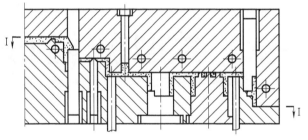

图 8-16　多阶梯分型面的结构实例

8.6.5　矩形手柄分型面的实例

图 8-17 为真空泵矩形手柄的零件简图。根据手柄的使用需要，手触部位均要求光滑整洁，无伤人尖角。实践中采用阶梯分型面与倾斜分型面相结合的综合分型面，如图 8-18 所示。外部形状在底部外圆角的切线 A 处分型，内部形状则在顶部内圆角的切线 B 处分型。型芯 2 从动模镶块 1 的底部进入，与定模镶块 3 碰合，并围成成型空腔。矩形手柄压铸模采用这种综合分型面，在压铸生产实践中取得了满意的效果。

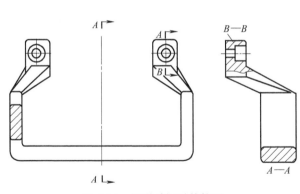

图 8-17　矩形手柄零件简图

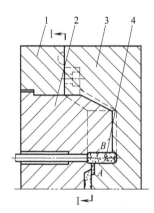

图 8-18　矩形手柄压铸模分型面
1—动模镶块；2—型芯；
3—定模镶块；4—压铸件

它的结构特点如下。

① 合理地分布压铸件在定模和动模中的成型位置，使定模和动模所受到的包紧力分配得当，开模时，压铸件留在动模一侧，并顺利推出。

② 保证了在使用部位的圆弧连接，使压铸件表面整洁美观。

③ 内浇口开设在压铸件的壁厚处，有利于补缩压力的传递。

④ 金属液流动的终端与分型面重合，很方便地设置排溢系统，在分型面各部均有良好的排气条件，使金属液流动畅通，成型效果好。

⑤ 简化了模具结构，消除了深腔加工的不利因素，使压铸模结构紧凑。

⑥ 易于加工、研合、热处理和抛光。

第9章 成型零件的设计

9.1 成型零件的结构形式

压铸模的成型零件主要是指型芯和镶块。成型零件的结构形式大体可分为整体式和组合式两种。

9.1.1 整体式结构

整体式结构如图 9-1 所示，其型腔直接在模块上加工成型，使模块和型腔构成一个整体。

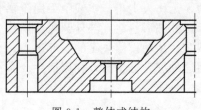

图 9-1 整体式结构

整体式结构的特点为：
① 强度高，刚性好；
② 避免产生拼缝痕迹；
③ 模具装配的工作量小，可减小模具外形尺寸；
④ 易于设置冷却水道；
⑤ 可提高压铸高熔点合金的模具寿命。

整体式结构适用的场合为：
① 型腔较浅的小型单型腔模或型腔加工较简单的模具；
② 压铸件形状简单、精度要求低的模具；
③ 生产批量小的模具；
④ 压铸机拉杆空间尺寸不大时，为减小模具外形尺寸，可选用整体式结构。

9.1.2 整体组合式结构

型腔和型芯由整块材料制成，然后装入模板的模套内，再用台肩或螺栓固定。模套应采用圆形或矩形，以便于加工和装配。整体组合式结构的基本结构和固定形式如图 9-2 所示。

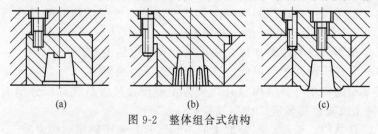

(a)　　　　　　　(b)　　　　　　　(c)

图 9-2 整体组合式结构

图 9-2 (a) 所示是将模板做成盲孔的模套，将型腔镶块整体嵌入，在其背面用螺栓紧固。为便于加工，可采用较大直径的标准棒铣刀，使模套的四个角形成圆弧角。一般情况下，组装、型装后，型腔镶块应高于模套 0.1～0.3mm。

图 9-2 (b) 所示是模板用线切割机床，切割成贯通的模套，将矩形型腔镶块从背面装

入模框，并设置台肩，用螺栓固定在垫板上。如果采用圆柱状型腔镶块，则可以在车床上加工，但必须设置止转销，防止因松动引起内浇口错位。

图 9-2（c）所示是另一种组合形式，在模腔镶块中心用螺栓固定在垫板上，为防止转动，需设置止转销。

整体组合式型芯的基本结构和固定形式如表 9-1 所示。

表 9-1　整体组合式型芯的基本结构和固定形式

图　例	说　明	图　例	说　明
	将模板加工成与型芯相对应的安装孔，采用 H7/h6 的配合精度，将型芯嵌入后，在背面用螺栓固定。它多用于形状比较简单（如圆柱形），即模套孔易于加工配合的模具		外部形状比较复杂的型芯，可采用此种结构形式。用线切割机床将模套孔做成贯通的形式，用台肩或螺栓固定
	外部形状比较复杂的型芯，可采用此种结构形式。用线切割机床将模套孔做成贯通的形式，用台肩或螺栓固定		将型芯的固定部分改制成容易加工的圆柱形或矩形凸台，在模板上加工出相应形状的模套孔，将型芯装入模套孔后，从背面固定，必要时，可设置止转圆销

9.1.3　局部组合式结构

型腔或型芯由整块材料制成，为局部镶有成型镶块的组合形式。

表 9-2 是局部组合式型腔的结构实例。

表 9-2　局部组合式型腔的结构实例

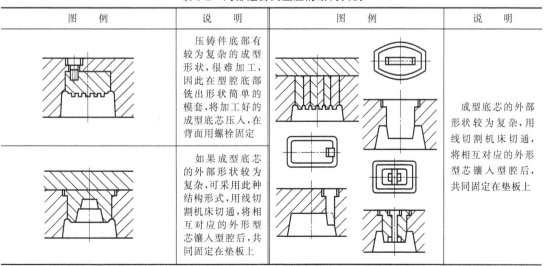

图　例	说　明	图　例	说　明
	压铸件底部有较为复杂的成型形状，很难加工，因此在型腔底部铣出形状简单的模套，将加工好的成型底芯压入，在背面用螺栓固定		成型底芯的外部形状较为复杂，用线切割机床切通，将相互对应的外形型芯镶入型腔后，共同固定在垫板上
	如果成型底芯的外部形状较为复杂，可采用此种结构形式，用线切割机床切通，将相互对应的外形型芯镶入型腔后，共同固定在垫板上		

表 9-3 是局部组合式型芯结构形式。

表 9-3　局部组合式型芯结构形式

图　例	说　明	图　例	说　明
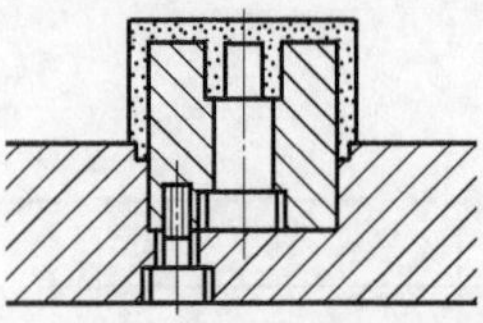	压铸件内腔为带有盲孔的凸台,通过局部镶拼的形式,使其加工简单可靠,并便于维修和更换	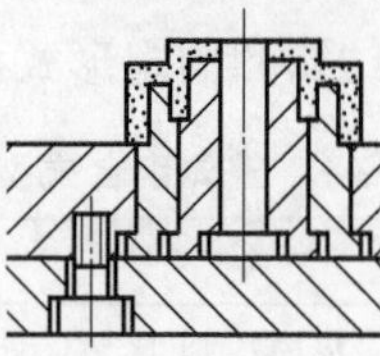	芯中镶芯的结构形式,难于将加工的部位分拆成几个容易加工的成型件,加工和热处理后组合在一起
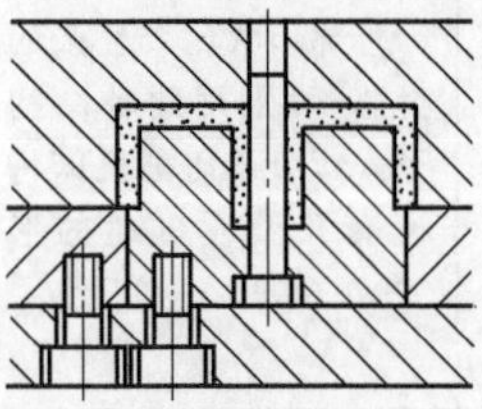	将型芯固定在动模一侧,型芯的顶部插入定模板的通孔中,除了加固型芯外,还起到型腔的排气作用	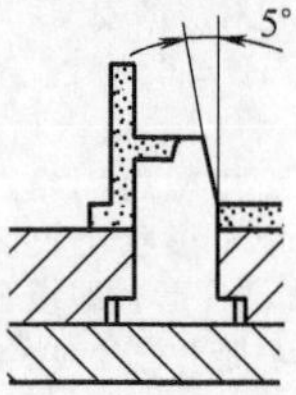	根据压铸件的特殊结构,采用局部组合形式的实例。型芯插入相对的模板中,采用5°左右的斜面接触,避免因直面插入产生移动摩擦而相互磨损
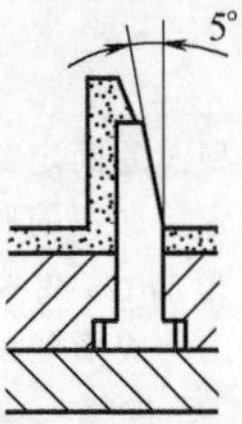	型芯插入相对的模板中,采用5°左右的斜面接触,避免因直面插入产生移动摩擦而相互磨损	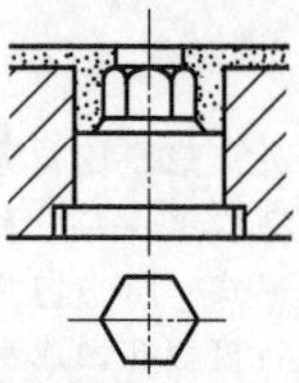	对于带六角孔的压铸件,在主型芯上镶入六角型芯。为了使用方便、保持压铸件的外观,应在其端部倒角
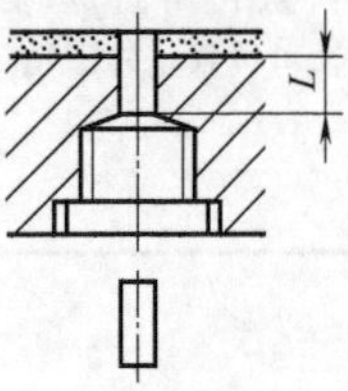	遇有窄边的矩形孔,可采用图示方式,将其固定长度 L 做得短一些,以便于加工		

表 9-4 是局部组合式型芯结构实例。

表 9-4　局部组合式型芯结构实例

图　例	说　明
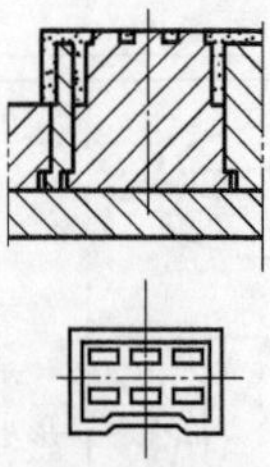	适用于局部结构较为复杂的压铸件,整体式型芯难以加工,采用不同形式的局部组合结构,使成型零件的加工简单、方便

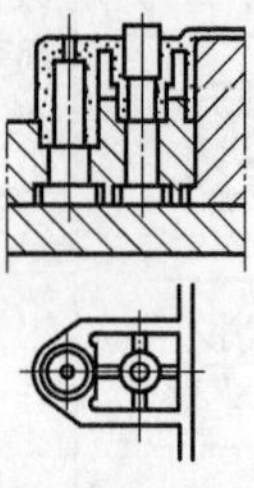

图　例	说　明
	适用于局部结构较为复杂的压铸件,整体式型芯难以加工,采用不同形式的局部组合结构,使成型零件的加工简单、方便
	在侧面有一缺口的压铸件,缺口型芯采用不同的结构形式,其成型效果也各不相同。此种结构是在缺口处镶嵌一块突起的镶件,它的特点是制造简单,不涉及型腔,但镶件与型腔形成一个垂直的擦合面,如果处理不好,会擦伤型腔或产生溢料现象
	在动模板上紧靠主型芯镶嵌一贯通的型芯,在型腔相对应的部位,做一个与型芯相互配合的缺口,缺口应有 5°左右的斜接触面,并应研合良好,以防溢料。这种结构形式安全可靠,缺口的配合面还起到排气的作用

9.1.4　完全组合式结构

完全组合式是由多个镶拼件组合而成的成型空腔，其结构实例如表 9-5 所示。

表 9-5　完全组合式结构实例

结构形式	图　例	说　明
模套组合式		型腔外形结构比较复杂,采用整体结构很难加工。采用分拆成几块镶件底拼块、端面拼块和侧拼块,分别加工后,装入模板的模套中,组合成型腔的方法,保证了成型件的精度,降低了加工难度
		直角型腔的拼接形式

结构形式	图　例	说　明
模套组合式	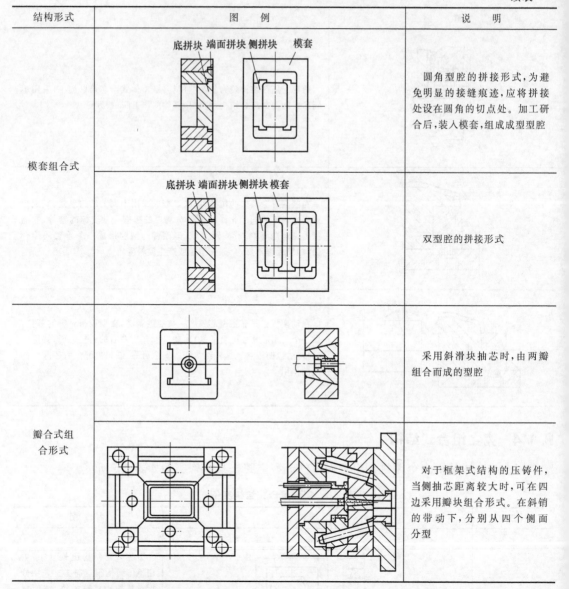	圆角型腔的拼接形式,为避免明显的接缝痕迹,应将拼接处设在圆角的切点处。加工研合后,装入模套,组成成型型腔
		双型腔的拼接形式
瓣合式组合形式		采用斜滑块抽芯时,由两瓣组合而成的型腔
		对于框架式结构的压铸件,当侧抽芯距离较大时,可在四边采用瓣块组合形式。在斜销的带动下,分别从四个侧面分型

底拼块　端面拼块　侧拼块　模套

底拼块　端面拼块　侧拼块　模套

9.1.5　组合式结构形式的特点

组合式结构形式的特点如下。

① 将组成成型空腔的各部分分解成若干独立的镶块,简化加工工艺,降低模具加工的制造难度。

② 各组合件均可采用机械加工,特别是在淬硬处理后采用高精度的磨削加工,保证了各部的精度要求,提高了成型零件的使用寿命。

③ 提高机械设备的利用率,减少了繁重的人工工作量,从而相应提高了生产效率,降低了做模成本。

④ 有利于沿脱模方向开设脱模斜度,方便研磨,保证了成型零件的表面粗糙度要求,便于脱模。

⑤ 拼合面有一定的排气作用,必要时也可在需要的部位另外开设排气槽。

⑥ 压铸件的局部的结构改动时，便于修改模具。

⑦ 当易损的成型零件失效时，可随时修理或更换，不至于使整套模具报废。

⑧ 采用合理的组合式结构，可减少热处理变形。

组合式结构的不足之处如下。

① 过多的镶块拼合面，难以满足组合尺寸的配合精度要求，增加了模具的装配难度。

② 镶拼处处理不当，会引起缝隙飞边，增加压铸件去除毛刺的工作量。

③ 不利于模体温度调节系统的布局。

组合式结构的模具多用于成型结构比较复杂的模具以及大型或多型腔的模具。

随着电加工、冷挤压、精密铸造等新工艺的不断发展和应用，除了为满足特殊结构的加工需要以及便于更换易损件而采用镶拼组合外，在一般情况下，应在加工条件允许的条件下，尽可能不采用过多的镶拼组合形式。

9.1.6 型芯的固定形式

型芯固定时必须保持与相关构件之间有足够的强度、稳定性以及便于机械加工和装卸，在金属液的冲击下或铸件卸除包紧力时不发生位移、弹性变形和弯曲断裂现象。

型芯的固定形式按模具的结构需要进行设计，基本形式见表 9-6 及表 9-7。

表 9-6　圆形型芯的固定形式

形　式	图　例	说　明
台阶式		型芯靠台阶的支撑固定在镶块、滑块或动模套板内，制造和装配简便，应用广泛，也适用于卸料板结构模具中的活动型芯但台阶必须用座板压紧
加强式	 (a) (b)	直径小于 6mm 左右的细长型芯，加工比较困难，易折断和弯曲，为增加强度将非成型部分的直径放大，适当增加台阶高度。图(a)适用于较薄的镶块;图(b)适用于较厚的镶块
接长式		特别厚的镶块在较长的大型芯内固定小型芯时可采用此形式。节省耐热合金钢,加工简单,热处理不易变形

形 式	图 例	说 明
中间台阶式		采用卸料板结构时,活动型芯直接固定在支承板上,卸料板推出后,型芯不产生位移
长圆形凹坑式		适用于彼此靠近的成组型芯
螺塞式		当型芯后面无座板时,采用螺塞固定型芯。带槽的螺塞加工简单,适用于在较薄的镶块或固定板上小型芯的固定,螺塞也可采用内六角平端紧固螺钉
		带有方扳手孔的螺塞,拧紧力较大,适用在较高的镶块、固定板滑块或斜滑块上型芯的固定。适用于型芯固定部位直径≥12mm
压配式		适用于包紧力很小的型芯,或由于固定的相关构件很高,型芯太长,加工困难的场合,非成型部分 A 采用静配合
螺栓式		型芯的尾端用六角螺母固定,非成型 A 段配入镶块内,防止型芯受金属液冲击产生位移,加工方便,适用于固定在较厚镶块内的圆柱型芯,装配后不需座板压紧
螺钉式		适用于固定在较厚镶块内较大的圆柱型芯或矩形型芯

形 式	图 例	说 明
销钉式		型芯的非成型端由销钉固定,适用于薄片状型芯
长柱螺塞式		带有外六角的螺塞,拧紧力较大,适用在厚度大的镶块、固定板滑块或斜滑块上型芯的固定。适用于型芯固定部位的直径≥10mm
压板式		当固定型芯的镶块较厚,可采用小压板固定比较集中的成组型芯 当型芯比较集中按径向位置分布时宜采用圆形小板压紧
		当型芯比较集中,但不是按径向位置分布时,宜采用矩形小压板压紧

表 9-7 异形型芯的固定形式

形 式		图 例	说 明
带凸肋的异形型芯	型芯固定部位		型芯固定部位直径应小于型芯最小轮廓的圆柱体直径,即 $d < D$,使磨削方便
	型芯固定形式		型芯固定孔后部应扩大,即 $d' > D'$,以缩短型芯固定孔的配合长度,加工方便

形 式		图 例	说 明
加强式异形型芯	型芯固定部位		对于细而长的型芯,型芯非成型部位应大于型芯最大轮廓的圆柱体,便于机械加工时,过渡处有圆弧增强
	型芯固定形式		型芯固定孔后部扩大,以缩短型芯固定孔的配合长度,加工方便
带凹槽异形型芯		型芯　　半环形紧固块	型芯外形便于磨削。固定部位的凹槽配入一对半环形紧固块,定位可靠

9.1.7 镶块的固定形式

镶块固定时,必须保持与相关的构件有足够的稳定性,并要便于加工和装卸。镶块常安装在动、定模套板内,其形式有通孔和不通孔两种形式,如图 9-3 所示。

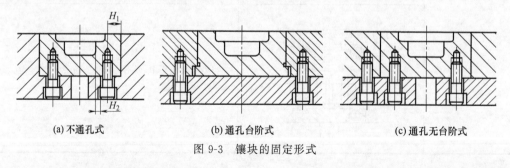

(a) 不通孔式　　　　　　　(b) 通孔台阶式　　　　　　　(c) 通孔无台阶式

图 9-3　镶块的固定形式

① 不通孔形式,套板结构简单,强度较高,可用螺钉和套板直接紧固,不用座板和支承板,节约钢材,减轻模具质量。但当动、定模均为不通孔时,对多型腔模具要保证动、定模镶块安装孔的同轴度和深度尺寸全部一致比较困难。不通孔形式用于圆柱形镶块或型腔较浅的模具,如为非圆形镶块,则只适用于单腔模具。

② 通孔形式,套板用台阶固定或用螺钉和座板紧固。在动、定模上,镶块安装孔的形状和大小应一致,以便加工和保证同轴度。

③ 通孔台阶式用于型腔较深的或一模多腔的模具,以及对于狭小的镶块不便使用螺钉紧固的模具。通孔无台阶式用于镶块与支承板(或座板)直接用螺钉紧固的情况。

9.1.8 镶块和型芯的止转形式

圆柱形镶块或型芯,成型部分为非回转体时,为了保持动、定模镶块和其他零件的相关位置,必须采用止转措施。

常用的镶块(或型芯)止转形式见表 9-8。

表 9-8　常用镶块（或型芯）的止转形式

形　式	图　例	说　明
平键式		在镶块局部台阶上磨一直边与设在套板内的方头子键定位。此形式接触面积较大，精度较高
		组合镶块装在套板内，位置对准后再加工键槽，用圆头子键固定，定位可靠，精度较高
半圆键式		加工方便，定位可靠，精度较高
销钉式		加工简便，应用范围较广，但由于销钉的接触面小，经多次拆卸后，容易磨损而影响装配精度，为便于装配，必须使 $L > e$
平面式		定位稳固可靠，模具拆卸简便，沉孔为非圆形，加工较为困难
		为了使非圆形沉孔机械加工方便，镶块台阶平面与定位块接合，易达到较高的精度。定位块用沉头螺钉固定

9.1.9 活动型芯的安装与定位

当成型小螺纹或模外手动侧抽芯时，以活动型芯的形式将成型零件安装在模体内，压铸成型后，与压铸件一起推出、卸下。活动型芯在安装时，应有如下要求。

① 定位准确可靠，不能因合模时产生的振动以及压射冲击使它们产生移位或脱落。

② 在安装时方便快捷，并能顺利随压铸件推出，并与压铸件分离。

常见活动型芯的安装和定位形式如表 9-9 所示。

表 9-9　常见活动型芯的安装和定位形式

图　例	说　明	图　例	说　明
	当活动型芯安装在下模，即安装方向与重力方向一致时，只靠重力作用，将活动型芯固定		在安装部位设置有弹力作用的开口槽，由自身的弹张力固定在安装孔内
	在安装部位加设弹性圈		在安装部位加设弹性套
	当活动型芯的质量较大时，在活动型芯内，或在模体上设置受弹簧弹力推动的弹顶销		在安装部位加设弹力柱

③ 嵌件的定位面还应是可靠的密封面，以保证在压射填充时，金属液不会溢出。因此，嵌件的定位部分应有一段长度 S 不小于 5mm，精度为 H7/h8 的配合精度，如图 9-4 所示。当定位部位的直径较大时，应考虑模具温度升高产生的热胀给安装和密封带来的影响。

④ 嵌件都应设置在分型面上，安放嵌件的部位应尽可能靠近操作人员一侧。

⑤ 在安放嵌件附近，不宜设置推杆，以免影响嵌件的安装。

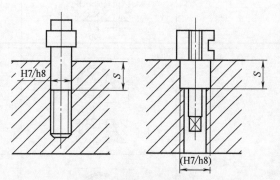

图 9-4　嵌件的定位精度

9.1.10 成型零件的设计要点

成型零件的设计要点如下。

① 应使成型零件的加工工艺简单合理，便于机械加工，并容易保证尺寸精度和组装部

位的配合精度。

② 保证成型零件的强度和刚度要求，不出现锐边、尖角、薄壁或超过规定的单薄细长的型芯。

③ 成型零件与金属液直接接触，因此应选用优质耐热钢，并进行淬硬处理，以提高成型零件的使用寿命。

④ 成型零件应有固定和可靠的定位方式，提高相对位置的稳定性，防止因金属液的冲击而引起位移。

⑤ 成型零件应减少或避免热处理变形。

⑥ 镶拼式结构应避免产生横向拼缝，以利于压铸件脱模。

⑦ 成型零件应便于装卸、维修或更换。

【例 9-1】 完全组合式模具结构实例

图 9-5 是成型带有多个方格压铸件的压铸模。压铸件的结构特点是，成型面积较大，由高而窄的立墙组成多个方格式结构。采用整体结构，很难加工，并不利于抛光，如果型芯立面达不到表面粗糙度的要求，会难以脱模。

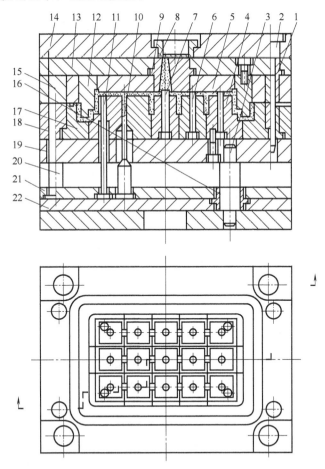

图 9-5　完全组合式模具结构实例

1—导套；2—导柱；3—推板导柱；4—组合型芯；5—型腔镶块；6—型芯；7—分流锥；8—浇口套；
9—浇道镶块；10—矩形推杆；11—推杆；12—定镶块；13—垫板；14—定模座板；15—定模板；
16—推板导套；17—动模镶块；18—动模板；19—支承板；20—复位杆；21—推杆固定板；22—推板

图中采用多个组合型芯 4 分解加工，并按需要抛光后，装入动模镶块 17 的模套中，并分别固定在支承板 19 上。在型腔镶块 5 上还设置了定镶块 12，以便于加工。

利用中心部分的通孔，采用中心内浇口的进料方式，并设有分流锥 7，使金属液流动顺畅，排气良好，且容易清除浇口余料。

各方格间的隔墙较深，只靠推杆 11，压铸件很难完整脱模。将矩形推杆 10 作用在间隔立墙上，可稳定可靠地将压铸件推出。

由于压铸成型面积较大，除了加厚支承板 19 外，还设置了推板的导柱，同时起支承作用。

9.2　成型尺寸的确定

9.2.1　影响压铸件尺寸的因素

成型零件的成型尺寸是压铸件尺寸的保证，要计算成型零件的成型尺寸，就必须了解影响压铸件尺寸的因素。影响压铸件尺寸的因素很多，其中的主要影响因素见表 9-10。

表 9-10　影响压铸件尺寸的主要影响因素

影响因素	说　　明
压铸件结构	压铸件形状复杂程度、壁厚大小和其在模具中的设置位置等都将影响压铸件的尺寸
模具结构和模具制造	当模具结构复杂，而成型零件设计又不合理时，压铸件的尺寸就不易保证。如：分型面选择不当，型芯位置安置不合理，导向零件、推出机构、抽芯机构等设计不合理都将影响压铸件的尺寸。对模具设计的尺寸大小、材料选用等影响模具寿命的因素也将影响压铸件的尺寸。模具加工时的基准、加工方法、模具零件精度和模具装配等对压铸件的尺寸都有影响
压铸件收缩率	压铸件收缩率是指室温时模具成型尺寸与压铸件相对应实际尺寸的相对变化率。压铸件收缩率包括：合金的液态收缩、凝固收缩、固态收缩和高温下模具工作温度升高时膨胀的影响
压铸工艺参数和生产操作	当采用大的压射压力时，铸件结晶后组织虽然致密，但可能产生溢边，因此合模方向上的尺寸精度就会下降。操作时分型面未清理干净，涂料涂刷过多或不均匀都将影响压铸件的尺寸
压铸机性能	压铸机动、定模安装板工作表面平面度及相互间的平行度，拉杆相互间的平行度，压室轴线与压射活塞轴线的重合度，工作压力的稳定性等都影响压铸件的尺寸
冲蚀误差	成型零件受到压射冲击产生变形引起的误差。成型零件表面受金属液或杂质的冲蚀产生的误差。受压射冲击，使模板或成型零件产生弹性变形或塑性变形而导致成型部分尺寸的误差

9.2.2　确定成型尺寸的原则

为了保证压铸件尺寸符合生产蓝图的精度要求，在模具设计时，应根据具体情况，对影响尺寸精度的诸多因素进行分析，逐项确定合理的成型尺寸。在确定成型尺寸时，应遵循如下原则。

（1）选择合适的铸件收缩率

影响压铸件收缩率的因素较多，主要如下。

① 铸件结构越复杂，型芯数量越多，阻碍收缩的因素就多，因此收缩率就小，反之收缩率就大。

② 薄壁铸件收缩率小，厚壁铸件收缩率大。

③ 包住型芯的径向尺寸收缩受阻，收缩率较小，而轴向尺寸收缩自由，收缩率较大。

④ 浇注温度高时收缩率大，反之收缩率小。

⑤ 有镶嵌件的铸件收缩率变小。

⑥ 在模具中停留时间越短，脱模温度越高，铸件的收缩率越大，反之收缩率越小。

因此，要精确确定收缩率很困难，在计算成型尺寸时，往往综合上述诸多因素的影响，选用综合收缩率进行计算，可参考表 9-11 进行选取。

表 9-11　压铸合金综合收缩率

合金种类	综合收缩率 $\varphi/\%$		合金种类	综合收缩率 $\varphi/\%$	
	自由收缩	受阻收缩		自由收缩	受阻收缩
铅锡合金	0.4～0.5	0.2～0.4	铝镁合金	0.8～1.0	0.4～0.8
锌合金	0.6～0.8	0.3～0.6	镁合金		
铝硅合金	0.7～0.9	0.3～0.7	黄铜	0.9～1.1	0.5～0.9
铝硅铜合金	0.8～1.0	0.4～0.8	铝青铜	1.0～1.2	0.6～1.0

注：1. 表中数据是指模具温度、浇注温度等工艺参数为正常时的收缩率。
2. 在收缩条件特殊的情况下，可按表中数据适当增减。

（2）分析成型零件受到冲击后的变化趋势

成型零件的尺寸，又构成压铸件外部尺寸的型腔内径尺寸及其深度尺寸，又构成压铸件内部尺寸的型芯外径尺寸及其高度尺寸，又构成某些部位相对距离的中心距尺寸。前面讲过，成型零件是在十分恶劣的条件下工作的，其表面长期受到高温、高压、高速金属液或杂质的冲击摩擦或腐蚀而产生损耗，或因抛光、修复等原因引起尺寸变化。可以把因损耗使尺寸变大的尺寸称为趋于增大尺寸，使尺寸变小的尺寸称为趋于变小尺寸。因此，应对各部的成型尺寸进行分类。如图 9-6 所示，型腔内腔 D（D_1～D_{10}）及其深度 H（H_1、H_2）的尺寸趋于损耗变大，是趋于增大尺寸；型芯外廓 d（d_1～d_9）及其高度 h（h_1、h_2）的尺寸趋于损耗变小，是趋于变小尺寸。中心距离及位置尺寸 c（c_1～c_6）不会因损耗而变化，称为稳定尺寸。

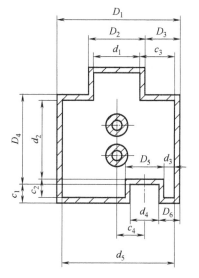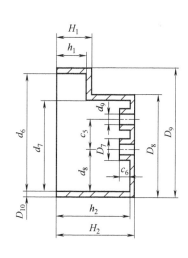

图 9-6　成型零件各部位尺寸

为此，在确定成型尺寸前，应首先弄清各部位尺寸的性质，方可确定各部位尺寸及其公差的取向。在一般情况下，趋于增大的尺寸，应向偏小的方向取值，即趋于增大尺寸应选取接近最小的极限尺寸；趋于变小的尺寸，应向偏大的方向取值，即趋于变小尺寸应选取接近最大极限的尺寸。尺寸变化趋于稳定的尺寸，应保持成型尺寸接近于最大和最小两个极限尺寸的平均值。

（3）消除相对位移或压射变形产生的尺寸误差

成型零件在相对移动时，由于种种原因，会出现移动不到位或压射变形的现象，从而引起压铸件尺寸变化，主要表现为以下几点。

① 在合模时，分型面接触不严密，出现合模间隙，形成压铸飞边，从而出现尺寸误差。

② 侧型芯或其他活动型芯在合模时没有回复到原来的位置。

③ 在压铸过程中，由于锁紧力不足，模体或成型零件受到金属液的强烈冲击而出现胀模的现象。

④ 因模体刚性不足，受压射冲击引起局部变形的现象

（4）脱模斜度尺寸取向的影响

为便于脱模，几乎所有的成型零件都在脱模方向上设置脱模斜度。这样必然会引起各部尺寸的变化。一般情况下，应首先使成型零件与压铸件蓝图上所标明的大小端尺寸部位一致。

当未明确标明大小端部位时，应按照压铸件是否留有加工余量进行分类，如图 9-7 所示。

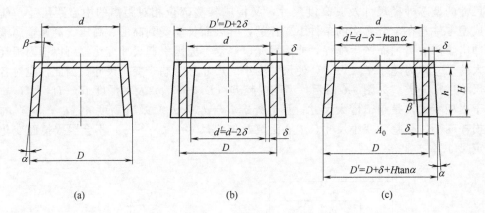

图 9-7　脱模斜度的尺寸

D'—型腔尺寸；d'—型芯尺寸；D—压铸件外形尺寸；d—压铸件内形尺寸；α—型腔脱模斜度

① 不留加工余量的压铸件［图（a）］以保证压铸件在组装时不受阻碍为原则，型腔尺寸以大端 D 为基准，另一端按脱模斜度相应减少；型芯尺寸以小端 d 为基准，另一端按脱模斜度相应增大。

② 两面均留有加工余量的压铸件［图（b）］为保证有足够的加工余量，型腔尺寸以小端 D 为基准，加上加工余量，即 $D'=D+2\delta$，另一端按脱模斜度相应增大；型芯尺寸以大端 d 为基准，减去加工余量，即 $d'=d-2\delta$，另一端按脱模斜度相应减少。

③ 单面留有加工余量的压铸件［图（c）］型腔尺寸以非加工面的大端 D 为基准，加上斜度尺寸差 $H\tan\alpha$ 及加工余量 δ，即 $D'=D+\delta+H\tan\alpha$，另一端按脱模斜度相应减少。型芯尺寸以非加工面的小端 d 为基准，减去斜度尺寸差 $h\tan\alpha$ 及加工余量 δ，即 $d'=d-\delta-h\tan\alpha$，另一端按脱模斜度相应放大。

9.2.3　成型尺寸的计算

在模具设计中，确定成型尺寸时，通常是首先考虑成型收缩率的影响因素，并考虑压铸件的公称尺寸误差和成型零件在修研及受到冲蚀而产生的损耗。

（1）成型尺寸的基本计算公式

模具成型尺寸按下式计算：

$$A'^{+\Delta'} = (A + A\varphi + n\Delta - \Delta')^{+\Delta'} \tag{9-1}$$

式中　A'——计算后的成型尺寸，mm；

　　　A——铸件的基本尺寸，mm；

　　　φ——压铸件的计算收缩率，%；

　　　n——补偿和磨损系数，当铸件为 GB 1800.1—2009 中 IT11～13 级精度，压铸工艺不易稳定控制或其他因素难以估计时，取 $n=0.5$；当铸件精度为 IT14～16 时，取 $n=0.45$；

　　　Δ——铸件偏差，mm；

　　　Δ'——模具成型部分的制造偏差，mm。

型腔和型芯尺寸的制造偏差 Δ' 按下列规定：

当铸件精度为 IT11～13 时，Δ' 取 $1/5\Delta$；

当铸件精度为 IT14～16 时，Δ' 取 $1/4\Delta$。

中心距离，位置尺寸的制造偏差 Δ' 按下列规定：

当铸件精度为 IT11～14 时，Δ' 取 $1/5\Delta$；

当铸件精度为 IT15～16 时，Δ' 取 $1/4\Delta$。

铸件偏差 Δ 的正负符号，应按铸件尺寸在机械加工或修整，磨损过程中的尺寸变化趋向而定。模具成型部分的制造偏差 Δ' 的正负符号应按成型部分尺寸在机械加工或修整，磨损过程中尺寸变化趋向而定。当零件在机械加工过程中，按图样设计基准顺序论，尺寸趋向于增大的，偏差符号为"＋"；尺寸趋向于减小的，偏差符号为"－"；尺寸变化趋向稳定的（如中心距离），位置尺寸的偏差符号为"±"。

应用公式（9-1）时应注意 Δ 和 Δ' 的"＋"或"－"偏差符号，必须随同偏差值一起代入公式。

（2）成型尺寸的分类及注意事项

成型尺寸主要可分为：型腔尺寸（包括型腔深度尺寸），型芯尺寸（包括型芯高度尺寸），成型部分的中心距离和位置尺寸，螺纹型环尺寸及螺纹型芯尺寸等五类。

计算各类成型尺寸时，应注意事项如下。

① 型腔磨损后，尺寸增大。因此，计算型腔尺寸时，应保持铸件外形尺寸接近于最小极限尺寸。

② 型芯磨损后，尺寸减小。因此，计算型芯尺寸时，应保持铸件内形尺寸接近于最大极限尺寸。

③ 两个型芯或型腔之间的中心距离和位置尺寸，与磨损量无关，应保持铸件尺寸接近于最大和最小两个极限尺寸的平均值。

④ 受分型面和滑动部分（如抽芯机构等）影响的尺寸应另行修正（表 9-12）。

⑤ 螺纹型环和螺纹型芯尺寸的计算，应按照 GB 192—2003 中的规定。

为保证铸件的外螺纹内径在旋合后与内螺纹最小内径有间隙，因此，计算螺纹型环的螺纹内径时，应考虑最小配合间隙 x 最小，一般 x 最小值为 0.02～0.04mm 螺距。为便于在普通机床上加工型环和型芯的螺纹，一般不考虑螺距的收缩值，而采取增大螺纹型芯的螺纹中径尺寸和减小螺纹型环的螺纹中径尺寸的办法，以弥补因螺距收缩而引起螺纹旋合误差。成型部分的螺距制造偏差可取 ±0.02mm。螺纹型芯和型环必须有适当的脱模斜度，一般取 30'。

表 9-12　受分型面和滑动部分影响的尺寸修正量

尺寸部位	简图	计算注意事项	备注
受分型面影响的尺寸		A、B、C 尺寸按表 9-13 中公式计算数值一般应再减小 0.05～0.2mm（按设备条件，铸件结构和模具结构等情况确定）	因操作中清理工作不当而影响铸件尺寸，不计在内
受滑动部分影响的尺寸		d 尺寸按表 9-13 中公式计算数值，一般不应再减小 0.05～0.2mm；H 尺寸按表 9-13 中公式计算数值一般应再增加 0.05～0.2mm（按滑动型芯端面的投影面积大小和模具结构而定）	

⑥ 凡是有出模斜度的各类成型尺寸，首先应保证与铸件图上所规定尺寸的大小端部位一致，一般在铸件图上未明确规定尺寸的大小端部位时，需要按照铸件的尺寸确定是否留有加工余量。对无加工余量的铸件尺寸，应保证铸件在装配时不受阻碍为原则，对留有加工余量的铸件尺寸（铸件单面的加工余量一般在 0.3～0.8mm 范围内选取，如有特殊原因可适当增加，但不能超过 1.2mm）应保证切削加工时有足够的余量为原则，故作如下规定，如图 9-8 所示。

无加工余量的铸件尺寸 ［图 9-8 （a）］

a. 型腔尺寸以大端为基准，另一端按脱模斜度相应减小；

b. 型芯尺寸以小端为基准，另一端按脱模斜度相应增大；

c. 螺纹型环，螺纹型芯尺寸，成型部分的螺纹外径、中径及内径各尺寸均以大端为基准。

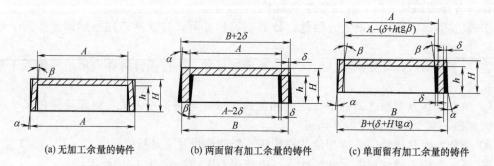

(a) 无加工余量的铸件　　(b) 两面留有加工余量的铸件　　(c) 单面留有加工余量的铸件

图 9-8　有脱模斜度的各类成型尺寸检验时的测量点位置

A—铸件孔尺寸；B—铸件轴的尺寸；h—铸件内孔深度；H—铸件外形高度

两面留有加工余量的铸件尺寸 ［图 9-8 （b）］

a. 型腔尺寸以小端为基准；

b. 型芯尺寸以大端为基准；

c. 螺纹型环尺寸，按铸件的结构需采用两半分型的螺纹型环的结构时，为了消除螺纹的接缝、椭圆度、轴向错位（两半分型的牙型不重合）及径向偏移等缺陷，可将铸件的螺纹中径尺寸增加 0.2～0.3mm 的加工余量，以便采用板牙套丝。

单面留有加工余量的铸件尺寸 [图 9-8 (c)]

a. 型腔尺寸以非加工面的大端为基准，加上斜度值及加工余量，另一端以脱模斜度值相应减小；

b. 型芯尺寸以非加工面的小端为基准，减去斜度值及加工余量，另一端按脱模斜度值相应放大。

⑦ 一般铸件的尺寸公差应不包括脱模斜度而造成的尺寸误差，凡是在铸件图上特别注明要求脱模斜度在铸件公差范围内的尺寸，则应先按下式进行验证：

$$\Delta_1 \geqslant 2.7H\tan\alpha \tag{9-2}$$

式中　Δ_1——铸件公差，mm；

　　　H——出模斜度处的深度或高度，mm；

　　　α——压铸工艺所允许的最小出模斜度。

当验证结果，不能满足时，则应留有加工余量，待压铸后再进行机械加工来保证。

(3) 各种类型成型尺寸的计算

① 型腔尺寸（包括深度尺寸）的计算（表 9-13）。

表 9-13　型腔尺寸的计算

简　图	铸件尺寸标注形式（$D_{-\Delta}^{0}$ 或 $H_{-\Delta}^{0}$）	计　算　公　式
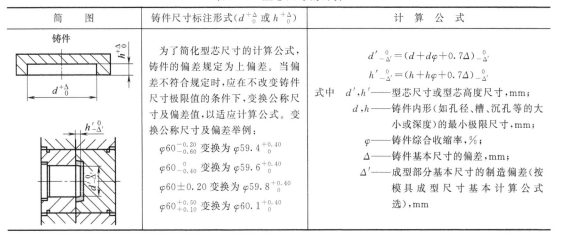	为了简化型腔尺寸的计算公式，铸件的偏差规定为下偏差。当偏差不符合规定时，应在不改变铸件尺寸极限值的条件下，变换公称尺寸及偏差值，以适应计算公式。变换公称尺寸及偏差举例： $\varphi60_{0}^{+0.40}$ 变换为 $\varphi60.4_{-0.40}^{0}$ $\varphi60_{+0.10}^{+0.50}$ 变换为 $\varphi60.5_{-0.40}^{0}$ $\varphi60\pm0.20$ 变换为 $\varphi60.2_{-0.40}^{0}$ $\varphi60_{-0.60}^{-0.20}$ 变换为 $\varphi59.8_{-0.40}^{0}$	$D'{}_{0}^{+\Delta'}=(D+D\varphi-0.7\Delta)_{0}^{+\Delta'}$ $H'{}_{0}^{+\Delta'}=(H+H\varphi-0.7\Delta)_{0}^{+\Delta'}$ 式中　D',H'——型腔尺寸或型腔深度尺寸，mm； 　　　D,H——铸件外形（如轴径、长度、宽度或高度）的最大极限尺寸，mm； 　　　φ——铸件综合收缩率，%； 　　　Δ——铸件基本尺寸的偏差，mm； 　　　Δ'——成型部分基本尺寸的制造偏差（按模具成型尺寸基本计算公式选），mm

② 型芯尺寸（包括高度尺寸）的计算（表 9-14）。

表 9-14　型芯尺寸的计算

简　图	铸件尺寸标注形式（$d_{0}^{+\Delta}$ 或 $h_{0}^{+\Delta}$）	计　算　公　式
	为了简化型芯尺寸的计算公式，铸件的偏差规定为上偏差。当偏差不符合规定时，应在不改变铸件尺寸极限值的条件下，变换公称尺寸及偏差值，以适应计算公式。变换公称尺寸及偏差举例： $\varphi60_{-0.60}^{-0.20}$ 变换为 $\varphi59.4_{0}^{+0.40}$ $\varphi60_{-0.40}^{0}$ 变换为 $\varphi59.6_{0}^{+0.40}$ $\varphi60\pm0.20$ 变换为 $\varphi59.8_{0}^{+0.40}$ $\varphi60_{+0.10}^{+0.50}$ 变换为 $\varphi60.1_{0}^{+0.40}$	$d'{}_{-\Delta'}^{0}=(d+d\varphi+0.7\Delta)_{-\Delta'}^{0}$ $h'{}_{-\Delta'}^{0}=(h+h\varphi+0.7\Delta)_{-\Delta'}^{0}$ 式中　d',h'——型芯尺寸或型芯高度尺寸，mm； 　　　d,h——铸件内形（如孔径、槽、沉孔等的大小或深度）的最小极限尺寸，mm； 　　　φ——铸件综合收缩率，%； 　　　Δ——铸件基本尺寸的偏差，mm； 　　　Δ'——成型部分基本尺寸的制造偏差（按模具成型尺寸基本计算公式选），mm

③ 中心距离、位置尺寸的计算（表 9-15）。

表 9-15　中心距离、位置尺寸的计算

简　　图	铸件尺寸标注形式($L\pm\Delta$)	计　算　公　式
铸件 	为了简化中心距离位置尺寸的计算公式,铸件中心距离位置尺寸的偏差规定为双向等值。当偏差不符合规定时,应在不改变铸件尺寸极限值的条件下,变换公称尺寸及偏差值,以适应计算公式。变换公称尺寸及偏差举例: $\varphi 60^{-0.20}_{-0.60}$ 变换为 $\varphi 59.6\pm 0.20$ $\varphi 60^{0}_{-0.40}$ 变换为 $\varphi 59.8\pm 0.20$ $\varphi 60^{+0.30}_{-0.10}$ 变换为 $\varphi 60.1\pm 0.20$ $\varphi 60^{+0.50}_{+0.10}$ 变换为 $\varphi 60.3\pm 0.20$	$L'\pm\Delta'=(L+L\varphi)\pm\Delta$ 式中　L'——成型部分的中心距离位置的平均尺寸,mm; 　　　L——铸件中心距离、位置的平均尺寸,mm; 　　　φ——铸件综合收缩率,%; 　　　Δ——铸件中心距离,位置尺寸的偏差,mm; 　　　Δ'——成型部分中心距离,位置尺寸的偏差(按模具成型尺寸基本计算公式选),mm

④ 螺纹型环尺寸的计算（表 9-16）。

表 9-16　螺纹型环尺寸的计算

简　图	计　算　公　式	说　　明	备注
 铸件(外螺纹) **模具(内螺纹)**	为了简化螺纹型环尺寸计算公式,外螺纹的偏差规定为下偏差。当偏差不符合规定时,应在不改变铸件尺寸极限值的条件下,变换公称尺寸及偏差值,以适应计算公式 $D'^{+a'}_{0}=(D+D\varphi-0.75a)+\left(\frac{1}{4}a\right)$ $D_2'^{+b'}_{0}=(D_2+D_2\varphi-0.75b)+\left(\frac{1}{4}b\right)$ $=[(D-0.6495t)(1+\varphi)-0.75b]+\left(\frac{1}{4}b\right)$ $D_1'^{+b'}_{0}=[(D_1-X_{最小})\times(1+\varphi)-0.75b]+\left(\frac{1}{4}b\right)$ $=[(D-1.0825t-X_{最小})\times(1+\varphi)-0.75b]+\left(\frac{1}{4}b\right)$	式中　φ——压铸件计算收缩率,%; 　　　a'——螺纹型环的螺纹外径制造偏差,mm; 　　　D——铸件的外螺纹外径尺寸,mm; 　　　a——铸件的外螺纹外径偏差,mm; 　　　D'——螺纹型环的螺纹外径尺寸,mm; 　　　D_2'——螺纹型环的螺纹中径尺寸,mm; 　　　b'——螺纹型环的螺纹中径和内径制造偏差,mm; 　　　D_2——铸件的外螺纹中径尺寸,mm; 　　　b——铸件的外螺纹中径偏差,mm; 　　　D_1'——螺纹型环的螺纹内径尺寸,mm; 　　　D_1——铸件的外螺纹内径尺寸,mm; 　　　$X_{最小}$——螺纹内径的最小配合间隙,可取$(0.02\sim 0.04)t$,mm 　　　t——螺距尺寸,mm	螺纹型环和螺纹型芯的螺距 t 不加收缩量,其制造偏差取± 0.02mm,普通螺纹的基本尺寸及偏差见国标,铸件尺寸标注形式 $D\times t$

⑤ 螺纹型芯尺寸的计算（表 9-17）。
⑥ 脱模斜度在铸件公差范围内型腔、型芯尺寸的计算（表 9-18）。

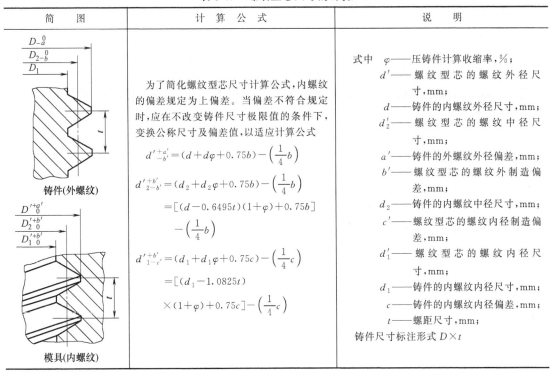

表 9-17　螺纹型芯尺寸的计算

简　图	计　算　公　式	说　明
铸件(外螺纹) 模具(内螺纹)	为了简化螺纹型芯尺寸计算公式，内螺纹的偏差规定为上偏差。当偏差不符合规定时，应在不改变铸件尺寸极限值的条件下，变换公称尺寸及偏差值，以适应计算公式 $d'^{+a'}_{-b'}=(d+d\varphi+0.75b)-\left(\dfrac{1}{4}b\right)$ $d'^{+b'}_{2-b'}=(d_2+d_2\varphi+0.75b)-\left(\dfrac{1}{4}b\right)$ $=[(d-0.6495t)(1+\varphi)+0.75b]$ $-\left(\dfrac{1}{4}b\right)$ $d'^{+b'}_{1-c'}=(d_1+d_1\varphi+0.75c)-\left(\dfrac{1}{4}c\right)$ $=[(d_1-1.0825t)$ $\times(1+\varphi)+0.75c]-\left(\dfrac{1}{4}c\right)$	式中　φ——压铸件计算收缩率，%； 　　d'——螺纹型芯的螺纹外径尺寸，mm； 　　d——铸件的内螺纹外径尺寸，mm； 　　d'_2——螺纹型芯的螺纹中径尺寸，mm； 　　a'——铸件的外螺纹外径偏差，mm； 　　b'——螺纹型芯的螺纹外制造偏差，mm； 　　d_2——铸件的内螺纹中径尺寸，mm； 　　c'——螺纹型芯的螺纹内径制造偏差，mm； 　　d'_1——螺纹型芯的螺纹内径尺寸，mm； 　　d_1——铸件的内螺纹内径尺寸，mm； 　　c——铸件的内螺纹内径偏差，mm； 　　t——螺距尺寸，mm； 铸件尺寸标注形式 $D\times t$

表 9-18　脱模斜度在铸件公差范围内型腔、型芯尺寸的计算

简　图	计　算　公　式	说　明
型腔尺寸 铸件	$D'^{+\Delta'}_{大\ 0}=(D+D\varphi-\Delta')^{+\Delta'}_{0}$ $D'^{+\Delta'}_{小\ 0}=(D+D\varphi-\Delta)^{+\Delta'}_{0}$ 式中 $D'_{大}$——型腔大端尺寸，mm； 　　$D'_{小}$——型腔小端尺寸，mm； 　　φ——压铸件计算收缩率，%； 　　Δ——铸件外形尺寸的偏差，mm； 　　Δ'——成型部分公称尺寸制造偏差取 Δ' 为 IT7～IT8 级精度，mm	
型芯尺寸 铸件	$d'^{\ 0}_{大-\Delta}=(d+d\varphi+\Delta)^{\ 0}_{-\Delta'}$ $d'^{\ 0}_{小-\Delta'}=(d+d\varphi+\Delta')^{\ 0}_{-\Delta'}$ 式中 $d'_{大}$——型芯大端尺寸，mm； 　　d——铸件内形的最小极限尺寸，mm； 　　$d'_{小}$——型芯小端尺寸，mm； 　　φ——压铸件计算收缩率，%； 　　Δ——铸件外形尺寸的偏差，mm； 　　Δ'——成型部分公称尺寸制造偏差取 Δ' 为 IT7～IT8 级精度，mm	$d^{+\Delta}_{\ 0}$ 脱模斜度在铸件公差范围内

注：凡是留有机械加工余量的铸件尺寸，为了保证尽可能接近公称尺寸，型腔或型芯的成型尺寸，一律推荐以计算中心距离、位置尺寸的公式代替。

9.2.4 成型部分尺寸和偏差的标注

（1）成型部分尺寸和偏差标注的基本要求

① 成型部分的尺寸标注基准应与铸件图上所标注的一致，见图 9-9。

这种标注方法较为简单方便，容易满足铸件精度要求，适用于形状较简单，尺寸数量不多的铸件。

② 铸件由镶块组合尺寸的标注，见图 9-10。

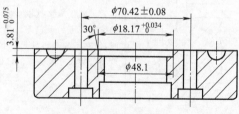

图 9-9　成型部分的尺寸标注

为了保证铸件精度，应先把铸件图上标注的尺寸按表 9-13 公式计算，将所得的成型尺寸和制造偏差值，分配在各组合零件的相对应部位上，绝不可以将铸件的基本尺寸分段后，单独进行计算。

如果铸件尺寸精度较高，按上述方法标注后，各组合零件的制造偏差很小，带来加工困难时，可采取在装配中修正的方法。即注上组合零件组合后的尺寸，按其对称性的要求程度，对其中一个或两个组合零件在装配时加以修正，最后达到组合后的尺寸要求。如图 9-10 所示，装配时修正 25mm 尺寸，以便达到组合后的尺寸 $90_{-0.038}^{-0.015}$ mm 的精度要求。

③ 在满足铸件设计要求的前提下，同时又要满足模具制造工艺上的要求。例如圆镶块由于采用镶拼结构，使原来的尺寸基准转到相邻的镶块上，或为了便于加工和测量，需要变更标注的尺寸基准时。要特别注意的是以计算后所得到的成型尺寸和制造偏差为标准，再进行换算，要保证累积误差与制造公差的原值相等，标注举例见图 9-11。

在实际生产中，若按尺寸链换算比较烦琐，一般可将铸件精度较低的成型尺寸标注在安装基准面上，即首先标注出与铸件尺寸基准部位相对应的成型部位上，并在加工条件允许下，适当提高制造公差精度，如图 9-11 中的尺寸 $68.4_{-0.03}^{0}$ mm。其余的成型尺寸则以此为基准，标注在与其相对应的成型部位上，这样可减少和避免在换算过程中的差错而造成零件报废。

④ 当成型尺寸为模具的配合尺寸时，一般情况下模具配合精度高于成型尺寸的制造精度。在这种情况下，则成型尺寸的制造公差应服从于配合公差，标注示例见图 9-12。

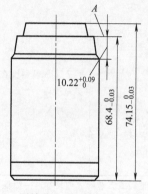

图 9-10　组合零件尺寸
和偏差的标注示例

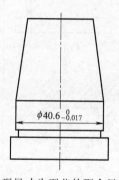

图 9-11　圆镶块上变更标注尺寸基准举例　　　图 9-12　成型尺寸为型芯的配合尺寸标注示例

⑤ 当铸件图上尺寸标注从外壁到孔的中心位置尺寸时（图 9-13），如果成型部分的型芯固定在滑块上，滑块的配合尺寸和成型铸件外壁的型腔尺寸相同，滑块的上、下偏差全是负数。对于这类有配合间隙的滑块，凡是以滑块的配合面为基准所标注的成型尺寸，要考虑到由于配合间隙的影响，必须采用按表 9-13～表 9-17 的计算公式所求得的成型尺寸和制造偏差为标注进行换算。

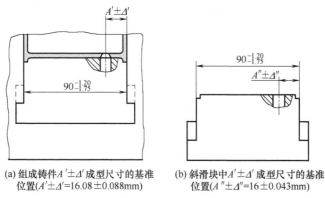

(a) 组成铸件 $A' \pm \Delta'$ 成型尺寸的基准　　(b) 斜滑块中 $A'' \pm \Delta'$ 成型尺寸的基准
位置（$A' \pm \Delta' = 16.08 \pm 0.088$mm）　　位置（$A'' \pm \Delta'' = 16 \pm 0.043$mm）

图 9-13　从外壁到孔的位置尺寸换算标注示例

对于有配合间隙的滑块，当变更所标注的尺寸基准时，其换算尺寸 A''，可按下式进行换算：

$$A'' = A' - \frac{K_S - (Z_S + Z)}{2} \times \frac{1}{2} = A' - \frac{K_S - (Z_S + Z_X)}{4} \qquad (9\text{-}3)$$

式中　A''——换算后的成型尺寸，mm；

　　　A'——按成型尺寸计算公式求得的成型尺寸，mm；

　　　K_S——孔尺寸的上偏差，mm；

　　　Z_S——轴尺寸的上偏差，mm；

　　　Z_X——轴尺寸的下偏差，mm。

应用式（9-3）时注意，K_S、Z_S、Z_X 的"＋"或"－"偏差符号必须随同偏差值一起代入公式。

换算后的制造偏差，其值用式（9-4）进行计算：

$$\Delta'' = \Delta' - \frac{Z + K}{2} \qquad (9\text{-}4)$$

式中　Δ''——换算后的制造偏差，mm；

　　　Δ'——模具制造偏差，mm；

　　　Z——配合轴的公差，mm；

　　　K——配合孔的公差，mm。

（2）型芯、型腔镶块的尺寸和偏差的标注

① 型芯尺寸的标注，铸件图上未注明大、小端尺寸的铸孔按铸件的装配要求考虑，铸件孔径应该保证小端尺寸要求，但对模具中相对应的型芯正好相反。此种尺寸注法主要是为了保证铸件的精度，但在模具制造时带来不便。为了便于加工，在标注型芯尺寸时见图 9-14。

将成型铸件孔径的型芯小端尺寸注以制造偏差，同时也应注明型芯高度尺寸和偏差，以及脱模斜度。而在大端把尺寸注以括号内表示参考尺寸，而不注公差，也不作检验，仅供加工使用。

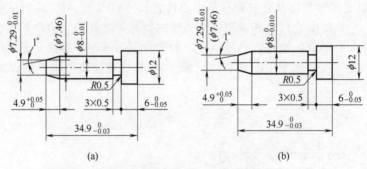

图 9-14　型芯的成型部位保证小端尺寸的注法示例

当铸件的孔径尺寸要求大，小端尺寸在规定的公差范围内时，其型芯尺寸的标注见图 9-15。

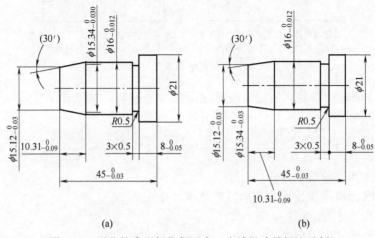

图 9-15　型芯的成型部位保证大、小端尺寸的标注示例

在标注型芯尺寸时，应分别标出大、小端尺寸，并注以制造偏差，同时也应注明型芯高度尺寸和制造偏差，而对脱模斜度注以括号内表示的参考尺寸，仅供加工使用。

② 成型镶块中型腔尺寸的标注，为了保证铸件的装配要求，对于未注明大、小端尺寸的轴径，应该保证大端尺寸的要求，其标注方法见图 9-16。

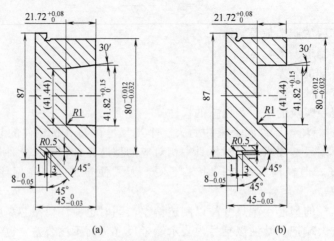

图 9-16　型腔的成型部位保证大端尺寸标注示例

将成型轴尺寸所对应的型腔的大端尺寸注以制造偏差，同时也应该注明型腔的深度尺寸和制造偏差，以及脱模斜度。而在另一端的小端尺寸注以括号内表示的参考尺寸，不注公差，也不作检验，仅供加工使用。

当铸件的轴径尺寸要求大，小端尺寸都在给定的公差范围内时，其型腔尺寸的标注见图9-17。

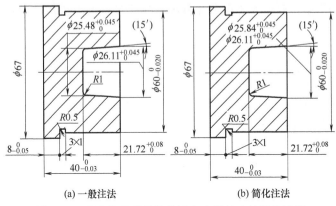

(a) 一般注法   (b) 简化注法

图 9-17　型腔的成型部位保证大小端尺寸的标注示例

在标注型腔尺寸时，应分别标注大、小端尺寸，并注以制造偏差，同时也应注明型腔深度尺寸和制造偏差，而对脱模斜度注以括号内表示的参考尺寸，仅供加工使用。

9.2.5　压铸件的螺纹底孔直径、深度和型芯尺寸的确定

压铸件的螺纹在攻螺纹前底孔可直接铸出，也可先铸出圆锥坑，然后钻孔。

① 攻螺纹前的底孔直径以及所对应的型芯大端直径尺寸的计算。

在正常条件下，一般铸孔的直径接近于最大极限尺寸，为了保证牙型高度，对有出模斜度的底孔直径，应保证大端尺寸，孔口倒角处的直径 d 等于螺孔公称尺寸，两段不同直径的孔由45°斜角过渡，出模斜度一般可取30′。螺纹底孔结构如图9-18所示。

底孔直径所对应的型芯大端直径尺寸的计算：

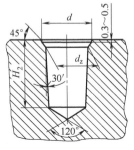
(a) 普通常用的锥底螺纹底孔

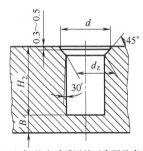
(b) 尺寸B较小时采用的平底螺纹底孔

图 9-18　螺纹底孔结构

$$d'_z = (d_z + d_z\varphi + 0.7\Delta)^0_{\Delta'} \qquad (9-5)$$

式中　d'_z——底孔直径所对应的型芯大端直径尺寸，mm；

　　　d_z——螺纹底孔直径公称尺寸，mm（查阅机械设计手册）；

　　　φ——铸件的计算收缩率，%，按表8-11选取；

　　　Δ——底孔的计算公差，mm，一般取IT11级精度；

　　　Δ'——型芯大糙径尺寸的制造偏差，mm，取 $\Delta'=0.2\Delta$。

② 攻螺纹前的底孔深度。

不通的螺纹孔，见图9-19。一般在工作图上所标注的螺纹深度尺寸 H，系指包括螺尾在内的螺纹长度。

铰制不通的螺纹孔时，由于丝锥起削刃作用不能铰削完整的

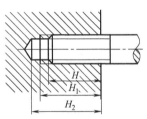

图 9-19　不通的螺纹孔

螺纹（一般标准丝锥三攻的起削刃作用部分长度为 $1.5\sim 2$ 个螺距），所以螺孔的深度 H_1 为：

$$H_1 \geqslant H + 2t \tag{9-6}$$

式中　H_1——螺纹孔深度尺寸，mm；

　　　H——螺纹连接部分长度，mm；

　　　t——螺距，mm。

在攻螺纹前为了操作安全，必须避免标准丝锥顶端与底孔末端接触，以防丝锥扭断，故底孔深度 H_2：

$$H_2 \geqslant H_1 + 2t \tag{9-7}$$

式中　H_2——底孔深度尺寸，mm。

③ 底孔的圆锥坑直径和锥角。

圆锥坑的结构见图 9-20。根据钻头的刃磨角及引钻，圆锥坑的锥角为 $100°\sim 110°$，圆锥坑直径 D 等于螺纹的公称尺寸。

如果圆锥坑的位置处在铸件待加工的表面上，而这些孔按工艺规定只有在该表面加工后再钻孔时，则圆锥的起点应从加工后的表面开始（图 9-21 点画线所示），再另加一段圆柱孔的深度，其值相当于加工余量。

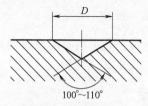

图 9-20　圆锥坑结构

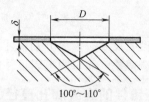

图 9-21　圆锥坑设在待加工表面上的结构

【例 9-2】　成型尺寸计算实例

压铸件蓝图如图 9-22 所示。查表 9-11，取压铸材料 ZL102 的计算成型收缩率为 $\phi = 0.6\%$。

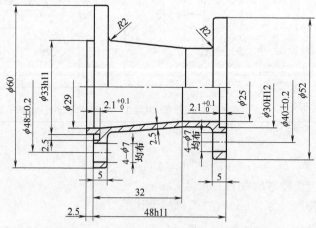

技术要求
1.未注公差为IT14。
2.未注铸造圆角为R1.5。
3.压铸材料为ZL-102。

图 9-22　压铸件蓝图

根据压铸件的结构特点，应设置对合的型腔侧分型机构。

（1）将各主要成型尺寸分类

① 属于型腔径向尺寸的：$\phi 60$、$\phi 33h11$、$\phi 52$；

② 属于型腔深度尺寸的：48h11、2.5、5；

③ 属于型芯径向尺寸的：$\phi 29$、$\phi 25$、$\phi 30H12$、$\phi 7$；

④ 属于型芯高度尺寸的：32、2.1；

⑤ 属于中心距尺寸的：$\phi48$、$\phi40$；

⑥ 受相对移动影响趋于增大的尺寸：$\phi60$、$\phi52$、48h11、2.5、5。

（2）型腔径向尺寸计算（按表 9-13 计算公式）

① $\phi60$h14 $\left(_{-0.74}^{0}\right)$

$$D'^{+\Delta'}_{0}=(D+D\phi-0.7\Delta)^{+\Delta'}_{0}=(60+60\times0.6\%-0.7\times0.74)^{+\left(\frac{1}{4}\times0.74\right)}_{0}$$
$$=59.84^{+0.185}_{0}(\text{mm})$$

因受对合型腔侧分型的移动影响，尺寸趋于增大，所以将计算出的基本尺寸再减去误差补偿值 0.05，即取 $59.84^{+0.185}_{0}-0.05=59.79^{+0.185}_{0}$（mm）。

② $\phi33$h11 $\left(_{-0.16}^{0}\right)$

$$D'^{+\Delta'}_{0}=(D+D\varphi-0.7\Delta)^{+\Delta'}_{0}=(33+33\times0.6\%-0.7\times0.16)^{+\left(\frac{1}{5}\times0.16\right)}_{0}$$
$$=33.09^{+0.032}_{0}(\text{mm})。$$

③ $\phi52$ h14 $\left(_{-0.74}^{0}\right)$

$$D'^{+\Delta'}_{0}=(D+D\phi-0.7\Delta)^{+\Delta'}_{0}=(52+52\times0.6\%-0.7\times0.74)^{+\left(\frac{1}{5}\times0.74\right)}_{0}$$
$$-51.79^{+0.148}_{0}(\text{mm}),$$

同理，受对合型腔侧分型移动影响，尺寸趋于增大，应减去 0.05mm，故取 $51.79^{+0.185}_{0}-0.05=51.74^{+0.148}_{0}$（mm）。

（3）型腔深度尺寸（按表 9-13 计算公式）

① 48h11 $\left(_{-0.16}^{0}\right)$

$$H^{+\Delta'}_{0}=(H+H\phi-0.7\Delta)^{+\Delta'}_{0}=(48+48\times0.6\%-0.7\times0.16)^{+\left(\frac{1}{5}\times0.16\right)}_{0}$$
$$=48.18^{+0.032}_{0}(\text{mm}),$$

因受分型面合模影响，尺寸趋于增大，故将计算数据减去一个补偿值 0.05mm，即 $48.18^{+0.032}_{0}-0.05=48.13^{+0.032}_{0}$（mm）。

② 5h14 $\left(_{-0.3}^{0}\right)$

$$H^{+\Delta'}_{0}=(H+H\phi-0.7\Delta)^{+\Delta'}_{0}=(5+5\times0.6\%-0.7\times0.3)^{+\left(\frac{1}{4}\times0.3\right)}_{0}$$
$$=4.82^{+0.075}_{0}(\text{mm}),$$

同理，减去一个补偿值 0.05mm，即 $4.82^{+0.075}_{0}-0.05=4.77^{+0.075}_{0}$（mm）。

（4）型芯径向尺寸（按表 9-14 计算公式）

① $\phi29$H14 $\left(_{0}^{+0.52}\right)$

$$d'^{0}_{-\Delta'}=(d+d\phi+0.7\Delta)^{0}_{-\Delta'}=(29+29\times0.6\%+0.7\times0.52)^{0}_{-\left(\frac{1}{4}\times0.52\right)}$$
$$=29.54^{0}_{-0.13}(\text{mm})。$$

② $\phi25$H14 $\left(_{0}^{+0.52}\right)$

$$d'^{0}_{-\Delta'}=(d+d\phi+0.7\Delta)^{0}_{-\Delta'}=(25+25\times0.6\%+0.7\times0.52)^{0}_{-\left(\frac{1}{4}\times0.52\right)}$$
$$=25.51^{0}_{-0.13}(\text{mm})。$$

③ $\phi30$H12 $\left(_{0}^{+0.21}\right)$

$$d'^{0}_{-\Delta'}=(d+d\phi+0.7\Delta)^{0}_{-\Delta'}=(30+30\times0.6\%+0.7\times0.21)^{0}_{-\left(\frac{1}{5}\times0.21\right)}$$
$$=30.33^{0}_{-0.042}(\text{mm})。$$

④ $\phi7H14$ ($^{+0.36}_{0}$)

$$d'^{0}_{-\Delta'}=(d+d\phi+0.7\Delta)^{0}_{-\Delta'}=(7+7\times0.6\%+0.7\times0.361)^{0}_{-(\frac{1}{4}\times0.36)}$$

$$=7.30^{0}_{-0.09}(mm)。$$

（5）型芯高度尺寸（按表 9-14 计算公式）

① $32H14$ ($^{+0.62}_{0}$)

$$h^{0}_{-\Delta'}=(h+h\phi+0.7\Delta)^{0}_{-\Delta'}=(32+32\times0.6\%+0.7\times0.62)^{0}_{-(\frac{1}{4}\times0.62)}$$

$$=32.63^{0}_{-0.16}(mm)。$$

② 2.1 ($^{+0.1}_{0}$)

$$h^{0}_{-\Delta'}=(h+h\phi+0.7\Delta)^{0}_{-\Delta'}=(2.1+2.1\times0.6\%+0.7\times0.1)^{0}_{-(\frac{1}{4}\times0.1)}$$

$$=2.18^{0}_{-0.025}(mm)。$$

（6）中心距尺寸（按表 9-15 计算公式）

① $\phi48\pm0.2$

$$L'\pm\Delta'=(L+L\phi)\pm\Delta'=(48+48\times0.6\%)\pm\left(\frac{1}{5}\times0.2\right)=48.29\pm0.04(mm)。$$

② $\phi40\pm0.2$

$$L'\pm\Delta'=(L+L\phi)\pm\Delta'=(40+40\times0.6\%)\pm\left(\frac{1}{5}\times0.2\right)=40.24\pm0.04(mm)。$$

9.3 成型零件的设计技巧

下面将实践中应用的设计技巧实例分类阐述。

9.3.1 成型零件应便于加工

采用镶拼式组合的成型零件，总是以改善工艺性能，使成型零件便于加工为主要目的。表 9-19 是有关的结构实例，表 9-20 为典型成型零件加工的实例分析。

表 9-19 使成型零件便于加工结构实例

简　图	说　明	简　图	说　明
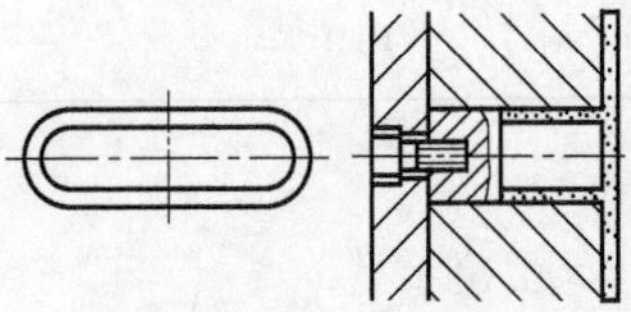	局部为腰形的压铸件，为便于加工，线切割成腰形型腔，抛光后，将型芯装入型腔，用螺栓固定在垫板上	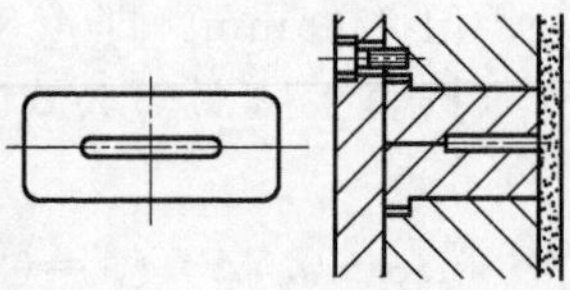	窄而深的凸筋的组合方式。型腔由两瓣镶件组合而成，将内腔加工变为外部加工，便于加工和抛光。同时，组件的拼缝还起排气作用
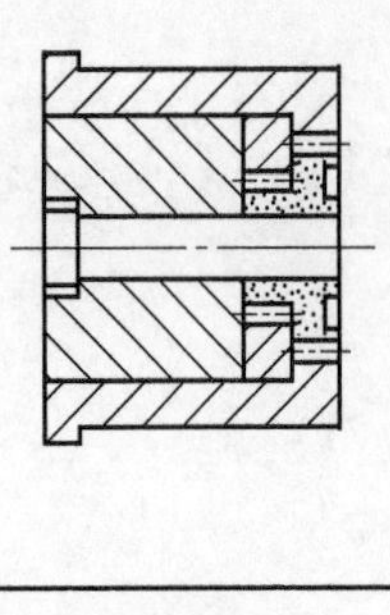	双联齿轮的压铸件，如采用整体式的成型型腔，一般机械加工很难成型。左图分解成两个镶件，分别加工后组合成型腔，用垫块固定，普通的机械加工即可成型，而且有利于型腔排气。应该注意的是，垫块必须与型腔镶块的接触面密合良好，防止出现横向飞边	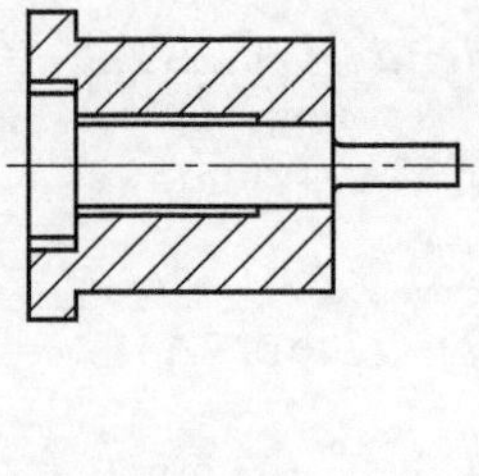	为减少加工或组装的工作量，在相互配合的部位，应尽量减少配合面，左图的形式，就是使组装的固定孔变浅的设计方法

简　图	说　明	简　图	说　明
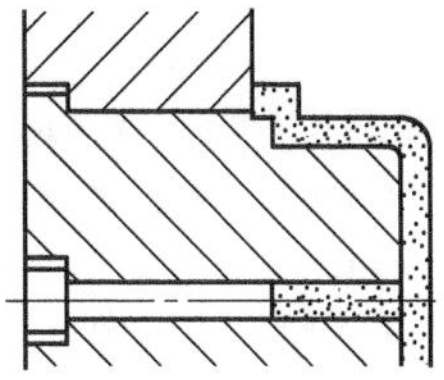	成型圆柱形支承柱时,采用钻孔成型的方法,底端面很难惚平,多个支承柱的高度很难保持一致,由此产生的盲孔因无法排气,会出现缺料、气泡等压铸缺陷。在通孔底部设置辅助型芯的结构形式,既可克服这些不足,又使加工变得简单,容易保证产品质量	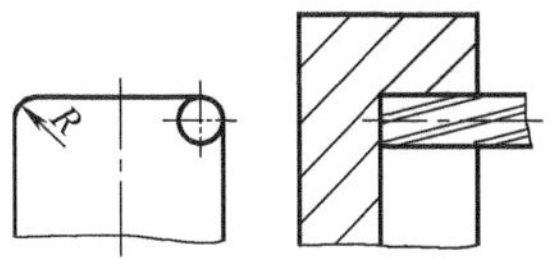	在加工盲孔的模套时,均采用铣削加工。因此,为便于加工,应设计成圆角。当其圆角无特殊要求时,型芯固定端的四角应设计成标准铣刀的加工尺寸,如图所示
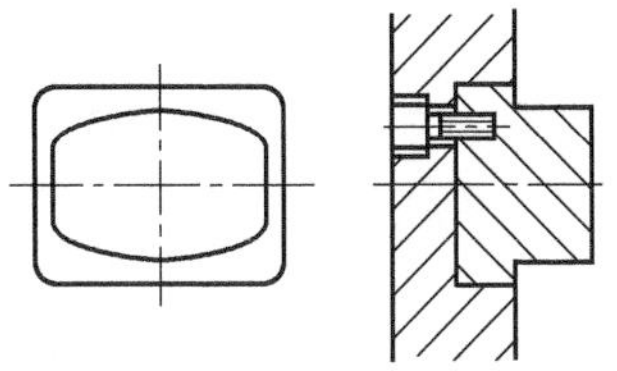	特殊形状的型芯,其固定孔难以加工时,可采图示的形式,将型芯的固定部位加大,采用便于加工的矩形或圆形		

表 9-20　典型成型零件加工的实例分析

简　图	说　明
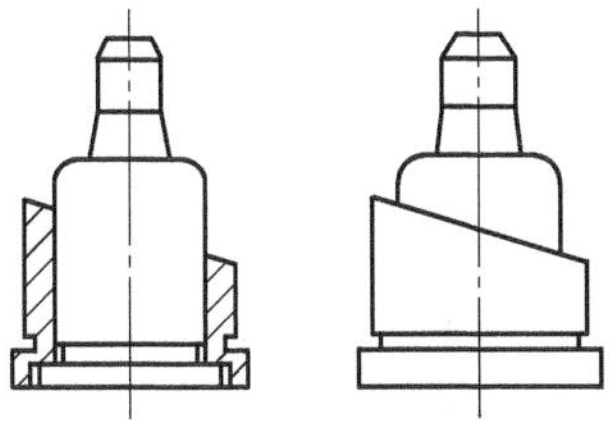	图示是有环形斜面台肩的型芯。右图的整体式结构,采用钳工手工成型,环形斜面台肩及相关型芯很难加工,且劳动强度高,而精度也不能保证。采用左图型芯和镶套的组合形式,镶套的端部斜面很容易加工。在热处理后,进行磨削、抛光组合,易于保证成型部位的整洁及精度要求
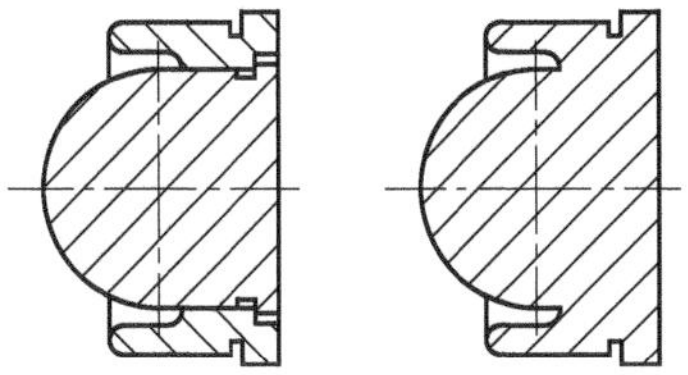	在环形型腔内镶入球体镶块,可降低加工难度。图示右图的整体结构,机械加工难度较大,热处理容易变形,不容易保证精度要求。左图采用球面型芯和环形套的组合形式,降低了加工难度,改善了加工工艺性能,使加工简单、质量稳定
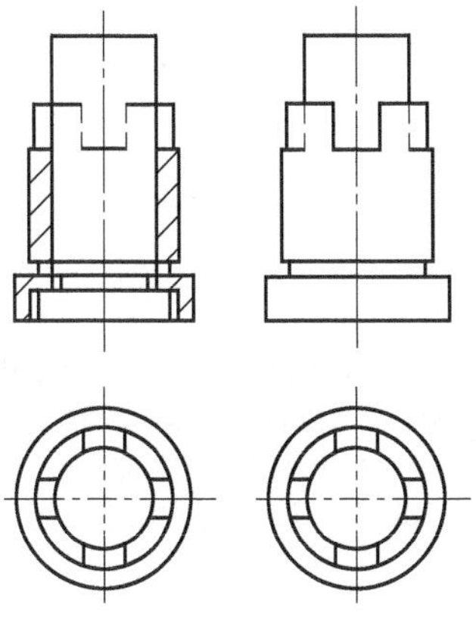	图示是接插件型芯的结构,与以上的情况相似,四个凹槽机械加工困难

简　图	说　明
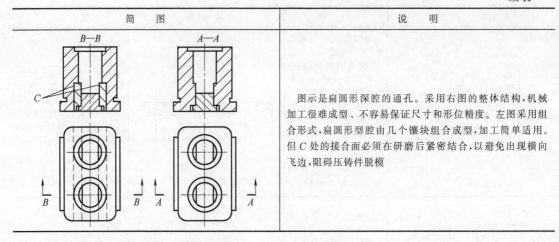	图示是扁圆形深腔的通孔。采用右图的整体结构,机械加工很难成型.不容易保证尺寸和形位精度。左图采用组合形式,扁圆形型腔由几个镶块组合成型,加工简单适用。但 C 处的接合面必须在研磨后紧密结合,以避免出现横向飞边,阻碍压铸件脱模

9.3.2　保证成型零件的强度要求

　　成型零件在高温高压状态下,应能承受金属液流压力和速度的冲击。表 9-21 给出了提高成型零件强度的结构形式。

表 9-21　提高成型零件强度的结构形式

简　图		说　明
细长型芯	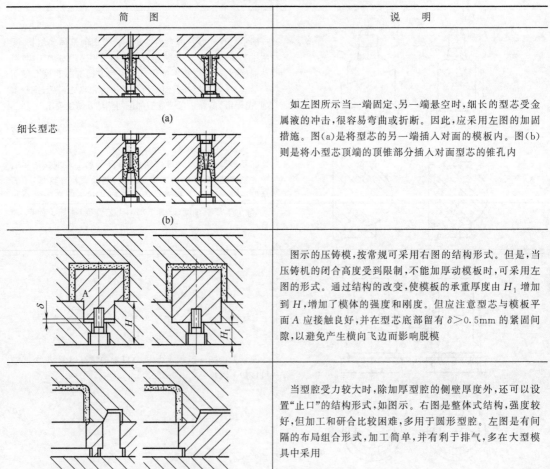	如左图所示当一端固定、另一端悬空时,细长的型芯受金属液的冲击,很容易弯曲或折断。因此,应采用右图的加固措施。图(a)是将型芯的另一端插入对面的模板内。图(b)则是将小型芯顶端的顶锥部分插入对面型芯的锥孔内
		图示的压铸模,按常规可采用右图的结构形式。但是,当压铸机的闭合高度受到限制,不能加厚动模板时,可采用左图的形式。通过结构的改变,使模板的承重厚度由 H_1 增加到 H ,增加了模体的强度和刚度。但应注意型芯与模板平面 A 应接触良好,并在型芯底部留有 $\delta > 0.5mm$ 的紧固间隙,以避免产生横向飞边而影响脱模
		当型腔受力较大时,除加厚型腔的侧壁厚度外,还可以设置"止口"的结构形式,如图示。右图是整体式结构,强度较好,但加工和研合比较困难,多用于圆形型腔。左图是有间隔的布局组合形式,加工简单,并有利于排气,多在大型模具中采用

9.3.3 提高成型零件使用寿命的设计

为提高模具的使用寿命，在设计成型零件时，应避免出现尖角、薄壁等强度的薄弱环节，以防止在热处理和压铸过程中，产生变形或裂纹，如表 9-22 所示。

表 9-22　提高成型零件使用寿命的结构实例

简　图	说　明
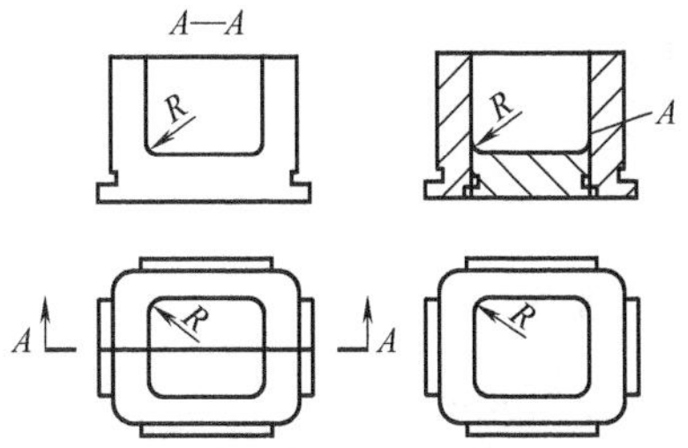	图示为非圆形的深型腔。右图的形式在腔底成型 R 的 A 处，形成锐边，很容易断裂。左图在型腔的中心处分割，加工后组合成型腔。这种结构虽然在压铸件表面留有拼缝痕迹，但却避免了腔底的锐边。但需加大套板的侧壁厚度，防止胀型，使拼缝增大
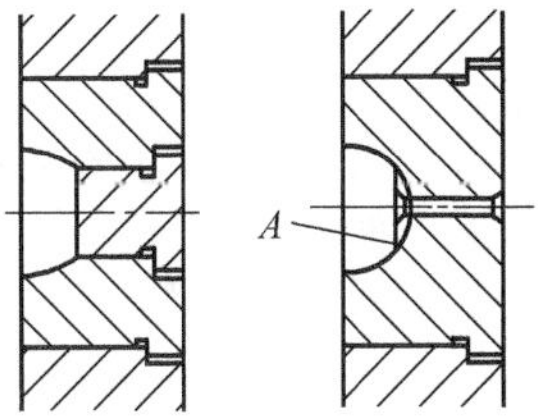	图示右图的结构在 A 处出现尖角和薄壁，影响了模具的使用寿命，并容易产生与脱模方向不一致的横向飞边。左图的形式克服了尖角和薄壁的弊病，保证了型芯的强度
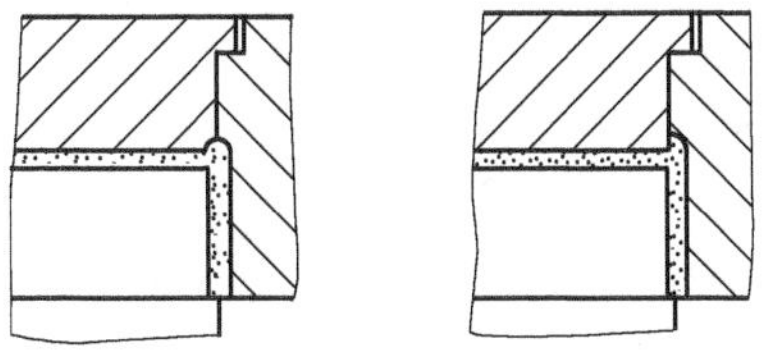	在圆角部位镶拼时，也应注意避免出现尖角的现象。在图示中，右图的结构形式出现了尖角，左图的形式较好
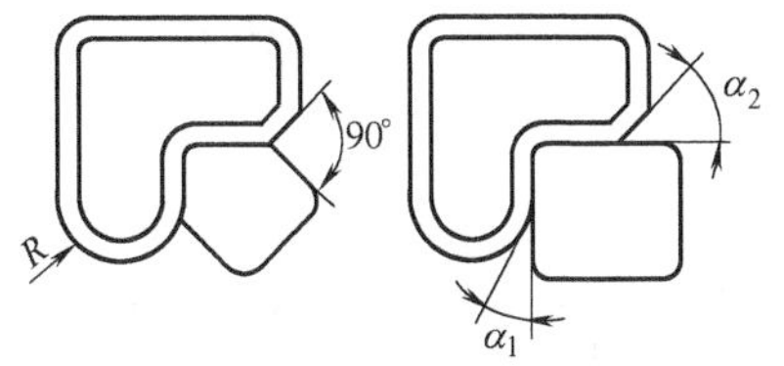	右图采用与整体平行的镶拼方式，虽然加工和测量比较方便，但在成型的斜边和与 R 相接处出现 α_1 和 α_2 的锐角，容易出现塌角，致使成型零件过早损坏。左图则采用斜向镶拼的形式，镶块与成型斜边呈 90°角，解决了薄弱形状的镶拼

9.3.4 成型零件的安装应稳定可靠

成型零件应安装牢固，不应受金属液的冲击而位移，如图 9-23 所示。图 9-23（a）、图 9-23（b）右图的形式只靠螺栓固定，安装不牢固，受冲击后，会产生位移，并会在 C 处产生横向飞边，妨碍压铸件的顺利脱模。图 9-23（a）左图复杂的型芯孔，用线切割机床切割成贯通的固定孔后，横穿圆柱销固定。图 9-23（b）左图中，将型芯嵌入沉槽内，稳定可靠，为便于加工，沉槽可设计成贯通的，并设置圆柱销，控制型芯的横向移动。

9.3.5 成型零件应防止热处理变形或开裂

在热处理中，由于成型零件截面薄厚相差悬殊或壁厚过薄而引起变形或开裂，如表 9-23 所示。

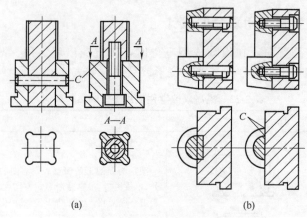

图 9-23　成型零件安装应稳定可靠

表 9-23　防止热处理变形或开裂的结构实例

简　图	说　明
(a)　(b)	图示为大型的通孔型腔,采用图(b)的整体式结构时,很容易引起热处理变形,并难以修复。图(a)采用镶拼的形式分别加工,热处理后磨削加工,再组装成型腔,既避免了热处理变形,又可以方便加工,并容易保证精度要求
(a)　(b)	图示的成型零件局部截面厚度相差较大,易引起热处理变形。在厚壁处适当增加工艺孔,使截面均匀,可减少热处理变形,如图(a)所示
(a)　(b)	成型零件的薄边部位,在淬火冷却过程中,由于冷却速度较快,在与厚壁的过渡区域内产生应力集中现象,容易引起热处理变形或开裂,使整体报废,如图(b)所示。图(a)由几块镶件拼合而成,减少了热处理变形,在热处理后磨削加工,既便于抛光,又容易保证尺寸精度,损坏后也容易更换
(a)　(b)　(c)	图(c)分别镶嵌型芯,加工比较简单。但在两型芯的固定部分产生薄壁,热处理时易产生变形或裂纹,同时使镶块的强度变差,在压铸成型时,易出现因材料热疲劳而断裂的现象。小型的成型镶块可采用图(a)的形式,在镶块上整体做出一个型芯,另一个型芯单独镶入。大型的成型镶块可采用图(b)的形式,分别加大两型芯的固定孔直径,使两安装孔穿通。在型芯固定部位铣扁后装入,消除了因薄壁而引起的变形或断裂

9.3.6　成型零件应避免横向镶拼，以利于脱模

　　成型零件在镶拼组合时，镶拼方向应与压铸件脱模方向一致，避免横向镶拼。如图 9-24 所示，图（a）和图（b）的右图中，镶拼方向与压铸件脱模方向垂直。镶拼的配合面由于长期受到金属液的冲蚀，在边缘部位容易产生塌角或塌边，并逐渐扩大，从而形成横向飞边，影响压铸件脱模。因此，应使镶拼方向与脱模方向一致，即使出现间隙飞边，也不影响压铸件脱模，如图（a）和图（b）的左图所示。

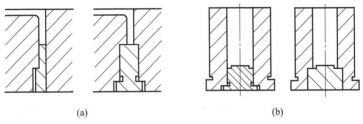

(a)   (b)

图 9-24　避免横向镶拼，以利于脱模

9.3.7　成型零件应便于装卸和更换

成型零件的局部凸凹部位，或尺寸精度要求较高的局部区域以及受金属液冲蚀较大的部位，很容易损坏。因此，在设计时应单独设置镶块，以便在失效时及时更换，结构实例如表9-24所示。

表 9-24　成型零件应便于装卸和更换的结构实例

图　例	说　明
(a)　　　　(b)	图示为局部突出的型芯。图(a)的整体式结构，除了加工和研磨困难外，还会出现热处理变形，同时，长而窄的型芯受金属液的冲蚀，很容易损耗失效，引起整体报废。图(b)的组合形式，使加工变得方便，在型芯损耗时也容易更换
$\phi 42.4 {}^{0}_{-0.034}$ (a)　　　　(b)	图示是局部尺寸精度要求较高的型腔。受金属液的冲蚀，容易引起尺寸精度的变化，图(a)的整体结构形式很难修复。采用图(b)的组合形式，即可随时更换
(a)　　　　(b)	内浇口是受金属液冲击最大的部位，也是极易损坏的部位。因此，在采用中心进料时，应在直对内浇口的部位单独设置镶块，以便于及时更换，如图(b)所示。组合的成型零件还应便于装卸
(h6) (f7) (H7)	为了便于安装(如图示)，在型芯固定部位的根部，做出一个长度适宜的间隙配合(f7)的过渡区，装配时起导向和准确引入的作用，再迫合压入。这种形式可在型芯以及导柱、导套的装配中采用
(a)　　　　(b)	模具在组装时，经常会出现装卸的情况。为便于卸出，可采用图(a)的方法，在型芯尾部预留螺栓孔，或如图(b)预留通孔的方法，当需要更换时，便于将型芯顶出

9.4 成型零件常用材料

9.4.1 成型零件的工作条件

在压铸过程中，由于成型零件直接接触高温、高压、高速的液态金属，所以它们在压铸成型时，受到机械冲击、机械损蚀、热疲劳和化学侵蚀的反复作用，主要表现在如下几方面。

① 交变热应力的影响。压铸生产是在一定的成型周期内循环操作，这个周期根据金属液的填充体积、填充速度、填充时间、压铸件形状的复杂程度以及模具的结构形式的不同而有所改变。在中小型压铸机上，一般为 30s～3min。在填充过程中，金属液以较高的温度（铝合金和镁合金为 600℃以上，锌合金为 400℃以上，铜合金则在 850℃以上）充入型腔，而成型零件的表面温度通常在 150～300℃范围内。因此，在填充的瞬间，成型零件急剧升温。开模后，成型表面与空气接触，并在脱模剂的激冷作用下，急剧降温。在这样短的周期内，周而复始地经受忽冷忽热的作用，使成型零件表面形成交变应力，从而形成热疲劳现象，这就有可能使成型零件的材料达到屈服极限，从而产生塑性变形，或在局部薄弱处产生裂纹。

② 压铸成型过程也是热交换的过程。在填充过程中，由于受到成型材料热传导的限制，成型表面首先达到较高温度而膨胀，而内层的模温则相对较低，膨胀量也相对较小，使其表面产生拉应力。

③ 在较短的成型周期内，成型零件受到循环载荷的作用，必将因产生交变应力而导致疲劳裂纹，并在温度应力的作用下，加快热裂纹的产生。

④ 熔融金属液在高压、高速的状态下，冲击成型零件，造成型芯的偏移和弯曲。

⑤ 在高压下，由于金属液成分引起饱和的扩散过程，从而使金属向型壁黏附或焊合，加剧表面层的应力状态。

⑥ 含有氧、氢等活性气体的熔融金属以及杂质和熔渣，会引起成型零件工作表面的氧化、氢化或气体腐蚀，使成型零件表面产生化学腐蚀和裂纹。

⑦ 在冷却固化推出压铸件时，成型零件还受到机械载荷、脱模反拉力或移动摩擦的作用。

综上所述，成型零件是在极其恶劣的条件下工作的，而温度应力和热疲劳导致的热裂纹则是成型零件最先达到破坏失效的主要原因。

9.4.2 成型零件的常用材料

(1) 成型零件选用材料的要求
① 在高温下，具有较高的强度、硬度、抗回火稳定性和冲击韧性。
② 较好的导热性和抗热疲劳性能。
③ 在高温下不易氧化，能抵抗液态金属的黏附和腐蚀。
④ 热膨胀系数小。
⑤ 热处理变形小，淬透性良好。
⑥ 可锻性好，切削加工性能良好。
⑦ 修复及修改时能够熔焊。
⑧ 具有较高的耐磨性和耐腐蚀性能。
(2) 成型零件常用材料

压铸模成型零件常用材料及热处理要求见表 9-25。

由于浇注系统各结构件也与金属液直接接触，所以它们的工作条件与成型零件基本相同，所以它们选用的材料也在表 9-25 中一并列出。

表 9-25　压铸模成型零件常用材料及热处理要求

零件名称		压铸合金			热处理要求	
		锌合金	铝、镁合金	铜合金	压铸锌、铝、镁合金	压铸铜合金
与金属液接触的零件	型腔镶块、型芯、滑块中成型部位等成型零件	4Cr5MoV1Si 3Cr2W8V (3Cr2W8) 5CrNiMo 4CrW2Si	4Cr5MoV1Si 3Cr2W8V (3Cr2W8)	3Cr2W8V (3Cr2W8) 3Cr2W5Co5MoV 4Cr3MoW2V 4Cr3Mo3SiV 4Co5MoV1Si	43～47HRC (4Co5MoV1Si) 44～48HRC (3Cr2W8)	38～42HRC
	浇道镶块、浇口套、分流锥等浇注系统	4Co5MoVSi 4Co5MoV1Si 3Cr2W8V (3Cr2W8)				

第10章 抽芯机构的设计

10.1 侧抽芯机构的组成与分类

10.1.1 侧抽芯机构的主要组成

抽芯机构的组成见图 10-1，一般由下列几部分组成。

① 成型元件。形成压铸件的侧孔、凹凸表面或曲面，如型芯、型块等。

② 运动元件。连接并带动型芯或型块并在模套导滑槽内运动，如滑块、斜滑块等。

③ 传动元件。带动运动元件做抽芯和插芯动作，如斜销、齿条、液压抽芯器等。

④ 锁紧元件。合模后压紧运动元件，防止压铸时受到反压力而产生位移，如锁紧块、楔紧锥等。

⑤ 限位元件。使运动元件在开模后，停留在所要求的位置上，保证合模时传动元件工作顺利，如限位块、限位钉等。

10.1.2 常用抽芯机构的特点

常用抽芯机构的特点见表 10-1。

10.1.3 抽芯机构的设计要点

设计抽芯机构应考虑如下几点。

① 选择合理的抽芯部位，应考虑下面几种情况。

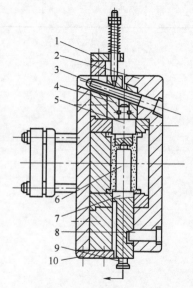

图 10-1 抽芯机构的组成
1—限位块；2,8—楔紧块；3—斜销；
4—矩形滑块；5,6—型芯；
7—圆形滑块；9—接头；10—挡块

表 10-1 常用抽芯机构的特点

分类		常用抽芯机构简图	特点说明
机械抽芯机构	斜销抽芯机构	限位块 型芯 斜销 楔紧块	①以压铸机的开模力作为抽芯力 ②结构简单,对于中、小型的抽芯使用较为普遍 ③用于抽出接近分型面且抽芯力不太大的型芯 ④抽芯距离等于抽芯行程乘 $\tan\alpha$,抽芯所需开模距离较大 ⑤抽出方向一般要求与分型面平行 ⑥延时抽芯,距离较短

分类		常用抽芯机构简图	特点说明
机械抽芯机构	弯销抽芯机构	限位块 型芯 斜销 楔紧块	①用于抽出离分型面垂直距离较远的型芯 ②与斜销相比较,相同截面的弯销所能承受的抽芯力较大 ③延时抽芯距离长 ④弯销可设在模具外侧,结构紧凑
	齿轮齿条抽芯机构	限位块 型芯 斜销 楔紧块	①抽出与分型面成任何角度、抽芯力不大的型芯 ②抽芯行程等于抽芯距离,能抽出较长的型芯 ③可实现长距离延时抽芯 ④模具结构较复杂
	斜滑块抽芯机构	推杆 斜滑块 限位钉	①适应抽出侧面成型深度较浅、面积较大的凹凸表面 ②抽芯与推出的动作同时完成 ③斜滑块分型处有利于改善溢流,排气条件 ④斜滑块通过模套锁紧,锁紧力与锁模力有关
液压抽芯机构		接头 型芯滑块 楔紧块	①可抽出与分型面成任何角度的型芯 ②抽芯力及抽芯距离都较大,普遍用于中、大型模具 ③液压抽芯器是通用件,简化模具设计 ④抽芯动作平稳,对压铸反力较小的活动型芯,可直接用抽芯力楔紧
其他抽芯机构	手动抽芯机构	型芯 转动螺母 手柄	①模具结构较简单 ②用于抽出处于定模或离分型面垂直距离较远的小型芯 ③操作时劳动强度较高,生产率低,用于小批量生产

分类		常用抽芯机构简图	特点说明
其他抽芯机构	活动镶块抽芯机构	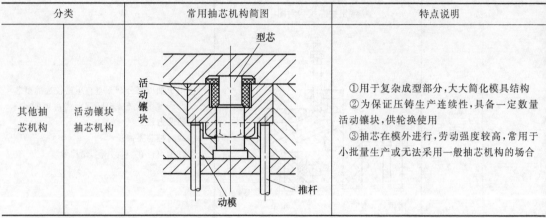	①用于复杂成型部分,大大简化模具结构 ②为保证压铸生产连续性,具备一定数量活动镶块,供轮换使用 ③抽芯在模外进行,劳动强度较高,常用于小批量生产或无法采用一般抽芯机构的场合

注:延时抽芯是指开模达一定距离后再抽芯。

　　a. 型芯尽量设置在与分型面相垂直的动(定)模内,利用开模或推出动作抽出型芯,尽可能避免采用庞大的抽芯机构。

　　b. 机械抽芯机构,借助于开模动力完成抽芯动作,为简化模具结构要求尽可能少用定模抽芯。

　　c. 在活动型芯上,一般不易喷刷涂料,在较细长的活动型芯位置上,尽量避免受到金属液的直接冲击,以免型芯产生弯曲变形,影响抽出。

　　② 活动型芯应有合理的结构形式,见表10-2。

表 10-2　活动型芯结构形式的比较

结构形式	比较说明	结构形式	比较说明
	铸件端面由滑块端面形成,抽芯时,铸件无支承面易产生变形,而金属液易窜入滑块的配合面而产生故障		增设了抽芯支承面 A,但型芯配合处直径与成型直径一致,抽芯时成型表面易擦伤,造成滑动配合部分的磨损,影响成型尺寸精度
	加长活动型芯的配合段,解决金属液窜入滑块的缺点,但铸件端面由活动型芯端面形成		型芯后端,沿型芯内孔每边放大 $\delta = 0.2 \sim 0.5 \mathrm{mm}$,结构较合理

　　③ 抽芯时应防止铸件产生变形和位移,见表10-3。

　　④ 活动型芯插入型腔后应有定位面,以保持准确的型芯位置,见表10-4。

　　⑤ 计算抽芯力是设计抽芯机构构件强度和传动可靠性的依据,由于影响抽芯力大小的因素较多,确定抽芯力时需做充分的估计。

　　⑥ 设计抽芯机构时,应考虑压铸机的性能和技术规范。

　　a. 利用开模力和开模行程作机械抽芯时,应考虑压铸机的开模力和开模行程的大小能否抽出活动型芯。

表 10-3　抽芯时防止铸件产生变形

图　例	说　明
抽芯时铸件 应有支承面	
	法兰圈的端面由活动型芯端面形成,活动型芯直径与法兰圈尺寸一致,抽芯时无支承面,容易使铸件产生变形
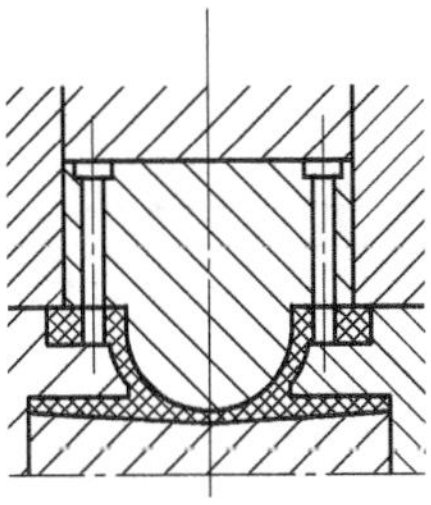	缩小活动型芯外径尺寸,抽芯时铸件有支承面,但支承面与型芯端面难保持平整一致
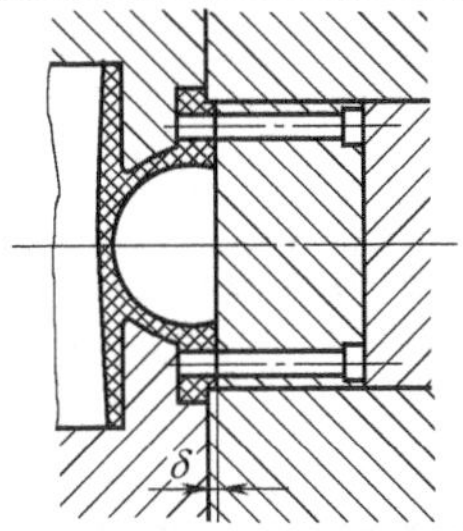	抽芯支承面改为高出型芯端面,δ 一般取 $0.5\sim1\mathrm{mm}$,使铸件法兰圈平整
采用两次抽芯	
	薄壁而细长的管状铸件,端部有较深的台阶,采用一次同时抽芯时,中间管件产生变形拉长 Δl,且在转角 K 处断裂
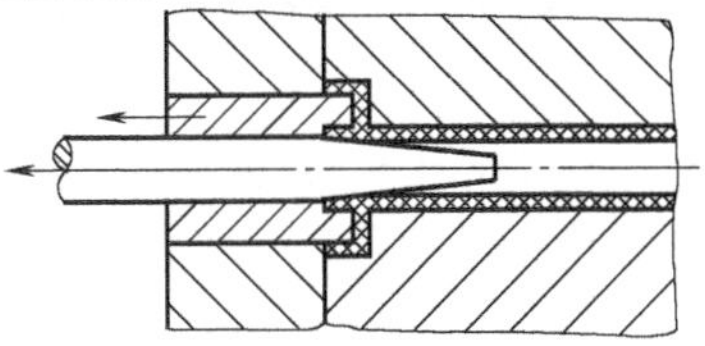	采用两次抽芯,由台阶型芯端面作抽出中间型芯的支承面,中间型芯卸除包紧力后,大、小型芯再同步抽出
增设支承板	
	抽出较大的型芯时,仅依靠动模型块的半圆环(图中 C)作支承面,铸件端面易变形
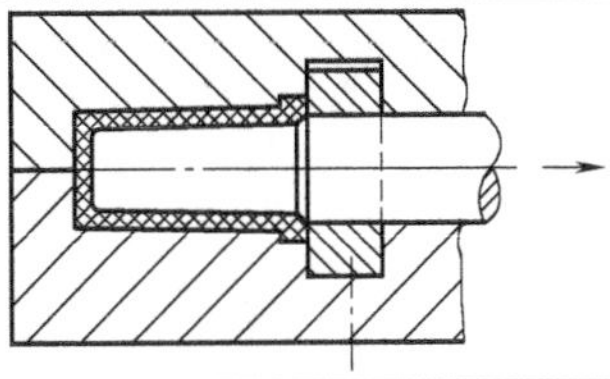	增设支承板,抽芯时有一整环形作支承面,防止端面变形且端面无分型痕迹

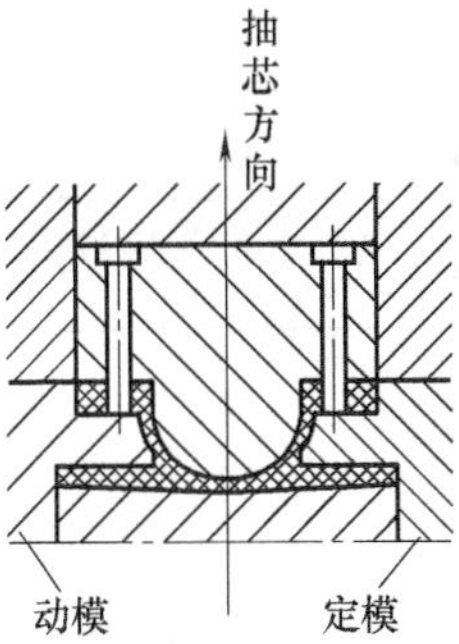

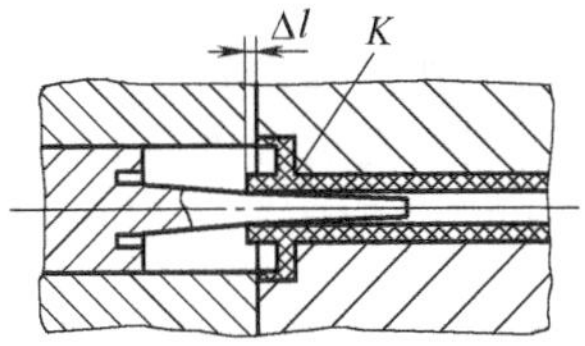

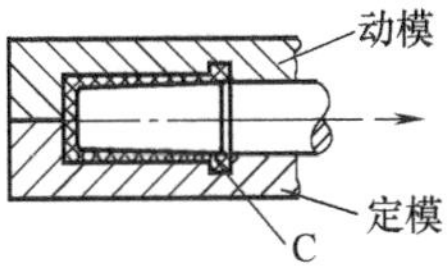

图 例	说 明
同心定位 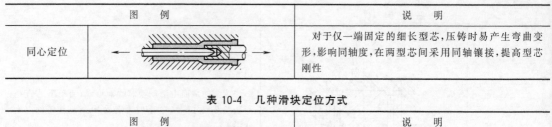	对于仅一端固定的细长型芯,压铸时易产生弯曲变形,影响同轴度,在两型芯间采用同轴镶接,提高型芯刚性

表 10-4　几种滑块定位方式

	图 例	说 明
细小型芯	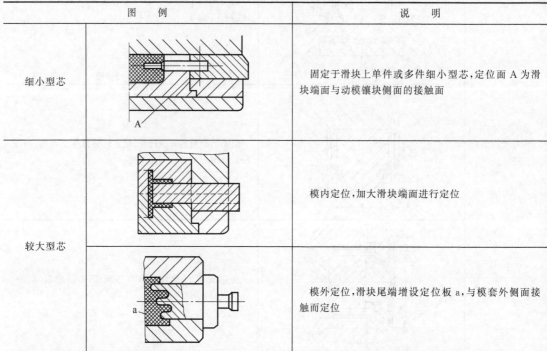	固定于滑块上单件或多件细小型芯,定位面 A 为滑块端面与动模镶块侧面的接触面
较大型芯		模内定位,加大滑块端面进行定位
		模外定位,滑块尾端增设定位板 a,与模套外侧面接触而定位

b. 利用液压抽芯器抽芯时,应考虑压铸机的技术规范控制操作程序。

⑦ 利用开、合模运动作抽芯机构的传动时,应注意在合模时活动型芯。

⑧ 型芯抽出到最终位置时,滑块留在导滑槽内的长度不得小于滑块长度三分之二,以免合模插芯时滑块发生倾斜造成事故。

⑨ 活动型芯同镶块配合的密封部分的长度不能过短,配合间隙要恰当,以防金属液窜入滑块的导槽中,影响滑块的正常运动。

⑩ 在滑块平面上,一般不宜设置浇注系统,若在其上必须设置浇注系统时,应加大滑块平面,不使浇注系统布置在滑块与模体的导滑配合部分,并使配合部分有足够的热膨胀间隙。

⑪ 由于型芯和滑块所处的工作条件不同,所选用的材料和热处理工艺也不一样。型芯与滑块一般采用镶接的形式,镶接处要求牢固可靠。

⑫ 抽芯机构需设置限位装置,开模抽芯后使滑块停留在一定的位置上,不致因滑块自重或抽芯时的惯性而越位。

⑬ 活动型芯的成型投影面积较大时,滑块受到的反压力也较大,应注意滑块楔紧装置的可靠性及楔紧零件的刚性。

10.1.4　抽芯机构的应用

抽芯机构的应用见表 10-5。

表 10-5　抽芯机构的应用

简　图	应用说明	简　图	应用说明
	抽出与分型面平行或成某一角度的型芯		抽出压铸件上形成圆弧孔的型芯
	抽出压铸件凹凸面的型块		嵌件布置在分型面上,利用滑块将嵌件送入型腔,开模使滑块抽出,脱离嵌件
	抽出压铸型内凹型芯		带深腔的压铸件,利用滑块改善深腔底部溢流、排气条件
	抽出压铸件某一侧面不允许有出模斜度或有刻字、花纹等部分,影响压铸件推出的滑块		凸模设在定模上,压铸件包紧力较大时,利用抽芯滑块在开模时,先将定模上型芯的包紧力卸除,然后抽出滑块,推出铸件

10.2　抽芯力和抽芯距离

10.2.1　抽芯力的计算

压铸时,金属液充填型腔,冷凝收缩后,对被金属包围的型芯产生包紧力,抽芯机构运动时有各种阻力即抽芯阻力,两者的和即为抽芯开始瞬时所需的抽芯力,抽芯时型芯受力的状况见图 10-2。

抽芯力按公式（10-1）计算：

$$P = P_{阻} \cos\alpha - P_{包} \sin\alpha \qquad (10\text{-}1)$$
$$= Alp(\mu\cos\alpha - \sin\alpha)$$

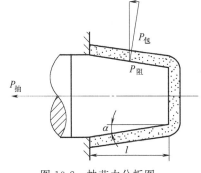

图 10-2　抽芯力分析图

式中　P——抽芯力,N;

　　$P_{阻}$——抽芯阻力,N;

　　$P_{包}$——铸件冷凝收缩后对型芯产生的包紧力,N;

　　A——被铸件包紧的型芯成型部分断面周长,cm;

　　l——被铸件包紧的型芯成型部分长度,m;

　　p——挤压应力（单位面积的包紧力）,对锌合金

一般 p 取 $6\sim8$MPa；对铝合金,一般 p 取 $10\sim12$MPa；对铜合金,一般 p 取

$12\sim16MPa$;

μ——压铸合金对型芯的摩擦系数（一般取 $0.2\sim0.25$）；

α——型芯成型部分的出模斜度，$(°)$。

从上式可以看出，影响抽芯力的主要因素如下。

① 型芯的大小和成型深度是决定抽芯力大小的主要因素。被金属包围的成型表面积愈大，所需抽芯力也愈大。

② 加大成型部分出模斜度，可避免成型表面的擦伤，有利于抽芯。

③ 成型部分的几何形状复杂，铸件对型芯的包紧力则大。

④ 铸件侧面孔穴多且布置在同一抽芯机构上，因铸件的线收缩大，增大对型芯包紧力。

⑤ 铸件成型部分壁较厚，金属液的凝固收缩率大，相应地增大包紧力。

⑥ 活动型芯表面光洁度高，加工纹路与抽拔方向一致，可减少抽芯力。

⑦ 压铸合金的化学成分不同，线收缩力也不同，线收缩力大包紧力也大。

⑧ 压铸铝合金中，过低的含铁量，对钢质活动型芯会产生化学黏附力，将增大抽芯力。

⑨ 压铸后，铸件在模具中停留时间长。

⑩ 压铸时，模温高，铸件收缩小，包紧力也小。

⑪ 持压时间长，增加铸件的致密性，但铸件线收缩大，需增大抽芯力。

⑫ 在模具中喷刷涂料，可减少铸件与活动型芯的黏附，减小抽芯力。油质涂料对活动型芯降温较慢，水质涂料降温较快，前者铸件的收缩力对活动型芯的包紧力影响较小，后者较大。

⑬ 采用较高的压射比压，增大铸件对型芯的包紧力。

⑭ 抽芯机构运动部分的间隙，对抽芯力的影响较大，间隙太小，需增大抽芯力；间隙太大，易使金属液窜入，增大抽芯力。

10.2.2 抽芯距离的确定

侧型芯从成型位置侧抽至压铸件的投影区域以外，即侧型芯不妨碍压铸件推出的位置时，侧型芯所移动的行程为抽芯距离。图10-3为计算抽芯距离的典型举例。

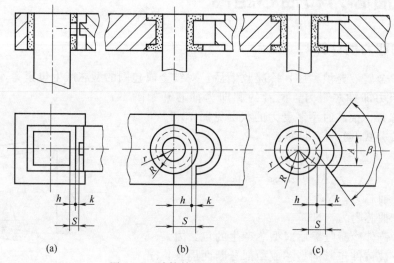

图 10-3 计算抽芯距离的典型举例

图 10-3（a）是单侧抽芯状况，它的抽芯距离为成型侧孔、侧凹或侧凸形状的深度或长度 h 加上安全值，即

$$S = h + k \qquad (10\text{-}2)$$

式中 S——抽芯距离，mm；

　　　h——侧孔、侧凹或侧凸形状的深度或长度，mm；

　　　k——安全值，见表 10-6。

压铸件外形为圆形，全部在侧滑块内成型时，抽芯距离的计算如下。

① 采用二等分滑块抽芯，如图 10-3（b）所示，它的抽芯距离为

$$S = \sqrt{R^2 - r^2} + k \qquad (10\text{-}3)$$

式中 S——抽芯距离，mm；

　　　R——压铸件最大外形半径，mm；

　　　r——阻碍推出压铸件外形的最小内圆半径，mm；

　　　k——安全值，见表 10-6。

表 10-6　常用抽芯距离的安全值　　　　　　　　单位：mm

S	抽芯形式			
	斜销、弯销、手动	齿轴齿条	斜滑块	液压
<10	3～5	5～10（取整齿）	2～3	
10～30			3～5	
30～80	3～8			8～10
80～180				10～15
180～360	8～12			>15

② 采用多等分滑块抽芯，如图 10-3（c）所示，它的抽芯距离为

$$S = \sqrt{R^2 - A^2} - \sqrt{r^2 - A^2} + k \qquad (10\text{-}4)$$

$$A = r\sin\frac{\beta}{2}$$

式中 S——抽芯距离，mm；

　　　R——压铸件最大外形半径，mm；

　　　r——阻碍推出压铸件外形的最小内圆半径，mm；

　　　A——瓣合滑块前两尖角弦长的 1/2，mm；

　　　β——多等分侧滑块合模夹角，(°)；

　　　k——安全值，见表 10-6。

通常情况下，在相同的侧抽芯条件下，选取较小的抽芯距离，对模具制造和压铸操作是十分有利的。

10.3　斜销抽芯机构

10.3.1　斜销抽芯机构的组合形式

斜销侧抽芯机构的组合形式如图 10-4 所示，它主要由侧滑块（含侧型芯）、斜销、锁紧块和定位装置等零件组成。

10.3.2　斜销抽芯机构的动作过程

斜销抽芯机构的动作过程见图 10-5。

图 10-5 （a）为合模状态。斜销与分型面成一倾斜角，固定于定模套板内，穿过设在动模导滑槽中的滑块孔内，滑块由楔紧块锁紧。

图 10-5 （b）开模后，动模与定模分开，滑块随定模运动，由于定模上的斜销在滑块孔中，使滑块随动模运动的同时，沿斜销方向强制滑块运动，抽出型芯。

图 10-5 （c）抽芯结束。开模到一定距离后，斜销与滑块斜孔脱离，抽芯停止运动，滑块由限位块限位，以便再次合模时斜销准确地插入滑块斜孔，迫使滑块复位。

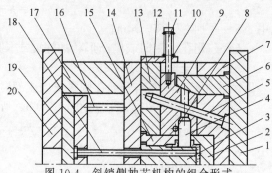

图 10-4 斜销侧抽芯机构的组合形式

1—定模座板；2—定模镶块；3—主型芯；4—侧型芯；5—斜销；6—楔紧块；7—定模板；8—固定销；9—侧滑块；10—弹簧；11—限位杆；12—限位板；13—动模板；14—支承板；15—动模镶块；16—复位杆；17—垫块；18—推杆；19—推板；20—动模座板

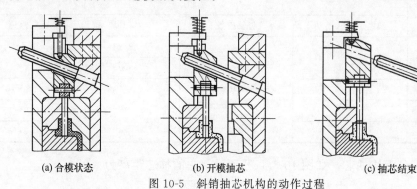

(a) 合模状态　　　　(b) 开模抽芯　　　　(c) 抽芯结束

图 10-5 斜销抽芯机构的动作过程

10.3.3 斜销抽芯机构的设计技巧

（1）常用斜销抽芯机构的结构形式

① T 形滑块结构（图 10-6）。该结构稳定可靠，为最常用形式。

② 方导套圆滑块结构（图 10-7）。用于抽出分型面上的活动型芯，圆滑块在方导套内滑动，方导套固定于动模套板上，压铸时金属液不易窜入导滑槽内，保持合模后滑块的正确位置，但结构较复杂。

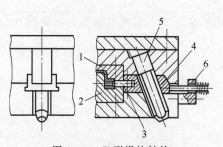

图 10-6 T 形滑块结构

1—定模；2—动模；3—活动型芯；4—T 形滑块；5—斜销；6—限位块

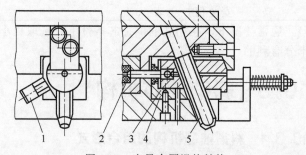

图 10-7 方导套圆滑块结构

1—止转装置；2—活动型芯；3—圆滑块；4—方导套；5—斜销

③ 圆形滑块结构（图 10-8）。适用于距分型面垂直距离较远的小孔的抽芯，结构紧凑，动模套板强度较好。

④ 导柱式外接滑块结构（图 10-9）。该结构简单，节省材料，但构件刚度差。

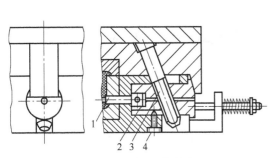

图 10-8　圆形滑块结构
1—活动型芯；2—圆形滑块；3—斜销；4—止转螺钉

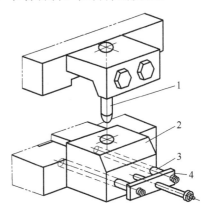

图 10-9　导柱式外接滑块结构
1—斜销；2—外接滑块；3—导柱；4—限位块

（2）斜销抽芯机构设计要点

在设计斜销抽芯时，除遵循抽芯机构的设计要点外，还应注意以下几点。

① 侧滑块在导滑槽内应运动自如，有适宜的配合精度，并且在压铸生产温度状态下，仍保持灵活状态，不出现卡滞现象。

② 为了侧滑块在回复动作时运动平稳，在完成侧抽芯动作后，它留在导滑槽内的长度不能小于侧滑块长度的 2/3。当模板不能满足这个长度要求时，可采用另加导滑槽的方法，以延长导滑槽的长度。

③ 为简化模具结构，应尽量将侧滑块设置在动模一侧。如必须将侧抽芯设在定模一侧时，在主分型面分型前必须先抽出侧型芯，这时则应采用顺序分型机构，以保证主分型面分型时，压铸件能可靠地留在动模型芯上。

④ 干涉现象。防止推出机构在复位前与侧型芯发生干扰现象，应尽可能地不使推杆和活动的侧型芯的水平投影相重合，或者使推杆的推出行程小于侧型芯抽出部分的最低面，否则应增设推出系统的预复位机构。

⑤ 一般情况下，一个侧滑座只设一个斜销，并设在抽拔力的压力中心处。如果必须设两个和两个以上斜销时，应在斜销和侧滑块斜孔的配合精度上，保证各斜销动作的协调一致，避免产生相互干扰和牵制而引起蹩劲和歪扭的现象。

10.3.4　斜销的设计

斜销是斜销抽芯机构的重要零件。设计斜销主要包括斜销的结构形式、安装形式、斜销的工作直径、斜销斜角的选择、斜销长度的确定以及斜销的加工精度、选用材质及其热处理等。

（1）斜销的基本结构和安装形式

斜销的基本结构和安装形式如图 10-10 所示。

图（a）所示是在中小型模具中常用的一种结构形式，其台肩端部与模面相平，其角度与斜销斜角一致。

有些斜销的台肩也可采用图（b）所示的形式，将台肩端部做成与斜销斜角 α 相同的圆锥体，其顶部与定模平面平齐。

为了减少斜销与侧滑块斜孔壁的滑动摩擦，增强侧滑块移动的平稳性，将斜销的两侧面铣成 $0.8d$ 的扁平面。如图（c）所示结构，其斜销的抗弯强度并没有明显的降低。

在抽拔力较大的大型模具中，采用图（d）所示的结构形式，在侧滑块的斜孔中镶有导

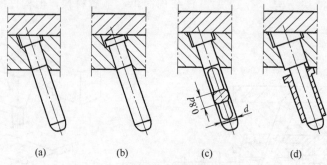

图 10-10　斜销的基本结构和安装形式

套，以便于更换。

（2）斜销斜角的选择

斜销斜角即斜销的抽芯角，是斜销的安装轴心与开模方向的倾斜角。

斜销斜角 α 是决定斜销侧抽芯机构工作效果的重要参数，它直接影响着斜销所承受的弯曲应力、有效工作直径和长度以及完成侧抽芯动作所需要的有效开模距离。

从图 10-11 的斜销工作状态得出，斜销斜角 α 与其他参数的关系为

$$F_{\mathrm{W}} = \frac{F}{\cos\alpha} \tag{10-5}$$

$$l = \frac{S}{\sin\alpha} \tag{10-6}$$

$$H = \frac{S}{\tan\alpha} \tag{10-7}$$

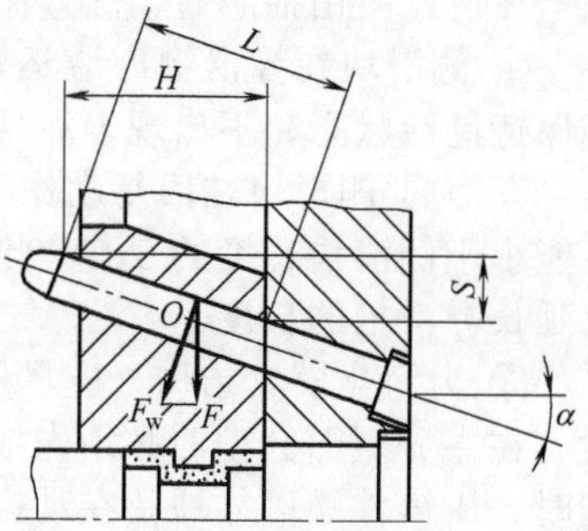

式中　α——斜销斜角，（°）；

　　F_{W}——斜销在侧抽芯时所承受的弯曲力，N；

　　F——抽芯力，N；

　　l——斜销的工作长度，cm；

　　S——抽芯距离，cm；

　　H——斜销完成侧抽芯的有效开模行程，cm。

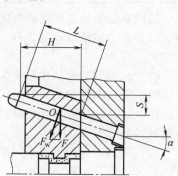

图 10-11　斜销斜角与
其他参数的关系

在实践中，如果从斜销的受力状况和侧滑块的平稳性考虑，希望斜销斜角 α 选得小一些，而从侧抽芯结构的紧凑程度考虑，希望 α 值选得稍大一些。因此，在选用斜销斜角 α 时，应兼顾斜销的受力状况和其他相关因素，综合考虑，统筹处理。

一般情况下，斜销斜角 α 应在 10°～25°之间选取。

（3）斜销工作直径的确定

斜销所受的力，主要取决于抽芯时作用于斜销上的弯曲力（图 10-12）。斜销直径 d 的计算公式如下

$$d = \sqrt[3]{\frac{10F_{\mathrm{W}}H}{[\sigma]_{\mathrm{W}}\cos\alpha}}$$

或　　　$$d = \sqrt[3]{\frac{10FH}{[\sigma]_{\mathrm{W}}\cos^2\alpha}} \tag{10-8}$$

式中　d——斜销工作直径，cm；

　　F——抽芯力，N；

　　H——作用点 O 与 A 点的垂直距离；

图 10-12　斜销受力分析

$[\sigma]_W$——抗弯强度，MPa，一般取 $[\sigma]_W = 300$MPa；

α——斜销斜角，(°)。

【例 10-1】 斜销最小工作直径的计算实例

采用斜销侧抽芯机构的压铸模，经式（10-1）计算，侧抽芯部分的抽芯力 $F = 13000$N，选用斜销斜角 $\alpha = 18°$。设集中载荷点与斜孔入口处的垂直距离 $H = 38$mm，试求斜销的最小工作直径。

解：已知 $F = 13000$N

$$\alpha = 18°$$

$$H = 38\text{mm} = 0.038\text{m}$$

$[\sigma]_W$ 取 300MPa

根据式（10-8），得

$$d = \sqrt[3]{\frac{10FH}{[\sigma]_W \cos^2 \alpha}}$$

$$= \sqrt[3]{\frac{10 \times 13000 \times 0.038}{300 \times \cos^2 18°}}$$

$$= 2.63 (\text{cm})$$

$$\approx 27 (\text{mm})$$

为简化计算，按式（10-8）作出表 10-7 及表 10-8 供设计时查用。

表 10-7　斜销斜角与抽芯力查出对应的最大弯曲力

最大弯曲力 F_W/N	斜销斜角 α/(°)					
	10	15	18	20	22	25
	抽芯力 F/N					
1000	980	960	950	940	930	910
2000	1970	1930	1900	1880	1850	1810
3000	2950	2890	2850	2820	2780	2720
4000	3940	3860	3800	3760	3700	3630
5000	4920	4820	4750	4700	4630	4530
6000	5910	5790	5700	5640	5560	5440
7000	6890	6750	6650	6580	6500	6340
8000	7880	7720	7600	7520	7410	7250
9000	8860	8680	8550	8460	8340	8160
10000	9850	9650	9500	9400	9270	9060
11000	10830	10610	10450	10340	10190	9970
12000	11820	11580	11400	11280	11120	10880
13000	12800	12540	12350	12220	12050	11780
14000	13760	13510	13300	13160	12970	12680
15000	14770	14470	14250	14100	13900	13590
16000	15760	15440	15200	15040	14830	14500
17000	16740	16400	16150	15980	15770	15410
18000	17730	17370	17100	16920	16640	16310
19000	18710	18330	18050	17860	17610	17220
20000	19700	19300	19000	18800	18540	18130
21000	20680	20260	19950	19740	19470	19030
22000	21670	21230	20900	20680	20400	19940
23000	22650	22190	21850	21620	21330	20840

最大弯曲力 F_W/N	斜销斜角 α/(°)					
	10	15	18	20	22	25
	抽芯力 F/N					
24000	23640	23160	22800	22560	22250	21750
25000	24620	24120	23750	23500	23180	22660
26000	25610	25090	24700	24440	24110	23560
27000	26590	26050	25650	25380	25030	24700
28000	27580	27020	26600	26320	25960	25380
29000	28560	27980	27550	27260	26890	26280
30000	29550	28950	28500	28200	27820	27190
31000	30530	29910	29450	29140	28740	28100
32000	31520	30880	30400	30080	29670	29000
33000	32500	31840	31350	31020	30600	29910
34000	33490	32810	32300	31960	31520	30810
35000	34470	33710	33250	32900	32420	31720
36000	35460	34740	34200	33840	33380	32630
37000	36440	35700	35150	34780	34310	33530
38000	37430	36670	36100	35720	35230	34440
39000	38410	37630	37050	36660	36160	35350
40000	39400	38600	38000	37600	37090	36250

表 10-8　最大弯曲力和受力点垂直距离查出斜销直径

α	h/mm	最大弯曲力 F_W/kN																													
		1	2	3	4	5	6	7	8	9	10	11	12	13	14	15	16	17	18	19	20	21	22	23	24	25	26	27	28	29	30
		斜销直径 d/mm																													
10°~15°	20	10	12	14	14	16	16	18	18	20	20	20	22	22	22	22	24	24	24	24	24	24	26	26	26	26	28	28	28	28	28
	30	12	14	14	16	18	20	20	22	22	22	24	24	24	24	26	26	26	28	28	28	28	30	30	30	30	30	32	32	32	32
	40	12	14	16	18	20	22	22	24	24	24	26	26	28	28	28	30	30	30	30	32	32	32	32	34	34	34	34	34	36	36
18°~20°	20	10	12	14	16	16	18	18	20	20	20	22	22	22	22	24	24	24	26	26	26	28	28	28	28	28	28	28	28	28	28
	30	12	14	16	18	18	20	20	22	22	24	24	24	26	26	28	28	28	30	30	30	30	32	32	32	32	32	32	32	32	32
	40	12	16	18	20	22	22	24	24	24	26	26	28	28	30	30	30	30	32	32	32	34	34	34	34	36	36	36	36	36	36
22°~25°	20	10	12	14	16	16	18	18	20	20	22	22	22	24	24	24	26	26	26	28	28	28	28	28	28	28	28	30	30	30	30
	30	12	14	16	18	20	22	22	22	24	24	26	26	28	28	28	30	30	30	32	32	32	32	32	34	34	34	34	34	34	34
	40	14	16	18	18	20	22	24	24	24	26	26	28	28	28	30	30	30	30	32	32	32	32	34	34	34	34	34	34	36	36

查用说明如下。

① 按式（10-1）求出抽芯力，选定斜销斜角后查表 10-7 得到斜销所受的最大弯曲力。

② 按所查出的斜销最大弯曲力和选定的斜销斜角和斜销受力点垂直距离，查表 10-8 得到斜销直径。

③ 查表时，如已知值在两档数字之间，为安全计算一般取较大的一档数字。

查用举例如下。

已知 $F=13000$N，$α=18°$

$H=38$mm　$[σ]_w$ 取 300MPa，查斜销直径。

查表 10-7 得 $F_W=14000$N

查表 10-8 得斜销直径 $d=28$mm。

（4）斜销长度的确定

对于斜销抽芯机构按所选定的抽芯力、抽芯行程、斜销位置、斜销斜角、斜销直径以及滑块的大致尺寸，在总图上按比例作图进行大致布局后，即可按作图法、计算法或查表法来确定斜销的长度。

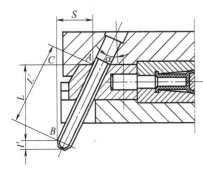

图 10-13　用作图法确定斜销有铲工作段长度

① 作图法（图 10-13）

a. 取滑块端面斜孔与斜销外侧斜面接触处为 A 点。

b. 自 A 点作与分型面相平行的直线 AC，使 $AC=S$（抽芯距离）。

c. 自 C 点作垂直于 AC 线的 BC 线，交斜销处侧斜面于 B 点。

d. AB 线段的长度上 L'，为斜销有效工作段长度 $L'=\dfrac{S}{\sin\alpha}$。

e. BC 线段长度加上斜销导引头部高度 L'，为斜销抽芯结束时所需的最小开模距离 $L=\dfrac{S}{\tan\alpha}+L'$。

② 计算法　斜销长度的计算是根据抽芯距离 S、固定端模套厚度 H、斜销直径 d 以及所采用的斜角 α 的大小而定（图 10-14）。斜销总长度 L 的计算公式如下（滑块斜孔导引口端圆角 R 对斜销长度尺寸的影响省略不计）：

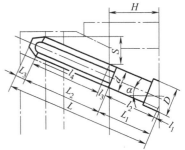

$$L=L_1+L_2+L_3=\frac{D-d}{2}\tan\alpha+\frac{H}{\cos\alpha}+ \qquad (10\text{-}9)$$

$$d\tan\alpha+\frac{S}{\sin\alpha}+(5\sim10)$$

图 10-14　斜销尺寸计算

式中　L_1——斜销固定端尺寸，mm；

L_2——斜销工作端尺寸，mm；

L_3——斜销工作导引端尺寸（一般取 5～10mm）；

S——抽芯距离，mm；

H——斜销固定端套板的厚度，mm；

α——斜销斜角，（°）；

d——斜销工作端直径，mm；

D——斜销固定端台阶直径，mm。

③ 查表法　为简化繁琐的计算，将常用范围内的数值列表 10-9，按选定的 α，$\dfrac{D-d}{2}$、H、d、S 查出相应的 L_1、L_2、L_3、L_4（见图 10-14）相加即可确定斜销长度。

查用说明如下。

a. 查用值可由已知设计参数查取。例如：L_1、L_2、L_3 和 L_4。可分别从 $\dfrac{D-d}{2}$、H、d、S 查取。

b. 在设计参数栏内，如无直接数值可查时，则可按下列两种方法查取。

Ⅰ. 从两个或两个以上的已知设计参数中，分别查出后再相加而得，例如：

表 10-9　斜销分段长度查用表　　　　单位：mm

斜销倾角 α	10°			15°			18°		
设计参数 $(D-d)/2$、H D、S	L_1、L_3	L_2	L_4	L_1、L_3	L_2	L_4	L_1、L_3	L_2	L_4
1	0.18	1.02	5.76	0.27	1.04	3.86	0.33	1.05	3.24
2	0.35	2.03	11.52	0.54	2.07	7.73	0.65	2.10	6.47
3	0.53	3.05	17.28	0.80	3.11	11.59	0.98	3.15	9.71
4	0.70	4.06	23.04	1.07	4.14	15.46	1.30	4.21	12.95
5	0.88	5.08	28.80	1.34	5.18	19.32	1.63	5.26	16.18
6	1.06	6.09	34.56	1.61	6.22	23.18	1.95	6.31	19.42
7	1.23	7.11	40.32	1.88	7.25	27.05	2.27	7.36	22.65
8	1.41	8.12	46.08	2.14	8.28	30.91	2.60	8.41	25.90
9	1.59	9.14	51.84	2.41	9.32	34.78	2.92	9.46	29.13
10	1.76	10.15	57.60	2.68	10.35	38.64	3.25	10.51	32.36
20	1.53	20.31	115.21	5.36	20.70	77.28	6.50	21.03	64.72
30	—	30.46	172.81	—	30.06	115.92	9.75	31.54	97.09
40	—	40.52	230.41	—	41.41	154.56	—	42.06	129.45
50	—	50.77	288.02	—	51.77	193.20	—	52.57	161.81
60	—	60.92	—	—	62.19	—	—	63.08	194.17
70	—	71.08	—	—	72.47	—	—	73.60	—
80	—	81.23	—	—	82.82	—	—	84.11	—
90	—	91.39	—	—	93.18	—	—	94.63	—
任意值	$0.176\dfrac{D-d}{2}(d)$	$1.015H$	$5.76S$	$0.268\dfrac{D-d}{2}(d)$	$1.035H$	$3.864S$	$0.325\dfrac{D-d}{2}(d)$	$1.051H$	$3.236S$

斜销倾角 α	20°			22°			25°		
设计参数 $(D-d)/2$、H D、S	L_1、L_3	L_2	L_4	L_1、L_3	L_2	L_4	L_1、L_3	L_2	L_4
1	0.36	1.06	2.92	0.40	1.08	2.67	0.47	1.10	2.37
2	0.73	2.13	5.85	0.81	2.16	5.34	0.93	2.21	4.73
3	1.09	3.19	8.77	1.21	3.24	8.01	1.40	3.31	7.10
4	1.46	4.26	11.70	1.62	4.31	10.69	1.87	4.41	9.47
5	1.82	5.32	14.62	2.02	5.39	13.35	2.33	5.52	11.83
6	2.18	6.39	17.54	2.42	6.47	16.02	2.80	6.62	14.20
7	2.55	7.45	20.47	2.83	7.55	18.69	3.26	7.72	16.56
8	2.91	8.51	23.39	3.23	8.63	21.36	3.73	8.83	18.93
9	3.28	9.58	26.32	3.64	9.71	24.03	4.20	9.93	21.30
10	3.64	10.64	29.24	4.04	10.79	26.70	4.66	11.03	23.66
20	7.28	21.28	58.48	8.08	21.57	53.39	9.32	22.07	47.33
30	10.92	31.93	87.72	12.12	32.36	80.09	13.99	33.10	70.99
40	—	42.57	116.96	16.16	43.14	106.78	18.65	44.14	94.65
50	—	53.21	146.20	—	53.93	133.48	—	55.17	118.32
60	—	63.85	175.44	—	64.71	160.17	—	66.20	141.98
70	—	74.49	204.68	—	75.50	186.87	—	77.24	165.64
80	—	85.14	—	—	86.28	213.56	—	88.27	189.30
90	—	95.78	—	—	97.07	—	—	99.30	212.97
任意值	$0.364\dfrac{D-d}{2}(d)$	$1.064H$	$2.92S$	$0.404\dfrac{D-d}{2}(d)$	$1.079H$	$2.670S$	$0.466\dfrac{D-d}{2}(d)$	$1.103H$	$2.366S$

$\alpha=20°$，$S=76mm$，查 L_4 值；

取 $S=70+6$ 得出 $L_4=(204.68+17.54)mm=222.22mm$。

Ⅱ．直接查取任意一栏数值，然后相乘而得，例如：

$\alpha=15°$，$S=94mm$，查 L_4 值得出 $L_4=(3.236×94)mm=304.2mm$。

查用举例：

已知：$\alpha=15°$；$d=15mm$；$D=24mm$；$H=30mm$；$S=32mm$；取 $L_3=8mm$，查取斜销各工作段和总长尺寸。

由表中查出：

$L_1=0.80mm$；$L_2=31.06mm$；$L_3=2.68+2.14=4.82mm$；$L_4=115.92+7.73=123.65mm$。

得出斜销固定段尺寸 $L_1=L_1+L_2=(0.80+31.06)mm=31.86mm$；

斜销工作段尺寸 $L_2=L_3+L_4=(4.82+123.65)mm=128.47mm$；

斜销总长尺寸 $L=L_1+L_2+L_3=(31.56+125.47+8)mm=168.33mm$。

10.3.5 斜销的延时抽芯

（1）斜销延时抽芯动作过程

斜销延时抽芯是依靠侧滑块斜孔在抽出方向上设置一个后空当 δ 来实现的。斜销延时抽芯的动作过程如图 10-15 所示。

图 10-15（a）所示为压铸完成后的合模状态。在斜销与侧滑块斜孔的驱动面上设置后空当 δ。

在开模的瞬间，分型面相对移动一小段行程 M 前，只消除了后空当占的间隙，并没有进行侧抽芯动作，如图 10-15（b）所示。当继续开模时，才开始进行侧抽芯动作。斜销在开模距离为 H 时，使侧型芯向后移动抽芯距离 S，完成侧抽芯动作，然后推出压铸件。

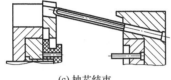
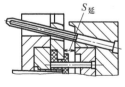

(a) 合模状态　　　　(c) 抽芯结束

(b) 开模状态　　　　(d) 合模插芯

图 10-15　斜销延时抽芯的动作过程

图 10-15（d）所示为合模时的插芯状态，合模时斜销插入侧滑块的斜孔。但由于斜孔有延时抽芯的后空当 δ，在合模达到一定距离后，斜销才能带动侧滑块复位。

（2）设置延时抽芯的作用

① 防止在开模瞬间楔紧块对侧型芯的移动产生阻碍干涉现象。

② 当压铸件对定模的包紧力大于或等于动模时，可借助侧型芯的阻力作用，使压铸件首先从定模成型零件中脱出，并留在动模一侧。

③ 在多方位侧抽芯时，在各个侧型芯设置不同的后空当 δ，使按序分时抽芯，以分散抽芯力。

（3）延时抽芯有关参数的计算

延时抽芯有关参数的计算参考图 10-16。

① 延时抽芯行程 M，按设计需要

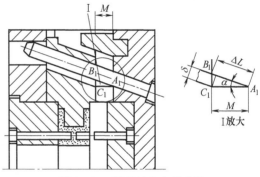

图 10-16　延时抽芯有关参数

确定。

② 延时抽芯斜销直径 d 按式（10-8）计算。

③ 侧滑块斜孔的后空当量 δ 按下式计算

$$\delta = M\sin\alpha \tag{10-10}$$

式中　δ——侧滑块斜孔的后空当量，mm；

　　　M——延时行程，mm；

　　　α——斜销斜角，(°)。

常用侧滑块斜孔后空当量见表 10-10。

表 10-10　常用侧滑块斜孔后空当量

斜销斜角 $\alpha/$(°)	延时抽芯开模行程 M					
	5	10	15	20	25	30
	滑块斜孔增长量 δ					
10	0.87	1.74	2.61	3.46	4.33	5.21
15	1.29	2.59	3.88	5.18	6.47	7.76
18	1.54	3.09	4.63	6.18	7.72	9.27
20	1.71	3.42	5.13	6.84	8.55	10.26
22	1.87	4.75	5.62	7.49	9.36	11.24
25	2.11	4.23	6.34	8.45	10.56	12.68

④ 延时抽芯时斜销总长度 L 按式（10-9）直接求出。

延时抽芯时斜销长度的增长量见表 10-11。

表 10-11　斜销长度增长量

斜销斜角 $\alpha/$(°)	延时抽芯开模行程 M					
	5	10	15	20	25	30
	斜销长度增长量 ΔL					
10	5.08	10.15	15.23	20.31	25.39	30.46
15	5.18	10.35	15.53	20.70	25.88	31.05
18	5.27	10.52	15.78	21.10	26.30	31.60
20	5.32	10.64	15.97	21.28	26.60	31.92
22	5.39	10.78	16.17	21.56	26.95	32.24
25	5.52	11.03	16.65	22.07	27.59	32.10

10.3.6　与主分型面不垂直的侧抽芯

当侧型芯方向与主分型面成某一角度时，有关参数也随之变化，如图 10-17 所示。图中 β_0 为侧抽芯方向与分型面的交角，即 $\beta_0 \neq 90°$，α 为斜销轴线与分型面垂直的角度，α_1 为实际影响侧抽芯效果的抽芯角。

图（a）所示为侧抽芯向动模方向倾斜 β_0 角，实际影响侧抽芯效果的抽芯角为

$$\alpha_1 = \alpha + \beta_0 \leqslant 25° \tag{10-11}$$

那么

$$F_W = \frac{F}{\cos(\alpha + \beta_0)} \tag{10-12}$$

$$S_1 = \frac{H_1 \tan\alpha}{\cos\alpha} \tag{10-13}$$

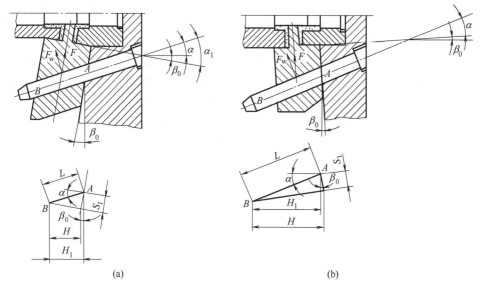

图 10-17　与主分型面不垂直的侧抽芯

$$H = H_1 - S_1 \sin\beta_0 \tag{10-14}$$

图（b）为侧抽芯向定模方向倾斜 β_0 角，实际影响侧抽芯效果的抽芯角度为

$$\alpha_1 = \alpha - \beta_0 \leqslant 25° \tag{10-15}$$

那么，

$$F_W = \frac{F}{\cos(\alpha - \beta_0)} \tag{10-16}$$

$$S_1 = \frac{H_1 \tan\alpha}{\cos\alpha} \tag{10-17}$$

$$H = H_1 + S_1 \sin\beta_0 \tag{10-18}$$

式中　α_1——实际影响侧抽芯效果的抽芯角度，(°)；

α——斜销轴线与主分型面垂直的角度，(°)；

β_0——侧抽芯方向与主分型面的交角，(°)；

F_W——斜销受到的弯曲力，N；

F——抽芯力，N；

S_1——斜向抽芯距离，mm；

H_1——斜销工作段在开模方向上的垂直距离，mm；

H——完成抽芯距离 S_1 时的开模行程，mm。

10.3.7　侧滑块定位和楔紧装置的设计

侧滑块是构成或连接侧成型型芯，并在侧分型动力的驱动下，通过在导滑槽内的有序移动实现侧分型动作的元件，是除斜滑块抽芯和推出式侧抽芯以外侧抽芯机构中都必须设置的重要结构件。

在设计侧滑块时，应包括侧滑块的结构形式、导槽形式、侧滑块的楔紧装置以及在完成侧抽芯动作之后的定位装置等。

（1）侧型芯与侧滑座的连接形式

一般侧滑块由成型型芯和侧滑座两部分组成。它们的连接形式如图 10-18 所示。当侧型芯结构比较简单，很容易加工时，将它们做成图 10-18（a）所示的整体结构，这种结构多在小型模具中采用。在实际应用中，为了便于加工和维修，多采用分体结构形式，即将成型型芯镶嵌在侧滑座上，图 10-18（b）、图 10-18（c）所示是镶嵌圆柱体侧型芯常用的几种方法。当其直径较大时，采用贯通的圆柱销从型芯中间穿过；但直径较小时，则从型芯的侧壁迫入骑缝销，如图 10-18（c）所示。它的中心应落在侧型芯的外部，这样虽然只深入到圆柱销的 1/3，但有极好的紧固效果，这几种方法都是简单适用的。为便于更换，在尾部应设通孔作为退出时用。当侧型芯损坏时，首先将横销钻掉，再从尾部将侧型芯退出。还有一种是将带台肩的型芯嵌入内部，尾部用螺栓紧固，如图 10-18（d）所示。当同一部位侧型芯较多时，可采用图 10-18（e）所示的方法，将型芯镶嵌在固定板上，固定板与侧滑座用子口过渡配合，再用螺栓和圆柱销紧固，但应注意螺栓和圆柱销的位置应避开成型区域。侧型芯为薄片时，可采用图 10-18（f）所示的结构形式，在侧型芯上加设压板，用螺栓和圆柱销固定在侧滑座上。

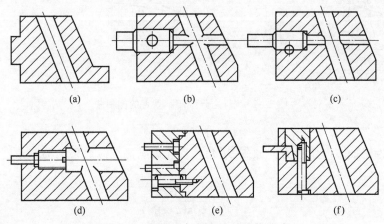

(a)　　　　　　　　(b)　　　　　　　　(c)

(d)　　　　　　　　(e)　　　　　　　　(f)

图 10-18　侧型芯与侧滑座的连接形式

（2）侧滑块的导滑形式

侧滑块在侧分型抽芯和复位过程中，是在导滑槽内完成的。因此要求运动平稳可靠，上下左右无窜动和卡滞现象。

导滑槽一般采用 T 形结构，将导滑槽开设在模板上。侧滑块的结构形式有整体式和镶嵌式两种，一般多采用整体式结构。有时因工艺需要，或者导滑槽需要有一定硬度，必须进行淬硬处理时，应采用镶嵌式。

① 整体式　如图 10-19 所示是侧滑块整体式导滑形式。图（a）所示侧滑块和 T 形导滑槽均为整体结构。它结构简单紧凑，在小型模具中应用比较广泛。

但导滑槽设在模板上，只能用 T 字铣进行加工，尺寸精度和表面光滑度都难保证。在实践中往往先加工导滑槽，经过手工修研后确定实际尺寸，再加工侧滑块并与导滑槽配作。

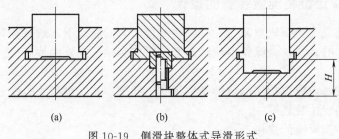

(a)　　　　　　　(b)　　　　　　　(c)

图 10-19　侧滑块整体式导滑形式

图（b）所示是在侧滑块底端的中心部位设置一条导向镶件。它多用于侧滑块很宽的侧抽芯模具中，这种结构的特点如下。

a. 由于侧滑块的宽度尺寸较大，按公差表选取的间隙配合公差也很大。采用镶嵌条形镶件导向的方式，可提高侧滑块的移动精度。

　　b. 由于压铸模的模体在压铸时有较高的温度，因热膨胀等因素，对导滑处的直线尺寸影响较为敏感。采用宽度尺寸较小的条形导向镶件，可使热膨胀对尺寸的影响大大降低。

　　c. 对条形镶件可进行淬硬处理，以提高它的耐磨性，延长使用寿命。

　　d. 结构简单，易于加工、修复和更换。

　　图（c）是将导滑槽设在滑座的中部，它往往在侧滑块较高，而 T 字铣长度有限，达不到底部时采用。它还有一个优点是，侧滑块的滑动部分距斜销的受力点较近，提高侧滑块运动的稳定性。同时，还起到加厚承重板的作用，这时承重板的实际厚度为 H。

　　整体式侧滑块的特点是结构强度高，稳定性好，但加工和研合以及在局部磨损后修复比较困难。

　　② 镶拼式　侧滑块或导滑槽由镶拼的形式组合而成，如图 10-20 所示。

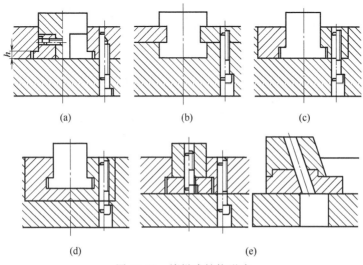

图 10-20　镶拼式结构形式

　　图（a）所示为侧滑块的导滑部分，由经过淬硬后的镶件组合而成。导滑槽的厚度 h 可采用磨削加工的方法。这种结构可减少加工、研合、装配的难度，同时提高了使用寿命。

　　图（b）所示是将导滑槽安置在模体上半部分，将导滑板固定在模板上，加工也比较方便。

　　图（c）所示导滑槽是由左右对称的镶块组成，经调整后，用螺栓和圆柱销紧固在模板上。

　　图（d）所示是将侧滑块包容在两对称镶块之间，在模外经粗加工、淬硬、磨削后装入模体内，可减轻人工的劳动强度，提高机床的利用率，而配合精度也得到保证。

　　图（e）所示侧滑块由主体和导板两部分组成，纵向设有 2～3mm 的止口，控制前后方向的相对移动。侧滑块用螺钉和圆柱销紧固在导板上。

　　侧滑块采用镶拼式的组合形式，有如下特点。

　　a. 各镶拼的组合件均可进行淬硬处理，提高了耐磨性能和使用寿命。

　　b. 可采用精密的磨削加工，容易保证尺寸精度和组装后的移动精度。

　　c. 将加工、研磨等繁重的体力劳动改为机械加工，提高了生产效率和设备利用率。

　　d. 易于组装、修复和更换。

　　（3）侧滑块的技术要求

为使在侧抽芯和复位动作中，侧滑块在导滑槽中可靠稳定地工作，对侧滑块有以下几个方面的技术要求。

a. 移动精度要求。侧滑块与导滑槽的相关配合部位应配合良好，应达到合理的移动配合精度。如侧滑块宽度与导滑槽的配合精度为 H7/e8，导滑台肩的配合精度为 H7/f8。配合面表面粗糙度不大于 $Ra1.61\mu m$。

b. 稳定性要求。侧滑块的立体尺寸比例应适宜匀称，具有稳定状态，即与侧滑块长度比较，侧滑块长度和侧滑块高度不能比例失调。

c. 导滑槽长度应满足侧滑块抽芯后的定位要求。即侧滑块在完成侧抽芯动作后的定位状态下，它留在导滑槽的长度应大于侧滑块长度的 2/3。

d. 为防止金属液窜入，侧型芯封闭段应根据压铸合金种类的不同，选择合理的配合间隙和配合段长度。配合面的表面粗糙度不大于 $Ra0.8\mu m$。

图 10-21 为侧滑块的技术要求图示，表 10-12 为各项技术要求的相关数值。

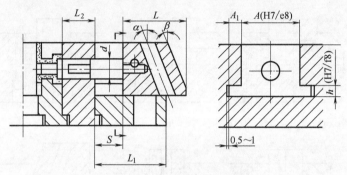

图 10-21 侧滑块的技术要求

表 10-12 侧滑块的技术要求

代号	尺寸类别	相关尺寸	配合精度		
A	侧滑块宽度	成型区域周边加 10～30	H7/e8		
L	侧滑块长度	$L>0.8A$			
H	侧滑块高度	$H<L$			
H	导滑台肩厚度	$H=8～25$	H7/f8		
A_1	导滑台肩宽度	$A_1=6～10$			
L_1	导滑槽长度	$L_1=\dfrac{2}{3}L+S$	S——抽芯距离		
α	斜销斜角	$\alpha=10°～25°$			
β	楔紧角	$\beta=\alpha+(3°～5°)$			
L	封闭段长度	$L_2=10～25$			
d	封闭段精度		铝	锌	铜
			H7/e8	H7/f7	H7/f7

（4）侧滑块的楔紧装置

侧滑块楔紧装置的主要功能如下。

在合模时，使侧型芯准确恢复到成型位置。因斜销与侧滑块斜孔的配合是动配合，况且一般还有一个后空当间隙 δ，所以斜销只能起驱动作用，侧滑块的准确复位要靠楔紧装置。

在压铸过程中，承受压射压力对侧型芯的冲击而不改变位置。在压铸成型时，侧滑块受到成型区域的金属液的冲击，并传递给斜销，致使相对纤细的斜销产生变形或断裂。因此，必须设置侧滑块的楔紧装置，并应有足够的强度承受压射压力的冲击。

① 楔紧块的受力状况　楔紧装置主要由楔紧块实现对侧滑块的锁紧。楔紧的受力状况如图 10-22（a）所示。楔紧块受到的侧向力，即侧胀型力 F_z 为

$$F_z = pA \qquad\qquad (10\text{-}19)$$

式中　F_z——楔紧块受到的侧向力，N；

p——压射比压，MPa；

A——侧滑块成型端面的投影面积，m^2。

侧向力 F_z 对楔紧块来说，就是它的楔紧力。所以看出，影响侧向力的主要因素是成型端面的投影面积。侧滑块端面的投影面积越大，楔紧块所受到的侧向力也越大，即越应提高楔紧块的机械强度，以增大锁紧能力。由于侧抽芯设计的结构不同，对楔紧块的受力状况影响很大。现以图 10-22 的图例加以比较。

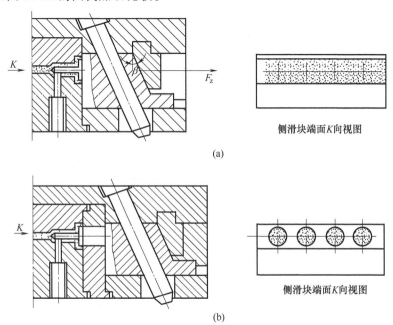

图 10-22　楔紧块受力分析与比较

图（a）所示的结构形式，将侧滑块的端面作为成型型腔的一部分。从 K 向视图看出，在侧型芯端面很大的阴影部分的成型区域内，均受到金属液的直接冲击，即 A 增大，F_z 也随之增大，在设计时，就必须增大楔紧块的强度和刚性，以提高楔紧力。

图（b）所示将侧型芯的成孔的部位伸入成型区域内，金属液的冲击力大部分由型腔承载，那么，侧滑块只受到四处成孔部位的冲击，从而使楔紧块承受较小的侧向力。因此，在特殊场合，从设计结构上设法降低楔紧块所承受的侧向力，是十分必要的。

② 楔紧块的结构和装固形式

楔紧块的结构和装固形式应满足以下几点要求。

a. 在较长的运作周期内，保证楔紧功能的可靠性。

b. 便于制造和研合。

c. 便于维修或更换。

根据楔紧力的大小和制造工艺的简繁程度，应选取不同的结构形式。常用楔紧块的结构和装固形式如图 10-23 所示。

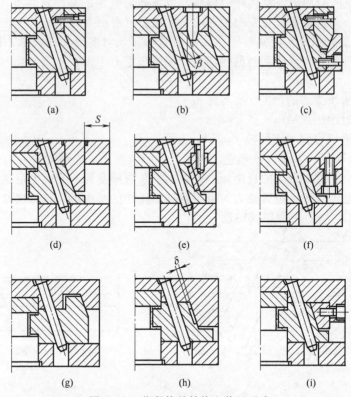

图 10-23　楔紧块的结构和装固形式

图 10-23（a）所示为外装式结构形式。在研合后，用螺钉和圆柱销将楔紧块固定在模板的侧端。它结构简单，易于加工和研合，调整也比较方便。但楔紧力较小，强度和刚性较差。只适用于侧型芯受力较小的小型模具。

图 10-23（b）和图 10-23（c）所示在图 10-23（a）的基础上分别设置了辅助楔销或楔块，提高了楔紧能力。图 10-23（b）中的楔紧销圆锥体应取与楔紧块一致的斜度，如图 10-23（c）所示的形式是在侧滑座的尾部设置辅助楔块，起加固楔紧块，间接增大楔紧力作用。也可以将辅助楔块设置在动模板上。但应注意不能妨碍侧滑座的有效抽芯行程。

图 10-23（d）所示是嵌入式结构形式，将楔紧块镶嵌在模板的贯通孔中。它楔紧的强度较好，加工装配也比较简单，特别有利于组装时研合操作。研合前，楔紧块的长度方向上预留出研合余量。研合后再将背面高于模板的部分去掉取齐，这是实践中经常采用的一种形式。

应该注意，楔紧块与模板端的距离 S 不能太薄，贯通孔的四角应做成圆角，以提高装固的强度和加工工艺性。

图 10-23（e）所示是将楔紧块嵌入模板的盲孔中，背面用螺栓紧固。在楔紧块受力较大的外侧增加了一个支承面，加强了楔紧块的楔紧作用，楔紧效果非常好。

但是，这种结构形式与侧滑座尾部斜面的研合比较麻烦，需要较高的钳工研合技术。为便于研合，可在侧滑座的斜面嵌入镶块，通过调整镶块的厚度来调节研合面。同时，在研合后，可对镶件进行淬硬处理，以提高使用寿命。

当模板较厚和侧胀型力较大时，可采用图 10-23（f）所示的结构形式。

图 10-23（g）所示是将侧滑座尾部突出一个斜面起楔紧作用的整体结构，并在模板上加工出斜面坑，相互研合后，将侧滑座楔紧。

图 10-23（h）所示是整体式结构形式。它的结构特点是楔紧力大，弹性变形量小，安装可靠，但给加工、研合带来困难，特别是磨损时不易修复。多用于侧胀型力很大的大型模具。

为减少研合的工作量，可在侧滑座斜面的中心部位开设深度为 1～2mm 的空当 δ。

为便于研合和提高使用寿命以及便于维修或更换，可在整体式结构的基础上设置经淬硬处理的镶块，既便于加工，也便于修复，如图 10-23（i）所示。

③ 楔紧块的楔紧角

楔紧角是楔紧块的重要参数。为了不妨碍斜销驱动侧滑座的后移动作，楔紧块应在开模瞬间迅速离开侧滑座的压紧面，打开侧抽芯的移动空间，避免楔紧块与侧滑块间产生干涉或摩擦。合模时，在接近合模终点时，楔紧块才接触，并最后压紧侧滑块，使斜销与斜孔脱离接触，以免在合模过程中，斜销处于长期受力状态。在一般情况下，楔紧角为

$$\beta = \alpha + (3° \sim 5°) \tag{10-20}$$

式中　β——楔紧块的楔紧角，（°）；

　　　α——斜销斜角，（°）。

与主分型面不垂直的侧抽芯机构，如图 10-17 楔紧角 α 的选择是：

a. 当侧抽芯方向向动模倾斜 β 角时

$$\alpha' = \alpha_1 - \beta_0 + (3° \sim 5°) = \alpha + (3° \sim 5°) \tag{10-21}$$

b. 当侧抽芯方向向定模倾斜 β 角时

$$\alpha' = \alpha_1 + \beta_0 + (3° \sim 5°) = \alpha + (3° \sim 5°) \tag{10-22}$$

式中　α_1——实际影响侧抽芯效果的抽芯角，（°）；

　　　β_0——侧抽芯方向与主分型面的交角，（°）；

　　　α——斜销轴线与主分型面垂直的角度，（°）。

（5）侧滑块的定位装置

定位装置的作用是斜销驱动侧型芯完成抽芯动作并脱离斜孔后，侧滑块可靠地停留在脱离斜销的最终位置上保持不变，以保证在再次合模时，斜销准确地插入侧滑块的斜孔中，顺利地驱动侧滑块完成复位动作。

根据压铸模安装方位的不同，侧抽芯方向的变化，引起侧滑块受重力作用的状况发生变化。根据侧抽芯方向，侧滑块的定位装置有以下几类。

① 侧抽芯方向向上　侧抽芯方向向上的定位装置如图 10-24 所示。

图 10-24（a）所示是利用弹簧 2 的弹力，借助拉杆 1 使侧滑块 4 定位在限位件 3 的端面，称为弹簧拉杆式定位装置。有时将拉杆 1 做成对头螺杆的形式，以便于随时调整弹簧 2 的压缩长度和弹力。它结构简单，制作方便，定位可靠，是一种常用的定位装置。但定位装置装在模体外，占用空间较大，给模具安装带来困难。有时则必须采取先安装模具，后安装定位装置的方法。

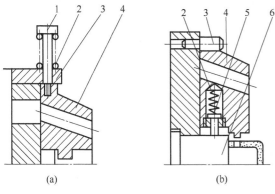

图 10-24　侧抽芯方向向上的定位装置
1—拉杆；2—弹簧；3—限位件；
4—侧滑块；5—顶销；6—主型芯

图 10-24（b）所示是弹簧 2 和顶销 5 安装在侧滑块 4（或主型芯 6）的可用空间上。在侧滑块最终的停留位置上设置限位件 3，侧分型后，顶销 5 在弹簧 2 的弹力作用下，使侧滑

块紧靠在限位件 3 上定位。这种定位形式结构紧凑，定位也比较可靠，多用于侧滑块较轻的场合。

在设计侧抽芯方向向上的定位装置时，必须使弹簧 2 的弹力大于侧滑块的总重力。一般情况下，弹簧的弹力应为侧滑块总重的 1.5～2 倍，弹簧的压缩长度应为抽芯距离 S 的 1.3 倍，这样，才能使侧滑块在较长的使用周期内，准确可靠地定位在设定的位置上。

② 侧抽芯方向向下　侧抽芯方向向下的定位装置，侧抽芯方向与重力方向一致，只需设置限位挡销或挡块即可，如图 10-25 所示。

③ 侧抽芯沿水平方向　沿水平方向侧抽芯的侧滑块几乎不受重力作用的影响。但是由于机床和压铸操作引起的震动以及其他人为因素的影响，也会使侧滑块在最终位置上产生位移，所以也必须设置定位装置，常用的定位装置如图 10-26 所示。

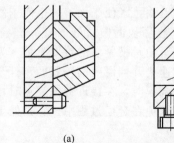

| (a) | (b) |

图 10-25　侧抽芯方向向下的定位

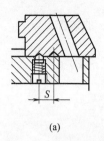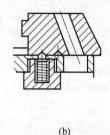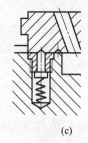

| (a) | (b) | (c) |

图 10-26　沿水平方向侧抽芯的定位装置

图 10-26（a）所示为弹簧顶销式定位装置。在侧滑座的底面或侧面，设置由弹簧推动的顶销，在侧滑座成型位置和终点位置上分别设置距离为 S 的两个锥坑。侧抽芯动作完成后，顶销在弹簧的作用下，对准锥坑，将侧滑块定位在侧抽芯的最终位置上。

当底板较薄时，可采用加设套筒的方法，加大弹簧的安装和伸缩空间，如图 10-26（b）所示，它多用于小型模具中。

当底板较厚时，可采用图 10-26（c）所示的结构形式，将弹簧和顶销装入模板的盲孔中，用螺塞固定。

沿水平方向抽芯的侧滑块，也可采用图 10-26（a）所示的弹簧顶销式定位装置。

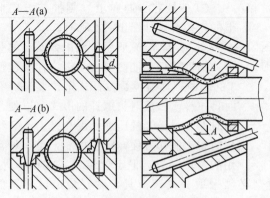

图 10-27　侧滑块精确导向的结构

（6）侧滑块的精确导向的设置

在一般情况下，侧滑块在导滑槽内完成的导向动作，均能满足压铸件的技术要求。但是，当压铸件尺寸或形位的精度要求较高时，则需要采用精确的导向和复位装置。

① 对合侧型腔的精确导向和复位的装置　图 10-27 是一组对合侧型腔的侧分型模。压铸件要求外形光洁，无显著的合模线，并要求外螺纹不经过后续的机械加工即可直接使用。显然，单靠侧滑块和导滑槽之间的移动间隙，很难满足这些要求。因此，在对合侧型腔的分型面上设置对称精确导向的圆柱销，如图 10-27 中 $A—A$（a）所示。圆柱销与孔采用 H7/f7 的间隙配合精度。

设圆柱销直径 $d = 8\text{mm}$，采用 H7/f7 的间隙配合，则它们的配合间隙在 $0.015 \sim 0.043\text{mm}$ 之间，平均间隙为 0.029mm，基本上可满足压铸件的技术要求。

为进一步提高导向精度。实际上采用了以圆锥销代替圆柱销的形式，如图 10-27 中 A—A（b）所示。圆锥销与圆锥套研合后装入作合模的精确导向元件中，消除了圆柱销间隙配合的误差。在实际应用中，取得非常好的效果，在压铸件上用肉眼很难看出合模线，外螺纹的精度也满足了使用要求，受到用户的好评。

② 采用条形镶件导向　当侧滑块的宽度较大时，可采用镶嵌条形镶件的方法导向，如图 10-28 所示。由于侧滑块较宽，按标准公差选取的间隙配合的公差很大。如图的侧滑块宽度为 280mm，按规定选取 H7/e8 的间隙配合精度，则导滑槽宽度公差为 $280^{-0.11}_{-0.191}$，而侧滑块的宽度公差为 $280^{+0.052}_{0}$，它们相互配合的最小间隙为 0.11mm，最大间隙为 0.243mm，所以当配合间隙在上限时，很难保证它们相对移动精度的要求。现采用宽为 60mm 的条形镶件，仍选取 II7/e8 的间隙配合，它们

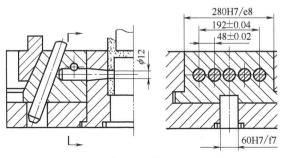

图 10-28　侧型芯的精确定位与导向

的配合间隙在 $0.06 \sim 0.136\text{mm}$ 之间，这是较为理想的移动配合间隙。这种结构形式既易于保证加工精度，又有利于侧滑块精确而平稳的移动。

③ 用圆锥定位的方法保证孔距的高精度要求　在图 10-28 所示的结构中，成型孔距有高精度要求的多个通孔，采用上述方法固然能保证移动精度，但是如果侧型芯采用圆柱孔的配合方式，虽然侧型芯在侧滑块上的安装孔和成型镶件上配合孔的孔距很容易保证，但侧型芯与成型镶件配合孔的配合间隙增加了侧抽芯的移动误差。

设配合孔直径为 $\phi 12\text{mm}$，选用 H7/f7 的配合精度，那么它们的配合间隙在 $0.016 \sim 0.052\text{mm}$，显然这个配合间隙不能保证孔距（$48 \pm 0.02$）mm 的精度要求。为此，采用了条形镶件导向和圆锥定位的结构形式，既满足了侧型芯的移动精度，又使压铸件高精度孔距的要求得到保证。

10.3.8　设计斜销抽芯机构的注意事项

① 侧滑块在导滑槽内应运动自如，有适宜的配合精度，并且在压铸生产温度状态下，仍保持灵活状态，不出现卡滞现象。

② 为了侧滑块在回复动作时运动平稳，在完成侧抽芯动作后，它留在导滑槽内的长度不能小于侧滑块长度的 2/3。当模板不能满足这个长度要求时，可采用另加导滑槽的方法，以延长导滑槽的长度。

③ 为简化模具结构，应尽量将侧滑块设置在动模一侧。如必须将侧抽芯设在定模一侧时，在主分型面分型前必须先抽出侧型芯，这时则应采用顺序分型机构，以保证主分型面分型时，压铸件能可靠地留在动模型芯上。

④ 干涉现象。防止推出机构在复位前与侧型芯发生干扰现象，应尽可能地不使推杆和活动的侧型芯的水平投影相重合，或者使推杆的推出行程小于侧型芯抽出部分的最低面，否则应增设推出系统的预复位机构。

⑤ 当侧滑块较高时，斜导销受力点的上移引起侧滑块在移动时发生歪扭、翘曲或卡滞现象而运动不畅，如图 10-29（a）所示，解决的办法是降低斜销伸入侧滑块斜孔的高度 H，并适当增加侧滑块的长度 L，如图（b）所示。

⑥ 一般情况下，一个侧滑座只设一个斜销，并设在抽拔力的压力中心处。如果必须设两个和两个以上斜销时，应在斜销和侧滑块斜孔的配合精度上，保证各斜销动作的协调一致，避免产生相互干扰和牵制而引起憋劲和歪扭的现象。

⑦ 斜销安装孔和侧滑块的斜孔必须保证与导滑面垂直，以保证斜销驱动侧滑块的移动轨迹与导滑槽的导向方向一致，以免产生憋劲等干涉现象，如图 10-30 所示。

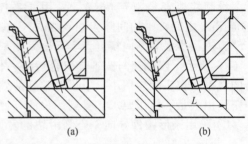

(a)　　　　　(b)

图 10-29　侧滑块较高时的解决措施

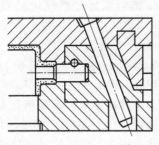 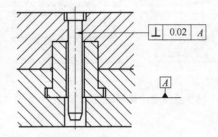

图 10-30　斜销的垂直精度

10.3.9　斜销侧抽芯机构应用实例

【例 10-2】 斜销多方位侧分型压铸模

图 10-31 所示是隔膜泵壳体压铸模。壳体的结构特点是，外形比较复杂，在侧面设有较深的通孔和组装真空气室的法兰连接盘。因此，除采用对合型腔成型壳体外形外，还设置了侧孔法兰部位的侧分型的多方位抽芯形式。多方位侧分型压铸模均采用斜销驱动，使侧滑块完成侧分型。

开模时，从分型面Ⅰ处分型，在压铸件脱离定模主型芯 8 和型芯 4 的同时，斜销 11、24 借助开模力，驱动对合型腔 10、25 以及侧滑块 14 完成多方位侧分型动作。浇注余料也同步从浇口套 3 中脱出，并留在分型面上。

在清除脱模障碍后，推杆 6 和浇道推杆 2 分别将压铸件推出模体。

为分散侧抽芯力，在侧滑块 14 的斜孔中开设了后空当 δ。在开模瞬间，斜销 24 在驱动侧对合型腔 10 和 25 一段距离后，斜销 11 才开始驱动侧滑块 14 做抽芯动作。

实践证明，该压铸模动作协调，运行稳定可靠，仍在正常使用。

【例 10-3】 长距离内侧抽芯压铸模

压铸件内侧有长距离的侧抽芯，当采用常规的抽芯方法不能满足抽芯需要时，可采用斜销和卸料板相互配合的形式，如图 10-32 所示。斜销 3 和主型芯 4 安装在动模板 6 上，侧滑块 2 安装在卸料板 5 的导滑槽内。如图（a）所示，在推出过程中，卸料推杆 7 推动卸料板 5 移动，使斜销 3 与侧滑块 2 产生相对移动，从而在压铸件逐渐脱离主型芯 4 的过程中，斜销 3 驱动侧滑块 2 完成侧抽芯动作。限位杆 8 控制卸料板的移动距离，使斜销 3 不脱离斜孔，以便于复位，如图（b）所示。

【例 10-4】 推出式动模侧分型压铸模

图 10-33 所示是推出式动模侧分型压铸模的结构形式。对合型腔 4 是带圆锥体的瓣合形式，安装在推件板 6 的导滑槽内。定模板 2 的圆锥孔与对合型腔 4 的组合体研合，起楔紧套

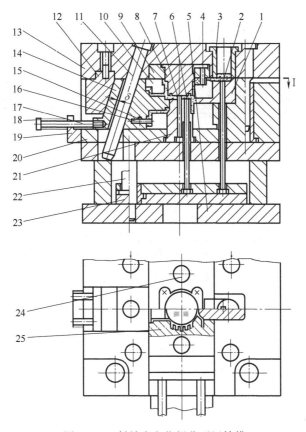

图 10-31　斜销多方位侧分型压铸模

1—浇道镶块；2—浇道推杆；3—浇口套；4—型芯；5—动模座板；6—推杆；7—型芯；8—定模主型芯；9—定模镶块；
10,25—侧对合型腔；11,24—斜销；12—楔紧块；13—定模板；14—侧滑块；15—固定销；16—侧型芯；
17—拉杆；18—弹簧；19—限位块；20—动模板；21—动模主型芯；22—复位杆；23—推板

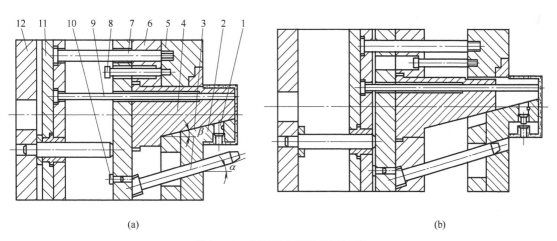

(a)　　　　　　　　　　　　　　　　　　　　　　　　(b)

图 10-32　长距离内侧抽芯压铸模

1—侧型芯；2—侧滑块；3—斜销；4—主型芯；5—卸料板；6—动模板；7—卸料推杆；
8—限位杆；9—推杆；10—限位钉；11—推板；12—动模座板

作用，如图 10-33（a）所示。

　　开模时，从Ⅰ处分型。对合型腔 4 脱离定模板 2 楔紧套的楔紧作用，如图 10-33（b）

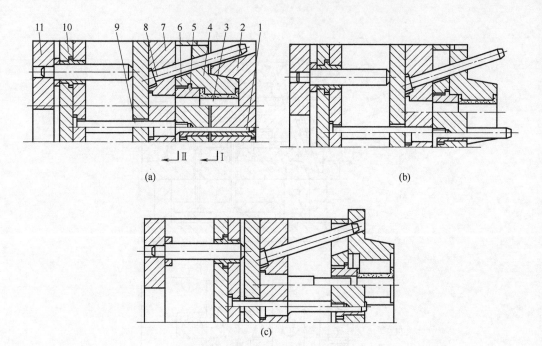

图 10-33　推出式动模侧分型压铸模

1—导柱；2—定模板；3—主型芯；4—对合型腔；5—定位套；6—推件板；7—动模板；8—斜销；
9—推杆；10—限位钉；11—推板

所示。

当推出机构沿推出方向移动时，推杆 9 推动推件板 6，模具从 Ⅱ 处分型，使斜销 8 与对合型腔产生相对位移，在压铸件逐渐脱离主型芯 3 的同时，斜销也驱动对合型腔 4 完成侧分型动作，如图 10-33（c）所示。

对推杆 9 的推出距离的要求是，在对合型腔 4 完成侧分型后，斜销 8 仍含在斜孔内，以防止对合型腔 4 的移动错位结合模带来麻烦。

这种侧分型是借助推出力作为抽芯动力完成侧分型工作的，所以被称为推出式斜销侧分型机构。这是侧滑块设置在动模的另一种结构形式。

楔紧套与斜销斜角没有直接关系。因此，它的锥度不受技术上的限制，但不能太小，以防止自锁现象的发生。

【例 10-5】　摆钩式定模侧抽芯压铸模

在一般情况下，尽量不将侧滑块设置在定模一侧，因为设置在定模一侧时，必须设置顺序分型机构，锁住主分型面。在完成定模的侧分型后，才能使主分型面按既定的顺序分型。当必须在定模部分设置侧滑块时，可参考采用图 10-34 所示的定模侧滑块抽芯模的结构，这也是顺序分型机构在定模侧抽芯机构中的应用实例。

压铸模采用摆钩式顺序分型脱模机构。它由压钩 1、摆钩 7、弹簧 3 和限位杆 4 协调组成。压钩 1 安装在定模座板 2 上，安装在定模板 5 上的摆钩 7 在弹簧 3 的弹力作用下拉紧并锁住动模板 8，如图 10-34（a）所示。

由于定模板 5、卸料板 6 和动模板 8 在摆钩 7 的作用下连为一体，所以开模时，模具只能从 Ⅰ 处分型，使安装在定模座板 2 上的斜销 12 与侧滑块 10 产生相对移动，从而驱动侧滑块 10 完成侧抽芯动作。同时在压射冲头上钩料斜面的作用下，将浇口余料拉断后，从浇口套中推出，如图 10-34（b）所示。

在继续开模时，压钩 1 端部的斜面迫使摆钩 7 作逆时针方向摆动。当摆钩脱离动模板 8

时，在限位杆 4 的拉动作用下，模体从 Ⅱ 处分型，压铸件脱离型腔，如图 10-34 （c）所示。

之后，推板 13 推动卸料推杆 9 并驱动卸料板 6，使压铸件从主型芯 11 中脱出，如图 10-34 （d）所示。

由于摆钩 7 在压钩 1 的作用下，始终停留在图 10-34 （b）的位置上，所以合模时，卸料板 6 和动模板 8 能顺利合模。当推动定模板 5 向合模方向移动时，摆钩 7 才脱离压钩 1 的束缚，并在弹簧 3 的作用下，重新拉紧动模板 8，完成顺序分型的复位动作。

在设计时，应使弹簧 3 的弹力大于摆钩受力点的力矩，并确定限位杆 4 的限位长度，使它既能满足侧抽芯的抽芯距离，又使斜销不脱离侧滑块的斜孔，还使压钩同步驱动摆钩 7 将锁紧的部位打开。

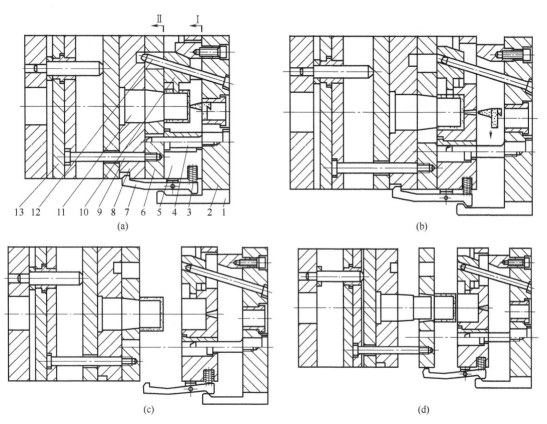

图 10-34　摆钩式定模侧抽芯压铸模
1—压钩；2—定模座板；3—弹簧；4—限位杆；5—定模板；6—卸料板；7—摆钩；
8—动模板；9—卸料推杆；10—侧滑块；11—主型芯；12—斜销；13—推板

10.4　弯销侧抽芯机构

10.4.1　弯销侧抽芯机构的组成

弯销侧抽芯机构的组成见图 10-35。

10.4.2　弯销侧抽芯过程

弯销侧抽芯过程见图 10-36。

图 10-36 (a) 所示为合模状态。图 10-36
(b) 所示为开模过程，卸除对定模型芯的包紧
力，楔紧块脱离滑块；图 10-36 (c) 所示为开
模终止，型芯抽出，滑块由限位钉定位，以便
再次合模。

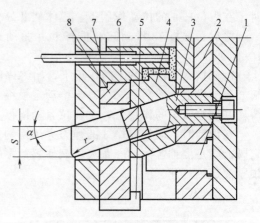

图 10-35　弯销侧抽芯机构的组成
1—楔紧块；2—定模板；3—弯销；4—侧滑块；
5—定位装置；6—主型芯；7—推杆；8—动模板

10.4.3　弯销侧抽芯机构的设计要点

（1）弯销的结构和固定形式

弯销的结构形式和固定形式如表 10-13 和
表 10-14 所示。

（2）侧滑块的楔紧方法

弯销侧滑块的楔紧形式如图 10-37 所示。
在一般场合，均可采用斜销抽芯时侧滑块的楔
紧方式，将楔紧块设置在侧滑块的尾部，如图
10-37 (a) 所示。

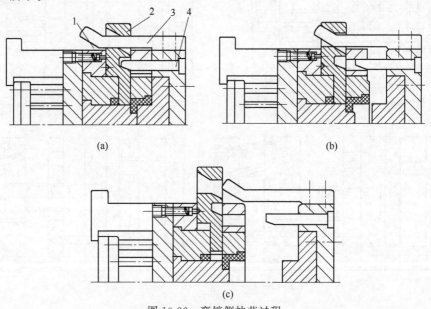

图 10-36　弯销侧抽芯过程
1—限位钉；2—型芯滑块；3—弯销；4—楔紧块

表 10-13　常用弯销的结构形式

简　图	说　明	简　图	说　明
	刚性和受力情况比斜销好，但制造费用较大		无延时抽芯要求，抽拔离分型面垂直距离较近的型芯。弯销头部倒角便于合模时导入滑块孔内
	用于抽芯距离较小的场合，同时起导柱作用，模具结构紧凑		用于抽拔离分型面垂直距离较远和有延时抽芯要求的型芯

表 10-14　常用弯销的固定形式

固 定 部 位	简　图	说　明
固定于定模套外侧,模套强度高,结构紧凑,但滑块较长		用于抽芯距离较小的场合. 装配方便,但螺钉易松动
		能承受较大的抽芯力,但加工装配较复杂
固定于模套内,为了保持模套的强度,适当加大模套外形尺寸		弯销插入模套后旋紧螺钉,通过 A 块斜面将弯销固定,用于抽芯力不大的场合
		确定弯销方向和位置,一端用螺钉固定。弯销受力大时稳定性差
		弯销插入模套,销钉封锁,能承受较大的抽芯力,稳定性较好,用于装在接近模套外侧的弯销
		与弯销辅助块 A 同时压入模套,可承受较大的抽芯力,稳定性较好,用于模套内部的弯销
		固定形式较简单,能承受较大的抽芯力,装配时将弯销敲入模套内,敲入定位销,然后装入座板
		用于抽芯距离较短,抽芯力不大的场合

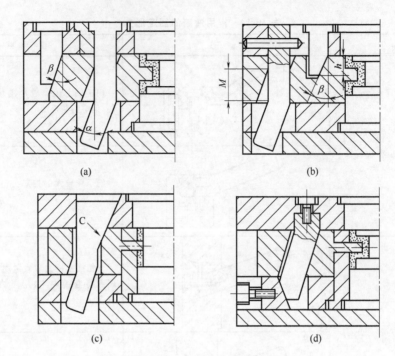

图 10-37　侧滑块的楔紧形式

根据弯销安装位置的变化，也可将楔紧块设置在如图 10-37（b）所示的位置上。

根据弯销的结构特点，矩形断面比圆形斜销能承受较大的弯矩。当侧滑块的反压力不大时，可直接用弯销楔紧侧滑块，如图 10-37（c）所示，楔紧面为 C。当侧滑块反压力较大时，可采用图 10-37（d）所示的形式，在弯销末端加装支承块，以增加弯销的抗弯能力。

采用弯销作为楔紧形式时，弯销分别受到两个相反力的作用，一个是承受金属液在填充过程中对弯销的冲击压力；另一个是在侧抽芯过程中，克服包紧力而承受的抽芯力。因此，在设计时，应同时考虑满足这两种不同方向力的要求，并选取较大的安全系数，防止因频繁的疲劳形变而失效。

（3）弯销抽芯的相关尺寸

弯销与侧滑块孔配合情况如图 10-38 所示。

① 确定弯销斜角　弯销斜角 α 越大，抽芯距离 S 则越大，但增加了弯销所承受的弯曲力。抽芯距离短，抽芯力大时，斜角 α 取小值；抽芯距离长，抽芯力小时，抽芯角 α 取大值。抽芯距离 S 按设计需要确定。

常用 α 值为 10°、15°、18°、20°、22°、25°、30°。

② 确定弯销宽度　为保持弯销工作的稳定性，应有适当的宽度，可按下式计算：

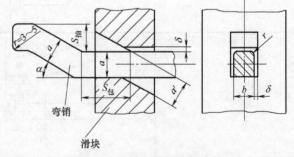

图 10-38　弯销与滑块孔配合情况

$$b = \frac{2}{3}a \qquad (10\text{-}23)$$

式中　b——弯销宽度，mm；

a——弯销厚度，mm。

③ 确定弯销厚度 由于断面是矩形结构，弯销承受的弯曲应力比斜销大，所以弯销厚度 a 按下式计算。

$$a = \sqrt{\frac{9FH}{[\sigma]_W \cos^2 \alpha}} \qquad (10\text{-}24)$$

式中　a——弯销厚度，cm；

　　　　F——抽芯力，N；

　　　　H——作用点与斜孔入口处的垂直距离，m；

　　　$[\sigma]_W$——抗弯强度，MPa，取 $[\sigma]_W = 300$MPa；

　　　　α——弯销斜角，(°)。

④ 弯销与滑块孔配合间隙 弯销与滑块孔配合间隙见图 10-39 所示的状况。侧滑块斜孔在斜向上的配合尺寸：$a_1 = a + 1$mm。在垂直方向的配合尺寸为：$\delta_1 = 0.5 \sim 1$mm。

【例 10-6】 弯销最小工作段截面尺寸的计算实例

已知抽芯力 35kN，集中载荷点与斜孔入口处的垂直距离为 40mm，弯销斜角为 20°，求弯销最小工作段的截面尺寸。

解：已知 $F = 35$kN $= 35000$N

$H = 40$mm $= 0.04$m

$\alpha = 20°$

取 $[\sigma]_W = 300$MPa

根据式 (10-24)，得

$$a = \sqrt{\frac{9FH}{[\sigma]_W \cos^2 \alpha}} = \sqrt{\frac{9 \times 35000 \times 0.04}{300 \times \cos^2 20°}}$$

$$\approx 36 \text{ (mm)}$$

根据式 (10-23)，得

$$b = \frac{2}{3}a = \frac{2}{3} \times 36 = 24 \text{ (mm)}$$

10.4.4　弯销的延时和变角弯销的抽芯

（1）弯销的延时抽芯

弯销延时抽芯的动作过程如图 10-39 所示。图 10-39（a）所示为合模状态，侧滑块 5 安装在动模板 7 上，弯销 4 固定在定模板 2 上，并插入侧滑块 5 的斜孔中。安装在定模板 2 上的楔紧块 3 将侧型芯锁定在成型位置上。

在开模刚开始的状态如图 10-39（b）所示。动模板 7 后移一段距离时，压铸件脱离定模型芯 1，楔紧块 3 也脱离侧滑块 5。在这个过程中，弯销没有开始侧抽芯动作。

继续开模时，弯销 4 驱动侧滑块 5 完成侧抽芯动作，并在定位销 6 的弹力作用下，定位在侧滑块侧抽芯的终点位置上，以便于再次合模，如图 10-39（c）所示。

图中，S 为抽芯距离，而延时行程 M 为：

$$M \geqslant \frac{1}{2}h \qquad (10\text{-}25)$$

式中　M——延时抽芯行程，mm；

　　　　h——定模型芯的成型高度，mm。

延时抽芯的结构形式如图 10-40 所示。图 10-40（a）所示是与斜销延时抽芯相同的形

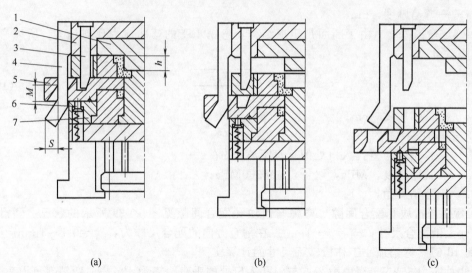

图 10-39 弯销延时抽芯的动作过程

1—定模镶块；2—定模座板；3—斜楔；4—弯销；5—滑块；6—支承板；7—定位块

式，即在斜孔设置后空当 δ，延时行程为 $M = \delta / \sin\alpha$。图 10-40（b）所示是结合弯销的特点，在弯销伸出的根部设置一段平直面，并与斜孔的工作段形成距离为 M 的空当。开模时，平直面的移动不能带动侧滑块抽芯，只有当开模距离为 M 时，弯销的工作段触及斜孔的斜面后，才开始驱动侧滑块做侧抽芯动作。

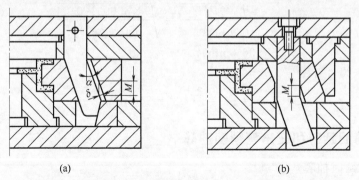

图 10-40 弯销延时抽芯的结构形式

（2）变角弯销的抽芯

图 10-41 所示为变角弯销抽芯机构，用于抽拔较长且抽芯力较大的型芯。起始抽芯时采用 $\alpha = 15°$ 的抽芯角，以承受较大的弯曲力。抽出一定距离后，弯销仅带动滑块运动，采用 $\beta = 30°$ 的抽芯角，以满足较长的抽芯距离。变角弯销克服弯销受力与抽芯距离 S 的矛盾，使弯销的截面和长度均可缩小，模具结构紧凑。

在滑块孔内设置滚轮与弯销成滚动摩擦，适应弯销的角度变化和减小摩擦力。

变角弯销的工作段尺寸见图 10-42，各段的具体尺寸按需要进行设计。

10.4.5 弯销侧抽芯机构应用实例

【例 10-7】 采用弯销抽芯机构的压铸模

图 10-43 所示是三通件的压铸模。压铸模两端均采用弯销抽芯的形式，这种压铸模的结构特点如下。

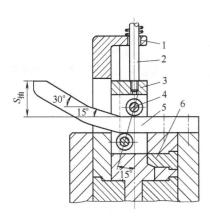

图 10-41　变角弯销抽芯机构

1—支承滑块的限位块；2—螺栓；3—滑块；

4—滚轮；5—变角弯销；6—楔紧块

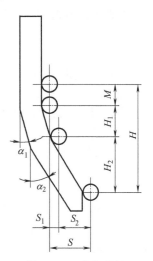

图 10-42　变角弯销

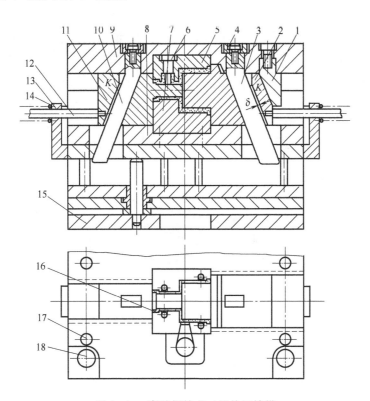

图 10-43　弯销侧抽芯三通件压铸模

1—楔紧块；2—右侧滑块；3—右弯销；4—锁紧垫；5—定模镶块；6—型芯；

7—动模镶块；8—动模板；9—定模板；10—左弯销；11—右侧滑块；12—拉杆；

13—挡块；14—弹簧；15—动模座板；16—推杆；17—复位杆；18—导柱

① 由于左侧滑块 6 受到金属液的反压力较小，所以弯销 10 兼起楔紧块的作用，简化了模具结构。

② 根据压铸件的外形特点，它对型腔的包紧力较小，采用了护耳式推出形式，即在主

分型面设置溢流槽的地方设置护耳式推杆 16，推动溢流包并带动压铸件脱模。脱模后再切除溢流包。为了减少压铸件对动模的包紧力，将侧孔的成孔型芯 6 设置在定模一侧。这样设置的好处是：在压铸件的外表面不留推出痕迹；避免推杆与侧型芯产生干涉现象，不必设置推出机构的预复位。

③ 在右侧滑块 2 和左侧滑块 6 的斜孔内设置后空当 δ，可实现延时抽芯。开模时，在后空当的作用下，定模型腔 5 和型芯 6 在脱离压铸件后，才开始抽芯动作，使压铸件稳妥地留在动模一侧。

④ 在侧滑块斜孔中，除设置后空当 δ 外，还在弯销的入口处设置一个直面，并与斜孔相交于 K 点，它改变了侧滑块受力段的位置，使它的受力点更接近于集中载荷中心，消除了受力点偏移带来的不利影响。

【例 10-8】 弯销双级侧抽芯压铸模

图 10-44 所示是采用弯销驱动完成双级侧抽芯的结构实例。由于压铸件侧端面部位内外均包紧侧型芯，采用一次抽芯时，所需要的抽芯力较大，而且很容易拉坏压铸件，故采用分级抽芯的结构形式，如图 10-44（a）所示。

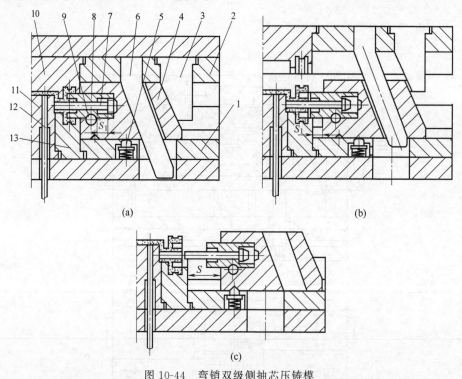

图 10-44　弯销双级侧抽芯压铸模

1—动模板；2—定模板；3—楔紧块；4—侧滑块；5—定位销；6—弯销；7—内型芯；
8—外型芯；9—固定销；10—定模镶块；11—主型芯；12—推杆；13—动模镶块

开模时，当压铸件消除对动模镶块 13 的包紧力后，弯销 6 驱动侧滑块 4 和固定在一起的外型芯 8 抽芯，并脱离压铸件。由于内型芯 7 浮动在外型芯 8 的滑动孔内，有一个空程 S_1 距离，所以内型芯 7 在包紧力作用下停留在原位置不动，如图 10-44（b）所示。

当侧滑块 4 继续后移到这个空程距离时，外型芯 8 则通过台肩带动内型芯 7 开始侧抽芯动作，直到抽芯距离为 S 时，各型芯都离开压铸件为止。

合模时，弯销 6 首先驱动侧滑块 4 和外型芯 8 复位，内型芯 7 则在侧滑块 4 孔内的锥面推动下复位，并准确定位。

通过双级抽芯，可分散各部位的抽芯力，先驱动外型芯 8 脱离压铸件后，再驱动内型芯 7 完成侧抽芯动作，以保证压铸件顺利脱模。

【例 10-9】 滑板式弯销内侧斜抽芯压铸模

图 10-45 所示是采用弯销内侧实现斜抽芯的压铸模。斜抽芯机构由安装在固定板 7 上的弯销 9 和设置在主型芯 4 内部的斜滑芯 2 组成。由于它们均设置在动模一侧，因此，在开模时，首先应使弯销 9 和斜滑芯 2 产生相对移动而抽芯，所以设置了滑板式顺序分型脱模机构。

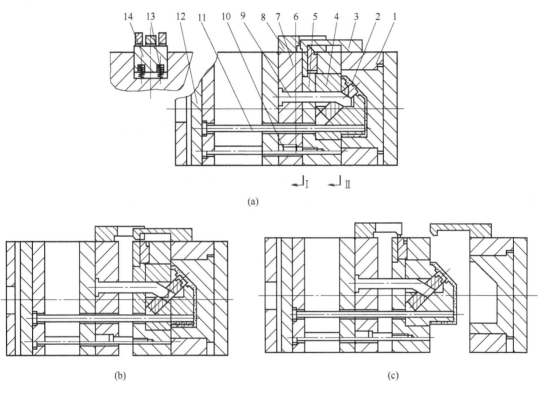

图 10-45 滑板式弯销内侧斜抽芯压铸模

1—定模板；2—斜滑芯；3—拉钩；4—主型芯；5—动模板；6—复位杆；7—固定板；
8—拨钩；9—弯销；10—限位杆；11—推杆；12—推板；13—弹簧；14—滑板

滑板式顺序分型机构由拉钩 3、拨钩 8 和滑板 14 等件组成。合模时，安装在定模板 1 上的拉钩 3，拉紧设置在动模上的滑板 14，从而将动模板 5 和定模板锁紧，如图 10-45（a）所示。

由于定模板 1 和动模板 5 锁紧成一体，所以开模时，模具必然从 I 处分型。在开模力的作用下，弯销 9 驱动斜滑芯 2，完成斜抽芯动作，如图 10-45（b）所示。

继续开模时，滑块 14 在安装在固定板 7 上的拨钩 8 作用下，向内侧移动，从而脱开拉钩 3，并在限位杆 10 的台肩的作用下，使动模板 5 与动模其他部分一起后退，从而模具从 II 处分型，使压铸件脱离型腔并推出，如图 10-45（c）所示。

合模时，拉钩 3 的端部斜面推动滑板 14 的斜面，使其顺利通过，并在弹簧 13 的作用下，重新拉住滑板 14，弯销也会在合模过程中，使斜型芯 2 复位并楔紧。为了保证斜型芯 2 安全复位，在设计时，应使弯销 9 在完成斜抽芯动作后，仍含在斜滑芯 2 的斜孔内。

10.5 斜滑块侧抽芯机构

10.5.1 斜滑块侧抽芯机构的组成及动作过程

（1）外侧抽芯机构

图 10-46（a）所示为合模状态。合模时，斜滑块端面与定模分型面接触，使斜滑块进入动模套板内复位，直至动、定模分型面闭合，斜滑块间各密封面 C 由压铸机锁模力锁紧。

图 10-46（b）所示为开模抽芯终止状态。开模时，通过推出机构推出斜滑块，在推出过程中，由于动模套板内斜导向槽的作用，使斜滑块向前运动的同时，作 K 向分型位移，在推出铸件的同时，抽出铸件侧面的凸凹部分。

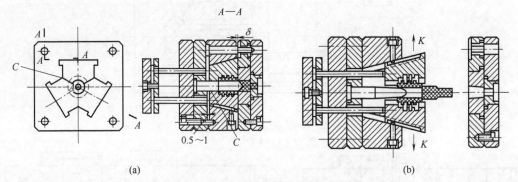

(a)   (b)

图 10-46 外侧抽芯机构的组成及动作过程

（2）内凹抽芯机构

图 10-47（a）所示为合模状态。合模时，内斜滑块的复位不能直接依靠内斜滑块的端面触及定模分型面来完成，需在推板上设置固定的滑轮座，与内斜滑块尾端的滚轮连接，使内斜滑块与推板同步联动，借助推出机构上的复位杆，使内斜滑块合模时正确复位。

图 10-47（b）所示为开模抽芯终止状态。开模动作过程基本上与外侧抽芯机构相同。

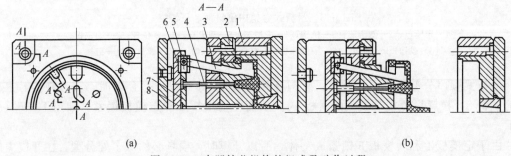

(a)   (b)

图 10-47 内凹抽芯机构的组成及动作过程

1—定模套板；2—动模套板；3—内斜滑块；4—推杆；5—滑轮；6—滑轮座；7—推杆固定板；8—推板

10.5.2 斜滑块侧抽芯机构的设计要点

① 通过合模后的锁模力压紧斜滑块，在套板上产生一定的预应力，使各斜滑块侧向分型面间具有良好的密封性，防止压铸时金属液窜入滑块间隙中形成飞边，影响铸件的尺寸精度。斜滑块与动模套板装配后的要求如下（图 10-47）。

a. 斜滑块底面留有 0.5～1mm 的空隙。

b. 斜滑块端面需高出动模套板分型面有一小段 δ 值，δ 值的选用与斜滑块导向斜角有关，见表 10-15。

表 10-15　斜滑块端面高出分型面的占值

导向斜角 $\alpha/(°)$	5	8	10	12	15	18	20	22	25
δ/mm	0.55	0.35	0.28	0.21	0.18	0.16	0.14	0.12	0.10

注：1. 表内 δ 值的制造偏差取上限 +0.05mm。

2. 非表中所推荐的导向斜角相对应的 δ 值则可按增大值选取。

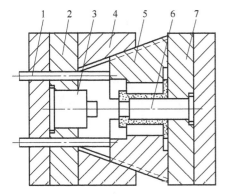

图 10-48　定模包紧力大时的开模状态

1—推杆；2—动模板；3—主型套；4—模套；
5—斜滑块；6—定模型芯；7—定模板

② 开模时，为使压铸件和斜滑块留在动模一侧，通常要求压铸件对动模部分的包紧力大于定模部分。但因为压铸件的结构特点，成型后，压铸件对定模部分的包紧力较大时，出现如图 10-48 所示的情况。开模过程中，会导致压铸件滞留在定模型芯 6 上，并带动斜滑块 5 与模套 4 产生相对运动，不能实现有序地完全脱模，有时甚至损坏压铸件及斜滑块。

在这种情况下，应设置斜滑块的制动装置，使斜滑块 5 在开模时，可靠地留在模套 4 中，主要结构形式如图 10-49 所示。

a. 图 10-49（a）所示设置类似延时的制动装置，在主分型面上设置弹顶销 2。开模时，弹顶销 2 在弹簧 1 的弹力作用下，压紧斜滑块 7，使定模型芯 4 在脱离压铸件时，斜滑块 7 保持原来位置不动，保证压铸件留在模套 6 内，以便于侧分型的顺利进行。

b. 当定模包紧力很大时，可采用图 10-49（b）所示的方法，将弹顶销 2 插入斜滑块 7 中，在定模型芯 4 脱离压铸件时，在弹顶销 2 和导滑槽的约束作用下，避免斜滑块 7 做侧向移动，强制斜滑块 7 和压铸件留在模套 6 内。弹簧 1 的作用是防止在合模时与斜滑块产生碰撞，在斜滑块复位前压缩，直到与孔相对时，再插入斜滑块的孔中。

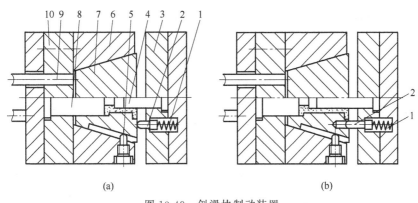

(a)　　　　　　　　　　　　(b)

图 10-49　斜滑块制动装置

1—弹簧；2—弹顶销；3—定模板；4—定模型芯；5—限位销；6—模套；
7—斜滑块；8—主型芯；9—推杆；10—动模固定板

③ 在多块斜滑块的抽芯机构中，推出时要求同步，以防铸件由于受力不均而产生变形。保证斜滑块同步推出措施如图 10-50 所示。

a. 在两块滑块上增加横向导销，强制斜滑块在推出时同步，如图 10-50（a）所示。

b. 设置推板的导向装置，并保证各推杆长度尺寸和研合后各斜滑块底端位置的一致性，使推板在导向装置的作用下平行移动，从而驱动推杆和斜滑块同步移动，如图 10-50 （b）所示。

④ 应防止压铸件在脱模时黏附在斜滑块的某一侧，影响压铸件的完全脱模，如图 10-51 所示，解决的措施如下。

a. 从分型面考虑，应选择在动模部分能形成可靠导向元件的分型面。图 10-

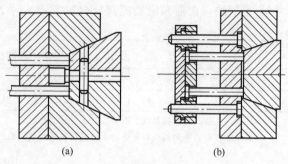

图 10-50　保证斜滑块同步推出的措施

51 （a）所示因为动模部分没有导向元件控制压铸件的脱模方向，使压铸件黏附在抽芯阻力较大的一侧。图 10-51 （b）所示将压铸件的分型面倒置，压铸件在脱模过程中由动模型芯起导向作用，使压铸件在受到侧分型的不均衡拉力时，仍能沿着推出方向在动模型芯的导向作用下作不偏移的滑动。

b. 斜滑块成型部分应有足够均衡的脱模斜度和表面粗糙度，以防止压铸件受到过大的侧拉力而变形。

⑤ 取出铸件后，为便于清除残留金属碎屑，在斜滑块底部的动模支承板平面上，应布置宽度为 3～4mm 的排屑槽（图 10-52），以免遗留残屑影响斜滑块的正常复位。

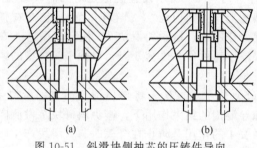

图 10-51　斜滑块侧抽芯的压铸件导向

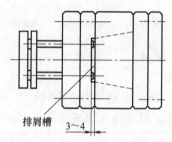

图 10-52　开设排屑槽形式及位置

⑥ 尽量不在斜滑块的分型面上设置浇注系统。在特定条件下，可将浇道设置在定模分型面上。但不能跨越斜滑块的各个移动面，以防止金属液窜入配合间隙，影响正常运动，如图 10-53 所示。

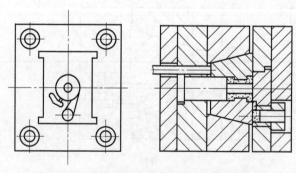

图 10-53　浇注系统不能跨越斜滑块的移动面

⑦ 应选择合理的成型位置。选择成型位置时，应考虑压铸件分别对动、定模包紧力的协调以及对侧抽芯力的影响，如图 10-54 所示的抽芯模。从图 10-54 （a）所示的设置中看出，压铸件对定模型芯的包紧力大于对动模锥形型芯的包紧力，因此，开模时，压铸件和斜滑块很容易被定模型芯带出模套。图 10-54 （b）所示改变了压铸件的摆放位置，它的特点是：

a. 压铸件对动模的包紧力大，开模时留在动模一侧；

b. 动模型芯起压铸件脱模的导向作用；

c. 调整方形部位的摆放方向，减少了侧抽芯力。

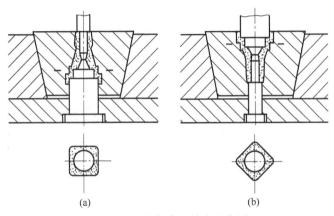

图 10-54 选择合理的成型位置

⑧ 在定模型芯包紧力较大的情况下，开模时，斜滑块和铸件可能被留在定模型芯上，或斜滑块受到定模型芯的包紧力而产生位移，使铸件变形。此时应设置强制装置，确保开模后斜滑块稳定地留在动模套板内。图 10-55 为开模时斜滑块因限位销的作用，避免斜滑块径向移动，从而强制斜滑块留在动模套板内。

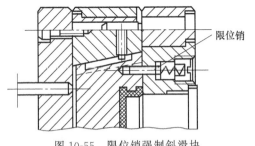

图 10-55 限位销强制斜滑块
留在动模套板内的结构

⑨ 防止铸件留在一侧斜滑块上的措施。

a. 推出铸件时，动模部分应设置可靠的导向元件，使铸件在承受侧向拉力时，仍能沿着推出方向在导向元件上滑移，防止铸件在推出和抽芯的同时，由于各斜滑块的抽芯力大小不同，将铸件拉向抽芯力较大的一侧，造成取件困难。

如图 10-56 所示，无导向元件的结构。开模后，铸件留在抽芯力较大的一侧，影响铸件取出。

如图 10-57 所示，采用动模导向型芯，避免铸件留在斜滑块一侧。

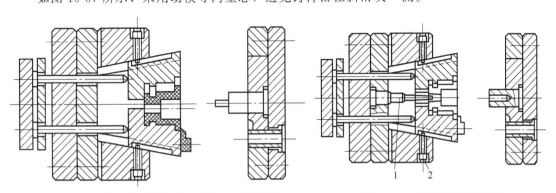

图 10-56 铸件留在斜滑块侧的无导向元件结构

图 10-57 动模导向型芯结构
1—动模导向型芯；2—限位螺钉

如图 10-58 所示，在铸件两侧增设导向肋，开模时铸件沿着导向肋推出，避免留在一侧。导向肋的长度应大于斜滑块的推出高度。

b. 斜滑块成型部分应有足够的脱模斜度和较高的表面光洁度，以免铸件受到过大的侧向拉力而变形。

第 10 章 抽芯机构的设计　　**317**

⑩ 应避免产生横向飞边，影响压铸件的顺利脱模，如图 10-59 所示。图 10-59（a）所示的成型区下端与斜滑块底部齐平，合模的紧密程度直接影响成型底面的间隙，很容易产生跑料，出现横向飞边的现象，使压铸件脱模困难。图 10-59（b）所示的结构避免了上述情况的发生，即使出现飞边，也与脱模方向一致，不影响压铸件脱模。

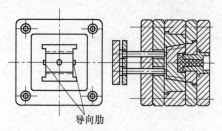

导向肋

图 10-58　型腔导向肋导向结构

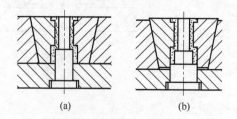

(a)　　　　　(b)

图 10-59　应避免产生横向飞边

⑪ 带有深腔的铸件，采用斜滑块抽芯机构时，需要计算开模后能取出铸件的开模行程。

10.5.3　斜滑块的设计

（1）斜滑块工作时的受力分析

从图 10-60 所示的斜滑块工作时受力情况可知：

$$F = F_c = pA \qquad (10\text{-}26)$$

$$F_w = F'_w = \frac{F}{\cos\alpha} = \frac{pA}{\cos\alpha} \qquad (10\text{-}27)$$

$$F_h = F\tan\alpha = pA\tan\alpha \qquad (10\text{-}28)$$

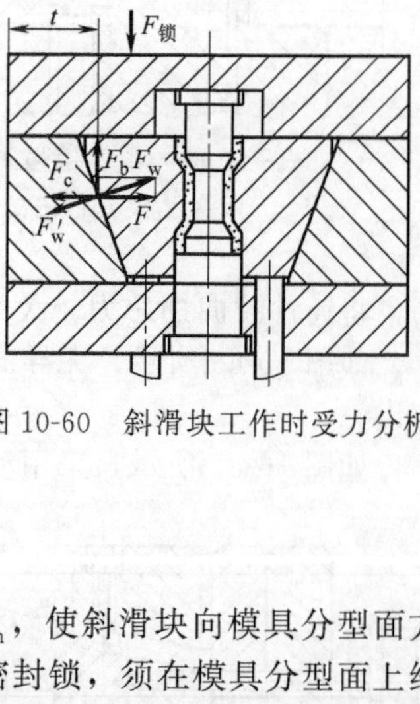

式中　F——模套对斜滑块的侧向反压力，N；

F_c——金属液作用于斜滑块成型部分的侧压力，N；

p——压射比压，MPa；

A——成型部分的侧投影面积，mm^2；

F_w——模套对斜滑块的反向垂直侧压力，N；

F'_w——金属液作用于斜滑块成型部分的垂直侧压力，N；

α——斜滑块的导向斜角，(°)；

F_h——模套对斜滑块的法向分力，N。

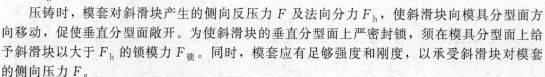

图 10-60　斜滑块工作时受力分析

压铸时，模套对斜滑块产生的侧向反压力 F 及法向分力 F_h，使斜滑块向模具分型面方向移动，促使垂直分型面敞开。为使斜滑块的垂直分型面上严密封锁，须在模具分型面上给予斜滑块以大于 F_h 的锁模力 $F_{锁}$。同时，模套应有足够强度和刚度，以承受斜滑块对模套的侧向压力 F。

（2）斜滑块基本参数的确定

斜滑块基本参数的确定参见图 10-61。

① 抽芯距离 S 的确定（详见 10.2.2 节）

$$S = S' + K \qquad (10\text{-}29)$$

式中　S'——外形内凹成形深度，mm；

K——安全值。

② 推出高度 l 的确定

推出高度是斜滑块在推出时轴向运动的全行程，即抽芯行程或推出行程。

确定推出高度 l 的原则。

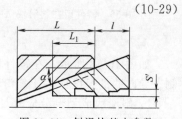

图 10-61　斜滑块基本参数

a. 当斜滑块处在推出的终止位置上后，应以充分卸除铸件对型芯的包紧力为原则，同时必须完成所需的抽芯距离，以便顺利取下铸件。

　　b. 斜滑块推出高度与斜滑块的导向斜角有关。导向斜角越小，留在套板内导滑长度可减少，而推出高度可增加。常用的可推出高度见表10-16。

表 10-16　斜滑块可推出的高度　　　　　　　　　　　单位：mm

导向斜角 α/(°)	可推出高度 l	留在套板内高度 L_1
5～10	≤0.6L	≥30
12～18	≤0.55L	≥30
20～25	≤50L	≥30

　　③ 导向斜角 α 的确定

　　导向斜角需在确定推出高度 l 及抽芯距离 S 后按下式求出：

$$\alpha = \arctan \frac{S}{l} \qquad (10\text{-}30)$$

具体要求如下。

　　a. 斜滑块的导向角可在 5°～25° 之间选取，必要时可适当增大，但不能超过 25°。

　　b. 求出斜滑块的导向角 α 后，应进位取整数值。

　　c. 导向角的配合面应研合良好，以保证各侧分型面的密封要求。

　　d. 导滑槽的受力面应满足侧抽芯力的强度要求。

10.5.4　斜滑块的基本形式

　　斜滑块常用的基本形式见表10-17。

表 10-17　斜滑块常用的基本形式

形式	简　图	特点及选用范围
T 形槽		适用于抽芯和导向斜角较大的场合，模套的导向槽部位加工工作量虽大，但此种导向形式牢固可靠，广泛用于单斜滑块及双滑块模具
燕尾槽		
双圆柱销		适用于抽芯和导向斜角中等的场合，导向部分加工方便，用于多块斜滑块模具
单圆柱销		适用于抽芯和导向斜角较小的滑块及宽度较小的多块滑块的模具，导向部分结构简单，加工方便

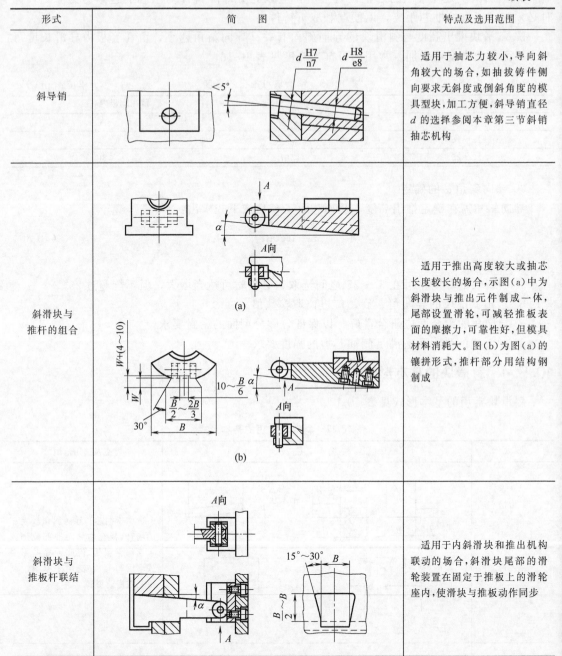

形式	简 图	特点及选用范围
斜导销		适用于抽芯力较小,导向斜角较大的场合,如抽拔铸件侧向要求无斜度或倒斜角度的模具型块,加工方便,斜导销直径 d 的选择参阅本章第三节斜销抽芯机构
斜滑块与推杆的组合		适用于推出高度较大或抽芯长度较长的场合,示图(a)中为斜滑块与推出元件制成一体,尾部设置滑轮,可减轻推板表面的摩擦力,可靠性好,但模具材料消耗大。图(b)为图(a)的镶拼形式,推杆部分用结构钢制成
斜滑块与推板杆联结		适用于内斜滑块和推出机构联动的场合,斜滑块尾部的滑轮装置在固定于推板上的滑轮座内,使滑块与推板动作同步

10.5.5　斜滑块导向部位参数

斜滑块导向部位参数见表 10-18。

10.5.6　斜滑块的镶块与镶套拼合形式

(1) 斜滑块的拼合形式

根据压铸件脱模的需要,斜滑块通常由 2～6 块均匀的瓣状镶块拼合成具有侧面四凸的成型型腔。图 10-62 所示为斜滑块常用的拼合形式。

表 10-18　斜滑块导向部位参数　　　　　　　　　　　　　　　　　　　　单位：mm

斜滑块宽度 B	30~50	50~80	80~120	120~160	160~200
导向部位符号	导向部位参数				
W	8~10	10~14	14~18	18~20	20~22
b_1	6	8	12	14	16
b_2	10	14	18	20	22
b_3	20~40	40~60	60~100	100~130	130~170
d	12	14	16	18	20
d_1	16	18	20		
δ	1	1.2	1.4	1.6	1.8
$δ_2$	1.4	1.6	1.8		

图 10-62（a）～（c）所示是两瓣式的拼合形式。图 10-62（a）所示拼合面设置在圆弧的中心处，有利于保证压铸件的表面质量，并易于清理浇注溢料。图 10-62（b）中的斜滑块的导滑面在压铸件轮廓的延长线上，用斜滑块与固定镶件的配合间隙达到密封的效果。因此，应有较高的配合间隙。但是模具温度的变化，会引起配合间隙的变化，从而斜滑块在移动时与固定镶块产生摩擦拉伤或产生金属液窜入的溢料现象。图 10-62（c）所示的形式中，斜滑块与固定镶件采用斜面相互配合而达到密封的效果，弥补了图 10-62（b）的不足。

图 10-62（d）～（f）分别为三瓣式或多瓣式的拼合形式，各瓣合式斜滑块均采用斜角相互配合的形式，在压铸机锁模力的作用下，各配合斜面相互锁紧，使它们具有良好的密封性。在组装时，可降低导滑部分的配合要求，只要保证各配合斜面的研合密封即可。

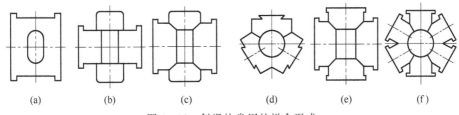

(a)　　　　(b)　　　　(c)　　　　(d)　　　　(e)　　　　(f)

图 10-62　斜滑块常用的拼合形式

（2）斜滑块的镶块与镶套

在斜滑块抽芯机构中，最易产生磨损和拉伤的为滑动部分。如滑动部分的配合间隙太大，容易窜入金属液，造成滑动部分表面拉伤；如间隙太小，斜滑块因工作温度升高，体积膨胀造成滑动部分擦伤。因此，正确选择滑动部分的配合间隙是防止滑块损坏的主要因素。考虑到机械加工的方便和防止热处理时的变形，以及损坏后便于更换等原因，对于易损部分，可采用镶块和镶套形式（表 10-19）。

表 10-19　镶块和镶套的结构形式

形式	简　图	使用场合
组合镶套	模套　镶套　斜滑块	由四块固定镶块组合成镶套，镶套经热处理后磨削加工，确保与斜滑块的磨削精度，用于模具较小的场合

形　式	简　图	使用场合
整体镶块与 局部镶块	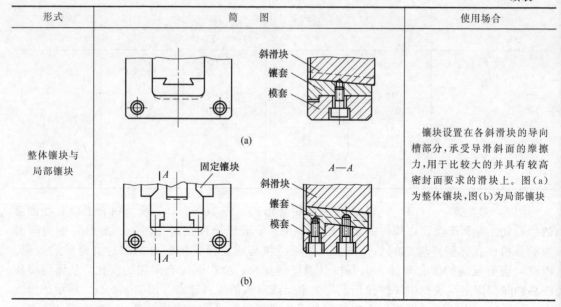	镶块设置在各斜滑块的导向槽部分,承受导滑斜面的摩擦力,用于比较大的并具有较高密封面要求的滑块上。图(a)为整体镶块,图(b)为局部镶块

10.6　齿轮齿条抽芯机构

10.6.1　齿轮齿条抽芯机构的组成

齿轮齿条侧抽芯机构的基本形式如图 10-63 所示。主要由侧型芯 1、传动齿条 5、齿条滑块 7、齿轮 8 和楔紧块 9 组成。合模时,安装在定模板 3 上的楔紧块 9 将齿条滑块 7 锁紧,并使侧型芯 1 定位在成型位置上。

开模时,楔紧块 9 开始脱离齿条滑块 7、传动齿条 5 与动模板 10 做相对移动。但由于传动齿条 5 有一段延时抽芯距离 M,故它不能使齿轮 8 起抽芯作用。当开模距离为 M 时,压铸件脱离了定模板 3 以后,传动齿条 5 才与齿轮 8 啮合,从而带动齿条滑块 7 和侧型芯 1 从压铸件中抽出,最后在推出机构的作用下,将压铸件完全推出。

10.6.2　传动齿条布置在定模内的齿轮齿条抽芯机构

传动齿条布置在定模内的齿轮齿条抽芯机构,见图 10-64。

① 开模结束时,传动齿条与齿轮脱开,为了保证合模时传动齿条与齿轮顺利啮合,齿轮应处于精确位置上,为达到此目的,齿轮应有定位装置(图 10-65)。

合模结束后,传动齿条上有一段延时抽芯行程,传动齿条与齿轴也脱开,通过对齿条滑块的楔紧,使齿轴的基准齿谷的对称中心线与

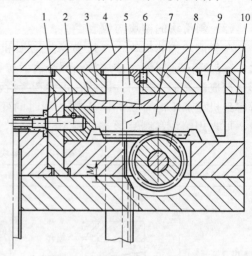

图 10-63　齿轮齿条侧抽芯机构

1—侧型芯;2—固定销;3—定模板;4—定模座板;
5—传动齿条;6—止转销;7—齿条滑块;
8—齿轮;9—楔紧块;10—动模板

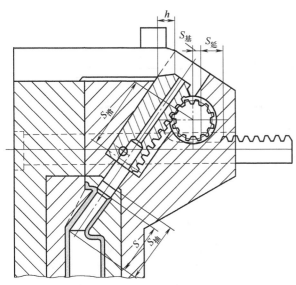

图 10-64　传动齿条布置在定模内的齿轮齿条抽芯机构

延时抽芯行程 $S_延$＞楔紧高度 h

滑块抽芯行程 $S_滑$＞抽芯距离 $S_抽$

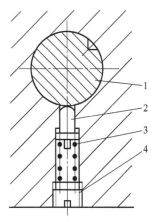

图 10-65　齿轮定位装置

1—齿轮；2—定位销；

3—弹簧；4—螺塞

传动齿条保持垂直，以保证开模抽芯时准确啮合。

② 齿条滑块合模结束时楔紧装置可按下述选用：齿条滑块与分型面平行或倾斜角度不大时，可选用本章 10.9 节中所介绍的楔紧装置结构。传动齿条上均有一段延时抽芯行程，开模时，先脱离楔紧块，然后抽芯。

③ 齿轮与传动齿条及齿条滑块啮合参数（图 10-66）计算时，以合模位置时齿轮的齿形为基准，使齿轮基准齿谷 A 保持在与传动齿条垂直的对称中心线的位置上。

a. 齿轮齿条的齿形参数见表 10-20。

表 10-20　齿轮齿条齿形参数

参 数 名 称	计 算 公 式	参 数 值
模数 m/mm	—	3
压力角 α/(°)	—	20
齿轮齿数 z	—	12
齿轮节圆直径 $d_节$/mm	$d_节=mz$	36
齿项高 $h_顶$/mm	$h_顶=0.8m$（短齿）	2.4
齿根高 $h_根$/mm	$h_根=m$（短齿）	3
齿条周节 T/mm	$T=\pi m$	9.4248
分度圆弧齿厚 S/mm	$S=0.5\pi m$	4.7124
齿条齿顶厚 $S_顶$/mm		2.95

b. 确定传动齿条第一齿的位置，按下式计算：

$$S_1=S_基+S_延 \tag{10-31}$$

式中　S_1——传动齿条第一齿至齿轮中心距离，mm；

　　　$S_基$——传动齿条与齿轮开始接触时，齿条第一齿的中心至齿轮中心距离，mm；

　　　$S_延$——延时抽芯行程，mm。

c. 确定齿条滑块基准齿 B 的位置（图 10-66）：以垂直于分型面的齿轮中心线 X-X 作基

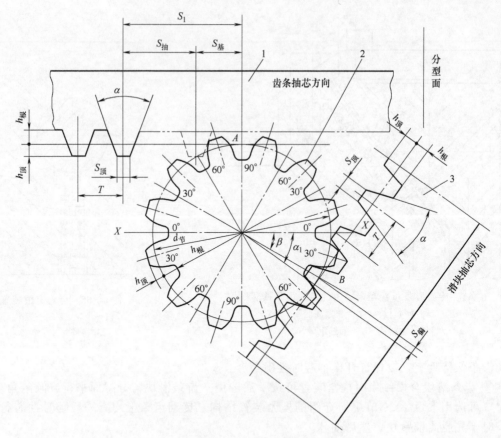

图 10-66 齿轮与传动齿条及齿条滑块啮合参数
1—传动齿条；2—齿轮；3—齿条滑块

准线，把齿轮 12 个齿谷分别处于四个象限内，划为：0°、30°、60°、90°四个角度的 β 值，取已知齿条滑块的抽芯方向与 X-X 基准线的夹角为 α_1，当 α_1 在某一象限内与某一 β 值接近时，用所接近的 β 值代入式（10-32）或式（10-33），可近似地确定基准齿 B 的位置 $S_{偏}$。

当 $\alpha_1 < \beta$ 时

$$S_{偏} \approx (\beta - \alpha_1) \frac{\pi d_{节}}{360} = (\beta - \alpha_1) \times 0.314 \text{mm} \tag{10-32}$$

当 $\alpha_1 > \beta$ 时

$$S_{偏} \approx (\alpha_1 - \beta) \frac{\pi d_{节}}{360} = (\alpha_1 - \beta) \times 0.314 \text{mm} \tag{10-33}$$

式中 $S_{偏}$——齿轮的齿谷对称线与通过齿轮中心垂直于齿条滑块节线的直线在节圆上所含弧长。

④ 确定抽芯传动参数。

a. 传动齿条与齿轮从啮合到脱离前，传动齿条最后一齿能使齿条滑块移动一定距离 l，见图 10-67。l 值按下式计算（m=3，z=12，α=20°，f_0=0.8 时）：

$$l = \frac{mz}{2} \times \frac{\pi}{180} \alpha_A = 18.45 \text{mm} \tag{10-34}$$

式中 α_A——传动齿条为一齿时与齿轮从啮合到脱开位置时齿轮所能转过的角度（°），
$\alpha_A = \alpha_1 + \alpha_2 + \alpha_3$；

α_1——齿轮初始方位时啮合齿中心线与轴线的夹角 $\alpha_1 = 15°$；

α_2——齿轮啮合齿转到脱开位置时脱开点与轴线的夹角；

α_3——齿轮半齿顶宽的夹角（由渐开线函数求得），$\alpha_3 = 3°43'$。

b. 传动齿条齿数是决定抽芯时所得到的抽芯距离，可按式（10-34）确定，如计算值为小数时，应取整数。

$$z_{传} = \frac{S-l}{m\pi} + 1 \qquad (10\text{-}35)$$

式中 $z_{传}$——传动齿条上的齿数；

　　S——所需抽芯距离（包括安全值 K），mm；

　　l——传动齿条最后一个齿所抽芯的距离，mm。当 $m=3$，$z=12$，$\alpha=20°$，$f_0=0.8$ 时，$l=18.45$mm；

　　m——模数，mm。

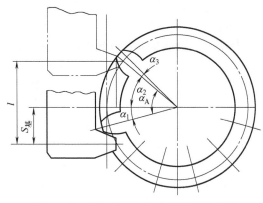

图 10-67　传动齿条从啮合到脱离的位置

按计算的传动齿条齿数代入式（10-36）得出实际抽芯距离 S

$$S = m\pi(z_{传}-1)+l \qquad (10\text{-}36)$$

10.6.3　滑套齿轮齿条抽芯机构

图 10-68（a）所示为合模状态。滑块的楔紧是由固定在定模上拉杆的头部台阶压紧在滑

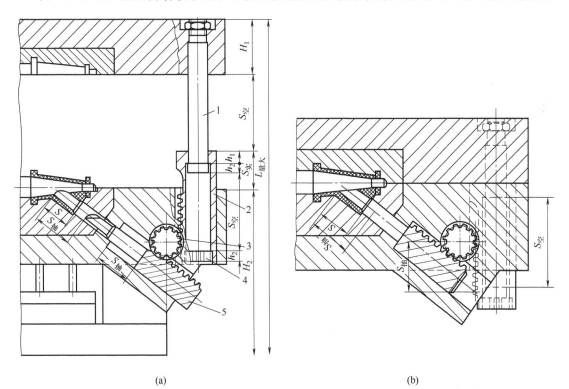

(a)　　　　　　　　　　　　　　　(b)

图 10-68　齿条滑套齿轮抽芯机构

1—拉杆；2—滑套齿条；3—齿轮；4—螺塞；5—齿条滑块

套齿条孔螺塞端面，通过齿啮合楔紧齿条滑块。

图 10-68（b）所示为开模状态。在开模初期阶段，固定于定模上的拉杆上，有一段空行程 $S_空$，所以开模初期不抽芯。当拉杆头部的台阶与滑套齿条孔的上端面接触后，滑套齿条开始带动齿轮旋转，拨动齿条滑块开始抽芯，当达到压铸机最大开模行程时，型芯应全部脱离铸件。

合模时，拉杆在滑套齿条内滑动一段空行程 $S_空$，待拉杆头部与滑套齿条内孔螺塞端面接触，滑套齿条开始推动齿轮旋转，拨动齿条滑块插芯到模具完全闭合时，完成插芯动作。

滑套齿轴齿条抽芯机构的特点是，抽芯过程及开、合模终止时，滑套齿条、齿轮和齿条滑块始终是啮合的，因此不需设置滑块限位装置；并且机构工作时，齿间啮合情况较好，不易产生碾齿现象。但滑套齿条过长时，会增加模具厚度，因此不能用于抽拔较长的型芯。

【例 10-10】 滑套式齿轮齿条斜抽芯模

将传动齿条设置在定模一侧时，在抽芯动作完成后，它与齿轮完全脱开，给以后的合模复位时的重新啮合带来不便。采用图 10-69 所示滑套式结构形式，即可弥补这种不足。

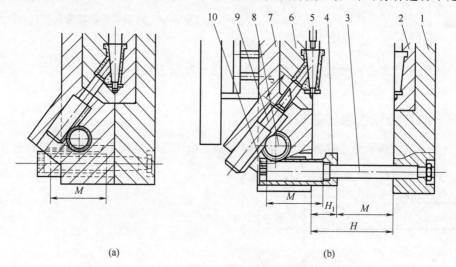

(a)　　　　　　　　　　(b)

图 10-69　滑套式齿轮齿条斜抽芯模
1—定模板；2—定模型腔；3—拉杆；4—滑套齿条；5—侧型芯；
6—动模型腔；7—动模板；8—齿轮；9—齿条滑块；10—螺塞

滑套齿条 4 安装在动模板 7 内，与齿轮 8 啮合。拉杆 3 插入滑套齿条 4 中，固定在定模板 1 上。拉杆 3 上的台肩压紧安装在滑套齿条 4 上的螺塞 10，将滑套齿条 4 锁住，如图 10-69（a）所示。

开模时，侧型芯 5 完成侧抽芯动作。但由于拉杆 3 与滑套齿条 4 有一段空行程 M，起延时抽芯作用，所以没有抽芯动作。当开模距离为 M 时，拉杆 3 的头部台肩与滑套齿条 4 内孔上端面接触，从而带动滑套齿条 4 移动，并驱动齿轮 8 旋转产生逆时针方向的力矩，并通过齿轮上的齿，作用于齿条滑块 9 做斜抽芯动作。当继续开模距离为 H_1 时，完成斜抽芯距离 S，这时的开模距离为 $H = M + H_1$，如图 10-69（b）所示。

合模时，拉杆 3 在滑套齿条 4 的孔内滑动一段空行程 M 后，拉杆 3 头部台肩触及螺塞 10，从而推动滑套齿条 4、齿轮 8 和齿条滑块 9 开始并完成插芯和复位动作。

滑套式斜抽芯模的特点是：在开模和合模过程中，滑套齿条 4 与齿轮 8 和齿条滑块 9 始终啮合，因此，不需设置限位和定位装置。所以，它们在工作状态下，齿间配合良好，不易产生碾齿现象。

为协调运行动作，应注意调节开模距离与压铸机动座板行程上的关系，即调整空行程距离 M，使 $M+H_1 \geqslant L$。

10.6.4　利用推出机构推动齿轮齿条的抽芯机构

利用推出机构推动齿轮齿条的抽芯机构见图 10-70。

如图 10-70 所示为处于合模状态。由于压铸机推出机构不同，抽芯动作可分为两种。

① 用于国产 J116 型、J1113 型、金 1512 及波拉克系列，是利用压铸机上两侧的可调推杆在开模后，动模开到一定距离，传动齿条推板 A 与压铸机上推杆接触，利用动模与齿条推板之间的相对运动，迫使推板推动齿条拨动齿轮旋转，带动型芯齿条后退抽芯。待推板与装有推杆的推板 B 接触时，由推板将铸件推出型腔。

合模时，由于伸出动模面的传动齿条较反推杆长，先与定模分型面接触推动，推板 A 后退，传动齿条带动齿轮旋转，拨动型芯齿条插芯，传动齿条退到与反推杆平齐时，反推杆与传动齿条推动推板 A、B 同时后退。模具闭合后，推板与支柱 C 接触，完成插芯动作。

② 采用液压推出器的压铸机，开模结束后，液压推出器推动推板 A 做抽芯动作，并继续推动推板 B 推出铸件，合模前退回，使抽芯机构复位。

此种抽芯机构在开模、合模终止时，各齿间不脱离啮合，因此啮合时无碾齿现象，但抽芯距离较长时，推出部分行程 l_3 将较长，增加了模具厚度。

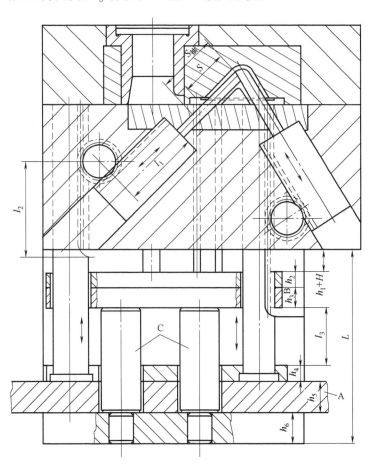

图 10-70　利用推出机构推动齿轮齿条的抽芯机构

10.7 液压抽芯机构

10.7.1 液压抽芯机构的组成

液压抽芯机构的组成见图 10-71。

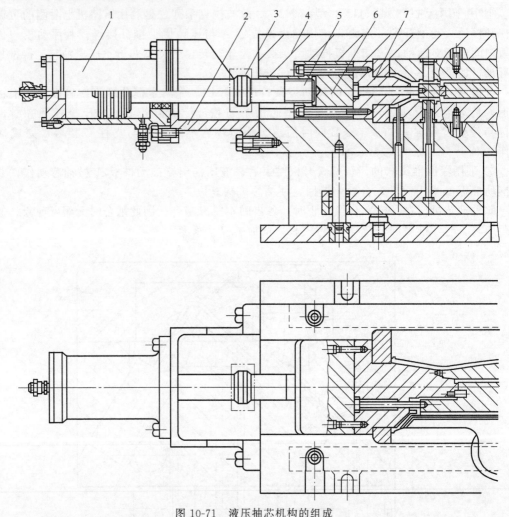

图 10-71 液压抽芯机构的组成

1—抽芯器；2—抽芯器座；3—联轴器；4—定模套板；5—拉杆；6—滑块；7—活动型芯

10.7.2 液压抽芯动作过程

液压侧抽芯机构的动作过程如图 10-72 所示。液压抽芯器 1 借助抽芯器座 2 装在动模板 7 上，联轴器 3 和拉杆 4 将侧滑块 5 和液压抽芯器 1 连为一体。合模时，高压液从液压抽芯器 1 的 A 处进入后腔推动活塞，将侧型芯 6 插入成型区域，并由定模板 8 的楔紧装置锁紧在成型位置上，如图 10-72（a）所示。

压铸成型后，模体从主分型面分型，压铸件脱离定模，楔紧装置也脱离侧滑块 5，这时没有侧抽芯动作，侧型芯 6 停留在原来的位置上，如图 10-72（b）所示。

在开模过程中，高压液从 B 处进入抽芯器的前腔，推动活塞，开始侧抽芯动作，将侧

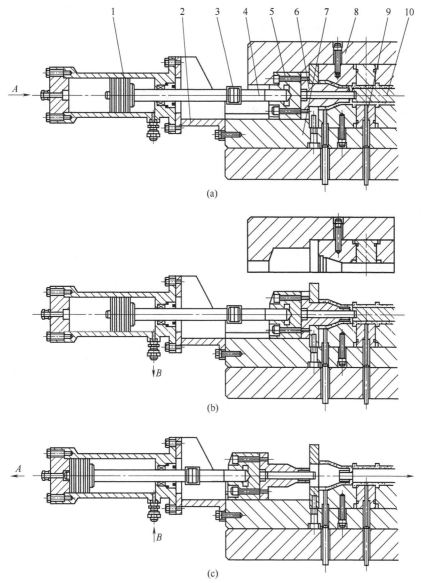

图 10-72　液压侧抽芯机构的动作过程

1—液压抽芯器；2—抽芯器座；3—联轴器；4—拉杆；5—侧滑块；6,10—侧型芯；7—动模板；8—定模板；9—推杆

型芯 6 和侧型芯 10 同时从压铸件中抽出，如图 10-72（c）所示。

液压抽芯器 1 的动作在试模时可用于手动操作，调试正常后，即可按行程开关的讯号进行程序控制。

液压抽芯机构的特点如下。

① 抽芯力大，抽芯距离较长。

② 可以对任何方向进行抽芯。

③ 可以单独使用，随时开动。

④ 模具结构简单，便于制造。

⑤ 当抽芯器压力大于侧型芯所受反压力的 3 倍时，可不设置楔紧装置，这时侧型芯在合模复位时，不必考虑与推杆的干涉。

⑥ 抽芯器为通用件容易购得，其规格有：10kN、20kN、30kN、40kN、50kN、100kN。

10.7.3 液压抽芯机构的设计要点

① 液压抽芯器不得超负载使用。按计算抽芯力的 1.3 倍作为安全值，并根据抽芯距离选取液压抽芯器。

② 侧抽芯方向不应设置在操作人员一侧，以免发生人身安全事故。

③ 应避免抽芯作用力方向与压铸件包紧侧型芯作用力的合力中心产生力矩，以确保侧型芯的平稳滑动。

④ 在一般情况下，不宜将液压抽芯器的锁紧力作为锁模力，所以应设有楔紧装置。但当金属液的压射反压小于液压抽芯器锁芯力的 1/3 时，可酌情不设置楔紧装置。

⑤ 当设置楔紧装置时，应在合模前，先使侧型芯复位，以防止楔紧块与侧滑块相碰被毁。在侧型芯复位过程中，还应注意避免与推杆产生干涉现象。在液压抽芯器上应设置控制装置，使液压抽芯器严格按压铸程序安全运行，防止结构件相互干涉。不设置楔紧装置的情况除外。

10.7.4 液压抽芯器座的安装形式

（1）通用抽芯器座的安装形式

① 通用抽芯器座一般为标准件，横断面呈半圆形，一端与抽芯器相连接，另一端与模具相连接（图 10-73）。

② 通用抽芯器座是按抽芯器最大抽芯行程设计的，如需选用较短的抽芯行程时，另设抽芯器座固定板，以调整抽芯距离。

（2）螺栓式抽芯器座的安装形式

① 螺栓式抽芯器座制造简单，安装方便，但由于刚性较差，常用于抽芯力小于 15t 的抽芯器，其安装形式见图 10-74 及图 10-75。

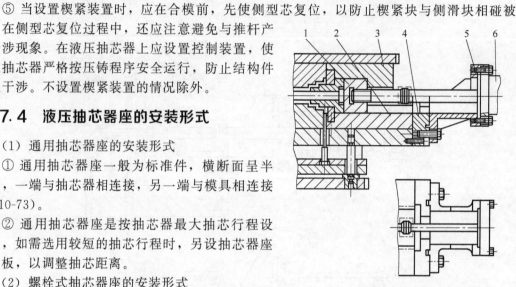

图 10-73　通用抽芯器座安装形式
1—滑块型芯；2—动模；3—定模；4—抽芯器座固定板；5—通用抽芯器座；6—抽芯器

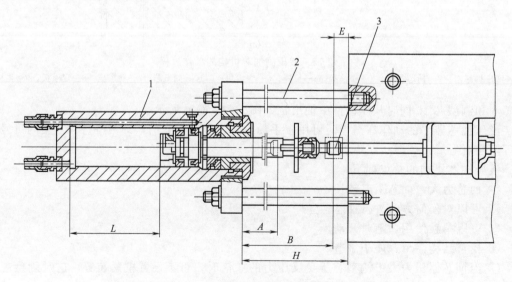

图 10-74　抽芯行程为最大时螺栓式抽芯器座的安装形式
1—抽芯器；2—螺栓；3—滑块拉杆

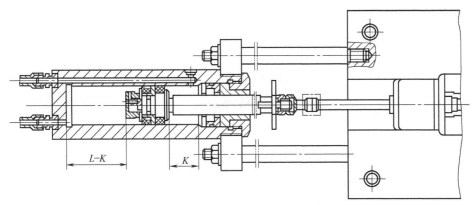

图 10-75 抽芯距离取抽芯器部分行程时螺栓式抽芯器座的安装形式

② 螺栓长度 H 一般按抽芯器的最大抽芯行程设计，如需选用较短的抽芯行程时，可按表 10-21 的方法调整，使滑块限位。

表 10-21 螺栓式抽芯器座长度与抽芯行程的关系

项　　目	简　　图	说　　明
全行程抽芯	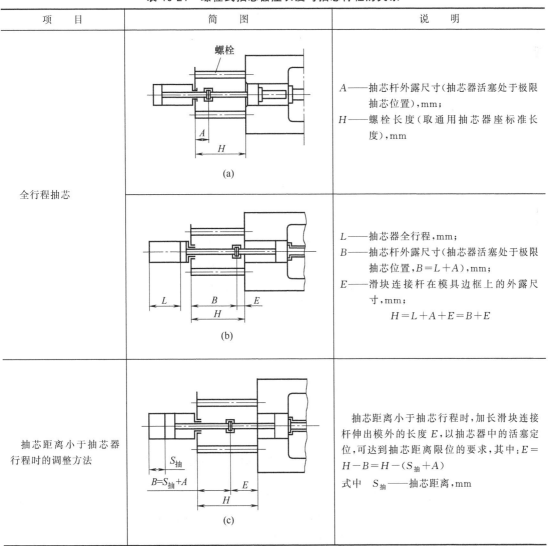(a)	A——抽芯杆外露尺寸(抽芯器活塞处于极限抽芯位置)，mm； H——螺栓长度(取通用抽芯器座标准长度)，mm
	(b)	L——抽芯器全行程，mm； B——抽芯杆外露尺寸(抽芯器活塞处于极限抽芯位置，$B=L+A$)，mm； E——滑块连接杆在模具边框上的外露尺寸，mm； $$H=L+A+E=B+E$$
抽芯距离小于抽芯器行程时的调整方法	(c)	抽芯距离小于抽芯行程时，加长滑块连接杆伸出模外的长度 E，以抽芯器中的活塞定位，可达到抽芯距离限位的要求，其中：$E=H-B=H-(S_{抽}+A)$ 式中　$S_{抽}$——抽芯距离，mm

项　　目	简　　图	说　　明
抽芯距离小于抽芯器行程时的调整方法	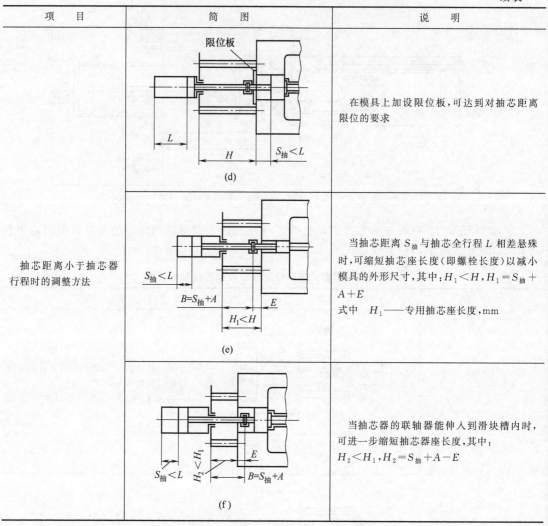	在模具上加设限位板,可达到对抽芯距离限位的要求 当抽芯距离 $S_{抽}$ 与抽芯全行程 L 相差悬殊时,可缩短抽芯座长度(即螺栓长度)以减小模具的外形尺寸,其中:$H_1 < H$,$H_1 = S_{抽} + A + E$ 式中　H_1——专用抽芯座长度,mm 当抽芯器的联轴器能伸入到滑块槽内时,可进一步缩短抽芯器座长度,其中:$H_2 < H_1$,$H_2 = S_{抽} + A - E$

③ 常用抽芯器中 A、B 和 E 尺寸(图 10-74)的选用见表 10-22。

表 10-22　常用抽芯器中 A、B 和 E 尺寸

抽芯器吨位/t	抽芯器行程/mm	联轴器外径/mm	A/mm	B/mm	E/mm
3	150	$\phi60$	130	280	20
5	160	$\phi80$	140	300	30
9	250	$\phi100$	150	400	40
15	250	$\phi120$	160	410	45

注:1. 表中抽芯器为上海压铸机厂生产的规格。

2. E 值可在模具设计时确定,表中数据仅供参考。

(3)框架式抽芯器座的安装形式

① 框架式抽芯器座刚性和稳定性较好,用于抽芯力大于 15t 的抽芯器,其安装形式见图 10-76。

② 对于大型滑块,选用抽芯力较大的抽芯器时,可在框架式的抽芯器座内侧布置导轨,使伸出套板外的滑块运动平稳,并可以减少模具滑槽长度和模具整体尺寸。

③ 抽芯器座长度 H 的计算,可参见表 10-21。

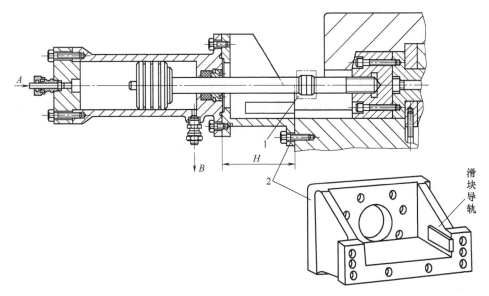

图 10-76　框架式抽芯器座的安装形式
1—联轴器；2—抽芯器座

（4）模具上带有托架抽芯器座的安装形式（见图 10-77）

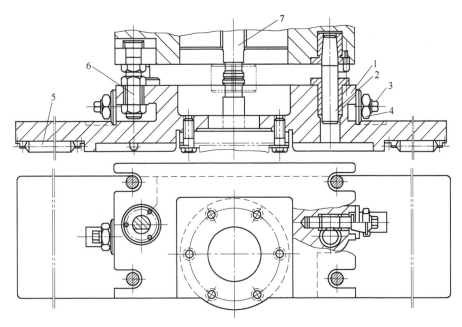

图 10-77　模具上带有托架抽芯器座的安装形式
1—托架体；2—锥形销；3—斜齿轮；4—连接螺栓；5—滚柱；6—滑块连接杆；7—抽芯杆

① 在大型压铸模中，有时四面设置抽芯器，增加了动模部分的重量，因此在动模下部设置支承重量的动模托架，托架通过滚柱 5 在压铸机导轨面上随开、合模做滑动运动（图10-77）。

② 为防止设在模具下方的液压抽芯器与动模托架间在位置上的干扰，可在动模托架上另设抽芯器座，使动模、动模托架及抽芯器三者组合成一体。

10.8 其他抽芯机构

10.8.1 手动抽芯机构

手动抽芯机构是在压铸件成型后，用手工操作的方法，将侧型芯从压铸件中抽出的侧抽芯方式。手动抽芯压铸效率低，劳动强度高，但由于结构简单，易于制作，制造周期短等特点，在批量较小或产品试制时，仍得到应用。手动抽芯机构分模内手动抽芯和模外手动抽芯。

（1）模内手动抽芯

模内手动抽芯是指用人工的方法，通过螺杆、齿轴齿条以及杠杆在模体内的传递，将侧型芯抽出的方法。

图 10-78 所示机构是通过螺杆完成侧抽芯动作的。将侧型芯 3 通过螺纹安装在定模板 2 上，并定位锁紧。这种结构形式需首先将侧型芯 3 退出后，方可开模。当金属液对侧型芯的反压力较大时，可设置楔紧块。螺杆 5 固定在侧型芯 3 和侧滑块 6 的组合体内，并与安装在动模板 4 上的螺母 8 螺纹配合。楔紧块 7 将侧型芯 3 的组合体定位并锁紧。所以必须在开模后，即侧型芯 3 的组合体消除楔紧块 7 的压力后，才可以开始手动抽芯动作。推出压铸件后，即首先使侧滑块复位，再合模。

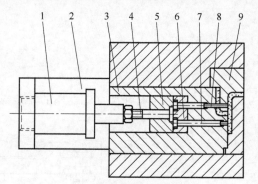

图 10-78　模内手动螺杆抽芯
1—主型芯；2—定模板；3—侧型芯；
4—动模板；5—螺杆；6—侧滑块；
7—楔紧块；8—螺母

图 10-79 所示是用手柄操纵齿轮齿条完成侧抽芯动作。图 10-79（a）所示是简单的齿轮齿条的手动抽芯机构。开模后，手柄 5 使齿轮 4 按顺时针方向转动，带动齿条滑块 3 和侧型芯 1 做抽芯动作，侧型芯 1 也应在合模前复位。抽芯力较大和抽芯距离较长的型芯，可采用手动和机动相配合的方式联合完成抽芯动作。图 10-79（b）所示即采用弯销 6 做初始抽芯，手动完成抽芯距离的要求。开模时，弯销 6 带动侧型芯 1 卸除包紧力完成初始抽芯。然后，人工旋动手柄 5 并通过齿轮 4、齿条滑块 3 完成抽芯距离要求的直线后移动作。

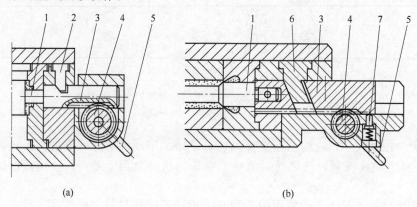

(a)　　　　　　　　　　　(b)

图 10-79　模内手动齿轮齿条抽芯
1—侧型芯；2—楔紧块；3—齿条滑块；4—齿轮；5—手柄；6—弯销；7—定位装置

侧抽芯操作程序是：开模→弯销抽芯→手动抽芯→推出压铸件→齿条滑块 3 依靠定位装置 7 恢复到弯销抽芯的终点位置→合模锁紧。

【例 10-11】 手动辐射抽芯模

图 10-80 所示为压铸件侧面有均等的多个通孔，利用手动操作，在模内使多型芯联动完成辐射抽芯的实例。在转盘 6 盘上铣有与各通孔相对应的腰形斜向槽孔，套在定模板 2 上，可绕轴套 3 旋转。滑动块 5 装入斜向槽孔内，并与侧型芯 1 通过轴销 4 连为一体。

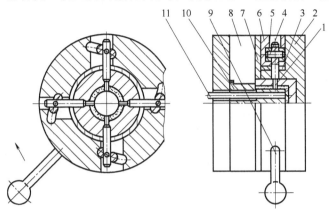

图 10-80　手动辐射抽芯模

1—侧型芯；2—定模板；3—轴套；4—轴销；5—滑动块；6—转盘；
7—垫板；8—动模板；9—手柄；10—主型芯；11—推杆

压铸成型后，在开模前，沿顺时针方向搬动手柄 9，使转盘 6 在绕轴套 3 转动时，腰形斜槽孔带动各滑动块 5 和侧型芯 1 一起做平行后移的辐射抽芯动作。

为了增加运动构件的耐磨性，提高模具的使用寿命，在定模心轴上和转盘底部分别设置了淬硬的轴套 3 和垫板 7。

这种结构形式通过转盘 6 使各型芯联动抽芯，结构简单紧凑，运作平稳可靠，可在抽芯力不大的条件下应用。

（2）模外手动抽芯

模外手动抽芯是在主分型面分型后，通过推出动作，将压铸件和活动型芯一起推出后，在模外通过人工将它们分离，合模前再将活动型芯装入模体的抽芯形式。这种形式的技术要求是：

① 活动型芯必须有稳定可靠的定位方式，以防止压铸时产生位移；

② 取件时应方便快捷；

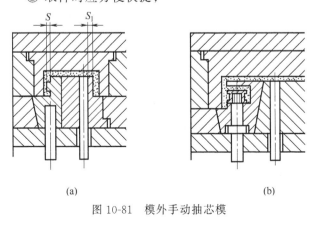

(a)　　　　　　　　　　(b)

图 10-81　模外手动抽芯模

③ 应备有几套可供循环交替使用的活动型芯，以提高压铸效率。

如图 10-81 所示是常用的模外手动抽芯模的结构形式。图 10-81（a）所示结构形式在开模后，推杆使压铸件和活动型芯一起脱离主型芯，用人工方法将活动型芯取出。合模前推杆在预复位后，将活动型芯装入，并由活动型芯的平台肩和斜面定位。为避免推杆阻碍脱模，应注意推杆的安放位置，即使 $S_1 > S$。

如图 10-81（b）所示压铸件内侧带有嵌件。将嵌件装在固定杆上，开模后，将压铸件、活动型芯和固定杆一起推出，再将固定杆卸下，并从压铸件中将活动型芯取出。

如图 10-82 所示是模外侧向取件模的两种形式。图 10-82（a）所示是将活动型芯 3 安装在推杆 4 上。当它和压铸件从主型芯 2 脱出后，按箭头方向将压铸件从侧面取出，并使 $S_1 > S$。这种结构形式，除实现侧抽芯的要求外，还降低了模具的加工难度和有利于立壁的顺利脱模。

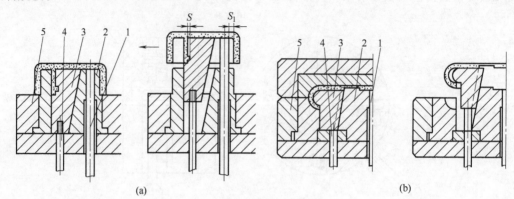

图 10-82　模外侧向取件模

1—推杆；2—主型芯；3—活动型芯；4—推杆；5—动模板

图 10-82（b）所示为内侧圆弧的脱模形式。活动型芯 3 安装在主型芯 2 的 T 形斜导滑槽内。开模后，与压铸件一起推出，活动型芯 3 因斜导滑槽的斜向导向而向侧抽芯方向移动，从而实现侧抽芯动作。

【例 10-12】　模外手动取芯模

图 10-83 所示是模外手动取芯模的实例。压铸件是气道连接件，气嘴部位需采用侧抽芯脱模。为简化模具结构，气嘴部位采用瓣式活芯 3 的结构形式，将它装入型腔镶块 2 中，依

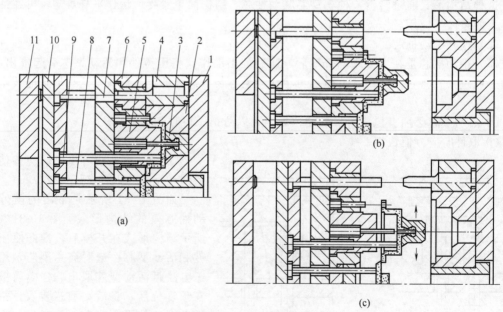

图 10-83　模外手动取芯模

1—定模座板；2—型腔镶块；3—瓣式活芯；4—定模板；5—主型芯；6—动模板；
7—复位杆；8—浇道推杆；9—推杆；10—推板；11—动模座板

靠圆锥面定位，如图 10-83（a）所示。

分型后，通过压铸件对主型芯 5 的包紧力，使压铸件和瓣式活芯以及浇注余料脱离定模，留在动模一侧，如图 10-83（b）所示。之后，推杆 9 和浇道推杆 8 推动压铸件和浇注余料脱离模体，用手工方法撬开瓣合型腔，取出压铸件。

10.8.2　活动镶块模外抽芯机构

（1）局部内侧凹单活动镶块抽芯

如图 10-84 及图 10-85 所示，活动镶块与动模型芯的结合采用燕尾槽结构，开模与铸件一起推出，活动镶块因燕尾槽的斜导向而将活动镶块置于内侧凹抽出部分。

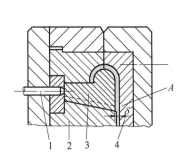

图 10-84　圆弧内侧凹单活动镶块抽芯

1—推杆；2—动模型芯；3—活动镶块；4—定模

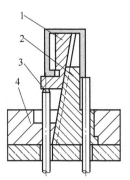

图 10-85　矩形内侧凹单活动镶块抽芯

1—活动镶块；2—动模型芯；3—推杆；4—动模

活动镶块的端面应低于动模型芯面 δ 值（图 10-84 A 处），δ 值一般取 0.1mm。

放置活动镶块的操作程序：合模、推出元件复位→开模→一段距离后、中停→放置活动镶块→合模→压铸。

（2）局部内侧凹双活动镶块抽芯

活动镶块以燕尾槽插入动模型芯，合模后由定模压紧 [图 10-86（a）K 处]，开模推出铸件的同时，将活动镶块推出，然后放入专用夹具取下活动镶块 [图 10-86（b）]。

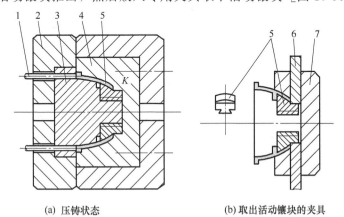

（a）压铸状态　　　　　　　　（b）取出活动镶块的夹具

图 10-86　局部内侧凹双活动镶块抽芯

1—推杆；2—动模；3—动模型芯；4—定模；5—活动镶块；6—推出块；7—夹具座

（3）多拼块镶块内凹抽芯

在铸件圆周的内凹无法采用机动抽芯，可采用多拼块活动镶块，压铸后分块取出，达到抽出内凹的要求。如图 10-87（a）所示为多拼块与轴套待装配情况。如图 10-87（b）所示为多拼块装入固定轴，由固定环固定放入模具内，压铸后取下。如图 10-87（c）所示为敲出固定轴和固定环后，取出多拼块的次序。

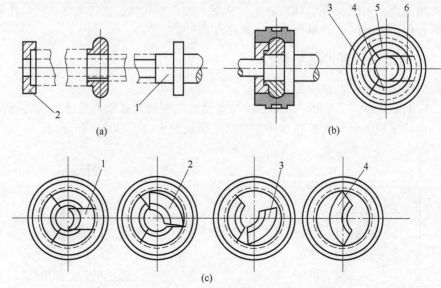

(a)

(b)

(c)

图 10-87　多拼块镶块内凹抽芯
1—镶块固定轴；2—镶块固定环；3～6—内凹镶块

（4）活动螺纹镶块抽出螺纹成型部位（图 10-88）

在铸件上，成型螺孔采用机动抽芯时，模具结构较复杂，采用活动镶块可简化模具结构。

图 10-88 所示为成型铸件的内螺纹结构。由于结构上的需要，活动镶块是采用型芯 3、4 连接组成，放入模后，由动、定模合紧。开模后，活动镶块与铸件同时推出，在模外将型芯 4 夹紧，并转动螺纹型芯 3，利用型芯 4 上 K 处成形的铸件筋可以止转，将螺纹旋出。

活动镶块的螺纹间，应进行精加工和抛光，以减少手动旋卸时的力矩。

对于成型铸件外螺纹，也可采用螺环型芯放入模具压铸成型，然后与铸件一起推出，再用专用夹具旋出铸件。

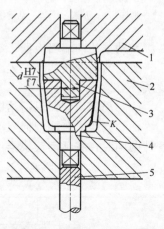

图 10-88　活动螺纹型芯结构
1—定模；2—动模；3—螺纹型芯；
4—带筋（K 处）型芯；5—推杆

10.8.3　特殊抽芯机构设计实例

特殊抽芯机构是按铸件结构的要求，模具结构设计的可能性进行设计，无固定的结构形式，设计时根据具体情况选用。下面介绍几种特殊抽芯机构的具体形式。

【例 10-13】　双级外侧抽芯模

侧成型零件的内外均受到压铸件的包紧时，为避免抽芯时产生压铸件的变形或损坏，可采用双级侧抽芯的形式，如图 10-89 所示。将内型芯 6 装在外型芯 5 中，在斜销 7 插入侧型芯时，外型芯 5 留出足够的后空当 δ，起延时抽芯作用，如图 10-89（a）所示。

开模时，斜销 7 首先驱动内型芯 6 开始内抽芯动作。由于止动销 4 和后空当的延时作用，外型芯 5 停留在原位不动。内型芯 6 在定位销 3 的作用下定位在外型芯 5 上，如图 10-89（b）所示。

在继续开模时，当外型芯 5 消除后空当 δ，止动销 4 脱开后，斜销 7 则驱动内、外型芯同时抽芯，并脱离压铸件的投影区域。定位销 8 分别使内、外型芯停留在抽芯的终止位置上，以便于在合模时，斜销 7 准确插入并带动内外侧型芯安全复位。

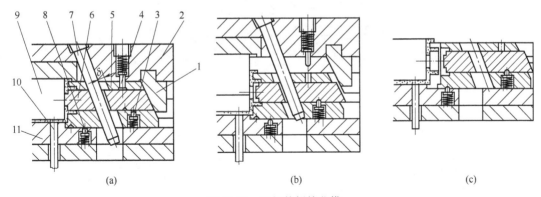

图 10-89　双级外侧抽芯模

1—楔紧块；2—定模板；3,8—定位销；4—止动销；5—外型芯；6—内型芯；
7—斜销；9—主型芯；10—推杆；11—动模板

【例 10-14】　双级双向外侧抽芯模

侧面带有转向四槽的压铸件，可采用双级双向抽芯机构，如图 10-90 所示。侧成型零件由水平型芯 7 和安装在 T 形导滑槽上的垂直型芯 8 组合而成。图 10-90 (a) 所示为合模状态。开模后，液压抽芯器拉杆 3 驱动水平型芯 7 开始侧抽芯动作。由于压铸件凹槽壁的阻碍和弹簧 6 的弹力作用，使垂直型芯 8 在原来的横向位置上，并沿水平型芯 7 的斜向导滑槽做相对上移的垂直抽芯动作，如图 10-90 (b) 所示。当完成垂直抽芯动作后，液压抽芯器拉杆 3 驱动它们一起后移，侧抽芯动作全部结束，如图 10-90 (c) 所示。

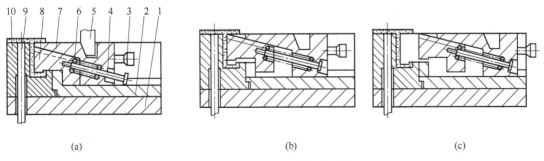

图 10-90　双级双向外侧抽芯模

1—支承板；2—动模板；3—液压抽芯器拉杆；4—斜拉杆；5—楔紧块；
6—弹簧；7—水平型芯；8—垂直型芯；9—推杆；10—主型芯

【例 10-15】　内环状型芯脱模机构

图 10-91 所示是一种简单适用的内环状型芯脱模机构，将环状型芯设计成瓣式组合形式，依序分步抽出环状型芯的方法。将环状型芯分割成 x 向芯瓣 5 和 y 向芯瓣 6 两组相对应的 4 瓣，组装在心轴 4 的 T 形槽内，组合成内环状型芯，如图 10-91 (a) 所示。

开模时，斜销 1 驱动侧滑座 2 和心轴 4 向抽芯方向移动，从而带动 y 向芯瓣 6 沿斜向导滑槽做轴向的抽芯动作，x 向芯瓣 5 则在直导滑槽内做直线移动，没有抽芯动作，如图 10-91 (b) 所示。

心轴 4 继续后移时，y 向芯瓣 6 完成抽芯动作，被挡销 7 挡住，随心轴 4 后移，而 x 向

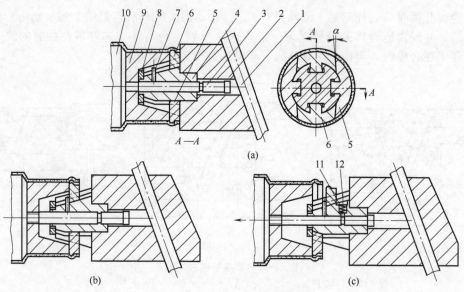

图 10-91　内环状型芯脱模机构

1—斜销；2—侧滑座；3—拉杆；4—心轴；5—x 向芯瓣；6—y 向芯瓣；
7—挡销；8—挡帽；9,10—直型芯；11—弹簧；12—弹顶销

芯瓣 5 进入心轴 4 的斜向导滑槽中。由于 y 向芯瓣 6 已让出足够的移动空间，x 向芯瓣 5 开始抽芯动作。当完成抽芯后，在挡帽 8 的作用下，随心轴 4 一起后移，并在拉杆 3 台肩带动下，连同直型芯 9 一起从压铸件中脱出。与此同时，相对的另一直型芯 10 也完成侧抽芯动作，如图（c）所示。

合模时，直型芯 10 首先复位。拉杆 3 在弹顶销 12 的弹力作用下，推动直型芯 9 随心轴 4 同时做复位动作。当触及直型芯 10 时，直型芯 9 完成复位。心轴 4 在继续前移时，脱离了弹顶销 12 的弹压力，带动芯瓣前移，使 x 向芯瓣 5 和 y 向芯瓣 6 先后沿导滑槽移动，并与直型芯 9 紧密贴合复位。

为避免各芯瓣在相对移动时产生摩擦阻力，在它们相互的接触面上设有一定的斜度 α。这种结构形式适用于较大直径的管状压铸件。如抽芯力和抽芯距离较大时，也可采用液压抽芯器驱动侧滑块抽芯。

【例 10-16】　模内中心斜抽芯模

真空泵定子座的平面中心部位有一个倾斜 30°的排气孔与侧面孔相通。通常由压铸成型后钻孔而成，生产效率低，又难以保证质量。经研究采用模内中心斜抽芯的结构形式，取得良好效果，其结构形式如图 10-92 所示。

在斜孔位置上，设置中心斜芯 6，并在定模座板 11 相应的位置上安装中心斜销 8。根据设计要求，在开模时应首先从 Ⅰ 处分型，达到中心斜销 8 与中心斜芯 6 产生相对移动时，驱动中心斜芯 6，实现中心斜抽芯的效果。在 Ⅱ 处分型面上，由于压铸件对成型零件的包紧力和侧型芯 10 的阻力作用，它的综合分型阻力远大于 Ⅰ 处的分型阻力，所以在开模时，必然首先从 Ⅰ 处分型，所以不必设置顺序分型脱模机构，只设置限位杆 2 控制一次分型的距离即可，如图 10-92（a）所示。

开模时，首先从 Ⅰ 处分型，中心斜销 8 在开模力作用下，驱动中心斜芯 6，完成中心斜抽芯动作，并在限位杆 2 的作用下，使定模板 12 停止移动，保证中心斜销 8 不脱离中心斜芯 6 的斜孔，以便于复位，如图 10-92（b）所示。

在继续开模时，从 Ⅱ 处分型，斜销 17 驱动侧型芯 10 完成侧抽芯动作，如图 10-92（c）

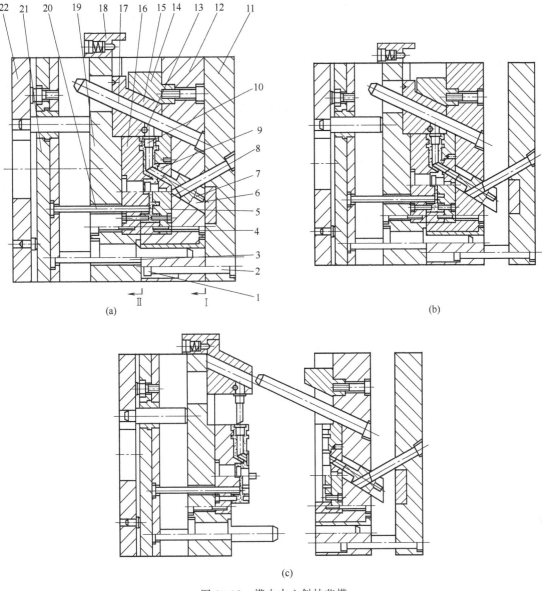

图 10-92　模内中心斜抽芯模

1—限位垫；2—限位杆；3—复位杆；4—凹模套；5—定模镶块；6—中心斜芯；7—导滑键；8—中心斜销；
9—镶块；10—侧型芯；11—定模座板；12—定模板；13—固定销；14—楔紧块；15—侧滑座；16—动模镶块；
17—斜销；18—定位装置；19—动模板；20—推杆；21—推板；22—动模座板

所示，之后在推杆 20 的作用下，将压铸件推出。

　　合模时，中心斜销 8 驱动中心斜芯 6 做复位动作，并在定模板 12 的合模力作用下定位锁紧。为防止定模板 12 被中心斜芯 6 的尾端撞伤，在相应部位镶嵌淬硬的垫块。

　　实践证明，这是一种新颖的抽芯形式。它稳定可靠，既提高了产品质量，又简化了加工工艺，现仍在正常使用。

　　【例 10-17】　弯管内抽芯模

　　图 10-93 是较为新颖的弯管内抽芯模的结构形式。压铸件是直角弯管接头，由于直段部分的直径大于弯管部分的直径，将直段方向的型芯设计成 x 向直芯 3 和可绕心轴 5 摆动的弯型芯 6，并以圆锥面定位。拉杆 1 设置在 x 向直芯 3 的腰形孔中，并将拉销 2 穿过限位腰

孔与 x 向直芯 3 连接，从而可做伸缩移动。为协调抽芯动作，y 向直芯 7 设置了延时抽芯动作，如图 10-93（a）所示。

开模时，y 向直芯 7 在延时抽芯作用下不动，x 向开始抽芯动作，x 向直芯 3 开始后移，但弯型芯 6 受压铸件阻力作用，停留在原地，如图 10-93（b）所示。

当 x 向直芯 3 继续后移时，弯型芯 6 尾部圆锥体脱离定位锥孔的控制，并通过拉销 2 拉动拉杆 1、弯型芯 6，以心轴 5 为轴心，边后移边沿着压铸件圆弧管壁的导向摆动，直到完全脱模。

弯型芯 6 在抽芯动作时，依托 y 向直芯 7 的端面作转向的支承点。所以设置 y 向直芯 7 的延时动作。当弯型芯 6 开始作摆动抽芯后，y 向直芯 7 即开始抽芯动作。

当完成抽芯动作后，弯型芯 6 在扭簧 4 的作用下向外扭动，与 x 向直芯 3 的端面 E 点相碰，即保持在抽芯终止时的位置上，以便于复位。如图 10-93（c）所示。

合模时，x 向直芯 3 向前移动，并在 E 处推动弯型芯 6 沿逆时针方向摆动，并逐渐插入定位锥孔复位。

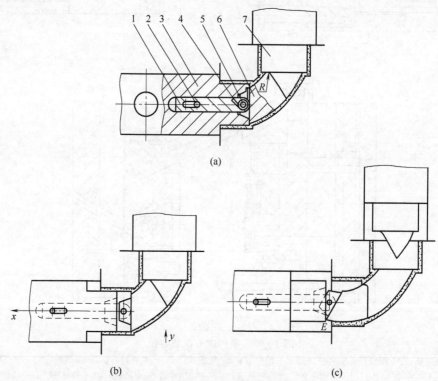

图 10-93　弯管内抽芯模
1—拉杆；2—拉销；3—x 向直芯；4—扭簧；5—心轴；6—弯型芯；7—y 向直芯

10.9　滑块及滑块限位楔紧的设计

10.9.1　滑块的基本形式和主要尺寸

（1）滑块的基本形式

在各种抽芯机构中，除斜滑块的形式较特殊外，其他各类抽芯机构的滑块形式基本相同，见表 10-23。

表 10-23　滑块的基本形式

简　图	说　明
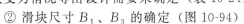	T 形槽面在滑块底部,用于较薄的滑块型芯中心与 T 形导滑面较靠近,抽芯时滑块稳定性较好
	滑块较厚时,T 形导滑面设在滑块中间,使型芯中心尽量靠近 T 形导滑面,提高抽芯时的滑块稳定性
圆形滑块 导滑块 导套	在分型面上设置抽拔圆柱型芯时,滑块截面用圆形导滑块,设在固定于动模面上的矩形导套内,运动平稳,制造简便

（2）滑块主要尺寸的设计

① 滑块宽度 C 与高度 B 的确定（图 10-94）

尺寸 C、B 是按活动型芯外径最大尺寸或抽芯动作元件的相关尺寸（如斜销孔径）以及滑块受力情况等由设计需要来确定（表 10-24）。

② 滑块尺寸 B_1、B_3 的确定（图 10-94）

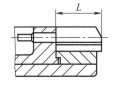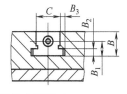

图 10-94　滑块主要尺寸

Ⅰ. 尺寸 B 是活动型芯中心到滑块底面的距离,抽单型芯时,使型芯中心在滑块尺寸 C、B 中心。抽多型芯时,活动型芯的中心应是各型芯抽芯力中心,此中心应在滑块尺寸 C、B 的中心。

Ⅱ. 尺寸 B_2 是 T 形滑块导滑部分的厚度,为使滑块运动平稳,一般需要取尺寸 B_2 厚一些,但要考虑套板强度,常用尺寸 B_2 为 15～25mm。

Ⅲ. 尺寸 B_3 是 T 形滑块导滑部分宽度,在机械抽芯机构中,主要承受抽芯中的开模阻力,因此需要有一定的强度,常用尺寸 B_3 为 6～10mm。

③ 滑块长度 L 的确定。滑块长度 L 与滑块的高度 B 及宽度 C 有关,为使滑块工作时运动平稳,应满足下式要求:

$$L \geqslant 0.8C$$
$$L \geqslant B \tag{10-37}$$

式中　L——滑块长度,mm;

　　　C——滑块宽度,mm;

　　　B——滑块高度,mm。

又因各种抽芯机构的工作情况不同,在常用机械抽芯机构中,滑块长度的确定见表 10-25。

表 10-24　确定滑块 C、B 尺寸　　　　　　　　　　　单位：mm

简　图	计　算　公　式
	抽单型芯时： $$C = B = d + (10 \sim 30)$$
	单型芯直径 $d < D$ 时，尺寸 C、B 应按 传动元件的相关尺寸确定： $$C = B = D + (10 \sim 30)$$
	按活动型芯轮廓尺寸确定： $$C = a + (10 \sim 30)$$ $$B = b + (10 \sim 30)$$
	抽多型芯时，按多型芯最大外形尺寸 确定： $$C = a + d + (10 \sim 30)$$ $$B = b + (10 \sim 30)$$

表 10-25　常用抽芯机构中滑块长度 L 的确定

形　式	简　图	公　式
斜弯销抽芯滑块		$$L = l_1 + l_2 + l_3 + l_4$$ 式中　l_1——安装活动型芯部分； 　　　l_2——取 $5 \sim 10$； 　　　l_3——斜销孔投影尺寸； 　　　l_4——取 $10 \sim 20$
齿轴齿条抽芯滑块		$$L = l_1 + l_2 + l_3$$ 式中　l_1——安装活动型芯部分 　　　l_2——抽芯距离 　　　l_3——取 $20 \sim 30$

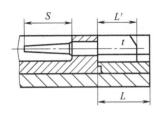
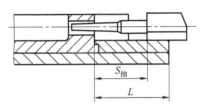

(a) 插芯位置　　　　　　　　(b) 抽芯位置

图 10-95　滑块在导滑槽工作段情况

（3）滑块在导滑槽内的导滑长度和导滑槽接长块的设置

如图 10-95 所示，滑块在模套内的导滑长度，应满足以下要求：

$$L \geqslant L' + S \qquad (10\text{-}38)$$

式中　L——导滑槽最小配合长度，mm；

　　　S——抽芯距离，mm；

　　　L'——滑块实际长度，mm。

抽拔较长的型芯时，由于 S 值较大，所计算的 L 值大大超过套板边框的正常值，如加大边框则增加模具外形尺寸，增加了模具的重量。在一般情况下，可采用套板外侧安装导滑槽接长块，以减少模具重量，如图 10-96 所示。

（4）滑块的配合间隙和活动型芯的封闭段长度的确定

滑块的合理配合间隙和型芯的配合段长度是防止金属液窜入的重要条件，具体数据见表 10-26。

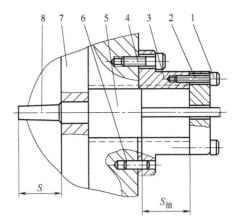

图 10-96　导滑槽接长块的结构形式

1,4—螺钉；2—定位板；3—导滑槽接长块；5—滑块；6—定位销；7—动模镶块；8—活动型芯

表 10-26　滑块间隙及型芯与孔常用的封闭段长度

简　图		封闭段长度	
		型芯直径 d	封闭段 L
型芯与型芯导孔		<10	≮15
		10~30	15~25
		30~50	25~30
		50~100	30~50
		100~150	50~70
滑块间隙		$L \geqslant 10 \sim 15$	

简　　图	封闭段长度	
	型芯直径 d	封闭段 L
滑块型芯	$L\not>15$	
型芯与导向孔的配合精度	用于压铸合金		
	锌	铝	铜
	H7/f7	H7/e8	H7/f7

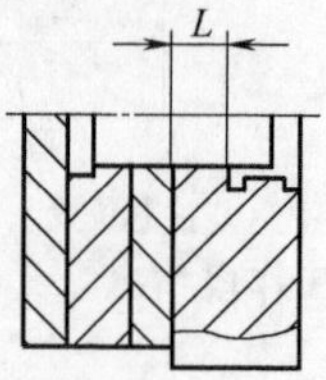

注：抽芯距离 $S>L$ 时，抽芯后，活动型芯可能脱出配合段，为使抽芯时，活动型芯易于导入配合孔，要求孔的进入设计成表中局部Ⅰ放大图所示。

10.9.2　滑块导滑部分的结构

（1）圆形截面滑块导滑部分的结构

圆形截面滑块导滑部分的结构见表10-27。

表 10-27　圆形截面滑块导滑部分的结构

简　　图	说　　明
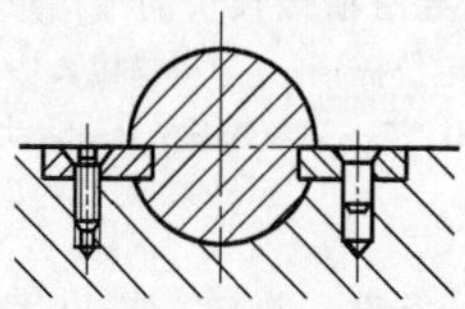	在滑块上开槽，导滑板用螺钉和销钉装固在动模套板的平面上，用于较小滑块的导滑
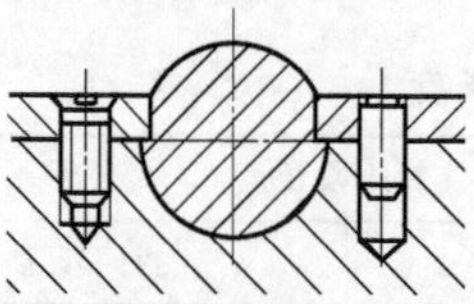	—
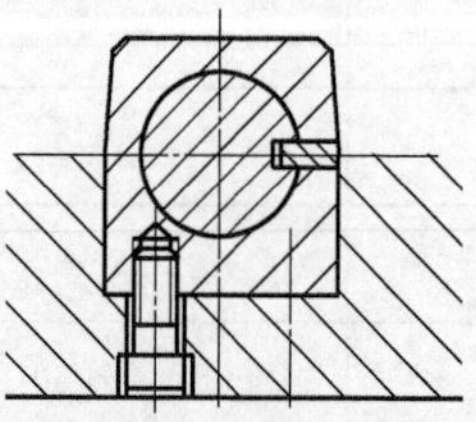	在动模套板的分型面处，布置单块导滑板，适用于远离分型面的小型芯的导滑

（2）矩形截面滑块导滑部分的结构

矩形截面滑块导滑部分的结构见表10-28。

表 10-28　矩形截面滑块的导滑部分的结构

结构形式		说　明
整体式	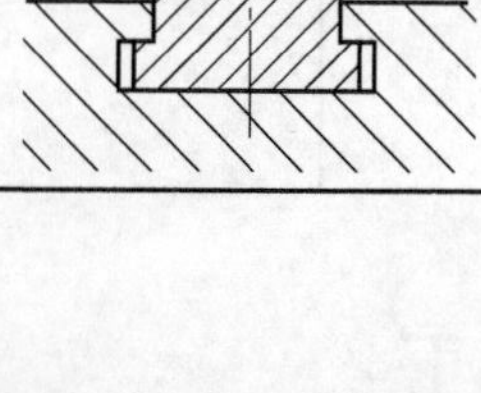	强度高，稳定性好，单导滑部分磨损后修正困难，用于较小的滑块

结 构 形 式		说　明
滑块与导滑件相连接		导滑部分磨损后可修正,加工方便,用于中型滑块
		导滑部分磨损后可修正,加工方便,用于中型滑块
槽板导滑件镶块		滑块的导滑部分,采用单独的导滑板或槽板,通过热处理来提高耐磨性,加工方便,也易更换。最后两个示图的结构用于宽大的滑块上
		用于套板上不能设置倒滑槽的场合
		除具备上述优点外,由于导滑表面减少摩擦力,对温度的变化影响也小,用于厚大的滑块

10.9.3 滑块限位装置的设计

滑块在抽出后，要求稳固地保持在一定位置上，便于再次合模时，由传动元件带动滑块准确复位，为此需设计限位装置。根据滑块的运动方向和限位的可靠性，可设计不同结构的限位装置。

（1）滑块沿上、下运动的限位装置

滑块沿上、下运动的限位装置见表 10-29。

表 10-29　滑块沿上、下运动的限位装置

装置简图		说　明
滑块向上运动	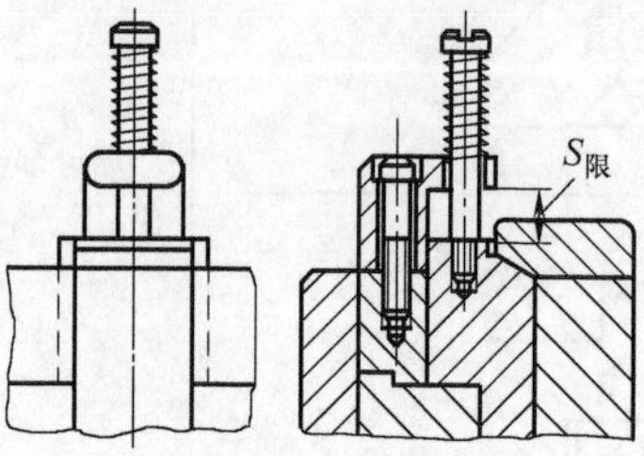	滑块向上抽出后，依靠弹簧的张力，使滑块紧贴于限位块下方。弹簧的张力要求超过滑块的重量，限位距离 $S_限$ 等于抽芯距离再加上 $1 \sim 1.5mm$ 安全值。此结构简单可靠，广泛用于抽芯距离较短的场合
	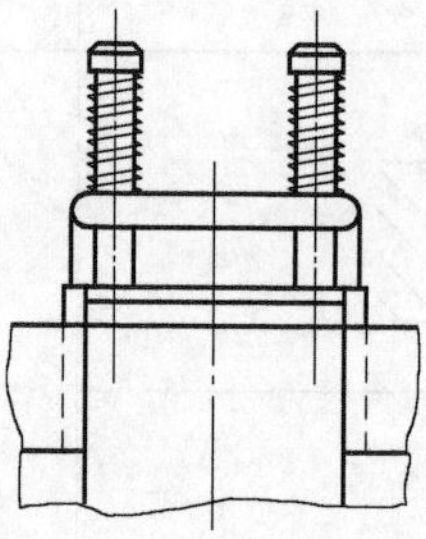	滑块较宽时，采用两个弹簧，以保持滑块抽出时运动平稳
	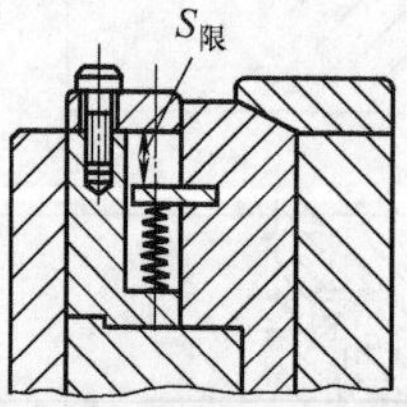	弹簧处于滑块内侧，当滑块向上抽出后，在弹簧的张力作用下，对限位滑块限位。模具外形整洁，用于抽芯距离短的场合
	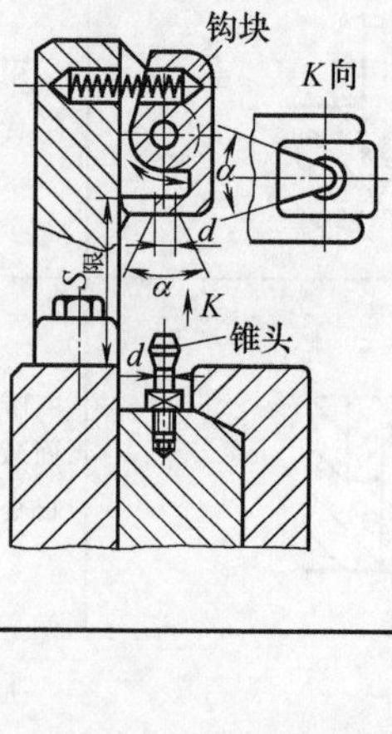	滑块向上抽出时，由于惯性力，使滑块尾部的锥头进入到钩块内，通过弹簧的弹力，钩住滑块，合模时，由传动件强制锥头脱离钩块，进行复位。此结构可用于抽芯距离较长的场合

装 置 简 图	说 明
滑块向下运动	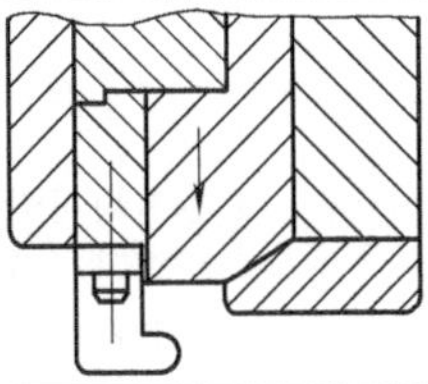 向下运动的滑块,抽芯后因滑块自重下落,落在限位块上,省略了螺钉、弹簧等装置,简化结构

（2）滑块沿水平方向运动的限位装置

滑块沿水平方向运动的限位装置见表 10-30。

表 10-30 滑块沿水平方向运动的限位装置

结 构 简 图	说 明
基本形式	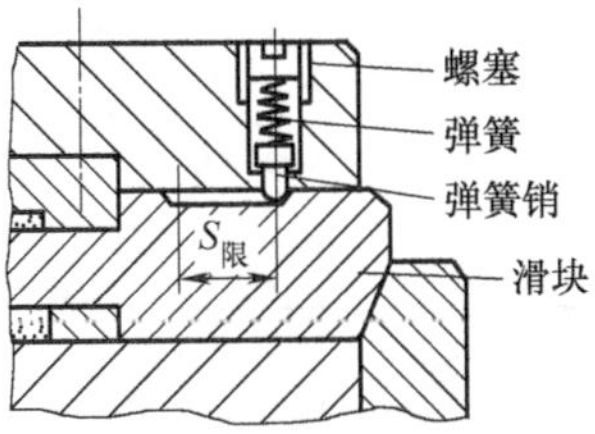 在滑块的底面或侧面,沿导滑方向加工两个锥坑,通过相对应位置上的弹簧销或钢珠限位。结构简单,拆装方便,弹簧的压紧力取 3kg 以上,限位距离等于抽芯距离
其他结构形式	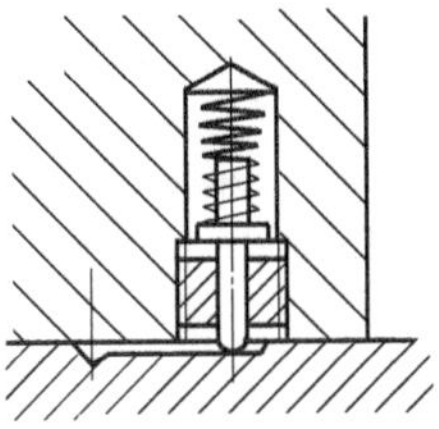 在模板上加工限位锥坑,弹簧销装入滑块内,用于特厚滑块的场合
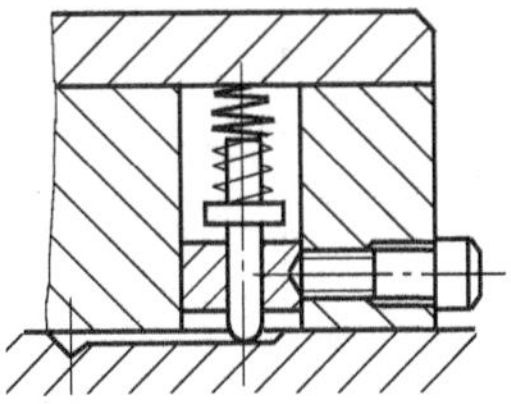	模板上加工通孔,装入弹簧销后,用螺钉压紧限位圈,用于模板较薄的场合
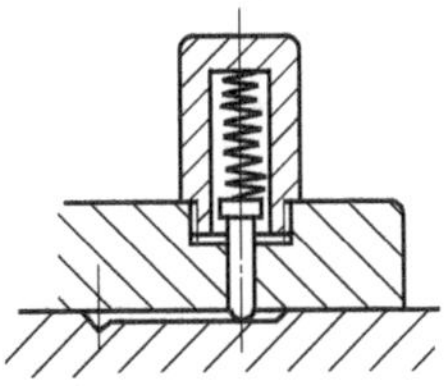	模板后部另设弹簧销座套,用于模板特薄的场合
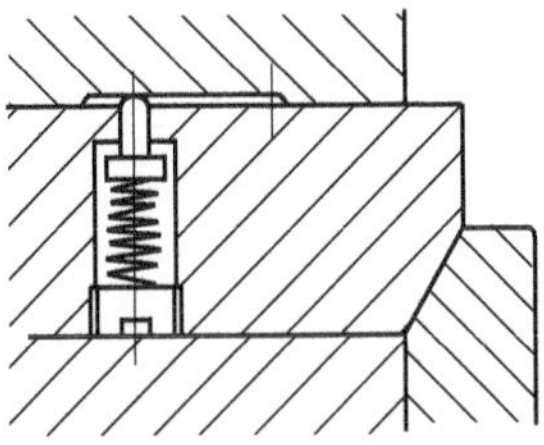	滑块较厚时,可将弹簧销全部装入滑块内,在模板上加工限位坑

结构简图	说　明
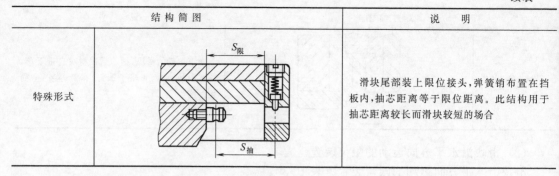	滑块尾部装上限位接头,弹簧销布置在挡板内,抽芯距离等于限位距离。此结构用于抽芯距离较长而滑块较短的场合

（特殊形式）

10.9.4　滑块楔紧装置的设计

（1）楔紧块的布置

① 楔紧块布置在模外的结构见表 10-31。

表 10-31　楔紧块布置在模外的结构

	结构简图	说　明
基本结构		①当反压力较小时,可将楔紧块装固在模体外,以减小模具外形尺寸 ②紧固螺钉尽量靠近受力点,并用销钉定位 ③制造简便,便于调整楔紧力,但楔紧块刚性较差,使用时间长螺钉易松动
增加楔紧力结构	楔紧锥	滑块上除有楔紧块外,应加以楔紧锥,以增加楔紧力,如紧固螺钉松动也不致使滑块在压射过程中后退
	辅助楔紧块	延长楔紧块端部,在动模体外侧镶接辅助楔紧块,以增加原有楔紧块刚性
		楔紧块用燕尾槽紧配入模套外侧,防止滑块由于螺钉松动,在压射过程中后退,但这种结构加工复杂

② 楔紧块布置在模内的结构见表 10-32。

③ 整体式楔紧块结构见表 10-33。

（2）常用楔紧块的楔紧斜角

常用楔紧块的楔紧斜角见表 10-34。

表 10-32 楔紧块布置在模内的结构

简 图	说 明
基本结构 (a) (c) (b) (d)	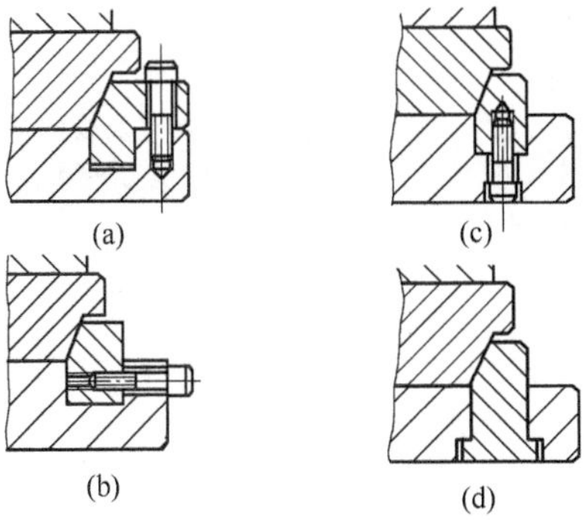 楔紧块装固于模套内,以提高强度和刚性,用于楔紧受反压力较大的滑块
其他结构 	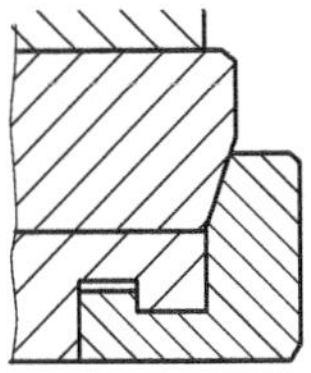 提高楔紧块强度,用于模具外形尺寸较小的场合
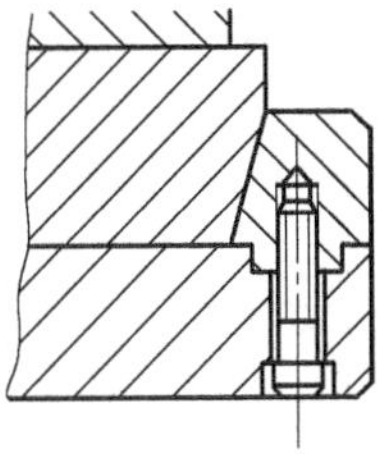	四周皆有滑块,需同时楔紧时,可用楔紧圈形式

表 10-33 整体式楔紧块结构

简 图	说 明
基本结构 滑块 楔紧块	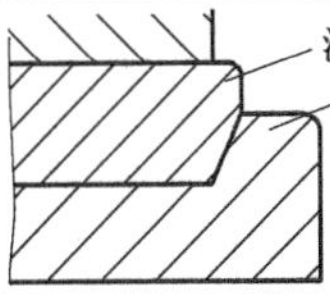 滑块受到强大的楔紧力不易移动,但材料耗费较大,并因套板不经热处理,表面硬度低,使用寿命短,难以调整楔紧力
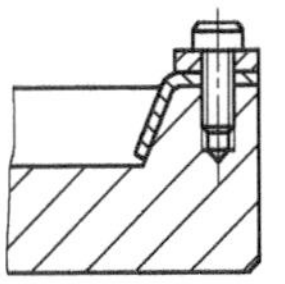	在楔紧块表面,复以冷轧薄钢板,使用寿命长,维修简便,通过更换钢板的厚度可调整楔紧力的大小
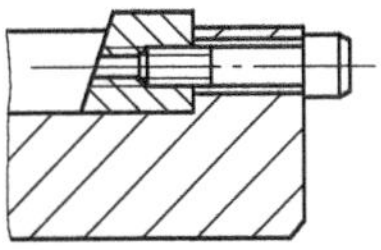	楔紧块采用经热处理的镶块,耐磨性好,便于调整楔紧力,维修方便
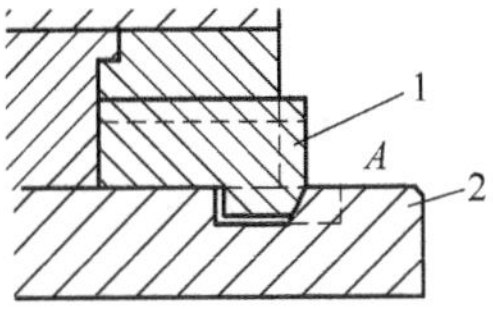 其他结构 1 A 2 1—楔紧块;2—模板	楔紧块斜面突出于滑块上,套板上仅加工斜面坑与滑块楔紧,节省模套材料,调整楔紧力可通过加工 A 平面达到

第 10 章 抽芯机构的设计 **351**

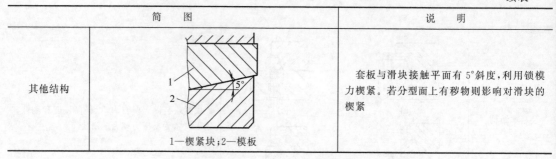

续表

简　图	说　明
其他结构 1—楔紧块；2—模板	套板与滑块接触平面有 5°斜度，利用锁模力楔紧。若分型面上有秽物则影响对滑块的楔紧

表 10-34　楔紧块的楔紧斜角

抽芯机构	楔紧斜角	抽芯机构	楔紧斜角
斜销抽芯	大于斜销斜角 2°～3°	液压或手动抽芯	5°～10°
弯销抽芯（无延时抽芯）	大于弯销斜角 2°～3°	齿轮齿条抽芯	10°～15°
（有延时抽芯）	10°～15°		

10.9.5　滑块与型芯型块的连接

由于滑块和型芯的工作条件不同，对材料和热处理要求不同，因此在一般情况下，型芯和滑块皆采用镶接，其结构有下列几种。

① 单件型芯型块的连接形式见表 10-35。

② 多件型芯的连接形式见表 10-36。

表 10-35　单件型芯型块的连接形式

连接形式	说　明
	型芯用楔块固定，滑块尾部钻孔便于拆除型芯。在同一平面的滑块上布置多型芯时也可采用
	型芯用骑缝销固定，用于型芯直径较小的场合
压板　片状型芯	片状型芯可采用压板压紧形式
A→　A—A	型芯较大时，可用燕尾槽与滑块连接，并以横销定位，受力时强度较好，但加工较困难
	滑块上加工开口槽，装入型芯后，由销钉限位，型芯本体与滑块孔采用动配合，使型芯在运动时不致因同轴度的误差而卡住

连 接 形 式	说　　明
	型芯尺寸较大时,可在型芯尾端加工成台阶,用定位销与滑块连接,型芯与滑块孔采用动配合
(a) (b)	大型芯或型块,可采用螺钉连接,并以销钉定位,装配方便
	型芯与滑块采用镶接式结构有困难时,可用整体制成

表 10-36　多件型芯的连接形式

连 接 形 式	说　　明
	对于不处在同一条直线上的型芯,可由滑块尾部装入后,用螺塞固定
	多片型芯采用销钉连接,型芯与滑块采用动配合
	大型芯用燕尾槽与滑块连接,小型芯再镶入大型芯内固定
	在大面积滑块上装配多件型芯时,可采用固定板再用螺钉或销钉紧固
	采用插入式固定板,将型芯装配其上,固定板用骑缝销与滑块连接

10.10 嵌件的进给和定位

10.10.1 设计要点

① 嵌件与模具相配合的部分，采用三级动配合精度。对轴类嵌件选用基孔制，对套、管类嵌件的内孔选用基轴制。平板形嵌件和用于定位用嵌件长度尺寸选用三级精度双向负偏差，板料的周围应考虑倒角。

② 安装嵌件的部位宜采用镶拼式的模具结构，便于维修和装拆。

③ 嵌件周围不宜布置推杆，否则影响嵌件的安装。

④ 嵌件定位要求准确，牢固可靠，以免在模具运动过程中产生位移和脱落。合模后的嵌件，不会因受到金属液的冲击而产生歪斜。一般要求嵌件设置在定模部分，避免合模时嵌件抖动而影响定位精度。

⑤ 安装较大嵌件用的型芯式孔座，需考虑材料的热膨胀，防止模温升高后装入嵌件发生困难，同时应注意模具的预热和冷却。

⑥ 安放嵌件的部位，尽可能靠近操作人员一侧和在模具分型面上。

⑦ 为减轻劳动强度，采用机动嵌件进给时，要求安全可靠，动作灵活，定位准确。

10.10.2 嵌件在模具内的安装与定位

嵌件在模具内的安装与定位见表 10-37。

表 10-37 嵌件在模具内的安装与定位

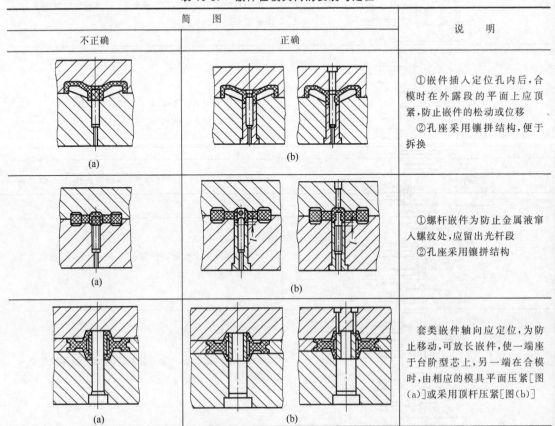

简 图			说 明
不正确	正确		
(a)	(b)		①嵌件插入定位孔内后，合模时在外露段的平面上应顶紧，防止嵌件的松动或位移 ②孔座采用镶拼结构，便于拆换
(a)	(b)		①螺杆嵌件为防止金属液窜入螺纹处，应留出光杆段 ②孔座采用镶拼结构
(a)	(b)		套类嵌件轴向应定位，为防止移动，可放长嵌件，使一端座于台阶型芯上，另一端在合模时，由相应的模具平面压紧[图(a)]或采用顶杆压紧[图(b)]

简　图		说　明
不正确	正确	

简图（不正确/正确）	说明
(a) ／ (b)	①内螺纹嵌件不宜直接插入光杆型芯中，以防金属液窜入，应将嵌件旋入螺杆型芯中，成一整体置入孔座内 ②型芯应有定位装置，防止压铸时浮动
(a) ／ (b)	薄壁扁嵌件的定位孔，应采用镶拼结构，定位准确，加工方便
(a) ／ (b)	
K	弯管嵌件装入型芯，合模后应有支撑点 K，防止受金属液冲击变形
—	法兰管件中段布置嵌件时，两侧型芯应相互插入，防止受金属液冲击变形
—	对于细长而一端弯折的嵌件，如直接装入模内较为困难，可将嵌件先插入活动镶块定位孔（槽）内，一起装到导柱上，合模后，活动镶块由楔紧块楔紧
—	平板形嵌件由台阶型芯定位，另一面再由型芯端面支撑

简 图		说 明
不正确	正确	
—		平板形嵌件由导钉定位,合模后由动、定模平面压紧
—		平板形嵌件由固定型芯定位,合模后由动、定模平面压紧

10.10.3　手动放置嵌件的模具结构

（1）嵌件置入动模的结构

如图 10-97 所示,放置嵌件的导杆 1,在下端设有管状推杆 2,开模推出铸件后,由于导杆伸出分型面一段距离,所以管状推杆不需预复位就能将嵌件套入导杆头部。合模时,由定模面将嵌件送入型腔。合模时,由于模具运动,有可能使嵌件颤动或脱出。

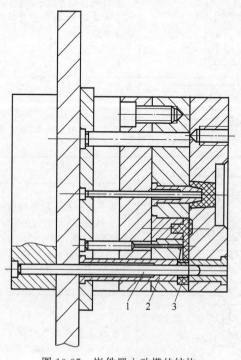

图 10-97　嵌件置入动模的结构
1—导杆；2—管状推杆；3—嵌件

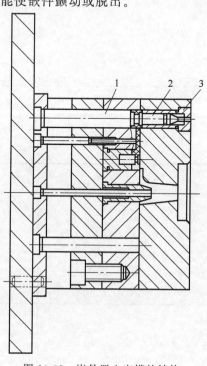

图 10-98　嵌件置入定模的结构
1—推杆；2—嵌件座套；3—嵌件

（2）嵌件置入定模的结构

如图10-98所示，柱状嵌件3可直接插入定模嵌件座套2内，不受合模动作的影响，也不受推杆1的干扰，模具结构简单。

（3）嵌件置于分型面上的结构

对于长杆类嵌件，以分型面上的长槽和定位块定位，并且采用装在定模上的卡簧固定，如图10-99所示。这类嵌件的定位和固定装置皆布置在模体外，故不增加模具的轮廓尺寸。

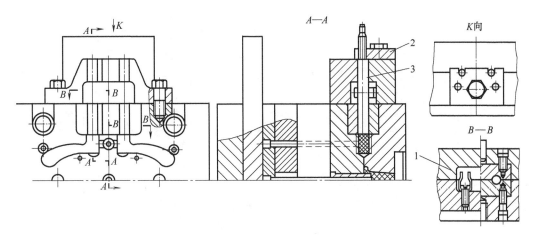

图 10-99　嵌件置于分型面上的结构

1—卡簧；2—定位块；3—嵌件

10.10.4　机动放置嵌件的模具结构

采用机动放置嵌件的模具中，设有料槽嵌件，以电磁振动方式装入后，靠自重按先后顺序整齐排列于待装位置。在每次合模时，由推杆逐一送入型腔中。

设计时需注意下列几点。

① 推杆的直径应略大于嵌件的直径。

② 推杆的推动行程，应大于嵌件的长度。

③ 嵌件座套与嵌件的外径要求精确配合，防止压铸时金属液通过嵌件窜入料槽内，影响嵌件的正常进给。

④ 装嵌件的料槽内部要求平滑光洁，槽内尺寸与嵌件的配合间隙，以不影响嵌件自由下落为原则。

（1）动模内的嵌件（单件）送入型腔的模具结构

图 10-100 所示为动模内的嵌件（单件）送入型腔的模具结构。开模后，在推出铸件的同时将嵌件送入型腔；合模后，推杆复位，下一件嵌件自动下落，处于待装位置。

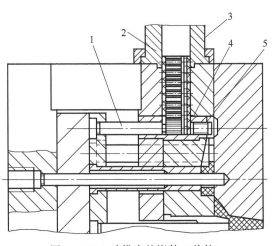

图 10-100　动模内的嵌件（单件）送入型腔的模具结构

1—推杆；2—待装嵌件；3—料槽；4—嵌件座套；5—嵌件

（2）定模内嵌件（单件）送入型腔的模具结构

如图 10-101 所示，为了使嵌件能自动送入型腔，因此料槽设置在定模内，推杆 2 设在定模底板上。开模时由于分型面Ⅱ装有锁模机构 3，故只能先打开分型面Ⅰ，此时推杆相对后退，使下部的嵌件落于空位中处于待装位置。第二次合模时，将嵌件推入型腔。为了防止金属液窜入待装位置，在推杆前端需设有密封段距离 A，设计时所要求打开分型面的距离，除了应大于嵌件的长度外，还需再加上该段距离。

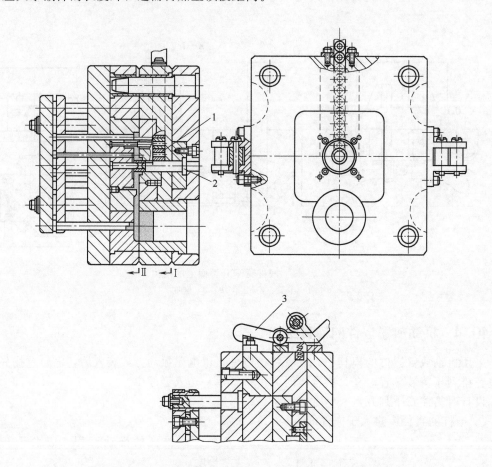

图 10-101　定模内的嵌件（单件）送入型腔的模具结构
1—嵌件；2—推杆；3—锁模机构

（3）动模内的嵌件（多件）送入型腔的结构

图 10-102 所示的动作原理与图 10-100 所示相同。在本结构中增设了嵌件二级进给装置。第一级由推杆进给，将嵌件初步送入型腔，第二级再由斜销带动的滑块 1 通过头部的斜面，在合模过程中将嵌件送入到型腔内准确的位置上。

为了保证每一个嵌件都能准确地送入型腔中，不致因滑位在合模时造成事故，因此放置嵌件的型腔之间的中心距 L，应为两个嵌件中心距离的倍数。

（4）分型面上的嵌件（多件）送入型腔的结构

图 10-103 所示的动作原理与图 10-100 所示相同。由于料槽置于分型面上，所以推杆 3 由斜销抽芯机构带动。推杆行程取嵌件长度加上推杆在嵌件座套内的长度 l。放置嵌件的型腔之间的中心距离，应为两个嵌件中心距离的倍数。

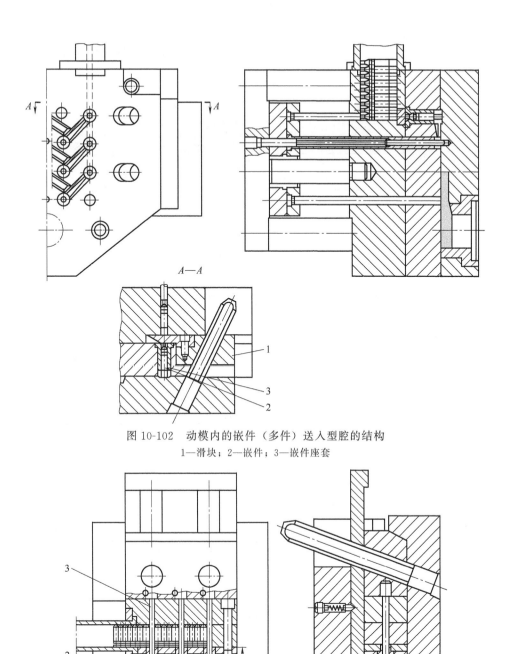

图 10-102　动模内的嵌件（多件）送入型腔的结构

1—滑块；2—嵌件；3—嵌件座套

图 10-103　分型面上的嵌件（多件）送入型腔的结构

1—嵌件；2—嵌件座套；3—推杆

10.11　斜销抽芯机构常用标准件

10.11.1　斜销

见图 10-104，其尺寸见表 10-38、表 10-39。

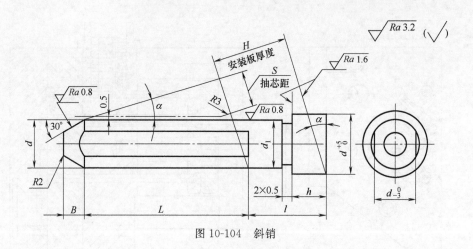

图 10-104 斜销

表 10-38 斜销尺寸

d (f7)		d (m6)			α			h
公称尺寸	偏差	公称尺寸	偏差	L	15°	20°	25°	
						5		
20	−0.020 −0.041	20	+0.021 +0.008	50	10.13	12.79		14
				65	14.01	17.93		
				80	17.89	23.06		
				95	21.77	28.19		
				110	25.66	33.32		
				130	30.83	40.16		
25		25		50	9.78	12.17	13.94	17
				65	13.66	17.30	20.28	
				80	17.54	22.43	26.62	
				95	21.43	27.56	32.96	
				110	25.31	32.69	39.30	
				130	30.49	39.53	47.75	
				150	35.66	46.37	56.21	
32	−0.025 −0.050	32	+0.025 +0.009	80	17.06	21.56	25.24	20
				95	20.94	26.69	31.58	
				110	24.82	31.82	37.92	
				130	30.00	38.66	46.37	
				150	35.18	45.50	54.83	
				170	40.35	52.34	63.28	
				190	45.53	59.18	71.73	

表 10-39 斜销安装板尺寸

H （安装板厚度）	α		
	15°	20°	25°
		1	
30	31.7	—	—
35	36.9	38.2	—
40	42.1	43.5	45.3
45	47.3	48.8	50.8
50	52.4	54.1	56.3
60	62.8	64.8	67.4
70	73.1	75.4	78.4
80	83.5	86	89.4

注：1. 材料：TSA 钢按 GB 1298—2008。

2. 热处理：淬火 50～55HRC。

10.11.2 楔紧块

(1) 楔紧块Ⅰ见图 10-105，其尺寸见表 10-40。

(2) 楔紧块Ⅱ见图 10-106 和表 10-41。

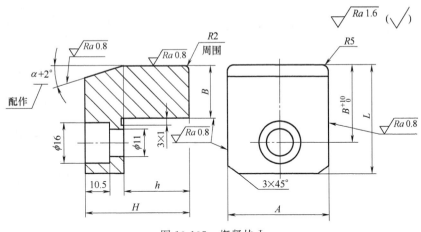

图 10-105　楔紧块Ⅰ

表 10-40　楔紧块Ⅰ尺寸

A（f7）		B（m6）		L	h	H	α（°）
公称尺寸	偏差	公称尺寸	偏差				
40	−0.025 −0.050	16	+0.018 +0.007	38	24	40	15
							20
							25
50		20	+0.021 +0.008	42	31	50	15
							20
							25
60	−0.030 −0.060	25		48	39	60	15
							20
							25

注：1. 材料：TSA 钢按 GB 1298—2008。

2. 热处理：淬火 45～50HRC。

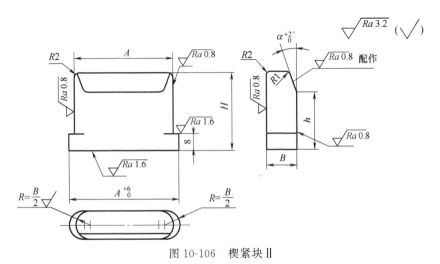

图 10-106　楔紧块Ⅱ

表 10-41　楔紧块Ⅱ尺寸

A(f7)		B(m6)		H	h
公称尺寸	偏差	公称尺寸	偏差		
32	−0.025 −0.050	12	+0.018 +0.007	30	20
				35	25
				40	30
				45	35
				50	40
		16		30	20
				35	25
				40	30
				45	35
				50	40
40	−0.025 −0.050			30	20
				35	25
				40	30
				45	35
				50	40
		20	+0.021 +0.008	40	25
				45	30
				50	35
				55	40
				60	45
50				40	25
				45	30
				50	35
				55	40
				60	45
		25		50	30
				55	35
				60	40
				65	45
				70	50

10.11.3　定位销

定位销见图 10-107 和表 10-42。

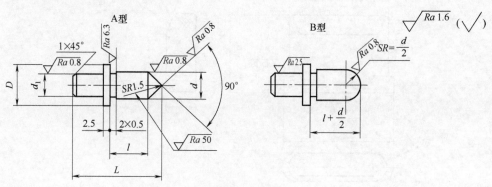

图 10-107　定位销

表 10-42　定位销尺寸　　　　　　　　　　　　　　单位：mm

| d(f7) | | d_1 | D | l | L |
公称尺寸	偏差				
6	−0.010 −0.022	4	10	8	18
8	−0.013 −0.028	6	12	10	24
10		8	14	12	30

注：1. 材料：T8A 钢，按 GB 1298—2008。

2. 热处理：淬火 50～55HRC。

第 11 章 推出机构的设计

11.1 推出机构的主要组成与分类

压铸模中使铸件从模具的成型零件中脱出的机构，称为推出机构。推出机构一般设置于动模上。

11.1.1 推出机构的组成

推出机构一般由下列部分组成，如图 11-1 所示。

① 推出元件直接推动压铸件脱落，如推杆 3、推管 4 以及卸料板、成型推块等。

② 复位元件在合模过程中，驱动推出机构准确地回复到原来的位置，如复位杆 1 以及卸料板等。

③ 限位元件调整和控制复位装置的位置，起止退限位作用，并保证推出过程中，受压射力作用时不改变位置，如限位钉 2 以及挡圈等。

④ 导向元件引导推出机构往复运动的移动方向，并承受推出机构等构件的重量，防止移动时倾斜，如推板导柱 8 和推板导套 9 等。

⑤ 结构元件将推出机构各元件装配并固定成一体，如推杆固定板 6 和推板以及其他辅助零件和螺栓等连接件。

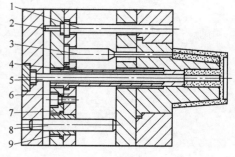

图 11-1 推出机构的组成
1—复位杆；2—限位钉；3—推杆；4—推管；
5—型芯；6—推杆固定板；7—推板；
8—推板导柱；9—推板导套

11.1.2 推出机构的分类

根据压铸件的外形、壁厚及结构特点，压铸件的推出机构有多种类型。

① 按推出机构的驱动方式分为机动推出、液压推出和手动推出。

② 按推出元件的动作方向，推出机构可分为直线推出、摆动推出和旋转推出。

③ 按推出元件的结构特征，推出机构可分为推杆推出、推管推出、卸料板推出，推块推出和综合推出等推出形式。

④ 按推出机构的动作特点，又可分为一次推出、二次推出，多次顺序分型脱模机构以及定模推出机构等。

11.1.3 推出机构的设计要点

（1）推出距离的确定

在推出元件作用下，铸件与其相应成型零件表面的直线位移或角位移称为推出距离。按照推出机构的分类，不同运动路线的推出原件的推出距离计算如图 11-2 所示。

① 直线推出 ［图 11-2（a）］

$H \leqslant 20\text{mm}$ 时，$\qquad\qquad\qquad S_{推} \geqslant H + K$ $\qquad\qquad\qquad$ (11-1)

$H > 20\text{mm}$ 时，$\qquad\qquad\qquad \dfrac{1}{3}H \geqslant S_{推} \leqslant H$ $\qquad\qquad\qquad$ (11-2)

使用斜钩推杆时，$\qquad\qquad\qquad S_{推} \geqslant H + 10$ $\qquad\qquad\qquad$ (11-3)

式中　H——滞留铸件的最大成型长度，mm，当凸出成型部分为阶梯形时，H 值以各阶梯
　　　　　中最长一段计算；

　　　$S_{推}$——直线推出距离，mm；当出模斜度小或成型长度较大时，$S_{推}$ 取偏大值；

　　　K——安全值（一般取 3～5mm）。

② 旋转推出 ［图 11-2（b）］

$$n_{推} \geqslant \frac{H + K}{T} \qquad\qquad (11\text{-}4)$$

式中　$n_{推}$——旋转推出转数，r；

　　　H——成型螺纹长度，mm；

　　　K——安全值（一般取 3～5mm）。

③ 摆动推出 ［图 11-2（c）］

$$\alpha_{推} \geqslant \alpha + \alpha_{k} \qquad\qquad (11\text{-}5)$$

式中　$\alpha_{推}$——推摆动推出角度，(°)；

　　　α——铸件旋转面夹角，(°)；

　　　α_{k}——安全值（一般取 3°～5°）。

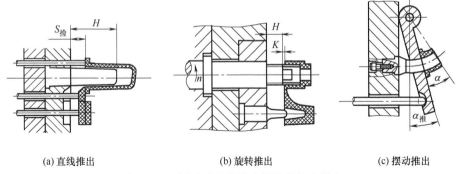

(a) 直线推出　　　　　　　　(b) 旋转推出　　　　　　　　(c) 摆动推出

图 11-2　不同运动路线推出原件的推出距离

（2）推出力的确定

推出过程中，使铸件脱出成型零件时所需要的力，称为推出力。推出力按式（11-6）
计算：

$$F_{推} \geqslant KF \qquad\qquad (11\text{-}6)$$

式中　$F_{推}$——压铸机顶出器的推出力，N；

　　　F——压铸件所需要的推出力，N；

　　　K——安全值（一般 $K = 1.2$）。

压铸件结构、模具制造质量、压铸工艺以及模具温度等因素的变化会引起推出力的变
化，影响推出力的因素主要有以下几点。

① 压铸件包住成型零件表面积越大，推出力也越大。

② 压铸件壁厚越厚，推出力越大。

③ 形状复杂部位比形状简单部位的推出力大。

④ 相互关联的成型零件越多，所形成的综合包紧力越大。

⑤ 压铸件对成型零件的包紧力，主要由金属液在冷却固化时成型收缩产生，因此，成型收缩率越大，它的推出力也越大。

⑥ 成型零件的脱模斜度越大，它的推出力越小。

⑦ 压铸件与成型零件接触表面的接触状态不良，如成型零件表面粗糙度、平面度较差，或出现粘模现象时，推出力增大。

⑧ 压铸件脱模温度对推出力的影响。当压铸成型后，尚未冷却到脱模温度时，压铸件的收缩量较小，对成型零件的包紧力也小，在这个温度下所需要的脱模推出力也小。但是，过高的脱模温度，会影响压铸件的机械强度。因此，脱模温度应是既能保证压铸件具有承受推力负荷强度，又具有较小包紧力的温度。

(3) 受推面积和受推力

在推出力的推动下，铸件受推出零件所作用的面积，称为受推面积 A，而单位面积上的压力称为受推力 p。表 11-1 为不同合金所能承受的许用受推力。

表 11-1 推荐的铸件许用受推力

合金	许用受推力 p/MPa	合金	许用受推力 p/MPa
锌合金	40	镁合金	30
铝合金	50	铜合金	50

11.2 推杆推出机构

11.2.1 推杆推出机构的组成

推杆推出机构的结构形式如图 11-3 所示，推杆 3 即为推出元件。为使浇道余料随压铸件同步推出，在一般情况下均设置浇道推杆 6。

11.2.2 推杆推出部位设置要点

① 推杆应合理分布，使铸件各部位的受推压力均衡。

② 铸件有深腔和包紧力大的部位，要选择推杆的直径和数量，同时推杆兼排气、溢流作用。

③ 避免在铸件重要表面和基准表面设置推杆，可以在增设的溢流槽上设置推杆。

④ 必要时，在浇道上应合理布置推杆；有分流锥时，在分流锥部位应设置推杆。

⑤ 推杆应设置在脱模阻力较大的部位，如成型件侧壁的边缘、型芯或深孔的周围以及各拐角部位，如图 11-4 (a) 所示。

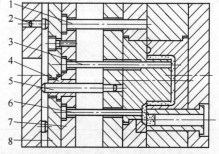

图 11-3 推杆推出机构的结构形式

1—复位杆；2—限位钉；3—推杆；4—推板导套；5—推板导柱；6—浇道推杆；7—推杆固定板；8—推板

当推杆设在压铸件侧壁边缘时，推杆边缘应远离型芯侧边，使 $S > 3$mm。这样可不削弱型芯的强度，避免因孔型过薄，在热处理淬硬时产生变形或开裂；同时，给以后的修复留有扩孔余地。

⑥ 推杆应设置在推力承受能力较大的部位。如在凸缘、加强肋以及直接设置在立壁或立肋的端部，设置扁平形推杆，可增大推出力度，防止压铸件断裂，如图 11-4 (b)

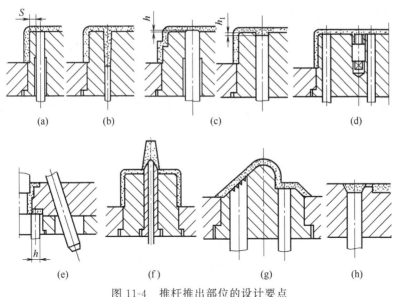

图 11-4　推杆推出部位的设计要点

所示。

⑦ 推杆不宜过细，在直径 8 mm 以下时，应采用阶梯形推杆，以提高推杆的强度和刚度。

⑧ 一般情况下，推杆推出端面的组装高度应高出成型零件 h，是为了保持压铸件成型的平整度，以免影响压铸件的装配，如图 11-4（c）左图所示。但是 h 不能过大，否则压铸件在脱模后，可能会黏附在推杆上，影响压铸件自由落下。一般取 $h=0.05\sim0.1mm$，最大高度不超过 0.4mm。

薄壁的压铸件，在不影响装配的前提下，可适当增加推出部位的厚度，或使推杆端面低于型芯 $h_1=0.1\sim0.5mm$，最大厚度不超过 0.2mm，以增加压铸件的承载强度，如图 11-4（c）右图所示。

⑨ 尽量不要在安放嵌件或活动型芯的部位设置推杆，否则必须设置推出机构的预复位机构，在模具完全合模前，使推杆先复位，以让出嵌件或活动型芯的安放空间。因此，一般将推杆设置在安放嵌件或活动型芯附近，避免复杂的模具结构，如图 11-4（d）所示。

⑩ 带有侧抽芯机构的模具，推杆推出的位置应尽量避免与侧型芯复位动作发生运动干涉。图 11-4（e）所示的状况，距离 h 即为可能发生干涉的区域。当完成一个成型周期，侧型芯在合模过程中逐渐复位。如果推杆仍停留在推出位置时，侧型芯与推杆可能发生碰撞，产生干涉现象。因此，应设置推出机构的预复位机构。所以一般情况下，应尽量避免将推杆位置设置在与侧型芯的正投影相重叠的区域 h 内。

⑪ 当需要在中心浇口的分流锥处设置推杆时，推杆端部应设计成分流锥的形状，以与分流锥同时起分流的作用，如图 11-4（f）所示。

⑫ 在压铸成型的斜面设置推杆时，为防止在推出过程中产生相对滑移，应在推杆推出端的斜面上开设多个平行横槽，如图 11-4（g）所示。

⑬ 当平板状压铸件不允许有推出痕迹且包紧力不大时，可采用耳形的推出形式。即在横浇道和溢流槽处设置推杆。图 11-4（h）所示是将推杆设在溢流槽处。开模后，推杆在推出溢流包的同时，将压铸件带出型腔，再将溢流包去掉。

⑭ 推杆位置应避开冷却水道。

11.2.3 推杆的推出端形状

根据铸件被推出时所作用的部位不同,推杆推出端形状也不相同。一般有图 11-5 所示的几种常用形式。

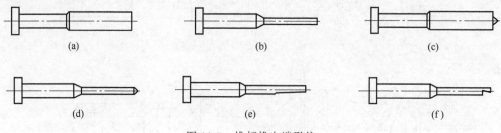

(a)   (b)   (c)

(d)   (e)   (f)

图 11-5 推杆推出端形状

图 11-5 (a) 所示的端面为平面形。推出段直径在 8mm 以下时,为提高推杆的强度,可将其尾部加粗,如图 11-5 (b) 所示,即为台阶形推杆。图 11-5 (c)、(d) 所示的端面为圆锥形,推出作用的同时,在不便于压铸成型孔的位置上,提供钻孔的定位锥坑并兼起分流锥作用。

图 11-5 (e) 所示是设置在加强肋一侧的推杆。它的一侧构成加强肋的一部分成型侧面,与加强肋有相同的脱模斜度,同时又兼起推出的作用。

在卧式冷室压铸机上,压射冲头在开模时,无推出浇道余料的外伸动作时,采用图 11-6 所示的钩料推杆 6,先将浇道余料从浇口套 2 中脱出,如图 11-6 (a) 所示,再与压铸件推杆 4 同步,将浇道余料和压铸件一起推出,如图 11-6 (b) 所示。

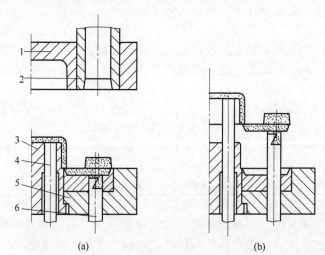

(a)   (b)

图 11-6 钩料推杆的作用
1—型腔板;2—浇口套;3—型芯;4—推杆;5—动模板;6—钩料推杆

11.2.4 推杆推出端截面形状

常见的推杆推出端截面形状如图 11-7 所示。

① 圆柱形。圆柱形推杆是最常用的一种形状,如图 11-7 (a) 所示。由于圆柱形推杆和推杆孔具有易于加工,易于更换和维修,又容易保证尺寸配合精度和形位精度的要求,同时还具有滑动阻力小、不易卡滞等特点,是最基本的推杆形状。

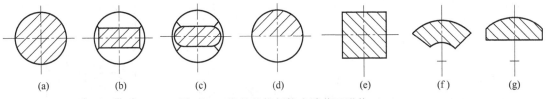

图 11-7　常见的推杆推出端截面形状

② 扁平形。如图 11-7（b）所示，有时为便于加工扁平推杆的推杆孔，也采用图 11-7（c）所示的长圆形。扁平形推杆多用于深而窄的立壁或立肋的压铸模中。

③ 半圆形。如图 11-7（d）所示，半圆形推杆多在压铸件外边缘和成型零件镶缝处采用，以加大推杆的推出面积。半圆形推杆易于加工，但推杆孔加工较为困难。

④ 方形。如图 11-7（e）所示，推杆方孔整体做出时，四角应避免锐角，防止镶块孔四角应力集中，如设置于镶拼线边上时可不倒角。

⑤ 扇形。如图 11-7（f）所示，内半径处应避免锐角，但加工比较困难，它可取代部分推管推出铸件，以避免与分型面上横向型芯发生干扰。

⑥ 平圆形。如图 11-7（f）所示，用于厚壁筒形零件，可代替扇形推杆，简化加工工艺，消除应力集中现象。

11.2.5　推杆的止转

推杆常见的止转方式如图 11-8 所示。

如图 11-8（a）所示，推杆仅能顺着键、销轴线方向活动。止转键可为方形，也可用圆柱销。长槽开设在推杆尾部台阶的端面上，长槽可以过中心，也可以不过中心。

如图 11-8（b）所示，单面键止转，推杆在孔内活动度比第一种形式大。

如图 11-8（c）所示，止转销设置在推杆尾端，推杆固定板为不通孔槽。

如图 11-8（d）所示，一般有使推杆偏往骑缝销相对方向的趋势。

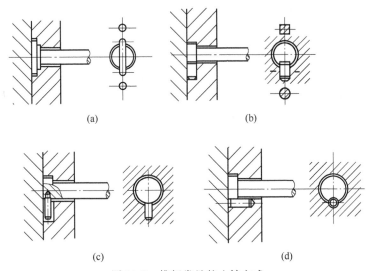

图 11-8　推杆常见的止转方式

11.2.6　推杆的固定方式

推杆的固定方式应保证推杆的固定位置准确；能使推板的推出力均衡、顺畅地由尾部传递到推出作用面，推出压铸件；复位时，尾部不会松动、脱落，与推板同步复位。常采用沉入式的固定形式，如图 11-9 所示。它的结构特点是：除推出孔的配合部分外，其余部分都有 0.5mm 的单边间隙，可防止在做模时产生的孔距误差，避免组装后产生整劲现象，给推杆尾部固定部分以较大的组装自由度。在组装时，先将各推杆调整到定心自如的位置，再用螺栓紧固。

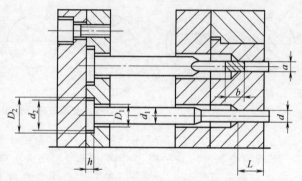

图 11-9　推杆的固定方式及配合精度

11.2.7　推杆的尺寸

推杆直径是按推杆端面在铸件上允许承受的受推力 p 决定的，见式（11-7）。推杆在推出铸件的过程中，受到轴向压力，因此必须计算推杆直径，同时校核推杆的稳定性。

（1）推杆截面积计算

推杆截面积计算见式（11-7）。

$$A = \frac{F_{推}}{n[p]} \tag{11-7}$$

式中　A——推杆前端截面积，mm^2；

　　　$F_{推}$——推杆承受的总推力，N；

　　　n——推杆数量；

　　　$[p]$——许用受推力，见表 11-1。

（2）推杆稳定性

为了保证推杆的稳定性，需根据单个推杆的细长比调整推杆的截面积。

推杆承受静压力下的稳定性可根据下式计算：

$$K_{稳} = \eta \frac{EJ}{F_{推} l^2} \tag{11-8}$$

式中　$K_{稳}$——稳定安全系数，钢取 1.5～3；

　　　η——稳定系数，其值取 20.19；

　　　E——弹性模量，N/cm^2，钢取 $E = 2.7 \times 10^7$（N/cm^2）；

　　　$F_{推}$——推杆承受的实际推力，N；

　　　l——推杆全长，mm；

　　　J——推杆最小截面处的抗弯截面矩，cm^4。

J 的计算为：

圆截面　　　　　　　　　$J = \pi d^4 / 64$

式中　d——直径，cm。

方截面　　　　　　　　　$J = a^4 / 12$

式中　a——边长，cm。

矩形截面　　　　　　　　$J = a^3 b / 12$

式中　a——短边长，cm；

　　　b——长边长，cm。

（3）常用推杆的尺寸

常用的推杆形式有Ⅰ型、Ⅱ型和Ⅲ型三种，见表11-2～表11-4。

表 11-2　常用的Ⅰ型推杆尺寸系列　　　　　　　　　　　　　　单位：mm

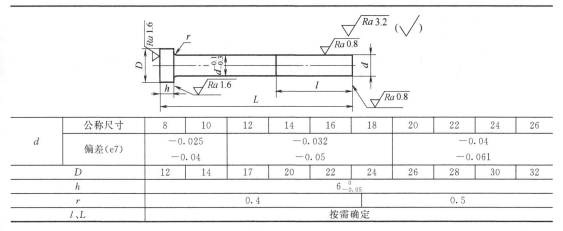

d	公称尺寸	8	10	12	14	16	18	20	22	24	26
	偏差(e7)	-0.025 -0.04		-0.032 -0.05					-0.04 -0.061		
D		12	14	17	20	22	24	26	28	30	32
h		$6_{-0.05}^{\ 0}$									
r		0.4						0.5			
l、L		按需确定									

表 11-3　常用的Ⅱ型圆推杆尺寸系列　　　　　　　　　　　　　　单位：mm

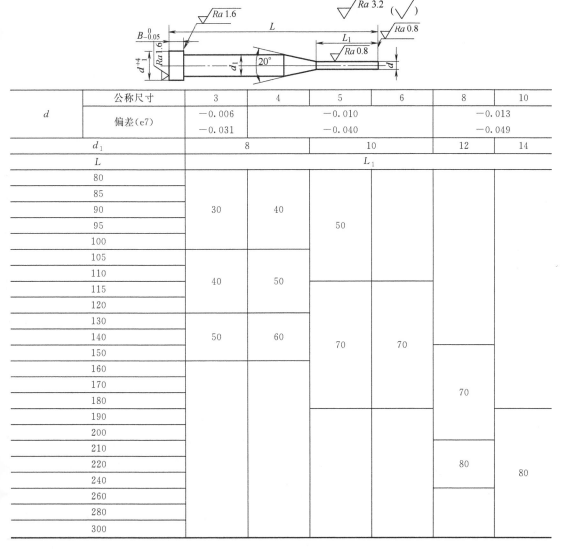

	公称尺寸	3	4	5	6	8	10
d	偏差(e7)	-0.006 -0.031		-0.010 -0.040		-0.013 -0.049	
d_1		8		10		12	14
L		L_1					
80							
85							
90		30	40				
95				50			
100							
105							
110		40	50				
115							
120							
130							
140		50	60	70	70		
150							
160							
170							
180						70	
190							
200							
210							
220						80	
240							80
260							
280							
300							

表 11-4　常用的Ⅲ型方推杆尺寸系列　　　　　　　　　　　单位：mm

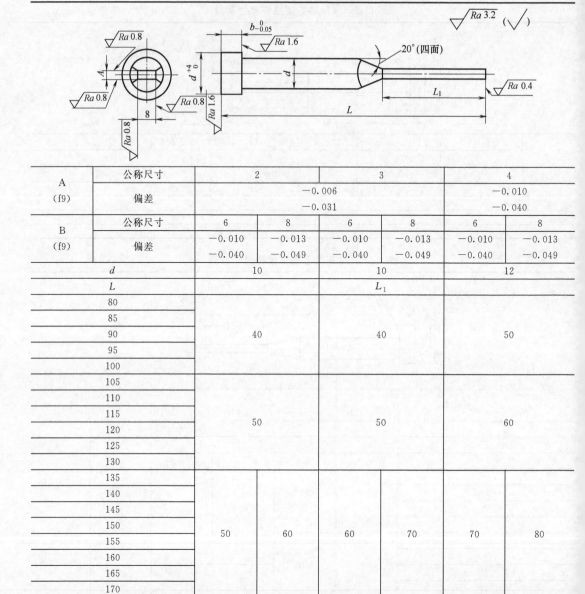

A (f9)	公称尺寸	2		3		4	
	偏差	-0.006 -0.031				-0.010 -0.040	
B (f9)	公称尺寸	6	8	6	8	6	8
	偏差	-0.010 -0.040	-0.013 -0.049	-0.010 -0.040	-0.013 -0.049	-0.010 -0.040	-0.013 -0.049
d		10		10		12	
L	L_1						
80							
85							
90		40		40		50	
95							
100							
105							
110							
115		50		50		60	
120							
125							
130							
135							
140							
145							
150		50	60	60	70	70	80
155							
160							
165							
170							

11.2.8　推杆的配合

推杆的典型配合及参数见表 11-5。

【例 11-1】　推杆位置的选择实例

图 11-10（a）所示是深腔薄壁压铸件的平面图。为了平稳均衡地推出压铸件，图（a）采用圆柱形推杆和扁平形推杆，分别设置在压铸件的端部和加强肋部位，使推出动作稳定可靠。

在各角螺孔处的圆柱形推杆，端部采用圆锥形，形成定位锥坑，为往后加工钻孔和攻螺纹提供了方便。

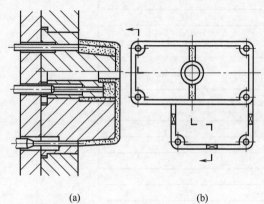

(a)　　　　　　　(b)

图 11-10　推杆位置的选择实例

表 11-5　推杆的典型配合及参数

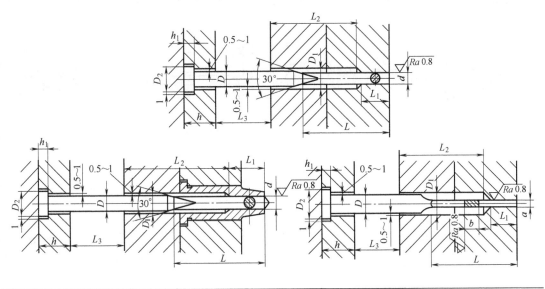

配合部位	配合精度及参数	说　明
推杆与孔的配合精度	H7/f7	用于压铸锌合金时的圆截面推杆
	H7/e7	用于压铸铝合金时的圆截面推杆
	H8/d8	用于压铸铜合金时的圆截面推杆
	H8/f9	用于压铸锌铝合金时非圆截面推杆
推杆与孔的导滑封闭长度 L_1/mm	$d < 5, L_1 = 15$ $d = 5 \sim 8, L_1 = 3d$ $d = 8 \sim 12, L_1 = 3 \sim 2.5d$ $d > 12, L_1 = 2.5 \sim 2d$	
推杆加强部分直径 D/mm	$d \leqslant 6, D = d + 4$ $10 < d < 6, D = d + 2$ $d < 10, D = d$	用于圆截面推杆
	$D \geqslant \sqrt{a^2 + b^2}$	用于非圆截面推杆
推杆前端长度 L/mm	$L = L_1 + S + 10 \leqslant 10d$	S 为推出距离
推板推出距离 L_3/mm	$L_3 = S + 5, L_2 > L_3$	保护导滑孔
推杆固定板厚度 h/mm	$15 \leqslant h \leqslant 30$	除需要预复位的模具外,无强度计算要求
推杆台阶直径与厚度 D_2、h_1/mm	$D_2 = D + 5$ $h_1 = 4 \sim 8$	

11.3　推管推出机构

11.3.1　推管推出机构的形式及其组成

推管是推杆的一种特殊结构形式,其运动方式与推杆基本相同。推管推出元件呈管状,设置在型芯外围，以推出铸件。

通常推管推出机构由推管、推板、推管紧固件及型芯紧固件等组成。图 11-11 所示给出了常用推管机构的类型。

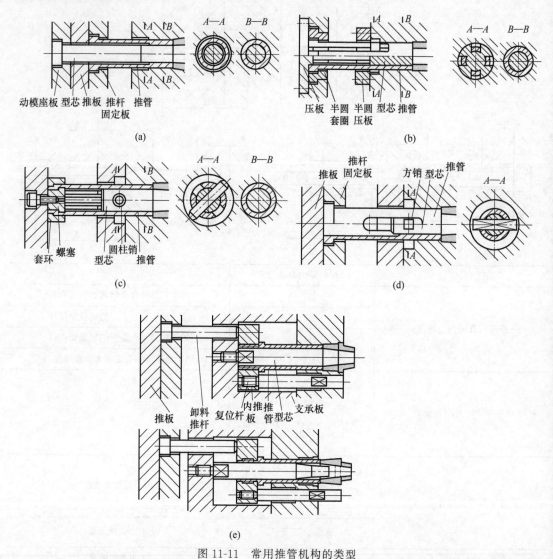

图 11-11　常用推管机构的类型

图 11-11 (a) 所示为推管尾部为整体，用推杆固定板与推板夹紧，型芯由动模底板压紧在压铸机动模安装板上。其特点是定位精确、推管强度高、型芯维修及调换方便。

图 11-11 (b) 所示为推管尾部分为四片，安装于中心的型芯也开四个相应缺口，推管尾部用半圆套圈及压板定位压紧，型芯的台阶直径较推管外径大，型芯由半圆压板压紧。其特点是省略推杆固定板，但制造、维修及安装较复杂。

图 11-11 (c) 所示为推管的尾部分为四片，分尾的长度较大，而壁较薄，故有较好的挠性，便于装配，推管尾部外有轴肩，内径有环槽分别与螺塞及套环用螺钉固定，型芯用圆柱销固定，销入销钉后转动任意角度，限制圆柱销轴向运动。其特点是维修简单、省略推杆固定板，但受力条件较差，用于受反压力不大的型芯，制造要求高。

图 11-11 (d) 所示为推管为整体式，中部铣一长圆孔。孔的长度应大于推出距离与方销的厚度之和。推杆尾部台阶由推杆固定板与推板夹紧。其特点是模具结构比较紧凑，对型

芯的固紧力较小，因此在型芯较小的情况下使用。

图 11-11（e）所示为推管的尾部用螺纹与内推板紧固，型芯直接固定在动模支承板上，内推板的推出与复位由卸料推杆与复位杆完成。其特点是模具结构紧凑，在推出距离不大的场合下使用。

11.3.2 推管的设计要点

根据图 11-12 所示的图例，推管推出机构的设计要点如下。

① 推管在推出时，其内外表面不应与成型零件的表面接触，以免相互擦伤。一般情况下，推管的外径尺寸 D 应比压铸件的外径尺寸 D_0 小 $0.5 \sim 1.2$mm，推管的内径尺寸 d 应比压铸件的内径尺寸 d_0 大 $0.2 \sim 0.5$mm。

② 为减少滑动摩擦，在导滑封闭段外的内外组合件上设置单边 0.5mm 左右的间隙。

③ 推管的导滑封闭段应有较高的尺寸配合精度和组装同轴度要求，其配合间隙应在金属液不渗入的前提下，保证在压铸推出状态下的正常运行。

④ 推管的导滑封闭段长度 L 应比推出行程 S 大 10mm 左右。

⑤ 推管壁应有相应的厚度，一般在 $1.5 \sim 6$mm 的范围内选取。推管的内径通常应大于 $\Phi 10$mm。

⑥ 推管推出机构都应设置推板的导向装置，相对于推管应有较高的平行度要求。

⑦ 推管推出机构都应设置复位机构。

推管的配合精度及相关尺寸参见图 11-12 和表 11-6。

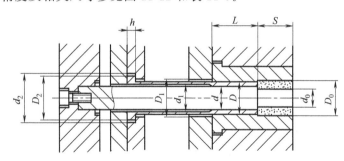

图 11-12　推管推出机构

表 11-6　推管的配合精度及相关尺寸　　　　　　　　　　　单位：mm

推管各部分		配合精度及相关尺寸	
		推管外径配合精度	推管内径配合精度
封闭段配合精度	压铸锌合金	H7/f7	H8/f7
	压铸铝合金	H7/e8	H8/e8
	压铸铜合金	H7/d8	H8/d8
封闭段长度 L		$L = S + 10$	
推管外径 D		$D = D_0 - (0.5 \sim 1.2)$	
推管内径 d		$d = d_0 + (0.2 \sim 0.5)$	
推管装孔扩孔直径 D_1		$D_1 = D + (0.5 \sim 1)$	
推管内扩孔直径 d_1		$d_1 = d + (0.5 \sim 1)$	
推管尾部外径 D_2		$D_2 = D + (6 \sim 10)$	
推管尾部安装孔径 d_2		$d_2 = D_2 + 1$	
推管尾部厚度 h		$H = 5 \sim 10$	

11.3.3 常用的推管尺寸

常用的推管有Ⅰ型、Ⅱ型和Ⅲ型三种，见表11-7～表11-9。

表11-7　常用的Ⅰ型推管尺寸系列　　　　　　　　单位：mm

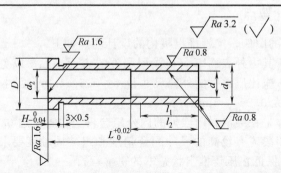

		15	18	20	22	25	28	30	32	35	40	45	50	55	60
d	公称尺寸	15	18	20	22	25	28	30	32	35	40	45	50	55	60
	偏差(H8)	$+0.027$ / 0		$+0.033$ / 0					$+0.039$ / 0					$+0.046$ / 0	
d_1	公称尺寸	19	22	24	26	29	32	34	37	40	45	50	55	60	65
	偏差(e8)			-0.040 / -0.073					-0.050 / -0.089				-0.06 / -0.106		
d_2	公称尺寸	16	19	21	23	26	29	31	33	36	41	46	52	57	62
D	公称尺寸	24	27	29	31	34	37	39	42	45	51	56	61	66	71
H		$6_{-0.05}^{0}$													
l_1、l_2		按需要确定长度													

表11-8　常用的Ⅱ型推管尺寸系列　　　　　　　　单位：mm

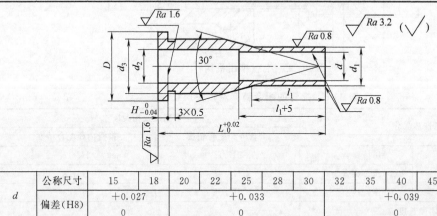

		15	18	20	22	25	28	30	32	35	40	45	50	55	60
d	公称尺寸	15	18	20	22	25	28	30	32	35	40	45	50	55	60
	偏差(H8)	$+0.027$ / 0		$+0.033$ / 0					$+0.039$ / 0					$+0.046$ / 0	
d_1	公称尺寸	16.5	19.5	21.5	23.5	26.5	29.5	31.5	34	37	42	47	53	58	63
	偏差(e8)	-0.032 / -0.059		-0.040 / -0.073					-0.050 / -0.089				-0.06 / -0.106		
d_2	公称尺寸	16	19	21	23	26	29	31	33.5	36.5	41.5	46.5	51.5	56.5	61.5
d_3	公称尺寸	24	27	29	31	34	39	41	43.5	46.5	53.5	58.5	62.5	68.5	73.5
D	公称尺寸	28	32	34	36	39	44	47	49.5	52.5	59.5	64.5	68.5	74.5	79.5
H		$6_{-0.04}^{0}$													
l_1、L		按需要确定长度													

表 11-9　常用的Ⅲ型推管尺寸系列　　　　　　　　　　　　单位：mm

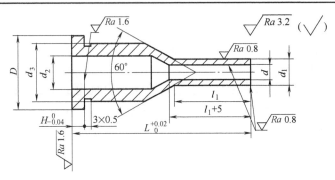

d	公称尺寸	6	8		10	12	15
	偏差（H7）	+0.012 0	+0.015 0			+0.018 0	
d_1	公称尺寸	8	10	12	14		17
	偏差（e8）	−0.025 −0.047			−0.032 −0.059		
d_2	公称尺寸						
d_3	公称尺寸						
D	公称尺寸						
H		$6_{-0.04}^{0}$					
l_1、L		按需要确定					

【例 11-2】　缩短推管长度的压铸模结构实例

图 11-13 所示为采用推管推出的压铸模。从压铸模的结构特征看，主型芯 18 内部有足够的推管运作空间，而将主型芯掏空，并不影响主型芯 18 的机械强度。为缩短推管 15 和型芯 16 的设计长度，可采用图 11-13 所示的结构形式。

该模将主型芯 18 底部加工成孔，使它有足够的推管运作空间，将型芯 16 用螺栓固定在支承板 9 上，推管 15 安装在推管固定板 7 和推管推板 8 之间，辅助推杆 17 与推管推板连为一体，并安装在推板 13 上。在推出动作开始时，推板 13 推动辅助推杆 17，驱动推管 15，与推杆 11、浇道推杆 10 一起将压铸件和浇道余料推出模体。合模时，复位杆 22 带动推出系统同时复位。

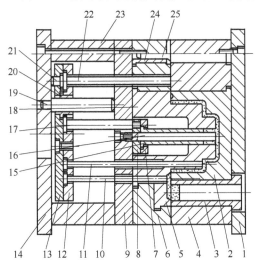

图 11-13　采用推管推出的压铸模

1—定模座板；2—型腔镶块；3—浇口套；4—定模板；5—浇道镶块；6—动模板；7—推管固定板；8—推管推板；9—支承板；10—浇道推杆；11—推杆；12—推杆固定板；13—推板；14—动模座板；15—推管；16—型芯；17—辅助推杆；18—主型芯；19—推板导柱；20—推板导套；21—限位钉；22—复位杆；23—垫块；24—导套；25—导柱

11.3.4　推叉推出机构设计

推叉推出机构是推管机构的派生形式，机构组成与推管机构相同。当不便于选用推管机构时，可选用推叉机构。

推叉推出机构常见形式主要有两叉形式和三叉形式。

（1）两叉推出机构

两叉推出机构的结构如图 11-14 所示。这种推叉推出机构分型面有横向型芯，压铸件两侧斜面 A 由型芯套与推叉的端面形成，型芯套的两侧有与推叉相应的缺槽作为导向。其结构特点是推叉强度较高，抽芯推出复位时，推叉与横向型芯均不发生干扰。

（2）三叉推出机构

三叉推出机构的结构如图 11-15 所示。这种推叉推出机构中，要求铸件为圆筒形，且横向有型芯，型芯侧面有三条缺梢，作为推叉的导向槽。其结构特点是推叉、型芯制造精度高，要求互换，且推出力均衡。

推叉的叉数选择需根据分型面上横向型芯的数口，或铸件形状的要求而定，也可根据推叉所包围的型芯直径而定。

不同型芯直径的推叉数见表 11-10。

当叉数超过三片以上时，可采用组合推叉，用固定板固定。

表 11-10　不同型芯直径的推叉数

型芯直径/mm	叉数	叉所对圆心角/(°)	型芯直径/mm	叉数	叉所对圆心角/(°)
10～20	2	60	>30～50	4	45
>20～30	3	90	>50	6	30

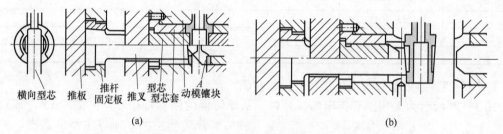

横向型芯　推板　推杆　推叉　型芯　动模镶块
　　　　　　　　　固定板　　　型芯套

(a)　　　　　　　　　　　　　　(b)

图 11-14　两叉推出机构的结构

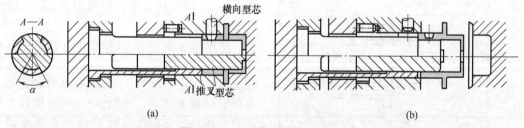

　　　　　　　　　　横向型芯

A—A　　　A1

α　　　　　　　A1 推叉型芯

(a)　　　　　　　　　　　　　　(b)

图 11-15　三叉推出机构的结构

11.4　卸料板推出机构

卸料板推出机构适用于薄壁的大型壳类制品以及成型零件表面不允许有推出痕迹的压铸件。

11.4.1　卸料板推出机构的组成

卸料板推出机构的组成，如图 11-16 所示。

主要由卸料板 8、卸料沿口 9 和卸料推杆 4 组成。导柱 10 安装在动模一侧，兼起卸料板 8 的导向和支承作用。为防止推出过程中卸料板 8 由于推进的惯性而从导柱上脱落，或在

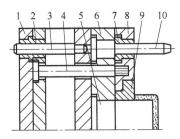

图 11-16　卸料板推出机构组成
1—推板；2—推板导套；3—推板
导柱；4—卸料推杆；5—型芯；
6—动模板；7—导套；8—卸料
板；9—卸料沿口；10—导柱

空模开启时，卸料板黏附在定模上而掉落，卸料板 8 与卸料推杆 4 采用螺纹固定连接的形式。

推出时，推板 1 驱动卸料推杆 4、卸料板 8 及固定其上的卸料沿口 9，将压铸件从型芯 5 中脱出。合模时，卸料板 8 在定模板的阻力作用下，带动推出机构复位。

11.4.2　卸料板推出机构的分类

根据卸料板推出机构的运动特点可分为如下几类。

① 卸料板整体式结构，如图 11-17（a）所示。卸料板借助导套在导柱上移动，推出力由推板通过卸料推杆、卸料板和动模镶块传递给铸件。

② 动模镶块式结构，如图 11-17（b）所示。铸件较大，如采用卸料板整体式推出比较困难，而且卸料推杆布置较远，故采用动模镶块推出。动模镶块兼起卸料板作用，由内孔与型芯作推出时的导向。动模镶块与套板配合段除距离分型面有一段 3～5mm 平直面外，其余有 3°～5°斜度，使推出时减少摩擦，复位时能顺利导向。

③ 螺旋式结构，如图 11-17（c）所示。型腔全部处在定模内，铸件带有大于 45°螺旋角的螺纹。型芯的螺纹与动模镶块密合，当动模镶块兼作卸料板推出铸件时由于螺纹不能自锁，迫使型芯在旋转同时推出铸件。为了减少摩擦，型芯采用平面轴承支承。为了防止浇口受旋转力扭断，平行于分型面的浇口尺寸要大。螺纹圈数不得大于 2。

④ 斜动式结构，如图 11-17（d）所示。铸件有较宽大的外侧凹，在不宜采用斜滑块时

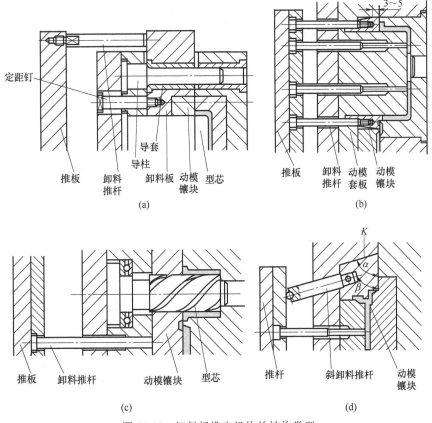

图 11-17　卸料板推出机构的结构类型

可选用此结构。推板通过斜卸料推杆使动模镶块斜向运动，在抽出侧凹的同时推出铸件。斜卸料推杆应与动模镶块刚性连接，尾部铆接钢珠以减小摩擦，但长期使用，钢珠与推板间易产生磨损后的沟槽而出现间隙，引起推出时不同步。$\alpha < \beta - (3° \sim 5°)$，有利于减小摩擦和复位。为保持平衡至少应当设置相对称的两根斜卸料推杆。

11.4.3 卸料板推出机构的设计要点

① 卸料推杆应以推出力为中心均匀分布，并尽量增大卸料推杆的位置跨度，以达到卸料板受力均衡、移动平稳的效果。

② 卸料沿口应有适宜的配合间隙，避免因间隙过小，被自锁"咬死"，而妨碍推出运行或因间隙过大而渗入熔料。

③ 模具导柱应设在动模一侧，并有足够的导向长度，以对卸料板起到有效的导向和支承作用。

④ 卸料板的推出距离应小于导柱的有效导向长度。

⑤ 卸料沿口是与金属液直接接触的零件，应选用耐热钢制造，并应进行淬硬处理。

⑥ 推出铸件时，动模镶块推出距离 S 不得大于动模镶块与动模固定型芯接合面长度的 2/3，以使模具在复位时保持稳定。

⑦ 型芯同卸料板（动模镶块）间的配合精度一般取 H7/e8～H8/d7 之间，如型芯直径较大，与卸料板配合段可做成 1°～3°斜度，以保证顺利推出。

11.4.4 卸料板推出机构常用的限位钉尺寸实例

卸料板推出机构中常用的限位钉尺寸见表 11-11。

表 11-11 限位钉常用尺寸

d	d_1	l	d_2	b	H	D	N	t	f	L
12	M8	12	6.2	2	7	18	2	3	1.2	
16	M10	16	7.8	3	8	22	2.5	3.5	1.5	
20	M12	20	9.5	4	8	26	2.5	3.5	1.8	按需要
24	M16	24	13	4	9	30	3	4	2	确定
30	M20	32	16.4	5	9	36	3	4	2.5	长度
36	M24	40	19.5	6	10	42	3	4	3	

【例 11-3】 卸料板推出的压铸模结构实例

图 11-18 所示是采用卸料板推出的压铸模。压铸件是薄壁的壳类制品。由于外形是较大直径的圆形，在采用卸料板推出时，卸料板及卸料沿口加工方便，推出效果良好。

开模时，压铸件及浇注余料脱离定模板，留在动模一侧。推板 12 推动卸料推杆 7、卸料板 5 以及推杆 14，以推板导柱 8 和动模导柱 19 为导向，使压铸件脱离主型芯 16。

这种结构形式，在压铸件脱离主型芯后，与浇注余料一起附着在卸料板的平面上，因此，应减少横浇道余料对卸料板的包紧力，即减少横浇道进、出口的角度 α，使浇注余料同

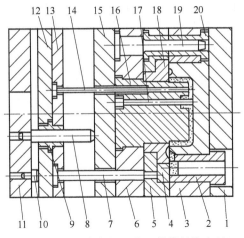

图 11-18　卸料板推出的压铸模结构实例

1—定模座板；2—浇口套；3—定模板；4—浇道镶块；5—卸料板；6—动模板；7—卸料推杆；
8—推板导柱；9—推板导套；10—限位钉；11—动模座板；12—推板；13—推杆固定板；
14—推杆；15—支承板；16—主型芯；17—型芯；18—卸料沿口；19—动模导柱；20—导套

压铸件一起顺利地脱离卸料板。

合模时，卸料板 5 在触及定模板 3 后，通过卸料推杆 7 驱动推出系统复位。

11.5　其他推出机构

其他推出机构是按铸件的不同结构形式或工艺要求等而设计的特殊推出机构，无固定的结构形式，在设计模具时按具体情况而定。在此介绍几种推出机构形式，供设计时参考。

11.5.1　倒抽式推出机构

倒抽式推出机构主要用于有脱模次序要求的薄壁铸件。

（1）定模型芯倒抽机构

如图 11-19 所示，说明如下。

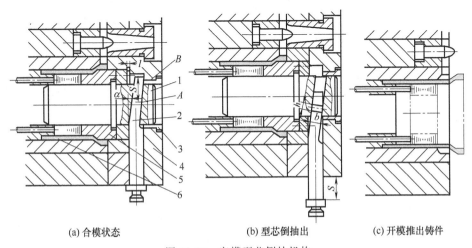

(a) 合模状态　　　　　　　(b) 型芯倒抽出　　　　　　(c) 开模推出铸件

图 11-19　定模型芯倒抽机构

1,5—定模型芯；2—弯销；3—导套；4—动模套板；6—推杆

① 铸件为带嵌件圆筒形，定模部分的包紧力大于动模部分。

② 在开模前，液压抽芯器将弯销 2 抽出 S 距离，在斜面 A 的作用下，将定模型芯 1、5 倒抽，卸除铸件对定模型芯的包紧力。

③ 倒抽距离 $L = S\tan\alpha$。

④ 打开分型面，然后用推杆 6 推出铸件。

设计要点：

Ⅰ. 弯销 2 兼具抽出及锁紧定模型芯的作用，因其正反两面受力均在 b 方向，所以取 b 处截面 $b/h = 1.5$ 以增加抗弯能力，见图 11-19 (b)。

Ⅱ. 弯销角度 α 在 8°～15° 之间，平面 B 处应有 3°～5° 斜角，与定模套板 4 楔紧，以改善弯销 2 的悬壁受力状态。

（2）动模液压缸倒抽机构

如图 11-20 所示，说明如下。

① 铸件为壁厚 1.1mm 的圆筒形铸件，且对动模型芯包紧力较大，不便采用推杆推出机构。采用动模倒抽机构，卸除型芯包紧力。

② 液压缸 1 通过连接器 2 与推板 3、型芯 6 连接。

③ 开模时，液压缸 1 带动推板 3、型芯 6 倒抽，完全脱离铸件后，集渣包推杆 7、浇道推杆 8 开始推出，通过内浇口作用于铸件上，推出铸件。

④ 楔紧销 5 在合模后起楔紧作用，倒抽型芯 6 之前，楔紧销通过液压缸作用而退出。

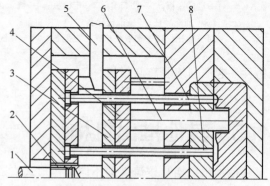

图 11-20 动模液压缸倒抽机构
1—液压缸；2—连接器；3—推板；4—推杆固定板；
5—楔紧销；6—型芯；7—集渣包推杆；8—浇道推杆

（3）动模齿轮齿条倒抽机构

如图 11-21 所示，说明如下。

① 铸件的深孔由型芯 1 成型，由于壁薄，用推杆推出易于变形，故采用倒抽与推出的复合动作。

② 型芯 1 及齿条推杆 4 的齿条尾部，分别与同轴的大齿轮及小齿轮 3 啮合。

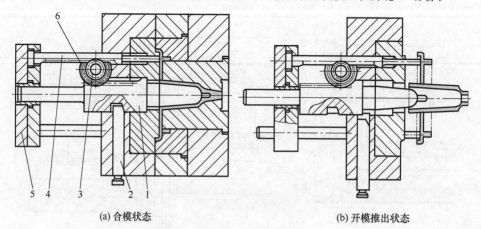

(a) 合模状态　　　　　　　　　　(b) 开模推出状态

图 11-21 动模齿轮齿条倒抽机构
1—型芯；2—楔紧块；3—小齿轮；4—齿条推杆；5—推板；6—大齿轮

③ 型芯 1 轴向位置由台阶定位，并由液压楔紧块 2 楔紧。推出前先卸除楔紧块 2 的楔

紧作用。

④ 推出推板 5 带动齿条推杆 4，以带动齿轮。由于大、小齿轮轴为刚性连接，角速度相同而线速度不同，故型芯 1 倒抽的速度比推杆 4 推出的速度快。

⑤ 此结构以较小的推出距离即能获得较大的倒抽距离。

设计要点：

a. 消除齿轮齿条间的啮合间隙，使推出运动能够同步；

b. 齿条两端应有可靠的支承孔与其保持一定的配合，否则不能保持齿轮齿条传动的啮合精度；

c. 齿轮模数取 $m=2$；

d. 齿轮 3、6 固定在动模套板上，只能转动而不能移动。

11.5.2　旋转推出机构

旋转推出机构主要用于推出螺纹类及斜齿类有旋转成型要求的铸件，推出铸件时要求同时完成分离和推出两种复合运动。

螺旋推出机构如图 11-22 所示，说明如下。

① 开模后，在顶出力的作用下，推杆 9 与推杆 6 同步前移，固定在件 9 上的导销 8 一端插入型芯 1 的尾部螺旋导向槽内，并保持配合。

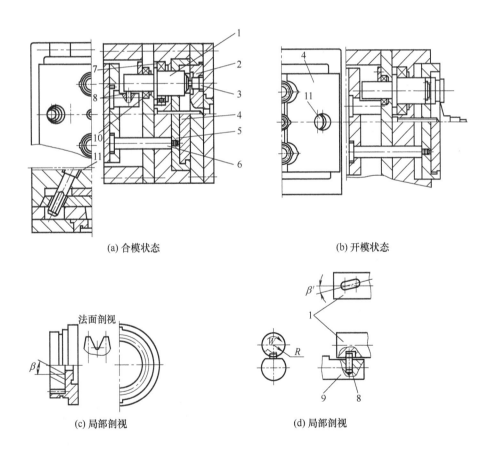

(a) 合模状态　　　　　　　　　　　　(b) 开模状态

(c) 局部剖视　　　　　　　　　　　(d) 局部剖视

图 11-22　螺旋推出机构

1—型芯组件；2—定模镶块；3—定模型芯；4—左右滑块；5—推板；6—推杆；

7—角接触球轴承；8—导销；9—推杆；10—深沟球轴承；11—斜销

② 件 9 不能转动，因此件 8 前移时，强迫件 1 沿螺旋导向槽反向旋转，同时由件 5 推动作直线运动，使铸件的斜齿部分顺利脱模。

③ 当斜齿部分即将全部脱出时，件 4 受固定在动模部分的斜销 11 的作用开始向外移动，使铸件脱模。

设计要点：

a. 推出距离

$$L = S \tan\beta \tag{11-9}$$

式中 L——铸件节圆上转过的弧线长度；

       S——推出距离；

       β——铸件斜齿螺旋角。

b. 型芯 1 上的导向槽螺旋角与斜齿的螺旋角的大小必须满足

$$R/r = \tan\beta'/\tan\beta \tag{11-10}$$

式中 R——型芯尾部螺旋槽的半径；

       r——齿轮节圆半径；

       β——齿轮螺旋角；

       β'——型芯尾部螺旋槽的螺旋角。

c. 由图 11-22（c）可知，斜销 11 与滑块 4 之间必须给出适当的间隙，以便在推板 5 前移时，滑块 4 滞后于件 1 的运动，当齿形部分将脱出时，滑块开始外移。通过这种方式保证型芯 1 旋转时，铸件只前进而不能转动。

11.5.3 推块推出机构

对平面度要求较高，表面不允许有推出痕迹的平板状压铸件、局部区域的成型零件、制造和脱模困难的压铸件，可采用推块推出的脱模机构。

推块推出的结构形式如图 11-23 所示。

图 11-23（a）所示的压铸件平面度要求较高，并且成型表面不允许有推出痕迹，故采用推块推出的脱模形式。推块 2 淬硬，并进行精加工处理后，装入动模镶块 1 的模套中。在推块底部设有固定成孔型芯 3 的固定板 4。模套采用贯通的形式，用线切割机床成型后，与推块 2 采用 H8/f7 的配合精度。推块推杆 7 用螺纹连接在推块 2 上，以便于复位。它的结构特点是：加工和装配比较简单，推出力均衡，压铸件不易变形。

当压铸件成型的局部加工或抛光困难，而又难以脱模时，也可以在局部采用推块推出的方法，如图 11-23（b）所示。设置推块 2 后，将成型零件的内部加工变为外部加工，既便

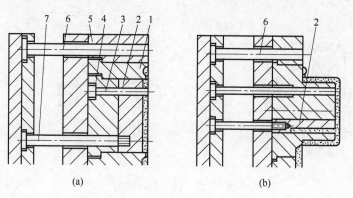

图 11-23　推块推出的结构形式

1—动模镶块；2—推块；3—型芯；4—固定板；5—动模板；6—复位杆；7—推块推杆

于制造、抛光，又可使推出力的着力点稳定可靠，减少了压铸件的脱模难度。

设计要点：

① 推块与成型零件间呈间隙配合，避免间隙过大渗料，间隙过小产生热胀自锁现象；

② 推块应运动自如，无卡滞现象；

③ 推块推杆应均衡对称，其导滑段应采用的 H7/f7 的配合精度；

④ 应设置复位杆。

【例 11-4】 推块局部推出的结构实例

压铸件的正投影形状如图 11-24（a）所示。压铸件要求表面光洁、平整，不允许有推出痕迹，两条立肋又很难脱模。因此，采用卸料板推出效果较好。但由于压铸件两端的形状比较复杂，卸料部分不容易加工，故采用推块推出与推杆推出相结合的形式，如图 11-24（b）所示。

它的结构特点是：在两条立肋处，设置推块 5，并在推块中构成部分型腔；它简化了立肋的型腔加工，同时推块 5 直接推动立肋的底端，使推出有力、均衡，避免了压铸件变形；推杆 2 设置在凸台处，与推块 5 同时将压铸件推出。但脱离主型芯 6 的压铸件，还被夹在两推块之间，不

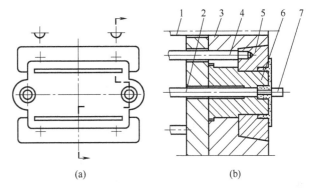

图 11-24 推块局部推出的结构实例
1—复位杆；2—推杆；3—动模板；4—推块推杆；
5—推块；6—主型芯；7—定模型芯

能自行脱落。因此，必要时，应采用二次推出的形式，在推块推杆 4 停止运动时，推杆 2 在二次推出机构的作用下，推动压铸件脱离推块，并自由落下。二次推出机构的运作机理将在下节阐述。

合模时，复位杆 1 及推块 5 共同驱动推出系统复位。如果推块推杆的直径和位置跨度较大，也可以不设置复位杆，由推块 5 兼起复位作用。

11.5.4 多元件综合推出机构

有时推出元件被单独采用，称为单元件推出。但对于某些特殊结构的压铸件，如薄壁、深腔的压铸件中有局部突起的肋及筒形结构，采用单一的推出方式，不能保证压铸件顺利脱模，可能出现压铸件变形、裂纹等现象，所以必须由两种以上的推出元件联合推出，即多元件综合推出。如图 11-18 所示采用卸料板和推杆联合推出的形式；图 11-24 采用推块和推杆联合推出的形式等。

在多元件综合推出机构中，一种是主要的推出形式，其余为局部辅助推出形式，如图 11-18 和图 11-24 中，卸料板和推块分别为主要推出元件，其他是局部辅助推出元件。

【例 11-5】 多元件综合推出机构结构实例

图 11-25 所示是采用多元件综合推出的压铸模结构形式，这是在实践中的设计实例。压铸件是大型薄壁的壳类制品。在型腔内部有深筒、高的立壁及直径较小的圆柱等难以脱模的结构形状，故采用以卸料板 2 为主要推出元件，推动压铸件周边，以推管 7、推块 1 和推杆 9 为局部推出元件，分别推出深筒部位、立壁部位和圆柱部位。实践证明，这种采用多元件综合推出机构的压铸模，推出力均匀，移动平稳，脱模顺畅，可取得较好的脱模效果。

11.5.5 螺纹脱模机构

压铸件上螺纹的脱模，应根据压铸件产量的大小、复杂程度、产品的市场前景以及综合成本，选用手动脱模、拼块脱模，利用开模力以及外动力驱动使螺纹脱模。

（1）手动脱螺纹机构

常用的手动脱螺纹机构如图 11-26 所示。

图 11-26（a）所示为最简单的手动脱螺纹形式。活动的螺纹型芯与传动丝杠做成一体，紧固在定模一侧。开模前，应首先拧动丝杠，使螺纹型芯完全脱离压铸件之后，再开模分型。这种结构形式，在设计时应注意传动丝杠的螺距应与螺纹型芯的螺距相等，方向一致，但直径可选得大一些，以提高型芯的机械强度。合模后，将螺纹型芯复位并锁紧。

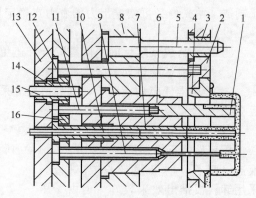

图 11-25　多元件综合推出机构结构实例
1—推块；2—卸料板；3—导套；4—卸料沿口；
5—导柱；6—主型芯；7—推管；8—动模板；
9—推杆；10—型芯；11—推块推杆；12—卸
料推杆；13—推板；14—推板导套；
15—推板导柱；16—推杆固定板

图 11-26（b）所示的压铸件有螺距相等但直径不同的两段螺纹，也可以采用同样的方式。但两段螺纹的包紧力较大，脱模比较困难，只适用于螺纹有效长度不大的场合。

当同一部位的两段螺纹的螺距不相等或螺纹方向相反时，可采用图 11-26（c）所示的结构形式，分别制作两段的螺纹型芯，镶拼在一起，安装在定模一侧。开模前，分先后分别拧动大、小螺纹型芯，直至完全脱模为止。

当采用图 11-26（b）所示的结构形式时，如果包紧力太大，也可采用图 11-26（c）所示的形式，将整体型芯分拆，以便将集中的包紧力分解为两个较小的包紧力。

图 11-26（d）所示是采用锥齿轮副带动螺纹型芯旋转脱模。在开模时，边分型，边摇动传动轴，通过锥齿轮的啮合，使螺纹型芯按旋出方向旋转脱模。

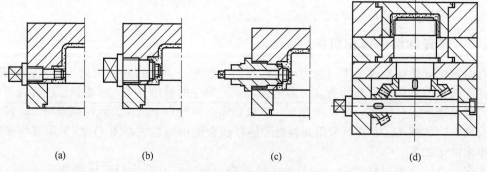

(a)　　　　　　(b)　　　　　　(c)　　　　　　(d)

图 11-26　模内手动脱螺纹机构

手动脱螺纹机构多用于产品批量不大的场合。

（2）拼块式脱螺纹机构

拼块式脱螺纹机构是将螺纹成型零件做成两瓣或多瓣的形式，合模后，拼合成成型型腔。开模后，用推杆推动成型零件，按脱模的方向移动，使螺纹脱模，如图 11-27 所示。

图 11-27（a）所示将螺纹型环对合加工成型腔。开模后，采用斜推杆将螺纹型环分别向两侧分型，在压铸件从型芯推出的同时，螺纹也逐渐脱模。这种组合形式要求对合面定位准确、可靠，以减少螺纹的错口和飞边。合模时，定模板分型面迫使螺纹型环复位并锁紧。

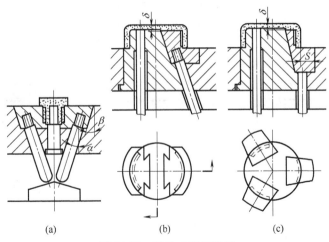

(a)   (b)   (c)

图 11-27　拼块式螺纹脱模

为防止移动干涉，斜推杆的导滑角应小于或等于螺纹型环的定位角，即 $\alpha < \beta$。

当成型直径较大而不连续的几段内螺纹时，可采用图 11-27（b）和（c）所示的结构形式。它们是将有螺纹的部位设置相互对应的成型型芯，与主型芯采用斜向燕尾槽的导滑，使螺纹型芯分别向中心靠拢，使螺纹脱模。

这种拼凑形式设计时注意以下几点。

① 螺纹型芯的顶端部应低于主型芯顶端一个距离 δ，使 $\delta = 0.05 \sim 0.1\text{mm}$，以防止成型型芯在侧向移动时受阻。

② 在整个脱模过程中，螺纹型芯始终不脱离主型芯，并应有 1/3 的长度含在其中，以便于复位。

③ 活动成型型芯在分型面上应有一段长 S（$>10\text{mm}$）的复位平面，以便于准确复位。

（3）利用开模的相对移动使螺纹脱模

这种结构是利用开模时的直线运动，借助开模力，通过齿轮、齿条等结构件的啮合、传动，使型芯产生旋转运动，从而使压铸螺纹脱模的。

图 11-28 所示是利用开模动作的开模力，通过齿条 1、螺纹型芯轴 5 上的齿轮，从而带动螺纹型芯旋转，使压铸件脱离侧向型芯的。开模时，安装在定模板 2 的齿条导柱 1 上的齿条与安装在动模板 7 上的齿轮产生相对移动，从而带动型芯轴 5 上的螺纹型芯旋转，并沿螺母 4 做脱模的轴向移动，使其从压铸螺纹中脱出。

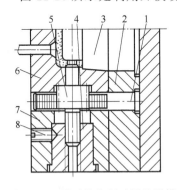

图 11-28　用开模力驭动螺纹脱模
1—齿条导柱；2—定模板；3—主型芯；4—螺母；5—螺纹型芯轴；6—型腔镶块；7—动模板；8—紧定螺钉

在设计时，应使螺母 4 的螺距与压铸螺纹的螺距相等、方向相同，而且螺纹型芯轴 5 上的齿轮宽度应保证在它的轴向移动范围内总能与齿条啮合。为使齿轮、齿条在合模时能顺利啮合，应设置齿轮的止动装置，使齿轮在脱离齿条时，停留在原来的位置上。情况允许时，也可以适当增加齿条的长度，在开模后使其不与齿轮脱开。

图 11-29 所示是联动脱螺纹机构。它是应用两组齿条与齿轮的相互啮合，由开模的直线运动转换成旋转运动—直线运动—旋转运动，从而带动多个螺纹型芯旋转脱模的。

开模时，在开模力的作用下，使安装在动模板上的宽面齿轮 2 与安装在定模板上的齿条 6

做相对运动而旋转，从而带动双面齿条 5 按箭头方向移动，另一侧的齿条则带动多个型芯轴 3，做脱螺纹的旋转动作。

（4）靠外加动力的螺纹脱模机构

在压铸成型小型的带螺纹压铸件时，往往采用一模多腔的布局形式，以提高压铸效率。为此采用依靠外加动力驱动螺纹型芯联动旋转的脱模形式。

图 11-30 所示是以电机为外加动力，通过齿轮副的减速后，带动蜗杆旋转，并作为动力分配轴，将旋转运动传递给各个直线排列的蜗轮，使各组螺纹型芯同时旋转，使螺纹脱模。

图 11-31 所示是以液压缸为外加动力带动齿条做直线运动的，齿条又通过啮合使行星齿轮旋转，从而带动周边的齿轮，使多组按圆周排列的螺纹型芯同时旋转脱模。

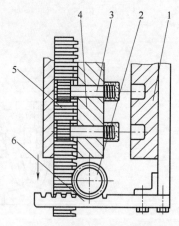

图 11-29　齿轮齿条联动脱螺纹机构
1—型腔板；2—宽面齿轮；3—型芯轴；
4—动模板；5—双面齿条；6—齿条

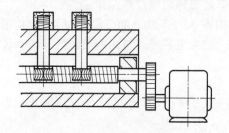

图 11-30　齿轮副联动旋转结构

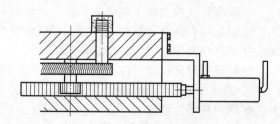

图 11-31　液压缸联动旋转结构

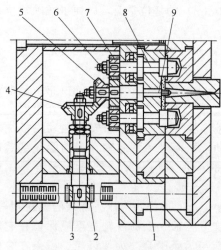

图 11-32　齿轮齿条脱螺纹机构
1—齿条导柱；2—直齿轮；3—传动轴；
4,5—锥齿轮；6—中心齿轮；7—直齿轮；8—螺纹型芯；9—主轴

【例 11-6】　齿轮、齿条脱螺纹的结构实例

图 11-32 所示是在热室压铸机上的多型腔的螺纹压铸件压铸模。它是利用开模动作的开模力，通过传动机构使螺纹型芯旋转脱模的。

齿条导柱 1 固定在定模一侧，与直齿轮 2 啮合。开模时，齿条导柱 1 带动直齿轮 2 做旋转运动，并带动与传动轴 3 刚性连接的锥齿轮 4、锥齿轮 5、中心齿轮 6、圆周排列的直齿轮 7 以及相对应的螺纹型芯 8，按脱模方向旋转，使螺纹脱模。而主轴 9 的旋转带动浇道余料与压铸件一起脱离模体。

这种结构形式的设计要点如下。

① 为防止压铸件随螺纹型芯一起旋转，压铸件应设置止转结构，如在压铸件的外部设置凸纹、凹纹等止转形式。开模时，开模速度应与螺纹的脱模速度相匹配，达到边开模边脱模的同步后移。

② 图中的结构是利用浇注余料作为止转形式的。内浇口余料应能承受螺纹脱模的扭矩及推力，故应增大内浇口的截面积，尽量缩短横浇道的长度。

③ 主轴 9 兼起浇注余料的脱模作用，为使浇注余料与压铸件同步脱模，主轴 9 的分流锥上应设置螺距与压铸螺纹相同、方向相反的螺纹。

11.5.6　二次推出机构

有时由于铸件特殊形状或生产自动化的需要，在一次推出时容易使铸件变形，或不能自动脱落，此时，可以采用二次推出机构。二次推出机构也有主要推出和辅助推出之分。它们是各尽其责、相互配合的。下面以具体实例来说明常用的二次推出机构。

【例 11-7】　摆杆式超前二次推出机构

图 11-33 所示是摆杆式超前二次推出的结构形式和动作分解图。

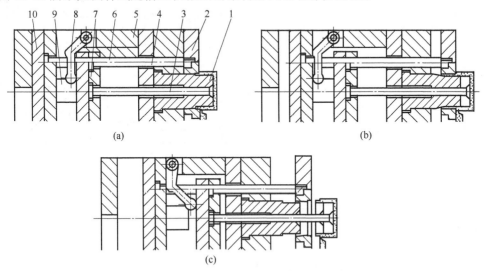

图 11-33　摆杆式超前二次推出机构

1—型芯；2—卸料板；3—推杆；4—复位杆；5—支架；6—卸料推杆；7—前推板；8—摆杆；9—支承块；10—后推板

在推出动作开始时，压铸机顶出器推动后推板 10，并通过支承块 9 同时推动前推板 7，从而带动卸料推杆 6、卸料板 2 以及推杆 3，使压铸件脱离型芯 1，完成第一次推出动作，如图（b）所示。这时压铸件仍含在卸料板 2 内，必须进行二次推出。

继续推出时，当后推板 10 与安装在支架 5 上的摆杆 8 接触时，推动摆杆 8 做逆时针方向转动，从而推动前推板 7 做超前于后推板 10 的移动，使推杆 3 的动作超前于卸料板 2 的移动，将压铸件从卸料板 2 上脱出落下，如图（c）所示。

合模时，卸料板 2 推动卸料推杆 6 和复位杆 4，分别使后推板 10、前推板 7 和摆杆 8 复位。

【例 11-8】　摆块式超前二次推出机构

图 11-34 所示是摆块式超前二次推出的结构形式和动作分解图。

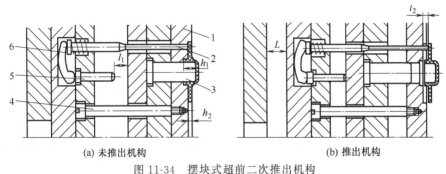

(a) 未推出机构　　　　　　(b) 推出机构

图 11-34　摆块式超前二次推出机构

1—动模板；2,4—推杆；3—型芯；5—撞杆；6—摆块

① 铸件用卸料板及推杆作两次推出。

② 推出时，推杆 2、4 推动动模板 1 和铸件一起移动 l_1 距离，使铸件脱出型芯 3，完成第一次推出。

③ 撞杆 5 与垫板接触，继续推出时，推杆 4 推动动模板 1 继续移动。同时，由于撞杆 5 迫使摆块 6 摆动，推杆 2 做超前于动模板 1 的移动，将铸件从型腔中推出。

【例 11-9】 杠杆式超前二次推出机构

如图 11-35 所示，机构说明如下。

① 开模后，撞杆 1 带动推杆板 2、推杆固定板 3 和推杆 5 向前移动，使铸件脱离动模型腔和型芯。

② 由于铸件黏附力作用，铸件黏附在推杆 5 端面而不能自动脱落。

③ 推杆板 2、推杆固定板 3 带动杠杆 4 继续向前移动，碰钉 6 撞击杠杆 4，杠杆 4 绕销 7 转动，撞击二次推杆

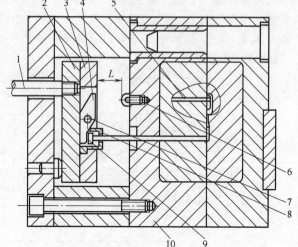

图 11-35　杠杆式超前二次推出机构

1—撞杆；2—推杆板；3—推杆固定板；4—杠杆；5—推杆；6—碰钉；7—销；8—压块；9—二次推杆；10—动模套板

9。由于二次推杆 9 作用于浇注系统上，从而带动铸件脱离推杆 5 端面自动脱落。

【例 11-10】 斜销式超前二次推出机构

图 11-36 所示是采用斜销带动滑块实现超前二次推出的。

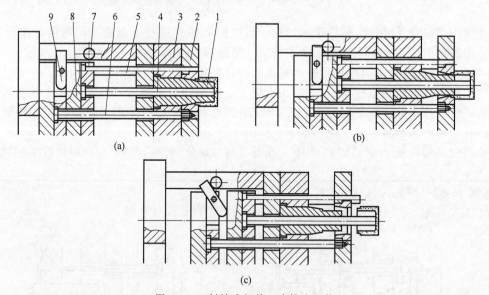

(a)

(b)

(c)

图 11-36　斜销式超前二次推出机构

1—型芯；2—卸料板；3—中心推杆；4—动模板；5—斜销；6—弹簧；7—卸料推杆；8—侧滑块；9—推板

它的结构特点是：中心推杆 3 以弹簧 6 的弹力浮动在侧滑块 8 上。推出动作的初期，推板 9 推动卸料推杆 7、卸料板 2 和中心推杆 3 同时使压铸件脱离型芯 1。这时侧滑块 8 在斜销 5 的驱动下向前移动。当移动到图 11-36（b）所示的位置时，在斜面的作用下，使中心推杆 3 做超前推出动作，使压铸件脱离卸料板 2 落下，如图 11-36（c）所示。

这种形式的二次推出机构是在推出过程中同时完成二次推出的。

合模时，卸料板 2 推动卸料推杆 7 使推出系统复位。在复位过程中，斜销 5 则驱动侧滑块 8 向外移动，中心推杆 3 则在弹簧 6 的作用下同时复位。

【例 11-11】 摆杆式滞后二次推出机构

图 11-37 所示是利用限制架控制摆杆的摆动，实现滞后二次推出。在推出动作前，对称的摆杆副 11 在控制架 12 和拉簧 9 的约束下并拢。推出时，并拢的摆杆副 11 推动设置在前推板 7 上的圆柱销 6，前推板 7 与后推板 10 同时向脱模方向移动，从而分别带动卸料推杆 4 和推杆 5，使压铸件脱离主型芯 1。前、后两组推板在移动了一段距离后，摆杆副 11 脱离了控制架，并在推力和圆柱销 6 的分力作用下向外摆动，前推板和与其刚性连接的卸料板 2 因失去推力作用而停止移动，如图 11-37（b）所示。以后的推出过程只由后推板 10 带动推杆 5，将压铸件从卸料板 2 中脱出。

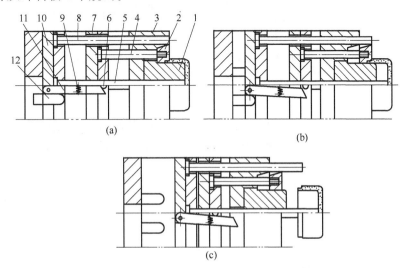

图 11-37 摆杆式滞后二次推出机构

1—主型芯；2—卸料板；3—动模板；4—卸料推杆；5—推杆；6—圆柱销；7—前推板；
8—复位杆；9—拉簧；10—后推板；11—摆杆副；12—控制架

合模时，卸料板 2 和复位杆 8 分别带动前后两组推板复位。

【例 11-12】 滑块式滞后二次推出机构

图 11-38 所示是滑块式二次推出的结构形式。滑块 10 在导板 7 的作用下，产生横向移动，从而使浮动推杆失去推力，完成滞后二次推出动作。

推出时，推板 8 推动浮动推杆 4、卸料板 2 和推杆 5 共同使压铸件脱离型芯。这时，在导板 7 的斜面作用下，推动滑块 10 向内侧移动。当浮动推杆 4 与滑块 10 上的通孔的位置相对时，失去推力，而使卸料板 2 停止移动，完成第一次推出。如图 11-38（b）所示，推板 8 继续推移，推杆 5 将压铸件从卸料板 2 中脱出。

由于浮动推杆 4 推动卸料板 2，起不到复位作用，所以应设置复位杆 6，带动推出系统复位。滑块 10 则依靠弹簧 9 复位。因此，弹簧 9 应有足够的弹力，滑块 10 也应运动灵活。

应该注意的问题是，在第二次推出时，为防止卸料板 2 随压铸件前移，应在卸料板 2 上设置限位杆 3。

【例 11-13】 楔块式滞后二次推出机构

楔块式二次推出机构是在后推板 8 的底部设置对称的楔块 10。它可在限制架 11 的限制下，沿导轨 9 上的导滑槽移动，如图 11-39 所示。

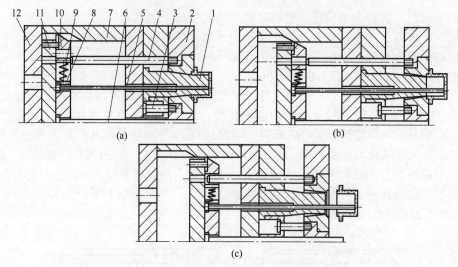

图 11-38　滑块式滞后二次推出机构
1—型芯；2—卸料板；3—限位杆；4—浮动推杆；5—推杆；6—复位杆；7—导板；
8—推板；9—弹簧；10—滑块；11—限位销；12—动模座板

推出时，压铸机顶杆穿过动模座板 12，推在楔块 10 的斜面上，在限制架 11 的约束下，楔块 10 推动两组推板同时向前移动，从而带动卸料推杆 4、卸料板 1 和推杆 5，使压铸件从型芯 2 中脱出，完成第一次推出动作。

在第一次推出的同时，楔块 10 与限制架 11 作相对移动，并在限制架 11 的导向下，沿导轨 9 向两侧分开。当侧分距离足以使压铸机的顶杆通过时，在限位杆 6 的作用下，后推板 8 以及相连接的卸料推杆 4、卸料板 1 停止移动，如图 11-39（b）所示。压铸机的顶杆继续前移，在穿过后推板 8 后，直接推在前推板 7 上，从而带动推杆 5 将压铸件从卸料板上完全推出，完成第二次推出动作，如图 11-39（c）所示。

合模时，在合模力的作用下，卸料板 1 推动复位杆 3 和卸料推杆 4，分别使前、后推板复位。楔块 10 也在限制架 11 的约束下回复到合模时的状态。

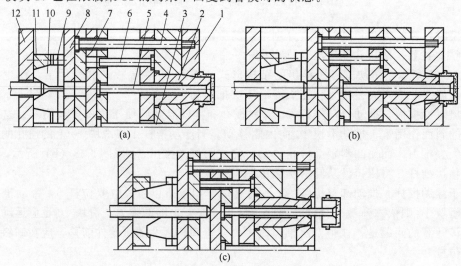

图 11-39　楔块式滞后二次推出机构
1—卸料板；2—型芯；3—复位杆；4—卸料推杆；5—推杆；6—限位杆；7—前推板；
8—后推板；9—导轨；10—楔块；11—限制架；12—动模座板

11.5.7 摆动推出机构

摆动推出机构适用于有弧形内外形状的铸件,按其固有的弧形轨道将铸件顺利推出。

(1) 摆板推出机构

如图 11-40 所示,机构说明如下。

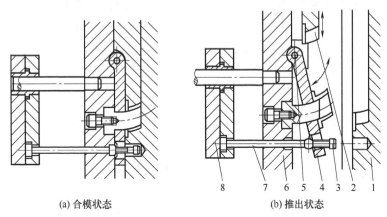

(a) 合模状态   (b) 推出状态

图 11-40 摆板推出机构

1—定模镶块;2—滑块;3—内六角螺钉;4—摆板;5—心轴;6—动模套板;7—球形推杆;8—推板

① 定模镶块 1 与滑块组合成铸件外形,沿圆弧轴心线分界。

② 摆板 4 能绕心轴 5 摆动。

③ 球形推杆 7 可在摆板 4 的椭球形槽内滑动,摆板 4 沿心轴 5 摆动,而铸件沿圆弧轴线被推出。

设计要点:

① 铸件弧形轴心线所对应的圆心角一般不超过 200°。

② 摆板 4 必须有预复位装置。否则,滑块复位时会造成损坏。

③ 摆板 4 与球形推杆 7 需要螺钉连接。

(2) 摆块推出机构

如图 11-41 所示,机构说明如下。

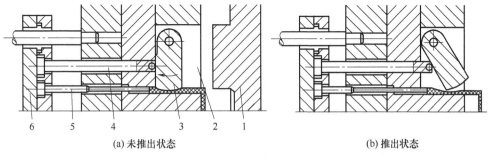

(a) 未推出状态   (b) 推出状态

图 11-41 摆块推出机构

1—定模镶块;2—动模镶块;3—摆块;4—滚珠推杆;5—推杆;6—推板

① 铸件有弧形外侧凹,由摆块 3 成型,利用推出铸件时,摆块的摆动抽出内侧凹,省略抽芯机构。

② 摆块 3 由镶有滚珠的推杆 4 推动。

③ 由于铸件弧形半径大于摆动中心到滚珠推杆 4 轴线的距离,所以圆弧摆脱的速度要

比推出速度快。

设计要点：

① 摆块在动模镶块槽的两侧取 H7/f7 的配合，以防金属液窜入；

② 合模后，摆块由定模镶块压紧。

11.5.8 推出机构代替斜抽芯机构

当铸件抽芯方向斜向定模时，用推出机构代替斜抽芯机构省力，模具结构紧凑，加工方便。尤其当不便安装和使用斜抽芯机构时，更有其优越性。

如图 11-42 所示，机构说明如下。

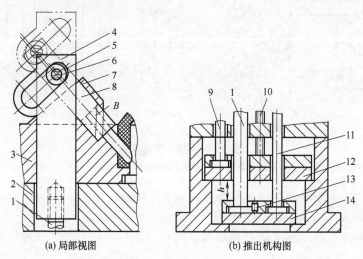

(a) 局部视图　　　　　(b) 推出机构图

图 11-42　推出抽芯机构

1—螺纹推杆；2—支承板；3—动模；4—滑块；5—滚轮；6—短轴；7—导轨；8—抽芯体；
9—前复位杆；10—扇形推杆；11—后复位杆；12—前推板；13—止转销；14—后推板

① 推出开始时，首先推动后推板 14，螺纹推杆 1 就通过滑块 4 推动滚轮 5 沿着滚道滚动，同时做相对复合运动，进而抽出抽芯体。

② 后推板组件 14 接触前推板 12，推动前推板 12 前进，带动扇形推杆把零件推出。

③ 合模时，后复位杆 11 使后推板 14 后退，螺纹推杆 1 带动推出轴芯机构开始复位。

④ 经过 h 距离后，前复位杆 9 也带动前推板 12 复位，当前、后复位杆均已到位后，复位全部结束。

设计要点：

为防止螺纹推杆脱扣而产生轴向窜动造成推出及复位误差，其尾端必须装有止转销 13。

11.5.9 推板式抽芯推出机构

推板式抽芯推出机构如图 11-43 所示。

① 模具在 Ⅰ-Ⅰ 分型面处首先分型。在浇口套 1 的内壁加工有三条螺旋槽。浇口余料在压射冲头的推力作用下，一边沿螺旋槽旋转，一边被推出浇口套。

② 随着开模过程的继续进行，浇口板 2 的移动受到定距拉杆兼导柱 3 的限制，从而使模具在 Ⅱ-Ⅱ 处实现第二次分型，浇口板 2 内的浇口余料被脱出，和铸件连成一体。

③ 当动模部分继续往左移动时，压铸机上的推杆推动推板 6、推杆 7 及推板 5，使压铸模在 Ⅲ-Ⅲ 处进行第三次分型。

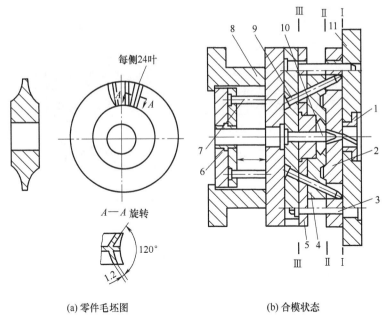

每侧24叶

A—A 旋转

120°

1.2

(a) 零件毛坯图　　　　　　　　(b) 合模状态

图 11-43　推板抽芯推出机构

1—浇口套；2—浇口板；3—拉杆；4—滑块；5,6—推板；7—推杆；
8—支承板；9—斜导柱；10—型芯；11—定模板

④ 成型叶片的滑块安装于推板 5 上，因此，当模具在Ⅲ-Ⅲ处分模时，在斜导柱 9 的作用下，侧面抽芯滑块沿径向辐射状抽出，脱离铸件。同时，在推板 5 的作用下，工件脱出型芯 10，使铸件从模具中脱出。

设计要点：

① 浇口套 1 和定模板之间必须止转，从而保证浇口套内的浇口余料被拧断。

② 为保证合模可靠，抽芯后滑块应能准确复位，或保证抽芯后滑块和斜导柱不脱离。

③ 应避免圆形定位斜楔与滑块干涉。

④ 推板 6 的推出距离 L 应保证侧向抽芯的滑块能抽出工件，故推出距 L 与抽芯距离 S 之间应能满足关系式：

$$L = \frac{S}{\tan\alpha} + (2\sim3) \tag{11-11}$$

11. 5. 10　斜向推出机构

当压铸件上某些结构单元的轴线与基准面有一定的夹角而无法采用侧抽芯机构完成脱模时，可采用斜向推出机构。

图 11-44 所示是斜推板推出机构。压铸件带有与基准面成夹角的两个斜孔，为使斜孔脱模，以斜孔方向作为模体轴线，故采用倾斜式分型面。推板 10 与斜分型面平行，各推出元件 6 和 8 以及推板导柱 7 的轴线均垂直于分型面。在推板 10 和辅助推板 15 的斜接触面上设置若干个滚针 11，以便于相对滑动。

开模时，压铸件在定模一侧的成型部分直接脱模。推出时，斜块 13 和辅助推板 15 在压铸机顶杆的推动下，沿开模方向作水平移动，在滚针 11 的作用下，斜推出机构沿推板导柱 7 做斜向推出运动，完成压铸件的斜向推出。

为保证斜块 13 的平稳移动，设置辅助导柱 14。斜块 13 的倾斜角应控制在 30°以内，以

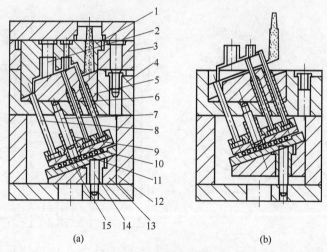

图 11-44 斜推板推出机构

1—定模镶块；2—型芯；3—定模板；4—动模板；5—动模镶块；6—推杆；7—推板导柱；8—推杆兼
复位杆；9—推板导套；10—推板；11—滚针；12—支块；13—斜块；14—辅助导柱；15—辅助推板

保证与推板 10 相对移动的顺畅。

　　合模时，倾斜的定模分型面推动推杆兼复位杆 8，驱动推出系统复位。

　　图 11-45 所示是采用平行推板完成斜推出动作的。推管 8、复位杆 7 及型芯 4、推板导柱 11 沿垂直于斜分型面的方向分别安装在推杆固定板 9 和动模座板 12 上。

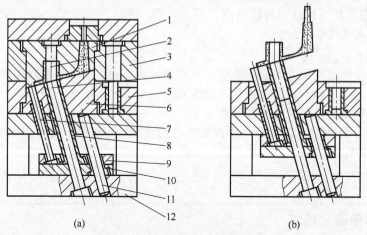

图 11-45 平行推板斜推出机构

1—定模镶块；2,4—型芯；3—定模板；5—动模板；6—动模镶块；7—复位杆；
8—推管；9—推杆固定板；10—推板；11—推板导柱；12—动模座板

　　推出时，推板 10 沿推板导柱 11 做斜向推出运动，而将压铸件推出。

　　在推出过程中，推板 10 与压铸机的推杆有相对位移而产生一定的摩擦力。

11.5.11　不推出机构

　　不推出机构是指不将铸件推出，只是卸除铸件的全部包紧力，从而取下铸件。

　　如图 11-46 所示，机构说明如下。

　　① 开模后，压射头的推出力 F_1 通过横浇道及内浇口作用在铸件上。同时开模力 F_2 通

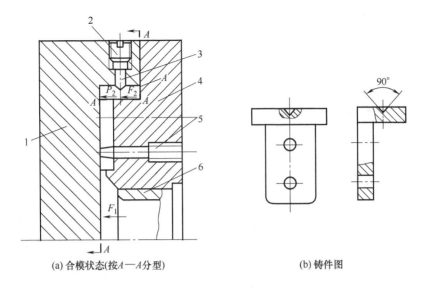

(a) 合模状态(按A—A分型)   (b) 铸件图

图 11-46   不推出机构

1—动模镶块；2—螺塞；3—动模顶针芯；4—定模镶块；5—定模型芯；6—浇口套

过动模顶针芯 3 作用于铸件上，在这两个力的作用下卸除铸件对定模的包紧力。

② 由于铸件对动模的包紧力很小，因此，在铸件的自重和余料重量作用下，铸件自动脱离动模或轻击余料取出铸件。

③ 此种机构不但省去推出机构，而且省却滑块抽芯机构，简化模具结构。

设计要点：

① 浇口厚度和宽度在不影响正常清理的前提下应取较大值；

② 动模块上的脱模斜度应顺着铸件取出的方向修理；

③ 浇口系统和溢流系统的开设应以不影响开模后铸件的顺利取出为原则。

11.5.12   定模推出机构

对于要求先脱离动模或需要强制脱离定模的铸件，可以采用定模推出机构。

（1）强制脱离定模机构

强制脱离定模机构如图 11-47 所示，说明如下。

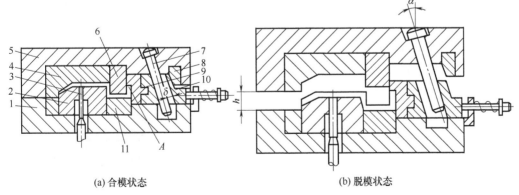

(a) 合模状态   (b) 脱模状态

图 11-47   强制脱离定模机构

1—动模板；2—动模镶块；3—推杆；4—定模镶块；5—定模板；6—定模镶件；

7—斜导柱；8—楔紧块；9—滑块镶件；10—滑块；11—动模镶件

① 铸件左端虽有包紧力，但主要包紧力在右端定模内。

② 当开模时，斜导柱 7 移动开模行程 h 后，与滑块 10 右端接触，滑块 9 才有抽芯动作，利用 A 端面将铸件从定模镶块 6 上强制脱开。

③ 铸件脱离定模镶件 6 后，推杆 3 将铸件推出。

（2）延时脱出定模机构

若铸件对定模型芯的包紧力较大，且动模内有设置与分型面基本平行的活动型芯时，为了保证在开模时铸件能留在动模上，则可采用延时抽芯的办法。如图 11-48 所示，机构说明如下。

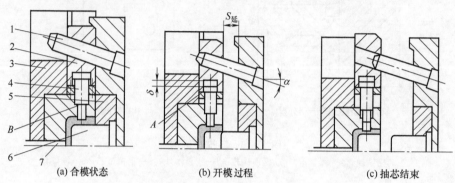

(a) 合模状态　　　　　(b) 开模过程　　　　　(c) 抽芯结束

图 11-48　延时脱出定模机构

1—斜销；2—滑块；3—动模；4—活动型芯；5—定模；6—定模型芯；7—推杆

① 分型面打开时，滑块 2 先移动空行程 δ，此时活动型芯 4 带动铸件卸除对定模型芯 6 的包紧力。

② 当继续开模时，则滑块 2 的台阶面 A 同活动型芯 4 的台阶面接触，抽芯开始。

③ 斜销 1 脱离滑块 2 的孔，抽芯结束，然后推杆 7 将铸件推出。

④ 此种机构不但具有延时抽芯的功用，而且可将铸件脱出定模，结构简单，加工方便。

（3）定模推杆推出机构

如图 11-49 所示，铸件有一较大的侧孔，导致大型芯 7 的液压抽芯系统庞大。将抽芯系

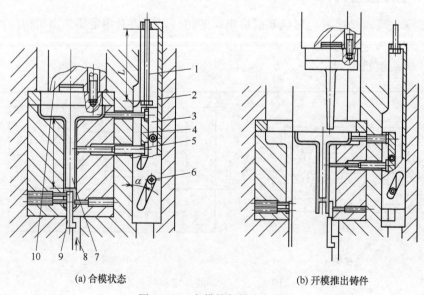

(a) 合模状态　　　　　　　　　　(b) 开模推出铸件

图 11-49　定模推杆推出机构

1—螺杆；2—抽板；3—推板；4—推杆固定板；5—推杆；6—销轴；7—大型芯；8—抽杆；9—小型芯；10—滑块

统设置在定模部分，抽芯机构较稳固，可提高生产率和简化动模部分的结构。开模时，铸件留在定模内。开模后，抽出型芯7及9。由于螺杆1与滑块10为刚性联接，故螺杆1随滑块10运动。当抽出距离达到 L 时，螺杆的台阶碰到抽板2，抽板2内部设推杆推出机构，抽板2以斜槽为推板3上销轴的运动轨道，使推板推出。抽板2与推出机构的运动方向相互垂直。

11.5.13 非充分推出机构

此种机构主要用于带有外侧凹铸件的推出。推出元件既有成型作用又有推出作用。推出后的铸件对推出元件仍有一定的包紧程度，可用手工轻击取出。

（1）型芯非充分推出机构

如图 11-50 所示，活塞类铸件的内凹用型芯5与削扁型芯组合成型。推出时，削扁型芯1与推杆4协同推出铸件。铸件推出后，对削扁型芯1的圆弧上有包紧力，再需要用手工或机构传动方式将其旋转 90°后取出。

设计要点：

① 削扁型芯的圆弧直径应较型芯5叉形引伸部分直径小 1mm。而且弧线应加工脱模斜

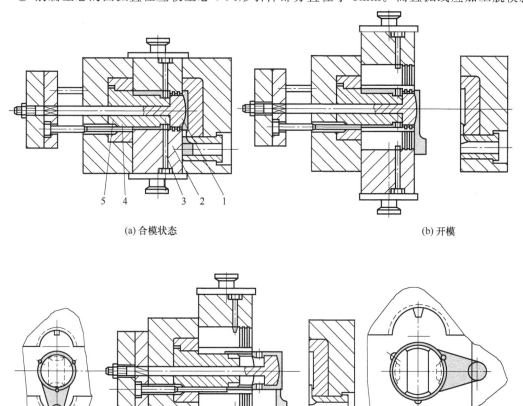

    (a) 合模状态   (b) 开模

    (c) 推出铸件   (d) 铸件转好，取下铸件

图 11-50 型芯非充分推出机构

1—削扁型芯；2—动模滑块；3—模型芯；4—推杆；5—型芯

度，以使铸件在一开始旋转即消除包紧力，并进入空位；

② 削扁型芯 1 的宽度应当尽可能小，但不得小于活塞销座直径，以减少包紧力。

（2）垂直非充分推出机构

如图 11-51 所示，铸件承受推出力部分容易变形，且缺乏布置普通推杆的位置，故设置成型推杆。合模状态时，成型推杆 3 与动模镶块 4 等共同构成铸件内部形状。推出方式与普通推杆机构相似。推出后，铸件对成型推杆 3 仍有较小的包紧力。其他铸件成型部位仍需用普通推杆推出。

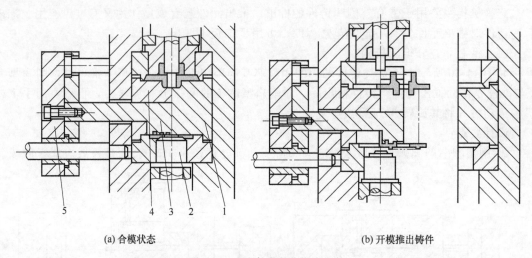

(a) 合模状态　　　　　　　　　　　　　　　(b) 开模推出铸件

图 11-51　垂直非充分推出机构
1—定模镶块；2—型芯；3—成型推杆；4—动模镶块；5—推板

设计要点：

① 成型推杆 3 的形状不宜太复杂，而侧凹不宜过深，以避免过大的残余包紧力；

② 成型推杆 3 可以布置数根，但成型方向必须一致，以便取下铸件。

（3）斜向非充分推出机构

如图 11-52 所示，铸件内侧凹由成型推杆 2 构成。成型推杆 2 尾部设滑轮 5，可在压块 7 内滚动。推出时，推杆固定板 1 的推出转化为斜动成型推杆 2 与分型面呈 α 交角的斜向运动，同时完成推出与脱出内侧凹两个动作。

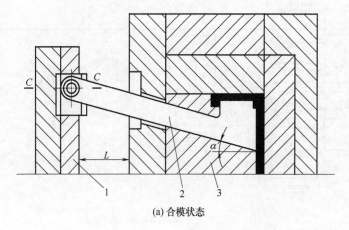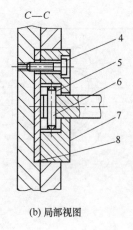

(a) 合模状态　　　　　　　　　　　　(b) 局部视图

图 11-52　斜向非充分推出机构
1—推杆固定板；2—成型推杆；3—镶块；4—螺钉；5—滑轮；6—轴；7—压块；8—导滑板

设计要点：

① 斜角 α 应在 30° 范围内，否则磨损严重，而且活动受到影响；

② 应增设普通推杆，以保持铸件推出时平衡；

③ 成型推杆 2 中段为导滑段，与动模镶块 1 的配合为 H7/d8；

④ 成型推杆 2 的端面在装配时，不得高于动模镶块分型面，允许低于分型面 0.1mm。

11.5.14 多次分型辅助机构

根据铸件结构特点和工艺要求，需多次分型时，可以采用如下辅助结构形式。

（1）拉板式多次分型机构

如图 11-53 所示。拉板 3 通过螺钉 5 安装于动模板 4 和定模板 2 上，并且拉板 3 可以自由滑动。开模时，由于浇口作用及冲头跟踪作用，于是便打开分型面 I。当定模板 2 运行到 a_1 尺寸时，由于定距螺钉 6 的作用，动模板 5 继续运行，便打开分型面 II。

设计要点：

① 尺寸 a_1 必须大于压铸机冲头跟踪行程；

② 尺寸 a 必须小于压铸机的最大开挡；

③ 尺寸 a_2 必须小于或者等于压铸模的闭合高度。

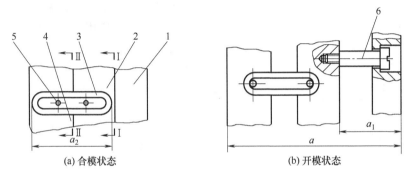

图 11-53　拉板式多次分型机构

1—定模座板；2—定模板；3—拉板；4—动模板；5—螺钉；6—定距螺钉

（2）摆钩式多次分型机构

如图 11-54 所示，摆钩机构设在模具两侧面，摆钩 7 以轴 6 为中心，向两个方向摆动。

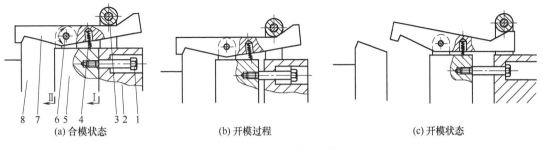

(a) 合模状态　　　　　　　(b) 开模过程　　　　　　　(c) 开模状态

图 11-54　摆钩式多次分型机构

1—定距螺钉；2—定模座板；3—滚轮；4—压簧；5—定模套板；6—轴；7—摆钩；8—动模套板

合模状态时，摆钩 7 用头部钩住动模套板 8，使分型面 II 在开模距离小于定距螺钉 1 活动范围内时，分型面 II 始终呈闭合状态。当开模行程增大至摆钩 7 尾部，因受到滚轮 3 压迫时，头部逐渐抬起，脱离动模套板 8 而打开分型面 II。

设计要点：

① 压簧设于摆钩 7 尾部靠近滚轮 3 处，使摆钩与动模套板钩紧；

② 摆钩 7 头部与动模套板 8 的接触面应有 5°斜度，有利于复位。

（3）定距锁紧分型机构

如图 11-55 所示，在浇口及冲头跟踪作用下，打开分型面Ⅰ。当分型面达到一定距离时，在定距拉杆拉力作用下，强迫圆柱销 3 压缩弹簧 4，使圆柱销脱出锁紧块 11 的槽，这样就可打开分型面Ⅱ。锁紧力的大小可通过螺钉 5 进行调节。

设计要点：

锁紧块 11 上与圆柱销 3 在锁紧时接触部位不能没有圆角，且圆角 R 大于 0.5mm。

（4）滑块顺序分型机构

如图 11-56 所示，固定于动模 2 上的拉钩 4 紧钩住能在定模 3 内滑动的滑块 5，开模时，动模通过拉钩 4 带动定模，使分型面Ⅰ打开。

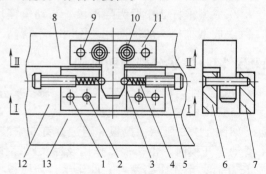

图 11-55　定距锁紧分型机构

1,9—销钉；2,5,10—螺钉；3—圆柱销；4—弹簧；6—导滑块Ⅰ；7—导滑块Ⅱ；8—动模板；11—锁紧块；12—定模板；13—定模座板

分型面Ⅰ打开一定距离后，滑块 5 受到限距压块 8 斜面作用，向模内移动而脱离拉钩 4。由于定距螺钉作用，在动模继续移动时，分型面Ⅱ打开。

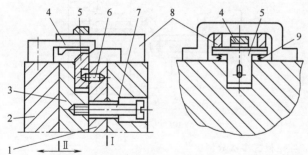

图 11-56　滑块顺序分型机构

1—垫板；2—动模；3—定模；4—拉钩；5—滑块；6—定距销钉；7—定距螺钉；8—限距压块；9—弹簧

设计要点：

① 滑块 5 在运动时不得有卡滞现象；

② 滑块 5 与限距压块 8 接触面应有斜度。

（5）摆块式三次分型机构

如图 11-57 所示，开模后，由于压铸冲头作用，首先打开分型面Ⅰ。当双钩杆 3 钩住定模套板 2 时，打开分型面Ⅱ。当双钩杆 3 钩住摆块 6 时，强制动模套板 4 与动模垫板 8 分离，打开分型面Ⅲ。由于摆块 6 摆动一定角度，故使动模套板 4 得以离开动模垫板 8。合模时按Ⅱ、Ⅰ、Ⅲ顺序复位。

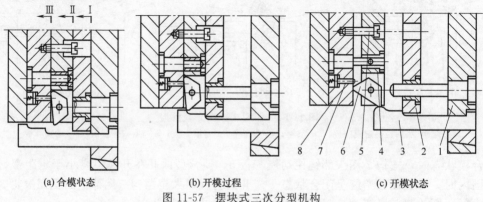

(a) 合模状态　　　　　(b) 开模过程　　　　　(c) 开模状态

图 11-57　摆块式三次分型机构

1—定模座板；2—定模套板；3—双钩杆；4—动模套板；5—定距螺钉；6—摆块；7—限位钉；8—动模垫板

设计要点:

① 摆块 6 上部应设置弹性限位钉 7, 使摆块 6 摆动超过一定角度时保持不动, 不然由于摆块自重下落而影响模具复位;

② 动模套板 4 应用定距螺钉控制分型距离;

③ 摆块式在模具两边对称布置;

④ 此种结构仅适用于卧式压铸机上的模具。

11.6 推出机构的复位与导向

11.6.1 推出机构的复位

在压铸的每一个工作循环中, 推出机构推出铸件后, 都必须准确地恢复到原来的位置。这个动作通常是借助复位杆来实现的, 并用挡钉做最后定位, 使推出机构在合模状态下处于准确可靠的位置。

(1) 复位机构的动作过程

复位机构如图 11-58 所示。开模时, 复位杆 8 随推出机构同时向前移动, 并由推杆 7 将压铸件推出模体, 如图 11-58 (a) 所示。这时复位杆 8 伸出分型面的距离即为推出机构的推出距离。

合模过程中, 定模板 12 的分型面触及复位杆 8 的端面时, 复位杆受阻, 从而使推出机构停止移动, 动模的其余部分继续做合模动作, 推出机构开始复位动作, 如图 11-58 (b) 所示。

当合模动作完成, 分型面合紧时, 在限位钉 2 的限位作用下, 推出机构回复到原来的准确位置, 完成复位动作, 如图 11-58 (c) 所示。

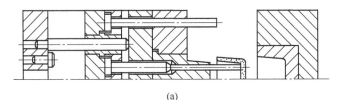

(a)

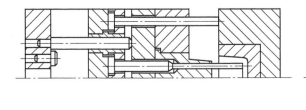

(b)

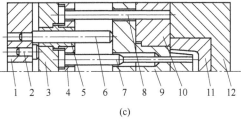

1 2 3 4 5 6 7 8 9 10 11 12

(c)

图 11-58 复位机构的动作过程

1—动模座板; 2—限位钉; 3—推板; 4—推杆固定板; 5—推板导套; 6—推板导柱;
7—推杆; 8—复位杆; 9—型芯; 10—动模板; 11—型腔镶块; 12—定模板

(2) 复位机构的组合形式

如图 11-59 所示。图 11-59 (a) 所示为采用复位杆复位的组合形式。它结构简单, 便于加工和安装, 而且动作稳定可靠, 是最常用的形式。它与推出元件同时安装在推杆固定板上, 合模时, 在定模板分型面的作用下完成复位动作。

模具分型后, 复位杆伸出动模分型面, 有时会影响压铸件的自由落下, 或影响压铸生产的操作，如安放活动型芯和嵌件以及清理杂物、涂润滑剂等。可采用图 11-59（b）所示的组合形式，即在定模一侧设置辅助复位杆，使复位杆在开模时，不高出动模分型面。

图 11-59（c）所示是采用推杆兼起复位杆作用的组合形式。推杆设置在压铸件周边的底部，推杆端部虚线的弓形部分为推出作用面，其余部分在合模时与定模分型面接触，起复位作用，多用于简单的小型模具中。

为增大推杆的有效推出面积，可采用半圆形推杆的结构形式。

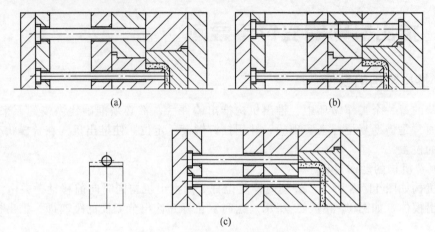

图 11-59　复位机构的组合形式

（3）复位杆的布局形式

复位杆的布局形式，根据模具的外部形状和具体情况而定。图 11-60 所示是最常见的布局形式。图 11-60（a）所示为在成型镶块外设置对称的复位杆，它的布局特点是：

① 复位杆的投影方向跨度大，复位的作用力平衡，动作可靠，应用广泛；

② 选择复位杆的位置有较大的灵活性；

③ 易于安装、调整和更换。

在大型压铸模上，为不增加模体的截面积，采用在模体外设置复位杆的形式，如图 11-60（b）所示。它是在加长的推板上设置与模体中心对称的复位杆。它的布局特点是可减少模体外形尺寸，减轻模体重量。但应适当增强推板的刚性，防止因受力产生弹性变形而影响复位的准确性。

结构简单的小型模具，也可在成型镶块的非成型区域内设置复位杆，如图 11-60（c）和图 11-60（d）所示。它们的特点是结构紧凑，但更换成型镶块时，会增加维修的工作量。

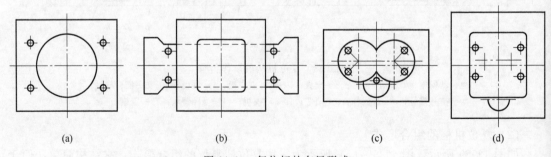

图 11-60　复位杆的布局形式

（4）推板的限位形式

推板的限位形式如图 11-61 所示。

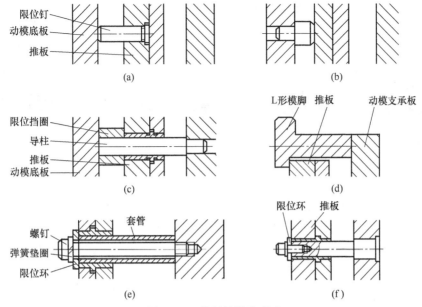

图 11-61　推板的限位形式

图 11-61（a）、（b）所示结构采用限位钉，使推板实现精确复位。限位钉分别设置在推板或动模座板上，制作简单、复位精度高、刚性好、应用比较广泛。

图 11-61（c）所示结构将限位挡圈套在推板导柱上，结构更加简单，也有很高的复位精度。以上的结构形式用于压铸模设置动模座板的场合。

采用 L 形模脚的小型模具，用设置在模脚内侧的限位挡块限位，如图 11-61（d）所示。由于限位挡块上易积存杂物，可能影响复位的精度。

小型的压铸模有时采用图 11-61（e）和（f）所示的限位形式。图 11-61（e）所示结构是将套管用内六角螺钉固定在动模板或动模支承板上，端部设置限位环，起限位作用。同时加设弹簧垫圈，以防止松动。套管还兼起推板的导向作用，推板借助推板导套在套管上滑动，简化模具结构。

图 11-61（f）所示结构在推板导柱的端部设置限位环，加工制造方便。

图 11-61（e）和（f）所示结构应该注意的共同问题是，由于推出元件的推出端承受金属液的压射力，并同时传递到推板上，因此限位环和内六角螺钉应有足够的强度，以支承推板的压射载荷。

（5）设计要点如下

① 复位杆的位置应对称均匀，以保证在复位过程中推板受力均衡，确保平稳移动。一般情况下，设 4 根复位杆对称排布。

② 限位元件应尽可能设置在压铸件投影面积范围内，以改善推板的受力状况。

③ 如条件允许，复位杆的直径和位置跨度应选得大一些，以增加推出机构的移动稳定性。

④ 合模时，复位杆的端面不能高于动模分型面，以防止合模不严。在一般情况下，应低于动模分型面 0.25mm 的距离。虽然推出元件会产生复位误差，可在压铸过程中借助压射压力将其除掉。

11.6.2　推出机构的预复位

（1）推杆的干涉现象

复位机构的复位动作是与合模动作同时完成的。合模时，活动型芯在复位插入过程中，与推出元件发生相互碰撞，或当推出元件在推出压铸件后的位置影响嵌件的安放，即为推杆的干涉现象。通常，在合模状态下，当推杆的位置处于活动型芯的投影区域内时，就可能产生干涉现象，如图 11-62 所示。

图 11-62（a）所示为合模状态。可以看出，推杆的位置在侧型芯的投影区域内形成 n 区域的干涉区。当推杆推出压铸件在下一周期的合模过程中，在推杆进行复位动作的同时，侧型芯也在

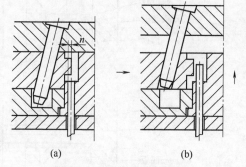

图 11-62　推杆的干涉现象

斜销的作用下向前做复位动作，如图 11-62（b）所示。在这种情况下，就有侧型芯碰撞推杆的可能性。

侧型芯与推杆产生干涉的判定分析见图 11-63。

根据图 11-63 所示，当 $S < h$ 时，设 e 为侧型芯前移的距离，当合模距离为 $h-S$ 时，斜销插入斜孔早于推杆的复位动作，则：

$$e=(h-S)\tan\alpha \qquad (11\text{-}12)$$

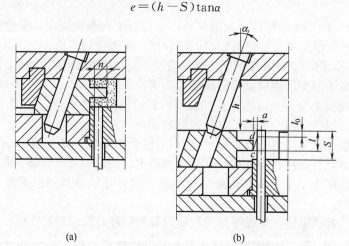

(a)　　　　　　　　　　(b)

图 11-63　侧型芯与推杆产生干涉的判定分析

判定"干涉"的计算见表 11-12。

表 11-12　侧型芯判定"干涉"的计算

S 与 h 的关系	提前插入距离 e 的条件	判定计算式	判定结果
$S < h$	$e < a$	$a-e \geqslant l\tan\alpha$	不发生干涉
		$a-e < l\tan\alpha$	发生干涉，干涉长度为 $l_0 = l - \dfrac{a-e}{\tan\alpha}$
	$e \geqslant a$	不必计算	发生干涉，干涉长度为 $l = l_0$
$S \geqslant h$	—	$a \geqslant l\tan\alpha$	不发生干涉
		$a < l\tan\alpha$	发生干涉，干涉长度为 $l_0 = l - \dfrac{a}{\tan\alpha}$

（2）预复位机构

预复位机构就是在模具最初合模的过程中，合模力通过机械结构件的运作，使推出系统

带动推出元件提前复位的机构。

当判定推杆与活动型芯发生干涉现象，或在开模时推杆影响嵌件的安放时，应采用预复位机构，把推杆的干涉长度 l 提前消除。采用预复位的推出机构，仍需应用复位元件和限位元件来保证合模状态时推出元件的准确位置。

以下是常用的预复位机构的实例。

【例 11-14】 杠杆式预复位机构

图 11-64 所示是杠杆式预复位机构。当推出压铸件后，推杆 5 的推出位置妨碍嵌件的安放，如图 11-64（a）所示，必须在完全合模前使推杆 5 先行复位，让出安放嵌件的空间，所以设置了杠杆式预复位机构。

在合模开始时，楔板 10 首先推动安装在支承板 4 上并可沿轴摆动的杠杆 6，通过滑轮使推板 7 带动推杆 5 以及其他推出元件回复到原来的位置。这时，装入嵌件，如图 11-64（b）所示。

这个过程完成后，才完全合模。预复位机构只是使推杆提前脱离干涉区，还必须设置复位杆，由复位杆 8 使推出系统精确复位，如图 11-64（c）所示。

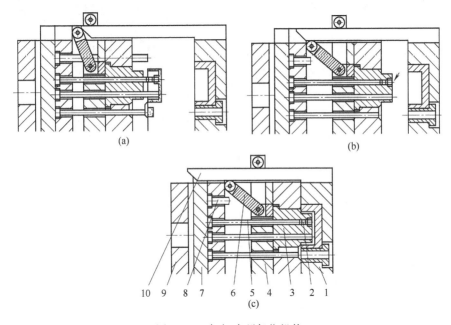

图 11-64　杠杆式预复位机构

1—定模板；2—嵌件；3—型芯；4—支承板；5—推杆；6—杠杆；7—推板；8—复位杆；9—动模座板；10—楔板

【例 11-15】 弹簧式预复位机构

图 11-65 是弹簧式预复位机构。合模时，设置在定模板上的反推杆 5 触及弹性套 8，由于动模板 3 上的孔限制了弹性套 8 的外涨空间，使弹性套 8 在收拢状态下被反推杆 5 推动，从而驱动推出系统做预复位动作。

当弹性套 8 的端面进入扩孔区域时，摆脱了束缚，并在反推杆 5 的推力作用下扩张，使反推杆插入，弹性套 8 与推板 9 停止移动，完成预复位动作，如图 11-65（b）所示。

继续合模时，侧型芯 4 则无障碍地实现复位动作。复位杆 6 则驱动推出机构完成精确定位，如图 11-65（c）所示。

弹簧式预复位机构结构紧凑，动作可靠，便于调节，是简单实用的结构形式。

【例 11-16】 摆块式预复位机构

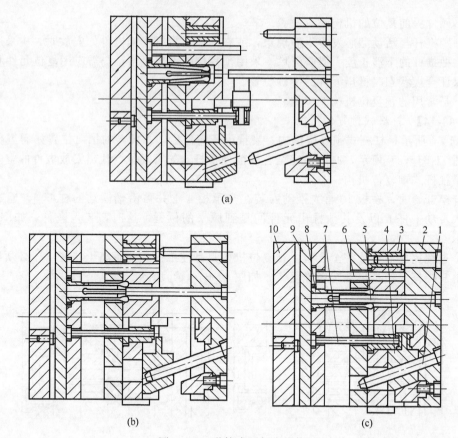

(a)

(b)   (c)

图 11-65　弹簧式预复位机构

1—斜销；2—定模板；3—动模板；4—侧型芯；5—反推杆；6—复位杆；7—推杆；8—弹性套；9—推板；10—动模座板

图 11-66 所示是摆块式预复位机构。

在合模过程中，在侧型芯 5 侧向移动前，楔板 8 先推动设置在动模板 3 上并可绕轴摆动的摆块 7，迫使推板 10 做复位移动，从而带动推杆 9 完成预复位动作，如图 11-66（b）所示，从而使侧型芯 5 无干扰地进入复位状态。最后推出系统由复位杆 4 完成精确定位。

【例 11-17】　三角块式预复位机构

为了安放嵌件的需要，必须使推杆先行复位。图 11-67 所示采用三角块式预复位机构的结构形式。

推出压铸件以后，由于推杆 6 停留在安装嵌件的位置上［图 11-67（a）］，所以无法安装嵌件，故采用预复位机构。

合模动作开始时，楔杆 1 借助合模力，首先推动三角块 4 向内侧移动。在斜面作用下，驱动推板 3 做复位动作，并带动推出系统及推杆 6 完成预复位动作，如图 11-67（b）所示。

合模后，由复位杆（图中未画出）完成精确复位，如图 11-67（c）所示。

三角块 4 的复位移动是在推出过程中，在支承板 7 底端斜面的作用下完成的。

【例 11-18】　连杆式预复位机构

设置侧抽芯的压铸模，当推杆与侧型芯产生"干涉"现象时，必须设置预复位机构，如图 11-68 所示。它是依靠楔板 9 推动连杆机构 10，完成预复位动作的。

将压铸件推出后，推杆 7 的推出位置与侧型芯 2 发生"干涉"现象，如图 11-68（a）所示。

合模时，安装在定模板 1 上的楔板 9 推动连杆机构以动模板 4 为相对固定点做伸直运

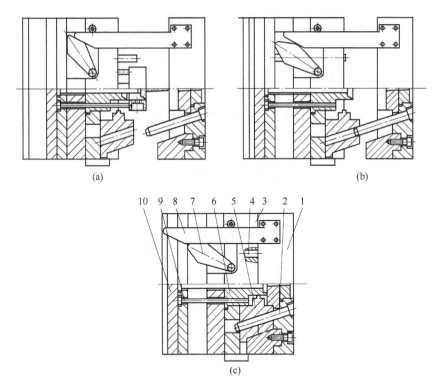

图 11-66　摆块式预复位机构

1—定模板；2—斜销；3—动模板；4—复位杆；5—侧型芯；6—主型芯；7—摆块；8—楔板；9—推杆；10—推板

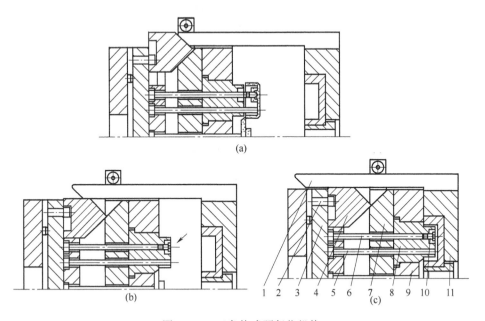

图 11-67　三角块式预复位机构

1—楔杆；2—限位销；3—推板；4—三角块；5,6—推杆
7—支承板；8—型芯；9—动模板；10—嵌件；11—定模板

动，从而推动推板 8 并带动推杆 7 在侧型芯 2 尚未接近时提前复位，避免了两者的"干涉"现象，如图 11-68（b）所示。

完全合模后，复位杆 6 使推出系统精确复位，如图 11-68（c）所示。

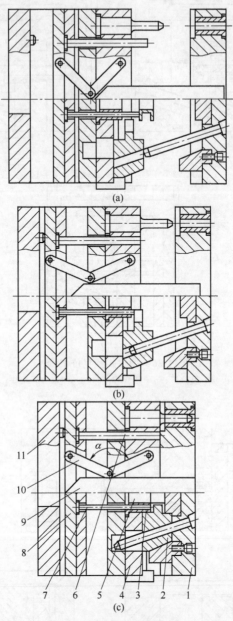

图 11-68　连杆式预复位机构

1—定模板；2—侧型芯；3—动模镶块；4—动模板；5—主型芯；6—复位杆；
7—推杆；8—推板；9—楔板；10—连杆机构；11—动模座板

第12章 模具零件结构设计

压铸模模体是设置、安装和固定浇道镶块、成型镶块、浇口套、导向零件、推出机构、抽芯机构、模温调节系统的装配载体以及安装在压铸机上进行正常运作的基体。因此，在设计模体时应根据已确定的设计方案，对有关结构件进行合理的计算、选择和布置，并根据所选用的压铸机的技术规格确定模体的安装尺寸。

12.1 模体的组合形式

12.1.1 模体的基本类型

根据压铸模的结构特点，模体的基本类型见表 12-1。

表 12-1 模体的基本类型

类型	图 例	说 明
不通孔的模体	 1—定模套板；2—定模镶块；3—动模套板； 4—动模镶块；5—浇道镶块	动、定模模体分别由动、定模套板 3 和 1 单体形成，定模镶块 2 和动模镶块 4 及浇道镶块 5 用螺钉紧固在模体上。组成零件少，结构紧凑
通孔的模体	 1—定模座板；2—定模镶块；3—定模套板；4—动模套板； 5—支承板；6—动模镶块；7—浇道镶块	模体的加工工艺性好，但设计时应注意支承板的强度，防止镶块受反压力时变形，影响铸件尺寸和精度。多腔模和组合镶块的模具大多采用这种模架形式

类别	图 例	说 明
带卸料板的模体	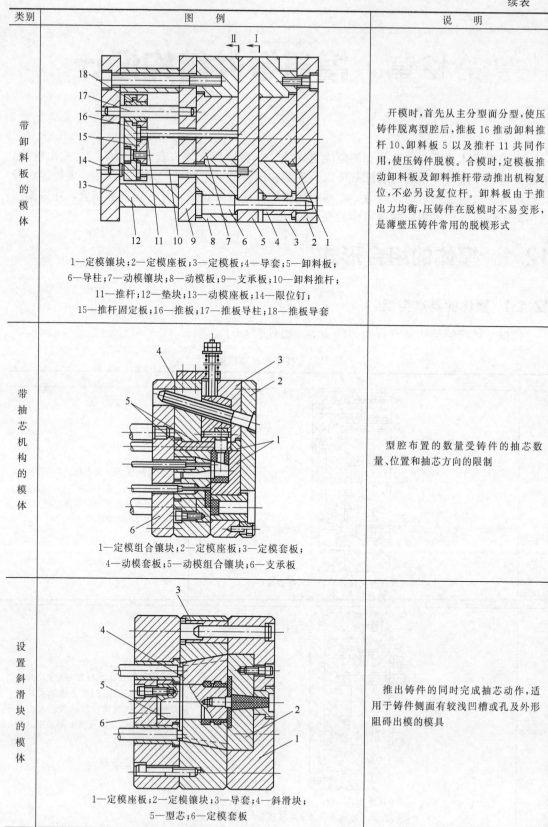 II ← I ← 12 11 10 9 8 7 6 5 4 3 2 1 1—定模镶块；2—定模座板；3—定模板；4—导套；5—卸料板； 6—导柱；7—动模镶块；8—动模板；9—支承板；10—卸料推杆； 11—推杆；12—垫块；13—动模座板；14—限位钉； 15—推杆固定板；16—推板；17—推板导柱；18—推板导套	开模时，首先从主分型面分型，使压铸件脱离型腔后，推板16推动卸料推杆10、卸料板5以及推杆11共同作用，使压铸件脱模。合模时，定模板推动卸料板及卸料推杆带动推出机构复位，不必另设复位杆。卸料板由于推出力均衡，压铸件在脱模时不易变形，是薄壁压铸件常用的脱模形式
带抽芯机构的模体	1—定模组合镶块；2—定模座板；3—定模套板； 4—动模套板；5—动模组合镶块；6—支承板	型腔布置的数量受铸件的抽芯数量、位置和抽芯方向的限制
设置斜滑块的模体	1—定模座板；2—定模镶块；3—导套；4—斜滑块； 5—型芯；6—定模套板	推出铸件的同时完成抽芯动作，适用于铸件侧面有较浅凹槽或孔及外形阻碍出模的模具

类别	图　例	说　明
二次分型的三板式模体	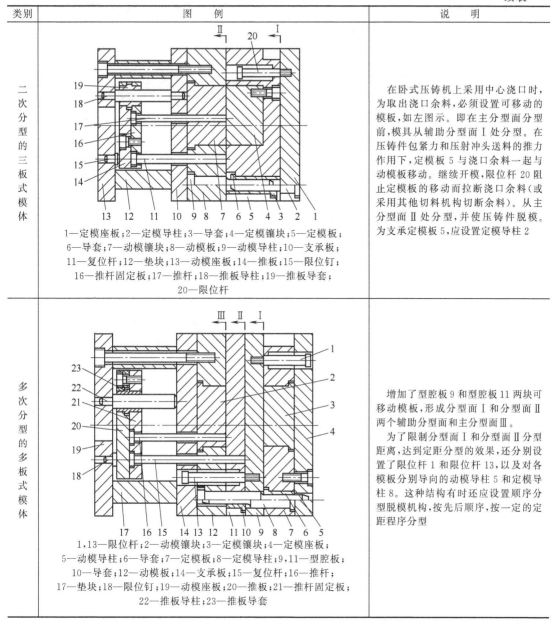 1—定模座板;2—定模导柱;3—导套;4—定模镶块;5—定模板;6—导套;7—动模镶块;8—动模板;9—动模导柱;10—支承板;11—复位杆;12—垫块;13—动模座板;14—推板;15—限位钉;16—推杆固定板;17—推杆;18—推板导柱;19—推板导套;20—限位杆	在卧式压铸机上采用中心浇口时,为取出浇口余料,必须设置可移动的模板,如左图示。即在主分型面分型前,模具从辅助分型面Ⅰ处分型。在压铸件包紧力和压射冲头送料的推力作用下,定模板5与浇口余料一起与动模板移动。继续开模,限位杆20阻止定模板的移动而拉断浇口余料(或采用其他切料机构切断余料)。从主分型面Ⅱ处分型,并使压铸件脱模。为支承定模5,应设置定模导柱2
多次分型的多板式模体	1,13—限位杆;2—动模镶块;3—定模镶块;4—定模座板;5—动模导柱;6—导套;7—定模板;8—定模导柱;9,11—型腔板;10—导套;12—动模板;14—支承板;15—复位杆;16—推杆;17—垫块;18—限位钉;19—动模座板;20—推板;21—推杆固定板;22—推板导柱;23—推板导套	增加了型腔板9和型腔板11两块可移动模板,形成分型面Ⅰ和分型面Ⅱ两个辅助分型面和主分型面Ⅲ。为了限制分型面Ⅰ和分型面Ⅱ分型距离,达到定距分型的效果,还分别设置了限位杆1和限位杆13,以及对各模板分别导向的动模导柱5和定模导柱8。这种结构有时还应设置顺序分型脱模机构,按先后顺序,按一定的定距程序分型

12.1.2　模体的主要结构件

模体的主要结构件有:定模座板、动模板、动模支承板、垫块以及模座等,它们的主要作用见表12-2。

表 12-2　模体主要结构件的作用

名称	作　用	设计注意问题
定模座板	①与定模连接,将成型零件压紧,共同构成模具的定模部分 ②直接与压铸机的定座板接触,并设置定位孔,对准压铸机的压室调正位置后,将模具的定模部分紧固在压铸机上	①浇口套安装孔的位置与尺寸应与压铸机压室的定位法兰配合 ②定模座板上应留出紧固螺钉或安装压板的位置 ③采用U形槽固定时,U形槽的位置与尺寸要根据压铸定模座板上的T形槽的位置和尺寸而定

名称	作　用	设计注意问题
定模板	①成型镶块、成型型芯以及安装导向零件的固定载体 ②设置浇口套，形成浇注系统的通道 ③承受金属液填充压力的冲击，而不产生型腔变形 ④在不通孔的模体结构中，兼起安装和固定定模部分的作用	①定模板是安装和固定成型镶块的套板。在压铸过程中，承受多种应力作用，容易产生变形。因此，应对套板侧壁厚度进行强度计算 ②当定模套板为不通孔时，它兼起定模座板的作用，应满足压铸模的定位或安装的一切要求
动模板	①固定成型镶块、成型型芯、浇道镶块以及导向零件的载体 ②设置压铸件脱模的推出元件，如推杆、推管、卸料板以及复位杆等 ③设置侧抽芯机构 ④在不通孔的模体结构中，起支承板的作用	①当型腔设置在动模板时，同样起成型镶块的套板作用，并对套板的侧壁厚度进行强度计算 ②当动模为不通孔的模体结构时，兼起支承板的支承作用。因此，应对套板底部的厚度进行强度计算
动模支承板	①在通孔的模体结构中，将成型镶块压紧在动模板内 ②承受金属液填充压力的冲击，而不产生不允许范围内的变形。因此，不通孔的模体结构，有时也可设置支承板	①动模支承板是受力最大的结构件之一，因此，必须对其厚度进行强度计算 ②必要时，可设置支承柱，以增强支承板的支承作用
模座	①与动模板、动模支承板连成一体，构成模具的动模部分 ②与压铸机的动座板连接，并将动模部分紧固在压铸机上 ③模座的底端面，在合模时承受压铸机的合模力，在开模时承受动模部分自身重力，在推出压铸件时又承受推出反力。因此，模座应有较强的承载能力 ④压铸机顶出装置的作用通道	①留出"紧固螺钉和安装压板的位置" ②在压铸机顶出装置的位置，设置相应的推出孔 ③在条件允许的情况下，模座的内间距应尽量缩短，以改善动模支承板的受力状况 ④模座与动模板的连接处，应有足够的受压面积和较小的支承高度，以防止在模体受到合模力或推出反力时产生过大的变形 ⑤模座底端面应与定模座板的上端面平行，以利于合模的稳定性 ⑥由于承受模体自重，因此，模座的连接和紧固螺钉应布局均匀，并有足够的抗弯强度
推出板	①安装推出元件和复位杆 ②承受通过推出元件传递的金属液冲击力 ③承受因压铸件包紧力产生的脱模阻力	①推出板应有足够的厚度，以保证强度和刚度的需要，防止因金属液的间接冲击或脱模阻力产生的变形 ②推出板各个大平面应相互平行，以保证推出元件运行的稳定性
导向零件	①对动模部分和定模部分在合模时的导向 ②保证相互移动的成型零件在合模时的复位和导准 ③对推板作移动导向，以保证推出板的平稳运行	—

12.1.3　模体的设计要点

模体的设计要点如下。

① 模体应有足够的强度和刚性。在合模时或受到金属液填充压力时，不产生变形。

② 模腔的成型压力中心应尽可能接近压铸机锁模力的中心，以防止压铸模的受力偏移，造成局部锁模不严而影响压铸件质量。

③ 模体不宜过于笨重，以便装卸、修理和搬运，并减轻压铸机负荷。

④ 模体在压铸机上的安装位置，应与压铸机规格或通用模座规格一致。安装要求牢固

可靠，推出机构的受力中心，原则上应与压铸机推出装置相吻合。当推出机构必须偏心时，应加强推板导柱的刚性，以保持推板移动时的稳定性。

⑤ 成型镶块边缘的模面上，需留有足够的位置，以设置导柱、导套、紧固螺钉等零件的安装位置以及侧抽芯机构足够的移动空间。

⑥ 连接模板用的紧固螺钉，特别是连接动模部分的紧固螺钉，应有均匀的布局和足够的强度。

⑦ 为便于模体的加工、组装及安装，在动模部分和定模部分的侧面适宜位置应设置吊环螺钉孔。

12.2 主要结构件设计

12.2.1 套板尺寸的设计

套板一般承受拉伸、压缩、弯曲三种应力，变形后会影响型腔的尺寸精度，因此在考虑套板尺寸时，应兼顾模具结构及压铸生产工艺因素。

（1）动、定模套板边缘厚度的计算

当采用滑块时，动、定模套板边缘厚度应增加到厚度 h'（图 12-1），厚度 h' 的计算方法如下：

$$h' \geqslant \frac{2}{3}L + S_抽 \qquad (12\text{-}1)$$

式中　L——包括端面镶块中 T 形槽成型部分在内的滑块总长度，mm；

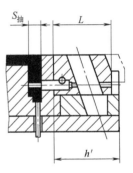

图 12-1　带滑块的动、
定模套

$S_抽$——抽芯距离，mm。

（2）动、定模套板侧壁厚度的计算

① 圆形套板侧壁厚度计算（图 12-2）　套板为不通孔时，圆形套板侧壁厚度 t 按下式计算：

$$t \geqslant \frac{Dph}{2[\sigma]H} \qquad (12\text{-}2)$$

套板为通孔时（$h=H$），圆形套板侧壁厚度按下式计算：

$$t \geqslant \frac{Dp}{2[\sigma]} \qquad (12\text{-}3)$$

式中　t——套板侧壁厚度，mm；

　　　D——镶块外径，mm；

　　　p——压射比压，MPa；

　　　$[\sigma]$——许用抗拉强度（MPa）；调质 45 钢，$[\sigma]=82\sim100$MPa；

　　　h——镶块高度，mm；

　　　H——套板厚度，mm。

② 矩形套板侧壁厚度计算（图 12-3）　矩形套板侧壁厚度按下式计算：

$$t = \frac{F_2 + \sqrt{F_2 + 8H[\sigma]F_1 L_1}}{4H[\sigma]} \qquad (12\text{-}4)$$

$$F_1 = pL_1 h$$
$$F_2 = pL_2 h$$

式中　h——型腔深度，mm；

　　　L_1，L_2——分别是套板内腔的长边尺寸和短边尺寸，mm；

p——压射比压，MPa；

F_1——在边长为 L_1 的侧面所受的总压力，N；

F_2——在边长为 L_2 的侧面所受的总压力，N；

$[\sigma]$——模具材料的许用抗拉强度，MPa；调质45钢，取 $[\sigma]=82\sim100$MPa。

H——镶块高度，mm。

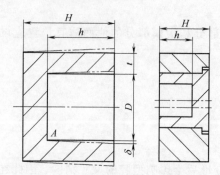

图 12-2　圆形套板侧壁厚度计算示意图

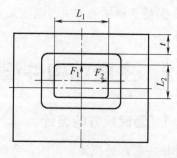

图 12-3　矩形套板侧壁厚度计算示意图

（3）动模支承板厚度的计算（图12-4）

设支承板长度为 B，垫块的间距为 L，则支承板厚度为：

$$h=\sqrt{\frac{FL}{2B[\sigma]_{弯}}}\qquad(12\text{-}5)$$

$$F=pA$$

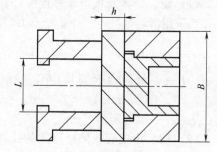

图 12-4　动模支承板厚度计算示意图

式中　h——动模支承板厚度，mm；

　　　F——动模支承板所受的总压力，N；

　　　p——压射比压，MPa；

　　　A——压铸件与浇注系统在分型面上的总投影面积，mm^2；

　　　L——垫块间距，mm；

　　　B——动模支承板长度，mm；

　　　$[\sigma]_{弯}$——模具材料的许用弯曲强度，MPa。

（4）常用模板尺寸的推荐值

① 型腔套板侧壁厚度推荐值　型腔套板的侧壁厚度推荐尺寸见表12-3。

表 12-3　型腔套板侧壁厚度推荐尺寸　　　　　　　　　　　　　　　　单位：mm

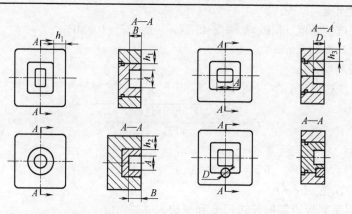

$A \times B$ 侧面	套板侧壁厚度			$A \times B$ 侧面	套板侧壁厚度		
	h_1	h_2	h_3		h_1	h_2	h_3
＜80×35	40～50	30～40	50～65	＜350×70	80～110	70～110	120～140
＜120×45	45～65	35～45	60～75	＜400×100	100～120	80～110	130～160
＜160×50	50～75	45～55	70～85	＜500×150	120～150	110～140	140～180
＜200×55	55～80	50～65	80～95	＜600×180	140～170	140～160	170～200
＜250×60	65～85	55～75	90～105	＜700×190	160～180	150～170	190～220
＜300×65	70～95	60～85	100～125	＜800×200	170～200	160～180	210～250

② 动模支承板厚度推荐值，支承板厚度值见表 12-4。

表 12-4　动模支承板厚度 h 推荐值

F/kN	h	F/kN	h
160～250	25、30、35	1250～2500	60、65、70
250～630	30、35、40	2500～4000	75、85、90
630～1000	35、40、50	4000～6300	85、90、100
1000～1250	50、55、60		

注：F 为支承板所受总压力，$F = pA$。

（5）模板尺寸推荐值的选择原则

表 12-3 和表 12-4 的模板尺寸推荐是在实践中总结和验证而汇总的数据，它只针对一般情况而言。但是压铸成型是复杂的过程，所以推荐值只给定一个范围。因此，在模板尺寸的选择时，还应注意以下基本原则。

① 型腔套板侧壁厚度的选择原则

a. 压铸件壁厚较薄时，压射比压大，应选择较厚的套板侧壁。

b. 压铸件总体较高时，型腔侧壁受力较大，应选用较厚的套板壁厚。

c. 压铸件外廓尺寸较大时，型腔周长较大，应选用较厚的套板侧壁。

② 动模支承板厚度的选择原则

a. 压铸件投影面积大，支承板厚度选大些，反之取小值。

b. 在投影面积相同的情况下，压射比压较大时，支承板厚度取大值。

c. 模座上垫块的间距与支承板厚度成正比关系。当垫块间隙较小时，支承板厚度取小值。

d. 当采用不通孔的模套结构时，套板底部的厚度应为支承板计算值或推荐值的 0.8 倍。

12.2.2　套板强度的计算

压铸模工作时是处于被夹紧的状态下而承受压力的，这和受均布载荷两端固定的超静定梁的工作条件相似，故对模板的刚度按超静定梁的工作条件计算。

计算套板尺寸图解，如图 12-5 所示。

套板的厚度计算公式为：

$$l = \sqrt{\frac{12 p l_0 b^3 h}{384 E f_1 H}} \qquad (12\text{-}6)$$

式中　l ——镶块孔到模板的边距，mm；

　　　p ——压射比压，MPa；

　　　l_0 ——铸件的长边长度，mm；

　　　b ——镶块的长边长度，mm；

　　　h ——铸件高度，mm；

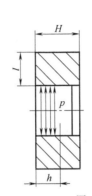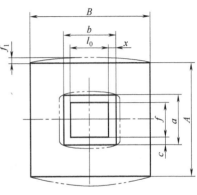

图 12-5　计算套板尺寸的图解

E——弹性模量；

f_1——变形量，mm；

H——套板厚度，mm。

【例 12-1】 圆形套板侧壁厚度的计算实例

已知：圆形套板型腔为穿通式结构，套板内径 $D=400\text{mm}$，压射比压 $p=50\text{MPa}$，求套板侧壁厚度 t。

解：按式（12-3），则

$$t \geqslant \frac{Dp}{2[\sigma]}$$

取 $[\sigma]=100\text{MPa}$，则

$$t = \frac{400 \times 50}{2 \times 100} = 100\text{mm}$$

【例 12-2】 矩形套板侧壁厚度的计算实例

已知：型腔长 $L_1=120\text{mm}$，宽 $L_2=80\text{mm}$，型腔深度 $h=45\text{mm}$，套板深度 $H=70\text{mm}$，压射比压取 $p=50\text{MPa}$，套板材料选用调质 45 钢，取 $[\sigma]=85\text{MPa}$，求套板侧壁厚度 t。

解：$F_1 = pL_1h = 50 \times 120 \times 45 = 270000\text{N}$

$F_2 = pL_2h = 50 \times 80 \times 45 = 180000\text{N}$

根据式（12-3）

$$t = \frac{F_2 + \sqrt{F_2 + 8H[\sigma]F_1L_1}}{4H[\sigma]}$$

$$= \frac{180000 + \sqrt{180000 + 8 \times 70 \times 85 \times 270000 \times 120}}{4 \times 70 \times 85} = 59.74\text{mm}$$

【例 12-3】 动模支承板厚度的计算实例

已知：压铸件与浇注系统在分型面上的总投影面积为 8000mm^2，压射比压 $p=60\text{MPa}$，垫块间距 $L=120\text{mm}$，动模支承板长度 $B=200\text{mm}$。求动模支承板厚度 h。

解：按式（12-4），当 $[\sigma]_弯=135\text{MPa}$ 时：

$$h = \sqrt{\frac{FL}{2B[\sigma]_弯}}$$

$$F = pA$$

即

$$h = \sqrt{\frac{60 \times 8000 \times 120}{2 \times 200 \times 135}} = 32.66\text{mm}$$

12.2.3 镶块在套板内的布置

镶块是型腔的基体。在一般情况下凡金属液冲刷或流经的部位均采用热作模具钢制成，以提高模具使用寿命。在成型加工结束经热处理后镶入套板内，设计镶块时应考虑以下几点。

① 镶块在套板内必须稳固，其外形应根据型腔的几何形状来确定，除了复杂镶块和一模多腔的镶块外，一般均为圆形、方形和矩形。

② 根据铸件的生产批量、复杂程度、抽芯数量和方向以及在压铸机锁模力的许可条件下，确定成型镶块的数量和位置。

③ 在一模多腔生产同一种铸件的模具上，一个镶块上只宜布置一个型腔，以利于机械加工和减少热处理变形的影响，也便于镶块在制造和压铸生产中损坏时的更换。

④ 在一模多腔生产不同种类铸件的模具上，不应将壁厚、体积和复杂程度相差很多的

各种铸件布置在一副模具内（尤其是铸件质量要求较高的条件下），以避免同一工艺参数不适应各类不同特性铸件的要求。

⑤ 成型镶块的排列应为模体各部位创造热平衡条件，并留有调整的余地。

⑥ 凡金属液流经的部位（如浇道，溢流槽处）均应在镶块范围内。凡受金属液强烈冲刷的部位，宜设置单独组合镶块，以备更换。

12.2.4 模体局部增强措施

当模体的外廓尺寸受到压铸机安装参数的限制，型腔套板的侧壁厚度 t 或动模支承板厚度 h 不能按计算结果设计时，可采用模体的局部增强措施。

（1）型腔套板侧壁的局部增强

常用的型腔套板侧壁的增强措施如图 12-6 所示。图 12-6（a）所示为两端设置 $10°\sim15°$ 的斜面"止口"的整体式结构。它的特点是，侧壁的增强效果较好，特别是在圆形套板上还起到精确定位作用，但在某种程度影响型腔排气。

图 12-6（b）所示是在型腔周围的局部设置若干个锁紧块。它的特点是，研合比较方便，并便于维修和更换，在深腔的大、中型压铸模中应用较广。

（2）动模支承板的局部增强

当模脚垫块间距 L 较大或因受压铸机闭合高度的限制，动模支承板厚度 h 不能满足支承强度的要求时，可采用图 11-7 所示的局部增强措施。

设置导向推板的推板导柱，也起到增强支承板的作用，如图 12-7（a）所示。

但在通常情况下，为了保持推板的移动平稳，往往加大各推板导柱的间距跨度。为了提高推板导柱对支承板的增强作用，可适当减小其间距跨度，向成型区域靠拢，还可适当加大推板导柱的直径。

当动模支承板较薄时，除设置推板导柱外，还可采用如图 12-7（b）所示加设支承柱的方法。支承柱的位置应对称地设置在压射投影区域内。

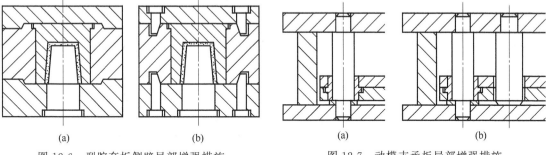

| (a) | (b) | (a) | (b) |

图 12-6　型腔套板侧壁局部增强措施　　　图 12-7　动模支承板局部增强措施

12.3　模体结构零件的设计

12.3.1　动、定模导柱和导套的设计

（1）导柱和导套设计的基本要求

① 应具有一定的刚度，以引导动模按一定的方向移动，保证动、定模在安装和合模时的正确位置。在合模过程中保持导柱，导套首先起定向作用，防止型腔、型芯错位。

② 导柱应高出型芯高度，以避免模具搬运时型芯受到损坏。

③ 为了便于取出铸件，导柱一般装置在定模上。

④ 如模具采用卸料板卸料时，导柱必须安装在动模上。

⑤ 在卧式压铸机上采用中心浇口的模具，则导柱必须安装在定模座板上。

（2）导柱和导套的主要尺寸

导柱和导套的主要尺寸参见表 12-5 和表 12-6。

表 12-5　导柱主要尺寸　　　　　　　　　　　　　　　　　　　单位：mm

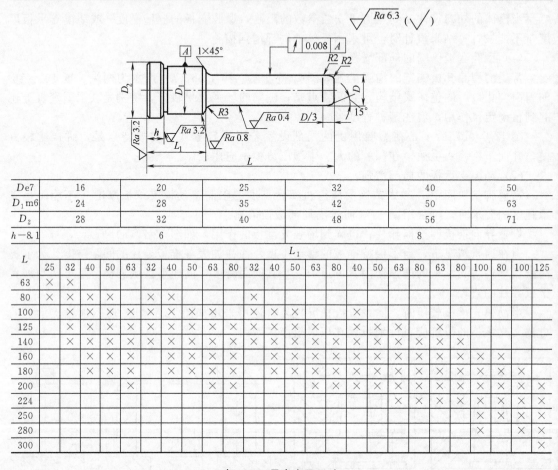

D e7	16					20					25					32				40			50		
D_1 m6	24					28					35					42				50			63		
D_2	28					32					40					48				56			71		
$h-8.1$	6															8									

L \ L_1	25	32	40	50	63	32	40	50	63	80	32	40	50	63	80	40	50	63	80	63	80	100	80	100	125
63	×	×																							
80	×	×	×	×		×	×				×														
100		×	×	×	×	×	×	×			×	×	×			×									
125			×	×	×	×	×	×	×		×	×	×	×		×	×	×		×					
140			×	×	×		×	×	×	×		×	×	×	×	×	×	×	×	×	×		×		
160				×	×			×	×	×			×	×	×		×	×	×	×	×		×		
180				×	×				×	×				×	×			×	×	×	×		×		
200				×					×	×				×	×				×						
224																				×	×	×	×	×	×
250																					×	×	×	×	×
280																							×	×	×
300																									×

表 12-6　导套主要尺寸

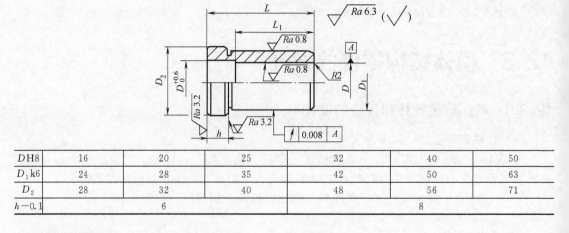

D H8	16	20	25	32	40	50
D_1 k6	24	28	35	42	50	63
D_2	28	32	40	48	56	71
$h-0.1$	6			8		

L	L_1												
	20	27	30	27	30	30	40	45	50	50	60	75	80
20	×												
27		×		×									
35		×				×							
45					×	×		×					
58			×		×		×	×		×			
75			×		×		×		×		×		
95							×		×		×	×	
120									×		×		
135											×		×

（3）导柱的导滑段直径及导滑长度的确定

导柱、导套需有足够的刚性，当导柱为四根时，选取导柱导滑段直径的经验公式为：

$$D = K\sqrt{F} \qquad (12\text{-}7)$$

式中　D——导柱导滑段直径，cm；

　　　F——模具分型面上的表面积，mm^2；

　　　K——比例系数，一般为 $0.07\sim0.09$。

举例：模板外形尺寸长 50cm，宽 40cm，为四根导柱，试确定导柱的导滑段直径。导柱的导滑段直径 D 按公式（12-7）确定，K 取 0.08，则

$$D = K\sqrt{F} = 0.08\sqrt{50\times40} = 3.5\text{cm}$$

按表 12-5 取推荐的尺寸系列 D 为 40mm。

导柱的导滑段长度应大于高出分型面的型芯及镶块长度与导柱的导滑段直径 D 之和（图 12-8）。

对于卸料板及卧式中心浇口用的导柱导滑段长度要按实际需要确定。

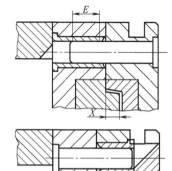

图 12-8　导柱导滑段的确定

（4）导柱、导套的结构形式和公差配合

导柱、导套的结构形式和公差配合见表 12-7。

表 12-7　导柱、导套的结构形式和公差配合

装 配 图 例	说 明	装 配 图 例	说 明
$d\left(\dfrac{H8}{e7}\right)$　$d_1\left(\dfrac{H7}{m6}\right)$　$d_2\left(\dfrac{H7}{k6}\right)$	导柱、导套经过热处理淬硬，不易磨损，寿命长，导柱与导套的固定部位外径应一致，便于加工，保证精度	$d\left(\dfrac{H8}{e7}\right)$　$d_1\left(\dfrac{H7}{k6}\right)$　$d_2\left(\dfrac{H7}{k6}\right)$	采用紧固螺钉固定　适用于动、定模模板较厚或无座板压紧的场合
$d_2\left(\dfrac{H7}{k6}\right)$　$d_1\left(\dfrac{H7}{m6}\right)$	导柱与导套的外径不一致，导柱材料省，但孔的加工，如采用一般方法难以保证装配精度		采用锁圈或弹性卡环固定导柱，制造简单，节省材料孔的加工要保证同轴度

装 配 图 例	说 明	装 配 图 例	说 明
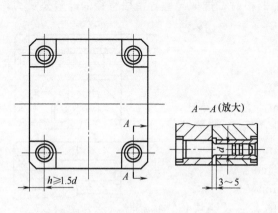	导柱、导套兼起定位销作用,四块板孔可组合后加工,易保证同轴度		带有锥度台阶的导柱,用料较省孔的加工要保证同轴度场合

（5）导柱、导套在模板中的位置

对于方形模具导柱、导套一般都布置在模板四个角上,保持导柱之间有最大开档尺寸（见图 12-9）,便于取出铸件。为了防止动、定模在装配时错位,可将其中一根导柱,取不等分分布。

对于圆形的模具,一般可采用三根导柱。其中心位置,应为不等分分布,见图 12-10。

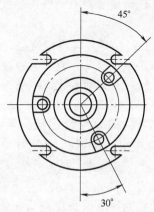

图 12-9　方形模具导柱的布置

图 12-10　圆形模具导柱的布置

（6）导柱润滑槽的形式

① 半圆形润滑槽尺寸（表 12-8）

表 12-8　半圆形润滑槽尺寸　　　　　　　　单位：mm

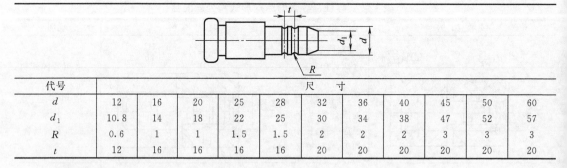

代号	尺　寸										
d	12	16	20	25	28	32	36	40	45	50	60
d_1	10.8	14	18	22	25	30	34	38	47	52	57
R	0.6	1	1	1.5	1.5	2	2	2	3	3	3
t	12	16	16	16	16	20	20	20	20	20	20

② 螺旋形润滑槽尺寸（表 12-9）

表 12-9　螺旋形润滑槽尺寸

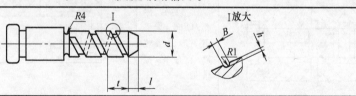

代号	尺　寸										
d	12	16	20	25	28	32	36	40	45	50	60
t	12	16	16	16	20	20	20	20	20	20	20
l	6	6	8	8	10	10	10	10	10	10	10
B	3	3	4	4	4	4	4	4	5	5	5
h	0.6	0.6	1	1	1	1	1	1	1.2	1.2	1.2

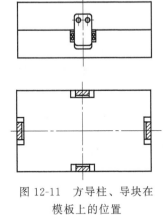

图 12-11　方导柱、导块在
模板上的位置

（7）方导柱、导块的主要尺寸与在模板上的位置

对于大型模具，由于导柱、导套的中心距离较大，在动、定模受热条件不同的情况下，其膨胀量有差异，影响正常的配合精度，为此采用方导柱、导块，使其在膨胀差异量大的配合面上有一定的间隙，保持导向和配合的精度。

① 方导柱、导块的主要尺寸（见表 12-10）

② 方导柱、导块在模板上的位置　方导柱和导块应布置在模具的对称轴线上（见图 12-11），避免由于动、定模温差造成热膨胀不一致而影响配合精度。

表 12-10　方导柱、导块的主要尺寸

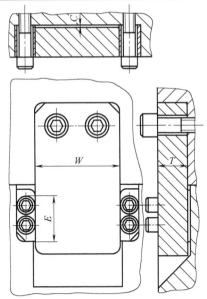

模具分型面上的表面积/mm²	～0.12	＞0.12～0.25	＞0.25～0.65	＞0.36～1.16	＞1.16～2.00
方导柱厚度 T/mm	20.0	25.0	40.0	50.0	65.0
方导柱宽度 W/mm	60.0	120.0	120.0	150.0	200
导滑段长度 E/mm	大于高于分型面的型芯或镶块的长度与方导柱厚度之和				
间隙 C/mm	应大于动、定模热膨胀量之差。一般模具每 1m 长度间隙不小于 2.5mm				

12.3.2　推板导柱和导套的设计

（1）推板导柱和导套设计的注意事项

将推板导柱安装在动模座板上［见图 12-12（a）］，与动模支承板采用间隙配合或不

伸入到支承板内，可以避免或减少因支承板与推板温度差造成膨胀不一致的影响。推板导柱安装在动模支承上［见图12-12（b）］，不宜用于合模力大于6000kN的压铸机。

推板导柱之间的距离大于1500mm的大型压铸模，为避免热膨胀不同对导向精度的影响，最好采用方导柱和导块，并布置在推板对称轴线上。

(2) 推板导柱的主要尺寸（表12-11）

(3) 推板导套的主要尺寸（表12-12）

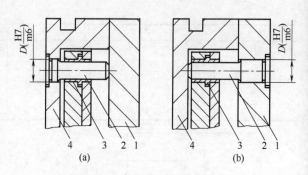

图12-12 推板导柱和导套的安装

1—动模支承板；2—推板导柱；3—推板导套；4—动模座板

表 12-11 推板导柱的主要尺寸

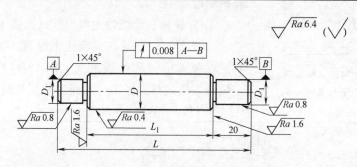

D e8	20					25					32					
D_1 h6	12					16					20					
L	$L_1^{-0.05}_{\,-0.10}$															
	80	100	125	140	160	100	125	140	160	180	125	140	160	180	200	250
120	×															
140		×				×										
160			×				×				×					
180				×				×				×				
200					×				×				×			
220										×				×		
240															×	
300																×

表 12-12 推板导套的主要尺寸

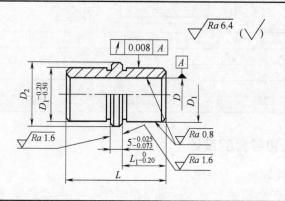

现代压铸技术实用手册

$DH9$	16	20	25	32
D_1k6	24	28	35	42
D_2	28	32	40	48
L	L_1			
	16	20		25
32	×			
40		×		
50				×
63				×

12.3.3 模板的设计

（1）模板尺寸的估定

确定模板尺寸时，一般先按基本结构考虑，即假定没有侧抽芯机构，或模板上未开有大的缺口槽的情况下，大体估算有关尺寸。通常以图 12-13 为例，将考虑的步骤归纳如下。

① 模板的厚度 H。根据图 12-13 所示压铸件高度为 h，则模板的厚度为：

$$H = \frac{n}{C} \qquad (12\text{-}8)$$

式中　H——模板厚度，mm；

　　　n——压铸件高度，mm；

　　　C——经验系数，通常为 0.5～0.67，一般情况下 $C<0.75$。

② 模套尺寸。根据压铸件在分型面上投

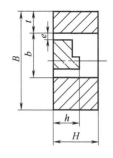
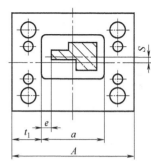

图 12-13　模板尺寸的估定

影的最大外廓尺寸，每边加出一个距离 e，从而决定模套尺寸 $a×b$。在通常情况下，取 $e=20～50\text{mm}$，一般情况下留出足够的溢流槽位置即可。

③ 模板的外廓尺寸。确定模板的外廓尺寸，首先应考虑压铸工艺和模具结构上所需要的尺寸大小，然后再考虑并计算强度问题。因此，在确定模板尺寸时，应满足以下的需要。

a. 压铸工艺上的需要。

Ⅰ. 浇注系统、排溢系统所占用的位置，特别是在卧式压铸机上用的压铸模。在通常情况下，模套的位置应偏离模体中心 S。

Ⅱ. 模温调节系统的空间位置。

b. 模具结构的需要。

Ⅰ. 在模体横向上，留出导向零件以及复位杆的安装位置。

Ⅱ. 设置侧抽芯机构的压铸模，还应留出侧抽芯机构的移动空间。

c. 模具强度的要求。型腔套板一般因处于拉伸、弯曲、压缩的应力状态而产生变形，影响压铸件的尺寸精度。

从以上所述可以看出，在图 12-13 中，上部的 t 是关键尺寸，只要 t 边满足强度要求即可。那么，通过计算确定边模套侧壁的尺寸，再考虑浇口套所需要的尺寸，即可确定模体尺寸 B。同理，侧边 t_1 只要满足导向零件和复位杆的位置要求，即可确定模体尺寸 A，不必另行计算。

（2）定模座板的设计

定模座板一般不作强度计算，设计时应考虑以下几点。

① 定模座板上要留出紧固螺钉或安装压板的位置，借此使定模固定在压铸机定模安装板上。

使用紧固螺钉时，应在定模座板上设置"U"形槽（图12-14）"U"形槽的尺寸要视压铸机定模安装板上的"T"形槽尺寸而定。

使用压板固定模具时，安装槽的推荐尺寸见表12-13。

② 浇口套安装孔的位置与尺寸要与所用压铸机精确配合。

③ 当定模套板为不通孔时，要在定模套板上设置安装槽，具体尺寸可参考表12-13。

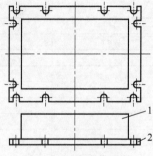

图 12-14 在定模座板上设置"U"形槽

1—定模座板；2—定模套板

表 12-13 压铸模安装槽的推荐尺寸

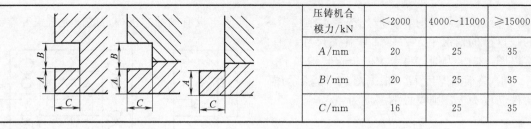

压铸机合模力/kN	<2000	4000~11000	≥15000
A/mm	20	25	35
B/mm	20	25	35
C/mm	16	25	35

（3）模板标准尺寸系列

模板标准尺寸系列（表12-14）适用于组成模架的定模和动模的座板，以及用于固定成型零件的套板和支承板。

表 12-14 模板标准尺寸系列　　　　　　　　　　　单位：mm

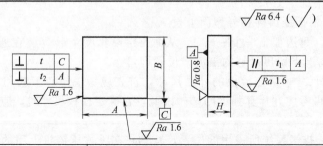

A	B					H										
						20	25	32	40	50	63	80	100	125	160	200
200	200	250	315	355		×	×	×	×	×	×	×				
250	250	315	355	400		×	×	×	×	×	×	×				
315	315	355	400	450			×	×	×	×	×	×	×			
355	355	400	450	500	560		×	×	×	×	×	×	×			
400	400	450	500	560	630			×	×	×	×	×	×	×		
450	450	500	560	630				×	×	×	×	×	×			
500	560	630	710						×	×	×	×	×	×		
560	630	710	800							×	×	×	×	×		
630	800	900							×	×	×	×	×			
710	900	1000										×	×	×	×	×
800	1000	1250										×	×	×	×	×

注：1. 全部倒角 2×45°。

2. 用作套板时，H 已留加工余量。A，B 尺寸小于 315mm 加工余量为 0.2~0.3mm，315~630mm 加工余量为 0.4~0.6mm。用作套板、支承板时，公差等级按 GB/T 1801—1999 中 JS10 级的规定。

3. 用作套板时，基准面的形位公差按 GB 1184—80，t_1 为 5 级精度，t_2 为 7 级精度。用作座板、支承板时，形位公差按 GB 1184—1996 的规定，其等级按 C 级。

（4）模座的设计

模座是支承模体承受机器压力的构件，其一端与动模体结合组成动模部分，另一端则紧固在压铸机的动模安装板上（J1512 压铸机则紧固在通用模座上）。模座的两端面在合模时承受压铸机的合模力，所以两端面应有足够的受压面积。推出铸件时模座又受较大的推出反力，因此模座与压铸机动模安装板及模具动模支承板或套板的紧固必须可靠。

模座的垫块（或整体模座的相应部位）应沿动模支承板或套板的长边设置，必要时沿四周设置，以提高动模支承板或套板的刚度。

模座的设计应满足推出距离的要求，必要时还可用以调整模具的总高度，满足压铸机对模具最小高度的要求。

① 模座的基本形式（表 12-15）

表 12-15　模座的基本形式

类型	图　例	说　明
角架式		角架式模座是模座中最简单的一种结构,制造方便,重量轻,节省材料。推板导柱固定在动模支承板或套板(不通孔式)上,由于动模支承板及套板与推板有一定定位误差,对于大型模具易导致推出导向不良
组合式		组合式模座是由垫块和动模座板组合而成,安装推板导柱和限位钉较方便
整体式		整体式模座由整体铸出或用整块材料机械加工而成,减少了零件数,提高了模具的刚性

② 垫块的设计

a. 垫块的标准尺寸系列（表 12-16）。

b. 垫块承压面积的核算。

表 12-16　垫块的标准尺寸系列　　　　　　　　　　单位：mm

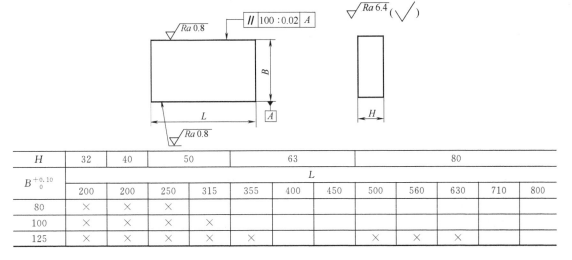

H	32	40	50		63			80				
$B^{+0.10}_{0}$	L											
	200	200	250	315	355	400	450	500	560	630	710	800
80	×	×	×									
100	×	×	×	×								
125	×	×	×	×	×			×	×	×		

H	32	40	50		63			80				
$B^{+0.10}_{\ 0}$						L						
	200	200	250	315	355	400	450	500	560	630	710	800
140			×	×	×	×		×	×	×	×	
160				×	×	×	×	×	×	×	×	×
180					×	×	×	×	×	×	×	×
200							×				×	×
250												×

注：全部倒角 $2\times45°$。

垫块在压铸机合模时承受合模力而产生压缩变形，变形量可通过式（12-9）计算。一般情况下变形量应小于 0.05mm，如垫块的变形量过大应增大其受压面积。

$$\Delta B=\frac{PB}{EF}\times10^3 \tag{12-9}$$

式中　ΔB——垫块高度的变形量，mm；

　　　P——压铸机的合模力，kN；

　　　B——垫块的高度，mm；

　　　E——弹性模量，$E=2\times10^5$ MPa；

　　　F——垫块的受压面积，mm^2，$F=LH$，其中 L 为垫块受压面的总长度，mm；H 为垫块受压面的宽度，mm。

③ 安装槽的设置。动模应能可靠地固定于压铸机的动模安装板上，如使用紧固螺钉，可在模座上设置"U"形槽，如使用压板固定，则可在模座上设置安装槽，安装槽具体尺寸见表 12-13。

（5）推板与推杆固定板的设计

① 推板与推杆固定板的标准尺寸系列（表 12-17）

表 12-17　推板与推杆固定板的标准尺寸系列　　　　　单位：mm

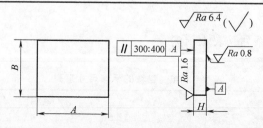

A	B						H							
							16	20	25	32	40	50	63	80
100	125	160	200				×	×						
125	125	160	200	250			×	×						
160	160	200	250	315	630		×	×	×	×	×			
200	250	315	400	500				×	×	×	×			
250	315	400	500	630					×		×			
315	400	500	630	710					×		×	×		
400	500	630	710						×		×	×		
500	630	710							×			×	×	×
630	710	800								×			×	×
800	710	800								×			×	×

注：全部倒角 $2\times45°$。

② 推板与推杆固定板厚度推荐尺寸（表 12-18）

表 12-18　推板与推杆固定板厚度推荐尺寸

推板的平面面积 /(mm×mm)	推板的厚度 /mm	推杆固定板的厚度 /mm	推板的平面面积 /(mm×mm)	推板的厚度 /mm	推杆固定板的厚度 /mm
≤200×200	16～20	12～16	>630×900～900×1600	40～50	16～20
>200×200～250×630	25～32	12～16	>900×1600	50～63	25～32
>250×630～630×900	32～40	16～20			

③ 推板的厚度计算（图 12-15）

推板的厚度按下式计算：

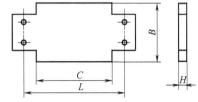

$$H \geqslant \sqrt[3]{\frac{PCK}{12.24B} \times 10^{-7}} \qquad (12\text{-}10)$$

式中　H——推板厚度，cm；

P——推板负荷，N；

C——推杆孔在推板上分布的最大跨距，cm；

B——推板宽度，cm；

图 12-15　推板的厚度

K——系数，$K = L^3 - \frac{1}{2}C^2L + \frac{1}{8}C^3$；其中，$L$ 为压铸机推杆跨距，cm。

举例：已知 $P = 8 \times 10^4$N，$C = 20$cm，$B = 39$mm，$L = 90$cm，$K = 712 \times 10^3$，求推板厚度 H。

代入公式（12-10），则

$$H = \sqrt[3]{\frac{PCK}{12.24B} \times 10^{-7}} = \sqrt[3]{\frac{8 \times 10^4 \times 20 \times 712 \times 10^3}{12.24 \times 39} \times 10^{-7}} = 6.2 \text{cm}$$

（6）大型模具的设计要点

大型模具的设计除了遵循一般模具的设计要求外，由于模具线性尺寸大，各部分温度差造成热膨胀差别更加显著，设计时要予以特别注意。

① 通常压铸模模座与动模支承板或套板之间采用螺钉和圆柱销予以连接，但对于大型模具模座与动模支承板或套板之间热膨胀差较大，应使动模支承板或套板在受热膨胀后有伸长的余地。如图 12-16 所示，在模座中心用圆柱销连接，而在两端采用键连接，键的轴线沿热膨胀方向布置。模座上的螺钉过孔与螺钉之间要留足够的间隙，一般螺钉距模座垫块中心圆柱销 250mm 长的距离，在过孔与螺钉之间留 0.5mm 的间隙。

② 压铸模在工作过程中，镶块表面温度高于底部温度，造成模具不通孔套板底部受到压缩应力，对于长达 2.5m 带一个长镶块的

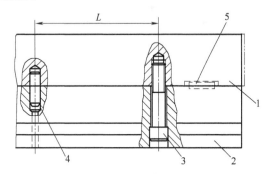

图 12-16　模座与支承板的连接
1—动模支承板；2—模座；3—模座螺钉；
4—圆柱销；5—键

大型模具，这种现象尤其严重。可以在不通孔套板的底部开槽以释放热膨胀形成的应力，如图 12-17 所示，在套板镶块安装孔底部边缘钻孔，并在套板底部到孔之间开槽，孔起到避免应力集中的作用。第一对槽开在距套板中心 600mm 处，然后在间隔 300mm 开一个槽，直到镶块安装孔的边缘。对于动模不通孔套板，应在槽的两边设置模座螺钉，而对于定模不通孔套板，槽的两边要布置安装模具的压板。

③ 大型模具的镶块四周侧面和底部留出间隙，以便于加工，提高镶块与套板的配合精度。如图 12-18 所示，间隙约 0.5～1mm。

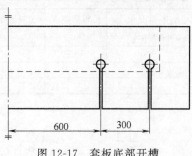

图 12-17　套板底部开槽

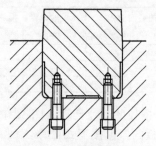

图 12-18　大型模具镶块

④ 分型面投影面积大于 $1m^2$ 的大型模具，应采用方导柱导向系统，避免动、定模热膨胀差异大对导向精度的不利影响。

⑤ 当锌合金压铸模推板导柱对角线距离大于 500mm，铝合金、镁合金压铸模推板导柱对角线距离大于 400mm；铜合金压铸模推板导柱对角线距离大于 300mm 时，推板导柱应固定在动模座上，与动模支承板或（不通孔）套板保持脱离或间隙配合，当压铸模推板导柱的角线距离大于 1500mm 时，可采用方导柱导向，以避免热膨胀的不利影响。

12.3.4　压铸模模架尺寸系列

压铸模模架尺寸系列见图 12-19、图 12-20 和表 12-19。

表 12-19　压铸模模架尺寸系列　　　　单位：mm

主要尺寸	W	200		250					315					355		
	L	200	315	200	315	400	400	500	315	400	450	500	560	400	450	450
定模座板	A	25		25					32					40		
动模套板	B	25~160		25~160					25~160		32~160			32~160		
动模套板	C	25~160		25~160					25~160		32~160			32~160		
支承板	D	35		40					50					50		
动模座板	F	25		25					32					32		
垫块	W_1	32		40					50					50		
垫块	E	63~100		63~100					80~125					80~125		
推板	W_2	125		160					205					245		
推板	G	20		25					25					32		
推杆固定板	W_2	125		160					205					245		
推杆固定板	H	12		12					16					16		
复位杆	直径	φ12		φ16					φ20					φ20		
导柱导套	导向段直径	φ20		φ25					φ32					φ32		
导柱导套	固定段直径	φ28		φ35					φ40					φ42		
推板导柱	导向段直径	φ12		φ20					φ20					φ20		
定模套板螺钉		6×M10		6×M10			8×M10		6×M12		8×M12			8×M12		
动模套板螺钉		6×M10		6×M10			8×M10		6×M12		8×M12			8×M12		
推板螺钉		M8		M8					M8					M10		
座板螺钉		4×M12		4×M12			6×M12		4×M16		6×M16			6×M16		

主要尺寸	W	355			400							450				
	L	560	630	710	400	450	500	560	630	710	800	400	500	560	630	710
定模座板	A	40			40							40				

续表

主要尺寸		W	355			400							450				
		L	560	630	710	400	450	500	560	630	710	800	400	500	560	630	710
动模套板	B		32~160			32~160							40~200				
动模套板	C		32~160			32~160							40~200				
支承板	D		50			63							63				
动模座板	F		32			32							40				
垫块	W_1		50			63							63				
垫块	E		80~125			80~125							80~160				
推板	W_2		245			264							314				
推板	G		32			32							32				
推杆固定板	W_2		245			264							314				
推杆固定板	H		16			16							16				
复位杆	直径		$\phi12$			$\phi20$							$\phi20$				
导柱导套	导向段直径		$\phi32$			$\phi40$							$\phi40$				
导柱导套	固定段直径		$\phi42$			$\phi50$							$\phi50$				
推板导柱	导向段直径		$\phi25$			$\phi25$							$\phi32$				
定模套板螺钉			8×M12			6×M12				8×M12			8×M12				
动模套板螺钉			8×M12			6×M12				8×M12			8×M12				
推板螺钉			M10			M10							M10				
座板螺钉			8×M16			6×M12				8×M12			6×M20			8×M20	

主要尺寸		W	450		500					630				710	
		L	800	900	560	630	710	800	900	630	710	800	900	900	1000
定模座板	A		40		50					63				63	
动模套板	B		40~200		40~200					50~250				50~250	
动模套板	C		40~200		40~200					50~200				50~250	
支承板	D		63		63					80				80	
动模座板	F		40		50					50				50	
垫块	W_1		63		80					80				80	
垫块	E		80~160		100~200					100~200				100~200	
推板	W_2		314		330					460				540	
推板	G		32		40					40				40	
推杆固定板	W_2		314		330					460				540	
推杆固定板	H		16		20					20				20	
复位杆	直径		$\phi20$		$\phi20$					$\phi25$				$\phi25$	
导柱导套	导向段直径		$\phi40$		$\phi40$					$\phi63$				$\phi63$	
导柱导套	固定段直径		$\phi50$		$\phi50$					$\phi80$				$\phi80$	
推板导柱	导向段直径		$\phi32$		$\phi32$					$\phi40$				$\phi40$	
定模套板螺钉			10×M12		10×M12					10×M16				12×M16	
			10×M12		10×M12					10×M16				12×M16	
动模套板螺钉															
推板螺钉			M10		M12					M16				M16	
座板螺钉			8×M20		8×M20		10×M20			8×M24		10×M24		10×M24	

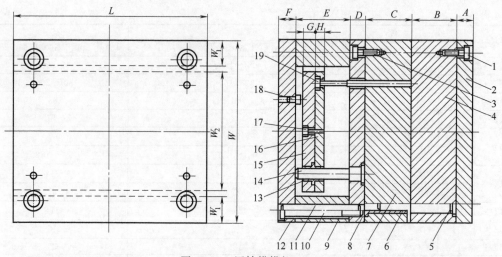

图 12-19 压铸模模架（一）

1—定模模板螺钉；2—定模座板；3—动模模板螺钉；4—定模套板；5—导柱；6—导套；7—动模；8—套板；
9—垫块；10—模座螺钉；11—圆柱销；12—动模座板；13—推板导套；14—推板导柱；15—推板；
16—推杆固定板；17—推板螺钉；18—限位钉；19—复位杆

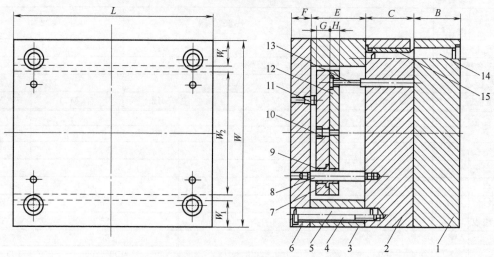

图 12-20 压铸模模架（二）

1—定模套板；2—动模套板；3—垫块；4—模座螺钉；5—圆柱销；6—动模座板；7—推板；8—推板导柱；
9—推板导套；10—推板螺钉；11—限位钉；12—推杆固定板；13—复位杆；14—导柱；15—导套

12.4 加热与冷却系统的设计

压铸成型是在高速高压下，将熔融的金属液充入型腔后，冷却固化成型。金属液的冷却固化是由模具温度和金属液的浇注温度的温差实现的，即模具温度越低，它们的温差越大，金属液冷却固化的时间越短。但是从压铸工艺角度考虑，模具温度既不能过低，也不能过高。模温过低，虽然会缩短冷却固化时间，但会影响金属液在填充时的流动性，使成型压铸件的内应力增大而产生变形，并可能出现冷纹、冷隔等压铸缺陷，影响压铸件的质量。模温过高时，虽然能提高压铸件的表面质量，但却延长了金属液的固化时间，降低了压铸生产的效率。同时，过高的模具温度，使金属液冷却缓慢，引起内部组织晶粒粗大，降低压铸件的机械强度。为此，在压铸过程中，应使压铸模控制在最佳工作温度范围内。

12.4.1 加热与冷却系统的作用

模具在压铸生产前应进行充分的预热，并在压铸过程中保持在一定温度范围内。压铸生产中模具的温度由加热与冷却系统进行控制和调节，其作用如下。

① 使模具达到较好的热平衡和改善压铸件的顺序凝固条件，有利于补缩压力的传递，提高压铸件的内部质量。

② 保持金属液在填充时的流动性和良好的成型性，提高压铸件的表面质量。

③ 稳定铸件尺寸精度，改善铸件力学性能。

④ 降低模具热交变应力，提高模具使用寿命。

⑤ 使压铸件的凝固速度均衡，缩短成型周期，提高压铸生产效率。

⑥ 对模具进行预热，缩短压铸的准备时间。

12.4.2 加热系统的设计

（1）加热方法

加热系统主要用于预热模具，或对模温较低区域的局部加热。加热方法如下。

① 用燃气加热，如喷灯、喷枪。

② 用热介质循环加热。利用冷却水道通入热油、热蒸汽等加热介质对模具进行循环加热，其制作简单，成本低廉。

③ 用模具温度控制装置加热，如电阻加热器、电感应加热器和红外线加热器等。管状电热元件加热法，管状电热元件如 SRM3 型，其外壳材料为不锈钢管，管内放入螺旋形电阻丝，可根据需要选用合适的规格。管状电热元件一般安置在动、定模套板或支承板上，按实际需要设置电热元件的安装孔。

在设置电热元件时，应注意以下几点。

① 为安全起见，应采用低电压、大电流的加热元件。

② 应避免电热元件和模具的移动结构件发生干涉现象。

③ 电热元件不能水平放置，以免电热丝受热变形时造成短路。

（2）模具的预热规范

模具的预热规范见表 12-20。

表 12-20　模具的预热规范

合金种类	铅合金	锡合金	锌合金	铝合金	镁合金	铜合金
预热温度/℃	60～120	60～120	150～200	180～300	200～250	300～350

（3）模具预热所需的功率

模具预热所需的功率按式（12-11）进行计算：

$$P = \frac{mc(\theta_s - \theta_1)k}{3600t} \tag{12-11}$$

式中　P——预热所需的功率，kW；

　　　m——需预热的模具（整套压铸模或定模、动模）的质量，kg；

　　　c——比热容，kJ/(kg·℃)，钢的比热容取 $c = 0.460$kJ/(kg·℃)；

　　　θ_s——模具预热温度（表 11-20），℃；

　　　θ_1——模具初温（室温），℃；

　　　k——系数，补偿模具在预热过程中因传热散失的热量，一般取 1.2～1.5，模具尺寸大时取较大的值；

　　　t——预热时间，h。

12.4.3 冷却系统的设计

压铸过程中，金属液在压铸模中凝固并冷却到顶出温度，释放的热量被模具吸收，同时模具通过辐射、导热和对流，将热量传出，在模具分型面上喷涂的分型剂挥发时也带走部分热量。正常生产过程中，传入模具的热量和从模具中传出的热量应达到平衡。在高效生产及大型厚壁铸件压铸时，往往要用强制冷却来保持模具的热平衡。合理地设计冷却系统对提高压铸生产率、改善铸件质量及延长模具使用寿命是十分重要的。

（1）模具冷却方法

① 水冷。水冷是在模具内设置冷却水道，使冷却水循环流入模具而带走热量。水冷的效果好，成本低，是常用的模体冷却方法。

② 风冷。对压铸模中特别细长的小型芯或难以采用水冷的部位，可采用压缩空气的风冷方式，如图 12-21 所示。图 12-21（a）所示为细而长的小型芯，采用水冷时，冷却水的杂质或水垢容易堵塞水道。图 12-21（b）所示的侧型芯很难设置水道，故采用压缩空气冷却的方法较为简便。在侧抽芯完成抽芯动作后移时，开启压缩空气的孔道，冷却细小的侧型芯。

③ 在模具形成热节的部位用传热系数高的合金（铍青铜、钨基合金等）间接冷却。如图 12-22 所示，将铍青铜销旋入固定型芯，铜销的末端带有散热片以加强冷却效果。

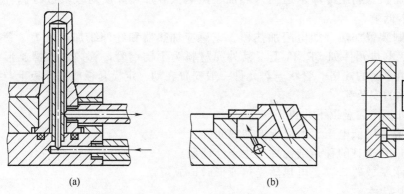

(a)   (b)

图 12-21　用压缩空气冷却型芯

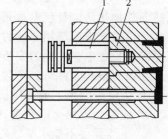

图 12-22　用铍青铜销间接冷却型
1—铍青铜；2—型芯

④ 用热管冷却。热管是装有传热介质（通常为水）的密封金属管，管内壁敷有毛细层，其工作原理如图 12-23 所示，传热介质从热管的高温端（蒸发区）吸收热量后蒸发，蒸汽在低温端（冷凝区）冷凝，再通过管内的毛细层回到高温端。热管垂直设置，冷凝区在上部时换热效率最高，冷凝区一般可采取水冷或风冷。热管在压铸模中的应用示例见图 12-24。

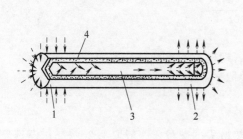

图 12-23　热管工作原理示意图
1—蒸发区；2—冷凝区；3—蒸汽；4—毛细层

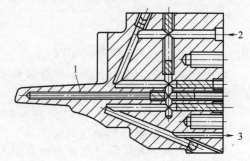

图 12-24　用热管冷却型芯的细小部位
1—热管；2—冷却水入口；3—冷却水出口

⑤ 用模具温度控制装置对模具进行冷却。

（2）冷却水道的连通方式

冷却水道的连通方式有以下几种。

① 串联连通方式。图 12-25 所示是串联连通的基本形式。冷却介质从进水口依次流入直径相等的水道，并依次串联经过模具成型区域，带走热量，从出水口处排出。

在这个过程中，从进水口流入的冷却介质吸收的热量较多。但是冷却介质也随着流程的延长，吸收了前段的热量，这种现象在出水口处尤为明显。因此，提高冷却效果的主要途径，就是设法缩小冷却介质在出水口处与进水口处的温差。

② 并联连通方式。图 12-26 所示是并联连通的基本形式。冷却介质从进水口流入主干水道后，分若干个分支水道，分别流入模具成型区域，带走热量后，同时流入出水主干道，并从模体排出。

在并联连通方式中，非常重要的一点是：各分支水道 d 的横截面积之和，必须小于进水主干水道 D 的横截面积，否则会引起冷却介质从近处的分支水道走捷径短路通过，而远处分支水道没有冷却介质通过，影响均匀冷却效果。

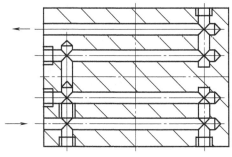

图 12-25 串联的连通形式

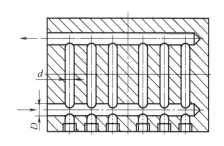

图 12-26 并联的连通形式

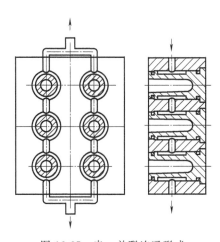

图 12-27 串、并联连通形式

③ 串、并联连通方式。在多型腔的压铸模中，为有效地利用模具的空间，冷却水道可采用串、并联相结合的连通形式，如图 12-27 所示。冷却水由定模一侧流入后，以并联的形式分支出几股分支水道，并以串联的形式依次流过各型腔镶块的外部环形水道，带走热量后流出，汇入出水口，排出模体。

（3）型腔的冷却形式

冷却型腔的常用形式如图 12-28 所示。图 12-28（a）所示是沿着型腔的侧边，设置若干个并联或串联的循环水路。当采用整体组合式结构时，在其组合面上设置环形水道。进水后，分两路沿型腔绕行，如图 12-28（b）所示。这种形式结构简单，冷却效果较好。但应注意环形水道两端的密封，如图 12-28（b）中所示为水道两端设置铍青铜合金的密封环。

当压铸件精度要求较高时，为使型腔各部冷却均匀，采用图 12-28（c）所示的多层冷却形式，用并联或串联的形式连通，每层的冷却水都围绕型腔运行。

型腔较深的整体组合式型腔，可采用螺旋水道的冷却方式，如图 12-29 所示。冷却水自下而上，沿螺旋方向绕型腔流动，冷却效果较好。

冷却水道的密封可采取如下几种方法。

① 采用铍青铜合金或其他软质金属，如紫铜等做成的密封环，设置在成型镶块的配合平面上压紧。

② 当模体温度不高或在 300℃ 以下的部位，可采用耐热较好的硅橡胶密封环。

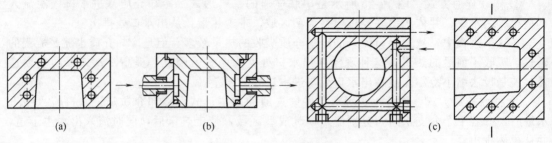

图 12-28　型腔的冷却形式

（4）型芯的冷却形式

压铸件在压铸成型时，因成型收缩，它对型芯的包紧力比较大。因此，型芯的温度对压铸件冷却速度的影响比型腔大，所以对型芯的冷却尤为重要。

然而，由于推出元件的设置总会占有一定的利用空间，型芯的冷却位置受到一些限制，因此，对型芯冷却的设计，必须统筹安排，避免与推出元件相互干扰。

表 12-21 给出了型芯冷却常用的形式。

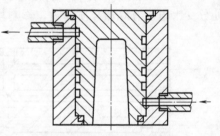

图 12-29　型腔的螺旋式冷却

表 12-21　型芯冷却常用的形式

图　例	说　明
	采用斜孔交叉贯通的方式冷却型芯。矩形的型芯可采用多组斜孔交叉的形式。这种形式比较简单，但冷却效果不理想
	大型的型芯可在型芯内部设置环形水道，如图所示。由于环形水道削弱了型芯的强度，应在其端部设置起支承作用的支承环，并密封水道
	图示是隔板式冷却型芯的图例。从中心管道处入水，冷却水首先冷却型芯的上端面（中心浇口的进料处），再通过隔板的多个缺口，均匀地分流到周边的侧壁上，有较好的冷却效果。多用于采用中心浇口且型芯有较大空间的型芯的冷却

图　例	说　明
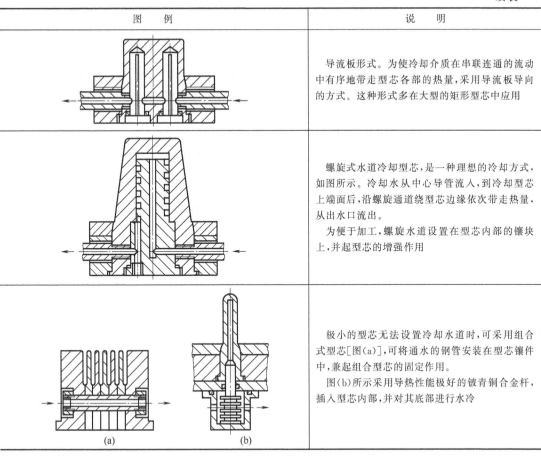	导流板形式。为使冷却介质在串联连通的流动中有序地带走型芯各部的热量，采用导流板导向的方式。这种形式多在大型的矩形型芯中应用
	螺旋式水道冷却型芯，是一种理想的冷却方式，如图所示。冷却水从中心导管流入，到冷却型芯上端面后，沿螺旋通道绕型芯边缘依次带走热量，从出水口流出。 　为便于加工，螺旋水道设置在型芯内部的镶块上，并起型芯的增强作用
(a) 　　　(b)	极小的型芯无法设置冷却水道时，可采用组合式型芯[图(a)]，可将通水的钢管安装在型芯镶件中，兼起组合型芯的固定作用。 　图(b)所示采用导热性能极好的铍青铜合金杆，插入型芯内部，并对其底部进行水冷

（5）冷却水道设计注意事项

① 同一模具尽量采用较少的冷却水道和水嘴的规格，降低制造的复杂性。

② 冷却水道的直径一般为 6～14mm。采用数条小直径要比采用一条大直径的水道好，以免增加设计和影响水道冷却效果。

③ 水道之间的距离和水道与型腔之间距离的关系参见图 12-30，锌合金 A 取 15～20mm，铝合金和镁合金 A 取 20～30mm。

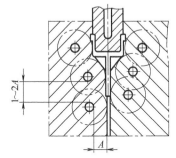

图 12-30　冷却水道的间距

④ 采用隔板式水道时，应在隔板螺栓上作出隔板位置标记，以便在安装时保持其正确位置，隔板式水道常用尺寸见表 12-22。

⑤ 水道与模具其他结构之间的距离应大于表 12-23 所列的最小距离。

⑥ 冷却水道在并联连通时，应保证流程相等，如图 12-31（a）所示。图 12-31（b）所示的形式由于流程不同，两段冷却的效果也有差异，同样会出现变形缺陷。

⑦ 对尺寸和形位精度要求较高的压铸件，应在动模和定模上分别单独设置冷却效果相同的冷却装置。如图 12-32 所示的平板类压铸件，图 12-32（a）所示只在定模一侧设置冷却水道，压铸件在定模的一面，由于冷却较快，首先固化成型。压铸件推出模体后，在动模一侧的温度较高，在冷却过程中，使其收缩变形，产生弯曲的现象。图 12-32（b）所示在定模和动模上均设置效果相同的冷却水道，使压铸件因两侧冷却均匀而避免了弯曲变形。

表 12-22 隔板式水道常用尺寸

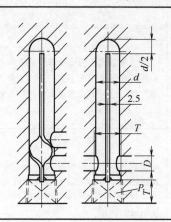

水道公称直径 DN	1/8	1/4	3/8
水道实际直径 D/mm	7.9	11.1	14.7
螺塞锥管螺纹 P	3/8	1/2	3/4
螺纹底孔深度 T/mm	14.7	17.9	23.4
隔板水道直径 d/mm	12.7	17.5	22.2

表 12-23 冷却水道与模具其他结构之间的最小距离

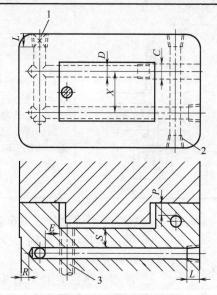

1—水道堵头；2—管螺纹；3—推杆

项 目	最小距离/mm		
	in1/8管	in1/4管	in3/8管
水道直径 D/mm	7.9	11.1	14.7
堵头螺纹长度 L/mm	8.0	12.0	15.0
水嘴过孔直径 C/mm	12.0	15.0	18.0
水道中心距 X/mm	14.0	17.0	22.0
水道与型腔表面的距离 S/mm 锌合金压铸模 铝合金压铸模 镁合金压铸模 黄铜压铸模	15.0 19.0 19.0 25.0	15.0 19.0 19.0 25.0	15.0 19.0 19.0 25.0
水道与分型面的距离 P/mm	16.0	16.0	16.0
水道与镶块边缘的距离 R/mm 锌合金压铸模 铝合金、镁合金、黄铜压铸模	≥6.5		
水道与推杆孔的距离 E/mm 锌合金压铸模 铝合金、镁合金黄铜压铸模	6.5 13.0	6.5 13.0	6.5 13.0

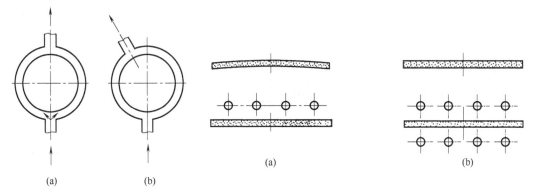

图 12-31 循环水逆应流程相等　　　图 12-32 冷却不均衡使塑件弯曲

⑧ 冷却水道应防止漏水，特别是不能渗漏到成型区域内。

⑨ 设计冷却系统时，应本着节约用水的原则，应设置冷却水的循环供水装置，使冷却水做到循环使用。

（6）冷却水道的设计计算

由于铸件形状、壁厚等各种因素的影响，压铸模各部分的热状态有很大差别，因此应根据型腔的热流特征将铸件和型腔分为不同的区域（如浇口套、分流锥、横浇道部位、热量集中的大型芯等），对各个区分别设计计算。

① 计算压铸过程中金属液传入模具的热流量。

$$Q_1 = \frac{m(c\Delta\theta_1 + L)n}{3600} \tag{12-12}$$

式中　Q_1——金属液传入模具的热流量，kW；

　　　m——压铸金属的质量，kg；当对型腔进行分区设计计算冷却系统时，m 是指注入型腔相应区的金属液的质量；

　　　c——压铸金属的比热容，kJ/(kg·℃)；

　　　$\Delta\theta_1$——浇注温度与铸件推出温度之差，℃；

　　　L——压铸金属的熔化热量，kJ/kg；

　　　n——每小时压铸的次数。

简化计算可用下式进行：

$$Q_1 = \frac{mqn}{3600} \tag{12-13}$$

式中　Q_1——金属液传入模具的热流量，kW；

　　　m——压铸金属的质量，kg；当对型腔进行分区设计计算冷却系统时，m 是指注入型腔相应区的金属液的质量；

　　　q——压铸合金从压铸温度到铸件顶出温度散发的热量（表 12-24），kJ/kg；

　　　n——每小时压铸的次数。

表 12-24　压铸合金从压铸温度到铸件顶出温度散发的热量

压铸合金	Zn 合金	AlSi 合金	AlMg 合金	Mg 合金	ZH60
q/kJ/kg	208	888	795	712	452

② 计算水基分型剂挥发时从模具中吸收的热量。压铸过程中在模具型腔喷涂的水基分型剂所吸收的热量可用式（12-14）计算，如用油基分型剂，吸收的热量很小，可以忽略不计。

$$Q_2 = \frac{q_w A n}{3600} \tag{12-14}$$

式中 Q_2——分型剂从型腔吸收的热流量，kW；

$\quad q_w$——每次喷涂分型剂从型腔单位面积吸收的热量，kJ/m^2；压铸锌合金时约为 $0.2 \times 10^3 \sim 0.8 \times 10^3 \, kJ/m^2$，压铸铝合金和镁合金时约为 $0.8 \times 10^3 \sim 4.9 \times 10^3 \, kJ/m^2$；

$\quad A$——型腔表面积，m^2；

$\quad n$——每小时喷涂的次数。

③ 计算冷却水道应从模具中带走的热流量。冷却水道应从模具中带走的热流量用式 (12-15) 计算。

$$Q = Q_1 - Q_2 \tag{12-15}$$

式中 Q——应从模具中带走的热流量，kW；

$\quad Q_1$——金属液传入模具的热流量，kW；

$\quad Q_2$——分型剂从型腔吸收的热流量，kW。

④ 计算冷却水道管壁的温度。根据模具的结构和尺寸，初步确定冷却水道的位置。根据式 (12-16) 计算冷却水道所在部位压铸模的温度。

$$Q = \frac{\lambda A(\theta_s - \theta_d)}{D} \tag{12-16}$$

式中 Q——应从模具中带走的热流量，kW；

$\quad \lambda$——模具钢的热导率 $[kW/(m \cdot ℃)]$，3Cr2W8V 为 $0.031 kW/(m \cdot ℃)$，4Cr5MnV1Si 为 $0.026 \, kW/(m \cdot ℃)$；

$\quad A$——型腔的表面积，m^2；

$\quad \theta_s$——压铸过程中型腔表面的平均温度，℃；压铸锌合金约230℃、压铸铝合金和镁合金约315℃、压铸黄铜（ZH60）约480℃；

$\quad \theta_d$——距型腔表面 d 处冷却水道周围的温度，℃；

$\quad D$——型腔表面到冷却水道的距离，m。

式 (12-15) 适用于平板类铸件（图12-33）。如铸件呈圆筒状，其导热状态在圆筒内呈热集中型，圆筒外呈热发散型（图12-34），则应分别情况通过式 (12-17) 和式 (12-18) 对冷却水道与型腔表面的实际距离进行修正，得出平板形铸件相应的值再代入式 (12-16)。

$$d = \frac{1}{\frac{1}{d_1} + \frac{1}{2R}} \tag{12-17}$$

$$d = \frac{1}{\frac{1}{d_2} - \frac{1}{2R}} \tag{12-18}$$

式中 d——平板形铸件型腔表面到冷却水道的距离，m；

$\quad d_1$——热集中型型腔表面到冷却水道的距离，m；

$\quad d_2$——热发散型型腔表面到冷却水道的距离，m；

$\quad R$——圆筒类铸件的半径，m。

⑤ 计算冷却水道的表面积或长度。根据模具的结构、压铸机冷却水接口等具体情况，选择适当的冷却水道直径并计算其长度。

$$Q = aA_w(\theta_d - \theta_w) \tag{12-19}$$

$$Q = a\pi DL(\theta_d - \theta_w) \tag{12-20}$$

式中 Q——应从模具中带走的热流量，kW；

A——水的传热系数，kW/(m·℃)，参见式（12-21）；

A_w——冷却水道的面积，m²；

θ_d——距型腔表面 d 处冷却水道周围的温度，℃；

θ_w——流经水道的冷却水平均温度（即水道入口和出口水温的平均值），℃；

π——圆周率；

D——冷却水道的直径，m；

L——冷却水道的长度，m。

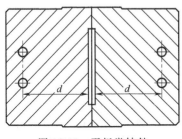

图 12-33　平板类铸件

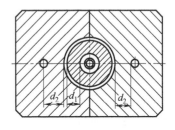

图 12-34　圆筒类铸件

计算水的传热系数的经验公式：

$$a = B\frac{R^{0.8}}{D^{1.8}} \times 10^{-3} \qquad (12\text{-}21)$$

式中　a——水的传热系数，kW/(m·℃)；

　　　B——系数，见表 12-25；

　　　R——冷却水流量，L/S，冷却水流量可取压铸机冷却水嘴供水流量的一半，一般可取 0.05～0.13 L/S；

　　　D——冷却水道的直径，m。

表 12-25　水的 B 值

平均水温/℃	0.01	10	20	30	40	50	60	70	80
B	6.093	8.017	9.110	10.15	11.13	12.04	12.90	13.76	14.55

12.4.4　用模具温度控制装置加热与冷却压铸模

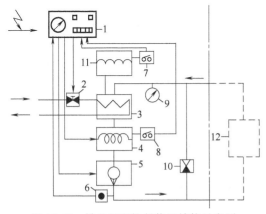

图 12-35　模具温度控制装置结构示意图

1—控制板；2—冷却用电磁阀；3—冷却器；4—加热器；
5—泵；6—温度测头；7—液面控制；8—安全调温器；
9—压力表；10—旁路阀；11—膨胀箱；12—模具

模具温度控制装置可以用来预热压铸模以及在压铸过程中将模具的温度保持在一定的范围内，以满足提高铸件质量及压铸生产自动化的需要。模具温度控制装置是以高温导热油为载体，通过加热或冷却控制导热油的温度，再将导热油泵入压铸模中的通道，从而控制模具的温度。采用模具温度控制装置不但可以有效地控制模具的温度，还能延长其使用寿命 2～3 倍。模具温度控制装置结构示意图见图 12-35。

（1）模具温度控制装置的选用

采用模具温度控制装置预热压铸模及在压铸过程中保持模具热平衡，应核算模具温度控制装置的加热和冷却功率。如动模和定模的预热规范或工作温度不相同，则应选用双回路或多回路模具温度控制装置，分别核算每个回路的加热和冷却功率是否满足需要。

① 核算模具温度控制装置的加热功率根据式（12-11）计算压铸模预热所需要的加热功率 P。模具温度控制装置的加热功率应大于所需要的加热功率 P。

② 核算模具温度控制装置的冷却功率根据式（12-13）计算压铸过程中金属液传入模具的热流量 Q_1。压铸模的浇口套和分流锥（有时还包括横浇道部分）一般采用水冷，在计算时压铸金属的质量不应包括浇注系统。再根据式（12-22）计算所需的冷却功率。

$$Q_L = kQ_1 \tag{12-22}$$

式中　　Q_L——所需要的冷却功率，kW；

　　　　Q_1——金属液传入模具的热流量，kW；

　　　　k——系数，取 1.2～1.5，模具温度较高时取较小的值。

模具温度控制装置的冷却功率应大于所需要的冷却功率 Q_L。

（2）模具温度控制装置选用举例

电机端盖压铸模质量为 780kg，预热温度 220℃，要求预热时间 1.5h，铸件质量（不包括浇注系统）为 2×0.35kg，材料为 YZAlSi9Cu4，每小时压射次数约 150 次。

根据式（12-11）计算压铸模预热所需的加热功率，取系数 $k = 1.5$，$\theta_1 = 20℃$。

$$P = \frac{mc(\theta_s - \theta_1)k}{3600t} = \frac{780 \times 0.46 \times (220 - 20) \times 1.5}{3600 \times 1.5} = 19.9\text{kW}$$

再根据式（12-12）和（12-21）计算压铸模冷却所需的功率，计算时取系数 $k = 1.2$。

$$Q_L = kQ_1 = k\frac{mqn}{3600} = 1.2 \times \frac{2 \times 0.35 \times 888 \times 150}{3600} = 31.1\text{kW}$$

根据计算可以选用加热功率 20kW，冷却功率为 40kW 的模具温度控制装置。如选择每一回路加热功率为 10kW，冷却功率为 20kW 的双回路模具温度控制装置，则对模具两半模可分别控温，效果更好。

（3）控温通道设计要点

① 布置控温通道（图 12-36），距离 c 约为冷却水道相应距离的一半，对于合模力为 600kN 以下压铸机的压铸模 $c = 15 \sim 25$mm，大型模具 $c = 30 \sim 35$mm。导热油控温通道由于距离 c 较小，不宜用于水冷系统，以免引起模具裂纹。

② 采用数条小直径的通道的控温效果要比较少的大直径通道要好，但直径过小会增加导热油的流动阻力。一般导热油控温通道的直径为 12mm 左右。

③ 导热油的传热系数约为水的传热系数的二分之一，因此在同样的条件下，控温通道的传热面积是冷却水道的 2～3 倍。控温通道传热面积与型腔表面积之比一般为 1∶1。

④ 导热油控温通道的形式与冷却水道相仿，采用螺旋式通道，导热油的流态为紊流，可提高传热效率（图 12-37）。

【例 12-4】　螺旋式冷却的结构实例

图 12-38 所示是深腔的压铸模，型腔采用整体组合式形式，并采用中心浇口进料。为了取得理想的冷却效果，对型腔和型芯分别采用螺旋式冷却形式。在型腔镶块 7 的外表面，加工成外螺纹螺旋水道，冷却水从温度较高的内浇口附近流入，环绕型腔镶块外壁后流出。在型芯 6 内加工内螺纹，并镶入芯轴 8，组成螺旋水道，冷却水从芯轴的中心孔流入，沿螺旋水道环绕后流出。

这种冷却结构的特点如下。

① 型腔和型芯均单独采用旋向相反的螺旋水道，并沿金属液的填充方向流动，使压铸件的冷却速度趋于一致，减少了压铸变形。

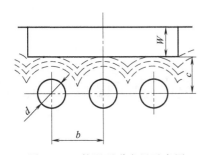

图 12-36　控温通道布置示意图

铸件壁厚 W/mm	通道直径 d/mm
～2	8～10
>2～4	10～12
>4～6	12～15

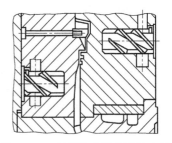

图 12-37　双螺旋控温通道的应用

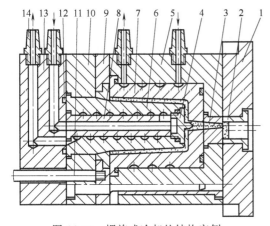

图 12-38　螺旋式冷却的结构实例

1—定模座板；2—浇口套；3—浇道镶块；4—镶件；
5—定模板；6—型芯；7—型腔镶块；8—心轴；
9—卸料板；10—动模板；11—卸料推杆；
12—密封环；13—支承板；14—水嘴

② 型芯水道从中心孔流入后，首先冷却内浇口，加快冷却速度。

③ 型腔和型芯的螺旋水道均开在靠近压铸件的一侧，增加了水道的导热面积，提高了冷却效果。

④ 在相对于内浇口的部位设置镶件 4，其作用是：

a. 因受金属液的直接冲击，易于损坏，可随时更换。

b. 成型中心孔，并起分流锥作用。

c. 便于加工型芯的内螺纹。

⑤ 由于冷却水道占有了推杆的设置空间，故采用卸料板式的脱模形式。

【例 12-5】　模具预热所需功率的计算实例

电机端盖压铸模质量为 780kg，预热温度 220℃，要求预热时间为 1.5h，求模具预热所需的功率。

解：取室温为 $Q_i=20℃$，补偿系数取 $R=1.5$，由式（12-11）得

$$P=\frac{mc(\theta_s-\theta_1)k}{3600t}=\frac{780\times0.46\times(220-20)\times1.5}{3600\times1.5}=19.9\text{kW}$$

第13章 压铸模技术要求及材料选择

13.1 压铸模总装的技术要求

13.1.1 压铸模装配图上需注明技术要求

装配图应注明如下几点技术要求。

① 模具的最大外形尺寸（长×宽×高）。为了便于复核模具在工作时其滑动构件与机器构件是否有干扰，液压抽芯油缸的尺寸、位置行程及相关零件的安装关系，滑动抽芯机构的尺寸、位置及滑动到终点的位置均应画简图示意。

② 选用压铸机型号。

③ 压铸件所选用的合金材料。

④ 选用压室的内径、比压或喷嘴直径。

⑤ 最小开模行程（如开模最大行程有限制时，也应注明）。

⑥ 推出机构的推出行程。

⑦ 标明冷却系统，液压系统的进出口。

⑧ 压铸件主要尺寸及浇注系统尺寸。

⑨ 特殊机构的动作过程。

⑩ 模具有关附件规格、数量和工作程序。

13.1.2 压铸模外形和安装部位的技术要求

压铸模外形和安装部位有如下几点技术要求。

① 各模板的边缘均应倒角不小于 $2×45°$（C2），安装面应光滑平整，不应有突出的螺钉头、销钉以及毛刺和击伤等痕迹。

② 在模具非工作面上打上明显的标记，包括产品代号、模具编号、产品名称、制造日期及模具制造厂家名称或代号。

③ 在定、动模板上分别设置吊装螺钉，并确保起吊时模具平衡，重量大于25kg的零件也应设置起吊螺钉，螺孔有效螺纹深度不小于螺孔直径的1.5倍。

④ 模具安装部位的有关尺寸应符合所选用压铸机的相关对应的尺寸，在压铸机上，模具应拆装方便，压室安装孔径和深度必须严格检验。

⑤ 在模具分型面上，除导套孔、斜导柱孔外，所有模具制造过程中的工艺孔都应堵塞，并且与分型面平齐。

13.1.3 总装的技术要求

压铸模总装有如下几点技术要求。

① 模具分型面对定、动模板安装平面的平行度见表13-1。

② 导柱、导套对定、动模座板安装平面的垂直度见表 13-2。

③ 在分型面上,定模、动模镶块平面应分别与定模套板、动模套板齐平或略高,高出的尺寸控制在 0.05～0.10mm 范围以内。

④ 推杆、复位杆应分别与分型面平齐,推杆允许根据产品要求,凹进或凸出型面,但不大于 0.1mm;复位杆允许低于分型面,但不大于 0.05mm。推杆在推杆固定板中应能灵活转动,但轴向间隙不大于 0.10mm。

表 13-1　模具分型面对定、动模板安装平面的平行度　　　　　单位:mm

被测面最大直线长度	≤160	>160～250	>250～400	>400～630	>630～1000	>1000～1600
公差值	0.06	0.08	0.10	0.12	0.16	0.20

表 13-2　导柱、导套对定、动模座板安装平面的垂直度　　　　　单位:mm

导柱、导套有效导滑长度	≤40	>40～63	>63～100	>100～160	>160～250
公差值	0.015	0.020	0.025	0.030	0.040

⑤ 模具所有活动部件应保证位置准确、动作可靠,不得有歪斜和卡滞现象。相对固定的零件之间不允许出现窜动。

⑥ 滑动机构应导滑灵活、运动平稳、配合间隙适当。合模后滑块斜面与楔紧块的斜面应压紧,两者实际接触面积应大于或等于设计接触面积的 3/4,且具有一定预应力。抽芯结束后,定位准确可靠,抽出的型芯端面与铸件上相对应型面或孔的端面距离不小于 2mm。

⑦ 浇道表面粗糙度 Ra 不大于 $0.4\mu m$,转接处应光滑连接,镶拼处应密合,未注脱模斜度不小于 5°。

⑧ 合模时镶块分型面应紧密贴合,除排气槽外,局部间隙不大于 0.05mm。

⑨ 冷却水道和温控油道应畅通,不得有渗漏现象,进水口和出水口应有明显标记。

⑩ 所有成型表面粗糙度 Ra 不大于 $0.4\mu m$,所有表面都不允许有碰伤、擦伤、击伤和微裂纹。

13.2　结构零件的公差与配合

压铸模是在高温环境下进行工作,因此在选择结构零件的配合公差时,不仅要求在室温下达到一定的装配精度,而且要求在工作温度下,仍能保证各结构件的尺寸稳定性和动作可靠性。在模具中,与金属液直接接触的部位,在填充过程中受到高压、高速、高温金属液的冲击、摩擦和热交变应力的作用,所产生的位置偏移及配合间隙的变化,都会影响压铸件的产品质量和压铸生产的正常运行。

13.2.1　结构零件轴与孔的配合和精度

压铸模具零件配合间隙的变化除与温度有关外,还与零件本身的材料、形状、体积、工作部位受热程度以及加工装配后的配合性质有关。压铸模零件的配合间隙通常应满足以下要求。

(1) 模具中固定零件的配合要求

① 在金属液冲击下,不致产生位置上的偏移。

② 受热膨胀变形后不能配合过紧,而使模具(主要是模套)受到过大的应力,导致模具因过载而开裂。

③ 维修和拆卸方便。

(2) 模具中滑动零件的配合要求

① 在充填过程中金属液不致窜入配合处的间隙中去。

② 受热膨胀后，应能够维持间隙配合的性质，保证动作正常，不致使原有的配合间隙产生过盈，导致动作失灵。

（3）配合类别和精度等级

固定零件的配合类别和精度等级见表13-3。

滑动零件的配合类别和精度等级见表13-4。

表 13-3　固定零件的配合类别和精度等级

工 作 条 件	配合类别和精度	典型配合零件举例
与金属液接触,受热量较大	$\dfrac{H7}{h6}$（圆形）或 $\dfrac{H8}{h7}$	套板和镶块、镶块和型芯、套板和浇口套、镶块、分流锥、导流块等
	$\dfrac{H8}{h7}$（非圆形）	
不与金属液接触,受热量较小	$\dfrac{H7}{k6}$	套板和导套的固定部位
	$\dfrac{H7}{m6}$	套板和导柱、斜销、楔紧块、定位销等固定部位

表 13-4　滑动零件的配合类别和精度等级

工 作 条 件	压铸使用合金	配合类别和精度	典型配合零件举例
与金属液接触,受热量较大	锌合金	$\dfrac{H7}{f7}$	推杆和推杆孔;型芯、分流锥和卸料板上的滑动配合部位;型芯和滑动配合的孔等
	铝合金、镁合金	$\dfrac{H7}{e8}$	
	铜合金	$\dfrac{H7}{d8}$	
	锌合金	$\dfrac{H7}{e8}$	成型滑块和镶块等
	铝合金、镁合金	$\dfrac{H7}{d8}$	
	铜合金	$\dfrac{H7}{c8}$	
受热量不大	各种合金	$\dfrac{H8}{e7}$	导柱和导套的导滑部位
		$\dfrac{H9}{e7}$	推板导柱和推板导套的导滑部位
		$\dfrac{H7}{e8}$	复位杆与孔

（4）压铸模零部件的配合精度选用示例

压铸模零部件的配合精度见图13-1。

13.2.2　结构零件的轴向配合

① 镶块、型芯、导柱、导套、浇口套与套板的轴向偏差值见表13-5。

② 推板导套、推杆、复位杆、推板垫圈和推杆固定板的轴向配合偏差值见表13-6。

13.2.3　未注公差尺寸的有关规定

① 成型部位未注公差尺寸的极限偏差值见表13-7。

② 成型部位转接圆弧未注公差尺寸的极限偏差值见表13-8。

③ 成型部位未注角度和锥度偏差值见表13-9。

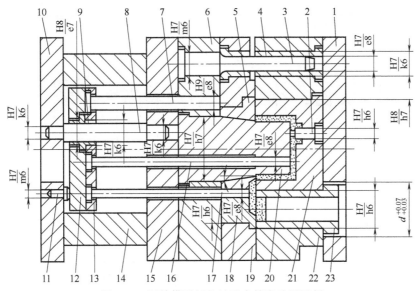

图 13-1 压铸模零部件的配合精度选用示例

1—定模座板；2—型芯；3—导柱；4—导套；5—卸料沿口；6—动模板；7—卸料推杆；8—推板导柱；9—推板导套；
10—动模座板；11—限位钉；12—推板；13—推杆固定板；14—垫块；15—支承板；16—推杆；17—浇道推杆；
18—浇道镶块；19—卸料板；20—主型芯；21—定模镶块；22—定模板；23—浇口套

表 13-5　镶块、型芯、导柱、导套、浇口套与套板的轴向偏差值　　单位：mm

装配方式	结构件名称	偏　差　值
台阶压紧式	镶块、型芯和套板	
台阶压紧式	导柱、导套和套板	
台阶压紧式	浇口套和套板	

装配方式	结构件名称	偏 差 值
套板不通孔、螺钉紧固式	镶块和套板	
套板通孔、螺钉紧固式	镶块和套板	

注：表中套板偏差值指零件单件加工的偏差。在装配中，型芯和镶块等零件的底面高出或低于套板底面时，应配磨平齐，镶块分型面允许高出套板分型面0.05～0.10mm。

表 13-6 推板导套、推杆、复位杆、推板垫圈和
推杆固定板的轴向配合偏差值 单位：mm

装配方式	直接压紧式	推板导套台阶夹紧式	推板垫圈夹紧式
结构件名称	推杆固定板和推板导套、推杆(复位杆)	推杆固定板和推杆导套、推杆(复位杆)	推杆固定板和推板导套推板垫圈、推杆(复位杆)
偏差值			

表 13-7 成型部位未注公差尺寸的极限偏差值 单位：mm

基本尺寸	≤10	>10～50	>50～180	>180～400	>400～700	>700～1100	>1100
极限偏差	±0.03	±0.05	±0.10	±0.15	±0.20	±0.25	±0.30

注：摘自 GB/T 8844—2017。

表 13-8 成型部位转接圆弧未注公差尺寸的极限偏差值 单位：mm

基 本 尺 寸		≤6	>6～18	>18～30	>30～120	>120
极限偏差	凸圆弧	0 −0.15	0 −0.20	0 −0.30	0 −0.45	0 −0.60
	凹圆弧	+0.15 0	+0.20 0	+0.30 0	+0.45 0	+0.60 0

注：摘自 GB/T 8844—2017。

表 13-9　成型部位未注角度和锥度的极限偏差值

锥体母线或角度短边长度/mm	≤6	>6～18	>18～50	>50～120	>120～200	>200
极限偏差值	±30′	±20′	±15′	±10′	±6′	±3′

注：摘自 GB/T 8844—2017。

④ 未注脱模斜度的角度规定。成型部位未注脱模斜度时，形成铸件内侧壁（承受铸件收缩力的侧面）的脱模斜度不应大于表 13-10 规定值，对构成铸件外侧壁的脱模斜度应不大于表 13-10 规定值的二分之一。圆型芯的脱模斜度应不大于表 13-11 的规定值。

文字符号的脱模斜度取 $10° \sim 15°$。

当图样中未注脱模斜度方向时，按减少铸件壁厚方向制造。

表 13-10　成型部位内侧壁未注脱模斜度的规定

脱模高度/mm		≤3	>3～10	>10～30	>30～50	>50～80	>80～120	>120～180	>180～250
铸件材料	锌合金	3°	2°	1°15′	1°	0°45′	0°30′	0°30′	0°15′
	镁合金	4°	3°	1°30′	1°15′	1°	0°45′	0°30′	0°30′
	铝合金	5°30′	3°30′	1°45′	1°30′	1°15′	1°	0°45′	0°30′
	铜合金	6°30′	4°	2°	1°45′	1°30′	1°15′	1°	—

注：摘自 GB/T 8844—2017。

表 13-11　圆型芯未注脱模斜度的规定

脱模高度/mm		≤3	>3～10	>10～30	>30～50	>50～80	>80～120	>120～180	>180～250
铸件材料	锌合金	2°30′	1°30′	1°	0°45′	0°30′	0°30′	0°20′	0°15′
	镁合金	3°30′	2°	1°30′	1°	0°45′	0°45′	0°30′	0°30′
	铝合金	4°	2°30′	1°45′	1°15′	1°	0°45′	0°30′	0°30′
	铜合金	5°	3°	2°	1°30′	1°15′	1°	—	—

注：摘自 GB/T 8844—2017。

13.2.4　形位公差和表面粗糙度

（1）零件的形位公差

形位公差是零件表面形状和位置的偏差，模具成型部位或结构零件的基准部位，其形状和位置的偏差范围一般均要求在尺寸的公差范围内，在图样上不再另加标注。

① 模架结构零件的形位公差见表 13-12。

② 套板、镶块和有关固定结构部位的形位公差见表 13-13。

表 13-12　模架结构零件的形位公差　　　　　　　　　　单位：mm

导滑部位	简　图	选用精度（GB 1184—1996）
带肩导柱		—
带头导柱		—
推杆导柱		—

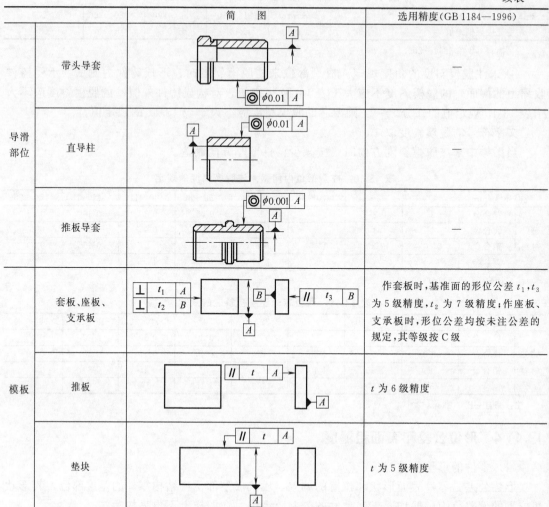

		简　图	选用精度（GB 1184—1996）
导滑部位	带头导套		—
	直导柱		—
	推板导套		—
模板	套板、座板、支承板		作套板时，基准面的形位公差 t_1、t_3 为 5 级精度，t_2 为 7 级精度；作座板、支承板时，形位公差均按未注公差的规定，其等级按 C 级
	推板		t 为 6 级精度
	垫块		t 为 5 级精度

表 13-13　套板、镶块和有关固定结构部位的形位公差

	有关要素的形位要求	简　图	选用精度（GB 1184—1996）
导柱或导套的固定孔	导柱或导套安装孔的轴线与套板分型面的垂直度		t 为 5～6 级精度
套板安装型芯和镶块的孔	套板上型芯固定孔的轴线与其他各板上孔的公共轴线的同轴度		圆型芯孔 t 为 6 级精度 非圆型芯孔 t 为 7～8 级精度

	有关要素的形位要求	简　图	选用精度(GB 1184—1996)
套板	套板上镶块圆孔的轴线与分型面的端面圆跳动(以镶块孔外缘为测量基准)		t 为 6～7 级精度
	套板上镶块孔的表面与其分型面的垂直度		t 为 7～8 级精度
	套板上镶块圆孔的轴线与分型面的端面圆跳动(以镶块孔外缘为测量基准)		t_1、t_2 为 6～7 级精度
	套板上镶块孔的表面与其分型面的垂直度		t_1、t_2 为 7～8 级精度
镶块	镶块上型芯固定孔的轴线对其分型面的垂直度		t 为 7～8 级精度
	镶块相邻两侧面的垂直度		t_1 为 6～7 级精度
	镶块相对两侧面的平行度		t_2 为 5 级精度
	镶块分型面对其侧面的垂直度		t_3 为 6～7 级精度
	镶块分型面对其底面的平行度		t_4 为 5 级精度

有关要素的形位要求	简　图	选用精度(GB 1184—1996)
镶块　圆形镶块的轴心线对其端面的圆跳动		t 为 6～7 级精度
圆形镶块各成型台阶表面对安装表面的同轴度		t 为 5～6 级精度

（2）零件的表面粗糙度

压铸模零件表面粗糙度直接影响压铸件表面质量、模具机构的正常工作和使用寿命。成型零件的表面粗糙度以及加工后遗留的加工痕迹及方向，直接影响到铸件表面质量、脱模难易，甚至是导致成型零件表面产生裂纹的根源。表面粗糙度也是产生金属黏附的原因之一。因此，压铸模具型腔、型芯的零件表面粗糙度应在 $Ra0.40\sim0.10\mu m$，其抛光的方向应与铸件脱模方向一致，不允许存有凹陷、沟槽、划伤等缺陷。导滑部位（如推杆与推杆孔、导柱与导套孔、滑块与滑块槽等）的表面质量差，往往会使零件过早磨损或产生咬合。

各种结构件工作部位推荐的表面粗糙度，可参照表 13-14 选用。

表 13-14　各种结构件工作部位推荐的表面粗糙度

分　类		工　作　部　位	表面粗糙度 $Ra/\mu m$						
			6.3	3.2	1.6	0.80	0.40	0.20	0.10
成型表面		型腔和型芯					○	○	○
受金属液冲刷的表面		内浇口附近的型腔、型芯、内浇口及溢流槽流入口						○	○
浇注系统表面		直浇道、横浇道、溢流槽					○	○	
安装面		动模和定模座板,垫块与压铸机的安装面				○			
受压力较大的摩擦表面		分型面、滑块楔紧面					○	○	
导向部位表面	轴	导柱、导套和斜销的导滑面						○	
	孔						○		
与金属液不接触的滑动表面	轴	复位杆与孔的配合面,滑块、斜滑块					○		
	孔	传动机构的滑动表面;导柱和导套			○				
与金属液接触的滑动件表面	轴	推杆与孔的表面、卸料板镶块及型					△		
	孔	芯滑动面滑块的密封面等			△				
固定配合表面	轴	导柱、导套、斜销、弯销、楔紧块和					○		
	孔	模套;型芯和镶块等固定部位				○			
组合镶块拼合面		成型镶块的拼合面精度要求较高的固定组合面					○		
加工基准面		划线的基准面、加工和测量基准面				○			
受压紧力的台阶表面		型芯、镶块的台阶表面				○			
不受压紧力的台阶表面		导柱、导套、推杆和复位杆台阶表面		○		○			
排气槽表面		排气槽				○	○		
非配合表面		其他	○	○					

注：○、△均表示适用的表面粗糙度，其中△表示还适用于异形零件。

第14章　常见压铸模设计实例

14.1　壳体类压铸模设计实例

壳体压铸模(一)

铸件图	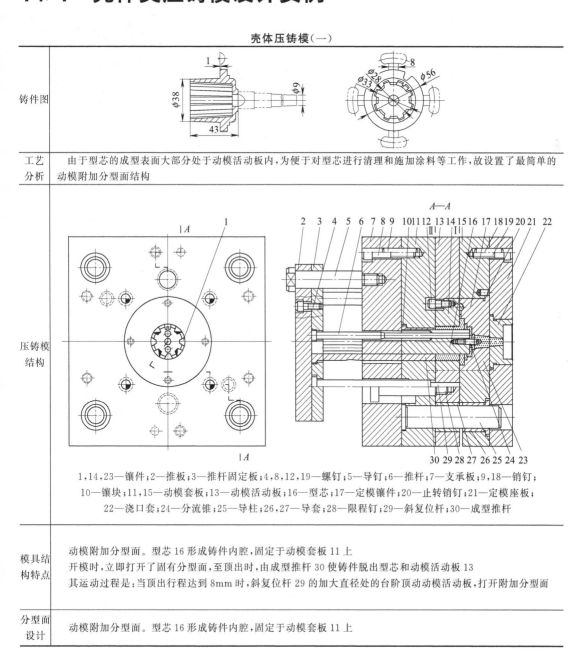
工艺分析	由于型芯的成型表面大部分处于动模活动板内,为便于对型芯进行清理和施加涂料等工作,故设置了最简单的动模附加分型面结构
压铸模结构	
模具结构特点	动模附加分型面。型芯16形成铸件内腔,固定于动模套板11上 开模时,立即打开了固有分型面,至顶出时,由成型推杆30使铸件脱出型芯和动模活动板13 其运动过程是:当顶出行程达到8mm时,斜复位杆29的加大直径处的台阶顶动动模活动板,打开附加分型面
分型面设计	动模附加分型面。型芯16形成铸件内腔,固定于动模套板11上

1,14,23—镶件;2—推板;3—推杆固定板;4,8,12,19—螺钉;5—导钉;6—推杆;7—支承板;9,18—销钉;
10—镶块;11,15—动模套板;13—动模活动板;16—型芯;17—定模镶件;20—止转销钉;21—定模座板;
22—浇口套;24—分流锥;25—导柱;26,27—导套;28—限程钉;29—斜复位杆;30—成型推杆

压铸机选择	铸件所选用材料为铝合金,所以初步采用卧式冷室压铸机。根据计算求得销模力约为832kN,所以选J1113E型号的卧式冷室压铸机
浇注系统设计	圆弧形状的横浇道可以减少金属液的流动阻力,但截面积应逐渐减小,防止涡流裹气。圆弧形横浇道出口处的截面积应比进口处减小10%～30%
工艺参数	动模附加分型面。型芯16形成铸件内腔,固定于动模套板11上 开模时,立即打开了固有分型面,至顶出时,由成型推杆30使铸件脱出型芯和动模活动板13。由于型芯的成型表面大部分处于动模活动板内,为方便于对型芯进行清理和施加涂料的工作,故设置了最简单的动模附加分型面结构。其运动过程是:当顶出行程达到8mm时,斜复位杆29的加大直径处的台阶顶动动模活动板,打开附加分型面

壳体压铸模(二)

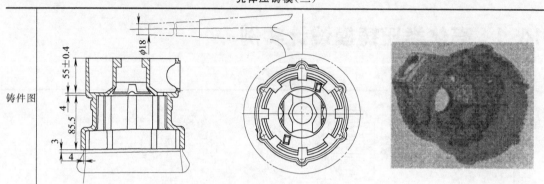

铸件图	

工艺分析	材料为铝合金,铝合金进行熔炼时,在保证合金液化学成分的前提下,还要进行必要的除气精炼,不允许有欠铸、裂纹、气泡、气孔等

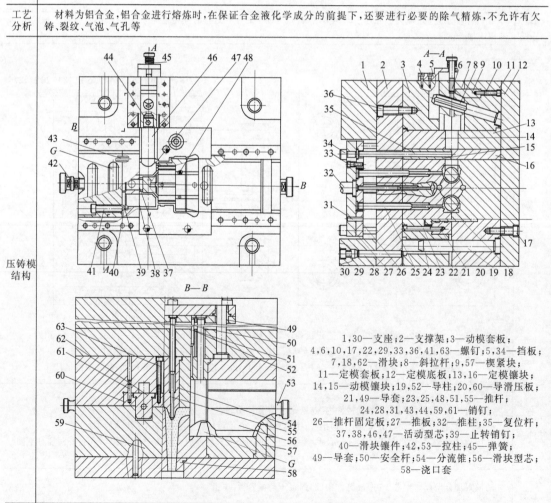

压铸模结构

1,30—支座;2—支撑架;3—动模套板;
4,6,10,17,22,29,33,36,41,63—螺钉;5,34—挡板;
7,18,62—滑块;8—斜拉杆;9,57—楔紧块;
11—定模套板;12—定模底板;13,16—定模镶块;
14,15—动模镶块;19,52—导柱;20,60—导滑压板;
21,49—导套;23,25,48,51,55—推杆;
24,28,31,43,44,59,61—销钉;
26—推杆固定板;27—推板;32—推柱;35—复位杆;
37,38,46,47—活动型芯;39—止转销钉;
40—滑块镶件;42,53—拉柱;45—弹簧;
49—导套;50—安全杆;54—分流锥;56—滑块型芯;
58—浇口套

模具结 构特点	大抽拔力的液压抽芯;滑块设有安全空窝。滑块型芯 56 形成铸件大孔,由于铸件该部位壁厚且带有厚实凸筋, 故对滑块型芯的包紧力很大,设置了大抽拔力的专用液压抽芯器。铸件由手动顶出。为避免操作次序错误而造 成模具的损坏,故另附有安全杆 50 和安全空窝 G。当开模后未抽芯之前,手动顶出机构则因安全杆受阻而无法顶 出。合模前,顶出元件尚未复位时,安全杆又起阻碍活动型芯复位的作用。滑块上的安全空窝 G 与起楔紧作用 的斜面的距离实为抽拔距离,故当活动型芯尚未复位而先做合模时,楔紧块恰好插和安全窝内,不致损坏模具
分型面 设计	阶梯型分型面,分型面不在同一平面上,由几个阶梯组成
压铸机 选择	选用 J1125G 型卧式冷室压铸机,合型力为 2500kN,压室直径为 $\phi60mm$
浇注系 统设计	浇口为环形浇口

壳体压铸模(三)

铸件图	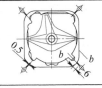 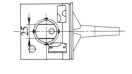
工艺 分析	铸件为铝合金件,铸造性能良好,本身尺寸较小,作为壳体结构较为复杂,有很多铸出孔,且壁厚不均匀,对加工 模具要求较高
压铸模 结构	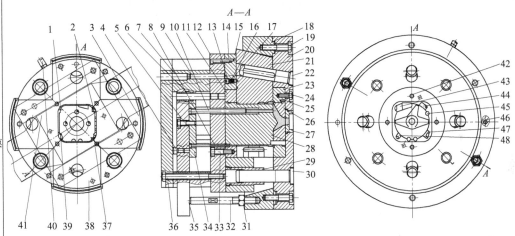 1,37,39,42—成型推杆;2,21,38,41—滑块;3—挡钉;4,19,24,33—螺钉;5—动模座板;6,29—导套;7—垫块; 9,14,46—销钉;8,10—推杆;11—支承板;12—动模镶件;13—螺堵;15—动模套板;16—弹簧;17—限位销; 18—楔紧块;20—定模模板;22—斜拉杆;23—定模镶件;25—止转销钉;26,43,44,47,48—镶件;27—浇口套; 28—动模型芯;30—导柱;31—螺母;32—复位杆;34—推杆固定板;35—推板;36—螺栓;40—吊钩;45—型芯
模具结 构特点	四面斜拉杆轴芯,定模整体锥面楔紧,由于充填时深腔四侧对滑块的反压力很大,采用环锥面的楔紧块 18,对各 滑块进行可靠楔紧
分型面 设计	分型面设计在较大平面上,结构简单,动、定模型腔错位对铸件影响较小
压铸机 选择	铸件所选用材料为铝合金,所以初步采用卧式冷室压铸机。根据计算求得锁模力约为 832kN,所以选 J1113E 型号的卧式冷室压铸机
浇注系 统设计	浇注系统位于壳体正上方,圆弧形状的横浇道可以减少金属液的流动阻力,但截面积应逐渐减小,防止涡流裹 气。圆弧形横浇道出口处的截面积应比进口处减小 10%~30%
工艺 参数	四个滑块组成铸件四侧形状。在各滑块结合面上开设溢流槽,能有效地改善铸件的成型条件

汽车空调机外壳压铸模

铸件图	
工艺分析	材料为铝合金,重约 0.9kg,属于中等复杂程度的铸件。此压铸件除具有普通技术要求以外,还有特殊要求:在 A 区内要求不允许存在超过 $\phi 0.5mm$ 气孔;B 区不允许存在气孔;其他部位允许存在 $\phi 1mm$ 以下气孔。对于此部位来说,从铸件结构上看为铸件的厚壁部位,铸件平均壁厚为 6mm,而此外厚度在 15mm 左右,壁厚的差异本来已使此区域容易产生气孔,而在工艺中它又是充填末端,铸件内部质量很难控制,而此处零件因性能要求又对气孔提出特殊要求。考虑到仅靠日后工艺的调整很难达到要求,决定从模具结构上解决这个问题,故在模具上采用局部增压机构
压铸模结构	 1—定模套板;2—定模镶块;3—浇口套;4—浇口堵;5—动模镶块;6—动模套板;7—推杆固定板;8—推板;9—垫板;10—连接瓦;11—连接头;12—局部增压型芯;13—垫块;14—型芯导套;15—导套;16—导柱
模具结构特点	模具有动模后部加一局部增压型芯。此型芯通过相应的连接头,与机床的液压系统连接,利用液压系统的压力,在压射动作以后、开模动作以前对铸件进行加压
分型面设计	该产品形状复杂,且表面有孔,采用阶梯分型,用小、中型芯铸造出孔,同时充当推出机构,中间的主体形状动模左右型芯铸出,两边形状辅以镶块,形成型腔
压铸机选择	经计算,该铸件总投影面积后查得压射比压为 60MPa,查国产卧式冷室压铸机主要参数表可得到本设计所需的压铸机。选用 J1113E 型压铸机
浇注系统设计	根据该件形状特点以及分型面特点,采用扁平侧浇口。侧浇口适应性强,可布置在铸件外侧面,去除浇口较方便。由于金属液直接冲击力大,所以采用浇道镶块来解决此问题,镶块方便更换,而且在大批量生产中便于维修,更换的镶块可保证铸件表面精度
工艺参数	局部增压型芯 12 通过连接瓦 10 与连接头 11 相连,连接头 11 与连接在垫板 9 上的液压缸连接,液压缸与机床液压系统相连。在压射动作之后、开模动作以前,利用机床的液压系统压力,在铸件未完全凝固时对铸件进行加压。具体动作顺序为:合模→压射→增压→开模→顶出→减压→推板回位→喷涂→合模。由于是在铸件未完全凝固时对铸件相应部位进行加压,从而使合金液在未完全凝固时,又进一步压实,使 A、B 区充填更加紧密,提高了铸件在此处的致密性,减少了气孔的大小及数量,保证了铸件内部质量要求,从而满足产品的性能要求

铸件图	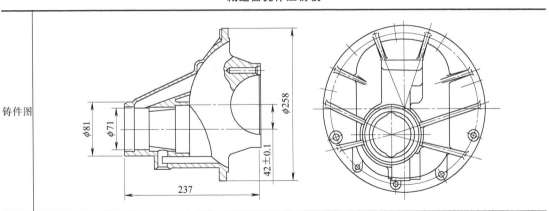
工艺 分析	该零件难以采用机械加工方法制造,适于采用压铸工艺成型。压铸成型的零件除去浇道后,无需任何加工即可使用
压铸模 结构	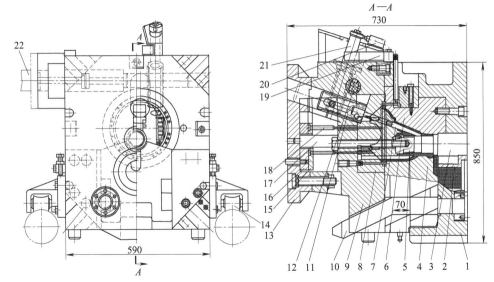 1—定模座板;2—浇口套;3—定模型芯;4—滑块;5,6—动模镶块;7—型芯;8—动模拼块;9—动模板;10—弯镗;11,12—齿条;13—动模座板;14—滚轮;15—顶杆固定板;16—顶杆压板;17—顶板导柱;18—顶杆;19—防转压条;20—行程开关;21—齿轮;22—5t抽芯器
模具结构 结构特点	动、定模镶块嵌入各自的套板中。模具导向机构除了导柱导向外,还设置了4个锥形定位块。铸件由推杆推出。推板上安装了4根推板导柱导向
分型面 设计	采用铝合金压铸时,分型面为A—A。一般将模具定模镶块和动模镶块设计成双分型面,外部尺寸由定模、动模镶块和滑块型芯形成,内部尺寸由动模型芯形成,外侧尺寸由滑块型芯形成
压铸机 选择	由于铸件平均壁厚为6mm,且结构复杂,型腔深度较大,故选用压射比压为60MPa、锁模力为4000kN,压射力为200kN的国产J1140型卧式冷室压铸机
浇注系 统设计	由于铸件轮廓复杂,型腔较深,且型芯多,故采用缝隙浇口。以左右型芯的结合处开设宽为4.28mm,长为2.5mm的缝隙内浇口,使金属液沿环形填充。既避免了正面冲击型芯,又不至于因型腔成型过深造成铸件致密度不均,影响质量
工艺 参数	铝合金熔炼时,在保证合金液的化学成分的前提下,还要进行必要的除气精炼。除气精炼是在720~740℃温度范围内进行的,采用无毒精炼剂。精炼时间不少于10min,然后静止扒渣

方盘壳体压铸模

铸件图	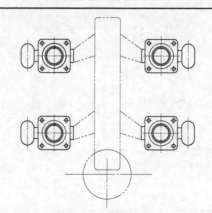
工艺分析	该铸件结构简单,采用推管推出,平直分型,由于铸件体积较小,所以为一模四件,铸件品质要求较高,不允许有欠铸、裂纹、气孔及缩孔的存在,铸件为大批量生产,材料为 ZL102
压铸模结构	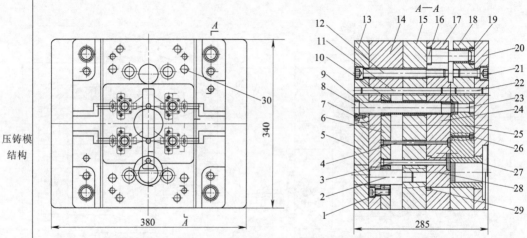 1,7,12,21—内六角圆柱头螺钉;2—推板导柱;3—推杆 1;4—推杆 2;5—推板;6—推杆固定板;8—方键; 9—动模芯;10—推管;11,22,29—圆柱销 B 型;13—动模座板;14—模脚;15—支承板;16—带肩导柱; 17—动模套板;18—定模套板;19—带肩导套;20—定模座板;23—定模芯 1;24—动模镶块;25—定模镶块; 26—定模芯 2;27—浇口套;28—导流块;30—复位杆
模具结构特点	本压铸模的最大外形尺寸为 380mm×285mm×340mm 浇排系统试压后修正,技术条件按 GB/T 8844—2017
分型面设计	采用平直分型,铸件的型腔分成两部分布置在动、定模镶块中,明显可以看出动型的抱紧力大于定型的抱紧力,选用侧浇口,适应性强,且易于分型,容易推出铸件。开模较顺利,可以保证开模后铸件留在动模上
压铸机选择	铸件所选用材料为铝合金,所以初步采用卧式冷室压铸机,选用 J116E 型压铸机
浇注系统设计	生产时为一模四件,铸件的浇注系统采用侧浇口,适应性比较强,根据铸件的结构特点,设计在铸件外侧面,并且去除浇口比较方便
工艺参数	①各模板的边缘应倒角 2×45°,安装面应光滑平整,不应该有突出的螺钉头、销钉,或出现毛刺和击伤等痕迹 ②模具上方应有钢印打上的模具编号和产品零件图号,并在动、定模上分别设有螺钉孔,以备旋入吊装用的环头螺钉 ③模具安装部位的尺寸应符合所选用的压铸机规格,所选用的压铸机为 J1113E 型,压室安装孔径和深度必须严格检查 ④分型面上除导套孔、斜销孔外,所有模具制造过程中的工艺孔、螺钉孔都应阻塞,并且与分型面平齐

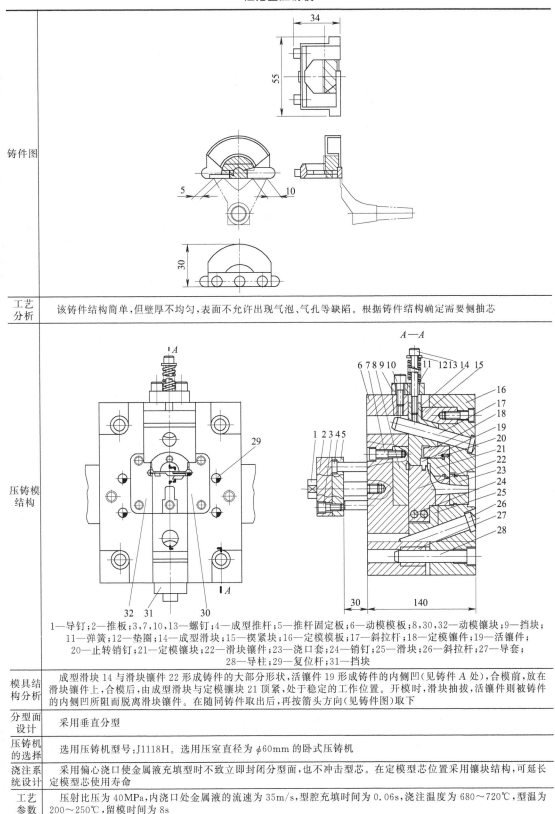

阻尼盒压铸模

铸件图	
工艺分析	该铸件结构简单,但壁厚不均匀,表面不允许出现气泡、气扎等缺陷。根据铸件结构确定需要侧抽芯
压铸模结构	
模具结构分析	成型滑块14与滑块镶件22形成铸件的大部分形状,活镶件19形成铸件的内侧凹(见铸件 A 处),合模前,放在滑块镶件上,合模后,由成型滑块与定模镶块21顶紧,处于稳定的工作位置。开模时,滑块抽拔,活镶件则被铸件的内侧凹所阻而脱离滑块镶件。在随同铸件取出后,再按箭头方向(见铸件图)取下
分型面设计	采用垂直分型
压铸机的选择	选用压铸机型号:J1118H。选用压室直径为 φ60mm 的卧式压铸机
浇注系统设计	采用偏心浇口使金属液充填型时不致立即封闭分型面,也不冲击型芯。在定模型芯位置采用镶块结构,可延长定模型芯使用寿命
工艺参数	压射比压为 40MPa,内浇口处金属液的流速为 35m/s,型腔充填时间为 0.06s,浇注温度为 680~720℃,型温为 200~250℃,留模时间为 8s

1—导钉;2—推板;3,7,10,13—螺钉;4—成型推杆;5—推杆固定板;6—动模模板;8,30,32—动模镶块;9—挡块;
11—弹簧;12—垫圈;14—成型滑块;15—楔紧块;16—定模模板;17—斜拉杆;18—定模镶件;19—活镶件;
20—止转销钉;21—定模镶块;22—滑块镶件;23—浇口套;24—销钉;25—滑块;26—斜拉杆;27—导套;
28—导柱;29—复位杆;31—挡块

下壳体压铸模

<table>
<tr>
<td>铸件图</td>
<td rowspan="1">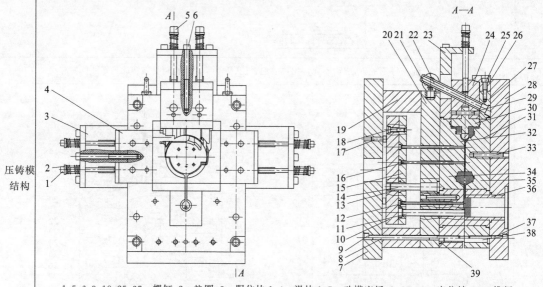</td>
</tr>
<tr>
<td>工艺
分析</td>
<td>该压铸件结构较复杂,采用推杆推出。结构零件表面光洁度直接影响铸件的表面质量、机构的正常工作和模具的使用寿命等。因此对型腔、型芯表面、导滑部位的光洁度要求较高</td>
</tr>
<tr>
<td>压铸模
结构</td>
<td>

1,5,6,9,18,25,37—螺钉;2—垫圈;3—限位块1;4—滑块1;7—动模座板;8,29,33—定位销;10—推板;
11—复位杆;12,16—推杆;13—推板导套;14—推板导柱;15—推杆固定板;17—限位钉;19—垫块;
20—支承板;21—吊环M10;22—斜销;23—限位块2;24—滑块2;26—楔紧块;27—定模套板;
28—定模座板;30—侧抽镶块1;31—定模镶块1;32—动模镶块1;34—动模镶块2;35—定模镶块2;
36—浇口套;38—导柱;39—导套
</td>
</tr>
<tr>
<td>模具结
构特点</td>
<td>推杆、复位杆应分别与型面齐平,推杆允许根据产品要求,凹进或凸出型面,但不大于0.1mm,复位杆允许低于型面,但不大于0.05mm</td>
</tr>
<tr>
<td>分型面
设计</td>
<td>利用三面侧抽芯使铸件凝固时留在动型镶块上,而铸件的外形与定模镶块呈脱离倾向。开型时铸件留在动型上</td>
</tr>
<tr>
<td>压铸机
的选择</td>
<td>选用压铸机型号:J1118H,压室直径为ϕ50mm</td>
</tr>
<tr>
<td>浇注系
统设计</td>
<td>金属液从铸件后壁处充填,浇口的设置要使进入型腔的金属液先流向远离浇口的部位,且便于切除的位置;使金属液的流程尽可能地短,不宜在表面粗糙度要求高处设置内浇口,故浇口位置选在铸件的顶部。直浇道由压铸机上的压室和压铸模上的浇口套组成,且与铸件相连,浇口需要浇口套做外衬</td>
</tr>
<tr>
<td>工艺
参数</td>
<td>铝合金铸件壁厚大于3mm时,结构较复杂铸件的压射比压范围为60~80MPa。此工艺压射比压为65MPa,充型速度为50m/s,型腔充型时间0.06s,浇注温度为590~650℃</td>
</tr>
</table>

壳座压铸模

<table>
<tr>
<td>铸件图</td>
<td>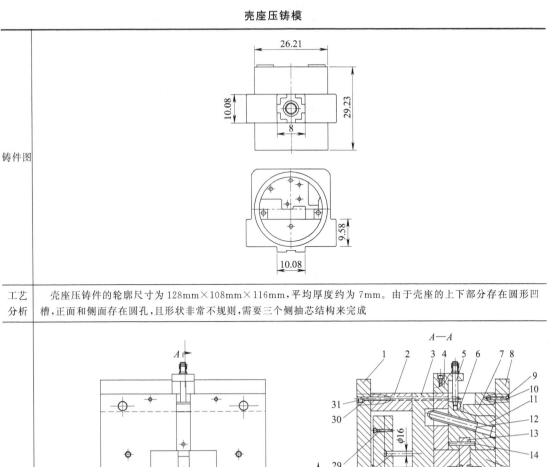</td>
</tr>
<tr>
<td>工艺
分析</td>
<td>　　壳座压铸件的轮廓尺寸为 128mm×108mm×116mm,平均厚度约为 7mm。由于壳座的上下部存在圆形凹槽,正面和侧面存在圆孔,且形状非常不规则,需要三个侧抽芯结构来完成</td>
</tr>
<tr>
<td>压铸模
结构</td>
<td>

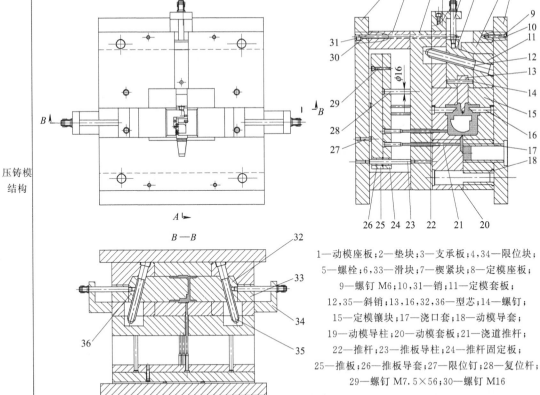

1—动模座板;2—垫块;3—支承板;4,34—限位块;
5—螺栓;6,33—滑块;7—楔紧块;8—定模座板;
9—螺钉 M6;10,31—销;11—定模套板;
12,35—斜销;13,16,32,36—型芯;14—螺钉;
15—定模镶块;17—浇口套;18—动模导套;
19—动模导柱;20—动模套板;21—浇道推杆;
22—推杆;23—推板导柱;24—推杆固定板;
25—推板;26—推板导套;27—限位钉;28—复位杆;
29—螺钉 M7.5×56;30—螺钉 M16

</td>
</tr>
<tr>
<td>模具结
构特点</td>
<td>　　一模一件,侧向抽芯,为保证压铸件质量,考虑到压铸件结构,利用推杆推出铸件,推杆在推杆固定板中应能灵活传动,其轴向间隙不大于 0.01mm。所有导滑机构应导滑灵活,运动平稳,配合间隙适当</td>
</tr>
<tr>
<td>分型面
设计</td>
<td>　　推杆推出,阶梯分型,采用一次分型,需要三个侧抽芯机构,开型时,由于铸件上部有空腔结构,在开模过程中有足够大的包紧力,能保证铸件留在动模上</td>
</tr>
</table>

发动机壳体压铸模

铸件图	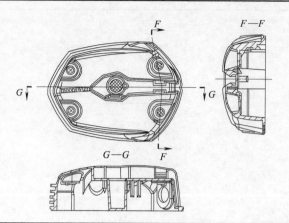
工艺分析	摩托车发动机壳体是摩托车上的一个重要部件,由 AZ91D 镁合金加工成型,该材料具有质量轻、散热快及防震等许多特性。其外形最大尺寸为 245mm×170mm×85mm,局部壁厚为 2.1mm,平均壁厚 3mm。该零件形状复杂,深腔为 238mm,且外侧壁及型腔内部具有众多厚度为 2.7mm 的加强肋和散热片。该零件要求有较高的力学性能和较低的内部气孔率,且要经过盐雾测试(>120h)及气密性测试(<20kg/cm^2)。零件表面要求无冷隔、花纹、气泡、裂纹等缺陷,凸起字体要完整清晰,整个零件成型后,原则上不需要机械加工,不喷砂或滚砂
压铸模结构	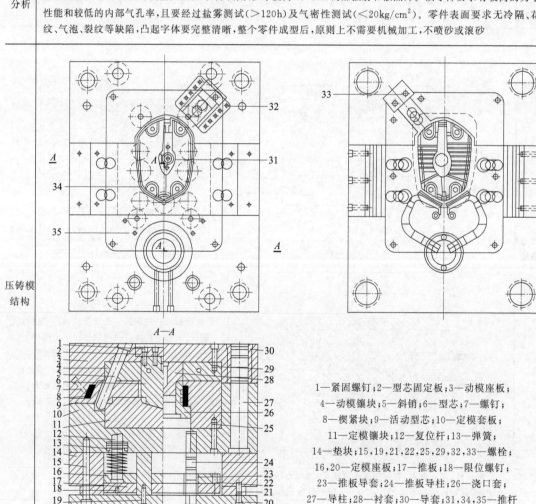

1—紧固螺钉;2—型芯固定板;3—动模座板;4—动模镶块;5—斜销;6—型芯;7—螺钉;8—楔紧块;9—活动型芯;10—定模套板;11—定模镶块;12—复位杆;13—弹簧;14—垫块;15,19,21,22,25,29,32,33—螺栓;16,20—定模座板;17—推板;18—限位螺钉;23—推板导套;24—推板导柱;26—浇口套;27—导柱;28—衬套;30—导套;31,34,35—推杆 |

分型面设计	该铸件结构比较复杂,为了便于从模具中取出铸件,本次设计采用曲面分型,铸件由推杆推出
浇注系统设计	考虑到铸件的质量精度,用侧浇口切线浇注,会使金属平稳流动,有利于铸件成型
工艺参数	即模具预热温度230℃、浇注温度650℃和压射速度1.0m/s。压室直径为50mm,压射比压为50MPa
压铸机选择	选用了J1128G,2800kN卧式冷室压铸机,选压室直径为50mm,压射比压为50MPa
模具结构分析	本模具采用斜销抽芯机构,主要由构成产品侧肋的成型元件活动型芯,安装在动模座板内与分型面成67.5°倾角的传动元件斜销,防止生产时运动元件产生位移的锁紧元件楔紧块等组成 在设计推杆分布时,为使产品各部位的受推压力均衡,不仅在产品本身设置推杆,而且在浇流道、集渣包部位也设有推杆。产品本身所涉及的推杆34直径略大一些,为$\phi7mm$,因为其受力大,且兼排气作用。推杆端部采取斜钩形,有助于产品脱离固定型芯
压铸机选择	该铸件材料为铝合金,计算其主胀型力为1393.4kN,锁模力≥1672.1kN,故选取型号为J0320G型卧式冷室压铸机,其锁模力为2000kN。压室直径选定$\phi100mm$
浇注系统设计	由于铸件结构很复杂,综合考虑抽芯方便,冷料的大小好分布,对模具的损害程度及实际生产中操作的方便,决定采用双点浇口浇注系统
工艺参数	合金压铸温度,压铸模温度,压射比压为40MPa,锁模力为2000kN,压室直径为$\phi100mm$

主壳体压铸模

铸件图	
工艺分析	材料为铝合金,重约1.1kg,属于中等复杂程度的铸件。考虑到仅靠日后工艺的调整很难达到要求,经过研究和查阅大量资料,决定在模具上采用局部增压机构

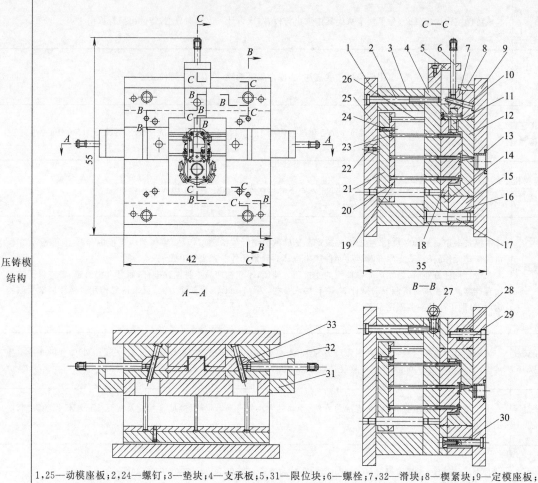

1,25—动模座板；2,24—螺钉；3—垫块；4—支承板；5,31—限位块；6—螺栓；7,32—滑块；8—楔紧块；9—定模座板；10,33—斜销；11—型芯；12—定模镶块；13—浇口套；14—动模套板；15—定模套板；16—导套；17—动模导柱；18—动模镶块；19—推板导柱；20—推杆固定板；21—推板；22—限位钉；23—推杆；26—复位杆；27—吊环；28—弹簧；29—弹簧支承板；30—定距拉杆

压铸模 结构	
模具结构特点	模具在动模后部加一局部增压型芯。此型芯通过相应的连接头，与机床的液压系统连接，利用液压系统的压力，在压射动作以后，开模动作以前对铸件进行压铸
分型面设计	采用铝合金压铸时，分型面为 $A—A$。将箱体零件的外形大部分放在定模中，使铸件的包紧力都集中在动模型芯上。这样模具开模时，滑块随动定模同时打开，铸件留在动模内，有利于推出，并且铸件表面无毛刺，外观非常漂亮
压铸机选择	J1125 型压铸机锁模力为 2500kN，大于所计算的锁模力。取压室直径为 50mm，压射力为 180kN，则对应的压射比压为 92MPa。经校核得出实际所需锁模力为 2296kN，而 J1125 型压铸机的锁模力为 2500kN，故符合要求
浇注系统设计	浇口为侧浇口，浇注系统由横浇道、溢流槽和内浇道组成，横浇道又分为主横浇道和过渡横浇道。开设在溢流槽后面的排气槽宽 7mm，开设在铸件上的排气槽宽 13mm，深度为 0.1mm
工艺参数	根据压射比压推荐值表，耐气密性件的压射比压设置范围为 80～120MPa，此工艺压射比压为 92MPa。内浇道处金属液的流速为 35m/s，型腔的填充时间为 0.05s，浇注温度在 670～720℃。采用上述工艺后，铸件品质明显提高，废品率大大降低

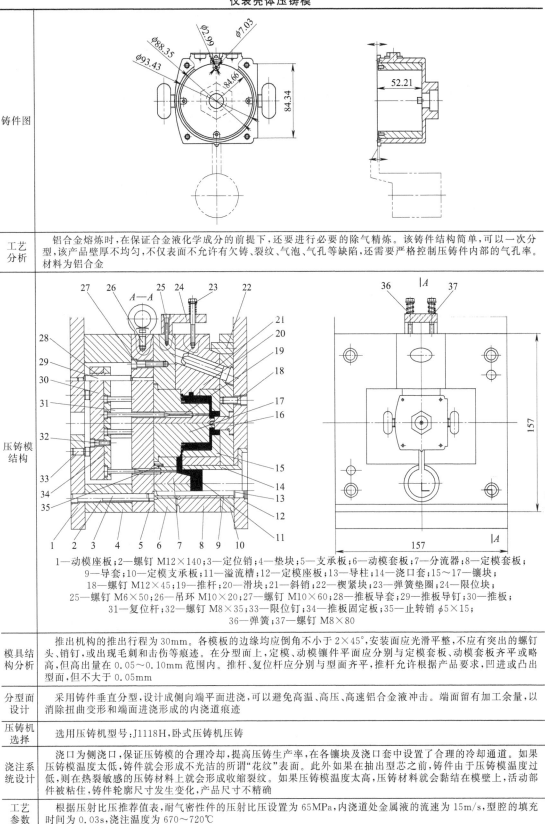

铸件图	
工艺 分析	铝合金熔炼时,在保证合金液化学成分的前提下,还要进行必要的除气精炼。该铸件结构简单,可以一次分型,该产品壁厚不均匀,不仅表面不允许有欠铸、裂纹、气泡、气孔等缺陷,还需要严格控制压铸件内部的气孔率。材料为铝合金
压铸模 结构	1—动模座板;2—螺钉M12×140;3—定位销;4—垫块;5—支承板;6—动模套板;7—分流器;8—定模套板; 9—导套;10—定模支承板;11—溢流槽;12—定模座板;13—导柱;14—浇口套;15~17—镶块; 18—螺钉M12×45;19—推杆;20—滑块;21—斜销;22—楔紧块;23—弹簧垫圈;24—限位块; 25—螺钉M6×50;26—吊环M10×20;27—螺钉M10×60;28—推板导套;29—推板导钉;30—推板; 31—复位杆;32—螺钉M8×35;33—限位钉;34—推板固定板;35—止转销ϕ5×15; 36—弹簧;37—螺钉M8×80
模具结构分析	推出机构的推出行程为30mm。各模板的边缘均应倒角不小于2×45°,安装面应光滑平整,不应有突出的螺钉头、销钉,或出现毛刺和击伤等痕迹。在分型面上,定模、动模镶件平面应分别与定模套板、动模套板齐平或略高,但高出量在0.05~0.10mm范围内。推杆、复位杆应分别与型面齐平,推杆允许根据产品要求,凹进或凸出型面,但不大于0.05mm
分型面 设计	采用铸件垂直分型,设计成侧向端平面进浇,可以避免高温、高压、高速铝合金液冲击。端面留有加工余量,以消除扭曲变形和端面进浇形成的内浇道痕迹
压铸机 选择	选用压铸机型号:J1118H,卧式压铸机压铸
浇注系 统设计	浇口为侧浇口,保证压铸模的合理冷却,提高压铸生产率,在各镶块及浇口套中设置了合理的冷却通道。如果压铸模温度太低,铸件就会形成不光洁的所谓"花纹"表面。此外如果在抽出型芯之前,铸件由于压铸模温度过低,则在热裂敏感的压铸材料上就会形成收缩裂纹。如果压铸模温度太高,压铸材料就会黏结在模壁上,活动部件被粘住,铸件轮廓尺寸发生变化,产品尺寸不精确
工艺 参数	根据压射比压推荐值表,耐气密性件的压射压设置为65MPa,内浇道处金属液的流速为15m/s,型腔的填充时间为0.03s,浇注温度为670~720℃

铸件图	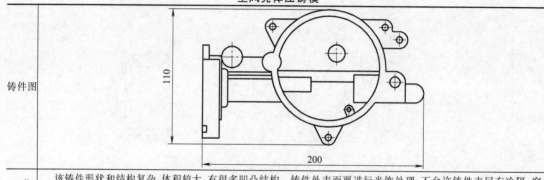
工艺分析	该铸件形状和结构复杂,体积较大,有很多凹凸结构。铸件外表面要进行光饰处理,不允许铸件表层有冷隔、窝气、麻点、龟裂等缺陷。由于铸件的内、外部质量要求高,因而不仅要求压铸模有合理的浇注系数、合理的工艺参数,而且铸件设计中内孔加工面要尽可能取小的加工余量
压铸模结构	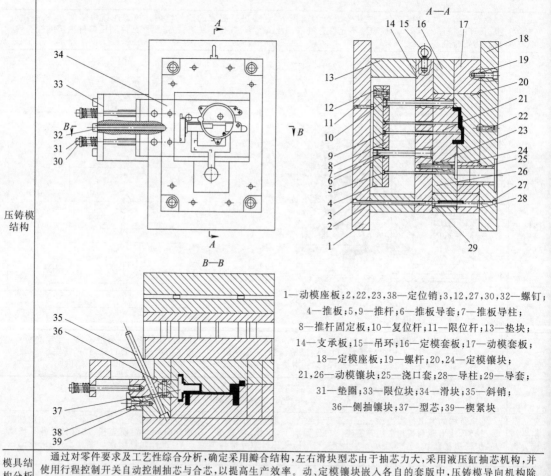 1—动模座板;2,22,23,38—定位销;3,12,27,30,32—螺钉;4—推板;5,9—推杆;6—推板导套;7—推板导柱;8—推杆固定板;10—复位杆;11—限位杆;13—垫块;14—支承板;15—吊环;16—定模套板;17—动模套板;18—定模座板;19—螺杆;20,24—定模镶块;21,26—动模镶块;25—浇口套;28—导柱;29—导套;31—垫圈;33—限位块;34—滑块;35—斜销;36—侧抽镶块;37—型芯;39—楔紧块
模具结构分析	通过对零件要求及工艺性综合分析,确定采用瓣合结构,左右滑块型芯由于抽芯力大,采用液压缸抽芯机构,并使用行程控制开关自动控制抽芯与合芯,以提高生产效率。动、定模镶块嵌入各自的套版中,压铸模导向机构除了导柱导向外,还设置了四个锥形定位块
分型面设计	压铸模采用正置,型腔在动模,型芯在定模,使得型腔和型芯的设计和加工简化。型腔在动模有利于抽芯机构的设置,三处抽芯采用动模滑块抽芯。主型芯在定模有利于推出机构的设置
压铸机选择	选用压铸机型号:J2119H。选用压室直径为 $\phi55mm$ 的立式压铸机压铸
浇注系统设计	由于铸件轮廓复杂,型腔较深且型芯多,故采用缝隙浇口,在左、右型芯的结合处开设内浇口,使金属沿环形填充,既避免了正面冲击型芯,又不至于因成型腔过深造成铸件致密度不均匀,影响质量
工艺参数	合金压铸温度为 650~680℃,压铸模温度为 240~250℃,压射比压为 80MPa,压射速度为 0.9m/s

外壳压铸模

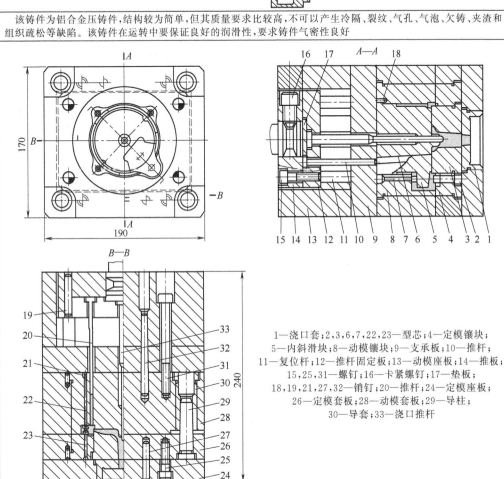

铸件图	
工艺分析	该铸件为铝合金压铸件,结构较为简单,但其质量要求比较高,不可以产生冷隔、裂纹、气孔、气泡、欠铸、夹渣和组织疏松等缺陷。该铸件在运转中要保证良好的润滑性,要求铸件气密性良好
压铸模结构	1—浇口套;2,3,6,7,22,23—型芯;4—定模镶块; 5—内斜滑块;8—动模镶块;9—支承板;10—推杆; 11—复位杆;12—推杆固定板;13—动模座板;14—推板; 15,25,31—螺钉;16—卡紧螺钉;17—垫板; 18,19,21,27,32—销钉;20—推杆;24—定模座板; 26—定模套板;28—动模套板;29—导柱; 30—导套;33—浇口推杆
模具结构特点	可卸斜滑块内侧抽芯。内斜滑块 5 形成铸件的内侧凹,并随同铸件由推杆顶出;此时,已松脱包紧力,由于向内抽芯距离受到限制,故与铸件一同取出后再卸除。合模前,由液压模座将推杆复位后,斜滑块才可装入型芯 6 内。型芯 22、23 各在动、定模上形成铸件方形法兰盘上的三个通孔及六角窝,为保证对拉成型的孔的同心度,型芯 23 插入型芯 22 内
分型面设计	基于该铸件的外形结构较为复杂,且铸件在模具中的成型位置,浇注系统设计,铸件的结构工艺性及精度,嵌件位置形状以及推出方法,模具的制造、排气、操作工艺等多种因素影响分型面的确定,所以该铸件分型面采用水平分型
压铸机选择	选用压铸机型号:J1118H 型压铸机。选用压室直径 $\phi50mm$ 的卧式冷室压铸机压铸
浇注系统设计	选用中心浇口浇注,主浇道设置在定模,内浇道设置在动模,这有利于去除浇口毛刺。内浇口的位置设在浇口薄壁处,这样金属液能流经狭窄的界面,首先填充耳部较厚位置,最后保证深腔处得到完全的填充,获得致密的铸件组织
工艺参数	合金压铸温度为 660～680℃,压铸模温度为 240～280℃,压射比压为 50MPa,压射速度为 0.8m/s

扣盖压铸模

<table>
<tr>
<td>铸件图</td>
<td>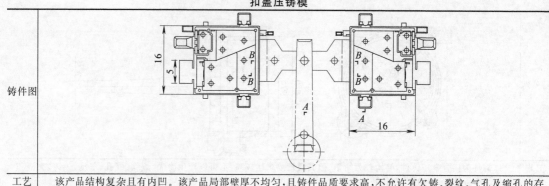</td>
</tr>
<tr>
<td>工艺
分析</td>
<td>该产品结构复杂且有内凹。该产品局部壁厚不均匀,且铸件品质要求高,不允许有欠铸、裂纹、气孔及缩孔的存在。铸件为大批量生产,材料为 ZL104</td>
</tr>
<tr>
<td>压铸模
结构</td>
<td>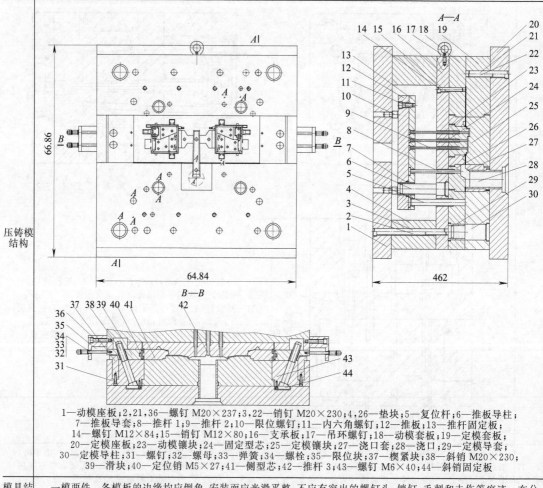</td>
</tr>
<tr>
<td></td>
<td>1—动模座板;2,21,36—螺钉 M20×237;3,22—销钉 M20×230;4,26—垫块;5—复位杆;6—推板导柱;
7—推板导套;8—推杆 1;9—推杆 2;10—限位螺钉;11—内六角螺钉;12—推板;13—推杆固定板;
14—螺钉 M12×84;15—销钉 M12×80;16—支承板;17—吊环螺钉;18—动模套板;19—定模套板;
20—定模座板;23—动模镶块;24—固定型芯;25—定模镶块;27—浇口套;28—浇口;29—定模导套;
30—定模导柱;31—螺钉;32—螺母;33—弹簧;34—螺栓;35—限位块;37—楔紧块;38—斜销 M20×230;
39—滑块;40—定位销 M5×27;41—侧型芯;42—推杆 3;43—螺钉 M6×40;44—斜销固定板</td>
</tr>
<tr>
<td>模具结
构特点</td>
<td>一模两件。各模板的边缘均应倒角,安装面应光滑平整,不应有突出的螺钉头、销钉、毛刺和击伤等痕迹。在分型面上定模、动模镶件平面应分别与定模套板、动模套板齐平或略高,但高出量在 0.05~0.10mm 范围内</td>
</tr>
<tr>
<td>分型面
设计</td>
<td>阶梯分型,推杆推出,推出行程为 30mm</td>
</tr>
<tr>
<td>压铸机
选择</td>
<td>选用压铸机型号:J1118E,压室直径为 φ50mm,压射比压为 40MPa</td>
</tr>
<tr>
<td>浇注系
统设计</td>
<td>直浇道与铸件连接处即为内浇口,其截面积较大,有利于静压力的传递,金属液流程短,分配均匀,充填及排气条件较好,直浇道底部不能设置分流锥,金属液直接冲击模具表面,影响使用寿命,浇口需要切除</td>
</tr>
<tr>
<td>工艺
参数</td>
<td>合金压铸温度为 660~680℃,模具温度为 240~280℃,压射比压为 40MPa,压射速度为 0.7~1.1m/s</td>
</tr>
</table>

铸件图	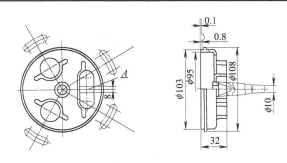
工艺 分析	中心浇口,辅助浇道 *A* 由型芯 4 和辅浇道镶件 5 合成,对填充条件有所改善

压铸模 结构	1,22—螺钉;2—定模套板;3,8,27—销钉;4,7—型芯;5—辅浇道镶件;6—浇口套;9—座板;10,20—导柱; 11,13—定模镶件;12—大型芯;14—动模套板;15—导套;16—支承板;17—垫块;18—挡钉;19—推板; 21—扇形推杆;23—垫板;24—两瓣推管;25—分流锥;26—推杆固定板;28—复位杆;29—螺栓

模具结 构特点	平直分型,扇形推杆顶出。扇形推杆 21 安置于大型芯 12 外缘平均分布,并与其配合。两瓣推管 24 与分流锥 25 配合,分流锥带台固定于大型芯上。中心浇口,辅助浇道 *A* 由型芯 4 和辅浇道镶件 5 合成,对填充条件有所 改善
分型面 设计	平直分型
压铸机 选择	铸件所选用材料为铝合金,所以初步采用卧式冷室压铸机。根据计算求得锁模力约为 832kN,所以选用 J1113E 型号的卧式冷室压铸机
浇注系 统设计	圆弧形状的横浇道可以减少金属液的滚动阻力,但截面积应逐渐减小,防止涡流裹气。圆弧形横浇道出口处的 截面积应比进口处减小 10%～30%
工艺 参数	平直分型,扇形推杆顶出。扇形推杆 21 安置于大型芯 12 外缘平均分布,并与其配合。两瓣推管 24 与分流锥 25 配合,分流锥带台固定于大型芯上。中心浇口,辅助浇道 *A* 由型芯 4 和辅浇道镶件 5 合成,使填充条件有所 改善

铸件图	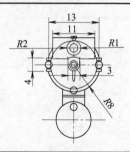
工艺分析	合模,定模板推动斜滑块复位;压铸机压时;开模,通过推杆推动推板,沿固定于动模板上的导销的方向将斜滑块推开,从而抽出型芯
压铸模结构	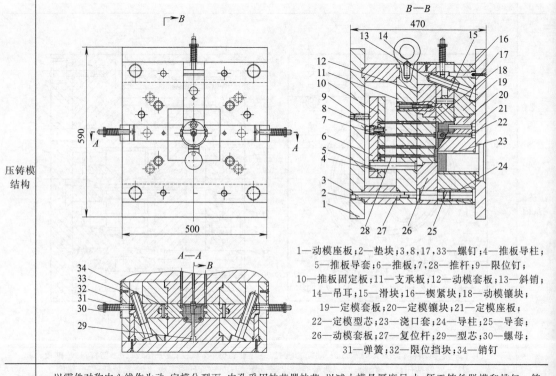 1—动模座板;2—垫块;3,8,17,33—螺钉;4—推板导柱;5—推板导套;6—推板;7,28—推杆;9—限位钉;10—推板固定板;11—支承板;12—动模套板;13—斜销;14—吊耳;15—滑块;16—楔紧块;18—动模镶块;19—定模套板;20—定模镶块;21—定模座板;22—定模型芯;23—浇口套;24—导柱;25—导套;26—动模套板;27—复位杆;29—型芯;30—螺母;31—弹簧;32—限位挡块;34—销钉
模具结构特点	以零件对称中心线作为动、定模分型面,内孔采用抽芯器抽芯,以减小模具厚度尺寸,便于铸件脱模和排气。铸件外圆成型表面由动模镶块和定模镶块成型,内孔由大小型芯成型,抽芯器抽芯。为便于加工制作,并考虑到小孔型芯有可能损坏,内孔型芯采用了组合式结构,上端大孔和下端小孔分别由两个型芯组合成型。为保证合模后型芯定位可靠,在动定模镶块上加工有定位孔,抽芯后小型芯插入定位孔,从而确保型芯定位可靠,并且不会因内浇道金属液的冲击而产生偏移
分型面设计	分型面设计在较大平面上,结构简单,动、定模型腔错位对铸件影响较小
压铸机选择	由于铸件不允许存在缩孔及疏松,且铸件成型高度尺寸较大,为保证充型及内在质量,选用压射比压为60MPa、一模一件、锁模力为1600kN的卧式冷室压铸机生产
浇注系统设计	采用偏心浇道,横浇道和内浇道均设在定模,内浇道从铸件小端壁厚处分型面引入,厚度为2.5mm。采用较厚的横浇道和内浇道,充型时有利于压力传递和对小端壁厚处进行补缩。为避免金属液直接冲击型芯,造成粘模和型芯损坏,分型面内浇道引入位置设有小圆弧,引导金属液按切线方向流入型腔
工艺参数	压射比压值为90MPa,内浇道处金属液的流速35m/s,型腔的充填时间为0.05s,浇注温度为670~720℃,型温为200~250℃。铝合金熔炼时,在保证合金液的化学成分前提下,还要进行必要的除气精炼。除气精炼是在720~740℃温度范围内进行的,采用无毒精炼剂。精炼时间不少于10min,然后静止扒渣

铸件图	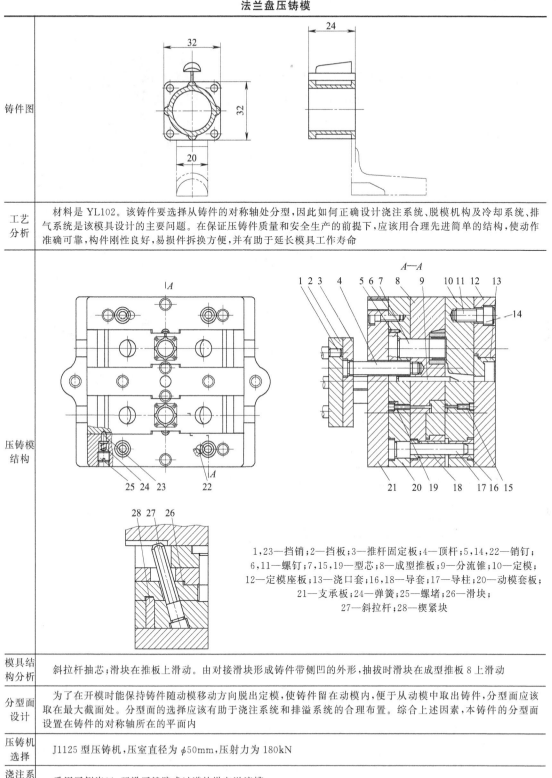

工艺分析	材料是 YL102。该铸件要选择从铸件的对称轴处分型,因此如何正确设计浇注系统、脱模机构及冷却系统、排气系统是该模具设计的主要问题。在保证压铸件质量和安全生产的前提下,应该用合理先进简单的结构,使动作准确可靠,构件刚性良好,易损件拆换方便,并有助于延长模具工作寿命

压铸模结构	1,23—挡销;2—挡板;3—推杆固定板;4—顶杆;5,14,22—销钉; 6,11—螺钉;7,15,19—型芯;8—成型推板;9—分流锥;10—定模; 12—定模座板;13—浇口套;16,18—导套;17—导柱;20—动模套板; 21—支承板;24—弹簧;25—螺堵;26—滑块; 27—斜拉杆;28—楔紧块

模具结构分析	斜拉杆抽芯;滑块在推板上滑动。由对接滑块形成铸件带侧凹的外形,抽拔时滑块在成型推板 8 上滑动

分型面设计	为了在开模时能保持铸件随动模移动方向脱出定模,使铸件留在动模内,便于从动模中取出铸件,分型面应该取在最大截面处。分型面的选择应该有助于浇注系统和排溢系统的合理布置。综合上述因素,本铸件的分型面设置在铸件的对称轴所在的平面内

压铸机选择	J1125 型压铸机,压室直径为 ϕ50mm,压射力为 180kN

浇注系统设计	采用了侧浇口;开设了缝隙式过道的纵向溢流槽

工艺参数	压射比压为 92MPa,内浇道金属液的流速为 35m/s,型腔充填时间为 0.05s,浇注温度为 670~720℃

铸件图	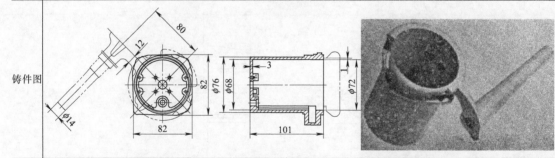
工艺分析	材料为铝合金,进行熔炼时,在保证合金液化学成分的前提下,还要进行必要的除气精炼,不允许有欠铸、裂纹、气泡、气孔等缺陷
压铸模结构	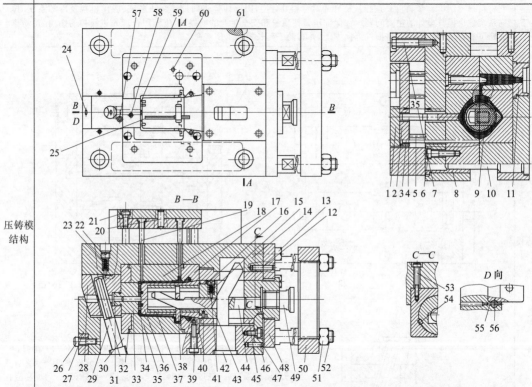

1—接合推板;2—推杆固定板;3—复位杆;4,5,19,60—推杆;6,7,13,21,22,26,38,46,53—螺钉;8—导套;9—分流锥;10—导柱;11—浇口套;12,20,39,45,55,57,58—销钉;14—动模板套;15,23—弹簧;16—螺堵;17,18—动模镶块;24,40—限位销;25,33,35,37,59—型芯;27,47—楔紧块;28,42—滑块;29—斜拉杆;30—定模模板;31,34—定模镶块;32—型芯座;36—型芯内衬套;41—拉杆;43—再次弯拉杆;44—滑块座;48—座板;49—拉杆;50—支座;51—螺母;52—支柱;54—定位销;56—导杆;61—垫块

模具结构特点	大活动型芯内装有弯拉杆抽拔的复合抽芯。型芯35形成铸件的大内孔,其内装有横向的可动型芯37形成铸件的内侧凹,组合成一复合抽芯的机构。其抽拔过程如下:开模时,弯拉杆41抽动再次弯拉杆43,继而抽动横向的型芯37。开模完毕,操纵液压抽芯抽拔型芯35,此时,连同其内部的抽芯机构一起抽出。最后,液压顶出铸件。合模时,按以上顺序逆次复位
分型面设计	采用二次分型,分别为分型面Ⅰ和Ⅱ。开模时,由于有压射冲头向前挤送余料的动作,故先打了了附加分型面Ⅱ。开模至定模套板14为螺母11所阻时,打了了固有分型面Ⅰ,由于活动型芯37、39这时尚未抽出,故强行使铸件与直流口脱出定模,从而与余料断开。继续开模即进行抽芯,以致最后顶出铸件
压铸机选择	本压铸模的最大外形尺寸为230mm×290mm×155mm,压铸机选用J1113A型压铸机,压室直径为ϕ40mm,压射比压为550MPa,合模行程为450mm

盖子压铸模

<table>
<tr>
<td rowspan="2">铸件图</td>
<td>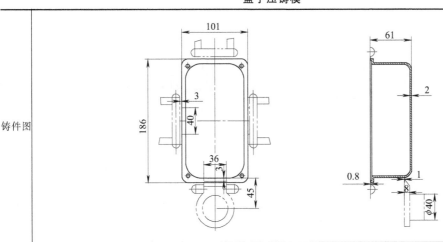</td>
</tr>
</table>

工艺分析	本铸件结构较为简单,为近似于盆状的结构,其表面质量要求较高,表面不允许出现裂纹、气孔等缺陷,其材料为铝合金

压铸模结构	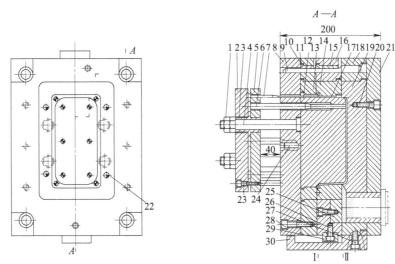 1—螺母;2—推板;3,11,15—导套;4—导杆;5—推杆固定板;6,7—推杆;8—支承板;9—导柱;10—动模套板; 12—大型芯;13—动模镶块;14—定模前镶块;16—定模活动套板;17—型芯;18,21—定模座板;19—定模后镶块; 20,23,26~28—螺钉;22—复位杆;24—销钉;25—浇口镶件;29—限程块;30—钩子

模具结构分析	为取出浇口,采用定模附加分型面结构。其运动过程如下: ① 开模时,在压射冲头推出余料的力的作用下,推动定模活动套板16,打开附加分型面Ⅰ ② 开模动作继续,压射冲头虽然抽回,但由于动模大型芯所受包紧力较大,仍能带着铸件和浇口迫使定模活动套板继续跟随动模移动

分型面设计	本铸件采用垂直分型,定模附加分型面;开模动作切除浇口 附加分型面Ⅰ开有浇口,固有分型面Ⅱ上开有排气系统,具有良好的充填条件

压铸机选择	本铸件材料为铝合金,所以初步选取卧式冷室压铸机,再根据其锁模力选取型号为J1118H的卧式冷室压铸机

浇注系统设计	该铸件为薄壁件,其结构为矩形盆状,结构较为简单,采用顶注式浇注系统,选用四个内浇道,浇注过程更顺畅,避免出现浇不足等现象。开模动作切除浇口

工艺参数	合金压铸温度,压铸模温度,压射比压,压射速度,压室直径等

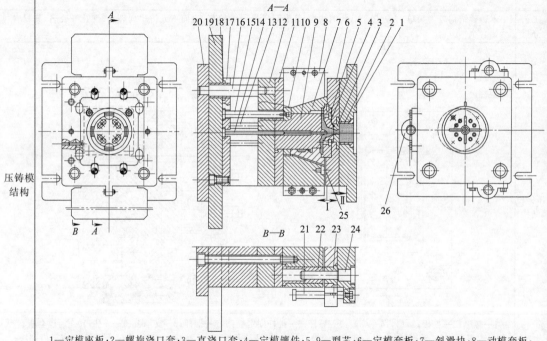

铸件图	
工艺分析	该铸件结构比较简单,但铸件表面质量要求较高,不可以产生裂纹、气孔等缺陷,大批量生产,材料为铝合金
压铸模结构	1—定模座板;2—螺旋浇口套;3—直浇口套;4—定模镶件;5,9—型芯;6—定模套板;7—斜滑块;8—动模套板; 10—顶杆;11—支承板;12—动模托板;13,15—推杆;14—浇口推杆;16—顶板导柱;17—推杆固定板; 18—顶板导套;19—推板;20—动模座板;21—拉杆;22,23—导套;24—导柱;25—挡柱;26—支架
模具结构分析	模具采用卧式压铸机中心浇口,余料扭断,设辅助分型面,斜滑块抽芯,顶板顶杆顶出机构,其动作过程如下: 开模时辅助分型面Ⅱ先开将浇口切断,压射中心以其预定压射力将在螺旋浇口套2内形成的带有三个螺旋翅的余料推出,使其沿着螺旋方向转动,加之螺旋浇口套2和直浇口套3不同心,故在被推出的过程中受扭和剪切作用而断开。余料被冲头完全推出螺旋浇口套2后,即从辅助分型面Ⅱ处自行落下。继续开模,拉杆22拉住定模套板6,使分型面Ⅰ打开,继续开模,顶杆10和顶杆13、14顶出铸件
分型面设计	基于铸件的外形结构,该设计中选取两个分型面,且为垂直分型,以便于从模内取出铸件
压铸机选择	本铸件材料为铝合金,选定压铸机类型为卧式冷室压铸机,型号为J1118H型压铸机
浇注系统设计	该铸件结构近似为空心圆柱形,上表面带有凸起,基于铸件结构,浇注系统选择采用中心浇口,可改善压铸机受力状况,提高压铸模有效面积的利用
工艺参数	合金压铸温度,压铸模温度,压射比压,压射速度,压室直径等

14.2 罩类压铸模设计实例

<table>
<tr><td></td><td colspan="2">油杯压铸模</td></tr>
<tr>
<td>铸件图</td>
<td colspan="2">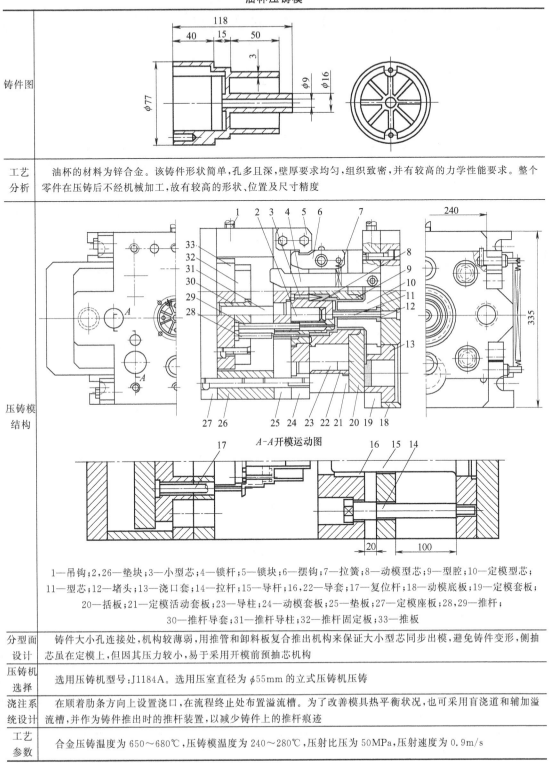</td>
</tr>
<tr>
<td>工艺
分析</td>
<td colspan="2">油杯的材料为锌合金。该铸件形状简单,孔多且深,壁厚要求均匀,组织致密,并有较高的力学性能要求。整个零件在压铸后不经机械加工,故有较高的形状、位置及尺寸精度</td>
</tr>
<tr>
<td>压铸模
结构</td>
<td colspan="2">1—吊钩;2,26—垫块;3—小型芯;4—锁杆;5—锁块;6—摆钩;7—拉簧;8—动模型芯;9—型腔;10—定模型芯;11—型芯;12—堵头;13—浇口套;14—拉杆;15—导杆;16,22—导套;17—复位杆;18—动模底板;19—定模套板;20—括板;21—定模活动套板;23—导柱;24—动模套板;25—垫板;27—定模座板;28,29—推杆;30—推杆导套;31—推杆导柱;32—推杆固定板;33—推板</td>
</tr>
<tr>
<td>分型面
设计</td>
<td colspan="2">铸件大小孔连接处,机构较薄弱,用推管和卸料板复合推出机构来保证大小型芯同步出模,避免铸件变形,侧抽芯虽在定模上,但因其压力较小,易于采用开模前预抽芯机构</td>
</tr>
<tr>
<td>压铸机
选择</td>
<td colspan="2">选用压铸机型号:J1184A。选用压室直径为ϕ55mm的立式压铸机压铸</td>
</tr>
<tr>
<td>浇注系
统设计</td>
<td colspan="2">在顺着肋条方向上设置浇口,在流程终止处布置溢流槽。为了改善模具热平衡状况,也可采用盲浇道和辅加溢流槽,并作为铸件推出时的推杆装置,以减少铸件上的推杆痕迹</td>
</tr>
<tr>
<td>工艺
参数</td>
<td colspan="2">合金压铸温度为650~680℃,压铸模温度为240~280℃,压射比压为50MPa,压射速度为0.9m/s</td>
</tr>
</table>

铸件图	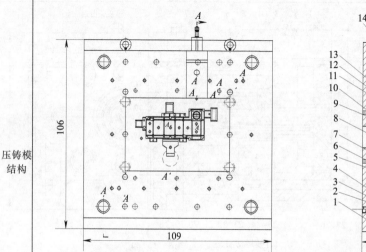
工艺分析	铝合金熔炼时,在保证合金液化学成分的前提下,还要进行必要的除气精炼。该铸件结构简单,可以一次分型,该产品壁厚不均匀,不仅表面不允许有欠铸、裂纹、气泡、气孔等缺陷,还需要严格控制压铸件内部的气孔率,材料为铝合金
压铸模结构	1—动模座板;2—螺钉 M18×216;3—销钉 M20×210;4,24,30—垫块;5—复位杆;6—推板;7—推杆固定板;8—推杆1;9—推杆2;10—限位内螺钉;11—推板导柱;12—推板导套;13—内六角螺钉;14—螺钉 M12×119;15—销钉 M12×116;16—支承板;17—吊环螺钉;18,38—动模套板;19—螺栓;20—限位块;21—螺钉;22—螺母;23—弹簧;25—楔紧块;26—螺钉 M6×39;27,39—定模套板;28—定模座板;29—斜销;31—螺钉 M8×33;32—侧型芯;33—定模镶块;34—型芯;35—浇口套;36—浇口;37—动模镶块;40—定模导柱
模具结构分析	推出机构的推出行程为30mm。各模板的边缘均应倒角不小于 2×45°,安装面应光滑平整,不应有突出的螺钉头、销钉、毛刺和击伤等痕迹。在分型面上,定模、动模镶件平面应分别与定模套板、动模套板齐平或略高,但高出量在 0.05~0.10mm 范围内。推杆、复位杆应分别与型面齐平,推杆允许根据产品要求,凹进或凸出型面,但不大于 0.05mm
分型面设计	采用铸件垂直分型,可以最大限度地减少侧抽芯,设计成侧向端平面进浇,可以避免高温、高压、高速铝合金液冲击。端面留有加工余量,以消除扭曲变形和端面进浇形成的内浇道痕迹
压铸机选择	选用压铸机型号:J1118H。压室直径为 ϕ60mm
浇注系统设计	浇口为侧浇口,浇注系统由横浇道,溢流槽,和内浇道组成,横浇道又分为主横浇道和过渡横浇道
工艺参数	根据压射比压推荐值表,耐气密性件的压射比压设置范围为 80~120MPa,此工艺压射比压为 100MPa,内浇道处金属液的流速为 36m/s,型腔的填充时间为 0.7s,浇注温度在 670~720℃,铝合金熔炼时,在保证金属液化学成分的前提下,还要进行必要的除气精炼。除气精炼在 720~740℃ 范围内进行采用无毒精炼剂,精炼时间不少于10min,然后静止扒渣。采用上述工艺措施后,废品率大大降低

14.3 框架类压铸模设计实例

	灯架压铸模
铸件图	
工艺分析	该产品结构复杂且有内凹,采用二次开型。该产品局部壁厚不均匀,且铸件品质要求高,不允许有欠铸、裂纹、气孔及缩孔的存在。铸件为大批量生产,材料为 ZL102
压铸模结构	 1—动模座板;2—推杆固定板;3—复位杆;4—限位钉;5,11,18,20,23—螺钉;6,28—推杆;7—推板;8—推板导套;9—推板导柱;10,21,24—销钉;12—垫块;13—支承板;14—吊环;15—动模套板;16—定模套板;17—限位杆;19—挡块;22—定模座板;25—定模镶块;26—动模镶块;27—浇口套;29,31—导套;30—导柱
模具结构分析	模具安装平面与分型面之间的不平行度误差,在厚度 200mm 内不大于 0.10mm;分型面上镶块平面允许高出套板平面,但不大于 0.05mm;推杆在推杆固定板中应能灵活转动,但其轴向配合间隙不大于 0.10mm;所有型腔在分型面的接触处,均应保持锐角,不得有圆角及倒角现象
分型面设计	二次分型,冲头拉钩拉断中心浇口,推杆推出
压铸机选择	选用 J1125 型卧式冷室压铸机;压室直径为 $\phi50\text{mm}$;安装面应光滑平整,不应有突出的螺钉头、销钉、毛刺和击伤等痕迹
浇注系统设计	设计的浇口为顶浇口,它是中心浇口的一种特殊形式,直浇道与铸件连接处即为内浇口,其截面积较大,有利于静压力的传递,金属液流程短,分配均匀,充填及排气条件较好,直流道底部不能设置分流锥,金属液直接冲击模具表面,影响使用寿命,浇口需要切除
工艺参数	根据压射比压推荐值表,耐气密性件的压射比压设置为 66MPa,内浇道处金属液的流速为 14m/s,型腔的填充时间为 0.18s,浇注温度为 670~720℃

端架压铸模

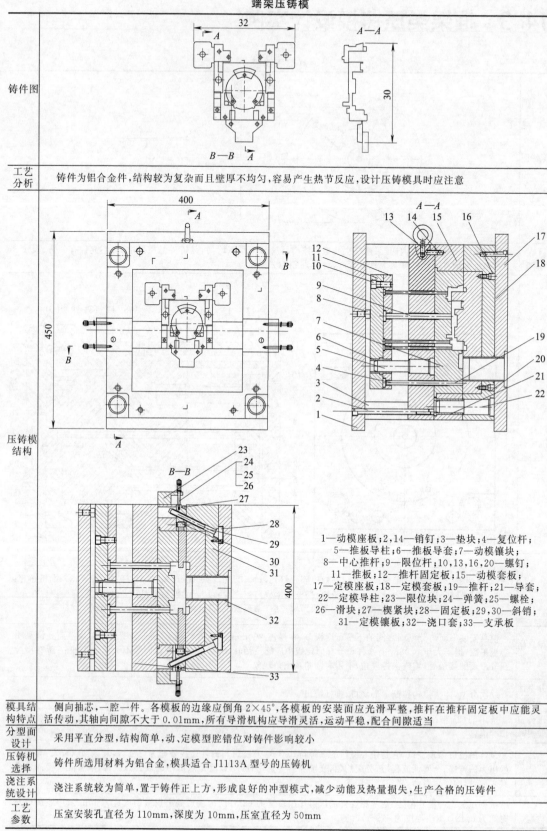

铸件图	
工艺分析	铸件为铝合金件,结构较为复杂而且壁厚不均匀,容易产生热节反应,设计压铸模具时应注意
压铸模结构	

1—动模座板;2,14—销钉;3—垫块;4—复位杆;
5—推板导柱;6—推板导套;7—动模镶块;
8—中心推杆;9—限位杆;10,13,16,20—螺钉;
11—推板;12—推杆固定板;15—动模套板;
17—定模座板;18—定模套板;19—推杆;21—导套;
22—定模导柱;23—限位块;24—弹簧;25—螺栓;
26—滑块;27—楔紧块;28—固定板;29,30—斜销;
31—定模镶板;32—浇口套;33—支承板

模具结构特点	侧向抽芯,一腔一件。各模板的边缘应倒角 $2 \times 45°$,各模板的安装面应光滑平整,推杆在推杆固定板中应能灵活传动,其轴向间隙不大于 0.01mm,所有导滑机构应导滑灵活,运动平稳,配合间隙适当
分型面设计	采用平直分型,结构简单,动、定模型腔错位对铸件影响较小
压铸机选择	铸件所选用材料为铝合金,模具适合 J1113A 型号的压铸机
浇注系统设计	浇注系统较为简单,置于铸件正上方,形成良好的冲型模式,减少动能及热量损失,生产合格的压铸件
工艺参数	压室安装孔直径为 110mm,深度为 10mm,压室直径为 50mm

滤清器支架压铸模

铸件图	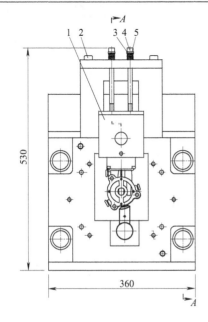
工艺分析	形状不规则,结构独特,质量好坏直接影响产品的装配性能,因此零件不得有冷隔、气孔、欠铸、夹渣等缺陷
压铸模结构	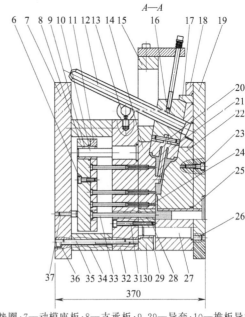 1,16—滑块;2,4,6,23,31,36—螺钉;3—弹簧;5—垫圈;7—动模座板;8—支承板;9,29—导套;10—推板导柱;11—推板固定板;12—斜销;13—吊环;14—动模镶块;15,18,30—动模套板;17—楔紧块;19—定模座板;20,26,35—定位销;21—型芯;22—定模镶块;24—推杆;25—浇口套;27—导柱;28—浇道镶块;32—支承板;33—复位杆;34—垫块;37—限位钉
模具结构特点	由于斜拉杆与滑块斜孔的预留外侧间隙存在,故开模的起始瞬间并不抽动型芯,在间隙消除的同时,铸件亦脱离定模型腔。继续开模,由于铸件对型芯的抱紧力大,故足以克服铸件对动模型腔的附着力及其他阻力,因此在斜拉杆对滑块的撬力作用下,滑块座与支承板分开,直至被导钉头部阻挡为止;这时铸件也就脱出了动模型腔。再继续开模,斜拉杆抽芯。其抽拔距离并不大。铸件则因脱模斜度的缘故,很快就松脱型芯而自由掉出模外,因此,不需要设置顶出机构
分型面设计	基于产品结构特点,压铸模设计采用动、定模分型加左右滑块结构。件内腔尺寸由定模型芯形成,外部尺寸由动定模衬和左右滑块形成
压铸机选择	铸件所选用材料为铝合金,所以初步采用卧式冷室压铸机
浇注系统设计	该模具采用偏心浇口,缝隙式内浇道开设在滑块上,铸件成型及内在品质均好,但内浇口液流对定模型芯冲击较大,为此,在该处定模型芯位置采用镶块结构,以便于更换,可延长定模型芯使用寿命
工艺参数	材料为铝合金,属于中等复杂程度的铸件。此压铸件除具有普通技术要求以外,其他部位允许存在 $\phi 1mm$ 以下气孔,对于此部位来说,从铸件结构上看为铸件的厚壁部位,铸件平均壁厚为 6mm,而此处厚度在 15mm 左右,壁厚的差异本来已使此区域容易产生气孔,而工艺中它又是充填末端,铸件内部质量很难控制,而此处零件因性能要求又对气孔作出特殊要求。考虑到仅靠日后工艺的调整很难达到要求,决定从模具结构上解决这个问题。经过研究和查阅大量资料,决定在模具上采用局部增压机构

14.4 阀座类压铸模设计实例

	基底压铸模
铸件图	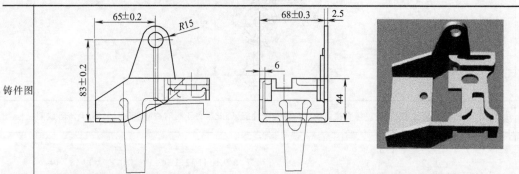
工艺分析	材料为铝合金,铝合金进行熔炼时,在保证合金液的化学成分的前提下,还要进行必要的除气精炼,不允许有欠铸、裂纹、气泡、气孔等缺陷
压铸模结构	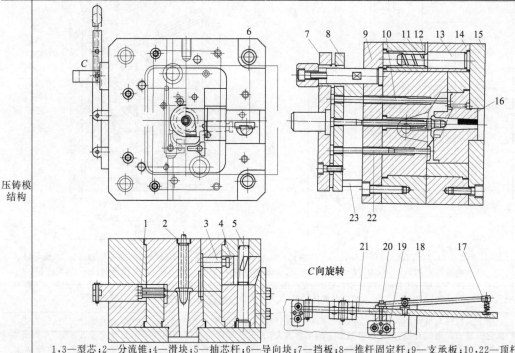 1,3—型芯;2—分流锥;4—滑块;5—抽芯杆;6—导向块;7—挡板;8—推杆固定杆;9—支承板;10,22—顶杆;11—导套;12—动模套板;13—导柱;14—定模套板;15—定模垫块;16—定模镶块;17—弹簧;18—压杆;19—定位板;20—定位销;21—手柄;23—复位杆
模具结构特点	本模具采用抽芯杆和杠杆手动抽芯,具有操作简便、结构简单、安全可靠等特点。开模前先用手握紧压杆18和手柄21退出定位板19,再按图中箭头方向拉动压杆18和手柄21以带动型芯1作抽芯动作,完成手动抽芯。然后开模,抽芯杆5利用其上的斜凸台在退出导向块6时带动滑块4及型芯3作抽芯运动。开模后通过顶杆10,22将工件顶出。合模时抽芯杆5插入导向块6带动滑块4作抽芯运动,合模后用手握紧压杆18和手柄21按相反方向转动完成抽芯动作,并在弹簧17的作用下使定位销20插入定位板19的孔内,保证注射时型芯不会退出。本模具需配用标准模脚
分型面设计	阶梯型分型面,分型面不在同一平面上,由几个阶梯组成
压铸机选择	压铸机选用J1125G型卧式冷室压铸机,合型力为2500kN,压室直径为$\phi60$mm
浇注系统设计	中心浇口,横浇道呈放射状,有利于金属液的充填。形成铸件侧面大方孔的斜滑块端面开出辅助浇道,此亦为加强筋,以防止铸件的变形
工艺参数	材料为铝合金,铝合金进行熔炼时,在保证合金液化学成分的前提下,还要进行必要的除气精炼,不允许有欠铸、裂纹、气泡、气孔等缺陷

水龙头铝合金压铸模

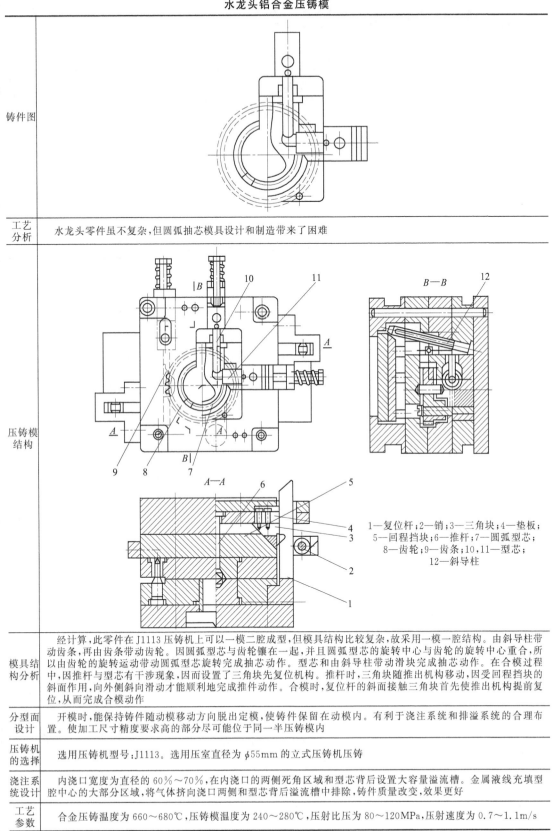

铸件图	
工艺分析	水龙头零件虽不复杂,但圆弧抽芯模具设计和制造带来了困难
压铸模结构	1—复位杆;2—销;3—三角块;4—垫板; 5—回程挡块;6—推杆;7—圆弧型芯; 8—齿轮;9—齿条;10,11—型芯; 12—斜导柱
模具结构分析	经计算,此零件在J1113压铸机上可以一模二腔成型,但模具结构比较复杂,故采用一模一腔结构。由斜导柱带动齿条,再由齿条带动齿轮。因圆弧型芯与齿轮镶在一起,并且圆弧型芯的旋转中心与齿轮的旋转中心重合,所以由齿轮的旋转运动带动圆弧型芯旋转完成抽芯动作。型芯和由斜导柱带动滑块完成抽芯动作。在合模过程中,因推杆与型芯有干涉现象,因而设置了三角块先复位机构。推杆时,三角块随推出机构移动,因受回程挡块的斜面作用,向外侧斜向滑动才能顺利地完成推件动作。合模时,复位杆的斜面接触三角块首先使推出机构提前复位,从而完成合模动作
分型面设计	开模时,能保持铸件随动模移动方向脱出定模,使铸件保留在动模内。有利于浇注系统和排溢系统的合理布置。使加工尺寸精度要求高的部分尽可能位于同一半压铸模内
压铸机的选择	选用压铸机型号:J1113。选用压室直径为φ55mm的立式压铸机压铸
浇注系统设计	内浇口宽度为直径的60%～70%,在内浇口的两侧死角区域和型芯背后设置大容量溢流槽。金属液线充填型腔中心的大部分区域,将气体挤向浇口两侧和型芯背后溢流槽中排除,铸件质量改变,效果更好
工艺参数	合金压铸温度为660～680℃,压铸模温度为240～280℃,压射比压为80～120MPa,压射速度为0.7～1.1m/s

14.5 缸体类压铸模设计实例

缸筒端盖半固态压铸模

铸件图	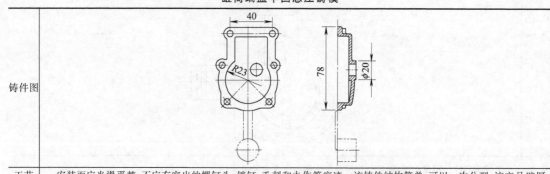
工艺分析	安装面应光滑平整,不应有突出的螺钉头、销钉、毛刺和击伤等痕迹。该铸件结构简单,可以一次分型,该产品壁厚不均匀,不仅表面不允许有欠铸、裂纹、气泡、气孔等缺陷,还需要严格控制压铸件内部的气孔率,材料为铝合金
压铸模结构	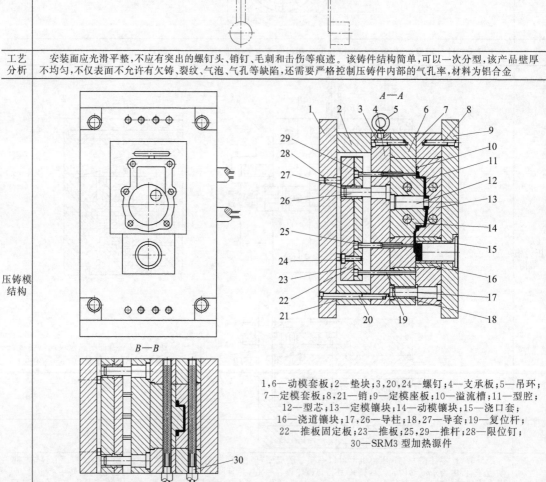

A—A

1、6—动模套板;2—垫块;3、20、24—螺钉;4—支承板;5—吊环;7—定模套板;8、21—销;9—定模座板;10—溢流槽;11—型腔;12—型芯;13—定模镶块;14—动模镶块;15—浇口套;16—浇道镶块;17、26—导柱;18、27—导套;19—复位杆;22—推板固定板;23—推板;25、29—推杆;28—限位钉;30—SRM3 型加热源件 |
模具结构特点	一模一件,模具安装平面与分型面之间不平行度误差,在厚度 200mm 内不大于 0.10mm,合模后分型面上的局部间隙不大于 0.05mm;分型面上镶块平面允许高出套板平面,但不大于 0.05mm;推杆在推杆固定板中应能灵活传动,但其轴向配合间隙不大于 0.10mm
分型面设计	平直分型,推杆推出,一模一件。开模后铸件全部留在动模内,可以避免高温、高压、高速铝合金液冲击。端面留有加工余量。因考虑到铸件技术条件、内浇口位置和浇注系统位置、模具基本结构及铸件在动模各部的位置、模具加工工艺性等问题,基于产品特点,压铸模采用动定模分型结构,便于取模
压铸机选择	选用压铸机型号:J116 型压铸机,选用压室直径为 φ40mm 的卧式冷室压铸机
浇注系统设计	内浇口设置在壁厚处,同时将内浇口和横浇道厚度增大,有利于静压力的传递;使壁厚处质量得到改善
工艺参数	合金压铸温度为 660~680℃,压铸模温度为 240~280℃,压射比压为 65MPa,压射速度为 0.9m/s

铸件图	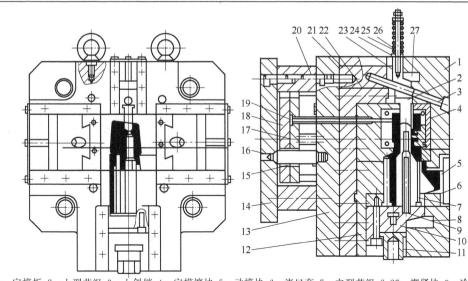
工艺分析	汽油机缸体是汽油机的关键零件,模具设计的难点在于缸体形状和结构复杂,体积较大,在6个方向都有大面积的凸凹结构,给模具设计带来较大的困难。该缸体实际是上半曲轴箱、变速箱和气缸体的组合体,材料为YL113,硬度为85～110HBW,外形尺寸为192mm×108mm×160mm,平均壁厚3mm,四个侧面分布有散热片和结构复杂的肋条等。散热片的厚度为2mm,高15～40mm,内腔有深120mm的缸体内孔和变速箱曲轴室、齿轮箱。内孔中心线与大平面有垂直度要求,与曲轴室中心有对称要求,未注铸件公差为CT6级(GB/T 6414—1999),当铸件尺寸小于16mm时,公差等级为CT4级。缸体内孔有气密性要求,加工后在4.9MPa压力下工作5min水压试验,不允许泄露。加工后镀铬,缸体外表面要进行光饰处理,不允许铸件表层有冷隔、窝气、麻点、龟裂等缺陷。由于铸件的内、外部质量要求高,因此不仅要求模具要有合理的浇注系统,在压铸时要有合理的工艺参数,而且在铸件设计中,内孔加工表面要尽可能取小的加工量,因此在铸件设计中选取内孔大头一侧加工量为0.1mm;脱模斜度为30° 　从铸件分析知,该铸件属较大型复杂压铸件,需6个方向抽芯,这决定了模具的外形轮廓尺寸较大,因此滑块、动、定模镶块及其他机构的处理都必须做到紧凑合理
压铸模结构	20 21 22　23 24 25 26　27 19 18 17 16 15 14 13 12 1—定模板;2—上型芯组;3—上斜销;4—定模镶块;5—动模块;6—浇口套;7—主型芯组;8、27—楔紧块;9—冷却水管;10—下滑块;11—连接套;12—下滑块导轨;13—支承板;14—动模座板;15—推板导套;16—推板导柱;17—推杆固定板;18—推板;19—推杆;20—垫块;21—动模板;22—动模镶块;23—上滑块导轨;24—挡板;25—弹簧支承板;26—弹簧
模具结构特点	在压铸的每一个工作循环中,推出机构推出铸件后,都必须准确地恢复到原来的位置。这个动作通常是借助复位杆来实现,并用挡钉做最后定位,使推出机构在合模状态下处于准确可靠的位置。本设计采用推杆推出,同时以推杆当作型芯,简化模具结构
分型面设计	以缸体内孔中心线与之垂直相交的曲轴室中心线所在的平面为分型面,这样较深一半的型腔为动模,铸件内腔形状由固定在下滑块的活动型芯成型,在大平面较宽一端开设整体式外侧浇口
压铸机的选择	经过计算,并考虑到流道、余料溢流槽等,取压射比压为60MPa,则$F_主$为1440kN,$F_分$为122.5kN,$F_锁$为3195kN,故选取4000kN的压铸机
浇注系统设计	由于内浇口开设在此处带来的问题是压射时金属液冲击大型芯,可以导致大型芯正对浇口部位粘模严重,以至于多早龟裂,故而应采取以下措施: 　①采取较大的内浇口截面积,以减少金属液对活动型芯的冲击,减少粘模 　②内浇口与大平面成一定角度(取45°),压射时金属液主流射向大型芯与型腔间的空隙,以减少金属液对大型芯的正面冲击。如果内浇口厚度过大,则去内浇口困难,但过小又会影响铸件质量,且剧烈冲击型芯、型腔壁,造成粘模。按经验公式内浇口截面积为0.18G(G为铸件质量,单位g)这样计算的内浇口截面积为240mm²,但由于受铸件形状制约,只有宽度50mm可供开设,实际设计中,内浇口截面积为50mm×2.5mm

工艺参数	动、定模镶块,动模块,上型芯组,主型芯组,左、右型芯组,浇口套,推杆等零件材料为 Y10,热处理工艺为粗加工后调质,硬度为 30～35HRC,半精加工后、精加工前去应力退火处理,精加工后真空淬火处理,硬度为 44～47HRC,试模后渗氮处理,硬度为 600HV。动、定模套板、底板、垫板、推板等材料选用 45 钢,调质处理硬度 220～250HBW。导柱、导套、斜销、楔紧块等选用 T8A,硬度为 50～55HRC

14.6 箱体类压铸模设计实例

镜身压铸模

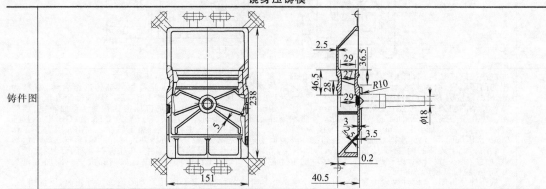

铸件图	
工艺分析	该件形状不规则,结构独特,承载着其他结构件的连接、调整,质量好坏直接影响着产品的装配性能,因此要求零件不得有冷隔、气孔、欠铸、夹渣和组织疏松等铸造缺陷

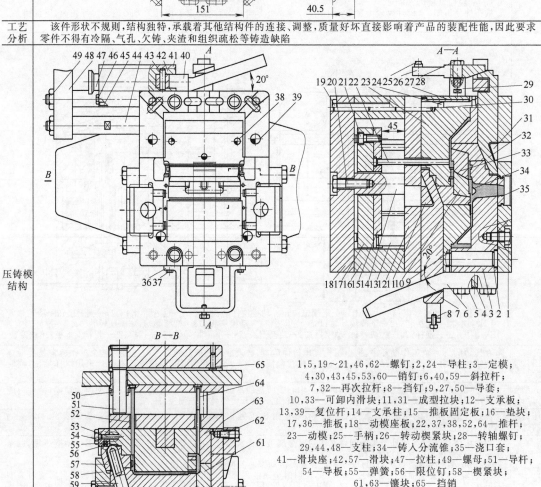

压铸模结构

1,5,19～21,46,62—螺钉;2,24—导柱;3—定模;
4,30,43,45,53,60—销钉;6,40,59—斜拉杆;
7,32—再次拉杆;8—挡钉;9,27,50—导套;
10,33—可卸内滑块;11,31—成型拉块;12—支承板;
13,39—复位杆;14—支承柱;15—推板固定板;16—垫块;
17,36—推板;18—动模座板;22,37,38,52,64—推杆;
23—动模;25—手柄;26—转动楔紧块;28—转轴螺钉;
29,44,48—支柱;34—铸入分流锥;35—浇口套;
41—滑块座;42,57—滑块;47—拉柱;49—螺母;51—导杆;
54—导板;55—弹簧;56—限位钉;58—楔紧块;
61,63—镶块;65—挡销

模具结构特点	压铸模的成型部位主要是动、定模镶块和型芯,一模两件。动、定模各由两件镶块镶拼而成,型芯分别装在动、定模镶块内,而动、定模镶块装在动、定模套板上,斜销抽芯固定在定模套板上
分型面设计	Ⅰ端平面是该压铸件的最佳平直分型面,开模后铸件全部留在动模内,这样设计可避免高温、高压、高速铝合金液冲击
压铸机选择	铸件投影面积加溢流、排气系统投影面积为 172cm²,浇注系统投影面积为 60cm²,总的投影面积为 232cm²,选用比压为 50MPa,据此选用的压铸机型号为 J1125G,压室直径为 φ70mm
浇注系统设计	主横浇道截面采用等宽形式,过渡横浇道采用扇形截面。横浇道截面积取内浇道截面积的 3~4 倍,主横浇道取 4 倍,过渡横浇道取 3 倍
工艺参数	模具材料选用 4Cr5MoSiV1 优质模具钢,采用热处理工艺去应力退火,粗加工后留余量 5~10mm,真空淬火,三次回火 44~47HRC

电动机箱体铝合金压铸模

铸件图	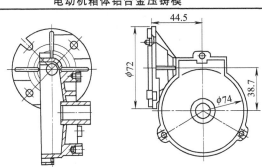
工艺分析	电动机箱体是汽车电动刮水器上的主要零部件之一。汽车车型不同,所采用的刮水器不一样,为之配套的电动机不相同,箱体也不同。过去生产的箱体采用牌号为 ZZnAl4Cu1Y(YX041) 的压铸锌合金,其密度比铝合金要大很多。随着刮水器产品的价格下调,现改用密度小的牌号为 YZAlSi9Cu4(YL112) 的压铸铝合金。这两种材料的压铸模在使用时所承受的温度、脱模斜度都不相同。该铸件形状较复杂,壁厚为 2mm,表面要求平整
压铸模结构	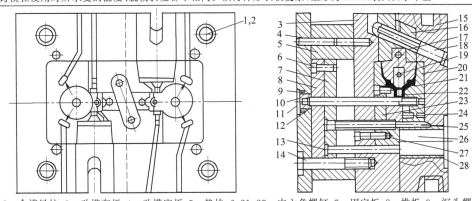 1,2—合模导柱;3—动模套板;4—动模座板;5—垫块;6,21,27—内六角螺钉;7—固定板;8—推板;9—沉头螺钉;10—压板;11—推管型芯;12—推管;13—复位杆;14—螺栓;15—定模套板;16—滑块;17—活动型芯;18—斜销;19,24—型芯;20—定模镶块;22—动模型芯;23—动模镶块;25,26—推杆;28—浇口套
模具结构特点	压铸模的成型部位主要是动、定模镶块和型芯,一模两件。动、定模各由两件镶块镶拼而成,型芯分别装在动、定模镶块内,而动、定模镶块装在动、定模套板上并锁紧。采用上下滑块抽芯,斜销固定在定模套板上。为了减少定模座板,直接在定模套板上铣压铸槽在压铸机上
分型面设计	该铝合金压铸模,一般将模具定模镶块和动模镶块设计成双分型面,外部尺寸由定模、动模镶块和滑块型芯形成,内部尺寸由动模型芯形成,侧面尺寸由滑块尺寸形成。将箱体零件的外形大部分放在定模中,使铸件的包紧力都集中在动模型芯上。这样,模具开模时滑块随动、定模同时打开,铸件留在动模内,有利于推出,并且铸件表面无毛刺,外观非常漂亮
压铸机选择	计算该铸件总投影面积后查得压射比压为 45MPa,故选用 J1113E 型卧式冷室压铸机。选用压室直径为 φ60mm
浇注系统设计	该零件采用铝合金时,安排在 2500kN 卧式压铸机上压铸,一模两件。浇道采用直浇道和横浇道。原锌合金压铸模内浇道宽度为 30mm,内浇道深度为 1.8~2.0mm,斜度为 45°。这样的浇道设计对铸件会产生下列不良效果: ① 压射时金属液直接冲击动模型芯,被冲击处产生热节,粘模严重,以致动模型芯过早龟裂。 ② 由于内浇道较厚,内浇道与铸件分离时,在铸件的断开处出现严重凹陷,影响外观品质 　　针对以上情况,设计铝合金压铸模时,首先将浇道斜度加大到 55°,这样可避免金属液直接冲击型芯,金属液在动、定模型腔的空隙内很容易流动填充;再将浇道宽度到 45mm,内浇道深度改为 1~1.5mm。这样有效地避免了铸件粘模,同时铸件在去除内浇道时,断开比较整齐,无凹陷缺陷
工艺参数	在压射动作之后、开模动作以前,利用机床的液压系统压力,在铸件未完全凝固时对铸件进行加压。具体动作顺序为:合模→压射→增压→开模→顶出→减压→推板回位→喷涂→合模。由于是在铸件未完全凝固时对铸件相应部位进行加压,从而使合金液在未完全凝固时,又进一步压实,使压铸件充填更加紧密,提高了铸件在此处的致密性,减少了气孔的大小及数量,保证了铸件内部质量要求,从而满足产品的性能要求

方盒体压铸模

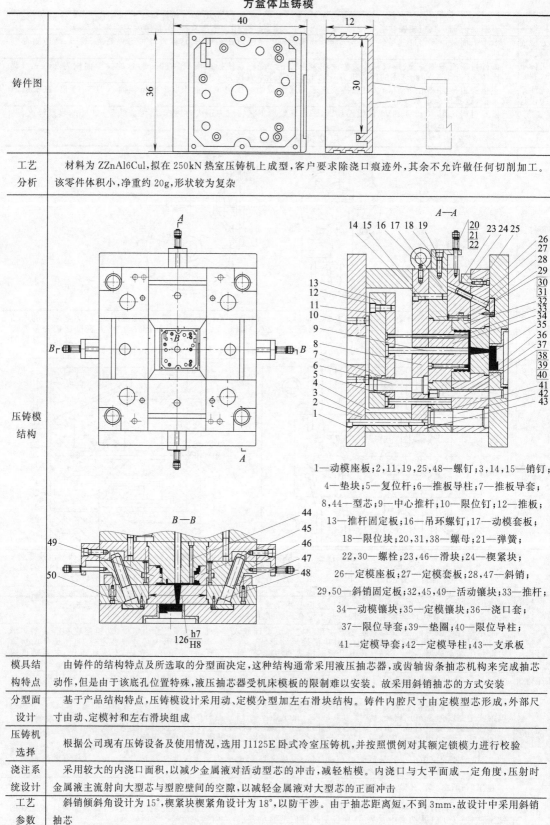

铸件图	
工艺分析	材料为 ZZnAl6Cul,拟在 250kN 热室压铸机上成型,客户要求除浇口痕迹外,其余不允许做任何切削加工。该零件体积小,净重约 20g,形状较为复杂
压铸模结构	1—动模座板;2,11,19,25,48—螺钉;3,14,15—销钉;4—垫块;5—复位杆;6—推板导柱;7—推板导套;8,44—型芯;9—中心推杆;10—限位钉;12—推板;13—推杆固定板;16—吊环螺钉;17—动模套板;18—限位块;20,31,38—螺母;21—弹簧;22,30—螺栓;23,46—滑块;24—楔紧块;26—定模座板;27—定模套板;28,47—斜销;29,50—斜销固定板;32,45,49—活动镶块;33—推杆;34—动模镶块;35—定模镶块;36—浇口套;37—限位导套;39—垫圈;40—限位导柱;41—定模导套;42—定模导柱;43—支承板
模具结构特点	由铸件的结构特点及所选取的分型面决定,这种结构通常采用液压抽芯器,或齿轴齿条抽芯机构来完成抽芯动作,但是由于该底孔位置特殊,液压抽芯器受机床模板的限制难以安装。故采用斜销抽芯的方式安装
分型面设计	基于产品结构特点,压铸模设计采用动、定模分型加左右滑块结构。铸件内腔尺寸由定模型芯形成,外部尺寸由动、定模衬和左右滑块组成
压铸机选择	根据公司现有压铸设备及使用情况,选用 J1125E 卧式冷室压铸机,并按照惯例对其额定锁模力进行校验
浇注系统设计	采用较大的内浇口面积,以减少金属液对活动型芯的冲击,减轻粘模。内浇口与大平面成一定角度,压射时金属液主流射向大型芯与型腔壁间的空隙,以减轻金属液对大型芯的正面冲击
工艺参数	斜销倾斜角设计为 15°,楔紧块楔紧角设计为 18°,以防干涉。由于抽芯距离短,不到 3mm,故设计中采用斜销抽芯

铸件图	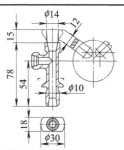
工艺分析	三通管接头的材料是铜合金,该铸件结构简单,孔多且深,壁厚要求均匀,组织致密,并有较高的力学性能要求,不仅表面不允许有欠铸、裂纹、气泡、气孔等缺陷,还需要要严格控制压铸件内部的气孔率
压铸模结构	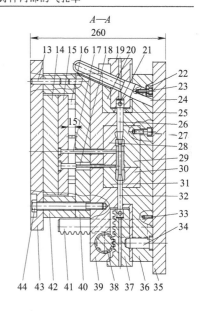

1—齿轮衬套;2,23,27,44,45,51,60—螺钉;3,7,9,12,13,21,55—销钉;4—轴;5—滚轮;6—轴架;8,11—螺栓;10,17,18—推杆;14—推板;15—推杆固定板;16—复位杆;19—滑块;20—滑块座;22—楔紧键;24,59—斜拉杆;25,58—垫套;26,32,57—型芯;28,31—动模镶块;29,30—定模镶块;33—止转销钉;34—楔紧柱;35—定模座板;36—定模套板;37—齿条滑块;38—齿轴;39—动模套板;40—支承板;41—齿条;42—垫块;43—动模座板;46—垫板;47—支承块;48—导套;49—导柱;50—先回程杆;52,62—螺堵;53,61—弹簧;54—限位销;56—浇口套 |
模具结构特点	机动齿轴齿条长距离抽芯;带摆杆式先回程机构。型芯32构成铸件的深孔,直径为10mm,成型总长度54mm,采用机动齿轴齿条抽芯。开模时,齿轮38随动模移动,但与齿条41有一空行程,以便齿条滑块37脱出楔紧柱34后,才进行啮合抽芯。斜拉杆24、59由楔紧键22固定,可使固定配合的长度较长,从而加强既作抽拔又作楔紧滑块19的效果。斜拉杆的锥形部分即为楔紧面。由于机动的齿轴齿条抽拔与推杆17、18有"干扰",故采用摆杆式先回程机构
分型面设计	该件为推杆推出,斜向抽芯。开模后铸件全部留在动模内,可以避免高温、高压、高速铝合金液冲击。端面留有加工余量。因考虑到铸件技术条件、内浇口位置和浇注系统位置、模具基本结构及铸件在动模各部的位置、模具加工工艺性等问题。基于产品特点,压铸模采用动定模分型结构,便于取模
压铸机选择	该铸件的材料为铝合金,铸件结构是管状结构,采用J116A型、卧式冷室压铸机,无需二次分型,简单模具结构,压室直径为φ55mm
浇注系统设计	选用断面顶浇口浇注,主浇道设置在定模,内浇道设置在动模,这有利于去除浇口毛刺。内浇口的位置设在浇口薄壁处,这样金属液能流经狭窄的界面,首先填充耳部较厚位置,最后包庇深腔处得到完全的填充,获得致密的铸件组织
工艺参数	合金压铸温度为660~680℃,压铸模温度为240~280℃,压射比压为550MPa,压射速度为1m/s

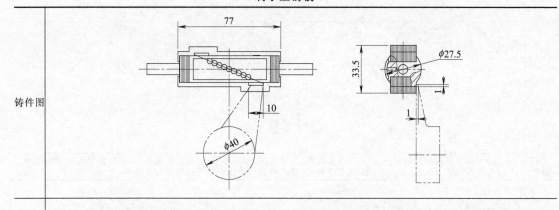

铸件图	
工艺分析	该铸件结构比较复杂,铸件表面质量要求较高,需合理选择压铸模及各项参数。所有导滑机构应导滑灵活,运动平稳,配合间隙适当。所有成型表面及浇注系统表面的光洁度均不低于 8 级。铸件表面不允许产生裂纹、气孔等缺陷。该铸件在动模上,材料为铝合金
压铸模结构	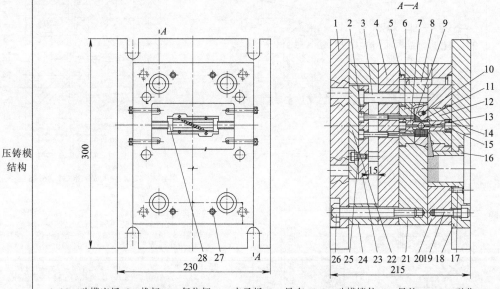 1,18—动模座板;2—推杆;3—复位杆;4—支承板;5—导套;6,7—动模镶件;8—导柱;9,15—型芯;10—导销;11—斜滑块;12—定模镶件;13—定位块;14—定模镶块;16—浇口套;17—止转销钉;19,25—螺钉;20—定模套板;21—动模套板;22—套板;23—推杆固定板;24—垫块;26—螺栓;27—销钉;28—动模镶块
模具结构分析	用动模斜滑块消除铸入镶件的侧壁摩擦 　　定、动模定位块共同对铸入镶件定位。压入铝液后,斜滑块 11 受到胀紧,由于开模顶出时,斜滑块可以随同铸件一起脱出动模,并与铸入镶件侧壁分离,胀紧力亦即消除,取下铸件极为方便
分型面设计	基本铸件的外形结构较复杂,本次设计采用垂直分型,开模后铸件在动模内,断面留有加工余量,以消除变形和浇注的痕迹等
压铸机选择	本铸件材料为铝合金,所以初步选取卧式冷室压铸机,再根据其锁模力选取型号为 J1118H 的卧式冷室压铸机
浇注系统设计	该铸件结构为近似圆柱形,两端带有突出的直径较小的圆柱,基于铸件结构,采用顶注式浇注系统,侧浇口浇注,金属液流入部位灵活,适应性强,去除浇口方便
工艺参数	合金压铸温度,压铸模温度,压射比压,压射速度,压室直径等

铸件图	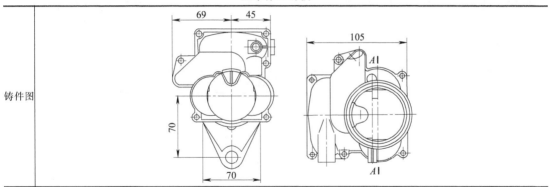
工艺分析	上本体的材料为压铸铝合金,铝合金熔炼时,在保证合金液体化学成分的前提下,还要进行必要的除气精炼。该铸件结构非常复杂,壁厚存在不均匀现象,且铸件不允许有裂纹、气孔及缩孔等缺陷存在
压铸模结构	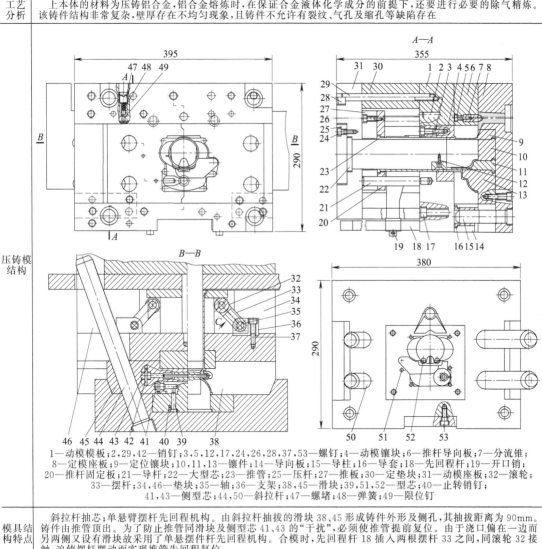
	1—动模模板;2,29,42—销钉;3,5,12,17,24,26,28,37,53—螺钉;4—动模镶块;6—推杆导向板;7—分流锥;8—定模座板;9—定位镶块;10,11,13—镶件;14—导向板;15—导柱;16—导套;18—先回程杆;19—开口销;20—推杆固定板;21—导杆;22—大型芯;23—推管;25—压板;27—推块;30—定模座板;31—动模座板;32—滚轮;33—摆杆;34,46—垫块;35—轴;36—支架;38,45—滑块;39,51,52—型芯;40—止转销钉;41,43—侧型芯;44,50—斜拉杆;47—螺堵;48—弹簧;49—限位钉
模具结构特点	斜拉杆抽芯;单悬臂摆杆先回程机构。由斜拉杆抽拔的滑块38、45形成铸件外形及侧孔,其抽拔距离为90mm。铸件由推管顶出。为了防止推管同滑块及侧型芯41、43的"干扰",必须使推管提前复位。由于浇口偏在一边而另两侧又设有滑块故采用了单悬摆杆先回程机构。合模时,先回程杆18插入两根摆杆33之间,同滚轮32接触,迫使摆杆摆动而实现推管先回程复位
分型面设计	该件为斜拉杆抽芯。开模后铸件全部留在动模内,可以避免高温、高压、高速铝合金液冲击。端面留有加工余量。因考虑到铸件技术条件、内浇口位置和浇注系统位置、模具基本结构及铸件在动模各部的位置、模具加工工艺性等问题,基于产品特点,压铸模采用动定模分型结构,便于取模
压铸机选择	该铸件的材料为铝合金,铸件结构是高度较大带凸缘的壳形,计算其胀型力为1670kN,所以采用J1119H型立式冷室压铸机,无需二次分型,简单模具结构,压室直径为ϕ55mm

浇注系统设计	选用断面侧浇口浇注,主浇道设置在定模,内浇道设置在动模,这有利于去除浇口毛刺。内浇口的位置设在浇口薄壁处,这样金属液能流经狭窄的界面,首先填充耳部较厚位置,最后包庇深腔处得到完全的填充,获得致密的铸件组织
工艺参数	合金压铸温度为 660～680℃,压铸模温度为 240～280℃,压射比压为 50MPa,压射速度为 1m/s

连接器压铸模

铸件图	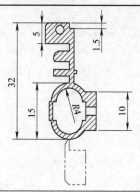
工艺分析	该产品形状不规则,有凹陷凸起,壁厚不均匀,不适合一次分型。表面有孔洞需要设置型芯,该件起连接作用,需要一定的韧性,材料为铝合金
压铸模结构	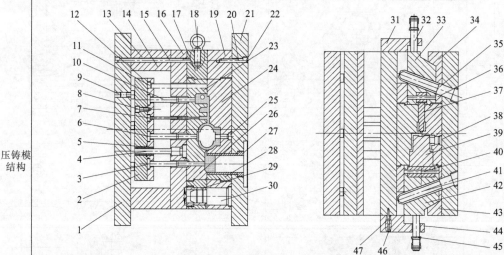 1—动模座板;2—推板;3—推杆 1;4—推板导柱;5—推板导套;6—推杆 2;7—推杆 3;8、13、20、46—螺钉;9—限位钉;10—推杆 4;11—复位杆;12—推杆固定板;14—垫块;15、22、36、40、47—销钉;16—支承板;17—动模套板;18—吊环;19—定模套板;21—定模座板;23—动模镶块;24—定模镶块;25、38—固定型芯;26—动模浇道镶块;27—浇口套;28—定模浇道镶块;29—动模导套;30—定模导柱;31、45—限位块;32、44—螺栓;33、42—滑块;34、43—楔紧块;35、41—斜销;37、39—活动型芯 1
模具结构特点	在压铸的每一个工作循环中,推出机构推出铸件后,都必须准确地恢复到原来的位置。这个动作通常是借助复位杆来实现,并用挡钉做最后定位,使推出机构在合模状态下处于准确可靠的位置。本设计采用推杆推出,同时以推杆作型芯,简化模具结构
分型面设计	该产品形状复杂,且表面有孔,采用阶梯分型,用小、中型芯铸造出孔,同时充当推出机构,中间的主体形状动、定模左右分型铸出,两边形状辅助以镶块形成型腔
压铸机选择	经计算该铸件总投影面积 875.6mm²,压射比压为 60MPa,查国产卧式冷室压铸机主要参数表可得到本设计所需的压铸机选用 J1113E 型压铸机
浇注系统设计	根据该件形状特点以及分型面特点采用扁平测浇口。侧浇口适应性强,可布置在铸件外侧面,去除浇口较方便。由于金属液直接冲击力大,所以采用浇道镶块来解决此问题,镶块方便更换,而且在大批量生产中便于更换维修。更换镶块可保证铸件表面精度
工艺参数	压铸过程影响压铸件质量的因素很多,例如压射压力与比压,充头速度,充型时间,保压时间等。这些因素是相辅成的,是互相影响、互相制约的。只有正确地选择和调整这些工艺因素相互之间的关系,才能得到优质的压铸件

本体压铸模

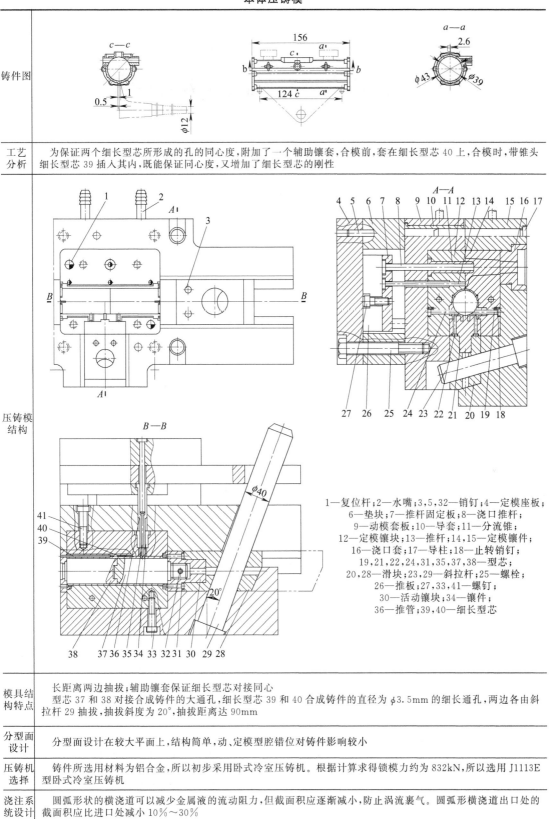

铸件图	工艺分析

铸件图

工艺分析：为保证两个细长型芯所形成的孔的同心度，附加了一个辅助镶套，合模前，套在细长型芯 40 上，合模时，带锥头细长型芯 39 插其内，既能保证同心度，又增加了细长型芯的刚性

压铸模结构

1—复位杆；2—水嘴；3,5,32—销钉；4—定模座板；
6—垫块；7—推杆固定板；8—浇口推杆；
9—动模套板；10—导套；11—分流锥；
12—定模镶块；13—推杆；14,15—定模镶件；
16—浇口套；17—导柱；18—止转销钉；
19,21,22,24,31,35,37,38—型芯；
20,28—滑块；23,29—斜拉杆；25—螺栓；
26—推板；27,33,41—螺钉；
30—活动镶块；34—镶件；
36—推管；39,40—细长型芯

模具结构特点：长距离两边抽拔；辅助镶套保证细长型芯对接同心
型芯 37 和 38 对接合成铸件的大通孔，细长型芯 39 和 40 合成铸件的直径为 $\phi3.5mm$ 的细长通孔，两边各由斜拉杆 29 抽拔，抽拔斜度为 20°，抽拔距离达 90mm

分型面设计：分型面设计在较大平面上，结构简单，动、定模型腔错位对铸件影响较小

压铸机选择：铸件所选用材料为铝合金，所以初步采用卧式冷室压铸机。根据计算求得锁模力约为 832kN，所以选用 J1113E 型卧式冷室压铸机

浇注系统设计：圆弧形状的横浇道可以减少金属液的流动阻力，但截面积应逐渐减小，防止涡流裹气。圆弧形横浇道出口处的截面积应比进口处减小 10%～30%

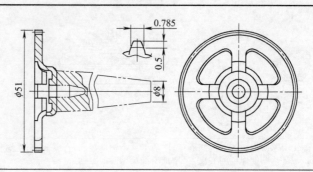

铸件图	
工艺分析	铝合金熔炼时,在保证合金液化学成分的前提下,还要进行必要的除气精炼。该铸件结构简单,可以一次分型,该产品壁厚不均匀,不仅表面不允许有欠铸、裂纹、气泡、气孔等缺陷,还需要严格控制压铸件内部的气孔率,材料为铝合金
压铸模结构	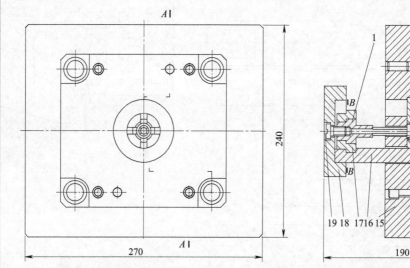 1—内推管;2—定位销;3—动模镶块;4—分流锥;5—定模镶块;6—销钉;7—成型浇口套;8—定模座板;9、14、19—螺钉;10—定模套板;11—导柱;12—导套;13—动模套板;15—动模压板;16—外推管;17—压块;18—推管固定板
模具结构特点	定模镶块 5 构成铸件的渐开线齿轮形状,为提高该处齿形强度,将齿状延长至12mm,并与成型浇口套 7 的齿形密合。内、外推管 1、16 用压块 17 和螺钉 19 连接;内推管由动模压板 15 后面装入,外推管后部为两瓣四分之一圆的扇状,从分型面处装入,压块转动 90°嵌入外推管的相应凹槽内,再用螺钉连接
分型面设计	平直分型,内、外推管顶出。开模后铸件全部留在动模内,可以避免高温、高压、高速铝合金液冲击。端面留有加工余量
压铸机选择	选用压铸机型号:J1113E 型压铸机,选用压室直径为 ϕ60mm 的卧式冷室压铸机压铸
浇注系统设计	该模具采用中心浇口,铸件成型及内在品质均较好,金属液从型腔中心部位导入,然后推向分型面,有利于金属液的充填及排气
工艺参数	合金压铸温度为 650～680℃,压铸模温度为 240～280℃,压射比压为 40MPa,压射速度为 0.7m/s

铸件图	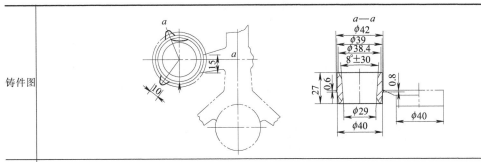
工艺 分析	本铸件结构较为简单，为近似于圆环状边缘带有凸起和缺口的结构，其表面质量要求较高，表面不允许出现裂纹、气孔等缺陷，其材料为铝合金
压铸模 结构	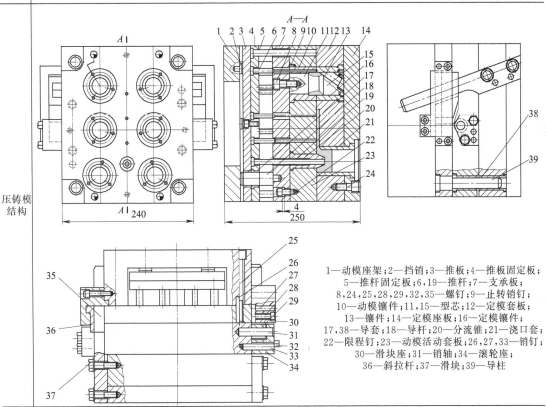 1—动模座架；2—挡销；3—推板；4—推板固定板； 5—推杆固定板；6,19—推杆；7—支承板； 8,24,25,28,29,32,35—螺钉；9—止转销钉； 10—动模镶件；11,15—型芯；12—定模套板； 13—镶件；14—定模座板；16—定模镶件； 17,38—导套；18—导杆；20—分流锥；21—浇口套； 22—限程钉；23—动模活动套板；26,27,33—销钉； 30—滑块座；31—销轴；34—滚轮座； 36—斜拉杆；37—滑块；39—导柱
分型面 设计	基于铸件外形结构，本铸件采用固有分型面和动模附加分型面，动模附加分型面是由滑块机构的作用而产生的
压铸机 选择	本铸件材料为铝合金，所以初步选取卧式冷室压铸机，再根据其锁模力选取型号为 J1113E 的卧式冷室压铸机
模具结 构分析	滑块机构的动模附加分型面做两级顶出 动模活动套板 23 上的动模镶件 10 形成铸件周围厚度为 0.3mm 的端面，为利用该狭小周圈作顶出支承面，采用了动模附加分型面作推板式的第一级顶出。然后，继续开模做机动顶出，这时，由推杆 6 将铸件从动模活动套板的动模镶件内顶出 动模附加分型面由滑块机构的作用而产生 开模时，固有分型面 I 打开，滑块 37 受斜拉杆 36 的作用，向滚轮 29 滑移，其上的斜面逐渐挤向滚轮而顶开附加分型面 II。为了确保附加分型面的打开滞后于固有分型面的打开动作，故滑块的滑移有一空行程距离 S 合模时，先由斜拉杆带动滑块外移而脱开滚轮，故在附加分型面合拢时已无滑块阻碍
浇注系 统设计	本铸件结构较为简单，为近似于圆环状边缘带有凸起和缺口的结构，采用中间注入式浇注系统，内浇道设在分型面上，便于浇注
工艺 参数	合金压铸温度、压铸模温度、压射比压、压射速度、压室直径等

铸件图	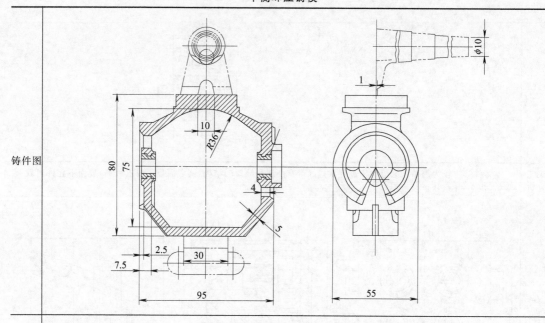
工艺分析	平衡环压铸件结构较复杂,尺寸精度要求较高,表面质量和内部质量要求严格,该产品局部壁厚不均匀,且铸件品质要求较高,不允许有欠铸、裂纹、气孔及缩孔存在。铸件为大批量生产,材料为铝合金
压铸模结构	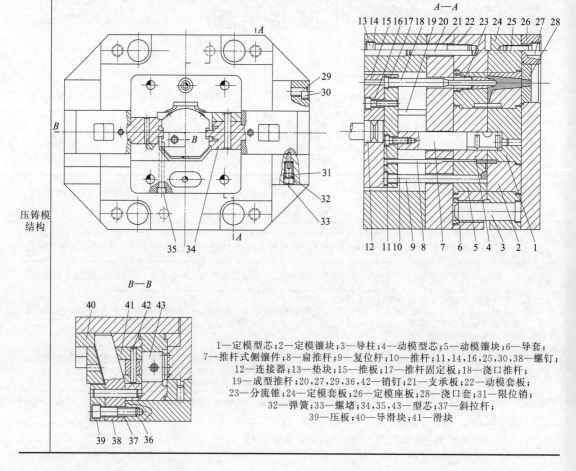

1—定模型芯;2—定模镶块;3—导柱;4—动模型芯;5—动模镶块;6—导套;7—推杆式侧镶件;8—扁推杆;9—复位杆;10—推杆;11,14,16,25,30,38—螺钉;12—连接器;13—垫块;15—推板;17—推杆固定板;18—浇口推杆;19—成型推杆;20,27,29,36,42—销钉;21—支承板;22—动模套板;23—分流锥;24—定模套板;26—定模座板;28—浇口套;31—限位销;32—弹簧;33—螺堵;34,35,43—型芯;37—斜拉杆;39—压板;40—导滑块;41—滑块

模具结构特点	为了提高铸件质量,消除铸件缺陷,型芯分别与定模、动模孔的配合间隙为单边 0.05mm。定模、动模分别与定模板、动模板底部开 8mm×0.10mm 的排气槽,使动、定模中的气体能够通畅排出 推杆式的内侧成型镶件 推杆式侧镶件 7 形成铸件内壁上的凸筋。开模后,液压顶出时,推杆式侧镶件 7 亦被同时顶出,此时铸件仍留于其上,然后再按顶出状态图的箭头方向取出铸件
分型面设计	分型面取在零件上的对称面上,零件型腔有一半在定模上,影响零件的上下型腔成型部分的同心度,但可以通过采用同时加工动、定模上的型腔,附加导柱定位模精度的方法消除同心度误差问题
压铸机特点	铸件所选用材料为铝合金,所以初步采用卧式冷室压铸机。根据计算求得锁模力约为 832kN,所以选 J1113E 型号的卧式冷室压铸机
浇注系统设计	内浇口的位置一般是在分型面确定后才仔细考虑,与铸件形状以及如何清除浇道余料上的飞边有关。该压铸件的内浇口位置见浇注系统图。使金属液首先充满型腔深度最大的一侧是较佳的位置。横浇道的截面积取内浇口截面积的 1.25～1.6 倍
工艺参数	合金压铸温度为 660～680℃,压铸模温度为 250～280℃,压射比压为 550MPa,压射速度为 0.7～1.1m/s

叶轮压铸模

铸件图	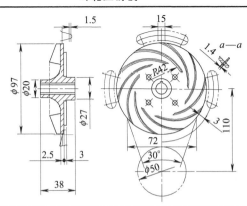
工艺分析	该铸件结构复杂,铸件表面质量要求较高,需合理选择压铸模及各项参数。如推杆在推杆固定板中应能灵活传动,其轴向间隙不大于 0.01mm。所有导滑机构应导滑灵活,运动平稳,配合间隙适当。材料为铝合金
压铸模结构	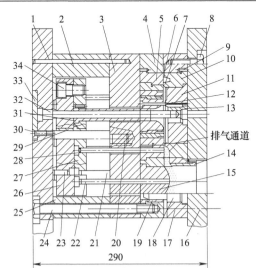 1—动模座板;2—销钉;3—支承板;4—动模套板;5—动模镶块;6—叶片镶件;7—动模镶件;8,24—螺栓; 9—止转销钉;10,11—定模镶块;12,32—型芯;13—定模镶件;14—浇口套;15—浇口镶件; 16—定模座板;17—定模套板;18,20—导柱;19,29—导套;21—复位杆;22—浇口推杆; 23—挡钉;25—垫块;26—推板;27—推杆固定板;28—推杆;30—埋头螺钉;31—推管; 33—压板;34—螺钉

模具结构分析	叶片镶件 6 组成叶片型腔,既便于加工成型形状,又便于开设排气槽
分型面设计	该铸件结构较复杂,采用平直分型
压铸机选择	选用压铸机型号:J1118H。选用压室直径为 ϕ60mm 的卧式压铸机压铸
浇注系统设计	考虑到铸件结构及表面质量要求,采用侧浇口浇注,金属液流入部位灵活,适应性强,去除浇口方便
工艺参数	根据压射比压推荐值表,耐气密性件的压射比压设置范围为 80～120MPa,此工艺压射比压值为 100MPa,内浇道处金属液的流速为 37m/s,型腔的填充时间为 0.9s,浇注温度在 670～720℃,铝合金熔炼时,在保证金属液化学成分的前提下,还要进行必要的除气精炼。除气精炼在 720～740℃ 范围内进行,采用无毒精炼剂,精炼时间不少于 10min,然后静止扒渣。采用上述工艺措施后,废品率大大降低

第15章 典型压铸模结构图例

15.1 普通结构

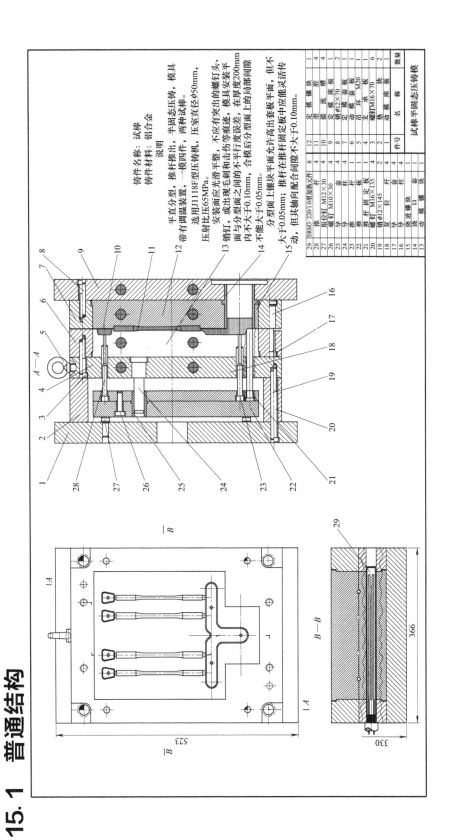

铸件名称：试棒
铸件材料：铝合金
说明

平直分型，推杆推出，半固态压铸，两种试棒，模具选用J118F型压铸机，压室直径φ50mm，压射比压65MPa。

安装面应光滑平整，不应有突出的螺钉头，或应出现毛刺和击伤等痕迹，模具安装平面与分型面之间的不平行度误差，在厚度200mm内不大于0.10mm，合模后分型面上的局部间隙不能大于0.05mm。

分型面上镶块平面允许高出套板平面，但不大于0.05mm；推杆在推杆固定板中应能灵活移动，但其轴向配合间隙不大于0.10mm。

件号	名称	数量		件号	名称	数量
29	SRM3-220/1.0堆加热元件	8		12	定模镶块	4
28	推杆	4		11	型腔	4
27	限位钉 M12×30	10		10	浇流器	4
26	螺钉 M10×30	4		8	定模套板	2
25	导套	4		7	销 φ12×70	2
24	导杆	1		6	动模套板	2
23	推杆	4		5	定模套板	4
22	推杆固定板	1		4	吊环 M20	6
21	推杆板	1		3	螺钉 M16×70	6
20	螺钉 M16×135	2		2	垫块	2
19	销 φ12×145	2		1	动模座板	1
18	复位杆	4				
17	导柱	4				
16	导套	1				
15	浇道镶口	1				
13	动模座板	1				

试棒半固态压铸模

B

A A

A—A

B—B

523

366

330

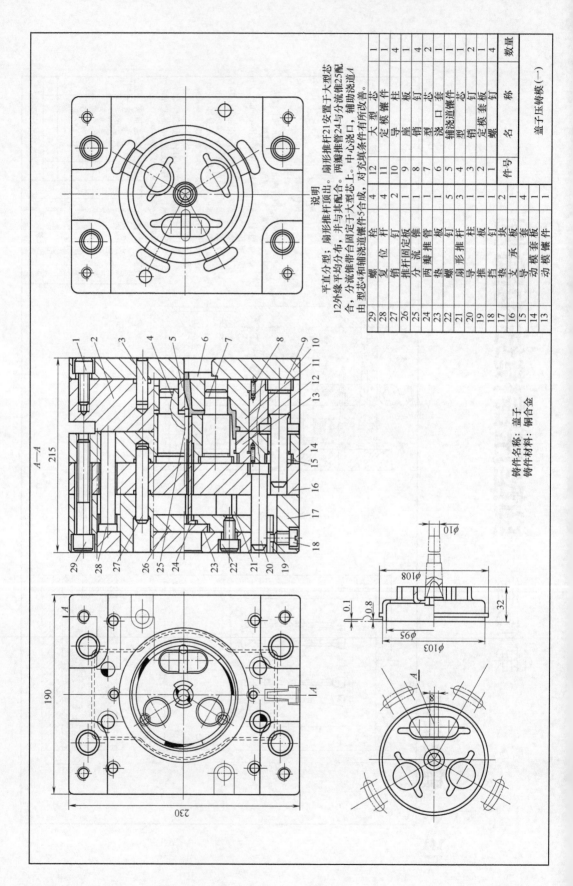

平直分型；扇形推杆顶出。
12外缘平均分布，并与其配合。两藏锥管24与分流锥25配合，分流锥带合固定锥浇道镶件上。中心浇口，辅助浇道A由型芯4和辅浇道镶件5合成，对充填条件有所改善。

说明

扇形推杆21安置于大型芯芯中心浇口，辅助浇道A

件号	名称	数量
12	大 型 芯	1
11	定 模 镶 件	1
10	导 柱	4
9	座 板	1
8	销 钉	4
7	型 芯	2
6	浇 口 套	1
5	辅浇道镶件	1
4	型 芯	2
3	销 钉	1
2	定模套板	1
1	螺 钉	4

铸件名称：盖子
铸件材料：铜合金

件号	名称	数量
29	螺 栓	4
28	复 位 杆	4
27	销 钉	2
26	推杆固定板	1
25	分 流 锥	1
24	两藏推管	1
23	垫 板	5
22	螺 钉	3
21	扇 形 推 杆	1
20	导 柱	1
19	销 钉 板	1
18	挡 钉	2
17	垫 块	1
16	支 承 板	1
15	导 套 板	4
14	动模套板	1
13	动模镶件	1

盖子压铸模（一）

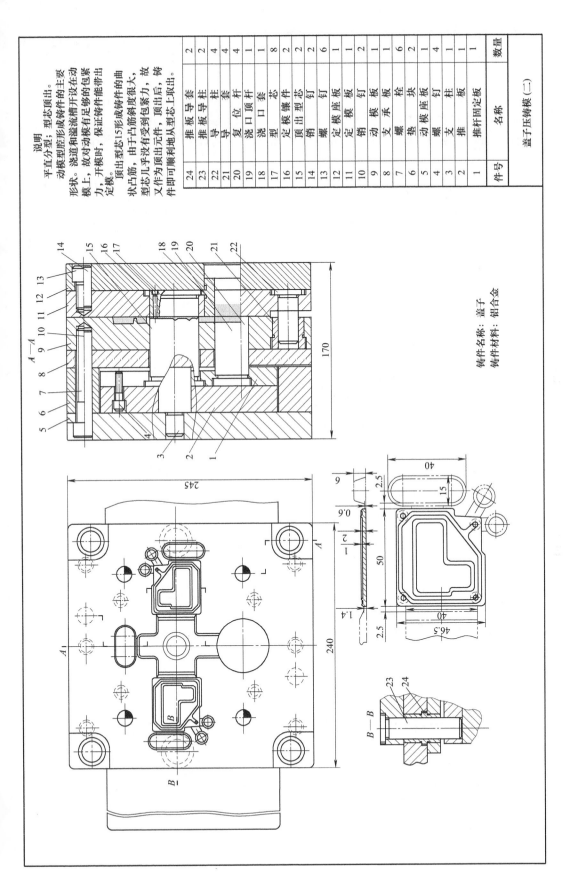

件号	名称	数量
24	推板导套	2
23	推板导柱	2
22	导 柱	4
21	导 套	4
20	复位杆	1
19	浇口套	1
18	浇口套	8
17	型 芯	2
16	定模镶件	2
15	顶出型芯	2
14	销 钉	6
13	钉	1
12	定模座板	2
11	定模板	1
10	销 钉	1
9	动模板	6
8	支承板	2
7	螺 栓	1
6	垫 块	4
5	动模座板	1
4	螺 钉	1
3	支 柱	
2	推 板	
1	推杆固定板	

盖子压铸模（二）

铸件名称：盖子
铸件材料：铝合金

说明

平直分型；型芯顶出。

动模型腔形成铸件的主要形状。浇道和溢流槽开设在动模上，故对动模有足够的包紧力，开模时，保证铸件能带出定模。

顶出型芯15形成铸件的曲状凸筋，由于凸筋有较大型芯几乎没有斜度，故型芯包紧力很大，铸件为顶出元件，顶出后，铸件即可顺利地从型芯上取出。

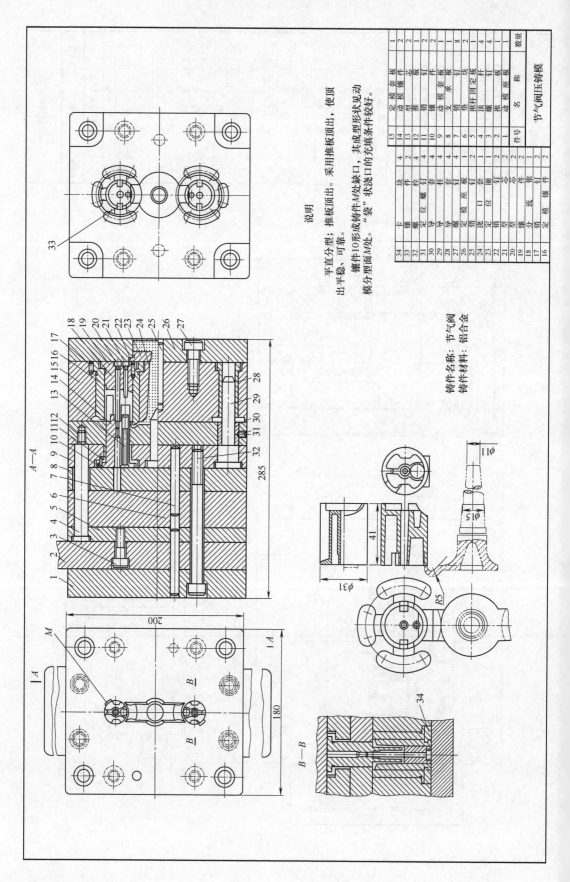

节气阀压铸模

件号	名称	数量
15	定模套板	1
14	动模镶件	2
13	型芯	2
12	推钉	1
11	镶件	2
10	动模套板	2
9	支承板	1
8	销钉	8
7	顶块	2
6	推杆固定板	1
5	顶杆	4
4	螺钉	4
3	推板	1
2	动模座板	1
1		

34	卡块	4
33	螺栓	2
32	定位钉	1
31	导套	4
30	导柱	4
29	螺钉	4
28	定模座板	4
27	销钉	2
26	定模镶块	1
25	浇口套	2
24	定位销	2
23	型销	1
22	型芯	2
21	镶件	2
20	分流锥	1
19	镶件	2
18	销钉	1
17	定模镶件	2
16		

铸件名称：节气阀

铸件材料：铝合金

说明

平直分型；推板顶出，使顶出平稳、可靠。

镶件10形成铸件M处缺口，其成型形状见动模分型面M处。"裂"状浇口的充填条件较好。

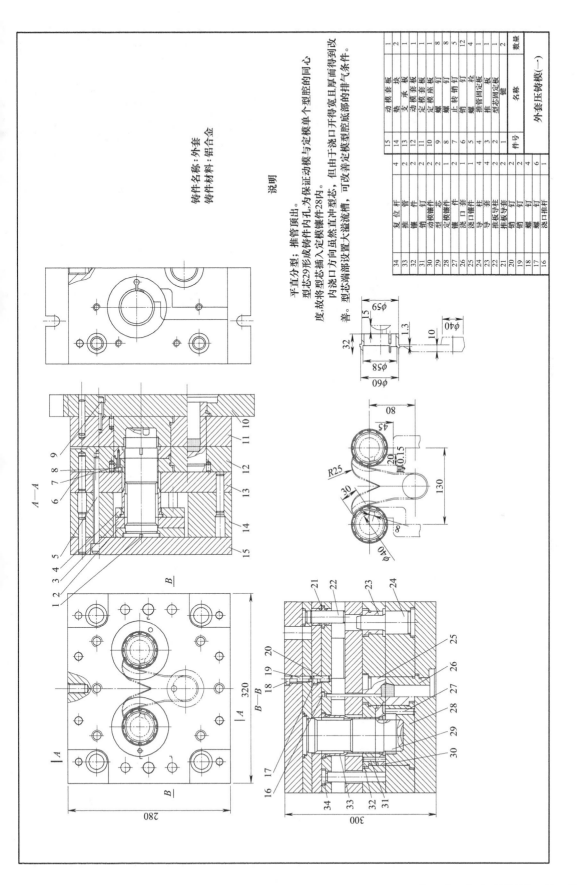

铸件名称：外套
铸件材料：铝合金

说明

平直分型；推管顶出。
型芯29形成铸件内孔.为保证动模与定模单个型腔的同心
度,故将型芯插入定模镶件28内。
内浇口方向虽然直冲型芯，但由于浇口开得宽且厚而得到改
善。型芯端部设置大溢流槽，可改善定模型腔底部的排气条件。

件号	名称	数量
15	动模套板块	1
14	支承板	2
13	动模套板	1
12	定模套板	1
11	定模底板	1
10	螺钉	8
9	型芯	8
8	定模镶件	5
7	止转销钉	12
6	销	4
5	螺栓	1
4	推管固定板	4
3	推板	1
2	型芯固定板	1
1	键	2

外套压铸模（一）

件号	名称	数量
34	复位杆	4
33	推管	2
32	销钉	2
31	动模镶件	2
30	型芯	2
29	定模镶件	2
28	定模镶件	2
27	浇口套	1
26	浇口镶件	1
25	导套	4
24	导柱	4
23	推板导柱	2
22	推板导套	2
21	销钉	2
20	销	2
19	螺钉	4
18	螺钉	2
17	浇口推杆	6
16		

A—A

B—B

R25

$\phi 59$
$\phi 58$
$\phi 60$
$\phi 40$

320
280
300

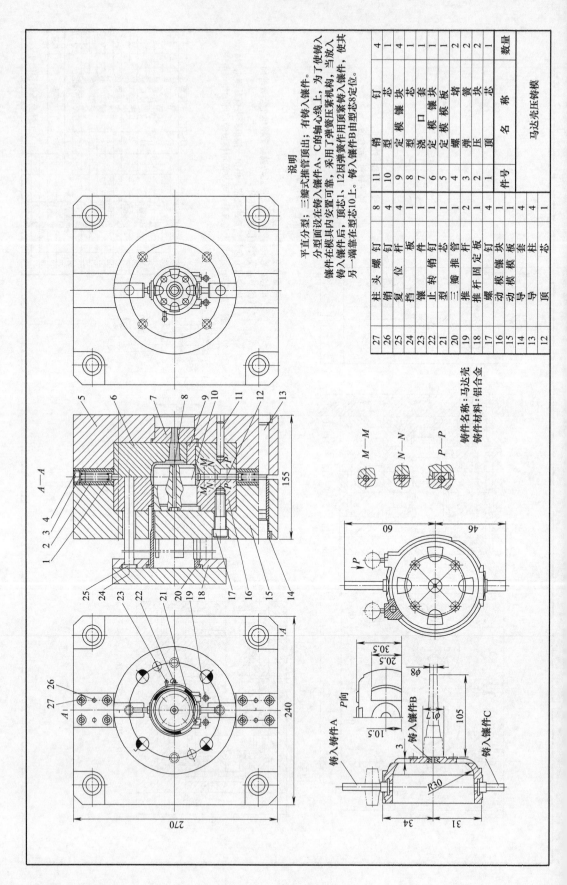

铸件名称：马达壳
铸件材料：铝合金

件号	名称	数量
27	柱头螺钉	8
26	销钉	4
25	复位杆	4
24	挡板	1
23	镶件	8
22	止转销	2
21	型芯	1
20	三瓣推管	2
19	推杆	1
18	推杆固定板	4
17	螺钉	1
16	动模镶块	4
15	动模板	4
14	导套	4
13	柱	4
12	顶芯	1
11	销钉	4
10	型芯	1
9	定模镶块	4
8	型芯	1
7	浇口套	1
6	定模镶块	1
5	定模板	2
4	螺堵	2
3	弹簧	2
2	压块	1
1	顶芯	1

马达壳压铸模

说明

平直分型；三瓣式推管顶出；有铸入镶件。为了使铸入镶件在铸入的轴心线上，当放入铸入镶件在模具内安置可靠，采用了弹簧压紧机构，当放入铸入镶件后，顶芯1、12因弹簧作用用顶簧紧铸入镶件，使其另一端靠在型芯10上。铸入镶件B由型芯8定位。

铸入镶件A 铸入镶件B 铸入镶件C

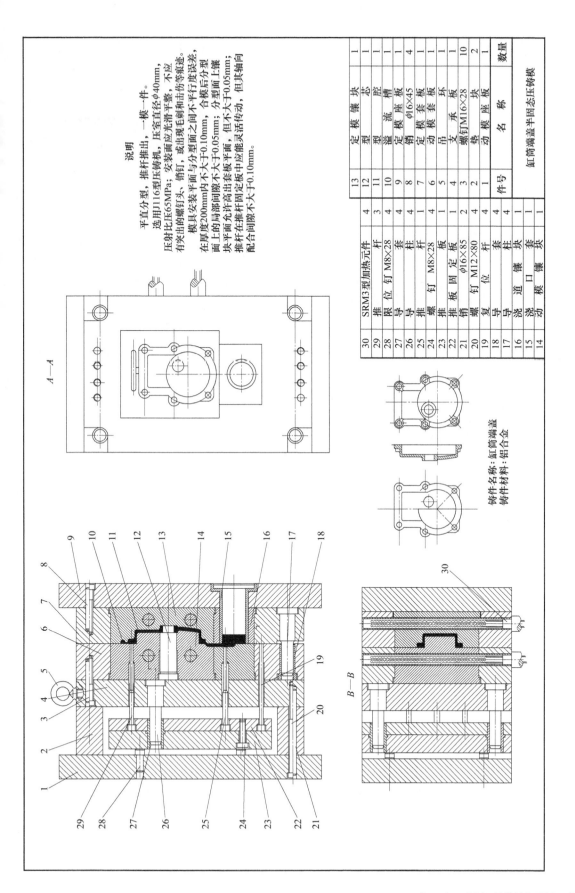

说明

平直分型，推杆推出，一模一件。

压射比压65MPa；压室直径φ40mm，选用J116型压铸机，不应有溢出的螺钉头、销钉，或露出毛刺和击伤等痕迹。安装面应光滑平整，

模具安装平面与分型面之间不平行度误差在厚度200mm内每不大于0.10mm；合模后分型面上的局部间隙不大于0.05mm；分型面上镶块安装平面允许高出套板平面，但不大于0.05mm；推杆在推杆固定板中应能灵活活动，但其轴向配合间隙不大于0.10mm。

铸件名称：缸筒端盖
铸件材料：铝合金

A—A

B—B

件号	名 称	数量
13	定模镶块	1
12	型芯	1
11	型腔	1
10	溢流槽	1
9	定模座板	1
8	销钉 φ6×45	4
7	定模套板	1
6	动模套板	1
5	吊环	1
4	支承板	1
3	螺钉M16×28	10
2	垫块	2
1	动模座板	1
	缸筒端盖半固态压铸模	

件号	名 称	数量
30	SRM3型加热元件	4
29	推杆	3
28	限位钉 M8×28	4
27	导套	4
26	导柱	4
25	摆杆	1
24	螺钉 M8×28	4
23	推板	1
22	推板固定板	1
21	销 φ16×85	2
20	螺钉 M12×80	4
19	复位杆	4
18	导套	4
17	导柱	4
16	镶块	1
15	浇口套	1
14	动模镶块	1

15.2 斜销抽芯结构

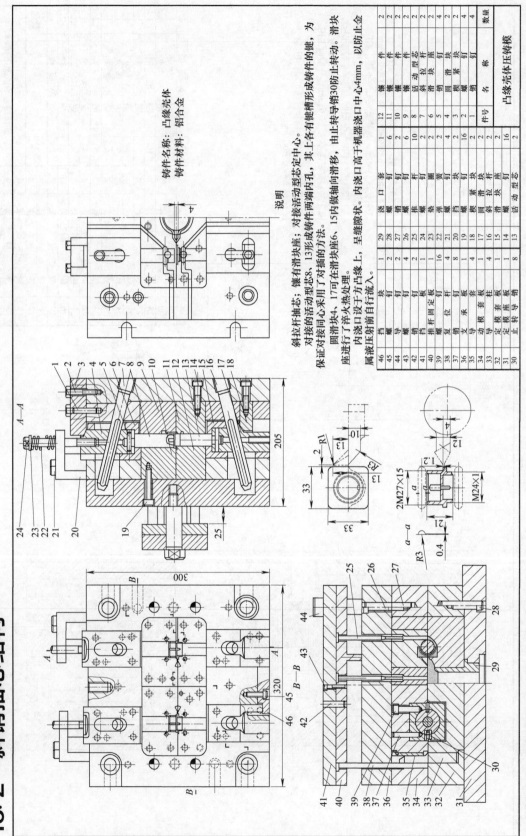

铸件名称：凸缘壳体
铸件材料：铝合金

说明

斜拉杆抽芯；镶有滑块座；对接活动型芯定中心。对接的活动型芯8、13形成13形的活动型芯8、13可用了对插的方法。保证对接对接同心采用了对插的方法。圆滑块4、17可用了对插的方法。对接对接同心采用了对插的方法。斜拉杆4、15内做轴向滑移，6、15内做轴向滑移，其上各有键槽形成铸件的键，为防止转动，由止转导销30防止转动。滑块座进行了淬火热处理。内浇口设于方形凸缘上，呈键隙状。内浇口设于方形凸缘上，呈键隙状。内浇口高于机器余浇口中心4mm，以防止金属液压射前自行流入。

凸缘壳体压铸模

件号	名 称	数量	件号	名 称	数量	件号	名 称	数量
46	挡块	1	29	止转导销	2	12	镶件	2
45	螺钉	2	28	活动型芯	2	11	镶件	2
44	导销	4	27	定模座板	2	10	镶件	2
43	销	4	26	定模套板	2	9	活动型芯	2
42	挡板	1	25	滑块座	2	8	斜拉杆	2
41	推杆固定板	16	24	螺钉	16	7	垫圈	2
40	螺钉	4	23	挡钉	4	6	复位杆	2
39	复位杆	8	22	螺钉	8	5	销	4
38	销	1	21	挡板	8	4	楔紧块	2
37	支承板	4	20	螺钉	1	3	圆滑块	4
36	导模套板	1	19	楔紧块	4	2	螺钉	4
35	动模套板	4	18	圆滑块	1	1	销	4
34	导模套柱	2	17	斜拉杆	4			
33	定模座板	2	16	滑块座	1			
32	定模座板	2	15	螺钉	2			
31	止转导销	16	14	滑销钉	16			
30	活动型芯	2	13	活动型芯	8			

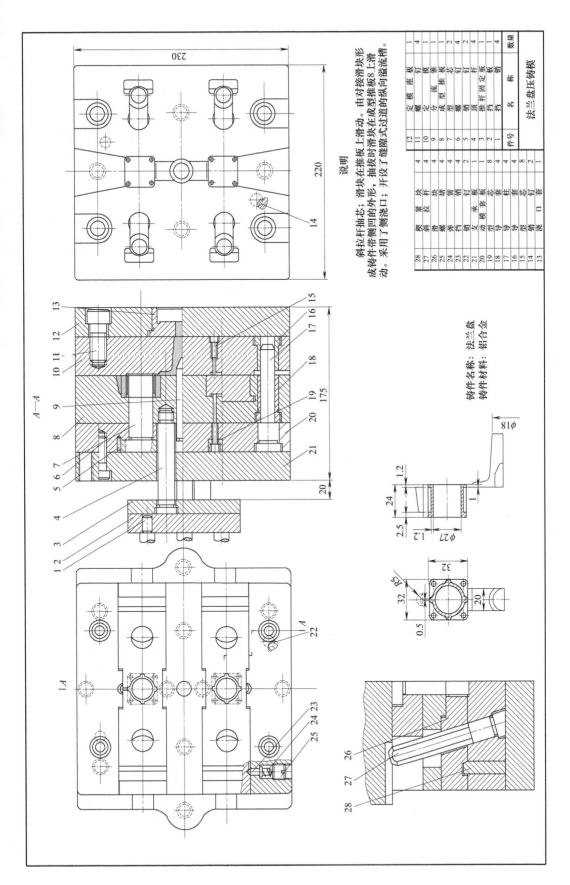

说明

斜拉杆抽芯。滑块在推板上滑动。由对接滑块形成铸件带侧凹的外形，抽拔时滑块在成型推板8上滑动。采用了侧浇口；开设了缝隙式过道的纵向溢流槽。

铸件名称：法兰盘
铸件材料：铝合金

件号	名 称	数量
12	定 模 座 板	1
11	螺 钉	4
10	定 模 板	1
9	分 流 锥	1
8	成 型 推 板	2
7	型 芯	2
6	螺 钉	4
5	销 钉	2
4	顶 杆	4
3	推 杆 固 定 板	1
2	挡 板	1
1	销	4

件号	名 称	数量
28	楔 紧 块	4
27	斜 拉 杆	4
26	滑 块	4
25	弹 簧	4
24	挡 销	4
23	销 钉	2
22	支 承 板	1
21	动 模 套 板	8
20	型 芯 套	4
19	导 套	4
18	导 柱	4
17	型 芯	8
16	销 钉	2
15	浇 口 套	1

法兰盘压铸模

第 15 章　典型压铸模结构图例　505

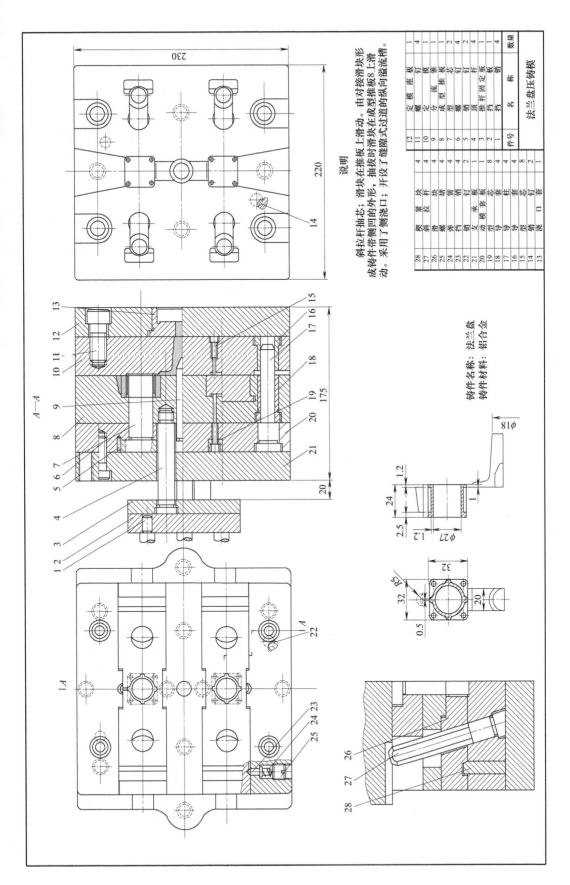

说明

斜拉杆抽芯。滑块在推板上滑动。由对接滑块形成铸件带侧凹的外形，抽拔时滑块在成型推板8上滑动。采用了侧浇口；开设了缝隙式过道的纵向溢流槽。

铸件名称：法兰盘
铸件材料：铝合金

法兰盘压铸模

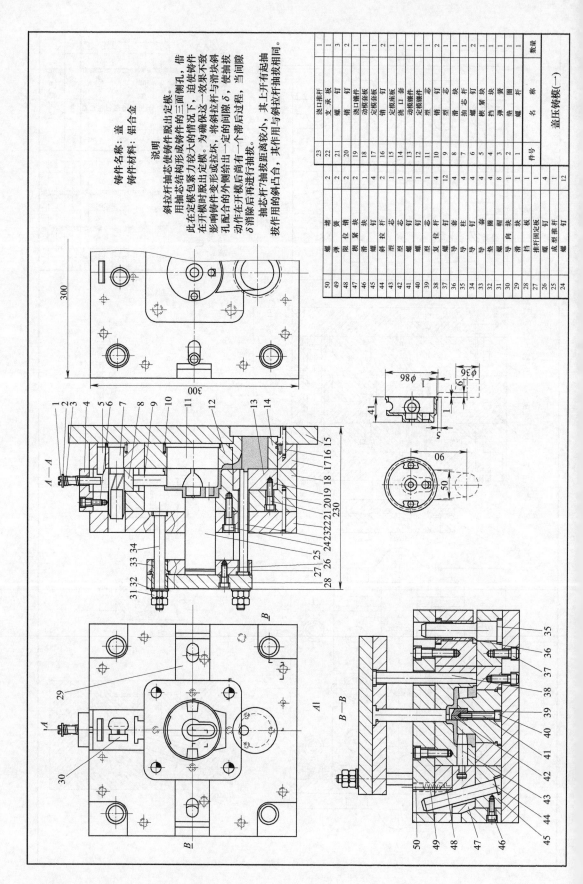

说明

斜拉杆抽芯使铸件脱出定模。
用抽芯杆抽芯使铸件脱出铸件的三面侧孔，借
此在定模时脱出成铸件力较大的情况下，迫使铸件
在开模时脱出定模。为确保这一效果或拔块斜
影响铸件变形或成拉坏，将斜拉杆与滑块斜
孔配合的外侧给出一定的间隙 δ，使由抽拔
动作在开模后尚有一个滞后过程，当间隙
δ消除后再进行油拔。
抽芯杆抽拔距离较小，其上开有起油
拔作用的斜凸台，其作用与斜拉杆抽拔相同。

铸件名称：盖
铸件材料：铝合金

23	浇口推杆	1
22	支承板	1
21	螺钉	3
20	销钉	2
19	浇口镶件	1
18	动模套板	1
17	销钉	2
16	定模套板	1
15	定模座板	1
14	浇口套	1
13	动模镶件	1
12	定模镶件	1
11	型芯	2
10	销钉	1
9	型芯	1
8	螺钉	2
7	抽芯杆	1
6	滑块紧块	1
5	模紧块	1
4	挡块	1
3	弹簧	1
2	垫圈	1
1	螺杆	1
件号	名称	数量

盖压铸模（一）

50	螺塞	2
49	弹簧	2
48	限位销	2
47	模紧块	1
46	螺钉	2
45	斜拉杆	1
44	型芯	1
43	销钉	1
42	螺钉	1
41	型芯	4
40	复位杆	12
39	导套	4
38	导柱	4
37	导套	4
36	垫圈	4
35	螺钉	8
34	型嘴	1
33	销钉	1
32	导向块	1
31	滑块	1
30	挡块	1
29	推杆固定板	1
28	螺钉	4
27	销钉	1
26	成型推杆	4
25	螺钉	1
24	螺钉	12

A—A

B

A1

B—B

1 2 3 4 5 6 7 8 9 10 11 12 13 14

15 16 17 18 19 20 21 22 23 24 25 26 27 28

29 30

31 32 33 34

300

300

φ86
φ36
41 5 9
90 50

35 36 37 38 39 40 41 42 43 44 45 46 47 48 49 50

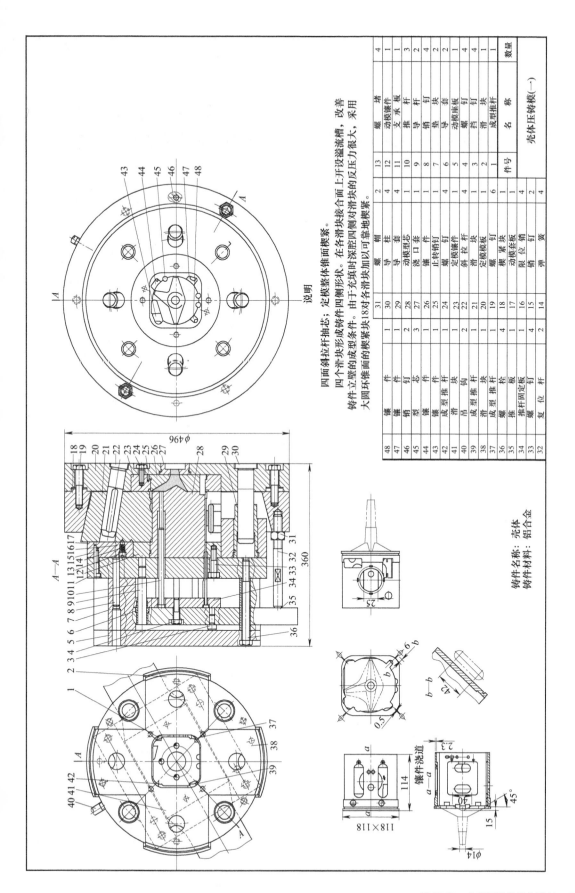

说明

四面斜拉杆抽芯；定模整体锥面楔紧。

四个滑块形成铸件四侧形状。在各滑块接合面上开设溢流槽，改善铸件立壁的成型条件。由于充填时深腔四侧对滑块的反压力很大，采用大圆环锥面锥紧的楔紧块18对各滑块加以可靠地楔紧。

件号	名称	数量		件号	名称	数量
48	镶件	1		31	螺钉	2
47	镶件	1		30	导柱	4
46	销钉	2		29	导套	4
45	型芯	3		28	动模型芯	1
44	镶件	1		27	浇口套	1
43	镶件	1		26	镶件	1
42	成型推杆	1		25	正转销钉	4
41	滑块	2		24	螺钉	1
40	吊钩	1		23	定模镶件	4
39	成型推杆	1		22	斜拉杆	1
38	滑块	1		21	滑模板	1
37	成型推杆	4		20	定模模板	6
36	螺栓	1		19	螺钉	1
35	推板	1		18	楔紧块	4
34	推杆固定板	1		17	动模套板	1
33	螺钉	4		16	限位销	4
32	复位杆	2		15	销钉	2
				14	弹簧	4
				13	螺钉	4
				12	动模镶件	1
				11	支承板	3
				10	推杆	2
				9	导钉	4
				8	销钉	2
				7	导套	1
				6	动模座板	4
				5	螺钉	1
				4	挡块	4
				3	滑块	1
				2	成型推杆	1
				件号	名称	数量

壳体压铸模（一）

铸件名称：壳体
铸件材料：铝合金

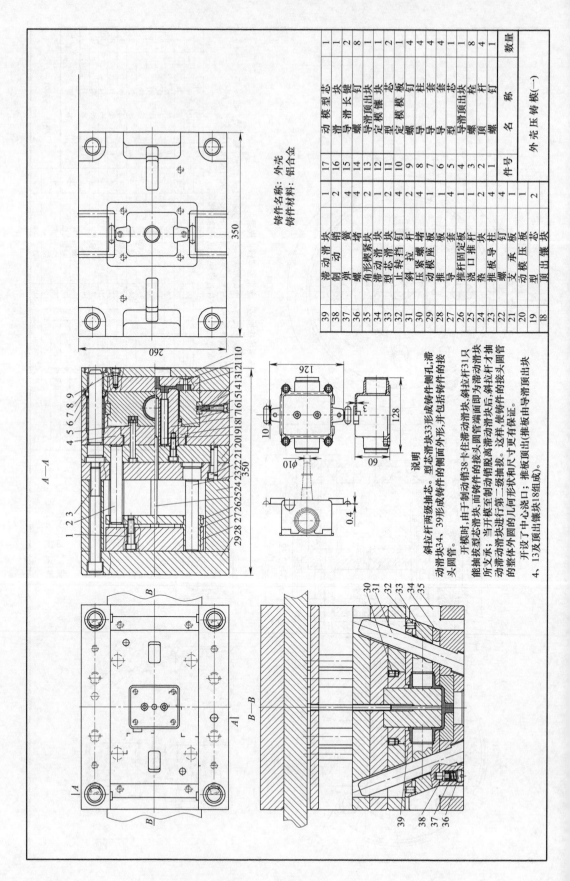

铸件名称: 外壳
铸件材料: 铝合金

件号	名 称	数量		件号	名 称	数量
39	滑动滑块	1		17	动模型块	1
38	制销	2		16	滑导键	1
37	弹簧	4		15	导滑长钉	2
36	螺塞	2		14	螺钉	8
35	角形楔紧块	1		13	定模顶出块	1
34	滑动滑块	2		12	型滑模镶块	2
33	型芯滑块	4		11	型芯	1
32	正转挡钉	4		10	定模板	4
31	斜拉杆	1		9	型螺钉	4
30	压紧螺塞	4		8	导柱	4
29	动模镶座	1		7	导套	4
28	推板	2		6	型套	4
27	导套	4		5	型芯	1
26	推杆固定板	1		4	导滑顶出块	8
25	浇口推杆	1		3	螺栓	4
24	垫块	2		2	顶杆	4
23	推模导柱	4		1	螺钉	1
22	螺钉	1			名 称	数量
21	支承板	4			外壳压铸模(一)	
20	动模压板	1				
19	型芯	2				
18	顶出镶块	2				

说明

斜拉杆两级抽芯。型芯滑块33形成铸件侧孔。斜拉杆31只动滑块34、39形成铸件的侧面外形,并包括铸件的接头圆管。

开模时,由于制动销38卡住滑动滑块,斜拉杆能抽拔型芯滑块,而铸件的接头销脱离滑动滑块后,斜拉杆才抽动滑动滑块进行第二级抽芯。这样,使铸件的接头圆管的整体外形圆的几何形状和尺寸才更有保证。

开设丁中心浇口;推板顶出(推板由导滑顶出块4、13及顶出镶块18组成)。

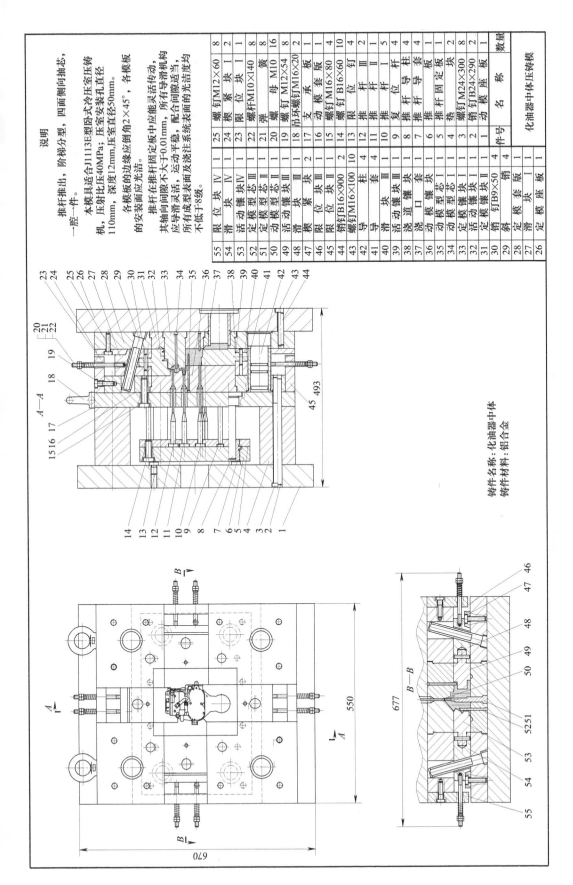

铸件名称：化油器中体
铸件材料：铝合金

说明

推杆推出，阶梯分型，四面侧向抽芯，一腔一件。

本模具适合J1113E型卧式冷室压铸机，压射比压40MPa；压室安装孔直径110mm，深度12mm，压室直径50mm。

各模板的边缘应倒角2×45°，各模板的安装面应光洁。

其中安装推杆固定板中应箝灵活活动，所有推杆滑动机构应轴向滑灵活，运动平稳，配合间隙适当，所有成型表面及浇注系统表面的光洁度均不低于8级。

化油器中体压铸模（件号明细）

件号	名称	数量
25	螺钉M12×60	8
24	模 紧 块 I	2
23	限 位 块 I	1
22	螺杆M10×140	8
21	弹 簧	16
20	螺 母 M10	8
19	螺钉M12×54	8
18	吊环螺钉M16×20	2
17	支 承 板	1
16	螺钉M16×80	4
15	螺钉B16×60	10
14	限 位 钉 III	4
13	限 位 块 I	2
12	推 杆 I	5
11	推 杆 III	4
10	复 推 杆	4
9	推 杆 导 套	4
8	推 杆 导 板	1
7	热	1
6	推 杆 固 定 板	1
5	螺钉M24×300	2
3	销 B24×290	8
1	动 模 座 板	2
55	限 位 块 IV	1
54	滑 块 IV	1
53	活 动 镶 块 IV	1
52	定 模 型 芯 III	1
51	定 模 型 芯 II	1
50	动 模 型 芯 III	1
49	活 动 镶 块 III	2
48	模 紧 块 III	1
47	限 位 块 II	1
46	销钉B16×900	2
45	螺钉M16×100	10
42	导 套 III	4
41	导 柱 III	1
40	滑 块 III	1
39	活 动 镶 块 III	1
38	浇 道 口	1
37	动 模 型 芯 I	1
36	动 模 型 芯 II	1
35	动 模 镶 块 I	1
34	定 模 型 芯 I	1
33	活 动 镶 块 II	1
32	定 模 镶 块 II	1
31	销 钉B9×50	4
30	销	4
29	斜 定 模 版	1
28	滑 块	1
27	定 模 座 板	1

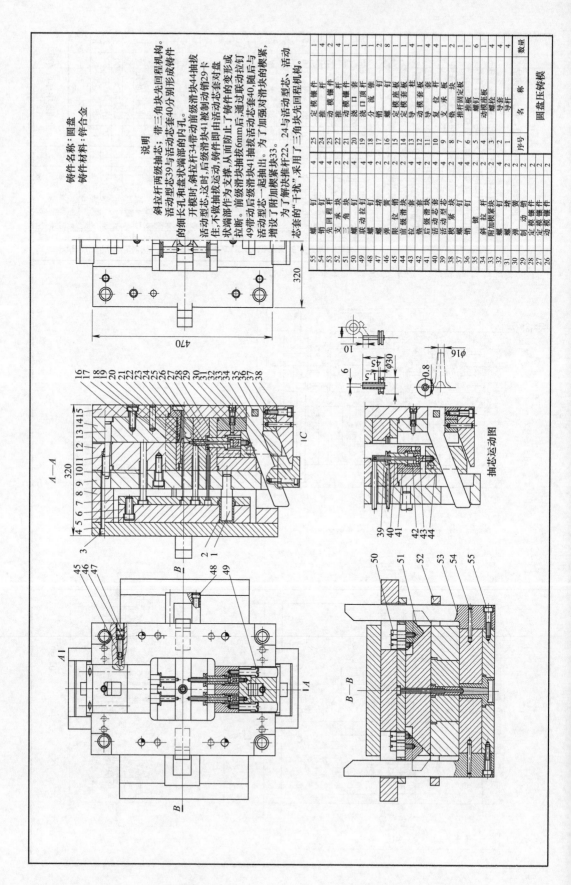

铸件名称：圆盘
铸件材料：锌合金

说明

斜拉杆两级抽芯；带三角块先回程机构。

活动型芯39与活动芯套40分别形成铸件的细长孔和盘状端部的内孔。

开模时，斜拉杆39带动前级滑块41被制动销29卡住，不做抽芯运动。这时，后级滑块34带动斜拉杆即由活动芯套41被制动销脱，从而防止了铸件的变形或拉断。前级滑块抽芯运动，铸件作为支撑，后级滑块41抽拔活动芯套40，随后与49带动活动型芯一起抽出。为了加强对滑块的楔紧，活动型芯套40、24与活动型芯、活动增设了附加楔紧块33。为了了解推杆22、24与活动芯套的"干扰"采用了三角块先回程机构。

抽芯运动图

A—A

B—B

序号	名称	数量		序号	名称	数量
55	螺钉	1		25	螺钉	4
54	先回程杆	4		24	推杆	4
53	支承杆	4		23	动模镶件	2
52	三角块	1		22	推杆	2
51	联动销	1		21	三角块	2
50	螺钉	1		20	联口套	2
49	斜拉钉	2		19	浇口流道	4
48	螺塞	8		18	分流锥	4
47	弹簧	1		17	销	2
46	限位销	4		16	钉	2
45	前级滑块	1		15	螺模座板	2
44	热套	4		14	定模座板	2
43	后级滑块	1		13	导模套板	4
42	后级活动芯套	4		12	动模套板	4
41	活动型芯	1		11	导套	2
40	活动型芯套	2		10	复位杆	4
39	楔紧块	2		9	导柱	4
38	键	1		8	支承板	2
37	销	4		7	推杆固定板	4
36	推板	1		6	推板	2
35	螺钉	1		5	螺钉	4
34	斜拉杆	2		4	动模座板	2
33	附加楔紧块	4		3	螺模座	2
32	螺钉	2		2	导套	2
31	弹簧	2		1	导杆	2
30	销	4				
29	制动销	2			圆盘压铸模	
28	定模镶件	2				
27	定模镶件	2				
26	动模镶件	2				

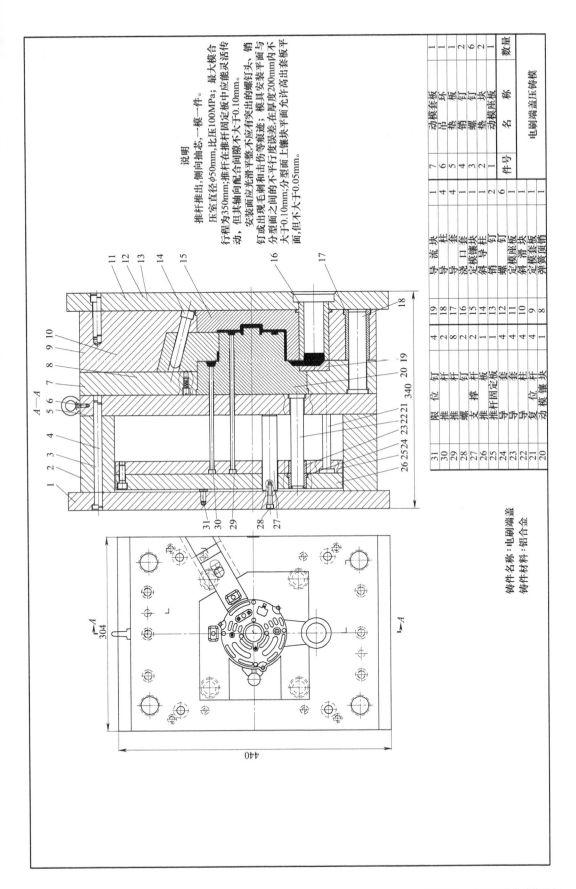

说明

推杆推出，侧向抽芯，一模一件。

压室直径φ50mm；推杆在推杆固定板中应能灵活传动，但其轴向配合间隙不应大于0.10mm。

行程为350mm；比压100MPa；最大模合安装面应光滑平整不应有突出的螺钉头、销钉或出现毛刺和击伤等痕迹；模具安装平面与分型面之间的不平行度误差，在厚度200mm内不大于0.10mm；分型面上镶块平面允许高出套板平面，但不大于0.05mm。

铸件名称：电刷端盖
铸件材料：铝合金

件号	名 称	数量
7	动模套板	1
6	吊 环	1
5	热 板	1
4	销 钉	1
3	销 钉	6
2	垫 块	2
1	动模座板	1
	电刷端盖压铸模	

31	限 位 钉	4
30	推 杆	2
29	推 杆	8
28	螺 钉	2
27	支 撑 板	1
26	推杆固定板	1
25	推 杆	4
24	导 柱	4
23	导 套	4
22	复 位 杆	4
21	动模镶块	1

19	导 流 块	4
18	导 柱	2
17	导 套	8
16	浇 口 套	2
15	定模镶块	1
14	导 板	1
13	斜 销	4
12	螺 钉	4
11	定模座板	4
10	斜 滑 块	4
9	定模套板	1
8	弹簧套顶销	1

304

440

15.3 斜滑块抽芯结构

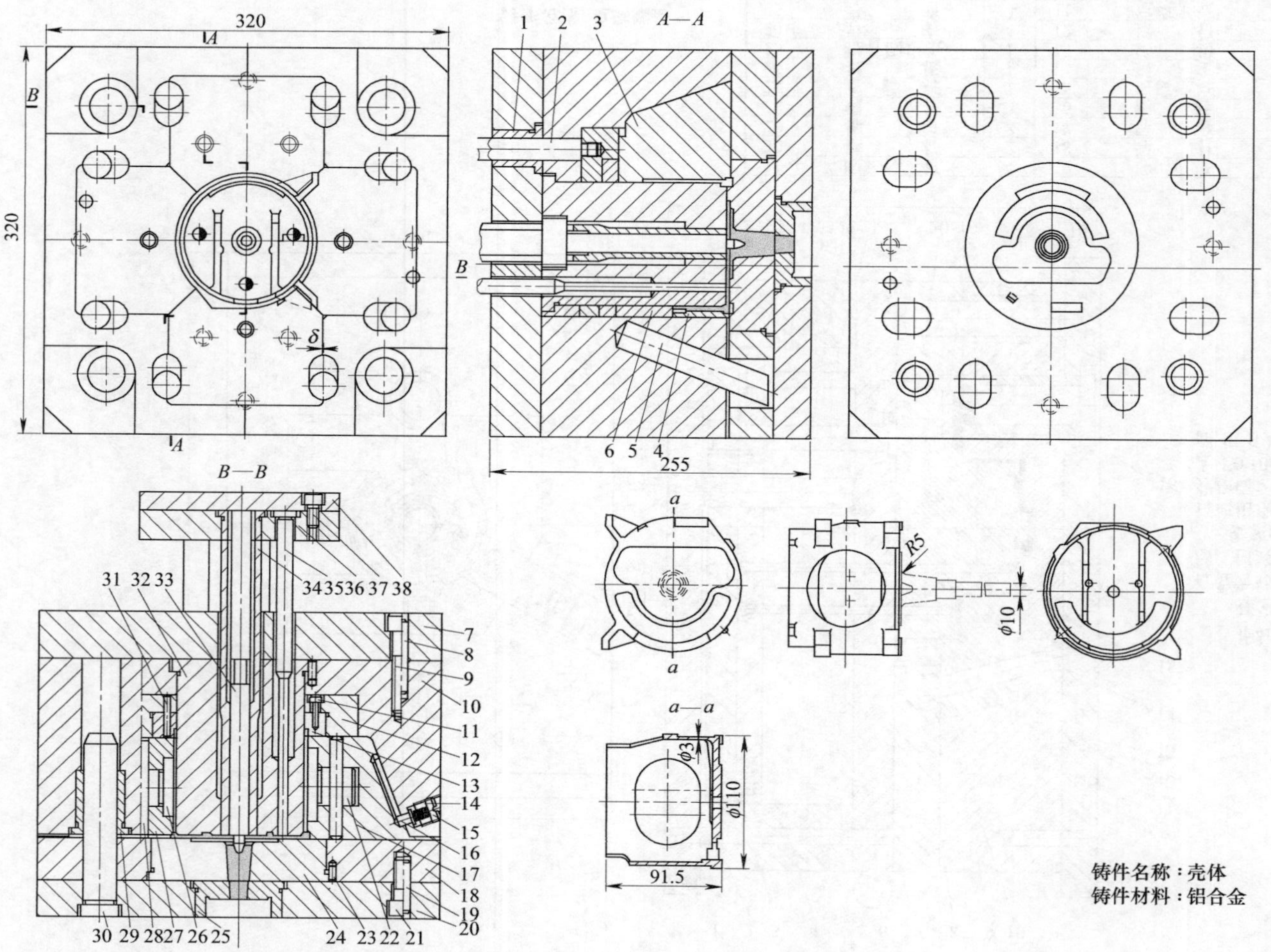

序号	名 称	数量
38	挡 板	1
37	螺 钉	4
36	推杆固定板	1
35	推 杆	3
34	脊	1
33	分 流 锥	1
32	浇 口 套	2
31	导 柱	4
30	导 套	4
29	斜 销	3
28	斜 滑 块	1
27	型 芯	1
26	浇 口 套	2
25	定模镶块	4
24	止 动 销	2
23	型 芯	1
22	螺 钉	4
21	定模两板	2
20	销 钉	1
19	定模套板	8
18	斜 滑 块	8
17	定 位 销	8
16	弹 簧	4
15	套	1
14	弹簧镶板	4
13	推板镶板	1
12	推 板	2
11	螺 钉	4
10	动模套板	4
9	螺 钉	2
8	销 钉	1
7	支 承 块	8
6	斜 导 杆	1
5	斜 滑 块	4
4	斜 滑 块	4
3	顶 杆	4
2	套	4
1	号 名 称	数量

铸件名称：壳体
铸件材料：铝合金

壳体压铸模(二)

说明

四开式斜滑块;斜导杆导滑。
四个斜滑块形成铸件外形
立壁,其轴心与斜导杆压入动模套板
作斜向导。斜导杆压入动模套板5
上的搭子和孔,由斜导杆5
小段距离δ,使斜导杆的固定配
合圆周面通过半圆,因而固定更
为可靠。采用推板12同时推动四
个斜滑块,动作协调一致。

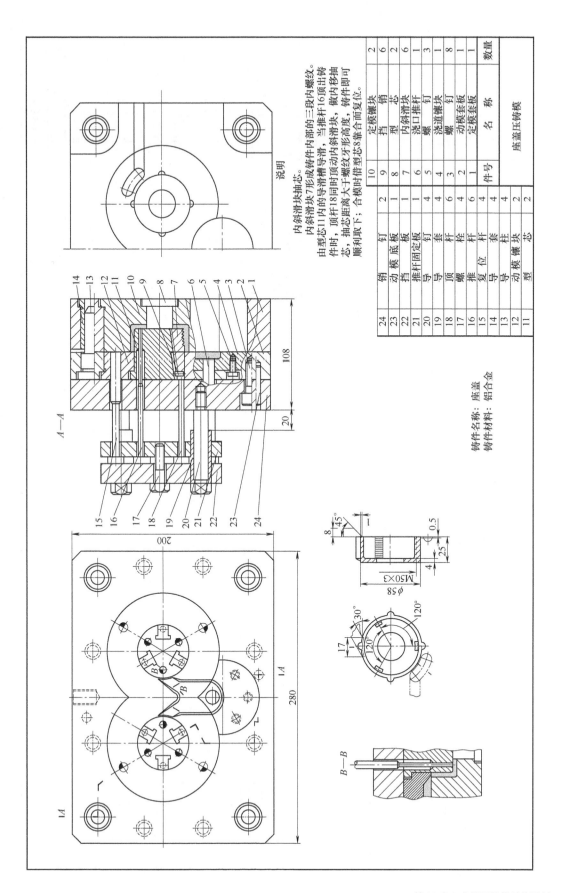

说明

内斜滑块抽型芯。

内斜滑块11内的导滑槽导滑,由型芯12内部的三段成铸件内部的三段内螺纹。件时,顶杆18同时顶动内斜滑块,做内移抽芯,抽芯距离大于螺纹牙形高度,铸件即可顺利取下;合模时借型芯8靠合面而复位。

铸件名称:座盖
铸件材料:铝合金

10	定模镶块	2
9	销	6
8	挡型芯	2
7	内斜滑块	6
6	浇口推杆	1
5	螺钉	3
4	浇道镶块	1
3	螺钉	8
2	动模套板	1
1	定模套板	1
件号	名 称	数量
	座盖压铸模	

24	销钉	2
23	动模底板	1
22	挡板	1
21	推杆固定板	1
20	钉	4
19	导套	4
18	顶杆	6
17	螺栓	4
16	复位杆	6
15	导套	4
14	导柱	4
13	动模镶块	2
12	型芯	2

第 15 章 典型压铸模结构图例　　**513**

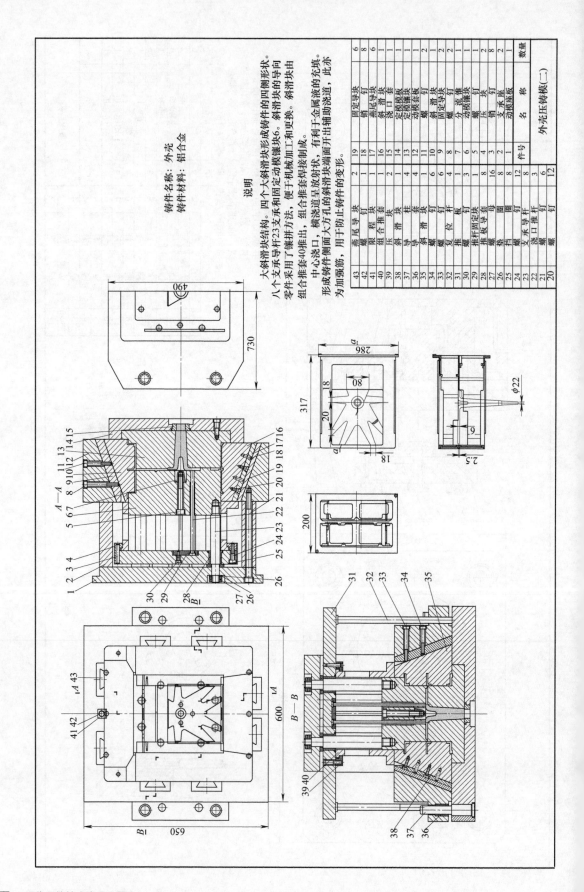

铸件名称：外壳
铸件材料：铝合金

说明

大斜滑块块结构，四个大斜拼块形成铸件的四侧形状。斜滑块由组合推套焊接制成。

八个支承导杆23支承和固定动模镶块。斜滑块形向零件采用了镶拼加工和更换，便于机械加工和更换。

中心浇口，横浇道呈放射状，有利于金属液的充填，形成铸件侧面大方孔的斜滑块端面开出辅助浇道，此亦为加强筋，用于防止铸件的变形。

序号	名 称	数量
43	燕尾导块	2
42	螺 钉	1
41	限程块	1
40	组合推套	2
39	浇口套	1
38	斜 滑 块	1
37	导滑块	4
36	斜 滑 套	4
35	螺 钉	6
34	斜滑块固定导套	6
33	螺 钉	1
32	复位板	1
31	螺 钉	3
30	推杆固定板	1
29	推板导套	8
28	螺 母	16
27	垫 圈	8
26	挡 圈	1
25	螺 钉	12
24	支承导杆	8
23	支承导杆	8
22	浇口推杆	3
21	推 钉	6
20	螺 钉	12

序号	名 称	数量
19	固定导块	6
18	销 钉	8
17	燕尾导块	6
16	滑 道 套	1
15	定模镶板	1
14	定模镶块	1
13	动模套板	1
12	螺 钉	2
11	斜 滑 块	2
10	固定导块	2
9	斜 滑 套	2
8	分 流 锥	1
7	动模镶块	1
6	螺 钉	2
5	压 块	1
4	销 钉	2
3	销 钉	2
2	支 承 板	1
1	动模镶板	1
序号	名 称	数量

外壳压铸模(二)

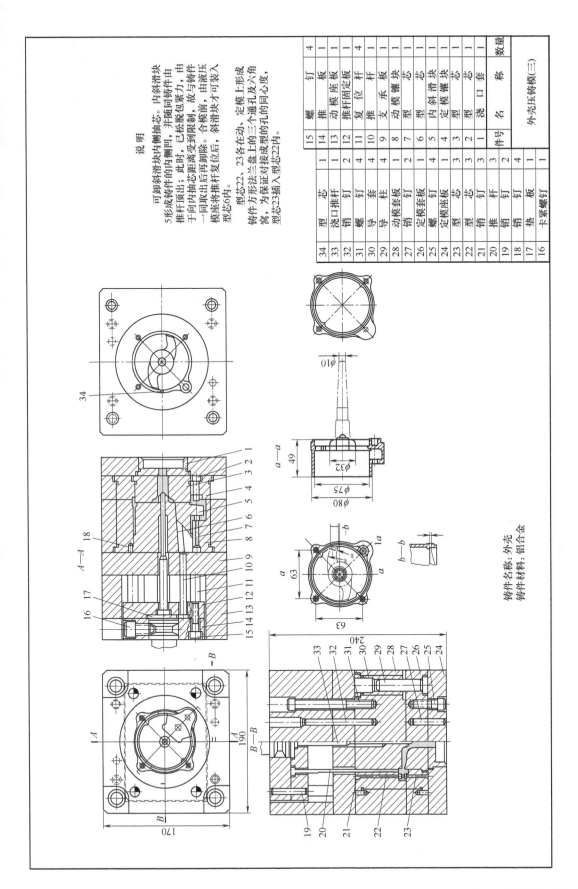

说　明

可卸斜滑块内侧抽芯。内斜滑块
5形成铸件的内侧凹，并随脱包铸件由
推杆顶出；此时，已松脱受到限制，由
于向内抽芯距离受到限制，合模前，铸件
一同取出后再卸除。合模前，由液压
模座将推杆复位后，斜滑块才可装入
型芯6内。

型芯22、23各在动、定模上形成
铸件方形法兰盘上的三个通孔及六角
筒，为保证对接成型孔的同心度，
型芯23插入型芯22内。

数量	名　称	件号
4	螺　钉	15
1	推　板	14
1	动模座板	13
2	推杆固定板	12
4	复位杆	11
1	推　杆	10
4	支承板	9
1	动模镶块	8
2	型　芯	7
1	型　芯	6
4	内斜滑块	5
1	定模镶块	4
1	型　芯	3
1	型　芯	2
1	浇口套	1

外壳压铸模(三)

型　芯	34	1
浇口推杆	33	1
销　钉	32	2
螺　钉	31	4
导　套	30	4
导　柱	29	4
动模套板	28	1
销　钉	27	2
定模套板	26	1
定模座板	25	4
型　芯	24	1
型　芯	23	3
型　芯	22	3
销　钉	21	3
推　杆	20	3
销　钉	19	2
销　钉	18	4
垫　板	17	1
卡紧螺钉	16	1

铸件名称：外壳
铸件材料：铝合金

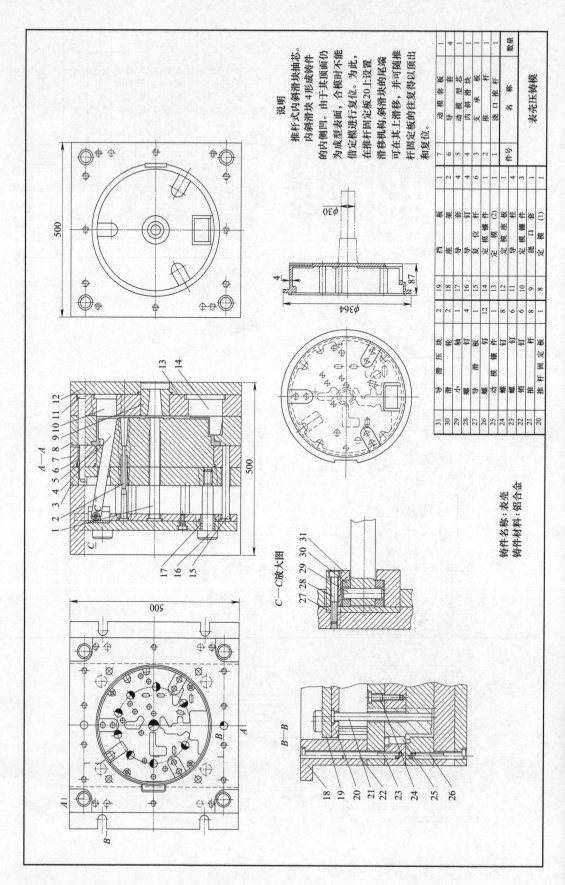

说明

推杆式内斜滑块抽芯。
内斜滑块在4形成铸件
的内侧凹。由于其顶面仍
为成型表面，合模时不能
借定模进行复位。为此，
在推杆固定板20上设置
滑移机构，斜滑块的尾端
可在其上滑移，并可随推
杆固定板的往复得以顶出
和复位。

铸件名称：表壳
铸件材料：铝合金

件号	名称	数量
7	动模套板	1
6	导套	4
5	动模型芯	1
4	内斜滑块	1
3	支承板	1
2	推口板	1
1	浇口推杆	1
	表壳压铸模	

件号	名称	数量
19	挡板	1
18	座架	2
17	导套	4
16	复位钉杆	4
15	定模镶件	6
14	定模镶件(2)	1
13	导柱	4
12	定模座板	1
11	浇口套	1
10	定模镶件(1)	1

件号	名称	数量
31	导滑压块	2
30	滑轮	1
29	小抽	4
28	螺钉板	12
27	导滑钉	8
26	动模镶件	8
25	螺钉	6
24	螺柱	6
23	销	8
22	推杆	1
21	推杆固定板	1

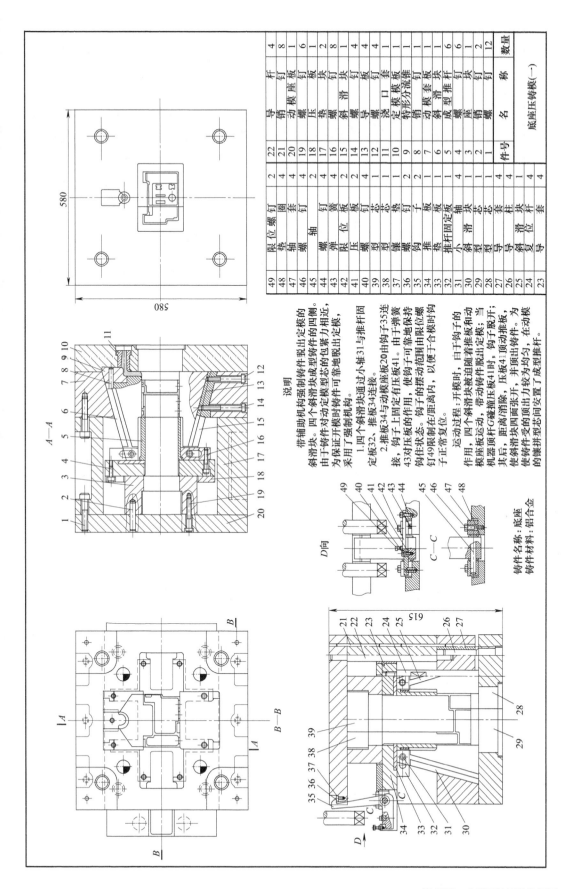

580

580

说明

带助机构强制铸件脱出定模的斜滑块。四个斜滑块对动定模型芯成型铸件的包紧力相近，由于铸件开模时铸件对动定模型芯的包紧力相近，为保证开模时铸件可靠地脱出定模，采用了强制机构。

1. 四个斜滑块通过小轴31与推杆固定板32、推板34连接。

2. 推板34与动模座板20由钩子35连接，钩子上固定有压板41。由于弹簧43对压板的作用，使钩子可靠地保持钩住状态。钩子的摆动由限位螺钉49限制在距离孔内，以便于合模时钩子正常复位。

运动过程：开模时，由于钩子的作用，四个斜滑块被迫随着推板和动模座板运动，带动铸件脱出定模；当机器板顶杆G碰着压板41时，钩子脱开，压板41顶动推板，其后，距离销制G碰着压板41顶出铸件。为使斜滑块四面张开，并顶出铸件。为在动模的镶拼型芯间安置了成型推杆。

铸件名称：底座
铸件材料：铝合金

件号	名称	数量
22	导杆	4
21	导钉	8
20	动模座板	1
19	螺钉	1
18	压板	2
17	垫块	8
16	螺钉	4
15	斜螺钉	4
14	导钉	4
13	导套	1
12	浇口模	1
11	定模分流锥	1
10	特形模板	1
9	销钉	1
8	动模套板	6
7	型滑块	1
6	推杆	6
5	螺钉	1
4	销钉	2
3	螺钉	12

底座压铸模（一）

件号	名称	数量
49	限位螺钉	2
48	垫圈	4
47	轴套	4
46	螺钉	2
45	螺钉	4
44	弹簧	4
43	压板	2
42	螺钉	4
41	型芯	1
40	型芯	1
39	镶型	1
38	镶螺	2
37	钩子	2
36	推板	1
35	推杆	1
34	推杆固定板	1
33	小轴	4
32	斜滑块	1
31	型芯	1
30	型芯套	1
29	导柱	1
28	斜滑块	4
27	复位杆	1
26	导套	4
25	导套	4

15.4 手动液压抽芯结构

铸件名称：盖
铸件材料：锌合金

件号	名 称	数量		件号	名 称	数量
38	可卸螺纹型芯	2		17	导 套	4
37	顶 杆	1		16	螺 钉	4
36	浇 口 套	1		15	定模套板	8
35	分 流 锥	1		14	定模镶件	1
34	推 杆	4		13	销 钉	1
33	型 芯	2		12	定模座板	4
32	螺 钉	1		11	型 芯	1
31	型芯固定板	1对		10	型 板	1
30	齿 轴	1		9	销 钉	4
29	齿 条	1		8	楔 紧 块	2
28	压 板	2		7	螺 钉	4
27	支 架	1		6	动模套板	1
26	手 柄	1		5	动模镶件	1
25	球 头	1		4	动模承板	1
24	动 模 座	1		3	推杆固定板	1
23	齿 轴	1		2	推 板	1
22	挡 条	1		1	螺 钉	4
21	挡 钉	4				
20	销 钉	2			盖压铸模(二)	
19	螺 钉	4				
18						

说明

手动齿轴齿条抽芯:有转入镶件。

型芯31形成铸件的内孔，型芯33与可卸螺纹型芯38共同对转入铜弯管作定位。为便于合模前较容易地将铜弯管放入，采用了手动抽型芯。

放铜弯管时，型芯33尚在抽出位置，铜弯管可卸螺纹型芯组合一起放置，其后再以手动使型芯33复位，插入铜弯管内。由于是手动，型芯33的复位比较可靠。

为保证型芯31的工作位置，由楔紧块8楔紧，以避免因齿形啮合的间隙而造成型芯退让的现象。

由于采用了手动顶出，故操作次序应严格控制。

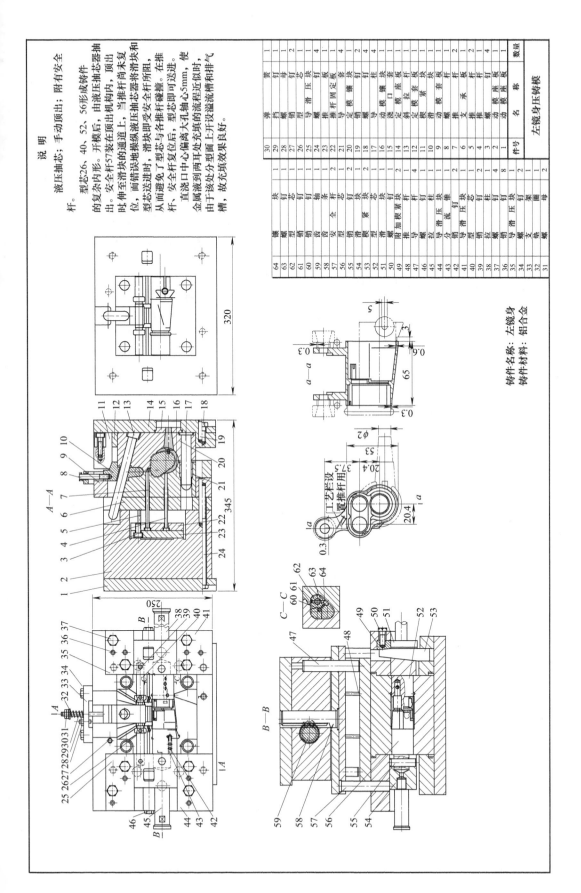

铸件名称:左镜身
铸件材料:铝合金

说明

液压抽芯;手动顶出;附有安全杆。

型芯26、40、52、56形成铸件的复杂内形。开模后,由液压抽芯器抽出安全杆至57装在顶出机构内,顶出时,而推杆尚未复位,滑块误操纵液压抽芯器将滑块和型芯复位后,滑块即受安全杆所阻。在推杆送进时,型芯与各推杆碰撞。从而避免了型芯与推杆碰撞。安全杆复位后,型芯即可送进。使金属液浇到两耳处大孔轴心5mm,使由于该处分型面上开设溢流槽和排气槽,故充填效果良好。

件号	名称	数量
64	镶块	1
63	螺母	1
62	型芯	2
61	销钉	1
60	销钉	1
59	挡钉	2
58	导芯	2
57	安全芯	1
56	型芯	2
55	销钉	4
54	滑膜	1
53	型销	1
52	滑块	2
51	滑膜	1
50	附加模楔紧块	1
49	推杆	2
48	螺钉	1
47	导滑块	2
46	拉柱	1
45	分流锥	1
44	销钉	4
43	导滑块	2
42	型销	1
41	销钉	1
40	拉杆	2
39	销钉	2
38	型柱	1
37	销钉	4
36	导滑块	8
35	螺钉	1
34	支架	1
33	垫圈	1
32	螺母	2
31		

件号	名称	数量
30	弹簧	1
29	挡钉	1
28	螺母	2
27	型芯	1
26	型芯	4
25	导滑块	1
24	推杆	4
23	推杆固定板	1
22	定模镶块	4
21	销钉	2
20	螺钉	4
19	动模镶块	1
18	动模导套	1
17	浇口套	1
16	定模座板	2
15	定模板	4
14	斜楔	1
13	楔紧块	1
12	动模套板	2
11	动模板	1
10	推板	2
9	支承板	1
8	推杆	2
7	推杆	1
6	螺母	4
5	动模座板	1
4	模脚	1
3	动模座板	2
2	动模垫板	1
1	动模座板	2

左镜身压铸模

15. 5 二次分型附加分型面结构

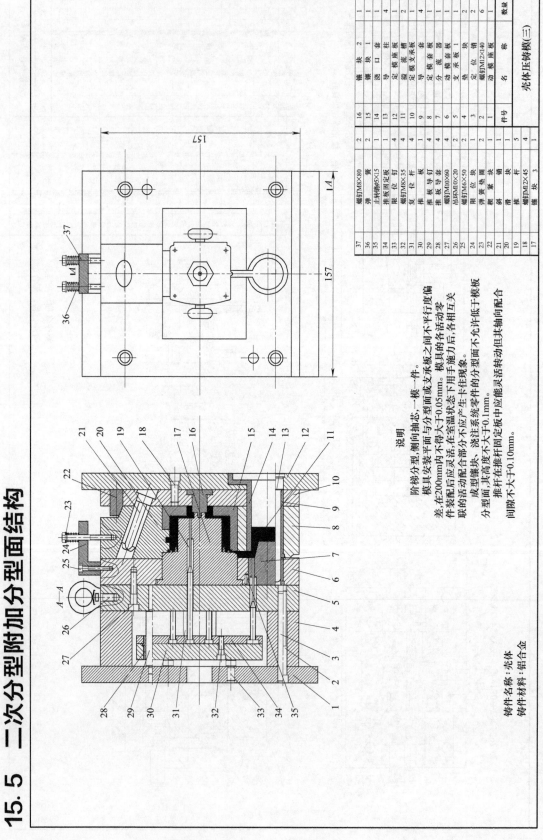

件号	名 称	数量
37	螺钉M8×80	1
36	簧	1
35	止转销φ5×15	1
34	推板固定板	4
33	限位钉	2
32	螺钉M8×35	4
31	复位杆	1
30	推板	4
29	推板导钉	4
28	推板导套	1
27	螺钉M10×20	1
26	螺钉M6×50	2
25	吊环M10×60	2
24	弹簧垫圈	1
23	楔紧块	1
22		2
21	斜销	1
20	滑块	2
19	推杆	5
18	螺钉M12×45	4
17	镶块 3	1

件号	名 称	数量
16	镶块 2	1
15	镶块 1	1
14	浇口套	4
13	导柱	4
12	定模座板	2
11	溢流槽	4
10	定模支承板	1
9	导柱套	4
8	定模套板	1
7	分流器	1
6	动模套板	1
5	支承板 1	2
4	垫块	2
3	定位销	1
2	螺钉M12×140	6
1	动模座板	1

壳体压铸模(三)

铸件名称:壳体
铸件材料:铝合金

说明
阶梯分型,侧向抽芯,一模一件。
模具安装平面与分型面或支承板之间不平行度偏
差,在200mm内应不得大于0.05mm。模具的各活动零
件装配后应灵活,在室温状态下用手摆动,各相互关
联的活动配合部分不应产生卡住现象。
成型镶块、浇注系统零件的分型面不允许低于模板
分型面,其高度不大于0.1mm。
推杆在推杆固定板中应能灵活转动但允许其轴向配合
间隙不大于0.10mm。

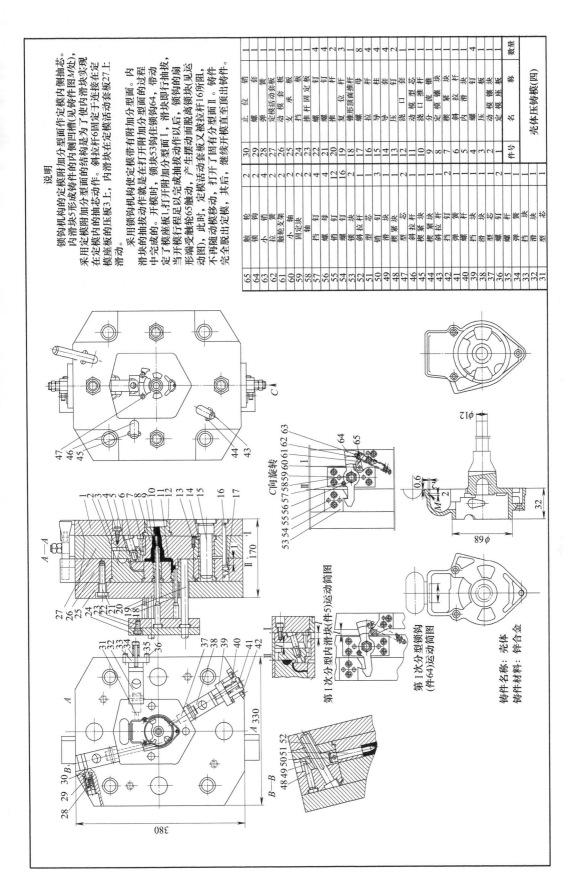

説明

采用锁钩机构的定模带有附加分型面作定模内侧抽芯。内滑块5形成附加分型面的铸件的内侧凹槽(见图M处)。内滑块附加分型面作为了使内滑块实现在定模内的抽芯动作。斜拉杆6固定于连接在定模座板的压板3上，内滑块定模活动套板27上滑动。

锁钩机构的定模使定模带有附加分型面的铸件有附加分型面。内滑块的抽拔动作就是在打开附加分型面过程中完成的。开模时，锁钩53钩住锁钩64，带动定模板1，打开附加分型面Ⅰ，滑块即行抽芯，带动定模座板足以完成抽拔动作以后，锁钩的扇形行程触轮65触动，产生摆动拔出抽拔块(见运动图)，此时，定模活动前脱离锁钩块又被拉杆16所阻，定模活动套板又被拉杆16所阻，定模随动模移动，打开有分型面Ⅱ。铸件不再随动模移动，其后，固定了固有分型面，打开了分型面Ⅱ。完全脱出定模，继续开模直至顶出铸件。

件号	名称	数量
65	触轮销	1
64	小锁钩	1
63	弹簧	1
62	拉钩	1
61	触轮支架	1
60	小固定块	1
59	轴	4
58	抽芯	4
57	挡钉	3
56	螺母	8
55	销钉	4
54	销钉	4
53	斜拉块	2
52	型芯	1
51	销钉	3
50	滑块	1
49	型芯	2
48	楔紧块	1
47	楔紧块	2
46	斜拉杆	1
45	挡钉	1
44	弹簧	2
43	挡块	1
42	滑块	1
41	型芯	2
40	压板	4
39	螺母	1
38	滑块	1
37	型芯	1
36	螺钉	1
35	弹簧	1
34	挡块	1
33	滑块	1
32	型芯	1
31	定模底板	1
30	销	1
29	套	1
28	弹簧	1
27	定模活动套板	1
26	定模套板	1
25	支承板	1
24	推杆固定板	1
23	推杆	4
22	销钉	4
21	销钉	12
20	螺钉	16
19	销钉	2
18	推	1
17	复位杆	1
16	锥形顶面推杆	3
15	螺钉	1
14	拉杆	1
13	导套	2
12	压套	2
11	浇口型芯	1
10	动模套板	1
9	分流锥	2
8	定模镶块	1
7	楔紧块	2
6	斜拉杆	1
5	内滑块	1
4	螺母	4
3	压板	1
2	动模镶块	1
1	定模底板	1

壳体压铸模(四)

C向旋转

第Ⅰ次分型内滑块(件5)运动简图

第Ⅰ次分型锁钩(件64)运动简图

铸件名称：壳体
铸件材料：锌合金

A—A

B—B

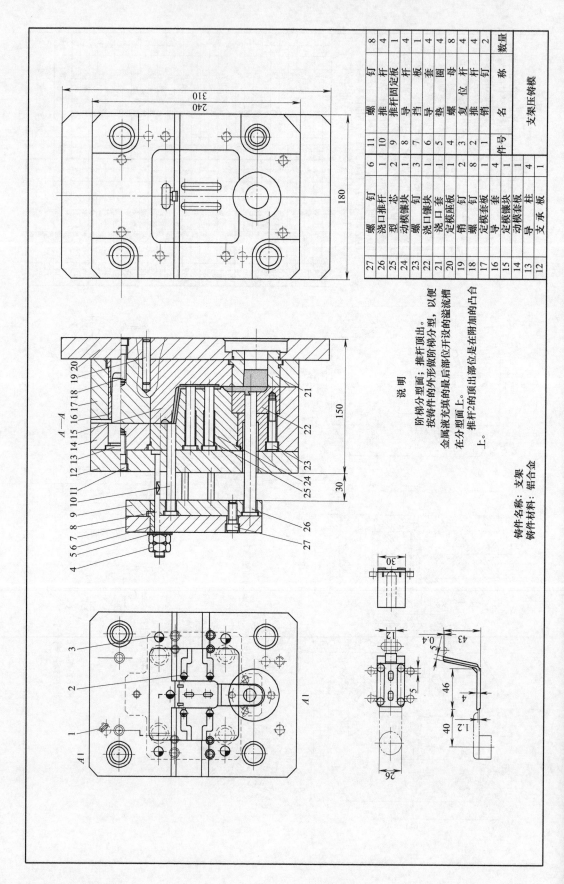

件号	名 称	数量
27	螺 钉	6
26	浇口推杆	1
25	型 芯	2
24	动模镶块	1
23	螺 钉	3
22	浇口镶块	1
21	浇口套	1
20	定模座板	1
19	销 钉	2
18	螺 钉	8
17	定模套板	1
16	导 套	4
15	定模镶块	1
14	动模套板	4
13	导 柱	4
12	支承板	1

件号	名 称	数量
11	螺 钉	8
10	推杆固定板	4
9	推 板	1
8	导 杆	4
7	挡 板	1
6	导 套	4
5	垫 圈	4
4	螺 母	8
3	复位杆	4
2	推 杆	4
1	销 钉	2
	支架压铸模	

说 明

阶梯分型面；推杆顶出。

金属液充填的最后部位做阶梯分型，以便按铸件的外形设计的溢流槽在分型面上。

推杆2的顶出部位是在附加的凸台上。

铸件名称：支架

铸件材料：铝合金

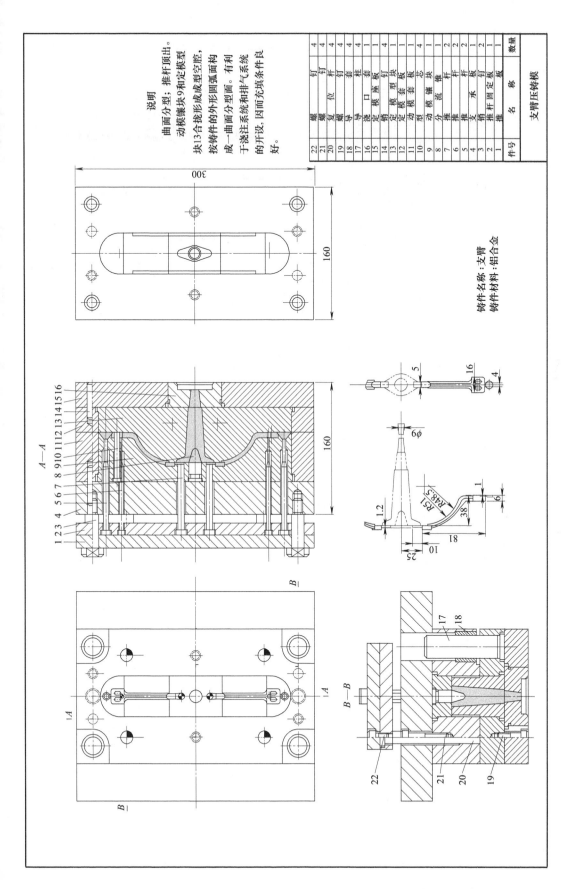

件号	名　称	数量
22	螺　钉	4
21	螺　钉	4
20	复位杆	4
19	螺　钉	4
18	导　套	4
17	导　柱	4
16	浇口套	1
15	定模座板	1
14	销　钉	4
13	定模型块	1
12	定模套板	1
11	动模套板	1
10	动模镶块	4
9	分流锥	1
8	推　杆	2
7	推　杆	2
6	推　板	2
5	支承板	2
4	销　钉	2
3	推杆固定板	1
2	推　板	1
1		

支臂压铸模

铸件名称：支臂
铸件材料：铝合金

说明

曲面分型；推杆顶出。

动模镶块9和定模型块13合拢形成成型空腔，按铸件的外形圆弧面构成一曲面分型面。有利于浇注系统和排气系统的开设，因而充填条件良好。

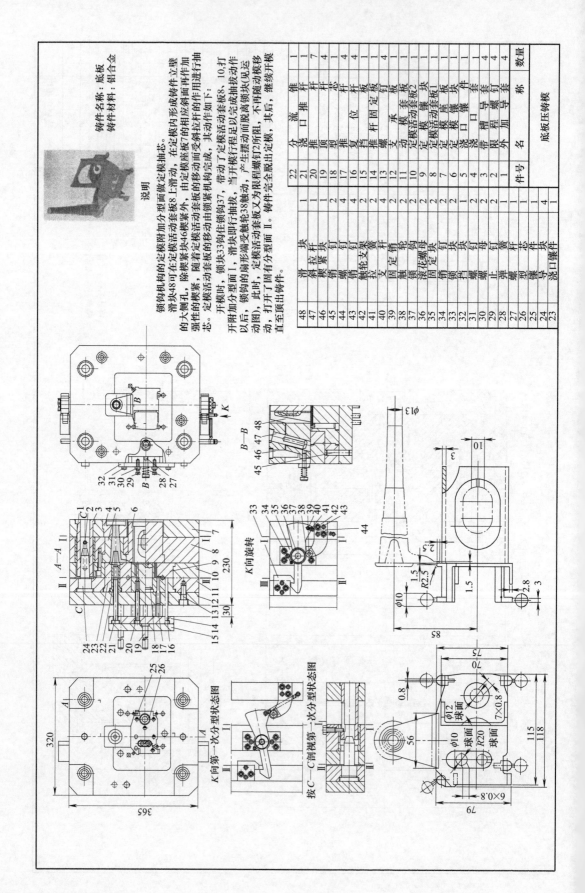

铸件名称：底板
铸件材料：铝合金

说明

锁钩机构的定模附加分型面做定模抽芯。

滑块48可在定模活动套板8上滑动，在定模内形成转件立壁的大侧孔，除楔紧块46楔紧外，由定模座板7的移动的移动机构再作加强性的楔紧，随着定模活动套板的移动的作用进行抽芯。定模活动套板的移动由锁紧机构完成。

开模时，锁块33钩住分型面Ⅰ，带动丁定模活动套板8、10，打开附加分型面Ⅰ以后，锁钩的周形端交触轮38触动，产生摆动又为限程螺钉12所阻，不再随动模移动，此时，定模活动套板又为分型面Ⅱ为限程螺钉所阻，其后，继续开模动，打开了固有分型面Ⅱ。铸件完全脱出定模，直至被顶出铸件。

件号	名称	数量
48	滑块	1
47	斜拉杆	1
46	楔紧块	2
45	销钉	4
44	螺钉	1
43	拉钩销	2
42	触轮支架	2
41	拉杆	2
40	固定销	2
39	固定销	1
38	锁钩轮	2
37	锁钩母	1
36	滚花螺母	1
35	固定定块	2
34	销钉	2
33	锁钩	1
32	挡块	2
31	螺钉	1
30	螺母	2
29	止推螺母	1
28	弹簧杆	1
27	弹簧	4
26	型芯	1
25	镶导套	1
24	导滑块	4
23	浇口镶件	1

底板压铸模

件号	名称	数量
22	锥杆	1
21	分流锥	1
20	浇口推杆	7
19	推杆	4
18	顶型芯	4
17	推杆	4
16	复位杆	1
15	推杆固定板	4
14	推杆固定板	1
13	推板	1
12	支承板	4
11	动模活动镶块2	1
10	定模活动镶块	1
9	定模镶块	1
8	定模活动套板	1
7	定模座板	1
6	浇口导套	1
5	浇口套	4
4	导滑槽	4
3	限程导套	4
2	导柱	4
1	导套	4

B—B
45 46 47 48

K向旋转
33 34 35 36 37 38 39 40 41 42 43 44

A—A
C 1 2 3 4 5 6 7 8 9 10 11 12 13 14 15 16 17 18 19 20 21 22 23 24
230 30

32 31 30 29 28 27

25 26
A
320 365
K向第一次分型状态图 Ⅰ Ⅱ
按C—C剖视第一次分型状态图 Ⅰ Ⅱ

φ13
10 3
2.5 1.5 R2.5 1.5 φ10 2.8 3 85

75 70 115 118
φ12 球面 R20 球面 球面 φ10 56
0.8 7×0.8 6×0.8 79

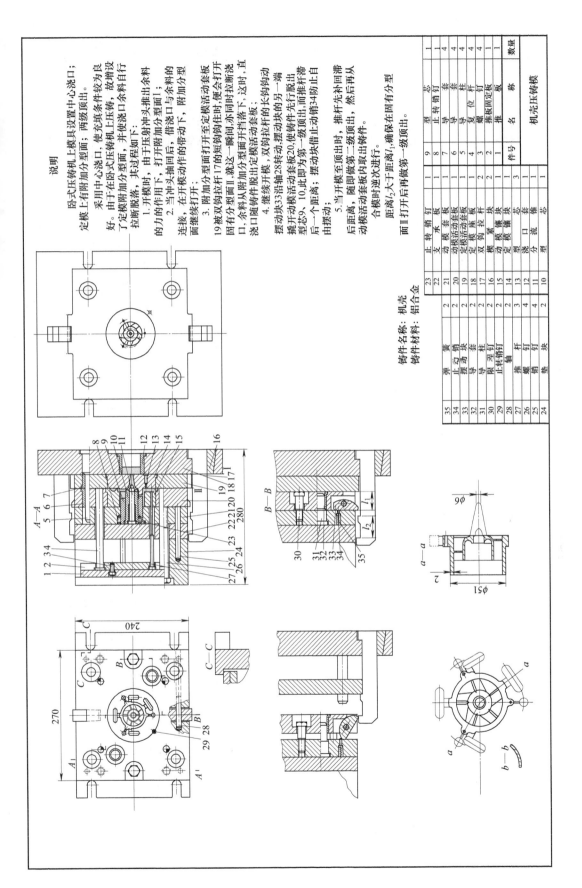

说明

卧式压铸机上模具设置中心浇口;定模上有附加分型面;两级顶出。

采用中心浇口,使充填条件较为良好。定模附加分型面,并使浇口余料自行拉断脱落,其过程如下:

1. 开模时,由于压射冲头推出余料的力的作用下,打开附加分型面I;

2. 当冲头抽回后,打开附加分型面后,借浇口与余料的连接,在开模动作的带动下,附加分型面继续打开;

3. 附加分型面打开至定模活动套板19被双钩拉杆17的短钩钩住时,便会打开固有分型面II。浇这一瞬间,亦同时拉断浇口,余料从附加分型面脱出随动套板,直浇口随余料脱出定模活动套板;

4. 继续开模,双钩拉杆的长钩钩动摆动块33沿轴28转动,摆动块将双钩撬开动模活动套板20,使动模块先行脱出型芯9、10,此即为第一级顶出,而推杆滞后一个距离;摆动块借助动销34防止自由摆动。

5. 当开模至顶出时,推杆先补回滑后距离,随即做第二级顶出,然后再从动模活动套板内取出铸件。

合模时逆次进行。

距离 l_2 大于距离 l_1,确保在固有分型面II打开后再做第一级顶出。

铸件名称:机壳
铸件材料:铝合金

件号	名称	数量
23	正转销钉	1
22	支承套板	1
21	动模套板	1
20	动模活动套板	1
19	定模活动套板	1
18	定模座板	2
17	双钩拉杆	2
16	螺塞	1
15	动模镶块	2
14	定模镶块	2
13	型腔	3
12	浇口套	1
11	分流锥	1
10	型芯	1
9	型芯	1
8	正转销钉	1
7	导套	4
6	导套	4
5	导柱	4
4	复位杆	4
3	螺钉	4
2	推板固定板	1
1	推板	1
机壳压铸模		

件号	名称	数量
35	弹簧销钉	2
34	正转销	2
33	摆动块	2
32	导套	2
31	导柱	2
30	双钩拉杆	2
29	正转销钉	3
28	限位块	3
27	推杆	3
26	螺钉	4
25	销钉	4
24	垫块	2

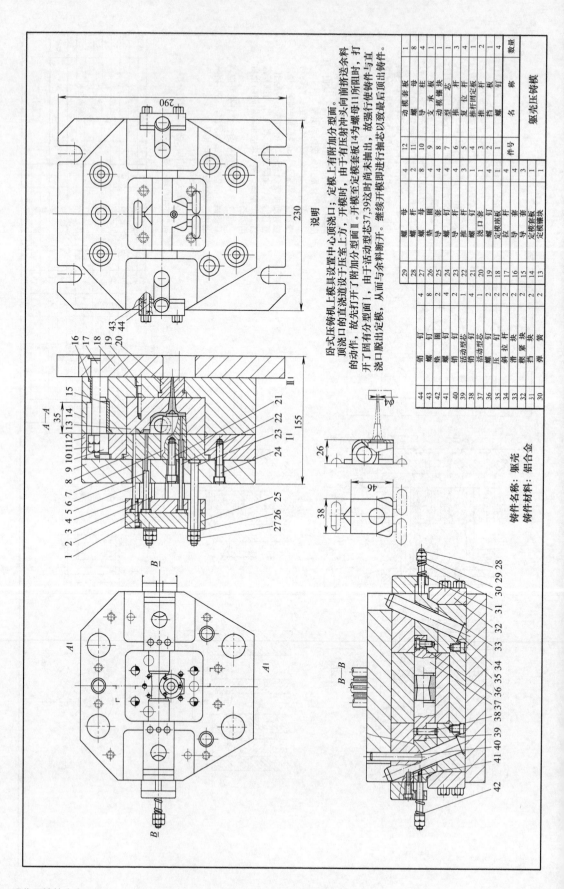

说明

卧式压铸机上模具设置中心顶浇口；定模上有附加分型面。

顶浇口的直浇道设于压室上方，开模时，由于有压射冲头向前挤送余料的动作，故先打开了附加分型面Ⅱ。开模至定模套板14为螺母11所阻止，打开丁固有分型面Ⅰ，由于活动型芯37,39这时尚未抽出，故强行使铸件与直浇口脱出定模，继续开模即使铸件与直浇口脱出定模，从而与余料断开。继续开模即进行抽芯与直顶出铸件。

件号	名	称	数量
12	动模套板		1
11	螺	母	8
10	导	柱	4
9	支 承 板		1
8	动 模 镶 块		1
7	型	芯	3
6	推	杆	4
5	复 位 杆		4
4	推杆固定板		1
3	推	杆	2
2	挡	板	1
1	螺	钉	4

29	螺	母	4
28	螺	杆	8
27	螺	母	2
26	垫	圈	4
25	导 套		2
24	螺	钉	1
23	导	杆	4
22	推	杆	1
21	螺	钉	4
20	浇 口 套		1
19	螺	钉	2
18	定模座板		2
17	拉	杆	2
16	导 套		3
15	定模套板		1
13	定模镶块		1

44	销	钉	4
43	螺	钉	8
42	垫	圈	2
41	螺	钉	4
40	活动型芯		2
39	销	活动型芯	4
38	销	钉	1
37	螺	钉	2
36	斜 拉 杆		2
35	滑 块		2
34	楔 紧 块		2
32	挡 块		2
31	弹 簧		2

铸件名称：躯壳

铸件材料：铝合金

躯壳压铸模

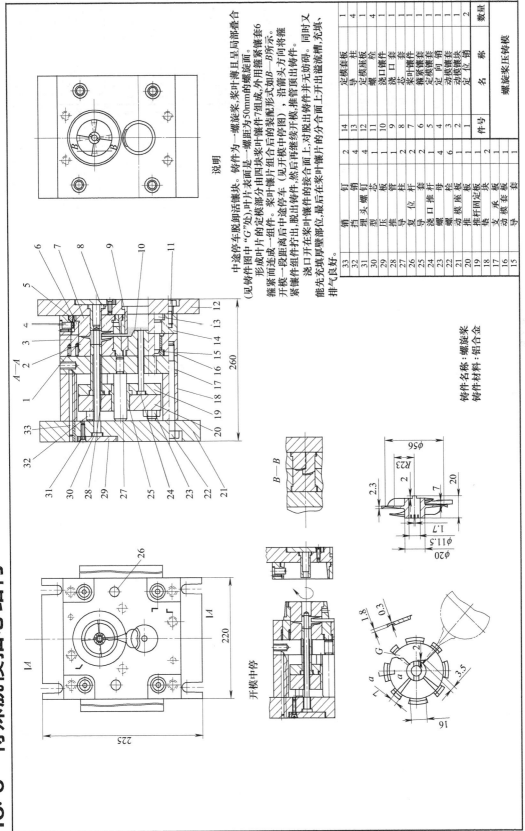

说明

中途停车脱卸活镶块。铸件为一螺旋桨,桨叶薄且呈局部叠合(见铸件图中"G"处),叶片表面是一螺距为50mm的螺旋面。形成叶片的定模部分由四块桨叶镶件7组成,外用箍紧镶套6箍紧而连成一组件。桨叶镶件组合后即形成装配形式如B—B所示。开模一段距离后中途停车(见开模中停图),沿箭头方向将箍紧镶件组件拧出,脱出铸件。然后再继续开合模,推管21能充填铸件的分合面上开出溢流槽,充填,排气良好。

铸件名称:螺旋桨
铸件材料:铝合金

件号	名 称	数量
33	销 钉	2
32	挡头螺钉	4
31	埋 头 钉	4
30	型 芯	1
29	压 板	1
28	推 管	2
27	导 柱	1
26	复 位 杆	2
25	导 套	2
24	浇口推杆	1
23	螺 母	1
22	螺 栓	6
21	动模座板	4
20	推杆固定板	1
19	垫 块	2
18	支 承 板	2
17	动模套板	1
16	导 套	1
15	导 套	1

件号	名 称	数量
14	定模套板	1
13	导 柱	4
12	定模座板	4
11	螺 栓	1
10	浇口套	1
9	芯	1
8	桨叶镶件	1
7	箍紧镶件	1
6	定模镶套	1
5	定 向 销	1
4	动模镶套	1
3	动模镶块	1
2	定 位 销	2

螺旋桨压铸模

开模中停

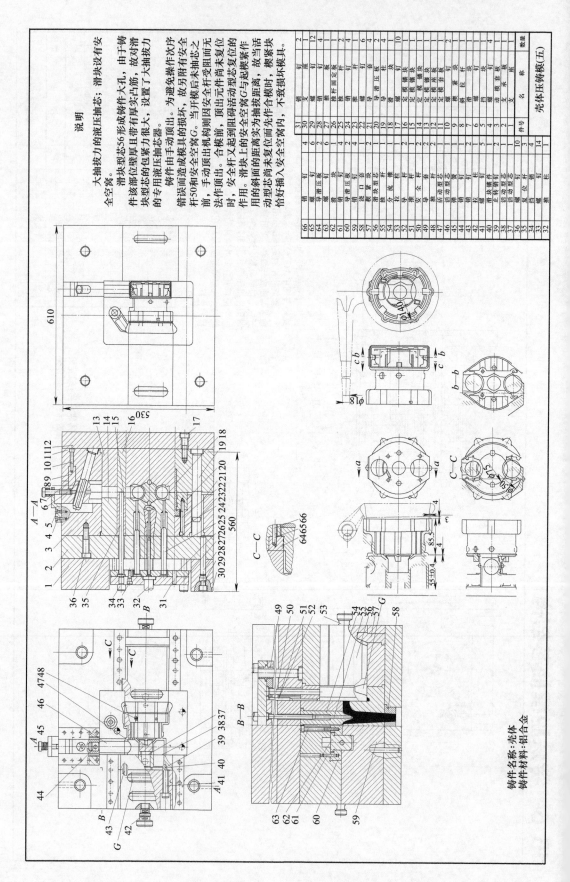

说明

大抽拔力的液压抽芯；滑块设有安全空簧。

滑块型芯56形状带有厚实铸件大孔，由于铸件该部位壁厚且带有加强凸筋，故对滑块型芯的包紧力很大，设置了大抽拔力的专用液压抽芯器。

铸件由手动抽顶出。为避免操作次序错误而造成模具的损坏，故另附有安全杆50和安全空簧G。当手动顶出之前，手动顶出机构则因安全杆受阻而无法作顶出。合模前，顶出元件尚未复位的时候，安全杆又起到阻隔活动型芯复位的作用。滑块未复位前先作合模时，模紧块动型芯尚未复位而作合模，不致损坏模具，恰好插入安全空簧内。

件号	名称	数量
66	销	1
65	螺	1
63	钉	4
61	钉	2
60	销	2
59	销钉	4
58	滤	4
57	口	4
56	滑块型芯	1
55	推	10
54	分流锥	2
53	拉杆	2
52	推杆	1
51	导套	1
50	安全杆	2
49	销	2
48	弹簧	1
47	活动型芯	2
46	销钉	5
45	拉	2
44	螺	2
43	螺	1
42	拉	2
41	滑块销前	2
40	正转销前	4
39	活动型芯	10
38	活动型芯	3
37	复位杆	14
36	螺	1
35	挡	
34	销	
33	钉	
32	柱	

件号	名称	数量
31	销	2
30	螺	1
29	钉	12
28	钉	2
27	钉	1
26	推杆固定板	2
25	钉	4
24	钉	4
23	销	4
22	钉	1
21	导滑	10
20	导滑	2
19	滤	
18	模口	2
17	模紧	1
16	定模镶块	2
15	定模镶块	1
14	定模镶块	2
13	定模镶块	1
12	定模型芯	1
10	销	2
9	拉	4
8	斜销	
7	推	4
6	导套	4
5	销	

铸件名称：壳体
铸件材料：铝合金

壳体压铸模(五)

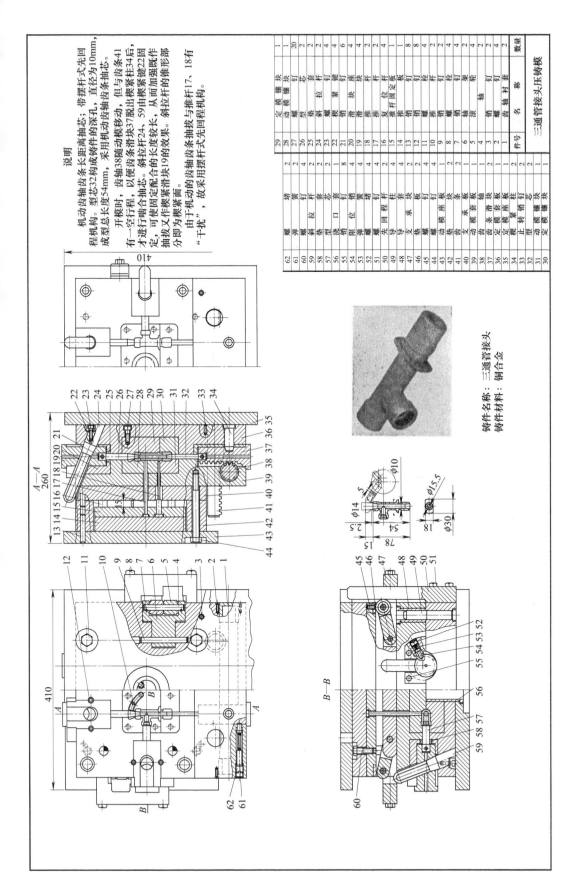

铸件名称：三通管接头
铸件材料：铜合金

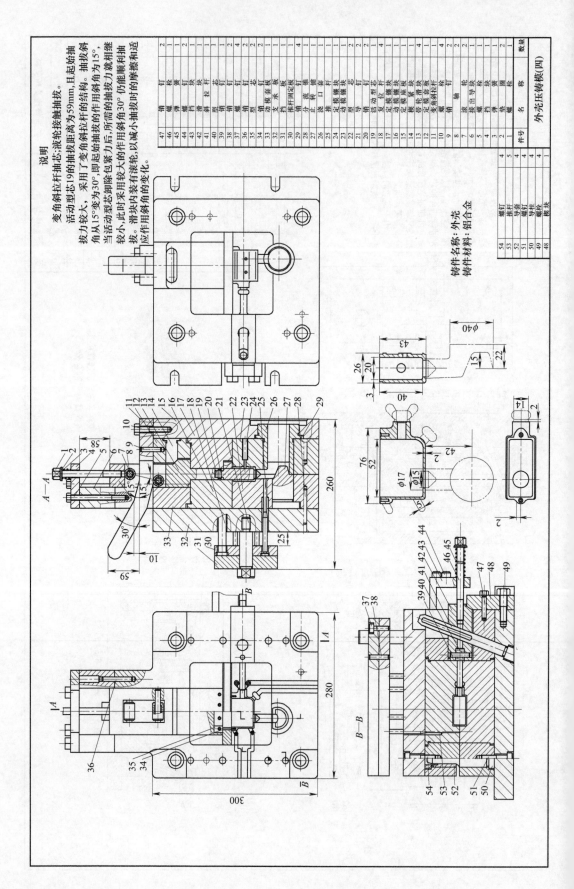

说明

变角斜拉杆抽芯;波轮接触抽拔。
活动型芯抽拔力较大，采用30°，且起始抽拔力变大。抽拔斜角从15°变为30°,即起始抽拔的作用斜角为15°。当活动型芯卸除包紧力后,所需的抽拔力逐渐相继较小。此时采用较大的作用斜角30°仍能顺利抽拔。滑块内装有滚轮,以减小抽拔时的摩擦和适应作用斜角的变化。

铸件名称:外壳
铸件材料:铝合金

外壳压铸模(四)

件号	名称	数量
54	螺钉	4
53	推杆	4
52	导套	4
51	螺钉	4
50	导柱	4
49	螺栓	4
48	模块	1
47	销钉	2
46	弹簧	1
45	螺钉	2
44	挡块	2
43	滑块	1
42	斜拉杆	2
41	型芯	1
40	销钉	2
39	型钉	4
38	销钉	2
37	销钉	1
36	型芯	2
35	型钉	1
34	销钉	2
33	动模型板	1
32	支承板	1
31	推杆固定板	1
30	推板	1
29	销钉	4
28	分流锥	1
27	正转块	1
26	浇口套	1
25	锥销	2
24	动模镶块	1
23	定模镶块	1
22	型芯	2
21	型芯	2
20	销钉	2
19	变角斜拉杆	1
18	销钉	2
17	复位杆	4
16	定模镶块	2
15	动模镶块	1
14	定模镶块	1
13	定模镶块	4
12	带轮滑块	1
11	带轮滑块	2
10	变角斜拉杆	1
9	销	2
8	轴	2
7	轮	1
6	活动型块	1
5	挡块	1
4	弹簧	1
3	弹簧圈	1
2	螺栓	2
1	接出导轮	1

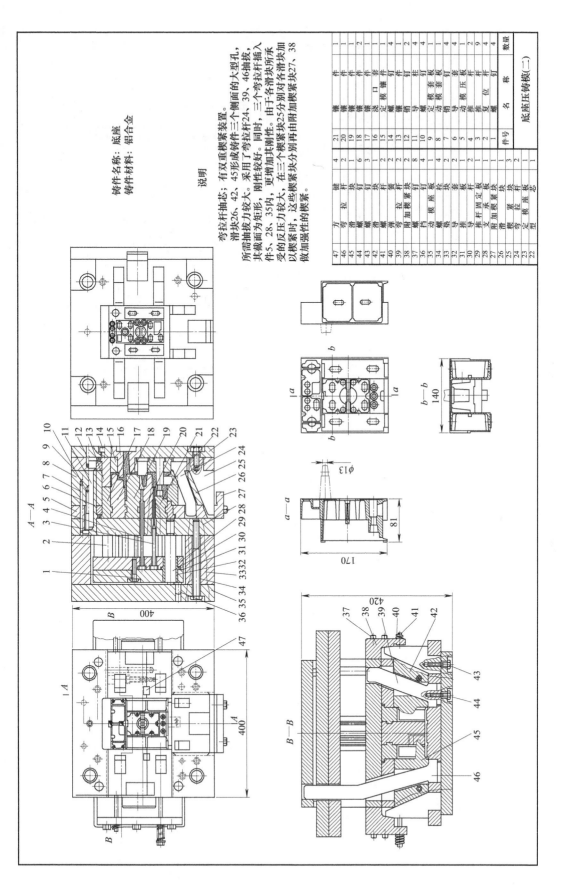

铸件名称：底座

铸件材料：铝合金

说明

弯拉杆抽芯；有双重楔紧装置。
所需油拔力较大。采用了弯拉杆24、39、46抽拔，
滑块26、42，45形成铸件三个侧面的大型孔，
其截面为矩形，刚性较好。三个弯拉杆插入
件5、28、35内，更增加其刚性。由于各滑块所承
受的反压力较大，在三个楔紧块25分别对各滑块加
以楔紧时，这些楔紧块分别再附加再增楔紧块27、38
做加强性的楔紧。

件号	名称	数量
47	方键	1
46	弯拉杆	1
45	滑块	1
44	螺钉	2
43	螺钉	1
42	滑块	1
41	螺杆	4
40	弹簧	1
39	弯拉杆	1
38	附加楔紧块	4
37	销	8
36	导螺钉	4
35	动模座板	1
34	螺栓	4
33	块	2
32	导套	2
31	动模板	1
30	推导套	2
29	推杆	9
28	支杆	4
27	推杆固定板	1
26	滑块	1
25	楔紧块	3
24	弯拉杆	1
23	定模座板	1
22	型芯	1

底座压铸模（二）

说明

在模具内机动卸即卸外螺纹。

螺纹型环17形成铸件的外螺纹，旋配入连接轴34上，螺纹型销13固紧。连接轴与镶套11为转动配合，其尾部带有花键与正齿轮32咬合。

开模时，固定在定模了上的齿条43带动了与蜗轮43咬合的浮齿轮41，又从蜗轮转动到列轮轴46，再通过伞齿轮传动和蜗齿轮传动使连接轴转动，即使螺纹型环脱卸螺纹而脱出。由于铸件在定模内做轴向脱出。

为减小摩擦，保证传动灵活性，装有滚珠37和滚珠盘36。为了限制连接轴的轴向移动，装有定位圈31和止动螺钉18。

当内浇口断裂致使机动卸卸螺纹失效时，可做手动操作。此时，蜗轮43即行打开，浮齿轮41与轮轴46并无传动作用，故手动操作的材料为磷青铜，既可使转动比较灵活，又便于更换。

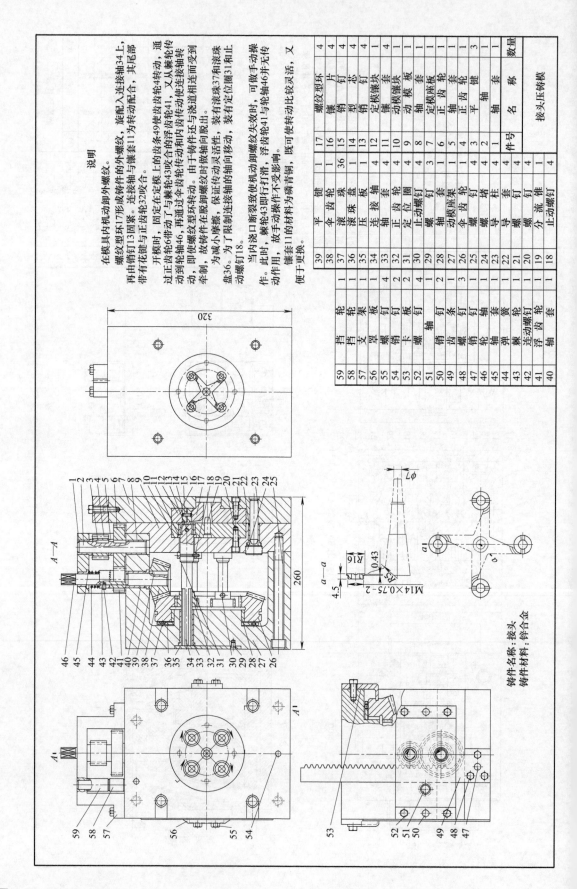

件号	名称	数量
17	螺纹型环	4
16	镶片	4
15	销钉	4
14	型芯	4
13	销钉	4
12	定模镶块	4
11	镶套	1
10	动模板	1
9	轴	1
8	定模座板	1
7	正齿轮	1
6	轴套	1
5	轴	1
4	平键	3
3	键	1
2	轴	1
1	轴套	1

件号	名称	数量
39	平键	1
38	伞齿轮	1
37	滚珠	36
36	滚珠盘	1
35	压珠板	1
34	连接轴	4
33	轴套	4
32	正齿轮	4
31	定位圈	4
30	止动螺钉	3
29	轴套	1
28	轴	2
27	动模座架	1
26	伞齿轮	3
25	螺钉	1
24	堵	1
23	导柱	4
22	螺套	4
21	螺钉	4
20	连动螺钉	4
19	分流锥	4
18	止动螺钉	4

件号	名称	数量
59	挡轮	1
58	轮架	1
57	支架	1
56	罩	1
55	螺钉	4
54	销	2
53	卡板	4
52	螺钉	1
51	轴	2
50	销	1
49	齿条	3
48	螺钉	1
47	销	1
46	轮	1
45	轴套	1
44	弹簧	1
43	浮动螺钉	1
42	连动齿轮	20
41	浮动齿轮	1
40	轴套	1

接头压铸模

320
260

M14×0.75-2
R16
0.43
4.5

铸件名称：接头
铸件材料：锌合金

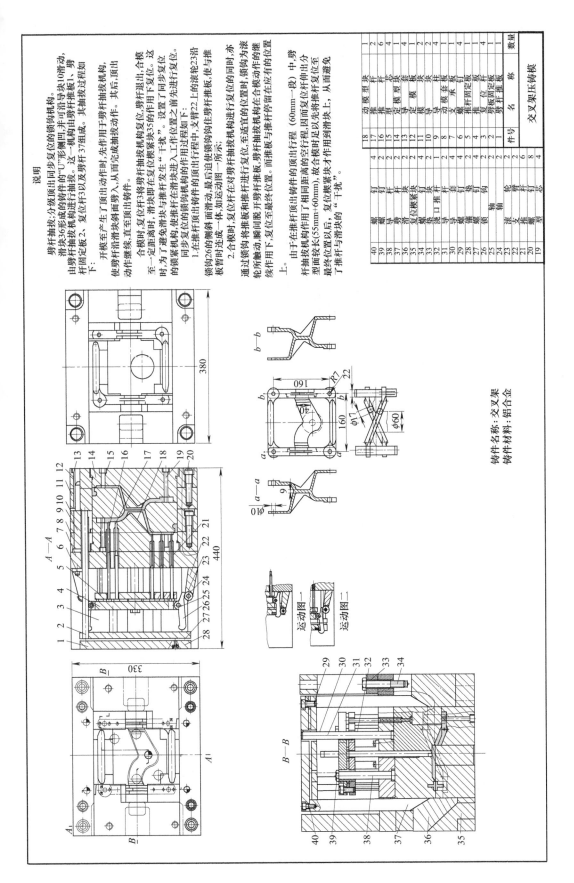

说明

劈杆抽拔：分级顶出同步复位的锁钩机构。

由滑块36形成的铸件的"U"形侧凹，并可沿导块10滑动，滑块36形抽拔机构进行抽拔。这一机构由劈杆推板1、劈杆抽拔固定板2、复位劈杆3以及劈杆37组成。其抽拔过程如下：

开模至产生了顶出动作时，先作用于劈杆抽拔机构，使劈杆沿滑块斜面劈入，从而完成抽拔动作。其后，顶出动作继续，直至顶出铸件。

合模时，复位劈杆在动作时，先作用于劈杆退出，合模至一定距离时，滑块即在复位楔紧块35的作用下复位。这时，为了避免滑块与楔杆发生"干扰"，设置了同步复位的锁钩机构，使劈杆在铸件在进入工作位置之前先进行复位。同步复位的锁钩机构的作用过程如下：

锁钩26沿顶面滑动，最后迫使锁钩复位柱23沿推板臂复位时连成一体，如运动图一所示。

1. 在推杆顶出铸件的顶出行程中，支臂22上的滚轮23沿锁所触动，瞬间脱开与劈杆推板开，劈杆抽拔机构在合模动作的继续作用下，复位至最终位置，而推板与推板停留在应有的位置上。

2. 合模时，复位杆在对劈杆推杆进行复位，至适宜的位置时，锁钩为滚轮所作用复位，使与推通过锁钩将推板和推杆进行复位，劈杆推板抽拔机构进行同时，亦

由于推杆在推杆顶出铸件的顶出行程（60mm一段）中，劈杆抽拔机构作用了相同距离的空行程，因而复位杆伸出分型面较长（55mm+60mm），复位楔紧块以及将推杆复位至最终位置以后，复位楔块才作用到滑块上，从而避免了推杆与滑块的"干扰"。

铸件名称：交叉架
铸件材料：铝合金

件号	名称	数量
40	螺钉	4
39	推杆	2
38	导杆	2
37	劈杆	2
36	滑块	2
35	复位楔紧块	4
34	螺钉	2
33	锁口推杆	1
32	导柱	2
31	导套	4
30	螺钉	4
29	楔紧块	2
28	螺钉	2
27	锁钩	2
26	锁钩轴	2
25	滚轮	2
24	支臂	2
23	摆杆	6
22	螺钉	8
21	型芯	4
20	销钉	—
19	—	—

件号	名称	数量
18	动模型块	1
17	推杆	2
16	型芯	6
15	定模型块	1
14	定模套板	4
13	导套	1
12	导柱	2
11	动模套板	2
10	支承板	4
9	垫块	—
8	推板固定板	4
7	推板	—
6	复位杆	4
5	劈杆推板	4
交叉架压铸模		

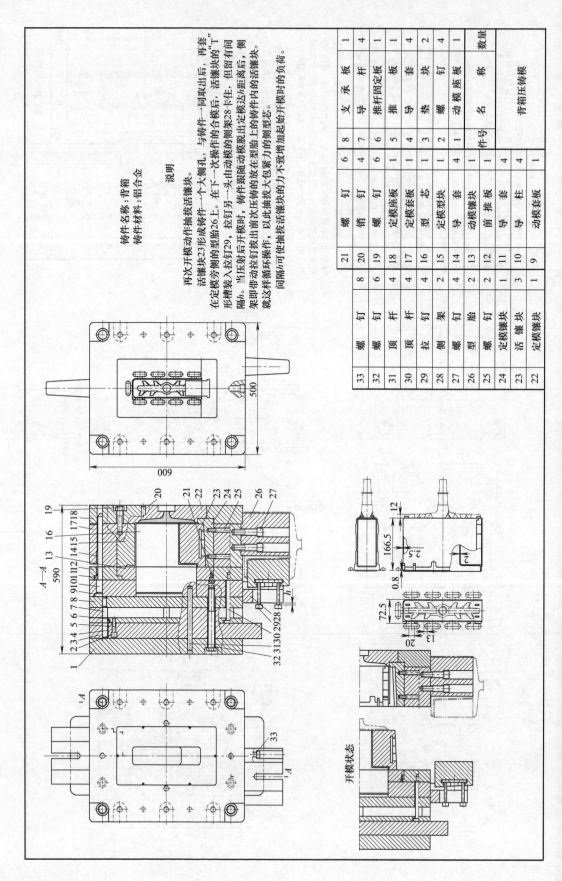

铸件名称：背箱
铸件材料：铝合金

说明

铸件动作抽拔活镶块。

活镶块23形成铸件一个大侧孔，与铸件一同取出后，再套在定模旁侧成铸件的型胎26上。在下一次操作的合模后，活镶块的"T"形槽装入拉钉29，拉钉另一头由动模的侧架28卡住，但留有间隔h。当压射后开模时，铸件跟随动模脱出定模达h距离后，侧架即带动拉钉拔出铸件的放在定模上的铸件内的活镶块。就这样循环操作，以此油拔活镶块的侧型芯。间隔h可使抽拔活镶块时的力不致增加起始开模时的负荷。

开模状态

件号	名称	数量
33	螺钉	8
32	螺钉	6
31	顶杆	4
30	顶杆	4
29	拉钉	4
28	侧架	2
27	螺钉	4
26	型胎	2
25	螺钉	2
24	定模镶块	1
23	活镶块	3
22	定模镶块	1
21	螺钉	6
20	销	4
19	螺钉	6
18	定模座板	1
17	型芯	1
16	定模型块	1
15	定模型块	1
14	导套	4
13	动模镶块	1
12	前推板	1
11	前推板	1
10	导柱	4
9	动模套板	1
8	支承板	1
7	导杆	4
6	推杆固定板	1
5	推板	1
4	导套	4
3	垫块	2
2	螺钉	4
1	动模座板	1

背箱压铸模

15.7 其他结构

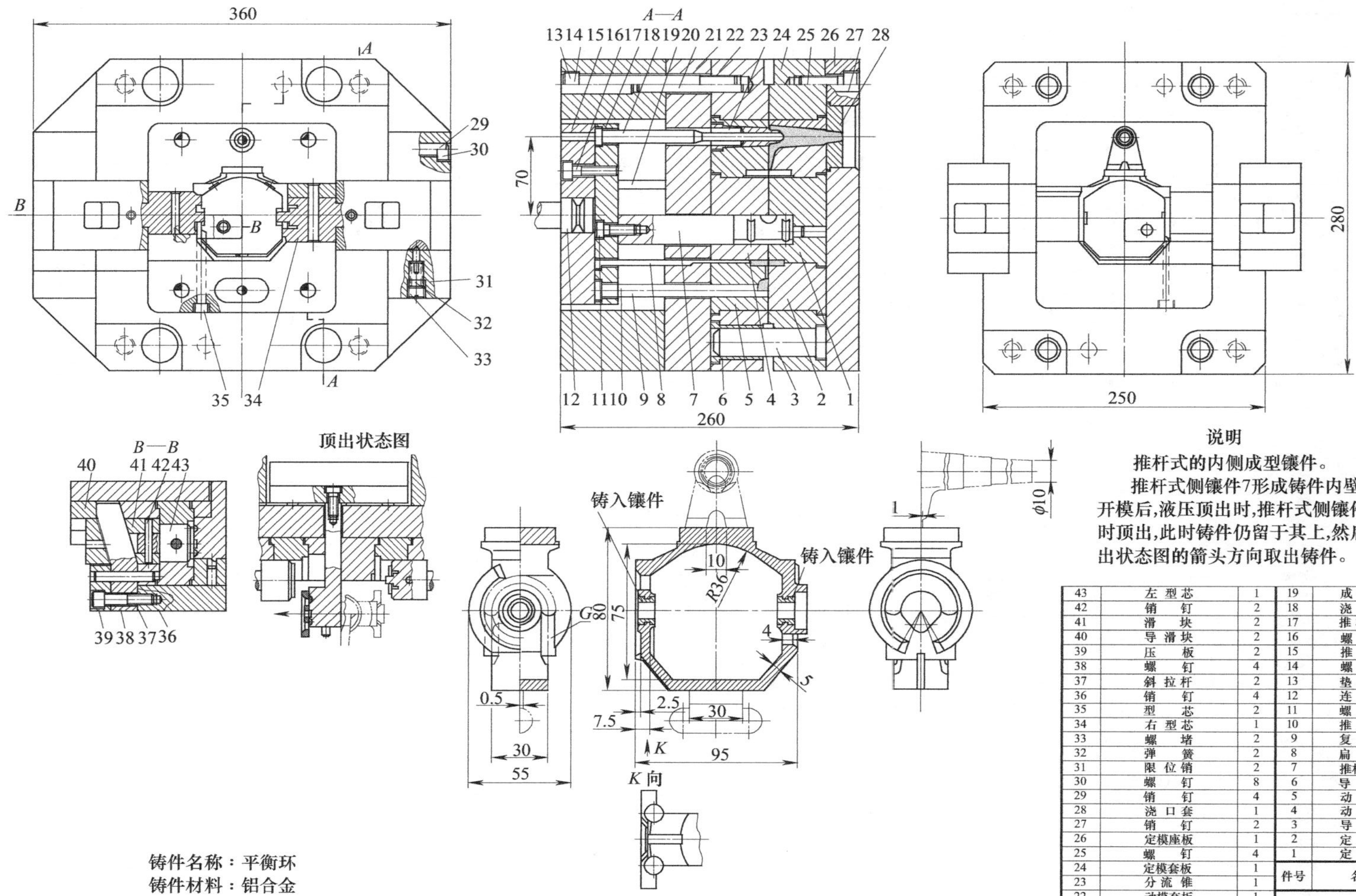

说明

推杆式的内侧的内侧成型镶件。

开模后,液压顶出时,推杆式成铸件内壁上的凸筋同时顶出,此时推杆式侧镶件7亦被顶出状态图的箭头分留于其上,然后按顶出方向取出铸件。

铸件名称:平衡环
铸件材料:铝合金

A—A

B—B

顶出状态图

铸入镶件

K向

序号	名 称	数量
43	左型芯	1
42	销 钉	2
41	滑 块	2
40	导滑块	2
39	导滑板	2
38	压 板	2
37	螺 钉	2
36	斜拉杆	4
35	销 钉	2
34	型 芯	1
33	右型型堵	2
32	弹簧	2
31	限位销	2
30	螺 钉	1
29	浇口套	8
28	销	4
27	定模镶板	1
26	销	4
25	螺母锁板	1
24	定模套板	1
23	动模套板	1
22	分流锥	1
21	支承板	1
20	销 钉	2
19	成型推杆	2
18	浇口闸推杆	1
17	推杆闸定板	1
16	推 板	4
15	拉 杆	1
14	销 钉	4
13	连接器	2
12	整块	1
11	销 钉	4
10	复位杆	1
9	螺 杆	4
8	限位推杆	1
7	推杆式侧镶件	4
6	导 套	1
5	动模镶型芯	2
4	导 柱	4
3	定模镶块	1
2	定模镶型芯	1
1	定模型芯	1

平衡环压铸模

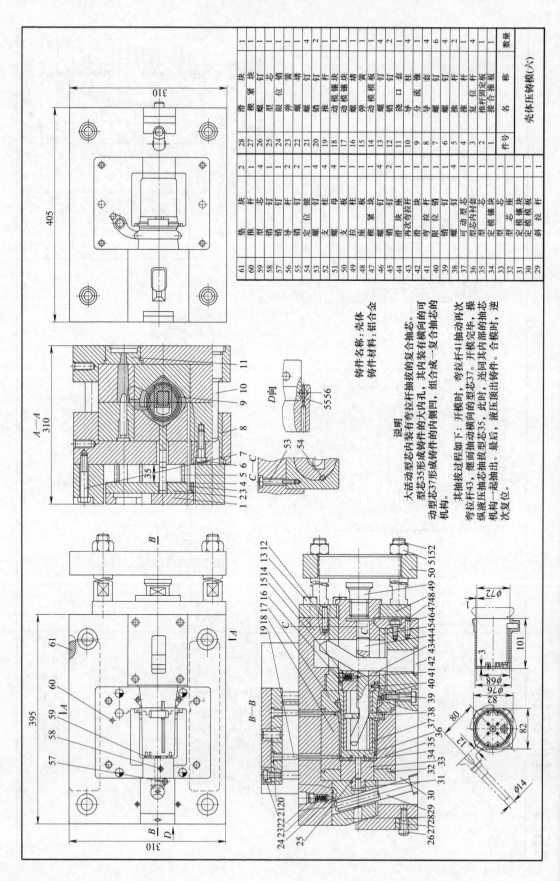

序号	名称	数量
28	滑块	1
27	紧固块	1
26	螺钉	1
25	型芯	1
24	限位销	1
23	弹簧	1
22	螺塞	4
21	螺钉	2
20	销	1
19	推销	1
18	动模镶块	1
17	动模镶块	1
16	弹簧	4
15	动模板	1
14	螺钉	4
13	销	1
12	浇口套	4
11	分流锥	1
10	导柱	1
9	分流套	1
8	导套	1
7	螺钉	6
6	推杆	2
5	推板	1
4	复位杆	4
3	推杆固定板	1
2	接合推板	1
1	斜拉杆	1

序号	名称	数量
61	垫块	2
60	推杆	1
59	型芯	4
58	销钉	1
57	导销	2
56	销钉	2
55	定位键	4
54	螺母	4
53	支柱	1
52	螺母	1
51	支板	1
50	限位柱	1
49	销	1
48	紧块	1
47	螺钉	1
46	销	4
45	螺钉	2
44	再次冷却杆	1
43	滑块芯	1
42	弯拉杆	1
41	弯拉杆	1
40	限位销	1
39	螺钉	4
38	可动型芯	1
37	型芯内衬套	1
36	型芯	1
35	定模镶块	1
34	型芯	1
33	定模镶块	1
32	定模模板	1
31	定模模板	1
30	定模模板	1
29	斜拉杆	1

铸件名称:壳体
铸件材料:铝合金

说明

大活动型芯内装有弯拉杆而抽拔的复合抽芯。
型芯35形成铸件的大内孔,其内装有横向的可
动型芯37形成铸件的内侧凹,组合成一复合抽芯的
机构。

其抽拔过程如下:开模时,弯拉杆41抽动再次
弯拉杆43,继而抽芯抽拔型芯37。开模完毕,操
纵液压抽芯机构横动型芯35,此时,连同其内部的抽芯
机构一起抽出。最后,液压顶出铸件,逆次复位。

壳体压铸模(六)

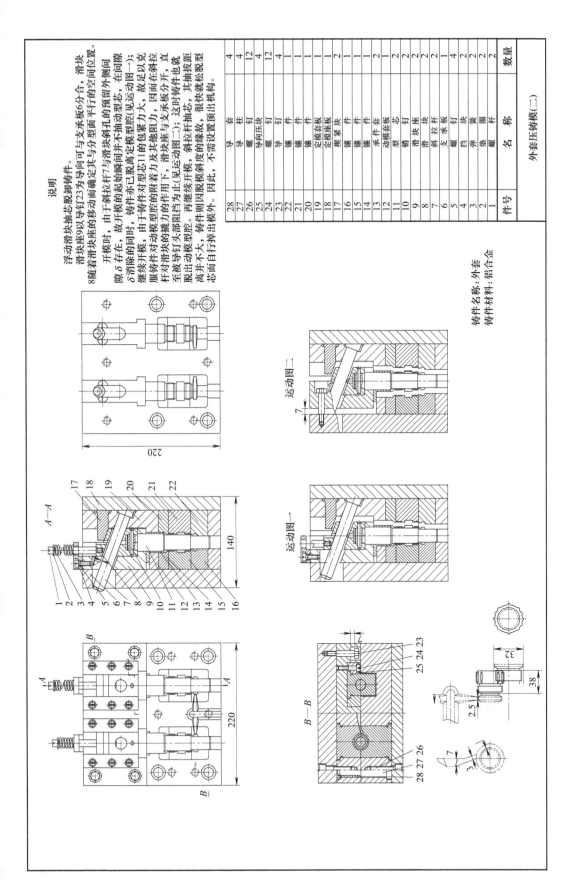

说明

浮动滑块抽芯脱卸铸件。

开模时，由于斜拉杆7与滑块斜孔之间存在间隙δ以及导钉23为导向可与支承板6分合，滑块8随着滑块座的移动而确定其与分型面平行的空间位置。

开模时，由于斜拉杆7与滑块斜孔瞬间并不抽动型芯，在间隙δ消除的同时，铸件亦已脱离定模型腔（见运动图一）；继续开模，由于铸件对动模型腔的附着力及其他阻力，故足以克服铸件对动模型腔的抱紧力，因而在斜拉杆对滑块的辅力的作用下，滑块座与支承板分开，直至被导钉头部阻挡为止（见运动图二），这时铸件也就脱出动模型腔。再继续开模，斜拉杆抽芯，其抽拔距离并不大，铸件侧因脱模斜度的缘故，很快就松脱型芯而自行掉出模外。因此，不需设置顶出机构。

铸件名称：外套
铸件材料：铝合金

件号	名 称	数量
28	导 套	4
27	导 柱	4
26	螺 钉	12
25	导向压块	4
24	螺 钉	12
23	导 钉	4
22	镶 件	1
21	镶 件	1
20	定模套板	2
19	定模座板	1
18	模紧块	2
17	镶 件	1
16	镶 件	2
15	承件套	1
14	动模套板	2
13	型 芯	1
12	销 钉	2
11	滑 块 座	2
10	滑 块	2
9	斜 拉 杆	2
8	支 承 板	1
7	螺 钉	4
6	挡 块	2
5	弹 簧	2
4	垫 圈	2
3	螺 杆	2
2	外套压铸模（二）	

第 3 篇

压铸模制造

第16章 压铸模制造工艺

金属压铸模的模具制造是在一定的工艺条件下，通过各种加工形式，改变模具材料的形状、尺寸和物理性质，使之成为符合设计要求的模具零件，再经过组装、部装、总装和试模而得到合格模具的工艺过程。

16.1 压铸模制造工艺

16.1.1 压铸模制造的工艺方法

压铸模具制造的工艺方法包括锻造、热处理、切削加工、表面处理和装配等。其中切削加工是主要的加工方法。切削加工大体上分为切削机床加工、钳加工和特殊机床加工等几类。切削机床加工是指采用不同形式的切削机床（如，车床、铣床、刨床、插床、磨床等）进行粗加工或精加工。钳加工是指采用锉、铲、刮、研等手工方法，去除切削机床加工所预留的加工余量，将半成品件加工成符合蓝图要求的尺寸、形状以及表面粗糙度的模具零件，并通过组装、总装成为符合要求的整体模具。当模具零件在使用普通机床和人工的传统方法很难加工或耗时很大时，常采用特殊机床（如电加工机床、数控机床等）进行加工。

表 16-1 所列是不同加工方法可获得的尺寸精度和表面粗糙度。

表 16-1 不同加工方法可获得的尺寸精度和表面粗糙度

加工方法	钻孔	铰孔	精车	精铣	精镗	精磨	电火花	线切割	抛光
尺寸精度	IT10	IT6	IT6	IT7	IT6	IT5	—	0.005~0.02mm	$<1\mu m$
表面粗糙度 $Ra/\mu m$	6.3	1.6	0.8	1.6	0.8	0.4	3.2~1.6	1.6	≤0.025

16.1.2 压铸模制造的工艺规程

工艺规程是规定模具结构件的制造工艺过程和操作方法，以及模具装配流程等内容的工艺技术文件。它主要包括零件加工的工艺路线、各道工序的具体加工内容、设备的选用以及装配工艺等。

（1）工艺规程的作用

① 工艺规程是指导模具生产的技术文件，是保证模具质量和降低制模成本的依据。

② 工艺规程是企业的生产组织者和管理者安排生产准备和生产计划的依据。

③ 工艺规程是加工质量检验的依据。

（2）编制工艺规程的原则

① 工艺规程应结合现场的实践经验和生产技术，依照科学的理论编制，应具有工艺上的合理性、技术上的先进性和生产上的经济性等特点。

② 分析和研究所制造压铸模的结构特点，分析压铸模的成型状况是否满足压铸工艺的基本要求。必要时，提出修改意见，在保证模具质量的前提下，追求加工的高效率和低

成本。

③ 重点把握各零件之间的配合关系和移动关系，分析各零件间的位置、连接和主次关系，并对主要零件进行工艺性分析，使各主要零件既能满足功能要求，又具有省时省力的经济特点。

④ 结合现场的实际工作条件（如现有设备状况、工人技术水平状况以及生产负荷平衡情况），选择各零件的加工方法，安排加工顺序，确定工序的集中与分散程度，编制实用的、经济的、均衡的工艺规程。

⑤ 编制工艺规程时，应选择合理的工艺基准。工艺基准的选择对保证零件的加工精度，尤其是保证各零件之间的位置精度和装配精度至关重要。模具零件工艺基准的选择应遵循以下原则。

a. 基准重合原则。工艺基准和设计基准应尽可能重合，避免因基准不重合而引起的误差。

b. 基准统一原则。同一零件上各个加工表面，应选用统一的基准。

c. 基准对应原则。有装配关系或相互移动关系的零件应选取对应一致的零件基准。如同一套模具中，各模板的基准均为模板的基准角相邻两侧的基准端面，不能随意变换。

d. 基准传递与转换原则。如，在坐标镗床上镗导柱孔时，首先以模板的右下角为基准。在镗第二个孔时，则以第一个孔为基准，在镗第三个孔时，则以第二个孔为基准，依此类推。这种情况，就是基准进行了传递与转换。同理，在粗加工时，以模板中心线为基准，四周均匀去除；而精加工时，则以模板的基准角为基准。

⑥ 安排合理工序顺序。对精度要求高的零件，可分为粗加工、半精加工和精加工三个加工程序。工序安排的原则是。

a. 先基准后其他。先加工基准面，后加工其他表面。

b. 先主后次。先加工主要表面，后加工次要表面。

c. 先平面后内孔。先加工平面，后加工内孔。

⑦ 热处理工艺的安排应根据具体情况而定。常规情况下，退火或正火可以改变材料的加工性能，并消除内应力，应安排在粗加工之前进行。调质处理可改善材料的力学性能，可安排在粗加工之后进行。淬硬处理可提高零件表面的硬度和耐磨性，一般可安排在磨削精加工之前进行。但压铸模的成型零件，则安排在精加工并在装配试模后，再进行淬硬处理，以便局部结构的修整或改动。

工艺规程确定后，拟定加工工艺路线，选择各加工表面的加工方法以及加工所选用的设备，并用表格的形式制作加工工艺路线卡或装配工艺路线卡，与生产蓝图一起交付生产。

16.2　模具零件的加工工艺路线

模具零件的加工工艺应在遵循普通机械加工工艺基本原则的情况下，考虑压铸模自身的特殊性。

① 压铸件的形状各异，成型零件的结构也各不相同。因此，压铸模的制造基本上是单件生产。为保证相互之间的形状和位置精度，有时必须采取单件配制的加工方法。

② 立体形状复杂的压铸件，要求精度较高，要求有较高精度的通用机床和特殊加工机床以及高等级的技术工人。

③ 多变的成型零件，其加工工艺也是灵活多变的，应随时采取变通的工艺方法，解决现场的实际问题。

④ 零件表面质量要求高。除满足表面粗糙度要求外，还应有较好的力学性能，以抗击金属液的冲蚀。

⑤ 模具制造的周期长、工种多、工序多，需有机动灵活的现场调度手段。

16.2.1 模板加工

模板类零件包括定模板、动模板、支承板、定模和动模的座板以及卸料板等。它们是加工或装配过程中的重要基准面。模板加工主要是保证其平面的平面度，并保证各模板间积累的平行度误差在允许的范围内。一般，模板加工分粗加工、半精加工和精加工三道程序。

（1）模板的粗加工

模板的粗加工是指采用车床、刨床、铣床等机械设备对坯料的六个面进行粗加工。在去掉坯料的加工余量后，再留出足够的半精加工余量，同时对模板上较大的孔也进行粗加工。

粗加工完了之后，应进行一次退火处理或正火处理，以改善材料的加工性能和去除模板的内部应力，使其组织稳定，以防止后续加工过程中出现变形。

（2）模板的半精加工

在退火或正火消除内应力之后，模板会产生不同程度的变形。模板的半精加工就是去除其变形量，并给精加工留出适当的加工余量。对重要的模板，如定模板、动模板以及卸料板等，还应进行调质处理。

（3）模板的精加工

通过粗加工和半精加工后，模板已形成了基本轮廓。采用平面磨床磨削模板的两平面，使其达到要求的厚度尺寸和表面粗糙度。这两个分模面即是 Z 轴方向上的加工基准面。

取任意相邻的两个侧边进行高精度的直角加工，并与模板平面相互垂直。这两个侧面即分别为 X、Y 方向上的加工基准面，分别用 X、Y 标记。X、Y 形成的直角即为基准角，用 G 做明显的标记。这个基准角就是模具加工、装配和维修时的基准角，如图 16-1 所示。

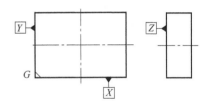

图 16-1 模板的基准角

当平面的精度要求，尤其是平面度公差要求很高时，可采用研磨法，即用铸铁平板作研具，用很细的金刚砂作磨料，施以较小的压力均匀平衡地去除研合面的余量，达到多面积的良好接触。

（4）薄板的精加工

较薄或太薄的模板，在退火调质或淬硬后容易发生弯曲或翘曲变形。磨削发生变形的薄板时，先用薄而宽的挡板将薄板四周挡住，并将被加工的薄板凸面向上，然后以很小的磨削量对凸面进行磨削。当磨削部分的长度达到薄板长度的三分之二时，将薄板翻面，仍然采取轻度磨削的方法进行磨削。这样反复数次，直到弯曲或翘曲变形消失，再按常规磨削处理。

因此，薄板的预留余量应加大，以防止达到尺寸要求时局部仍有凹处，而导致薄板报废。

16.2.2 孔及孔系的加工

（1）孔及孔系的加工

模板平面加工完成后，在模板上需要加工的部位进行各种形式的孔及孔系（包括镶嵌成型零件的安装孔、导柱孔、复位杆孔、顶杆孔、侧抽芯的导滑槽、固定楔块的螺栓孔以及冷却水道孔、吊钩孔等）的加工。

压铸模上孔的加工方法有：钻孔、扩孔、镗孔、铰孔、磨孔等。加工时采用何种方法应根据孔的尺寸精度等级、形位精度等级和表面粗糙度的要求而定。

压铸模上的同一零件上出现有相互位置精度要求的多个孔称为孔系。对孔系的加工除了要保证孔本身的精度要求和各同轴孔之间的轴线同轴度要求以及表面粗糙度要求外，还要保证孔与孔之间的位置度、各平行孔之间的轴线平行度以及孔的轴线与基准面之间的平行度和垂直度等精度要求。

一般情况下，孔系的加工是以 X、Y、Z 为基准面，找出需要加工部位的中心，并划出与 X、Y 相互平行的交叉中心线，依照蓝图划出加工轮廓线。

孔系的加工大体有以下几种方法。

① 精密划线加工 首先找出交叉中心线，并在中心处用冲头打窝。然后用直径相对较小的钻头钻孔。钻孔后，检验孔与基准面的相对位置以及各孔之间的相对位置是否满足位置精度要求。如果发现有偏差，可先用整形锉修整，然后再扩孔，再检验，直到各孔位置达到要求为止。最后进行留有铰孔余量的扩孔，并进行粗铰和精铰。

这种方法可使各孔的中心位置精度达到 ±0.05mm，可在没有坐标镗床的场合采用。

② 对合加工 若两块模板具有位置相同的多个通孔（如，成型零件的固定孔以及导柱、导套的固定孔等）时，可将两模板对合在一起进行加工。

对于位置和孔径均相同的孔若以 X、Y 各侧边为基准面时，按装配时的排列顺序，将它们装夹在一起，只需在最上模板划线，将模板找平，就可以同时将对应的通孔同时加工出来。

对于位置相同，但孔径不同的孔（图 16-2），在装夹两块模板时，在两板中间平行垫起一个进刀距离的平行垫板 2，并将带大孔的模板 1 放置在上部划线，同时加工出底部的小孔后，再对大孔进行扩孔。

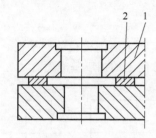

图 16-2 孔的对合加工
1—模板；2—平行垫板

③ 坐标镗床加工 坐标镗床加工是目前最常用的孔系加工方法。坐标镗床是具有二维坐标的高精度机床，它通过带有误差补偿装置的精密丝杠，或通过带有游标的精密直尺以及准确读数的光学装置来控制工作台，精确移动坐标尺寸，并通过精密回转工作台等附件，保证在二维坐标的任意空间，完成各相对位置的精确定位及精密加工。因此采用坐标镗床加工，即使两块模板上的相对应的孔分别加工，也能达到装配精度要求。

采用坐标镗床加工孔系时，重要的是模板的正确定位，其中包括：

a. 模板的分模面应与坐标镗床的工作台平行。

b. 模板上的 X、Y 基准面应正确纳入坐标镗床的坐标系统中，即 X、Y 的两个基准面，应分别与坐标镗床工作台的运动方向平行。

c. 分别找出并准确测定出模板 X、Y 方向的基准面的坐标。

模板正确定位后，便可按蓝图要求求出各孔的坐标点，分别加工各孔。

坐标镗床是精密设备，故当孔径大于 $\phi20$mm 时，应先在其他机床上加工出预留孔，留出镗加工余量。当孔径较小时，可在镗床上直接钻孔，但为防止钻头的偏摆，在钻孔前先用刚度大、刃磨正确的中心钻，钻出中心底孔。

当孔距精度公差大于 ±0.015mm 时，钻孔后，可直接铰孔。当孔距精度要求较高时，应采用精镗加工。

④ 导柱、导套固定孔的加工 导柱、导套是压铸模模板导向装置。导向装置除具有模板的导向作用外，还起模板间相互移动的定位作用和承受一定侧压力的作用。导柱、导套固定孔的相对位置误差一般要求在 0.01mm 范围内。故导柱、导套固定孔可以在坐标镗床上

分别加工，也可采用对合加工法，将动模板和定模板按装配位置的排列顺序装夹在一起同时加工。导柱、导套固定孔的加工时序，应根据具体情况而定。

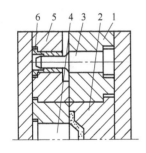

图 16-3　先加工导柱固定孔的实例
1—定模板；2—定模板镶块；3—导柱；
4—型芯；5—动模板；6—导套

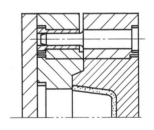

图 16-4　后加工导柱固定孔的实例

　　a. 先加工导柱、导套固定孔。图 16-3 所示的情况，定模和动模上固定成型零件的孔均为通孔，可以首先加工导柱、导套固定孔。这样在加工成型零件固定孔时，导柱、导套固定孔可以作为定位（有两个以上不相邻的孔定位即可），采用图 16-2 所示对合加工方法，在同一工位，将两块模板上的固定孔同时加工出来。

　　b. 先加工成型固定孔，后加工导柱孔。在动定模之间设有斜面止口定位的模具结构，如图 16-4 所示，在合模时，它们能正确定位，可采用后加工导柱、导套孔。成型零件加工完毕后，组装合模装夹在一起，同时加工导柱、导套孔。

　　（2）模板的加工工艺实例

　　模板类零件主要起支承、定位、固定、连接等作用。它们的加工内容主要是定模板和平面上孔系的加工。因此，模板上所有的技术要求都是针对平面的精度和孔系的精度提出的。模板的加工工艺，就是满足这些技术要求，如模板上、下两面的平行度、平面度、孔系的尺寸精度、位置度以及孔轴线与模板平面的垂直度等。

　　【例 16-1】　动模板加工工艺实例

　　图 16-5 所示是斜销多方位侧抽芯压铸模的动模板加工工艺用图，其加工工艺过程卡见表 16-2。

　　【例 16-2】　定模板加工工艺实例

　　图 16-6 为定模板零件图，其加工工艺过程卡见表 16-3。

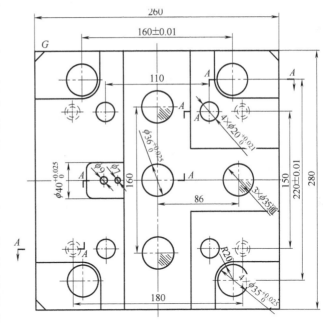

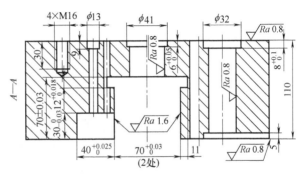

图 16-5　动模板加工工艺用图

表 16-2　动模板加工工艺过程卡

工序号	工序	加工内容
1	锻	280mm×260mm×110mm,单边留加工余量 4～5mm
2	热处理	退火处理
3	铣	280mm×260mm×110mm,单边留加工余量 1～2mm
4	划	粗划导滑槽,70mm×70mm深
5	铣	粗铣导滑槽,单边留加工余量 3mm
6	热处理	调质 220～250HB
7	铣	厚 110mm,留磨量 0.6～0.8mm
8	钳	钻攻侧面的吊钩螺孔(图中未画出)
9	磨	厚 110mm,达到尺寸要求,保证平行度允差小于 0.02mm
10	铣	①确定基准角 G,以模板大平面为基准,分别精加工基准角 G 相邻两侧面相互垂直,并与模板大平面垂直,做基准标记"G"或两侧基准面标记"X""Y" ②铣与 X、Y 相对应的两侧面,达到尺寸要求
11	划	以 X、Y 两侧面为基准,按以下加工内容划线
12	铣	①精加工导滑槽"$70^{+0.03}_{0}$"深"70±0.03",2 处及各台肩槽"$12^{+0.018}_{0}$×11" ②铣浇道镶块固定槽"$40^{+0.025}_{0}$"深"$30^{0}_{-0.03}$" ③铣四角"R20"深 5mm 的塌边
13	划	
14	镗	以 X、Y 两侧面为基准,加工"$4×\phi35^{+0.025}_{0}$""$4×\phi20^{+0.021}_{0}$"以及"$\phi36^{+0.025}_{0}$"
15	钳	①钻孔"$3×\phi35$"通孔、"$\phi7$"和"$\phi9$"通孔 ②背面扩台肩孔"$\phi41×6$""$4×\phi32×8$""$\phi13×9$"以及钻攻"4×M16"螺孔
16	钳	去除加工毛刺,模板周边倒角"2×45°"

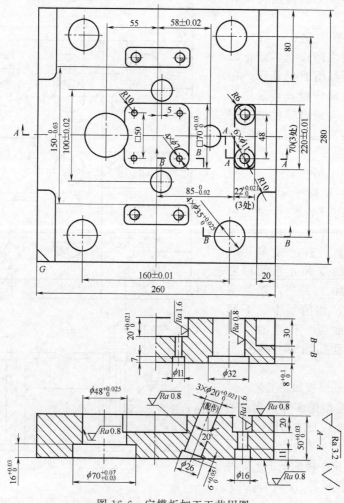

图 16-6　定模板加工工艺用图

表 16-3　定模板加工工艺过程卡

工序号	工　序	加　工　内　容
1	锻	280mm×260mm×50mm，单边留加工余量 3～4mm
2	热处理	调质 220～250HB
3	铣	厚 50mm，留磨量 0.6～0.8mm
4	磨	加工厚"$50^{+0.03}_{0}$"至尺寸要求，并保证两面平行度允差小于 0.02mm
5	铣	①确定基准角 G，以模板大平面为基准，分别精加工基准角 G 相邻两侧面相互垂直，并与模板大平面垂直，做基准标记"G"或两侧基准面标记"X""Y" ②铣与 X、Y 相对应的两侧面，达到尺寸要求
6	划	以 X、Y 两侧面为基准划线
7	钳	钻孔"6×ϕ11""4×ϕ7"和"70"矩形孔的下刀孔
8	镗	以 X、Y 两侧面为基准加工"4×ϕ35$^{+0.025}_{0}$"及"70×22$^{+0.021}_{0}$×20"共三处的矩形槽两端的工艺孔"6×ϕ22$^{0}_{-0.02}$×20"，保证矩形槽内边的尺寸精度"150$^{0}_{-0.03}$"和"85$^{0}_{-0.02}$"的尺寸要求
9	铣	①以 X、Y 两侧面为基准找线，铣"70$^{+0.03}_{0}$×20$^{+0.21}_{0}$" ②以工艺孔"6×ϕ22$^{0}_{-0.022}$×20"为基准，加工各矩形槽"70×22$^{+0.021}_{0}$"，使内加工面与各工艺孔相切，达到尺寸精度，并保证"150$^{0}_{-0.03}$"及"85$^{0}_{-0.02}$"的位置尺寸 ③铣 80mm×30mm×20mm 四角塌边
10	钳	①扩背面台肩孔"4×ϕ32×8""6×ϕ16×11""4×ϕ11×7"及侧面的吊钩螺孔（图中未画出） ②去除加工毛刺，模板周边倒角"2×45°"

注：斜销固定孔"3×ϕ20$^{+0.021}_{0}$"及浇口套固定孔"ϕ48$^{+0.025}_{0}$"和"ϕ70$^{+0.07}_{+0.03}$×16$^{+0.03}_{0}$"组装后加工。

16.2.3　成型零件的加工

（1）成型零件加工方法

成型零件包括成型镶块、固定型芯和活动型芯等。因它们与金属液直接接触，故均应进行最终的淬硬处理。而在粗加工后，还必须进行退火处理以消除组织应力。所以成型零件的加工工艺重点是：合理划分退火处理前后的加工内容，尽量将去除量大的加工部位安排在退火处理之前进行，以使成型零件在退火处理时，变形充分，内部残余应力最小。

成型零件的形状大体可分为两种：回转曲面和非回转曲面。回转曲面的加工工艺过程较简单，可车削、镗削、钻削、内外圆磨削等加工成型。非回转曲面的加工工艺过程比较复杂，常用铣削、锉削、磨削、成型磨削、数控机床以及电加工机床等综合工艺加工成型。

目前，常用成型零件的加工方法大体如下。

① 通用机床和手工操作相结合。此种方法是首先利用通用机床，如普通车床、立式铣床、卧式铣床、工具铣床等设备，对坯料进行粗加工或半精加工，然后采用钳工锉削、刮削、抛光等手段进行精加工。

这种方法的加工质量取决于工人的技术水平和熟练程度，模具质量不易保证，而且生产效率低，制模成本高，适用于形状简单，精度要求不高的场合。

经过改装的通用机床，如仿形车、仿形铣及仿形磨等，可加工成型零件的曲面。在通用机床上加设与成型表面相同的曲面作为靠模，控制切削工具作仿形的轨迹运动，完成成型零件的曲面加工。由于影响加工质量的因素较多，所以这些方法只适用于精度要求不高的成型零件的曲面加工。

② 特种机床加工。特种机床加工就是采用电火花和数控线切割机床进行成型零件加工。在模具制造中，特种加工主要解决以下几方面的问题。

a. 模具的复杂型腔、异形孔、窄缝等成型零件的加工。

b. 淬硬的模具结构件，在进行热处理后，采用特种加工进行加工，可避免工件的变形，提高模具的制造质量和使用寿命。

c. 提高设备利用率，减小劳动强度，缩短模具制造周期，降低模具综合制造成本。

电火花加工是利用脉冲发生器在工作介质中产生的脉冲电流，使工作电极与工件的间隙间产生脉冲放电，逐渐将工件表面多余的留量腐蚀掉，从而形成与工作电极形状相对应的工件表面。电火花加工是型腔加工最常用的方法，其特点如下：

a. 加工范围广，只要能制作出工作电极，就可以采用电火花加工。

b. 电火花加工可自然形成一定的脱模斜度，有利于压铸件脱模。

c. 加工性能与工件的硬度无关，可以加工难以切削加工的硬质金属材料。

d. 可用简单的电极的复合运动加工形状复杂、工艺性差的成型零件，如型腔、异形孔及加强肋的成型部位。因电火花加工是无机械切削力的加工，在加工过程中无反作用力，故能加工微细孔、窄缝，甚至弯孔，使复杂的工艺简单化。

采用电火花加工型腔时应注意以下问题。

a. 为减少电火花的加工时间，在待加工的部位先采用通用机床去除大部分的多余部分，只留出适量、均匀的电火花的加工余量。一般加工余量为，单边 0.8～1.5mm。但对于尺寸较小、深度较浅或结构复杂的型腔，可直接进行电火花加工。

b. 电火花加工前，应确定和修整型腔板的基准面，并按 X、Y、Z 方向的各基准面找正定位。

c. 工作电极的制造精度应高于型腔精度 1～2 级，电极的制造公差应取型腔制造公差的 $1/3\sim1/2$。

d. 对精度要求较高或深度较大的型腔，应采取二次或多次电火花加工的工作程序，分别加工出粗加工电极和精加工电极。电火花加工中电极有一定的损耗。但各个部位的损耗不相同，角部位的损耗大于边部位的损耗，而边部位的损耗又大于端面的损耗。因此，粗加工中电极损耗的不平衡，会引起型腔各部尺寸和形状的误差。采用精加工电极进行修整，可提高型腔尺寸精度和表面粗糙度。

线切割的基本原理与电火花加工的一样，也是利用脉冲放电的腐蚀作用，实现加工目的。所不同的是线切割加工不需要制作工作电极，而是采用细金属丝（钼丝或铜丝）的移动作为游动电极的。游动电极的运行速度分高速走丝和低速走丝。高速走丝的切削速度快，但表面质量较低。低速走丝张力均匀，加工性能稳定，尺寸精度和表面质量都能得到保证。

线切割加工的特点如下。

a. 不需要制作工作电极，简化了模具的加工过程，降低了成本。

b. 加工范围广泛，既能方便地加工成型零件的内外表面，加工出脱模斜度，又可加工较厚的工件或微小的窄缝部位。

c. 可长时间连续地稳定作业，生产效率高。

d. 可切割淬火钢、硬质合金等各种高硬度材料。

e. 加工精度高。

在模具加工中，大量采用数控线切割机床加工型腔和型芯的镶件、不规则的异形孔、窄槽以及工作电极等。

③ 数控机床加工。数控机床是以数字信号控制机床运动及其加工过程的机床。在模具制造业中，常用的数控机床有数控铣床、数控电火花机床等。

数控铣床可用于加工具有复杂曲面的型腔、型芯以及电火花加工所用的工作电极等。

数控机床加工的特点如下。

a. 适宜多品种、单件小批量加工和产品开发试制，特别适用于模具成型零件的加工。

b. 自动化程度高，劳动强度低。

c. 质量稳定，加工精度高。

（2）成型零件加工工艺实例

加工成型零件，除满足尺寸精度外，还应保证位置精度，特别是移动零件的移动精度和在合模状态下的对中、对心精度。

【例 16-3】 侧对合型腔加工工艺实例

图 16-7 所示是斜销侧抽芯模侧对合型腔的零件图。侧对合型腔的加工工艺过程卡见表 16-4。

根据对合型腔的结构特点，其重要的形位精度是必须保证对合型腔的分型面与型腔的中心线重合，即保证两型腔所包容的压铸件相同，以防止型腔在偏移时，一侧包容的压铸件大于半圆，引起脱模阻力增大，导致型腔或压铸件被拉坏。

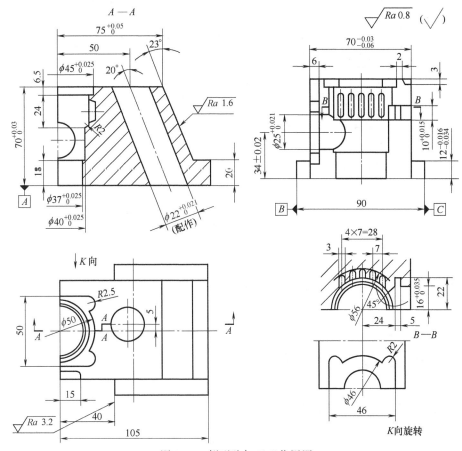

图 16-7 侧型腔加工工艺用图

表 16-4 侧对合型腔加工工艺过程卡

工序号	工 序	加 工 内 容
1	锻	105mm×90mm×70mm 两块，单边留加工余量 3～4mm
2	铣	加工 105mm×90mm×70mm 四方，单面均留加工余量 0.6～0.8mm
3	磨	两件一起加工各对应平面，使"105×90×70$^{+0.03}_{0}$"，各对应面尺寸一致，并使"70$^{+0.03}_{0}$"达到尺寸精度要求，并保证各面的垂直度小于 0.02mm
4	划	—
5	钳	以 A，B 为基准，对接夹紧或局部焊合，将两件组合成一体
6	车	①粗车：校准花盘，将组合件夹在花盘上，用划线盘找正并夹紧，粗车型腔内孔"$\phi37$"处各部，均留量 2～3mm ②精找正：将百分表放在中拖板上，侧长"105"一侧面找平，记下百分表读数；百分表退离工件后，将组合件旋转 180°，再使另一侧平行，记下读数。比较百分表读数差，并调正组合件位置，经反复测量和反复调正后，使两侧面读数相同。同时，以同样的方法测宽"90"的两侧，并调正夹紧 ③精车：加工组合型腔"$\phi45^{+0.025}_{0}$""$\phi40^{+0.025}_{0}$"和"$\phi37^{+0.025}_{0}$"

工序号	工 序	加 工 内 容
7	划	—
8	铣	以宽 90mm 的一侧面为基准面 B,加工导滑部位"$70_{-0.06}^{-0.03}$"的另一侧 C,成 80mm,保证尺寸 80mm,留磨量 0.2～0.3mm,"$12_{-0.034}^{-0.016}$"留磨量 0.1～0.2mm
9	磨	①以同一基准面 B 为基准,加工"80"铣削面 C,并以"$\phi45_{0}^{+0.025}$"为测量参考,保证"$80_{-0.03}^{-0.02}$",即间接保证"$70_{-0.06}^{-0.02}$"尺寸精度的 1/2,并保证与 B 面平行 ②保证这一侧"$12_{-0.034}^{-0.016}$"的尺寸精度
10	铣	以 C 面一侧的精加工面为基准,加工另一侧尺寸"$70_{-0.06}^{-0.02}$",留磨量 0.2～0.3mm,尺寸"$12_{-0.034}^{-0.016}$"留磨量 0.1～0.2mm
11	磨	以同一基准面为基准,保证"$70_{-0.06}^{-0.02}$"和"$12_{-0.034}^{-0.016}$",并保证与基准面平行
12	钳	修研"$12_{-0.034}^{-0.016}$"根部,消除磨削圆角
13	划	—
14	镗	以 A 为基准面,镗侧孔"$\phi25_{0}^{+0.021}$",保证高度尺寸"34 ± 0.02"
15	铣	①顶部"50"深"6.5"型腔,保证拼合尺寸 ②横浇道"15×2"深"3",保证尺寸"2"
16	铣	侧面"46"深"6"型腔,保证拼合尺寸
17	钳	修整侧孔"$\phi25_{0}^{+0.021}$"与"$45_{0}^{+0.025}$""$\phi40_{0}^{+0.025}$"连接处及各部毛刺,分拆组合体
18	铣	C 面侧孔 $16_{0}^{+0.018}×10_{0}^{+0.015}$ 及 45°角,保证尺寸"24"
19	钳	做工作电极
20	电火花	①分别电火花加工型腔散热片宽大,5 处均布,保证尺寸"$\phi56$" ②"$10_{0}^{+0.015}×5$"方孔,保证尺寸"22"
21	划	—
22	铣	①分别铣尾部斜面 23°,尺寸"$75_{0}^{+0.05}$",留研磨量 0.1～0.2mm,并保证尺寸"20" ②铣去导滑台肩的多余部分,与侧面齐平,保证尺寸"40"

注:斜杠斜孔"$\phi22_{0}^{+0.021}$"组装后加工。

16.3 钳工加工与装配

16.3.1 钳工加工的工作内容

钳工加工的工作内容大体为去除机械加工余量,使零件达到尺寸和形状要求;测定组合零件间的配合精度和积累误差,并加以修正,以及按要求对成型零件进行抛光处理等。钳工加工的具体工作内容包括以下几个方面。

① 在进行工作前充分了解模具的总体结构形式、结构特点以及可能出现的问题,与设计人员沟通,共同商定解决或修改措施。

② 详细了解各主要零件的结构特点、功能、与相关件的配合以及加工和组装难点等问题。

③ 测定成型零件的钳加工余量,并进行修整加工,达到图纸要求的尺寸精度。

④ 平滑圆弧和平面的连接处,使之无明显的连接痕迹。圆弧的大小应内外有别,型腔上的圆弧应趋大,型芯上的圆弧应趋小,以便留出修整余地。

⑤ 当成型零件因形状所限,某部尺寸难以直接测量时,需预先分别做出测量型腔或型芯的样板,在主要断面处测量并修整尺寸,使型腔或型芯的尺寸和形位公差达到精度要求。

⑥ 对各成型零件的成型表面均进行光整处理。光整加工应按压铸件的脱模方向进行。

对棱边处进行光整加工时，应注意防止塌角。

16.3.2 光整加工的技术要求

压铸模成型零件的成型表面，经过机械加工、钳工的修整加工或热处理等工序后，还必须进行最终的研磨和抛光加工。这种加工形式称为光整加工。模具常用的光整加工有刮削、研磨和抛光。

（1）刮削

刮削是人工用刮刀去除工件表面多余的金属薄层的加工。刮削前，将工件与相互配合的工件或校准工具，均匀地涂上一层薄薄的红丹粉显色。经过对研，使配合面较高的部位显示出来，用刮刀进行微量刮削去除。通过刮削可获得较高的配合精度，使相互配合表面的实际接触面积增大，提高耐磨性能和配合面的稳定性。

（2）研磨

研磨是游离的研磨剂通过研磨工具，对工件进行微粒切削，从工件表面上研除一层极薄的表面金属。研磨加工过程包含复杂的物理和化学作用。

① 物理切削作用。一般研磨工具材料多为铸铁，硬度低于被研工件。研磨剂中的微小磨粒在研磨工具表面呈半固定或浮动状态，构成多刃基体。在一定压力作用的情况下，当研磨工具与工件作研磨移动时，工件表面被微量切削。

② 塑性变形。研磨过程中，压力使钝化了的磨粒对工件表面进行挤压，致使工件表面产生塑性变形，工件表面的峰谷在反复变形中硬化断裂而形成细微切削趋于熨平。

③ 化学作用。采用氧化铬、硬脂酸等研磨剂时，在研磨过程中，它们若与空气接触，便在工件表面形成容易脱落的氧化膜。氧化膜不断地脱落，又不断地迅速形成，从而加快研磨切除作用。

研磨按磨粒状态分为湿研、干研和半干研。湿研的金属切除率较高，但尺寸精度低，多用于粗研或半精研。干研可获得很高的加工精度和低的表面粗糙度，一般用于精研。

研磨时，尽量不要出现周期性重复的运动轨迹，以保证工件加工表面上的各点和研磨工件表面上的各点能均匀地相互切削，达到均衡切削效果。

研磨剂的粒度决定研磨后的表面粗糙度。各种磨料粒度能达到的表面粗糙度见表 16-5。

表 16-5　磨料粒度与表面粗糙度的关系

研磨加工	磨料粒度	表面粗糙度 $Ra/\mu m$	研磨加工	磨料粒度	表面粗糙度 $Ra/\mu m$
粗研磨	$100^{\#} \sim 120^{\#}$	0.8	精密件粗研磨	W14～W10	0.1 以下
	$150^{\#} \sim W50$	0.8～0.2	精密件半精研	W7～W5	0.025～0.012
精研磨	W40～W14	0.2～0.1	精密件精研磨	W5～W0.5	

（3）抛光

抛光是零件表面进行最终的光整加工，成型零件抛光应在淬硬处理后进行。

抛光的主要目的是去除成型零件的成型表面上前工序的加工痕迹，改善成型表面粗糙度，从而保证压铸件具有良好的表面质量以保证顺利脱模。但由于加工层厚较少，不能期望抛光加工能提高尺寸和几何精度。因此，抛光前，工件表面的尺寸和几何状态应达到精度要求，并选择抛光性能好的模具材料。

抛光属于用微细粒进行的切削加工，是一种超精研磨工艺。抛光的方法有机械抛光、电解抛光和超声抛光等。

① 机械抛光　机械抛光是人工通过布轮抛头、砂纸、抛光膏、油石等与抛光工件作相对运动完成抛光加工。机械抛光光整效率低，劳动强度大，但由于其工艺装备简单，容易操

作，仍然是目前常用的抛光方法。

机械抛光的方向应与压铸件脱模方向一致，不允许留有加工痕迹以及凹陷、划伤等表面缺陷。机械抛光的运动轨迹也应满足均衡抛光的要求。

② 电解抛光　电解抛光就是利用电化学阳极溶解原理，对金属表面进行抛光。如图 16-8 所示，将要进行抛光的工件 4 放置在电解液 3 中，并连接到直流电源的阳极上，形成阳极。工具电极 5 用铅板制成，其形状与工件抛光部位相似，并安装在主轴头 6 上，与工件抛光部位形成一定的较为均匀的电解空隙，并接到直流电源的阴极，形成阴极。当合上开关 7 通入直流电时，工件表面被一层溶化的阳极金属和电解液所组成的黏膜所覆盖。黏膜的黏度很高，导电率很低。工件表面凹入的部分黏膜较厚，电阻较大，电流密度低，溶解速度慢；而凸出部分的黏膜较薄，电阻较小，电流密度大，溶解速度快。经过一定时间后，高低不平的金属表面将逐渐蚀平。

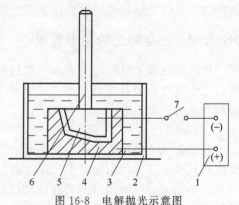

图 16-8　电解抛光示意图
1—直流电源；2—电解槽；3—电解液；4—阳极（工件）；5—阴极（工具电极）；6—主轴头；7—开关

电解抛光的特点如下。

① 抛光效率高。当加工余量为 0.1～0.15mm 时，电解抛光的时间仅需 10～15min 左右。

② 抛光效果好。经电火花加工后的型腔表面，再采用电解抛光，其表面粗糙度可由 $Ra3.2～1.6\mu m$ 降低到 $Ra0.8～0.4\mu m$。表面粗糙度要求不高的成型零件，可直接使用，对表面粗糙度要求高的成型零件，再进行手工抛光，即可满足要求。

③ 劳动强度低。电解抛光过程中，不需人工操作。

电解抛光不能消除原始表面的波纹、凹陷等表面缺陷。同时，由于表面金属产生溶解，工件尺寸将略有改变。因此，原始表面较差或尺寸精度要求高的工件不宜采用。

表 16-6 列出了三种光整加工方法的比较。

表 16-6　光整加工方法比较

加工方法	加工厚度	尺寸精度	表面粗糙度 $Ra/\mu m$	加工工具	研磨剂	应用范围
刮削	0.05～0.4mm	IT6～IT4	1.6～0.2	刮刀、校准平板、显示剂		分型面、锁紧面、各导滑面
研磨	0.005～0.03mm	0.001～0.005mm	1.6～0.012	研磨平板、研磨棒	氧化铝、碳化物、金刚石	滑块、导滑槽及导滑部位
抛光	0.1～0.5μm	<1μm	0.025～0.008	抛光机	油石、砂纸、抛光膏	型腔、型芯的成型表面

16.3.3　压铸模的装配

模具装配是将模具零件或部件装配成一副完整模具的过程，一般分组装和总装两个程序。模具装配既要保证配合零件的尺寸精度，又要保证各零件之间的位置精度，对于相对移动的零件，还要保证移动精度。

（1）压铸模装配的工艺要点

压铸模装配主要包括成型零件的组装、模体的组装、脱模机构的组装和合模总装等。

① 成型零件的组装。组装成型零件时，要保证配合的尺寸精度和形位公差要求。因压

铸模的加工和制造是单件小批量的作业模式，不可能达到模具零件高度互换的装配要求。所以压铸模成型零件的组装应采用修配装配法和调整装配法，通过对某些零件的尺寸修正或位置调整，可在不增加加工难度和制模成本的情况下，保证达到装配的配合精度要求。修配装配法和调整装配法是广泛采用的两种有效的装配方法。

成型零件组装的工艺要点是：分析相互配合或相互对应的各零件的对应关系，检验配合精度并调整修正，消除多个组装件的积累误差，使各零件的配合精度、密合精度以及相对应的间隙精度均满足技术要求。

② 模体组装。模体组装应注意导柱、导套的配合状况，保证它们在相对移动时，滑动自如、灵活可靠。但在组装前应去除模板接触面上的毛刺及杂物，以保证各模板装配的平行度要求。

模体组装的工艺要点是：在组装导柱、导套时，应保证它们的导滑部位对模板的垂直度要求。

③ 推出机构组装。推出机构的装配应保证在推出动作时，各推杆间推出动作保持同步，在往复运动时灵活可靠。

推出机构组装的工艺要点是：推板导柱和推板导套及各推出元件运动灵活、平稳，无倾斜或憋劲现象。

在一般情况下，组装时应保证推杆顶面高出型芯表面 0～0.1mm，复位杆顶面应低于分型面 0.05～0.1mm。

④ 侧分型机构组装。侧型芯或侧滑块在导滑槽中，应移动平稳、定位可靠。在合模时，楔紧块的斜面应与侧滑块的斜面均匀接触，并将侧型芯锁定在正确的位置上。

侧分型机构组装的工艺要点是：楔紧斜面应研合良好，应有不小于 2/3 的均匀接触面。在人工合模的状态下，主分型面上应有 0.2～0.4mm 的预紧间隙，以保证压铸过程中有足够的锁紧力。预紧间隙的具体大小可根据侧分型面的压射面积而定。

⑤ 合模总装。总装合模时，分型面应均匀密合，并保证模具分型面与安装面的平行度不大于 0.05mm。在一般情况下，应使成型镶块的分型面高出模体分型面 0.05～0.10mm。这样，锁模力就集中在成型镶块的分型面上，保证合模严密，防止压铸件产生尺寸误差或飞边。

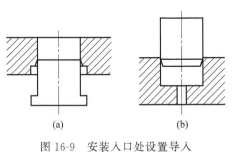

图 16-9　安装入口处设置导入
斜角或导入过渡面

（2）压铸模装配的主要内容和组装技巧

① 测定各配合零件的配合精度，修整组装件的积累误差，使其达到尺寸和形位的配合精度。

② 为便于组装，可在配合件的安装入口处，设置导入斜角或导入过渡面，如图 16-9 所示。根据结构性质，台肩式固定的零件应在固定孔入口处设置导入斜角，如图 16-9（a）所示。而螺栓固定的零件则在零件的导入端设置导入斜角，如图 16-9（b）所示。

③ 在采用手工方法迫入配合镶件时，应摆正位置。首先将镶件放在固定孔上，利用导入斜角或导入过渡面的微量导入，轻轻敲击，使其站稳后，用直角尺分别测量相邻 90°处两侧面的垂直度，并不断调整，直到两侧面完全垂直后，再用力平行压入，如图 16-10 所示。为防止刮伤配合面，应涂润滑油。

④ 导向零件在组装时，应与模具的主分型面垂直。在一般情况下，应先组装导套，用直角尺测量配合面垂直度。在组装导柱时，可借助已组装的导套作导向，将导柱迫入，如图 16-11 所示。

⑤ 推出元件各部位配合间隙应得当，在不发生溢料的前提下，应运动自如，无卡滞、歪扭现象，在采用卸料板推出时，应使推出端口的配合间隙均匀适宜。在采用斜向推出机构时，其推出顶面应低于型芯表面 0.1～0.2mm，以防止推出顶面在侧向移动时受阻。

调整推杆及复位杆的长度，使其达到合适的组装高度。调整推出零件组装高度的方法有：

a. 当局部需要调整时，可局部加长或缩短。

b. 当全部需要调整时，可采取调整垫块高度和调整动模座板上的限位钉的高度。

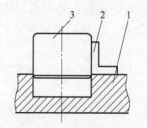

图 16-10　用弯尺调整垂直度
1—模板；2—弯尺；3—型芯

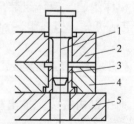

图 16-11　导柱的装配
1—导柱；2—定模板；3—导套；
4—动模板；5—平行垫块

⑥ 在侧抽芯机构中，应使侧滑块与导滑槽的配合间隙达到技术要求，并在压铸时模温升高的状态下，仍能移动平稳，灵活可靠。

图 16-12 所示是侧型芯安装在侧滑块上的侧抽芯机构。当研合侧滑块导滑槽的配合状态达到要求后，将加工完的型腔装入模套中，如图 16-12（a）所示。以导滑槽底面 A 为基准，测量侧孔高度 h，根据高度镗侧型芯的固定孔。再采取图 16-12（b）所示的方法，用定中心工具，在侧滑块端面冲出印迹，按中心印迹找正中心，钻镗侧型芯固定孔。

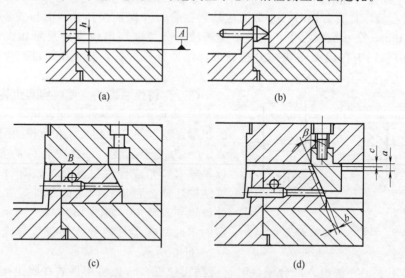

(a)　　　　(b)

(c)　　　　(d)

图 16-12　侧抽芯机构的组装和研合

模具处于合模状态时，侧型芯端面应与主型芯紧密接触。为此，将侧型芯端部修整成与主型芯侧面接触部位相吻合的形状后，装入侧滑块的固定孔中，在侧滑块立端面与型腔镶块的 B 面接触后，使侧型芯紧靠主型芯的侧面，钻横销的骑缝孔，并装入横销固定侧型芯，如图 16-12（c）所示。

当模具处于合模状态时，楔紧块斜面必须和侧滑块斜面均匀接触，并留有足够的预紧力

间隙 c。楔紧块的组装和研磨方法和步骤如图 16-12（d）所示。

　　a. 用螺栓将楔紧块紧固在定模板上。

　　b. 合模后，研磨斜楔紧面，使之均匀密合，其研磨量为：

$$b=(a-c)\sin\beta \tag{16-1}$$

式中　b——楔紧斜面的研磨量，mm；

　　　　a——合模后测得的主分型面的实际间隙，mm；

　　　　c——主分型面上预留的预紧力间隙，一般取 $c=0.2\sim0.4$mm，根据侧分型的压射截
面积而定；

　　　　β——楔紧块的楔紧角，（°）。

　　在研磨楔紧斜面时，为减少研磨量，可在楔紧块的楔紧斜面的中部，开设深为 1.0mm
左右的格式空刀，或只对中央部位凹陷的受力周边部位进行研合。

　　成型零件的相互斜插的碰合面也可采用以上的方法。

　　⑦ 压铸件应有均匀的壁厚。故在模具装配时，应检测成型空腔的间隙厚度，将铅条等
软金属放置在需要检测的部位，合模后进行试成型，必要时进行修整。通常的方法是对定模或动模的成型镶块的位置进行微量移动，在达到厚度均匀时，紧固或用圆柱销固定。

　　（3）压铸模的装配实例

　　一般情况下，压铸模装配的总原则是，先组装成型零件和导向零件，后组装其他零件。装配的顺序是先组装动模部分，后组装定模部分，最后是合模研合调整。动模部分的组装内容包括：成型零件、导向零件的组装、推出机构的组装以及浇口套的组装等。合模总装包括：各成型零件的位置状况、分型面的密合状况、导向零件的移动状况的研合调整，侧抽芯机构中楔紧块的研合，斜销的固定孔加工和安装，以及卧式冷室压铸模、浇口套的固定孔加工和安装等。

　　【例 16-4】　多方位斜销侧抽芯压铸模装配实例

　　图 16-13 所示为隔膜泵壳体的压铸模，它的结构特点如下。

　　① 采用三个方向斜销侧分型的结构形式。

　　② 在卧式冷室压铸机上，采用扁平侧浇口从压铸件上端部进料。

　　③ 在侧分型时，侧对合型腔

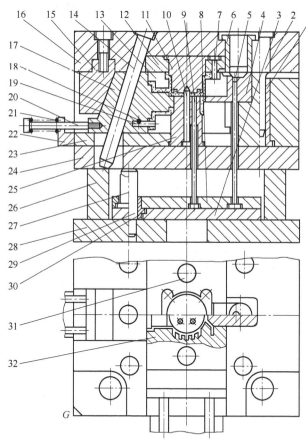

图 16-13　多方位斜销侧抽芯压铸模

1—导套；2—导柱；3—推板；4—浇道镶块；5—浇道推杆；
6—浇口套；7,10—型芯；8—推杆固定板；9—推杆；
11—定模主型芯；12—定模镶块；13—侧对合型腔；
14—斜销；15—楔紧块；16—定模板；17—侧滑块；18—横销；
19—侧型芯；20—拉杆；21—弹簧；22—限位块；23—动模板；
24—支承板；25—动模主型芯；26—垫块；27—复位杆；
28—动模座板；29—推板导柱；30—推板导套；
31—螺钉；32—型腔

13 和 32 的端面与侧滑块 17 接触，故采用侧分型延迟动作，以防止干扰。

各步装配程序如下：

① 动模部分组装。动模部分组装工艺过程流程卡见表 16-7。

② 定模部分组装。定模部分组装工艺过程流程卡见表 16-8。

③ 合模装配。合模装配的工艺内容见表 16-9。

表 16-7　动模部分组装工艺过程流程卡

工序号	组　装　内　容
1	将型芯 10 装入动模主型芯 25 的型芯孔中，并一起装入动模板 23 的型芯孔中
2	导套 1 迫入动模板 23 的固定孔中
3	浇道镶块 4 装入动模板 23 的固定孔中，调整位置后，用螺钉紧固
4	将支承板 24 安装在动模板 23 上，用螺钉紧固为一体
5	配作推出元件孔，将推杆固定板 8 夹固在动模板 23 和支承板 24 组合体底部的中心位置上，以动模主型芯 25 的推杆 9、浇道镶块 4 上的浇道推杆 5 及动模板 23 上的复位杆 27 的安装孔为导向钻通。整体翻转扩孔 +1.0mm 后，卸下推杆固定板 8，并扩钻推出元件的台肩孔
6	将侧对合型腔 13 和 32 装入动模板 23 的 T 形导滑槽中，研合至配合良好，运动舒畅。以动模主型芯 25 为轴研合，使侧对合型腔的对合面对中良好，并接触紧密
7	将侧滑块 17 装入动模板 23 的 T 形导滑槽中，研合至配合良好，并运动自如。在侧滑块 17 导滑端面与侧对合型腔 13 和 32 的侧端面相碰时，使侧滑块 17 成型部位的圆柱端面也与动模主型芯 25 的圆柱面紧密碰合
8	侧型芯 19 迫入侧滑块 17 的固定孔中，钻横销孔并迫入横销 18。调整伸长长度，使侧型芯 19 与侧对合型腔碰合
9	将推板导柱 29 迫装在动模座板 28 的固定孔中
10	推杆 9、浇道推杆 5、复位杆 27 及推板导套 30 穿入推杆固定板 8，并分别装入动模组件和推板导柱 29 中，安装推板 3
11	将垫块 26 及动模座板 28 安装在动模组合体上
12	将推杆固定板和推板的组合体推至支承板 24 底面，调正推板导柱的位置，在反复推拉、调整后，使推板组合体带动推出元件运动自如，无整劲现象后，拧紧螺栓
13	调整推杆和复位杆高度，使推杆高出 0.05~0.10mm，复位杆低于分型面 0~0.05mm

表 16-8　定模部分组装工艺过程流程卡

工序号	组　装　内　容
1	将定模主型芯 11、型芯 7 装入定模镶块 12 中，组合体经检验后，装入并紧固在定模板 16 上
2	确定浇口套 6 的位置，划线
3	加工浇口套 6 的固定孔和模体的定位孔
4	清洗后，将浇口套 6 装入定模板 16 中
5	导柱 2 迫入定模板 16 中

表 16-9　合模装配的工艺内容

工序顺序	工　艺　内　容
1	按基准角 G 的位置合模，检验导柱 2 和导套 1 的配合状况，并保证运动平稳、顺畅
2	检验定模主型芯 11、动模主型芯 25、型芯 10 和型芯 7 的突出高度，保证压铸件的壁厚均匀和通孔的要求
3	检验分型面的合模的平行度及密合状况，分型并修正研合
4	开模，楔紧块 15 及侧对合型腔 13 和 32 的楔紧块（图中未画出）分别安装并紧固在定模板 16 上
5	再次合模，研合楔紧块的楔紧面，应有 2/3 的均匀接触面，并且在手工合模状态下，在主分型面上应有 0.2mm 的预紧间隙
6	将定模组合体和动模组合体夹紧成一体，分别找出斜销 14 和斜销 31 在定模板 16 顶面上的安装位置，划线

工序顺序	工 艺 内 容
7	把定、动模的组合体装夹在镗床工作台上,使其端面与工作台垂直,分别调好斜销斜角、校线,使斜销安装孔中心线与主轴重合,按要求分别加工斜销 14 和 31 的安装孔、台肩孔和各侧滑块的斜孔
8	将斜销 14 和 31 分别追装在定模板 16 上,并修平固定台肩的端面
9	安装并调整限位块 22 及侧对合型腔 13 和 32 的限位块(图中未画出)的限位距离,使成型零件前端在脱离压铸件的投影区 2mm 以上时,实现限位功能
10	安装拉杆 20 及弹簧 21 等,并调整弹簧的拉力,使之能承载侧型芯的重力
11	检验后合模

【例 16-5】 模内中心斜抽芯压铸模实例

图 16-14 所示为旋片泵定子座的压铸模。由于在压铸件平面的中心部位有一个倾角为

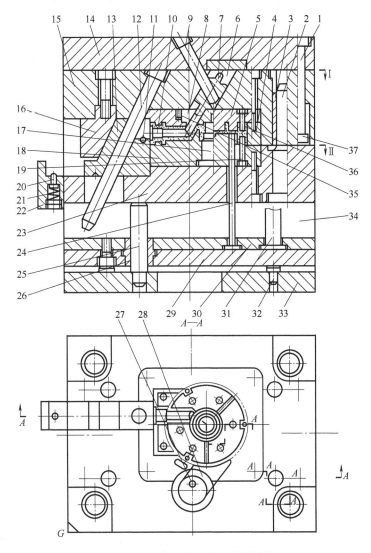

图 16-14 模内中心斜抽芯压铸模

1—限位导柱;2—导柱;3—导套;4—凹模套;5—定模镶块;6—中心斜芯;7—导滑键;
8,17,19,36—型芯;9—中心斜销;10—侧型芯;11—横销;12—斜销;13—侧滑座;
14—定模座板;15—定模板;16—楔紧块;18—动模镶块;20—定位销;21—弹簧;22—限位块;
23—动模板;24—推杆;25—推板导柱;26—推板导套;27—浇道推杆;28—浇道镶块;29—推板;
30—推板固定板;31—复位杆;32—限位钉;33—动模座板;34—垫块;35—骑缝螺钉;37—限位垫

30°的斜孔。经分析认证,采用模内中心斜抽芯的结构形式。模内中心斜抽芯压铸模的装配工艺过程安排如下。

① 动模部分组装。动模部分组装工艺过程流程卡见表 16-10。

② 定模部分组装。定模部分组装工艺过程流程卡见表 16-11。

③ 合模装配。合模装配的工艺内容见表 16-12。

表 16-10　动模部分组装工艺过程流程卡

工序号	组 装 内 容
1	将型芯 17、19 装入动模镶块 18 的安装孔内,调好位置后,一起装入动模板 23 中紧固
2	确定浇道镶块 28 的位置,镗孔后装入
3	导柱 2 迫入动模板 23 中
4	配作推出元件孔,将推杆固定板 30 夹固在动模板 23 背面的合适位置上,以动模镶块 18 上的推杆 24、浇道推杆 27 和复位杆 31 的安装孔为导向钻通孔。整体翻转扩孔+1.0mm。卸下推杆固定板 30,扩钻顶出元件的台肩孔
5	将侧滑座 13 装入动模板 23 的 T 形槽中,研合导滑槽,使其配合状态良好,运动自如
6	将侧型芯 10 迫入侧滑座 13 中,钻横销骑缝孔,迫入横销 11
7	调整侧型芯 10 的伸长长度,满足尺寸要求
8	将推板导柱 25 和限位钉 32 迫在动模座板 33 上
9	将推杆 24、复位杆 31、浇道推杆 27 以及推板导套 26 穿入推杆固定板 30 相应的安装孔中,并装入动模组件和推板导柱 25 中,安装推板 29
10	将垫块 34 和动模座板 33 安装在动模组合体上
11	将推板固定板和推板的组合体向动模板 23 靠拢,调正推板导柱 25 的位置,在反复推拉调整,使推板组合体带动推出元件运动舒畅,无卡滞现象后,拧紧螺栓
12	调整推杆和复位杆高度,在复位状态下,使推杆高出 0.05~0.10mm,复位杆低于分型面 0~0.05mm

表 16-11　定模部分组装工艺过程流程卡

工序号	组 装 内 容
1	将型芯 8 和 36 迫入定模镶块 5 的安装孔内,经检验后,钻攻骑缝螺孔,并旋入骑缝螺钉 35 定位
2	定凸模组合体和凹模套 4 装入定模板 15 内,用螺栓紧固
3	导套 3 校准后,迫入定模板 15 内
4	找准中心斜芯 6 的安装孔,划线
5	将定模组合体夹在镗床工作台上,保证模板与工作台面垂直,调好中心斜芯 6 的倾斜角与机床主轴中心重合,锁紧工作台各部
6	镗型芯 8 的斜孔,并适当伸深,作为后续工艺基准孔
7	轻轻卸下定模镶块 5 的组合体,并保证其他部分的位置不变。在定模板 15 上加工中心斜芯 6 的导滑孔。保证配合精度
8	加工导滑孔中的导滑键槽,清理后,将定模镶块 5 的组合体和凹模套 4 重新装入定模板 15 中紧固
9	将限位导柱 1 和中心斜芯 6 的垫板装入定模座板 14 的固定孔中

表 16-12　合模装配的工艺内容

工序顺序	工 艺 内 容
1	按基准角 G 的位置合模,检验导柱 2 和导套 3 的配合状况,保证在相对移动时,运动平稳、顺畅
2	检验并调整型芯 8、17、19、36 的突出高度,压铸件壁厚和密合状况
3	检验并研合分型面合模的平行度精度和密合状况
4	开模,将楔紧块 16 安装在定模板 15 上,并紧固定位
5	再次合模,研合楔紧块 16 的楔紧面,保证有 2/3 的均匀接触面,并且在手工合模状态下,在主分型面上应有 0.2mm 的预紧间隙
6	将定模组合体和动模组合体夹紧成一体,找出斜销 12 在定模板 15 顶面上的安装位置,划线
7	把定、动模的组合体装夹在镗床工作台上,使其端面与工作台垂直,调好斜销 12 的抽拔角、校线,使之与机床主轴中心重合,锁紧工作台

工序顺序	工 艺 内 容
8	镗斜销 12 的安装孔、台肩孔和侧滑座 13 的斜孔
9	开模清理后,将斜销 12 追入定模板 15 的安装孔内,修正台肩端面与模板齐平
10	装入中心斜芯 6 及导滑键 7,调整斜芯长度,使中心斜芯 6 的成型端部与侧型芯 10 斜向密合,并工艺锁紧
11	修研中心斜芯 6 导滑段端面与定模板 15 的上端面齐平
12	将定模座板 14 的组合体,以限位导柱 1 导向,装夹在定模的组合体上。确定浇口套(图中未画出)和中心斜销 9 在定模座板 14 上端面的位置,划线
13	1. 采取同样的程序,镗中心斜销 9 的固定孔、台肩孔、中心斜芯 6 的斜孔 2. 浇口套的固定孔部位
14	打开组合体,取出中心斜芯 6,清理后重新装入,并将中心斜销 9、浇口套装入定模座板 14 上
15	定模板 15 与定模座板 14 合模,安装限位垫 37
16	将限位块 22 安装在动模板 23 上。合模并开模后,确定侧滑座 13 的侧分型距离,使侧型芯 10 在离开压铸件的投影区域 2mm 以上时,限位块 22 限位
17	引孔做侧滑座 13 的定位锥窝,安装定位销 20、弹簧 21 及丝堵,调整定位弹力
18	检验后合模

16.4 压铸模的试模

16.4.1 试模过程

试模是模具制造的最后一个环节,是在压铸机上对压铸模成型效果的现场检验过程。试模的目的有两个:一是对模具设计和制造进行检验;二是确定最佳的成型工艺。

试模过程大体分三个阶段:装模、试模和调整。

(1) 装模

装模的主要内容包括预检、装模和调节。

① 预检

a. 压室容积应满足压铸件总压铸容积的要求。

b. 压铸机锁模力应大于在压铸时金属液产生压射冲击的反压力。

c. 模具的闭合高度和外形满足所选定的压铸机的技术要求。

d. 压铸机的推出行程大于模具的最大脱模行程。

e. 开模距离应满足压铸件顺利脱模的要求。

f. 模具的定位及紧固部位应满足压铸机的技术要求。

② 装模

a. 在一般情况下,模具应尽可能整体安装。吊装着力点应使模体平衡,防止模体大幅度摆动,影响安全。机身应放置木垫,防止模体直接接触机身。

b. 当模体设有侧抽芯机构时,应按设计要求的位置装模。

c. 模具定位孔装入定位法兰后,沿竖直方向摆正模具,慢速闭合压铸机动座板,直至锁紧模具。采用螺钉和压板紧固模具后,慢速开启模具,并反复运行几次,查看在合模时,导柱入口时的导入状态以及分型面的密合状况,并加以微量调整。

陈旧的压铸机因移动的动座板与导向拉杆的日久磨损,存在较大的配合间隙。若在自然合模的情况下紧固,由于动模部分较重,开模时动模部分必然向内倾斜,在重新合模时,可能导致导柱和导套孔的错位而产生蹩劲现象,严重时,会相互损伤或研死。为避免上述问题，可采取如下措施：在压铸机锁紧模具后，先紧固定模部分，使动模部分抬高适当距离后，再紧固动模部分。反复调整直到导柱导入顺畅为止。

当动模部分过重或压铸机过于陈旧时，可在压铸机动座板上设置支承托架，用来支承动模，如图 16-15 所示。

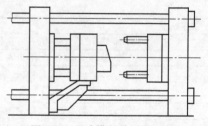

图 16-15　动模部分设支承架

d. 接通加热装置和冷却装置。

③ 调节

a. 调节锁的松紧程度。锁模力应足够大，保证模具在金属液压射压力冲击下不开缝，但过大会导致模体挤压变形。对于曲肘式合模机构的压铸机，主要靠经验来调节合模的松紧程度，即在合模时，使肘节先快后慢，在既不很自然，也不太勉强的伸直状态时，合模的松紧程度正好合适。

b. 调节推杆的推出距离。在开模状态下，将压铸机推出机构的推出距离调节到使压铸件完全脱模而正常推出的前提下，使模具的推杆固定板与动模板或支承板之间尚有不小于 5mm 的空间距离，以防止损坏模具。

（2）试模

试模的主要内容有：模具预热、确定浇注温度、选择压射比压、选择压射速度、确定填充时间。

① 模具预热。用模具加热装置，使模具温度达到预热温度。模具的预热温度应适宜。模温过高，会使金属液的冷却速度放缓，成型周期延长，压铸效率低，而且会使压铸件内部组织晶粒粗大，影响机械强度，还可能产生粘模现象；模温过低，金属液的流动性和热冲击差，成型零件寿命低。

② 确定浇注温度。保温镇静一段时间，使金属液温度均匀。金属液在坩埚中的过热温度应控制在 50℃ 以下。

浇注温度应均衡适宜。浇注温度过高，成型收缩大，压铸件尺寸稳定性差，容易产生裂纹及粘模等压铸缺陷；浇注温度过低，金属液流动性差，易产生欠铸、冷隔、裂纹等压铸缺陷。因此，在保持金属液良好流动性的前提下，应采用较低的浇注温度。

③ 选择压射比压。选择压射比压应根据压铸件的形状、尺寸、壁厚、结构复杂程度以及合金的特性等因素确定。结构复杂的薄壁件，强度和致密度要求高的压铸件，以及结晶温度范围大、流动性差的压铸合金，应选取较高的压射比压。

调整压射比压可通过调整压射力和选择不同直径的压射冲头来实现。压射冲头直径越小，压射比压越大。

④ 选择压射速度。在试模过程中，压射速度大体有两种表现形式。

a. 慢速堆集阶段。为防止金属液包卷气体，压射冲头以极低的速度推动压室中的金属液，压室上方的气体在平稳的环境中有序地排出。

b. 填充阶段的速度。在此阶段，压射冲头高速度移动，在内浇口处，因内浇口截面积小，金属液以极高的速度，即内浇口速度填充型腔。

内浇口速度由压铸件的结构特点决定。一般情况下，结构复杂、壁薄和表面质量要求较高时，应选用较高的内浇口速度；结构较为简单和壁厚的压铸件，则选用低的内浇口速度。

⑤ 确定填充时间。填充时间主要由受压铸金属液的总质量和内浇口的基本状态决定。当金属液的总质量固定后，内浇口速度越高，内浇口截面积越大，填充时间越短。填充时间越短，压铸件表面质量及轮廓清晰度越好，但由于充模太快，模腔内气体来不及排出，压铸

件孔隙率增大，压铸件致密性差。

一般情况下，金属液总质量大和有强度、致密性要求的压铸件，填充时间应取长些；有表面质量要求的压铸件，填充时间应取短些。根据现场情况，适当提高压射速度，即提高内浇口速度，或者改变内浇口的截面积，可改变填充时间。

试模过程应注意的问题如下。

a. 试模中压铸工艺的参数应按压射比压、压射速度、填充时间、开模时间的顺序调整。工艺的参数调整原则为：一个参数调整好后，再调整另一个参数，不要同时变动两个以上的工艺参数，以便准确分析成型时产生的问题和提出解决方法。

b. 试模中出现的问题或压铸缺陷，往往是在多种条件下出现的，特别是在试模过程中模具温度的影响。因此，当试模出现问题和压铸缺陷时，应进行全面分析，从调整压铸工艺和改善成型条件入手，解决问题，消除压铸缺陷；不要一出现问题，就考虑更改模具。因为，模具一经更改，就很难恢复原状。

c. 试模中出现的问题经分析后，制定解决的方法，并详细记录备查。

d. 应对调节压铸工艺的过程和最佳压铸成型工艺的数据及操作要点，经整理后记录，以便批量生产时参考。

表 16-13 归纳常见压铸缺陷的影响因素，供试模时参考。

表 16-13　常见压铸缺陷的影响因素

影响因素	欠铸	变形	孔穴	疏松	裂纹	冷隔	粘模	飞边
压室充满度			O	O				
浇注金属量	O	O	O	O				O
模具温度	O		O	O	O	O	O	
浇注温度	O	O	O		O	O	O	
压射比压	O					O		O
内浇口速度	O		O			O		
填充时间						O		
留模时间		O	O		O			
浇注系统	O			O		O	O	
排溢效果	O		O			O		
成型件表面		O			O		O	
成型件硬度					O			
脱模斜度		O			O		O	
推出系统		O			O			
杂质含量					O		O	
压铸件结构		O	O					

16.4.2　试模缺陷分析

在压铸过程中，由于高速高压高温、错综复杂的工艺条件随时发生变化。因此，在压铸生产过程中，总会出现这样或那样的问题，产生各种形式的压铸缺陷。为避免或减少压铸废品，应及时发现压铸缺陷，并迅速判断出产生的原因，找出正确的解决方法。

生产实践中经常出现的压铸缺陷的表现特征、产生原因及解决方法见表 16-14。

表 16-14　压铸缺陷的表现特征、产生原因及解决方法

缺陷名称	表现特征	产生原因	解决方法
表面流痕及花纹	铸件表面上有与金属液流动方向一致的条纹，或者有明显可见的与金属基体颜色不一样的无方向性的纹路	①首先进入型腔的金属液形成一个极薄的而又不完全的金属层后，被后来的金属液所弥补而留下的痕迹 ②模温过低，模温不均匀 ③内浇道截面积过小及位置不当产生喷溅 ④作用于金属液的压力不足 ⑤脱模剂种类不当或用量过多	①提高金属液温度 ②提高模温 ③调整内浇道截面积或位置 ④调整充填速度及压力 ⑤选用合适的脱模剂及调整用量
网状毛刺及印痕	压铸件表面上有网状发丝一样凸起或凹陷的痕迹，随压铸次数增加而不断扩大和延伸	①压铸模型腔表面龟裂 ②压铸模材质不当或热处理工艺不正确 ③浇注温度过高 ④型腔表面粗糙	①消除压铸模型腔表面龟裂 ②正确选用压铸模材料及热处理工艺 ③降低浇注温度，尤其是高熔点合金 ④打磨成型部分表面，减少表面粗糙度 Ra 值
飞边	压铸件在分型面边缘上有金属薄边	①锁模力不够，在增压和保压压力作用下，分型面出现缝隙 ②压射速度过高，造成增压压力冲击峰过高，引起模具变形，特别是引起支承板变形，进而引起分型面出现缝隙 ③成型零件的分型面磨损，产生缝隙 ④分型面上有杂物或突出部位，致使分型面出现缝隙	①检验锁模力和增压情况，调整压铸工艺参数 ②修整成型零件的分型面 ③清理分型面上的杂物或突出部位
气泡	压铸件表面或表面下有鼓起的气泡	①金属液的浇注温度过高，使溶入的气体量增多 ②模具局部温度过高 ③金属液夹裹的气体太多而排气不良 ④开模过早，受压气体从未凝固的压铸件表面膨胀 ⑤脱模剂过多	①降低金属液的浇注温度，将过热温度控制在50℃以下 ②降低缺陷区域模具温度 ③调整熔炼工艺。增设排溢系统 ④延长留模时间 ⑤减少脱模剂用量
缩陷或凹陷	铸件平滑表面上出现凹陷部位	①铸件壁厚相差太大，厚壁处凝固慢，此处金属液被补充至先凝固的薄壁区域而体积减小下凹 ②模具局部过热，过热部分凝固慢，此处金属液被补充至周围先凝固的区域而体积减小下凹 ③压射比压低 ④压铸模排气不佳，型腔气体排不出，被压缩在型腔表面与金属液界面之间	①铸件壁厚设计尽量均匀 ②在模具局部过热处设置冷却装置 ③提高压射比压 ④改善型腔排气条件
冲蚀	压铸件局部位置，主要是浇口附近部位有麻点或凸纹	①浇注系统设计不当，造成金属液对压铸模具局部冲刷 ②压铸模具局部温度过高	①调整浇注系统 ②适当降低模具温度和压射速度
机械拉伤	铸件表面沿开模方向留有条状的拉伤痕迹	①型腔表面有损伤 ②脱模方向斜度太小或倒斜 ③顶出时偏斜	①修理模具表面损伤处 ②修正斜度，提高光洁度 ③调整顶杆，使顶出力平衡 ④适当增加脱模剂用量

缺陷名称	表现特征	产生原因	解决方法
粘模拉伤	压铸件的表面粗糙或局部掉落	①金属液浇注温度和模具温度过高,使黏附现象严重 ②内浇口位置不当,致使金属液流对成型零件产生正面撞击,造成强烈的黏附现象 ③成型零件表面光洁程度不够,或没沿脱模方向精心研磨,引起强烈的黏附现象 ④成型零件的脱模斜度太小,或有反向斜度及侧凹等碰伤现象,造成脱模困难,压铸件表面遭受破坏 ⑤铝合金中铁的含量小于0.6%时,粘模现象尤其严重	①适当降低浇注温度和模具温度 ②修改内浇口位置,避免金属液正面冲击成型零件 ③增大成型零件的脱模斜度,沿脱模方向精心研磨,提高光洁程度 ④调整合金中铁的含量
气孔	压铸件内部或表面存在表面光滑、形状近似圆形的规则孔洞	①金属液的浇注温度太高,使溶入的气体量增多 ②内浇口速度过高,引起金属液产生剧烈的喷射现象和湍流状态,卷入的气体增多 ③压室的充满度小,在压射冲头速度较高时,金属液夹裹了过多的气体 ④内浇口的导流方向不合理,金属液通过内浇口后产生涡流,致使气体被卷入金属液中 ⑤溢流槽和排气道体积过小或位置不当,造成溢流和排气不畅	①降低金属液的浇注温度 ②降低内浇口速度 ③缩小压室直径,提高压室的充满度 ④调整内浇口的导流方向 ⑤加大溢流槽和排气道的截面积
缩孔	压铸件内部存在表面粗糙、形状不规则的暗色孔洞	①金属液的浇注温度过高,使溶入的气体量增多 ②填充的补缩过程中,增压压力和保压时间不足 ③金属液浇注量偏小,余料饼太薄 ④压铸件结构不合理,有热节或截面变化剧烈的部位 ⑤内浇口截面积过小,特别是内浇口的厚度不够,影响补缩压力的传递	①将金属液过热温度控制在50℃以下 ②增加内浇口厚度,加大增压压力和延长保压时间 ③增加金属的浇注量 ④改善压铸件结构,消除或缓解热节部位,使壁厚尽量趋于均匀
疏松	压铸件局部区域出现粗糙松散海绵状组织	①在填充时,金属液流撞击型腔壁而产生溅射,造成"疏散"效应,撞击后的金属液流分散成致密的液滴,形成麻面 ②模具温度低于热平衡条件所应有的温度,使"疏散"效应更为强烈,产生疏松的区域也随之增加 ③金属液流产生强烈的湍流,将气体卷入其中,从而对金属流束产生弥散作用 ④注入的金属液容量不够 ⑤排溢系统设置不当,排气不通畅,型腔内滞留气体多,造成金属液弥散作用增强	①调整内浇口的导流方向,避免溅射现象的产生 ②提高模具温度 ③增加金属的浇注量 ④改善排溢系统的排气效果

缺陷名称	表现特征	产生原因	解决方法
夹渣及氧化皮	压铸件断面上有不规则的,大小、颜色、亮度不同的点、小块或孔洞	①炉料不洁净,回炉料太多 ②合金液未精炼 ③用勺取液浇注时带入熔渣 ④石墨坩埚或涂料中含有石墨,脱落混入金属液中 ⑤保温温度高,持续时间长	①使用清洁的合金料,特别是回炉料中的脏物必须清理干净 ②合金熔液需精炼除气,将熔渣清干净 ③用勺取液浇注时,仔细拨开液面,避免混入熔渣和氧化皮 ④清理型腔、压室 ⑤降低保温温度和减少保温时间
欠铸	欠铸部分轮廓不清,呈不规则的金属冷凝状态	①压射比压过低 ②内浇口速度过低,在型腔尚未充满时,流动前沿的金属液局部凝固,引起深凹、转角及薄壁处欠铸 ③金属液的浇注温度过低 ④模具温度过低	①提高压射比压 ②提高内浇口速度 ③提高金属液的浇注温度 ④提高模具温度
	欠铸部位表面光滑,但形状不规则	①熔融金属流动过快,产生剧烈的湍流,包卷较多气体 ②溢流槽开设的位置不当,使型腔内的气体无法有序地排出 ③排气道截面积过小,致使型腔内的气体不能及时排出 ④脱模剂用量过多,受热挥发致使型腔内的气体量过多	①改善金属液浇注的导流方式 ②调整溢流槽位置 ③加大排气道的截面积 ④减少脱模剂用量,型腔清理干净
变形	压铸件在脱模后,整体或局部区域发生变形。常见的变形有弯曲、弯扭、翘曲等	①压铸件结构不合理,引起不均匀收缩,产生收缩变形 ②推杆的配置不当,或推杆的推出力不均衡,使压铸件各部分不能同时脱模,引起压铸件变形 ③型芯的脱模斜度太小,或型芯的研磨不充分以及没有按照脱模方法研磨等,造成压铸件的脱模阻力过大而引起变形 ④压铸件的脱模温度过高,或产生局部粘模,引起压铸件变形 ⑤开模过早,致使脱模温度过高,造成压铸件因刚性不足而变形 ⑥模具的冷却速度不均匀,造成局部收缩不均衡,产生较大的内应力,于是在凝固时产生收缩变形	①改进压铸件结构 ②合理设置推杆的位置和数量 ③调整成型零件的脱模斜度和提高光洁程度 ④调整脱模时间 ⑤合理布置冷道
裂纹	压铸件的局部出现细长的直线状或波浪形的缝隙	①压铸件的壁厚不均匀,薄壁和厚壁的相连接处以及转折处的成型收缩受阻 ②模具温度和浇注温度低,造成填充不良,致使金属基体未完全熔合,凝固后强度不够而开裂,尤其远离内浇口部位更容易出现开裂 ③压铸件的留模时间过长,使压铸件晶粒粗大,造成压铸件脆性增大	①改善压铸件的结构,加大过渡圆角,减少壁厚差 ②提高模具温度和浇注温度,改善合金液的流动状态 ③缩短压铸件的留模时间,特别是热脆性较大的压铸合金,如锌含量较高的镁合金,更应缩短留模时间 ④控制合金中杂质以及铁和硅的含量

缺陷名称	表现特征	产生原因	解决方法
裂纹	压铸件的局部出现细长的直线状或波浪形的缝隙	④压铸合金杂质含量过高,降低了合金的可塑性,特别是铁的含量过高或硅的含量过低 ⑤推杆配置不当或顶出力不均衡,使压铸件各部不能同时脱模,造成脱模倾斜,而引起压铸件开裂 ⑥成型零件强度不够,特别是细长的型芯,填充时,产生扭曲变形,妨碍压铸件的顺利脱模 ⑦成型零件表面沿脱模方向有侧向凹坑,或因成型零件的脱模斜度太小,表面研磨不充分,引起脱模阻力增大,压铸件在较大的脱模阻力下被撕裂	⑤调整推出元件的位置及加强推板导向零件的导向作用,使推出力均衡 ⑥加强型芯强度、刚性和光洁程度,以及加大型芯的脱模斜度
冷隔	压铸件表面(通常是远离内浇口区域处)出现明显的穿透或不穿透的线形纹路,有时是轻微的裂缝	①金属液浇注温度过低,使其流动性差 ②内浇口速度太低,使填充时间过长 ③模具局部温度过低,特别是远离内浇口的前端的模具温度过低 ④内浇口的形式和位置不当,使金属液的流程过长 ⑤溢流槽开设的位置和容量不当 上述原因造成流动前沿(尤其是型腔壁处)的金属液过早呈半冷凝状态,但在后面金属液流的推动下,仍然向前推进,而已呈半冷凝状态的金属液和其前面的半冷凝状态金属液相遇后,不能完全熔合,致使接合处出现接缝痕迹	①适当提高浇注温度 ②提高压射比压,缩短填充时间 ③改善模具温度调节的功能,在远离内浇口的填充前端,应降低冷却作用或设置局部加热装置,提高局部的模温 ④调整内浇口的位置和形式。将溢流槽开设在金属液流的汇集处,并加大其容量
分层	压铸件基体上在厚壁方向上出现明暗层次	①金属液温度低,不同层次间的金属液融合不良 ②金属液前端氧化夹杂严重 ③充模过程不稳	①提高浇注温度和模具温度,提高压射压力或充模速度,缩短充模时间 ②严格控制合金液洁净度 ③检查模具紧固性和压射冲头运行平稳性 ④改善充模和排气条件
渗漏	压铸件经耐压试验,产生漏气、渗水	①压力不足,基体组织致密度差 ②内部缺陷引起,如气孔、缩孔、渣孔、裂纹、缩松、冷隔、花纹 ③浇注和排气系统设计不良 ④压铸冲头磨损,压射不稳定	①提高比压 ②针对内部缺陷采取相应措施 ③改进浇注系统和排气系统 ④进行浸渗处理,修补缺陷 ⑤更换压室、冲头
硬点	铸件上有硬度高于金属基体的细小质点或块状物,加工后常常显示出不同的亮度	合金液中混入或析出了比基体合金硬的金属或非金属物质,凝固后在压铸件中形成硬质点	①浇注过程要保证浇注液的洁净 ②提高熔化温度、浇注温度 ③控制合金成分 ④合理调整合金成分

第17章 压铸模材料及其选用

17.1 压铸模材料的性能要求

17.1.1 压铸模的工作条件和失效形式

在金属的压力铸造过程中，熔融的金属液以高压（150～500MPa）、高速（70～150m/s）进入型腔，对模具成型零件的表面产生激烈的冲击和冲刷，使模具表面产生腐蚀和磨损，压力还会造成型芯的偏移和弯曲。在填充过程中，型腔在液态金属冲刷和浸蚀作用下，易使金属粘着在模具型腔表面上（尤其是铝合金更为突出），甚至渗入模面，或与模面金属发生化学变化而腐蚀模面，杂质和熔渣也会对模具成型表面产生复杂的化学作用，加速表面的腐蚀和裂纹的产生。压铸模具在较高的工作温度下进行生产，在每一个铸件生产过程中，型腔表面除了受到金属液的高速、高压冲刷外，还存在着吸收金属在凝固过程放出的热量，产生热交换，模具材料因热传导的限制，型腔表面首先达到较高温度而膨胀，而内层模温则相对较低，膨胀量相对较小，使表面产生压应力。开模后，型腔表面与空气接触，受压缩空气和涂料的激冷而产生拉应力。这种交变应力反复循环并随着生产次数的增加而增长，当交变应力超过模具材料的疲劳极限时，表面首先产生变形，并会在局部薄弱之处产生裂纹，即产生热疲劳失效。

在同一副压铸模中，各部位零件所处的情况不同，工作条件也有所不同。成型部分的零件直接接触金属液，工作条件最差。由于压射时间很短，金属液进入型腔的先后不一致，流过的金属液量也各不相同，因此成型部分各零件，甚至同一零件的不同部位受热情况也各不相同。浇口处受热最为剧烈，温度最高；型腔表面与金属液接触，受热仅次于浇口处；其他不接触金属液的部分则温度较低，温差变化也小。

压铸不同的合金材料时，压铸模的工作条件也有很大差别。锌合金的熔化温度仅400℃；铝合金的熔化度为600～700℃，压铸模型腔表面的温度最高达600℃以上；铜合金的熔化温度为900～1000℃。压铸模型腔表面的温度高达800℃以上，而压铸黑色金属时温度则更高。因此，压铸低熔点合金时，金属液对压铸模表面的热冲击不会剧烈地降低压铸模的寿命，而压铸高熔点合金时则不然。

分析表明压铸模工作过程中主要承受 3 种应力的作用：a. 在每次作业过程中，由于热交换而引起的热应力；b. 压铸作业时，金属液对压铸模材料的化学-物理作用；c. 在脱模时产生的局部机械应力。这些应力长期作用的结果，将导致压铸模的失效。

压铸模失效的主要形式为：a. 金属液高速射入造成的冲蚀；b. 型腔表面以粘着形式发生的化学侵蚀；c. 由于热应力作用而产生热疲劳破坏；d. 推出或抽芯机构的断裂或弯曲。其中，对于锌等低熔点合金压铸件，腐蚀和机械冲蚀是压铸模失效的主要形式；对于高熔点合金压铸件，压铸模成型零件的热疲劳是失效的主要形式；推出或抽芯机构的强度和刚度不足将导致有关零件的断裂或弯曲。

17.1.2 压铸模材料应具有的性能

① 较大的高温强度与韧度。压铸模具受到熔融金属注入时的高温、高压和热应力作用，容易发生变形，甚至开裂。因此，模具材料在工作温度下应具有足够的高温强度与韧度，以及较高的硬度。

② 优良的高温耐磨性、抗氧化性与回火稳定性。高温熔融金属高速注入模具和浇铸后脱模时，均产生较大的摩擦作用，为保证模具长期使用，模具在工作温度下均应有较高的耐磨性。大量连续生产的压铸模具，长时间处于一定温度作用下，应持续保持其高硬度，而且应不粘模及不产生氧化皮。

③ 热膨胀系数小、良好的导热性、抗热疲劳性能。压铸模具表面反复受到高温加热与冷却，不断膨胀、收缩，产生交变热应力。此应力超过模具材料的弹性极限时，就发生反复的塑性变形，引起热疲劳。同时，模具表面长时间受到熔融金属的腐蚀与氧化，也会逐渐产生微细裂纹，大多数情况下，抗热疲劳强度是决定压铸模具寿命的最重要因素。

④ 高的耐熔融损伤性。随着压铸机的大型化，压铸压力也在增大，已从低压的20~30MPa，提高到高压的150~500MPa。高温、高压浇铸可产生明显的熔融损伤，模具应对此具有较大的抵抗力。因此，模具材料必须具有较大的高温强度，较小的熔融金属亲和力；模具表面粗糙度要小，并附有适当的氧化膜、氮化层等保护层，而不应存在脱碳层。

⑤ 淬透性好、热处理变形小。一般压铸模具的制造方法是将退火状态的模具材料雕刻型腔，然后热处理，得到所需要的硬度；或将模具材料先进行热处理，得到需要的硬度，再雕刻型腔。先雕刻型腔后热处理的制造方法，有高的硬度和强度，不易产生熔损与热疲劳。无论用哪一种方法进行热处理，得到均一的硬度是必要的，所以要求淬透性好，特别是先雕刻型腔后进行热处理，要用热处理变形小的材料，这点对于尺寸大的模具尤为重要。

⑥ 较好的切削性能。压铸模型腔都经切削加工制成，所以模具材料应具有较好的切削性能。必须指出，耐磨性好的材料，其切削性能一般较差。许多模具钢就是如此，虽在退火状态，其基体部分还是较硬，再加坚硬的碳化物，一般切削困难。

为获得较光滑的压铸件，要求模具型腔表面的粗糙度值小，所以对模具材料也应具有较好抛光性能。

⑦ 材料内部组织均匀、无缺陷。模具材料的组织应均匀、无缺陷、方向性少，否则不仅影响模具的裂纹、强度、热疲劳性能，而且还影响热处理变形。

17.2 压铸模具钢的选用及热处理

17.2.1 压铸模具钢热处理基本技术要求

压铸模主要零件的常用材料及热处理要求见表17-1。

表17-1 压铸模主要零件的常用材料及热处理要求

零件名称		压铸合金			热处理要求	
		锌合金	铝、镁合金	铜合金	压铸锌、铝、镁合金	铸铜合金
与金属液接触的零件	型腔镶块、型芯、滑块中成型部位等成型零件	4Ci5MoSiV1 3Cr2W8V (3Cr2W8) 5CrNiMo 4CrW2Si	4Cx5MoSiV1 3Cr2W8V (3Cr2W8)	3Cr2W8V (3Cr2W8) 3Cr2W5Co5MoV 4Cr3Mo3W2V	43~47HRC(4Ci5MoSiV1) 44~48HRC(3Cr2W8VW8V)	38~42HRC

零件名称		压铸合金			热处理要求	
		锌合金	铝、镁合金	铜合金	压铸锌、铝、镁合金	铸铜合金
与金属液接触的零件	浇道镶块、浇口套、分流锥等浇铸系统	4Ci5MoSiV1,3Cr2W8V(3Cr2W8)		4Cr3Mo3SiV 4Ci5MoSiV1		
滑动配合零件	导柱、导套（斜销、弯销等）	T8A （T10A）			50～55HRC	
	推杆	4Cr5MoSiV1,3Cr2W8V(3Cr2W8)			45～50HRC	
		T8A(T10A)			50～55HRC	
	复位杆	T8A(T10A)			50～55HRC	
模架结构	动、定模套板，支承板，垫块，动、定模底板，推板，推杆固定板	45			调质 220～250HBW	
		Q235 铸钢				

注：1. 表中所列材料，先列者为优先选用。

2. 压铸锌、镁、铝合金的成型零件经淬火后，成型面可进行软氧化或氮化处理，氮化层深度为 0.08～0.15mm，硬度≥600HV。

压铸模成型部位（动、定模镶块，型芯等）及浇注系统使用的热模钢必须进行热处理。为保证热处理质量，避免出现畸变、开裂、脱碳、氧化和腐蚀等疵病，可在盐浴炉、保护气氛炉装箱保护加热，或在真空炉中进行热处理。尤其是在高压气冷真空炉中淬火，质量最好。

淬火前应进行一次去应力退火处理，以消除加工时残留的应力，减少淬火时的变形程度及开裂危险。淬火加热宜采用两次预热，然后加热到规定温度，保温一段时间，再进行油淬或气淬。模具零件淬火后即进行回火，以免开裂，回火次数 2～3 次。压铸铝、镁合金用的模具硬度为 43～48HRC 最适宜。为防止粘模，可在淬火处理后进行软氮化处理。压铸铜合金的压铸模硬度宜取低些，一般不超过 44HRC。

17.2.2　常用压铸模具钢及热处理

（1）4Cr5MoSiV

4Cr5MoSiV（相当于美国钢号 H11）钢是一种空冷硬化的热作模具钢。该钢在中温条件下具有很好的韧性、较好的热强度、热疲劳性能和一定的耐磨性；在较低的奥氏体化温度条件下空淬，热处理变形小，空淬时被氧化倾向小，而且可以抵抗熔融铝的冲蚀作用。该钢通常用于制造铝铸件用的压铸模和热挤压模，穿孔用的工具、芯棒、压力机锻模、塑料模等。

① 化学成分见表 17-2。

表 17-2　4Cr5MoSiV 钢的化学成分

C	Si	Mn	Cr	Mo	V	P	S
0.33～0.43	0.80～1.20	0.20～0.50	4.75～5.50	1.10～1.60	0.30～0.60	≤0.030	≤0.030

注：摘自 GB/T 1299—2014，化学成分为质量分数（%）。

② 物理性能见表 17-3～表 17-6。

表 17-3　4Cr5MoSiV 钢的临界点

临界点	Ac_1	Ac_3	Ar_1	Ar_3	Ms	Mf
温度（近似值）/℃	853	912	720	773	310	103

表 17-4　4Cr5MoSiV 钢的线胀系数

温度/℃	20～100	20～200	20～300	20～400	20～500	20～600	20～700
线胀系数 $\alpha/(\times10^{-6}/\mathrm{K})$	10.0	10.9	11.4	12.2	12.8	13.3	13.6

表 17-5　4Cr5MoSiV 钢的热导率

温度/℃	100	200	300	400	500	600	700
热导率 $\lambda/[\mathrm{W/(m\cdot K)}]$	25.9	27.6	28.4	28.0	27.6	26.7	25.9

表 17-6　4Cr5MoSiV 钢的弹性模量

温度/℃	20	100	200	300	400	500
弹性模量 E/GPa	227	221	216	208	200	192

③ 热加工工艺见表 17-7。

表 17-7　4Cr5MoSiV 钢的热加工工艺参数

材料	加热温度/℃	始锻温度/℃	终锻温度/℃	冷却方式
钢锭	1140～1180	1100～1150	≥900	砂冷或坑冷
钢坯	1120～1150	1070～1100	900～850	砂冷或坑冷

④ 热处理。4Cr5MoSiV 钢的预先热处理工艺见图 17-1 和图 17-2。

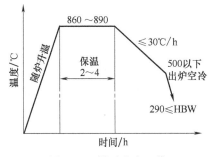

图 17-1　锻后退火工艺

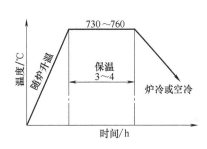

图 17-2　去应力退火工艺

推荐的淬火规范及淬火后的性能见表 17-8 和图 17-3。

表 17-8　4Cr5MoSiV 钢推荐的淬火工艺规范及淬火后的性能

淬火温度/℃	冷却介质	介质温度/℃	延续	硬度
1000～1030	油或空气	20～60	冷至油温	53～55HRC

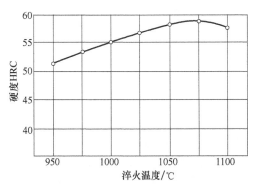

图 17-3　淬火强度与淬火温度的关系（空淬）

推荐的回火工艺规范及回火后的性能、表面处理规范，见表 17-9、表 17-10 和图 17-4～图 17-8。

表 17-9　4Cr5MoSiV 钢推荐的回火工艺规范及回火后的性能

回火目的	回火温度/℃	加热设备	冷却	回火次数	回火硬度 HRC
消除应力，降低硬度	530～560	熔融盐浴或空气炉	空冷	2	47～49

注：第二次回火温度通常比第一次低 20～30℃。

表 17-10 4Cr5MoSiV 钢推荐的表面处理规范

工艺	温度 /℃	时间 /h	介质	扩散层	
				深度 /mm	显微硬度 HV
渗氮	560	2	KCN50％＋NaCN50％	0.04	690～640
	580	8	天然气＋氨	0.25～0.30	860～830
	640	12～20	氨,α＝30％～60％	0.15～0.20	760～550

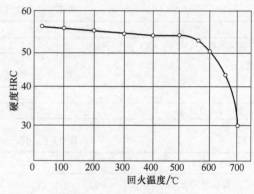

图 17-4 硬度与回火温度的关系（1300℃空淬）

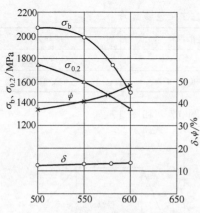

图 17-5 不同温度回火后的拉伸
性能（1000℃空淬）

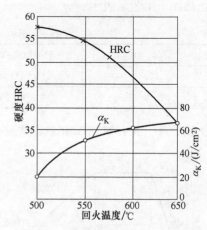

图 17-6 不同温度回火后的硬度和
冲击韧度（1000℃油淬）

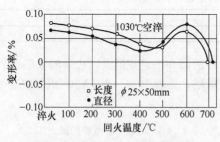

图 17-7 淬火和回火后的变形率

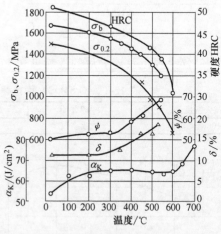

图 17-8 高温力学性能（1000℃空淬，580℃回火）

（2）4Cr5MoSiV1

4Cr5MoSiV1（相当于美国钢号 H13）钢是一种空冷硬化的热作模具钢，它是所有热作模具钢中使用最广泛的钢之一。与 4Cr5MoSiV 钢相比，该钢具有较高的热强度和硬度；在中温条件下具有很好的韧性、抗热疲劳能力和一定的耐磨性；在较低的奥氏体化温度条件下空淬，热处理变形小，空淬时被氧化倾向小，而且可以抵抗熔融铝的冲蚀作用。该钢广泛用于制造铝、铜及其合金的压铸模，以及热挤压模具与芯棒、模锻锤的锻模、锻造压力机模具、精锻机用模具镶块。

① 化学成分，见表 17-11。

表 17-11　4Cr5MoSiV1 钢的化学成分

C	Si	Mn	Cr	Mo	V	P	S
0.32～0.45	0.80～1.20	0.20～0.50	4.75～5.50	1.10～1.75	0.80～1.20	≤0.030	≤0.030

注：摘自 GB/T 1299—2014，化学成分为质量分数（％）。

② 物理性能，见表 17-12～表 17-14。

表 17-12　4Cr5MoSiV1 钢的临界点

临界点	Ac_1	Ac_3	Ar_1	Ar_3	Ms	Mf
温度(近似值)/℃	860	915	775	815	340	

表 17-13　4Cr5MoSiV1 钢的线胀系数

温度/℃	20～100	20～200	20～300	20～400	20～500	20～600	20～700
线胀系数 $\alpha/(\times10^{-6}/K)$	9.1	10.3	11.5	12.2	12.8	13.2	13.5

表 17-14　4Cr5MoSiVl 钢的热导率

温度	25	650
热导率 $\lambda/[W/(m \cdot K)]$	32.2	28.8
弹性模量 E/GPa	210	

③ 热加工工艺，见表 17-15。

表 17-15　Cr5MoSiVl 钢的热加工工艺参数

材料	加热温度/℃	始锻温度/℃	终锻温度/℃	冷却方式
钢锭	1140～1180	1100～1150	900～850	缓冷(砂冷或坑冷)
钢坯	1120～1150	1050～1100	900～850	缓冷(砂冷或坑冷)

④ 热处理，4Cr5MoSiV1 钢毛坯锻轧后进行退火的工艺如图 17-9 所示，机械加工过程消除应力退火工艺如图 17-10 所示，淬火工艺见表 17-16、表 17-17 和图 17-11，回火工艺见表 17-18 和图 17-12，淬火、回火后性能如图 17-13～图 17-17 所示，表面处理规范见表 17-19。

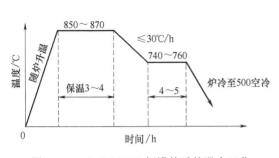

图 17-9　4Cr5MoSiV1 钢锻轧后的退火工艺

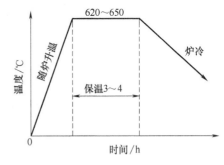

图 17-10　4Cr5MoSiV1 钢消除应力退火工艺

表 17-16　4Cr5MoSiV1 钢淬火工艺及淬火后的性能

| 淬火温度/℃ | 冷　却 | | | 硬度 HRC |
	介质	介质温度/℃	冷却剂	
1020～1050	油或空气	20～60	室温	56～58

注：气淬真空炉淬火冷却介质为高纯度氮气。

表 17-17　保温时间（参见图 17-11）

加热方式		a	b	c	d
盐浴炉/（min/mm）		1~1.5	0.5~0.8	0.2~0.4	5~20min
保护气氛炉/（min/mm）		1.5~2.5	1~2	1~1.2	
真空气淬炉/h		1.5	1.5	1~1.5	
		或以工件心部温度接近表面温度后保温 0.5h			

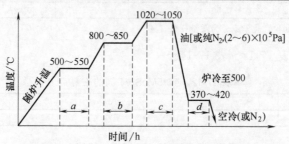

图 17-11　4Cr5MoSiV1 钢淬火工艺曲线

表 17-18　回火工艺

回火目的	回火温度/℃	加热设备	冷却介质	回火硬度 HRC
消除应力,降低硬度	560~580	熔融盐浴或空气炉	空气	43~47

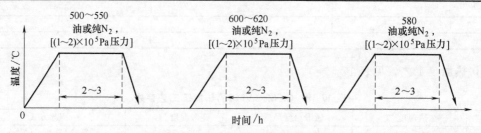

图 17-12　4Cr5MoSiV1 钢回火工艺

注：第一次回火，硬度为 52~56HRC；第二次回火，硬度为 43~47HRC；第三次回火，硬度为 43~47HRC。

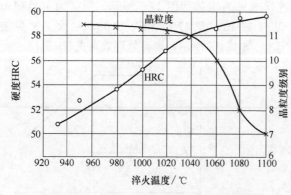

图 17-13　硬度、晶粒度与淬火温度的关系

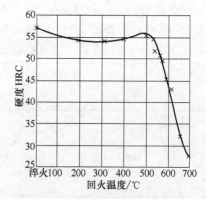

图 17-14　硬度与回火温度的关系
（1020℃油淬，两次回火）

表 17-19　推荐的表面处理规范

工艺	温度/℃	时间/h	介　质	扩散层	
				深度/mm	显微硬度 HV
渗氮	560	2	KCN50%＋NaCN50%	0.04	690~640
	580	8	天然气＋氨	0.25~0.30	860~635
	530 550	12~20	氨,α=30%~50%	0.15~0.20	760~550

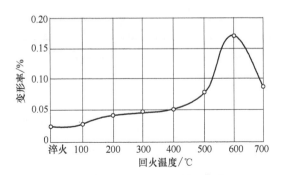

图 17-15　淬火和回火后的变形率

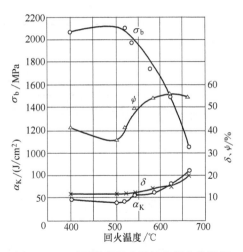

图 17-16　不同温度回火后的室温力学性能
（1020℃油淬，两次回火）

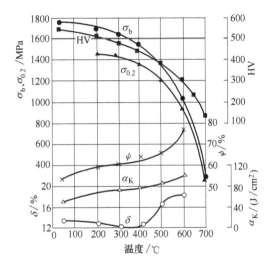

图 17-17　高温力学性能（1020℃油淬，
580℃回火两次）

模具热处理后，若模具型腔采用磨削、电火花和线切割等方法加工成型会在模具的表面上形成一层厚 $10\sim30\mu m$ 的淬火马氏体白亮层，也称之为异常层。由于白亮层中的内应力较大，淬火马氏体本身又较脆，磨削时容易在表面产生微裂纹和磨削裂纹，因而磨削加工后，最好能在低于回火温度 50℃以下进行去应力退火，以消除磨削应力，并使表面可能形成的淬火马氏体回火韧化。

大型的 4Cr5MoSiV1 钢锻件经常规球化退火处理，碳化物组织极不均匀，存在严重的沿晶碳化物链，可通过多次球化退火或奥氏体化快冷（正火）再球化退火来实现。

（3）4Cr5W2VSi

4Cr5W2VSi 钢是一种空冷硬化的热作模具钢，在中温下具有较高的热强度、硬度，有较高的耐磨性、韧性和较好的抗热疲劳性能。采用电渣重熔，可较有效地提高该钢的横向性能。该钢用于制造铝、锌等轻金属的压铸模，热挤压用的模具和芯棒，热顶锻结构钢和耐热钢用的工具，以及成型某些零件用的高速锤模具。

① 化学成分，见表 17-20。

表 17-20　4Cr5W2VSi 钢的化学成分

C	Si	Mn	Cr	W	V	P	S
0.32~0.42	0.80~1.20	≤0.40	4.50~5.50	1.60~2.40	0.60~1.00	≤0.030	≤0.030

注：摘自 GB/T 1299—2014，化学成分为质量分数（%）。

② 物理性能，见表 17-21～表 17-23。

表 17-21　4Cr5W2VSi 钢的临界点

临界点	Ac₁	Ac₃	Ar₁	Ar₃	Ms	Mf
温度（近似值）/℃	800	875	730	840	275	90

表 17-22　4Cr5W2VSi 钢的线胀系数

温度/℃	22～100	22～200	22～500	22～600
线胀系数 $\alpha/(\times10^{-6}/K)$	7.6	8.7	11.6	12

表 17-23　4Cr5W2VSi 钢的弹性模量

温度/℃	20	100	200	300	400	500	600
弹性模量 E/GPa	230	226	210	210	203	192	178

③ 热加工工艺，见表 17-24。

表 17-24　4Cr5W2VSi 钢的热加工工艺参数

材料	加热温度/℃	始锻温度/℃	终端温度/℃	冷却方式
钢锭	1140～1180	1100～1150	925～900	缓冷(砂冷或坑冷)
钢坯	1100～1150	1080～1120	900～850	缓冷(砂冷或坑冷)

④ 热处理，预先热处理工艺见图 17-18 和图 17-19。

推荐的淬火规范及淬火后的性能见表 17-25 和图 17-20、图 17-21。推荐的回火工艺规范及回火后的性能见表 17-26 和图 17-22～图 17-24。推荐的表面处理规范见表 17-27。

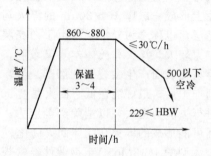

图 17-18　锻后退火工艺

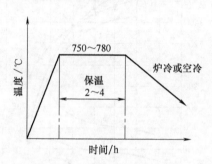

图 17-19　消除应力退火工艺

表 17-25　推荐的淬火规范及淬火后的性能

| 方案 | 淬火温度/℃ | 冷　却 | | | 硬度 HRC |
		介　质	介质温度/℃	冷却到	
1	1060～1080	油或空气	20～40	油温	56～58
2	1030～1050	油	20～40	油温	53～56

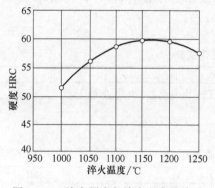

图 17-20　淬火硬度与淬火温度的关系

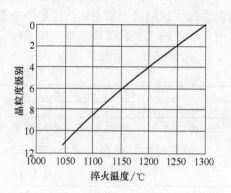

图 17-21　晶粒度与淬火温度的关系

表 17-26　推荐的回火工艺规范及回火后的性能

淬火方案	用途	温度/℃		设备	冷却	保温时间/h	硬度 HRC
1	降低硬度和稳定组织	第一次 590～600		熔融盐或空气炉	空气	2	48～52
		第二次 570～590				2	
2		第一次 560～580				2	47～49
		第二次 530～540				2	

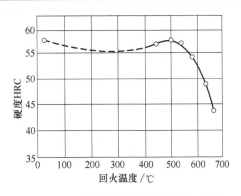

图 17-22　回火硬度与回火温度的关系

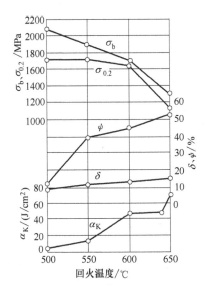

图 17-23　不同温度回火后的室温力学性能
（1040℃油淬，两次 2h）

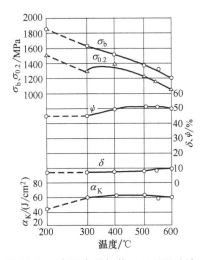

图 17-24　高温力学性能（1040℃油淬，
580℃回火两次）

表 17-27　推荐的表面处理规范

工　艺	温度/℃	时间/h	介　质	扩散层	
				深度/mm	显微硬度 HV
渗氮	560	2	KCN50％＋NaCN50％	0.04～0.07	710～580
	580	8	天然气＋氨	0.25	765～660
	530～550	1220	氨，$\alpha=30\%\sim60\%$	0.12～0.20	1115～650

（4）3Cr2W8V

3Cr2W8V 钢含有较多的易形成碳化物的铬、钨元素，因此在高温下有较高的强度和硬度，在 650℃时硬度达 300HBW，但其韧性和塑性较差。钢材断面在 80mm 以下时可以淬透。这种钢的相变温度较高，抗热疲劳性良好。这种钢可用来制作高温下受高应力，但不受冲击负荷的凸模、凹模，如铜合金压铸模、挤压模模具、平锻机上用的凸凹模、镶块；也可做同时承受较大压应力、弯应力、拉应力的模具，如反挤压的模具；还可作高温下受力的热金属切刀等。

① 化学成分，见表 17-28。

表 17-28　3Cr2W8V 钢的化学成分

c	Si	Mn	Cr	W	V	P	S
0.30～0.40[①]	≤0.40	≤0.40	2.20～2.70	7.50～9.0	0.20～0.50	≤0.030	≤0.030

① 根据用户要求，可提高至 0.40%～0.50%。

注：摘自 GB/T 1299—2014，化学成分为质量分数（%）。

② 物理性能，见表 17-29～表 17～33。

表 17-29　3Cr2W8V 钢的临界点

临界点	Ac_1	Ac_{cm}	Ar_1
温度（近似值）/℃	820～830	1100	790

表 17-30　3Cr2W8V 钢的线胀系数

温度/℃	100	200	300	400	500	600	700	800
线胀系数 $\alpha/(\times10^{-6}/K)$	14.3	14.7	15.6	16,3	16.1	15.2	15.0	28

表 17-31　3Cr2W8V 钢的比热容

温度/℃	100	200	500	800	900
比热容 $c_p/[J/(kg\cdot K)]$	468.2	525.5	685.5	1262.4	660.4

表 17-32　3Cr2W8V 钢的热导率

温度/℃	100	200	700	900
热导率 $\lambda/[W/(m\cdot K)]$	20.0	22.2	24.3	23.0

表 17-33　3Cr2W8V 钢的电阻率

温度/℃	20	200	500	700	900
电阻率 $\rho/\times10^{-6}\Omega\cdot m$	0.50	0.60	0.80	1.0	1.19

3Cr2W8V 的密度为 $8.35g/cm^3$。

③ 热加工工艺见表 17-34。

表 17-34　3Cr2W8V 钢的热加工工艺参数

项　目	加热温度/℃	始锻温度/℃	终锻温度/℃	冷却方式
钢锭	1150～1200	1100～1150	900～850	先空冷,后砂冷或坑冷
钢坯	1130～1160	1080～1120	900～850	先空冷,后砂冷或坑冷

④ 热处理毛坯锻轧后进行退火工艺如图 17-25 所示，机械加工过程消除应力退火工艺如图 17-26 所示，淬火工艺见表 17-35 和图 17-27，回火工艺见表 17-36 和图 17-28，淬火、回火后的性能见图 17-29～图 17-31。

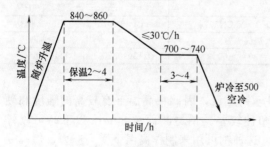

图 17-25　3Cr2W8V 钢锻轧后退火工艺

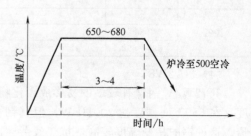

图 17-26　3Cr2W8V 钢消除应力退火工艺

表 17-35　3Cr2W8V 钢淬火工艺

淬火温度/℃	冷　　却			硬度 HRC
	介质	温度/℃	延续	
1070~1150	油	20~60	冷至 150~180℃后空冷	52~54

注：1. 大型模具采用加热温度的上限值，小型模具采用加热温度的下限值。

2. 大型模具应先预热，保温一定时间后再加热到淬火温度。

3. 加热保温时间：火焰炉淬火时，可根据模具零件厚度，每 25mm 约保温 40~50min；电炉淬火时，可根据模具零件厚度，每 25mm 保温 45~60min。

4. 气淬真空炉冷却介质为高纯度氮气。

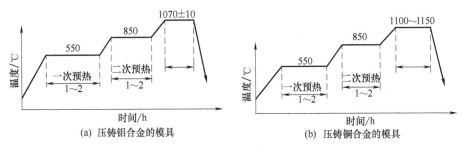

(a) 压铸铝合金的模具　　(b) 压铸铜合金的模具

图 17-27　3Cr2W8V 钢淬火工艺曲线

表 17-36　3Cr2W8V 钢回火工艺

回火温度/℃	回火时间	回火次数	加热设备	冷却	回火硬度
600~700	2h	2~3	盐浴炉或空气炉	空气	38~48HRC

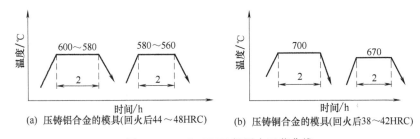

(a) 压铸铝合金的模具(回火后44~48HRC)　　(b) 压铸铜合金的模具(回火后38~42HRC)

图 17-28　3Cr2W8V 钢回火工艺曲线

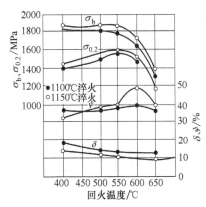

图 17-29　不同温度淬火与不同温度
回火后的力学性能

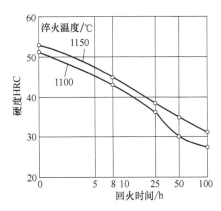

图 17-30　回火稳定性

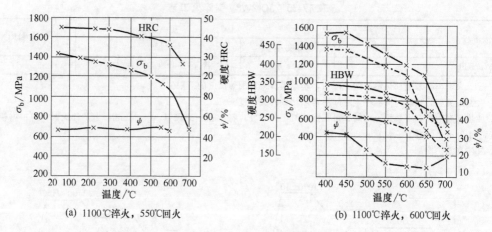

(a) 1100℃淬火，550℃回火 (b) 1100℃淬火，600℃回火

图 17-31　高温力学性能

（5）3Cr3Mo3W2V

3Cr3Mo3W2V 钢的冷、热加工性能良好，淬火、回火温度范围较宽；具有较高的热强性、抗热疲劳性能，又有良好的耐磨性和回火稳定性等特点。

① 化学成分，见表 17-37。

表 17-37　3Cr3Mo3W2V 钢的化学成分

C	Si	Mn	Cr	Mo	W	V	P	S
0.32～0.42	0.60～0.90	≤0.65	2.80～3.30	2.50～3.00	1.20～1.80	0.80～1.20	≤0.030	≤0.030

注：摘自 GB/T 1299—2014，化学成分为质量分数（%）。

② 物理性能，见表 17-38～表 17-40。

表 17-38　3Cr3Mo3W2V 钢的临界点

临界点	Ac_1	Ac_3	Ar_1	Ar_3	Ms
温度（近似值）/℃	850	930	735	825	400

表 17-39　3Cr3Mo3W2V 钢的线胀系数

温度/℃	25～100	25～200	25～300	25～400	25～500	25～600	25～700
线胀系数 $\alpha/(\times 10^{-6}/K)$	10.4	12	11.06	12.27	12.53	13.35	13.58

表 17-40　3Cr3Mo3W2V 钢的热导率

温度/℃	99.4	398.2	479.4	568	673.4
热导率 $\lambda/[W/(m \cdot K)]$	31.8	30.9	31.8	31.8	31.8

③ 热加工工艺，见表 17-41。

表 17-41　3Cr3Mo3W2V 钢的热加工工艺参数

材　料	加热温度/℃	始锻温度/℃	终锻温度/℃	冷却方式
钢锭	1170～1200	1100～1150	≥900	缓冷（砂冷或坑冷）
钢坯	1150～1180	1050～1100	≥850	缓冷（砂冷或坑冷）

④ 热处理，预先热处理见图 17-32。

推荐的淬火工艺规范及淬火后的性能见表 17-42。

推荐的回火规范及回火后的性能见表 17-43 和图 17-33～图 17-35。

表 17-42　推荐的淬火工艺规范

淬火温度/℃	淬火介质	介质温度/℃	硬度 HRC
1060～1130	油	20～60	52～56

表 17-43　推荐的回火规范及回火后的性能

回火目的	回火温度/℃	回火介质	硬度 HRC
提高耐磨性	640	空气	52～54
提高韧性	680	空气	39～41

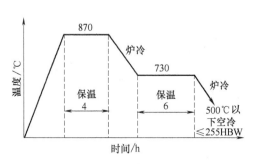

图 17-32　锻后等温退火工艺

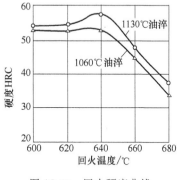

图 17-33　回火硬度曲线

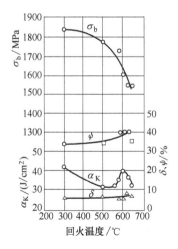

图 17-34　不同温度回火后的力学性能

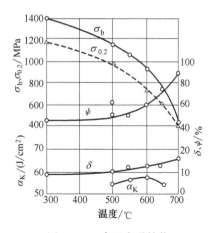

图 17-35　高温力学性能

（6）4Cr5Mo2MnVSi（Y10）

Y10 钢是空淬 Cr-Mo 型热作模具钢。它在退火状态下，有比 3Cr2W8V 钢优越的机械加工性能；热处理时具有较好的抗变形、抗氧化性能；经过电渣重熔后具有良好的抗热疲劳性。推广应用实践证明：Y10 钢用于铝合金压铸模的使用效果明显优于 3Cr2W8V 钢，其压铸模的使用寿命提高 1 倍以上；Y10 钢还可推广应用于中小型的热锻模、热挤压模，代替 3Cr2W8V 钢与 5CrNiMo 钢。

① 化学成分，见表 17-44。

表 17-44　Y10 钢的化学成分

C	Cr	Mo	V	Mn	Si	P	S	Al
0.36～0.42	4.50～5.50	1.8～2.2	0.80～1.20	0.70～1.50	1.00～1.50	≤0.01	≤0.01	<0.05

注：化学成分为质量分数（%）。

② 物理性能，见表 17-45、表 17-46。

表 17-45　Y10 钢的临界点

临界点	Ac₁	Ac₃	Ms
温度（近似值）/℃	815	893	271

表 17-46　Y10 钢的热导率与热胀系数

参数	热导率 λ/[J/(s·cm·℃)]								热胀系数 β/(×10⁻⁶/K)	
温度/℃	197.1	200	393.4	400	587.3	600	784.8	800	21~204	21~300
数值	0.2613		0.2705		0.2726		0.2688		10.0	11.7

③ 热加工工艺，见表 17-47。

表 17-47　Y10 钢的热加工工艺参数

装炉要求/℃	始锻温度/℃	终锻温度/℃	冷却方式
<700	1100~1140	850~900	缓冷

④ 热处理，预先热处理见图 17-36 和图 17-37，最终热处理工艺见图 17-38～图 17-41，淬火、回火后的硬度值为 48～52HRC，高温拉伸性能见表 17-48。

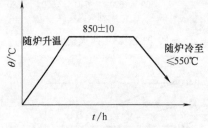

图 17-36　Y10 钢的普通退火工艺
（<190HBW）

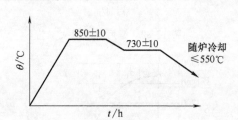

图 17-37　Y10 钢的等温球化退火工艺
（170～187HBW）

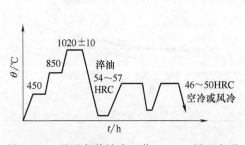

图 17-38　盐浴加热淬火工艺（一）（用于变形
要求不高，零件小、形状简单的模具）

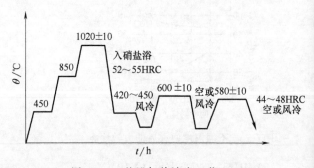

图 17-39　盐浴加热淬火工艺（二）
（用于变形要求不高，但形状稍复杂的模具）

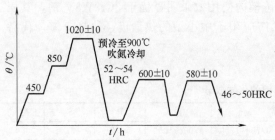

图 17-40　箱式炉装箱保护加热，吹氮冷却的淬火

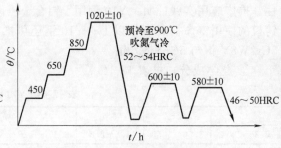

图 17-41　真空加热淬火工艺

表 17-48　高温拉伸性能

温度/℃	$\sigma_{0.2}$/MPa	σ_b/MPa	δ_5/%	ψ/%
300	1330.0	1467.0	4.0	55.5
600	863.0	950.0	4.1	54.0
700	295.6	331.0	10.0	85.0

（7）4Cr3Mo2MnVNbB（Y4）

4Cr3Mo2MnVNbB 最初是针对铜合金压铸模具而研制的。该钢通过合理的成分配比，使其在达到高的热强性及热稳定性的同时，又保持了良好的韧性和塑性，抗冷热疲劳性能明显优于 3Cr2W8V，模具的使用寿命较 3Cr2W8V 制造的模具的使用寿命有明显提高。钢中加入微量 Nb，提高了 M_6C 和 MC 型碳化物的稳定性，细化了晶粒，降低了过热敏感性。该钢不仅是铜合金压铸模具的理想材料，也适用于挤压模具、中小型压力机模具。

① 化学成分，见表 17-49。

表 17-49　Y4 钢的化学成分

C	Cr	Mo	V	Mn	Si	Nb	B	P、S
0.36~0.42	2.20~2.70	2.0~2.50	0.90~1.30	0.90~1.30	0.25~0.50	0.04~0.10	0.002~0.006	≤0.03

注：化学成分为质量分数（%）。

② 物理性能，见表 17-50、表 17~51。

表 17-50　Y4 钢的临界点

临界点	Ac_1	Ac_{cm}	Ms
温度（近似值）/℃	789	910	363

表 17-51　Y4 钢的热导率与热胀系数

参数	热导率 λ/[4.1868W/(m·K)]				热胀系数 β/($\times10^{-6}$/K)	
温度/℃	200	400	600	800	25~100	25~300
数值	0.0765	0.0791	0.0747	0.0660	10.3	1.28

③ Y4 钢的热处理工艺。

a. 退火工艺：加热温度 830℃，等温温度 680℃，退火硬度 170~207HBW。

b. 淬火工艺：加热温度 1050~1150℃，通常 1100℃，回火温度 560~650℃，通常 600~630℃，2~3 次，回火后硬度为 43~54HRC。Y4 钢经 1050℃加热、油冷后的组织为板条马氏体＋残留奥氏体＋少量点状未溶碳化物。在高倍透射电镜下，绝大部分马氏体呈典型板条状，成束排列，板条内含有高密度的位错亚结构，局部地区有孪晶，板条间有少量残留奥氏体。

c. 为防止粘模现象，淬、回火后可用渗氮加高温回火处理。

d. Y4 钢的力学性能，见表 17-52~表 17-54。

表 17-52　Y4 钢的室温的力学性能

淬火温度/℃	硬度 HRC	$\sigma_{0.2}$/MPa	σ_b/MPa	δ/%	ψ/%
1100	50.3	1348	1699	12.6	50.5
1150	52.7	1312	1804	8.8	35.1

表 17-53　Y4 钢与 3Cr3W8V 钢的室温的热疲劳抗力对比测试结果

裂纹长度/mm		<0.05	<0.05~0.10	0.10~0.15	0.15~0.20	>0.20	≥0.05 的总条数	最大长度/mm
裂纹条数	Y4	14	5	0	0	0	5	0.07
	3Cr3W8V	22	10	1	1	3	15	0.31

注：试验条件，试样尺寸 φ12mm，高频加热，加热时间 1.5s，试验温度范围 780~250℃，经 3000 次循环后观察试样表面裂纹数及裂纹长度。

表 17-54　Y4 钢与 3Cr3W8V 钢的 750℃ 热稳定性对比测试结果

保温时间/min		0	5	10	15	20	30	45	60
硬度	Y4	49.1	37.3	36.0	35.3	34.6	34.5	31.4	32.1
HRC	3Cr3W8V	52.1	35.0	31.5	31.4	30,0	30.0	29.7	—

注：试验条件，φ15mm×15mm 试样，均经 1100℃ 淬火回火处理至 49～51HRC 后，在 750℃ 的试验温度下进行热稳定试验。

（8）5CrNiMo

5CrNiMo 钢具有良好的韧性、强度和高耐磨性。它在室温和 500～600℃ 时的力学性能几乎相同。在加热到 500℃ 时，仍能保持 300HBW 左右的硬度。由于钢中含有钼，因而对回火脆性并不敏感。从 600℃ 缓慢冷却下来以后，冲击韧度仅稍有降低。

5CrNiMo 钢具有良好的淬透性：300mm×400mm×300mm 的大块钢料，经过 820℃ 油淬和 560℃ 回火后，断面各部分的硬度几乎一致。

该钢易形成白点，需要严格控制冶炼工艺及锻轧后的冷却制度。

① 化学成分，见表 17-55。

表 17-55　5CrNiMo 钢的化学成分

C	Si	Mn	Cr	Ni	Mo	P	S
0.50～0.60	≤0.40	0.50～0.80	0.50～0.80	1.40～1.80	0.15～0.30	≤0.030	≤0.030

注：摘自 GB/T 1299—2014，化学成分为质量分数（%）。

② 物理性能，见表 17-56、表 17-57。

表 17-56　5CrNiMo 钢的临界点

临界点	Ac_1	Ac_3	Ar_1
温度（近似值）/℃	710	770	680

表 17-57　5CrNiMo 钢的线胀系数

温度/℃	100～250	250～300	350～600	600～700
线胀系数 α/（×10^{-6}/K）	12.55	14.1	14.2	15

③ 热加工工艺，见表 17-58。

表 17-58　5CrNiMo 钢的热加工工艺参数

材料	加热温度/℃	始锻温度/℃	终锻温度/℃	冷却方式
钢锭	1140～1180	1100～1150	880～800	缓冷（砂冷或坑冷）
钢坯	1100～1150	1050～1100	850～800	缓冷（砂冷或坑冷）

注：5CrNiMo 钢空冷即能淬硬并易形成白点，因此锻后应缓冷。对于大型锻件，必须放到加热至 600℃ 的炉中，待其温度均匀后再缓慢冷却到 150～200℃，然后在空气中冷却。对于较大的锻件，建议在冷却到 150～200℃ 时，立即进行回火。

④ 热处理，5CrNiMo 钢锻后等温退火工艺见图 17-42。

推荐的淬火规范及淬火后的性能见表 17-59。

推荐的回火温度及回火后的性能见表 17-60 和图 17-43～图 17-45。

表 17-59　推荐的淬火规范及淬火后的性能

淬火温度 /℃	冷　却			硬度 HRC
	介质	介质温度/℃	冷却到	
830～860	油	20～60	至 150～180℃ 后立即回火	53～58

注：1. 大型模具淬火加热采用上限值，小大型模具（边长在 200～300mm 以下）采用下限值。

2. 为避免模具淬火时产生大的应力和变形，从 830～860℃ 加热后，先在空气中预冷至 750～780℃，然后再油冷至 150～180℃，取出并立即回火。

3. 对大型模具应先在 600～650℃ 预热，热透后再使炉温升高。

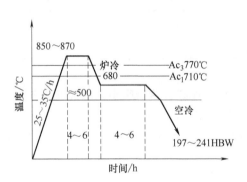

图 17-42　5CrNiMo 钢锻后等温退火工艺

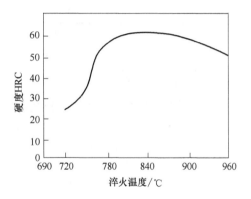

图 17-43　淬火温度与硬度的关系

表 17-60　推荐的回火温度及回火后的性能

回火目的	模具种类	加热温度/℃	加热设备	硬度 HRC
消除应力,稳定组织与尺寸	小型模具	490～510	煤气炉或电炉	44～47
	中型模具	520～540		38～42
	大型模具	560～580		34～37

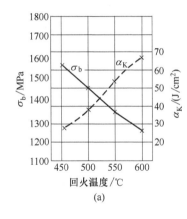

(a)

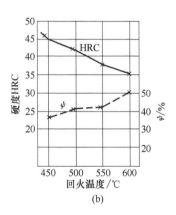

(b)

图 17-44　回火温度对力学性能的影响（840℃淬火）

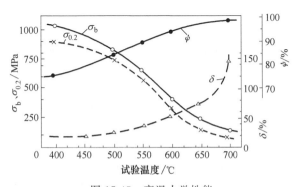

图 17-45　高温力学性能

（9）其他压铸模具用材

① 难熔合金。通常将熔点在 1700℃以上的金属称为难熔合金。在压铸钢铁材料时,压铸模型腔的工作温度可高达 1000℃,型腔表面受到严重的氧化、腐蚀和冲刷,常因产生严重的塑性变形和网状裂纹而失效,只能压铸几十件或几百件。因此,可以采用钨、钼、铌等熔点在 2600℃以上的难熔合金,来制作压铸模的型腔。由于它们的再结晶温度高于 1000℃,可长时间在此温度之上工作。美国使用粉末烧结的钨基合金 Anviloy1150 和钼基合金 TZM 制作压铸模,合金的化学成分见表 17-61。

表 17-61 压铸模用难熔合金的化学成分

合金种类	W	Mo	Ni	Fe	C	Zr	Ti	Mo
Anviloy1150	90	4	4	2	—	—	—	—
TZM	—	—	—	—	0.01~0.04	0.06~0.12	0.4~0.55	余量

注：表中数值为质量分数（%）。

相对来讲，钼基合金的热强性和持久强度较高，热导性好、热膨胀小，因此几乎不引起热裂，用作压铸模具比较成功。TZM 合金的塑性较好，便于成型加工，室温脆性也较钨基合金小；但其抗变形能力有限，且力学性能的各向异性十分明显。难熔合金主要用于铜合金、钢铁材料的压铸模。

② 铜合金在压铸钢铁材料时，一般 3Cr2W8V 钢压铸模的表面接触温度在 950～1000℃。采用热导性高的铜合金制作的压铸模，其表面接触温度可降低到 600℃。随着模具型腔温度梯度的降低，可减小模具的应力和应变，能收到满意的效果。

常用的铜合金有铬锆钒铜、铬锆镁铜、钴铍铜等，其化学成分见表 17-62。在 600℃下这些铜合金的力学性能显著高于 1000℃下的 3Cr2W8V 钢，模具使用寿命比 3Cr2W8V 钢提高 1.5～2 倍。用铜合金制压铸模镶块，可在 980℃淬火后冷挤成型，然后进行时效处理，型腔的表面粗糙度低，可以提高使用寿命。

表 17-62 压铸模用铜合金的化学成分

铜合金种类	Cr	Zr	V	Mg	Co	Be	Cu
铬锆钒铜	0.6~0.8	0.4	0.4	—	—	—	余量
铬锆镁铜	0.4	0.15	—	0.05	—	—	余量
钴铍铜	—	—	—	—	0.5~3	0.4~2	余量

注：表中数值为质量分数（%）。

③ 马氏体时效钢。即 18Ni 超低碳马氏体时效钢。它是铁-镍基超低碳、高合金、超高强度钢通过马氏体相变和时效处理，析出金属间化合物而达到强化效果的超高强度钢。典型的马氏体时效钢的化学成分见表 17-63。

表 17-63 马氏体时效钢的化学成分

钢号	C	Ni	Co	Mo	Ti	Al
18Ni(200)			8.5	3.3	0.2	
18Ni(250)	≤0.03	18	7.75	5.0	0.4	0.1
18Ni(300)			9.0	5.0	0.65	
18Ni(350)			12.5	4.2	1.6	

注：表中数值为质量分数（%）。

18Ni 马氏体时效钢经 820℃固溶处理后，可在很宽的温度范围内进行时效处理。时效过程中析出 Ni_3Mo、Ni_3Ti 等金属化合物，提高了钢的强韧性。Co 在钢中不形成化合物，不直接产生时效强化作用。必须有 Mo 的存在，才能充分发挥 Co 的强韧化作用。Co 可降低 Mo 在基体中的溶解度，增加 Mo 的过饱和度，在时效过程中产生细小的金属间化合物 Ni_3Mo 和 Fe_2Mo，弥散而均匀分布在马氏体位错和边界上。Co 和 Mo 的配合，不仅能提高钢的强度，而且还改善钢的韧性。另外 Ti、Al 均为强化元素，形成强化相 Ni_3Al，Ni_3Ti 等。钢中 C、S、P、Si、Mn 等均属有害元素。若含碳量高，当加热至 900～1100℃时，在奥氏体晶界形成 TiC 薄膜，使钢变脆。该钢大多采用真空冶炼工艺，以降低钢中气体和非金属夹杂物含量，提高钢的纯净度，有效改善钢的韧性。

马氏体时效钢具有强度高、屈强比高、热处理工艺简单和断裂韧度高等优点。在固溶状态下，钢的屈服强度为 800MPa～900MPa，断后伸长率约为 20%，断面收缩率为 70%～

80%，具有良好的冷塑性变形性能，适用于深冲零件。对冷作件可直接时效处理，进一步提高其强度。其热处理过程中零件变形小，常用于制造高精度铜、铝合金压铸模具。

④ 硬质合金。硬质合金是将高熔点、高硬度的 WC、TiC 等金属碳化物粉末和黏结剂 Co、Ni 等混合、成型，经烧结而成的一种粉末冶金材料。因与陶瓷烧结过程相似，又称金属陶瓷型硬质合金。由于硬质合金硬度高，达 87～91HRC，抗压强度高、耐磨性好，在模具上的应用日益广泛。

根据金属碳化物的种类不同，通常将硬质合金分为两类：一类是钨钴类，牌号用 YG 表示，如 YG25，后面的数字表示钴的含量；另一类是钨钴钛类，牌号用 YT 表示，后面的数字表示 TiC 的含量。与钨钴钛类硬质合金相比，钨钴类有较好的强度和韧性，在模具中得到较广泛的应用。

硬质合金的性能特点是：具有高的硬度、高的抗压强度和高的耐磨性，脆性大，不能进行锻造和热处理。

⑤ 钢结硬质合金。这是以难熔金属碳化物为硬质相，以合金钢或高速钢粉末为黏结剂，经混合压制、烧结而成的粉末冶金材料。其性能介于钢与硬质合金之间，既具有钢的高强韧性，又具有硬质合金的高硬度、高耐磨性。钢结硬质合金可以进行锻造、机械加工、热加工。

钢结硬质合金的硬质相主要是 WC 和 TiC。以 TiC 为硬质相的硬质合金有 CT35、T1、TM60 等。第二代 WC 钢结硬质合金（简称 DT 合金）在保持高硬度和耐磨性的基础上，较大幅度地提高了强度和韧性，而且在激冷激热交变冲击下具有很好的抗热裂性，综合性能好，适用于较大冲击负荷条件下使用，是较理想的模具材料。

钢结硬质合金的硬度高（70HRC）、热硬性好，耐磨性与硬质合金相近，淬火变形小，并具有耐热、耐蚀和抗氧化等优良性能。用钢结硬质合金制作模具，寿命比模具钢提高几倍到几十倍。

17.3 压铸模零件的材料选择及热处理技术

17.3.1 压铸模所处的工作状态及对模具的影响

① 熔融的金属液以高压、高速进入型腔，对模具成型零件的表面产生激烈的冲击和冲刷，使模具表面产生腐蚀和磨损，压力还会造成型芯的偏移和弯曲。

② 在填充过程中，金属液、杂质和熔渣对模具成型表面会产生复杂的化学作用，加速表面的腐蚀和裂纹的产生。

③ 压铸模具在较高的工作温度下进行生产，所产生的热应力是模具成型零件表面裂纹乃至整体开裂的主要原因，从而造成模具的报废。在每一个铸件生产过程中，型腔表面除了受到金属液的高速、高压冲刷外，还存在着吸收金属在凝固过程放出的热量，产生热交换，模具材料因热传导的限制，型腔表面首先达到较高温度而膨胀，而内层模具温度则相对较低，膨胀量相对较小，使表面产生压应力。开模后，型腔表面与空气接触，受压缩空气和涂料的激冷而产生拉应力。这种交变应力反复循环并随着生产次数的增加而增长，当交变应力超过模具材料的疲劳极限时，表面首先产生塑性变形，并会在局部薄弱之处产生裂纹。

17.3.2 影响压铸模寿命的因素和提高寿命的措施

压铸模是在高温、高压、高速的恶劣条件下工作，所以对模具寿命影响较大。因此，金属压铸模的使用寿命是压铸行业近年来非常关注的问题。影响压铸寿命的因素有很多，如压铸件的结构、模具结构与制造工艺、压铸工艺、模具材料等，而提高模具寿命应从这些方面着手。

(1) 铸件结构设计的影响

① 在满足铸件结构强度的条件下，宜采用薄壁结构。这除了减轻铸件重量和节省原材料外，也减少了模具的热载荷。铸件的壁厚也必须满足金属液在型腔中流动和填充的需要。

② 铸件壁厚应尽量均匀，以减少局部热量集中而加速局部模具材料的热疲劳。

③ 在压铸件转角处应有适当的铸造圆角，避免在相应部位形成棱角、尖角，防止因成型零件的强度受到影响而产生裂纹或塌陷，也有利于改善填充条件。

④ 铸件上应尽量避免有窄而深的凹穴，以免成型零件相应部位出现窄而高的凸台，会受到冲击而弯曲、断裂，并使散热或排气条件恶化。

(2) 模具设计的影响

① 模具中各结构件应有足够的强度和刚性，特别是成型零件应具有耐热性能和抗冲击性能。在金属液填充压力和高速的金属流的冲击作用下，不会产生较大的变形。导滑元件应有足够的刚度和表面耐磨性，保证模具使用过程中起导滑、定位作用。所有与金属液相接触的部位，均应选用耐热钢，并采取合适的热处理工艺。套板选用中碳钢并进行调质处理（也可选用球墨铸铁、铸钢、P20 等）。

② 正确选择各元件的公差配合和表面粗糙度，应考虑到模具温度对配合精度的影响，使模具在工作温度下，活动部位不致引起因热膨胀而产生动作不灵活和被咬死或窜入金属液的现象，固定部位不致产生松动。

③ 设计浇注系统时，应尽量避免内浇口直对型芯，防止型芯受到金属液的正面冲击或冲刷而产生变形或冲蚀。尽量避免浇口、溢流槽、排气槽靠近导柱、导套和抽芯机构，以免金属液窜入。有时适当增大内浇口截面积会提高模具使用寿命。

④ 合理采用镶块组合结构，避免锐角、尖劈，以适应热处理工艺要求。设置推杆和型芯孔时，应与镶块边缘保持一定的距离，溢流槽与型腔边缘也应保持一定距离。

⑤ 易损的成型零件应尽量采用单独镶拼的方法，以便损坏时很方便地局部更换，以提高压铸模的整体使用寿命。

⑥ 在设计压铸模时，应注意保持模具的热平衡，尤其是大型或复杂的模具，通过溢流槽、冷却系统合理设计，采用合理的模具温控系统，会大大提高模具寿命。

(3) 模具钢材及锻造质量的影响

经过锻造的模具钢材，可以破坏原始的带状组织或碳化物的积集，提高模具钢的力学性能。为充分发挥钢材的潜力，应首先注意它的洁净度，使该钢的杂质含量和气体含量降到最低。目前，压铸模耐热钢普遍采用 4Cr5MoSiV1（H13）钢，并采用真空冶炼或电渣重熔。经电渣重熔的 H13 钢比一般电炉生产的疲劳强度提高 25％以上，疲劳的趋势也较缓慢。

作为型腔和大型芯的钢坯应通过多向复杂锻打，控制碳化物偏析和消除纤维状组织及方向性。锻材内部不允许有微裂纹、白点、缩孔等缺陷。锻件应进行退火，以达到所要求的硬度和金相组织。型芯、镶块等模块应进行超声波探伤检查合格后方可使用。

(4) 模具加工及加工工艺的影响

① 成型零件除保证正确的几何形状和尺寸精度外，还需要有较好的表面质量。在成型零件表面上，如果有残留的加工痕迹或划伤痕迹，特别是对于高熔点合金的压铸模，该处往往会成为裂纹的起始点。

② 导滑件表面，应有较好的表面光洁程度，防止移动擦伤，影响使用寿命。

③ 模体的各模板在锻造后，应进行等温退火处理，以消除锻造应力，防止在装配和使用时，产生应力变形。

④ 复杂或大型的成型零件，在粗加工或电加工后，应安排一次消除应力处理，以防止变形。

⑤ 成型零件出现尺寸或形状差错，需留用时，尽量可采用镶拼补救的办法。小面积的焊接有时也允许使用（采用氩弧焊焊接）。焊条材料必须与所焊接工件完全一致，严格按照焊接工艺，充分并及时完成好消除应力的工序，否则在焊接过程中或焊接后易产生开裂。

（5）热处理的影响

通过热处理，特别是对成型零件的热处理，可改变模具材料的金相组织，以保证必要的强度和硬度，高温下尺寸的稳定性、抗热疲劳性能和材料的切削性能等。热处理的质量对压铸模使用寿命起着十分重要的作用，如果热处理不当，往往会导致模具损伤、开裂而过早报废。对热处理的基本要求如下。

① 经过热处理后的零件要求变形小，尽量减少残余应力的存在。

② 热处理后，不出现畸变、开裂、脱碳、氧化和腐蚀等疵病。

③ 具有合适的强度和硬度，并保持一定的抗冲击性能。

④ 增加成型表面的耐磨性和抗黏附性能。

采用真空或保护气氛热处理，可以减少脱碳、氧化、变形和开裂。成型零件淬火后应采用两次或多次的回火。实践证明，只采用调质（不进行淬火）再进行表面氮化的工艺，往往在压铸数千模次后会出现表面龟裂和开裂，其模具寿命较短。

（6）压铸生产工艺的影响

① 压铸生产前的模具预热，对模具寿命的影响很大。不进行模具的预热，高温的金属液在填充型腔时，低温的型腔表面受到剧烈的热冲击，致使成型零件内外层产生较大的温度梯度，容易造成表面裂纹，甚至开裂。

② 在压铸生产过程中，模具温度逐步升高。当模温过热时，会使压铸件产生缺陷、粘模或活动的结构件抱紧失灵的现象。为降低模温，决不能采用冷水直接冷却过热的型腔、型芯表面。一般模具应设置冷却通道，通进适量的冷却水以控制模具生产过程的温度变化。有条件时，提倡使用模具温控系统，使模具在生产过程中保持在适当的工作温度范围内，模具寿命可以大大延长。

③ 在压铸过程中，对成型部位涂料的选用和使用方法以及相对移动部位的润滑，对模具的使用寿命也会产生很大影响。

④ 在较长的压铸运作中，热应力的积累也会使模具产生开裂。因此，在投产一定的批量后，对成型零件进行消除热应力回火处理或采用振动的方法消除应力，也是延长模具寿命的必要措施。回火温度可取 480~520℃（采用真空炉进行回火温度可取上限），此外，也可用保护气氛回火或装箱（装铁粉）进行回火处理。需要进行消除热应力的生产模次推荐值见表 17-64。

表 17-64　需要进行消除热应力的生产模次推荐值

材料	第一次	第二次	材料	第一次	第二次
锌合金	20000（模次）	50000（模次）	镁合金	5000~10000（模次）	20000~30000（模次）
铝合金	5000~10000（模次）	20000~30000（模次）	铜合金	500（模次）	1000（模次）

17.3.3　国外常用压铸模具材料

美国、德国和俄罗斯等压铸模零件所采用的钢号见表 17-65~表 17-67。

表 17-65 美国压铸模具用钢的化学成分、用途及钢号

类别	钢号	化学成分(质量分数,%)						用 途	相应钢号
		C	Cr	Mo	V	W	其他		
Ⅰ	P-20	0.30	0.75	0.25				压铸锌金	30CrMo
	P-3	0.10	0.60				1.25Ni	镶块	10CrNi
Ⅱ	H-11	0.35	5.0					压铸铝镁合金的镶块,	4Cr5MoSiV
	H-12	0.35	5.0	1.5	0.4			P-4 钢用于经受挤压的	4Cr5WMoSiV
	H-13	0.35	5.0	1.5	0.4	1.50		镶块	4Cr5MoSiV1
	H-14	0.40	5.0	1.5	0.4	5.0			4Cr5W5
	P-4	0.70	5.0						0Cr5
Ⅲ	H-20	0.35	2.0			9.0		压铸铜	3Cr2W8
	H-21	0.35	3.5			9.0		合金镶块	3Cr2W9V
	Co-W	0.30	4.0		1.0	4.0	5.0Co		3Cr4W4Co5V
Ⅳ	H-26	0.50	4.0						5W18Cr4V
	H-42	0.60	4.0	5.0	1.0	18.0		推杆、型芯、滑块、座板	6Cr4Mo5W6V2
	氮化钢	0.35	1.25	2.0	2.0	6.0	1.25A		35CrMoAl
	4140	0.40	0.90	0.25			0.90Si		40CrSiMo

表 17-66 德国压铸模用钢的钢号、性能及用途

钢号	硬度 HBW	σ_b/MPa	用 途	相应钢号	备 注
1740	205~250	700~850	座板、衬套等	60	适用于高载荷
2311	265~320	900~1000		4Cr2Mn2V	
2323	320~455	1100~1400	压铸锌合金镶块	4Ci5MoV	2343 钢和 2567 钢用于细型芯
2343	320~455	1100~1400		4Cr5MoSiV	2341 钢用于经受冷挤压的镶块
2341	235~320			10Cr4Mo	
2567	375~455			3Cr2W4V	
2343	405~455	1400~1600	压铸铝镁合金的镶块	4Cr5MoSiV	2365 钢和 2581 钢用于直径到 15mm 的型芯
2606	405~455	1400~1600		4Cr5MoWSiV	
2567	375~430	1300~1500		3Cr2W4V	
2365	450~455			3CrMo3V	
2581	375~430			3Cr2W9V	

表 17-67 俄罗斯压铸模零件所采用的钢号

零件名称	在压铸下列材料时所采用的钢号			
	锡铅合金	锌合金	铝镁合金	铜合金
凹模	y8A~y10A	5XHM 5XHB	5XHM 3X2B8φ 4X2B8φ 716	3X2B8φ 4X2B8φ Эи121
具有镶块的凹模	Y8A-y10A	5XHM 7X3	3X2B8φ 4XBC 5XHM	3X2B8φ 4XBC 5XBC
镶块	y8A~y10A	5XHM 4XHM	3X2B8φ Эи121 4X2B8φ	3X2B8φ 4XBC X12M
分流器	4X2B8φ	4X2B8φ	3X2B8φ 4X2B8φ 4XBC	X12M 3X2B8φ
型芯	y8A~y10A	4X2B8φ 5XHM	4XBC 4X2B8φ	3X2B8φ X12M
推杆衬套	y8A~y10A	y8A~y10A	Y10A 3X2B8φ	Y10A 3X2B8φ

17.3.4　压铸模具钢的合理选用和实例

压铸模具的选材，主要是根据浇注金属的温度及种类而定。

（1）锌合金压铸模具钢的合理选用及实例

锌合金的熔点为 400～430℃，锌合金压铸模型腔的表层温度不会超过 400℃。由于工作温度低，可主要依据生产批量和模具形状复杂程度选用锌合金压铸模具用材：压铸的锌合金工件生产批量很大，形状比较复杂或尺寸精度要求较高时，可选用模具钢 5CrNiMo、5CrMnMo、4Cr5MoSiV、4Cr5MoSiV1、3Cr2W8V、CrWMn 等钢种作为模具材料，模具寿命可达 100 万次/模；选用合金结构钢 40Cr、30CrMnSi、40CrMo 等淬火后，中温（400～430℃）回火处理，模具寿命可达 20～40 万次/模；生产批量很小时，也可以考虑用优质碳素结构钢 20 或工业纯铁 DT1 作为模具材料，经中氮碳共渗、淬火、低温回火处理，使用效果也很好。

压铸锌合金用模具的用材实例及其热处理工艺见表 17-68。

表 17-68　压铸锌合金用模具的用材实例及其热处理工艺

模具名称	模具材料	处理工艺	硬度 HRC
小衬模	CrWMn	800～820℃盐炉加热，淬油（油温 80～100℃），410～430℃×1h 回火	50
小模数齿轮压铸模（冷挤压成型，图 17-46）	DT1 工业纯铁	中温固体碳氮共渗后直接淬火 渗剂（质量分数）：黄血盐 15%＋碳酸钡 15%＋木炭 70%，用少许锭子油拌匀 工艺：820～840℃×4～5h，出炉开箱直接油冷，180～200℃回火 1～2h	表面硬度：58～63℃

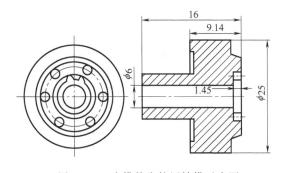

图 17-46　小模数齿轮压铸模示意图

（2）铝合金压铸模具钢的合理选用及实例

铝合金压铸模的服役条件较为苛刻，铝合金熔液的温度通常在 650～700℃，以 40～180mm/s 的速度压入型腔，压力为 20MPa～120MPa，保压时间 5～20s，每次压射间隔时间为 20～75s。

铝合金压铸模的寿命取决于两个因素：是否发生粘模；型腔表面是否因热疲劳而出现龟裂。在进行这类合金压铸时，压铸模的工作表面温度一般可上升到 500～600℃。型腔、喷嘴和芯棒的表面都承受剧烈的温度波动，模具表面容易产生热疲劳裂纹。液态铝合金对模具表面有较强的冲蚀作用，特别是纯铝对模具钢的冲蚀更为严重。当存在热疲劳裂纹时，高压下的液态金属会渗入裂纹处，并在高温下与钢反应生成脆性的铁铝化合物，并进一步促进热疲劳裂纹的发展，造成模具表面热疲劳裂纹的扩大、加深，甚至造成表面金属剥落，致使模具早期失效。要求铝合金压铸模用钢必须具备高的回火抗力和冷热疲劳抗力，足够的强度、塑性及耐热性能，良好的导热性，低的热膨胀系数等。在工艺性能中，特别要求改善热处理变形性，以及具有良好的渗氮（或氮碳共渗）工艺性能。

目前，我国常用的铝合金压铸模具钢有 4Cr5MoSiV1（H13）、4Cr5MoSiV（H11）、3Cr2W8V 及 4Cr5Mo2MnVSi（Y10）、3Cr3Mo3W2V、3Cr3Mo3VNb（HM3）等。

马氏体时效钢，如 18Ni（250）钢（00Ni18Co8-Mo5TiAl）用于制造铝合金压铸模具，也取得了很好的使用效果，其使用寿命比 4Cr5MoSiV1 钢制造的铝合金压铸模提高几倍，如压铸小型箱盖，4Cr5MoSiV1 钢模具寿命为 5000 ～25000 件，改用马氏体时效钢后，模具寿命提高到 150000 件，平均寿命提高 10 倍左右。但是由于这种钢贵重合金元素含量高，价格昂贵，只用于制造小型精密复杂的长寿命压铸模具和压铸模具的芯棒等工件。

低碳铬氮模具钢（2Cr10MoSiVWNiN）制造铝合金压铸模，这种钢碳含量低，抗冷热疲劳性能好，制成的铝合金压铸模，使用寿命较 4Cr5MoSiV1 钢的模具要高。

压铸铝合金用模具的生产工艺路线一般为：锻造→球化退火→粗加工→去应力处理（650℃）→精加工→最终热处理→钳修→打光→渗氮（或氮碳共渗）→装配。

压铸铝合金用模具用钢及其淬、回火工艺见表 17-69。热处理后的硬度一般不超过 48HRC，过高易产生热裂。

表 17-69　压铸铝合金用模具用钢及其淬、回火工艺

钢　号	淬、回火工艺	硬度 HRC
3Cr2W8V	550～600℃ 预热，1050℃ 加热，预冷至 850℃ 油淬，在 610℃、580℃ 进行两次回火（结合进行渗氮或氮碳共渗）	40～45（渗氮表面为 56～58HRC）
4Ci5MoSiV	450～500℃ 和 800～850℃ 预热，1010～1030℃ 加热，油淬，在 610℃、580℃ 进行两次回火	44～49
4Cr5MoSiV1		44～49
1Cr9W6	1120～1140℃ 加热，油淬，再进行 560～570℃ 回火	42～45
3Cr3Mo3W2V	550～600℃ 和 800～850℃ 预热，1040℃ 加热，油淬，在 580℃、560℃ 进行两次回火	48～52
3Cr3Mo3VNb	550～600℃ 和 800～850℃ 预热，1060℃ 加热，油淬，在 640℃、620℃ 进行两次回火	45～47
18Ni(250)	固溶温度 820℃，时效温度为 482℃	50
2Cr10MoSiVWNiN	1010～1050℃ 加热，油淬，再在 565～590℃ 回火	35～39

为了保证压铸铝合金用模具的热处理质量，要避免出现畸变、开裂、脱碳、渗碳、氧化或腐蚀等弊病，应在脱氧良好的盐浴中，或保护气氛的炉中，或装箱保护加热，或真空炉中热处理。淬火加热时宜采用 450～500℃ 和 800～850℃ 的两次预热。装箱加热时应在 500℃ 以下入炉。

模具加热后淬冷过程的冷却速度，对模具性能和寿命的影响至关重要。冷速低，尺寸稳定性好，畸变、开裂倾向小，但显微组织会出现晶界碳化物或上贝氏体，从而降低断裂韧度。

模具淬火后应立即回火，以免开裂。回火温度根据工作硬度和钢的回火温度-硬度曲线来选定。通常推荐 3Cr2W8V 钢制压铸模型腔的硬度为 42～48HRC，4Cr5MoSiV 和 4Cr5MoSiV1 钢制的硬度为 44～50HRC。实际生产中选用 40～45HRC 的硬度时，可获得较长的使用寿命。模具硬度过硬时，易产生热裂或热疲劳。

采用下列表面处理方法，除了改善表面黏附情况外，还对模具的抗冲蚀和模具的耐磨损性能有所提升。

① 压铸铝合金用模具的防粘模处理　在铝合金压铸过程中，型腔表面容易黏附一些铝合金，为了剔除这些黏附的铝合金，只能中断压铸生产。粘模是压铸铝合金用模具常见的失效形式，采用渗氮或氮碳共渗处理是防粘模的有效措施，也可采用涂层处理以提高抗粘模的能力。

② 液体氮碳共渗　可在尿素、碳酸钠、碳酸钾、氢氧化钾的混合盐浴中进行，盐浴温度为 570℃，保温 4h，表面硬度为 1150HV，渗层深度为 0.025mm。

③ 离子氮碳共渗　在离子渗氮炉中，通以 10∶1 的氨和乙醇，进行离子氮碳共渗，处

理时间为 4h，化合物层厚度为 0.021mm，扩散层厚度为 0.212mm，表面硬度为 965HV。

④ 保护膜　在型腔表面涂敷矿物油或石墨润滑油剂后，在 500～550℃ 炉中加热 30～60min，可在模腔表面形成黑色保护膜。

（3）镁合金压铸模具钢的合理选用及实例

镁合金的熔点为 600～700℃，压铸的速度要高于铝合金，压铸的冲头速度比铝合金快约 30%，最大甚至超过 9m/s，模具温度通常保持在 220～280℃ 之间。由于镁合金的凝固潜热较小，金属液以高速度填充型腔，快速凝固，不但能够缩短压铸循环周期，提高生产效率，而且也减少了模具的热疲劳，和铝合金相比具有更低的热容，其铁含量也很低，不易粘模，因此模具具有更长的寿命。

镁合金压铸模具型腔最常用的是 4Cr5MoSiV1 钢，或与其具有相似性能的材料。为保证在多次加工之后模具表面质量不变，必须选用含硫量低的优质钢材。为改善机械加工性能，供应模具制造商的钢材通常处于球化退火状态。在机械加工以后，模腔部分经过淬火及回火，使硬度在 46～48HRC 范围以内。

只有模具的模腔部分和特殊零件才需要使用 4Cr5MoSiV1 钢，这些部分一般占整个模具重量的 20%～30%，模具的其他部分使用低碳钢或中碳钢制造。对于几何形状相对简单的较小压铸件，常使用标准化模块的模具。

（4）铜合金压铸模具钢的合理选用及实例

铜合金压铸模的工作条件极为苛刻。铜液温度通常高达 870～940℃，以 0.3～4.5m/s 的速度压入型腔，压力为 20～120MPa，保压时间 4～6s，每次压射的间隙时间为 15～35s。

由于铜液温度较高，且导热性极好，工件传递给模具的热量大且快，常使模腔在极短时间即可升到较高温度，然后又很快降温，产生很大的热应力。这种热应力的反复作用，促使模腔表面产生热疲劳裂纹，并会造成模腔早期开裂。因此，铜合金压铸模的寿命远比铝合金及锌合金压铸模寿命低。要求铜合金压铸模具材料具有高的热强性、导热性、韧性、塑性，高的抗氧化性、耐金属侵蚀性及良好的加工工艺性能。

压铸铜合金用模具材料见表 17-70。一般的压铸铜合金的模具寿命为 3 万次～8 万次。

表 17-70　压铸铜合金用模具材料和使用寿命

模具材料	被压铸材料	使用寿命(参考)/万次	模具材料	被压铸材料	使用寿命(参考)/万次
3Cr2W8V	黄铜	1.8～3.5	3Cr2W5Co5MoV	黄铜	6～6.5
3Cr2W9Co5V	黄铜	3.0～3.5	1Cr9W6	黄铜	3.1
3Cr3Mo3V	黄铜	4.0～5.0	4Cr5MoSiV	黄铜	0.5

压铸铜合金用模具的热处理规范见表 17-71。

表 17-71　压铸铜合金用模具的热处理规范

钢　号	退火温度/℃	淬　火		回火温度/℃	硬度 HBW
		温度/℃	冷却介质		
3Cr2W8V	850	1100～1150	油、空气,500℃盐浴等温淬火	670～700	290～375
3Cr2W9Co5V	760～800	1130～1180	油、空气,500℃盐浴等温淬火	670～700	290～375
3Cr3Mo3V	710～750	1020～1070	油、空气,500℃盐搭等温淬火	670～700	290～375

在采用气体渗氮以防铜合金粘模现象时，渗氮后要经 520℃×4h 的扩散处理，使表面硬度降至 700HV 左右，以免发生剥落开裂。

（5）铁合金压铸模具钢的合理选用及实例

钢的熔点为 1450～1540℃，钢铁材料压铸模的工作温度高达 1000℃，型腔表面受到严重氧化、腐蚀及冲刷，模具寿命很低。模具一般只压铸几十件或几百件后，即产生严重的塑性变形和网状裂纹而失效。

最常用的模具材料仍为 3Cr2W8V 钢。但该钢的热疲劳抗力差、使用寿命很低，见表 17-72。目前国内外均趋向使用高熔点的钼基合金及钨基合金制造黑色金属压铸模，其中 TMZ 及 Anviloy1150 两种合金受到普遍重视。采用导热性好的合金，如铜合金制造黑色金属压铸模，也收到满意的效果。

模具的热处理工艺：3Cr2W8V 钢制压铸模可用渗铝、三元共渗来提高模具的表面性能。渗铝时可用 98%（质量分数）铝铁合金＋2%（质量分数）氯化铵的渗剂。铝铁合金含铝量为 50%（质量分数），将零件埋在渗剂中共同装入箱内加热。加热温度为 950℃，保温 15h，开箱后，模具重新装炉升温到 900℃，保温 4h 后，出炉空冷。渗铝层深度为 0.3mm，表面硬度为 405～386HV。

表 17-72　压铸黑色金属用模具材料及热处理

材料及热处理	压铸零件及材料	寿　命	失效原因
3Cr2W8V 常规热处理	T8 钢肋骨剪（重量 97g）	数十至数百次	大裂纹
3Cr2W8V＋表面渗铝	T8 钢肋骨剪（重量 97g）	1190 余次	网状裂纹
	2Crl3，汽轮机叶片	100 余次	网状裂纹
3Cr2W8V＋Cr-Al-Si 三元共渗	2Crl3，汽轮机叶片	100 余次	网状裂纹
3W23Cr4MoV	45 钢齿轮（重量 690g）	100 余次	

Cr-Al-Si 三元共渗可用（质量分数）铬粉 40%、硅铁粉 10%、铝铁粉 20%、三氧化二铝粉 30%，另加氯化铵 1% 的渗剂。将零件埋在渗剂中装入箱中，在炉内 1050℃ 的温度加热 10h 后，渗层深度为 0.08～0.20mm，渗层硬度为 500～690HV。模具在三元共渗后需要进行淬火、回火处理，如图 17-47 所示。

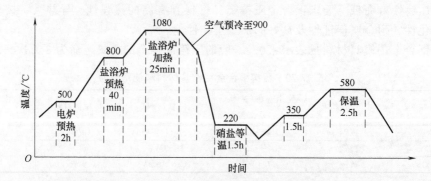

图 17-47　经 Cr-Al-Si 三元共渗后的 3Cr2W8V 模具的热处理工艺
（压铸叶片模具尺寸为 300mm×129mm×60mm）

17.4　热处理的检验

17.4.1　热处理的技术要求与检验项目

热处理技术要求一般就是热处理质量检验的指标，在工件图样上标注得都比较简单。除了对硬度和畸变量有要求外，有的零件还有局部热处理要求。对于表面强化工件，硬化层深度和心部硬度也是技术要求的内容之一，热处理技术要求应以满足零件使用性能为目标。

①硬度　硬度是工件热处理最重要的质量检验指标，不少工件还是唯一的技术要求。

这不仅是因为硬度试验快速、简便又不损坏工件，而且从硬度值可以推测其他力学性能。某些热处理工艺参数也是根据工件所要求的硬度值确定的。因此，合理地确定热处理后的硬度值，将赋予工件以最佳的使用性能，对提高质量、延长使用寿命都有重要作用。

工件硬度的确定，通常是根据工件工作时所承受的载荷，计算出零件上的应力分布，考虑安全系数，提出对材料的强度要求。根据强度与硬度的关系，确定工件热处理后应具有的硬度值。确定硬度时，要避免照抄手册，数据应注重工件的实际工作条件和失效形式。

② 其他力学性能指标　某些重要工件除了要求硬度值外，还必须规定其他力学性能指标。

a. 强度与韧度的合理配合。通常钢铁材料的强度和韧度是互为消长的。对于结构零件，常用一次冲击值作为安全的判据，追求高韧度指标，而不惜牺牲强度，致使机械产品粗大笨重，寿命不长。相反对于工模具，为了提高耐磨性而追求高硬度、高强度（扭转强度），而忽视了韧度对减少模具崩刃和折断的作用，使用寿命也不长。因此应对零件的工作条件和失效形式进行调查分析，根据强度与韧度合理配合来确定零件应选用的强度和韧度指标。

b. 正确处理材料强度、结构强度和系统强度的关系。各种材料强度指标都是用标准试棒测得的，它取决于材料的组织状态（包括表面状态、残余应力和应力状态）。零件结构强度受尺寸因素及缺口效应的影响。而系统强度则与其他零件的相互作用有关，如摩擦副的表面粗糙度和摩擦性能等。在这三者之间存在很大的差异，如材料的光滑试棒疲劳强度高，但实物的疲劳强度可能很低。对某些重要零件应根据模拟试验结果确定力学性能指标。

c. 组合件的强度匹配要合理。大量试验及实际使用结果表明，当组合件（如蜗轮蜗杆、链条链轮、滚珠与套圈及传动齿轮等）达到最佳强度匹配时，使用寿命可延长。例如滚珠比套圈的硬度应高 2HRC，汽车后桥主动齿轮的表面硬度比被动齿轮应高 2~5HRC。同一种钢材经同种方法处理成相同硬度的摩擦副，耐磨性最差。

d. 表面强化的零件，心、表强度应合理匹配。表面强化零件，如渗碳淬火、碳氮共渗淬火、渗氮、感应淬火等，当硬化层深度一定时，心部应具有适宜的强度，使心、表强度达到最优的匹配状态，以保证零件具有高的使用寿命。如果心部强度太低，过渡区容易产生疲劳源，导致疲劳性能下降；心部强度太高，表面残余压应力小，疲劳寿命也不长。

e. 环境介质的影响。在腐蚀、高温等特殊环境介质中工作的零件，要采用相应的力学性能指标，如应力腐蚀值 K_{1SCC}、蠕变极限 $\sigma_{\varepsilon/t}^{T}$、持久强度 σ_{t}^{T} 等。

③ 硬化层深度　硬化层深度的确定要考虑零件的使用性能、失效形式和节能等原则。

a. 以磨损失效为主的零件，根据零件的设计寿命和磨损速度确定硬化层深度，一般不宜过厚，特别是工模具的表面硬化层过深会引起崩刃或断裂。

b. 以疲劳破坏为主要失效形式的零件，根据表面强化方法、心表强度、载荷形式及零件的形状尺寸等因素确定硬化层深度，使其达到最佳硬化率（最佳硬化率＝最好的硬化层深度/零件截面厚度）。如渗碳和碳氮共渗齿轮，最佳硬化率为 0.1~0.15。

c. 从热处理节能角度考虑，硬化层不宜过深，对渗碳淬火和高频感应淬火，如能适当减少硬化层深度的要求，可显著节约能耗。

④ 显微组织的控制标准　各种材料经不同热处理后的显微组织，可按国家标准或行业标准进行评定，如中碳钢和中碳合金钢马氏体等级，渗碳和碳氮共渗的碳化物、残留奥氏体、心部铁素体的评级等。在技术要求中要标明合格品应有的显微组织级别。对于这些标准一是要严格执行，二是要根据零件的工作条件和失效形式，通过试验对标准进行更新，使产品质量不断提高。尤其是当前关于组织与性能关系的研究成果很多，如淬火组织中铁素体形态及相对量对力学性能的影响，残留奥氏体利与弊的讨论，碳化物形态、数量及大小与强韧性关系的研究等，为进一步修正和完善各种显微组织评级标准提供了依据。但是也要防止不

根据产品的实际情况，把一些不成熟的或片面的试验结果用作评级的依据，这对提高产品质量是不利的。

⑤ 热处理允许畸变量　热处理畸变是热处理质量的重要指标之一，是热处理质量控制的主要内容。设计时应根据零件特点和工艺过程，合理提出允许畸变量。尽管影响热处理畸变的因素很多，但是畸变还是有规律的。生产中应根据热处理畸变的理论和实践，采取具体措施，使热处理畸变值不超过设计规定的技术要求。

a. 当热处理是工件加工过程的最后工序时，热处理畸变的允许值就是图样上规定的工件尺寸，而畸变量要根据上道工序加工尺寸确定。为此，应与机械加工部门协商，按照工件的畸变规律，热处理前进行尺寸的预修正，使热处理畸变正好处于合格范围内。

b. 当热处理是中间工序时，热处理前的加工余量应视为机加工余量和热处理畸变量之和。通常机加工余量易于确定，而热处理畸变量由于影响因素多，比较复杂，因此为机械加工留出足够的加工余量，其余均可作为热处理允许畸变量。

⑥ 工件结构对热处理工艺性能的影响　工件的结构、尺寸、形状对热处理畸变与开裂有很大影响。

a. 零件截面力求均匀，以减少过渡区的应力集中及畸变开裂倾向。

b. 工件应尽量保持结构与材料成分和组织的对称性，以减少由于冷却不均引起的畸变。必要时可开工艺孔，调整不同部位的冷却速度。

c. 工件应尽量避免尖锐棱角、沟槽等，台阶处要有圆角过渡。

d. 尽量减少工件上的孔、槽和肋，尤其是深孔、深槽、粗肋。

17.4.2　检验类别

按检验方式的特点和作用，可以分为三种。

(1) 按照工艺过程次序划分

① 预先检验，在热处理前对原材料、毛坯、半成品的检验。

② 中间检验，在工艺过程中对某一工序或某批工件的检验。

③ 最后检验，零件热处理后的检验。

(2) 按检验产品的数量划分

① 全数检验，即对产品逐件检验，这种检验应是非破坏性的，且检验项目和费用少。

② 抽样检验，根据事先确定的方案，从一批产品中随机抽取一部分进行检验，并通过检验结果对该批产品进行估计和判断。

(3) 按检验的预防性划分

① 首件检验，在改变处理对象、条件或操作费以后，对头几件产品进行的检验。

② 统计检验，运用数理统计方法对产品进行抽检，并通过对抽检结果分析，了解产品质量的波动情况，从而发现工艺过程中出现的不正常预兆；找出产生异常现象的原因，及时采取措施，预防不合格品的产生。

17.4.3　硬度检验

硬度是指材料在表面上的不大体积内抵抗变形或者破断的能力，是表征材料性能的一个综合参量。硬度测定的方法很多，一般分为刻划法和压入法两大类。生产中以压入法较常用，有布氏硬度、洛氏硬度、维氏硬度和显微硬度等。此时硬度的物理意义，是指材料表面抵抗比它更硬的物体局部压入时所引起的塑性变形能力。

硬度试验是检验热处理质量最常用的方法之一。这是由于硬度通常作为热处理技术要求之一，它能敏感地反映热处理工艺与材料成分、组织、结构之间的关系。此外，硬度试验还具有如下特点。

　①硬度试验可代替某些力学性能试验，反映出其他力学性能。

　②大多数零件经硬度试验后，不受损伤，可看作是无损试验。

　③试验机价格便宜，操作迅速简便，数据重现性好。

　④除特殊要求外，均在实物上进行测试。

　⑤可以测定零件的特定部位、微观组织中的某一相或组织内的硬度。

　⑥可以测定有效硬化层深度。

（1）布氏硬度测定法

这是应用得最久、最广泛的压入法硬度试验之一。布氏硬度试验按 GB/T 231.1—2018《金属布氏硬度试验　第 1 部分：试验方法》进行。其测定原理是：如图 17-48 所示，用一定大小的载荷 F（单位 N），将直径为 D 的硬质合金球压入被测试样的表面，保持规定时间后卸除载荷，根据试样表面残留的压痕直径求出压痕的表面积，将单位压痕面积承受的平均应力乘以一常数后，定义为布氏硬度，用符号 HBW 表示，即

$$HBW = 0.102 \times \frac{F}{S} = 0.102 \times \frac{2F}{\pi D(D - \sqrt{D^2 - d^2})}$$

布氏硬度值的表示方法为：硬度值＋HBW＋球直径（mm）＋试验力数字（N）＋与规定时间（10～15s）不同的试验力保持时间。例如：350IIBW5/750 表示用直径 5mm 的硬质合金球，在 7.355kN 试验力下保持 10～15s 测定的布氏硬度值为 350；600HBW1/30/20 表示用直径 1mm 的硬质合金球，在 294.2N 试验力下保持 20s 测定的布氏硬度值为 600。实际测定时，可根据测得的 d 按已知的 F、D 值查表求得硬度值。布氏硬度试验的上限为 650。

布氏硬度试验应根据材料软硬和工件厚度不同，正确选择载荷 F 和压头直径并使 $0.102F/D^2$ 为常数，以使同一材料在不同的 F、D 下获得相同的 HBW 值。同时为保证测得的 HBW 值的准确性，要求试验力的选择应保证压痕直径与压头直径 d 的比值在 0.24～0.6 之间。

布氏硬度试验的优点是因压痕面积大、测量结果误差小，且与强度之间有较好的对应关系，故有代表性和重复性。但同时也因压痕面积大而不适宜于成品零件、薄而小的零件。此外，因需测量值，被测处要求平稳，测试过程相对较费事，故也不适于大批量生产的零件检验。

（2）洛氏硬度测量法

试验按 GB/T 230.1—2018《金属洛氏硬度试验　第 1 部分：试验方法》进行。测定原理如图 17-49 所示，用一定规格的压头，在一定载荷作用下压入试样表面，然后测定压痕的深度 h 来计算并表示其硬度值，用符号 HR 表示。

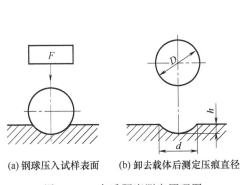

(a) 钢球压入试样表面　(b) 卸去载体后测定压痕直径

图 17-48　布氏硬度测定原理图

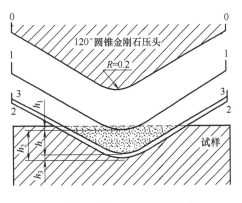

图 17-49　洛氏硬度测定原理

为能用同一台硬度计测定硬度不同的材料与工件的硬度，常采用材料与形状尺寸不同的压头和载荷组合，以获得不同的洛氏硬度标尺。每一种标尺用一个字母在硬度符号 HR 之后注明，其中常用洛氏硬度标尺的符号、试验条件和应用范围见表 17-73。实际检测时，HR 值可从硬度计的百分度盘上直接读出，标记时硬度值置于 HR 之前，如 60HRC、75HRA 等。

表 17-73 常用洛氏硬度标尺的符号、试验条件和应用范围

硬度符号	压头类型	总载荷/N	测量范围	应用举例
HRA	120°金刚石圆锥	588.4	70～85HRA	高硬度表面、硬质合金
HRB	ϕ1.588mm 淬火钢球	980.7	20～100HRB	退火钢、铸铁、有色金属
HRC	120°金刚石圆锥	1471	20～67HRC	淬火回火钢

洛氏硬度试验的优点是操作简便迅速，生产效率高，适用于大量生产中的成品检验；压痕小，几乎不损伤工件表面，可对工件直接进行检验；采用不同标尺，可测定各种软硬不同和薄厚不一试样的硬度。其缺点是因压痕较小，代表性差；尤其是材料中的偏析及组织不均匀等情况，使所测硬度值的重复性差、分散度大；用不同标尺测得的硬度值既不能直接进行比较，又不能彼此互换。

(3) 维氏硬度和显微硬度

试验按 GB/T 4340.1—2009《金属维氏硬度试验　第 1 部分：试验方法》进行。测量原理与布氏硬度基本相似，同样是根据压痕单位面积所承受的载荷来计算硬度值；区别是试验所用的压头是两相对面夹角为 136°的金刚石四棱锥体，压痕为一四方锥形，如图 17-50 所示。维氏硬度值的表示方法为：硬度值＋HV＋试验力数字＋与规定时间（10～15s）不同的试验力保持时间。例如：640HV30/20 表示在试验力 294.3N（30kgf）作用下，持续 20s，测得的维氏硬度为 640。维氏硬度的单位为 N/mm^2，但一般不标出。

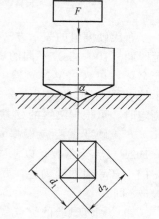

图 17-50　维氏硬度试验原理

维氏硬度试验具有前两种硬度试验的优点而避免了它们的缺点。负荷大小可任意选择，测定范围宽，适合各种软、硬不同的材料，特别适用于薄工件或薄表面硬化层的硬度测试。唯一缺点是硬度值需通过测量对角线后才能计算（或查表）得到，生产效率低于洛氏硬度。

显微硬度试验实质上就是小载荷维氏硬度试验，是试验的负荷在 9.8N（1000gf）以下，压痕对角线长度以 μm 计时得到的维氏硬度值，同样用符号 HV 表示，用于材料微区硬度（如单个晶粒、夹杂物、某种组成相等）的测试。

(4) 里氏硬度

试验按 GB/T 17394—2014《金属里氏硬度试验方法》进行。测量时，将笔形里氏硬度计的冲击装置用弹簧力加载后，定位于被测位置，自动冲击后即可由硬度计显示系统读出硬度值。

里氏硬度用符号 HL 表示，其硬度值定义为冲击体回弹速度（v_R）与冲击速度（v_A）之比乘以 1000，即

$$HL = \frac{v_R}{v_A} \times 1000$$

硬度越高，其回弹速度也越大。里氏硬度值的表示方法为：硬度值＋HL＋冲击装置型号，例如：700HLD 表示用 D 型冲击装置测定的里氏硬度值为 700。常用的冲击装置有 D、DC、G、C 四种。

里氏硬度测量范围大，并可与压入法试验（布氏、洛氏、维氏）硬度值，通过对比曲线进行相互换算。对于用里氏硬度换算的其他硬度值，应在里氏硬度符号前附上相应硬度符号，如400HVHLD表示用D型冲击装置测定的里氏硬度值换算的维氏硬度值为400。理氏硬度计是一种小型便携式硬度计，操作方便，主观因素造成的误差小，对被测件的损伤极小，适合于各类工件的测试，特别是现场测试，但其物理意义不够明确。

　　需要指出的是：各种硬度由于试验条件的不同，相互间无理论换算关系，但可通过由实验得到的硬度换算表进行换算，以方便应用。

　　由于硬度试验的方便、快捷，长期以来，材料科学工作者试图得到硬度与其他力学性能指标间的定量对应关系，但至今没有得到理论上的突破，只是根据大试验得到了硬度与某些力学性能指标间的对应关系。下面是布氏硬度与抗拉强度之间换算的一些经验公式。

　　低碳钢：$\sigma_b \approx 3.53 HBW$

　　高碳钢：$\sigma_b \approx 3.33 HBW$

　　碳素铸钢：$\sigma_b \approx 0.98 HBW$

　　合金调质钢：$\sigma_b \approx 3.19 HBW$

　　退火铝合金：$\sigma_b \approx 4.70 HBW$

　　此外，对于钢，还可查阅 GB/T 1172—1999《黑色金属硬度及强度换算值》进行换算。

第18章 压铸模具零件表面强化与提高压铸模寿命措施

18.1 模具零件表面强化概述

模具失效往往始于其表面，模具表面性能的优劣直接影响到模具的使用及寿命。模具表面和心部的性能要求不同，很难通过更换材料或模具的整体热处理来达到。采用不同的表面强化技术，能有效地提高模具表面的耐磨性、耐蚀性、抗咬合、抗氧化、抗热黏附、抗冷热疲劳等性能。模具材料及其热加工工艺的选择必须与表面强化技术结合起来全面考虑，才可能充分发挥模具材料的潜力，提高模具的使用寿命，获得最好的经济效益。例如渗硼层的高硬度、高耐磨性、热硬性，以及一定的耐蚀性和抗黏着性已在模具工业中获得较好的应用效果。

近30年来，有许多新的科学技术渗透到表面强化技术领域，使模具的表面强化技术得到了迅速的发展，由此开发出来的表面强化技术构成了目前材料表面工程技术的主流。例如激光技术是20世纪60年代出现的重大科技成就之一，20世纪70年代制造出大功率的激光器以后，便开始用激光加热进行表面淬火。激光、电子束用于表面加热后，使表面强化技术提升到了一个新的技术境界，大幅度改变硬化层的结构与性能。热喷涂技术作为一种新的表面防护和表面强化工艺在近20年里得到了迅速的发展，由制备一般的装饰性和防护性涂层发展到制备各种功能性涂层，由产品的维修发展到大批量的产品制造，由单一涂层发展到包括产品失效分析、表面预处理、喷涂材料和设备选择、涂层系统设计和涂层后加工等在内的热喷涂系统工程。目前，热喷涂技术已经发展成为金属表面工程技术中一个十分活跃的独立领域。

20世纪70年代发展起来的离子注入技术，利用注入离子可得到过饱和固溶体、非晶态和某些化合物层，能改变材料的摩擦因数、提高表面硬度、提高耐磨性及耐蚀性，延长了模具的使用寿命。

近十几年来电镀技术也得到了飞速发展，已由单一的金属镀发展到镀各种合金。尤其是局部电镀技术——电刷镀已经成为金属表面工程新技术，在我国已得到普遍应用。将传统的电镀工艺与近代的激光技术结合形成的激光电镀是新兴的高速电镀技术，其效率比无激光照射的高1000倍。总之，将表面工程技术应用于模具表面，可达到如下目的。

① 提高模具表面的硬度、耐磨性、耐蚀性和抗高温氧化性，大幅度提高模具的使用寿命。

② 提高模具表面抗擦伤能力和脱模能力，提高生产率。

③ 采用碳素工具钢或低合金钢，经表面涂层或合金化处理后，可达到或超过高合金化模具材料甚至硬质合金的性能指标，不仅可大幅度降低材料成本，而且可以简化模具制造的加工工艺和热处理工艺，降低生产成本。

④ 可用于模具的修复，尤其是电刷镀技术可在不拆卸模具的前提下完成对模具表面的

修复，且能保证修复后的工作面的表面粗糙度仍在要求范围内，因而备受工程技术人员的重视。

⑤ 可用于模具表面的纹饰，以提高其塑料制品的档次和附加值。

可应用于模具的表面强化技术种类繁多。常用模具工作零件表面强化方法的分类见表 18-1。模具生产中常用表面强化方法的主要参数和性能见表 18-2。

表 18-1　常用模具工作零件表面强化方法的分类

(1)改变表面化学成分的强化方法	
①渗碳	气体、固体渗碳
②渗氮	气体渗氮、离子渗氮、氮碳共渗、碳氮共渗
③渗硼	固体、液体渗硼
④多元共渗	碳、氮、硫、硼等某些元素共渗
⑤离子注入	用离子注入机将铬等离子注入模具表面
(2)在表面形成各种覆层的被覆法	
①电镀	镀镍、镀硬铬、化学镀
②化学气相沉积(CVD)	模具表面被覆 TiN、TiC 等涂层
③物理气相沉积(PVD)	模具表面被覆 TiN、TiC 等镀膜
④等离子体气相沉积(PCVD)	模具表面被覆 TiN、TiC 等镀膜
⑤碳化物被覆(TD)	模具表面被覆 VC、TiC、Cr_7C_3 等
(3)不改变表面化学成分的强化方法	
①火焰淬火	
②激光强化处理	CO_2 激光器
③加工强化	喷丸硬化法

表 18-2　模具生产中常用表面强化方法的主要参数和性能

表面强化方法	镀铬	镀镍磷	渗氮	渗硼	CVD	PVD	PCVD	TD
表面层成分	Cr	Ni-P	Fe_2N-F_3N、Fe_4N	FeB、Fe_2B	TiN、TiC	TiN、TiC	TiN、TiC	VC、TiC、Cr_7C_3
处理方式	电解液中电解	水溶液中浸渍	气体渗氮、盐浴渗氮、离子渗氮	粉末渗硼、盐浴渗硼、电解渗硼、气体渗硼	气体法、加热工件气体化学反应	气体法、电极放电	输入反应气体、电极放电	盐浴法、电解法、粉末法
处理时模具的温度/℃	50～80	60～100	500～600	600～1000	900～1200	400～600	200～500	800～1200
时间/h	1～5	1～5	10～30 或 1～8	1～4	4～8	0.5～4	1～2	0.3～8
硬化层厚度/μm	20～50	20～50	10～200	50～500	5～15	2～5	2～5	5～20
变形倾向	小	小	中	大	大	小	小	大
局部处理	可能	可能	可能	可能	不可能	可能	可能	可能
与热处理工序的关系	热处理后	热处理后	热处理后	热处理后	热处理后	热处理后	热处理后	热处理后
后加工必要性	有时必要	不必要	不必要	不必要	不必要	不必要	不必要	不必要
硬化层均匀性	不好	好	好	好	好	较好	好	好

续表

表面强化方法	镀铬	镀镍磷	渗氮	渗硼	CVD	PVD	PCVD	TD
被处理件材料	各种金属、非金属	各种金属、非金属	钢铁	钢铁、Ni合金、Co合金、硬质合金等	钢铁、Ni合金、Co合金、硬质合金等	钢铁、Ni合金、Co合金、硬质合金等	钢铁、Ni合金、Co合金、硬质合金等	钢铁、Ni合金、Co合金、硬质合金等

18.2 模具零件表面相变强化技术

18.2.1 电火花强化技术

电火花表面强化是利用工具电极与工件间在气体中产生火花放电，使金属表面产生物理化学变化，以提高工件表面性能的一种金属表面处理方法。由于它是采用电火花加工原理进行表面强化的，因此，采用硬质合金、石墨、合金钢等导电材料作为电极，可对所有的导电材料施行这种表面强化处理。

电火花强化装置示意图见图 18-1，强化过程如图 18-2 所示，当电极与工件间的距离较大时，电源经限流电阻对电容充电，电极在振动器的带动下靠近工件，当电极与工件间的间隙接近到某个距离时，产生火花放电，使电极和工件在发生放电部位的金属局部熔化甚至汽化。电极继续接近工件并与工件接触时，火花放电停止，在接触点流过短路电流，使该处继续加热，由于电极以适当

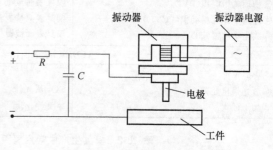

图 18-1 电火花强化装置原理图

压力压向工件，使熔化了的材料互相粘接、扩散而形成合金或新的化合物。电极在振动器作用下，离开工件，工件放电部位急剧冷却。经多次放电并相应地移动电极的位置，在工件表面形成强化层。

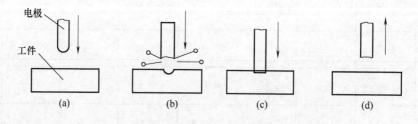

图 18-2 强化过程示意图

电火花强化使金属表面发生的物理化学变化过程主要包括超高速淬火、渗氮、渗碳和电极材料的转移四个方面。

① 超高速淬火　火花放电在工件表面极小面积内产生高温，使该处金属局部熔化和部分汽化，当火花放电在极短的时间内停止后，被加热了的金属会以很大的速度冷却下来，使金属表面层进行超高速淬火。

② 渗氮　在火花放电通道区域内的温度很高，空气中的氮呈原子状态，它和受高温而熔化的金属元素化合形成高硬度的金属氮化物，如氮化铁、氮化铬等。

③ 渗碳　来自石墨电极或周围介质的碳元素溶解在受热而熔化的铁中形成碳化物。

④ 电极材料的转移　在操作压力和火花放电的条件下，电极材料转移到工件金属熔融表面，有关合金元素迅速扩散在金属的表面层。

因此，经电火花表面强化的工件的表面硬度、耐磨性、耐热性和疲劳强度等均有所提高。例如采用 WC、TiC 等硬质合金电极材料强化高速钢或合金工具钢表面，可形成显微硬度 1100HV 以上的耐磨、耐蚀和具有热硬性的强化层，使模具的使用寿命明显得到提高。电火花表面强化的优点是设备简单、操作方便，处理后的模具耐磨性提高显著；缺点是强化表面较粗糙，强化层厚度较薄，强化处理的效率低。

18.2.2　激光表面处理

激光加热金属，主要是通过光子同金属材料表面的电子和声子的能量交换，使处理层材料温度升高，在 $10^{-7} \sim 10^{-9}$s 之内，就能使作用的深度内达到局部热平衡。在金属材料表面形成的这层高温"热层"，继而又作为内部金属加热的热源，并以热传导的方式进行传热。

激光淬火就是以高能量激光作为能源以极快速度加热工件并自冷硬化的淬火工艺。

激光热处理是一种新型的热处理工艺技术，它具有以下特点。

① 快速加热，快速冷却　激光加热金属时的速度非常快，随着功率密度的提高，加热速度可达 10^{10}℃/s。由于金属具有良好的导热性，在工件有足够的质量情况下，其冷却速度可达 10^{23}℃/s 以上。

② 硬度高，疲劳强度高　激光淬火的硬度比普通淬火的硬度高 15%～20%。因表面具有 4000MPa 以上的残余压应力，使疲劳强度大大提高。

③ 精确的局部加热　通过导光系统，激光束可以精确照射到工件的局部表面，特别是可对拐角、不通孔底部、深孔内壁等一般其他热处理工艺难以强化的表面进行处理。

④ 变形小，劳动条件好　由于不是整体加热，而是小面积扫描加热，所以淬火变形小。在硬化层深度小于 0.25mm 时，一般无变形，且表面光洁。激光淬火过程无烟雾，噪声小，辐射热也小，且整个操作过程易于实现自动控制，使劳动条件大为改善。

⑤ 金属表面对激光束的反射　由于所有金属都是 10.6μm 波长的 CO_2 激光的良好反射体，反射率可高达 70%～80%。所以淬火前要对金属表面施加吸光涂层以增加吸收率。

尽管激光热处理工艺开发时间较短，但进展较快，目前在一些机械产品的生产中已有成功的应用。例如变速器齿轮、发动机气缸套、轴承圈和导轨等。

激光热处理装置主要包括激光器、导光系统、工作台系统和控制系统等。

在进行激光淬火前需对淬火表面进行黑化处理，即在被加热的表面涂一层吸光涂层，以提高激光的吸收率。常见的涂层有：涂碳膜、胶体石墨膜或磷酸盐膜等。

钢铁材料进行激光表面淬火的主要工艺参数为：激光束的功率及光斑直径、激光束的扫描速度、涂层材料及工件化学成分。当涂层材料和工件化学成分一定时，激光束功率密度和激光束扫描速度的改变可获得不同的硬化层深度、硬度以及组织等，达到所需的力学性能。它们的关系可用下式描述：

$$H \propto P/Dv \tag{18-1}$$

式中　H——硬化层深度，mm；

P——激光束功率，W；

D——光斑直径，mm；

v——激光束扫描速度，cm/s。

至于硬化层的组织则和工件化学成分有关。一般碳钢的激光硬化层组织基本是细针状马氏体；合金钢为板条马氏体＋碳化物以及少量残留奥氏体；铸铁则为细针状马氏体及未溶石墨。激光硬化层和基体交界的过渡区组织极为复杂，呈多相状态。未照射部位仍为原始的金相组织。

激光表面淬火不仅适用于平面、圆柱面或曲面，对于一般无法实现局部淬火的拐角、盲孔底部、切槽等部位均可处理，而且热影响区极小。激光束由于能量密度很高，一般淬火层深度仅选择在1mm以下，太深的淬火层由于需要更大的激光功率，有造成表面层熔化甚至汽化的危险。激光束二次经过已照射的表面时，可能会造成该淬火区的回火，对此需引起注意。

由于存在搭接回火软化现象，激光淬火一般不适于工件整体表面淬火。

18.2.3　火焰淬火

(1) 火焰淬火的特点

① 模具韧性高　火焰淬火是只对模具刃口部分进行局部淬火硬化的方法，模具的其他部分仍可保持高韧性，因而经火焰淬火的模具零件既具有高的硬度又具有良好的韧性。

② 减少加工工序，提高生产效率　采用普通淬火工艺制造模具零件，由于淬火后的凸模、凹模等零件已整体硬化，几乎不能再进行钻孔、铰孔等加工，因而模具装配时往往要先进行一次预装配，再拆开淬火，然后可再一次进行装配的反复操作。由于模具已整体淬硬，装配加工难度很大，费工费时。

采用火焰淬火，模具零件表面虽被淬硬，其他部位仍处于可加工状态。钻孔、铰孔等加工很容易进行，模具全部装配完成后再进行火焰淬火。淬火后一般只需研磨抛光，免去多次拆装，不仅减少工时，还容易保证模具的精度。

③ 简便易行，方法灵活　适用于多品种少量或成批局部表面加热淬火，特别是对处理大型零件具有优势。

(2) 火焰淬火用模具材料

我国自选研制成功的专用火焰加热空冷淬硬冷作模具钢7CrSiMnMoV（简称CH-1钢），已在包括汽车覆盖件大型模具在内的各种模具上广泛使用。

① 淬火性能　在860～960℃之间淬火后的硬度为62HRC左右，表明该钢有较宽的淬火温度范围。厚度在40mm以下的模具零件均可采用空冷淬火，淬火温度以选用880～920℃为宜。

② 力学性能　7CrSiMnMoV钢淬火后具有良好的力学性能，见表18-3。

表 18-3　淬火温度对 7CrSiMnMoV 钢力学性能的影响

淬火温度/℃	σ_b/MPa	σ_K/(J/cm^2)	硬度 HRC	淬火温度/℃	σ_b/MPa	σ_K/(J/cm^2)	硬度 HRC
820	3380	85	47～48	900	3560	105	62～63
840	3410	87	60～61	920	3480	98	63～64
880	3520	94	62～63	960	3320	89	62～63

③ 火焰淬火工艺和方法　模具淬火前应在180～200℃温度下预热1～1.5h，对于大型整体封闭型腔模具可用喷枪直接预热。淬火加热火焰调节为氧化焰（或中性焰），内焰长度为5～10mm，氧气压力控制在0.5～0.7MPa。乙炔压力控制在0.05～0.07MPa。加热时火焰内焰端部至工件表面的距离为2～3mm，距刃口边缘4～6mm，加热带宽度控制在8～12mm。对不同结构及尺寸的模具，应注意喷嘴的选择。

18.3 模具零件表面扩渗技术

18.3.1 渗碳和碳氮共渗

渗碳就是为了增加钢件表层的含碳量和一定的碳浓度梯度，将钢件在渗碳介质中加热并保温使碳原子渗入表层的化学热处理工艺。目的是使低碳（$w_c=0.10\%\sim0.25\%$）钢件表面得到高碳（$w_c=1.0\%\sim1.2\%$），经适当的热处理（淬火＋低温回火）后获得表面高硬度、高耐磨性；而心部仍保持一定强度及较高的塑性、韧性。这是机器制造中应用最广泛的一种化学热处理工艺。适用于同时受磨损和较大冲击载荷的低碳、低合金钢零件。

渗碳基本原理是：在高温下，渗碳剂中形成 CO、CO_2 及 CH_4 等气体组成的渗碳组分；与工件接触时便在工件表面进行下列反应，生成活性 [C] 原子：

$$2CO \rightarrow [C]+CO_2$$
$$CO \rightarrow [C]+1/2O_2$$
$$CH_4 \rightarrow [C]+2H_2$$
$$CO+H_2 \rightarrow [C]+H_2O$$

随后活性碳原子被钢表面吸收而溶入奥氏体中，并向内部扩散而形成一定碳浓度梯度的渗碳层。

根据所有渗碳剂在渗碳过程中聚集状态不同，渗碳方法可以分为固体渗碳法、液体渗碳法和气体渗碳法。在特定的物理条件进行的渗碳有：真空渗碳、离子渗碳及电解渗碳等。其中，气体渗碳是近年来发展最快的一种渗碳方法，目前不仅实现了渗层的可控，而且逐渐实现了生产过程的计算机群控，工人劳动条件大为改善。

（1）气体渗碳

气体渗碳是将工件置于密封的特制渗碳炉内加热，并通入含碳气体或直接滴入含碳的有机液体，经高温分解后产生活性碳原子并渗入工件表面，使工件表面增碳的过程。

① 气体渗碳剂及渗碳设备　气体渗碳剂一般可分为两大类：一类是液态介质，可以用碳氢化合物有机液体，如煤油、苯、丙酮、甲醇等直接滴入炉内汽化而得渗碳气体，气体在渗碳温度热分解、析出活性碳原子渗入工件表面；另一类是气态介质，可以用事先制备好的一定成分的气体通入炉内，在渗碳温度下分解出活性碳原子渗入工件表面来进行渗碳。

气体渗碳可在各种类型的周期式和连续式炉中进行。其总的要求是炉温分布均匀，炉子密封良好，炉气按一定路径循环，以保证零件表面不断与新鲜渗碳气氛接触。常用的有井式炉、密封箱式炉、滚筒炉及各种连续作业的贯通式炉，其特点见表 18-4。

表 18-4　气体渗碳炉的类型及特点

类　型		特　点
周期式炉	井式炉	结构简单，维护方便，灵活性强，在采用液体渗碳剂直接滴入时不需要复杂的配套设备，炉子密封性较好，稳定性好。但连续生产性差，难于实现装炉、出炉自动化，以及无法防止出炉时零件表面氧化和脱碳
	密封箱式炉	零件的装炉、出炉及淬火操作可按一定程序自动进行，而且炉内气氛及零件表面含碳量可准确控制，并可实现光亮淬火或在无氧化无脱碳的情况下缓冷。适用于品种较多而批量不太大的工厂使用
	滚筒炉	具有卧式旋转炉膛，渗碳时零件随着炉膛旋转而移动，因而保证渗碳气体能环绕零件流动而得到均匀的渗碳效果。其渗速比井式炉快，适用于形状简单的小型零件
连续式炉		连续作业的贯通式气体渗碳炉，按动作方式可分为推料式、振底式及滚筒式炉；按热源可分电加热和煤气加热炉；按炉膛结构可分为有罐炉和无罐炉几种类型。操作机械化，自动化程度高，炉气成分及零件表面含碳量可以控制，并可与淬火槽、清洗机、回火炉等构成联动线，适用于大批量产品的渗碳

② 气体渗碳工艺　用有机液体直接滴入渗碳炉的气体渗碳法称为滴注式气体渗碳法。而事先制备好渗碳气氛然后通入渗碳炉内进行渗碳的方法，根据渗碳气体的制备方法分为：吸热式气氛渗碳、氮基气氛渗碳等。

a. 滴注式气体渗碳。当用煤油、丙酮等直接滴入渗碳炉内进行渗碳时，由于在渗碳温度热分解时析出活性碳原子过多，往往不能被钢件表面全部吸收，而在工件表面沉积成炭黑、焦油等，阻碍渗碳过程的继续进行，造成渗碳层深度及碳浓度不均匀等缺陷。为了克服这些缺点，目前一般采用两种有机液体同时滴入炉内的方法。一种液体产生的气体碳势较低，作为稀释气体，另一种液体产生的气体碳势较高，作为富化气。这样配合使用，往往可以得到炭黑少，渗速快、碳势易于调节、渗碳质量高的良好结果。

渗剂的选择原则如下。

Ⅰ. 应该具有较大的产气量。产气量是指在常压下每毫升液体产生气体的体积。产气量高的渗碳剂，当向炉内装入新的工件时，可以在较短时间内把空气尽快地排出。

Ⅱ. 碳氧比应大于1。当分子中碳原子数与氧原子数之比大于1时，高温下除分解出大量 CO 和 H_2 外，同时还有一定量的活性碳原子析出，因此可选作渗碳剂。碳氧比越大，析出的活性碳原子越多，渗碳能力越强。当分子中的碳氧比等于1时，如甲醇（CH_3OH），则高温下分解产物主要是 CO 和 H_2，故可选作稀释剂。

Ⅲ. 碳当量。碳当量是指产生 1mol 碳所需该物质的重量。有机液体的渗碳能力除用碳氧比作比较外，通常还以碳当量来表示。碳当量越大，则该物质的渗碳能力越弱。丙酮、异丙醇、乙酸乙酯、乙醇、甲醇的渗碳能力依次减弱。

Ⅳ. 具有好的安全性和经济性。应充分注意渗剂使用、储存及运输的安全性，同时要考虑供应方便，价格便宜。

常用有机液体的渗碳特性见表 18-5。

表 18-5　常用有机液体的渗碳特性

名称	分子式	碳当量/g	碳氧比	渗碳反应式	用　途
甲醇	CH_3OH	—	1	$CH_3OH \rightarrow CO + 2H_2$	稀释剂
乙醇	C_2H_5OH	46	2	$C_2H_5OH \rightarrow [C] + CO + 3H_2$	渗碳剂
异丙醇	C_3H_7OH	30	3	$C_3H_7OH \rightarrow 2[C] + CO + 4H_2$	强渗碳剂
乙醚	$C_2H_5OC_2H_5$	24.7	4	$C_2H_5OC_2H_5 \rightarrow 3[C] + CO + 5H_2$	强渗碳剂
丙酮	CH_3COCH_3	29	3	$CH_3COCH_3 \rightarrow 2[C] + CO + 3H_2$	强渗碳剂
乙酸乙酯	$CH_3COOC_2H_5$	44	2	$CH_3COOC_2H_5 \rightarrow 2[C] + 2CO + 4H_2$	渗碳剂
煤油	航空煤油、灯用煤油主要成分为 $C_9 \sim C_{14}$ 和 $C_{11} \sim C_{17}$ 的烷烃			850℃以下裂解不充分，含大量烯烃（乙烯、丙烯），容易产生炭黑和结焦，应在 900～950℃ 使用,高温下理论分解式为 $n_1(C_{11}H_{24} \sim C_{17}H_{16}) \rightarrow n_2CH_4 + n_2[C] + n_3H_2$	强渗碳剂

滴注式气体渗碳工艺过程，通常可划分为升温排气、渗碳（包括强渗和扩散）、降温冷却三个阶段，如图 18-3 所示，各个阶段的目的要求不同，应分别加以控制。

Ⅰ. 升温排气阶段。零件装炉后，炉温大幅度下降，同时还有大量空气进入炉内。因此，本阶段的作用是要使炉温迅速恢复到规定的渗碳温度。同时，要尽快排除进入炉内的空气，防止零件产生氧化。

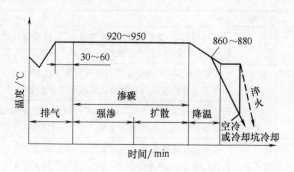

图 18-3　井式炉滴注式气体渗碳工艺过程

加大甲醇或煤油的滴量可增加排气速度，使炉内较快地形成还原性气氛或渗碳性气氛。如果用煤油排气，滴量只能适当增加，因为这时炉温较低，煤油分解不完全，滴量过大，易于产生大炭黑。滴量的大小应根据炉子的容积来确定。排气阶段的时间，通常是炉子达到渗碳温度后再延续 30～50min，以便完全清除炉内的 CO_2、H_2O、O_2 等氧化脱碳性气体。

Ⅱ．渗碳阶段。此阶段的作用是渗入碳原子，并获得一定深度的渗层。这一期间炉温保持不变，炉内压力应控制在 15～20kPa。渗剂滴量的控制可分为两种方法：一段法（碳势固定不变），滴量始终保持恒定。其优点是操作简便，缺点是渗速慢，渗层表面碳浓度高，浓度梯度很大。另一种方法是分段法，即前段是强烈渗碳，后段为扩散。前段采用大滴量，维持炉内的高碳势（如 $w_c = 1.2\% \sim 1.3\%$），这时工件表面吸收大量的活性碳原子，形成高浓度梯度，以提高渗速。后段采用小滴量，以适当降低炉内碳势，使工件表面的碳逐步向内层扩散，适当降低表面碳浓度，最后获得所要求的表面碳浓度和渗层深度。

分段法虽然操作控制较麻烦，但渗入速度快，能缩短渗碳周期，而且渗层质量好，是值得普遍推广的一种工艺方法。

Ⅲ．降温冷却。在渗碳阶段结束前 1h 左右，从炉内取出试样，检查渗层深度，确定准确的渗碳时间。当达到要求的渗层深度时，对需要重新加热淬火的零件，随炉降温至 860～880℃，然后出炉转入可防止氧化脱碳的冷却室里冷至室温，对直接淬火的零件，随炉降温至 810～840℃，均温 30～60min，然后进行淬火冷却。在以上的降温或均温过程中，应向炉内滴注适量的甲醇或煤油，甲醇滴量可为 20～40 滴/min，煤油可为 10～20 滴/min，炉内压力应控制在 50～150kPa，以防发生氧化脱碳。

滴注式渗碳的操作要点及注意事项如下。

Ⅰ．渗碳工件表面不得有锈蚀、油污及其他污垢。

Ⅱ．同一炉渗碳的工件，其材质、技术要求、渗后热处理方式应相同。

Ⅲ．装料时应保证渗碳气氛的流通。

Ⅳ．炉盖应盖紧，减少漏气，炉内保持正压，废气应点燃。

Ⅴ．每炉都应用钢箔校正碳势，特别是在用 CO_2 红外仪控制和采用煤油作渗碳剂时。

Ⅵ．严禁在 750℃ 以下向炉内滴注任何有机溶液。每次渗碳完毕后，应检查滴注器阀门是否关紧，防止低温下有机溶液滴入炉内造成爆炸。

b．吸热式气氛渗碳。吸热式气氛是用天然气、丙烷气、城市煤气及其他有机物质为原料，以一定比例与空气混合，在装有镍触媒的高温（930～1050℃）炉内进行不完全燃烧而得的一种混合气体。这种气体的碳势较低，作为渗碳气氛需添加富化气来实现，一般常用丙烷作富化气。炉气碳势的调节可通过调整富化气的流量来获得。

由于吸热式气氛需要有特设的气体发生设备，其启动需要一定的过程，故一般适用于大批量的连续作业炉。

连续式渗碳在贯通式炉内进行。一般贯通式炉分成四个区，以对应于渗碳过程的四个阶段（加热、渗碳、扩散和预冷淬火）。不同区域要求气氛碳势不同，以此对其碳势进行分区控制。

c．直生式气体渗碳。直生式渗碳或称为超级渗碳（Supercarb），是将燃料（或液体渗碳剂）与空气或 CO_2 气体直接通入渗碳炉内形成渗碳气氛的一种渗碳工艺。随着计算机控制技术应用的不断成熟和完善，直生式渗碳的可控性也不断提高，应用正逐步扩大。图 18-4 所示为直生式渗碳系统简图。

Ⅰ．直生式渗碳气氛。直生式渗碳气体由富化气＋氧化性气体组成。常用富化气为：天然气、丙烷、丙酮、异丙醇、乙醇、丁烷、煤油等。氧化性气体可采用空气或 CO_2。

富化气（以 CH_4 为例）和氧化性气体直接通入渗碳炉时发生以下反应，形成渗碳气氛：

氧化性气体为空气时：$CH_4 + 1/2 O_2 + N_2 \rightarrow CO + 2H_2 + N_2$

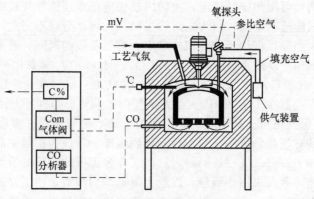

图 18-4　直生式渗碳系统简图

氧化性气体为 CO_2 时：$CH_4 + CO_2 \rightarrow 2CO + 2H_2$

Ⅱ．直生式渗碳气氛的碳势及控制。直生式气体渗碳的主要渗碳反应是：$CO \rightleftharpoons [C] + 1/2O_2$，直生式渗碳气氛是非平衡气氛，CO 含量不稳定。所以应同时测量 O_2 和 CO 含量，再通过上式计算出炉内的碳势。

调整富化气与氧化性气体的比例可以调整炉气碳势。通常是固定富化气的流量（或滴量），调整空气（或 CO）的流量。

Ⅲ．直生式渗碳的优点如下。

ⅰ．传递系数较高。

ⅱ．设备投资小。与吸热式气氛渗碳相比，可以节省一套气体发生装置。直生式渗碳炉的密封要求不高，即使有空气漏入炉内引起炉气成分波动，碳势的多参数控制系统也会及时调整氧化性气体（空气或 CO_2）的通入量，精确地控制炉气碳势。

ⅲ．碳势调整速度快于吸热式和氮基渗碳气氛。

ⅳ．渗碳层均匀，重现性好。

ⅴ．原料气的要求较低，气体消耗量低于吸热式气氛渗碳。

（2）固体渗碳

固体渗碳是将工件放在填充粒状渗碳剂的密封箱中进行渗碳的一种工艺方法。固体渗碳剂主要由一定大小的固体炭粒和起催渗作用的碳酸盐组成。其渗碳过程仍是由分解、吸收和扩散三个基本过程组成。加热时，木炭与箱内原有氧气反应生成 CO 气体：

$$O_2 + 2C \rightarrow 2CO$$

生成的 CO 在钢件表面发生界面反应产生活性碳原子：

$$2CO \rightarrow CO_2 + [C]$$

活性碳原子被吸收和扩散，形成一定深度的渗碳层。

由此可见，固体渗碳实质上也是依靠 CO 作为渗碳气体进行的，只不过渗碳剂是固体而已。

固体渗碳的主要优点：设备简单，适应性大，操作简便，生产成本较低。其主要缺点：劳动强度大，渗碳质量不易控制，难以提高机械化程度。

固体渗碳的操作要点如下。

① 工件装箱前不得有氧化皮、油污、焊渣等。

② 渗碳箱一般采用低碳钢板或耐热钢板焊成。渗碳箱的容积一般为零件体积的 3.5～7 倍。

③ 工件装箱前，应先在箱底铺放一层 30～40mm 厚的渗剂，再将零件整齐地放入箱内。工件与箱壁之间，工件与工件之间间隔 15～25mm，间隙处填上渗剂。工件应放置稳定，

放置完毕后用渗剂将空隙填满，直至盖过工件顶端 30～50mm。装件完毕后盖上箱盖，并用耐火泥密封。

④ 多次使用渗剂时，应用一部分新渗剂加一部分旧渗剂使用，配制比例根据渗剂配方而定。

要使渗碳层发挥出应有的作用，渗碳后还需进行淬火＋低温回火处理。对于气体渗碳常采用由渗碳温度降至 860℃ 左右的直接淬火。

（3）气体碳氮共渗

在气体介质中将碳和氮同时渗入工件表层并以渗碳为主的化学热处理工艺称为气体碳氮共渗。其工艺过程与气体渗碳类似，它是将工件置于密封的炉内，加热到 820～860℃ 共渗温度，然后通入渗碳剂（如煤油等）和氨气，使其好解出活性碳原子和氮原子，并被零件表面吸收，向内部扩散而形成一定深度的共渗层。

气体碳氮共渗时由于氮的渗入加快了渗碳的速度，从而使共渗的温度降低和时间缩短。一般共渗时间为 1～2h，共渗层的深度为 0.2～0.5mm。气体碳氮共渗后需进行淬火和低温回火，得到含氮的高碳回火马氏体组织，渗层表面的硬度可达 58～63HRC。研究表明：在渗层碳含量相同的情况下，共渗件表面的硬度、耐磨性、疲劳强度和耐蚀性能都比渗碳件高。此外，共渗工艺与渗碳相比，具有时间短、生产效率高、变形小等优点，但共渗层较薄，主要用于形状复杂、要求变形小的小型耐磨零件如汽车、机床的各种齿轮、蜗轮、蜗杆和轴类零件。碳氮共渗除用于低碳合金钢外，还可用于中碳钢和中碳合金钢。

18.3.2 模具的渗氮

渗氮就是在一定温度下（一般在 Ac_1 温度下）使活性氮原子渗入工件表面的化学热处理工艺。经渗氮处理的零件具有以下特点。

① 高硬度和高耐磨性 渗氮后零件表面硬度可以高达 950～1200HV，而且到 600℃ 仍可维持相当高的硬度。这显然是渗碳淬火处理达不到的。由于硬度高，耐磨性也很好。

② 较高的疲劳强度 渗氮后的表面产生了较大的残余压应力，能部分抵消在疲劳载荷下产生的拉应力，延缓疲劳破坏过程，使疲劳强度显著提高。

③ 良好的抗咬合性能及耐蚀性 渗氮后的零件在短时间缺乏润滑或过热的条件下，不容易发生卡死或擦伤损坏，具有良好的抗咬合性能。并且抵抗大气、弱碱性溶液等腐蚀能力强，具有良好的耐蚀性。

④ 变形小 渗氮温度低，一般为 480～580℃，升降温速度又很慢，处理过程心部无组织转变，仍保持调质组织状态的组织，所以渗氮后的零件变形小。

渗氮的缺点是工艺过程较长，如获得 1mm 深的渗碳层，渗碳处理仅要 6～9h，而获得 0.5mm 的渗氮层，渗氮处理需要 40～50h。其次，由于渗层较薄，不能承受太大的接触应力。

（1）气体渗氮

气体渗氮装置如图 18-5 所示。气体渗氮工艺参数主要有渗氮温度、保温时间、氨的分解率或氨的流量。它们对渗氮速

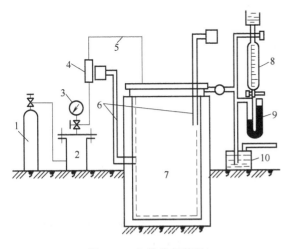

图 18-5 气体渗氮装置
1—氨气瓶；2—干燥箱；3—氨压力表；4—流量计；
5—进气管；6—热电偶；7—渗氮罐；
8—氨分解率测定计；9—U 形压力机；10—泡泡瓶

度、渗层深度、渗层的硬度、氮浓度梯度和脆性等均可产生重大影响。确定原则如下。

① 渗氮温度　渗氮温度对渗层表面最高硬度、渗层深度及变形量有很大影响。渗层的硬度随氮化物的增加而升高。渗氮温度低于500℃，氮化物聚集不显著，弥散度大，渗层的硬度最高。超过560℃，氮化物聚集长大，弥散度显著降低，渗层表面硬度也明显下降。

随渗氮温度升高，氮原子的扩散速度显著增大，同时也加快了渗层对活性氮原子的吸收过程，因此渗层深度增加。但温度过高，会使变形增大，心部强度下降。

渗氮温度常在480～560℃范围内选择。为了不影响零件调质后的心部强度，渗氮温度一般比调质时的回火温度低40～70℃。

② 渗氮时间　渗氮时，保温时间决定氮原子的渗入深度。随着渗氮时间的延长，渗氮层深度不断增加，并呈抛物线规律变化。即开始增加速度快，随着时间延长，渗层深度增加得越来越慢。温度不同，渗层深度增加的速度也不同，温度越低，增加的速度越慢。因此，在较低的渗氮温度下（如500℃），要想获得较深的渗层是不可能的。只有提高渗氮温度，才能获得较深的渗层。

③ 氨分解率　氨分解率是指在某一温度下，分解出来的氮和氢的混合气体占炉气总体积的百分比，即

$$氨分解率 = \frac{氢气体积 + 氮气体积}{炉气总体积} \times 100\%$$

对于一定的渗氮温度，氨的分解率有一个合适范围。若氨分解率过低，大量的氨来不及分解，提供活性氮原子概率小，不仅渗氮速度低，而且还造成浪费。若分解率过高，炉气中几乎全部由分子态的 N_2 和 H_2 组成，所提供的活性氮原子也极少，同时大量的 H_2 吸附在工件表面也将阻碍氮的渗入。表18-6列出了几种渗氮温度与合适的氨分解率范围的对应关系。

表 18-6　几种渗氮温度与合适的氨分解率范围

渗氮温度/℃	500	510	525	540	600
氨分解率(体积百分数,%)	15～25	20～30	25～35	35～50	45～60

氨分解率取决于渗氮温度、氨气流量、炉内压力、零件表面积及有无催化剂等因素。在渗氮过程中，常采用调节氨流量的方法来控制分解率。

用氨分解率来控制氮势的过程是一个比较粗略的方法。其控制精度不高，难以根据需要灵活地控制渗氮介质，以保证渗氮层的组织和性能。随着计算机控制技术的不断发展，炉内氮势已能应用计算机技术进行控制，并在生产上取得了良好的效果。

④ 渗氮过程与操作　渗氮过程包括排气升温、保温渗氮和冷却三个阶段。

a. 排气升温。通常采用先通氨排气（空气）后升温，以防止零件升温时发生氧化。但是为了缩短工艺周期，也可以在排气的同时升温，但应适当加大送入炉内的氨量，争取零件在较低温度时排除炉内的空气。变形要求不严的零件可以不控制升温速度，否则应采用较慢的加热速度，或者采用分段加热的方法，以减少零件加热时因热应力引起的变形。当炉温升到450℃左右时，应控制加热速度不要太快，以免造成保温初期的超温现象。同时，加大氨的流量，使其分解率控制在工艺要求的下限，保证零件到温后炉气具有较高的活性，提高渗氮速度。

b. 保温渗氮。当渗氮罐内的温度达到要求的渗氮温度时，就进入保温渗氮阶段。在保温渗氮阶段应按工艺要求正确地调节、控制渗氮温度、氨气流量或氨的分解率和炉内压力的正确和稳定，并每隔半小时检测一次氨的分解率，保证炉内的氮势符合要求，使渗氮工艺正常进行。加热保温阶段应保持炉内正压为20～40mm油柱，以防空气窜入炉内使工件氧化和破坏正常炉气。因为氨极易溶于水，所以测量炉压用的U形管中通常装入油。

c. 冷却。渗氮结束，停电降温，但是仍应保持一定的氨流量并维持炉内正压，以预防零件氧化。变形要求不严的渗氮零件，可将渗氮罐吊出炉外并加大氨流量，加快零件冷却。较快冷却有利于防止渗氮层的脆性。对于容易变形的零件如复杂形状或细长零件，为了减小热应力引起的变形，渗氮零件可随炉冷却。

⑤ 渗氮工艺方法　表 18-7 所示为几种常用渗氮工艺方法、特点和适用范围。

部分模具钢的渗氮工艺规范见表 18-8。

表 18-7　几种常用渗氮工艺方法、特点和适用范围

渗氮方法	工艺过程	特　点	适用范围
一段渗氮	又称单程氮化。温度 480～530℃，氨分解率 15%～35%	温度低，工件变形小，硬度高（1100～1200HV），周期长（30～80h），渗层脆性较大	要求耐磨、变形小的零件
二段渗氮	又称双程氮化，第一阶段温度 480～535℃，第二段可以和第一段相同，也可用 550～565℃，第一段氨分解率 15%～35%，10h，第二段 65%～85%	渗速较大，脆性较小，周期比一段法短，但硬度稍低（900～1000HV）	要求硬度较高、脆性小，抗疲劳性能好的零件
二段渗氮	520℃ 保持使氮饱和，560℃ 保持，使氮向内扩散，最后在较低温度保持，使表面氮再饱和以提高硬度	具有以上两种方法优点，但工艺复杂	要求硬度较高、脆性小，抗疲劳性能好的重要零件
在 $NH_3 + N_2$ 混合气中的渗氮	混合气中含有体积分数为 70%～90% N_2，其余与上同	分解出的活性氮原子少，工件表面氮浓度较低，渗层脆性小	要求硬度较高、脆性小，抗疲劳性能好的零件

表 18-8　部分模具钢的渗氮工艺规范

钢　号	处理方式	渗氮工艺规范				渗氮层深度 /mm	表面硬度 HV
		阶段	渗氮温度 /℃	时间 /h	氨分解率（体积分数，%）		
30CrMnSiA	一段		500±5	25～30	20～30	0.2～0.3	>58HRC
Cr12MoV	二段	I	480	18	14～27	≤0.2	720～860
		II	530	25	36～60		
40Cr	一段		490	24	15～35	0.2～0.3	≥600
	二段	I	480±10	20	20～30	0.3～0.5	≥600
		II	500±10	15～20	50～60		
4Cr5MoSiV1(H13)	一段		530～550	12	30～60	0.15～0.2	760～800
3Cr2W8V	一段		580±10	6	35～40	0.16～0.2	850～1000
	二段	I	510±10	10	20～25	0.3～0.4	650～700
		II	600±10	4	20～60		

（2）离子渗氮

在低于一个大气压的渗氮气氛中，利用工件（阴极）和阳极之间产生的辉光放电进行渗氮的工艺称为离子渗氮。离子渗氮装置如图 18-6 所示，离子渗氮装置由炉体（工作室）、真空系统、介质供给系统、温度测量及控制系统和供电及控制系统等部分组成。离子渗氮的工艺过程为：将工件置于真空度抽到 1.33×10^2～1.33×10^3Pa 的离子渗氮炉中，慢慢通入氨气，以工件为阴极，炉壁为阳极，通过 400～750V 高压电，氨气被电离成氮和氢的正离子和电子，这时阴极（工件）表面形成一层紫色辉光，具有高能量的氮离子以很大的速度轰击工件表面，由动能转变为热能，使工件表面温度升高到所需的渗氮温度（450～650℃）；同时氮离子在阴极上夺取电子后，还原成氮原子而渗入工件表面，并向里扩散形成渗氮层。另

外，氮离子轰击工件表面时，还能产生阴极溅射效应而溅射出铁离子，铁离子形成氮化铁（FeN）附着在工件表面并依次分解为 Fe_2N、Fe_3N、Fe_4N，释放出氮原子向工件内部扩散，形成渗氮层。

与气体渗氮相比，离子渗氮的主要工艺特点有：

① 渗氮速度快、生产周期短　以 38CrMoAlA 渗氮为例，要达到 $0.53 \sim 0.7mm$ 深的渗层，可由气体渗氮法的 50h 缩短为 $15 \sim 20h$。

② 渗氮层质量高　由于阴极溅射有抑制生成脆性层的作用，所以明显地提高了渗氮层的韧性和疲劳强度。

③ 工件变形小　由于阴极溅射效应使工件尺寸略有减小，可抵消氮化物形成而引起的尺寸增大。故适用于

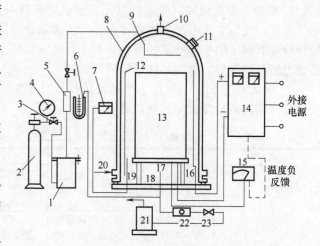

图 18-6　离子渗氮装置示意图

1—干燥箱；2—气箱；3,22,23—阀；4—压力表；5—流量计；6—U 形真空计；7—真空计；8—钟罩；9—进气管；10—出水管；11—窥视孔；12—阳极；13,16—阴极；14—直流电源；15—毫伏计；17—热电偶；18—抽气管；19—真空规管；20—进水管；21—真空泵

处理精密零件和复杂零件，如 38CrMoAlA 钢制成的长 $900 \sim 1000mm$、外径 27mm 的螺杆，渗氮后其弯曲变形小于 $5\mu m$。

④ 对材料的适应性强　渗氮用钢、碳钢、合金钢和铸铁都能进行离子渗氮，但专用渗氮钢（如 38CrMoAlA）效果最佳。

但离子渗氮存在投资高、温度分布不均、测温困难和操作要求严格等局限，使适用性受到限制。

离子渗氮渗层的硬度分布曲线比较平缓，不易产生剥落和热疲劳。但对形状复杂的压铸模难以获得均匀的加热和均匀的渗层，因此，不宜采用离子渗氮的方法。对于常用的 3Cr2W8V 压铸模离子渗氮前的预处理以淬火为最好，调质次之，离子渗氮温度以 $450 \sim 520℃$，经 $6 \sim 9h$，渗层深度达 $0.2 \sim 0.3mm$ 为宜。磨损后的离子渗氮模具，经修复和再次离子渗氮后，可重新投入使用。

（3）氮碳共渗

① 气体氮碳共渗　在气体介质中对工件同时渗入氮和碳，并以渗氮为主的化学热处理工艺称为气体氮碳共渗。一般加热到 $500 \sim 570℃$ 的共渗温度，在含有活性氮、碳原子的气氛中进行。

常用的共渗介质有尿素、甲酰胺等。它们受热分解产生活性氮、碳原子。如尿素在 500℃ 以上时的分解式为

$$(NH_2)_2CO \rightarrow CO + 2H_2 + 2[N]$$
$$2CO \rightarrow CO_2 + [C]$$

由于温度低，所以主要以渗氮为主。氮碳共渗在钢件的铁素体状态下进行，共渗时间一般为 $1 \sim 4h$。共渗层由 $10 \sim 20\mu m$ 的化合物外表层和 $0.5 \sim 0.8mm$ 的扩散层组成。其表层硬度一般可达 $500 \sim 900HV$，硬度高而不脆，能显著提高零件的耐磨性、耐疲劳、抗咬合、抗腐蚀等能力，而且适用于碳钢、合金钢、铸铁、粉末冶金制品等多种材料。此外，氮碳共渗处理温度低、时间短，故工件的变形小。

目前，低温气体氮碳共渗已经广泛用于压铸模、热挤压模、锤锻模、冲压模、塑料模

等。但低温气体氮碳共渗层中化合物层厚度较薄（0.01～0.02mm），但共渗层硬度梯度较陡，故不适宜在重载条件下使用。

② 盐浴硫氮碳共渗　盐浴硫氮碳共渗是利用盐浴中产生的活性硫、氮、碳原子渗入零件表面，与铁形成化合物及扩散层。与气体法不同的是盐浴既是加热介质又是共渗介质，盐浴在 565℃ 以下发生如下反应，从而在零件表面形成共渗层。

氰酸盐的分解
$$4CNO^{-1} \rightarrow CO_3^{2-} + 2[N] + 2CN^{-1} + CO$$

氰酸盐的氧化和活性氮、碳原子的产生
$$2CNO^{-1} + O_2 \rightarrow CO_3^{2-} + 2[N] + CO$$
$$2CO \rightarrow CO_2 + [C]$$

氧使氰离子氧化
$$2CN^{-1} + O_2 \rightarrow 2CNO^{-1}$$
$$CO + CN^{-1} \rightarrow CNO^{-1} + [C]$$
$$3CN^{-1} + A_1 \rightarrow 3CNO^{-1} + S^{2-}$$

（A_1 为 K_2S、K_2SO_3 等硫化物）

与氮碳共渗不同的是，经硫氮碳共渗后，其化合物层除了有 ε 相存在，还有 FeS 存在，它处于渗层最表面，有利于减磨，扩散层与氮碳共渗层的结构相同。

18.3.3　模具的渗硼

渗硼是将金属材料置于含硼的介质中，经过加热与保温，使硼原子渗入其表面层，形成硼化物的工艺过程。渗硼可以使模具表面获得很高的硬度（1500～2000HV），因而能显著地提高模具的表面硬度、耐磨性和耐蚀能力，是一种提高模具使用寿命的有效方法。例如 Cr12MoV 钢制冷镦六方螺母回模，经一般热处理后，使用寿命为 3000～5000 件，经渗硼处理后，可提高到 5 万～10 万件。

钢铁材料渗硼后，渗硼区主要由两种不同的硼化合物（Fe_2B 和 FeB）组成。FeB 中的硼含量高，具有较高的硬度（1800～2000HV），但其脆性大，易剥落；Fe_2B 的硬度较低（1400～1600HV），但脆性较小。通常希望渗硼区中 FeB 的量少些，甚至希望得到单相的 Fe_2B 层。渗硼过程为分解—吸收—扩散三个阶段。常用的渗硼方法有以下三种。

（1）固体渗硼法

把工件埋在含硼的粉末中，并在大气、真空或保护气氛条件下加热至 850～1050℃，保温 3～5h，可获得 0.1～0.3mm 厚的渗层。

渗硼剂可以用无定形硼、硼铁、氟硼酸钠、碳化硼、无水硼砂等含硼物质，并配制适量的氧化铝和氯化铵等制成。也可把渗硼剂喷于工件上或制成膏状涂敷在工件表面，然后用感应加热使之在短时间内扩散，获得一定的硼化物渗层。

固体渗硼的设备较为简便，适于处理大型模具。固体渗硼的缺点是：渗硼速度较慢；碳化硼、硼铁粉等价格昂贵；热扩散时间较长，且温度高，渗层浅等。

（2）熔盐法

这种方法是工件在熔盐中扩散渗硼。盐浴成分有不同组合用无水硼砂加入碳化硼或硼化铁组成，在 900～1000℃保温 1～5h，得到 0.06～0.35mm 的渗层；在熔融的硼砂中加入氯化钠、碳酸钠或碳酸钾，渗硼温度在 700～850℃保温 1～4h，可得到 0.08～1.5mm 的渗层；在氯化钡及氯化钠中性盐浴中加入硼铁或碳化硼，在 900～1000℃保温 1～3h，可得到 0.06～0.25mm 的渗层；在以价廉的硼砂为主体的盐浴中加入碳化硅或碳化钙等还原剂，在 900～1100℃保温 2～6h，可得到 0.04～1.2mm 的渗层。

熔盐法渗硼的优点是：可通过调整渗硼盐浴的配比，来控制渗硼层的组织结构、深度和硬度；渗层与基体结合较牢，模具表面粗糙度不受影响；工艺温度较低；渗硼速度较固体法快；设备和操作简便。此法的缺点为盐浴流动性较差，模具表面残盐的清洗较困难。

（3）气体渗硼法

将被处理的工件在二硼烷或三氯化硼和氢等气体中加热，渗硼温度为 750～950℃，保温 2～6h，可得到 0.05～0.25mm 的渗层。

气体渗硼法的优点是渗层均匀；渗硼温度范围较宽；渗硼后工件表面清洗方便。但由于二硼烷不稳定并有爆炸性，而三氯化硼容易水解，此法尚待进一步完善。

目前我国大多数企业采用熔盐渗硼法，盐浴用硼砂加碳化硅的较多。钢材的化学成分对渗硼层深度有很大的影响，低碳钢的渗硼速度最快，增加钢的碳含量或合金元素的含量，使渗硼速度减慢。钢中含有铬、锰、钒、钨等元素，还使渗硼层富硼化合物相对量增多。此外，钢材渗硼时，硼化物呈针状晶体而楔入基体材料中，与基体间保持较广的接触区域，使硼化物不易剥落。但随钢材中碳含量和合金元素的增多，不仅使渗硼层减薄，而且硼化物针楔入程度也减弱，渗硼层与基体的接触面因面平坦，结合力变差了。一般认为含硅的钢不宜用来制作渗硼的模具。原因是渗硼后，在渗层与基体的过渡区存在明显的软带区，其硬度低至 200～300HV，使渗层在使用中极易剥落。

模具的使用寿命与渗硼层深度有一定的关系。当渗硼层深度超过一定值后，模具使用寿命反而降低，故应根据基体材料及模具使用情况，确定适当的渗硼层深度。模具不仅要求表面有高的硬度和耐磨性，并且要求基体有足够的强度和韧性，故模具在渗硼后还必须进行淬火、回火处理，以改善基体的性能。由于 Fe_2B、FeB 和基体的膨胀系数不同，因此在淬火加热时要进行充分预热，冷却时按照基体材料的不同采用尽可能低的冷却速度，以免渗硼层开裂和脱落。对高合金钢模具的加热温度还必须严格控制，因为 $Fe-Fe_2B$ 在 1149℃ 发生共晶转变，因此淬火加热温度不得超过 1149℃，否则渗硼层会出现熔化现象。对一些基体性能要求不高的模具，渗硼后可直接转入加热，保温一定时间后，进行淬火。

18.3.4 稀土表面强化

在化学热处理及表面覆盖层处理中，通过气-固或气-液界面反应，使稀土渗入被处理金属表面，或者使稀土与其他非金属或金属元素共同渗入被处理金属表面，以改善材料表层组织结构和提高材料性能，强化模具表面，提高模具型腔表面的耐磨性、抗高温氧化性及抗冲击磨损性。稀土元素还能与钢中 P、S、As、Sn、Sb、Bi、Pb 等低熔点有害杂质发生作用，形成高熔点化合物，同时抑制这些杂质元素在晶界上的偏聚，降低渗层的脆性，净化表面。稀土在化学热处理中主要起催渗和微合金化的双重作用。稀土的渗入大大加快了其他元素的扩散过程，不仅使渗碳、碳氮共渗、渗金属及多元共渗工艺过程加快（渗速可提高 25%～30%，处理时间可缩短 1/3 以上），而且降低了共渗温度，避免了较高温度造成的晶粒长大、工件变形、设备寿命缩短等不利后果。加入稀土后渗层厚度增加，渗层中主渗元素的浓度也大大增加，常用的稀土表面强化有稀土碳共渗、稀土碳氮共渗、稀土硼共渗、稀土硼铝共渗、稀土软氮化、稀土硫氮碳共渗等。

稀土碳共渗可使渗碳温度由 920～930℃ 降低至 860～880℃，减少模具变形及防止奥氏体晶粒长大；渗速可提高 25%～30%（渗碳时间缩短 1～2h）；改善渗层脆性，使冲击断口裂纹形成能量和裂纹扩展能量提高约 30%。

稀土碳氮共渗可提高渗速 25%～32%，提高渗层显微硬度及有效硬化层深度；使模具的耐磨性及疲劳极限分别提高 1 倍及 12% 以上；模具耐蚀性提高 15% 以上。RE-C-N 共渗处理用于 5CrMnMo 钢制热锻模，其寿命提高 1 倍以上。

稀土硼共渗的耐磨性较单一渗硼提高 1.5～2 倍，与常规淬火态相比提高 3～4 倍，而韧性则较单一渗硼提高 6～7 倍；可使渗硼温度降低 100～150℃，处理时间缩短一半左右。采用 RE-B 共渗可使 Cr12 钢制拉深模寿命提高 5～10 倍，冲模寿命提高几倍至数十倍。

稀土硼铝共渗所得共渗层，具有渗层较薄，硬度很高的特点，铝铁硼化合物具有较高的热硬性和抗高温氧化能力。H13 钢稀土硼铝共渗渗层致密，硬度高（1900～2000HV），相组成为 d 值发生变化（偏离标准值）的 FeB 和 Fe$_2$B 相。经稀土硼铝共渗后，铝挤压模使用寿命提高 2～3 倍，铝材表面质量提高 1～2 级。

稀土软氮化时稀土的加入能明显加快 4Cr5MoSiV1 钢共渗速度，缩短共渗时间；能提高渗层、特别是扩散层硬度，使硬度梯度下降；渗层组织改善，过渡层中碳化物、氮化物细小弥散，使铝合金压铸模使用寿命提高两倍。

18.3.5　TD 处理

TD 处理技术（thermal diffusion）是 1970 年由日本（株）丰田中央研究所开发出来的碳化物被覆技术，因被覆层是由工件中的碳元素和被覆剂中的元素高温反应而成，故称之为热反应扩散沉积处理技术，简称为 TD 或 TRD 处理。

TD 处理技术的基本原理是将含碳工件放到含有碳化物形成元素（如钒、铌、铬等）的熔融硼砂盐浴中，工件中的碳原子会向外扩散至工件表面，与盐浴中的碳化物形成元素结合为一层极薄的碳化物，因为被覆层很薄（2～10μm），所以碳原子可以不断地向外扩散至被覆层表面而形成更厚的碳化物层。TD 处理技术分为盐浴法和流态床法两种，通常所指的 TD 处理技术都是指在盐浴条件下形成碳化物的被覆技术，下文所述亦为这种技术。

TD 处理后的碳化物被覆层具有很高的硬度，可达到 1600～3000HV，此外，碳化物覆层与基体是冶金结合，结合力强，不影响工件表面粗糙度，具有极高的耐磨、抗咬合、耐蚀等性能，可以大幅度提高工模具及机械零件的使用寿命，所以 TD 处理技术是一项很有前途的技术。

在国外，这项技术已经得到了普遍的应用和推广，尤其是在模具和机械行业，TD 处理技术已经成为模具和机械零件表面处理不可缺少的热处理工艺。据统计，在日本，有 85% 以上的模具是要经过 TD 处理的，我国的许多进口设备上的配套模具大量使用了该项技术。

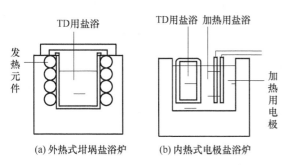

图 18-7　TD 处理用盐浴炉示意图

（a）外热式坩埚盐浴炉　（b）内热式电极盐浴炉

（1）TD 处理的设备和一般处理工艺

TD 处理所用的一般设备如图 18-7 所示，与普通外热式盐浴炉的结构基本相同，有直接加热和间接加热两种形式。由于这种盐浴炉要配有专门的变压器，体积庞大，功率也大。

处理剂成分：传统的 TD 处理剂的成分 70%～90% 是硼砂（Na$_2$B$_4$O$_7$），根据处理被覆层的要求，再加入碳化物的形成元素，如钒铁粉、铌铁粉、五氧化二钒等，以及一定的还原剂。但是，随着研究的不断深入，现代的处理剂已经不再仅仅局限于硼砂了，可以是中性盐、碳酸盐、氯盐的混合物。

TD 处理的一般工艺是将无水硼砂放入耐热钢坩埚中加热到 800～1100℃，然后加入碳化物形成元素，再将工件浸入处理剂中，充分搅拌，保温 1～10h（具体时间取决于处理温度和被覆层厚度的要求），工件表面就会形成一层致密的碳化物覆层。保温完毕，取出工件进行淬火、回火等必要的热处理，使工件基体获得必要的力学性能。

（2）碳化物形成机理

碳化物的形成是硼砂盐浴中的活性金属原子与工件本身的碳原子双向扩散的结果。这个形成过程一般包括以下几个步骤。

① 碳化物形成元素的合金或氧化物粉末和还原剂作用后不断向盐浴中溶解，形成活性金属原子。

② 活性金属原子在硼砂盐浴中向工件表面扩散。

③ 活性金属原子在工件表面与工件中的碳原子结合形成碳化物覆层。

④ 工件内部碳原子不断向表面扩散，与金属原子结合，碳化物层厚度不断增加。

由此可见，TD 处理过程中的 V、Nb、Cr 等碳化物形成元素与 C 原子结合在工件表面形成的 VC、NbC、CrC 等碳化物，其中的 V、Nb、Cr 来自盐浴中所添加的合金粉末或氧化物粉末，而碳化物中的碳原子则来自工件，碳化物层的形成是靠盐浴中活性的金属原子和碳原子的双向扩散在工件表面沉积而形成的。碳原子的整个扩散过程均在工件内进行，不涉及工件外面。因此，TD 处理技术是一种利用扩散原理进行表面强化处理的方法。

另外，由于碳化物覆层中的碳取自工件本身，所以，要求工件必须具有一定的碳含量，一般要求工件的 $w_c > 0.4\%$，碳含量高的工件对碳化物的形成有利，所以碳含量较高的工具钢是最适宜作 TD 处理的工件。

（3）TD 处理的性能

① 硬度。TD 处理获得的碳化物层的硬度明显高于淬火、镀铬或渗氮层的硬度。VC、TiC 的硬度为 2980～3800HV，NbC 约为 2400HV。而且 VC、Cr-C、NbC 即使在 800℃ 还有 800HV 以上的硬度，经高温加热再到室温，其室温强度也不降低。

② 耐磨性。涂覆 VC、NbC、TiC 的耐磨性比渗氮、渗硼、镀铬等其他表面处理优越，而与硬质合金的耐磨性相同或更好。

③ 抗热粘接性。涂覆 VC、NbC、TiC 的材料与未作涂覆处理或作其他表面处理的材料相比，前者都不容易发生热粘接，对易于发生热粘接的不锈钢通过试验发现，涂覆碳化物也具有良好的抗热粘接性。

④ 抗氧化性和耐蚀性。抗氧化性的好坏因所涂覆的碳化物种类而不同。VC、NbC 在 500℃ 的大气中几乎不氧化，但若在 600℃ 保温 1h 则有数微米厚的碳化物完全被氧化。

涂覆 VC、NbC、Cr-C 的钢对于盐酸、硫酸、硝酸、磷酸、氢氧化钠有良好的耐蚀性。在有高耐蚀性的要求时，涂层中应绝对避免混入微孔、微裂纹或微小异物。

（4）TD 处理的应用

自日本丰田中央研究所成功开发出 TD 处理技术以来，TD 处理技术得到了广泛的应用，几乎在需要耐磨性的所有领域都有应用。其主要应用领域有：板材冲压加工、线材加工、管材加工、制管、拉丝、冷锻、热锻、铸造、橡胶成型、塑料成型、玻璃成型、粉末成型、切割加工、机械零件等。

TD 处理技术的应用也是有限制的，在 500℃ 以上的氧化性气氛中长期使用，便不能发挥出 VC、NbC 的特性，而且，由于 TD 处理后的被覆层很薄，在可以使基体发生塑性变形等条件下工作时，往往在碳化物层产生裂纹或剥离。另外，工件材料中的碳含量少会使基体硬度降低，而且，在薄的刃口处很难形成碳的化合物层。

（5）TD 处理的优越性

TD 处理可以显著提高工件的耐磨性和抗黏附性以及良好的耐蚀性和抗氧化性，用 TD 处理可使冷作模具寿命提高十几倍乃至几十倍。TD 法与其他表面强化方法相比除设备简单、操作方便、成本低廉以外，还具有以下诸多优点。

① 更换盐浴成分就可以改变碳化物层种类，可形成不同类型碳化物或复合碳化物层。

② 无论工件形貌如何，均能形成均匀的被覆层，在小孔槽深处亦不受影响。

③ 被覆后的表面粗糙度与处理前大致相同，若工件处理前表面光滑，则处理后可直接使用。

④ 盐浴寿命长，不容易老化。

⑤ 工件因长期服役而使碳化物层磨损时可以重新处理。重新处理时，不必清除原来遗留的被覆层，新旧覆层结合自然良好。

⑥ 盐浴主要成分高温性能稳定，几乎不产生有害烟尘。

⑦ 基材选择范围较广，$w_c > 0.4\%$ 的钢铁都可以进行有效处理。

⑧ 形成的碳化物层的组织、力学性能不因基材种类和处理条件发生改变而变化，故其使用性能稳定。

⑨ TD 处理可以获得具有比渗硼更高的超硬度碳化物层，故可得到胜过硬质合金的耐磨性，此外，耐蚀性和抗氧化性也非常优异。

18.4　模具零件表面涂镀技术

18.4.1　气相沉积

（1）化学气相沉积（CVD）

化学气相沉积（Chemical Vapor Deposition，CVD）是利用空间气相反应在基材表面上沉积固态薄膜的工艺技术。化学气相沉积可根据气相反应的激发方式不同分为：热化学气相沉积（TCVD）、放电激发气相沉积（如等离子体 PACVD）、辐射激发气相沉积等多种；按反应温度高低不同分为：高温 CVD（>900℃）、中温 CVD（500～800℃）和低温 CVD（<500℃）。热化学气相沉积是最常见的类型，其反应需高温激发，一般高于 1000℃，这将限制 CVD 的应用范围。

化学气相沉积装置示意如图 18-8 所示。化学气相沉积的基本过程为：把含有涂层材料元素的反应物质在较低温度下汽化，然后送入高温的反应室与工件表面接触产生高温化学反应，析出合金或金属及其化合物沉积于工件表面形成涂层。例如，在钢件表面沉积 TiC 涂层，是将钢

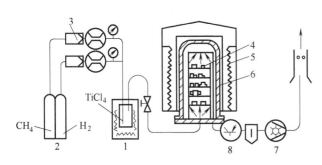

图 18-8　化学气相沉积装置示意图
1—汽化器；2—高压气瓶；3—净化装置；4—工件；
5—炉子；6—反应器；7—真空泵；8—真空计

件置于通入氢气的炉内，加热至 900～1100℃，以氢气作为载体气将 $TiCl_4$ 和 CH_4 带入真空反应室并发生下述化学反应：

$$TiCl_4 + CH_4 + H_2 \rightarrow TiC + 4HCl\uparrow + H_2\uparrow$$

生成的 TiC 沉积于钢件表面。

化学气相沉积的主要特点有：a. 在中温或高温下，通过气态的初始化合物之间的气相化学反应而沉积固体；b. 可在常压或低压下进行沉积，一般而言低压效果要好些。当采用等离子和激光辅助技术可显著促进化学反应，使沉积可在较低温度下进行；c. 可沉积各种晶态或非晶态、成分精确可控的无机薄膜材料；d. 沉积层纯度高、致密，气孔极少，与基体的结合力强；e. 均镀性与绕镀性好，可在复杂形状的基体上以及颗粒材料上镀制；f. 设

备和工艺操作较简单。普通热化学气相沉积的最大缺点是沉积温度较高（>1000℃），对不允许或难于高温加热的基体材料（如控制变形的精密件），则必须采用放电激发或辐射激发的 CVD 技术，如采用辉光放电激发 CVD，其沉积温度可降至 300~500℃。

应用于模具上的 CVD 镀层应具有高的硬度、高的耐磨性、低的摩擦因数，以及良好的化学稳定性和热稳定性，满足这些要求的镀层包括 TiC、TiN、Al_2O_3 以及它们的组合，还有 TaC、TiB_2 等镀层。

CVD 技术已应用到拉深模、冲裁模、卷边模、塑料模中。例如，镀有 TiN 的 Cr12 钢模具寿命提高 6~8 倍，比镀硬铬高 3~5 倍。Cr12MoV 拉拔模经镀覆后寿命提高 20 倍。使用 TiN 镀层的塑料注射模具生产含 40%矿物质填料的尼龙零件时，有效地避免了模具的侵蚀和磨损，使用寿命从 60 万次增加到 200 万次。

（2）物理气相沉积（PVD）

物理气相沉积（Physical Vapor Deposition，PVD）是在真空条件下，利用各种物理方法，将沉积材料气化成原子、分子、离子并直接沉积到基体材料表面的方法。按气化机理不同，PVD 法包括真空蒸镀、溅射镀膜和离子镀三种基本方法。

① 真空蒸镀 真空蒸镀是在高真空（$1.33×10^{-5}~1.33×10^{-4}$Pa）的条件下，将蒸镀材料（即膜材料，可以是金属或非金属，但多为金属）加热蒸发成原子（或分子）进入气相，然后沉积在工件（衬底）材料表面，而形成薄膜镀层。根据蒸镀材料的熔点不同，其加热方式有电阻加热蒸发、电子束蒸发、激光蒸发等多种。其工艺特点是：设备、工艺、操作均较简单；适镀材料广泛，玻璃、陶瓷、有机合成材料、纤维、木材、纸等均可；沉积速度快，但绕镀能力差；因气化粒子的动能低，镀层与基体结合力较弱，镀层较疏松，故耐冲击、耐磨损性能不高，此点限制了真空蒸镀膜在强化机械零件方面的应用（如耐磨）；高熔点物质和低蒸气压物质（如 Pt、Mo 等）的真空镀膜制作困难。

② 溅射镀膜 溅射镀膜是在一定的真空条件下，用荷能离子（如氩离子，可通过辉光放电获得）轰击某一靶材（即镀膜材料，常为阴极），从而在其表面溅射出原子（或分子）进入气相，然后这些溅射粒子在工件表面（与阳极相连）沉积而形成镀层。其工艺特点是：由于气化粒子的动能大（为真空蒸镀的 100 倍），故镀膜致密且与基体材料的结合力高；适用材料广泛，基体材料和镀膜材料均可是金属或非金属，可制造真空蒸镀难以得到的高熔点材料镀膜；均镀能力好，但绕镀性稍差；主要缺点是镀膜沉积度较慢，设备昂贵。

③ 离子镀 离子镀是在含有惰性气体（如氩气）的真空中，利用气体放电对已被蒸发的粒子（气化原子或分子）离化和激化，在气体离子和沉积材料离子轰击作用的同时，于基体材料表面沉积形成镀膜。由此可见，离子镀将辉光放电、等离子体技术与真空蒸镀技术结合在一起，兼具蒸发镀的沉积速度快和溅射镀的离子轰击清洁表面及高动能气化粒子的特点，因而应用极为广泛。其主要特点是：镀层质量高、附着力强、绕镀与均镀能力好、沉积速度快等；但受蒸发源限制，高熔点镀膜材料的蒸发镀有一定困难，且设备复杂、昂贵。

真空蒸镀物理气相沉积技术目前主要用于表面功能与装饰用途。具有代表性的应用是各种光学膜（如透镜反射膜、电致发光膜等）、电学膜（导电、绝缘、半导体等）、磁性膜（如磁带）、耐蚀膜、耐热膜、润滑膜、各种装饰膜（如固体材料表面的金、银膜）、太阳能电池等。

与真空蒸镀相比，溅射镀和离子镀物理气相沉积技术的镀膜质量较高（如致密，气孔少），且与基体材料结合牢固（尤其是离子镀），故除可起到真空蒸镀相同的作用外，还可在材料表面形成耐磨强化膜（如 TiN、TiC、Al_2O_3），拓宽了气相沉积技术在结构零件和工具、模具上的应用。

各种气相沉积技术的基本特点的比较见表 18-9。

表 18-9　PVD 和 CVD 的基本特点

项　目		PVD 法			CVD 法
		真空蒸镀	溅射镀膜	离子镀膜	
镀膜材料		金属、合金、某些化合物（高熔点材料）	金属、合金、化合物、陶瓷、高分子	金属、合金、化合物、陶瓷	金属、合金、化合物、陶瓷
获得沉积物粒子方式		热蒸发	离子溅射	蒸发、溅射、电离	高温化学反应
沉积离子能量/eV		原子、分子 0.1～1.0	主要为原子 1.0～10.0	离子、原子 30～1000	原子 0.1
基体温度/℃		一般为 200～600，不超过 800			150～2000（多数＞1000）
沉积速度/(μm/min)		0.1～75	0.01～2	0.1～50	0.5～50
模层特性	致密度	较低	高	高	最高
	气孔	低温时多	少	很少	很少
	模基结合力	不高	较高	高	高
镀覆能力	绕镀性	差	欠佳	好	好
	均镀性	一般	较好		
主要应用		功能膜（光、电、磁膜），装饰膜，耐蚀、润滑膜	功能膜为主结构膜为辅	各种结构膜和功能膜	结构膜，功能膜，材料制备

（3）等离子体化学气相沉积（PCVD）

等离子体化学气相沉积（Plasma Chamical Vapor Deposition，PCVD）。PCVD 是将低气压气体放电等离子体应用于化学气相沉积中的一项新技术。PCVD 具有 CVD 的良好绕镀性和 PVD 低温沉积的特点，更适于模具表面强化。

PCVD 仍然采用 CVD 所用的源物质，如沉积氮化钛，仍然采用 $TiCl_4$、H_2、N_2。其激发等离子体的装置有直流辉光、射频辉光、微波场三种。

图 18-9 所示为直流等离子体化学气相沉积（DC型 PCVD）装置示意图。

镀膜的工作过程为：首先用机械泵将镀膜室抽至 10Pa 左右的真空。通入氢气和氮气，接通电源后，产生辉光放电。产生氢离子和氮离子轰击基板（工件），进行预轰击清洗净化工件，并使工件升温，工件到达 500℃ 以后，通入 $TiCl_4$，气压调至 $10^{-3}～10^{-2}$ Pa，进行等离子体化学气相沉积氮化钛的过程。

在辉光放电的条件下，电子与镀膜室中的气体分子产生非弹性碰撞，引起分子的分解、激发、电离和

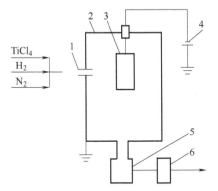

图 18-9　直流 PCVD 装置示意图
1—进气系统；2—镀膜室；3—工件；
4—电源；5—冷阱；6—机械泵

离解等过程。产生高能基元粒子、激发态原子、原子离子、分子、离子和电子等大量活性粒子。这些活性组分导致化学反应，生成反应物，同时放出反应热。

18.4.2　金属刷镀（金属涂镀）

电刷镀是依靠一个与阳极接触的垫或刷，在被镀的阴极上移动，从而将镀液刷到工件（阴极）上的一种电镀方法。

电刷镀的基本原理是应用电化学沉积的原理，在能导电的零件表面的选定部位，快速沉积金属镀层。如图 18-10 所示，电刷镀不需要镀槽，而使用专门研制的系列刷镀溶液，带有不溶性阳极的镀笔，以及专用的直流电源。工作时，零件接电源的负极，不溶性仿形阳极接电源正极。阳极前端包裹棉花，用耐磨的涤棉套浸满镀液，与零件表面接触，并保持适当的压力，这样，当阳极与被镀零件以一定的相对运动速度移动时，在电场作用下，镀液中的金属离子定向迁移到零件表面，在表面获得电子被还原成金属原子在零件表面结晶形成镀层。镀层的厚度由电流密度的大小和镀覆时间的长短确定。

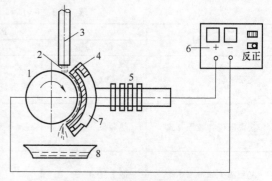

图 18-10　电镀刷原理示意图
1—工件；2—刷镀液；3—注液管；4—包套；
5—刷镀笔；6—电源；7—阳极；8—集液盘

电刷镀的工艺特点如下。

① 不受镀件限制　电刷镀工艺灵活，操作方便，不受镀件形状、尺寸、材质和位置的限制。对于复杂型面，凡是镀笔能触及的地方均可施镀；对于难以拆卸、搬动或难以入槽的大型零件，可以在现场不解体施镀；对于小孔、深孔、沟槽等局部表面以及划痕、凹陷、磨损等局部表面缺陷处也便于施镀。

② 镀层质量高　由于镀笔在工件表面不断移动，沉积金属的结晶过程不断地受中断放电和外力作用的干扰，因而获得的镀层组织具有超细晶粒和高密度位错，其硬度、强度较高。同时镀层与基体金属的结合力较强，镀层表面光滑。

③ 沉积速度快　电刷镀的阴、阳极之间仅有涤棉套的阻隔，距离很近，一般为 5～10mm。金属离子的迁移距离短，可采用高浓度镀液和大电流密度施镀，而不会产生金属离子的贫乏现象，因而沉积速度快，生产率高。

④ 适用范围广　一套电刷镀设备可采用多种镀液，刷镀各种单金属镀层、复合镀层等，以满足各种不同的需要。

电刷镀可用于模具表面修复、模具表面强化、模具表面改性等。还可以作为制造模具的辅助手段，如应用电刷镀的方法刷镀光滑镀层以降低表面粗糙度值；利用电刷镀可以修复因加工过量所短缺的尺寸，挽救模具废品；利用电刷镀方法还可以在模具上涂写或刻写标记、符号等。

18.4.3　热喷涂

热喷涂是采用气体、液体、燃料或电弧、等离子弧、激光等作热源，使金属、合金、金属陶瓷、氧化物、碳化物、塑料以及它们的复合材料等喷涂材料加热到熔融或半熔融态，通过高速气流使其雾化，然后喷射、沉积到经过预处理的工件表面，从而形成附着牢固的表面层的加工方法。若将喷涂层再加热重熔，则产生冶金结合。

（1）热喷涂技术的特点和原理

① 热喷涂技术的特点　热喷涂技术具有以下特点。

a. 适用范围广。金属、合金、陶瓷、水泥、塑料、石膏、木材等几乎包括所有固体材料都可作基体材料或喷涂材料，喷涂材料的形态也可以是线材、棒材、管材和粉末等各种形状。用复合粉末喷成的复合涂层可以把金属和塑料或陶瓷结合起来，获得其他方法难以达到的综合性能。

b. 工艺灵活。施工对象小到 10mm 内孔，大到桥梁、铁塔等大型结构。

c. 喷涂层的厚度可调范围大。涂层厚度可从几十微米到几毫米，表面光滑，加工量少。

d. 工件受热程度可以控制。除喷熔外，工件受热程度均不超过250℃，工件不会发生畸变，不改变工件的金相组织。

e. 生产率高。多数工艺的生产率可达数千克喷涂材料/h，有些工艺可达50kg/h以上。

② 热喷涂的基本原理及涂层结构　进行喷涂时，将喷涂材料送入热源中，被加热至熔化或半熔化的状态，接着是熔滴被雾化，然后被气流或热源射流推动向前飞行，最后以一定的动能冲击基体表面，产生强烈碰撞展平成扁平状涂层并冷凝、镶嵌、咬接和填塞到基材表面上。随后喷来的粒子以同样方式连续不断地叠落，从而形成喷涂层。喷涂层是由无数变形粒子互相交错成波浪式堆叠在一起的层状组织结构（图18-11）。颗粒与颗粒之间不可避免存在一部分孔隙和氧化物夹杂缺陷。孔隙和夹杂的存在将降低涂层质量，采用高温热源、更高的喷速及保护气氛喷涂，可减少这些缺陷；若对涂层进行重熔处理，也可消除孔隙和夹杂缺陷，使层状结构变为均质结构，改善涂层与基体之间的结合强度。

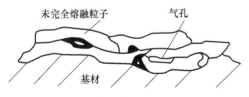

图18-11　喷涂层结构示意图

（2）热喷涂技术的分类与应用

按涂层加热和结合方式，热喷涂有喷涂和喷熔两种。前者是基体不熔化，涂层与基体形成机械结合。后者则是涂层经再加热重熔，涂层与基体互熔并扩散形成冶金结合。按加热喷涂材料的热源种类分为火焰喷涂、电弧喷涂、高频喷涂、等离子弧喷涂（超声速喷涂）、爆炸喷涂、激光喷涂和重熔、电子束喷涂等。

① 火焰线材喷涂　火焰线材喷涂是最早出现的喷涂方法，其喷涂原理是将线材以控制好的速度送入燃烧的火焰中，受热的线材端部熔化，并由压缩空气对熔流喷射雾化、加速，喷射到工件表面形成涂层。该喷涂方法由于熔融微粒所携带的热容不足，致使涂层与工件表面以机械结合为主，一般结合强度偏低；另外，线材的熔断喷散不均匀造成涂层的性质不均，涂层的组织疏松、多孔，内应力较大。

② 火焰粉末喷涂　火焰粉末喷涂尤其是氧-乙炔火焰粉末喷涂是目前应用面较广的一种喷涂方法，是通过粉末火焰喷枪来实现的。粉末随气流从喷嘴中心喷出进入火焰，被加热熔化或软化，焰流推动熔流以一定速度喷射到工件表面形成涂层。进入火焰的粉末在随后的喷射过程中，由于处在火焰中的位置不同，被加热的程度不同，出现部分粉末未熔、部分粉末仅被软化和存在少数完全未熔颗粒的现象，因此造成涂层的结合强度和致密性不及线材火焰喷涂。

③ 电弧喷涂　电弧喷涂是将两根被喷涂的金属丝作为自耗性电极，输送直流或交流电，利用丝材端部产生的电弧作热源来熔化金属，用压缩气流雾化熔滴并喷射到工件表面形成涂层。电弧喷涂只能喷涂导电材料，在线材的熔断处产生积垢，使喷涂颗粒大小悬殊，涂层质地不均；另外，由于电弧热源温度高，造成元素的烧损量较火焰喷涂大，导致涂层硬度降低。但由于熔粒温度高，粒子变形量大，使涂层的结合强度高于火焰喷涂层的强度。

④ 等离子弧喷涂　等离子弧喷涂是以电弧放电产生的等离子体作为高温热源，以喷涂粉末材料为主，将喷涂粉末加热至熔化或熔融状态，在等离子射流加速下获得很高的速度，喷射到工件表面形成涂层。等离子弧温度高，可熔化目前已知的任何固体材料；喷射出的微粒高温、高速，形成的喷射涂层结合强度高、质量好。

⑤ 激光喷涂与喷焊　采用激光作为热源进行喷涂、喷焊，以及对涂层重熔是近年来颇受人们关注的一项新技术。激光喷涂是将从激光器发出的激光束聚焦在喷枪喷嘴旁，喷涂粉

末由压缩气体从喷嘴喷出，由激光束加热熔化，压缩气体将熔粒雾化、加速、喷射到工件表面形成涂层。激光喷焊则是将激光束聚焦在工件表面，通过喷枪将粉末射在激光焦点部位，激光束将粉末和工件表面同时熔融，形成喷焊层。

18.5 提高压铸模寿命的措施

18.5.1 影响压铸模寿命的因素分析

影响模具寿命的因素大致在三个方面：模具材料、模具设计与制造及压铸条件。各种影响因素可按以下情况分类。

(1) 模具材料的力学性能 (W)

W_1 材质（化学成分、成分范围）；

W_2 受炼钢工艺影响的钢的内在质量（宏观、微观组织、偏析、纯净度、硬度）；

W_3 热处理（淬火、回火、应力集中、表面处理）。

(2) 模具的条件 (F)

F_1 模具的刚性设计、型腔形状的合理性以及浇注系统的设计及模具的冷却方法；

F_2 模具加工（型腔形状与加工精度、表面粗糙度以及电火花加工的研磨程度）。

(3) 铸造条件 (A)

A_1 模具温度（预热、冷却）；

A_2 模具温度的变动（铸造循环、脱模剂）；

A_3 机械条件（合模力、铸造压力、冲头速度、金属液状态）。

如果各种因素的影响大小分别取系数 x_1、x_2、x_3（最低的情况为 0，理想的状态为 1），那么，模具的寿命 L 可用下式表示：

$$L = x_1(W) x_2(F) x_3(A)$$

也就是说，模具寿命是三个方面因素综合影响的结果。

18.5.2 成型工艺及模具设计结构合理化

模具的机械加工工艺是直接影响模具使用寿命和产品质量的重要环节。不正确的机械加工易造成应力集中，表面粗糙度高和机械加工没有完全均匀地去除轧制锻造形成的脱碳层，都可能导致材料的早期失效。实践证明：采用正确的加工工艺，使高精度模具的型腔表面粗糙度值降低一半，就可使模具使用寿命提高 50%。在模具成型加工过程中，较厚的模板不能用叠加的方法保证其厚度。因为钢板厚 1 倍，弯曲变形量减少 85%，叠层只能起叠加作用。厚度与单板相同的 2 块板弯曲变形量是单板的 4 倍。另外在加工冷却水道时，两面加工中应特别注意保证同心度。如果头部拐角，又不相互同心，那么在使用过程中，连接的拐角处就会开裂。冷却系统的表面应当光滑，最好不留机械加工痕迹。

模具结构设计不当，直接影响模具的使用寿命。在压铸过程中，模具型腔表面除了受金属液的高速、高压的冲刷外，还存在着合模、压射、开模、冷却等过程中剧烈的热交换，从而产生循环交变热应力，使模具成型零件局部形成裂纹，裂纹发展到最后导致整个模具报废。因此设计时应注意如下事项。

① 模具中各个零部件应有足够的刚性和强度，以承受工作时的锁模力、夹紧力、压射反压力及热应力，不能产生较大变形。在可能的情况下，尽量用整体式套板代替传统的支承板和贯通式套板，以提高模具的整体承力能力。

② 所有与金属液接触的部位，均应选用耐热模具钢，并采取合适的热处理工艺。

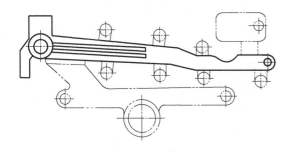

图 18-12 通过浇注与排溢系统调节热平衡

③ 设计浇注系统时，应尽量防止金属液正面冲击型芯，减少冲蚀的影响。

④ 设计时应注意保持模具的热平衡，通过浇注系统、排溢系统（图 18-12）和冷却系统的合理设计来达到这样的目的，降低热裂倾向，提高模具寿命。

⑤ 镶块组合结构要合理，避免锐角，适应热处理的工艺要求，防止产生应力集中而开裂。

⑥ 对模具不可避免的易损部位，特别是较小截面的凸台、细长的型芯，应尽量采用镶拼结构，便于损坏时更换。

⑦ 冷却孔道的设置要合适。经过生产观察，粗裂纹有时是从冷却系统的结构中发现的。当在相对两面钻孔时，如头部是拐角且不能相互同心对准时，那么在连接的拐角处就会开裂。

⑧ 尽量避免在模具型腔内刻字。为识别零件，常要在模具型腔上编号刻字，但在生产实践中发现，刻字部位往往是早期龟裂的发源地。如必须刻字，字的转角处应有尽可能大的圆弧过渡。

18.5.3 合理选用模具材料及压铸模润滑剂

压铸模型腔是在高温高压环境下作业，并要承受周期载荷和热循环应力的作用，因此对模具钢的性能要求相当高，特别是对材料的热强性和热稳定性的要求。目前国内最常用的材料为 3Cr2W8V 钢和 4Cr5MoSiV1 钢（H13 钢）。

图 18-13 所示是 3Cr2W8V 钢经 1150℃加热淬火，H13 钢经 1100℃加热淬火，然后进行回火后的 2 种钢硬度的变化曲线。由曲线可见，在 580℃以下回火，H13 钢硬度比 3Cr2W8V 钢硬度高出 2～3HRC。回火温度超过 600℃，H13 钢的硬度急剧下降，而 3Cr2W8V 钢的硬度下降缓慢，且 3Cr2W8V 钢的硬度可高出 H13 钢硬度 5～7HRC。由此可见，在 600℃以上，3Cr2W8V 钢的热稳定性高于 H13 钢。

图 18-14 所示是 3Cr2W8V 钢经 1150℃加热淬火，H13 钢经 1100℃加热淬火，然后进行回火后的 2 种钢拉伸性能的变化曲线。由曲线可见，对于强度指标 σ_b 和 $\sigma_{0.2}$，H13 钢在

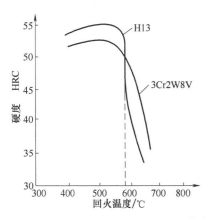

图 18-13 两种钢回火后硬度的变化曲线

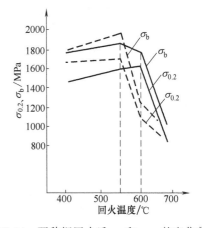

图 18-14 两种钢回火后 σ_b 和 $\sigma_{0.2}$ 的变化曲线

注：粗实线为 3Cr2W8V 钢的曲线；粗虚线为 H13 钢的曲线。

500～550℃时达到最大值后陡降，而 3Cr2W8V 钢在 600℃ 左右达到最大值后缓慢下降。低于 550℃ 回火，H13 钢的 σ_b 和 $\sigma_{0.2}$ 都高于 3Cr2W8V 钢。高于 550℃ 回火，3Cr2W8V 钢的 σ_b 和 $\sigma_{0.2}$ 都高于 H13 钢。由此可见，3Cr2W8V 钢在 550℃ 以上有较高的热强性。

从以上数据显示，3Cr2W8V 钢适于制作在较高温度下工作的压铸模，而 H13 钢制作的压铸模的工作温度最好不超过 600℃，二者都适合用作铝合金压铸模的材料。

涂料一方面起冷却作用，另一方面起润滑作用，防止粘模及便于压铸件的推出。对 3Cr2W8V 钢制压铸模压铸 20 钢，不用涂料使用寿命为 150 次，若每压铸 3 次刷一次涂料，使用寿命可提高到 350 次，而每压铸一次即刷一次涂料时，使用寿命可达 700 次。

常用的涂料有油性石墨、水剂石墨及油料等，一般用于镶块的涂料种类及其成分（均为质量分数）如下。

① 25％硅酸＋17％氧化铬粉＋54％醋酸乙酯（可用松香水取代）＋4％浓度为 100％的乙基纤维酸乙酯溶液。

② 62％（1000mL）有机硅酸液＋30％（500g）氧化铝粉＋8％（125mL）松香水。

黑色金属压铸模涂料种类及其成分（涂料的灰分应在 2％以下）如下。

① 15％石英粉＋5％石墨粉＋5％水玻璃＋0.1％高锰酸钾，余量为水。适合于浇注温度低于 1500℃ 的合金。

② 15％氧化锆＋5％石墨粉＋5％水玻璃＋0.1％高锰酸钾，余量为水。适合于浇注温度高于 1500℃ 的合金。

③ 石墨粉 21％，其余为水。

18.5.4 采用强韧化与表面改性强化处理技术

从模具失效分析得知，45％的模具失效是由于热处理不当造成的。模具热处理工艺包括基体强韧化和表面强化处理。基体的强韧化在于提高基体的强度和韧度，减少断裂和变形。

模具既要具有优良的整体强韧化性能，又要具有优异的型腔表面性能，这样才能提高模具使用寿命，为了达到这个要求，出现了在对模具整体强韧化的基础上再进行表面强化的各种处理工艺。对热作模具钢，采用高温淬火与高温回火处理，可显著提高热作模具钢的强韧性和热稳定性。例如，对于 3Cr2W8V 材料制成的压铸模，采用 400～500℃ 及 800～850℃ 的两次预先正火而后进行高温淬火、回火处理，可提高韧性 40％，模具寿命可提高 1 倍。

除此之外，还可采用形变热处理。形变热处理是把钢的强化与相变强化结合起来的一种强韧化工艺。形变热处理的强韧化本质在于获得细小的奥氏体晶粒，细化马氏体增加了马氏体中的位错密度并形成胞状亚结构，同时促进碳化物的弥散硬化作用。

部分热模钢的强韧化处理规范见表 18-10。

表 18-10　部分热模钢的强韧化处理规范

钢　号	工艺名称	工艺规范
3Cr3Mo3W2V	双重热处理工艺	1200℃加热油冷＋730～1050℃油冷＋620～630℃回火
25Cr3Mo3VNB	快速球化退火工艺	500～550℃预热＋1070℃油冷＜200℃入炉＋860℃保温后炉冷＜450℃出炉空冷
5CrMnMo	高温淬火工艺	550℃预热＋900℃保温后预冷至 740～780℃油冷＋460℃回火＋400℃回火
3Cr2W8V		1140～1150℃油冷＋670～680℃回火（二次）
W18Cr4V	低温淬火工艺	1230～1240℃油冷＋550℃×3h 回火＋610～620℃×3h 回火
W6Mo5Cr4V2		1160℃油冷＋330℃回火

钢　号	工艺名称	工艺规范
3Cr2W8V	贝氏体等温淬火工艺	(1100±10)℃加热＋340～350℃等温＋610℃回火(二次)＋560℃回火
W18Cr4V		1240～1250＋570℃分级淬火＋280～300℃等温＋560℃回火
5CrMnMo	复合等温淬火工艺	600℃预热＋890～900℃加热油冷后＋260℃等温＋450℃回火

磨损、粘接均发生在表面，疲劳、断裂也往往从表面开始，因此对模具表面的加工质量要求非常高。但实际上由于加工痕迹的存在，热处理时表面氧化脱碳也在所难免。因此，模具的表面性能反而比基体差。表面强化的主要目的是提高模具表面的耐磨性、耐蚀性和润滑性能。例如模具表面的黑色氧化膜具有减轻冲蚀、防止粘模和提高润滑性的作用；对型腔表面进行喷丸处理，可以去掉留在上面的脱模剂堆积物，该处理也去掉了一些热裂纹，并且减轻了表面层的压应力，这些压应力是造成热裂纹拉伸应力的来源；易受冲蚀和磨损的零部件，如推杆、冲头、浇口套等，进行渗氮或软氮化处理，可延长使用寿命。

模具表面强化处理工艺主要有气体渗氮法、离子渗氮法、电火花表面强化法、渗硼、TD法、CVD法、PVD法、激光表面强化法、离子注入法、等离子喷涂法等。

18.5.5　改进制造工艺与模具的使用维护条件

（1）合理的热处理工艺

热处理的正确与否直接关系到模具使用寿命。由于热处理过程及工艺规程不正确，引起模具变形、开裂而报废以及热处理的残余应力导致模具在使用中失效的约占模具失效比重的50％。在热处理时应注意以下几点。

① 锻件在未冷至室温时，进行球化退火。

② 粗加工后、精加工前，增设调质处理。为防止硬度过高，造成加工困难，硬度限制在25～32HRC，并于精加工前，安排去应力退火。

③ 淬火时注意钢的临界点和 Ac_1 和 Ac_2 及保温时间，防止奥氏体粗化。回火时按20mm/h保温，回火次数一般为3次，在有渗氮时，可省略第3次回火。

④ 热处理时应注意型腔表面的脱碳与增碳。脱碳会迅速引起损伤、高密度裂纹；增碳会降低冷热疲劳抗力。

⑤ 渗氮时，应注意渗氮表面不应有油污。经清洗的表面，不允许用手直接触摸，应戴手套，以防止渗氮表面沾有油污导致渗氮层不匀。

⑥ 两道热处理工序之间，当上一道温度降至手可触摸，即进行下道，不可冷至室温。

（2）预防磨削缺陷

经热处理后的模具，在磨削时，一般会出现以下3个问题。

① 磨削裂纹，这会使模具在投入使用前就报废。产生的原因可能是砂轮太硬、磨削量过大、切削液不足等引起的。

② 表面软化，使模具抗龟裂、腐蚀和拐角及尖角处的裂纹能力降低。一般是由硬砂轮或磨削进给量过大引起的，磨削产生的热量高于正常回火的温度，从而使表面软化，达不到模具所要求的硬度。

③ 磨削应力，这些应力降低了模具表面的总强度，使热疲劳强度不足，会导致模具的早期龟裂、腐蚀和拐角、尖角处的开裂。磨削应力可通过磨削后的去应力处理予以消除，工艺为：在低于回火温度10～35℃，按模具截面厚2.36min/mm保温，就可消除磨削应力。

（3）消除电火花加工（EDM）产生的表面淬硬层

电火花加工一般是在已经淬硬的型腔块上进行的。在 EDM 的加工过程中，会在模具型腔的表面产生一层淬硬层。这是由于加工中，模具表面自行渗碳淬火造成的。淬硬层厚度由加工时电流强度和频率决定，粗加工时较深，精加工时较浅。无论深浅，模具表面均有极大应力。这一层很脆，如不加以消除或去应力处理，就会在模具型腔表面产生龟裂、点蚀或开裂。

消除或减轻淬硬层的方法如下。

① 用高频率进行电火花加工，消除粗加工过程中所产生的影响。

② 用磨削或磨石磨，除去淬硬层。并在低于原回火温度，使其在不降低硬度的温度下回火。

③ 安排电火花加工在淬火之前进行，电火花加工后应使用磨削或抛光去除电火花加工层，并进行去应力处理，然后进行淬火处理。

（4）防止模具装配不当而导致裂纹的产生

① 镶块与套板配合不良或垫片使用不当。镶块的底面与支承面必须保证 100％的接触，否则就会产生不均匀的压力。在只有镶块的边接触时，会造成作用力不均和过大的挠曲，从而导致裂纹的产生。

② 配合引起的开裂。镶块有时是压配在套板里的，这一操作常在镶块和套板上产生很大的应力，这一应力加上压铸过程中产生的应力，将可能引起镶块在拐角或圆弧处的开裂，所以，不推荐使用过大的过盈配合。

改进模具的使用和维护条件如下。

① 对模具恰当的预热。冷的模具与热的金属在初始接触中会引起对模具材料的热冲击，因此，模具表面和金属液的温差不能过大。最合适的预热温度决定于压铸合金的牌号，通常在 150～300℃之间。

不提倡用喷灯或电阻丝预热模具。因为这样做，经常在模具表面产生热点，使该处表面退火软化，而导致裂纹的出现。可采用第 1～3 模次金属液低速慢压入型腔，各保温 3～5min，就达到了预热的目的。

预热温度不能过高，因为压铸时，模温将变得更高，会引起模具材料的过回火，如模具中薄的肋条很容易被加热，加热平缓和均匀也是很重要的一环。

预热时，应逐渐地使用冷却液，以获得平衡状态，如果急冷，模具将严重开裂。在有金属型芯的压铸模加热时需缓慢地进行，以使型芯和型芯座的温升与膨胀同步。

② 正确的冷却。模具温度由冷却通道（可通水或油）和模具表面的脱模剂给予控制。为降低热裂的危险，冷却水应预热到 50℃，且建议冷却水的温度不要低于 20℃，若有超过数分钟的中停现象发生时，则需调节冷却水的流量以使模温不致降得过低。

③ 去应力退火。在表面层去除应力以提高寿命，其最好的办法是定期进行去应力退火，如图 18-15 所示。假设模具寿命为 100％，第一次去应力退火建议在寿命的 30％时进行；第二次去应力退火建议在寿命的 60％时进行。退火温度比初始的最高回火温度低约 10℃，保温 2h。

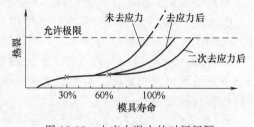

图 18-15　去应力退火的时间间隔

批量试模以后以及正常使用过程中应进行去应力处理；去应力处理的间隔视模具大小、复杂程度而定，一般在批量生产以后以及正常生产第 1000 模次、第 4000 模次、第 8000 模次后，再以后每隔 5000 模次（铸件重量小于 0.5kg，每隔 10000 模次）重复去应力处理，工艺为在比回火温度低 25℃的温度下保温 2h

（模具到温度后起计）；应在模具去应力处理前进行表面清理。

④ 在得到合格压铸产品的前提下，尽量选用低的压铸温度以及尽量短的最高温度保持时间。

⑤ 压铸间隙停机时，适当调小冷却水流量。较长时间停机时，模具应进行去应力处理后于炉内缓冷。最低限度应合模后关断冷却水缓冷。

⑥ 在整个压铸过程中，采取以下措施确保整个压铸模面各个部位受到均匀的压力：各部件的接触面应均匀接触，不能有部位未接触而悬空；模具装配前彻底清理，不应有废屑、毛刺等；预热均匀，防止预热不匀造成各部位膨胀不同；开模顶出铸件后，以正确的方式清除分模面及型腔面上残留的金属；避免由于压铸机调试不当而使模具局部受力不匀的情况发生。

⑦ 喷润滑剂的时间适当，喷得要均匀，喷的时间不宜过长。

⑧ 在压铸过程中，应密切注意模具表面是否有裂纹或龟裂出现，如有裂纹或龟裂现象，应尽早采取修复措施。

⑨ 模具维修后，如局部的渗氮层去除后，应重新进行渗氮处理。但渗氮基体的硬度应在 35～43HRC 之间，低于 35HRC 时渗氮层不能牢固地与基体结合，使用一段时间后会大片脱落，高于 43HRC，则易引起型腔表面凸起部位的断裂。渗氮时，渗氮层厚度不应超过 0.15mm，过厚会于分型面和尖锐边角处发生脱落。

⑩ 模具使用一段时间后，由于压射速度过高和长时间使用，型腔和型芯上会有沉积物。这些沉积物是由脱模剂、冷却液的杂质和少量压铸金属在高温高压下结合而成。这些沉积物相当硬，并与型芯和型腔表面黏附牢固，很难清除。在清除沉积物时，不能用喷灯加热清除，这可能导致模具表面局部热点或脱碳点的产生，从而成为热裂的发源地。应采用研磨或机械去除，但不得伤及其他型面，造成尺寸变化。

18.5.6　压铸模的补焊

焊接修复是模具修复中一种常用手段，模具的焊接修复步骤如下。

① 将裂纹或轻微龟裂的模具先进行去应力处理，补焊处的渗氮层应去除。

② 将裂纹或龟裂部位的金属机械加工至无裂纹，且将裂纹底部加工成顶角半径大于 6mm 的 U 形槽，并清洗干净且烘干。

③ 选用合适的焊条且必须进行烘干处理。

④ 将模具预热至 480℃，然后进行补焊。注意：当模具温度低于 260℃后，要重新加热。

⑤ 补焊后让模具冷却到手可触摸的温度，然后再加热到 510～530℃，按 2.36min/mm 保温。这样做有双重的目的，即消除焊接处的焊接应力以及对焊接时被加热淬火的焊层下边的薄层进行回火。

⑥ 去应力退火后经加工至工作尺寸后，还须经渗氮处理。

18.5.7　采用综合的技术措施

高精度、低表面粗糙度、形状复杂的模具往往需要采用多种工艺方法才能达到设计要求。但在各个工艺过程，均可产生引起模具脆裂的工艺应力，必须采取消除应力措施，予以减少或消除，以改善模具的受力状态。改进模具制造质量的综合工艺措施如下。

① 设计。型腔模壁厚应>50mm，型腔深度：壁厚=1∶2；型腔内转角半径应>1mm；冷却水道至型腔表面及转角位的距离分别>25mm 及 50mm；浇口对面与附近（<50mm）不应有型芯、镶件和型腔壁；浇道的设计应使金属流动顺畅，否则引起的紊流会加剧侵蚀。

② 消除磨削应力。磨削工艺不当，可在模具表面形成磨削应力或磨削裂纹，引起模具的脆裂和热裂等早期失效现象的产生。为消除或减小磨削应力，应及时修整砂轮，不使用钝砂轮。模具磨削后，应在 260～315℃ 进行除应力处理，可降低应力 40%～65%。

③ 消除模具表面的电镀氢应力。模具电镀后的去氢除应力处理可在 400～530℃ 下进行。

④ 提高研磨抛光质量。模具表面的刀痕、磨痕、粗糙度及研磨抛光的方向对模具的应力集中和使用寿命有极大的影响。为保证模具的寿命，必须提高模具的表面加工质量，降低表面粗糙度和注意使研磨抛光方向与模具的受力方向相平行。型面不宜抛得太光亮，这样才有利于润滑剂的均匀附着。

⑤ 改善模具电加工表面脆硬层的性能。模具电加工后在表面可形成脆性大、显微裂纹多的脆硬层，对模具寿命影响极大。例如在用 $10～50\mu s$ 的脉宽进行电加工时，其表面的疲劳强度要比通常的机械加工方法低 60% 左右（有时甚至可降低为更多），弯曲强度要降低约 40%，凝固层的最大残留拉应力可达 900MPa。可通过调整电加工规范来减少和改善脆硬层，也可用高温回火后的钳修来消除脆硬层。

⑥ 电火花加工应选择合理参数，避免"打火"，加工速度不宜太快，精加工应逐步减小电流值，采用高频率参数进行精加工。电火花加工在淬火之前的模具，电火花加工之后应使用磨削或抛光去除电火花加工层，并进行去应力处理，随后进行淬火处理。

⑦ 消除模具的焊接修补应力。焊补所产生的应力可使模具开裂，必须进行焊后除应力处理。

⑧ 消除模具使用过程中的积累应力。模具在使用过程中要产生工作应力，当工作应力积累到一定程度时，就会加速模具的磨损并使模具产生脆裂或疲劳裂纹。因此，在模具工作一定时间后，应及时卸下进行除应力处理，以有效地延长模具的使用寿命。

18.5.8 国内外模具技术与寿命对比

国内外模具技术与寿命对比见表 18-11 和表 18-12。

表 18-11　国内外模具技术对比

序　号	对比项目	国际先进水平	国内水平
1. 制模工艺	刃口模	WEDM 与 LWEDM 加工（CNC 高精线切割）＋NC 与 CNC 连续轨迹坐标磨＋自动研磨抛光＋三坐标测量机检测	线切割＋喷砂或手工研磨清理＋通过检测量仪检测
	型腔模	NCEDM 加工（高精数控电火花成型）或高速电火花铣削加工＋NC 光学曲线磨＋自动研磨抛光＋三坐标测量机检测	电火花成型穿孔＋手工研磨、清洗、抛光＋通用检测量仪检测
2. 新技术、新设备应用	CAD/CAE/CAM 技术	普及	应用面很小
	高速铣削加工技术	主轴转速 15000～40000r/min 已普及，已开始应用 100000r/min 的主轴转速	处于科研、引进并开始推广阶段，应用面很小
	NC 与 CNC 连续轨迹坐标磨削加工加技术	普及	应用厂家不多
	高效自动抛光技术	利用自动抛光机进行镜面抛光加工	处于开发研制阶段
	三坐标测量机应用	普及	很少用

序　号	对比项目	国际先进水平	国内水平
3. 制造模具精度	①尺寸精度		
	a. 多工位连续冲裁	±0.002~0.005mm	±0.005~±0.01mm
	b. 注射模	±0.005~0.01mm	±0.015~±0.03mm
	c. 压铸模	±0.01~0.03mm	±0.03~±0.05mm
	d. 锻模	±0.05~0.15mm	±0.20~±0.3mm
	②表面粗糙度 Ra		
	a. 冲裁模	0.4~0.1μm	3.2~0.8μm
	b. 注射模	0.1~0.025μm	0.8~0.2μm
	c. 压铸模	0.1~0.025μm	0.8~0.2μm
	d. 锻模	0.4~0.1μm	1.6~0.8μm
4. 标准化	标准化程度	>70%	30%
5. 商品率	商品率	>70%	<30%
6. 交货期	①精冲复合模 料厚：t=3mm 尺寸：φ45mm 低碳钢	10~15 天	2~3 个月
	②多工位复合模 料厚：t=1mm 尺寸：19mm×28mm 进距：s=21mm 工位数：n=8 黄铜 H62	15~25 天	>3 个月
	③注射模　中小型	30~40 天	3~5 个月
	④压铸模　中小型	45~60 天	4~6 个月
	⑤锻模　锥齿轮精锻模	15~20 天	1.5~2 个月
7. 劳动生产率	平均员工劳动生产率	>10 万~20 万美元/(年·人)	≈10 万元人民币/(年·人)

表 18-12　国内外模具寿命对比

模具类型	压铸材料	模具工作零件材料	模具总寿命/件	
			国际先进水平	国内水平
压铸模	铝	Cr-Ni 钢、3Cr2W8	>45 万	>20 万

第 4 篇

压铸新技术

第19章 挤压锻造及模具设计

19.1 概述

19.1.1 挤压锻造基本概念

挤压铸造，亦称"液态模锻"，是对进入铸型型腔内的液态或液-固态金属施加较高的机械压力，并使其成型和凝固，从而获得铸件的一种工艺方法。挤压铸造的典型工艺过程可分为熔化和铸型准备、浇注、合型加压和开型取件四个步骤，如图 19-1 所示。

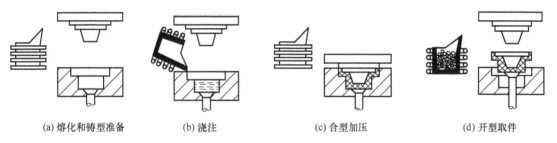

(a) 熔化和铸型准备　　(b) 浇注　　(c) 合型加压　　(d) 开型取件

图 19-1　挤压铸造的基本过程

19.1.2 挤压锻造的工艺特点及应用范围

（1）特点

① 在成型过程中，尚未凝固的金属液始终承受等静压，而且结晶过程也在压力作用下进行。

② 已凝固的金属在成型过程中，在压力作用下产生塑性变形，使毛坯外侧紧贴模腔壁，金属液获得并保持等静压。

③ 由于凝固层的变形消耗了能量，金属液所受的等静压处在变化之中。凝固层越厚，等静压越低。

④ 固液区在压力作用下发生强制性补缩。

采用挤压铸造所生产的制件有如下优点。

① 铸件组织致密，气孔、缩松、裂纹少，可进行淬火处理。力学性能高于其他普通铸件，可接近同种合金的锻件水平。

② 铸件有较高的尺寸精度（可达 GB/T 6414—2017），有较细的表面粗糙度（可达 Ra 6.3μm）。

③ 工艺适用性较强，多种合金均可挤压铸造。

④ 毛坯可精细化，工艺出品率高。

（2）挤压铸造应用范围

① 从制件的角度看，挤压铸造适于生产各种力学性能要求高、气密性要求好的厚壁铸件。如汽车、摩托车铝轮毂，发动机的铝活塞、铝缸体、铝缸头、铝传动箱体、减振器、制动器铝件；空调压缩机、压气机、各种泵体铝件；自行车架铝接头、铝曲柄；铝合金光学镜架、仪表及计算机壳体铝件；铝合金压力锅、炊具零件；铜合金轴套及铝基复合材料零件等。

另外挤压铸造特别适用于一些形状复杂而性能上又有一定要求的制件的成型。

② 从材料的角度看，挤压铸造可用于生产各种类型的合金，如铝合金、锌合金、铜合金、灰铸铁、球墨铸铁、碳钢、不锈钢等。

需要注意的是，挤压铸造不适合壁厚过小或过大的零件的生产，否则将给成型带来困难，甚至成为废品。如某些有色金属的电器元件，当壁厚在 5mm 以下时，采用液态模锻生产则组织不均。对于黑色金属，在目前的生产条件下，只有壁厚在 50mm 以下时才能顺利成型。

19.1.3　挤压锻造与传统压铸的比较

(1) 挤压铸造充型速度不高

压力铸造时，由于充型速度很高，空气来不及排出。金属液中极易卷入气体而形成皮下气泡。而在挤压铸造时，金属液是通过浇包直接注入模膛，这就避免了卷入气体；由于充型缓慢稳定，大部分气体可以从凸凹模间隙排出；而溶解在金属液中的少量气体也可以逐渐逸出。

(2) 挤压铸造加压充分

在压力铸造中，依靠浇注系统传递压力。由于浇道较长，金属结晶时，型腔内的压力会降低；如果浇道堵塞，则型腔内的金属便会发生自动结晶，失去了"压力铸造"的优势。而在挤压铸造时，压力是直接施加在液面上，施压充分。即使金属液沿模壁发生结壳，也能保证金属在较大的压力下结晶。因此挤压铸造比施压铸造的施压充分，成型效果好。

(3) 与压铸技术相比，现有挤压铸造设备工效不高，零件成型尺寸精度低，成本相对较高

由于设备的自动化程度低，对工人的技能要求较高，操作难度较大，劳动强度高。同样的零件，挤压铸造工艺的车间成本为压铸工艺的 2～3 倍。加上压射系统不完善，结构复杂的零件难以生产出来，限制了挤压铸造工艺的广泛应用。

(4) 挤压铸造与压铸技术的不同工艺特征

传统挤压铸造工艺的特征是：开式浇注立式挤压。它最大的问题有两方面：一是充型能力不足，复杂的铸件不能很好充型；二是轴向（厚度）尺寸精度低。这两个方面的问题属于该技术在生产适应能力方面的。传统压铸技术存在的主要问题，是压铸件内部普遍存在收缩性缺陷，其气密性缺陷主要是缩孔、缩松，属于其工艺特性必然产生的质量问题。

(5) 与卧式冷室压铸工艺未能实现兼容

现有挤压铸造工艺基本以开式浇铸立式挤压方式进行，与工效最高的卧式冷室压铸工艺未能实现兼容。现行传统压铸机无论是哪一种锁模机构，受帕斯卡定律的制约，设计的压射力约是锁模力的 1/10。现行压铸工艺一般要求压射比压大致在 80～130MPa 之间，每 1000kN 锁模力能承受压铸的投影面积为 150～250cm^2。与"精、速、密"压铸原理一样，都是以压射机构进行补缩，其公称压力有限，并未达到挤压铸造的补缩比压要求，严格来说，还不能算作真正意义上的挤压铸造。以传统压铸机压射装置进行挤压铸造工艺是不可行的。

(6) 挤压铸造装备发展的滞后

现有传统的挤压铸造工艺与装备，最大的症结在于未能真正与传统压铸装置的压射系统

有效结合，合模、锁模与挤压如何很好地结合起来是其关键的问题。

19.1.4　挤压锻造与挤压压铸的比较

（1）挤压压铸的技术特征

挤压压铸技术的全称是"真空挤压压铸模锻工艺与装备及其模具"技术，挤压压铸的工艺特征是：普通压铸充型，挤压铸造补缩。它是在压铸充型之后通过增加挤压补缩工步，以解决传统压铸、真空压铸技术普遍存在的气密性（主要是缩孔与缩松）质量问题，消除各种收缩性缺陷。挤压压铸也可说是在压铸机上实现挤压铸造的技术。这项挤压压铸技术不仅提出了一项工艺原理，更重要的是提出了实现工艺的装备，它简单实用，使挤压压铸工艺的技术与经济价值得到最充分的表达。

（2）挤压压铸的优势

事实上，现有传统的压铸机，其功能已相当齐备，它不但能进行普通的压铸，还能进行挤压压铸、带型芯挤压压铸；不但能进行各种的低压铸造、差压铸造、重力铸造，增加抽真空装置后，还能进行真空吸铸、真空压铸、真空挤压压铸。如果思想再放开一点，将半固态加工、模锻的技术与之相结合，形成连铸连锻的工艺，也是可以有效实现的。

用普通卧式压铸机进行挤压压铸生产，由于是闭模充型，它不但可生产比传统立式挤压铸造机开模浇注方法生产复杂结构的零件，而且由于压射系统也用四柱液压机改造而成的挤压铸造机更完善，它也比立式闭模反压挤压铸造方法可生产出更复杂的零件，其复杂系数与传统压铸工艺是一样的。

（3）挤压压铸与挤压铸造的不同

传统卧式压铸机并没有一个专用的挤压补缩机构，合模机构须同时承担合模和挤压补缩功能，所用的挤压压铸模具，设计的凸模必须是整个零件投影面积，实质是一个"冲头"，与开式挤压铸造机所用模具相似，是一种最传统、典型的挤压压铸模具结构。

挤压压铸最高的挤压补缩比压为普通压铸压射比压的 5～10 倍。以挤压压铸的挤压比压衡量，除了用四柱液压机改造的立式开模浇注挤压铸造机符合挤压铸造主体技术指标外，其余装置实现的，还只是属于传统压铸所属工艺范围，还不是真正意义上的挤压铸造。

19.2　挤压锻造的基本理论

19.2.1　挤压锻造中的结晶模型

实践证明，在高压的作用下进行充压成型并实现结晶成型，其结晶的过程和特点都与常压下不同。

在挤压铸造中，金属在压力下结晶，其结晶过程有三种模型。

（1）绝热模型

指金属急剧加压，形成高压现象。由于加压过程较短，热传递可以忽略不计，这个过程可以看成绝热过程。凝固点与压力符合下列关系：

$$\Delta T = \frac{T_0 \Delta V}{-\Delta H} \Delta p \tag{19-1}$$

式中　T_0——常压下的凝固点；

　　　Δp——压力的增加量；

　　　ΔT——凝固点的变化量；

　　$-\Delta H$——金属凝固时所放的热量，由于金属凝固时总是放热的，因此 $-\Delta H$ 总是正值；

ΔV——金属凝固时的体积变化。

如果凝固时体积是缩小的，即 $\Delta V<0$，那么 $\Delta T>0$，即增加压力，凝固点将升高。如果凝固时体积是膨胀的，即 $\Delta V>0$，那么 $\Delta T<0$，即增加压力会导致凝固点降低。

（2）金属在恒温下加压、结晶（理想状态）

压力升高到一定值 p 时，结晶吉布斯自由能为

$$\Delta G(T,p)=\Delta G(T,p=1)+\int_{p=1}^{p}\Delta V\mathrm{d}p \tag{19-2}$$

式中　$\Delta G(T,p)$——温度为 T，压力为 p 时的结晶吉布斯自由能；

$\Delta G(T,p=1)$——温度为 T，在 1 个大气压下的结晶吉布斯自由能；

$\int_{p=1}^{p}\Delta V\mathrm{d}p$——结晶时的体积改变量对压力的积分，如果凝固时体积是缩小的（即 $\Delta V<0$），此积分为负，那么压力的增加有利于吉布斯自由能减小，有利于结晶；如果凝固时体积是膨胀的，那么压力的增加会导致吉布斯自由能增大，不利于结晶。

（3）混合型压缩

挤压铸造时，由于硬壳的存在，正在凝固的金属的压力是变化的；而且制件与模具表面的热阻也是变化的，因此温度不是恒定的。经过一系列推导，温度与压力的变化有如下关系：

$$\frac{\mathrm{d}T}{\mathrm{d}p}=\frac{\left(\frac{\partial G}{\partial p}\right)_{T(l)}-\left(\frac{\partial G}{\partial p}\right)_{T(S)}}{\left(\frac{\partial G}{\partial T}\right)_{P(L)}-\left(\frac{\partial G}{\partial T}\right)_{P(S)}}=\frac{\Delta V(T,p)}{\Delta S(T,p)} \tag{19-3}$$

式中，分母的意义是金属凝固时的熵变，由于凝固时熵总是减小的，因此分母为负。

分子的意义是凝固时体积的改变量。如果凝固时体积是缩小的（即 $\Delta V<0$），那么 $\frac{\mathrm{d}T}{\mathrm{d}p}>0$，即提高压力将使凝固点升高，而过冷度会随之增加，有利于结晶。如果凝固时体积是膨胀的（即 $\Delta V>0$），那么 $\frac{\mathrm{d}T}{\mathrm{d}p}<0$，即提高压力将使凝固点降低，而过冷度也会随之减小，不利于结晶。

以上理论都表明：在任何情况下，如果金属凝固时体积是缩小的，那么增加压力有利于金属结晶，如铝、铜、锌、镁、镍铁及 Al-Si、Fe-Fe$_3$C 合金；如果金属凝固时体积是膨胀的，那么增加压力不利于金属结晶，如铋、锑、硅以及 Fe-G（石墨）共晶合金等。

19.2.2　压力作用下金属的热处理参数

以下只介绍凝固时体积收缩的情况。

（1）凝固点

前面的理论以及表明，在压力作用下金属的熔化温度将会改变。经试验测定，各种金属的凝固点与施压的关系见表 19-1。

表 19-1　金属的凝固点与施压的关系

金属名称	Al	Fe	Mg	Cu	Ni	Sn	Pb	Zn	Bi	Sb	Si
常压下的凝固点	660	1539	650	1083	1455	232	327	419	271	630	1430
凝固点随压力的变化量/(10^{-2}℃/MPa)	6.4	3.0	7.5	4.2	3.7	4.3	11.0	4.5	-0.38	-0.5	—
结晶时体积缩小/%	6.0	2.2	5.1	4.1	—	2.8	3.5	4.2	-3.3	-0.95	—

（2）热导率

加压时热导率会增加，这是因为增加压力缩短了原子间的距离。但这种提高是有限的，并不能明显的提高金属的凝固速度。

（3）密度

在一定压力范围内，已结晶的金属的密度明显提高，但并不是一直增加。

例如纯锌在挤压铸造时，压力升至1000MPa时，由于结晶体的气孔、缩松等宏观缺陷被消除，密度达到最大值。但继续增加压力，密度会有所下降。这是位错密度增加引起的。

（4）结晶潜热和比热容

随着压力增加，结晶潜热会有所提高，而比热容与压力无关。

（5）形核率

在同样的过冷度条件下，挤压铸造下金属的形核率高于大气压下的形核率。这是因为在压力作用下，金属的形核功大大降低，使得形核更加容易。

另外，在挤压铸造条件下，会产生动态形核。一种情况是，金属液在冲头的作用下，产生强烈的冲刷作用，使液流前沿未结牢的晶粒大批地脱落，成为新的结晶核心。另一种情况是，施压后已凝固的外壳层发生塑性变形，产生强烈的补缩金属流动，同样造成凝固前沿的晶体破碎，成为新的结晶核心。

再者，由于在压力作用下金属的凝固点升高，在生产中容易获得较大的过冷度，这也有助于提高金属的形核率。

总结：在挤压铸造下，金属的形核率高，有利于细化颗粒。

（6）晶粒长大速率

在一定范围内增加压力，会导致晶粒的长大速率提高，有使晶粒变粗的趋势。不过，由于各晶核的长大会受到临近晶核的抑制。而且在挤压铸造下晶核密度很高，这种抑制作用更加强烈。因此只要浇注温度、压力等工艺参数选择得当，挤压铸造下更比常压下铸造更易获得细晶粒组织。

19.3 挤压铸造工艺

19.3.1 挤压铸造合金的组织和性能

挤压铸造的高压作用使材料的组织和性能发生显著变化。

挤压铸件的晶粒细小、组织致密，均匀化程度高，具有很低的缩孔或缩松倾向，气孔、裂纹等缺陷基本被消除。此外晶粒中的空位和位错等晶体缺陷较多，这些缺陷可以加快随后的热处理过程。

因此，挤压铸件的力学性能和使用性能可以达到同种合金锻件的性能。

19.3.2 挤压铸造工艺参数

（1）压力

指铸件挤压成型所需的压力。

取值：应在保证铸件质量的前提下尽量取低值。取值原则如下。

① 在相同条件下，实心铸锭的柱塞挤压要高于空心铸件的冲头挤压，间接冲头挤压要高于直接冲头挤压。

② 为消除气孔、缩松所的压力，对实心铸锭，随着直径的增加而减小；对空心铸件，随着壁厚的增加而减小；对所有铸件，随着高度的增加而增加。

③ 趋向于逐层凝固方式的合金，所需压力要高于糊状凝固方式的合金。因此，以所需的临界压力而论，铝硅共晶合金高于铝铜、铝镁系固溶体型合金；低碳钢高于高碳钢；锰黄铜高于锡青铜。

④ 冲头挤压时所需的最低压力见表 19-2。

表 19-2　冲头挤压时所需要的最低压力

工艺方案		压力/MPa		
		大空腔铸件	小空腔铸片	实心铸件
金属处于液态时挤压	薄壁铸件	40	50	60
	厚壁铸件	30	40	50
金属冷却到液-固态再挤压	薄壁铸件	100	90	110～120
	厚壁铸件	80	70	80～100

（2）开始加压时间

指合金浇入铸型到开始加压的时间间隔，尽量短些。

对铸造的影响：压前停留时间越长，所需压力越大，同时也会降低铸件的力学性能。为保证生产条件下的铸件质量，应考虑各种工艺参数的波动。

取值：生产时采用的压力一般应高于实验值。对某些特殊的情况，如采用摩擦压力机进行"半液态挤压"时，为了使金属成型并防止喷溅，则必须延长开始加压时间，待表面结成一定厚度的硬壳后才进行冲压。对某些易偏析的合金，为防止产生偏析，也需延长开始加压时间

（3）保压时间

指合金充型完毕到挤压铸造结束的这段时间，一般应控制到铸件完全凝固时为止。

取值：与挤压铸件的大小、结构、形状、浇注温度、模具温度、合金成分、充型方式等因素有关。在实际生产中可根据铸件的壁厚进行粗略计算，分以下几种情况。

① 对于 φ50mm 以下的铝合金铸件，平均每 1mm 需 0.5s；壁厚 100mm 以上的铝合金铸件，平均每 1mm 需 1.0～1.5s。

② 对于 φ100mm 以下的铜合金铸件，每 1mm 需 1.5s。

③ 对于 φ100mm 以下的钢和铁铸件，每 1mm 需 0.5s。

（4）加压速度

指冲头接触到金属液面以后的运动速度。

冲头挤压时的合理速度：小铸件为 0.2～0.4m/s；大铸件为 0.1m/s，采用大功率的压力机，其挤压速度可以减慢些。

（5）浇注温度

指金属冶炼、变质处理完毕，开始充型时的温度。

取值：应比同种合金的砂型、金属型铸造时略低一些。一般控制在合金液相线温度以上 50～100℃，对形状简单的厚壁式实心铸件可取温度下限；对形状复杂或薄壁铸件应取上限。表 19-3 列出了各种合金浇注的参考温度。

（6）铸型温度

指金属液充型之前，模具应保持的温度。

对工艺的影响：铸型温度过低，金属液流动性不好，充型困难；铸型温度过高，会产生较大的热应力，造成模具寿命缩短。

取值：分以下两种情况。

① 以压铸方式充型，充型速度较快，模具温度可尽量取低一些，见表 19-4 所列。

表 19-3　浇注温度

合金种类	牌号	浇注温度/℃	合金种类	牌号	浇注温度/℃
铝合金	ZL102	640～690	青铜	ZCuAl9Mn2	1120～1170
	ZL101,ZL103	640～720		ZCuAl10Fe3Mn2	1100～1150
	ZL104,ZL105	640～720		ZCuAl9Fe4Ni4Mn2	1150～1180
	ZL203	670～720	黄铜	ZHSi80-3	980～1030
	ZL301	640～720		ZHSi80-3-3	950～1000
	ZL302	680～720		ZHPb59-1	960～1000
	ZL401	600～620		ZHMn58-2	900～970
	7A04,2A12,4A11	680～720		ZHMn57-3-1	920～1000
	6A02,2A08	680～720		ZHMn58-2-2	920～1000
青铜	ZCuSn10Zn2	1100～1180	镁	ZM5	710～760
	ZCuSn10Pb1	1050～1150	纯铝		700～730
	ZCuSn5Pb5Zn5	1100～1170	钢		1530～1560
	ZCuSn3Zn8Pb6Ni1	1100～1160	灰铸铁		1250～1330
	ZQSn6-6-3	1050～1100	可锻铸铁		1380～1420

表 19-4　以压铸方式充型时的模具温度

合金	模具温度/℃	合金	模具温度/℃
锌合金	150～200	铜合金	200～300
铝合金	150～300	钢	150～400
铝-镁合金	170～280	镁合金	150～250

② 以低压方式充型，充型速度较慢，模具温度应取高一些，见表 19-5 所列。

表 19-5　以低压方式充型时的模具温度

合金	模具温度/℃	合金	模具温度/℃
锌合金	200～250	铜合金	350～400
铝合金	300～350	钢	400～500
铝-镁合金	280～330	铸铁	400～500
镁合金	250～300		

（7）铸件出型温度

在一般情况下，对铸件的出型温度无特殊要求，但在挤压铸造某些钢、铁和高温合金零件时，对出型温度必须加以考虑。钢与铁铸件的出型温度一般选择在 900～1200℃ 范围内。

19.3.3　挤压铸造模用涂料

从各国的涂料选用来看，挤压铸造模所用的涂料基本上与压铸模相同。

19.3.4　挤压铸件的常见缺陷及控制方法

挤压铸造中，常见的缺陷有气孔、冷隔、充型不良、裂纹、夹渣和性脆等。各种缺陷的检查、成因、控制方法见表 19-6～表 19-12。

（1）表面粗糙类缺陷

表面粗糙类缺陷的种类、产生原因及控制方法见表 19-6 所列。

表 19-6　表面粗糙类缺陷的种类、产生原因及控制方法

缺陷名称	特征及检查方法	产生原因	控制方法
流痕及花纹	外观检查： 铸件表面有与金属液流动方向一致的条件。有明显可见的微凸或微凹纹路,无发展趋势	流痕: ①先进入型腔的金属形成一个薄而不完整的金属层,被随后而至的金属液弥补而产生接痕 ②模温过低 ③内浇道截面过小,而引起喷溅 ④压力不足 花纹:涂料用量过多	①提高模温 ②调整内浇道截面积及位置 ③调整压力 ④选择适当的涂料种类及用量 ⑤采取措施,防止喷溅
网状毛刺	外观检查： 铸件表面有网状发丝粗细的凸起或凹陷,形状固定。会随着挤压铸造次数的增加而扩大和延伸	模具型腔表面产生龟裂	①正确选用模具材料及热处理工艺 ②浇注温度不宜过高 ③模具预热要充分 ④定期修理型腔
冷隔	外观检查： 在铸件上有穿透或不穿透的边缘呈圆角状的缝隙	①两股金属流对接,结合力很弱 ②浇注温度或模具温度过低 ③选择合金不当,流动性差 ④浇道位置不对或流路过长 ⑤填充速度低 ⑥压射比压低 ⑦直接冲头挤压铸造方式(另外讨论)	①适当提高挤压铸造温度 ②提高压射比压,缩短填充时间 ③提高压射速度,同时加大内浇道截面 ④改善排气条件 ⑤正确选用合金,提高其流动性
缩陷	外观检查： 在挤压铸件厚大部位的表面上有平滑的凹陷	收缩引起: ①挤压铸件壁厚差太大 ②合金的收缩太大 ③浇道位置不当 ④压射比压不足 ⑤模具局部温度过高 模具损坏引起: ①模具损伤 ②模具龟裂 憋气引起: 局部气体未排出,被压缩在型腔表面与金属液之间	①使挤压铸件的壁厚均匀,厚薄过渡要缓和 ②选用收缩性小的合金 ③正确选择合金液的导入位置及增加内浇道的截面 ④增加挤压铸造力 ⑤适当降低模具温度和浇注温度 ⑥对局部高温进行冷却 ⑦检修模具,消除模具的凸起部分 ⑧改善排气条件 ⑨减少涂料用量
印痕	外观检查： 挤压铸件表面呈现接触痕迹或阶梯痕迹	由顶件引起: ①顶杆端面被磨损 ②顶杆未与型腔表面平齐 由拼接活动部分引起: ①镶拼部分松动 ②活动部分松动或磨损 ③模具型腔拼接部分或其他活动部分配合不好 ④模具的侧壁存在相互穿插的镶件	①调整顶杆长短,使其与型腔表面齐平 ②紧固镶块和其他活动部分 ③配合间隙应适当 ④改善挤压铸件的结构,消除模具中镶件相互穿插的情况
冷豆	外观检查： 挤压铸件表面镶有未完全融合的颗粒	①金属液直接冲击型腔壁、型芯 ②填充速度过快 ③金属液过早地注入型腔	①改善浇注系统,避免金属液直接冲击型腔壁和型芯 ②增大内浇道截面 ③避免金属液过早进入型腔
黏附物痕迹	外观检查： 小片状金属或非金属物与金属的基体部分熔接,剥落后原来位置发亮或呈暗灰色	①模具型腔表面有金属或非金属残留物 ②浇注时带入杂质黏附在型腔表面	①挤压铸造之前清理模具型腔、压室及浇注系统 ②清除合金液中的杂质 ③选择合适的涂料,均匀喷涂
分层夹皮	外观检查或破坏检查:铸件局部断面上有明显的金属分层	①金属液充型时模板产生抖动 ②在压射过程中冲头前进速度不稳定 ③浇道系统设计不当 ④直接挤压铸造出现的夹皮另作讨论	①加强模具刚性,坚固模具部件,避免抖动 ②调整挤压冲头与压室的配合间隙,使其前进稳定 ③合理设计浇注系统
表面粗糙	外观检查： 挤压铸件的某些部位上产生粗糙面,或局部有麻点或凸纹	①挤压铸造过程中,热节部分补缩不充分 ②挤压冲头、型芯、型腔的局部温度过高	①采取冷却措施,充分冷却挤压冲头、型芯及热节部位 ②改进内浇道设计或更换浇注位置,防止挤压冲头等部位的局部温度过高 ③降低浇注温度和模具温度
发汗	外观检查： 挤压铸件表面局部渗出球形或半球形小颗粒	铸件热节处未完全凝固即开模取件,在负压作用下挤压铸造内部未凝固的金属渗出	①延长保压时间 ②降低浇注温度和模具温度 ③加强模具冷却喷涂

（2）直接挤压铸造时的夹皮

如图19-2所示，在浇注后、开始加压之前，金属液容易在尖角或窄腔处形成自由结壳。加压后自由结壳被挤破，金属液充满型腔，将自由结壳包裹其中，从而形成夹皮。这种夹皮可以从以下几个方面解决。

① 提高预热温度和浇注温度。

② 缩短开始加压时间。

③ 改变铸型结构，尽量避免尖角或窄腔。

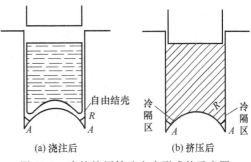

图19-2　直接挤压铸造夹皮形成的示意图

（3）表面损伤类缺陷

表面损伤类缺陷的种类、产生原因及防止措施见表19-7。

表 19-7　表面损伤类缺陷的种类、产生原因及防止措施

缺陷名称	特征及检查方法	产生原因	防止措施
机械拉伤	外观检查：挤压铸件表面顺着脱模方向有擦伤痕迹	①模具型芯的成型部分无斜度或呈负斜度 ②型芯或型壁表面压伤，影响脱模 ③挤压铸件顶出时有偏斜 ④冲头型芯与凹模配合间隙不当	①修正型芯的成型部分的斜度 ②易拉伤部位应时检查，及时修模 ③拉伤面无固定位置时，可增加涂料 ④调整顶杆，使顶出力平衡 ⑤适当增加脱模角度 ⑥调整配合间隙
粘模拉伤	外观检查：合金与型壁粘连而产生拉伤痕迹，严重时会撕破	①合金液浇注温度太高 ②模具温度太高 ③涂料使用不足或不正确 ④模具成型表面粗糙 ⑤浇进系统不正确使金属液直接冲击型芯或型壁 ⑥模具硬度不足 ⑦填充速度太快 ⑧挤压铸造压力过高	①降低浇注温度 ②消除型腔的粗糙表面 ③检查涂料品种或用量是否适当 ④调整内浇道防止金属液直接冲击型芯或型壁 ⑤检查模具材料及热处理工艺是否合理 ⑥降低填充速度 ⑦降低挤压铸造力
碰伤	外观检查：铸件表面有擦伤、碰伤	①使用和搬运不当 ②运转和装卸不当	①注意产品的加工、搬运和包装 ②从挤压铸造机上取件时要小心

（4）缩松、缩孔及渗漏缺陷

内部缩松、缩孔及渗漏的产生原因及防止措施见表19-8。

表 19-8　内部缩松、缩孔及渗漏的产生原因及防止措施

缺陷名称	特征及检查方法	产生原因	防止措施
缩孔和缩松	外观和探伤检查：铸件表层呈暗色、不光滑、形状不规则的孔洞	挤压铸造时内部补偿不足而造成的孔穴： ①挤压力不足或挤压受阻 ②浇注温度过高 ③铸件的壁厚变化大 ④模具结构不合理	①改善模具结构，使之实现顺序或同向凝固，减少压力损失 ②提高挤压铸造力、挤压速度，或实施局部补压 ③在可能的条件下降低浇注温度 ④改用缩孔和缩松倾向小的合金
渗漏	试验气密性时漏水气或渗水	①压力不足，基体组织致密度差 ②内部缺陷引发，如气孔、缩孔、渣孔、裂纹、缩松 ③浇注系统设计或铸件结构不合理，造成部分位置不致密 ④挤压冲头受阻或挤压设备工作不稳定	①提高比压、挤压速度或局部补压 ②针对内部缺陷采取相应措施 ③改进浇注系统和排气系统 ④进行浸渗处理，弥补缺陷

（5）气孔、气泡类缺陷

挤压铸件中的气孔是因气体而产生的，挤压铸件内部的称为气孔，接近表层的称为气泡。按气体来源可分为侵入气孔、析出气孔和反应气孔三类，其中侵入气孔和析出气孔是主要的。挤压铸件在热处理中也会产生新的气泡。

气孔类缺陷的种类、产生原因及防止方法见表19-9。

表 19-9　气孔类缺陷的种类、产生原因及防止方法

缺陷名称	特征及检查方法	产生原因	防止措施
气孔（气泡）	挤压铸件解剖后外观检查或擦伤检查：气孔具有光滑表面、形状为圆形或椭圆形。内部的称气孔，接近表面并鼓起的称气泡	①挤压铸造方式、浇道或工艺参数选取不合理，或金属液流动速度太高，产生喷射；过早堵住排气道或正面冲击型壁而形成漩涡包住空气 ②炉料不干净或熔炼温度过高，使金属液中的气体过多 ③涂料发气量大或使用过多，在浇注前未干固，使气体送入挤压铸件中 ④模具温度过高，零件未冷硬即开模，产生负压，挤压铸件中的气体膨胀而起泡	①改变挤压方式：将对向式间接挤压改为同向式间接挤压或直接冲头挤压 ②减少液流对型壁和型芯的正面冲击 ③降低金属液的充型速度，增加铸件上的圆角过渡 ④增加挤压铸造力，改进模具设计，使气孔缩松消除 ⑤使用干燥而干净的炉料，减少杂质，实施良好的精炼、除气处理 ⑥增加排气槽部位的排气能力，采用激冷排气块或采用真空抽气 ⑦选用发气量小的涂料，少用或不用油剂涂料，喷涂要薄且均匀，待涂料发干固后合模
热处理气泡	经固溶处理或经高温加热后挤压铸件表面出现新的隆起，皮下有空洞	挤压铸件中的气体和易挥发物在高压下未产生气泡。但在后面的热处理中气体和挥发物膨胀，而产生气泡	①采用以上栏目中的措施，尽量减少挤压铸件中的气体及易挥发涂料卷入 ②适当控制固溶处理温度，以免铸件过热，而导致挤压铸件软化、气体膨胀

（6）夹渣类缺陷

夹渣类缺陷主要包括夹渣和硬点两大类。夹渣主要是涂料、氧化皮、熔渣等混入金属液中而形成的；硬点主要是金属中混入了脱落的耐火材料、金属间化合物以及未溶解的硅元素原料而形成的。夹渣类缺陷的种类、产生原因及防止方法见表19-10。

表 19-10　夹渣类缺陷的种类、产生原因及防止方法

缺陷名称	特征及检查方法	产生原因	防止措施
夹渣（渣孔）	外观检查或探伤、金相检查：铸件断面上有不规则形状的小孔，孔内常被熔渣充塞；在低倍显微镜下呈暗黑色，在高倍显微镜下亮而无色	型腔中或浇注系统中有非金属残留物未被清除	①注意清理模具的型腔及浇注系统 ②在分型面上设置集渣包，如图19-3所示（适用于所有产生夹渣的情况）
		金属液中有夹渣	①除去金属原料表面的熔渣、氧化皮等 ②加强金属的精炼除气，清除夹渣 ③浇注入模后注意扒渣
		①坩埚或浇注工具上的涂料脱落进入型腔 ②压室或型腔涂料太多，未干固时合模导致脱落	①注意清理坩埚及浇注工具，及时清理未粘牢的涂料及渣皮 ②使用涂料要均匀，用量要适当，待涂料干固后再合模
		在浇注过程中金属液流的前端被氧化，两股液流相遇使氧化层被夹在挤压铸件中（图19-4）	①避免不必要的液流分股 ②将此氧化夹层置于非受力部位
		间接挤压铸造：内浇口直径等于料缸直径，料缸壁上结成的金属硬壳连同涂料一起被整体挤入型腔	在料缸上部设计集渣包，并使内浇口直径小于料腔直径（见图19-5）

缺陷名称	特征及检查方法	产生原因		防止措施
硬点	机械加工中金属基体上暴露出小质点及块状夹杂物,刀具磨损严重。加工后常显示出不同的亮度	非金属硬点	混入了氧化物	①浇注时避免卷入金属液表面的氧化物,浇注后注意扒渣②铁坩埚在上涂料前清除表面的氧化物③清除勺子表面的氧化物
			金属液与耐火材料或涂料发生化学反应	①选择合适的涂料和耐火材料,使其不与金属液发生化学反应②定期更换炉衬材料
			金属料不纯,含有异物,黏附油污	防止回炉料混入异物或异种材料及油污、砂、尘土等
		金属硬点	混入了未溶解的硅元素原料	①熔炼铝硅合金时,不使用硅元素粉末②调整合金成分时,不直接加入硅元素,而使用含硅元素的合金③熔炼温度要高,时间要长,使含硅的成分充分溶解
			Fe、Mn 等元素偏析产生了复合物	①在铝合金中含有过量的 Fe、Mn、Si 等元素时要防止发生偏析②使用干燥的除气剂除气,但铝合金中的含镁量要注意补偿
			游离硅混入:铝硅合金含 Si 量高出共晶点成分;铝合金在半液态浇注	①铝合金中的 Cu、Fe 含量高时,注意将 Si 的质量分数控制在 10.5% 以下②适当提高浇注温度或采用磷变质,从而细化初晶硅质点

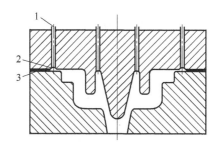

图 19-3 模具的排气、集渣包设计
1—排气孔；2—集渣包；3—分型面

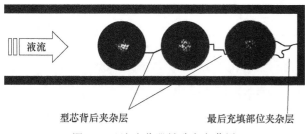

图 19-4 液流分股导致夹杂薄层

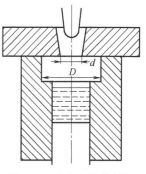

图 19-5 带集渣腔的料缸

（7）裂纹类缺陷

裂纹类缺陷的产生原因及防治方法见表 19-11。

表 19-11　裂纹类缺陷的产生原因及防治方法

缺陷名称	特征及检查方法	产生原因	防治方法
裂纹	外观检查： 　金属基体的破坏与裂开呈直线或波浪形，纹路狭小而长，在外力作用下有发展趋势 　冷裂—开裂断口，未氧化	锌合金裂纹： ①有害杂质含量超标，如 Pb、Sn、Fe、Cd ②取件过迟或过早 ③抽芯或顶件受力不均匀 ④挤压铸件壁厚变化较大 ⑤熔炼温度过高	①检查控制杂质的含量 ②调整开模时间 ③使轴芯和顶件受力均匀，增加脱模斜度 ④尽量使壁厚均匀，加大圆角过渡 ⑤适当降低熔炼温度
		铝合金裂纹： ①合金中铁的含量过高或硅含量过低 ②铝硅合金、铝硅铜合金含锌或含铜量过高；铝镁合金中含镁量过高 ③杂质含量过高，降低了塑性 ④模具、型芯温度太低 ⑤同锌合金裂纹中的③④⑤	①调整合金的成分 ②检查控制杂质的含量 ③控制模具温度在正常范围
		镁合金裂纹： ①铝硅含量过高 ②同锌合金裂纹中的③④ ③同铝合金裂纹中的④	合金中加纯镁以降低硅的含量
		铜合金裂纹： ①黄铜中的锌含量过高或过低 ②硅黄铜中的含硅量过高 ③开模时间过长，特别是型芯多的铸件	①保证合金的化学成分，合金元素取其下限；硅黄铜在配制时，硅和锌的含量不能同时取上限 ②适当调整开模时间

注：1. 裂纹的产生在很大程度上与合金本身的抗裂纹性能有关，可以考虑更换合金的牌号。

2. 将间接挤压铸造改成直接冲头或柱塞式挤压铸造都有利于消除裂纹。

（8）挤压铸造的几何形状与图样不符

形状不符类缺陷的产生原因与防止方法见表 19-12。

表 19-12　形状不符类缺陷的产生原因与防止方法

缺陷名称	特征及检查方法	产生原因	防止方法
浇注不足及轮廓不清	外观检查： 　金属液未充满型腔，挤压铸件表面有不规则孔洞、凹陷和轮廓不清	流动性差： ①合金液吸气、有氧化夹杂物、含铁量高，降低流动性 ②浇注温度低或模具温度低	①控制杂质含量，提高合金液的质量 ②提高浇注温度或模具温度 ③改用流动性好的合金
		充填条件不良： ①开始加压时间过长 ②压力不足 ③挤压速度过慢 ④卷入气体过多，使充型受阻	①模具预热后及时浇注 ②提高挤压力 ③提高挤压速度，对于间接挤压铸造，还可以增加内浇口的截面积 ④在欠注部位开设溢流槽和排气槽，并采用正确的工艺操作，减少气体卷入
		涂料原因： ①涂料未干固，浇注时产生大量气体，阻碍充型 ②涂料喷涂过度，出现涂料堆积，产生的气体挥发不掉	①使涂料干固后再合模 ②控制涂料用量，并使其喷涂均匀
		模具型腔边角设计不合理，不易充型	合理设计模具型腔，尽量避免尖角和狭长的区域

缺陷名称	特征及检查方法	产生原因	防止方法
变形	外观检查：挤压铸件翘曲、超出图纸公差要求	①铸件结构不合理，各部位收缩不均匀 ②开模过早，铸件刚度不足 ③顶杆设置不当，顶出过程中铸件倾斜 ④热处理工艺不当	①改进铸件结构和刚度，使壁厚尽量均匀 ②适当延长开模时间或加强冷却 ③改进顶杆设计，增加脱模斜度及圆角过渡，型腔表面抛光 ④注意热处理料筐中挤压铸件的摆放及淬火方位
飞翅	外观检查：挤压铸件分型面处或活动部分凸出过多的金属薄片	①挤压设备调整不当 ②模具的滑块损坏或锁紧零件失效 ③镶块与滑块磨损或配合间隙不当 ④模具刚度不够造成变形 ⑤分型面未清理干净 ⑥锁模力小于胀形力 ⑦浇注温度过高	①检查挤压设备工作情况 ②检查模具的变形程度和锁紧零件 ③检查模具的镶块、滑块与型腔配合间隙 ④检查模具是否损坏 ⑤将分型面清理干净 ⑥适当降低挤压力或挤压速度，调整浇注温度
多肉或带肉	外观检查：挤压铸件上存在形状不规则的凸出部分（重复出现）	①模具热处理不当而损坏 ②模具产生龟裂而掉块 ③滑块不到位或损坏 ④成型表面机械损伤	①按工艺规程进行模具热处理 ②严格执行操作规程 ③按要求进行模具修理
错型	外观检查：挤压铸件错型	①模具镶块移位 ②模具导向零件移位 ③模具型腔制造误差	①调整锁件的位置 ②更换导向零件 ③修整消除误差
型芯偏位	外观检查：挤压铸件由型芯形成的部分与所需的位置不符	①模具型腔尺寸不正确或磨损 ②型芯位置与尺寸不正确 ③型芯发生变形	①检查型腔是否超差 ②检查型芯是否磨损、变形 ③检查型芯定位是否超差

19.4 挤压铸件的结构工艺性及挤压方式的选择

19.4.1 挤压铸件的典型结构

挤压铸造的种类比较多，不同的铸件适用于不同的挤压铸造方法。典型的挤压铸件结构见表19-13。

表 19-13 典型的挤压铸件结构

结构分类	图 示	结构分类	图 示
无台阶	无台阶实心柱体	单台阶	单台阶实心柱体
	无台阶空心柱体		单台阶空心柱体

结构分类	图　示		结构分类	图　示
多台阶	多台阶实心柱体	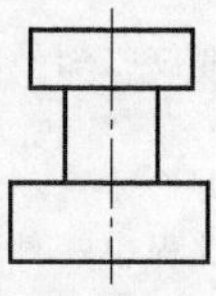	杯、盘状件	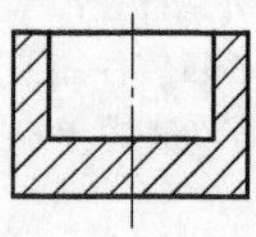
	多台阶空心柱体	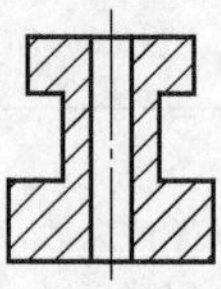	其他	—

19.4.2　挤压铸件的结构工艺性分析

挤压铸件的结构工艺性：指挤压铸件的形状、尺寸、精度及所要求的表面粗糙度对挤压铸造工艺的适应性。

主要包括挤压铸件的形状、尺寸精度和表面粗糙度要求几个方面。

（1）挤压铸件的形状

从有利于加工制造的原则出发，挤压铸件应尽可能满足以下要求。

① 挤压铸件的形状最好是旋转体。表 19-14 给出了对称度不同的铸件的成型性及推荐程度比较。

表 19-14　对称度不同的铸件的成型性及推荐程度

序号	推荐程度	对称程度	特点及成型性	图　示
1	首选	旋转体	所对应的模具结构简单，制造容易，挤压铸造时金属液的充型和受力较均匀	 轴对称旋转体
2	次选	轴对称非旋转体	—	 轴对称非旋转体
3	尽量避免	非轴对称体	增加模具制造难度，挤压铸造时金属充型不均匀，模具受力不均匀	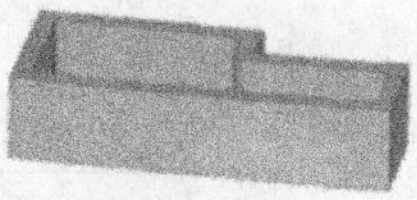 非轴对称体

② 挤压铸件的形状应有利于脱模。孔、槽和凸台应尽量分布在水平面上，以减少侧孔、侧凹，尽量避免内部的侧孔、侧凹，见表 19-15。

表 19-15　槽位于不同位置时的铸件成型性及推荐程度

序号	推荐程度	结构特征	特点及成型性	图示
1	首选	槽位于水平面上	成型时脱模容易,生产效率高。所对应的模具结构简单,制造容易	
2	次选	槽位于外部侧面	成型时需要侧型芯。所对应的模具需要侧向分模机构,模具结构相对复杂,成本较高	
3	尽量避免	槽位于内部侧面	成型时需要活动型芯,生产效率低。模具结构复杂,制造困难,成本高	

图 19-6　有脱模斜度的铸件

③ 与脱模方向一致的非加工表面要有结构斜度,以利于脱模,如图 19-6 所示。脱模斜度一般取 $5°\sim7°$,如果模具有打料机构,脱模斜度可以小些,一般为 $0.5°\sim1°$。

④ 铸件的壁厚不能太小,不然将无法成型。挤压铸造件的允许最小壁厚与挤压铸造的方式有关,壁厚与挤压铸造方式的对应关系见表 19-16。

表 19-16　挤压铸件的最小壁厚

挤压铸造方式	静压挤压铸造	挤压铸造	间接挤压铸造
最小壁厚/mm	$8\sim10$	$2\sim3$	$1\sim6$

⑤ 挤压铸件的壁厚应当均匀。这样既有利于金属液顺利成型,也可以使铸造力分布均匀,如图 19-7 所示。

⑥ 尽量避免深而细的孔。图 19-8 所示中的铸件成型时需要细长型芯,这种型芯升温快,强度低,刚性差,易变形或折断,因此不利于挤压铸造成型。

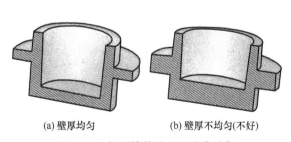

(a) 壁厚均匀　　　(b) 壁厚不均匀(不好)

图 19-7　挤压铸件的壁厚应当均匀

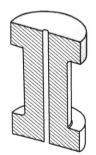

图 19-8　有细深孔的铸件
(应尽量避免)

⑦ 铸件应尽量避免尖角。如果必须留尖角,则应设计成带加工余量的圆角,在随后的机械加工中形成尖角。尖角和圆角对铸件成型性的影响见表 19-17。

表 19-17　尖角和圆角对铸件成型性的影响

序号	工艺性	结构特征	图　　示
1	好	内外均为圆角	
2	允许	内部为圆角,外部为尖角	
3	不好	内外均为尖角	

（2）挤压铸件的精度

① 设置挤压铸件的精度时，应遵循如下原则。

a. 挤压铸件的精度应尽量与工艺所能达到的精度相适应。

b. 在使用要求不严的部分，精度应尽可能低。

c. 相互配合或要求严格的部位，可留出适当的机械加工余量，成型后通过机械加工达到所需的精度。

② 挤压铸件所能达到的尺寸精度与挤压铸造方式和尺寸的类型有关。其中间接挤压铸造的精度高于直接挤压铸造的精度，径向尺寸精度高于轴向尺寸精度，见表 19-18。

表 19-18　挤压铸件的尺寸精度与挤压铸造方式和尺寸类型的关系

序　号	尺寸类型	挤压铸造方式	控制精度的难易程度	可达到的精度等级
1	径向尺寸	直接式	均易获得高精度	IT10～IT13
		间接式		
2	轴向尺寸	直接式	不易获得高精度	IT13～IT16
		间接式	易获得高精度	IT10～IT13

（3）挤压铸件的表面粗糙度

① 提高挤压铸件表面粗糙度的措施如下。

a. 模具型腔表面光洁。

b. 涂料质量好。

c. 涂刷均匀。

d. 铸造力足够大。

② 选择表面粗糙度的原则。

a. 在设计挤压铸件时，其表面质量要求不能过高，以免提高成本。一般挤压铸件的表面粗糙度为 $Ra0.8\sim3.2mm$。

挤压铸件所能达到的表面粗糙度见表 19-19。

表 19-19　挤压铸件所能达到的表面粗糙度　　　　　　　　单位：μm

合金种类		铝合金	镁合金	锌合金	铅、锡合金	铜合金
表面粗糙度	Ra	0.4～3.2	0.4～3.2	0.8～3.2	3.2	3.2～6.3
	Rz	1.6～12.5	1.6～12.5	3.2～12.5	12.5	12.6～25

b. 设计挤压铸件时还应考虑模具型腔的磨损。型腔表面磨损程度越大，挤压铸件的表面越粗糙。挤压铸件表面粗糙度的变化如图 19-9 所示。

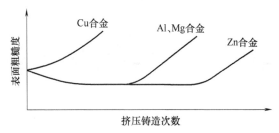

图 19-9　挤压铸件表面粗糙度随挤压锻造次数的变化

19.4.3　挤压铸造方式的选择

（1）挤压铸造方式的分类

挤压铸造方式一般可分为静压挤压铸造、直接挤压铸造和间接挤压铸造三大类，见表 19-20。

（2）挤压铸造方式的选择

挤压铸造方式的选择主要考虑挤压铸件的形状、尺寸、合金材料的性能及挤压铸件的使用要求等因素，见表 19-21。

表 19-20　挤压铸造方式的分类

挤压铸造方式		代　号	挤压铸造方式		代　号
静压挤压铸造	单向式	D	直接挤压铸造	复合挤压式	H
	双向式	S	间接挤压铸造	同向式	T
直接挤压铸造	正挤压式	Z		一模一件对向式	Yd
	反挤压式	F		一模多件对向式	Dd

表 19-21　各种因素对挤压铸造方式选择的影响

序号	应考虑的因素		所选择的挤压铸造方式
1	挤压铸件的形状和尺寸要求	通常先分析挤压铸件的形状和尺寸，看采用哪种方式能以较低的成本，生产出符合质量要求的挤压铸件	选择方法见图 19-10
2	合金的性能	流动性好的合金	静压挤压铸造、直接挤压铸造、间接挤压铸造等
		流动性不好的合金	形状简单的铸件采用静压挤压铸造；形状复杂的铸件可采用正挤压挤压铸造
3	生产批量	生产批量不大时	静压挤压铸造或反挤压挤压铸造
		生产批量大时	一模多件的间接挤压铸造

19.4.4　挤压铸件图的设计

（1）挤压铸件的位置

设计挤压铸件的位置时应遵守如下原则。

① 模具结构简单、挤压铸件易于脱模。表 19-22 比较了不同的挤压铸件位置的合理性。

② 有利于压力传递。表 19-23 比较了不同挤压铸件位置的合理性。

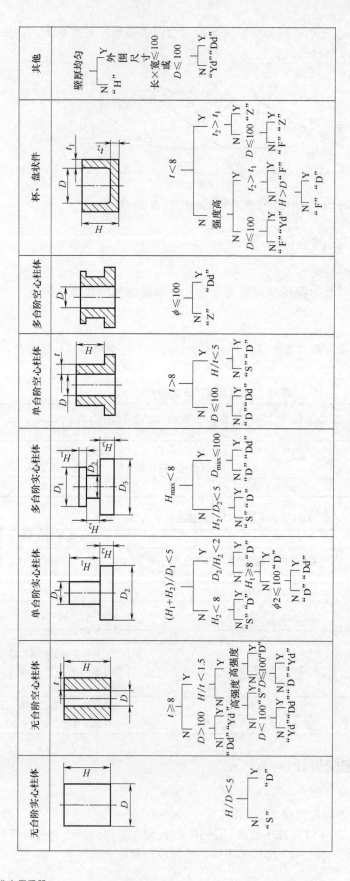

图 19-10　选择挤压铸造方式的专家系统框图

D—直径或边长；H—柱体高

表 19-22　不同挤压铸件位置的合理性

序号	是否合理	特　点	图　示	序号	是否合理	特　点	图　示
1	合理	铸件易于脱模,模具加工容易	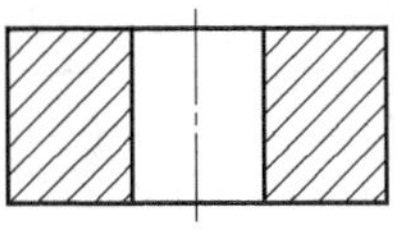	3	不合理	需要侧向抽芯	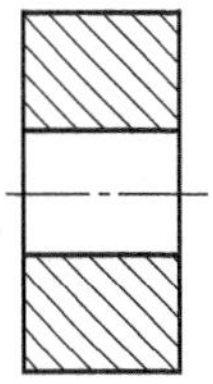
2	合理		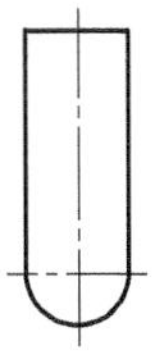	4	不合理	模具加工较困难,且分型面处易压塌而影响脱模	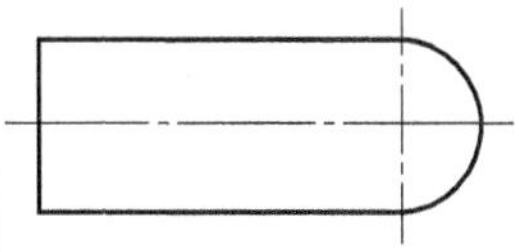

表 19-23　挤压铸件的位置对压力传递的影响

序号	是否合理	特　点	图　示	序号	是否合理	特　点	图　示
1	合理	受力处在厚大部位,成型效果好	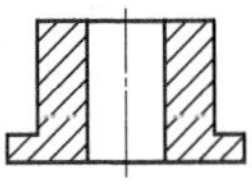	3	不合理	受力处在较薄的位置,不利于厚大部位的成型	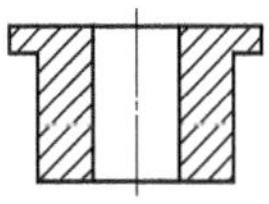
2	合理		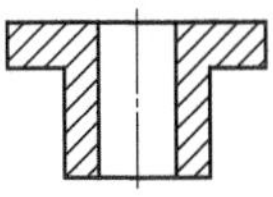	4	不合理		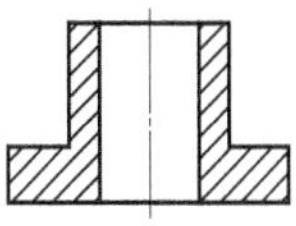

③ 便于充型和排气。不同的位置对排气性的比较见表 19-24。

表 19-24　不同的位置对排气性的影响

序号	是否合理	特　点	图　示
1	合理	分型面位于上部,从底部充型时,合金液的流动方向与充型压力和排气方向一致,故充型和排气都较顺利	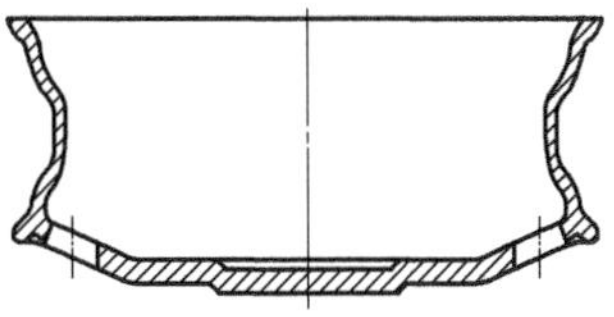
2	不合理	分型面位于底部,从底部充型时,合金液的流动方向与充型压力和排气方向都相反,不利于充型和排气	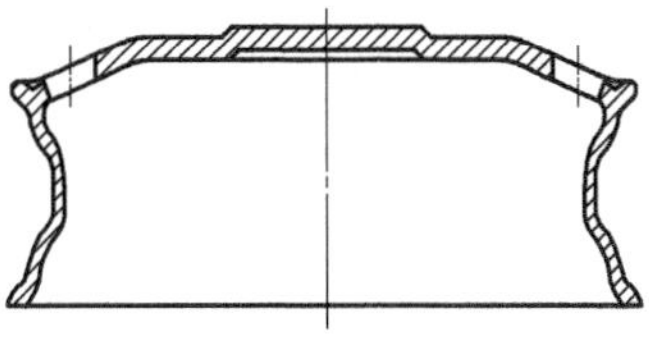

④ 有助于减小挤压铸造力。挤压铸造的位置对挤压铸造力的影响见表 19-25。

表 19-25　挤压铸造的位置对挤压铸造力的影响

序号	是否合理	特　点	图　示	序号	是否合理	特　点	图　示
1	合理	在挤压铸造时,受力面积较小,需要施加的挤压铸造力小	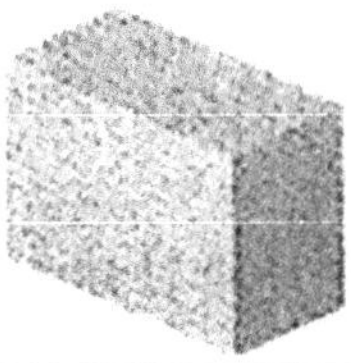	2	不合理	在挤压铸造时,受力面积较大,要产生相同的单位压力,需要施加的挤压铸造力较大	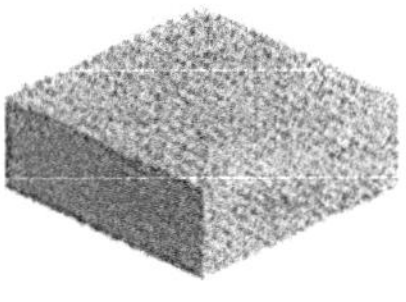

⑤ 有助于减小模具高度、挤压铸造行程、脱模行程和脱模力。表 19-26 比较了两种挤压铸件位置的合理性。

表 19-26　挤压铸件位置对于模具高度、行程等因素的影响

序号	是否合理	特　点	图　示	序号	是否合理	特　点	图　示
1	合理	由于挤压铸件的高度小,因此模具高度、挤压铸造行程、脱模行程和脱模力都较小		2	不合理	与 1 相反	

⑥ 精度要求高的尺寸应放置在水平方向上,不需要加工的表面应放在侧面。因为水平方向的精度只与模具的加工精度有关,而与其他因素关系不大。表 19-47 比较了不同的挤压铸件位置的合理性。

表 19-27　挤压铸件位置的合理性

序号	是否合理	特　点	图　示
1	合理	将精度要求高的尺寸 A 和 B 布置在水平方向,有利于提高精度	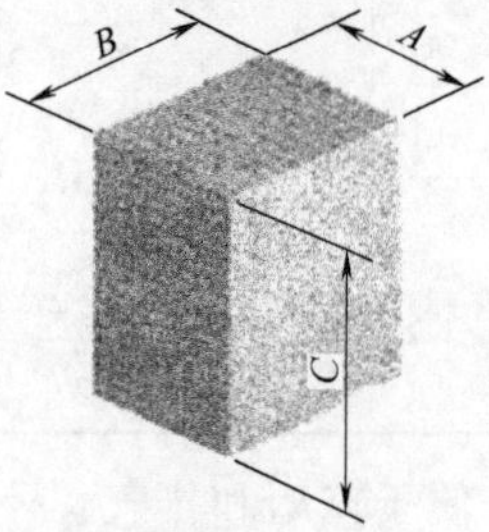
2	不合理	将精度要求高的尺寸 B 布置在高度方向,不利于提高精度	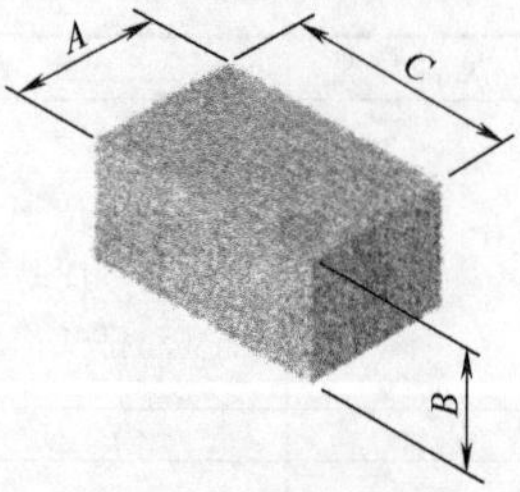

注:A、B 是精度要求较高的尺寸。

以上原则在某些情况下可能是矛盾的,如④和⑤。在实践中要根据企业自身的条件,全面考虑。

（2）分型面

设计分型面时应遵循的原则见表 19-28。

表 19-28　设计分型面的原则

设置分型面的原则	合理性	特　点	图　示
方便脱模	合理	有水平和垂直两个分型面,可以保证挤压铸件脱模	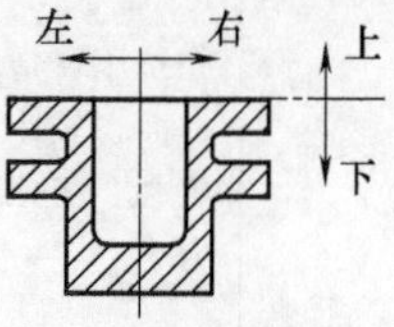

设置分型面的原则	合理性	特　　点	图　　示
方便脱模	不合理	只有水平分型面,由于凹槽的限制,无法脱模	
应尽量避免产生横向毛刺,并使各部分位于同一型腔	合理	①可以避免产生横向毛刺,易于清理 ②上、下两部分在同一型腔内,易保证精度	
	不合理	①在分型面处易产生横向毛刺 ②上、下两部分不在同一型腔,不易保证精度	
应尽量位于合金液充型的末端,便于排气	合理	分型面位于上部,可以在分型面上设置排气槽排气	
	不合理	分型面较低,使得位置1处的气体难以排出	
分型面应便于加工、安装、调试、维修及模具清理	—	—	—

（3）挤压铸件的加工余量和公差

① 挤压铸件的精度特点。挤压铸件的精度比较高,在一定的条件下比较稳定,但在挤压铸件的不同位置上,其尺寸精度是不同的。

② 挤压铸件的尺寸分类。

第一类：静态尺寸,指不受分型面和活动部分影响到的尺寸,简称"J"类尺寸。

第二类：动态尺寸,指受分型面和活动部分影响的尺寸,简称"D"类尺寸。

表 19-29～表 19-33 是推荐的挤压铸件尺寸精度和各项公差。

③ 挤压铸件的加工余量。当挤压铸造的尺寸精度达不到要求时,应留出加工余量,通过机械加工达到精度要求。挤压铸件加工余量的选择原则如下。

a. 尽量减小加工余量,从而节省机械加工时间和金属材料,并且保留表面的细晶粒。J类尺寸尽量不要加工,D类尺寸加工余量为 0.2～0.8mm（单边余量）。

b. 避免在厚度上进行两面加工。

设计挤压铸件的加工余量可以参照表 19-34。

表 19-29　配合尺寸精度　　　　　　　　　　　　　　　　　单位：mm

基本尺寸	锌合金		铝合金		镁合金		铜合金	
	J	D	J	D	J	D	J	D
1～3	0.1	IT12	IT12	IT13	0.1	IT12	IT13	IT14
3～6					IT11			
6～10	IT11							
10～18	IT11							
18～30	IT11				IT12	IT13		
＞30	IT12							

表 19-30　非配合尺寸公差　　　　　　　　　　　　　　　　　单位：mm

基本尺寸	锌合金		铝合金		镁合金		铜合金	
	J	D	J	D	J	D	J	D
≤10	±0.1	±0.16	±0.12	±0.20	±0.12	±0.20	±0.20	±0.30
10～18	±0.12	±0.20	±0.16	±0.25	±0.16	±0.30	±0.25	±0.35
18～30	±0.15	±0.25	±0.20	±0.30	±0.20	±0.30	±0.30	±0.40
30～50	±0.20	±0.30	±0.20	±0.30	±0.20	±0.35	±0.30	±0.45
50～80	±0.20	±0.35	±0.25	±0.40	±0.25	±0.40	±0.35	±0.50
80～120	±0.25	±0.40	±0.30	±0.50	±0.30	±0.50	±0.40	±0.60
120～180	±0.30	±0.50	±0.40	±0.60	±0.40	±0.60	±0.50	±0.70
180～260	±0.40	±0.60	±0.50	±0.70	±0.50	±0.70	±0.60	±0.80
260～360	±0.50	±0.70	±0.60	±0.80	±0.60	±0.80	—	—
360～500	±0.65	±0.85	±0.70	±0.90	±0.70	±0.90	—	—
500～630	±0.80	±1.0	—	—	—	—	—	—

表 19-31　孔中心距公差　　　　　　　　　　　　　　　　　单位：mm

基本尺寸	一般		最小	
	J	D	J	D
≤18	±0.10	±0.15	±0.08	±0.10
18～30	±0.10	±0.20	±0.10	±0.15
30～50	±0.15	±0.25	±0.12	±0.20
50～80	±0.20	±0.30	±0.17	±0.25
80～120	±0.30	±0.40	±0.23	±0.30
120～180	±0.45	±0.50	±0.30	±0.40
180～260	±0.60	±0.70	±0.45	±0.55
260～360	±0.75	±0.90	±0.55	±0.70

表 19-32　挤压铸件的平行度允差　　　　　　　　　　　　　　　单位：mm

基本尺寸	＜50	50～100	100～300	300～600	＞600
机械加工后尺寸	±0.02	±0.04	±0.06	±0.08	±0.10
敲平后尺寸	±0.06	±0.10	±0.20	±0.40	±0.60
挤压铸件允许标准	±0.60	±0.40	±0.40	±0.80	±1.0

表 19-33　挤压铸件的平面度允差　　　　　　　　　　　　　　　单位：mm

机械加工后尺寸	＜10×10	＜30×30	＜50×50	＜100×100	＜200×200	＜400×400	＜600×600
敲平后尺寸	—	—	0.02	0.04	0.06	0.08	0.10
挤压铸件允许标准	—	—	0.06	0.10	0.20	0.40	0.60
机械加工后尺寸	0.05	0.10	0.12	0.20	0.40	0.80	1.0

表 19-34　挤压铸件的机械加工余量　　　　　　　　　　　　　　单位：mm

基本尺寸	铅合金、锡合金	锌合金	铝合金	镁合金	铜合金
＜100	0.1～0.3	0.1～0.4	0.1～0.4	0.1～0.4	0.3～0.5
100～200	0.2～0.3	0.2～0.5	0.2～0.6	0.2～0.6	0.5～0.7

基本尺寸	铅合金、锡合金	锌合金	铝合金	镁合金	铜合金
＞200	0.3～0.5	0.5～0.8	0.5～0.8	0.5～0.8	0.7～1.0
最大加工余量	≤1.0				

19.4.5 挤压铸件的结构分析

在设计挤压铸件时应对其进行结构分析，以便选择出易于实现工艺又可降低成本的方案。进行结构分析时，要考虑下列各项的可能性与合理性。

（1）在不影响使用的前提下，将不同结构的零件统一成一种零件

这样做的目的是减小挤压铸件的种类。例如图19-11（a）所示的两种零件，如果改成图19-11（b）所示的零件，既减小了模具数量，又便于挤压铸造的生产管理。

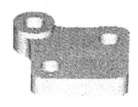

(a) 两种不同结构的零件　　　　(b) 统一后的零件

图 19-11　不同用途的零件可以统一成一种零件的结构

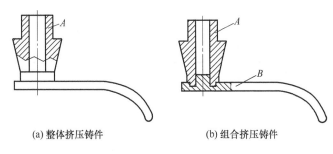

(a) 整体挤压铸件　　　　(b) 组合挤压铸件

图 19-12　将一个整体挤压铸件拆分为简单的挤压铸件

（2）拆分后再组合零件

将一个零件分成两个或更多的挤压铸件进行挤压铸造，再用镶嵌挤压铸造或焊接方法，组成所需的零件。

如图 19-12 所示，图（a）为整体挤压铸件，可以改成图（b）所示的组合挤压铸件，这样使模具结构简单得多。

（3）组合成对称件再切开

将非对称件或对称度较低的零件组合成对称度较高的零件，再进行挤压铸造。这样可以使挤压铸造力在水平方向上分布均匀。

如图 19-13 所示，图（a）为对称度较低的零件，可以组合成图（b）所示的对称度高的零件，挤压铸造成型后再切开得到要求的产品，这样有利于挤压铸造均匀分布。

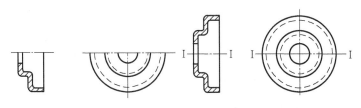

(a)对称度较低的零件　　　　(b)对称度较高的零件

图 19-13　将不对称的零件组合成对称挤压铸件

19.4.6　脱模斜度与圆角半径

（1）脱模斜度的作用

① 减小挤压铸件与模具间的摩擦，方便取件。

② 避免挤压铸造表面被拉伤，保证挤压铸件表面光洁。

③ 减少模具磨损，以延长寿命。

（2）脱模斜度的设置原则

① 内脱模斜度取最大值

原因：挤压铸件冷却收缩时将夹紧型芯和镶块，脱模阻力大。

② 外脱模斜度可以取较小值。

原因：挤压铸件冷却收缩时将离开模壁，脱模阻力较小。

常用的脱模斜度见表 19-35。

表 19-35　挤压铸件常用的脱模斜度

脱模斜度	铝合金	镁合金	锌合金	铅合金	铜合金
内 α_1	1°	30′	15′	15′	1°
外 α_2	30′	15′	0°	0°	1°

注：1. 由脱模斜度引起的尺寸偏差，可以不计入尺寸公差值。

2. 表中所列均为所允许的最小值，在不影响使用的前提下可取大些。

（3）挤压铸件上的圆角半径的作用

① 合金液充型时避免产生涡流。

② 避免因热应力在挤压铸件或模具上产生应力集中而损坏。

③ 利于脱模。

（4）圆角半径的计算

见表 19-36 所列。

表 19-36　挤压铸件的圆角半径的计算

序号	铸件特点	计算公式	图示
1	不等壁厚的挤压铸件	$R=(A+B)/4$ $r=0.4R$	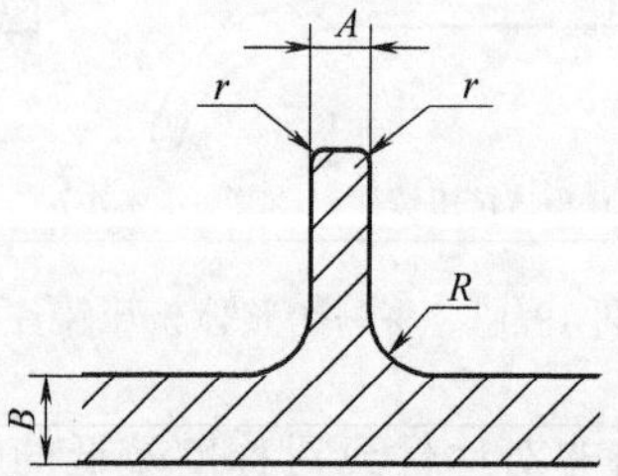
2	等壁厚的挤压铸件	$R_{内\min}=t/2$ $R_{内\max}=t\,(t\leqslant 5\text{mm})$ $R_{外}\leqslant R_{内}+t$ $r=0.4R_{内}$	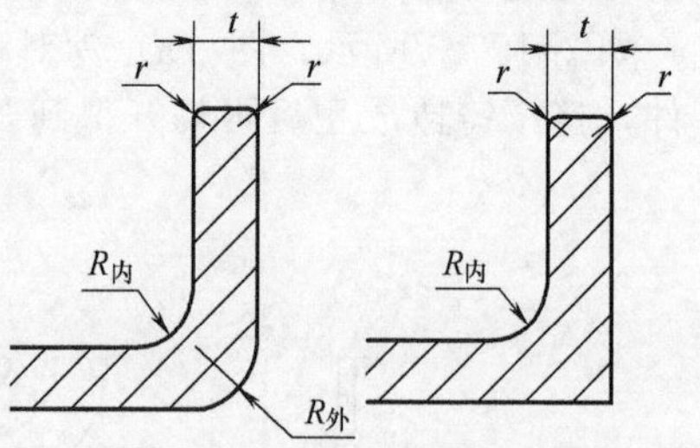

19.4.7　挤压铸件的孔与收缩率

用挤压铸造工艺可以生产出相当小的孔，但是成型细而长的孔时凸模或型芯很容易弯曲或折断。挤压铸件的最小孔径按如下原则设置。

① 若形成孔的凸模或型芯是施压件，其最小孔径为 25～30mm，孔深不大于孔径的 2.5 倍。

② 若形成孔的凸模或型芯不是施压件，孔径与孔深的关系可参考表 19-37。

表 19-37 挤压铸件孔的最小直径与最大深度　　　　　　　　单位：mm

合　金		铅、锡合金	锌合金	铝合金	镁合金	铜合金
最小直径/d	实际采用	0.8	1.0	2.5	2.5	3.0
	技术可能	0.5	0.7	2.0	1.5	2.5
孔的最大深度	不通孔	4d	4d	d＞5 4d	d＞5 4d	d＞5 3d
				d＜5 3d	d＜5 2d	d＜5 2d
	通孔	d＞1.5 10d	8d	d＞5 7d	d＞5 8d	d＞5 6d
		d＜1.5 8d		d＜5 5d	d＜5 6d	d＜5 4d
孔的最小斜度（深度的百分数）/%		0.1～0.2	0.2～0.5	0.5～1.0	0.5～1.0	2～4

注：适用于成型孔的凸模或型芯为非施压件的情况。

设计挤压铸件的尺寸时应充分考虑因收缩变化带来的尺寸变化，这样才能保证其尺寸精度。

挤压铸件的尺寸变化值是难以精确控制的。因为挤压铸件在脱模后的尺寸变化与合金材料的收缩率、挤压铸件的结构形状及挤压铸造工艺参数有关。生产中常以合金的线收缩率（ε_1）初步估算，然后通过试模调整。合金的线收缩率见表 19-38。

表 19-38 合金的线收缩率 ε_1

合　金	线收缩率/%	合　金	线收缩率/%
ZL101	0.36～0.6	ZM5	0.37～0.65
ZL102	0.3～0.5	铸造锡青铜	0.47～0.8
ZL104	0.43～0.67	铸造铅青铜	0.47～0.8
ZL105	0.33～0.55	铸造铝青铜	0.6～0.69
ZL105A	0.38～0.6	普通铸造黄铜	0.59～0.88
ZL201	0.42～0.65	铸造硅黄铜	0.53～0.85
ZL203	0.42～0.67	铸造铅黄铜	0.74～1.1
ZL301	0.43～0.67	铸造锰黄铜	0.3～0.7
ZL305	0.42～0.65	铸造铝黄铜	0.42～0.9
ZL401	0.4～0.7	铸造铁黄铜	0.74～1.1
ZM1	0.43～0.65	钢	0.73～1.23
ZM2	0.43～0.65	铸铁	0.35～0.95
ZM3	0.42～0.67		

19.4.8　挤压铸件图的制定

绘制挤压铸件图时，除了遵守标准外，还应请注意以下问题。

（1）基本挤压铸件图的制图规则

① 尺寸计算方法

挤压铸件的基本尺寸＝零件图的基本尺寸＋机械加工余量

挤压铸件的尺寸公差可参照表19-29～表19-33，机械加工余量可参照表19-34。

② 制图要求

a. 挤压铸件图的位置应与挤压铸造时挤压铸件的位置保持一致。

b. 挤压铸件图中，不锻出的孔或轮廓最好用双点划线标明，如图19-14所示。

c. 尺寸标注的方式尽可能与零件图一致。

d. 凡有关挤压铸件质量及在图形中无法表示的问题，应列入技术条件，用文字加以说明。例如：热处理要求、表面清理方法、允许的表面缺陷、未注公差、脱模斜度、圆角半径、倒角及表面粗糙度等。

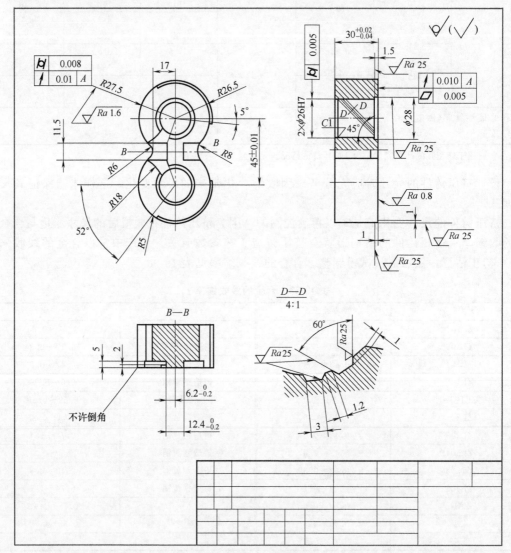

图 19-14　齿轮泵轴套

（2）制模用挤压铸件图的制定方法及规则

① 尺寸计算方法

a. 尺寸取值的原则。

Ⅰ. 应考虑在试模时有修正余地，以及使用磨损后不会立即影响到挤压铸件的尺寸。因此相对于型腔部分的尺寸，应以挤压铸件的基本尺寸的最小值取上偏差；相对于型芯部分的尺寸，则应以挤压铸件孔基本尺寸的最大值取下偏差。

Ⅱ. 对于锥形部分的尺寸：型腔部分的尺寸以大头尺寸为基准；型芯部分则以小头尺寸为基准。

b. 制模用挤压铸件的尺寸可按表 19-39 所列的公式计算。

表 19-39　制模用挤压铸件的尺寸计算方法

序号	尺寸性质	计算公式	备　注
1	相对于型腔部分的尺寸	$L' = \left(L + \dfrac{\Delta}{2} + L\varepsilon_1 - T\right)_{0}^{+T}$	L'—制模用挤压铸件图的基本尺寸，mm； L—挤压铸件的最小极限尺寸，mm； Δ—挤压铸件的尺寸公差，mm； ε_1—挤压铸造用合金的线收缩率； T—模具制造公差，mm； $T = (1/6 - 1/3)\Delta$
2	相对于型芯部分的尺寸	$D' = \left(D - \dfrac{\Delta}{2} + D\varepsilon_1 + T\right)_{-T}^{0}$	D'—制模用挤压铸件图的基本尺寸，mm； D—挤压铸件的最大极限尺寸，mm
3	孔间距尺寸	$S' = (S + S\varepsilon_1) \pm T$	S'—制模用挤压铸件图的孔间距尺寸，mm； S—挤压铸件孔间距的基本尺寸，mm

② 制图要求

a. 图中应指出分型面的位置。

b. 高度方向的尺寸标注均以分型面为基础，这样做的目的是便于制造样板和电火花加工用的电极，以及便于划线。

c. 列出必要的技术条件，如未注表面粗糙度、脱模斜度、圆角半径以及其他应说明的内容。

19.5　挤压铸造方法

19.5.1　不同填充方法和不同冲头形式挤压铸造

挤压铸造根据金属液填充的方法可分为两大类：直接式和间接式。两种工艺方法的比较见表 19-40。

直接式挤压铸造又可分为以下几种：平冲头式、凸冲头式、凹冲头式和复合冲头式，其特点及适用范围见表 19-41。

表 19-40　直接式和间接式挤压铸造的比较

类别	工艺方法	特　点	图　示
直接式	先将金属液浇入型腔，再合模加压	合模前金属液已经位于型腔。成型压力由冲头直接施加在铸件上，加压效果好	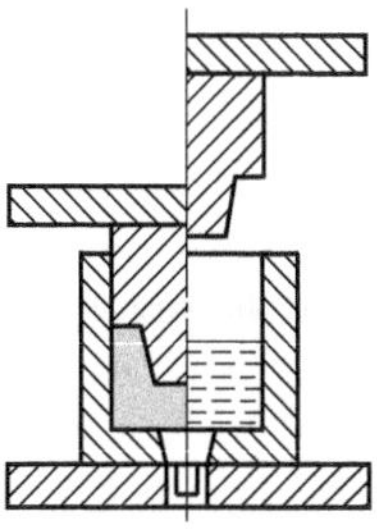

类别	工艺方法	特　点	图　示
间接式	先合模,再加压充型	合模后才开始充型。成型压力由冲头通过液体间接施加在铸件上。加压效果不如直接式	

表 19-41　直接式挤压铸造的特点及适用范围

类　别	工艺方法特点	适用范围	图　示
平冲头式	冲头端面为平面。制件的最终形状由凹模形状决定。冲头加压时液体不作向上移动	锭形或者形状简单的厚壁制件	 (a) 实心件　　(b) 空心件
凸冲头式	合模时冲头插入液体金属中,使部分金属液向上流动,充填闭合的型腔	壁较薄,形状较复杂的制件	 (a) 杯形件　　(b) 桶形件
凹冲头式	合模时液态金属沿冲头内型面作反向填充运动,填充闭合的型腔	壁较薄,形状较复杂的制件	 冲头　型芯　凹模
复合冲头式	合模时,冲头凸部插入金属液,使其向上流动,填充冲头的凹部,并在冲头的前端面和内凹面的作用下成型	复杂制件	

19.5.2 不同浇筑形式的挤压铸造

（1）重力浇注法挤压铸造

如图 19-15 所示，加压室是上模在复位位置时，通过测浇口注入定量的熔体，浇注结束后上冲头往下运动，下冲头在上下压力差的基础上同时往下运动完成充型及凝固。

（2）水平压注法挤压铸造

压室加压式是压力不直接作用于零件上，而是通过在浇注系统上的一个补缩面加载一定的压力，从图 19-16 可以看出，冲头水平运动通过内浇道传递压力使金属流体在压力下成型。该方法不受金属浇注量的影响，因而成型精度较高。

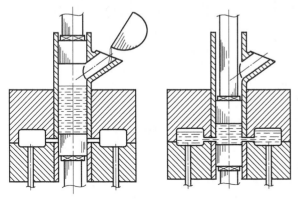

图 19-15　重力浇注法挤压铸造工艺示意图

（3）反重力浇注法挤压铸造

① 手动浇注反重力挤压铸造。如图 19-17 所示，通过手动浇注把金属液浇注到压室中，金属流体在向上运动的活塞的推动下向上流动，填充型腔，在挤压压力的作用下凝固。反重力挤压铸造的特点是充填平稳，气体易排出。

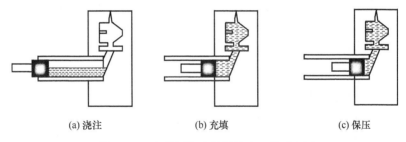

(a) 浇注　　　　　(b) 充填　　　　　(c) 保压

图 19-16　水平压注法挤压铸造工艺示意图

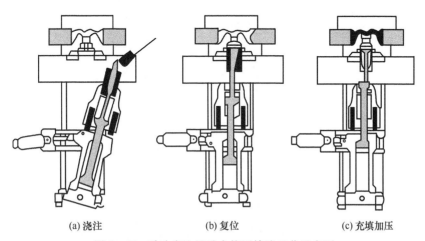

(a) 浇注　　　　　(b) 复位　　　　　(c) 充填加压

图 19-17　手动浇注反重力挤压铸造工艺示意图

② 电磁泵定量供给反重力浇注法挤压铸造。电磁泵定量供给反重力浇注法挤压铸造，是在反重力挤压铸造方法的基础上，通过增加一个电磁泵装置来实现浇入压室一定量的金属

液体，提高了挤压铸造的生产率。如图 19-18 所示，当定模和动模闭合时，电磁泵自动定量供给铝液，最大输铝速度可达 4.8kg/s。该机设置有高压氮气储能器，在铝液充型结束后，可在 50～150ms 内瞬间将挤压压力上升到极大值，以确保铸件在高压下凝固。

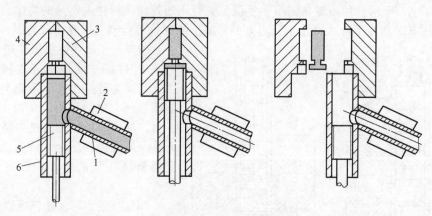

图 19-18　电磁泵定量供给反重力法挤压铸造工作流程图

1—铝液输送管；2—电磁泵；3—定模；4—动模；5—挤压头；6—挤压缸

　　③ 滑块式反重力浇注法挤压铸造。滑块式重力浇注法挤压铸造是合金熔体通过压室侧定量浇注装置和浇口滑块进入压室，浇注完毕后浇口滑块关闭压室，压头上行，使合金熔体在压力下充型、保压、凝固，其效率高，品质高，工艺收得率高。如图 19-19 所示，滑块通过外力控制浇注装置和压室的连通和间隔，工作过程是合模—浇注—关闭浇口—压射充型—保压凝固—开模取件。它采用压室侧浇注装置，包括压室侧定量浇注装置 5、浇口滑块 6，浇注时，浇口滑块 6 处于浇注位置，合金熔体 8 通过压室侧定量浇注装置 5 和浇口滑块 6 进

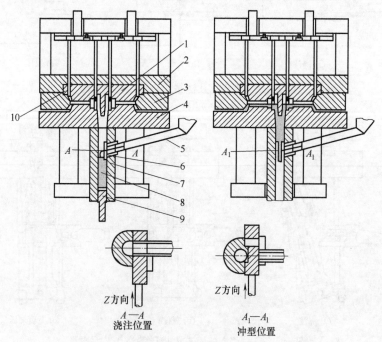

图 19-19　滑块式反重力法挤压铸造工作过程原理图

1—上模；2—上模座；3—模具侧滑块；4—下模；5—压室侧定量浇注装置；
6—浇口滑块；7—压室；8—合金熔体；9—压头；10—顶出机构

入压室，然后浇口滑块 6 迅速滑动到充型位置，封闭浇口，压头 9 继续对铸型内的合金熔体加压，直至铸件完全凝固。

④ 低压铸造式浇注法挤压铸造。如图 19-20 所示，其原理是通过低压铸造方式把合金熔体通过浇注管道低压浇注充型，充型后由挤压头进行挤压，使合金熔体在压力下凝固结晶。该方法最大的特点是在低压下充型，然后在挤压头高压下凝固，挤压有色合金铸件的工艺收得率较高。

(4) 热室浇注法挤压铸造

如图 19-21 所示，浇注管道部分置于熔池合金熔体中，利用浇注管道中的加压装置将合金熔体向上挤压成型，并保持该压力直至铸件完全凝固，而没浇注管道部分的合金熔体不凝固，其工艺收得率很高。

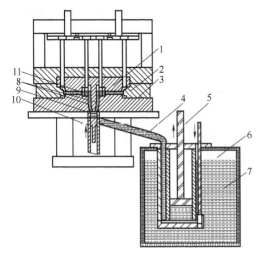

图 19-20　低压铸造式浇注法挤压铸造原理图

1—上模；2—模具侧轴芯；3—下模；4—浇注管道；
5—活塞浇注装置；6—合金熔池；7—合金熔体；
8—分流锥；9—挤压室；10—挤压头；11—铸件

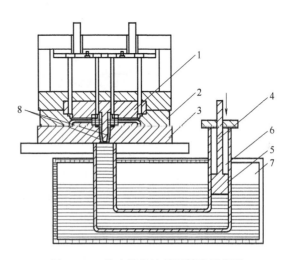

图 19-21　热室浇注法挤压铸造原理图

1—上模；2—模具侧抽芯；3—下模；
4—挤压装置；5—阀门；6—浇注管道；
7—镁合金熔池；8—分流锥

19.5.3　附加加压式挤压铸造

(1) 附加冲头局部加压挤压铸造

如图 19-22 (a) 所示，附加冲头局部加压式挤压铸造是在挤压铸造的基础上安装一个上冲头，在熔液充入型腔后通过压室冲头和上冲头同时加压使之在上下压力的情况下凝固，这种附加加压式挤压主要是防止间接挤压铸造时通过浇注系统传递的压力不足，使液体凝固时成型零件上得到充足的压力。如图 19-22 (b) 所示，同样可防止间接挤压铸造时通过浇注系统传递的压力不足，使液体凝固时成型零件上得到充足的压力，有效地提高了零件的合格率。

(2) 液态铸锻双控挤压铸造

如图 19-23 所示，铸锻双控成型机就是将压铸工艺和锻造工艺在一台设备中完成，它用液压缸来完成合模和开模动作，采用精确的多段速压射系统将液态金属注入模具的型腔内，在金属液体充满型腔的一瞬间，锻压液压缸作用在模具的锻造冲头上，实施挤压铸造，使压铸过程中卷入的气孔排出或缩小，从而使组织致密，提高了铸件的密度。

(3) 倍增压力型挤压铸造

如图 19-24 所示，倍增力挤压缸的设计是利用增压活塞对力的放大倍增原理，根据挤压

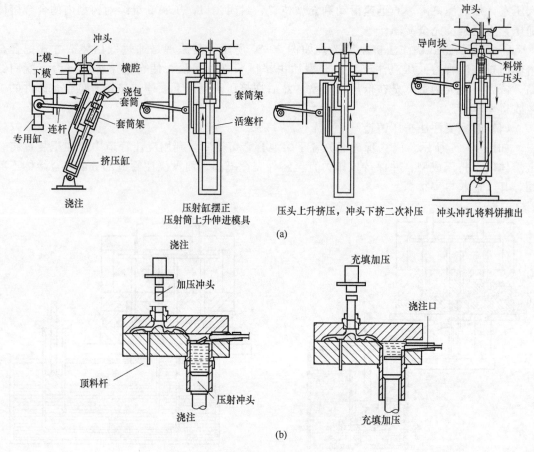

浇注   压射缸摆正   压头上升挤压，冲头下挤二次补压   冲头冲孔将料饼推出
压射筒上升伸进模具

(a)

(b)

图 19-22　附加冲头局部加压挤压铸造

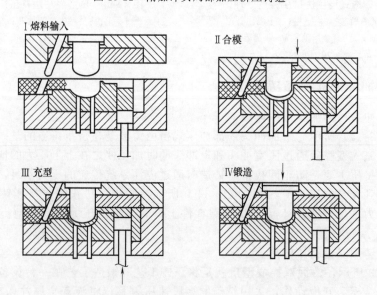

图 19-23　液态铸锻双控成型技术工艺流程示意图

压铸补缩量及补缩行程，运用二级或多级增压活塞叠加的方法，实现挤压缸输出挤压力的提高，满足超高挤压比压的挤压压铸模锻工艺所需。对比相同的输出压力，这种倍增力挤压缸的径向结构尺寸可比单级设计的挤压缸尺寸显著减小。利用倍增力挤压缸实现多向高比压挤

压补缩的挤压压铸模锻工艺与装置，具有复合锁模机构锁模，强化对来自多向高比压挤压力的锁模承受能力，其锁模承力传递链最短，承力能力最大，结构简单，可以承受抗拉、抗弯、抗剪切及其复合载荷。

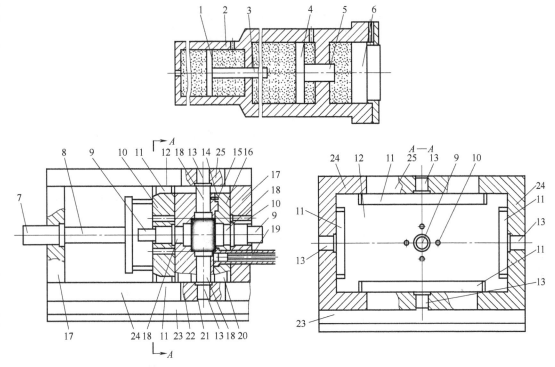

图 19-24　倍增压力型挤压铸造工作原理图及模具结构图

1—初级活塞；2—缸体；3—初级活塞杆；4—次级活塞；5—次级活塞杆；6—第三级活塞杆；7—合模液压缸；
8—合模装置组件；9—轴向倍增力挤压缸；10—顶出缸；11—动模固定板自锁楔块；12—动模固定板；
13—径向倍增力挤压缸；14—模具导柱；15—动模与定模的配合体；16—定模；17—定模板；18—挤压滑块组件；
19—压铸充型组件；20—定模自锁楔块；21—动模；22—动模自锁楔块；23—机床基座；24—槽轨动模；25—横梁

19.5.4　其他形式挤压铸造

（1）压铸式挤压铸造

压铸式挤压铸造的工艺特征是：普通压铸充型，挤压铸造补缩。如图 19-25 所示，它是在压铸充型之后通过增加挤压补缩工步，以解决传统压铸、真空压铸技术普遍存在的气密性（主要是缩孔与缩松）质量问题，消除各种收缩性缺陷。挤压铸造也可以说是在压铸机上实现挤压铸造的技术。

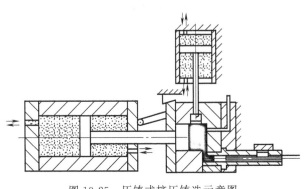

图 19-25　压铸式挤压铸造示意图

（2）真空挤压铸造

如图 19-26 所示，在间接液态挤压的基础上增加了抽真空步骤，模具在上模或下模的分模面上围绕型腔设有抽气槽，抽气槽上还设有一个纵向抽气孔和一个横向抽气孔，通过一个抽气管与真空系统连接，同时纵向抽气孔还设有一个阀杆和脱模顶板上的顶杆联动，使铸造工艺的抽真空随模具开合而自动停开真空泵。

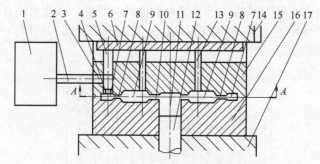

图 19-26 真空挤压铸造示意图

1—抽孔系统；2—抽气管；3—横向抽气槽；4—纵向抽气槽；5—阀杆；6—出模顶板；
7—环形抽气槽；8—排气槽；9—型腔；10—挤压道；11—料筒；12—柱塞；13—顶杆；
14—液压机活动横梁；15—上模；16—下模；17—液压机下平台

（3）板压式挤压铸造

如图 19-27 所示，合型时，上升的液态金属与型壁接触后结晶成一层很薄的硬壳，随着液态金属的上升，结晶层沿型壁不断生长，结晶硬壳中间多余的液态金属被挤出型外，最后两硬壳层被挤压成为整体铸件，该工艺方法适合大型整体薄壁铸件。

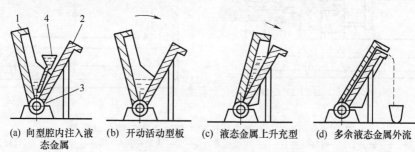

(a) 向型腔内注入液 (b) 开动活动型板 (c) 液态金属上升充型 (d) 多余液态金属外流
态金属

图 19-27　板压式挤压铸造工作原理图

1—活动型板；2—固定型板；3—转轴；4—浇注漏斗

（4）局部加热式挤压铸造

如图 19-28 所示，在上模的凸模内以及下模的凹模上分别设有加热元件，可预先对凸模和凹模分别进行预热，解决了半固态浆料温度低，且在凸模施压前快速凝固而影响后续成型以及施压效果差等问题，并在后序的连续生产可视模具温度决定是否再继续加热，以节约能源，同时可获得没有缩孔、气孔，尺寸稳定的高质量铸件。

（5）近净成型式挤压铸造

如图 19-29 所示，模具在于零件最高位相对应的部位上设有溢流通道和溢流腔。由于采用了溢流方案，通过确定溢流通道与零件最高点间的距离，可使多余的金属液流入溢流腔，实现零件金属液定量浇注和成型，从而达到零件的近净成型目的。

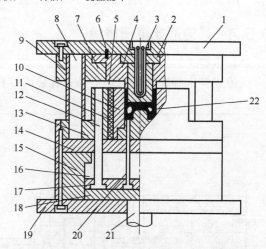

图 19-28　局部加热式挤压铸造模具结构图

1—上盖板；2—凸模；3—电加热棒；4—上模框；
5—卸料槽；6—弹簧；7—上压块；8—导柱；9—导套；
10—凹模；11—电加热丝；12—复位杆；13—下模框；
14—支承板；15—垫套；16—中空；17—固定板；
18—下顶板；19—下底板；20—顶出杆；
21—下液压缸；22—活塞铸件

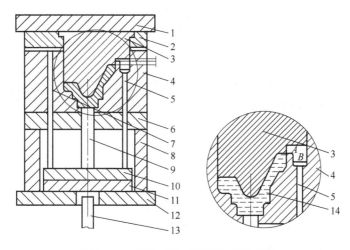

图 19-29 近净成型式挤压铸造示意图

1—上压板；2—上垫板；3—压头；4—下模；5,9,13—顶杆；6—下模底板；7—复位杆；8—下立板；
10—下垫板；11—下顶板；12—下压板；14—金属液；A—溢流通道；B—溢流腔

19.6 挤压铸造设备

19.6.1 挤压铸造机的分类和特点

（1）通用液压机

没有专用液压机的企业可用普通液压机改造满足生产。通用液压机是指一般的万能液压机，常用于冲压、模锻、粉末冶金等成型工艺。为了适当打料的需要，可在通用液压机的活动横梁上钻出通孔，使打料杆从中通过。

用来改造的普通液压机应当满足如下要求。

① 有足够大的压力，并能在一定时间内保持稳定的压力，以保证挤压铸造顺利进行。

② 有较快的空程速度，以提高生产率。

③ 有足够大的工作台面和足够高的最大封闭高度，以容纳挤压铸造模具。

④ 动力消耗少，噪声低，安全可靠，操作方便。

⑤ 体积小，刚性足，造价低。

为了使通用液压机能够适应挤压铸造生产，必须对其进行改造，改造要点如下。

① 配制一台合金液的保温炉。

② 如果考虑实现多向锻造，则需加侧向压力缸。

③ 加装 PLC 控制系统，用来控制下顶出缸和活动横梁的行程及动作，从而使挤压铸造实现自动化。

（2）压铸机改造的卧式挤压铸造机

国产卧式压铸机改造后也可用于挤压铸造。其挤压成型力是原来压铸机上用于合模的力。

由于压铸机有预合模过程，因此改造成的挤压铸造的生产工艺规程不同于普通挤压铸造。

对于用来改造的压铸机的要求与通用液压机基本一致。

① 如果采用低压铸造充型，配制一台合金液的低压铸造保温炉。

② 如果要实现多向锻造，则需加侧向压力缸。

③ 加装 PLC 控制系统，用来控制下顶出缸和活动横梁的行程及动作，从而使挤压铸造实现自动化。

（3）专用挤压铸造机

专用挤压铸造机采用计算机控制，将浇注、挤压、取件、喷洗及装嵌镶件等部件连成一体，按可调的程序自动地进行工作。

专用挤压铸造机通常满足如下要求。

① 有熔炼保护炉。

② 有足够大的压力。

③ 有预合模动作。

④ 有下顶缸和侧向加压缸。

⑤ 对于全自动挤压铸造机，还有定量浇铸机械手，自动喷涂机械手和自动取件机械手。

19.6.2 挤压铸造机的基本结构

（1）普通型挤压铸造机

见图 19-30。

（2）低压铸造充型式挤压铸造机

根据挤压铸造时合金充型方式的不同，专用挤压铸造机有压力铸造充型式挤压铸造机和低压铸造充型式挤压铸造机两大类。低压铸造充型式挤压铸造机，根据其保温炉的位置不同，又可分为外置式和内置式两种。外置式可进行对向锻造，内置式则不能进行对向锻造，但结构比较紧凑。

有兴趣的厂家，设计制造专用挤压铸造机时，可参考如下的挤压铸造机结构简图。

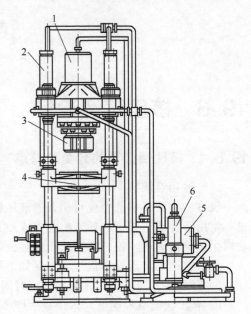

图 19-30　普通型挤压铸造机结构
1—主液压缸；2—辅助液压缸；3—主缸活塞；
4—辅助活动横梁；5—侧缸；6—增压器

① 低压铸造充型（外置式）全自动挤压铸造机的结构简图如图 19-31 所示。其低压铸造用保温炉置于主机外侧。该机的主要特点是能进行双向锻造，操作、维修方便，向保温炉添加合金液时方便。

② 低压铸造充型（内置式）全自动挤压铸造机的结构简图如图 19-32 所示，其低压铸造用保温炉置于主机下部。该机没有下加压缸，所以不能进行双向锻造。向保温炉添加合金液时，需要将保温炉移出主机外，操作不方便。内置式的特点是结构简单，合金液充型路程短，较易获得合格的低压铸造件。

（3）压力铸造充型式全自动挤压铸造机

① 压力铸造充型全自动挤压铸造机。压力铸造充型全自动挤压铸造机的结构简图如图 19-33 所示。其特点是结构紧凑，生产率高，操作、维修方便，通用性广。

② 挤压铸造设备的布置。全自动挤压铸造机的设备包括：喷涂机械手 3、控制台 4、主机 2、保温炉 1、浇注机械手 7、取件机械手 6、余热热处理池 5 等，其布置可参考图 19-34。

图 19-34 所示是压力铸造充型全自动挤压铸造机平面布置简图。低压铸造充型的全自动挤压铸造机的布置也是一样的，只是浇注机械手换为输液管。

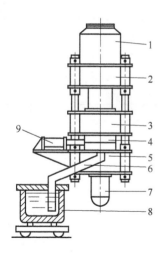

图 19-31　低压铸造充型（外置式）
全自动挤压铸造机结构简图

1—主加压缸；2—上横梁；3—活动横梁；
4—挤压铸造模；5—下横梁；6—输液管；7—下压缸；
8—低压铸造保温炉；9—侧压缸

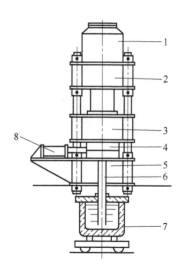

图 19-32　低压铸造充型（内置式）
全自动挤压铸造机结构简图

1—主加压缸；2—上横梁；3—活动横梁；
4—挤压铸造模；5—下横梁；6—输液管；
7—低压铸造保温炉；8—侧压缸

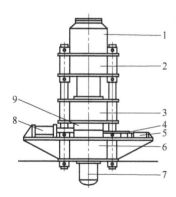

图 19-33　压力铸造充型全自动
挤压铸造机结构简图

1—主加压缸；2—上横梁；3—活动横梁；
4—输液管；5—压力铸造缸；6—下横梁；
7—下压缸；8—侧压缸；9—挤压铸造模

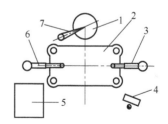

图 19-34　压力铸造充型全自动
挤压铸造机平面布置简图

1—保温炉；2—主机工作台；3—喷涂机械手；
4—控制台；5—余热热处理池；6—取件机械手；
7—浇筑机械手

19.6.3　挤压铸造机的型号及主要参数

表 19-42～表 19-46 是国内外挤压铸造机的型号及主要参数。

表 19-42　国产卧式压铸机的基本参数

名　　称		基本参数									
合模力/kN		1000	16000	25000	4000	6300	8000	10000	12500	16000	20000	25000
拉杆之间内尺寸（水平×垂直）/mm		350×350	420×350	520×520	620×620	750×750	850×850	950×950	1060×1060	1180×1180	1320×1320	1500×1500
活动横梁行程/mm		300	350	400	450	600	670	750	850	950	1060	1180
模具厚度/mm	最小	150	200	250	300	350	420	430	530	600	670	750
	最大	450	550	650	750	850	950	1000	1180	1320	1500	1700

名　　称	基本参数										
压射力/kN	140	200	280	400	600	750	900	1050	1250	1500	1800
压室直径/mm	40~50	40~60	50~75	60~80	70~100	80~120	90~130	100~140	110~150	130~175	150~200
铸件质量(铝)/kg	1.0	1.8	3.2	4.5	9	15	22	26	32	45	60
压射头行程/mm	100	120	140	180	220	250	280	320	360	630	750
顶出力/kN	80	100	140	180	250	360	450	500	550	630	750
顶出器行程/mm	60	80	100	120	150	180	200	200	250	250	315
一次循环时间/s	6	7	8	10	12	14	16	19	22	26	30

表 19-43　推荐的国产液压机的型号及参数

部件名称	型　　号	公称压力/kN	顶出缸的顶出力/kN	活动横梁空载下行速度/(mm/s)	活动横梁至工作台面最大距离/mm	顶出缸的顶出速度/(mm/s)	工作台有效尺寸(前后×左右)/mm
1000kN 四柱液压机	YT32-100A	1000	250	150	900	60	630×630
2000kN 四柱液压机	YT32-200B	2000	400	160	1120	90	900×900
	YB32-200	2000	400	120	1120	—	900×900
3150kN 四柱液压机	YT32-315B	3150	630	150	1250	60	1120×1120
	YA32-315F	3150	630	120	1250	55	1120×1120
4000kN 四柱液压机	YF2-200	4000	630	150	1250	—	1340×1250
5000kN 四柱液压机	YF32-500	5000	1000	100	1500	80	1400×1400
	YF32-500	5000	1250	≥150	1500	—	1400×1400
6300kN 四柱液压机	YF32-630	6300	1000	100	1800	80	1600×1600
	YF32-630	6300	1250	150	1600	—	1880×1600
8000kN 四柱液压机	YF32-800	8000	1250	150	1800	—	2200×1600
15000kN 四柱液压机	FHP16-15000	15000	1500	150	1500	20~100	1600×1600

表 19-44　几种普通型挤压铸造机型号及参数

部件名称	参数项目	型　号			
		YJIM-2(俄罗斯)	100 型(日本)	THP16-200(天津锻压机床厂)	J6532(徐州第二轻工机械厂)
主缸活塞	挤压力/kN	800	1000	2000	3150
主缸活塞	回程力/kN	140	100	480	600
	空载下行速度/(mm/s)	220	300	100	300
	工作速度/(mm/s)	—	—	6~18	—
	工作行程/mm	450		710	—
侧向液压缸	合模力/kN	800(1 缸)	无	500(2 缸)	750(4 缸)
	回程力/kN	30		—	—
	工作行程/mm	350		350	
辅助活动横梁	合模力/kN	370	1000	无	无
	最大下行速度/(mm/s)	—	300		
	回程力/kN	30	—		
	工作行程/mm	355	—		

部件名称	参数项目	型　号			
		YJIM-2 (俄罗斯)	100 型 (日本)	THP16-200 (天津锻压机床厂)	J6532 (徐州第二轻工机械厂)
顶出 液压缸	顶出力/kN	无	无	630	750
	行程/mm			250	200
	顶出速度/(mm/s)			55	—
工作台	宽/mm×长/mm	500×500	800×800	1150×900	1120×1120

表 19-45　宇部公司卧式挤压铸造机的性能参数

	主机型号	HVSC250	HVSC350	HVSC500	HVSC630	HVSC800
主机系统	合模力/kN	2500	3500	5000	6300	8000
	工作台尺寸(长×宽)/mm	860×860	940×940	1070×1070	1190×1190	1350～1350
	最大合模距离/mm	360	42	560	630	760
	挤压铸造高度/mm	400～600	400～700	500～850	500～900	550～950
	反推力/kN	125	190	240	310	350
	反推距离/mm	80	90	110	125	125
	抽芯阀数量/个	1	1	2	3	3
	液压系统电动机功率/kW	30	30	45	55	55
压射系统	压射系统型号	HS35	HS45	HS65	HS80	HS100
	压射力/kN	355	430	660	830	1050
	压射距离/mm	450	500	600	670	750
	压射速度/(mm/s)	30～1500	30～1500	30～1500	30～1500	30～1500
	标准浇口套直径/mm	70	80	95	105	120
	浇口套直径范围/mm	60～90	70～100	80～120	95～130	105～150
	采用标准浇口套时铸件的最大质量/kg	2.0	3.0	5.0	7.1	10.0

表 19-46　宇部公司全立式挤压铸造机的性能参数

主机型号	VSC315	VSC500	VSC630	VSC800
合模力/kN	3150	5000	6300	8000
工作台尺寸(长×宽)/mm	1060×950	1320×1180	1500×1320	1700×1500
最大合模距离/mm	500	630	710	800
滑块距工作台最大距离/mm	1000	1190	1310	1430
反推力/kN	130	130	160	160
反推距离/mm	40	40	40	40
浇注位置距机器中心距离/mm	63	8	90	100
电动机功率/kW	37	37	45	45
设备占地面积(长×宽)/mm	4000×4500	5000×6300	5600×7500	6300×9000
机器质量/t	20	40	50	67
可配制的压射系统	S40,S50,S63	S63,S80	S80,S100	S100,S125

19.6.4　挤压铸造机参数测试与校核

设计挤压铸造工艺时要对如下参数进行校核。

(1) 投影面积、体积

这是为计算挤压铸造力、合模力、金属液的容量及布置挤压铸件在模具中的位置提供依据。若采用计算机 3D 设计，这些参数可由计算机直接给出。

(2) 挤压铸造过程的总压下量

挤压铸造过程的总压下量是指采用静压挤压铸造时，压头在加压开始到加压结束的向下移动量。在挤压铸造力足够的条件下，挤压铸造过程的总压下量可以下式计算：

$$S = [\varepsilon + (1-\varepsilon)\varepsilon_1]V_{液}/A_0 \qquad (19-4)$$

式中　S——挤压铸造过程总的压下量，mm；

　　　ε——合金液的体收缩率（见表 19-47）；

　　　ε_1——合金液的线收缩率（见表 19-38）；

　　　$V_{液}$——所需的合金液体积，mm^3；

　　　A_0——挤压铸件的投影面积（在挤压铸造力的垂直面上），mm^2。

表 19-47　常用合金液的体收缩率 ε

合金	体收缩率/%	合金	体收缩率/%	合金	体收缩率/%	合金	体收缩率/%
ZL101	3.7～4.1	ZL203	6.0～6.3	铝青铜	7.49	ZG10	7.41
ZL102	3.0～4.5	ZL301	4.8～6.9	T9	6.54	ZG15	7.38
ZL103	4.0～4.2	ZL302	6.7	QT	5.5～8.4	ZG35	7.2
ZL104	3.2～3.5	ZL401	4.0～4.5	HT	1.65～3.0	ZG45	6.75
ZL105	4.5～4.9	ZM5	9	KT	5.7～8.2	ZG55	6.93
ZL201	6.0	青铜	3.85	黄铜	4.3～4.5	高锰钢	6.0

（3）挤压铸造力

挤压铸造力是指为了获得挤压铸造工艺所需的比压，加压压头所施加的力。

计算公式如下：

$$P_0 = pA_0 \qquad (19-5)$$

式中　P_0——挤压铸造力，kN；

　　　p——挤压铸造所需要的压射比压，MPa；

　　　A_0——与 P_0 垂直的受压面的面积，cm^2。

（4）脱模力

脱模力分为两种：将挤压铸件从压头或型芯上脱下来所需的力叫脱模力；将挤压铸件从凹模中顶出的力叫顶件力。

脱模力的大小与挤压铸件的形状、尺寸、脱模斜度、材料性能、型腔的表面粗糙度、涂料状况等因素有关，通常按表 19-48 进行计算。

表 19-48　脱模力的计算公式

序号		计算公式	备　　注
1	粗略估算	脱模力 $P_1 = 0.05P_0$ 顶件力 $P_2 = 0.03P_0$	P_0——挤压铸造力，kN
2	精确计算	脱模力 $P_1 = SLq(k\cos\alpha - \sin\alpha)$	S——型芯或凸模被包紧部分的断面形状的周长，mm； L——型芯或凸模被包紧部分的长度，mm； q——脱件时的包紧力，可选 10MPa～12MPa； k——摩擦因数，铝合金、锌合金为 0.2～0.25，铜合金为 0.35； α——脱模斜度，(°)

（5）合模力

指挤压铸造过程中，将上、下模锁紧的力。其作用是防止挤压铸造时合金液从分型面处喷出。

计算方法：合模力必须足够大，可按表 19-49 进行计算。

（6）间隙及间隙取向

挤压铸造模中，凸模与凹模、压头与压套间的配合，均为间隙配合。凸模与凹模间的配

表 19-49 合模力的计算公式

序号		计算公式	备 注
1	粗略估算	$P_合 \geqslant (4 \sim 5)P_0$	P_0——挤压铸造力，kN；
2	精确计算	$P_合 \geqslant pA_合$	P——比压，MPa； $A_合$——挤压铸件在与合模力垂直面上的投影面积，cm^2

合，其主要作用是引导凸模进入凹模。间隙既要排除气体，又要防止挤压铸造时合金液从间隙喷出。

压头与压套之间的间隙主要是为了防止压头受热膨胀而使压头或压套拉伤，同时也要防止挤压铸造时合金液泄漏。

为了保证合适的间隙，在设计凸模、凹模、压头、压套的配合尺寸时，通常按表 19-50计算。

表 19-50 凹凸模间隙、尺寸的计算方法

序号	计算公式		备 注
1	挤压铸造的精度由凹模来保证时，则间隙由减小凸模尺寸来获得，如图 19-35(a)所示	$D_凹 = D_件$ $D_凸 = D_凹 - \Delta$ $\Delta = 0.001D_件$	$D_凹$——配合处的凹模尺寸，mm； $D_凸$——配合处的凸模尺寸，mm； Δ——间隙，mm； $D_件$——挤压铸造的尺寸，mm
2	挤压铸造的精度由凸模来保证时，则间隙由增加凹模尺寸来获得，如图 19-35(b)所示	$D_凸 = D_件$ $D_凹 = D_凸 + \Delta$	

在考虑压头与压套之间的间隙时，其间隙取向为便于模具设计合保证挤压铸造力，通常先设计出压头的直径 $D_头$，加上间隙后即可得到压套的直径，计算方法见表 19-51。

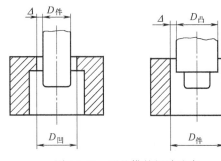

图 19-35 凹凸模的间隙取向

表 19-51 压头、压套的间隙、直径的计算方法

序号	计算公式	备 注
1	压头直径 $D_头 \leqslant \sqrt{\dfrac{4P_0}{\pi p}}$	P_0——挤压铸造力，N； p——挤压铸造压射比压，MPa； Δ——间隙
2	压套直径 $D_套 = D_头 + \Delta$	

19.7 挤压铸造模结构设计

19.7.1 挤压铸造模的设计概念

（1）挤压铸造模的设计步骤

挤压铸造模具的设计可按以下步骤进行。

① 分析模具部件工作原理和作用，明确设计任务。

② 选择挤压方式。

③ 选择挤压铸造设备。

④ 确定挤压铸造模具结构方案，绘制结构草图。

⑤ 绘制模具总装图、零件图。

（2）挤压铸造模的类型

挤压铸造也叫液锻模，在不同场合下叫法不一致，分类方法有多种。表 19-52 列出了挤

压铸造模的各种分类及名称。

（3）挤压铸造模的基本结构

挤压铸造模的基本结构见表 19-53。

表 19-52　挤压铸造模具分类及名称对照表

工艺名称	按模锻分类			按锻造分类
分类名称	平冲头直接加压	静压液锻	单向式	柱塞挤压
			双向式	
	凸冲头加压	反挤压液锻		直接冲头挤压（直接挤压）
	凹冲头加压			冲头-柱塞挤压
	平冲头间接加压	同向式间接液锻反挤压液锻		上压式间接挤压
	加压凝固法	对向式间接液锻		下顶式间接挤压铸造
		正挤压液锻		反重力充型挤压铸造
	局部加压凝固法			间接挤压（加局部补压）

表 19-53　挤压铸造模的基本结构

序号	结构名称	机构形式	功　能	序号	结构名称	机构形式	功　能
1	连接机构	模板	将各种零部件连接在一起，组成一套完整的模具	4	成型部件	凸模	在模具中成型工件形状、直接与金属液接触，或在工作中直接对铸件施加压力
		模柄				凹模	
		螺栓				型芯	
		定位销				镶块	
		压柱				压头	
2	卸料机构	顶杆	用于将锻好的工件从模具中顶出			压套	
		打料杆		5	浇注及排溢系统	直浇道	将金属液从压室内引入型腔，以及排除气体或多余金属液
		卸料板				横浇道	
		复位顶杆				内浇口	
		弹簧				溢流槽	
3	开、合模抽芯机构	气缸或液压缸	使模具水平或垂直开、合以及从铸件中抽出型芯			排气槽	
		齿轴-齿条		6	预热、冷却机构	冷却水管	控制模具温度，以保证挤压铸造工作在恒定温度下进行
		斜销				冷却水泵	
		弯销				接头	
		斜键				电热棒	
		导板				加热圈	
		导滑块					

19.7.2　挤压铸造模的浇道与排溢系统

挤压铸造模必须在模具的适当部位开设溢流槽和排气槽，且应与浇注系统同时考虑。三者关系紧密，都能直接影响制件及金属的充填过程。生产实践证明，有效地从型腔中排除气体、涂料残渣以及混有气体的被污染的金属液体，对提高制件的质量有着重要意义。

（1）挤压铸造模的浇道结构

在间接挤压铸造中，金属液要通过浇道进入模腔。

① 浇道的位置。浇道的位置、结构设计原则见表 19-54。

② 浇道的截面形状。浇道的截面形状设计，主要是考虑金属液在充型过程中的导热、模具加工的难易程度及模具的使用寿命问题。各种浇道的特点及图示见表 19-55。

③ 浇道与铸件的连接形式。间接充型的浇道与铸件的连接形式如图 19-36 所示。

④ 浇道的尺寸设计。包括浇道的截面积、浇道的厚度 t、与铸件相连处的宽度 B_1、与铸件连接处的长度、与铸件连接处的厚度 b，见表 19-56～表 19-60。

（2）挤压铸造模的排气系统

排气系统指有助于顺利排除气体的结构，包括间隙和排气槽。

无论是直接充型式还是间接充型式挤压铸造模，为了有助于排气，均应注意分型面的设计。

① 直接充型式挤压铸造模。

a. 注意分型面的设计。

b. 要选择合适的凸凹模间隙。通常，凸凹模的单边间隙可按下式计算：

$$\delta = (0.0006 \sim 0.001)D \tag{19-6}$$

或

$$\delta = (0.0006 \sim 0.001)A \tag{19-7}$$

式中　δ——凸凹模的单边间隙，mm；

　　　D——凸模直径，mm；

　　　A——凸模边长。

表 19-54　浇道的位置、结构设计原则示例

序号	设计原则	图 例
1	金属液充入型腔后,不应立即封闭分型面,以利于排气和防止金属液回流	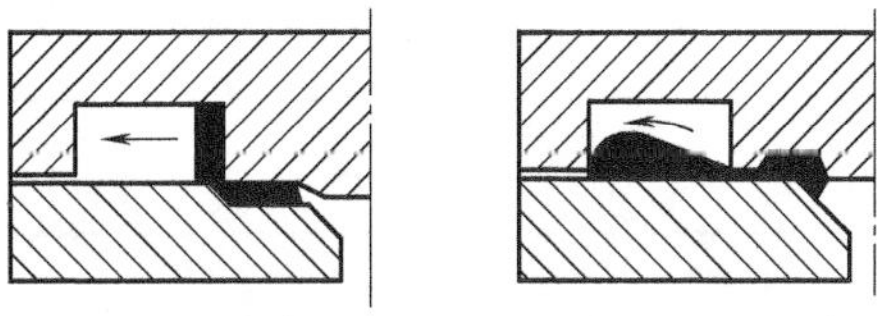 (a) 未封闭排气孔, 正确　(b) 过早地封闭了排气孔, 不正确
2	尽量避免金属液正面冲击型芯,以防止型芯过热而引起的粘模和磨损	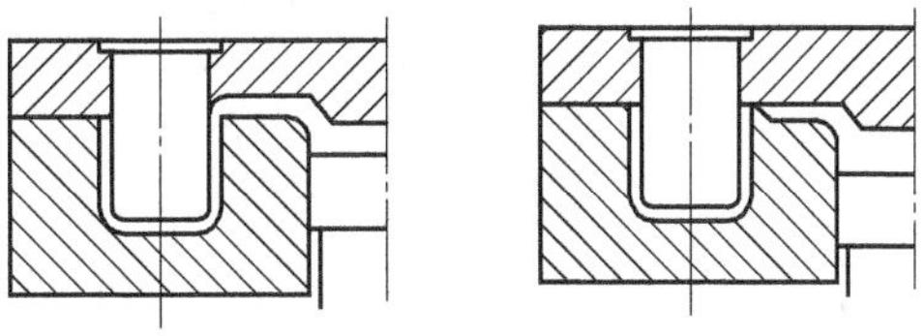 (a) 不从正面冲击型芯, 正确　(b) 正面冲击型芯, 不正确
3	尽量采用单个浇口,以免多股合金液流发生冲击,产生包气现象	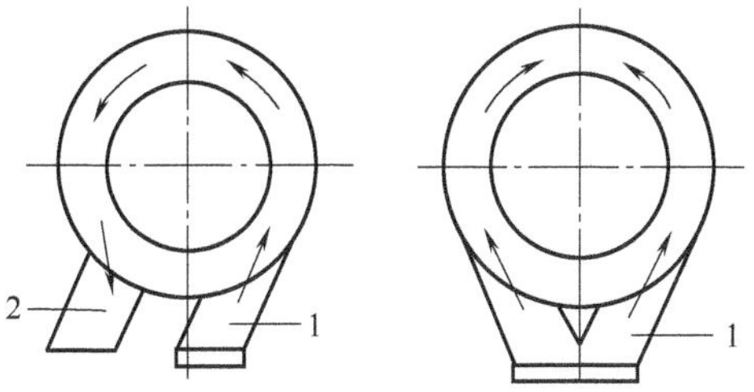 (a) 单股液流充型, 合理　(b) 双股液流充型, 不合理　1—浇道；2—排气槽
4	浇道尽可能短,弯折次数尽量少,以减少合金液的热量流失	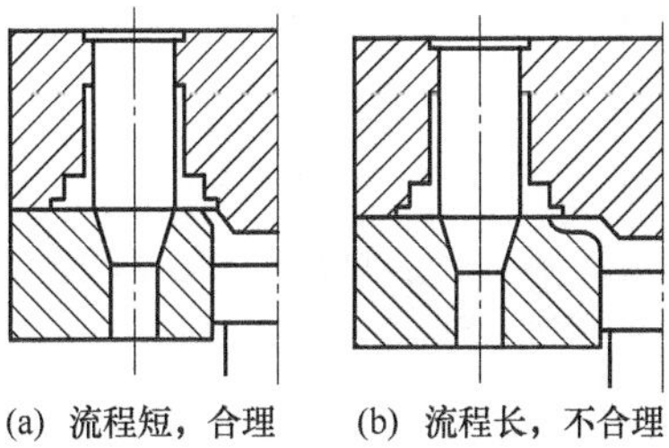 (a) 流程短, 合理　(b) 流程长, 不合理

序号	设计原则	图　例
5	浇道要容易从挤压铸件上去除，或设计在待加工面上 　图(a)中的浇道可在加工时去除；而图(b)中的浇道去除时会损坏台肩	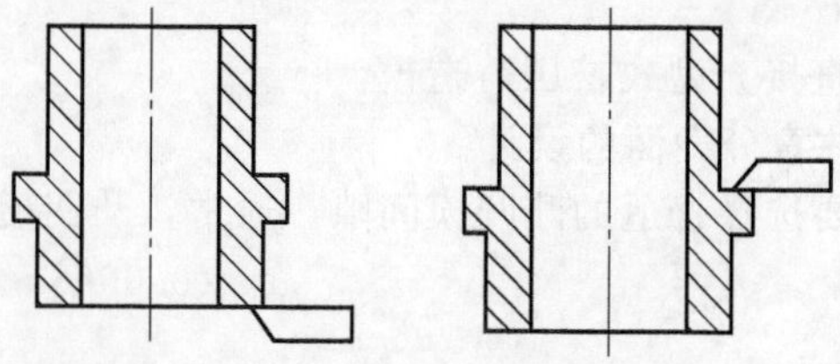 (a) 浇道易去除，合理　　(b) 浇道不易去除，不合理
6	浇道设计应防止铸件变形 　图(b)中的浇道收缩时会产生较大的应力，铸件易变形；而图(a)则没有这种情况	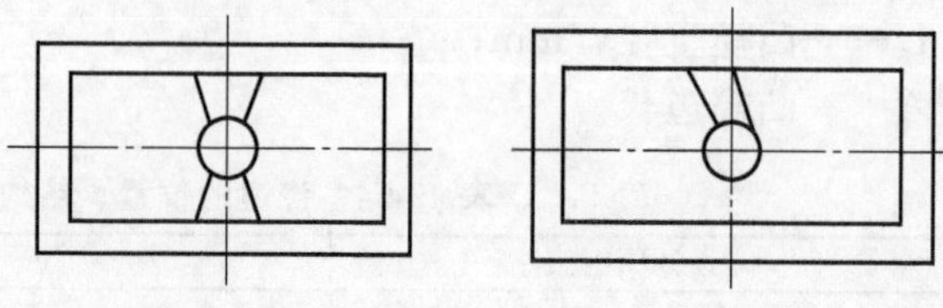 (a) 不易导致铸件变形，合理　　(b) 易导致铸件变形，不合理

表 19-55　各种浇道的特点及图示

序号	名称	特　点	图　示
1	圆形浇道	特点是面积与周长之比最大，散热慢，利于充型。缺点是需要专用的球刀加工，且棱边处易塌角，造成脱模困难	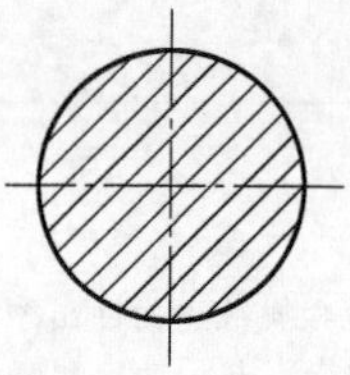
2	扁圆形浇道	不需要专用的球刀加工，但是散热块。金属液充型不稳定，充型质量差	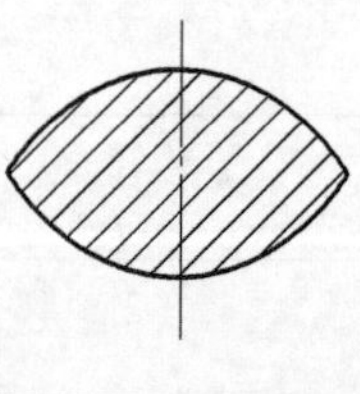
3	梯形浇道	面积与周长比略小于圆形浇道，金属液充型时散热慢，流动平稳，加工容易，生产中多采用	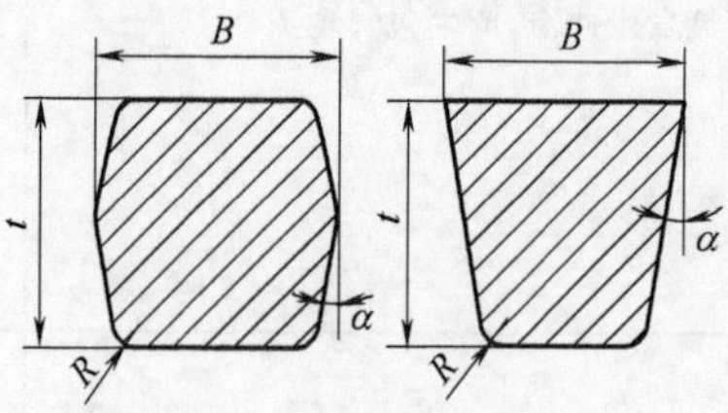
4	扁梯形浇道	加工方便，但是散热较快，只用于较薄铸件	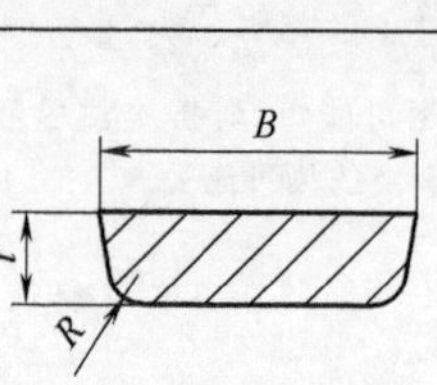

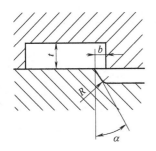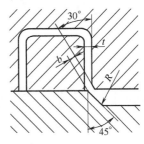

$R = 4 \sim 5$
$B = (0.3 \sim 0.6)t$

图 19-36　浇道与铸件的连接形式

表 19-56　浇道的截面积

序号	类型	取值	备注
1	直接充型	尽可能取最大值	
2	间接充型	$A_{浇} = A_{压} V_{压} / V_{充}$	$A_{压}$——压头的截面积，mm^2； $V_{压}$——充型时压头的移动速度，m/s； $V_{充}$——金属液的充型速度，m/s，根据厚度，可选 $1 \sim 5$ m/s

表 19-57　浇道的厚度 t

序号	类型	取值	备注
1	梯形截面浇道	$t = \sqrt{A_{浇}}$	$A_{浇}$——浇道的截面积
2	扁梯形截面的浇道	$t = (0.5 \sim 0.7)H$	H——挤压铸件的最大厚度

注意：此厚度不包括与铸件连接处的厚度。

表 19-58　与铸件相连处的厚度 B_1

序号	类型	取值	备注	图示
1	矩形件	$B_1 = (0.6 \sim 0.8)L$	B_1、L——见图示，mm	
2	圆形件（侧浇口）	$B_1 = (0.4 \sim 0.7)D$	B_1、D——见图示，mm	
3	圆形件（切向浇道）	$B_1 = (0.25 \sim 0.35)D$	B_1、D——见图示，mm	

表 19-59　与铸件连接处的长度

取值	备注	图示
一般为 2～3mm	在靠近型腔处加工处 $(0.3\sim0.5)\times45°$ 的倒角。可以避免去除浇道时损伤铸件	

图示中标注：45°、0.3～0.5、2.5～3

表 19-60　与铸件连接处的厚度 b

序号	类型	取值	备注
1	按经验公式计算	$b=(1/3\sim2/3)t$ 或 $b=B_1/(5\sim10)$	t——浇道的厚，mm；B_1——浇道与铸件相连处的宽度，mm
2	若已经先定 B_1	$b=A_浇/B_1$	$A_浇$——浇道的截面积，mm^2；B_1——浇道与铸件相连处的宽度，mm

② 间接充型式挤压铸造模

a. 注意分型面的设计。

b. 选择适当的凸凹模间隙，计算方法同直接挤压铸造。

c. 在需要的地方设置排气槽。排气槽的设计要点见表 19-61，排气槽的设计参考图 19-37。

（3）挤压铸造模的溢流槽

① 在挤压铸造模中，溢流槽有如下作用。

a. 储存混有气体、氧化物、涂料等杂质的金属液。

b. 排除或转移缩孔、气孔、涡流或冷隔等缺陷。

表 19-61　间接充型式挤压铸造模的排气槽设计要点

序号	排气槽的设置要点	备注
1	排气槽应尽量设置在分型面上	此处的排气槽加工方便，模具易于清理，排气槽不易堵塞
2	排气槽应设置在金属液流的最远处和金属液相遇处	这样可以防止卷气
3	排气槽应设计成曲线或折线	防止金属液喷溅
4	排气槽一般不应设置在型芯侧面，如果必须设计在型芯侧面，则型芯应设置较大的脱模斜度	避免卡住型芯
5	在不易开设排气槽的地方，可开设排气孔或排气塞。排气孔的孔径一般不应大于 0.2mm	排气塞的形状和尺寸见图 19-38、表 19-62

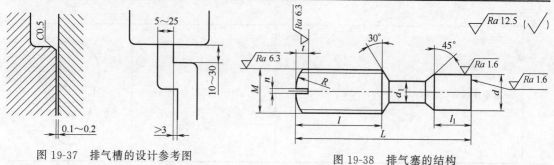

图 19-37　排气槽的设计参考图　　　　　图 19-38　排气塞的结构

表 19-62　排气塞的设计参数　　　　　　　　　单位：mm

M	d	d_1	R	t	n	l	l_1	L
3	$2_{-0.006}^{0}$	1.7	3	1.2	0.5	5～12	5	12～20
4	$2.5_{-0.006}^{0}$	2.1	4	1.4	0.6	6～16	6	18～40
5	$3_{-0.006}^{0}$	2.5	5	1.8	0.8	8～18	8	18～40
6	$4.5_{-0.008}^{0}$	3.4	6	2	0.8	8～20	8	18～40
8	$5_{-0.008}^{0}$	4.7	8	2.5	1.2	10～28	10	28～60
10	$7.5_{-0.009}^{0}$	6	10	3	1.5	12～35	12	35～90
12	$8.5_{-0.009}^{0}$	7.3	12	3.5	2	12～45	12	35～90
16	$12_{-0.011}^{0}$	9	16	4.5	2	16～45	16	42～120
20	$16_{-0.011}^{0}$	10	20	5.5	2.5	16～45	16	42～120
24	$20_{-0.011}^{0}$	12	24	6.5	2.5	20～45	20	55～120

c. 改善模具的温度分布状态。

② 溢流槽设计要点见表 19-63。

③ 溢流槽的位置、形状见表 19-64。

④ 溢流槽的尺寸如图 19-39 和图 19-40 所示。

表 19-63　溢流槽的设计要点

序号	溢流槽的设计要点	备　注
1	溢流槽应开设在合金液最后到达的部位	
2	金属液汇合处或易产生涡流的地方应开设溢流槽	以便容纳形成涡流或较冷的金属液
3	模温较低的,易形成缺陷的地方应开设溢流槽	以便调节模温及储存带有缺陷的金属
4	在难以充型的地方应增设溢流槽	可以使铸件轮廓清晰

表 19-64　溢流槽的位置与形状

序号	图　例	特　点	序号	图　例	特　点
1	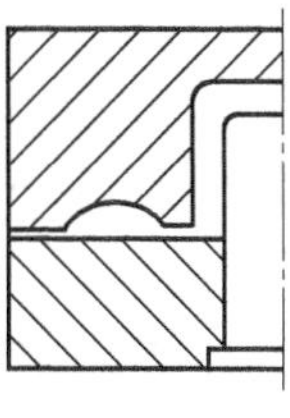	结构简单,脱模方便,应用较广	4	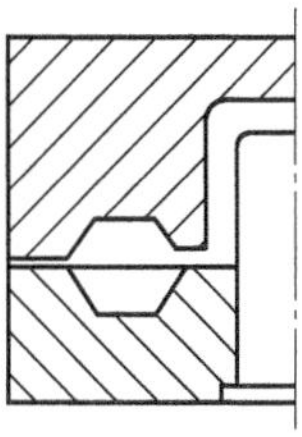	容量最大,热损失小,排气也好,但要耗费较多的金属液
2	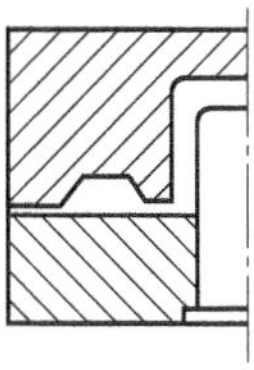	容量较大,对于模具的热平衡较好	5	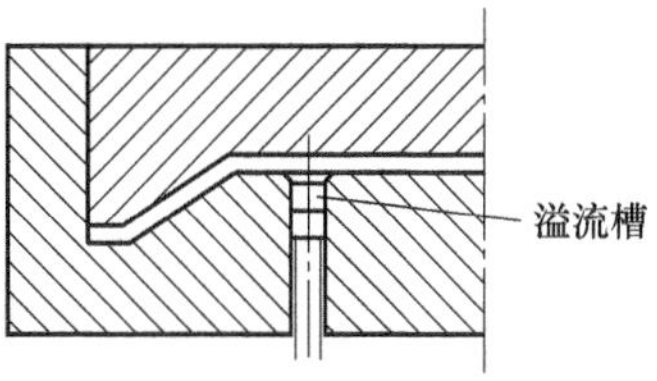	细杆状溢流槽,可防止带有大平面的挤压铸件表面产生斑纹
3	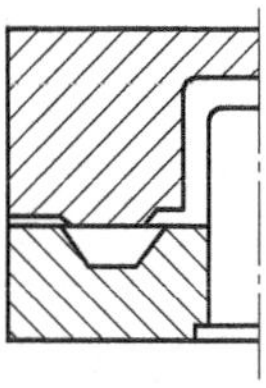	有利于热平衡,排气较好	6	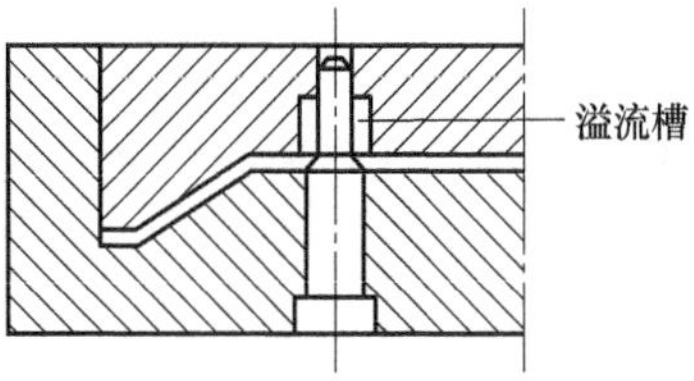	管状溢流槽,用于挤压铸件的大平面上有小型芯的情况

第 19 章　挤压锻造及模具设计　　　673

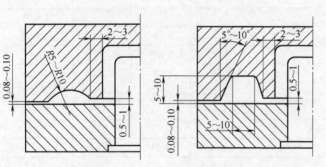

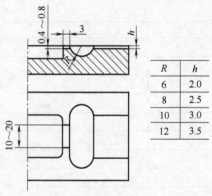

R	h
6	2.0
8	2.5
10	3.0
12	3.5

图 19-39　溢流槽的尺寸（一）（溢流槽的长度为 8～10mm）　　　　图 19-40　溢流槽的尺寸（二）

19.7.3　挤压铸造模的连接机构

挤压铸造模的连接机构是指凸、凹模与压铸机之间的连接零件。常用的机构有六种，见表 19-65。

表 19-65　挤压铸造模的连接机构

序号	名称	特点	应用	图示
1	胎模式	凸模和凹模直接放在挤压铸造机上。结构最简单，但操作繁重，生产率低	适用于生产批量小，形状简单的挤压铸件	胎模式连接机构
2	模板式	特点是封闭高度较低，加工装配容易	主要用于反挤压	模板式连接机构
3	模座-模板式	主要用于安装压头、压套和拉杆式卸料机构	这种连接结构主要用于正挤压和对向式间接挤压模具	模座-模板式连接机构
4	模板-模柄式	与模板式基本相同。区别在于，这种方式的封闭高度较高	主要用于高度较高的挤压铸造件。有时为了快速更换模具，也采用这种连接机构	模板-模柄式连接机构

序号	名称	特点	应用	图示
5	模座-模柄-模板式	适用的挤压铸造模具与第3种相同	与第3种相比,更加便于安装拉杆式卸料机构	模座-模柄-模板式连接机构
6	模座-压柱-模板式	该形式的作用与第5种完全相同。特点是质量轻,加工安装方便	特别适用于大型挤压铸造模具	模座-压柱-模板式连接机构

19.7.4 卸料机构及开合模(轴芯)机构

(1)卸料机构

卸料机构是指从凸模或整体凹模中取出铸件的机构。

1)卸料机构的设计要点(见表19-66)

2)卸料机构的形式

常用的有以下三种形式。

① 下缸顶件式。反挤压铸造模通常采用这种卸料机构,其中图19-41左图适用于小型铸件,右图适用于中、大型铸件。

表 19-66 卸料机构的设计要点

序号	设置要点	备注
1	顶出力分布均匀,并且作用点尽量靠近型芯;顶出力的承受面尽可能大	以免铸件受力过大而发生破坏
2	顶出力的作用点尽可能设计在铸件的厚大部位	减少铸件变形、破坏
3	顶杆或顶套等卸料零件的作用点,尽量位于铸件内部、隐蔽的地方或浇注系统上,必要时可利用顶杆端面作装饰性标志	这样可以避免影响工件的美观
4	卸料机构的活动件,应与卸料孔或型芯同心,卸料过程中不应有卡滞现象	
5	卸料零件应有足够的机构强度和耐磨性。端面表面应淬火,硬度不低于40~50HRC	可以避免磨损过快
6	顶杆、顶套应尽量短,但卸料时应使铸件高出型腔10mm,高出型芯端面0.1~0.25mm	—
7	避免顶杆起复位作用	否则将无法顶件或脱模

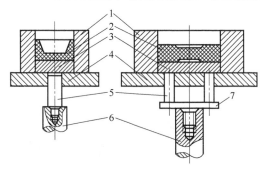

图 19-41 下缸顶件式卸料机构
1—凹模;2—挤压铸件;3—垫板;4—模板;
5—顶杆;6—顶出缸活塞杆;7—顶板

② 拉杆打料式。如图19-42所示,其动作原理如下:上模座8在模柄7的带动下回程时,挤压铸件9顶着顶杆6,使打料板4和拉杆15一起向上运动。拉杆15上升一段距离后,由于下模座10的限制,打料板及顶料杆均不再随模柄向上运动。这样,当模柄带动模座继续上升时,顶件便将挤压铸件从模腔中顶出。合模时,螺母2、5、16、17起调节位置的作用。螺母3是防推螺母,即防止挤压铸造时,合金液的压力将打料机构上抬。

③ 顶杆式。如图19-43所示,只适用于

双动专用挤压铸造机或活动横梁上带卸料孔的普通液压机。根据挤压铸件的具体情况及所采用的挤压方式，可利用双动挤压铸造机上的内压头或外滑块来实现卸料。如果在活动横梁上钻出卸料孔，则可通过顶杆 19 来卸料。

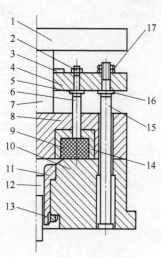

图 19-42　拉杆打料式卸料机构

1—上模板；2,5,13,16,17—螺母；3—防推螺母；
4—打料板；6—顶杆；7—模柄；8—上模座；
9—挤压铸件；10—下模座；11—压套；
12—压头；14—凹模；15—拉杆

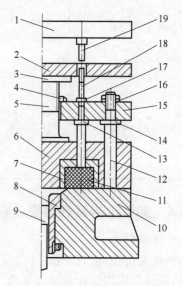

图 19-43　顶杆式卸料机构

1—上横梁；2—活动横梁；3—上模板；
4—防推螺母；5—模柄；6—上模座；
7—凹模；8—压套；9—压头；10—下模座；
11—挤压铸件；12—复位杆；13,14,16,17—螺母；
15—打料板；18—打料杆；19—顶杆

（2）开、合模（抽芯）机构

1）开、合模机构的组成

用来实现可分凹模的合模与开模动作的部件称为开、合模机构，其组成见表 19-67。

表 19-67　开、合模机构的组成

序号	名称	作　用	组　成
1	传动部分	产生足够大的开模与合模力，保证模具可靠地开、合	传动部分的零件有斜销、弯销、斜键盘、液压缸等
2	导向部分	使可分凹模沿运动方向准确、平稳地运动	导向部分的零件主要有导板、滑键、斜导块等
3	定位部分	分模时能保证滑块在清理和取出挤压铸件时不移位。合模时能保证斜销与滑块不错位	定位部分常采用限位块或定位钉等零件
4	压紧部分	保证凹模在挤压铸造时的位置精度，能承受挤压力的作用而不移动	常用各种压紧块和压紧套来实现上述要求

2）开、合模机构的设计原则要点

①滑块在导滑槽中的运动要平衡，不产生卡滞、跳动等现象。

②滑块闭锁用的压紧块，要能承受挤压成型时产生的压紧力。

③滑块完成开模动作后，仍应留在导滑槽（导板）内。留在导滑槽内的滑块长度不应小于滑块长度的 2/3。

④导板、导轨、导滑槽、螺钉等零件应有足够的强度，因为开模力一般较大。

⑤挤压铸造过程中温度较高，为防止滑块与导滑槽卡滞，其配合一般采用 H9/d9。

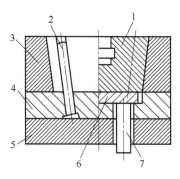

图 19-44　斜销式开、合模机构
1—可分凹模；2—斜销；3—模套；
4—压板；5—模座；
6—垫板；7—顶杆

3）开、合模机构的类型

① 直接式。这种结构的开模、合模动作是靠挤压铸造机的液压缸推动的活动横梁（或外滑块）来实现的，适用于只需要水平分模的凹模中。间接挤压铸造模多采用这种开合模机构。

② 斜销式。如图 19-44 所示，开模时，在顶杆 7 的作用下，可分凹模沿斜销 2 上升的同时左右分开，实现开模。这种机构适用于开模力不大，开模行程较长的情况。

③ 斜键式。如图 19-45 所示，斜键式开、合模机构主要用于开模行程较短的挤压铸造模中。

④ 燕尾式。如图 19-46 所示，这种机构适用于开模力较大，而开模行程又较长的情况。相对于斜键式机构来讲，这种机构简单耐用，但制造成本相对较高。

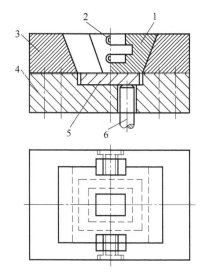

图 19-45　斜键式开、合模机构
1—可分凹模；2—斜键；3—模套；
4—下模座；5—垫板；6—顶杆

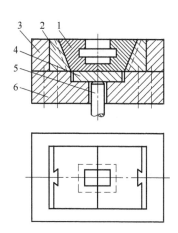

图 19-46　燕尾式开、合模机构
1—可分凹模；2—燕尾镶块；3—模套；
4—垫板；5—顶杆；6—下模座

除直接式外，上述三种开、合模机构都是利用顶杆的顶件力，使可分凹模沿斜销、斜键或燕尾镶块移动而自动开模。合模则靠自重（或上模下压）实现合模。为了防止可分凹模与斜销、斜键或燕尾脱离，一般均设计防脱装置。

⑤ 斜销导板式。如图 19-47 所示，利用斜销 12 使可分凹模 4 沿导板 13 移动而实现分模或合模。锁模套 3 在完成合模后使可分凹模锁紧。定位板 14、拉杆 15、弹簧 16 等零件使可分凹模在开模后处于固定位置，便于斜销与凹模中的斜销孔对准。

⑥ 弯销导板式。如图 19-48 所示，开模时，先完成拔芯动作再进行垂直分模。这种结构能够有效地防止铸件因产生较大的收缩而开裂。

⑦ 液压导板式。如图 19-49 所示，这种结构用液压缸代替斜导柱机构，实现水平开、合模。优点是合模力大，开、合模过程平衡，但是结构尺寸大，需要辅助液压系统。

⑧ 滑板锁钩式。如图 19-50 所示，图（a）是合模锁状态。上凹模板 7 和下凹模板 9 通过钩板 4 锁紧，从而承受挤压力。钩形滑板 10 固定在凸模压板 3 上。开模时，勾形滑板与钩板 4 的斜面相碰，使钩板 4 与钩销 8 脱开，上、下凹模板松开。接着，上凹模板被滑板 1

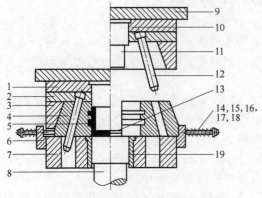

图 19-47 斜销导板式开、合模机构

1—斜销压板；2—斜销固定板；3—锁模套；
4—可分凹模；5—挤压铸件；6—定位板；
7—下模板；8—压头、顶杆；9—上模板；
10—凸模压板；11—凸模；12—斜销；
13—导板；14～18—定位部件；19—压套

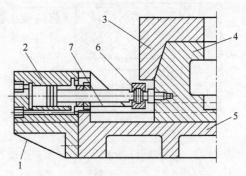

图 19-48 弯销导板式开、合模机构

1—上模板；2—固定板；3—锁紧块；
4—螺母；5—挡板；6—拉杆；7—弹簧

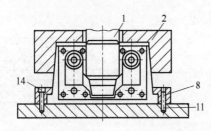

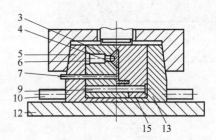

图 19-49 液压导板式开、合模机构

1—压头（凸模）；2—锁模套；3—左可分凹模；4—挤压铸件；5—左活动模座；6—型芯；7—顶杆；8—导板；
9—导柱；10—推杆；11—定位销；12—下模板；13—右活动模座；14—螺栓；15—右可分凹模

和钩型滑板向上拉开，实现开模，如图 19-50（b）所示。合模时，钩形滑板将推动钩板，使其与销钩锁紧。

滑板锁钩式开、合模机构主要是在要求合模（水平分模）与加压（或抽芯）先后进行，而又没有双动专用液压机的场合下采用。

⑨ 活块式。如图 19-51 所示，这类机构在开模时需要将活块与铸件一起取出模套，再

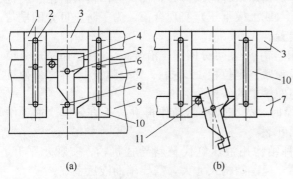

图 19-50 滑板锁钩式开、合模机构

1—滑板；2—销轴；3—凸模压板；4—钩板；
5—转销；6—销轴；7—上凹模板；8—钩销；
9—下凹模板；10—钩形滑板；11—挡销

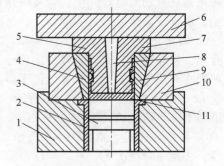

图 19-51 活块式开、合模机构

1—下模座；2—模套；3—压头；4—左凹模；
5—左活块；6—上模板；7—右活块；
8—中间活块；9—右凹模；10—模套；11—挤压铸件

取下活块从而实现抽芯。特点是劳动强度大，生产效率较低，适合小批量生产或在不便采用液压抽芯机构的情况下使用。

19.7.5 挤压铸造模的主体结构设计

（1）静压挤压铸造模结构设计

① 静压挤压铸造模结构的设计原则。

a. 开模时铸件留在凹模内，一般采用下缸顶出式卸料。

b. 一般不需要导向机构，凸、凹模间隙通过装配来保证。如果生产批量较大，则需要设计导向机构以便装配。

c. 在凹模的适当部位设置溢流槽，这样可以获得较高的精度。

d. 凸、凹模间隙要适当和均匀，防止挤压铸造过程中金属液喷出，并有利于排气。

e. 挤压铸造液面应比凹模上表面低 15～25mm，以防止喷溅。

② 静压挤压铸造模的典型结构设计。

a. 无台阶实心柱体静压挤压铸造模。由于铸件在脱模时不受阻碍，所以凹模一般设计成整体式。在生产批量很小或是试验时，常采用胎式挤压铸造模结构，如图 19-52 所示。

当相对高度 $H/a<5$ 时（H 是铸件的最大厚度，a 是指铸件的直径或边长），可采用单向加压、下缸顶出式结构；当 $H/a>5$ 时，可采用双向加压、下缸顶出式结构。

典型的模具结构如下。

Ⅰ. 单向加压式，其结构如图 19-53 所示。挤压铸造时，压力由凸模 6 提供，顶料杆 12 只起到脱模作用，不提供铸造压力。

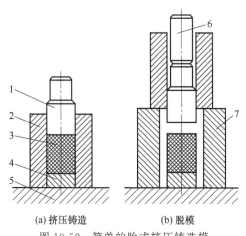

(a) 挤压铸造　　(b) 脱模

图 19-52　简单的胎式挤压铸造模

1—凸模；2—凹模；3—金属液；4—垫板；
5—工作台；6—脱模顶杆；7—漏模

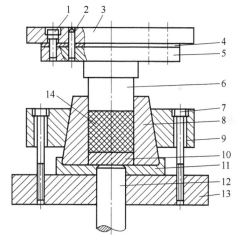

图 19-53　单向加压式静压挤压铸造模

1—螺钉；2—定位销；3—上模板；4—凸模垫板；
5—凸模压板；6—凸模；7—螺栓；8—凹模；
9—凹模压板；10—垫板；11—凹模垫板；
12—顶料杆；13—下模板；14—挤压铸件

Ⅱ. 双向加压式，其结构如图 19-54 所示。主要特点是凸模 6 与下压头 12 同时对金属液加压，从而减小了压力损失，上下受压均匀。

Ⅲ. 浮动式，其结构如图 19-55 所示。金属液浇入凹模 4 内，凸模 3 下降首先对金属液施加压力。当凸模的台阶与凹模接触时，凹模受到凸模的压力而下降，相当于下压头 7 对金属液加压，从而使凸模的压力能够均匀传递到铸件的各个部位。开模时，凹模 4 被下压缸通过拉杆 10 等部件向下拉，从而实现脱模。

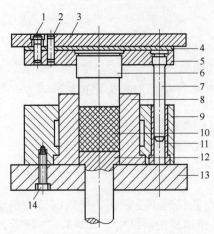

图 19-54　双向加压式静压挤压铸造模

1—螺钉；2—定位销；3—上模板；4—凸模垫板；

5—凸模压板；6—凸模；7—导柱；

8—凹模；9—凹模垫板；10—挤压铸件；

11—导套；12—下压头；13—下模板；14—螺栓

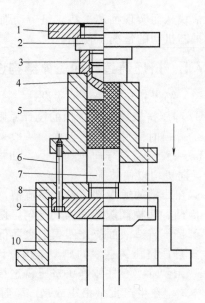

图 19-55　浮动式静压挤压铸造模

1—上模板；2—模柄；3—凸模；4—凹模；

5—挤压铸件；6—螺栓；7—下压头；

8—下模座；9—横梁；10—拉杆

b. 无台阶有孔柱体静压挤压铸造模。这类模具结构与有台阶柱体的模具结构相似。由于有孔，模具中设置了型芯。为了便于脱模及防止冷却时开裂，型芯的脱模斜度应尽可能大。模具结构应当保证在开模时先抽芯再脱模。

典型的模具结构如下。

Ⅰ. 带型芯的单向静压挤压铸造模，模具结构如图 19-56 所示。此种结构与图 19-53 所示相似，区别是开模时首先借助于拉杆 11 抽去型芯 8，再让凸模回程。脱模时由型芯 8 借助于取件器 13 将铸件顶出。

Ⅱ. 带型芯的双向静压挤压铸造模，结构原理如图 19-57 所示。这种模具的加压方式和脱模方式与图 19-54 所示相同。缺点是顶杆 9 的刚性不够，为此在设计时应当增加脱模斜度。

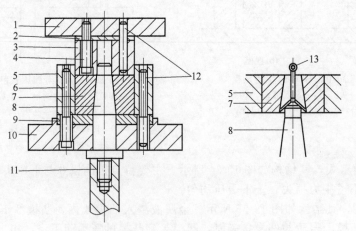

图 19-56　带型芯的单向静压挤压铸造模

1—上模板；2—凸模垫板；3—凸模；4,6—螺栓；5—凹模；7—挤压铸件；8—型芯；

9—凹模垫板；10—下模板；11—拉杆；12—定位销；13—取件器

Ⅲ. 带型芯浮动式静压挤压铸造模，模具结构如图 19-58 所示。加压原理类似于图 19-55 所示，区别在于前面采用的是浮动凹模，而此处采用的是浮动式型芯。采用浮动式型芯有效减小了压力损失，使铸件的上下压力均匀。在开模时，首先抽去型芯 4，再使凸模回程。此时失去压力的铸件的孔会缩小，可用浮动型芯将铸件顶出，从而实现脱模。

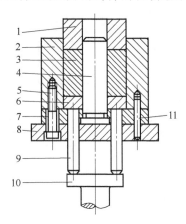

图 19-57　带型芯的双向静压挤压铸造模

1　凸模，2　凹模，3　挤压铸件；4　型芯；

5—螺栓；6—下压头；7—凹模垫板；8—下模板；

9—顶杆；10—加压杆；11—定位销

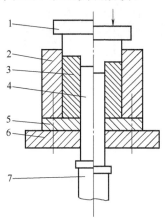

图 19-58　带型芯的浮动式静压挤压铸造模

1　凸模，2　凹模，3　挤压铸件；4　型芯；

5—凹模垫板；6—下模板；7—顶杆

c. 有台阶实心柱体静压挤压铸造模。对于易脱模件，凹模为整体式，其模具结构与实心无台阶柱体的模具一样。对于难脱模件，凹模为可分式，模具结构如图 19-59 所示。这种模具的凹模可以垂直分型，开模时，借助于顶杆和斜销顶出，并左右分开，实现脱模。合模时利用合模块加压并利用凹模套锁紧。

d. 外台阶有孔柱体静压挤压铸造模。对于易脱模件，凹模为整体式，其结构与无台阶有孔柱体的静压挤压铸造模一样。对于难脱模件，凹模为可分式，结构如图 19-60 所示。开模、合模类似于图 19-59 所示。

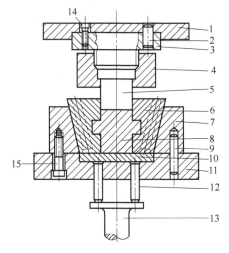

图 19-59　有台阶实心柱体静压挤压铸造模

1—上模板；2,9—定位销；3—模柄；

4—锁紧螺母；5—凸模；6—可分凹模；

7—模套；8—挤压铸件；10—凹模垫板；

11—下模板；12—顶杆；13—推杆；14,15—螺栓

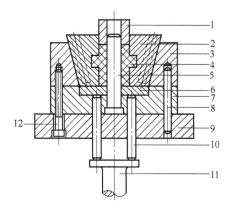

图 19-60　外台阶有孔柱体静压挤压铸造模

1—凸模；2—可分凹模；3—凹模套；

4—挤压铸件；5—型芯；6—凹模垫板；

7—模套垫板；8—定位销；9—下模板；

10—顶杆；11—推杆；12—螺栓

e. 内台阶有孔柱体静压挤压铸造模。对于易脱模件，凹模为整体式。由于内台阶的存在会阻碍压力传递，通常采用双向加压式或型芯浮动式模具，如图 19-61、图 19-62 所示。

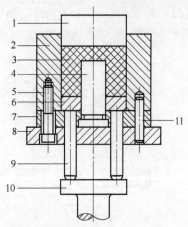

图 19-61 双向加压式内台阶有
孔柱体静压挤压锻造模

1—凸模；2—凹模；3—静压铸件；
4—型芯；5—螺栓；6—下压头；
7—凹模垫板；8—下模板；
9—顶杆；10—加压杆；11—定位销

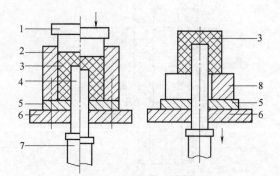

图 19-62 型芯浮动式内台阶有
孔柱体静压挤压铸造模

1—凸模；2—凹模；3—挤压铸件；
4—型芯；5—凹模垫板；6—下模板；
7—顶杆；8—卡环

对于难脱模的内台阶铸件一般不采用挤压铸造，如果必须采用，那么需要用耐高温的可溶性型芯成型内孔。如图 19-63 所示，开模时将铸件和型芯一同取出，经过特殊处理，去除型芯。

（2）直接挤压铸造模结构设计

① 结构特点。

a. 开模行程较大。

b. 模具均有导向机构，便于安装、调试，并保证凸、凹模间隙。

c. 凸、凹模的封闭高度保证 20～30mm，以防止金属液飞溅。

② 典型的模具结构。

a. 反挤压铸造模。图 19-64 所示是专门用于双动挤压铸造机上的反挤压铸造模，此种结构易于脱模。开、合模时，由外滑块带动下模板 7 进行；挤压成型时，由内滑块驱动凸模 2 进行。这种机构简单可靠，能优先抽去凸模，可防止开裂。

图 19-65 所示也是专门用于双动挤压铸造机上的垂直分型式反挤压铸造模，采用了垂直可分凹模，适合带有侧孔或侧凹的铸件。

图 19-66 所示是普通液压机所用的反挤压铸造模。开、合模和挤压成型都有滑块驱动下模板 7 来实现。凹模可以垂直分型，适合带有侧孔或侧凹的铸件。

图 19-67 所示是普通液压机所用杯形件的反挤压铸造模。合模时，凸模 1 向下移动一段距离后压在上模板 3 上，一起向下移动，进而合模、挤压成型。开模时，在弹簧 4 的作用

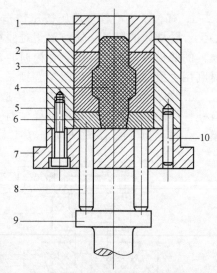

图 19-63 可溶性型芯内台阶有
孔柱体静压挤压铸造模

1—凸模；2—凹模；3—挤压铸件；4—型芯；
5—螺栓；6—垫板；7—下模板；
8—顶杆；9—加压杆；10—定位销

下，上模板 3 随凸模 1 一起向上移动。挤压铸件 5 包紧在凸模 1 上，也向上移动。接着，挡杆 2 阻止上模板 3 移动，凸模 1 继续上升，便将铸件卸下。

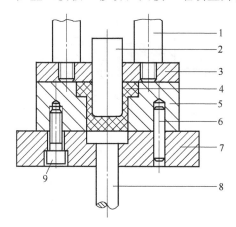

图 19-64　双动挤压铸造机用反挤压铸造模
1—压杆；2—凸模；3—上凹模板；
4—挤压铸件；5—凹模；6—定位销；
7—下模板；8—顶杆；9—螺栓

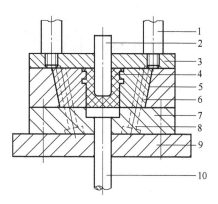

图 19-65　垂直分型式反挤压铸造模
1—压杆；2—凸模；3—上凹模板；
4—挤压铸件；5—凹模套；6—凹模；
7—下模垫板；8—斜销；9—下模板；10—顶杆

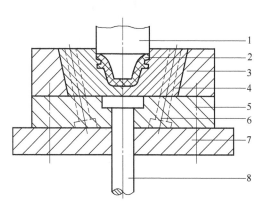

图 19-66　普通液压机用垂直分型式反挤压铸造模
1—凸模；2—挤压铸件；3—凹模套；
4—凹模；5—下模垫板；6—斜销；
7—下模板；8—顶杆

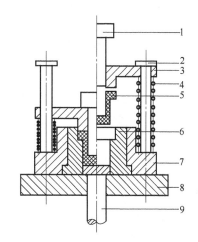

图 19-67　普通液压机用挤压铸造杯
形件的反挤压铸造模
1—凸模；2—挡杆；3—上模板（外凸模）；
4—弹簧；5—挤压铸件；6—凹模；
7—凹模套；8—下模板；9—顶杆

由于是先脱模再抽芯，易造成铸件开裂，应当设置较大的脱模斜度。

图 19-68 所示也是普通液压机所用杯形件的反挤压铸造模。它采用了滑板-锁钩式机构实现开、合模。它的锁模力由滑板-锁钩式机构提供，而挤压成型力由液压机的滑块提供。

图 19-69 所示是浮动顶杆式反挤压铸造模。浮动式顶杆可以有效克服型腔的台阶造成的压力损失，使铸件上的压力分布均匀。

b. 正挤压式铸造模。图 19-70 所示是正挤压铸造模，成型时，先将定量金属液浇入由导套 12 和压头 10 组成的压室内。凸模 5 与凹模 7 合模后，压头 10 向上加压，将金属液压入型腔，实现挤压成型。开模时，凸模 5 回程，压头 10 将铸件顶出凹模。

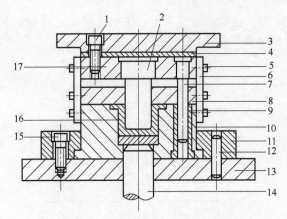

图 19-68　滑板-锁钩式反挤压铸造模

1,15—螺栓；2—凸模；3—上模板；4—上模垫板；
5—螺钉；6—滑板-挂钩；7—导柱；8—上凹模板；
9—导套；10—凹模；11—凹模压板；12—定位销；
13—下模板；14—顶件；16—挤压铸件；17—凸模压板

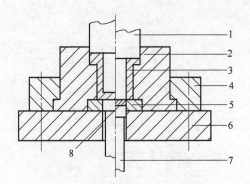

图 19-69　浮动顶杆式反挤压铸造模

1—凸模；2—凹模；3—挤压铸件；
4—凹模垫板；5—垫板；6—下模板；
7—浮动顶杆；8—余料

进行正挤压铸造模设计时，应防止出现"冷管"。所谓冷管是指在加压前，金属液因冷却而沿模壁形成的管状外壳。冷管如出现将导致铸件内出现夹层，可采取以下措施防止冷管生成。

Ⅰ.对压室充分预热，防止金属液温度过低，可采用电热器加热。

Ⅱ.压室的尺寸应大于液铸件的尺寸，这样冲头上行时，冷管将会破碎，便不会在铸件内形成夹层。

Ⅲ.在压室和型腔之间加一段截流环，原理同上。

Ⅳ.在压室内设置冷管破碎槽。

（3）间接挤压铸造模结构设计

① 间接挤压铸造模的分型面的选择。

a.分型面的相对位置。分型面的相对位置可分为三类，见表 19-68。

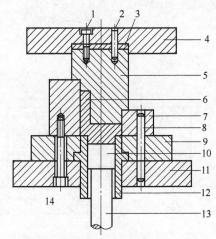

图 19-70　正挤压铸造模

1,14—螺栓；2,8—销钉；3—凸模垫板；4—上模板；
5—凸模；6—挤压铸件；7—凹模；9—导套压板；
10—压头；11—下模板；12—导套；13—顶杆

表 19-68　分型面的相对位置

序号	结构	特点及应用	示　图
1	铸件全部留在不动凹模内	这样的结构脱模困难,生产中较少采用	
2	铸件一部分在可动凹模内,一部分在不动凹模内	这样使得模具结构较复杂,但有利于高度较大的铸件的脱模。因此在生产中经常采用	

序号	结构	特点及应用	示　图
3	铸件全部留在可动凹模内	这种结构便于脱模,在生产中也常采用	

b. 分型面的形状。分型面的形状主要决定于挤压铸件的形状。常见分型面的形状见表19-69,其中以水平分型面最好。水平状的分型面既便于模具制造,又具有较好的充型效果。对于侧面有内凹或凸出部位的铸件,则应采用垂直加水平的分型面。

表 19-69　分型面的形状

序号	结构	示　图	序号	结构	示　图
1	水平		4	斜面	
2	曲面		5	垂直	
3	阶梯		6	水平-垂直	

c. 分型面的选择原则。为了便于脱模,一般希望铸件留在可动凹模内,以便开模时将铸件顶出。

② 间接挤压铸造模的典型结构,间接挤压铸造模分为同向式和对向式两种。

a. 同向式间接挤压铸造模。图19-71所示是专用挤压铸造机上的间接挤压铸造模结构。其凹模垂直可分,开、合模机构是液压导板式。通过侧压缸驱动推杆10实现可分凹模的开

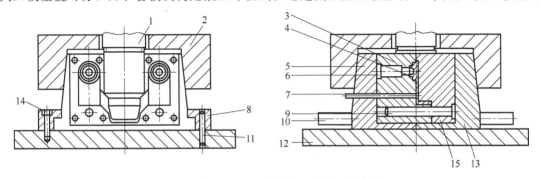

图 19-71　液压导板式同向间接挤压锻造模

1—压头(凸模);2—锁模套;3—左可分凹模;4—挤压铸件;5—左活动模座;6—型芯;7—顶杆;
8—导板;9—导柱;10—推杆;11—定位销;12—下模板;13—右活动模座;14—螺栓;15—右可分凹模

合。锁模套 2 可将可分凹模锁紧，以承受挤压成型的压力。成型结束，利用顶杆 7 将挤压铸件从活动凹模块中顶出。

图 19-72 所示是专用间接挤压铸造模的另一种形式。其凹模是垂直可分式，开、合模机构是直接合模式。它利用专用挤压铸造机的辅缸进行开、合模，用主缸进行挤压成型。这种模具结构简单可靠，但需要专用的液压机。

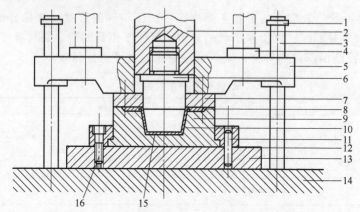

图 19-72　直接合模式同向间接挤压铸造模

1—挡块；2—主缸活塞杆；3—立柱；4—辅助缸活塞杆；5—活动横梁；6—凸模；7—上凹模板；8—挤压铸件；9—凹模；10—浇道；11—定位销；12—凹模压板；13—下模板；14—工作台；15—余料；16—螺栓

图 19-73 所示普通液压机所用的间接挤压铸造模。其凹模是水平可分式，开、合模机构是滑板锁钩销式，卸料机构是打料杆式。

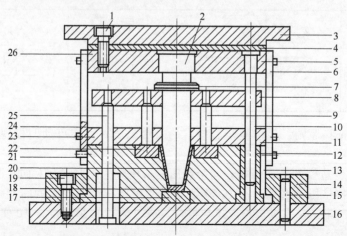

图 19-73　滑板锁钩销式同向间接挤压铸造模

1,19—螺栓；2—压头；3—上模板；4,17—垫板；5—销轴；6—滑板；7—限位螺母；8—打料板；9—打料杆；10—导柱；11—上凹模板；12—导套；13—下凹模板；14—压板；15—定位销；16—下模板；18—余料；20—浇道；21—钩销；22—挤压铸件；23—转轴销；24—钩板；25—拉杆；26—上模压板

b. 对向式间接挤压铸造模。图 19-74 所示是专用挤压铸造机上所用的对向式间接挤压铸造模。它利用主缸合模，辅缸卸料，下缸加压成型，其结构简单，动作可靠。

图 19-75 所示是普通挤压铸造机上所用的对向式间接挤压铸造模。凹模是水平分模式，利用主缸直接合模。导正销式导向机构，可以保证上、下凹模在合模时对正。为了保证打料杆在合模后处于正确的位置，还应加装复位装置（图中未画出）。

图 19-76 所示是凹模垂直可分的对向式间接挤压铸造模，其开、合模机构采用弯销-导板式。

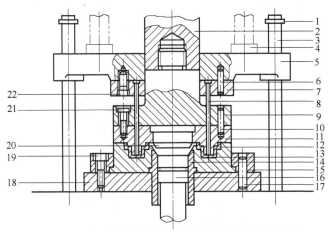

图 19-74　专用挤压铸造机上对向式间接挤压铸造模
1—挡块；2—主缸活塞块；3—立柱；4—辅助缸活塞块；5—活动横梁；6,10,17—定位销；
7—打料杆压板；8—打料杆；9—模柄；11—上模板；12—挤压铸件；13—凹模板；14—导套；
15—压板；16—压头；18—下模板；19,21,22—螺栓；20—分流锥

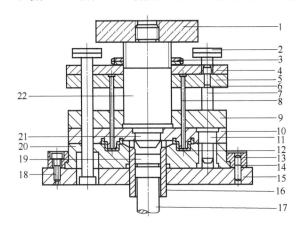

图 19-75　普通挤压铸造机上对向式间接挤压铸造模
1—上模板；2—拉料杆螺母；3—打料板定位螺母；4—打料压板；5—打料板；6—螺栓；7—打料拉杆；
8—打料杆；9—上凹模压板；10—上凹模板；11—导正销；12—挤压铸件；13—凹模压板；14—定位销；
15—下模板；16—导套；17—顶杆；18—螺钉；19—压头；20—下凹模板；21—分流锥；22—模柄

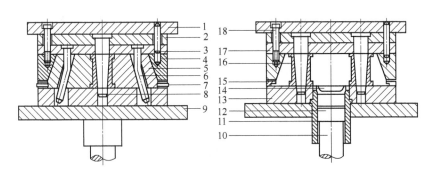

图 19-76　弯销-导板式对向式间接挤压铸造模
1—上模板；2—弯销垫板；3—定位销；4—锁模套；5—可分凹模；6—弯销；7—推杆；8—型芯；
9—下模板；10—顶杆；11—压套；12—压头；13—下模垫板；14—分流锥；
15—导轨压板；16—挤压铸件；17—型芯压板；18—螺栓

图 19-77 所示是普通挤压铸造机上所用的一模一件对向式间接挤压铸造模。其浇道在大型芯内部，适用于制造内部有较大孔的铸件。凹模为垂直-水平分型式，开合模机构为斜销式，采用拉杆式打料机构实现抽芯和脱模。

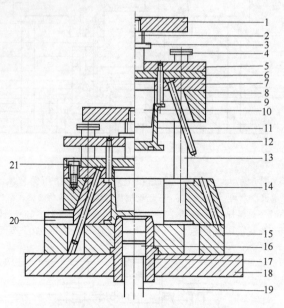

图 19-77　一模一件对向式间接挤压铸造模
1—上模板；2—模柄；3—打料板定位螺母；4—打料拉杆螺母；5—打料板；6—垫板；7—型芯压板；
8—锁模套；9—打料杆；10—型芯；11—挤压铸件；12—斜拉杆；13—打料拉杆；14—可分凹模；
15—压套压板；16—压头；17—压套；18—下模板；19—顶杆；20—导板；21—螺栓

19.7.6　挤压铸造模的预热与冷却

（1）预热机构设计

生产中常用的预热机构见表 19-70。

表 19-70　常用的预热机构

序号	预热种类		说　　明
1	可燃性气体预热		利用可燃气体燃烧器对挤压铸造模预热。常见的可燃气体有煤气、乙炔、液化石油气等，其中煤气和液化石油气更常用
2	电阻加热预热	一种是将电阻丝制成加热元件，镶入模具内	采用电阻加热使用方便，加热均匀、清洁，操作安全，但预热时间长，成本较高。用电热元件加热时，其通道和孔径及其距分型面的距离视模具的结构及大小而定。一般加热元件距分型面10mm，通道孔径约为20mm
		另一种是制成各种形状的电热圈，用远红外加热的方法预热模具	
3	循环油预热		利用油泵将温度为150～200℃的油压入模具的加热通道内进行预热。在挤压铸造开始时，油起到预热的作用；在挤压铸造过程中，油起到冷却的作用。这种方法可使模具在较为恒定的环境中工作。但模具结构较复杂，并需要一套密封较好且耐高温的循环系统
4	金属液预热		采用金属液直接预热模具。这种方法虽然简单，但既浪费金属，又会严重影响模具寿命，一般不推荐采用

（2）冷却机构设计

在模具工作时，温度会不断升高，为了使生产顺利进行，就必须对模具进行冷却。

① 冷却介质　常用的介质是油、水、空气、空气与水混合。

② 冷却方式　冷却方式及特点见表 19-71。

③ 内冷式模具　有三种，见表 19-72。

为了更好地起到冷却作用，在模具中要合理地设计孔、槽的分布。冷却孔、槽的分布形式很多，视挤压铸件的大小、形状及模具结构而定。设计时可参考图 19-78～图 19-82。

表 19-71　模具的冷却方式及特点

序号	冷却方式	说　明
1	外冷式	其内部不需要加工出冷却装置 工作时只需向模具喷空气或冷水即可。这种模具结构简单，但冷却效果差，冷却不均匀，易引起疲劳裂纹。一般用于批量不大的小型铸件的生产
2	内冷式	必须在型腔壁上加工出通道 如果冷却剂是空气，其结构简单，不需要考虑密封问题，但其冷却效果差 如果冷却剂是水，则必须考虑密封问题，模具结构复杂。若采用潮湿空气，则只要控制好水与空气的比例，在冷却时水分会完全蒸发。这种情况下不需要考虑密封问题

表 19-72　内冷式模具的结构

序号	种类	说　明	示　图
1	沟道式	它直接在模块和模板上钻孔或铣出沟槽，冷却剂在沟槽和孔道内流动进行冷却。这种方式冷却效果好，但要求连接处密封好	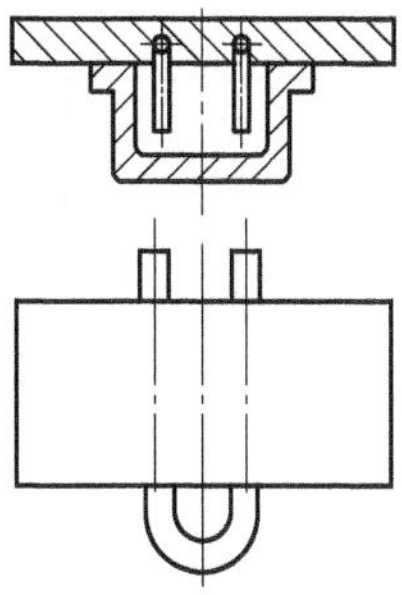
2	管道式	先在模块或模板上钻孔或铣槽，然后在孔或槽内镶嵌铜管。这种方法容易密封，但要求铜管与模具中的沟槽很好粘合。否则会影响其冷却效果	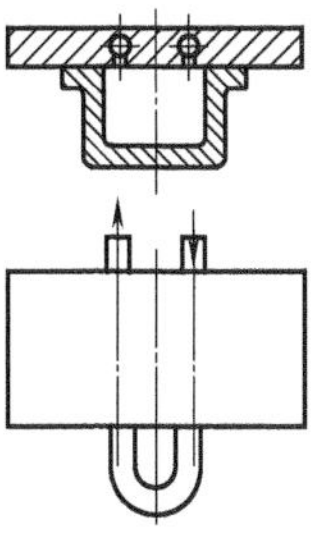
3	导热杆式	它先在细长的型芯内钻一细孔，然后在型芯孔内插入与孔径相当而导热性强的金属杆（导热杆）。导热杆的另一端用循环水冷却。这样，型芯的热量通过导热杆传至冷却水中被带走。用于细长型芯的冷却	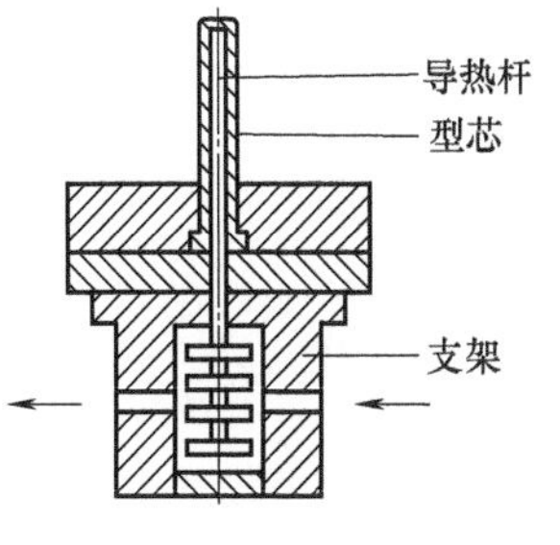 导热杆　型芯　支架

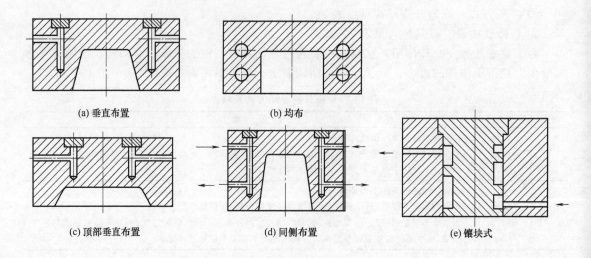

(a) 垂直布置

(b) 均布

(c) 顶部垂直布置

(d) 同侧布置

(e) 镶块式

图 19-78　冷却通道布置

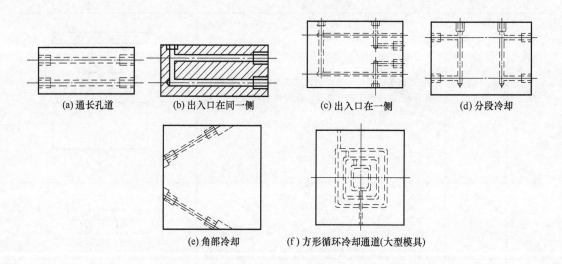

(a) 通长孔道

(b) 出入口在同一侧

(c) 出入口在一侧

(d) 分段冷却

(e) 角部冷却

(f) 方形循环冷却通道(大型模具)

图 19-79　冷却通道分布

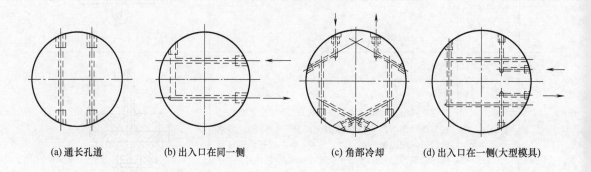

(a) 通长孔道

(b) 出入口在同一侧

(c) 角部冷却

(d) 出入口在一侧(大型模具)

图 19-80　冷却通道形式及布置（一）

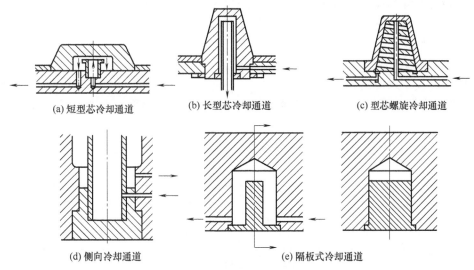

(a) 短型芯冷却通道 (b) 长型芯冷却通道 (c) 型芯螺旋冷却通道

(d) 侧向冷却通道 (e) 隔板式冷却通道

图 19-81　冷却通道形式及布置（二）

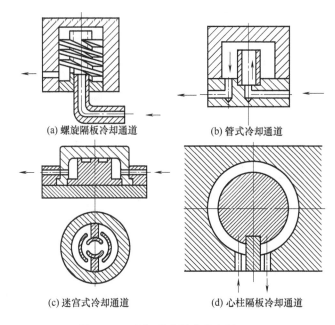

(a) 螺旋隔板冷却通道 (b) 管式冷却通道

(c) 迷宫式冷却通道 (d) 心柱隔板冷却通道

图 19-82　冷却通道形式及布置（三）

19.8　模架与成型零件设计

19.8.1　挤压铸造模的材料及技术要求

（1）工作零件选材

指与金属液直接接触的零件，包括凸模、凹模、型芯、镶块等。

工作零件的材料应满足下列要求。

① 在高温应有较高的强度、硬度、耐磨性和适当的塑性。

② 有较好的导热性、抗热疲劳性。

③ 高温下不易氧化，能抵抗金属液的粘焊及熔蚀。

④ 淬透性好，热处理变形小。

⑤ 线胀系数小。

⑥ 能够焊接，以便模具的修复。

为了获得上述性能，常在铁-碳合金中加入 W、Cr、Co、Mo、Ni、V、Ti、Zr、B 等合金元素。

挤压铸造模工作零件常用材料及热处理要求见表 19-73。

表 19-73　挤压铸造模工作零件常用材料及热处理要求

挤压铸造金属		铅、锌、锌合金	铝合金、镁合金		铜合金	黑色金属
材料	主用	3Cr2W8V, 5CrNiMo, 4Cr5MoSiV1	3Cr2W8V, 54Cr5MoSiV1		3Cr2W8V, 54Cr5MoSiV1	3Cr2W8V, MoV,3W23Cr4
	代用	5CrMnMo, 4CrWSi, 40CrNi,4CrSi	4CrWNi,5CrMnMo, 5CrNiMo			15,45,40Cr,Q235
热处理要求		淬火～回火 48～52HRC	挤压铸造不易变形件	淬火-回火 型腔 42～46HRC 型芯 44～48HRC	淬火-回火 型腔:38～42HRC 型芯:42～46HRC	表面渗铝,退火; 表面渗硼或硼铝共渗, 42～46HRC
			挤压铸造易变形件	调质(31～ 35HRC)-氮化 (800～900HRC)		

（2）其他零件的选材

指不与金属液接触的零件，常用材料见表 19-74。

表 19-74　其他零件常用材料

零件	主用材料	代用材料	热处理	硬度要求
模板、支承板、模套、固定板	45,Q460	QT400-18	正火调质	28～32HRC
模柄、推杆、压板		40Cr	调质	28～32HRC
导正销、导柱	T10A,9Mn2V	T8A	淬火-回火	52～57HRC
导套				47～52HRC
斜销、斜键、导滑镶块	5CrNiMo,T10A, 5CrMnMo	T8A,60	淬火-回火	45～50 HRC
导板、顶杆	45,40Cr	Q460C	淬火-回火	43～48 HRC
打料杆、垫板	T8A,40Cr	45	淬火-回火	43～48 HRC
打料板	45,Q460C	40Cr	淬火-回火	220～250 HRC
导向环	HT200	HT150	回火	
顶管	3Cr2W8V	5CrNiMo	淬火-回火	47～53 HRC
中间套	Q235,Q460C	45	调质	
弹簧	5CrVA,60Si2	65Mn,60Si2MnA	淬火-回火	40～48 HRC
	氮气弹簧			

（3）零件的公差、配合及表面粗糙度

① 形位公差值的选用原则。

a. 同一要素上，给出的形状公差值应小于其位置公差值。例如，要求平行的两个表面，其平面度公差值应小于平行度公差值。

b. 圆柱状零件的形状公差值（轴线的直线度除外）在一般情况下应小于其尺寸公差值。

c. 平行度公差值应小于其相应距离公差值。

d. 根据零件的加工难易程度及其他因素的影响，在满足零件功能的条件下，下列情况的精度可以适当降低 1～2 级。

Ⅰ. 孔对于轴。

Ⅱ. 细长比较大的轴或孔。

Ⅲ. 距离较大的轴或孔。

Ⅳ. 宽度较大（大于 1/2 长度）的零件表面。

Ⅴ. 线对线和线对面相对于面对面的平行度。

Ⅵ. 线对线和线对面相对于面对面的垂直度。

② 形位公差的数值可以查表获得，见表 19-75～表 19-78。

表 19-75　直线度、平面度公差　　　　　　　　　单位：μm

公差等级	主要参数 L/mm									举　例
	40～63	63～100	100～160	160～250	250～400	400～630	630～1000	1000～1600	1600～2500	
4	3	4	5	6	8	10	12	15	20	导柱、导套、凸模、凹模、分型面
	Ra0.4			Ra0.8				Ra3.2		
5	5	6	8	10	12	15	20	25	30	导正销、导柱、导套、模板、压头
	Ra0.4			Ra1.6				Ra3.2		
6	8	10	12	15	20	25	30	40	50	模套、模柄、模板、压柱、打料杆
	Ra0.8			Ra3.2				Ra6.3		
7	12	15	20	25	30	40	50	60	80	模柄、固定板、垫板、打料杆
	Ra1.6			Ra3.2				Ra12.5		
8	20	25	30	40	50	60	80	100	120	顶杆、推杆
	Ra1.6			Ra3.2				Ra12.5		
9	30	40	50	60	80	100	120	150	200	顶杆、推杆、打料杆
	Ra3.2			Ra6.3				Ra25		

表 19-76　圆度、圆柱度公差　　　　　　　　　单位：μm

公差等级	主要参数									举　例
	≤3	3～6	6～10	10～18	18～30	30～50	50～80	80～120	120～180	
4	0.8	1	1	1.2	1.5	1.5	2	2.5	3.5	型芯、导柱、导套
5	1.2	1.5	1.5	2	2.5	2.5	3	4	5	凸模、凹模
6	2	2.5	2.5	3	4	4	5	6	8	模顶杆、打料杆
7	3	4	4	5	6	7	8	10	12	模柄、垫板
8	4	5	6	8	9	11	13	15	18	斜销
9	6	6	9	11	13	16	19	22	25	拉杆

表 19-77　同轴度、对称度、圆跳动、全跳动公差值　　　　　　　　　单位：μm

公差等级	主要参数 d(D)、B、L/mm									举　例
	3～6	6～10	10～18	18～30	30～50	50～120	120～260	260～500	500～800	
4	2	2.5	3	4	5	6	8	10	12	高精度模具
5	3	4	5	6	8	10	12	15	20	较高精度模具
6	5	6	8	10	12	15	20	25	30	较高精度模具
7	8	10	12	15	20	25	30	40	50	较高精度模具
8	12	15	20	25	30	40	50	60	80	一般模具
9	25	30	40	50	60	80	100	120	150	一般模具

表 19-78　平行度、垂直度、倾斜度公差　　　　　　　　　单位：μm

公差等级	主要参数 $d(D)$、L/mm									举　例
	40～63	63～100	100～160	160～250	250～400	400～630	630～1000	1000～1600	1600～2500	
4	8	10	12	15	20	25	30	40	50	高精度模具
5	12	15	20	25	30	40	50	60	80	较高精度模具
6	20	25	30	40	50	60	80	100	120	较高精度模具
7	30	40	50	60	80	100	120	150	200	较高精度模具
8	50	60	80	100	120	150	200	250	300	一般模具
9	80	100	120	150	200	250	300	400	500	一般模具

③ 孔间距偏差。模具上的各种孔，为了便于装配和保证精度，应限制其公差。

孔的偏差取决于配合间隙的大小和连接方法（螺栓连接和螺钉连接）。

当有多个孔时，尺寸标注方法不同，其偏差值也就不同。采用链式标注方法，公差限制较严格，一般不推荐采用。推荐采用阶梯式标注方法，如图 19-83 所示。

孔的偏差可按表 19-79 所列公式进行计算。

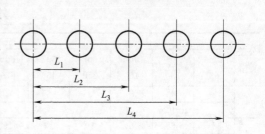

图 19-83　阶梯式公差标注

表 19-79　孔间距偏差的计算公式

连接方式		偏差计算公式	说　明
孔连接		$\Delta L=(d_0-d)/2$	d_0——孔的极小尺寸
螺栓连接	鱼眼孔	$\Delta L=(d_0-d)(0.6～0.8)/2$	d——轴的极大尺寸
	埋头孔	$\Delta L=(d_0-d)(0.5～0.6)/2$	

④ 模具零件的表面粗糙度。表 19-80 给出了表面粗糙度的选择实例。

表 19-80　表面粗糙度选择

表面特征		表面粗糙度 $Ra/\mu m$	
		一般要求	较高要求
与合金液接触的各种表面(分流锥端面除外)		0.8～0.2	0.2～0.05
滑动配合表面 导柱-导套 导块-滑块	轴	0.8～0.2	
	孔	1.6～0.4	
各种零件的配合(无相对运动)，凸模、凹模、型芯等于模板、固定板的配合	轴	1.6	
	孔	3.2	
有形位公差要求的表面		3.2～0.8	
非工作表面		25～6.3	

19.8.2　成型零件设计

（1）凹模设计

① 凹模的形式。根据挤压铸造方式，同时考虑挤压铸件的脱模及模具加工等问题，挤压铸造凹模可以设计成整体式、水平分型式、垂直分型式和复合分型式四种，如图 19-84 所示。

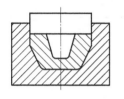 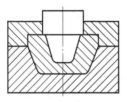 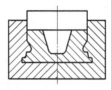 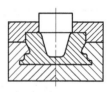

| (a) 整体式 | (b) 水平分型式 | (c) 垂直分型式 | (d) 复合分型式 |

图 19-84　凹模的形式

凹模的形式及应用见表 19-81。

表 19-81　凹模的形式及应用

凹模形式	应　　用
整体式	形状简单,易于脱模的铸件
水平分型式	形状复杂,但能在垂直方向脱模的铸件
垂直分型式	不能在垂直方向直接脱模的铸件
复合分型式	形状复杂,不能在垂直方向直接脱模的铸件

② 可分式凹模的设计原则。

a. 铸件易于从模具中取出

b. 便于模具加工。例如采用凹模镶块,可以将难以加工的内曲面转变为易加工的外曲面。

c. 型腔磨损后可以通过修模进行修复。

d. 凹模各部分的壁厚不宜相差太大,以避免热处理时产生变形。

e. 可分凹模的拼块数目应尽可能少。

f. 凹模的安装要保证牢靠,接合面处配合严密,不允许倒角,以免形成毛刺甚至导致金属液飞溅。

g. 垂直分型的凹模,最好设计成圆形,以便于采用圆形的锁模套锁模。圆形的锁模套强度和刚度高,并且便于加工。

③ 凹模的壁厚。

a. 根据强度和刚度条件进行计算最小壁厚。凹模的壁厚必须使其有足够的强度和刚度,表 19-82 给出了不同形状凹模的最小壁厚的计算公式。

表 19-82　凹模的最小壁厚

凹模类型	图例	按刚度计算	按强度计算
整体式圆形凹模		$t_1 = r\sqrt{\dfrac{1-\mu+\dfrac{E\delta}{rp}}{\dfrac{E\delta}{rp}-\mu-1}}-1$	$t_1 = r\left(\sqrt{\dfrac{[\sigma]}{[\sigma]-2p}}-1\right)$
		$t_2 = \sqrt[3]{0.141\dfrac{pr^4}{E\delta}}$	$t_2 = \sqrt{\dfrac{3pr^2}{4[\sigma]}}$

凹模类型	图例	按刚度计算	按强度计算
垫板式圆形凹模		$t_1 = r\sqrt{\dfrac{1-\mu+\dfrac{E\delta}{rp}}{\dfrac{E\delta}{rp}-\mu-1}}-1$	$t_1 = r\left(\sqrt{\dfrac{[\sigma]}{[\sigma]-2p}}-1\right)$
		$t_2 = \sqrt[3]{0.59\dfrac{pr^4}{E\delta}}$	$t_2 = \sqrt{\dfrac{1.22pr^2}{4[\sigma]}}$
整体式矩形凹模		$t_1 = \sqrt[3]{\dfrac{Cpa^4}{E\delta}}$	$t_1 = \sqrt{\dfrac{6M_{max}}{[\delta]}}$
		$t_2 = \sqrt[3]{\dfrac{Cpa^4}{E\delta}}$	$t_1 = \sqrt{\dfrac{6M_{max}}{[\delta]}}$
垫板式矩形凹模		$t_1 = \sqrt[3]{\dfrac{paL^4}{32Eb\delta}}$	$t_1 = \sqrt{\dfrac{paL^2}{2b[\sigma]}}$
		$t_2 = \sqrt[3]{\dfrac{5pB_1L_1^4}{32Eb\delta}}$	$t_2 = \sqrt{\dfrac{3pB_1L_1^2}{4B[\sigma]}}$

注：表中各参数。

p——挤压铸造的压射比压，MPa；

E——弹性模量，MPa；

μ——泊松比，请查阅相关手册；

$[\sigma]$——材料的许用应力，MPa；

δ——凹模壁的允许变形量，应控制在 $0.05\sim0.10$mm 范围内；

C——与 L/a 有关的系数，见表 19-83；

B_1——型腔宽度，mm；

L_1——底板承压部分长度，mm；

B——凹模宽度，mm；

b——凹模高度，mm；

M_{max}——凹模锁承受的最大弯矩，N·mm，请查阅相关手册。

表 19-83　系数 C 的取值

L/a	C	L/a	C
1.0	0.044	1.7	0.096
1.1	0.053	1.8	0.102
1.2	0.062	1.9	0.106

L/a	C	L/a	C
1.3	0.070	2.0	0.111
1.4	0.078	3.0	0.134
1.5	0.84	4.0	0.140
1.6	0.90	5.0	0.142

b. 可根据经验数据进行计算。表 19-84 和表 19-85 分别给出了凹模垫板的厚度尺寸和凹模壁厚尺寸。

表 19-84　凹模垫板的厚度尺寸

投影面积 A_0/cm^2	垫板厚度/mm	投影面积 A_0/cm^2	垫板厚度/mm
<5	<5	50~100	25~30
5~10	15~20	100~200	30~40
10~50	25~30	>200	>40

表 19-85　凹模壁厚尺寸

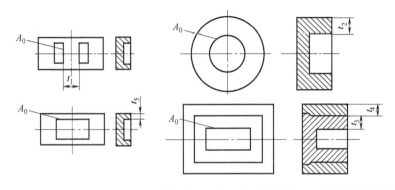

型腔壁部投影 A_0/cm^2	壁厚/mm				
	t_1	t_2	t_3	t_4	t_5
≤5	15~20	30~40	≤10	15~20	30~40
5~10	20~25	40~50	10~15	20~25	40~55
10~50	20~30	50~60	15~20	25~30	55~65
50~100	30~35	60~75	20~25	30~40	65~70
100~200	35~40	75~85	25~30	40~50	70~75
>200	>40	>85	30~35	50~60	>80

④ 凹模型腔尺寸。凹模型腔尺寸按照制模用挤压铸造件图进行加工。

为了防止金属液充型时飞溅，凹模型腔的高度应等于制模用挤压铸件的相应尺寸再加导入深度（H），如图 19-85 所示，导入深度值见表 19-86。

⑤ 凹模的连接方式。凹模与模板的连接不宜直接采用螺栓、定位销进行连接。因为这样会耗费较多的贵重材料，而且会给加工及热处理带来困难。凹模与模座的连接的正确方法是用凸肩、压板（压环）的方式来连接，见表 19-87 所列。

凹模凸肩的结构和尺寸如图 19-86 所示。

表 19-86　导入深度值

配合入投影面积 A_0/cm^2	≤5	5~10	10~50	50~100	100~200	>200
导入深度 H/mm	10	10~15	15~20	20~25	25~30	30~35

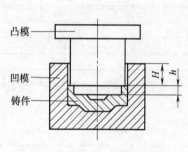

图 19-85 导入深度示意图

凸模

凹模

铸件

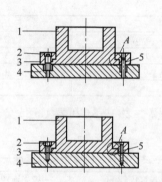

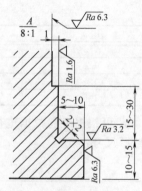

图 19-86 凹模凸肩的结构和尺寸

1—凹模；2—螺栓；3—压条（压板）；4—模板；5—销

表 19-87 凹模的连接形式

序号	连接形式	应用	特点及要求	图 示
1	凸肩-压板式	圆形凹模的连接	当凹模的型腔有方向要求时,应设置防转销	1—凹模；2—螺栓；3—压板；4—模板；5—防转销
2	凸肩-压条式	方形凹模的连接	螺栓承受的弯曲力较大。为了减小螺栓的受力,可将压板设计成凸键式,使其卡入模板	1—凹模；2—螺栓；3—压条；4—模板；5—定位销

⑥ 凹模的技术条件。凹模在加工时应达到如下技术要求。

a. 凹模的上、下表面应平行，垂直分型面应与下表面垂直，其平行度与垂直度的偏差不大于凸凹模间隙（单边）的 1/4（0.012～0.025）。

b. 凹模型腔的表面粗糙度一般为 $Ra0.8\mu m$，如果铸件的表面质量要求高，其表面可取 $Ra0.02\sim0.08\mu m$。

c. 分型面上的型腔轮廓不允许倒角。

d. 凹模在粗加工后，最好进行一次去应力退火。半精加工后，进行调质处理。形状简单的凹模最好进行真空热处理，使其硬度达到 50～55HRC。形状复杂的凹模，其真空热处理硬度应稍低，硬度为 35～40HRC，然后进行表面氮化处理。氮化层深度为 0.2～0.4mm，氮化后的表面硬度为 900~1200HV。

(2)凸模设计

① 凸模的形式及连接方式。凸模的形式也分为整体式和组合式两种。整体式凸模强度、刚度大，生产中多采用这种结构。只有当凸模加工过于困难，或采用活块有利于脱模时，才考虑使用组合式凸模。

凸模的连接方式见表 19-88。

② 凸模的强度校核。对于凸模尤其是细长凸模应当进行压力和弯曲应力的校核，以检查其危险断面尺寸和自由长度是否满足强度和刚度要求。如果脱模力较大，则还应对螺纹和台肩进行强度校核，校核公式见表 19-89。

表 19-88　凸模的连接方式

序号	连接形式	应用	特点及要求	图　示
1	台肩-压板(环)式	适用于圆形凸模中、小型矩形凸模也常采用，此时要将其连接部分设计成圆形	凸模通过压环、螺栓、定位销等零件固定在上模板上	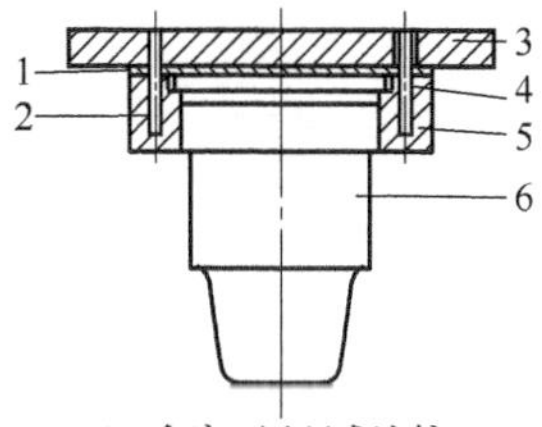 (a) 台肩-压环式连接 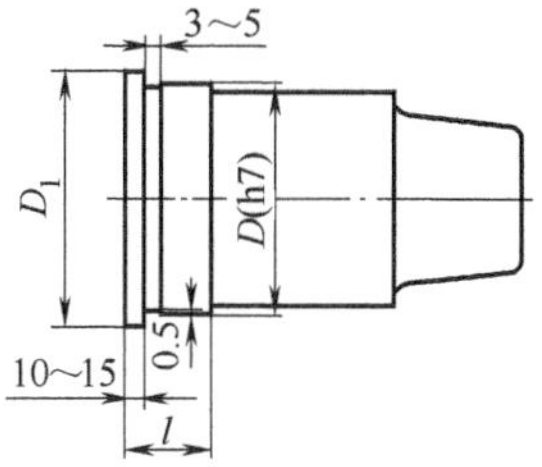 (b) 台肩的部分结构和尺寸 1—垫板；2—定位销；3—上模板；4—螺栓；5—压环；6—凸模
2	直装式	尺寸较大的圆形凸模	采用窝座定位。这种结构定位精确，结构牢靠，可承受一定的侧向力。但是加工稍难 为了适应设备的封闭高度、打料或模具加工等要求，凸模必须通过模柄再与模板连接。凸模与柄的连接方式可采用图中的方式。而模柄与模板的连接方式可采用上述方法的任一种	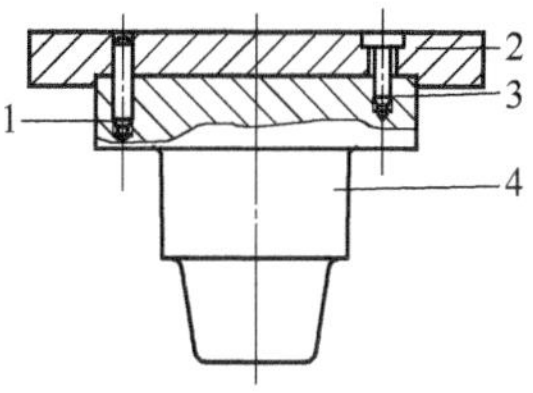 1—销；2—上模板；3—螺栓；4—凸模
			采用销钉定位。加工容易，但是不能承受较大的侧向力 与采用窝座定位的要求相同	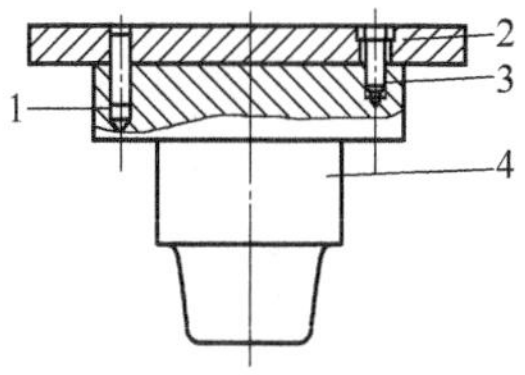 1—销钉；2—上模板；3—螺栓；4—凸模

序号	连接形式	应用	特点及要求	图　示
3	插入式	适用于脱模力不大的小型圆形或矩形凸模	凸模插入模柄的孔内,由模柄孔定位,通过锁紧螺钉固定	靠台肩受力。可以承受较大的挤压力,但加工费用较高 插入式连接(台肩受力) 1—锁紧螺钉；2—模柄；3—凸模 靠锁紧螺钉受力,加工容易但是不能承受较大的挤压力 插入式连接(销钉受力) 1—锁紧螺钉；2—模柄；3—凸模
4	螺纹连接式	适用于脱模力较大的小型圆形凸模	凸模通过螺纹与模柄连接,用锁紧螺钉将其固定。定位精确度较差,但结构简单,加工容易,可以承受较大的脱模力	靠台肩受力 螺纹连接(台肩受力) 1—锁紧螺钉；2—模柄；3—凸模 靠凸模的接触面受力 螺纹连接(凸模接触面受力) 1—模柄；2—凸模
5	组合式凸模	脱模或加工困难的凹模,或为减少模具数量、降低生产成本时采用	凹模的型腔可快速更换,同一副模具可适应不同的零件成型,维修成本低	 组合式凸模

表 19-89 凸模的强度校核公式

校核内容		校核公式	说　明
压应力校核	圆形凸模	$d_{min} \geqslant \sqrt{\dfrac{4P_0}{\pi[\sigma_{\mathbb{E}}]}}$	d_{min}——最小断面直径，mm； P_0——挤压铸造力，N； $[\sigma_{\mathbb{E}}]$——材料的许用抗压强度，MPa；
	其他形状凸模	$A_{min} \geqslant \dfrac{P_0}{[\sigma_{\mathbb{E}}]}$	A_{min}——最小断面面积，mm^2； L_{max}——最大长度，mm；
纵向应力校核	圆形凸模	$L_{max} \leqslant 91.8 \times \dfrac{d_{min}^2}{\sqrt{P_0}}$	J——最小断面对于其型芯轴的惯性矩，mm^4，算法请
	其他形状凸模	$L_{max} \leqslant 420\sqrt{\dfrac{J}{P_0}}$	查阅相关手册

③ 凸模尺寸计算。凸模的尺寸如图 19-87 所示，其总长度可按下式计算：

$$L = L_1 + L_2 + L_3 + L_4$$

式中　L——凸模总长度，mm；

L_1——成型长度，mm；

L_2——导入长度，mm，请参考表 19-86；

L_3——自由长度，mm，决定模具的封闭
高度；

L_4——装配长度，mm，见表 19-90。

其他尺寸请参考表 19-90。

④ 凸模的技术要求。凸模在设计和加工时应达到如下技术要求。

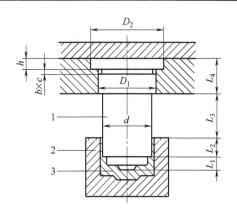

图 19-87　凸模尺寸
1—凸模；2—凹模；3—铸件

表 19-90 凸模的装配尺寸

凸模工作部分的投影面积 A_0/cm²	＜5	5~50	50~500	500~1000	1000~5000	＞5000
d/mm	＜50	50~100	100~250	250~400	400~800	＞800
L_4/mm	15~20	20~25	25~30	35~40	40~50	50~60
h/mm	4	5	6	8	10	15
$b \times c$/mm	2×0.5	3×1	3×1	4×1	4×1	4×1
D_1/mm	$d+2$	$d+3$	$d+3$	$d+4$	$d+4$	$d+4$
D_2/mm	D_1+7	D_1+8	D_1+9	D_1+9	D_1+10	D_1+10

注：凸模的工作部分是指与金属液接触的部分。

a. 凸模工作部分的端面及有装配要求的端面应与轴线垂直。其偏差不大于凸凹模间隙（单边）的 1/4（0.012~0.025mm）。

b. 凸模与凹模配合处的尺寸精度为 h8。

c. 凸模工作部分的表面粗糙度为 $Ra0.8\mu m$，如果铸件表面的质量要求较高，则凸模的表面粗糙度可取 $Ra0.02~0.08\mu m$。

d. 凸模导入处的端面与凹模接触的边不允许有倒角或圆角，以免产生毛刺。

⑤ 凸模精加工后最好进行一次去应力退火，半精加工后进行调质处理。形状简单的凸模最好进行真空热处理，使硬度达到 50~55HRC。形状复杂的凸模，其真空热处理硬度应稍低，为 35~40HRC，然后进行表面氮化处理，氮化层深度为 0.2~0.4mm，氮化后的表面硬度为 900~1200HV。

（3）型芯与镶块设计

① 型芯与镶块的设计原则。

a. 定位准确、有足够的刚度。如图 19-88（a）所示的结构，虽然加工简单，但是定位不准确，连接刚度也不足。图 19-88（b）所示的结构定位准确，连接刚度高，而且加工也较简单，推荐采用如图 19-88（b）所示结构。

b. 与模块的结合面要留一定的间隙便于排气和脱模。如图 19-89（a）所示的结构易堵塞排气孔，不利于排气。图 19-89（b）所示的结构则不易堵塞排气孔，利于排气。

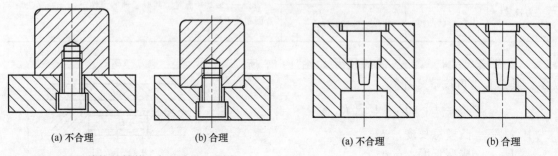

图 19-88 镶块的结构（保证定位、刚度）　　　　图 19-89 镶块的结构（便于排气、脱模）

c. 对于承受金属液冲击易于损坏的型芯和镶块，应保证能够方便更换。

d. 尽量避免尖角和薄壁，以免刚性不足而变形，如图 19-90 所示。

e. 镶块可有两块或多块组成，以保证加工精度，如图 19-91 所示。

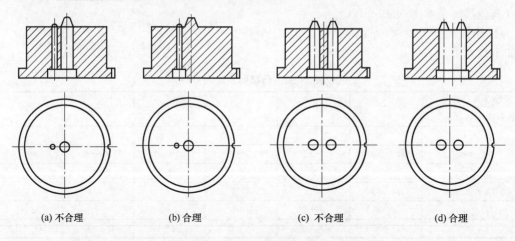

图 19-90 镶块的结构（方便更换）

图 19-91 镶块的结构（组合镶块）

② 型芯与镶块的结构形式和固定方式。结构与固定方式与凸模有些类似，如表 19-91 所示。

表 19-91　型芯与镶块的结构形式和固定方式

序号	名称	特点及应用	图　　示
1	台肩-压板(环)式	结构简单、加工容易,最为常用	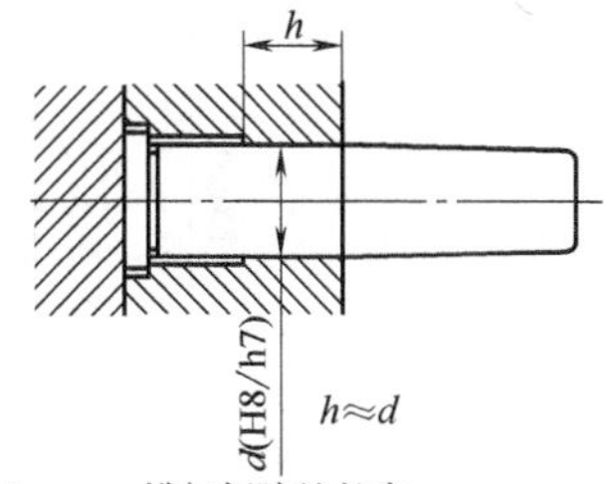 h —— 排气间隙的长度,mm； d —— 型芯或镶块的直径或边长,mm
2	螺母-台肩式	主要用于细长型芯	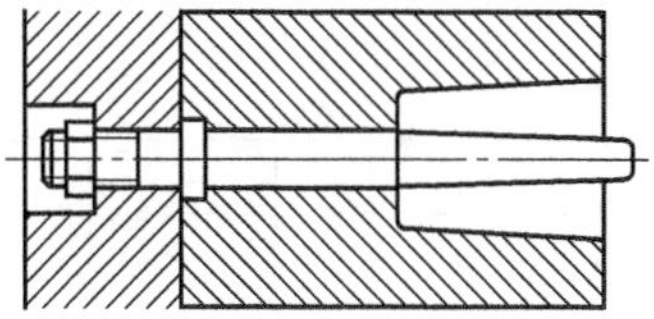
3	嵌入式	主要用于镶块	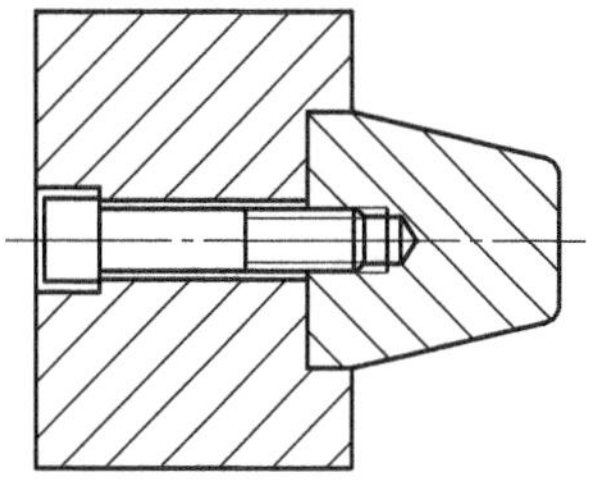
4	插销式	主要用于小型芯和小镶块	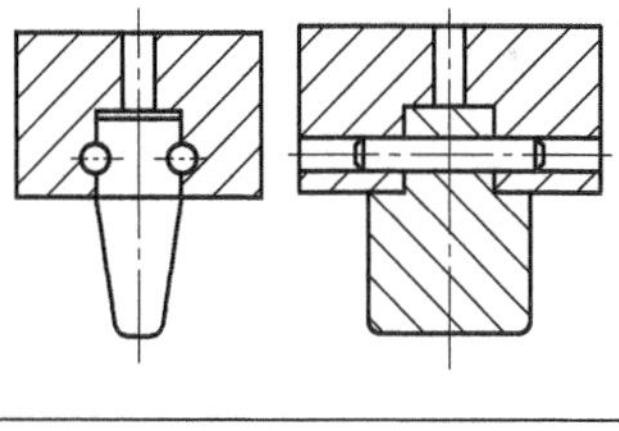
5	旋入式	主要用于旋转体型芯和镶块	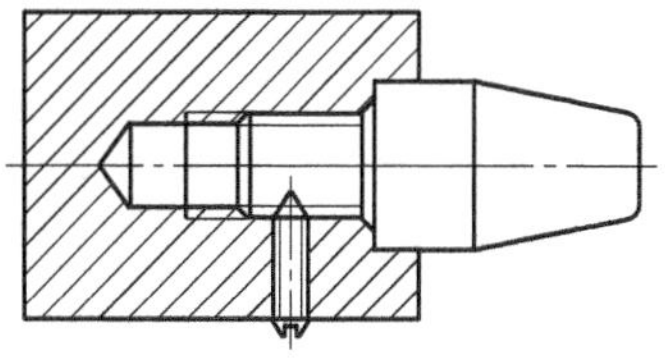

③ 型芯与镶块的技术要求,请参照凸模的技术要求。

（4）压头

压头的作用是迫使金属液充型。在对向式挤压铸造工艺中,压头还为成型提供挤压力。

① 压头的结构与尺寸。常用的压头的结构有如下两种。

a. 螺旋式压头。如图 19-92 所示,它利用螺杆与挤压铸造机的顶杆连接,压头的 d_2 柱面起定位作用。这种压头结构简单,定位可靠,加工制造容易,更换方便,生产中较常采用。螺杆式压头的尺寸要素见表 19-92。

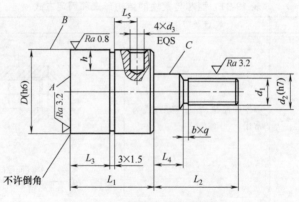

图 19-92　螺杆式压头的结构

表 19-92　螺杆式压头的尺寸要素　　　　　　　　　　　　　　单位：mm

D	d_1	d_2	d_3	L_1	L_2	L_3	L_4	L_5	h	$b \times q$
40	M16	20	6	50	50	23.5	10	12	10	3.5×1.5
45										
50										
55	M20	25		55	60	26		6		3.5×1.8
60				60		28.5				
65			10	65		31			15	
70				70		33.5				
75	M24	30		75	65	36	10	20		4.5×2.2
80				80		38.5				
85	M30	40		85	75	41		25		4.5×2.5
90				90		43.5				
95				95		46				
100			15	100		48.5			20	
105	M36	48		105	90	51	15	28		5.5×2.8
110				110		53.5				
115				115		56				
120	M36	84	15	120	90	58.5	15	28	20	5.5×2.8
125				125		61		32		
130				130		63.5				
135				135		66				
140				140		68.5				
145	M42	54	20	145	110	71	20	38	25	6×3.2
150				150		73.5				
160				160		78.5				
170				170		83.5		42		
180				180		88.5				
190	M48	60		190	120	93.5		48		
200				200		98.5				

　　b. 螺孔式压头。如图 19-93 所示，它利用螺孔与挤压铸造机的顶杆连接，压头的 d_1 孔起定位作用。其特定与螺杆式压头一样，压头结构简单，定位可靠，加工制造容易，更换方

便。它的另一个优点是用料较少，生产中更常采用。螺孔式压头的尺寸要素见表 19-93。

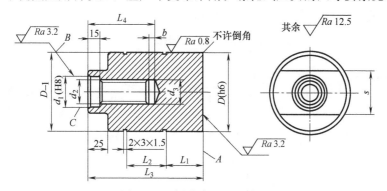

图 19-93　螺孔式压头的结构

表 19-93　螺孔式压头的尺寸要素　　　　　　　　　　单位：mm

D	d_1	d_2	d_3	b	L_1	L_2	L_3	L_4	s
40					17	20	75		
45	20	M16	16.5	5	19.5	22.5	80	52	24
50					22	25	85		
55					24.5	27.5	90		
60	25	M20	20.5	6	27	30	100	60	
65					29.5	32.5	105		36
70					32	35	110		
75	30	M24	24.5	7	34.5	37.5	115	70	
80					37	40	120		
85					39.5	42.5	125		
90					42	45	130		
95	40	M30	30.5	8	44.5	47.5	140	83	65
100					47	50	145		
105					49.5	52.5	150		
110					52	55	155		
115					54.5	57.5	160		
120					57	60	170		
125	48	M36	36.5	9	59.5	62.5	175	96	75
130					62	65	180		
135					64.5	67.5	185		
140					67	70	190		
145					69.5	72.5	200		
150					72	75	205		
160	54	M42	42.5	10	77	80	205	110	
					82	85	210		80
					87	90	215		
	60	M48	48.5	11	92	95	220	122	
200					97	100	230		

② 压头的技术条件。

a. A 面应与 B、C 面垂直，其垂直度偏差不大于压头与压套间隙的 1/4。

b. B 与 C 面有同轴度公差要求，其允许偏差见表 19-94。

c. 尺寸 D 的圆度与圆柱度应符合表 19-95。

表 19-94　同轴度、对称度、圆跳动、全跳动公差值　　　　单位：μm

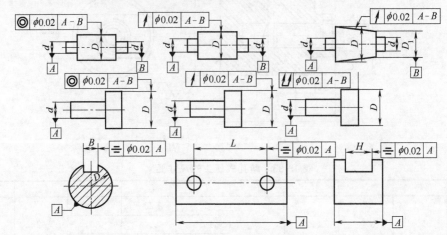

公差等级	主要参数 $d(D)$、B、L/mm									应用举例
	>3~6	>6~10	>10~18	>18~30	>30~50	>50~120	>120~260	>260~500	>500~800	
4	2	2.5	3	4	5	6	8	10	12	高精度模具
5	3	4	5	6	8	10	12	15	20	较高精度模具
6	5	6	8	10	12	15	20	25	30	较高精度模具
7	8	10	12	15	20	25	30	40	50	较高精度模具
8	12	15	20	25	30	40	50	60	80	一般模具
9	25	30	40	50	60	80	100	120	150	一般模具

注：当被测要素对圆锥面时，取 $d=(d_1+d_2)/2$。

表 19-95　圆度、圆柱度公差值　　　　单位：μm

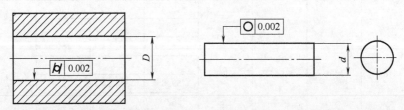

公差等级	主要参数 $d(D)$/mm									应用举例
	≤3	>3~6	>6~10	>10~18	>18~30	>30~50	>50~80	>80~120	>120~180	
4	0.8	1	1	1.2	1.5	1.5	2	2.5	3.5	导柱、导套、型芯
5	1.2	1.5	1.5	2	2.5	2.5	3	4	5	凸模、凹模
6	2	2.5	2.5	3	4	4	5	6	8	打料杆、顶杆
7	3	4	4	5	6	7	8	10	12	垫板、模柄
8	4	5	6	8	9	11	13	15	18	斜销
9	6	8	9	11	13	16	19	22	25	拉杆

③ 未注圆角半径为 1~1.5mm，未注倒角为 C_2，压头材料为 3Cr2W8V 或 H13。半精加工后调质处理，精加工后进行真空热处理，硬度达 50~55HRC；或真空热处理硬度达 35~40HRC，然后进行表面氮化处理，氮化层深度为 0.2~0.4mm，氮化后的表面硬度为

$900 \sim 1200 \mathrm{HV}$。

④ 压头直径的选择，见表 19-96。

表 19-96　压头直径的选择

序号	应用场合	选择方法	备　注
1	同向式挤压铸造模中	压头的直径由挤压铸件的结构决定	
2	对向式挤压铸造模中	压头的直径可按下式计算：$$d_{头} \leqslant \sqrt{\dfrac{4P_0}{\pi P}}$$	P_0——顶出缸的额定压力，kN； P——挤压铸造压射比压，MPa

（5）压套

压套的作用是：在充型前储存金属液，在充型后压套中的金属液在压头的作用下对铸件进行补缩。

① 有横向输液管的压套。为了加工及安装方便，其结构通常设计成中间台肩式，如图 19-94 所示，尺寸要素见表 19-97。

② 无横向输液管的压套。在普通挤压铸造机上进行挤压铸造，压套要储存全部金属液。压套的结构如图 19-95 所示，尺寸要素见表 19-99。

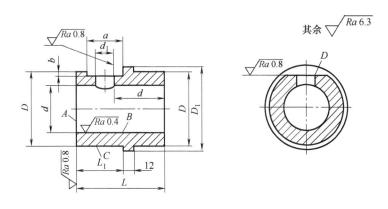

图 19-94　有横向输液管的压套

表 19-97　有横向输液管的压套的尺寸要素

序号	尺寸要素		备　注
1	$d = d_{头} + \Delta$	压套的内径	$d_{头}$——压头的外径，计算方法见表 19-92
2	Δ	压头与压套的间隙	
3	d_1	输液管的内径	
4	a	输液管的外径	
5	L_1	压板厚度	
6	D	压套外径	计算方法见表 19-93
7	$D_1 = D + 8$	压套中间凸肩的直径	
8	$L = L_1 + d + 12 - (a - d_1)/2$	压套的总长度	

表 19-98　压套外径 D　　　　　　　　单位：mm

d	< 50	$50 \sim 100$	$100 \sim 200$	> 200
D	$d + 20$	$d + 25$	$d + 30$	$d + 35$

注：d 为压套的内径。

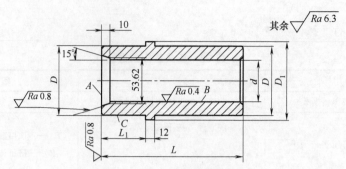

图 19-95　无横向输液管的压套

表 19-99　无横向输液管的压套的尺寸要素

序号	尺寸要素		备　注
1	$d=d_头+\Delta$	压套的内径	$d_头$——压头的外径,见表 19-92
2	Δ	压头与压套的间隙	
3	L_1	压板厚	
4	D	压套外径	计算方法见表 19-93
5	$D_1=D+8$	压套中间凸肩的直径	
6	$L=10+1.27V_件/d^2+2d/3$	压套的总长度	$V_件$——铸件的体积

（6）分流锥

分流锥用于一模多件的挤压铸造模。其作用是引导金属液顺利充型，同时对金属液中的氧化渣有一定的吸附作用。

分流锥的结构如图 19-96 所示，分流锥的尺寸要素见表 19-100。

分流锥的技术要求如下。

① B、C 面相对于 A 面的平行度公差应符合表 19-101。

② E 面相对于 A 面的垂直度公差应符合表 19-101。

③ E 面的圆柱度公差符合表 19-95。

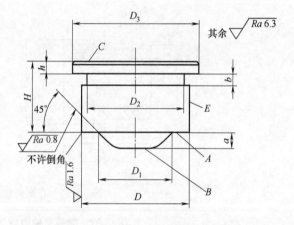

图 19-96　分流锥的结构

表 19-100　分流锥的尺寸要素　　　　单位：mm

尺寸要素符号		尺寸要素计算公式			
		压头直径 $d_头$			
		＜50	50～100	100～200	＞200
1	D_1	$d_头$	$d_头$	$d_头$	$d_头$
2	D	D_1+15	D_1+20	D_1+25	D_1+30
3	D_2	$D-2$	$D-2$	$D-3$	$D-3$
4	D_3	$D+10$	$D+12$	$D+14$	$D+16$
5	h	10	12	14	16
6	b	3	3	4	6
7	a	5	8	10	12
8	H	D_1	D_1	D_1	D_1

表 19-101　平行度、垂直度、倾斜度公差值　　　　单位：μm

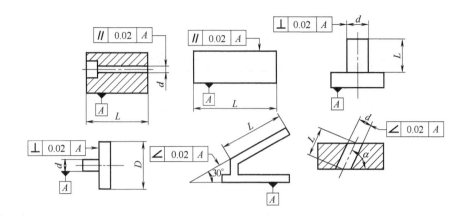

公差等级	主要参数 $d(D)$、L/mm									应用举例
	>40~63	>63~100	>100~160	>160~250	>250~400	>400~630	>630~1000	>1000~1600	>1600~2500	
4	8	10	12	15	20	25	30	40	50	高精度模具
5	12	15	20	25	30	40	50	60	80	较高精度模具
6	20	25	30	40	50	60	80	100	120	较高精度模具
7	30	40	50	60	80	100	120	150	200	较高精度模具
8	50	60	80	100	120	150	200	250	300	一般模具
9	80	100	120	150	200	250	300	400	500	一般模具

④ B 面不允许有顶尖孔。

⑤ 与合金液有接触的表面不允许有任何缺陷，如裂纹、气孔等。

⑥ 分流锥的材料为 3Cr2W8V 或 H13。

半精加工后进行调质处理，精加工后进行真空热处理，硬度为 50~55HRC；或真空热处理至硬度为 40HRC，然后进行氮化处理，氮化层厚度为 0.2~0.4mm，氮化后的表面硬度达到 1200HV。

19.8.3　导向零件设计

导向零件是指导柱、导套和导正销等零件。

导柱-导套的组合保证挤压铸造过程中凸、凹模的正确定位，确保凸、凹模间隙均匀；导正销-导套的组合，主要用于保证组合式凹模在开、合过程中的正确位置。

(1) 导向零件的设计要点

① 导向零件应合理分布，并保证模具边缘有足够的强度。

② 导柱、导正销的静配合段的直径应与导套的外径相等，以便于用一起加工的方法，可保证其位置精度。

③ 应选用耐热性、耐磨性合韧性良好的材料制作。

④ 导套一般设置在下模，便于取件、喷涂料及清洗模具等。但要防止渣、屑等落入导套。

⑤ 导套在紧板处应设置排气槽，否则会影响其工作。

（2）导柱的设计

① 导柱的结构及尺寸要素见图 19-97 和表 19-102。

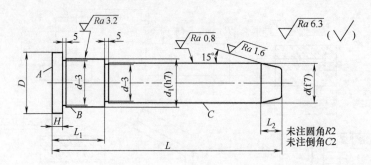

图 19-97　导柱的结构

表 19-102　导柱的尺寸要素　　　　　　　　　　　　　单位：mm

d	d_1	D	H	L_2	L_1	L
16	26	36	5	16		
18	28	38	5	18		
20	30	40	6	20		
25	35	45	6	25		
30	40	50	7	30	等于压板厚度减 1mm	长度 L 根据需要确定
35	47	60	7	35		
40	52	76	8	40		
50	64	80	8	50		
60	66	82	8	60		

② 导柱的技术条件。

a. C 面、B 面对 A 面的垂直度公差等级为 4 级，其值查表 19-101 获得。

b. C 面对 B 面的同轴度公差等级为 4 级，其值查表 19-94 获得。

c. B 面的圆柱度和直线度公差等级为 4 级，其值查表 19-95 及表 19-103 获得。

d. 导柱的常用材料是 T10A 和 9Mn2V，热处理硬度为 52～57HRC。

表 19-103　直线度、平面度公差值　　　　　　　　　　单位：μm

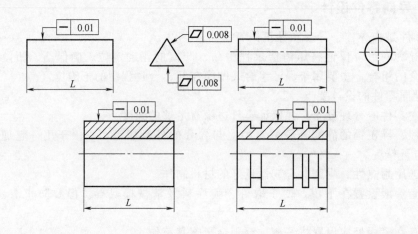

公差等级	主要参数 L/mm									应用举例
	>40~63	>63~100	>100~160	>160~250	>250~400	>400~630	>630~1000	>1000~1600	>1600~2500	
4	3	4	5	6	8	10	12	15	20	导柱、导正销、导套、凸模、凹模、分型面
	$\overset{0.4}{\nabla}$				$\overset{0.8}{\nabla}$			$\overset{3.2}{\nabla}$		
5	5	6	8	10	12	15	20	25	30	导柱、导正销、导套、模板、压头、压套
	$\overset{0.4}{\nabla}$				$\overset{1.6}{\nabla}$			$\overset{3.2}{\nabla}$		
6	8	10	12	15	20	25	30	40	50	模套、模柄、模板、压柱、打料杆
	$\overset{0.8}{\nabla}$				$\overset{3.2}{\nabla}$			$\overset{6.3}{\nabla}$		
7	12	15	20	25	30	40	50	60	80	模板、固定板、垫板、打料杆
	$\overset{1.6}{\nabla}$				$\overset{3.2}{\nabla}$			$\overset{12.5}{\nabla}$		
8	20	25	30	40	50	60	80	100	120	顶杆、推杆
	$\overset{1.6}{\nabla}$				$\overset{6.3}{\nabla}$			$\overset{12.5}{\nabla}$		
9	30	40	50	60	80	100	120	150	200	顶杆、推杆、打料杆
	$\overset{3.2}{\nabla}$				$\overset{6.3}{\nabla}$			$\overset{25}{\nabla}$		

（3）导正销的设计

① 导正销的结构见图 19-98，尺寸要素见表 19-104。

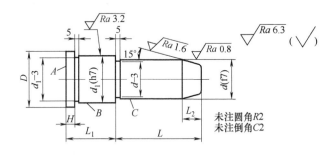

图 19-98　导正销的结构

表 19-104　导正销的尺寸要素　　　　单位：mm

d	d_1	D	H	L	L_2
16	26	36	5	32	16
18	28	38	5	36	18
20	30	40	6	40	20
25	35	45	6	50	25

d	d_1	D	H	L	L_2
30	40	50	7	60	30
35	47	60	7	70	35
40	52	76	8	80	40
50	64	80	8	100	50
60	66	82	8	120	60

注：L_1 等于压板厚度减 1mm。

② 导正销的技术条件同导柱。

（4）导套的设计

① 导套的结构及尺寸要素见图 19-99 和表 19-105。

② 导套的技术条件与导柱相同。

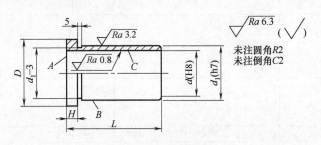

图 19-99　导套的结构

表 19-105　导套的尺寸要素　　　　　　　　　　　　单位：mm

d	d_1	D	H	L
16	26	36	5	
18	28	38	5	
20	30	40	6	
25	35	45	6	
30	40	50	7	根据模具结构确定
35	47	60	7	
40	52	76	8	
50	64	80	8	
60	66	82	8	

19.8.4　模板和模柄

模板和模柄都属于连接零件。

有时因模具的封闭高度和模具结构等原因，模板需要通过模柄才与挤压铸造机连接。

（1）模板的设计

模具和其他所有零件都安装在模板上，再通过模板安装再挤压铸造机上。模板包括上、下模板和上、下压板。

① 模板的种类、结构及尺寸，模板的种类见表 19-106。

a. 圆形模板。圆形模板的结构见图 19-100 所示，尺寸要素见表 19-107。

b. 矩形模板。矩形模板的结构如图 19-101，尺寸要素见表 19-108。

c. 圆形固定板。圆形固定板如图 19-102 所示，尺寸要素见表 19-109。

d. 矩形固定板。矩形固定板的结构如图 19-103 所示，尺寸要素见表 19-110。

表 19-106　模板的种类

种　　类	作　　　　　　　用	图　　示
圆形模板	连接凸模和挤压铸造机的加压横梁	图 19-100
矩形模板	连接凹模和教育铸造机的底座	图 19-101
圆形固定板	固定凸模于上模板	图 19-102
矩形固定板	固定凹模于下模板	图 19-103

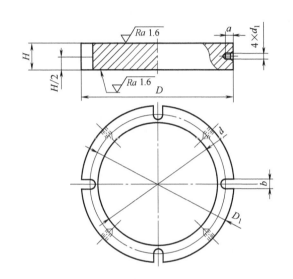

图 19-100　圆形模板

表 19-107　圆形模板的尺寸要素　　　　　　　单位：mm

凸、凹模固定板外径 d	D	D_1	H	d_1	a	b
60~80	150	124	30~40			26
		120				30
		116				34
80~100	170	144				26
		140				30
		136				34
100~120	190	164	30~45	M14	25	26
		160				30
		156				34
120~140	210	184				26
		180				30
		176				34
140~170	250	224	45~50			26
		220				30
		116				34
170~200	280	254				26
		250				30
		246				34

凸、凹模固定板外径 d	D	D_1	H	d_1	a	b
200~240	330	275	45~55	M16	30	26
		270				30
		260				34
240~280	380	325				26
		320				30
		310				34
280~320	430	375	50~60			26
		370				30
		360				34
320~400	510	455				26
		450				30
		440				34
400~500	620	565	60~70			26
		550				30
		540				34
500~630	750	680		M20	40	34
		660				44
		640				54
630~800	920	850	70~80			34
		830				44
		810				54
800~1000	1120	1050	80~90			34
		1030				44
		1010				54

$\sqrt{Ra\,12.5}$ $(\sqrt{\quad})$

未注倒角 $C2$

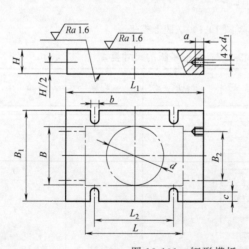

图 19-101 矩形模板

表 19-108 矩形模板的尺寸要素   单位：mm

凸凹模固定板周界			L_1	B_1	L_2	c	H	b	B_2	d_1	a
L	B	d									
80	80	80	158	148	200	40	30~50	29	100	M14	25
100			180								
120			194								
140			202	150							

凸凹模固定板周界			L_1	B_1	L_2	c	H	b	B_2	d_1	a
L	B	d									
100	100	100	180	164	200	40	30~50	29	100	M14	25
120			200	170							
140			220								
170			256	176							
200			286								
120	120	120	200	190							
140			262	196							
170			256								
200	100		286	204							
240			324								
140	140	140	226	216							
170			256								
200			294	242							
240			324								
170	170	170	262	250							
200			294								
240			330	260							
280			370								
200	200	200	300	290							
240			330								
280			390	300							
320			430						150		
240	240	240	350	340	200	40	30~50	29	100	M14	25
280			390						100		
320			430	350					150		
400			510						200		
280	280	280	390	380					280		
320			430								
400			510								
450			560	390					290		
320	320	320	430								
400			520	420					320		
450			570								
500			620	430			50~70	29	330	M16	30
400	400	400	520								
450			570	510					410		
500			620								
570			690	520	200	40			420		
450	450	450	570								
500			620	560					460		
570			690								
650			770	570					470		
500	500	500	620								
570			690	610					510		
650			770								
740			860	620			70~90	37	520	M20	40
570	570	570	690								
650			770						580		
740			880								

凸凹模固定板周界			L_1	B_1	L_2	c	H	b	B_2	d_1	a
L	B	d									
840	570	570	960						590		
650	650	650							660		
740											
840					380	200	70~90	37	670	M20	40
940											
740	740	740							750		
840											
940											
1100									780		

表 19-109　圆形凸凹模固定板尺寸要素　　　　　　　单位：mm

凸凹模的外径 d	d_1	D	H	h
60	70	120		
80	90	140		
100	11	160		
120	132	200		
140	152	220		
160	172	240	30~50	8
180	192	260		
200	212	280		
220	232	300		
240	252	320		
260	274	350		
280	294	370		
300	314	390		
320	334	410		
340	354	430	50~70	10
360	374	450		
380	394	470		
400	414	490		
420	436	520		
440	456	540		
460	476	560		
480	496	580		
500	516	600		
550	566	650		
600	616	700	70~90	12
650	666	750		
700	716	800		
750	766	850		
800	816	900		
850	870	960		
900	920	1010		
950	970	1060		
1000	1020	1110	80~100	15
1050	1070	1160		
1100	1120	1210		

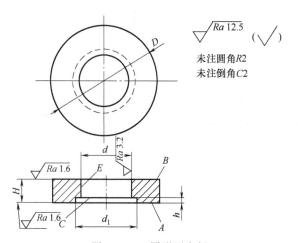

图 19-102　圆形固定板

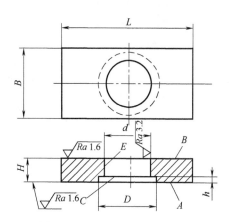

图 19-103　矩形凸凹模固定板

表 19-110　矩形凸凹模固定板尺寸要素　　　　　单位：mm

凸凹模的外径 d	D	L	B	H	h
60	700	160	120	30~50	8
80	900	180	140		
100	110	200	160		
120	132	260	200		
140	152	280	220		
160	172	300	240		
180	192	320	260		
200	212	340	280		
220	232	360	300		
240	252	380	320		
260	274	420	350	50~70	10
280	294	440	370		
300	314	460	390		
320	334	480	410		
340	354	500	430		
360	374	520	450		
380	394	540	470		
400	414	560	490		
420	436	600	520	70~90	12
440	456	620	540		
460	476	640	560		
480	496	660	580		
500	516	680	600		
550	566	730	650		
600	616	780	700		
650	666	830	750		
700	716	880	800		
750	766	930	850		
800	816	980	900		
850	870	1050	960	80~100	15
900	920	1100	1010		
950	970	1150	1060		
1000	1020	1200	1110		
1050	1070	1250	1160		
1100	1120	1300	1210		

② 模板的强度和刚度校核，表 19-111 给出了模板的强度和刚度校核公式。

③ 模板的技术条件。

a. 模板的上、下平面必须保持平行，其平行度差按表 19-101 查出。

b. 模板的上、下表面的平面度允许偏差应符合表 19-103。

c. 模板的材料一般为 45 钢。进行调质处理，硬度为 $220\sim250$ HBW。

表 19-111　模板的强度和刚度校核公式

校核种类		校核公式	说　明
强度校核		$\sigma = M/W = 3P_0 l / 2bh^2 \leqslant [\sigma_{弯}]$	σ——模板的弯曲应力，MPa； M——弯矩，N·m； W——截面系数； P_0——挤压铸造力，N； b,l,h——模板宽、长和厚度（mm）； $[\sigma_{弯}]$——材料的许用弯曲应力
刚度校核	凸凹模固定板	$f_1 = p l_0 b^3 h / 32 E t^3 H \leqslant 0.15$	f_1——变形量，mm； p——挤压铸造时产生的压强，MPa； l_0——挤压铸件的长边长度，mm； b——固定板长边的长度，mm； h——挤压铸件的高度，mm； E——材料的弹性模量，MPa； t——固定板孔到模板边的距离，mm； H——固定板的厚度，mm； f_2——变形量，mm； A_0——合金液的投影面积，mm^2； L——模板的支承距离，mm； B——模板的长度，mm
	上、下模板	$f_2 = p A_0 L^3 / 32 E B H^3 \leqslant 0.15$	

（2）模柄的设计

模柄的作用：使模具的封闭高度适应挤压铸造设备，或适应挤压铸造模的打料机构，包括模板和压柱。

① 压柱。压柱的结构形式如图 19-104 所示，尺寸要素见表 19-112。

② 模柄。模柄的结构形式如图 19-105 所示，尺寸要素见表 19-113。

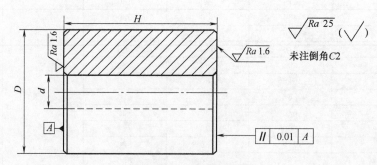

未注倒角C2

图 19-104　压柱的结构

表 19-112　压柱的尺寸要素　　　　　　　　单位：mm

d	D	H	d	D	H
17	48	95	31	90	170
19	54	100	37	108	200
21	60	110	43	128	240

d	D	H	d	D	H
23	60	120	50	144	280
25	72	140	58	168	300
28	80	150	66	192	370

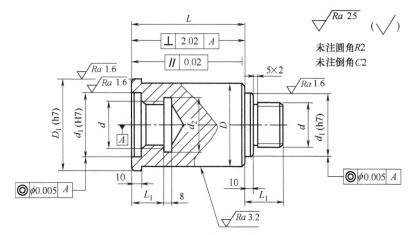

图 19-105　模柄的结构

表 19-113　模柄的尺寸要素　　　　　　　　　　单位：mm

D	D_1	d	d_1	d_2	L	L_1
60	70	M30×2	40	35	<150	30
65	75				<170	
70	80				<180	
75	85				<190	
80	90	M36×3	46	42	<200	36
85	95				<215	
90	100				<225	
95	105				<240	
100	110	M42×3	52	48	<250	42
105	115				<265	
110	120	M48×3	58	54	<275	48
115	125				<288	
120	130				<300	
125	135	M56×3	66	62	<313	56
130	140				<325	
135	145				<338	
140	150	M64×3	74	70	<350	64
145	155				<363	
150	160				<375	
155	165				<388	
160	170	M72×5	82	82	<400	72
165	175				<413	
170	180				<425	
175	185				<438	
180	190	M80×6	96	96	<450	80
185	195				<463	
190	200	M90×6	102	102	<475	80
195	205				<488	

D	D_1	d	d_1	d_2	L	L_1
200	210	M90×6	102	102	<400	
205	215				<513	
210	220	M100×6	112	112	<525	
215	225				<538	
220	230	M110×6	122	122	<550	
225	235				<563	
230	240	M120×6	132	132	<575	80
235	245				<588	
240	250	M130×6	142	142	<500	
245	255				<613	
250	260	M140×6	152	152	<625	
260	270				<638	
265	275	M150×6	162	162	<650	

③ 带锁紧螺母的模柄。这种模柄可由锁紧螺母锁紧，防止工作时松动。但是会占去一定的打料空间。

结构形式如图 19-106 所示，尺寸要素见表 19-114。

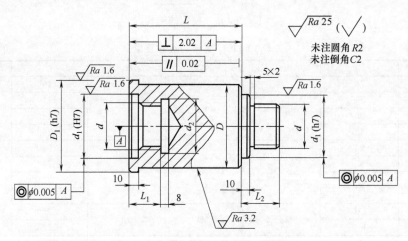

图 19-106　带锁紧螺母模柄的结构

表 19-114　带锁紧螺母模柄的尺寸要素　　　　　　单位：mm

D	d	d_1	d_2	L	L_1	L_2
M64×3	M30×2	40	35	<160	30	20
M72×6	M36×3	46	43	<180	36	
M80×6	M42×3	52	39	<200	42	25
M90×6	M48×3	58	55	<225	48	
M100×6	M56×3	66	63	<250	56	30
M110×6	M64×3	74	71	<275	64	
M120×6	M72×6	85	85	<300	72	30
M130×6	M80×6	93	93	<325		
M140×6	M90×6	103	103	<350		
M150×6	M100×6	113	113	<375	80	
M160×6	M120×6	133	133	<400		35
M170×6	M130×6	143	143	<425		
M180×6	M140×6	153	153	<450		

19.8.5 卸料（打料）零件

作用：从模具中取出挤压铸件。

组成：根据卸料（打料）的方式不同，组成卸料（打料）机构的零件有顶板、顶圈、顶杆、顶套、卸料板、拉杆及推杆等。

（1）顶板

顶板的作用：直接将挤压铸件从模具中取出。

用途：一般只用于中、小型挤压铸件。

工作方式：与推杆连接，在推杆的推动下顶件、复位。

顶板的结构如图 19-107 所示，尺寸要素见表 19-115。

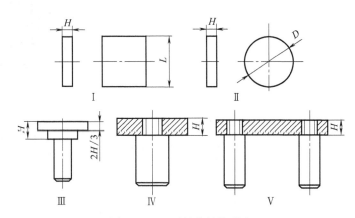

图 19-107　顶板的结构形式

表 19-115　顶板的尺寸要素 H　　　　　　　　单位：mm

顶板的形式	顶板工作部分的投影面积/cm²					
	<5	5～50	50～500	500～1000	1000～5000	>5000
	顶板的长边 L（或直径 D）					
	<50	50～100	100～250	250～400	400～800	>800
I	10	15	20	25～40	40～50	50～60
II		12	16	20～30	25～40	40～50
III		15	18	30	40	50
IV		12	16	25～40	35～45	35～45
V		12	20	25～40	35～45	35～45

（2）顶圈

作用：从型芯中取出挤压铸件。

顶圈的结构及特点见表 19-116。

（3）顶杆

① 顶杆的作用。直接与挤压铸件接触，卸料时将挤压铸件顶出。

顶杆制造容易，在卸料机构中经常采用。它的缺点是在挤压铸件上会留下痕迹，设计时应注意使其作用在零件不重要的表面上。

顶杆的形式及特点见表 19-117。

② 顶杆的固定方式及特点，见表 19-118。

表 19-116　顶圈的结构及特点

种　类	特　点	图　示
锥形顶圈	制造方便,但碎屑易进入锥形座内,且不易清除,影响复位	
型芯无斜度的顶圈	型芯无斜度,脱模时易将型芯擦伤	
型芯有较大斜度的顶圈	型芯有较大的斜度,脱模时不易擦伤,结构较合理	

表 19-117　顶杆的形式及特点

种　类	特　点	图　示
一般顶件	与零件的接触端为平面,易在挤压铸件表面留下痕迹	
羊眼顶件	与零件的接触端带有顶尖,可在挤压铸件上留下钻孔用的定心孔。适用于需要钻孔的零件表面	(a) 适用于顶杆直径大于6mm,或长度与直径比小于20的情况　(b) 适用于直径小于6mm,或长度与直径比大于20的情况
成型顶件	顶杆的截面形状与零件顶件位置的形状相适应。不易在挤压铸件表面留下痕迹	(a)　(b)　(c)　(d)　(e)

表 19-118 顶杆的固定方式及特点

种　类	特　点	图　示
压板固定	要求各顶杆的台肩高度与压板的高度一致。因此在顶杆装配后，要将各顶杆连同压板一起磨平。加工、更换都比较困难。此外，顶杆的高低也无法调节。一般只用于单个顶杆的固定	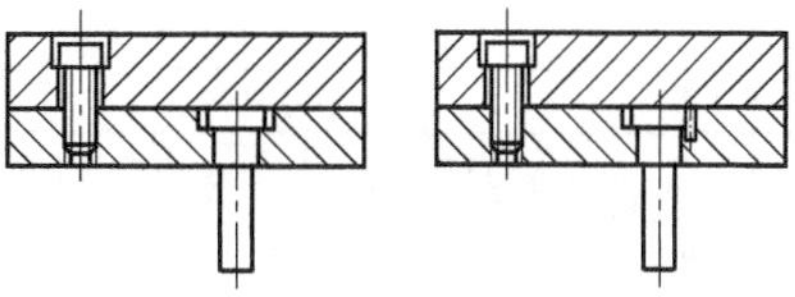 (a) 形式1　　(b) 形式2
螺塞固定	装卸方便，但固定孔内要加工螺纹	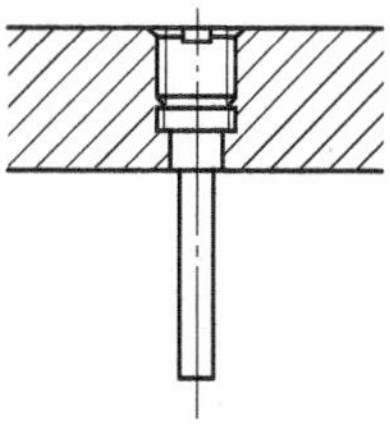
螺钉固定	装卸方便，加工容易	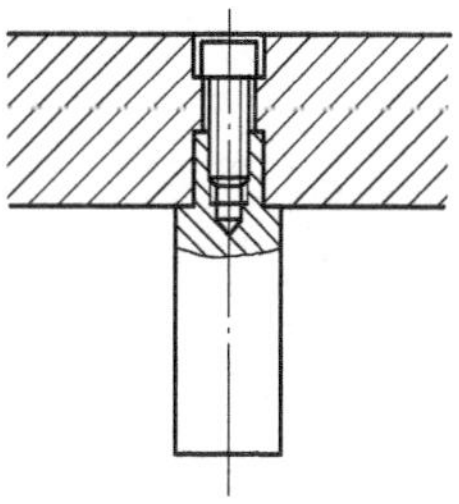
螺母固定	顶杆上有螺纹，通过螺母固定在模板上。这种结构需要占用较大的模具空间	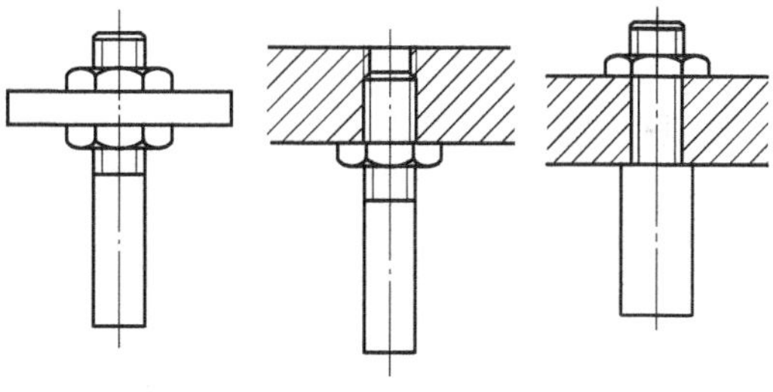 (a) 高度可调　(b) 高度可调　(c) 高度固定

③ 顶杆的稳定性校核。顶杆为细长零件，在工作中容易失稳，因此需要进行稳定性校核。

a. 圆形顶杆的校核

$$P_t = \eta EJ / l^2 n \tag{19-8}$$

式中　P_t——临界载荷，N；

　　　η——稳定系数，选定为 39.48；

　　　E——钢的弹性模量，$E = 2.1 \times 10^5$ MPa；

　　　l——顶杆的长度，mm，指挤压铸造的接触点到顶杆压板的长度；

　　　J——惯性矩，mm^4，$J = \pi d^4 / 64$，d 为顶杆的直径；

　　　n——稳定系数，选定 1.5～3。

b. 矩形顶杆的校核，见表 19-119。

第 19 章　挤压锻造及模具设计　　**723**

表 19-119　矩形顶杆的稳定性校核公式

$b:a$	P_t	$b:a$	P_t
5:1	$11.5 \times 10^5 a^4/l^2$	8:1	$18.4 \times 10^5 a^4/l^2$
6:1	$13.8 \times 10^5 a^4/l^2$	10:1	$23.02 \times 10^5 a^4/l^2$
7:1	$16.1 \times 10^5 a^4/l^2$	12:1	$27.63 \times 10^5 a^4/l^2$

注：a、b 分别为短边和长边的长度，L 为顶杆的长度。

（4）顶套

① 顶套的作用：一般用于圆形挤压铸件或挤压铸件中圆形部件的顶出。在工作中套在型芯表面滑动，实现推件。

② 顶套的设计要点：设计时注意顶套与型芯的配合，使其能沿型芯自由滑动。

一般在型芯上加工出退刀槽，如图 19-108 所示；当型芯较小时，退刀槽加工在顶套上，如图 19-109 所示。

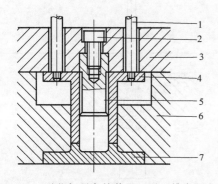

图 19-108　型芯与顶套的装配（退刀槽在型芯上）

1—推杆；2—螺栓；3—固定板；4—顶套；
5—型芯；6—凹模；7—铸件

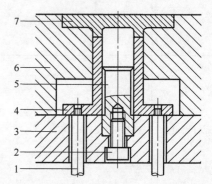

图 19-109　型芯与顶套的装配（退刀槽在顶套上）

1—推杆；2—螺栓；3—固定板；4—顶套；
5—型芯；6—凹模；7—铸件

③ 顶套的结构如图 19-110 所示，尺寸要素见表 19-120。

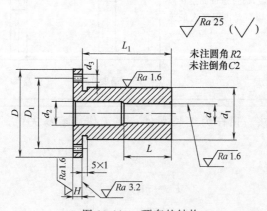

图 19-110　顶套的结构

表 19-120　顶套的尺寸要素　　　　　　　　　　　　　　单位：mm

d	d_1	d_2	D	D_1	H	d_3	L,L_1
<15	19		35	27			
15~18	22	$d+1$	38	30	8	M8	根据需要确定
18~20	24		40	32			
20~22	26		42	34			

d	d_1	d_2	D	D_1	H	d_3	L,L_1
22~25	29		40	37			
25~28	32		48	40			
28~30	34		50	42			
30~32	36	$d+1$	52	44	8	M8	
32~35	40		56	48			根据需要确定
35~40	45		61	53			
40~45	50		66	58			
45~50	55		75	85			
50~55	60	$d+2$	80	90	10	M10	
55~60	65		85	95			

（5）卸料板

卸料板用于固定顶杆，所以又称顶杆固定板。

结构如图 19-111 所示，尺寸要素见表 19-121。

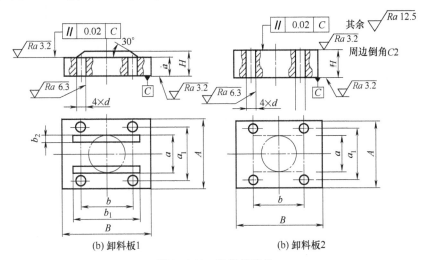

图 19-111　卸料板结构

表 19-121　卸料板的尺寸要素　　　　　单位：mm

模块尺寸		a_1	A	B	b_1	b_2	d	H	h
a	b								
90	90	130	160	120	105	25	12.5	20	15
	110			140	125				
	130			160	145				
110	110	150	180	140	125	25		25	20
	130			160	145				
	160			190	175				
120	120	160	200	160	140	25	14.5	30	22
	150			190	170				
	180			220	240				
140	140	185	230	185	163	30		35	25
	170			215	193				
	200			245	223				
160	160	210	260	210	185	35	20.5	40	30
	190			240	215				
	220			270	245				

模块尺寸		a_1	A	B	b_1	b_2	d	H	h
a	b								
180	180	235	290	235	208	40	20.5	40	30
	210			265	238				
	250			305	278				
200	200	260	320	260	230	45	40	50	37
	240			230	270				
	280			340	310				
220	220	290	360	290	250				
	260			330	290				
	310			380	340				
240	240	320	400	320	280	50	22.5	60	45
	290			370	330				
230	330	315		415	373				
270	270	360	450	360	315				
	320			410	365				
250	370	250		470	420				
300	300	400	500	400	350			70	52
	370			470	420				
280	340	390		450	395				
350	350	460	570	460	405	60	24.5		
	436			545	491				
330	500	450		620	560				
410	410	530	650	530	470			75	55
390	480	520		610	545				
370	560	510		700	630				
460	460	600	740	600	535	65	30.5	80	60
440	540	590		900	615				
420	620	580		780	700				
520	520	680	840	680	600			85	63
500	600	670		770	685				
440	700	640		900	800				
540	540	740	940	740	640	70		95	70
500	660	720		880	770				
440	800	690		1050	925				

（6）拉杆和推杆

拉杆和推杆是卸料机构中的施力零件。

拉杆的结构如图 19-112 所示，尺寸要素见表 19-122。

推杆的结构如图 19-113 所示，尺寸要素见表 19-123。

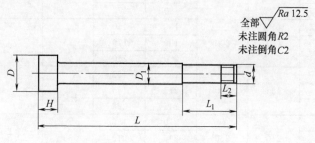

图 19-112 拉杆的结构

表 19-122　拉杆的尺寸要素　　　　　　　　　　　　　单位：mm

d	D_1	D	H	L_2	L，L_1
M12	20	28	7	24	
M14	22	32	8	28	
M20	32	42	11	40	根据需要确定
M22	35	47	12	44	
M24	37	52	13	48	
M30	48	56	17	60	

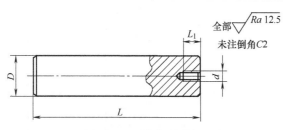

图 19-113　推杆的结构

表 19-123　推杆的尺寸要素　　　　　　　　　　　　　单位：mm

D	L_{max}	d	L_1
16	80	M	18
20	100	M12	21
25	125	M14	25
30	150	M16	25
40	200		
50	250	M20	35
60	300		
70	350		

19.8.6　固定板和模套

（1）固定板

固定板的作用是将凸模、凹模、导柱、导套等零件固定于上模板或下模板。

固定板的结构见图 19-114，尺寸要素见表 19-124。

固定板螺栓孔的数目和位置根据挤压铸件的大小和挤压铸造方式确定。

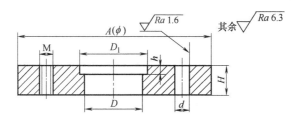

图 19-114　固定板的结构

表 19-124　固定板的尺寸要素　　　　　　　　　　　　　单位：mm

D	D_1	h	$A(\phi)$	M	d	H
50	65		100	M10		
60	75	10	120	M10	10	25
70	85		126	M12		
80	95		136	M12		

D	D_1	h	$A(\phi)$	M	d	H
90	105		160	M12	10	25
100	115		170			
110	125		180			
120	135		190			
130	145		216			
140	155		226			
150	165	10	236	M16	12	35
160	175		246			
170	185		256			
180	195		266			
190	205		276			
200	215		286			
210	225		300			
220	235		310			
230	245		320			
240	255		335			
250	265	12	345			45
260	275		355			
270	285		370			
280	295		390	M20	14	
290	305		410			
300	315		430			
310	325		450			
320	335		470			
330	345	14	480			50
340	355		500			
350	365		530			

（2）模套

模套的作用是固定凹模，增加模壁较薄的凹模的刚性，其结构如图 19-115 所示，尺寸要素见表 19-125。

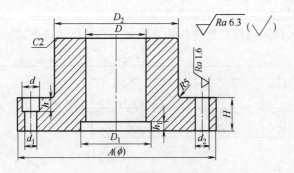

图 19-115　模套结构

模套所需的螺栓孔的数目和位置由挤压铸件的大小和挤压铸造方式确定

表 19-125　模套的尺寸要素　　　　　　　　　　　　单位：mm

D	D_1	D_2	h_1	$A(\phi)$	d	d_1	d_2	H	h
50	65	70		120					
60	75	80	10	130	18	10.5	6	25	11

D	D_1	D_2	h_1	$A(\phi)$	d	d_1	d_2	H	h
70	85	90		140	22	13			13
80	95	100		150				25	
90	105	110		160					
100	115	130		180					
110	125	140		190					
120	135	150		200					
130	145	160		210					
140	155	180	10	240	28	17	8		17
150	165	190		250					
160	175	200		260				35	
170	185	210		270					
180	195	220		280					
190	205	230		290					
200	215	250		320					
210	225	260		330					
220	235	270		340					
230	245	280		350					
240	255	290		360					
250	265	300	12	370				45	
260	275	320		400					
270	285	330		410					
280	295	340		420	35	21	10		21
290	305	350		430					
300	315	360		440					
310	325	370		450					
320	335	380		460					
330	345	390	14	470				50	
340	355	400		480					
350	365	410		490					

19.8.7 开、合模（轴芯）零件

开、合模零件用于实现分凹模顺利自如地开、合的零件。抽芯零件用于从挤压铸件中抽出型芯。

（1）斜销

① 斜销的结构和尺寸。斜销的结构如图 19-116 所示，其尺寸要素见表 19-126。

② 斜销的尺寸选取。设计斜销时应首先满足表 19-127 的要求，然后按表 19-126 查找尺寸。

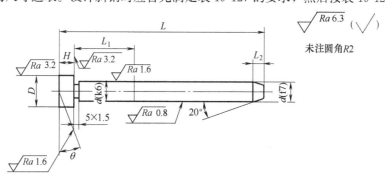

图 19-116　斜销的结构

表 19-126　斜销的尺寸要素 　　　　　　　　　单位：mm

d	D	H	$\theta/(°)$	L_1	固定板厚度 t
12	18	8	15	28	35
			20	29	
			25	30	
15	24	10	15	31	40
			20	32	
			25	33	
20	30	13	15	33	45
			20	34	
			25	36	
25	40	15	15	36	50
			20	38	
			25	39	
30	42	19	15	37	55
			20	39	
			25	41	
35	45	23	15	38	60
			20	40	
			25	42	
40	50	28	15	39	65
			20	40	
			25	43	
45	55	28	15	44	70
			20	46	
			25	49	
50	65	30	15	47	75
			20	49	
			25	52	
55	70	30	15	52	80
			20	54	
			25	58	
60	75	35	15	52	85
			20	55	
			25	58	
65	80	35	15	58	90
			20	60	
			25	64	

表 19-127　斜销的尺寸要求

要素	取值	说明
倾斜角 θ	一般：15°（优先）、18°、20°、22° 特殊：25°、28°	倾斜角的意义见图 19-117 增大倾斜角可使斜销产生足够大的弯曲力，但是抽芯距要减小。一般按经验取值
直径	$d \geqslant \sqrt[3]{\dfrac{16hQ\cos\varphi}{\pi\cos(\theta-2\varphi)[\sigma_{弯}]}}$	h——斜销受力点到固定端面的距离，mm，见图 19-117； Q——起始抽芯力，N，见图 19-117； $[\sigma_{弯}]$——许用抗弯应力，MPa； φ——摩擦角，$\tan\varphi=k$； k——摩擦系数

要素	取　值	说　明
长度	$L=L_1+L_2+L_3=(t/\cos\theta)+$ $(S/\sin\theta)+(5\sim10)$	L——斜销的总长度,mm; L_1——斜销固定部分长度,mm; L_2——斜销导滑部分长度,mm; L_3——导入头部的长度,mm; t——固定板厚度,mm; S——抽芯距,mm; θ——斜销的倾斜角,(°) 各参数的意义见图 19-118

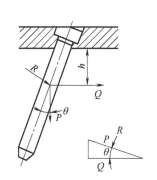

图 19-117　斜销的受力简图

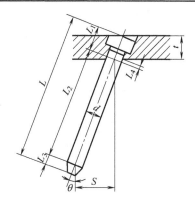

图 19-118　斜销的长度计算

（2）斜键

斜键的结构见图 19-119，斜键的尺寸要素见表 19-128。

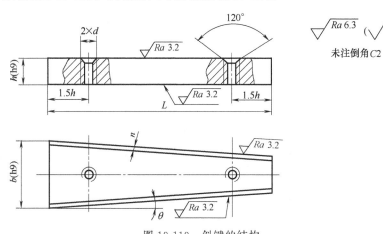

图 19-119　斜键的结构

表 19-128　斜键的尺寸要素　　　　　　　　　单位：mm

b	h	L	d	n	$\theta/(°)$
8	7	32	M3	0.4	3,5,8
10	8	40	M3	0.4	3,5,8
12	8	48	M4	0.5	3,5,8
14	9	56	M5	0.5	3,5,8
16	10	64	M5	0.6	3,5,8
18	11	72	M5	0.6	3,5,8
20	12	80	M6	0.7	3,5,8
22	14	88	M6	0.7	3,5,8

b	h	L	d	n	$\theta/(°)$
25	14	100	M8	0.8	
28	16	112			3,5,8
32	18	128	M10	1	
36	20	144	M12		
40	22	160		1.2	
45	25	180		1.2	
50	28	200	M12	1.6	
56	32	224		1.8	
63	32	252		2	3,5,8,10
70	36	280	M16	2.5	
80	40	320		2.5	
90	45	360	M20	3	
100	50	400			

（3）导滑镶块

导滑镶块的作用是引导可分凹模的运动，并在挤压铸造时锁紧可分凹模。

① 斜面导滑镶块。斜面导滑镶块仅起到锁紧可分凹模的作用，其结构如图 19-120 所示，尺寸要素见表 19-129。

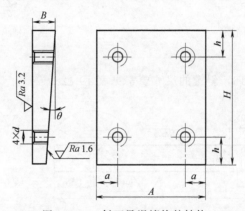

图 19-120　斜面导滑镶块的结构

表 19-129　斜面导滑镶块的尺寸要素　　　　单位：mm

A	B	H	a	h	d	$\theta/(°)$
110		40~60	24	24	M12	
120	25	50~70				
140		50~80				
160		60~90				
180	30	70~100	32	32	M16	
200		80~120				
220	35	80~120				
240		90~160				15,18,20,22,25,28
260	40	90~180	40	40	M20	
280		100~200				
300		100~200				
340	45	100~240	44	44	M22	
360		100~240				
380	50	120~260				
400		120~260	48	48	M24	

A	B	H	a	h	d	$\theta/(°)$
420	50	140~280				
440		140~280				
460	55	160~300				
480		160~300	48	48	M24	15,18,20,22,25,28
500		160~300				
520	60	180~320				
540		180~320				

② 燕尾导滑镶块。燕尾导滑镶块的作用兼有开模和锁模的作用，其结构如图 19-121 所示，尺寸要素见表 19-130。

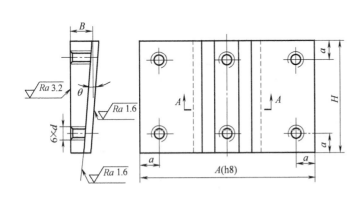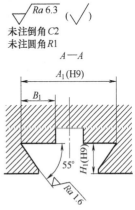

图 19-121　燕尾导滑镶块的结构

表 19-130　燕尾导滑镶块的尺寸要素　　　　　　　　　单位：mm

A	B	H	a	d	A_1	B_1	H_1	$\theta/(°)$
90	25	40~50	15	M10	45	12	8	
110		40~60			50	16	10	
120		50~70	18	M12	60	20	12	
140		50~80			70			
160	30	60~90	24	M16	80	25	16	
180		70~100			90			
200		80~120			100			
220	35	80~120			110			
240		90~160	30	M20	120	32	20	
260	40	90~180			130			
280		100~200			140			15,18,20,22,25,28
300		100~200			150			
340	45	100~240			170			
360		100~240			180			
380	50	120~260			190			
400		120~260			200	50	32	
420		140~280			210			
440	55	140~280	30	M24	220			
460		160~300			230			
480		160~300			240			
500	60	160~300			250			
520		180~320			260	65	40	
540		180~320			270			

（4）液压开、合模（抽芯）机构的安装尺寸见图 19-122 和表 19-131 所示。

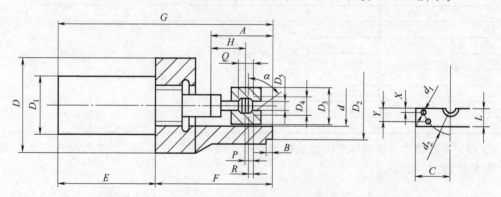

图 19-122　液压开、合模（抽芯）机构的安装尺寸示意图

表 19-131　液压开、合模（抽芯）机构的安装尺寸　　　单位：mm

开模力/N	10000	20000	30000	50000
H	60,110,150	90,130	110,150,180	130,150,180
A	78,128,168	124,170	162,212,222	157,207,227
B	3	4	4	4
D_1	80	108	108	130
D	94	120	120	160
D_2	$85_{-0.07}^{0}$			
D_3	56	70	70	84
D_4	30	40	40	48
D_5	21	29	29	35
d	64			
d_1	17	14	14	21
d_2	108.5	155	155	210
E	145,195,235	210,250	265,305,335	332,382,452
F	120,170,210	181,231	181,231,231	242,292,362
G	265,365,445	291,481	446,536,536	574,647,814
L	42.5	60	60	80
P	5.6	8	8	10
Q	22	36	36	45
R	4.5	6.5	6.5	8.5
X	16	16	16	20
Y	—	44	44	60
α	14°	16°40′	16°40′	13°

（5）锁模套

锁模套作用时锁紧可分凹模，使其能承受较高的挤压铸造力。结构如图 19-123 所示，尺寸要素见表 19-132。

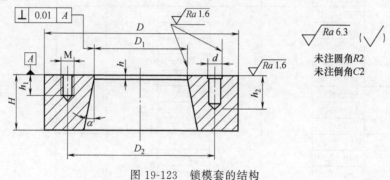

图 19-123　锁模套的结构

表 19-132　锁模套的尺寸要素　　　　　　　　　单位：mm

D_1	D	D_2	h	h_1	h_2	M	d	$\alpha/(°)$
60	152	110						
70	171	120						
80	191	140						
90	222	160						
100	242	180						
110	262	200						
120	282	220						
130	308	230	6	30	35	6×M16	16	5,18,20,22,25,28
140	318	240						
150	328	250						
160	338	260						
170	348	270						
180	358	280						
190	368	290						
200	378	300						
210	408	330						
220	418	340		40	45			
230	428	350						
240	442	360						
250	452	370	7				20	5,18,20,22,25,28
260	462	380						
270	472	390		40	45			
280	482	400				6×M20		
290	492	410						
300	502	430						
310	512	440						
320	522	450						
330	532	460	8	40	45		20	15,18,20,22,25
340	542	470						
350	552	480						

（6）锁模芯块

锁模芯块用于锁紧型芯，以承受挤压铸造时的压力。其结构如图 19-124 所示，尺寸要素见表 19-133。

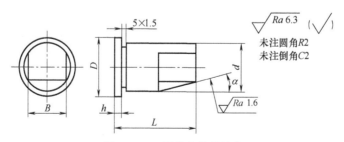

图 19-124　锁模芯块的结构

表 19-133　锁模芯块的尺寸要素　　　　　　　　　单位：mm

B	d	D	h	L	$\alpha/(°)$
20	25	35			
25	32	42	7	根据实际需要确定	15,18,20,22,25,28
30	37.5	47.5			

B	d	D	h	L	α/(°)
35	44	54	7		
40	50	60			
45	56.5	68.5	8		
50	62.5	74.5			
55	69	81			
60	75	87			
65	81.5	95.5		根据实际需要确定	15,18,20,22,25,28
70	87.5	201.5			
75	94	208	9		
80	100	114			
85	106.5	122.5			
90	112.5	128.5			
95	119	135	10		
100	125	141			

（7）导滑块

导滑块用来固定和导向可分凹模。其结构如图 19-125 所示，尺寸要素见表 19-134。

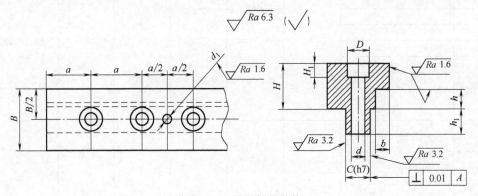

图 19-125　导滑板的结构

表 19-134　导滑板的尺寸要素　　　　　　　　单位：mm

d	D	d₁	B	a	h	h₁	b	H₁	H	C
14	22	12	52	52	10	10	6	13	33	24
16	25	12	55	55				15	35	27
18	28	16	58	58				17	37	30
20	32	16	62	62	12	15	8	19	41	34
22	35	20	65	65				21	43	37
24	38	20	68	68				23	45	40
26	42	20	72	72				25	49	44
30	46	25	76	76	14	20		28	52	48
33	48	25	78	78			10	31	55	50
39	58	30	88	88	16	25		37	63	60
45	66	30	96	96				43	69	68

19.8.8　压板、弹簧及常用标准件

① 模具常通过压板及 T 形螺栓安装于液压机上。压板的结构如图 19-126 所示，压板的尺寸要素见表 19-135。

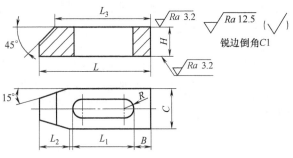

图 19-126　压板的结构

表 19-135　压板的尺寸要素　　　　　　　　　　　单位：mm

螺钉	H	L	L_1	L_2	L_3	C	B	R
M22	35	150	80	40	130	50	35	12
M24	40	150	80	45	130	55	40	13
M27	40	180	90	45	155	60	40	15
M36	45	180	90	50	155	65	45	20
M48	50	220	100	55	190	70	50	25

② 挤压铸造模的复位和锁紧常采用弹簧来实现。常用的弹簧有圆柱螺旋压缩弹簧和碟形弹簧，弹簧的材料一般为 50CrVA 和 60Si2Mn，热处理后的硬度为 40～48HRC。另外还有新型的氮气弹簧。具体的弹簧规格和选用标准请参考相关手册。

③ 挤压铸造模中常用的标准件有螺栓、销钉、螺母、平键、垫圈、挡圈、开口销、T形槽用的螺栓等，具体型号请查阅相关手册。

19.9　挤压铸造模的使用与维修

19.9.1　挤压铸造模的使用要点

挤压铸造模的尺寸精确，硬度较高，损坏后修理费用高。因此，在生产中应注意模具的正确使用和保养，减小模具损伤，延长模具使用寿命。挤压铸造模的使用应注意以下几个方面。

（1）安装调试

安装调试过程中要注意以下几点。

① 模具安装是否正确、牢靠。

② 凸模与凹模、压头与压套间的间隙是否正确、均匀。

③ 空车试运转 2～3 次，检查各活动部件是否灵活，有无拉伤、擦伤的痕迹，有无异常的声音和现象，注意空车运转前各活动部件应先加润滑剂。

（2）生产操作

在生产中应注意以下几点。

① 经常检查模具是否松动，各活动部件或型腔有无拉伤、擦伤或粘模的现象。若发现上述现象，必须立即停止并进行检修。

② 模具预热应充分，模具未达到预热温度不能开机工作。随时检测模具温度，模具温度超过规定值时，应及时冷却或停机冷却。另外应注意防止急冷和急热，否则易出现热疲劳。

③ 拆下模具前，应将模具型腔打扫干净，涂上防护油，防止模具生锈。

④ 挤压铸造压力不能过大，否则将引起凸、凹模及型芯变形甚至破裂。

⑤ 控制好金属液的定量，防止凹模直接受压而导致破裂。

⑥ 浇注前注意扒渣，防止熔渣进入型腔，涂料中也应注意避免混入杂质。否则熔渣和杂质会黏附在型腔内，脱模时会导致型腔、凸模、镶块部件的机械拉伤。

⑦ 正确选用涂料，并注意喷涂均匀，防止凸凹模、型芯、镶块等部件产生粘模拉伤。

19.9.2　挤压铸造模的维修

挤压铸造模在使用过程中，若出现局部的微小损伤，应及时修复，以防止缺陷太大。

对于毛刺、擦伤、粘模、局部开裂、微小表面裂纹等，一般可用手提式风动砂轮将这样的缺陷磨去，再用砂纸、油石打磨光。若检修后尺寸超差，可用快速刷镀法，刷镀一层耐磨合金，以保证其尺寸的精度要求。

对于磨损、拉伤等局部断裂损伤，可将零件退火后进行焊补、修磨，然后进行适当的热处理。

19.10　典型挤压铸件模具设计实例分析

19.10.1　铝合金的挤压铸件生产实例

（1）高压齿轮泵前泵体铝合金挤压铸件

高压齿轮泵前泵体的零件见图 19-127（a）所示，材料为 ZL101，其他要求如下：该铸件要求有良好的表面质量，内部组织致密，无疏松、气孔、夹渣等缺陷。脱模斜度为 $2°$，铸造圆角 R 为 $1.5 \sim 2.5 \text{mm}$。热处理后力学性能要求 $\sigma_b \geqslant 260\text{MPa}$，$\delta \geqslant 3\%$，硬度为 $100 \sim 120\text{HBW}$。

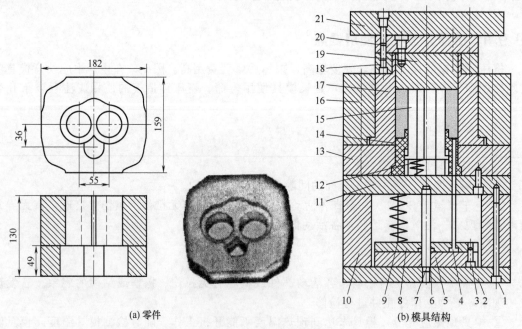

(a) 零件　　　　　　　　　　　　　(b) 模具结构

图 19-127　高压齿轮泵前泵体的零件及模具结构

1,3—内六角螺钉；2—定模安装版；4—顶杆；5—卸料背板；6—推料板导套；7—推料板导柱；
8—卸料板；9—压缩弹簧；10—垫块；11—定模背板；12—碟形弹簧；13—型芯套板；14—定模型芯；
15—定模镶块；16—模芯套板；17—定模模芯；18—限位板；19—压头；20—动模垫板；21—动模座板

从零件结构特征与性能要求考虑，采用了静压挤压铸造工艺。模具结构如图 19-127 (b) 所示。该模具的型腔由定模型芯 14、定模镶块 15、定模模芯 17 组成；压头 19 由上压缸驱动合模加压；在加压过程中定模镶块 15 可随着压头向下移动；压头的行程由限位板 18 决定；卸料时由下压缸的推动顶杆 4 将工件顶出；顶杆的复位由压缩弹簧实现。

工艺参数和模具结构参数见表 19-136、表 19-137。

该模具结构简单，不需要复位杆。定模镶块在挤压时随压头一起向下运动，有效减少了压力损失。零件留在定模一侧，需卸料力较大。生产出的产品合格率较高，可节省材料 15% 以上。在 25MPa 下无渗漏，爆破压力大于 60MPa，满足了设计要求。

表 19-136　挤压铸造泵体的工艺参数

合金熔炼温度/℃	成型压力/MPa	浇注温度/℃	模具工作温度/℃	模具预热温度/℃	加压开始时间/s	保压时间/s	挤压速度/(m/s)	留模时间/s	涂　料
720～760	120～136	670～720	150～300	150～200	8～15	40～80	0.007	15～30	水基石墨

表 19-137　模具结构参数

冷却方式	预热方式	定位方式	凸凹模配合间隙/mm	排气间隙/mm
空冷＋水冷	合金液预热	设备自身	0.12(单边)	0.08～0.12

(2) 2A12 铝法兰盘

2A12 铝法兰盘的结构如图 19-128 (a) 所示。

该模具在 YB322300 型四柱万能液压机上进行挤压铸造。

模具结构如图 19-128 (b) 所示。采用了浮动凹模结构，加压过程中凹模 9 不动，凹模 7 和凹模模套 10 可随凸模 5 一起向下移动，从而对合金液进行挤压成型。卸料板 6 的作用是将凸模和凹模分离。

开模后挤压铸件留在凹模内，先打开卸料板，利用顶杆顶出凹模 7、9 和铸件，再取出铸件。

工艺参数见表 19-138。

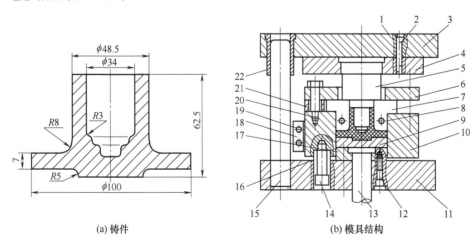

(a) 铸件　　　　　　　(b) 模具结构

图 19-128　2A12 铝法兰盘挤压铸件及模具结构
1,8—圆柱销；2,12,14—内六角圆柱头螺钉；3—上模板；4—凸模固定板；
5—凸模；6—卸料板；7,9—凹模；10—凹模模套；
11—下模板；13—顶杆；15—导柱；16—弹簧；17—凹模座固定板；
18—加热圈；19—沉头十字槽螺钉；20—外六角圆柱头螺钉；21—支撑圈；22—导套

表 19-138　2A12铝法兰盘挤压铸造工艺

压力 /MPa	预热温度 /℃	浇注温度 /℃	开始加压时间 /s	保压时间 /s	挤压速度 /(m/s)	涂料
70～105	200～350	680～700	5～10	5～10	10	胶体石墨

（3）厚壁杯形件

图 19-129 所示是厚壁杯形件毛坯图，材料是 7A04 高强度铝合金，采用电阻坩埚炉熔炼及保温，并用六氯乙烷除气。

挤压设备为 3000kN 上移液压机，其主液压缸位置在工作台下，由工作台上移加压，靠其自重下落，故挤压铸模采用了图 19-130 所示的结构，选用了柱塞挤压方式。图 19-130 中右边为挤压状态，左边为推料状态。

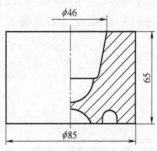

图 19-129　厚壁杯形件毛坯图

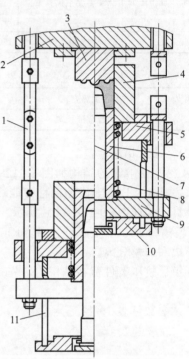

图 19-130　厚壁杯形件挤压铸模
1—拉杆；2—上底板；3—加压冲头；
4—凹形；5—下底板；6—推料套筒；
7—下芯轴；8—压缩弹簧；9—推料板；
10—底座；11—支撑圈

挤压铸造工艺参数见表 19-139。

表 19-139　厚壁杯形件的挤压铸造工艺参数

压力/MPa	浇注温度/℃	铸型温度/℃	升压时间/s	保压时间/s	涂　　料
200	680～720	230～280	5～6	45	水剂胶体石墨

铸件没有气孔、缩松等铸造缺陷，且组织为致密等轴晶。经水压试验（80MPa）和实际强度考核表明，此铸件可取代锻件作为重要的受力结构件。

（4）高压齿轮泵后泵体铝合金挤压铸件

高压齿轮泵后泵体的零件见图 19-131 所示，材料为 ZL101。

模具结构如图 19-132 所示。型腔由定模模芯 5 和垫块 1 组成；动模芯 19（凸模）在上压缸的驱动下合模加压；回程时铸件随动模芯一起运动，被拉出型腔；顶杆12可将铸件从动模芯19上顶出。顶杆在弹簧16的作用下复位。

该模具的结构特点是：结构简单，铸件留在动模一侧，操作方便。增加压缩弹簧使顶杆快速复位。模具通用性强，互换性好，改变部分零件即可生产其他泵体。

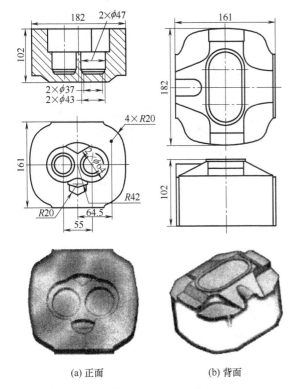

(a) 正面   (b) 背面

图 19-131 高压齿轮泵后泵体的零件图

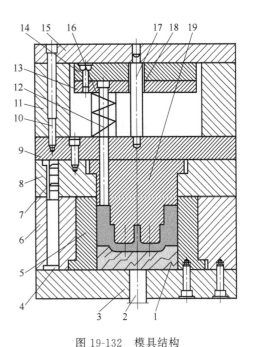

图 19-132 模具结构

1—垫块；2—顶杆；3—定模底板；4—导柱；
5—定模模芯；6—定模套板；7—导套；
8—动模套板；9—动模背板；10—内六角螺钉；
11—垫块；12—顶杆；13—卸料板；14—卸料
背板；15—动模安装板；16—压缩弹簧；
17—推料板导柱；18—推料板导柱；19—动模芯

（5）铝合金活塞

图 19-133 所示是某汽车活塞的毛坯图，材料牌号为 ZL108，熔炼时不进行除气和变质处理。

挤压设备是一台四柱 1600kN 液压机。模具结构如图 19-134 所示，采用上冲头 14 和套筒加压充型，底柱 7 反向加压结晶。侧型芯 11 成型侧孔，由气缸 1 实现抽芯和复位。凹型芯 13 由弹簧 9 支撑而有 4mm 的上下活动余量，从而实现反压结晶。

铝液的浇注采用回转臂输入定量勺实现自动浇注。取件时采气缸带动斜滑槽接取铸件，随即使其滑入水池中淬火，工艺参数见表 19-140。

铸造取件后立即淬火处理，并在 180℃ 进行 4h 的时效处理。实践表明，采用这种工艺使铸件的强度、硬度、韧性、塑性等各型性能都比金属型铸造有明显的提高。

金相分析表明，这种工艺明显细化了 α 枝晶，共晶体是细小粒状晶体，晶粒度均匀，气孔和针孔被消除，但在厚大部位易出现氧化夹渣。

从工艺角度来看，这种活塞生产毛坯重 980g，成品重 700g。而金属型铸造的毛坯重 2500g，成品重 850g，明显地节约了材料和能源，并且省去了铸造清理、切冒口等工序。

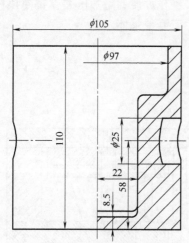

图 19-133　某汽车活塞的毛坯图

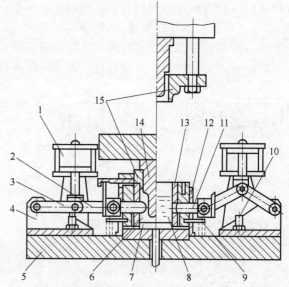

图 19-134　某汽车活塞的挤压铸造模具结构

1—气缸；2—连杆；3—摆杆；4—支架；5—垫板；6—活塞毛坯；
7—顶料底柱；8—铝液；9—弹簧；10—限位螺钉；11—侧芯杆；
12—导向阀；13—凹型芯；14—冲头；15—推料筒

表 19-140　某汽车活塞的挤压铸造工艺参数

压力 /MPa	浇注温度 /℃	铸型温度 /℃	保压时间 /s	挤压速度 /(m/s)	压力机的空载速度 /(m/s)	涂　　料
125	690~720	160~180	20~25	0.005	0.052~0.105	水剂胶体石墨

（6）气动仪表等零件

如图 19-135 所示为部分气动仪表零件毛坯图，材料采用 2A01 硬铝合金，在中频感应电磁炉中熔炼配制，电阻坩埚炉熔化保温。熔化温度为 720℃，熔化后加覆盖剂搅拌、除气、扒渣。

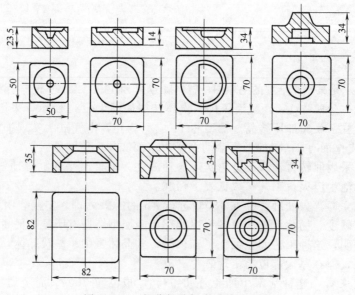

图 19-135　部分气动仪表零件毛坯图

挤压设备为 2500kN 液压机，挤压铸模采用锥面配合进行垂直分型的结构形式。如图 19-136 所示是十余种气动仪表环室零件的通用挤压铸造模。其中冲头 14、分瓣凹模 11 和凹模垫块 9，可以根据铸件的形状和尺寸进行更换。为保证铸件高度方向的尺寸精度，铸型设计了溢流槽。

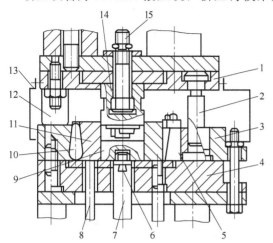

图 19-136　环室零件通用挤压铸造模
1—冲头固定板；2—导柱；3—铸模外套；4—铸模底板；
5—开模楔；6—燕尾螺钉；7,8—顶杆；9—凹模垫块；
10—定位栓；11—分瓣凹模；12—限位栓；
13—防溅罩；14—冲头；15—螺杆

型腔的设计参数如下。

① 铝合金的线收缩率：有型芯阻碍者为 0.8%，无型芯阻碍者为 1%。

② 配合间隙：冲头与凹模为 0.1mm（单边），凹模与凹模垫块为 0.05mm（单边）。

③ 排气槽：在零件比较复杂、壁较厚且容易存气处需开排气槽，深度在 0.05～0.10mm，宽度视零件的尺寸大小而定，一般在 5～10mm 范围内。

④ 脱模斜度：型芯与冲头成型部位的脱模斜度取 $1°30'～3°$。

⑤ 圆角：$R1mm～R3mm$。

⑥ 型腔选材及热处理：采用 3Cr2W8V 模具钢，调质处理（28～34HRC）后，在碳氮共渗处理。型腔表面抛光到 $Ra0.2\mu m$ 以上。

挤压铸造的工艺参数见表 19-141。

表 19-141　气动仪表零件的挤压铸造工艺参数

压力/MPa	浇注温度/℃	铸型温度/℃	单位壁厚的保压时间/s	涂　料
120～160	660～700	预热 200～250	0.6～0.9	水剂胶体石墨

（7）汽车轮盘

如图 19-137 所示为挤压铸造汽车轮盘的零件图，轮盘直径与轮缘宽度的规格（mm），分别为 330.2×127、330.2×139.7、330.2×157.4、355.6×139.7 和 335.6×152.4 五种，成品质量为 50～55kg，材料采用 ZL101，用自动定量装置进行浇注，挤压设备为专用挤压铸造机。

如图 19-138 所示为轮盘的挤压铸造方式。由于轮缘壁薄，加压充型时金属液流动的距离长，因此单纯靠轮毂部位的金属进行充填，易在该处产生欠铸，而且会降低其边部的加压效果，得不到所要求的铸件。如果增加轮辐、轮缘的壁厚，将降低材料利用率，并增加以后的机械加工的工作量。因此，挤压铸造工艺的关键是，既要提供所需的毛坯尺寸，又要使轮缘边部有好的充填和加压效果。

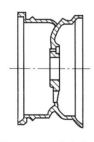

图 19-137　汽车轮盘

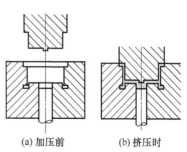

(a) 加压前　　(b) 挤压时

图 19-138　轮盘挤压铸造方式示意图

挤压铸造工艺参数：压力为 70～100MPa，保压时间为 2～3min，浇注温度为 720～750℃，铸型温度为 200～3500℃，浇注时间为 15～20s，涂料为水剂胶体石墨。

经使用性能试验证明，挤压铸造轮盘经 10 万周旋转弯曲疲劳试验后几乎不变形，而金属型铸件有少量变形，压铸件不到此数即破坏。挤压铸件塑性好，其耐冲击性能大大超过规定的指标。

（8）汽车空调摇盘（图 19-139、图 19-140）

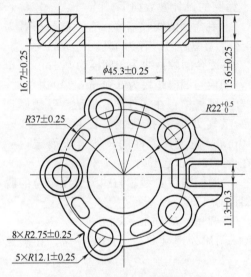

图 19-139　汽车空调摇盘零件图

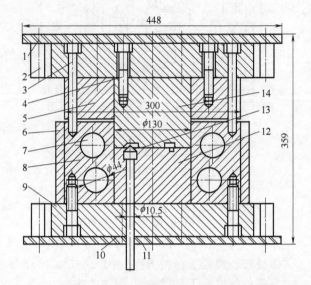

图 19-140　汽车空调摇盘模具图

1—上石棉板；2—上模板；3—定位销；4—螺栓；5—凸模套板；
6—石棉端；7—电阻丝；8—凹模套板；9—下模板；
10—下石棉板；11—顶杆；12—凹模；13—模芯；14—凸模

（9）油泵壳体

如图 19-141 所示为载重汽车用油泵壳体的毛坯图，泵体采用 ZL104 铝合金。挤压设备为 YB32-300 型四柱万能液压机。

如图 19-142 所示为油泵壳体挤压铸模，它采用直接冲头挤压方式。为使铸件外周的凸缘能顺利脱模，使用了靠锥体配合进行垂直分型的凹模。铸模配合间隙为 0.10～0.15mm，封闭高度大于 30mm，脱模斜度为 1°左右。

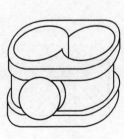

图 19-141　油泵壳体

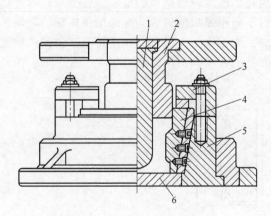

图 19-142　油泵壳体挤压铸模

1—冲头；2—卸料套筒；3—压板；4—分瓣凹模；5—凹模座；6—底板

其挤压铸造工艺参数见表 19-142。

表 19-142　油泵壳体的挤压铸造工艺参数

压力/MPa	浇注温度/℃	铸型温度/℃	保压时间/s	开始加压时间/s
125	680～700	150～250	45～60	30～45

结果表明，挤压铸造取代原来的金属型铸造，获得了良好的经济效果，表现在以下几个方面。

① 提高了耐压能力。

② 提高了铸件的质量，铸件的废品率远低于金属型铸造。

③ 提高了材料的利用率。

④ 改善了劳动条件，省去了变质处理和清理冒口等工序。

（10）压缩机铝合金连杆

空调压缩机连杆如图 19-143（a）所示，轴孔在挤压铸造成型时单边留 0.20mm 余量，最后再镗至大尺寸。大端半圆轴孔内圈镶有嵌件（铜质轴瓦）。大、小轴孔之间的通油孔和大轴孔外侧的螺纹孔通过机械加工获得。

模具结构如图 19-143（b）所示。模具采用对向式间接挤压铸造模结构，一模两腔对称布置。分型面设在零件的中线位置 ［图 19-143（a）中 A-A 处］，浇口套设置在模具的下方，进内浇口开设在连杆的侧向。

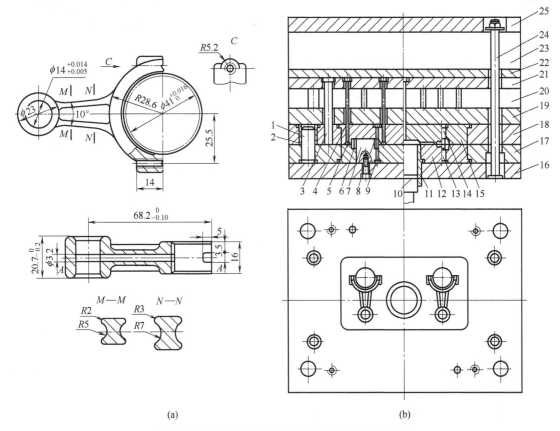

(a)　　　　　　　　　　　　　(b)

图 19-143　空调压缩机铝合金连杆零件及模具结构

1—导柱；2—导套；3—复位杆；4—推杆；5—溢流槽；6—铜质嵌件；7—大型芯；8,9—定位顶件；10—压柱；
11—浇口套；12—下模块；13—下模小型芯；14—上模小型芯；15—上模镶块；16—下模座板；17—下模板；
18—上模板；19—支承板；20—垫块；21—推杆固定板；22—垫板；23—垫块；24—拉杆；25—上模座板

每次合模前需要先将铜质轴瓦靠着大型芯 7 放置在型腔中，轴瓦的外侧由预先分别固定在上、下模内的 3 个顶尖挡柱定位，以防止轴瓦移位。卸料采用拉杆打料式机构，打料顶杆采用复位杆复位，工艺参数见表 19-143。

经检验，该方法生产的铝合金连杆力学性能和晶体组织质量稳定，成品率高，符合使用和生产要求。

表 19-143　空调压缩机铝合金连杆的挤压铸造工艺参数

压力/MPa	浇注温度/℃	铸型预热温度/℃	铸型工作温度/℃	保压时间/s	留模时间/s	充型速度/(mm/s)	充填时间/s	涂　料
70～80	680～710	120～150	180～2500	7～8	9～10	100～140	0.7～0.8	水剂胶体石墨

（11）铝汽车控制臂

图 19-144（a）是汽车控制臂零件，材料为美国的铸造铝合金 A356。力学性能要求：抗拉强度平均为 280MPa，伸长率平均为 6%。

模具结构如图 19-144（b）所示。该模具采用了对向式间接挤压铸造结构，为了充分传递压力，设置了较大的内浇口。开模时，采用顶杆卸料，顶杆通过复位杆复位。

挤压铸造工艺参数设置见表 19-144。

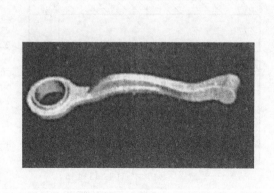

(a)

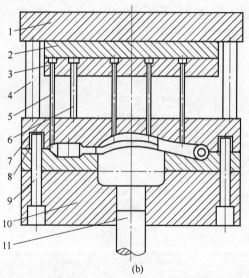

(b)

图 19-144　汽车控制臂零件及模具结构示意图
1—上模底板；2—顶板；3—顶杆固定板；4—侧垫块；5—顶杆；6—复位杆；
7—上模板；8—导套；9—导柱；10—下模板；11—挤压冲头

表 19-144　汽车控制臂的挤压铸造工艺参数

压力/MPa	浇注温度/℃	铸型温度/℃	保压时间/s	内浇道截面宽度/mm
50	710～720	200～250	40～50	10

所得铸件消除了内部的气孔、缩孔和疏松等铸造缺陷，组织细化、致密；铸件有较高的表面粗糙度和尺寸精度；抗拉强度和断后伸长率分别达到 280MPa 和 10%，均符合要求。

19.10.2　铜合金的挤压铸件生产实例

（1）蜗轮

230 载重汽车绞盘减速器蜗轮毛坯和挤压铸模如图 19-145 所示，蜗轮的合金材料为 ZCuSn10P 锡磷青铜，挤压设备采用 1000kN 单柱校正压装液压机，为了脱型方便，还设计了一套 100kN 的顶出机构。

挤压铸造工艺参数见表 19-145。

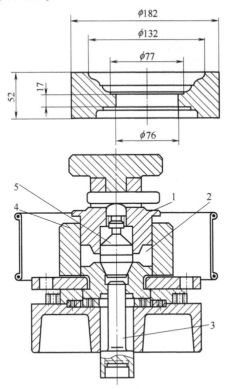

图 19-145　铜蜗轮铸件毛坯及铸模图

1—上冲头；2—铸件；3—顶杆；4—凹模；5—活动型芯

表 19-145　锡磷青铜挤压铸造蜗轮的工艺参数

压力/MPa	浇注温度/℃	铸型温度/℃	升压时间/s	保压时间/s	涂料
46.5	1000～1150	220～280	12～14	45	水剂胶体石墨

经检验表明：挤压铸造铜蜗轮外形轮廓清晰，尺寸准确；内部组织致密，无气孔、缩松，密度明显增加；组织中无明显偏析，晶粒细化；铸件质量稳定。经 230 载重汽车装车试验表明，挤压铸造铜蜗轮可经受正常牵引和超载连续牵引的考核，使用可靠。

（2）法兰盘

法兰盘的材料为 ZCuAl10Fe3Mn2 铝青铜，采用 1500kN 液压机进行挤压。

如图 19-146 所示为法兰盘的挤压铸模，铸件杯口朝下，属柱塞式挤压方式，铸件靠顶料套筒 3 上推出模，凹模 2 采用了水冷措施，型腔零件采用 3Cr2W8V 模具钢。铸型设计参数为凹模与冲头的配合间隙（单边）为 0.05～0.1mm，铸件加工余量为 1mm（单边）。

挤压铸造工艺参数见表 19-146。

（3）套筒形零件

用柱塞挤压法生产的各种套筒形零件，其尺寸范围为：外径 55～200mm，高度 30～150mm，壁厚 7～35mm。

使用的合金牌号有 ZCuZn40Mn3Fe1、ZCuZn40Mn2Fe2 黄铜和 ZCuSn10P、ZCuAl9Fe4NiMn2 青铜。

挤压设备用ⅠⅠ0638 型专用液压机，如图 19-147 所示为套筒形零件挤压铸模，属于柱塞挤压方式。

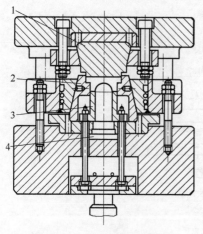

图 19-146　法兰盘挤压铸模

1—冲头；2—凹模；3—套筒；4—心轴

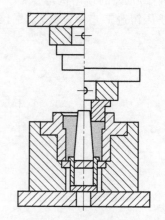

图 19-147　套筒形零件挤压铸模

挤压铸造工艺参数见表 19-147。

表 19-146　铝青铜挤压铸造法兰盘的挤压铸造工艺参数

压力/MPa	浇注温度/℃	铸型预热温度/℃	铸型工作温度/℃	保压时间/s	涂料
50～200	1120～1170	100～150	<400	4～6	5％石墨＋机油

表 19-147　套筒形件挤压铸造工艺参数

压力/MPa	浇注温度/℃	铸型温度/℃	升压时间/s	单位壁厚的保压时间/mm·s	挤压速度/(mm/s)	涂料
100～120	液相线以上 50～100	200～250	3～20	0.6～1	30～120	石墨蜡润滑剂

通过有关数据比较，挤压铸造的力学性能虽与多种因素有关，但均高于金属型铸件。经生产实践证明，挤压铸造可获得明显的经济效果。

19.10.3　钢铁材料的挤压铸件生产实例

（1）碳钢压环

图 19-148（a）所示是碳钢压环的毛坯图。图 19-148（b）所示是相应的挤压铸造模结

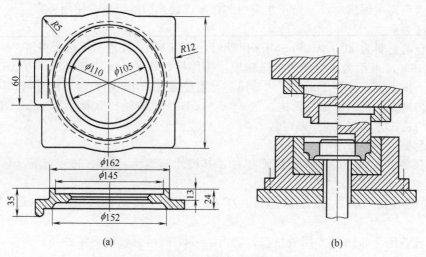

(a)　　　　　　　　　　　　　(b)

图 19-148　碳钢压环的毛坯及挤压铸造模结构

构图。该模具采用凹冲头单向加压，开模时采用顶件脱模。型腔材料采用低碳钢或中碳钢，不进行热处理，以便承受高温，并且抵抗疲劳裂纹的出现。

挤压设备为 2000kN 通用液压机，上压钢提供挤压力，下压钢提供顶件力。

压环所用材料为 Q235。生产中，将定量的碳钢炉料通过 60kW 高频感应炉重熔后直接浇注，浇注前用铝棒进行脱氧。

其他工艺参数见表 19-148。

经检验，挤压铸件内部为致密的细晶粒，力学性能符合铸钢的性能标准。

表 19-148　碳钢压环的挤压铸造工艺参数

压力 /MPa	开始加压 时间/s	保压时间 /s	浇注温度 /℃	脱模温度 /℃	凹模预热 温度/℃	冲头预热 温度/℃
110	4～6	10	1600	800～900	250～350	200

（2）上底座本体件

图 19-149（a）所示是钢质上底座本体件，是电气化铁路的触网零件。该零件主要的受力部位是两个耳部，对力学性能要求较高，整个零件要求没有气孔、缩松。该零件壁厚均匀而且形状不太复杂，因此采用直接挤压铸造成型方案，模具结构如图 19-149（b）所示。

该模具采用浮动凹模，成型时异型凸模压紧凹模模芯一起下移，与凹模冲头产生相对运动，从而对金属液进行挤压成型。由于不确定开模时铸件将留在上模还是下模，上、下模都设置了顶杆，分别由上、下压缸冲头驱动使铸件脱模。由于模具结构复杂，设置了上、下模导柱，实现精确导向。

为了保证铸件厚度的精确性，在分型面上设置了两个溢流槽 19。浇注钢液时必须看到溢流槽中有钢液流出方能停止浇注。

模具与挤压铸造工艺参数见表 19-149。

(a) 本体件毛坯

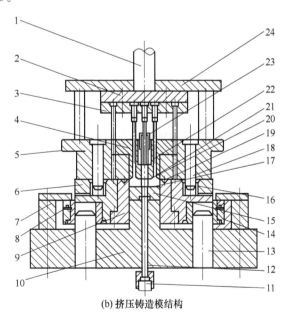

(b) 挤压铸造模结构

图 19-149　上底座本体件及挤压铸造模结构

1—上挤缸冲头；2—上顶板；3—上顶杆固定板；4—异形凸模；5—凸模模套；6—凹模模套；7—限位块；8—可调块；9—凹模模芯；10—垫板；11—下挤缸冲头；12—下顶杆；13—下模导柱；14—下模模套；15—凹模冲头；16—合模套；17—活动型芯；18—合模导柱；19—溢流槽；20—复位杆；21—挤压铸件；22—上顶杆；23—冷却系统；24—活动横梁

表 19-149　钢质上底座本体件的挤压铸造模设计参数与工艺参数

脱模斜度		凹冲头与凹模模芯的配合间隙/mm	导柱导套配合间隙/mm	模具材料			模具预热温度/℃
两支耳处	活动型芯			型腔零件	导柱导套	顶杆	
1.5°	2.5°	0.15～0.3	0.05～0.15	H13	T10	40Cr	300～400

采用这种工艺制造的铸件工艺出品率较高（可达 90%），模具寿命在 5000 件以上，产品误差为±0.1mm。与精密铸造相比，成本降低了 30%。

（3）45 钢阀体

图 19-150（a）所示是 45 钢阀体零件图。该件属于煤矿支护设备中的一个耗性配件，消耗量很大，仅一个中型煤矿的年消耗量就近 20 万件。锻造毛坯加工设备吨位过大很少采用；直接以圆钢为原料进行车削加工，车削加工工序多，生产效率低，材料利用率不足 50%，单位成本高。因此考虑采用铸造工艺，由于零件比较复杂，性能要求较高，普通铸造难以满足要求。综合考虑后决定采用挤压铸造工艺进行毛坯成型，随后进行车削加工和热处理。挤压铸件毛坯如图 19-150（b）所示。

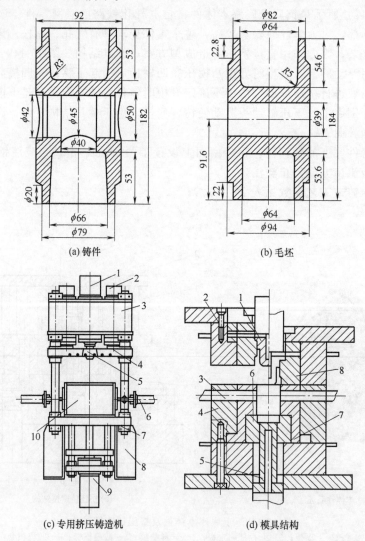

(a) 铸件　　　　　　　(b) 毛坯

(c) 专用挤压铸造机　　　　　　　(d) 模具结构

图 19-150　45 钢阀体挤压铸件及挤压铸件毛坯、专用挤压铸造机和模具结构

1—上挤压缸；2—锁模缸；3—顶梁；4—活动横梁；5—上压头连接杆；6—侧缸；
7—工作台；8—机座；9—下挤压缸；10—模具

挤压铸造在专用挤压铸造机上进行，如图 19-150（c）所示，在 3150kN 标准四立柱液压机的基础上进行非标改制而成，具有手动、半自动和全自动功能，采用 PLC 控制。

该挤压铸造机配有不小于 600kN 的侧压缸，并有不小于 200kN 的回程力；锁模缸压力不小于 1500kN；上、下挤压缸力均不小于 1500kN，回程力均不小于 500kN。为了保证补缩，要求液压机各缸均具有持压功能，到达设定压力后，能跟踪凝固收缩持续加压。

模具结构如图 19-150（d）所示。该模具采用直接式、双向挤压结构，并有左、右两个加压冲头，压力条件好。成型时，先将金属液浇入接下模芯的型腔中，然后合模，上、下冲头和侧冲头各自到达指定位置，加压充型并保压。开模后由下冲头向上顶出铸件，实现卸料。

挤压铸造工艺参数见表 19-150。

表 19-150　45 钢阀体的挤压铸造工艺参数

双向对挤比压/MPa	侧挤比压/MPa	浇注温度/℃	模具预热温度/℃	加压开始时间/s	保压时间/s	建压时间/s	涂　料
150～200	130～150	1510～1530	160～230	<10	8～12	<1	见表 19-151

生产实践表明：按 19-151 配方生产的零件性能能够满足要求，生产率高，单位成本降低。

表 19-151　耐火绝热涂料配方　　　　　　　　　　单位：%

锆英粉	硅藻土	水溶性树脂	膨润土	硼酸	糖浆	水
33.0	66	0.5	适量	适量	适量	适量

生产实践表明，该工艺生产的零件性能够满足要求。生产效率高，单位成本降低（比圆钢车制的成本降低 30% 左右），工艺出品率高达 85% 左右。

（4）凿岩机缸体

图 19-151（a）所示是凿岩机缸体毛坯图，材料为 20Cr，质量约为 9kg。

模具结构如图 19-151（b）所示。模具设置了两个分型面：水平分型面用冲头和凹模闭合来实现；垂直分型面用两半凹模来实现，并利用了斜滑块结构。中心通孔设计，采用上冲头和下冲头带中间连皮结构。上冲头固定在上横梁上，采用水冷；下冲头采用活动冲头，外

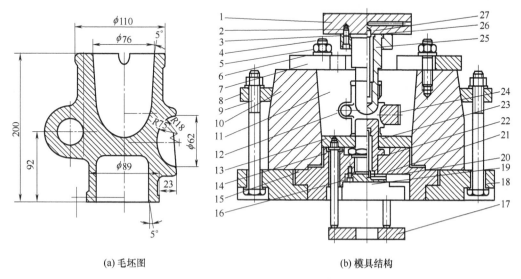

(a) 毛坯图　　　　　　　　　　(b) 模具结构

图 19-151　凿岩机缸体毛坯及挤压铸造模结构

1—上模座；2,16—螺钉；3—压圈；4—双头螺柱；5—螺母；6—垫板；7—压板；8—压环；9—螺栓；
10—外套；11—凹模；12,24—芯子；13—顶料垫板；14—顶杆；15—下模座；17—顶板；18—下模垫板；
19—密封压板；20—管接头及水管；21,22,26—密封圈；23—下冲头；25—上冲头；27—喷水管及接头

包有沙层，防止制件产生裂纹。横向两凸台内孔采用活动金属芯子。挤压铸造工艺参数见表19-152。

表 19-152　凿岩机缸体的挤压铸造工艺参数

比压/MPa	浇注温度/℃	模具温度/℃	保压时间/s	涂　　料	
300	1520～1560	≥400	5～10	防护层（内层）：锆英粉＋水玻璃	表面层：油剂石墨

这种工艺降低了材料的消耗。铸件经正火处理后组织细小而均匀，力学性能符合使用要求。

（5）锻压模具钢垫板

图 19-152（a）是锻模垫板的毛坯图，材料为 5CrNiTi 合金钢。

图 19-152（b）是挤压铸造模结构图。该模具采用浮动凹模结构，成型时冲头 2 与可动凹模 6 一起下移，与垫板 7 产生相对运动，从而对铸件加压。开模时，垫板 7 将铸件托起，实现脱模。

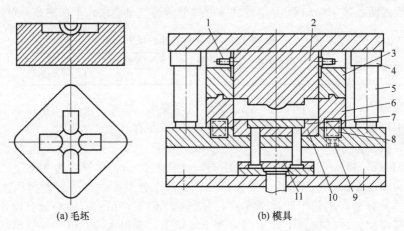

(a) 毛坯　　　　　　(b) 模具

图 19-152　锻模垫板的毛坯及其挤压铸造模具

1—冷却水管接头；2—成型冲头；3—套筒；4—轴套；5—导柱；6—可动凹模；
7—垫板；8—弹簧；9—限位螺钉；10—底板；11—顶料系统

挤压设备是一台 600kN～1200kN 通用液压机。

钢的熔炼采用感应炉进行，采用定量浇包浇注，其他工艺参数见表 19-153。

表 19-153　锻模垫板的挤压铸造工艺参数

压力/MPa	保压时间/s	浇注温度/℃	模具预热温度/℃	型腔表明最高温度/℃		涂料（质量分数）
				凹型	冲头	
60～80	3	1550～1600	200～350	780	690	30％地蜡，30％石蜡，14％石墨粉，26％凡士林

实践表明，挤压铸造垫板具有细晶粒组织，比普通铸件的组织更加均匀，力学性能接近铸钢的水平。

（6）破碎机锤头

破碎机锤头的零件结构见图 19-153（a），材料为 ZGMn13，质量为 519kg，硬度为 119～220HBW。由于无后序机械加工，长度和轴孔尺寸公差要求严格；壁厚不均匀，获得内部致密、尺寸合格的产品有一定困难。

锤头属于规格多、批量大的产品，因此采用间接挤压铸造。为了强化补缩，在厚壁处开设内浇道。采取一模 3 件结构，对称于压室周围均匀分布。

根据工件的形状特点，采用水平分模。

生产现场的挤压铸造机只有上缸和下缸，而下缸的公称压力只有 2000kN，不足以提供要求的成型比压，因此采用浮动式模具结构。

模具结构如图 19-153（b）所示。上模芯 2 由上压缸驱动实现开、合模。上、下模芯一同下移，迫使金属液充型，并加压成型。圆柱弹簧 10 和碟形弹簧 5 在充型、挤压过程中支撑上模芯 2，在成型结束后使上模芯复位。开模后通过下缸驱使顶杆将铸件顶出，手工取件。顶杆通过复位杆复位。限位螺钉 11 可保证开模后下模芯 12 与冲头 14 有足够的配合长度。

其他工艺参数见表 19-154。

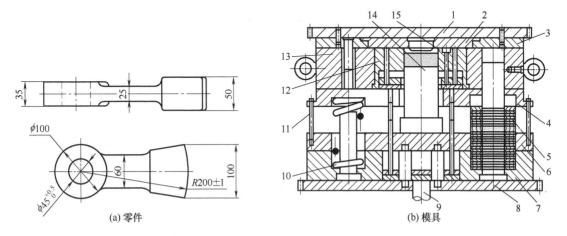

图 19-153　破碎机锤头及其挤压铸造模

1—上模板；2—上模芯；3—上模套；4—下模固定板；5—碟形弹簧；6—支承板；7—垫块；8—底座；
9—连接杆；10—圆柱弹簧；11—限位螺钉；12—下模芯；13—下模套；14—冲头；15—型腔

表 19-154　破碎机锤头的挤压铸造工艺参数

压力/kN	浇注温度/℃	铸型温度/℃	挤压速度/(mm/s)	保压时间/s
12000	1420	180	6	15

利用挤压铸造工艺生产的锤头，不仅可以克服普通铸造产生的缺陷，如气孔、缩松，也可以消除由于材料不同造成的结合面易断裂的问题。

（7）贝氏体钢耙片

多种规格的拖拉机耙片可用挤压铸造来生产。图 19-154（a）所示是耙片零件图。为了提高耙片的耐磨性和韧性，人们研制而成了专用的挤压铸造钢，其成分见表 19-155。这种钢在铸态下即可直接获得贝氏体组织。

模具结构如图 19-154（b）所示。合模力有液压机的主缸施加在模柄上。凸、凹模之间依靠模口导向。

在合模时，型芯 8 将排开金属液，与推杆 2 接触，并将推杆 2 压入凹模 5 的方孔。

开模时，上模座上行一定的距离将被挡块阻止，型芯座板继续上升，型芯 8 将缩进凸模镶套 7 内，使铸件脱模。开模时，推杆 2 将在组合碟簧 1 的作用下将顶杆与型芯之间形成的连皮废料顶出凹模 5 的方孔。

弹簧 10 的作用是保证合模前型芯 8 能够伸出凸模镶套 7，防止金属液进入凸模镶套的孔内。

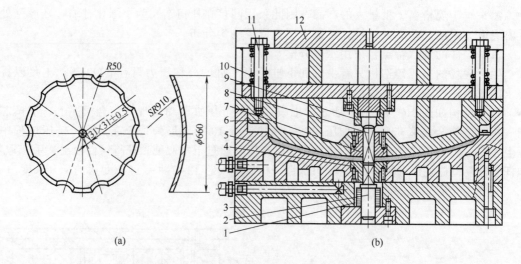

图 19-154　贝氏体钢耙片及其挤压铸造模具

1—组合碟簧；2—推杆；3—下模座；4—凹模镶套；5—凹模；6—凸模；7—凸模镶套；
8—型芯；9—限位座；10—弹簧；11—螺钉；12—上模座

表 19-155　贝氏体钢耙片的成分（质量分数/%）

C	Si	Mn	Cr	Mo	Nb	RE、B	Fe
0.55	0.60	0.82	0.41	0.35	0.1	微量	余量

凹模 5 和凸模 6 的材料为球墨铸铁，使用寿命大于 1000 次。型芯 8 与凸模镶套 7、推杆 2 与凹模镶套 4 成间隙配合（H8/f7）。考虑到型芯 8 与推杆 2 的对中误差，推杆 2 的截面尺寸比型芯 8 大 0.4mm。型芯 8 采用 W18Cr4V，工作表面进行氮化处理，凹模设有冷却水道，控制模温。

挤压铸造设备为 TDY33-20000A 型液压机，其他挤压铸造工艺参数见表 19-156。

表 19-156　贝氏体钢挤压铸造工艺参数

浇注温度/℃	压力/MPa	加压速度（接触页面后)/(mm/s)	保压时间/s
1600～1650	40～55	40	13～15

经测试挤压铸造的贝氏体钢耙片的金相组织主要是下贝氏体，硬度和冲击韧度分别达 $42\sim48HRC$ 和 $24J/cm^2$。与原来的 65Mn 钢冲压耙片相比，耐磨性提高，生产工序由原来的 9 道减少为 1 道，材料利用率由 70% 提高到 90%，生产成本降低 50%。

（8）球墨铸铁齿轮

图 19-155（a）所示是两种球墨铸铁齿轮的毛坯图，球墨铸铁的成分见表 19-157。

图 19-155（b）所示是挤压铸造模结构图。浇注前，先把上模 2、下模 8、下芯杆 10 和分瓣凹模 7 处于合模状态。然后通过直浇道 1 浇入铁液，当铁液量升至直浇道顶部时停止浇注，立即加上压块封牢直浇道。然后开动液压机，通过上模挤压成型、结晶。待铁液凝固后尽快开模，用下部顶杆将下芯杆、毛坯 9 和上模 2 顶起（分瓣凹模 7 自行张开）。在上模加一顶杆可将毛坯及直浇道一起顶出。

挤压设备为 YA71-250 型 2500kN 液压机。

铸铁的熔炼在中频感应炉中进行，球化剂用 6 号稀土镁合金，孕育剂为硅铁，球化处理温度为 1450～1550℃，其他工艺参数见表 19-158。

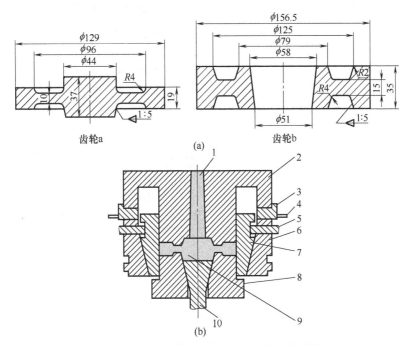

图 19-155　球墨铸铁齿轮及其挤压铸造模结构

1—直浇道；2—上模；3—垫圈；4—手柄；5—拉板；6—凹模外圈；7—分瓣凹模；8—下模；9—毛坯；10—下芯杆

表 19-157　球墨铸铁成分（质量分数/%）

C	Si	Mn	P	S	Mo	Cu	Mg	RE	Fe
3.0～3.4	2.5～3.1	0.5～0.7	0.08	0.02	0.18～0.22	0.6～0.7	0.035～0.065	0.03～0.06	余量

表 19-158　球墨铸铁齿轮挤压锻造工艺参数

压力/MPa		开始加压	保压时间/s		铸型温度	浇注温度	涂　　料
齿轮 a	齿轮 b	时间/s	齿轮 a	齿轮 b	/℃	/℃	
76	59	10～15	9～11	12～15	140～150	1280～1320	油剂或水剂胶体石墨

在挤压成型过程中，毛坯各部位没有形成自由液面，铁液之间没有相对运动，因而可以避免形成夹皮、冷隔等缺陷，铸件尺寸精确，材料利用率高。毛坯组织较致密，其热节中心无缩松、气孔等铸造缺陷。

由于铸态毛坯是麻口组织，需要进行高温正火，最终得到以珠光体为主并带有少量牛眼状铁素体的基体组织。碳化物质量分数小于 1%，石墨球体细小圆整。

19.10.4　镁合金的挤压铸件生产实例

（1）镁合金壳体

图 19-156（a）所示是镁合金壳体的结构图，该零件要求耐冲击，抗凹陷，外观无缺陷，内部致密。内腔通过精加工成型，材料牌号为 AZ91D。

模具结构如图 19-156（b）所示。模具采用对向间接式挤压铸造结构。成型前要用 N_2 或 Ar 排除型腔中的空气，特别是挤压活塞 17 上部的空气。合模力由主缸提供，挤压力由下缸（辅缸）提供。开模时铸件将随上模一起上升（由于包紧力的作用），开模至一定距离，推板 7 将撞击液压机横梁上的顶杆，从而将铸件从上模中推出，实现脱模。

模具主体采用电热管加热。为保证压室内的温度稳定，采用哈弗型高温铜加热器对挤压活塞 17 及压套 14 进行加热。挤压活塞与压套的配合间隙为 0.02~0.05mm。型芯的脱模角度为 2.5°。铸件上设置了 3 个工艺凸台，避免推杆推出时留下痕迹。

挤压设备为 20000kN 四柱式万能液压机。上横梁行程达 850mm，下缸的最大挤压力为 600kN，最大合模速度为 100mm/s，最大挤压速度为 65mm/s，其他工艺参数见表 19-159。

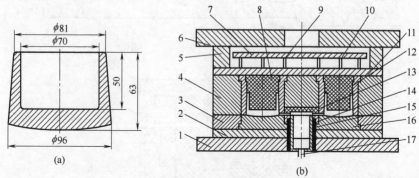

图 19-156　镁合金壳体及其挤压铸造模结构图

1—定模固定板；2—定模垫板；3—定模套板；4—动模套板；5—垫块；6—动模固定板；
7—推板；8—型芯镶块；9—推杆；10—复位杆；11—动模垫板；12—动模镶块；
13—浇道镶块；14—压套；15—铜加热器；16—定模镶块；17—挤压活塞

表 19-159　镁合金壳体的挤压铸造工艺参数

浇注温度 /℃	压室的加热温度/℃	开始加压时间/s	压力/MPa	充型速度 /(m/s)	保压时间 /s
690~720	450~500	<7	60~65	0.85~0.91	36~40

（2）镁合金轴筒

图 19-157（a）所示是镁合金轴筒的毛坯，所用材料为 AZ91HP。毛坯结构较简单，壁厚变化较大，最薄处约 5mm，厚处约 15mm。该铸件要求具有良好的表面质量，内部致密，无缩松、缩孔，特点是要求有较高的强度和塑性。

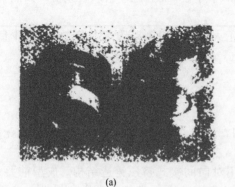

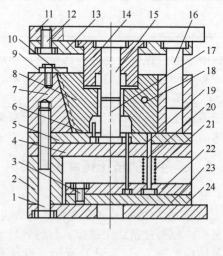

图 19-157　镁合金轴筒毛坯及其挤压铸造模具结构

1,3,9,12—螺栓；2—垫块；4—垫块；5—定模固定板；6—定模型芯；7—定模套板；8—型腔镶块；10—挡块；
11—动模座板；13—动模固定板；14—动模；15—动模型芯；16—导柱；17—定模型芯；18—圆柱销；19—推杆；
20—复位杆；21—弹簧；22—推杆固定板；23—推杆座板；24—定模座板

模具结构如图 19-157（b）所示。该模具采用复合冲头挤压结构。由于铸件带有侧凹结构，凹模采用燕尾式开、合模机构，合模后型腔镶块 8 通过圆柱销 18 定位。为保证动、定模的准确定位，动模通过导柱 16 进行导向。

挤压铸造在国产 YT32-200C 四柱液压机上进行，主缸提供压力，辅钢提供顶出力。

该镁合金的熔铸工艺为：炉温 450℃时，以 3L/min 的 Ar 气吹洗坩埚及炉膛 2min，加入镁合计锭进行熔炼。熔化后升温至 720℃保温 10min；用炉料 1%的 C_2Cl_6 进行变质处理，1L/min 的 Ar 气体吹洗精炼共 3min。升温至 750℃静置 10min，调整温度到 650℃进行浇注。浇注过程中用 2 号熔剂覆盖，其他挤压铸造工艺参数见表 19-160。

表 19-160　镁合轴筒的挤压铸造工艺参数

浇注温度/℃	预热温度/℃	压力/MPa	保压时间/s
650	150	80	30

经检验，铸件内表面光洁，各部位均没有裂纹、冷隔、流纹等表面缺陷。经高温热处理后内外表面也未见起泡。断面各部位均未出现肉眼可见的气孔、缩孔。

（3）镁合金轮毂

图 19-158（a）所示是镁合金摩托车轮毂的挤压铸件，材料牌号为 AM60B。模具采用了间接挤压铸造结构。工艺过程如图 19-158（b）所示。由于镁易与氧气反应，在冶炼和浇注过程中采用 SF_6 气体保护。采用低压充型和高压凝固分离的模式，有效减小了压室料头，提高了工艺收得率，挤压铸造工艺参数见表 19-161。

结果表明，这种工艺生产的镁合金轮毂的组织致密，晶体细小，产品成品率高，质量稳定，成品率在 90%以上，适宜大批量生产。

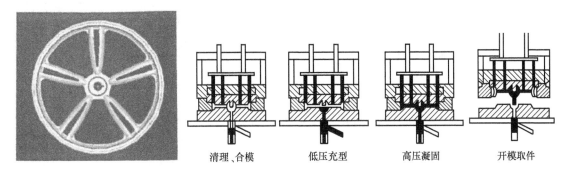

(a)　　　　　　　　　　　(b)

图 19-158　镁合金轮毂及其挤压铸造工艺过程

表 19-161　镁合金轮毂的挤压铸造工艺参数

铸型压力 /MPa	浇注温度 /℃	铸型温度 /℃	挤压速度 /(mm/s)	充型速度 /(mm/s)	充型时间 /s	保压时间 /s
100	670	160～180	<65	2.5～3.0	1.5	20

19.10.5　锌合金的挤压铸件生产实例

（1）锌合金齿轮

图 19-159（a）所示是高强度锌合金齿轮的挤压铸件图。图 19-159（b）所示是相应的挤压铸造模具结构图。此模具采用反挤压挤压铸造模具结构。合模时，上模镶块首先接触金属液，在弹簧压力的作用下，对金属液进行初步加压。接着型芯 4（凸模）插入金属液，进

一步加压、补缩。开模时，在弹簧 7 的作用下，铸件脱离型芯，留在下模中由顶杆 15 顶出。

如果要挤压不同的零件，可以更换型芯 4、上模镶块 6、下模 12、下模镶块 13 和顶杆 15。

该挤压铸造在三梁四柱通用液压机上进行。上压缸（主缸）提供挤压力，下压缸（辅缸）提供顶件力。

挤压铸造工艺参数见表 19-162。

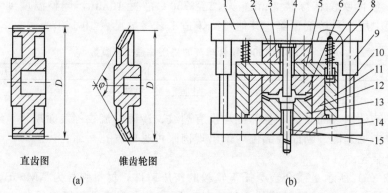

直齿图　　锥齿轮图

(a)　　　　　　　　(b)

图 19-159　锌合金齿轮及其挤压铸造模结构图

1—上模板；2—垫板；3—型芯固定板；4—型芯；5—弹压板；6—上模镶块；7—弹簧；8—卸料螺钉；
9—导套；10—导柱；11—下模套；12—下模；13—下模镶块；14—下模板；15—顶杆

表 19-162　锌合金齿轮的挤压铸造工艺参数

浇注温度/℃	预热温度/℃	压力/MPa	保压时间（根据壁厚）/mm·s
580～600	220～240	80～100	0.8～1

实践表明，这种方法制造的锌合金齿轮具有良好的力学性能和耐磨性。这种方法适合制造齿轮，尤其是在要求防爆阻燃危险场合工作的齿轮。挤压铸造成型的齿轮工艺简单可靠，生产成本低，经济效益好。

(2) 锌合金蜗轮

图 19-160 所示是增氧机蜗轮的挤压铸造模结构图。所生产的蜗轮是直径为 130mm、厚度为 64mm 的圆饼形铸件。该模具采用单向加压式结构，采用活动型芯 5 和挤压冲头 4 形成蜗轮的上、下表面。为了脱模顺利，形成蜗轮凸凹位置的斜度和圆角可设得大些。开模时由下压缸（辅缸）将铸件顶出。

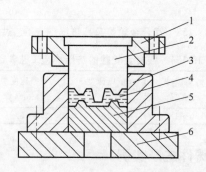

图 19-160　锌合金蜗轮的挤压铸造模结构图

1—冲头固定板；2—挤压冲头；3—凹模；4—蜗轮；5—活动型芯；6—垫板

挤压冲头与凹模间隙设计为 0.1mm，冲头与凹模封闭高度为 40mm，凹模壁厚设计为 50mm。模具排气主要利用冲头与凹模之间的间隙。

锌合金牌号为 ZA27 高铝锌合金。挤压铸造在 YB-200 型四立柱万能液压机上进行。挤压铸造工艺参数见表 19-163。

表 19-163　锌合金蜗轮的挤压铸造工艺参数

浇注温度 /℃	模具温度 /℃	压力 /MPa	挤压速度 /(mm/s)	保压时间 /s	合金液定量 /kg	涂　　料
550	150～200	75～100	156	45～60	2.5	机油＋石墨或水基涂料

实践证明，此种挤压铸造工艺制造的锌合金蜗轮的强度、硬度、耐磨性等各项力学性能均优于传统的锡青铜蜗轮，而且工艺性、经济性等方面都有很大的优越性。

第20章 反重力铸造及模具设计

20.1 概述

反重力铸造（counter-gravity casting，简称 CGC）技术是金属液充填铸型的驱动力与重力方向相反，金属液沿与重力相反方向流动。CGC 工艺中金属液实际上是在复合力的作用下充型的，即重力和外加驱动力。CGC 技术可分为反重力低压铸造、反重力差压铸造、反重力调压铸造和反重力挤压铸造等。反重力挤压铸造已在上一章中有所论述。低压铸造、差压铸造、调压铸造一般是反重力方式，以下论述暂不区分。

20.1.1 低压铸造

低压铸造的基本原理如图 20-1 所示。

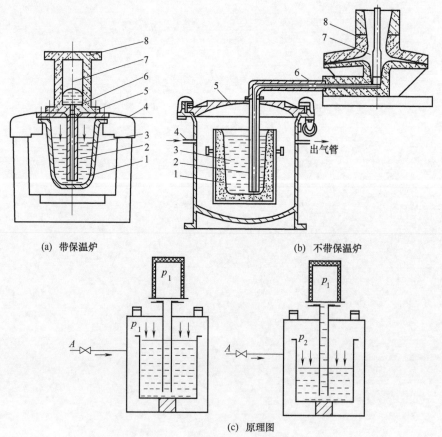

(a) 带保温炉   (b) 不带保温炉

(c) 原理图

图 20-1　低压铸造的基本原理

1—坩埚；2—升液管；3—金属液；4—进气管；5—密封盖；6—浇道；7—型腔；8—铸型

在装有金属液的密封容器坩埚 1 中，通入干燥的压缩空气，作用在保持一定温度的金属液面上，使金属液沿着升液管 2 自下而上地经过浇道 6 进入型腔 7；待金属液充满型腔后，增大气压，型腔里的金属液在一定的压力作用下凝固成型；然后解除液面上的气体压力，使升液管中未凝固的金属液回落到坩埚中，再开型取件。

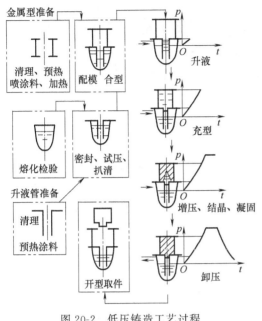

图 20-2　低压铸造工艺过程

低压铸造的工艺过程如图 20-2 所示。

① 升液阶段　气体进入密封容器内合金液面以上的空间，迫使合金液沿着升液管上升至型腔处，这个阶段称为升液阶段。为有利于型腔中气体的排出及液流不引起飞溅和卷入气体，金属液应平稳上升。

② 充型阶段　这是指金属液进入型腔，直至将型腔充满为止。充型速度应该严加控制，力求平稳，既不能使铸件有冷隔现象，也不能使铸件因液流冲击而形成氧化夹渣缺陷。

③ 增压阶段　金属液充满铸型后，立即进行增压，使型腔中的金属液在一定的压力作用下结晶凝固，这一阶段称为增压阶段。

④ 结晶凝固阶段　又称稳压阶段，是型腔中的金属液，在压力作用下完成从液态到固态转变的阶段。

⑤ 卸压阶段　铸件凝固完毕，即可卸除坩埚内液面上的压力，使升液管和浇口中尚未凝固的合金液依靠自重落回坩埚中。

⑥ 延迟冷却阶段　卸压后，为使铸件得到一定的凝固强度，防止脱模取件时发生变形和损坏，须延时冷却。

低压铸造优点如下。

① 金属液充型平稳，充型速度可根据铸件的不同结构和铸型的不同材料等因素进行控制。

② 金属液在压力作用下充型，充型能力提高，有利于获得轮廓清晰的铸件。

③ 铸件在压力作用下凝固，补缩充分，故铸件组织致密，力学性能高，抗拉强度与硬度，一般要比重力铸造提高 10％左右。对要求耐压、防漏的铸件其效果更好。

④ 铸件的工艺出品率高由于利用压力充型和补缩，大大简化了浇冒系统结构，甚至可省去冒口，工艺出品率一般可达 90％。

⑤ 适用范围广，不仅适合于铸造非铁合金，而且适合于铸铁、铸钢。

⑥ 劳动条件好，设备简单，易于实现机械化和自动化。

20.1.2　差压铸造

在低压铸造的基础上，铸型外罩密封罩，同时向坩埚和罩内通入压缩空气，但坩埚内的压力略高，使坩埚内的金属液在压力差的作用下经升液管充填铸型，并在压力下结晶。它是低压铸造与压力下结晶两种铸造方法的结合。

形成金属液充型时的压力差 Δp 有两种方式：一种是增压法，即增加下压力筒压力，使 $p_2 > p_1$，形成 Δp 进行充型；另一种是减压法，即减少上压力筒压力，使 $p_1 < p_2$ 而形成 Δp。

差压铸造也称为反压铸造，是低压铸造和压力下结晶凝固两种工艺的结合。差压铸造的工艺原理用图 20-3 所示来说明。

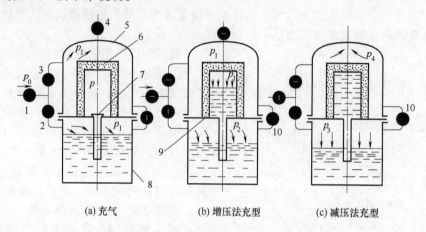

图 20-3　差压铸造工艺原理示意图

1～4—阀；5—上压力筒；6—铸型；7—升液管；8—坩埚；9—中隔板；10—互通阀

铸型放在上压力筒 5 中，坩埚 8 放在下压力筒中，上、下压力筒以中隔板 9 分开，升液管 7 使铸型与保温炉相通。金属液的充型方法见表 20-1。

表 20-1　金属液充型方法及说明

类　别	说　　明
增压法	干燥的压缩空气经阀 1、2、3 分别进入上、下压力筒以形成等压 p_1[图 20-3(a)]；关闭阀 3 及互通阀 10，令阀 1、2 继续进气，则下压力筒中气压增至 p_2，压差 $\Delta p = p_2 - p_1$ 使坩埚内金属液通过升液管 7 平稳地进入型腔[图 20-3(b)]，保压一段时间，待铸件全部凝固后，打开互通阀 10(阀 1 已先关闭)，升液管 7 中的金属液靠自重落回坩埚 8 中，打开阀 4，使上、下压力筒同时排气，以便取出铸件
减压法	先充气(同增压法)至所需结晶压力 p_3 后，关闭阀 1、2、3，打开阀 4，使上压力筒 5 内压力降至 p_4，压差 $\Delta p = p_3 - p_4$，促使金属液上升、充型、结晶和凝固

由于气源压力 p_0 常用空气站的压缩空气，故一般不超过 0.6MPa。根据各种铸件高度及合金种类，充型压差 Δp 一般不超过 0.1MPa，所以压力 p_1 一般不超过 0.5MPa。对于某些要求特别致密的铸件，可提高充气压力

差压铸造工艺特点如下。

① 可获得最佳的充型速度。

② 可获得最优质的充型金属液，可避免外来夹杂物进入型腔内。

③ 可获得致密的铸件。

④ 可获得无针孔、少针孔的铸件。

⑤ 铸件尺寸精度与表面质量改善，不会引起铸型的变形，或使铸件表面机械粘砂。

⑥ 可提高铸件力学性能，与低压铸造相比，差压铸造的铸件材料的抗拉强度可提高 10%～50%，伸长率可提高 25%～50%。

⑦ 能用气体作为合金元素，高压下能提高气体溶解度，故可往一些合金（如钢）中溶入 N_2，提高合金强度和耐磨性能。

20.1.3　调压铸造

调压铸造技术是在差压铸造技术的基础上发展起来的一种先进铸造技术。其充型能力强，补缩能力高，兼具真空冶金效应，适用于大型复杂薄壁铸件的高品质精密铸造。调压铸

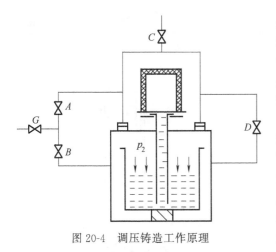

图 20-4　调压铸造工作原理

造工艺技术突破了复杂结构铸件精密组芯技术，解决了精密铸造中从负压到正压的高精度计算机控制技术及复杂铸件无冒口浇注技术的关键难题。图 20-4 所示为调压铸造工作原理示意图。

　　调压铸造的特点是：显著提高金属液的利用率，减少铸件的加工余量；在负压状态下平稳吸铸充型，氧化夹杂明显减少；同时负压浇注明显提高了铸件的充型能力。由于上室处于负压状态，铸件凝固时易产生气孔、缩孔和缩松等铸造缺陷。调压铸造适用于近无余量精密铸造。

20.2　工艺参数的选择及应用

20.2.1　铸型工艺参数的选择

　　(1) 铸型种类的选择

　　低压铸造所用的铸型有金属型、砂型、石墨型、陶瓷型及熔模壳型等。具体选用参考以下原则。

　　① 铸件质量、精度要求高，形状一般，生产批量较大的非铁合金铸件，可用金属型或石墨型。

　　② 如铸件内腔结构复杂，不能用金属型芯时，可采用砂芯。

　　③ 铸件精度要求较高，生产批量不大时，可用熔模壳型、石膏型或陶瓷型。

　　④ 大型铸件、精度要求不高，单件或小批生产，可采用砂型。

　　(2) 凝固方式的选择

　　凝固方式的选择是铸型工艺参数确定的先导，因为只有在铸件的凝固方式确定之后，诸如浇注系统、分型面、机械加工余量等才能随之确定下来。

　　低压铸造的特点之一，就是浇注系统与铸型下方的升液管直接相连，液态金属自下而上地充填铸型。凝固过程中，升液管中炽热的金属液经浇注系统向铸件提供补缩，而且由于气体压力作用，补缩作用较强，因而通常情况下都采用自上而下的定向凝固原则。实现和强化定向凝固的具体措施见表 20-2。

表 20-2　控制定向凝固的工艺措施

控制措施	措施说明	图　　例
选择正确的浇注位置	尽量将铸件厚大部分朝向铸型底部接近浇口的位置，将薄壁部位远离浇口位置	$\phi187$　$\phi157$　250　浇口

控制措施	措施说明	图　　例
采用不同的加工余量或工艺补贴	对于壁厚较均匀的铸件,铸件的上部和下部可给不同的加工余量或工艺补贴量,使铸件适应自上而下的凝固要求	
正确确定内浇道的数量及位置	对于面积比较大的厚壁铸件,采用多个内浇道,以补缩铸件;对于壁厚较均匀的薄壁铸件(如箱体零件),采用多个内浇道,既利于充型,又使铸件水平方向上的温度场均匀而易于实现同时或定向凝固	
采用冷铁或不同的型壁厚度	在砂型铸造中,对于壁厚较均匀的铸件可用安放上、下不同厚度冷铁的方法,促成自上而下的定向凝固。在金属型铸造中,则可通过使金属型的侧模壁厚由上而下逐渐减小的方法,达到同样的目的;也可采用使在金属型侧壁工作面上的涂料层厚度由上而下递增的方法,此时为保证铸件壁厚尺寸,模具内腔尺寸必要时应作相应调整	 1—冷铁;2—砂型;3—浇道;4—金属型;5—型壁
采用强制冷却方法	对于具有局部厚大部分的零件,应对该部位进行局部冷却,以消除可能产生的缩孔	
	对于铝活塞金属型,采用分段喷水冷却的方法。当充型完毕后,立即通水冷却活塞销孔和裙部的金属型 3～5min;接着通水冷却燃烧室处的金属型 7～9min。这样可保证铸件自上而下的定向凝固	

控制措施	措施说明	图　例
采用具有不同热物理性质的材料制作金属型各个部位	发动机曲轴箱后型模总体用铸铁制成,为加强局部冷却,在模具的相应部位镶嵌热导率大的纯铜块	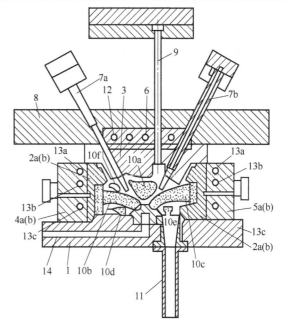

表 20-2 所涉及的措施,在生产实际中常常结合起来运用,这样可以达到更理想的效果。例如低压铸造铝合金汽车发动机缸盖时,为强化定向凝固,获得致密的无缩孔类缺陷的铸件,将金属型的各个部分用热导率不同的材料制作,并采用强制冷却,如图 20-5 所示。

铸型各部分的材质及热导率见表 20-3。

为强化温度梯度,充型结束后,将冷却介质通入冷却装置的孔道(图 20-5 中的 12、13a、13b、13c、14),各部位的冷却开始时间及冷却介质种类见表 20-4。

两种手段的适当配合,有效地强化了定向凝固,所生产的缸盖组织致密,并可使生产周期缩短至原来的 1/3 或更短。

图 20-5　新型低压铸造金属型

1—下型;2—可动侧型;3—上型;4~7—冷却装置;8—安装板;
9—顶杆;10—砂芯;11—升液管;12~14—强制冷却水通道

表 20-3　铸型各部分的材质及热导率

部位名称	材质	热导率/[W/(m·℃)]	部位名称	材质	热导率/[W/(m·℃)]
下型	JIS SKD61	33.49	上型	铬铜合金	322.38
可动侧型	镀铜合金	188.41	冷却装置	铜合金	376.81

表 20-4　各部位的冷却开始时间及冷却介质种类

部　　位		(充型结束后)冷却开始时间	冷却介质	备　注
上型冷却装置　孔道 12		10s	水	
可动侧型冷却装置	孔道 13a	30s	水	流速低(因该铸件壁厚较小)
	孔道 13b、13c	30s	水	流速高
下型　孔道 14		40s	空气	

(3) 浇冒系统的选择

应遵循自上而下的定向凝固原则设计浇注系统,同时注意以下几点。

① 为充分发挥浇注系统的补缩作用,应保证 $A_{升液管} > A_{横} > A_{内}$。先采用内切圆法确定内绕道的断面尺寸,再选择横浇道和升液管的出口面积,其具体数值可为 $A_{升液管} : A_{横} : A_{内} = (2 \sim 2.3) : (1.5 \sim 1.7) : 1$。

② 应尽量避免液态金属直接冲击型壁和型芯，防止局部过热。

③ 在生产较大的等壁厚铸件时，在金属型设计合理并保证良好的充填性前提下，应将内浇道开设在铸件的短边处，以便造成单向的温度梯度及有较大的充填高度，从而有利于补缩及排气。

④ 当有多个内浇道与横浇道相连时，为使各内浇道流量均匀，应根据具体情况使各内浇道的截面积不等，一般近横浇道盲端及近升液管的内浇道面积偏小。

⑤ 连接升液管与铸型的输液通道的型壁应尽可能薄些，以减少液态金属在该处的热量损失，利于补缩。

⑥ 应尽量少用设置在充型末端，由冷金属液聚集而成的冒口，因这样的冒口补缩效率低。

⑦ 对于某些结构复杂的铸件，单用浇道不能满足补缩要求时，要专门设置冒口。如采用明冒口，则浇注过程中无增压阶段，这种工艺称为敞开式低压浇注，适用于砂型低压铸造中、大型铸件；另外同时还可采用暗冒口的封闭式低压铸造。

⑧ 低压铸造中也可使用压边冒口作浇口。

（4）铸型的排气

低压铸造时铸型上部常是密闭的，不易排气。砂型和金属型铸型的排气方式见表 20-5。

表 20-5　铸型的排气方式

类　型	采取措施	图　例
砂型	除采用透气性好的砂型外，还可在砂型顶部，距型腔 10～20mm 处扎一定数量的不透小孔排气	
金属型	① 在金属型低压铸造中，一般的措施是在分型面上开设三角形或片状缝隙排气槽，如图(a)、图(b)所示 ② 在金属型上部或易憋气的地方安装排气塞	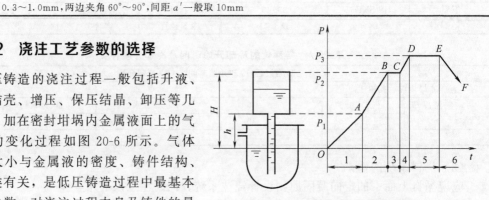
	金属型的排气槽、排气槽的尺寸是根据经验确定的。如片状缝隙式排气槽，对于铝、镁合金，厚度 h 一般为 0.5mm；对于铸铁和青铜，厚度 h 一般为 0.25mm，宽度 a 一般为 10～15mm；三角形排气槽的深度 h' 一般为 0.3～1.0mm，两边夹角 60°～90°，间距 a' 一般取 10mm	

20.2.2　浇注工艺参数的选择

低压铸造的浇注过程一般包括升液、充型、结壳、增压、保压结晶、卸压等几个阶段。加在密封坩埚内金属液面上的气体压力的变化过程如图 20-6 所示。气体压力的大小与金属液的密度、铸件结构、铸型种类有关，是低压铸造过程中最基本的工艺参数，对浇注过程本身及铸件的最终质量有很大影响。各阶段压力变化的情况见表 20-6。

图 20-6　低压铸造的浇注过程
1—升液阶段；2—充型阶段；3—结壳阶段；4—增加阶段；5—保压阶段；6—卸压阶段；P_1—升液压力；P_2—充型压力；P_3—增压压力；H—充型高度；h—升液高度

表 20-6　各阶段压力变化的情况

阶段	增压速度/(MPa/s)	说　明
升液阶段	金属型和砂型:0.0002~0.0003	力求升液平稳,避免喷射
充型阶段	金属型:薄壁件取 0.001~0.004 　　　　厚壁件取 0.002~0.005 砂型或用干型芯:0.0005~0.0020	
结壳阶段		金属型无结壳阶段;砂型或用砂芯时,应有结壳时间
增压阶段	金属型:0.0005~0.0010 砂型或用砂芯:<0.005	湿砂型铸造时,不增压
卸压阶段		浇道凝固后卸压

关于各浇注工艺参数的确定,说明如下。

① 升液压力和升液速度。升液压力是指金属液面上升到浇口所需要的压力。金属液在升液管内的上升速度即为升液速度,升液应平稳,以有利于型腔内气体的排出,同时也可使金属液在进入浇口时不致产生喷溅。

② 充型压力和充型速度。充型压力 $P_充$(P_2)值可依帕斯卡原理确定,即

$$P_充 = P_2 = \mu H \gamma \tag{20-1}$$

式中　H——型腔顶部与坩埚中金属液面的距离;

γ——金属液重度;

μ——充型阻力系数,一般取 1.2~1.5。

充型速度 $v_充$ 是指充型过程中金属液面在型腔中的平均上升速度。其值满足下面的不等式:

$$v_{充max} > v_充 \geqslant v_{充min} \tag{20-2}$$

随着 $v_充$ 的增大,金属液在工作型腔内流动时的雷诺数 Re 将随之增大,液态会逐渐变化,即紊乱程度在逐渐增加,如图 20-7 所示。从保证铸件质量的角度考虑,存在一个最大允许的雷诺数 Re_{max},其值选取参见表 20-7。

$$v_{充max} = Re_{max} v / 4R \tag{20-3}$$

式中　R——型腔的水力学半径;

v——金属液流动速度。

$v_{充min}$ 的确定见表 20-8。

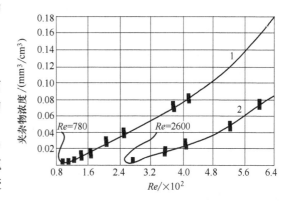

图 20-7　铸件中夹杂物体积浓度与雷诺数值的关系
1—复杂形状;2—简单形状

表 20-7　最大允许雷诺数值

金属液流流程上的浇注系统地段	Re_{max}	
	按实验数据	参考文献数据
直浇道	43500	
横浇道	28000	48300
内浇道	7800	33800
铸型简单	2600	5300
铸型复杂	780	1350

所有其高度（长度）对壁厚的比值 $h/\delta \leqslant 125$ 的铸件,根据水力学观点推荐的铸型中金属液运动速度高于 $v_{充min}$,且在计算浇注系统时是固定不变的。水力学公式计算的速度值见表 20-9。

表 20-8　垂直状态浇注铸件时金属液上升速度的平均值 $v_{充min}$

种　类	计算公式	适用范围
H.M 卡尔金公式	$v_{充min}=0.22\times\dfrac{\sqrt{h}}{\delta\ln\dfrac{t_{浇}}{380}}$ 式中　$v_{充min}$——金属液在铸型中的(最小允许)平均上升速度(沿铸件高度),cm/s; h——铸件高度,cm; δ——铸件壁厚; $t_{浇}$——合金的浇注温度,℃	针对砂型铸造复杂形状铸件的条件建立的,并在工厂实际生产中对各种不同形状和尺寸的 Aπ2、Aπ9、Aπ4 和 Aπ5 合金的铸件($\delta=4\sim30$mm, $h<1500$mm,质量在 500kg 以下)

表 20-9　金属在铸型中的上升速度与铸件壁厚的关系

δ/cm	$v_{充初}=8.04/\delta$	$v_{充初}=7.8/\delta$	$v_{充初}=4.0/\delta$	$v_{充min}=0.22\times\dfrac{\sqrt{h}}{\delta\ln\dfrac{t_{浇}}{380}}$ ($h=0.5$mm,$t_{浇}=720$℃)	h/δ
0.4	20.1	19.5	10.0	6.25	125
0.5	16.08	15.6	8.0	5.0	100
0.6	13.6	13.0	6.6	4.18	83
0.8	10.65	9.75	5.0	3.1	62
1.0	8.04	7.8	4.0	2.5	50
1.2	6.7	6.5	3.3	2.1	42
1.5	5.36	5.2	2.7	1.67	33
2.0	4.02	3.9	2.0	1.25	25
3.0	2.68	2.6	1.3	0.83	16

③ 增压和增压速度　金属液充满型腔后,再继续增压,使铸件的结晶凝固在一定大小的压力作用下进行,这时的压力叫结晶压力或保压压力。结晶压力越大,补缩效果越好,最后获得的铸件组织也越致密。增压压力可依下面的经验公式计算:

$$P_{增压}=KP_{充} \qquad (20\text{-}4)$$

式中　$P_{增压}$——增压压力,MPa;
　　　$P_{充}$——充型压力,MPa;
　　　K——增压系数。

K 值及 $P_{增压}$ 的确定见表 20-10。

④ 保压时间的确定由图 20-8 曲线选取参考值。

⑤ 结壳时间的确定对于壁较厚的铸件,采用砂型或金属型干砂芯进行低压铸造时,结壳时间一般为 $15\sim30$s。一般采用金属型时结壳时间较短,采用砂型时结壳时间较长;铸件壁厚大,结壳时间长,反之则短;浇注温度高,结壳时间较长,反之则较短。在生产中,用无砂芯的金属型浇注薄壁件时,有时可取消结壳时间。

⑥ 浇注温度及铸型温度的确定　见表 20-11。

⑦ 卸压阶段　铸件凝固完毕,或浇口处已经凝固,即可卸除坩埚内液面上的压力(又称排气),使升液管和浇口中尚未凝固的金属液依靠重力落回坩埚中。

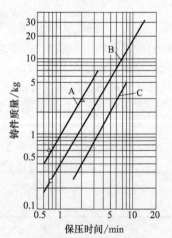

图 20-8　保压时间参考值
A—浇口位于铸件薄壁处;
B—介于 A、C 之间的情况;
C—浇口位于铸件厚壁处

表 20-10 K 值及 $P_{增压}$

类　型	K 值及 $P_{增压}$
老式液面加压系统	金属型及金属芯：1.5～2.0；金属型砂芯及干砂型：1.3～1.5 湿砂型：一般不加压，或稍许增加一点也可，如在 $P_{充}$ 基础上，增加 2.7kPa 薄壁干砂型或金属型干砂芯：$P_{增压}$＝0.05MPa～0.08MPa；金属型（芯）：$P_{增压}$＝0.05MPa～0.1MPa 对于特殊要求的铸铁可增至 0.2MPa～0.3MPa
闭环控制的新式 CLP 型液面加压系统	带砂芯的金属型，$P_{增压}$ 比 $P_{充压}$ 大 20kPa～40kPa； 带金属芯的金属型，$P_{增压}$ 比 $P_{充压}$ 大 30kPa～50kPa 增压压力太大，容易发生跑火事故

表 20-11 低压铸造时浇注温度及铸型温度

铸型类型	铸型温度/℃			浇注温度
	一般铸件	薄壁复杂件	金属型芯	
金属型	200～300	250～320	250～350	低压铸造的浇注温度比相同条件的重力铸造的浇注温度低 10～20℃

20.3 低压及压差铸造设备

20.3.1 国内低压铸造机

（1）低压铸造设备

低压铸造设备一般由保温炉及其附属装置、铸型开合系统和供气系统三部分组成。按铸型和保温炉的连接方式，可分为顶铸式低压铸造机和侧铸式低压铸造机两种类型，如图 20-9 所示。

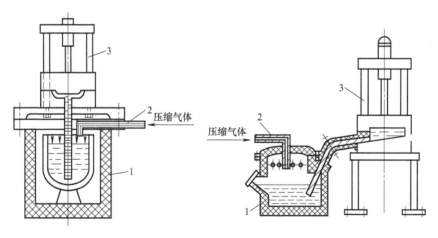

(a) 顶铸式低压铸造机　　　　　　(b) 侧铸式低压铸造机

图 20-9 低压铸造机
1—保温炉；2—供气系统；3—铸型开合系统

常用低压铸造机见表 20-12。

（2）液面加压控制系统

在低压中，正确控制液面加压工艺规范是获得良好铸件的关键，这个控制过程完全由液面加压控制系统来完成。根据不同铸件，液面加压控制系统可以进行手动和自动调节，工作要稳定可靠，抗干扰能力强（泄漏、气流压力波动）。

表 20-12　常用低压铸造机

设备名称	结构说明	应用范围
悬臂式低压铸造机	开合型机构及工作台是由升降液压缸推动立柱带动升降,可绕立柱在180°范围内手动旋转,保温炉固定在机架底座上,使用时便于清理坩埚和添加合金,更换升液管、坩埚和修理保温炉也很方便	锌、铝、铜合金小件
吊装式低压铸造机	整个开合型机构、金属型等均安装在基准底座上,底座上留有与升液管出口配合的浇注机,浇注前用起重设备将整个机架吊到保温炉上,并固定好	中、小批生产中、小件
摇臂式低压铸造机	机架组装在可绕固定轴转动的悬臂上,浇注时转到保温炉上,开合型机构简便	形状简单件
机架移动式低压铸造机	整个机架可移动,具有多方位开模抽芯功能,用千斤顶实现机架和保温炉的密封,采用蜗杆蜗轮自锁装置防止炉体下沉	大型复杂铝合金件
炉体移动式低压铸造机	机架固定不动,金属型装配在机架可动的模板上,保温炉安装在可移动台车上,台车下部轨道可将台车与保温炉举起,使升液管出口与固定在机架上的铸型浇口吻合	中、小非铁合金件
电磁泵驱动式低压铸造机	将电磁泵浮放在熔池中的金属液面上,浇注时通过泵把金属液打入铸型中,该机自动化程度高,可进行程序控制	铝合金件
生产涡轮增压器专用低压铸造机	三个升液管同时工作,在氩气保护下充型。采用悬浮式加压系统,取消了升液过程,生产周期短。卡紧铸型的压力取自坩埚,不致损坏铸型	大批量生产的高精度薄壁小件

20.3.2　国外低压铸造机

图 20-10 为日本低压铸造主机,由主轴缸、防落缸、取件缸、工作台面、操作面及保温炉等部分组成。主要用于生产铝合金铸件（小件）,结构简单、采用计算机压力控制单元。其特点是:由高效、多功能的计算机压力控制,能自动补偿金属液和气体压力,并能选择最合适的充型模式,保证连续获取高质量的铸件。

低压铸造机的技术规格见表 20-13。

机器特点见表 20-14。

表 20-13　SP-IC-S-R-500 型低压铸造机技术规格

模板外形尺寸	1900mm×1200mm	顶出行程	100mm	液压系统工作力	14MPa
大杠间距	1100mm	顶出力	$1.9×10^5 N$	保温炉额定功率	24kW
最大开模高度	1400mm	合模力	$1.4×10^5 N$	保温炉容量	500kg
最大合模高度	550mm	抽芯力	$5.4×10^4 N$	机器最大高度	4510mm
动模板行程	850mm	插芯力	$7.5×10^4 N$	机器质量	11500kg
浇注质量	20kg	机器空循环时间	35s	空气的消耗量	$3m^3/min$

表 20-14　SP-IC-S-R-500 型低压铸造机的特点

特　点	说　明
用计算机压力控制提高产品质量	用高效多功能的计算机压力控制系统,能防止由于金属液和保温炉漏气而造成的两次浇注间的压力差,能够在低压铸造机中实现精确的压力控制,其性能先进,简单易懂,具有监控和自我诊断等功能,可以极大地提高生产效率
合格率高	在生产中使用合理设计的陶瓷型,可以使浇口尽量缩小,这样可以提高补缩效率并节约液态金属
维修容易,用电节约	设备采用反射保护炉,同坩埚型保温炉相比,用电量可以节约 5%,且维修容易
便于操作	主机采用大杠结构,便于操作

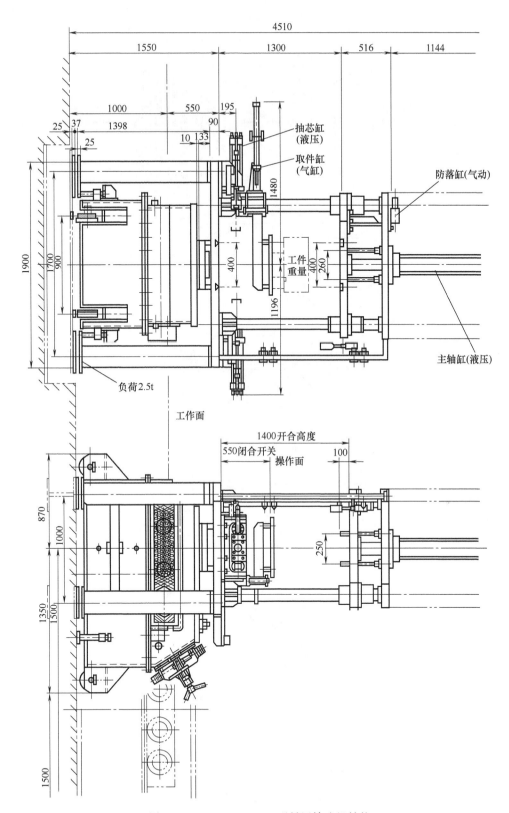

图 20-10　SP-IC-S-R-500 型低压铸造机结构

保温电炉结构见图 20-11，有关说明见表 20-15。

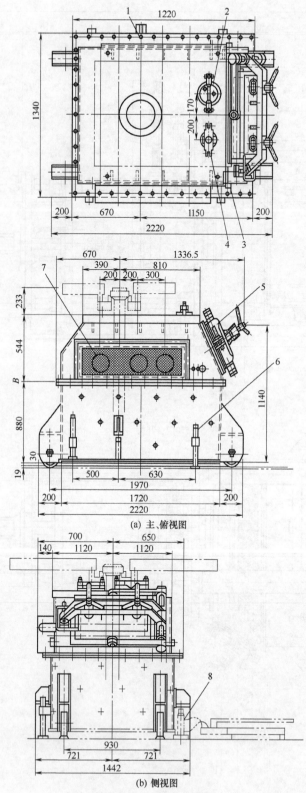

(a) 主、俯视图

(b) 侧视图

图 20-11 保温电炉结构

1—外壁温度传感器；2—液面传感器；3—加压器；4—液面温度传感器；
5—给液口；6—固定螺栓；7—散热器；8—可搬式手动液压操纵杆

表 20-15　SP-IC-S-R-500 型低压铸造机保温电炉有关说明

类型	反射炉	容量	500kg	舀出量	300kg
保温温度	(680~720)℃±5℃	温度变化率	5℃/10min	额定功率	24kW/h
加热器	辐射加热管,8kW×3pcs	陶瓷柱	φ80mm	温控	熔化金属,on-off 开关
顶炉方法	液压千斤顶(手动)	熔炉复位	手动	炉门	操作面反侧

20.3.3　差压铸造机

（1）差压铸造设备的主机形式

图 20-12 所示是差压铸造设备液压系统布局总图。图 20-13 所示是差压铸造常见的典型装置之一，它由主体上下压力筒构成，中间以隔板隔开。

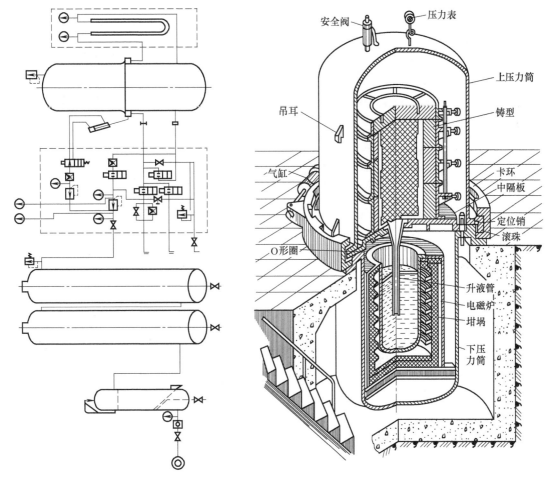

图 20-12　差压铸造设备液压系统布局总图　　　图 20-13　差压铸造常见的典型装置

铸型放在上压力筒内，熔炼（保温）炉则放在下压力筒中，金属液通过升液管压向铸型型腔。上下压力筒由一对插销定位并以 O 形密封圈密封，最后被带有斜面的卡圈缩紧。中隔板以带有斜楔的楔铁固定在下压力筒上。上压力筒四周装有吊耳，以便用起重设备吊运，上、下压力筒之间设有互通管和水银压力计，在上压力筒上还设有安全（放气）阀和指示压力的压力表。

为减少卡环锁紧时的运动阻力，在卡环的下缘一周放有滚珠或滚柱。为操作方便起见，下压力筒一般设置在地面以下。差压铸造设备中还有空气过滤器、空气加热器、储气罐及管道等一系列附属装置。差压铸造设备结构设计见表 20-16。

表 20-16　差压装置设备结构设计

名　称	说　　　　明	图　　　例
压力筒设计	①筒体部分：一般为圆形，由钢板卷焊而成。钢板壁厚由内压力大小及筒径来决定。上压力筒为适应不同的铸型高度，可以做成带调整圈的形式，当生产较高的铸型时，只要更换一个较高的调整圈即可 ②封头部分（压力筒的封头）：一般为椭圆形，受力比较均匀，设计适当时，封头壁厚相等或略厚于筒体。平板形制造最方便，但受力不均。碟形受力情况不如椭圆形，但比椭圆形制造方便些	调整环
锁紧机构设计	①螺栓锁紧机构上、下压力筒的法兰在圆周方向，以均布螺栓连接锁紧，这种方法是最原始也是最简单的锁紧方法 ②卡箍锁紧机构是利用断面为凹形并带有斜角的卡箍块，将带有同样斜角的上、下压力筒法兰卡紧的一种简便装置。卡箍块有两片[图(a)]和三片[图(b)]两种。两片拼合可以采用螺栓，也可以用气缸或液压缸来完成，而后者卡箍块要有导向装置 为了快速拼紧或卸开卡箍，还可以采用图(c)所示的锥齿轮螺杆传动方式。与前者比较装卸速度快，但机构较庞大，占地面积大，只适用于小型压力筒锁紧。卡箍锁紧机构的锁紧面大，受力均匀，工作可靠，但加工制造麻烦，锁紧行程也较长	卡箍块　压力筒 (a)　(b) 卡箍锁紧机构 (c) 快卸式卡箍锁紧机构
充气方法	①分别向上、下压力筒充气，而上、下压力筒之间以互通管及互通阀相连接。由于压缩空气流速高，直接对着铸型充气容易损坏铸型，最好在进气管口处设置"挡气板" ②分别向压力筒和坩埚充气，对于某些合金（镁合金），为了避免与空气中过多的氧接触，除采用适当的覆盖剂外，希望少与湿空气接触，这时可以将一路压缩空气直接引入坩埚[图(b)]。这种方法不仅安全，也节约了大量的压缩空气；但这时坩埚壁厚及其法兰均应在结构上加强	挡气板　铸型 通气管 (a) 分别向上、下压力筒充气 挡气板　铸型 通气管 石棉密封 坩埚 (b) 分别向压力筒和坩埚充气

（2）气控系统及其附属装置

图 20-14 所示为典型差压装置气控系统实例之一。

压缩空气经总进气阀门 1、单向阀 2 进入储气罐 4，再经过滤、干燥分别接各种控制阀。

（3）差压铸造设备的特点

差压铸造设备的特点见表 20-17。

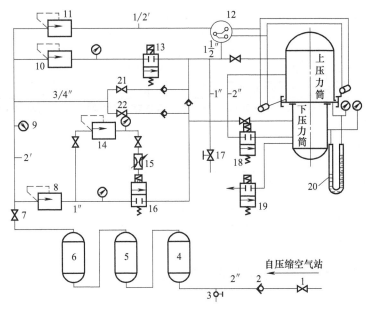

图 20-14　差压装置气控系统图

1—总进气阀门；2—单向阀；3—放水阀；4—储气罐；5—除水过滤器；6—干燥筒；
7,21,22—截止阀；8,10,11,14—调压阀；9—压力表；12—分配阀；13,18,19—电磁二通阀；
15—组合针阀；16—气控二通阀；17—节流阀；20—水银差压阀

表 20-17　差压铸造设备的特点

特点	说　明
优点	①设备的灵活性大,既可用于差压铸造,又可卸去上压力筒等而成为低压铸造设备,此时在气控系统图 20-14 中,由截止阀 7 来的压缩空气只通过由阀 8、14、15、16 组成的系统,直接进入下压力筒,其余部分不进气 ②所有气路、电路等管线均安装在下压力筒或中隔板上,上压力筒只有安全阀和压力表,这样吊运非常方便 ③便于实现机械化、自动化和集中控制,操作人员减少
缺点	①目前由上压力筒及铸型安放取出均需起重设备吊运,生产率不高,设备利用率也不高 ②上压力筒及铸型的吊进、吊出,造成熔炼炉的排烟吸尘困难,需要采用活动吸尘罩

（4）差压铸造机安装工艺规程

差压铸造机安装工艺规程见表 20-18。

表 20-18　差压铸造机安装工艺规程

安装序号	有 关 说 明
1	先安装下罐,用上法兰进行找平(不平则垫铁板块),而后锁紧螺母并焊死垫铁
2	放上 H62 的黄铜耐磨环(可以二片或三片合成)垫在下平面支撑卡紧环
3	将卡紧环调整到正确位置(指与下罐体同心),而后放上锁紧缸进行前后找平,再在这一基础上对水平面进行对中(卡环中心水平面)调整
4	锁紧缸用槽钢固定在下法兰根部,焊好后呈三角形支承
5	锁紧缸的安装,应使锁紧力小而松开力大
6	吊入上罐进行锁紧铁块支承面的研合,要求使其研合面积达到 70% 以上 其方法是先用红丹粉涂好后装卡,再用打磨砂轮打磨研合,最后用钳工的刮刀刮研使之达 70% 左右,时间约为一周
7	电炉的吊装:首先将下罐清理好,不能有多余的杂物,并将从下罐所有向外引出的电缆处理好(主要是绝缘绝热处理);然后将电炉处理好后放在下罐上方,将电源三相进线电缆拧紧在电炉炉体的进线端子上,而后慢慢边进入炉体内边转动,使之接线端子之间保持最合适的相对位置后落入上罐底部,并使之稳固,严禁晃动的现象出现

安装序号	有 关 说 明
8	密封圈的尺寸比例为槽深 7mm,配 φ10mm 的胶环为好
9	锁紧铁的重合长度为 2/3,留出 1/3 为胶环变形时还可以用的余量,如不合适可用胶环的直径变化调整
10	槽最好加工成上窄下宽的燕尾槽形为好,可为胶环变形留出空间
11	信号线用外有塑料内有静电隔离层的七芯电缆为好
12	安装完毕对强电、弱电的导线进行绝缘性测试,合格后可对电炉控制柜和控制系统进行配线、配气(接气路管道)
13	首先对升液管口密封进行送压测密封性实验,要求压力 0.6MPa,1h 压降不大于 0.06MPa,合格后可进行下一步工作
14	将上、下罐之间的中隔板封死(用带孔的两板压胶垫),进行上、下罐之间的密封实验,$\Delta p = 0.1$MPa,1h 压降不大于 0.01MPa
15	上面合格后,可以进行对主机的空载调试
16	合格后进行热态试生产

20.3.4　升液管的改进、电磁泵及其他设备

（1）升液管漏气

判断方法：升液管漏气与跑火不同,用肉眼很难发现。判断升液管漏气的方法见表 20-19。

预防方法：升液管漏气的预防方法见表 20-20。

表 20-19　升液管漏气方法的判断

序号	判　断　方　式
1	当零件热节处,尤其是上部热节处突然出现较大的内部光滑气泡时,有时与外界连通或仅有一层膜、一砸孔塌陷,说明已经发生升液管漏气现象,这在正常生产中是不会出现的。可是,起初当升液管漏气量较小时是很难判别的。随着生产的进行,将会发现这种气泡越来越大,这是由于漏气处的小孔壁已经很薄,加上液态金属不断浸蚀,使孔隙越来越大所致
2	严重的升液管漏气,在铸型顶部可出现体积较小的金属液滴飞溅出来的现象
3	对于薄件,即使模温正常,升液管漏气也会使上半部出现充填不满,并在内浇道的断口中心有小气泡残存。这是由于进入薄壁的气体会很快离开液态金属,聚集在型腔的上部,使正常的排气道无法排除由坩埚中窜进来的过多气体,造成型腔内部充气,而无法充满
4	直浇道的倾出液窝处有严重的氧化夹杂,或面积较大的弧形氧化膜的薄壳凝固在其中,这是由于高温状态空气和液态金属长时间混流而留下的痕迹
5	升液管漏气时,浇注的铸件比正常时浇注的铸件要轻得多,可称量出来

表 20-20　升液管漏气的预防方法

序　号	预防方法
1	每次开炉前,使用如图 20-15 所示的装置检查升液管是否漏气。若漏气,则会有气泡泄漏出来
2	用过的升液管,最好进行喷砂处理,以使表面杂物脱落;然后将其预热到 200℃ 左右,再多喷几次涂料,尤其是长期接触液态金属处,要用涂料覆盖好。这样才能提高使用寿命,有效地减少升液管漏气事故

现场事故处理方法：当发现故障可能是漏气现象时，不必多试，应立即暂停生产，换上经检测合格的新升液管。若换后故障已排除，则旧升液管应报废，若要修复，则应用图 20-15 装置准确测出漏气部分，再行焊补。

（2）升液管冻死

形成原因：保压时间过长，下模温度太低或液态金属液温度太低造成。一般易在首件生产中发

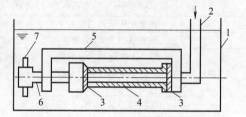

图 20-15　检测升液管漏气的装置
1—水槽；2—送气管；3—密封胶垫；4—升液管；
5—支架；6—梯形锁紧螺纹；7—扳手

生，并且铸件越小越容易出现此类事故。

预防方法：预防升液管冻死的预防方法见表20-21。

表 20-21　升液管冻死的预防方法

序号	预 防 方 法
1	首先是保压时间应尽量短些，宁可让一部分铸件内的金属倒流回坩埚中
2	底模口径面积应力求小于升液管上口面积
3	升液管在放入坩埚前，应将其上端烤到暗红色。当不能满足这一要求时，一定要用耐火毡将端面盖死，严防端面金属与液态金属直接接触，否则将出现升液管冻死事故
4	生产前坩埚盖应敞开一段时间，以便烘烤一下工作台面，使其温度升到100～200℃
5	升液管上半部用水玻璃粘硅酸铝纤维毡进行保温，粘贴高度为100～200mm；也可用石棉板泡制成的浆糊加入适量水玻璃为涂料，刷到升液管上部及浇道处，厚度为3～5mm
6	生产小件时切勿中断时间较长，以防升液管降温出现升液管冻死事故

现场事故处理：现场事故处理方法见表20-22。

表 20-22　升液管冻死现场事故处理方法

序号	现场事故处理方法
1	可用气焊枪或喷灯将冻死的部分熔化开
2	停机取出冻死的升液管，并放入到盛金属液的坩埚中化开
3	若无加热工具，且升液管又与底型冻死在一起，无法拆卸。此时可用电钻在冻死的升液管口上钻一个稍大的通孔，然后浇入过热度较大的金属液，以便冲开升液管口
4	升液管上端口随着生产的进行，在不正常时会产生一层层的冻厚层，使端口变小。此时应立即停产，升高炉温，并向冻细的升液管口内冲倒高温金属液，化开冻死部分，恢复正常生产
5	严禁在炉上敲砸冻死的升液管及底型模具，以防损坏高温运行的电炉和模具

20.4　模具设计

20.4.1　低压铸造模具设计

低压铸造成型的方法，生产的制件组织致密均匀，无疏松、缩孔等缺陷，且晶粒细，成分均匀。低压铸造模具设计包括模具结构与壁厚的确定、型腔尺寸的计算、型芯和抽芯的计算、模具的三维造型。真空低压模具的设计步骤见表20-23。

表 20-23　真空低压模具的设计步骤

设计步骤	有 关 内 容
（1）壳体低压铸造工艺的设计	①铸件结构分析：分析零件的壁厚、外形结构以及材料等
	②浇注系统：低压铸造工艺的浇注系统应使金属液平稳而迅速地充型，并有缓冲和除渣作用，以及良好的补缩效果，以保证获得优质铸件。在大多数情况下，由于型腔的充填从最低点开始，因而减少或消除了在型腔内产生飞溅现象和氧化夹渣的可能性，所以无需设计复杂的浇注系统。通常内浇口的位置选在铸型底部，或铸件最厚断面处，其断面积的大小可以等于或稍大于金属液引入处铸件热节的断面积，而小于升液管顶端断面积
（2）模具结构的设计	①铸型分型面的确定
	②铸型型腔尺寸的确定
	③铸型壁厚的确定
	④铸型排气系统的设计
	⑤浇注系统设计
	⑥冷却系统的设计

20.4.2 差压铸造模具设计

镁合金薄壁件较好的成型方案是真空差压铸造。真空差压铸造成型有两种方法：①利用空罩密封压铸模成型法；②模腔直接抽真空成型法。由于模腔直接抽真空成型法对装备要求较低、抽气量小且生产周期短，故得到较多地应用。模腔直接抽真空成型法的关键是真空压铸模的设计。

真空差压模具的设计步骤见表 20-24。

表 20-24 真空差压模具设计的步骤

设计步骤	有 关 内 容	
差压铸造的工艺参数选择	依据铸件的结构特点和要求,工艺参数的初选择包括:压射比压、压射速度、合金的充填速度、充填时间、合金浇注温度、模具温度、涂料等。精确工艺参数依据试模情况确定。	
真空差压铸模结构设计	(1)模具总体结构方案	①模具型腔布局
		②分型面的选择
		③浇注中心与模具中心重合
		④合金液的进料位置
		⑤内浇口位置的确定
		⑥浇注系统与排溢系统的布局
		⑦模具动、定模成型部分的结构
		⑧抽芯机构及推出机构的选用
		⑨模架的尺寸确定
	(2)模具浇注系统与排溢系统的设计	浇注系统设计是差压铸模设计中保证制品成型质量的关键。浇注系统设计的优劣取决于分流道的布局、内浇口位置的选择和内浇口断面尺寸的确定。分浇道应尽可能开成流线形,料流末端留有较大容积,以便去除冷料。由于采用真空差压铸,模腔内压力很低,内浇口断面积应相对取较大值,以减少金属液流动阻力,尽快充模。内浇口位置应根据压铸件结构形状,按金属液充填规律确定 排溢系统设计时,料流最后到达的各溢流槽应与主排气道相连,并与抽真空系统相连通,主排气道尺寸可比普通排气槽大许多,便于型腔空气的抽出。溢流槽总体积应大于压铸件体积的 20%,由于分型面密封性要好,型腔内残留气体不能通过分型面排出,应由溢流槽容纳,且是薄壁件成型,冷料对压铸件表面质量影响较大
	(3)推出机构设计	推出机构应便于制造和维修,采用推杆推出较好。推杆的布置应遵循压铸件受力均匀的原则。推杆的布置应兼顾冷却水道的布置,以免与水道干涉,造成水道难以开设或漏水现象。推杆与推杆孔的配合间隙应比普通压铸模小,以利于型腔真空度的控制,提高抽真空的速度。推杆与孔的配合间隙可取 0.015~0.03mm
	(4)冷却系统设计	冷却系统用于调节模具温度,使之达到压铸工艺规定的模温要求。对于薄壁壳形件,模具温度的均匀性比一般压铸件要求更高,冷却不均匀将导致压铸件严重的翘曲变形,同时冷却效果的好坏还影响镁合金压铸件内部组织、外观及生产周期。为使模温均匀,在定模镶块、动模镶块、分流锥和浇口套上应开设循环冷却水道,冷却能力应比常规理论计算值大,以便对模具温度进行有效的控制
	(5)模具刚度的加强	为提高真空压铸模分型面的配合精度,保证分型面的密封效果,应增设支承柱,用来加强模具的刚度,减小动模板的受力变形。支承柱的高度应一致,且应比垫块高度尺寸高 0.02~0.05mm

20.5 典型低压及差压铸件模具设计实例分析

20.5.1 低压铸造模具设计实例

金属型低压铸造的工艺及铸型设计大都凭经验确定。金属型按分型方法可分为：水平分型的金属型；垂直分型的金属型；水平加垂直分型的金属型等。

① 水平分型的金属型　金属型低压铸造的 DYZ-30 型油分离机中间盘铸件，如图 20-16 所示，材料为 ZL102，采用水平分型、垂直开合型的金属型，如图 20-17 所示。

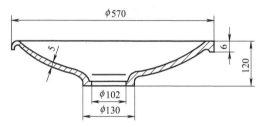

图 20-16　DYZ-30 型油分离机中间盘铸件

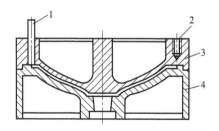

图 20-17　水平分型、垂直开合型的金属型
1—脱型杆；2—装夹螺孔；3—上型；4—下型

DZY-30 型油分离机中间盘的金属型，采用灰铸铁 HT200 制造，平均壁厚 30mm，分型面选择在零件的需加工平面上。在下模的分型面上，设有按圆周均布的 18 条三角形排气槽，槽长 100mm，里大外小，槽结构如图 20-18 所示。下模设有中心内浇口，上部尺寸为 $\phi 72mm$、下部尺寸为 $\phi 60mm$，成倒锥形状。输液过道安放在下模与升液管之间，输液过道的内孔也为倒锥形，上端为 $\phi 56mm$，下端为 $\phi 50mm$。由于输液过道的倒锥口与金属型浇道的锥口相接，有利于加宽铸件凝固时间的可控范围，即使保压时间稍长，内浇口凝固段延伸到输液过道内，仍可顺利脱模（图 20-19）。

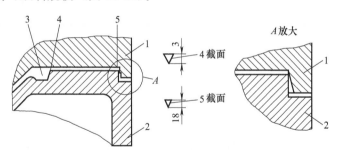

图 20-18　中间盘金属型排气槽的结构
1—上模；2—下模；3—型腔；4—排气槽内端截面；5—排气槽外端截面

在下模的外圆周上，以螺栓紧固着按圆周均布的三只拉杆架，以便用 T 形螺栓将下模固定在炉盖板上。

上模设有圆角凸台（图 20-20），在合模时，它与下模（圆角台阶）相对滑动，以达到

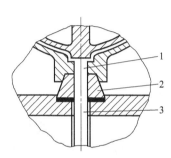

图 20-19　输液过道可使铸件内浇口凝固长度加长
1—内浇口；2—输液过道；3—升液管

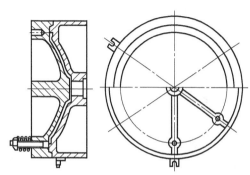

图 20-20　铸件上模凸台结构

顺利定位的目的。另外，它还可以防止金属液在充满铸型或者增压时由排气槽直接喷出。

在开模时，铸件随动模向上运动，当三根脱模顶杆受到脱模槽挡板的阻挡时，铸件便被顶杆顶出型腔。

为使铸件留在上模中，开模脱模时，以便它随上模运动，在上模凸台顶杆的下方，开有切口，以增加铸件收缩时对上型的摩擦力，如图 20-21 所示。

② 水平加垂直分型的金属型　低压铸造 180 型柴油机气缸体，材料采用 ZL101。水平加垂直开合模金属型的合模工作状态见图 20-22。

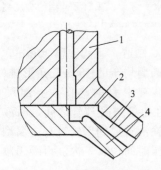

图 20-21　铸件上模切口图
1—上模；2—切口；3—型腔；4—下模

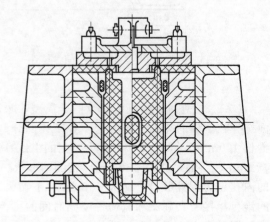

图 20-22　180 型柴油机气缸体低压铸造的金属型

铸件外形由六块金属模板组成，两侧面各有一块长模板，两端头各有一块小模板，上部是金属盖板，底部是金属底板。底板备有四块，轮流使用，它不但能形成底平面，而且也用于各内腔型芯的组装和定位。

铸件的内腔由型芯组成，六只缸采用壳芯，螺柱孔、浇道采用油砂芯，型芯工作面均刷玻璃粉涂料。

侧模板较长，各由两条导轨辅助导向，其平行度可由开模杠杆上的螺母进行调整；侧模板的开合由合模液压缸驱动，并备有两根导向杆完成导向。上述水平开合的四块模板，还依靠底板上的凸台和它们端面相互间的 45°倒角完成最后合模定位。

顶盖板由两根导向杆导向，依靠垂直开合模液压缸完成开合。为了便于装配型芯和取出铸件，可以由台车沿导轨水平移动，将顶模板移离铸件中心。顶模板上开有 1mm 深的等边交叉三角槽，以利型腔气体排出。在顶模板的每个缸头和螺柱定位总头处，装有通气塞，以利于型芯中的气体排出。

180 型柴油机金属型的浇注系统如图 20-23 所示。

这里采用的是开放式缓流浇注系统，有利于液流平稳，避免二次氧化渣的产生。为了达到对铸件补缩的目的，内浇口设计在铸件的底部热节圆最大处，即每个缸的中间部分。内浇道共分七道，为使各内浇道流量分配均匀和凝固时间相近，内浇道都采用变截面形式，在相交处都取了较大的过渡圆弧。鉴于铸件较长，采用了两根升液管，由椭圆形坩埚密闭容器供液。

③ 铝青铜轴瓦金属型低压铸造　铝青铜（ZCuAl9Fe4Ni4Mn2）具有较高的机械强度，有较好的耐磨性，在有润滑剂的情况下使用，它的摩擦因数比锡青铜小 2/3～3/5，并且它具有较好的耐蚀和导热性及较小的热膨胀性。因此常被用来制造轴瓦、轴套等耐摩擦件。但是，它的铸造性能差，易形成集中性缩孔，氧化和吸气较严重。采用重力浇注易产生氧化夹

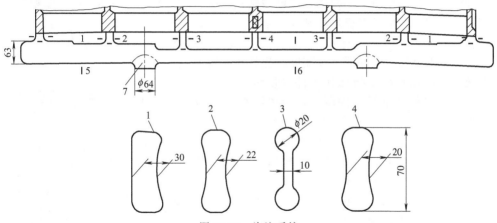

图 20-23 浇注系统

$1-A_{内1}=22.4cm^2$;$2-A_{内2}=15.84cm^2$;$3-A_{内3}=9.28cm^2$;$4-A_{内4}=14cm^2$

$5-A_{横1}=31.12cm^2$;$6-A_{横2}=24cm^2$;$7-A_{直}=32.117cm^2$

渣等缺陷,废品率高。采用金属型低压铸造,如图 20-24 所示的轴瓦,铸出的毛坯表面光洁、尺寸准确、加工余量小、组织致密,有效地防止了重力浇注所产生的缺陷,大大地提高了轴瓦的质量。

根据该合金的铸造性能和轴瓦的形状,采用竖浇,如图 20-25 所示。将内浇口开在铸件最厚处,它有利于铸件形成自上而下的顺序凝固,也有利于轴瓦金属型的设计和制造。铸造双法兰轴瓦时,铸件的凝固与收缩会受到阻碍,并因热应力的作用而产生裂纹,不利于脱模。为解决上述问题,常在法兰边缘处加工艺补贴,从而达到有利于铸件形成自上而下的顺序凝固和自下而上的充分补缩,以获得优质的铸件。

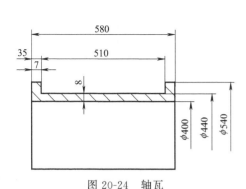

图 20-24 轴瓦

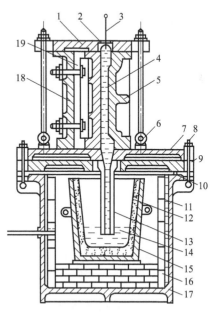

图 20-25 轴瓦金属型低压铸造示意图

1—盖板;2—砂冒口;3—指示灯接杆;4—铸件;
5—外模;6—螺杆底部;7—底板;8—螺栓;
9—密封底板;10—密封橡胶圈;11—石棉瓦;
12—砂芯;13—升液管;14—合金液;15—浇包;
16—耐火砖;17—密封罐;18—铁芯样板;19—铁泥芯

设计轴瓦铸件的冒口，要视轴瓦厚度与轴瓦壁厚而定。若法兰与轴瓦的壁厚相等，上部法兰可以不放冒口，但是需要增加其加工余量，一般可增至原加工量的2～3倍。若法兰厚度超过轴瓦壁厚的一倍时，上部法兰需加厚度（其值为原厚度2倍），作为冒口补缩铸件。型腔内要敷设型砂层，以减缓冷却速度，提高补缩能力。

升液管的内径直接影响轴瓦铸件的质量。若内径大于内浇口处的轴瓦铸件厚度，金属液将冲击型壁而产生氧化夹渣；若内径过小，升液管内金属液过早凝固，对铸件不能很好地补缩。此类轴瓦铸件升液管的内径，一般根据经验取内浇口处轴瓦铸件最大壁厚的0.9倍。升液管的壁厚直接影响管内金属液的凝固速度。在没有保温措施的情况下，升液管的壁厚一般为5～6mm。为便于卸下升液管，常将升液管上端制成内圆倒锥形。

④ 螺旋桨金属型低压铸造　螺旋桨金属型低压铸造具有铸件表面光洁、尺寸精度高、加工余量少、铸件组织致密等优点。它主要用于批量生产的螺旋桨。图20-26所示为螺旋桨金属型低压铸造示意图。

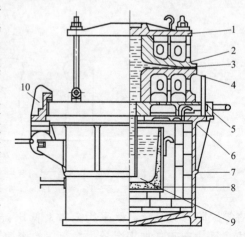

图20-26　螺旋桨金属型低压铸造示意图
1—上压板；2—金属型上模；3—螺旋桨；
4—金属型下模；5—底板；6—密封板；
7—压力罐；8—浇包；9—升液管；10—紧固装置

在确定金属型型腔尺寸时，要考虑金属型与铸件的线收缩率。金属型的加工余量为二次加工余量，首先必须考虑铸件的加工余量。金属型加工余量的选择是在铸件毛坯尺寸的基础上，根据金属型的加工情况，对属于平面连接面、分型面、配合面要放加工余量，一般为5～10mm。

⑤ 铝活塞金属型低压铸造　铝活塞是船用大马力柴油机上的重要部件。它的质量要求高，需求的数量大。铝活塞的形状如图20-27所示。

根据活塞的形状和技术要求，采用垂直浇注的位置，如图20-28所示，它有利于金属液充填型腔和型内气体的排出，还有利于铸件按自上而下的顺序凝固和补缩，获得优质的铸件。

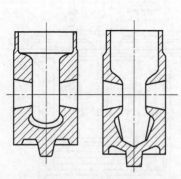

图20-27　铝活塞形状图

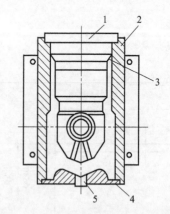

图20-28　铝活塞低压铸造的浇注位置图
1—型芯；2—金属型；3—型腔；4—底模；5—内浇口

为保证按铸件自上而下的顺序凝固，内浇口设在铝活塞底部（即燃烧室）。浇口的大小按热节圆直径等于浇口直径来选定。升液管与内浇口直接连接组成铝活塞金属型低压铸造的浇注系统。浇注系统要有一定的除渣能力，因此，在升液管中间做有一段上小下大的锥度，能起一定的排渣作用。

20.5.2 差压铸造模具设计实例

镁合金薄壁件较好的成型方案是真空差压铸。真空差压铸成型有两种方法：①利用真空罩密封压铸模成型法；②模腔直接抽真空成型法。由于模腔直接抽真空成型法对装备要求较低，抽气量小且生产周期短，故得到较多地应用。模腔直接抽真空差压铸法的关键是真空压铸模的设计与制造。现以笔记本电脑机壳为例，说明薄壁镁合金压铸件真空差压铸模设计的要点，以供参考。

（1）薄壁壳形件压铸工艺参数选择

压铸件材料为镁合金 AZ31B，其化学成分（质量分数）为：$2.50\% \sim 3.50\%$ Al、$0.61\% \sim 1.40\%$ Zn、$0.20\% \sim 1.0\%$ Mn、Si $\leqslant 0.10\%$、Fe $\leqslant 0.005\%$、Cu $\leqslant 0.05\%$、Ni0.005%、总杂质 0.30%，其余为 Mg，密度为 $1.8g/mm^3$。压铸件最大轮廓尺寸为 $246mm \times 200mm$，均匀壁厚为 1.26mm，最小壁厚为 0.8mm，肋厚为 0.6mm，压铸件总质量约为 75.3g。依据压铸件的结构特点和要求，为增强镁合金液的充填能力、减少氧化、提高压铸件质量，采用模腔直接抽真空成型法成型。基本工艺过程为：镁合金液注入压室，压射冲头密封注料口后开始抽真空；达到一定真空度后，关闭总排气槽，此时压射冲头转为快速压射；经保压、冷却、开模取件，完成一次真空压铸成型过程。成型工艺参数初选为：压射比压 400MPa，压射速度 0.8m/s，合金的充填速度 $35 \sim 40m/s$，充填时间取 0.03s，合金浇注温度 $660 \sim 700℃$，模具温度取 270℃，涂料为聚乙烯煤油，精确工艺参数依据试模情况确定，压铸设备为卧式冷室镁合金压铸机。

（2）真空压铸模结构设计

① 模具总体结构方案。模具采用 1 模 1 件，分型面沿压铸件侧壁下边界呈阶梯面延伸至模外，以利于气体的流动。浇注中心与模具中心重合，镁合金液由压铸件窗体内侧进料，浇口位置选在窗体上半部，多点进料。浇注系统与排溢系统的布局如图 20-29 所示。模具动、定模成型部

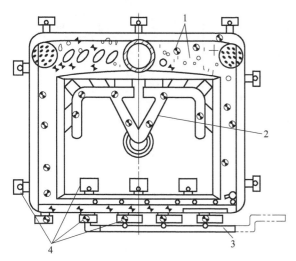

图 20-29 压铸件浇注系统与排溢系统的布局
1—推杆孔；2—浇道；3—排气道；4—溢流槽

分为整体镶块结构，材质选用 DAC55，壁侧通孔采用整体斜导柱抽芯机构成型，推出机构选用推杆推出，模架尺寸为 $540mm \times 560mm \times 400mm$，图 20-30 所示为压铸模结构简图。

② 模具浇注系统与排溢系统的设计。浇注系统设计是压铸模设计中保证制品成型质量的关键。浇注系统设计的优劣取决于分流道的布局、内浇口位置的选择和内浇口断面尺寸的确定。考虑压铸件为薄壁壳形件，金属液相对流程很长（最大流程达 375mm，而均匀壁厚仅 1.26mm），充填较困难，因此，内浇口分布的区域应比常规壁厚压铸件宽得多（图 20-29），防止料流紊乱，产生明显的流痕。分浇道应尽可能开成流线形，料流末端留有较大容积，以便去除冷料。由于采用真空压铸，模腔内压力很低，内浇口断面积应相对取较大值，以减少金属液流动阻力，尽快充型。内浇口位置应根据压铸件结构形状按金属液充填规律确定。通常内浇口断面积可按下式计算：

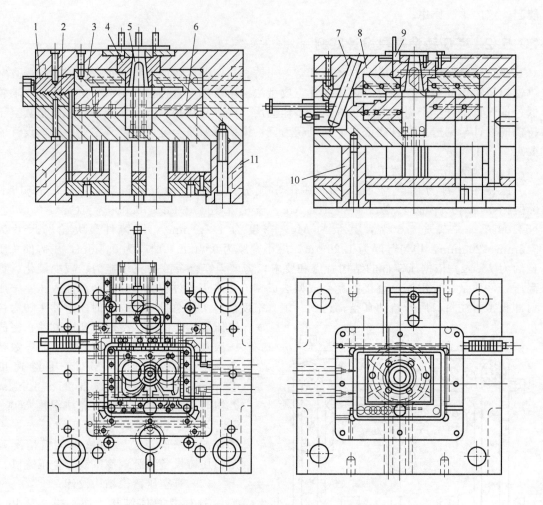

图 20-30　笔记本电脑机壳合金真空压铸模结构简图

1—定模排气镶块；2—动模排气镶块；3—定模镶块；4—浇口套；5—分流锥；
6—动模镶块；7—斜导柱；8—侧抽芯镶块；9—定位柱；10—支承柱；11—垫块

$$A = m/(tvp) \tag{20-5}$$

式中　A——内浇口断面积，mm^2；

　　　m——压铸件质量，g；

　　　t——充填时间，s；

　　　p——镁合金的密度，g/cm^3；

　　　v——充填速度，mm/s。

经计算，$A = 34.8 mm^2$。

真空压铸成型模内浇口的断面积可比理论计算所得数据大，内浇口的实际取值为 $123.2 mm^2$，约为计算值的 3.5 倍。如此大的差别主要有如下原因：式中未将溢流槽部分金属液计算在内；增大内浇口尺寸可以加速真空型腔的填充，减小合金液流动阻力；增大内浇口断面尺寸，可延长内浇口凝结时间，有利于补缩，减少冷却收缩变形。

排溢系统设计时，料流最后到达的各溢流槽应与主排气道相连，并与抽真空系统相连通，主排气道尺寸可比普通排气槽大许多，便于型腔空气的抽出。溢流槽总体积应大于压铸件体积的 20%，由于分型面密封性要好，型腔内残留气体不能通过分型面排出，应由溢流

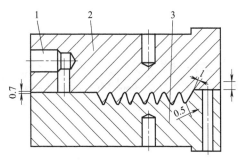

图 20-31　波纹形排气镶块结构
1—抽真空孔；2—定模排气镶块；3—动模排气镶块

槽容纳，且是薄壁件成型，冷料对压铸件表面质量影响较大，因此特别加大了溢流槽的容积，实际溢流槽总体积为 14265.5mm³，约占压铸件总体积的 34.3%。溢流槽的布置应均匀，以平衡模具成型区域的温度，使压铸件各处温度较均匀，减小冷却收缩变形。为防止镁合金液进入抽真空系统，在主排气道的末端设计有波纹形排气镶块，如图 20-31 所示，动、定模排气镶块之间的波纹间隙内侧为 1mm，外侧为 0.5mm，这样有利于型腔中的气体快速抽出，而又不容易让合金液溢出，还可消除气流的啸叫声。

③ 推出机构设计。推出机构应便于制造和维修，采用推杆推出较好。推杆的布置应遵循压铸件受力均匀的原则，由于是壳形件，脱模力较大，而薄壁压铸件的承载力又较低，因此，应适当增大推杆的直径和增多推杆的数量。同时推杆的布置还应兼顾冷却水道的布置，以免与水道干涉，造成水道难以开设或漏水现象。推杆与推杆孔的配合间隙应比普通压铸模小，以利于型腔真空度的控制，提高抽真空的速度，推杆与孔的配合间隙可取 0.015～0.03mm。推杆分布情况见图 20-29，模具使用推杆直径为 2.5～8mm，推杆总计 81 根。

④ 冷却系统设计。冷却系统用于调节模具温度，使之达到压铸工艺规定的模温要求。对于薄壁壳形件，模具温度的均匀性比一般压铸件要求更高，冷却不均匀将导致压铸件严重的翘曲变形，同时冷却效果的好坏还影响镁合金压铸件内部组织和外观以及生产周期。为使模温均匀，在定模镶块、动模镶块、分流锥和浇口套上均开设了循环冷却水道，冷却能力应比常规理论计算值大，以便对模具温度进行有效的控制，水道布局参见图 20-30。

⑤ 模具刚度的加强。为提高真空压铸模分型面的配合精度，保证分型面的密封效果，增设了 4 根支承柱（图 20-30），用来加强模具的刚度，减小动模板的受力变形。全部支承柱的高度应一致，且应比 2 个垫块高度尺寸高 0.02～0.05mm。

模腔直接抽真空成型法用于薄壁壳形件镁合金压铸模的设计要点为：①模具分型面的密封性要求较高，应相对提高模具成型镶块分型面的配合精度，减小推杆的配合间隙；②浇注系统形状应流畅，内浇口分布应宽，内浇口断面尺寸应比普通压铸模大；③溢流槽容积更大，主排气道应与主要溢流槽相连，主排气道末端以波纹形排气镶块结构为宜；④模温要求更均匀，推杆直径和数量应适当加大，以免冷却和推出时变形、开裂；⑤模具总体刚度应加强，增设支承柱是很有效的解决办法。该模具经实际生产验证，压铸件完全能达到质量要求。

第21章 液态压铸锻造双控成型技术

21.1 液态压铸锻造双控成型技术的实现及具体途径

　　液态压铸锻造双控成型技术简称液态铸锻双控成型技术，其工艺流程如图 21-1 所示，主要包括熔料输入、合模、充型、锻造、开模、顶出几部分。将宏观和微观相结合，即宏观力学表征（充填流变、塑性变形、力学性能）到微观力学表征（接口、组织、成分分布）相结合进行分析，包括液态铸锻双控成型工艺参数的协调优化；设计和制造双控成型模具和成型机，以实现压铸和锻造的功能。液态铸锻双控成型技术主要是通过控制压射速度、模具温度、锻造开始时间和锻造力等参数来实现对制件性能的控制。

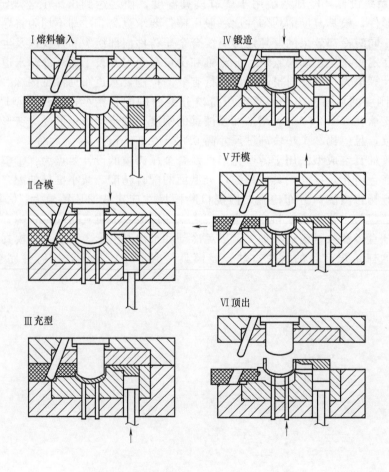

图 21-1　液态铸锻双控成型技术工艺流程图

21.2 液态压铸锻造双控成型技术参数

工艺参数的拟定是专用成型机、专用模及合金三大要素的有机组合而加以综合运用的过程，是压力、速度、温度、时间等相互矛盾的因素得以统一的过程。

（1）压射力

压射力是专用机压射机构中推动压射活塞运动的力。压射力是由泵产生压力油，并通过蓄压器，在压射缸内传递给压射活塞；再由压射活塞传递给压射冲头，进而推动金属液填充入模具型腔中。压射力是反映专用机功率大小的一个主要参数。压射力的大小，是由压射缸的截面积和工作液的压力所决定的。

压射力的计算见式（21-1）：

$$P = p_b \times \frac{\pi D^2}{4} \tag{21-1}$$

式中　p_b——压射腔内工作液的压力，Pa；

　　　P——压射力，N；

　　　D——压射缸直径，mm。

压室内熔融金属在单位面积上所受的压力称为比压，即压射力与压室截面积之比值，其计算见式（21-2）。比压是熔融金属在充填过程中各阶段实际得到的压应力，反映了熔融金属在充填时的各个阶段以及金属液流经各个不同截面时的压应力的概念。

$$p_b = \frac{P}{F_A} = \frac{4P}{\pi d^2} \tag{21-2}$$

式中　p_b——比压，Pa；

　　　F_A——压室截面积，mm^2；

　　　d——压室直径，mm。

（2）锻造力

锻造力是专用机锻造机构中推动锻造活塞运动的力。锻造力是由泵产生压力油，并通过蓄压器，在锻造缸内传递给锻造活塞；再由锻造活塞传递给锻芯，进而对模具型腔中未完全凝固的金属产生一个变形力，致使产品组织更加致密。在普通压铸中并不存在锻造力的概念，锻造力是反映专用机独特之处的一个主要参数。锻造力的大小是由锻造缸的截面积和工作液的压力所决定的，锻造力的计算见式（21-3）：

$$p_d = P' \times \frac{\pi D_d^2}{4} \tag{21-3}$$

式中　P'——锻压腔内工作液的压力，Pa；

　　　p_d——锻造力，N；

　　　D_d——锻压缸直径，mm。

（3）速度

压力与速度都对产品的内在质量、表面质量及轮廓清晰度起着重要的作用。速度的分类、概念及有关说明见表 21-1。

表 21-1　速度的分类、概念及有关说明

分类	特　点
冲头速度	压室内冲头推动熔融金属时的速度称为冲头速度（又称压射速度）。专用成型机设计时，采用二级压射机构，因此冲头速度分为三个阶段 ① 压射冲头以一定的速度缓慢推动金属液，使金属液充满压室前端并堆积在内浇口前沿。在慢速推进

分类	特　点
冲头速度	中,可使压室内空气有较充足的时间逸出,并防止金属液从浇口溅出,这是第一阶段 　② 冲头按调定的最大速度移动,此阶段为填充阶段。此阶段金属液突破内浇口阻力,在较短的时间里填满型腔 　③ 冲头继续移动,且蓄压器释放压力液,压实金属,使疏松组织致密,此阶段为终压阶段
锻芯速度	当冲头行程结束,金属液完全充满型腔,且在保压过程中,这时经过锻造时间间隔之后,锻造液压缸开始以一定速度向下移动,并带动锻芯将锻造力传递给型腔内的未完全凝固的金属液

（4）温度

金属液的浇注温度和模具的工作温度是生产过程中的热因素。为保证良好的充填条件,控制和保持热因素的稳定性,则要有一个相应的温度规范。

① 模具温度。模具工作温度的稳定和平衡是影响生产效率的关键。对模具温度的良好控制,可避免金属液激冷过大而使产品压不成型,或形成大的线收缩,引起裂纹及开裂;可改善型腔排气条件,获得表面光洁、轮廓清晰、组织致密的产品;避免模具受到剧烈的热冲击,延长模具的使用寿命。

② 浇注温度。金属液从压室至填充型腔时的平均温度,称为浇注温度,一般以保温炉的温度表示。高的浇注温度,金属液流动性好,产品表面质量好,但气体在金属内的溶解度及金属液的氧化加剧,模具的寿命减短;低的浇注温度,金属液流动性差,但可采用增大排气槽深度来改善排气条件,而由于低温的金属液在压射过程中产生涡流、包气的可能性减小,产品内在质量提高,减少了因壁厚差而在厚壁处产生缩松及气孔的可能性,同时减少了金属液对模具的熔蚀及粘模,从而延长了模具的寿命。

由上述可知,在保证产品成型及表面质量的前提下,以不超过该合金液相线以上 20～30℃为宜。选择时所考虑的因素如下:

a. 合金的流动性好,则浇注温度可低些;

b. 薄壁、形状复杂的产品浇注温度应选高些;

c. 模具温度较高时,可适当降低浇注温度。

（5）模锻延时

金属液完全充满型腔,冲头行程结束,至锻造液压缸开始移动的时间间隔,称为模锻延时。模锻延时时间控制对成品率和产品性能的影响见表 21-2。

表 21-2　模锻延时时间控制对成品率和产品性能的影响

模锻延时时间	对成品率和产品性能的影响
过短	模锻延时过短,金属液中固相率太低或没有固相,则起不到锻压的作用,从而使专用成型机的独特性得不到体现
过长	金属液完全凝固或固相率太高,致使产品开裂,并表面划伤

（6）填充、锻造、持压及留模时间

① 填充时间。金属液开始压射入型腔直至充满所需的时间,称为填充时间。填充时间的长短与产品的壁厚、模具结构、合金特性等各种因素有关,填充时间的计算见式（21-4）:

$$t=0.034\frac{T_n-T_y+64}{T_n-T_m}b \tag{21-4}$$

式中　t——填充时间,s;

　　　b——产品的平均壁厚,mm;

　　　T_y——金属的液相线温度,℃;

T_m——填充前模具型腔表面的温度，℃；

T_n——内浇口处金属液温度，℃。

产品的平均壁厚一般取该产品各部位相同壁厚最多的数值为平均壁厚。

② 锻造时间。金属液完全充满型腔，冲头行程结束，模锻延时之后，到锻压缸（即锻芯）行程终止，保压至留模时间开始的时间间隔，称为锻压时间。锻压时间小于持压时间，整个过程型腔中的金属液都受到蓄压器所释放的增压比压的作用。

③ 持压时间。金属液充满型腔后，在增压比压作用下凝固所需时间，称为持压时间。持压的作用是使正在凝固的金属在压力下结晶，从而获得内部组织致密的制件。持压时间选择应考虑的因素见表 21-3。

④ 留模时间。从持压终了到顶出产品的时间为留模时间。留模时间的选择及原则的有关说明见表 21-4。

表 21-3　持压时间选择应考虑的因素

因　素	有　关　说　明
合金特性	合金结晶温度范围大,持压时间选长些
产品壁厚	产品平均壁厚大,持压时间可长些
浇口系统	若为顶浇口,持压时间长些;内浇口厚,持压时间也应选长些

表 21-4　留模时间的选择及原则的有关说明

留模时间的选择及原则	有　关　说　明
留模时间的选择	足够的留模时间是保证产品在模具中充分凝固、冷却,并具有一定的强度,使产品在开模和顶出时不产生变形或拉裂的必要条件。通常以顶出产品不变形、不开裂的最短时间为宜
选择原则	对于合金,其收缩率大、热强度高,则留模时间可短些;对于壁薄的产品,结构又较复杂,留模时间应短些;模具散热快,留模时间可选短些

21.3　铸锻双控专用成型机的设计

在一台设备中完成压铸和锻造两种工艺，其合模压力、射料压力、锻造压力、锻造时间、锻造温度、开模、顶出以及控制时间等工艺参数，是开发专用成型机的技术要点、难点。其设备结构如图 21-2 所示。

（1）开、合模机构

开、合模机构及锁型机构统称为合模机构，是带动压铸型的动模部分开或合的机构。推动动模合拢的力统称为合模力。由于充填时及锻造时的压力作用，合拢的模具仍有被胀开的可能，故合模机构有缩紧的作用，缩紧模型的力称为锁模力。此专机锁模力小于压铸机额定合模力的 85%，开模力为锁模力的 1/16～1/8。

① 对合模机构要求能保证模具平稳准确地固定在机器上，具有足够的动具行程和模具安装空间，对安装厚度不同的模具调整方便，合具动作迅速，平稳无冲击现象。

② 合模机构的传动方式　合模机构采用普通应用的全液压合模机构，如图 21-3 所示。

合模动作是通过向内合模缸 C2 通入高压油，使内缸 1 向下运动。因为内缸 1 与外缸 3 及动模座板 4 在结构上是一体，故 3 与 4 都被带动向上运动。由于外缸 3 运动的结果，使外合模缸 C3 形成负压，促使充填阀塞 5 打开，这样充填油箱中的常压油即进入 C3。待动模合拢后，通过增压器口 8 使 C3 中的常低压油突然增压，使模具在压射、锻造金属时，不致胀开。开模动作与此相反，将内合模缸 C2 与卸压系统接通（开模缸 C1 保持常高压），则开模缸 C1 中的高压油使内缸 1 被缓缓向下推动，模具随即打开。这种机构的特点是结构简单、操

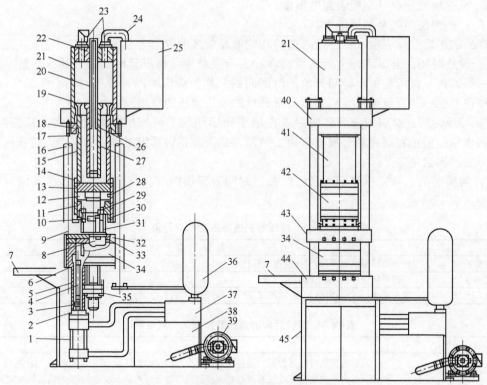

图 21-2　立式铸锻双控成型机整体结构图

1—压射缸；2—压射行程调整环；3—锤杆连接器；4—锤杆；5—压射缸连接筒；6—压射锤头；7—模具托架；
8—模具挤压锤头；9—合模动板；10—连接杆拉紧块；11—挤压缸底盖；12—挤压缸筒；13—挤压缸盖；
14—合模液压缸活塞杆连接环；15—合模液压缸活塞杆；16—导柱；17—合模液压缸铜套；18—合模液压缸底座；
19—合模液压缸活塞；20—快速合模液压缸活塞杆；21—合模液压缸筒；22—合模液压缸盖；23—充油阀；24—吸油管；
25—充油筒；26—快速合模液压缸活塞；27—快速合模液压缸；28—挤压缸活塞；29—挤压缸活塞杆；30—挤压缸连接法兰；
31—挤压锤头铜套；32—模具挤压锤头连接杆；33—挤压垫环；34—模具；35—顶针缸；36—蓄压器；37—油箱板；
38—油箱；39—油泵；40—上机板；41—合模液压缸；42—挤压液压缸；43—动板；44—下机板；45—机身底座

作方便，在安装不同厚度模具时容易调整。在生产中，模具的热膨胀可以自动补偿而不影响合模力。

（2）压射机构

压射机构是实现压铸工艺的关键部分，它的结构性能决定了压铸过程中的压射速度、增压时间等主要参数，对压铸件的表面质量、轮廓尺寸、力学性能和致密性都有直接影响。

为了满足压铸基本工艺特性的需要，本双控成型机应达到如下要求：作用在压室内的液态金属上的比压能够在 8～16MPa 的范围内调整；具有二级压射速度，并在各压射阶段均能精确地单独调整，响应时间小于 0.02s，从加速开始到最大速度，距离应最短；增压压力建立时间小于 0.03s；增压时产生的冲击压力峰值应尽量小，不高于静压力的 20%～30%。为实现上述要求，特别是在充型结束的瞬间获得高的

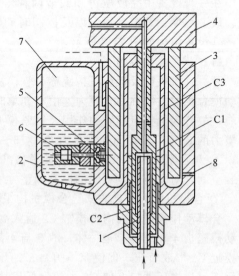

图 21-3　全液压合模机构简图

1—内缸；2—合模缸座板；3—外缸；4—动模座板；
5—填充阀塞；6—填充阀；7—充油箱；8—增压器口；
C1—开模缸；C2—内合模缸；C3—外合模缸

压力，而且要求压力增长快，液态金属在最后凝固之前，增压压力能传递到型腔中去，所以本专用成型机采用二级压射系统，如图 21-4 所示。

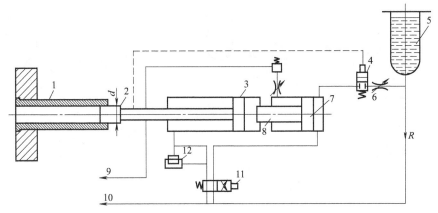

图 21-4　具有增压器的压射机构原理图

1—压室；2—压射冲头；3—压射活塞；4—压射阀；5—蓄压器；
6—节流阀；7—增压活塞；8—增压活塞缸；9—回至油箱；
10—来自油泵；11—换向阀；12—快速液控单向阀

增压力的大小取决于压射力和增压缸直径与增压活塞小端直径的比，在增压过程中，作用在压室内液态金属上的增压压力见式（21-5）：

$$P = P_1 - \pi [DD_1/(dd_1)]^2 \tag{21-5}$$

式中　P——增压压力，N；

P_1——蓄压器工作压力，N；

D——压射缸直径，m；

D_1——增压缸直径，m；

d——压射冲头直径，m；

d_1——增压活塞小端直径，m。

（3）锻造机构

锻造机构是实现锻造工艺的关键部分，它的结构性能决定了锻造过程中的锻造速度、锻造力、锻造时间等工艺参数，对零件的致密性、力学性能和轮廓尺寸都有直接影响。

为了满足机器基本工艺特性的需要，本双控成型机应达到的要求见表 21-5。

表 21-5　双控成型机应达到的要求

序　号	要　　求
1	锻造力能够在 500～2200kN 范围内自由调整
2	锻造杆的响应时间应小于 0.02s
3	增压时间应小于 0.03s

为实现上述要求，特别是在充型结束至锻造开始的瞬间获得高的压力，而且要求压力增长快，反应时间短，液态金属在未完全凝固之前，锻造压力能传递到型腔中去，所以本专用成型机采用具有增压器的锻压系统。图 21-5 所示为具有增压器的锻造机构原理图

（4）液压装置

专用成型机的液压装置主要是压力泵和蓄压器。

① 压力泵　成型机的压力泵采用柱塞泵。压力泵内装有一定压力的工作液，专用机压力液的压力在 6～20MPa 范围，但有时会超出该范围。为使压力泵输出的压力液稳定在规定

的压力范围,以减轻泵的负荷和保证工作管路的安全,压力范围用自动调节的装置加以控制。管路压力自动调节的方法采用中液控制,其工作原理见图21-6。

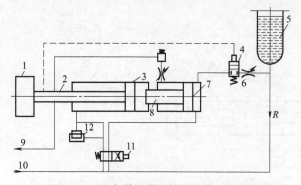

图 21-5 具有增压器的锻造机构原理图
1—锻芯;2—连接杆;3—锻压活塞;4—锻压阀;5—蓄压器;
6—节流阀;7—增压活塞;8—增压活塞缸;9—回至油箱;
10—来自油泵;11—换向阀;12—快速液控单向阀

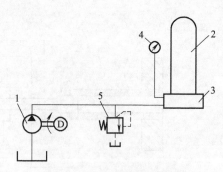

图 21-6 中液控制工作原理图
1—压力泵;2—蓄压器;3—弹簧式最低压力阀;
4—电接点压力表;5—安全阀

管路压力达到规定最高值时,电接点压力表4使安全阀5接通回路,管路卸压,压力泵卸载空转;管路压力下降至规定最小值时,弹簧式最低压力阀3的弹簧自动将蓄压器2的阀口关闭,保证了蓄压器不再放出压力液;同时,电接点压力表4使压力阀关闭回路,压力泵又恢复向管路供压。

② 蓄压器 双控成型机采用蓄压器,是作为在压射及锻造瞬间需用大量压力液时,作迅速补充的一种预备容器。本专机采用的蓄压器是上半部分充有气体,下半部分为压力液。上半部分的气体为氮气。工作时,必须严格注意压力液不能放出过多,而要维持一定限度,以免失去足够的气枕作用。若气枕作用不足,蓄压器也就起不到迅速补充压力液的作用。为此,蓄压器的压力器的压力液进出口都装有最低压力阀,从而保证其内部的压力不低于规定最低值。采用的弹簧式最低压力阀见图21-7。

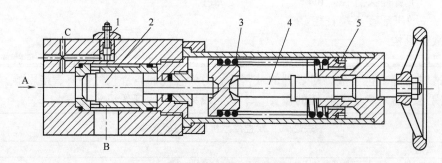

图 21-7 弹簧式最低压力阀
1—小阀;2—阀塞;3—弹簧;4—阀杆;5—调节螺母;A—压力液进出口;
B—与蓄压器接通的孔;C—与电接点压力表接通的孔

弹簧3按最低压力值调定压力,这个压力可由调节螺母5调节得到。正常工作时,旋开阀杆4,正常管路压力的压力液能够克服弹簧3的压力而推开阀塞2,从孔A进来的压力液便经孔B充入蓄压器,孔C接通电接点压力表。管路压力小于最低值时,压力液的压力小于弹簧3的压力,阀塞2便自行闭合,切断蓄压器与管路的通路,直至管路压力恢复正常再行接通。小阀1是辅助用的,当阀塞2闭合时,要使孔A和孔B接通,可以旋开小阀1。

③ 工作液 本专机用的液压油为全损耗系统用油。使用时应保持油路系统的清洁,力

求做到无油泥、无水分、无锈、无金属屑。换油时，要彻底清除油路系统，加入的新油必须进行过滤。油箱中的油温一般在 30～50℃ 范围内比较合适。过高会使油液很快变质，过低则油泵启动吸入困难。

(5) 控制系统

本专机采用压力自动控制器，其作用是：当压力已达额定时，立即使压力泵变为空转；若压力低于额定时，又使压力泵工作而向蓄压器充液。此外，其上还有一个安全阀门，用以避免压力超过允许的最高值。压力自动控制器是液压动力系统中极为重要的组成部分，其工作原理如图 21-8 所示。

图中杠杆 4 可绕支点 11 摆动。正常工作时，即杠杆 4 在柱塞 P_1 上腔的压力和调定的弹簧 3 的作用力相平衡时，杠杆 4 是处于顶开阀口 5、关闭阀口 6 的位置。而阀口 7 则在活塞 P_2 上腔的压力液作用下成为关闭状态。压力泵 A 输出的压力液进入控制器 B 内，经单向阀 1 和蓄压器总阀 D，充入蓄压器 C 和进入机器管路口。当管路压力超过规定最高值时，压力液经管道 2 进入柱塞 P_1 上腔，腔内压力便大于弹簧 3 的作用力，柱塞 P_1 下移，杠杆 4 摆动，阀口 5 关闭，切断管路（包括蓄压器）的压力液，杠杆另一端向上顶开阀口 6，接通回路。活塞 P_2 上腔卸压，压力液即顶开阀口 7，便大量地流回液箱，压力泵卸载空转。当管路压力降至规定最低值时，柱塞 P_1 的上腔的压力小于弹簧 3 的作用力，杠杆 4 恢复正常位置，泵恢复供压。过滤网 10 要经常清洗，以免影响通过的液量。杠杆 4 对阀口 5、6 的控制是通过阀杆 8 和 9 来进行的。启动压力泵时，将杠杆 4 压下，即可减轻泵电动机的启动转矩，启动后，使杠杆 4 复位，即进行供压。

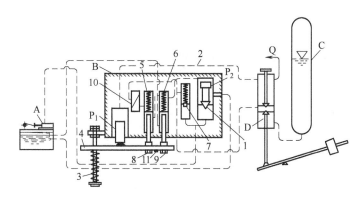

图 21-8　压力自动控制器的工作原理
1—单向阀；2—管道；3—弹簧；4—杠杆；5～7—阀口；8,9—阀杆；
10—过滤网；11—支点；A—压力泵；B—控制器；C—蓄压器；
D—蓄压器总阀；Q—机器管路；P_1—柱塞；P_2—活塞

(6) 压室与冲头

压室是直接与压力很高的熔融合金接触的构件，它经常处于热和力的双重交变工作条件下。因此，要求压室的材料应与模具成型条件有相同的性能。压室的材料采用 3Cr2W8V 或 H13。为了提高压室的耐磨性和抗腐蚀性，需将最后加工完成的压室进行热处理，并在内表面进行氮化处理，以获得更高的表面硬度。本专机主要用于生产镁合金、铝合金、锌合金，压室氮化处理硬度要求为 55～60HRC，氮化层厚度不小 0.4mm。专用成型机的冲头材料采用镁合金、铝合金和锌合金，或用 3Cr2W8V、H13，或球墨铸铁。压室与冲头之间，应根据生产合金的不同而给以适量的配合间隙。如间隙太大会使合金液从间隙中飞溅出来；当间隙太小时，冲头会被卡紧在压室中。冲头在压室中的配合，其间隙必须四周均匀，偏摆度不能大于最大间隙值的 1/2。

（7）与模具安装相关部分的结构

模板是连接模具和双控成型机的部件。模板包括动、定模板，动模板上的顶出器和定模板上的压室等结构零件。这些零件与模具有关部分按一定的尺寸大小和位置加以组合和固定，使模具与机器结合成为一个完整的工作系统。图 21-9 所示为本双控专用成型机模板尺寸。

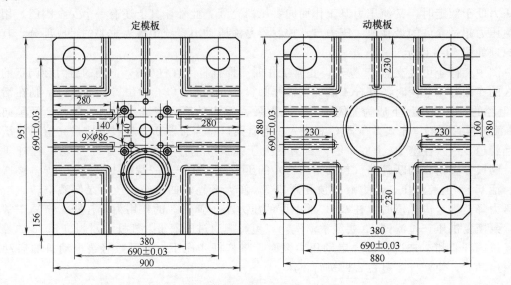

图 21-9　专用成型机模板尺寸

21.4　铸锻双控专用模具的设计

双控成型专用模具的结构见图 21-10。双控成型模具结构除包括和压铸模具类似的上下模、模框、模芯、滑块、流道和顶出机构外，还包括用以锻造的冲头。冲头的结构和形状将由具体的零件决定，原则是使冲头作用在零件尽量大的面积上。

（1）浇注系统及溢流、排气系统的设计

在双控成型模具设计中要将溢流槽、排气槽和浇注系统作为一个整体来考虑，因为溢流槽和排气槽的采用和设置，是提高产品质量、消除局部紊流带来的疵病的重要措施之一，有时还可以弥补由于浇注系统设计不合理而带来的压铸缺陷。其效果取决于溢流槽和排气槽在型腔周围的布局、容量大小以及本身的结构形式等。

专用模的浇注系统是金属液在压力的作用下充填型腔的通道。它由直浇道、横浇道、内浇口和余料等部分组成。浇注系统的主要作用是把金属液从专用成型机的压室送到型腔内。浇注系统的位置、形状和大小直接影响到金属液的充模时间、充模速度以及充填形式，而这些因素都对产品质量有很大影响。

在整个浇注系统的设计中，最重要的是内浇口的设计，因为影响它的因素最多，它对压铸件质量的影响最大，所以设计的方案也多。直浇道一般是根据机器类型而定。横浇道只是直浇道和内浇口之间的连接通道，对压铸质量的影响不如内浇口那么大。在浇注系统的结构设计时，采用"类比"的方法是行之有效的，选用那些"标准"形状压铸件的浇注系统结构形式，或者选用那些压铸件形状结构与所设计的相似，且已在生产中获得成功的浇注系统结构形式。在结构形式确定后再进行各部分的设计。

浇注系统及溢流排气系统设计时，参照压铸模的设计方法，可使用 FLOW3D 仿真设计

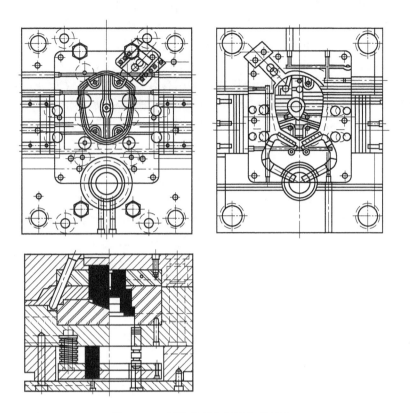

图 21-10　双控成型专用模具的结构

软件来模拟金属液填充情况，从而决定流道设计，冷却水管流向和位置，分流锥大小和位置，溢流槽及排气槽的形状、大小和位置。

（2）成型零件的设计

专用模结构中构成型腔以形成产品形状的零件，称为成型零件。一般将浇注系统、溢流与排气系统也在成型零件上加工而成，这些零件直接与金属液接触，承受着高速金属液流的冲刷和高温、高压的作用。成型零件的质量决定了产品的精度和质量，也决定了模具的寿命。专用模的成型零件主要是指镶块和型芯。在结构形式上，选用镶拼式结构方案（图 21-11）。

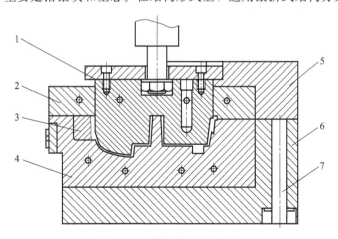

图 21-11　镶拼式结构示意图

1—锻造型芯；2—动模镶块；3—抽芯；4—型腔镶块；5—动模座板；6—定模套板；7—复位杆

成型零件采用镶拼结构的优点是：能合理使用模具钢，降低成本；便于易损件的更换和修理，拼合处的适当间隙有利于型腔排气。对于复杂的成型表面可用机械加工代替钳工操作，以简化加工工艺，提高模具制造质量，容易满足组合镶块成型部位的精度要求。

本专用模具与普通压铸模的最根本区别就在于设计有锻造型芯 1。正是在锻造型芯的锻造力作用下，才使得生产的产品与普通压铸件相比具有很多宏观和微观的优点。设计时，锻造型芯 1 穿过动模座板 5 和动模镶块 2，而且可以上下垂直移动，向下移动到与动模座板 5 贴合时即为下限，其移动位移大小通过传感器来测定。锻造型芯 1 通过螺栓及垫圈与锻造液压缸相连接，来传递锻造力给成型产品。

（3）抽芯机构的设计

阻碍产品从模具中沿着垂直于分型面方向取出的成型部分，都必须在开模前或开模过程中脱离产品。

模具结构中，使这种阻碍产品脱模的成型部分，在开模动作完成前脱离压铸件的机构，称为抽芯机构。本专用成型模具采用斜销抽芯机构，见图 21-12。

由图 21-12 可知，本专用成型模具的斜销抽芯机构，主要是由构成产品侧肋的成型元件活动型芯 5，安装在动模座板 1 内与分型面成一定倾角的传动元件斜销 3，防止生产时运动元件产生位移的锁紧元件楔紧块 4 等构成。

（4）推出与复位机构的设计

推出与复位机构组成及其元件见图 21-13。

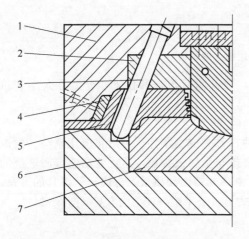

图 21-12　斜销抽芯机构示意图
1—动模座板；2—动模镶块；3—斜销；4—楔紧块；
5—活动型芯；6—定模套板；7—型腔

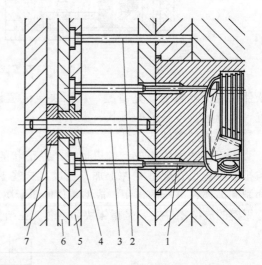

图 21-13　推出与复位机构示意图
1—推杆；2—复位杆；3—推板导柱；4—推板导套；
5—推杆固定板；6—推板；7—挡圈

在设计推杆分布时，为了使产品各部位的受推压力均衡，不仅在产品本身设置推杆，而且在浇流道、集渣包部位也设有推杆。产品本身所涉及的推杆直径略大一些，因为其受力大，且兼排气作用。推杆端部采取斜钩形，有助于产品脱离锻造型芯。

在生产的每一个工作循环中，推出机构推出产品后，都必须准确地恢复到原来的位置。这个动作通常是借助复位杆 2 来实现的，并用挡圈 7 作最后定位，使推出机构在合模状态下处于准确可靠的位置。

（5）加热与冷却系统的设计

模具温度是影响产品质量的一个重要因素，但在生产过程中往往未被严格地控制。大多数形状简单、压铸工艺性好的压铸件，对模具温度控制要求不高，模具温度在较大范围内变动仍能生产出合格的产品。当产品形状比较复杂时，只有当模具温度控制在某一范围内，才能生产出合格的产品，且此温度范围又较窄，此时必须严格控制模具温度。

在每一个生产循环中，模具型腔内的温度是变化的，使模具升温的热源，一是由金属液带入的热量，二是金属液充填型腔所消耗的一部分机械能转换成的热能。模具在得到热量的同时也向周围散发热量，如果在单位时间内模具吸收的热量与散发的热量相等而达到一个平衡状态，则表示模具已达热平衡。模具的温度控制就是把模具在热平衡时的温度控制在模具的最佳工作温度内。

模具的温度控制是通过模具的加热和冷却系统来达到的。加热冷却系统的主要作用：提高产品的内部质量和表面质量；稳定产品的尺寸精度；提高双控成型机生产效率；降低模具热交变应力，提高模具使用寿命。专用模具设计的加热冷却系统示意图见图 21-14。

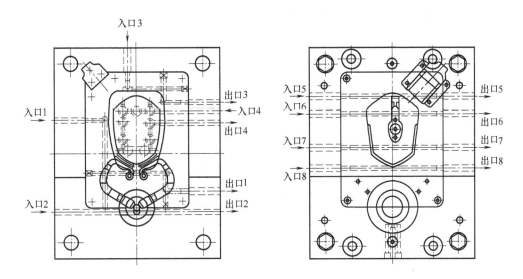

图 21-14　加热冷却系统示意图

本专用模具用循环的直流式冷却水冷却，将整副模具的温度降到最合适的范围。图 21-14 中，1、2、3、5、8 对应着冷却水管的入水口和出水口。模具加热采用专用模具加温机，通过控制流体的温度来控制模具的温度，可在生产前预热模具，又可在生产中冷却模具。图 21-14 中，4、6、7 对应着加热油管的入油口和出油口。

第22章 其他压铸成型新技术

22.1 半固态压铸新技术

22.1.1 半固态压铸的特点和成型机理

半固态压铸是集半固态加工与挤压铸造为一体，利用半固态浆料的流变性能进行充型并在压力作用下凝固成型的一种材料加工新技术。其生产过程包括半固态浆料制备、充型、挤压、脱模及后处理5个工序。半固态挤压铸造机由预结晶器、多工位铸造机及半固态挤压机构3个子系统组成，可以用来生产各种近净形零件或制品，生产率为6～8件/min，工艺出品率达90%以上。

半固态挤压铸造工艺流程如图22-1所示。熔炼合格的合金液以高于液相线的温度浇入制浆室后，在熔体自上而下的运动过程中连续冷却并不断搅拌，逐步形成具有良好流变性的半固态浆料。这种半固态浆料在重力作用下充满型腔。随后利用挤压机构对型腔内的半固态浆料施加压力，并保持一定时间，使其完全凝固后卸压开模，辅以必要的后处理（如热处理），最终得到内部致密、性能良好的近净形零件。

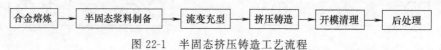

合金熔炼 → 半固态浆料制备 → 流变充型 → 挤压铸造 → 开模清理 → 后处理

图 22-1　半固态挤压铸造工艺流程

半固态浆料制备是整个技术的核心和基础。半固态浆料的流变性能决定了流变充型的效果，也决定了半固态挤压的效果。半固态浆料制备方法主要是强化对流、添加凝固控制剂和温度控制3大类。例如搅拌法、缓慢冷却法、悬浮铸造法等均可用来进行半固态浆料的制备。在半固态挤压铸造中，一般都采用加高液柱的方法获得较大的充型力。必要时也可采用外加压力来促进充型。由于半固态浆料的黏度较大，定量浇注设备的有关参数需要进行必要的调节和修正，否则可能出现浇不足现象。半固态挤压铸造是保证产品内部无收缩缺陷的重要环节。尽管半固态浆料的温度较低，凝固收缩较小，但是必须注意的是半固态浆料的重力补缩效果是很差的。如果没有足够的补缩压力作用，产品内部会存在大量的细小缩松。为了得到致密产品，要求半固态挤压工艺参数之间满足一定的条件。在挤压铸造中，这一条件称为无缩孔判据。在半固态挤压铸造中，可以称为致密性条件。

综上所述半固态挤压铸造的技术原理，不难理解这一技术具有如下独特的优势：a. 与挤压铸造相比，缺陷发生率低，模具寿命长，生产效率高；b. 与半固态触变成型相比，能源消耗小，生产周期短；c. 产品外观光洁，组织致密，无收缩缺陷。

22.1.2 半固态合金的制备方法

制备具有非枝晶组织的半固态合金浆料，除采用原始的机械搅拌法外，近些年又开发了一些新方法，如电磁搅拌法、超声振动搅拌法、应变激活法、喷射铸造法、控制浇注温度法、喷射沉积法及液相线法等。目前已进入工业应用的主要是电磁搅拌法和应变激活法，其他方法都还处在试验阶段，尚未投入工业应用。

（1）机械搅拌法

机械搅拌法有两种类型：一种是早期由 M. C. F. lemings 等采用的由两个同心带齿圆筒组成的搅拌装置，内筒静止，外筒旋转，从而得到非枝晶组织的半固态浆料；另一种是在熔融的金属中插入搅拌器来进行搅动。机械搅拌法的设备比较简单，并且可以通过控制搅拌温度、搅拌速度和冷却速度等工艺参数来研究金属的搅动凝固规律和半固态金属的流变性能。目前实验室研究大多采用此法。

机械搅拌法缺点是：操作困难，生产效率低；固相率只能限制在 30%～60% 范围内；插入熔融金属的搅拌器会造成污染而影响材料的性能等；对高熔点的黑色金属，由于搅拌桨叶材料的限制，应用受到限制；容易氧化的镁合金也不适宜采用此法。

（2）电磁搅拌法

电磁搅拌法是利用电磁感应在熔融的金属液中产生感应电流，感应电流在外加旋转磁场的作用下促使金属固液浆料激烈地搅动，使枝晶组织转变为非枝晶组织。将电磁搅拌法与连铸技术相结合可以生产连续的搅拌铸锭，这是目前半固态铸造工业应用的主要生产工艺方法。

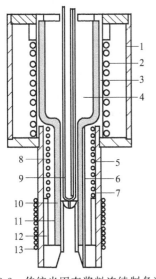

图 22-2　传统半固态浆料连续制备装置
1—外壳；2,10,13—感应线圈；3—坩埚；
4—熔融金属；5—感应冷却线圈；
6—捣实的耐火材料；7—热电偶；
8—陶瓷材料；9—金属浆液；
11—陶瓷套筒；12—绝缘材料

产生旋转磁场的方法主要有两种：一种是在感应线圈内通交变电流的传统方法；另一种是旋转永磁体法。两者相比，后者造价低、能耗少，同时电磁感应由高性能的永磁材料组成，其内部产生的磁场强度高，通过改变永磁体的排列方式，可以使金属液产生明显的三维流动，提高了搅拌效果。

与机械搅拌法相比，电磁搅拌法不会造成金属浆料的污染，也不会卷入气体，金属浆料的质量较高，参数控制也较方便；缺点是设备投资较大，工艺也比较复杂，制造成本较高。传统半固态浆料连续制备装置见图 22-2。

（3）应变激活法

应变激活法是将常规铸锭经热态挤压预变形制成半成品棒料，通过变形破碎铸态组织，然后对热变形的棒料再施加少量的冷变形，在组织中预先储存部分变形能量，最后按需要将变形后的金属棒料分切成一定大小，加热到固液两相区等温一定时间，快速冷却后即可获得非枝晶组织铸锭。在加热过程中先是发生再结晶，然后部分熔化，最终球形固相颗粒分散在液相中，获得半固态组织。该方法制备的压铸金属坯料纯净，产量较大，对制备熔点较高的非枝晶合金具有独特的优越性。缺点主要是制备的坯料尺寸较小，只适合制作小型零件毛坯，另外还要多一道预变形工序，增加成本。

22.1.3　半固态压铸成型方法与工艺

半固态成型技术（SSM）是介乎铸造和锻造之间的一种工艺过程，是针对固、液态共存的半熔化或半凝固金属进行成型加工的工艺方法的总称，使用于很多常规的成型方法。半固态金属加工技术主要有两种工艺：一种是将经搅拌获得的半固态金属浆料在保持其半固态温度的条件下直接进行半固态加工，即流变成型（Rheo forming）；另一种是将半固态浆料冷却凝固成坯料后，根据产品尺寸下料，再重新加热到半固态温度，然后进行成型加工，即触变成型（Thixo forming），后者在目前的生产条件下占主导地位。目前，应用在工业上的半固态金属触变方法主要有：半固态压铸、半固态挤压、半固态模锻和半固态压射成型等。

（1）触变压铸

经过二次加热，在半固态温度下进行压力加工成型，既可以用于低熔点的合金，也可以用于高熔点合金的半固态成型。与半固态金属浆料的输送相比，半固态坯料的加热、输送工艺较为方便，解决了半固态浆料制备与成型设备的衔接问题和半固态金属的保存输送问题，并易于实现自动化操作，因此半固态金属触变成型是目前最重要的实际应用工艺。当今比较成熟的触变成型工艺主要有触变压铸、触变锻造、触变射注、触变挤压、触变轧制成型等。

切屑旋压法由美国 DOW 化学公司（DOW Chemical Co.）和 Batellel 研究所共同研制，1993 年由日本制钢所（JSW）提供成套设备，结构示意图如图 22-3 所示。其工艺过程是：将经过精炼配制的镁合金锭在固态下切割成镁粒，然后送入带有加热装置的螺旋喂料系统进行搅拌，在半固态温度下通过高速射料系统压入压铸机中触变成型。此法不需要镁合金熔炉，可以做到 1 mm 以下的厚度，主要用于小型镁合金零件生产。用该工艺生产的镁合金部件具有小翘曲、低气孔率的特点，同时减少了模具的热疲劳，提高了模具的使用寿命，已用于镁合金的生产。但由于受到专利因素的影响，设备比较昂贵，且原材料需要进口，因此制品的成本较高。

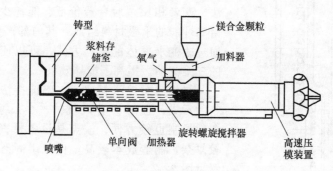

图 22-3　切屑旋压设备结构示意图

应变诱导熔化激活法是一种静态枝晶碎化工艺。它由 K. P. Young 提出，其工艺流程如图 22-4 所示。应变诱导熔化激活法的工艺原理是：利用传统的铸造方法获得铸件，将该金属坯料在恢复到再结晶的温度范围内进行热挤压变形，破碎铸态枝晶组织，在坯料的组织中储存部分变形能，最后可按需要将经过变形的金属坯料切成一定的大小，迅速将其加热到固液两相区并适当保温，通过变形能的释放，即可获得具有触变性的球状半固态浆料。

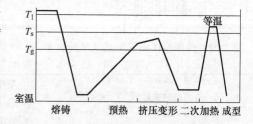

图 22-4　应变诱导熔化激活法工艺流程

（2）流变压铸

半固态金属流变成型是将半固态合金浆料直接进行成型的工艺方法，其既可用于低熔点合金的半固态成型，也可以用于高熔点合金的半固态成型。流变成型必须将浆料的制备与压力作用下的成型过程紧密结合，如果浆料制备与浆料压力成型过程之间的距离太长，将会由于半固态浆料的储存和输送带来实际困难，从而在生产中难以实现。其与触变成型工艺相比，具有工艺流程短、设备简单、节能、节材等特点，受到国内外许多研究者的重视，流变成型工艺得到迅速发展，因而流变成型是未来合金半固态成型的一个重要发展方向，目前主

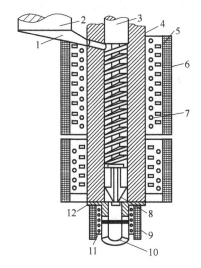

图 22-5　单螺旋机械搅拌流变成型原理图
1—给料器；2—保温炉；3—螺杆；4—料筒；
5—冷却管；6—绝热管；7,11—加热线圈；
8—浆料集积区；9—绝热层；
10—浆料注射口；12—单向阀

要得到发展应用的流变成型工艺有以下几种：双螺旋式半固态流变成型技术、锥桶式半固态流变成型技术、半固态金属直接轧制成型等，一些新的流变成型方法正在取得突破性的进展。

① 单螺旋机械搅拌式流变成型　单螺旋机械搅拌式流变成型由美国康奈尔大学首先提出，并制造了的立式流变射铸原型机，原理如图 22-5 所示。这种工艺集半固态浆料的制备、输送、成型等过程于一体，较好地解决了半固态浆料在状态保持及输送等方面存在的问题。其工作原理是液态合金进入料筒后，在依靠重力下行的过程中，受到螺旋的连续机械搅拌作用，并不断冷却，得到半固态浆料，浆料积累到一定量后，由注射装置注射成型。上述过程全在保护气体下进行。

② 双螺旋流变射铸技术　为克服单螺旋流变成型机的不足，后来开发了双螺旋半固态金属流变注射成型机，见图 22-6。该设备的设计十分新颖独特，工作原理是利用双螺旋的旋转，使液态金属产生剧烈紊流，增加切变率，来达到细化晶粒、均匀

成分的目的。其工作过程是：金属液通过流量控制杆控制，定量地流入带有加热和冷却装置的搅拌筒内，一边受到双螺旋的强烈搅拌作用，一边被快速冷却到预定的固相分数，获得非枝晶半固态浆料，然后通过输送阀流入压射室，压入压铸型型腔，并在压铸型中完全凝固成型。该工艺能够获得非常细小且不容易聚在一起的球形晶粒。该法主要用于镁合金、铝合金及锌合金等低温合金系。该工艺优点是剪切速率高，半固态颗粒细小均匀，可生产薄壁、断面复杂的零件。缺点是螺杆工况差、消耗高、寿命短等问题，不适合大型零件生产。双螺旋结构布置除采取斜置外，还可以采取垂直和水平两种形式，一般用于铝合金、镁合金的流变压铸、半固态制坯和流变挤压成型。

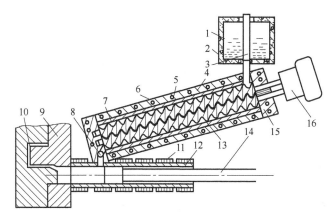

图 22-6　双螺旋半固态金属流变注射成型机结构原理图
1,11—加热元件；2—储液筒；3—柱塞；4—料筒；6—冷却管道；7—料筒内衬；8—球阀；
9—模具；10—型腔；12—压射套筒；13—双螺杆；14—活塞；15—料筒端盖；16—驱动系统

③ 锥桶式半固态流变成型技术　对目前半固态金属浆料制备工艺、流变成型设备结构及技术分析的基础上，康永林等用金属浆料通过旋转的斜锥形内外筒之间的缝隙形成剧烈剪

切应力场作用的原理，成功开发出锥桶式半固态流变成型装置，可用来对镁合金等轻金属及合金进行半固态浆料制备及直接流变成型。

④ 半固态金属直接轧制成型　半固态金属直接轧制成型也就是流变轧制工艺，是将半固态浆料的制备与轧制衔接起来，直接轧制成型的方法。与触变轧制相比，这种工艺流程更短，更节约能源，因此更具生产潜力和应用价值。

（3）半固态挤压铸造

随着半固态成型技术的发展，把半固态成型技术与挤压铸造技术结合起来，提出了半固态挤压铸造工艺。它是集半固态加工与挤压铸造为一体，将处于固相线与液相线温度之间，即处于固-液共存状态的合金料置于铸型中，利用半固态浆料的流变性能进行充型，在高的机械压力下成型、凝固成为铸件的一种新工艺方法。半固态挤压铸造工艺分为半固态触变挤压铸造和半固态流变挤压铸造。

半固态触变挤压铸造成型，是将经搅拌等工艺获得的半固态锭料冷却凝固后，按所需尺寸下料，再重新加热至半固态温度，然后放入模具型腔中进行成型加工。由于半固态金属坯料的加热、输送方便，并在成型过程容易控制，便于实现自动化生产，因此半固态合金触变成型是当今半固态挤压铸造的主要工艺方法。

半固态流变挤压铸造是将经搅拌等工艺获得的半固态浆料坯体在保持其半固态温度的条件下直接进行半固态挤压铸造。由于直接获得的半固态金属浆液的保存和运输很不方便，因而这种成型方法投入实际应用的较少。半固态挤压铸造工艺其生产过程包括半固态浆料制备、充型、挤压、脱模及后处理 5 个工序。

与普通挤压铸造相比，半固态挤压铸造有以下特点：①大幅度地减少了铸件金属中的热量，可显著提高铸型的寿命；②可以改善铸件的质量，保证铸件的力学性能，由于合金在半固态时温度较低，因而吸气量、被氧化程度和凝固收缩等均较小，加之金属的黏性较大，浇注和挤压时均不易产生飞溅和涡流，因而可以减少铸件中的气孔、缩松、氧化皮和夹杂物等缺陷，零件因晶粒细化、组织分布均匀，力学性能大幅度提高；半固态挤压铸造的力学性能，比普通铸件的机械性能要高很多，并可以接近或达到锻件的性能；③对半固态触变挤压铸造而言，还能提高劳动生产率，便于合金材料的运输和定量浇注。

与传统的固态金属塑性加工工艺相比，半固态金属屈服强度相当低，且流动性极好，可在相对较小的成型压力作用下充填模具型槽，从而达到制件的最终形状，且其表面粗糙度较小，并可一次成型具有复杂形状的制件。半固态挤压铸造是一种先进、成熟、经济的加工近成品尺寸的工艺，在技术上和经济上明显优于压力铸造和普通模锻工艺，既简化了生产工序，又提高了产品质量和合格率，经济效益和社会效益显著。它特别适合于形状复杂、带孔或台阶形状类零件的成型，是一种具有较宽的适用性、较大推广价值及很有发展前途的崭新工艺。

（4）铝合金、镁合金、锌合金、钢铁材料、复合材料的半固态加工

① 铝合金半固态加工技术　铝合金半固态加工技术一般由三个部分组成：半固态坯料生产（或购买）、坯料加热至半固态、在压力作用下在模具内成型。

② 镁合金半固态成型技术

a. 半固态成型技术具有独特的优点。与普通固态压力加工和液态压铸成型相比，半固态成型技术独特的优点是利用了合金在半固态下的流变性和触变性，可以成型复杂的薄壁零部件；加工精度高，几乎是近净成型，对典型零件可减少机械加工量 50%；生产效率高，节约原材料和能源，降低了生产成本；合金制品半固态成型组织的力学性能指标比常规组织提高 10%，抗疲劳性能提高 5%，伸长率提高 5%；采用 T4、T6 处理后镁合金的伸长率和断裂韧度随着晶粒尺寸的减小而显著提高。

镁合金的半固态成型，其优势还表现在：半固态成型温度低，避免了为防止高温液态镁金属挥发和氧化燃烧而必须采取的覆盖剂或气体保护，省去了保护装置及气体消耗，减少了装备投入，降低了生产成本；由于无液态镁蒸气挥发，也无覆盖工艺产生的有害气体，大大改善了作业环境，符合环境保护和安全生产的要求。因此，半固态成型方法可能是镁合金成型的最佳工艺选择。

b. 镁合金半固态成型方法。半固态浆料的制备方法可采用机械搅拌法、电磁搅拌法切屑旋压法、半固态等温热处理法或应变诱导熔化激活法。但根据目前国内外的应用现状看，镁合金半固态成型主要采用切屑旋压法、机械搅拌法和 SIMA 法，如图 22-7 所示。

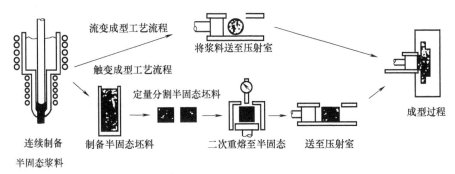

图 22-7　镁合金半固态成型工艺路线及示意图

③ 锌合金的半固态加工　锌合金是工业上大量应用的有色金属材料之一，与铝、镁合金相比，它具有较高的力学性能，良好的压铸、挤压铸造性能和机械加工性能。它适用于各类表面处理，可做出表面光洁美观的零件。由于其熔点低，使铸造生产能耗低，模具寿命高并便于实现高效率生产。半固态成型过程一般包括非枝晶组织的制备（主要有：机械搅拌法、电磁搅拌法、应变诱发熔化激活法和半固态等温热处理法等）、二次加热（感应加热）和半固态成型（非触变材料半固态成型、触变材料半固态成型、金属基复合材料半固态制备和成型等）三个步骤。

④ 钢铁材料的半固态加工　钢铁材料的半固态加工工艺流程有两种：

a. 金属锭→液态→制备（浆液剪切）→冷却→半固态浆液→流变铸造；

b. 金属液→液态→制备（浆液剪切）→冷却→半固态浆液→淬冷→半固态坯锭→加热→触变压铸。

钢铁材料的半固态加工，目前主要采用触变压铸的较多。

⑤ 复合材料的半固态加工　复合材料的半固态成型技术，对制备复合材料及其成型，是一种较好的加工方法。其主要特征是：复合材料制备方法简单，成本低，周期短，易为工业生产所应用，特别是制备与成型合为一体时，其优越性显著。

22.1.4　半固态压铸的应用实例

以黑色金属零件杠杆的半固态压铸模设计过程为例，讲述黑色金属半固态压铸模的设计要点，设计过程包括压铸机选择、压室的设计、成型部分材料的选择、浇注系统的设计、模具加热、冷却系统的设计等。

（1）压铸机的选择和压室的确定

① 压铸机的选择　黑色金属杠杆零件，其材料为低碳合金钢，铸件最大壁厚 8mm，铸件最小壁厚 3mm，平均壁厚 5.5mm，最小孔径为 5mm。

选择压铸机时，首先要保证金属在分型面上投影面积的反压力要小于压铸机的额定锁模力。

$$P_反 = P_锁 K / 1000$$

$$P_{反} = \sum Fp/1000 \qquad (22\text{-}1)$$

式中　$\sum F$——铸件在分型面上的总投影面积，cm^2；

　　　　p——压射比压，MPa；

　　　$P_{锁}$——压铸机的额定锁模力，kN；

　　　　K——许用安全系数，$K = 0.8$；

　　　$P_{反}$——作用在分型面反上的反压力，kN。

经计算该铸件在分型面上总投影面积约为 8.5cm^2，对于黑色金属半固态压铸压射比压 p 可取大些，p 取 80MPa。计算得 $P_{反} = 6.8\text{kN}$。根据设备条件，选定 J1116C 型压铸机进行技术改造，通过增大压射力，改变压室结构，使其能完成半固态压铸的要求。

J1116C 型压铸机 $P_{锁} = 160\text{kN}$。

而 $P_{反} = 6.8\text{kN} <$ 压铸机锁模力 $P_{锁} = 160\text{kN}$，所以压铸机的锁模力能满足使用要求。

② 压室的改造设计　半固态黑色金属触变压铸时，因半固态坯料需加热至 1500℃ 左右，所以压室需用耐高温的陶瓷材料和钢套组合制造，钢套起压室定位和保证压室强度的作用，陶瓷衬套能够保证二次加热时耐高温的使用性能。加热采用感应加热的方式，并通过红外线测温的方法调整加热温度，控制金属固相率。按工艺要求压室最小直径选取 30mm。

（2）浇注系统的确定

① 内浇口的设计　黑色金属压铸时内浇口截面积应大，而长度通常为压铸有色金属设计的数倍。其目的是使合金液平稳地进入型腔和在压力下结晶。浇口的厚度为压铸件壁厚的 70%～100%。根据内浇口的截面积计算公式：

$$F_{内} = P/(v\gamma T) \qquad (22\text{-}2)$$

式中　$F_{内}$——内浇口截面积，cm^2；

　　　　P——铸件的质量，g；

　　　　γ——密度，g/cm^3；

　　　　v——内浇口处金属流速，m/s；

　　　　T——充填型腔的时间，s。

经计算 $F_{内} = 48\text{cm}^2$。在充型时控制金属前沿的速度是有必要的，充型速度超过 5m/s 时开始产生紊流，必须加以控制。填充时间 T 因考虑半固态下流动性较差，故取 $T = 0.25$。设计内浇口时要注意，内浇口的厚度要先做得薄一些，试铸后根据铸件的质量情况逐步修大。

② 排溢系统的设计　因为半固态压铸无湍流和喷溅，合金黏度较高，所以排气槽要宽些，深度为 0.15～0.2mm。集渣包外面的深度为 0.3mm，其进口处的槽深也要比压铸有色金属的设计深一些。

（3）压铸模的结构设计

① 压铸模设计的基本要点　黑色金属半固态压铸模应具有足够的强度和刚度，在承受压铸机锁模力的情况下不致发生变形。由于压铸黑色金属时温度较高，所以压铸前模具需加热，压铸过程中模具需冷却，模具需设计加热和冷却装置。压铸模的装配图见图 22-8，其中定、动模镶块按黑色金属压铸考虑，尺寸应足够大，在成型镶块上需设计冷却水道。定、动模套板主要考虑导柱导套的位置，总体尺寸要比压铸有色金属时大一些，以便减少模具温度波动范围。

② 推杆的设计　由于推杆较细，黑色金属的压铸温度较高，所以模具设计时应考虑尽可能利用零件的特点，不利用推杆推出铸件。必须设计推杆时，位置应尽量不设计在压铸件

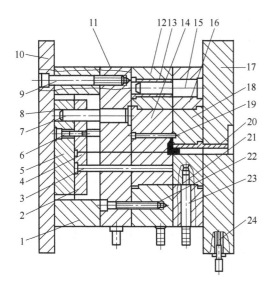

图 22-8　杠杆压铸模装配图

1—垫块；2—推杆固定板；3—复位杆；4—推杆；
5—推板；6,9,22—螺钉；7,15—导杆；8,13—导套；
10—动模座板；11—支承板；12—动模套板；
14—动模镶块；16—定模套板；17—定模座板；
18—定模镶块；19—型芯；20—浇口套；
21—密封圈；23—水嘴；24—加热系统

上。当推杆需直接推出压铸件时，推杆应考虑更换方便。

③ 成型部分材料的选择　低碳钢的熔点为 1450～1540℃，压铸模型腔的工作温度可高达 1000℃，型腔表面受到严重氧化腐蚀及冲击，模具寿命很低，经常出现严重的塑性变形和网状裂纹而失效。

目前，国内外均趋向使用高熔点的铝基合金及钨基合金制造黑色金属压铸模。铝基合金的特点是熔点很高，在 1000℃ 时的热强度及持久强度高，导热性好和热胀系数小，几乎不发生热裂。

钨对被压铸的熔融金属可熔性低，能大大降低甚至消除热蚀和粘模。钼基合金和钨基合金制造的压铸模都有较高的寿命。

铬锆钒铜和钴铍铜合金也可制作黑色金属压铸模，由于铜的导热性好，因此它的表面接触温度就由 3Cr2W8V 钢的 950～1000℃ 降低到 600℃，铬锆钒铜和钴铍铜推荐用于不太复杂的黑色金属压铸模。

考虑模具制造成本等综合因素，模具成型镶块选用钴铍铜材料制造，技术要求：980℃ 淬火后冷挤成型，然后进行时效处理。压铸生产时一定要通循环水冷却。

④ 模具加热与冷却系统的设计　模具在压铸生产前进行充分的预热，并在压铸过程中保持在恒定的范围内，压铸生产中模具的恒定温度均由加热和冷却系统来控制和调节，其作用如下。

a. 使模具达到较好的热平衡和改善铸件顺序凝固条件，使铸件凝固速度均匀并有利于压力传递，提高铸件的质量。

b. 保持压铸合金填充时的流动性，使其具有良好的成型性和提高铸件表面质量。

c. 稳定铸件尺寸，提高压铸件生产效率，降低模具热交变应力，提高模具寿命。

通过动、定模套板直接在镶块上设计冷却通道，用耐高温的密封材料密封水嘴和镶块的连接。加热采用电热元件进行，需要注意的是模具孔径和电热元件零件外径的配合间隙不应大于 0.8mm，否则会降低传热效率。采用低电压大电流加热元件时，加热孔应设计在模具的垂直方向，以免由于高温时电阻丝软化变形后与孔壁接触形成短路。

在动、定模套板上设计测温孔，安装热电偶测温，以便控制模具温度。模具的冷却方法：在动、定模镶块上设置水冷通道，使热量随着冷却水的流动而迅速带走。冷却水道布置在型腔内温度最高、热量较集中的区域。冷却水道的数量按模具热平衡计算公式进行计算：

$$Q = Q_1 + Q_2 + Q_3 \tag{22-3}$$

式中　Q——合金传给模具的热量，J；

Q_1——模具自然传走的热量，J；

Q_2——特定部分固定传走的热量，J；

Q_3——冷却通道传走的热量，J。

因合金类别、模具尺寸和结构已定，所以 Q_1、Q_2、Q 可预先求出，最后计算出 Q_3 的

值约为 $10^6 J$。

根据冷却通道的数量的计算公式：

$$n = Q_3 / (V \pi d l) \tag{22-4}$$

式中　n——冷却通道的数量；

　　Q_3——冷却通道传走的热量，J；

　　l——单个通道有效长度，m；

　　V——热流密度，J/ (h·m^2)；

　　d——水道直径，mm。

经计算 $n = 7.77$，所以设计时选取 8 个水道。

22.2　真空压铸新技术

真空压铸是利用辅助设备将压铸模型腔内的空气抽除而形成真空状态（真空度在 52kPa～82kPa 范围内），并在真空状态下将金属液压铸成型的方法。

22.2.1　真空压铸的特点

① 由于模腔内空气量很少，压铸件内部和表面的气孔显著减少或消除，于是压铸件的致密度增大，力学性能和表面质量得到提高，镀覆性能也得到改善，能进行热处理。如，真空压铸的锌合金铸件，其强度较一般压铸法增高 19%，铸件的细晶层厚度增加了 0.5mm。

② 压铸模型腔内空气的抽出，使充填反压力显著地降低，于是可采用较低的压射压力（较常用的压射压力约低 10%～15%，甚至达 40%），可在提高强度的条件下，使压铸件壁厚减小 20%～50%。如，一般压铸锌合金时，铸件平均壁厚为 1.5mm，最小壁厚为 0.8mm，而真空压铸锌合金时，铸件平均壁厚为 0.8mm，最小壁厚为 0.5mm。

③ 可减小浇注系统和排气系统尺寸。

④ 采用真空压铸法可提高生产率 10%～20%。用现代压铸机上可以在几分之一秒内抽成所需要的真空度，并且随压铸模型腔中反压力的减小，增大了压铸件的结晶速度，缩短了压铸件在压铸模中停留的时间。

⑤ 可使用铸造性能较差的合金进行压铸成型，也可用小型压铸机压铸较大或较薄的压铸件。

⑥ 密封结构复杂，制造及安装困难，成本较高，而且难以控制。

22.2.2　真空压铸装置及抽空方法

真空压铸需要在很短的时间内达到所要求的真空度，因此必须根据型腔的容积先设计好预真空系统，如图 22-9 所示。

真空压铸的抽气装置大体上有以下两种类型。

① 利用真空罩封闭整个的压铸模　其装置如图 22-10 所示。合模时将整个压铸模密封，金属液浇注到压室后，利用压射冲头将压室密封，打开真空阀，将真空罩内空气抽出，再进行压铸。

② 借助分型面抽真空　其装置如图 22-11 所示。将压铸模排气槽通入截面较大的总排

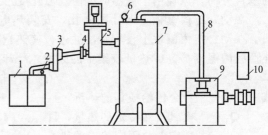

图 22-9　预真空系统示意图

1—压铸模；2,6—真空表；3—过滤器；4—接头；5—真空阀；7—真空罐；8—真空管道；9—真空泵；10—电动机

气槽，再与真空系统接通。压铸时，当压铸冲头封住浇口时，行程开关 6 自动打开真空阀 5，开始抽真空。当压铸模充满金属后，液压缸 4 将总排气槽关闭，防止液体金属进入真空系统。这一方法需要抽出的空气量少，而且压铸型的制作和修改很方便。

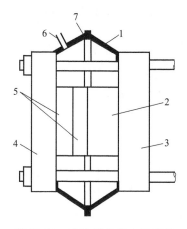

图 22-10　真空罩抽真空示意图
1—真空罩；2—动模座；3—动模架；4—定模架；
5　压铸模；6　接真空阀通道；7　弹簧垫衬

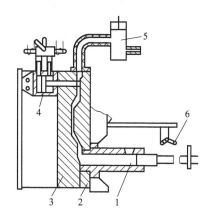

图 22-11　由分型面抽真空示意图
1—压射室；2—定模；3—动模；
4　液压缸；5　真空阀；6—行程开关

22.2.3　真空压铸模具设计

真空压铸模具设计应注意以下两点：

① 由于型腔内气体很少，压铸件激冷速度加快，为了有利于补缩，内浇道厚度比普通压铸增加 10%～25%。

② 因压铸件冷凝较快，结晶细密，故合金收缩率低于普通压铸。

22.3　充氧压铸新技术

充氧压铸是在铝金属液充填型腔之前，用干燥的氧气充填压室和压铸模型腔，以置换其中的空气和其他气体。当铝金属液充填时，氧气一方面通过排气槽排出，另一方面与喷散的铝金属液发生化学反应：

$$4Al + 3O_2 = 2Al_2O_3$$

生成 Al_2O_3 质点，从而消除不加氧时压铸件内部形成的气孔。这种 Al_2O_3 质点颗粒细小，约在 $1\mu m$ 以下，其质（重）量占压铸件总质（重）量的 0.1%～0.2%，分散在压铸件内部，不影响力学性能，并可使压铸件进行热处理。

22.3.1　充氧压铸的特点

充氧压铸仅适用于铝合金压铸。充氧压铸有如下特点。

① 消除或减少气孔，提高压铸件质量。充氧后的铝合金比一般压铸法铸态强度可提高 10%，伸长率增加 1.5～2 倍。因压铸件内无气孔，故可进行热处理，热处理后强度又能提高 30%，屈服极限增加 100%，冲击韧性也有显著提高。

② 因 Al_2O_3 具有防蚀作用，故充氧压铸件可在 200～300℃ 的环境中工作，也可以焊接。

③ 与真空压铸比较，结构简单，操作方便，投资少。

④ 充氧压铸对合金成分烧损甚微。

22.3.2 充氧压铸的装置及工艺参数

(1) 充氧压铸装置

充氧压铸装置如图 22-12 所示，充氧方法很多，一般有压室加氧和模具上加氧两种形式。

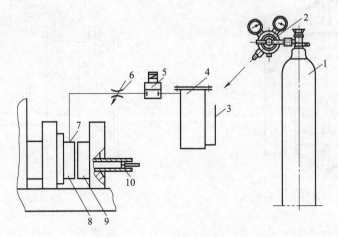

图 22-12 充氧压铸装置示意图

1—氧气瓶；2—氧气表；3—氧气软管；4—干燥器；5—电磁阀；
6—节流阀；7—接嘴；8—动模；9—定模；10—压射冲头

(2) 充氧压铸工艺参数

充氧压铸工艺如图 22-13 所示。在合模过程中，当动、定模的间距为 3～5mm 时，从氧气瓶通过安全阀和管道中来的氧气（压力 0.3～0.5MPa）经分配器（20 个 $\phi 3$ 小孔，均匀进气）充入型腔。此时，合模工序继续进行，待合模完毕后，继续充氧一段时间，关闭氧气阀，根据经验略等片刻，再浇入铝液，进行正常的压铸工艺过程。

充氧压铸时，压铸工艺参数的控制很重要，应严格控制以下几个因素。

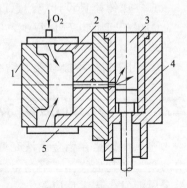

图 22-13 充氧压铸工艺示意图

1—动模；2—定模；3—压室；
4—反料活塞；5—分配器

① 充氧时间　充氧开始时间视压铸件大小及复杂程度而定，一般在动、定模相距 3～5mm 开始充氧，略停 1～2 秒再合模。合模后要继续充氧一段时间。

② 充氧压力　充氧压力一般为 0.3～0.5MPa，以确保氧的流量。充氧结束应立即压铸。

③ 压射速度与压射比压　压射速度与压射比压与普通压铸基本相同。压铸模具预热温度略高，一般为 250℃，以便使涂料中的气体尽快挥发排除。

④ 应合理设计压铸模的浇注系统和排气系统，否则会发生氧气孔。

22.4　精速密压铸新技术

精速密压铸是一种精确的、快速的和密实的压铸方法，又称为套筒双冲头压铸法。精速密压铸法采用的压铸机比普通压铸机增加了一个二次压射机构，其机构如图 22-14 所示。双冲头机构由一个大冲头和一个小冲头构成，两个冲头组成一体，又各自独立地由液压缸推动。

压射动作开始时，大、小冲头同时向左进行压射，当铸件外壳凝固后，大冲头不能继续前进时，小冲头继续前进 50～150mm，把压室内部未凝固的金属液压入型腔，起压实和补缩作用。

用普通压铸法生产的压铸件具有两个基本缺陷——气孔和缩孔。应用精速密压铸法可以在较大程度上消除这两种缺陷，从而提高压铸件的使用性能，扩大压铸件的应用范围。

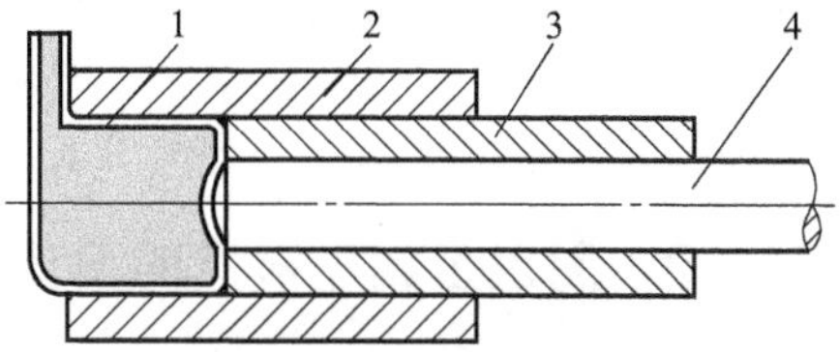

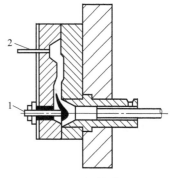

图 22-14　精速密压铸法压射机构
1—余料；2—压室；3—大冲头；4—小冲头

22.4.1　精速密压铸的特点

① 低充填速度　精速密压铸法金属液的充填速度是一般压铸法的 10%，为慢速充填。采用较低的压射速度和压力，可以减轻压射过程中发生的涡流和喷溅现象，后者往往是包住空气导致形成气孔的主要原因。

② 厚的内浇口　为了发挥小冲头的作用，浇口截面积必须比较大（内浇口厚度为 5～10mm）才能更好地传递压力，提高压铸件的致密度。有资料介绍，内浇口开设在压铸件下部的厚壁处，其厚度等于压铸件壁厚。

③ 控制压铸件顺序凝固　压铸模型腔在受控的情况下冷却（由外壁向内壁冷却，能达到顺序凝固），因而有利于消除缩孔和气孔。

④ 压射机构采用双冲头　用小冲头辅助压实，并降低压射速度。

⑤ 延长压铸模寿命　用精速密压铸法生产的压铸件与一般压铸件相比，压铸件密度大，尺寸公差小，强度高，废品率低，可焊接性良好，可进行热处理，从而延长了压铸模寿命。

22.4.2　精速密压铸的工艺控制

① 金属液射入内浇道的速度为 4～6m/s，为普通压铸的 20%。

② 压铸后用内压射冲头补充加压，此时的比压为 3.5～100MPa。内压射冲头的行程为 50～150mm。

③ 控制压铸件顺序凝固。由于金属液填充速度和压力均低，故金属液可平衡地填充型腔，由远及近向内浇道方向顺序凝固，使内压射冲头更好地起到压实作用。另外，可在压铸件的厚壁处，也可在压铸模上另设补充压射冲头，对压铸件补充压实，以获得致密的组织，其结构如图 22-15 所示。

图 22-15　补充压射冲头示意图
1—补充压射冲头；2—推杆

22.5　黑色金属压铸

22.5.1　黑色金属压铸的特点

黑色金属比有色金属熔点高，冷却速度快，凝固范围窄，流动性差。所以，黑色金属压铸时，压室和压铸模的工作条件十分恶劣，压铸模寿命较低，一般材料很难适应要求。此外，在液态下长期保温的黑色金属易于氧化，从而又带来了工艺上的困难。为此，寻求新的压铸模材料，改进压铸工艺就成了发展黑色金属压铸的关键。近年来，由于模具材料的发展使黑色金属压铸进展较快，目前灰铸铁、可锻铸铁、球墨铸铁、碳钢、不锈钢和各种合金钢等黑色金属均可压铸成形。

高熔点的耐热合金（主要是钼基合金、钨基合金）是目前黑色金属压铸中常用的压铸模材料，它们都具有良好的抗热疲劳性能。近年来，用得较多的两种合金的化学成分质量分数为 Ti0.5%～1.5%、Zr0.08%～0.5%、其余为 Mo 和 Ni4%、Fe2%、其余为 W。虽然钼基合金和钨基合金价格昂贵，但寿命长，所以综合经济指标还是合理的。

22.5.2 黑色金属压铸模的设计

黑色金属的压铸模设计与有色金属的压铸模设计基本相似，其不同特点如下。

① 为保证金属液能平稳充填并在压力下结晶，内浇道尺寸应比压铸有色金属加宽、加厚。内浇道厚度一般为 3～5mm，宽度约占零件浇道所在同一平面的 70%，甚至 100%，横浇道尽量短。

② 排气槽尽可能地宽而浅，在必须开设溢流槽时，应使溢流槽与型腔的连接通道深些，甚至与压铸件壁厚一致。

③ 因耐热合金膨胀系数小，各种间隙可为 0.0076mm。装配时，最好在间隙中涂些二硫化钼涂料。由于镶块与型板的收缩系数不一样，应注意镶块的准确定位。

④ 为了避免在高温金属液的冲刷下使顶杆顶端变尖而造成铸件产生毛刺或表面不平整，在设计时，应尽可能不把顶杆位置设在铸件部位。

22.5.3 压射机构的选择

① 为使压射机构能在高温高压金属液的反复作用下保持连续工作状态，要求压射机构应有较好的高温强度、抗热振性和耐磨性能，而且结构简单，维修方便。

② 为了避免在高温金属液的冲击下，压室由于受热不均产生变形和金属液快速失热形成凝固的金属表皮渗入压室与压射冲头的间隙，造成压射机构的故障。因此，在设计时应使压射冲头与压室有适当的间隙，可参考表 22-1 选取。

表 22-1　压射冲头与压室配合间隙

压室直径/mm	40	50	60	70
间隙/mm	0.07	0.15	0.125～0.175	0.125～0.175

22.5.4 工艺规范

黑色金属压铸的工艺特点是低温、低速。具有大的内浇道，并充分预热压铸模及尽早取出压铸件。下面部分参数，供选用。

① 压铸模预热温度一般为 200～250℃，连续生产保持温度为 200～300℃。国外使用钼合金压铸模的温度为 371～436℃，若能达到 480～578℃则效果更好。

② 低的浇注温度可减轻压铸模受热程度，从而减少模具的热疲劳，并减少合金的凝固收缩。通常选择浇注温度：铸铁为 1200～1250℃；中碳钢为 1440～1460℃；合金钢为 1550～1560℃。

③ 压射冲头速度一般为 0.12～0.24m/s，铸件出模温度为 760℃。

④ 涂料可根据表 22-2 选取，或采用一号胶体石墨水剂，其成分：石墨粉为 21%，其余为水。涂料的灰分应在 2%以下。涂料要求加热后喷涂，以防止模具过快降温。

表 22-2　黑色金属压铸涂料

序号	成分质量分数/%						用　　途
	石英粉	氧化铝	石磨粉	水玻璃	高锰酸钾	水	
1	15	—	5	5	0.1	余量	浇注温度低于 1500℃的合金

序号	成分质量分数/%						用　途
	石英粉	氧化铝	石磨粉	水玻璃	高锰酸钾	水	
2	—	15	5	5	0.1	—	浇注温度高于1500℃的合金
备注	在800℃下烘烤2h后过筛	1200℃下烘烤2h后过筛	稍加热，过270筛	模数M≥2.7			

22.6　纤维复合材料压铸新技术

22.6.1　压铸法制备复合材料所面临的问题

（1）压铸的工艺参数的调整

① 液体合金填充速度　和压铸铝合金不同，压铸法制备复合材料在型腔中要放入纤维预制件，预制件是由短纤维组成的多孔隙的三维网络骨架，复合材料的压铸过程要求液态铝合金在高压下在极短的时间内充满骨架空隙，这个过程比普通压铸过程复杂，因此必须选择合适的填充速度。

② 铝合金液浇注温度和预制件预热温度　浇注温度过高，凝固时收缩大，铸件容易产生裂纹、晶粒粗大及粘型；温度太低，则易产生浇不到、冷隔及表面流纹等缺陷；而预制件的预热温度则影响填充过程。另外还有很多工艺参数，如压射比压、持压时间、预制件预热温度及型腔的预热温度，都会对最终材料的宏观和微观组织及力学性能产生影响。

（2）压铸过程缺陷的防止

由于压铸过程中液体金属充型速度极快，型腔中的气体难以完全排除，常以气孔形式存留在铸件中。另外压铸过程中金属液的流程长，冷却凝固快，铸件不易得到补缩容易产生缩孔和晶粒粗大，这都是压铸复合材料过程所必须面临的问题。

（3）用于压铸的氧化铝纤维预制件

预制件的纤维体积分数、长短、分布状态对所制备的陶瓷纤维增强铝基复合材料的性能有很大影响如何制备符合压铸工艺的纤维预制件成为压铸复合材料所要面临的问题，而过去对纤维的直径、长度的研究报道却很少。

22.6.2　纤维预制件的制备

不同体积分数、不同长径比纤维预制件的制备

① 纤维预处理后的长度、直径分布　原料状态长纤维需要经工艺处理成为短纤维。制作预制件时，要求增强纤维有合适的长径比（纤维长度与直径的比值），长径比过大，不易分散，难以制成预制件；长径比太小，则纤维类似于长颗粒状或短棒状，难以形成骨架，制成的预制件孔隙率过低，这对于复合过程及所制备的复合材料的力学性能都会有不良影响。可通过用机械方法等将纤维切断、用筛网过滤去过细纤维等方法使纤维长度、直径分布范围变窄，以达到长度、直径和形状上的要求。

② 纤维预制件的制备　纤维预制件指预先将纤维制成一定的形状、一定强度的三维多孔隙的骨架。

预制件的制备在一定程度上决定了压铸复合材料过程铝合金液体能否完全填充预制件，从而决定了复合材料的性能。其具体工艺为：先将一定量的纤维、水和微量的黏结剂混合，搅拌均匀，然后在成型模具装置中进行成型，再经烘干、烧结即成预制件。预制件的成型方

法有真空成型和加压沉降法成型两种，纤维的体积分数主要取决于所加入纤维的量及所施加的压力。

③ 预制件体积分数与成型工艺的关系　预制件是由短纤维组成的多孔隙的三维网络骨架，复合材料中纤维的含量（用纤维体积分数 V_f 表示）决定了其孔隙率的大小，而在压铸陶瓷纤维复合材料中，预制件孔隙率是合金液体能否完全填充的关键因素，因此预制件制备工艺中纤维体积分数的控制就显得非常重要（为统一、方便起见，纤维预制件的孔隙率的大小也用纤维预制件的体积分数 V_f 表示）。

纤维体积分数 V_f 的计算公式如下：

$$V_f = \frac{W_f}{P_f V_p} \tag{22-5}$$

式中　W_f——纤维预制件中纤维的质量，kg；

　　　P_f——纤维的密度，g/cm^3；

　　　V_p——纤维预制件的表观体积，cm^3。

纤维预制件的体积分数受多种因数的影响，如纤维的直径、长度、纤维加入量、加压压力等。

在预制件制作过程中，由于黏结剂的作用是为了使预制件在烧结后具有一定的强度以使其在运输和压铸过程中保持形状完整，黏结剂含量过少则预制件强度差，起不到应有的作用，黏结剂含量多不但会恶化材料性能，而且还会在纤维预制件表面形成厚的壳层，在压铸复合材料时会造成铝合金液难以填充。所以选用黏结剂的原则是，在保证纤维预制件具有一定强度的基础上黏结剂的含量尽可能少。

22.6.3　纤维复合材料压铸的步骤和工艺

（1）纤维复合材料压铸的步骤

① 对纤维预制件进行处理：将预制件按照模具形状的要求在砂纸上磨好，并把预制件表面的杂质除去。

② 将处理后的预制件放入自制纤维预制件加热炉中加热。

③ 熔炼合金液。

④ 开模，用喷灯给压铸模预热。

⑤ 将预热好的纤维预制件放入型腔中并固定，这过程一定要非常迅速，因为纤维预制件为多孔结构与空气接触面积大，热量将很快释放，预制件温度将很快降低。

⑥ 合模，此过程应缓慢以防预制件掉出。

⑦ 将熔炼好的合金液浇入，加压使铝合金液迅速填充预制件中（填充速度为 15～20m/s），持压（终静压力大约 80MPa）。

⑧ 开模，取出复合材料试样。

（2）纤维复合材料压铸的工艺流程

按照图 22-16 所示的工艺流程制备复合材料，复合材料的压铸过程的几个步骤的示意图见图 22-17。

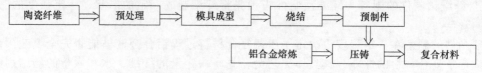

图 22-16　压铸复合材料的工艺流程

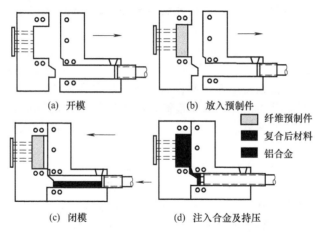

(a) 开模   (b) 放入预制件

纤维预制件
复合后材料
铝合金

(c) 闭模   (d) 注入合金及持压

图 22-17　压铸法制备短纤维增强金属基复合材料的流程图

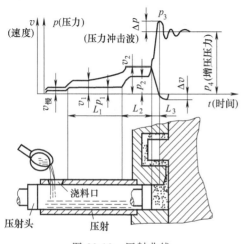

图 22-18　压射曲线

（3）主要工艺参数的选择

压铸工艺是将压铸机、压铸模、压铸合金三大要素有机结合并加以综合运用的过程。其主要工艺参数有：压力、速度、时间、温度，这些参数的选择与合理匹配，是保证压铸件综合性能的关键。图 22-18 所示是压射曲线。

① 压铸压力

a. 压射力 $P_压$。压射力 $P_压$ 即为压射液压缸（增压缸）推动活塞运动的力，可用下面的公式计算：

$$P_压 = \frac{1}{4}\pi D^2 p_0 \tag{22-6}$$

式中　$P_压$——压射力，N；

D——液压缸（增压缸）直径，mm；

p_0——进入液压缸（增压缸）工作压力，Pa。

b. 比压 p。压射比压是压室内熔融合金单位面积上所受的压力，其值可用下面的公式计算：

$$p = 4P_压/(\pi d^2) \tag{22-7}$$

式中　p——压射比压，MPa；

$P_压$——压射力，N；

d——冲头直径，mm。

所以调整比压可通过调整压射力和选择不同的冲头直径来实现，对于要求强度高、致密度高的压铸件应采用高的比压，但过高的比压使压铸模受熔融合金液强烈冲刷，降低压铸模使用寿命。

压铸复合材料，需要合金液完全浸渗纤维预制件并且使合金液体和纤维结合紧密，所以需要较高的压射比压。

② 压铸速度　压铸中，压铸速度有压射速度和填充速度两个不同概念。压射速度是指压铸机压射缸内的液压推动压射冲头前进的速度；填充速度是指液体金属在压力作用下，通过内浇口进入型腔的线速度。填充速度不能偏高或者偏低，过低会使铸件轮廓不清，甚至不

能成型；过高则会引起铸件粘型和铸件内孔洞增多等问题。影响填充速度有三个因素：压射速度、比压和内浇口面积。

压铸过程中，压铸模具被高压高速的液态金属所填充，其填充速度范围可达 $10\sim120m/s$。通过对透明压铸型模拟试验的高速摄影表明：在低的填充速度情况下，能够获得层流填充；中速下能够获得紊流填充，而在高速下，则得到弥散式的填充。

层流填充的特点是：获得的铸件致密度高，减少铸件的气孔和疏松，因为层流填充能提供最佳的排除气体条件。要使液态金属实现层流填充，其速度必须低于 $0.3m/s$，对于半固态金属则填充速度必须在 $10m/s$ 以下。

紊流填充的特点是：进入型腔中的金属将形成涡流，由于旋涡运动，使涡流中容易卷入空气及涂料燃烧产生的气体，它们存在于凝固金属中将形成孔洞，此时气孔较大。紊流填充时，液态金属的填充速度为 $0.5\sim15m/s$，半固态金属的填充速度达 $25\sim30m/s$。

弥散式填充的特点是：高速的金属液流与模具壁撞击后，分散为很多液滴，极易与气体混合；如果模具的预热温度不足，金属液滴表面迅速凝固，这将阻碍气体的逸出，使部分气体留在铸件内部，形成分散的疏松，流速越高气孔的尺寸越小。要达到弥散式填充，液态金属的填充速度须超过 $20\sim30m/s$。

在压铸合金中填充速度一般选择 $25\sim35m/s$，这样合金液将处于弥散式填充阶段，所以最后压铸件产生孔隙很小，对压铸件没有太大的影响。选取填充速度考虑到以下原则。

a. 让压铸模及预制件内部气体尽可能排出。

b. 使最后压铸件轮廓清晰，防止填充不完全。

c. 防止由于填充速度过快造成预制件损坏，导致最后复合材料中纤维分布不均匀。

③ 时间

a. 填充时间。填充时间是金属液从内浇口开始进入型腔到充满型腔所需的时间，填充时间由填充速度决定，其对铸件表面粗糙度和铸件孔隙率的影响见图 22-19。

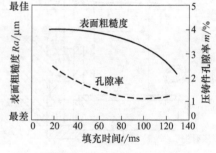

图 22-19　填充时间的影响

b. 持压时间。持压的作用是使压力传递给未凝固的金属，保证铸件在压力作用下凝固，持压时间与压铸件壁厚和金属的结晶温度有关。压铸复合材料因为有金属液浸渗预制件的过程，所以应选择较大的持压时间。

④ 温度

a. 浇注温度。浇注温度是指金属液自压室进入型腔填充时的温度。浇注温度过高，合金收缩大，使铸件容易产生裂纹，铸件晶粒粗大，还能造成粘型；浇注温度过低，容易产生冷隔、表面纹流和浇注不足等缺陷。

压铸复合材料过程中，需要合金液有良好的流动性，因此其浇注温度应高于压铸合金时所采用的浇注温度，综合考虑铸件的最终组织，防止晶粒过于粗大影响铸件最终性能等因素。

b. 压铸模具预热温度。模具在使用前要预热到一定的温度，预热不仅可避免高温液体金属对冷模具的"热冲击"以延长模具寿命，还可避免液体金属"激冷"造成浇注不足、冷隔等缺陷。模具预热温度过低，会造成合金液部分初晶相的析出。这些初晶相的存在会引起合金黏度的上升，从而阻碍了渗透的进行；但是如果预热温度太高，则会使铸件晶粒粗大，纤维与基体间的界面反应加剧，恶化材料性能，模具寿命也会因模温过高而下降。压铸模预热温度一般为 $150\sim200℃$。

c. 预制件预热温度。预热不仅能使纤维表面活化，在浸渗过程中流向纤维预制块孔隙的液态金属流动性改善，并且可防止热冲击引起的纤维损伤。一般说来，纤维预热温度应控制在液态合金浇注温度的 60% 以上。纤维预热温度是压铸复合材料的一个重要工艺参数，它对复合材料性能影响很大。预热温度越高，纤维损伤越小，液态金属对预制件渗透越充分，纤维/基体界面结合也越良好；但是纤维预制件预热温度过高，不仅增加生产成本而且对晶粒细化不利。

22.6.4 压铸复合材料的检验

表 22-3 所示是制备陶瓷纤维复合材料的各项工艺参数，如图 22-20 所示为压铸复合材料试样。检验复合材料表面并将所制的复合材料试样沿中间破开，在体视显微镜下观察，检查合金液充满纤维预制件及空隙情况。

表 22-3　制备陶瓷纤维复合材料的各项工艺参数

纤维直径 /μm	纤维长度 /μm	体积分数	基体合金	填充速度 /(m/s)	纤维预热温度 /℃	浇注温度 /℃	终静压力 /MPa
6~10	100~300	5%~50%	ZL109 ZL102	15 20	400~700	680 700	80 80

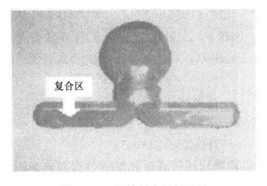

图 22-20　压铸复合材料试样

参 考 文 献

[1] 李清利. 压铸新工艺新技术及其模具创新设计实用手册：第1卷. 北京：世界知识音像出版社，2005.

[2] 黄勇. 压铸模具简明设计手册. 北京：化学工业出版社，2010.

[3] 李传栻，等. 铸造技术数据手册. 北京：机械工业出版社，1993.

[4] Bruner R W. The Metallurgy of Die Casting. River grove, Illinois：Society of Die Casting Inc，1986.

[5] 姜银方，顾卫星. 压铸模具工程师手册. 北京：机械工业出版社，2009.

[6] 潘宪曾. 压铸模设计手册. 第3版. 北京：机械工业出版社，2006.

[7] 王金华. 铸件结构设计. 北京：机械工业出版社，1983.

[8] 田雁晨，等. 金属压铸模设计技巧与实例. 北京：化学工业出版社，2006.

[9] 中国机械工程学会铸造分会. 铸造手册：第6卷. 第2版. 北京：机械工业出版社，2003.

[10] Upton B，Allsop D F，Kennedy D. Pressure Diecasting. Oxford：Pergamon Press，1983.

[11] Brunhuber E. Taschenbuch der Giesserei-Praxis. Berlin：Fachver LagSchiele & Schoen GMBH，1987.

[12] 吴春苗. 压铸实用技术. 广州：广东科技出版社，2003.

[13] 赖华清. 压铸工艺及模具. 北京：机械工业出版社，2004.

[14] 杨裕国. 压铸工艺及模具设计. 北京：机械工业出版社，1997.

[15] 伍建国，屈华昌. 压铸模设计. 北京：机械工业出版社，1995.

[16] 李仁杰，卓迪仕. 压力铸造技术. 北京：机械工业出版社，1996.

[17] 黄勇，黄尧. 压铸模具典型结构图册. 北京：化学工业出版社，2018.

[18] 中国机械工程学会铸造分会. 铸造手册：第3卷. 第2版. 北京：机械工业出版社，2003.

[19] 李智诚，等. 世界有色金属牌号手册. 北京：中国物资出版社，1992.

[20] 压铸模设计手册编写组. 压铸模设计手册. 北京：机械工业出版社，1981.

[21] Brunhuber E. Praxis cler Druchgussfertigung. Berlin：Fachverlag Schiele & Schoen GmbH，1980.

[22] 压铸技术简明手册编写组. 压铸技术简明手册. 北京：国防工业出版社，1980.

[23] 芬努茨 W. 压力铸造浇道技术. 卢运模，译. 北京：国防工业出版社，1984.

[24] 黄尧，黄勇. 压铸模设计实用教程. 第3版. 北京：化学工业出版社，2019.

[25] 黄尧，黄勇. 压铸模具与工艺设计要点. 北京：化学工业出版社，2018.

[26] Brunhuber E. Praxis der Druckgussfertigung. Berlin：Fachvlag Schiele & Schoen GmbH，1991.

[27] Mont S H. Taschenbuch der Giesserei-Praxis. Berlin：Fach verlag Schiele & Schoen，2003.

[28] Walter L. Aalen Jahresuebersicht Druckguss（38. Folge）Teil. Werkstoffe. Giesserei88，2001，Nr：12：64-77.

[29] Tensi H M，Seibold P. Einfluss von Erstarrung und Waermebehandlung auf den Duktilitatsfaktor als Kriterium fur das Verformungsverhalten von Aluminium-Gussteilen [J]. Aluminium 75 Jahrgang，1999，5：423-430.

[30] B. 厄普顿，D. F. 奥尔索普，D. 肯尼迪. 压力铸造. 马九荣，劳瑞芬，译. 北京：机械工业出版社，1988.

[31] 陈金城，等. 有色金属压力铸造. 北京：国防工业出版社，1975.

[32] 特种铸造手册编写组. 特种铸造手册. 北京：机械工业出版社，1978.

[33] 俞佐平，陆煜. 传热学. 第2版. 北京：高等教育出版社，1995.

[34] Walter L. Aalen Druckguss Teill：Werkstoffe（40Folge）Giesserei. 91，2004，2：44-69.

[35] Reinhard W. Neuhausen. Druckgusslegierung Fuer Crashrelerante Struktur-und Fahrwerksteile [J]. Giesserei90，2003，2：60-65.

[36] Walter L，Aalen. Druekguss Teill：Werkstoffe（41. Folge），92，2005，2：52-76.

[37] Helge P. Verscheissmechanismon an Druckgiess-formen. Giesserei 91，2004，2：32-37.

[38] Christine P. New developments in the extension of service life of die casting tools. Casting Plant Technology International，2001，3：24-32.

[39] Yifthan K. Optimization of Process Variables for Die Casting. T93-061，Cleveland NADCA 153-156.

[40] 李志刚，等. 模具计算机辅助设计. 武汉：华中理工大学出版社，1990.

[41] 中国机械工业教育协会组. 模具 CAD/CAM. 北京：机械工业出版社，2001.

[42] 于彦东，石连生. 压铸模设计及 CAD. 北京：电子工业出版社，2002.

[43] 王炽鸿，等. 计算机辅助设计. 北京：机械工业出版社，1996.

[44] 李德群. 现代模具设计方法. 北京：机械工业出版社，2001.

[45] 王凤林. 基于 UG 压铸模浇注系统 CAD 软件的研究与开发. 武汉：华中科技大学，2003.

[46] 姜家吉. 模具 CAD/CAM：模具设计与制造专业. 北京：机械工业出版社，2002.

[47] 吴晓光. 三维压铸模浇注系统 CAD 软件的研究与开发. 武汉：华中科技大学，2003.

[48] Unigraphics solutions Inc. UG 注塑模具设计培训教程. 北京：清华大学出版社，2002.

[49] 袁浩扬. 铸件形成过程传热与流动耦合数值模拟的研究. 武汉：华中理工大学，1995.

[50] 陈立亮. 低压铸造连续生产过程数值模拟及其质量的控制. 武汉：华中理工大学，1995.

[51] 大中逸雄. 计算机传热凝固解析入门——铸造过程中的应用. 许云祥，译. 北京：机械工业出版社，1988.

[52] 毛卫民. 半固态金属成形技术. 北京：化学工业出版社，2004.

[53] 管仁国，马伟民. 金属半固态成形理论. 北京：冶金工业出版社，2004.

[54] 陈立亮，刘瑞祥，林汉同. 我国铸造行业计算机应用的回顾与展望. 铸造，2002，2 (51)：63-67.

[55] 邓昆，杨攀. UG NX4 中文版模具设计专家实例精讲. 北京：中国青年出版社，2004.

[56] 潭雪松，钟延志，甘露萍. Pro/ENGINEER Wildfire 中文版模具设计与数控加工. 北京：人民邮电出版社，2006.

[57] 杨宠，林汉同，刘瑞祥. 我国压铸模 CAD/CAE/CAM 及其一体化技术. 特种铸造及有色合金，2000，2：149-150.

[58] 周建新，刘瑞祥，陈立亮，等. 华铸 CAE 软件在特种铸造中的应用. 铸造技术. 2003，3 (24)：174-175.

[59] 夏巨湛，李志刚. 中国模具设计大典：第 5 卷. 南昌：江西科学技术出版社，2003.